航天科技图书出版基金资助出版

空间材料手册

（第2卷）
空间环境与效应计算
及地面模拟试验

何世禹　杨德庄　编著

中国宇航出版社

·北京·

ISBN 978-7-5159-1823-5

内 容 简 介

《空间环境与效应计算及地面模拟试验》作为《空间材料手册》（共 10 卷）的第 2 卷，主要从空间环境与效应计算、地面模拟试验及空间在轨试验等方面阐述相关原理和方法。本书旨在为航天器设计提供有关材料和器件的空间环境效应与性能演化规律的基本信息和数据，可供航天科技人员、工程管理人员以及高等院校师生参考。

图书在版编目（CIP）数据

空间环境与效应计算及地面模拟试验 / 何世禹，杨德庄编著 . -- 北京：中国宇航出版社，2021.1

（空间材料手册；2）

ISBN 978-7-5159-1823-5

Ⅰ.①空… Ⅱ.①何… ②杨… Ⅲ.①航天材料—研究 Ⅳ.①V25

中国版本图书馆 CIP 数据核字（2021）第 030788 号

责任编辑 侯丽平　　**封面设计** 宇星文化

出 版 发 行	**中国宇航出版社**		
社 址	北京市阜成路 8 号	**邮 编**	100830
	(010)60286808　　(010)68768548		
网 址	www.caphbook.com		
经 销	新华书店		
发行部	(010)60286888　　(010)68371900		
	(010)60286887　　(010)60286804(传真)		
零售店	读者服务部　　(010)68371105		
承 印	天津画中画印刷有限公司		

版 次	2021 年 1 月第 1 版 2021 年 1 月第 1 次印刷
规 格	787×1092
开 本	1/16
印 张	48.5　　**彩 插** 8 面
字 数	1180 千字
书 号	ISBN 978-7-5159-1823-5
定 价	418.00 元

本书如有印装质量问题，可与发行部联系调换

航天科技图书出版基金简介

航天科技图书出版基金是由中国航天科技集团公司于 2007 年设立的，旨在鼓励航天科技人员著书立说，不断积累和传承航天科技知识，为航天事业提供知识储备和技术支持，繁荣航天科技图书出版工作，促进航天事业又好又快地发展。基金资助项目由航天科技图书出版基金评审委员会审定，由中国宇航出版社出版。

申请出版基金资助的项目包括航天基础理论著作，航天工程技术著作，航天科技工具书，航天型号管理经验与管理思想集萃，世界航天各学科前沿技术发展译著以及有代表性的科研生产、经营管理译著，向社会公众普及航天知识、宣传航天文化的优秀读物等。出版基金每年评审 1～2 次，资助 20～30 项。

欢迎广大作者积极申请航天科技图书出版基金。可以登录中国宇航出版社网站，点击"出版基金"专栏查询详情并下载基金申请表；也可以通过电话、信函索取申报指南和基金申请表。

网址：http：//www. caphbook. com

电话：(010) 68767205，68768904

序

空间环境是影响航天器在轨可靠性及寿命的最基本、最主要的因素之一。绝大多数航天器不具备入轨后可维修功能，虽然在国际空间站、哈勃望远镜等航天器上成功实施过航天员在轨维修试验，但这种在轨维修运行成本高、实施风险大、操作条件苛刻，很难广泛应用于所有航天器在轨故障修复。目前，航天器在轨故障最有效的解决方法还是在航天器设计、研制、生产以及地面测试阶段，充分采用各种技术手段发现、预防、避免航天器在轨故障，这就要求我们对空间环境影响航天器可靠性及寿命的问题有深刻的认识和深入的研究。在这个研究领域中，"空间环境与材料相互作用科学与技术"是其中最关键的环节之一。

中国的航天事业经过 50 多年的发展，铸就了"两弹一星"、载人航天、月球探测三大里程碑，取得了举世瞩目的成就。在航天事业发展历程中，广大航天科技工作者一直特别注重对空间环境影响航天器可靠性及寿命问题的研究，通过空间环境地面模拟试验、计算机数值仿真以及空间搭载等方法，结合对大量航天器在轨运行状态和在轨故障问题的深入分析研究，在"空间环境与材料相互作用科学与技术"环节取得了显著的成就，获得了宝贵的经验数据和研究成果，为推动我国航天科学技术发展奠定了良好基础。

在科技部、总装备部、国防科工局及外国专家局等上级机关的大力支持下，哈尔滨工业大学与中国航天科技集团公司密切合作，把近 20 年来已在空间环境与材料相互作用方面取得的丰硕研究成果，编纂成 10 卷本《空间材料手册》，由中国宇航出版社出版。这套手册是目前空间材料领域最权威、最全面、最有价值的工具书，可为航天器设计、寿命预测、故障诊断与防护以及航天新材料研制等提供必要的理论指导和技术支撑，对促进和发展我国航天事业有着重要的意义。

当前，中国航天事业的发展正面临难得的历史机遇和新的挑战，希望《空间材料手册》能够为航天工程管理者和航天科技工作者提供有效的帮助和支撑，也希望在各个领域自强不息、默默奉献的航天人，能够秉承航天精神，携手共进，再接再厉，为推动我国从航天大国向航天强国转变做出新的更大的贡献。

2012 年 5 月

前 言

当今，人类已清醒地认识到，作为人类生存基本环境的地球，总有一天其资源、能源会耗尽。探索、开发和利用太空是人类寻求继续生存和发展的最宏伟、最伟大的科学活动之一。半个多世纪以来，人类不断探索和研究航天科学技术领域，其成果已广泛应用于科学研究、国防建设、国民经济和社会生活的各个方面，对人类的文明与进步产生了重大而深远的影响。

航天器是人类实现航天活动的主要装备。随着航天活动的不断深入与扩展，航天器的种类越来越多，包括各种应用卫星、载人飞船、空间站、航天飞机以及空间探测器等。人类航天活动成功与否与航天器的在轨寿命和可靠性密切相关。因此，提高航天器的在轨寿命和可靠性是航天技术发展的关键，也是航天科学技术发展水平的集中体现。

航天活动的实践表明，世界各国已发射航天器出现的各种故障中大约 50% 是由空间环境引起的。空间环境是影响航天器在轨寿命的最主要、最基本的因素之一。世界各国均将空间环境与航天器相互作用作为航天活动长期、重要的研究领域。空间环境泛指太阳系环境，以及更为浩瀚的宇宙空间环境。目前，又因着眼于空间环境状态的变化及其所产生的巨大影响，而称其为空间天气。

在相当长的时期内，太阳系仍将是人类探索、开发和利用空间资源的主要空间范围。太阳系环境是由太阳本身环境与各行星环境耦合构成的，包括自然环境和人工环境两类。自然环境包括：冷等离子体、热等离子体、地球辐射带电子和质子、太阳宇宙射线、太阳风、太阳电磁辐射、银河宇宙射线、微流星体、月尘、火星沙尘暴、地球高层大气（原子氧）、火星大气、真空、温度场、磁场、重力场及电场等。人工环境包括：航天器出气、羽流及空间碎片等。从物理学角度可进一步将太阳系环境概括为是由空间粒子（电子、质子、重离子、中子、光子、原子、分子、月尘、火星沙尘、微流星体及空间碎片等）与空间物理场（温度场、磁场、引力场、电场及真空等）组成的。

空间环境与航天器相互作用会产生两大类效应。一类效应是空间环境使航天器的材料及器件在轨服役性能不断退化，当航天器的材料及器件性能退化到低于设计指标时，航天器就会出现功能失效并终止服役。另一类效应是空间环境使航天器出现各种突发性故障或事故，也能使航天器终止服役，即航天器可靠性问题也成为影响航天器在轨寿命的重要因素。航天器寿命是由航天器所用材料和器件的性能退化与可靠性决定的，材料和器件是制造航天器的基础。航天活动的实践表明，大部分航天器失效都是由关键材料和器件失效造成的。

建立航天器材料和器件在轨性能退化和可靠性的理论、方法及技术规范，已成为航天科学技术的重要组成部分。通过开展空间环境与航天器相互作用的研究，可以揭示在空间环境作用下材料及器件的动态行为与物理本质，包括所产生的各种效应及机理、性能退化与可靠性问题出现的规律、预测理论和方法，以及试验方法与规范等。空间环境与航天器的相互作用理论与技术可为航天器的设计选材、故障诊断与防护、性能退化预测以及新材料研究提供理论与技术支撑。

通常，航天器一旦发射就具有不可修复性，绝大多数不能返回地球。空间环境与航天器的作用发生在太空，直接在太空研究相当困难且耗资巨大。为了解决这一问题，人类在半个多世纪中，建立了开展空间环境与航天器相互作用研究的 3 种基本途径。第 1 种途径是在探索空间环境过程中获得大量信息的基础上，建立表征空间环境与效应的模式和仿真软件，用以计算轨道环境参数和所产生的效应。这是研究空间环境与航天器相互作用的前提条件，也是航天器优化设计和选材的必要依据。第 2 种途径是空间环境效应地面模拟试验，用于在地面上系统研究空间环境与航天器相互作用所涉及的各种学科问题，揭示在空间环境作用下航天器关键材料和器件的动态行为与物理本质，这也是验证航天器完成设计后其材料、器件及分系统等能否满足设计指标要求的最基本途径。然而，空间环境极其复杂，呈动态变化特征，难以在地面上全面再现，这使得上述两种研究途径形成的结果与空间实际情况有所差异。空间飞行或搭载试验可提供反映空间实际的最真实、最可靠信息，已成为开展空间环境与航天器相互作用研究的第 3 种途径。

由于空间环境与航天器相互作用的复杂性、特殊性，目前尚不能单独用一种途径的研究成果作为评价依据。只有将这 3 种途径正确结合，获得空间环境与航天器材料及器件相互作用的理论、试验方法和规范以及性能退化规律和数据库等科研成果，才能成为航天器设计选材的依据；否则，测试得到的数据无法有效地应用于航天器设计。如果单凭经验进行航天器设计而忽视这些成果，所设计的航天器不可避免地会存在各种薄弱环节，导致出现各种故障或事故。上述 3 种途径的建立，需要解决一系列理论与方法问题，如地面等效模拟原理与方法、加速试验原理与方法等。俄罗斯和美国等航天大国已在空间环境与航天器相互作用领域进行了大量系统的研究，形成了空间环境与材料相互作用科学与技术，为设计高水平、长寿命航天器提供了系统的理论依据及丰富的数据支撑。

我国的航天事业已取得举世瞩目的成就，正在向航天强国的目标快速迈进。这种发展机遇与挑战，对深入开展空间环境与航天器相互作用的基础研究提出了越来越高的要求。1996 年，哈尔滨工业大学建立了我国首个从事空间环境与材料及器件相互作用基础研究的实验室。十几年来，在国家国防科工局、总装备部、科技部和外国专家局的大力支持，以及国内相关单位的密切合作下，实验室在空间环境与材料及器件相互作用的基础理论及性能退化规律等方面进行了较为系统的研究。

《空间材料手册》的出版，可为我国航天器优化设计、性能退化预测、故障诊断与防护以及新材料研究提供丰富的信息和资料，希望能够对提高航天器的在轨寿命和可靠性提供必要的理论、方法及数据支撑。

在研究和确定《空间材料手册》内容的过程中，得到了以孙家栋院士、都亨研究员、黄本诚研究员等众多专家的大力支持、指导与帮助，他们为本书的成稿做出了重要贡献，在此表示衷心的感谢。

由于研究内容繁多，涉及问题复杂，书中错误及不足之处在所难免，敬请读者批评指正。

作　者

2020 年 4 月

目　录

第 1 章 绪 论

1.1 引 言

自从 1957 年第一颗人造地球卫星发射成功以来，人类开辟了探索、开发和利用太空的新纪元，开创了航天科学技术发展的新起点。航天器是实现航天活动的主要装备，担负着实现人类航天活动载体的使命和重任。随着航天活动的拓展，航天器的种类越来越多，包括各种应用卫星、载人飞船、空间站以及空间探测器等。人类航天活动成功与否与航天器的可靠性和寿命密切相关，提高航天器在轨服役寿命和可靠性是航天技术发展的核心问题之一，也是航天科技水平的综合体现。

半个多世纪以来，人类对太阳系进行了大量探索与开发，包括太阳、近地空间、月球及火星等。迄今，人类已先后发射 5 000 余颗各种应用卫星，建造了和平号空间站、国际空间站及多架航天飞机，分别向月球和火星发射了百余颗和几十颗各种探测器，12 人次登上月球，进行了大量的航天活动，为拓展人类生存和发展空间做出了巨大贡献。我国嫦娥三号月球探测器于 2013 年 12 月 14 日成功登陆月球，成为世界上第三个实现地外天体软着陆和巡视勘察的国家。

人类的航天活动有成功的经验，也有失败的教训。世界各国在发展航天技术的过程中，发生过许多的故障和事故。从这些航天活动的教训中，可以清楚地看到，人类航天活动异常艰辛，极具挑战。空间环境是影响航天器在轨寿命与可靠性的最主要、最基本的因素之一。世界各国已发射的航天器出现的故障中约有 50％是由空间环境所引起的。空间环境泛指宇宙空间中各种星体及其周围的物质状态，涉及各种空间粒子（电子、质子、重离子、中子、光子、原子、分子及固体粒子等）与物理场（引力场、磁场、电场、温度场及真空场等）。目前，又因着眼于空间环境状态的动态变化及其所产生的影响，而称其为空间天气。世界各从事航天活动的国家均将空间环境与航天器的相互作用作为长期重要的研究领域。

材料和器件是制造航天器的物质基础。在空间环境作用下，航天器出现故障或事故总是源于关键材料和器件受到损伤。当材料及器件性能退化到低于设计指标时，航天器将终止服役。关键材料和器件性能退化将直接影响着航天器的基础在轨寿命。航天器的实际在轨寿命由关键材料和器件的性能退化与可靠性两个方面的因素共同决定。可靠性是指航天器出现突发性故障或事故的概率，它也与航天器的关键材料和器件是否受到损伤密切相关。通过研究空间环境与航天器相互作用，可揭示空间环境作用下材料和器件的动态行为及物理本质，形成空间环境效应科学与技术，为航天器设计选材、在轨寿命预测、故障诊断和防护，以及新材料研究提供理论和技术支撑。

空间环境效应泛指空间环境与物质相互作用的各种宏观和微观表现。所谓物质，广义上可包括航天器用材料、生物组织及星体物质等。对空间环境与物质相互作用的研究是空间环境效应科学与技术的基本内涵，涉及空间材料学、空间光学、空间微电子学、空间能源科学、空间生命科学及空间环境学等多种学科，是各相关内容的交叉与融合，已成为空间科学与技术的重要研究领域。鉴于空间环境效应所涉及问题的特点和复杂性，需要通过计算仿真、地面模拟试验与在轨飞行搭载试验三条途径进行研究，缺一不可，研究的重点是解决地面研究结果与空间实际的等效性，为此必须建立一系列相关的理论和方法，才能为航天器优化设计和科学选材提供可靠依据。否则，所设计的航天器不可避免地存在各种薄弱环节，从而导致出现故障或事故。本书旨在阐述通过上述三条途径开展空间环境与航天器相互作用研究的基本思路和方法，供相关航天科技人员参考。

1.2 空间环境分类

空间环境涵盖广阔的空间范围，从近地空间直至浩瀚的深空，可划分为太阳系空间和太阳系以外的空间。太阳系空间包括近地空间、行星空间和行星际空间。行星空间是指行星引力、磁场或大气层所及的范围；行星际空间是指太阳系行星之间的空间。太阳系以外的空间分为恒星际空间、恒星系空间和星系际空间。随着航天技术的发展，人类对空间环境的认知范围正在不断扩展。

本书从工程应用角度出发，重点讨论近地空间与行星际空间，这是目前人类航天活动最为密集的区域。空间环境涉及的范围广且因素多，可从不同角度进行分类。

1）按照空间环境因素的来源，将空间环境分为自然环境与诱导环境两类。一方面，空间环境会对航天器的运行状态及可靠性和寿命产生直接影响；另一方面，航天器又会对空间环境产生影响，形成诱导的环境因素。在近地空间，自然环境因素主要包括：真空、高低温、地磁场、地球辐射带、太阳宇宙线、银河宇宙线、太阳电磁辐射、等离子体、原子氧、微流星体、地球引力及地球阴影等。诱导环境是由航天器自身因素作用于空间环境所产生的，如航天器外部气体环境、热循环、空间碎片、推力器羽流及人工辐射带等。由于诱导环境与航天器在轨行为或人为因素有关，也常称为人工环境。航天器外部气体环境是在空间真空条件下气体从航天器表面材料析出或从内部泄漏所形成的，其气体压力高出周围空间几个数量级，在航天器附近形成局域的气体环境。热循环是航天器在轨飞行时受太阳辐射与地球阴影交替作用诱导产生的，导致航天器表面温度出现高低交替变化。随着航天技术的发展，航天器的种类和数量不断增多，在轨服役寿命不断增长，将会使空间环境与航天器的相互作用进一步增强，从而加剧诱导空间环境对航天器的影响。航天器诱导的空间环境与轨道上的自然环境有明显的不同，并可能与后者产生复杂的耦合效应而作用于航天器。因此，评价空间环境效应时，必须考虑航天器诱导环境因素的影响。通常，"空间环境"一词包含自然环境和诱导环境两部分。

2) 按照空间环境因素的物理状态属性，将空间环境分为中性气体环境、等离子体环境、空间辐射环境、空间固体粒子环境及空间物理场环境五类[1]。中性气体环境因素包括自然空间环境中的气体与航天器所释放的气体。航天器在轨服役时，表面材料能够通过析出与分解释放气体。航天器所释放的气体还包括从排气口放出的气体，以及推力器点火过程中释放的气体。等离子体环境包括自然空间环境中的等离子体（地磁层冷、热等离子体及太阳风等离子体）、从等离子体推力器释放的等离子体、电弧放电产生的等离子体，以及空间微粒子与航天器表面发生超高速撞击产生的等离子体等。空间辐射环境主要包括太阳电磁辐射与空间带电粒子辐射；空间带电粒子辐射环境涉及自然空间环境中的电子、质子及重离子，以及人工辐射源产生的高能粒子等。空间辐射环境中的带电粒子主要来源于辐射带、太阳宇宙线及银河宇宙线。空间固体粒子环境由微流星体、空间碎片及航天器释放的粒子等构成。航天器表面的粉尘，以及热循环和太阳紫外辐射作用导致的材料降解都可能成为固体微细粒子源。空间物理场环境包括真空场、温度场、引力场、磁场及电场。上述五种空间环境的状态和属性不同，将分别与航天器产生不同的相互作用。

3) 基于航天器所处轨道环境的不同特点，常将空间环境按轨道区域划分为低地球轨道环境、中地球轨道环境、极地轨道环境、地球同步轨道环境及行星际轨道环境。这种按轨道区域划分的方法便于工程应用，尤其适用于表述近地空间环境与航天器的相互作用。上述五种轨道区域的高度和倾角范围如表 1-1 所示，所涉及的主要空间环境因素示于表 1-2[1]。虽然航天器的实际轨道环境可能较为复杂，但通常能够基于上述五种典型轨道的环境因素对航天器的轨道环境进行表征。例如，大椭圆轨道跨越上述五种轨道环境，可针对不同轨道区域分别加以描述。

表 1-1　航天器常用轨道区域

轨道区域	高度/km	倾角/(°)
低地球轨道	100~1 000	<65
中地球轨道	1 000~36 000	<65
极地轨道	>100	>80
地球同步轨道	约 36 000	0
行星际轨道	地磁层外	—

表 1-2　五种典型轨道区域的主要空间环境因素

轨道区域	主要空间环境因素
低地球轨道	冷、稠密的电离层等离子体；稠密的超声速中性大气；太阳紫外辐射；空间碎片；南大西洋异常区
中地球轨道	太阳紫外辐射；地球辐射带；等离子体层
极地轨道	太阳紫外辐射；冷、稠密的电离层等离子体；超声速的中性大气；空间碎片；极光粒子；太阳宇宙线；银河宇宙线；南大西洋异常区；辐射带漏斗区
地球同步轨道	等离子片（热等离子体）；亚暴等离子体；太阳紫外辐射；外辐射带；太阳宇宙线；银河宇宙线
行星际轨道	太阳风等离子体；太阳宇宙线；银河宇宙线；太阳紫外辐射

1.3　太阳对空间环境的影响

太阳与地球关系的基本参数如表 1-3 所示[2]。

表 1-3　太阳与地球关系的基本参数

参数	数值
从地球到太阳的距离	$1.495\ 978\ 7\times10^8$ km（定义为 1 AU）
太阳常数	$1\ 371\pm10$ W/m² （1 AU 处）①
地球轨道的偏心率	$0.016\ 729\ 5$②
地球轨道周期	365.256 36 d
地球半径（赤道）	6 378.140 km
地球质量	5.977×10^{24} kg
地球自转速率	$0.729\ 21\times10^{-4}$ rad/s
地球引力常数	$3.986\ 012\times10^{14}$ m³/ s²
地球赤道倾角	23.45°③
地球自转周期	23.934 h（86 162.4 s）
空间背景温度	3 K
太阳辐射压力（1 AU 处）	9.02×10^{-6} N/m²（100% 反射）

注：①太阳光谱为特征温度 5 762 K 的黑体光谱，±10 W/m² 是太阳输出变化与测量误差所致；

②偏心率表征轨道的非圆性质，轨道的大小和形状由平均半径 r_a 和偏心率 e 确定，离太阳的最远距离为 r_a $(1+e)$，离太阳的最近距离为 r_a $(1-e)$；

③赤道倾角是地球赤道相对于轨道面（黄道面）的倾角。

在太阳系中，太阳是空间环境变化的源动力，主要通过电磁辐射、高能带电粒子及等离子体三个途径影响空间环境。太阳电磁辐射通量能够传入地球大气层，并在某些波段到达地球表面。太阳粒子通量基本上由两部分组成：一是随机发射的能量粒子（＞1 MeV），涉及太阳耀斑、日冕物质抛射及质子事件等；二是变化着的低能背景等离子体（质子能量为几千电子伏，电子能量仅为数十电子伏），称为太阳风。太阳风的密度为每立方厘米几十个粒子，运动速度可达 200～2 000 km/s。太阳风强烈地影响着行星际空间环境，并有时影响地球同步轨道的空间环境。由于受到地球磁场的屏蔽作用，太阳风通常不会直接到达低地球轨道及中地球轨道，但它却是地磁活动的主要能源，从而也能够显著影响这些轨道的环境。

在近地空间发生的环境变化很大程度上是由太阳活动导致的。太阳活动的变化通常以黑子数表征，平均周期为 11 年。由太阳发出的电磁辐射与太阳风、太阳磁场及太阳宇宙线相类似，在不断地变化。虽然在 11 年的平均周期内能够按时间确定相位，太阳活动的准确水平却难以预测。图 1-1[3] 给出了 1700—2006 年期间各年太阳的月平均黑子数变化。太阳周期极小年和极大年出现的时间及对应的黑子数平滑月均值示于表 1-4。从工程应用角度，将太阳高年持续的时间定为从黑子数达到极大值前 2.5 年开始至其后 4.5 年结束

（总共为 7 年）。在第 23 周期以后，可通过下式估算太阳极大年开始出现的时间

$$(太阳极大年)_i = 2\,003.3 + 11 \times (i - 23) \tag{1-1}$$

式中　i——太阳周期数。

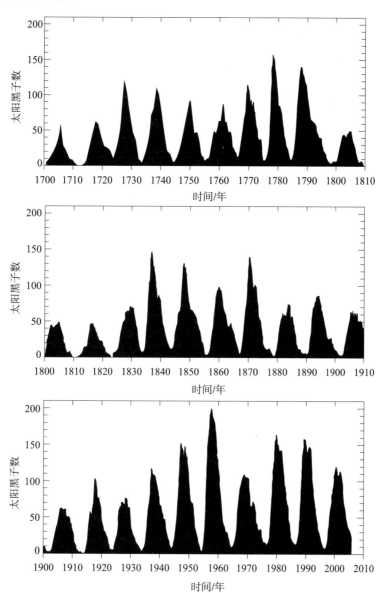

图 1-1　1700—2006 年期间各年太阳的月平均黑子数变化

　　等离子体与能量粒子都是从太阳表面的局部区域发出的。由于这些活性区域和日冕某些特性存在的时间长于太阳自转的 27 天周期，而且它们只有在面向地球时才会影响地球，因此太阳活动的增强能够提前 27 天或更长些时间进行估计。地球大气和电离层的长期变化与太阳活动周期有关。太阳活动增强会引起高层大气温度升高并使之向外膨胀，导致给定高度的大气密度增加。类似地，电离层的密度和温度也会受到太阳活动周期变化的影响。

太阳活动短期变化的影响主要表现在对地球同步轨道与极地轨道环境的影响，涉及太阳耀斑和地磁暴的影响。太阳耀斑是太阳大气中一种最激烈的活动现象，能在 $10^2 \sim 10^3$ s 内释放 $10^{30} \sim 10^{33}$ erg（1 erg＝10^{-7} J）能量，常常产生太阳能量粒子事件，并伴随极紫外辐射通量的剧烈增强。太阳能量粒子事件最常发生在太阳高年，每次事件持续时间可从几秒至几小时不等。太阳耀斑的高能电磁辐射与粒子流传到近地空间时，会引起电离层的突然扰动与复杂的地磁效应。耀斑激波引起的行星际激波会造成地磁暴；耀斑粒子流会导致地磁暴、极盖吸收效应和极光。地磁暴是全球范围内地磁场的剧烈扰动，持续时间可达十几小时至几十小时。地磁暴常表现为一系列与极光增强现象有关的脉冲事件，每次事件的持续时间为 0.5 ~ 2 h，称为亚暴。地磁场变化能够灵敏地反映近地空间环境的变化，成为表征近地空间状态的重要因素。磁暴和亚暴实际上是太阳风等离子体与地磁层发生复杂相互作用的结果。

表 1 - 4　太阳周期的极小年与极大年参数

太阳周期序号	极小年出现时间	黑子数最小平滑月均值	极大年出现时间	黑子数最大平滑月均值	黑子数升至极大值的年数	黑子数降至极小值的年数	持续年数
1	1755 - 2	8.4	1761 - 5	86.5	6.3	5.0	11.3
2	1766 - 5	11.2	1769 - 7	115.8	3.2	5.8	9.0
3	1775 - 5	7.2	1778 - 4	158.5	2.9	6.3	9.2
4	1784 - 7	9.5	1788 - 1	141.2	3.4	10.2	13.6
5	1798 - 3	3.2	1805 - 2	49.2	6.9	5.4	12.3
6	1810 - 6	0	1816 - 4	48.7	5.8	6.9	12.7
7	1823 - 3	0.1	1829 - 9	71.7	6.6	4.0	10.6
8	1833 - 9	7.3	1837 - 2	146.9	3.3	6.3	9.6
9	1843 - 5	10.5	1848 - 1	131.6	4.6	7.9	12.5
10	1856	3.2	1860 - 1	97.9	4.1	7.1	11.2
11	1867 - 2	5.2	1870 - 6	140.5	3.4	8.3	11.7
12	1878 - 9	2.2	1883 - 9	74.6	5.0	5.7	10.7
13	1889 - 6	5	1894 - 1	87.9	4.5	7.6	12.1
14	1901 - 7	2.6	1907	64.2	5.3	6.6	11.9
15	1913 - 6	1.5	1917 - 6	105.4	4.0	6.0	10.0
16	1923 - 6	5.6	1928 - 4	78.1	4.8	5.4	10.2
17	1933 - 8	3.4	1937 - 4	119.2	3.6	6.8	10.4
18	1944 - 2	7.7	1947 - 5	151.8	3.3	6.8	10.1
19	1954 - 3	3.4	1957 - 9	201.3	3.6	7.0	10.6
20	1964 - 9	9.6	1968 - 9	110.6	4.0	7.6	11.6
21	1976 - 5	12.2	1979 - 9	164.5	3.4	6.9	10.3
22	1986 - 8	12.3	1989 - 6	158.5	2.8	6.8	9.7
23	1996 - 4	8.0	2000 - 3	120.8	4.0		

1.4 近地空间环境一般表述

从严格意义上讲，近地空间是指半径等于从地球到月球平均距离（约 38 万 km）的球形空间。工程应用时，习惯将近地空间视为从地球表面约 60 km 高度的电离层底部延伸至地球磁层边界的空间区域，这样便于考虑地磁层状态的影响。该区域的外边界在向日侧距地球表面约 95 000 km（约 15 个地球半径），在背日侧的距离要比向日侧的距离大数十倍。大体上，可以将近地空间看成是由地球磁层所包围的区域，如图 1−2[4] 所示。地磁层是地球磁场与太阳风相互作用而形成的。若无太阳风存在，地球磁场近似为理想的偶极磁场，可延伸至地球周围很远的空间。在太阳风的作用下，地球磁场发生变形，向日侧被压缩，背日侧向后延伸到很远的地方。这种高度变形的地磁场存在的空间便是地磁层。地磁层的外边界称为磁层顶。

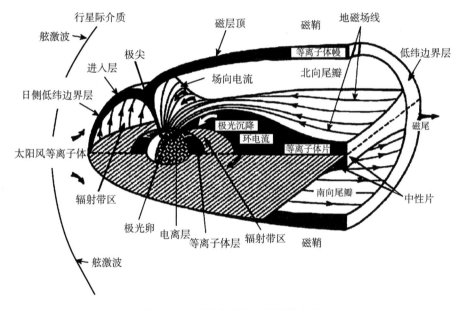

图 1−2 近地空间的主要区域分布

太阳风是由高温日冕气体膨胀而连续不断发射出的高速等离子体径向流，基本组分是质子（约 96%）和电子，还有其他一些重离子（3%～4% He^{2+}）。稳态的太阳风分为低速流（300～400 km/s，源于宁静日冕区）和高速流（500～800 km/s，源于冕洞）。通常，质子能量约为 3 keV，电子能量为 10～20 eV；质子通量约为 10^8 cm^{-2}・s^{-1}。当日冕等离子体向外膨胀形成太阳风流时，日冕磁场被拉向行星际空间。伴随着太阳风的磁场称为行星际磁场（IMF）。行星际磁场线一端固定在日冕等离子体上，另一端随着太阳风伸向行星际空间。行星际磁场线是太阳风向地磁层传输能量的重要通道。

当以超快磁声速运动的太阳风等离子体接近地磁层时，会在磁层前方形成一个压缩性的驻激波，称为弓形激波或舷激波。太阳风穿过舷激波后变成亚快磁声速流，绕地磁层顶流动。位于舷激波与地磁层顶之间的区域称为磁鞘。太阳风等离子体经过舷激波进入磁鞘后，流速减小、温度升高。磁鞘内，平均等离子体密度约为 10^8 cm^{-3}，离子温度约为 150 eV，磁场强度约为 15 nT，流速约为 250 km/s。当行星际磁场南向时，在向日侧磁层顶会与地磁场线发生磁重联，导致磁鞘等离子体向地磁层输运能量、动量和质量。因此，磁鞘是直接影响近地空间环境的行星际等离子体区域。

地磁层处于行星际磁场的包围之中，并受其控制。在距地心 $(4 \sim 5)R_E$（R_E 为地球半径）范围内，近地空间的外形近似呈轴对称，而在此范围之外呈非轴对称。近地空间的基本环境因素包括以下几个方面。

(1) 中性大气环境

中性大气是低地球轨道环境的重要因素。对于地球同步轨道和中地球轨道而言，中性大气因密度低而变得不重要。地球大气按照温度或成分剖面分成几个特征区域。与低地球轨道相关的主要是热层大气，高度为 85～1 000 km。热层大气的特点是温度随高度增加而升高。热层大气的实际结构与太阳活动水平密切相关。在热层大气中，各组分气体分子的碰撞不足以达到充分混合，因此处于扩散平衡状态。在热层以上，主要气体组分是氢和氦，并具有固定温度的大气，称为外层大气。

热层大气的浓度随高度大体上呈指数降低的变化趋势，这是流体静力学平衡的结果。热层大气的主要组分包括 Ar、O_2、N_2、O、He 和 H。流体静力学平衡使 H 和 He 成为热层大气顶部的主要组分。在通常的低地球轨道和极地轨道条件下，中性气体主要有原子氧与少量 O_2、N_2 及 H，可能还有浓度小于 1% 的 He、NO、N 及 Ar。热层大气的温度与太阳周期、纬度和地方时等因素有关，可从 100 km 高度时的约 100 K 升高至 1 000 km 时的 500～1 500 K，有强地磁活动时还可达到 2 000 K。低地球轨道航天器飞行速度约为 7.8 km/s，可使中性大气正面撞击航天器的动能达到 5 eV 以上（从 N 撞击时的 4.6 eV 至 O_2 撞击时的 10.25 eV），这会导致中性大气与航天器材料发生化学反应（如原子氧剥蚀等）。由于中性大气相对于航天器的定向运动速度显著高于热运动速度，使得两者的相互作用呈现各向异性。

许多因素会影响中性大气的基本参数（密度、温度及成分），包括地方时、纬度、高度、太阳活动及地磁活动等。通常，通过 $F_{10.7}$ 指数表征太阳极紫外辐射（EUV）的变化，并在一定程度上以黑子数反映太阳对地磁活动的影响。太阳极紫外辐射与地磁扰动是高层大气的主要加热源。通常中性大气的密度和温度随 $F_{10.7}$ 指数与地磁指数 A_P 的增大而增加，如在 400 km 高度，中性大气在太阳高年（$F_{10.7} \approx 230$）时的平均密度可比太阳低年（$F_{10.7} \approx 70$）时提高约 1 个数量级。相应地，太阳高年时，可由于太阳极紫外辐射的加热使外层大气温度从约 700 K 升高至约 1 200 K。中性大气的基本参数与时间的关系呈现昼夜变化与季节性变化，并具有半年变化模式。在热层的中间高度（如 500 km），大气的最高平均密度在 10 月至 11 月达到最高，而在 4 月时最低；相同高度下的日平均温度在接近地方时 14：00 时最高。

（2）地磁场与磁层电流

地磁场与太阳风的相互作用是形成地磁层的根源。在 1 000 km 以上，地磁层是具有控制作用的地球物理环境；在 1 000 km 以下，地磁场主要通过控制电离层等离子体而影响中性大气的动力学过程。近地空间磁场有两个来源：一是地球内的电流，可在地球表面产生约 99% 的磁场；二是地磁层电流系。在超过几个地球半径以外的空间，地磁层电流系所起的作用相对较大，原因是地球内的电流作用大小与距地心距离的三次方呈反比。在许多情况下，可将地球磁场视为偏心偶极子，磁轴倾斜 11.7° 并指向东南方向（15.6°N，150.9°E），偏离地心约 430 km。由于地磁轴倾斜 11.7° 的缘故，使北美东部的地磁纬度增加了 11.7°，而在地球的另一端则减小了 11.7°。地磁偶极子的倾斜和偏离导致在巴西海岸南大西洋区域（其中心在 40°W，30°S 附近），地球表面在地磁场中的高度高于其他地区，这会导致该区域上空磁场强度减小（负异常）及内辐射带离地高度的下降，成为形成南大西洋异常区的重要原因。在地磁偶极子以极低速度倾斜与偏离的影响下，南大西洋异常区缓慢地向西漂移。

在低地球轨道，地磁内源场起主导作用，其强度即便是在发生强磁暴时也约为地磁强度的 99%。这说明发生磁暴时，地磁场在低地球轨道高度所产生的扰动较小。与内源场不同，外源场主要来源于电离层电流和磁层电流，并呈现明显的短期变化特征（从几分钟至几天不等）。外源场可分为平静变化场 Q 和扰动变化场 D 两部分，由地磁地面站测量。前者主要来源于太阳静日变化 Sq 场（由每月 5 天磁静日统计得出，源于太阳电磁辐射感生的电离层电流），比内源场至少低 2～3 个数量级；后者源于行星际空间的突然变化。行星际空间的变化是通过太阳风等离子体及其俘获的太阳磁场进行传递。扰动场 D 随机出现，无规律。扰动场 D 包含两个明显不同的来源：地磁暴和地磁脉动分量。地磁暴是持续时间较长的强地磁场扰动。相比之下，地磁脉动是地磁场的一种幅度较小的短周期变化，与太阳风压力改变、磁层变化及带电粒子运动等多种因素有关。

磁层是由地磁场控制的空间等离子体区域。磁层等离子体的运动会产生电流。在磁层内存在某些电流集中的区域，构成了磁层电流系。磁层电流是表征磁层的不可缺少的电学参量，也是地磁效应的重要载体。在远离地球的地方，地磁层结构主要取决于磁层电流系。磁层电流系主要包括磁层顶电流、磁尾电流、环电流及场向电流，它们相互关联形成闭合的电流体系，如图 1-3[5] 所示。磁层顶电流与磁尾电流均为相邻区域的磁场明显不同时，在边界上所产生的电流片。这是无碰撞等离子体中磁场冻结特性的一个自然结果。磁层顶电流片是地磁层磁场与行星际磁场的交界面，即地磁层的外界面。在向日的一侧，磁层顶电流向东流动，即沿晨—昏方向横穿磁层顶的日下点，并分别环绕南、北极尖区形成涡旋型电流。从太阳朝向地球看，北半球的磁层顶电流涡旋为逆时针方向，南半球的为顺时针方向。磁尾电流由中性片电流及其在磁尾磁层顶的闭合电流（磁尾磁层顶电流）组成。中性片电流又称越尾电流片。磁尾中性片把磁尾分成南北两瓣，是磁场方向由朝向太阳（北侧）到背向太阳（南侧）的转变区，存在横穿磁尾的由晨到昏的西向电流。中性片电流从昏侧分别向北和向南与磁尾磁层顶电流组成闭合回路。环电流是地磁场俘获的正、负带电粒子分别向西和向东漂移形成的。在地磁场的梯度和曲率的影响下，正的带电粒子沿磁壳层向西漂移，而负的带电粒子向东漂移，形成了绕地球的西向环电流。环电流离地心为3～7个地球半径，磁宁静时离地球近些，发生磁暴时离地球远些。磁暴期间环电流将大幅增大。环电流的主要离子组分是质子（还可能有 O^+ 和 He^+），离子能量为1～200 keV；电子能量<10 keV。场向电流是指沿着地磁场线流动的电流。由于磁层空间所存在的是无碰撞等离子体，带电粒子都绕磁场线回旋，由磁场线约束和串联起来。在磁层电流系中，场向电流特别重要，起到了贯穿和桥联的作用。发生磁暴时从磁尾注入的大量热等离子体可使场向电流进入高纬电离层。场向电流是磁层顶边界层与电离层发生耦合的重要途径。

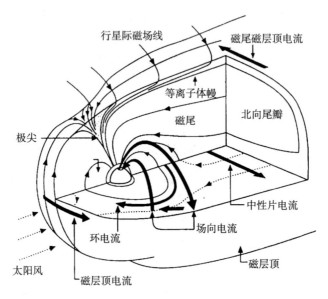

图1-3　磁层电流系

（3）等离子体环境

空间等离子体是影响各种轨道航天器的重要环境因素。地磁层内存在着不同能量和密度的等离子体区域，包括：电离层、等离子体层、等离子体片、磁层顶边界层及磁层尾瓣。电离层和等离子体层分别位于大气层和内磁层；等离子体片、磁层顶边界层及磁层尾瓣为外磁层等离子体聚集区。外磁层是储备源于太阳风的粒子并将其不断向内磁层输运的重要区域，易受太阳和地磁活动的影响而发生剧烈变化。地磁层外是稀薄的太阳风等离子体，沿太阳径向向外在行星际空间流动。

1）电离层：中性大气从地球表面可延伸至约2 500 km高度，相应的大气质量密度降至约 10^{-17} kg/m³。高度继续增加时，大气密度连续降低，没有严格的外边界。太阳短波电磁辐射可使中性大气电离，产生等离子体。在50～1 000 km高度范围内，将部分中性大气发生光致电离的区域称为电离层。在1 000 km高度以下，等离子体的数密度低于中性大气的数密度。在约150 km以上，等离子体与中性气体很少发生碰撞，彼此间几乎不产生相互作用。这使得电离层等离子体的行为主要由静电作用控制。在50～150 km之间，中性大气与电离层以复杂的方式发生相互作用。电离层总体上呈电中性，电子密度与总的正离子密度（各种正离子密度之和）相等。电离层具有电子密度高（$10^3 \sim 10^4$ cm^{-3}）与能量低（等效温度<3 000 K，平均动能<0.3 eV）的特点，常称为冷、稠等离子体。

2）等离子体层：从电离层向上至约 $L = 5 R_E$ 且足点位于磁纬度为 60°～65° 的磁场线所包围的区域，称为等离子体层，其外形好似一个距地心约 $5R_E$ 的偶极磁场线的旋转体。等离子体层实际上是高层大气充分电离的区域，可视为电离层向地磁层的延伸，主要组分为 H$^+$（质子）和电子，以及少量的 He$^+$ 和 O$^+$ 等。等离子体层的内边界由离子组分发生从电离层顶的 O$^+$ 改变为 H$^+$ 时的高度界定。在电离层顶附近发生 O$^+$ 与 H 原子电荷交换的过程，即 O$^+$＋H→H$^+$＋O，导致等离子体层的形成。等离子体层内边界视地球物理状态不同，可在 500～2 000 km 高度范围内变动。通常，等离子体层的电子密度在 1 000 km高度为 $10^4 \sim 10^5$ cm^{-3}，并在其外边界（称为等离子体层顶）降低至 $10^2 \sim 10^3$ cm^{-3}。等离子体层顶位置与地磁活动呈负相关，地磁平静时上移，而地磁活动增强时移向地球。等离子体层是密度较高（$10^2 \sim 10^3$ cm^{-3}）而能量低（<1 eV，等效温度约 5 000 K）的冷等离子体区域。可以认为，等离子体层粒子在地磁场内也呈现绕磁场线回旋、沿磁场线反弹及绕地球漂移的运动。由于等离子体层粒子的能量低，其回旋运动较为稳定（如质子的回旋周期约为 0.1 s），而反弹和漂移的周期长（对质子而言，分别为 2 h 和超过 40 h），易于受到干扰破坏。等离子体层内存在着指向地球的电场，可与地磁场共同作用使等离子体层随地球旋转。等离子体层粒子通过库仑碰撞呈现麦克斯韦速度分布。

3）等离子体片：在磁尾赤道面附近，存在着以中性片居中的形状类似平板的热等离子体区域，称为等离子体片（如图 1 - 4 所示）。它包围在等离子体层之外，两者相距为几个地球半径（低密度的等离子体槽区）。通常将粒子平均动能大于 100 eV 的等离子体称为热等离子体。等离子体片内边界在赤道面距地心为 (7～10) R_E 处，所对应的磁场线的足点纬度为 68°～72°。等离子体片沿磁尾可延伸很远的距离（约 120 R_E，可到达磁尾磁重联的中性点），平均厚度为 (6～10) R_E，磁场线呈高度拉伸闭合形态。等离子体片常划分为近地等离子体片（$8R_E \sim 20R_E$）、中磁尾等离子体片（$20R_E \sim 60R_E$）和远磁尾等离子体片（>60 R_E）。在等离子体片与尾瓣的边界层，等离子体的数密度和整体的对流速度稍低于片的中心部，该层称为等离子体片边界层。等离子体片的内、外边界磁场线在极区的投影与极光卵出现的位置相对应。等离子体片的主要组分为质子和电子，磁宁静时平均能量分别为几千电子伏和几百电子伏，密度约为 1.0 cm^{-3}，主要来源于太阳风等离子体（从地磁层顶边界层进入）与极区电离层。发生地磁扰动时，会有源于电离层的离子（H$^+$、He$^+$和 O$^+$）向等离子体片注入。等离子体片是地磁层最活跃的动态扰动区域，其厚度在发生磁扰动时变薄（至约 1 R_E），且内边界移向地球，同时有大量热等离子体注入地球同步轨道。发生磁层亚暴期间，电子能量可增加至 1～10 keV。热等离子体（主要是热电子）从等离子体片边界层沿磁场线向极区电离层沉降将形成分立极光。因此，等离子体片会对地球同步轨道和极地轨道环境产生重要影响。

4）磁层顶边界层：沿着地磁层顶存在三种类型边界层（如图 1 - 4 所示），分别称为等离子体幔、进入层及低纬边界层；前两种边界层又统称为高纬边界层。有时将极尖区也

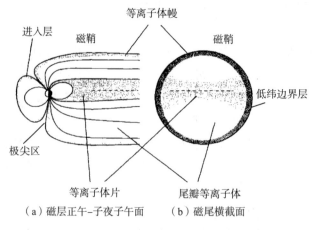

（a）磁层正午-子夜子午面　　　（b）磁尾横截面

图 1-4　等离子体片及磁层顶边界层示意图

视为高纬边界层的一部分，而将进入层称为内极尖层。磁层顶边界层位于磁层顶内侧，是太阳风进入地磁层形成的等离子体传输区。通常，太阳风等离子体易于从极尖区附近进入地磁层。极尖区是向日侧磁层顶中性点（磁场为零）附近呈漏斗形的较高密度的等离子体区域。太阳风等离子体可直接进入该区域，成为太阳风向地磁层输入质量、能量和动量的一个关键区域。进入磁层的大部分太阳风等离子体沿开磁场线向磁尾流动，在磁层顶内侧形成壳层，称为等离子体幔（数密度约为 $0.01~\mathrm{cm}^{-3}$；质子和电子的能量分别为 300 eV 和 50 eV）。在极尖区边界周围易存在由磁场线俘获直接从磁鞘进入的等离子体，所形成的等离子体密度较高的边界层称为进入层。磁鞘等离子体可通过扩散等机制进入日侧磁层顶内侧，由此形成的从向阳面中、低纬区经晨、昏侧面延伸至磁尾的边界层，称为低纬边界层。在日下点附近，低纬边界层的厚度较薄 $[(0.5\sim1)~R_\mathrm{E}]$，而在磁尾远处可达几个地球半径。低纬边界层的内侧邻接等离子体片。磁层顶边界层粒子来源于磁鞘内的太阳风等离子体，主要组分为质子和电子，以低于磁鞘流的速度绕磁层运动。发生地磁扰动时，磁层顶边界层内还可观察到相当数量的源于电离层的离子组分（如 O^+ 和 He^+），这说明磁层顶边界层与电离层之间存在密切的耦合效应。

　　5）地磁层尾瓣：在磁尾等离子体片至等离子体幔之间存在着等离子体密度稀疏且温度低的区域，称为尾瓣（如图 1-5 所示）。等离子体的数密度和温度分别约为 $0.1~\mathrm{cm}^{-3}$ 和 10^5 K。在赤道面北侧和南侧的尾瓣分别称为北瓣和南瓣。尾瓣是磁尾磁能的主要储存区域。磁场线呈开放形态，一侧（足点）伸向极盖区，另一侧通往太阳风。这种磁场线位形使极盖区呈现特殊的地球物理现象。磁盖区是围绕磁极的圆形区域（中心向夜侧稍有偏移），直径的纬度范围约为 30°。太阳风的高能组分电子（几百电子伏）易于进入磁层，并沿着尾瓣开磁场线向极盖运动，形成较低能量粒子在极盖区上空的均布沉降的现象，称为极雨（polar rain）。在极盖区还易于发生源于电离层的过热粒子（H^+，O^+ 和 He^+）连续蒸发（沿开磁场线向地磁层输运）的现象，称为极风（polar wind）。尾瓣区的开磁场线位形易于促使电离层外逸层的形成。在尾瓣区有时观察到能量较高（约 1 keV）的电子，其在极盖区上空沉降形成极光弧（朝向太阳分布），或者在沿磁场线沉降过程中受到加速

（能量达到 1～10 keV）而产生射线带状分立极光。发生太阳耀斑时，大量高能质子进入极盖区，导致电离层发生异常（D层电子密度剧增），引起高频（HF）和甚高频（VHF）无线电波（3～300 MHz）被强烈吸收，称为极盖吸收事件。

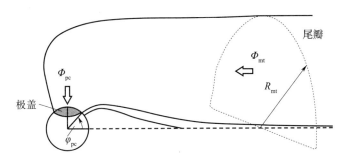

图 1-5 地磁层尾瓣与极盖示意图

Φ_{pc}—极盖磁通量；φ_{pc}—极盖纬度；Φ_{mt}—磁尾磁通量；R_{mt}—磁尾半径

（4）带电粒子辐射环境

在自然环境条件下，空间带电粒子辐射主要涉及地球辐射带、银河宇宙线及太阳宇宙线；前两种辐射源相对稳定，而后一种辐射源变化十分剧烈。空间带电粒子具有宽能谱特点，不但能量变化大，而且粒子的能量与通量密切相关。

辐射带粒子围绕着地球构成中、低纬度环形带，主要由质子和电子构成，并有少量的重离子（如 O^+ 等）。地球辐射带（或称范艾伦带）大体上分为高度不同的两个环形区域，分别称为内带和外带（如图 1-6 所示）[6]。内带在赤道上空从几百千米延伸至约 6 000 km 的高度，主要由高能质子（达几十兆电子伏）与高能电子（1～10 MeV）组成。外带所在的高度可达到60 000 km，主要由高能电子组成。对于低地球轨道，需要特别关注的是内辐射带会在南大西洋上空延伸至较低高度，该处的地磁场强度较低，形成南大西洋异常区。地球同步轨道的位置虽然处于外辐射带中心之外，但仍然会遭遇到很强的高能电子流。通常认为，内辐射带质子和电子的来源为银河宇宙线作用于高层大气产生反照中子，并发生衰变所致；外辐射带是地磁场俘获太阳风等离子体并随后经历加速形成的。辐射带粒子的运动状态受地磁场控制。内辐射带主要受地球内源磁场控制，相对比较稳定。太阳活动与大气密度变化时，可能引起内辐射带粒子通量出现一定程度的周期性变化。相比之下，外辐射带易受磁尾大幅度变化的影响，经常出现短暂的剧烈变化。辐射带质子的通量在太阳低年时高于太阳高年，而电子的情况则相反，即电子的通量在太阳高年时较高。

银河宇宙线源于太阳系外的质子与重核离子（1 MeV/n 至 10 GeV/n 以上，n 表示核子）。虽然电子也是银河宇宙线的成分，但＞100 MeV 电子的强度比质子至少低 1 个数量级以上，故通常予以忽略。在地磁层外，银河宇宙线粒子在各种能量下均呈各向同性；而在地磁层内则不然，地磁场导致许多能量较低粒子的路径发生偏转，这使得在倾角较低的低地球轨道上，仅能量足够高的银河宇宙线粒子才能作用于航天器。在极区，银河宇宙线粒子能够沿"开放的"磁场线进入，产生几乎定向的高通量束流与不同的粒子能量分布。同太阳高年相比，太阳低年时银河宇宙线粒子通量较大，这种现象在粒子能量较低时尤为明显。

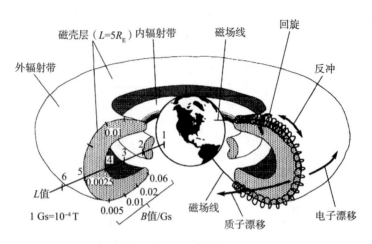

图 1 - 6　地球辐射带的内、外带形貌

太阳宇宙线是指耀斑或日冕物质抛射时发射出的高能质子与重离子流，尤以高能质子为主。太阳宇宙线的强度取决于太阳爆发事件的规模。每次耀斑或日冕物质抛射所产生的太阳宇宙线的成分、通量及能谱都不完全相同，具有很大的随机性。通常，在 1 MeV/n～10 GeV/n 的能量范围内，太阳宇宙线强度要比银河宇宙线高几个数量级。太阳宇宙线粒子易于沿地磁场线进入极区。只有能量足够高（>10 MeV/n）的太阳宇宙线粒子才可能克服地磁场的屏蔽作用，进入低倾角的低地球轨道。由于地磁场屏蔽效应的影响，会使进入地磁层的太阳宇宙线粒子的能谱发生较大变化。

（5）太阳电磁辐射环境

太阳电磁辐射涉及很宽的频率范围，包括：射电辐射（<10^9 Hz）、微波辐射（10^9～10^{11} Hz）、红外辐射（10^{11}～10^{14} Hz）、可见光与紫外辐射（10^{14}～10^{16} Hz），以及极紫外与 X/γ 射线辐射（10^{16}～10^{21} Hz）。来自太阳的射电辐射一般具有三种组分，分别是宁静太阳大气产生的背景辐射（称为宁静太阳射电），光学活动区上空的局部射电源产生的逐渐变化的辐射（称为太阳缓慢射电），以及太阳瞬态扰动产生的强度剧烈变化的射电辐射（称为太阳射电爆发）。太阳射电爆发常产生于低色球层到外日冕的太阳大气中，其辐射强度比前两种情况均高出许多。太阳射电爆发分五种类型：Ⅰ型射电爆发是持续时间不足几秒的脉冲型窄频带（2～10 MHz）快速米波爆发，常具有 0～20 MHz/s 的频率漂移速率；Ⅱ型射电爆发是持续时间为 5～10 min 的米波至 10 米波事件，其中约有 25% 射电爆发与太阳耀斑共生，辐射强度可超过宁静太阳射电的 100～1 000 倍，一般认为，它是激波扰动日冕等离子体引起的等离子体辐射；Ⅲ型射电爆发是高能电子束沿开磁场线由低向高穿越日冕大气引起的等离子体辐射，爆发的频率为 10～100 MHz，具有从高频向低频的快速频率漂移；Ⅳ型射电爆发是一种同大耀斑共生的结构复杂的太阳射电辐射，可在很宽的频带上长时间连续辐射；Ⅴ型射电爆发是在Ⅲ型射电爆发之后发生的持续时间为 0.5～5 min 的宽频带连续辐射，约有 10% 的Ⅲ型射电爆发伴有Ⅴ型连续辐射，发生在波长较长的米波上。太阳射电爆发的规模或频率尚难以预测。

可见光（350～700 nm）与红外辐射（0.7～7 μm）占据太阳光谱的绝大部分。太阳光谱的辐照度在波长 450～700 nm 之间出现峰值，并占据太阳常数的大部分。太阳常数是距离太阳 1 AU 处地球大气层外太阳辐射能量通量，约为 1 370 W/m²。除来自太阳的可见光与红外辐射外，月球反照、大气辉光、地球红外辐射及极光等的影响也需要加以考虑。虽然它们的强度比太阳光弱得多，却可能影响可见光或红外仪器的背底。这种影响在地球阴影区不容忽视。对于低地球轨道而言，地球红外反照对航天器的热平衡有着重要影响。

同上述可见光与红外辐射的情况不同，短波辐射在太阳光谱中所占份额较小。波长为 0.01～10 nm 的电磁辐射称为 X 射线；波长在 10～120 nm 时称为极紫外辐射。X 射线能够引起电离层 E 区电离。极紫外辐射会导致电离层中 O_2、N_2 及 O 发生光致电离，并可使热层大气加热。波长在 120～350 nm 的电磁辐射称为近紫外辐射，可导致中大气层、平流层和对流层产生光致分解、吸收及散射等过程。波长在 175 nm 以下的短波电磁辐射主要在低热层大气中被吸收，将影响原子氧的产生及其在中层大气以上的垂直分布。波长在 175～240 nm 的电磁辐射会引起 O_2 分解，在中大气层和平流层形成臭氧。在 240～330 nm 波长范围的太阳电磁辐射，能够引起臭氧及平流层中残余气体的分解。太阳辐射通量在波长 <100 nm 时为 10^7～10^{10} 光子/（cm² · s），而在 100～1 000 nm 几乎呈指数增长至 10^{16} 光子/（cm² · s）。太阳辐射通量不是固定不变的，会受到多种因素（如太阳周期）影响而随时发生变化。近紫外、极紫外及 X 射线辐射不仅影响大气与电离层的动力学过程，而且也是各种高度轨道条件下影响航天器设计的重要环境因素。在太阳短波电磁辐射作用下，航天器表面材料会发生电离、光致降解及发射光电子等现象，从而影响航天器的在轨服役行为。

（6）固体粒子环境

在近地空间存在两种固体粒子：微流星体与轨道碎片。粒子的尺寸从微米量级至几十米以上不等，速度达到每秒几千米乃至几十千米以上，能够对航天器构成严重威胁。

微流星体来源于彗星和小行星。大多数微流星体的质量为 10^{-12}～10^2 g，其中尤以质量为 10^{-3}～10 g 的微流星体粒子的危害程度最大，能够直接对航天器造成较严重的破坏。这样的粒子在地面上观测时不易发现，一旦它们进入大气层因摩擦发光才能看见时，航天器要躲避就为时已晚。微流星体粒子尺寸过小时，尽管其数量较多，却不足以对航天器造成一次性的严重破坏。微流星体的密度因其来源而有所不同，来源于彗星的微流星体密度较低（约 0.5 g/cm³），而来源于小行星的微流星体密度较高（约 3.5 g/cm³）。通常认为，在距太阳 1.5 AU 范围内，微流星体通量主要由来自彗星的微流星体构成。来自小行星的微流星体集中于小行星带（在 1.5～3.5 AU 内），很少降落到地球。

航天器在近地空间轨道运行，会诱导形成围绕地球的空间碎片云带。在 2 000 km 高度内，微流星体多为一闪而过的过客，这使得空间碎片对低地球轨道航天器的威胁要远大于天然的微流星体。大多数碎片粒子是在高倾角的圆形轨道上飞行，平均速度约为 10 km/s。空间碎片的来源包括废弃的航天器、火箭或航天器爆炸后的碎片、固体火箭发动机喷射出的金属氧化物等粒子、航天器表面剥落的漆片，以及各种航天活动的废弃物等。它们之间相互碰撞会进一步形成数量更多的碎片。空间碎片环境将随时间逐渐演化。据估计，尺寸小于 1 cm 的轨道碎片数量的年增长率为 2%～10%。空间碎片在航天器表面单位面积上的累积撞击次数与粒子尺寸、轨道高度和倾角以及时间等因素有关。撞击速度由碎片速度、航天器速度以及碎片撞击速度矢量和航天器速度矢量的夹角等因素决定。

1.5　空间天气过程的一般特征

空间天气泛指空间环境的动态变化状态，不仅直接影响航天器或地基技术系统的性能与可靠性，也会对人类的生存环境造成危害。为了有效防止空间天气的恶劣变化造成严重危害，有必要加强空间天气预报。空间天气预报与日常天气预报类似，主要着眼于瞬态或短期变化过程。空间天气的长期变化称为空间气候。太阳 11 年周期变化对空间气候产生重要影响，而空间天气主要取决于太阳、行星际介质及地磁层的瞬态变化。空间天气具有以下基本变化过程及其主要特点[6-10]。

（1）太阳扰动

太阳是空间天气变化的初始根源。太阳风以每秒几百千米的速度沿着开磁场线向外连续流动，充满行星际空间。太阳风及其携带着的太阳磁场的特性决定着行星际空间的规则结构。太阳磁场是行星际磁场的来源，对空间天气起着调制作用。在太阳大气的不同区域，起源迥异的磁场线纵横交错，具有不同的分量和位形。随着太阳活动的增强，太阳大气的磁场结构发生剧烈变化，所释放的巨大能量导致空间天气产生强烈扰动。太阳扰动过程主要表现为耀斑和日冕物质抛射。

①太阳耀斑

太阳耀斑是太阳大气储存的能量突然释放的事件，表现为日面某些局部区域突然增亮。耀斑的出现一般与磁场重构相关联，经常发生在黑子或黑子群所在区域。在大耀斑发生过程中，会发射出各种电磁辐射和高能粒子。较小的耀斑主要呈现可见光、软 X 线和微波射电辐射增强，而无 γ 射线、硬 X 射线、Ⅱ 型至 Ⅳ 型射电爆发及可测的粒子流。据估计一次大耀斑输出的总能量可达 4×10^{32} erg，其中约 1/4 能量以发射电磁辐射（主要集中在可见光波段）释放，3/4 能量以高能粒子和磁化等离子体团动能形式释放。发生太阳耀斑时，电磁辐射的能量和粒子的动能分别源于太阳大气中两个不同的区域（如图 1-7 所示）：一是色球中的低温耀斑区，主要发射电磁辐射，又称光学耀斑区；二是从色球过渡层至日冕的高温耀斑区，主要发射能量粒子流。高温耀斑区是耀斑的主体，而光学耀斑区可视为次级过程。在高温耀斑区发生等离子体不稳定触发后，将产生的粒子流和大量热量向下传播，便激发低层大气产生光学耀斑。耀斑产生的 X 射线辐射增强效应将破坏地球电离层的正常状态，且耀斑的高能粒子流会干扰地磁层。这些扰动也会导致地球大气层热力学状态的改变。太阳耀斑造成的这些扰动，使其成为影响空间天气的重要事件。

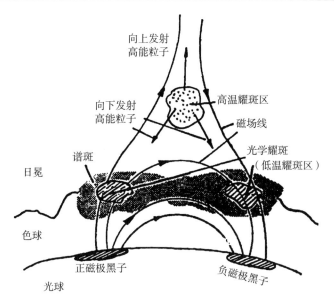

图 1 - 7　太阳耀斑区结构示意图

②日冕物质抛射

日冕物质抛射（Coronal Mass Ejection，CME）是在短时间（几分钟至几小时）内，将日冕等离子体团抛向行星际空间的突发事件。通常，抛射的日冕等离子体气体质量为 $10^{12} \sim 10^{13}$ kg，抛射速度为 $50 \sim 1\,800$ km/s，平均动能可达 $10^{23} \sim 10^{25}$ J。日冕物质抛射的典型形态呈膨胀的泡状环，其前端是亮环面，中间是低密度的暗腔，后部是高密度亮核（对应爆发日珥），亮环的双腿扎根在太阳上。通常认为，日冕物质抛射与日珥喷发密切相关，可将后者视为前者的驱动过程。日冕物质抛射实际上是日冕大尺度磁场结构连同冻结在其中的等离子体的失稳与抛射，这种抛射可由图 1 - 8（a）所示的磁绳（磁流管）失稳机制驱动。两端连于日冕底层的磁绳具有不断变化的扭曲缠结磁场结构，一旦失稳便会抛向行星际空间，形成巨大的等离子体团［如图 1 - 8（b）所示］。日冕物质抛射常与耀斑相伴发生，但两者实际上是不同的独立过程，所产生的效应特征也不同。耀斑发生时粒子的加速是脉冲式过程，持续时间较短（约几小时）；日冕物质抛射驱动的激波所加速的粒子流具有缓变特点，持续时间较长（几小时至几天）。通常，与日冕物质抛射共生的耀斑多属于较大的耀斑，且日冕物质抛射往往在 X 光耀斑增亮之前开始。同耀斑相比，日冕物质抛射对空间天气的影响更为突出。后者所形成的等离子体团在行星际传播过程中，其磁场结构会进一步发展成具有螺旋状大尺度磁场结构的磁云。这种磁云型的等离子体团称为行星际日冕物质抛射，简称 ICME。在行星际日冕物质抛射内部的磁场结构及其周围行星际磁场线扭曲的影响下，行星际磁场易在地球附近呈现较大的南向分量。这项特性对于触发地磁暴尤为重要，使得地磁暴与日冕物质抛射具有更好的相关性。

（2）行星际空间扰动

行星际空间充满着太阳风等离子体（携带着太阳光球层磁场），包括低速流（<500 km/s）和高速流（500 ~ 800 km/s）。太阳风及其所携带的磁场构成了行星际介质的

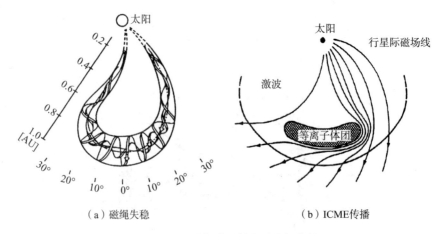

（a）磁绳失稳　　　　　　　　　　　（b）ICME传播

图1-8　日冕物质抛射的形成与传播

准稳态结构。通常在地球附近，行星际磁场强度平均为5~10 nT。在太阳活动的影响下，行星际介质会发生以下扰动。

①共转相互作用区的形成

共转相互作用区（Co-rotating Interaction Regions，CIR）是指太阳风高速流与低速流的界面附近形成的受压缩区域（如图1-9所示）。当从冕洞发出的高速太阳风流追赶上先期源于日冕气体膨胀的径向流（低速流）时，会使低速流的后边缘区域受到压缩，并向太阳转动方向偏转；同时，高速流的前边缘区域也会受到压缩，向相反方向偏转。在共转相互作用区的前边界形成前向快激波（FS），而后边界形成后向快激波（RS）。在太阳活动下降期，冕洞持续地从太阳高纬区向低纬区扩展，不断喷发高速太阳风流，易于形成共转相互作用区。在CIR内部，由于受到压缩，导致南向或 $-B_z$ 磁场分量显著增强。CIR的形成周期为27天（源于太阳自转）。当共转相互作用区作用于地磁层时，会触发以27天为周期的循环性地磁暴。

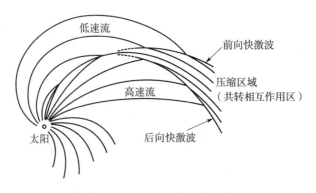

图1-9　共转相互作用区形成

②行星际激波

当日冕物质抛射形成的等离子体团（磁云）在行星际空间高速运动时，其与背景太阳风的相对速度远高于声速，会在压缩的太阳风前边缘形成无碰撞激波，称为行星际激波

（如图 1 - 10 所示）。在受压缩的鞘层内，所有等离子体参数（如温度、速度和密度）与磁场强度都急剧升高。激波后面的等离子体气体处于磁流体力学波（MHD）湍流状态，可使从太阳射出的高能粒子（主要是质子）再次受到磁流体力学波湍流的加速作用。行星际激波的加速作用，会使带电粒子能量在 1 AU 处达到兆电子伏乃至吉电子伏的量级。目前大多数观点认为，日冕物质抛射产生的行星际等离子体团是行星际激波源，而不是太阳耀斑的贡献。大多数情况下，行星际介质的强烈扰动都是由高速的行星际等离子体团（＞1 000 km/s）驱动的。在行星际等离子体团磁云内，磁场强度高（10～25 nT）且稳定，并伴随有磁场北—南方向的旋转；鞘层中磁场起伏大，有时呈现南向磁场。行星际激波强度的大小取决于行星际等离子体团的运动速度。

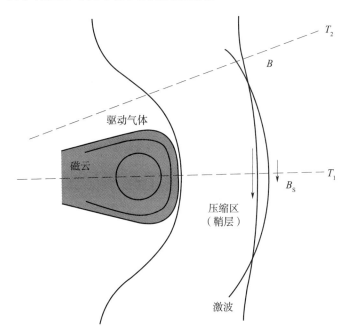

图 1 - 10　行星际激波结构示意图

（3）地磁层扰动

在太阳和行星际空间扰动的驱动下，地磁层随之产生剧烈扰动。这是太阳风能量在地磁层内的耗散急剧增强的结果。这样的事件通常持续几小时至几天，能量耗散速率与通常太阳风向地磁层转移能量速率相比可高出许多倍。按照地磁场变化的特点，地磁层扰动分为磁层暴和磁层亚暴，相应的地磁场扰动过程分别称为地磁暴和亚暴。

①磁层亚暴

磁层亚暴的主要特点是发生在极区，表现为在子夜极区的极光突然增亮。亚暴通常分为三个阶段，包括增长相、膨胀相和恢复相。增长相是由行星际磁场南向分量到达地磁层边界触发的。在向阳面磁层顶发生磁重联后，闭合磁通量被推向磁尾，尾瓣开放磁通量将增加（如图 1 - 11 所示）。这一过程导致磁尾磁能增高，磁尾对流增强，等离子体片变薄，极盖区扩展，极光卵向赤道方向推移及极光活动出现增强。增长相是太阳风能量传输给地磁层并储存在磁尾的过程。在增长相后期，储存在磁尾尾瓣中的能量以形成 X 型近地中性线（约在 $L=20R_E$ 处）并失稳撕裂的方式释放，触发膨胀相形成。膨胀相是磁尾能量的释放过程。膨胀相开始时，近磁尾越尾电流急剧减小，出现场向电流，形成电流楔（如图 1-12 所示），并与西向极光电集流闭合。随之，近磁尾磁场径向分量减小，北向分量突增，等离子体片增厚，磁场重新偶极化；等离子体片加热，能量粒子注入到地球同步轨道高度附近。当西向电集流强度达到极大时，亚暴电流楔和极光电集流开始减弱，磁尾逐渐恢复到亚暴前的状态（恢复相）。磁层亚暴的强弱和随时间的演化常用极光电集流指数来描述（如图 1-13 所示）。极光带地磁台所测得的地磁水平分量正、负扰动的平均值分别称为 AU 和 AL 指数，分别表示东、西向极光电集流的强度。AE 指数为 AU 和 AL 的差值，即 AE＝AU－AL，单位为 nT。通常磁层亚暴持续一至几小时，一日内可发生数次分立的磁层亚暴事件。发生磁层亚暴时，磁层内出现一系列相互关联的现象，包括：极区磁场扰动（磁亚暴）、极区极光活动增强（极光亚暴）、极区电离层扰动（电离层亚暴），以及极区热层大气扰动（热层亚暴）等。

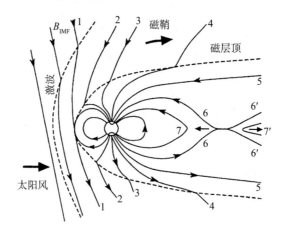

图 1-11　日侧磁重联

1～7—磁场线移动位置

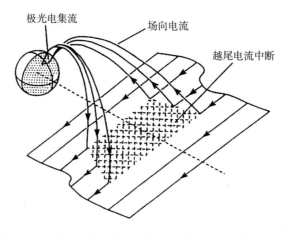

图 1-12　磁层亚暴电流楔（常在磁尾 $L=10R_E$ 附近形成）

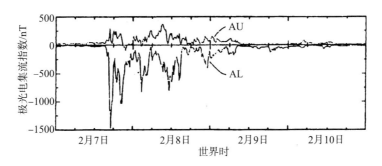

图 1 - 13　发生磁层亚暴时极光电集流指数的变化

②地磁暴

地磁暴是指地球磁场发生全球性剧烈扰动的事件，其主要特征是地球大部分地区的磁场水平分量出现显著降低，然后逐渐恢复。磁暴开始时，地磁水平分量增加，并在一至几小时内基本保持不变的过程，称为初相。初相结束后，地磁水平分量突然下降，持续半小时至数小时的过程，称为主相。此后，地磁水平分量开始回升，在几天至 1 周内恢复到磁暴前水平的过程，称为恢复相。有些磁暴初相开始时地磁水平分量突然剧增，称为急始（SSC）。地磁暴的发生与赤道环电流增大密切相关，通常通过 D_{st} 指数（单位为 nT）表征（如图 1 - 14 所示）。地磁暴发生时带电粒子从磁尾注入，导致赤道环电流急剧增大，引起地磁水平分量降低。通常认为，太阳高年期间，地磁暴主要由日冕物质抛射事件触发。在所产生的高速等离子体团（磁云）前方存在间断鞘层与行星际激波。激波撞击地磁层顶时，在磁层内产生强脉冲，导致磁暴急始。高速的等离子体团（磁云）压缩地磁层，导致地磁水平分量明显增大，产生磁暴初相。磁云和间断鞘层内存在南向磁场结构。当地球附近行星际磁场南向时，太阳风加剧向磁层输入能量，磁尾等离子体片中大量的电子与离子（主要是 H^+ 和 O^+）受到加热，注入环电流区，导致环电流幅值突增和地磁水平分量下降，产生磁暴主相。行星际磁场恢复北向后，由于粒子间电荷交换和磁层波动对粒子的散射，导致环电流强度减弱，地磁场恢复到暴前状态（恢复相）。磁暴主相常伴随着亚暴的发生，极光活动的增强，极光卵区域向低纬方向的移动。地磁暴对近地空间产生了严重影响：一是向地磁层输入大量能量粒子，导致地球辐射带粒子通量显著增加；二是导致地磁屏蔽效应明显降低，促使宇宙线粒子到达地磁层深处。在太阳活动低年期间，共转相互作用区撞击地磁层，触发循环性地磁暴，导致磁层内能量电子加速，这会使得地磁层内能量电子数量呈现随太阳自转周期（27 天）变化的趋势。

（4）电离层扰动

发生地磁扰动期间，磁层和电离层发生强烈耦合，引起电离层扰动，对电离层正常状态造成破坏。短时间的局域性的电离层扰动（持续几分钟至几十分钟），称为电离层突然骚扰；长时间的大规模的电离层扰动（持续几小时至几天），称为电离层暴。

①电离层突然骚扰

电离层突然骚扰常在太阳耀斑爆发几分钟后发生。耀斑爆发时，X 射线辐射强度在短

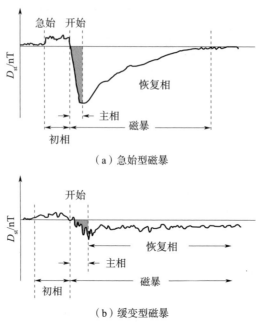

（a）急始型磁暴

（b）缓变型磁暴

图 1-14　典型的地磁暴过程

时间内显著增强，导致电离层低层（主要是 D 层）的电子密度突然增加，这会促使电子与中性粒子发生剧烈碰撞，导致电波能量耗散（吸收）增强，造成通信信号衰减，甚至中断（持续几分钟至几十分钟）。电离层 D 层能够反射其下方大气中雷电产生的甚低频波段（10～50 kHz）的电波。当 D 层电子密度突然增大时，天电（指远处闪电产生的甚低频信号）进入 D 层的深度变浅，吸收减小，使可接收到的天电信号噪声突然增强。经电离层反射接收到的无线电波称为天波。对于依靠 D 层反射的长波通信，D 层电子密度的突然增人使天波反射高度下降，导致信号相位产生变异，影响全球导航。太阳耀斑爆发产生的高能质子到达地球后，沿地磁场线向极盖区沉降，使 D 层电子密度显著增加，能够导致短波通信中断（极盖吸收）。

②电离层暴

电离层暴的特点是涉及的范围大，持续时间长（几小时至几天）。电离层暴与地磁暴同时发生。磁暴发生期间，大量太阳风等离子体可以通过地磁层极尖区直接侵入电离层，使电离层受到的扰动比太阳 X 射线辐射造成的扰动更大。极区附近电离层变化最为剧烈，会严重干扰通信。在中纬度区域，观察到两种电离层暴类型：一是临界频率 f_{0F_2} 降低（低于暴前水平），称为负暴；二是 f_{0F_2} 升高（高于暴前水平），称为正暴。电离层暴发生期间，F 层扰动强烈，引起分层紊乱，使无线电波信道条件和适用频率的选择遇到困难。电离层暴的强度和出现频次与太阳活动密切相关，呈现 11 年周期、27 天周期及季节性变化。在春、秋分附近，电离层暴发生次数较多。地磁亚暴发生时，大量能量电子（>20 keV）沉降至极区 100 km 以下的电离层，引起电离度显著增高和无线电波吸收剧增，称为电离层亚暴。

（5）热层大气扰动

在太阳与行星际发生扰动期间，向地磁层注入的能量有很大一部分耗散在热层，导致热层大气产生局域乃至全球性的扰动，称为热层暴。热层与电离层处在同一高度范围，两者具有强烈耦合效应。热层暴与电离层扰动密切相关。热层大气扰动时，常呈现以下3种效应。

①中纬热层大气成分扰动

地磁扰动期间，中纬度热层大气的成分发生明显改变。在给定高度下，较轻组分（如O和He）的相对密度（暴后与暴前比值）降低，而较重组分（如N_2和Ar）的相对密度升高，如图1-15所示。这种现象可视为地磁扰动时极区热层大气成分变化特点向中纬区域的延续。磁暴或亚暴发生时，大量能量粒子沿磁场线向极区注入，导致热层大气急剧受热和向上膨胀。轻组分上升速度快，易于逃逸。轻、重组分向上逃逸速度的不同，引起热层大气成分的变化。这种发生在极区的过程通过极盖区日侧向夜侧的水平风流（由离子漂移碰撞驱动）与极区高压带（源于大气受热向上膨胀形成）的作用被推向中纬区域。极区高压带的形成有利于加强指向赤道方向的风流。

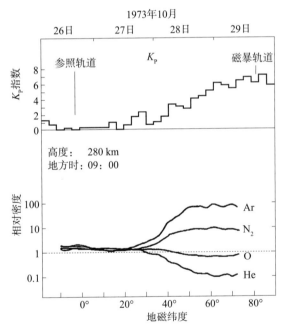

图1-15 1973年10月地磁暴期间热层大气组分相对密度变化与纬度的关系

（高度280 km；地方时09：00；相对密度取值为暴后和暴前之比）

②低纬热层大气密度扰动

地磁扰动期间，与上述极区和中纬区热层大气密度变化的特点不同，低纬热层大气组分的密度呈现脉动式扰动现象（如图1-16所示）。轻组分（如O、He）和重组分（如N_2、Ar）的密度均呈现脉动式变化。这种现象在地磁扰动开始4 h内便可在赤道附近出现，难以简单地通过极区加热效应来解释。地磁扰动时，突然向极区注入的能量和热量引起热层大气急剧向上膨胀，触发广谱的大气重力波高速向赤道方向传播。当频率不同的重力波到达中纬区域时，高频波（短波）强烈衰减，而低频波（长波）驱动热层大气呈现向赤道区传播的脉动式扰动。这种机制称为游走式大气扰动。显然，源于南、北两极区的大气脉动或扰动叠加，会使赤道附近区域热层大气受到强烈的压缩和加热，从而导致轻、重组分的密度均呈现脉动增强效应。

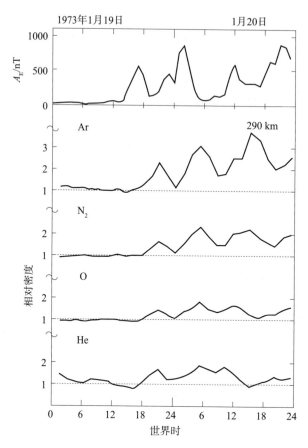

图 1-16　1973 年 1 月地磁扰动期间低纬热层大气组分相对密度随时间的变化

（高度 290 km；地方时 01：00；纬度 5°S～10°S；相对密度取值为暴后和暴前之比）

③高层大气膨胀

太阳耀斑等活动现象产生的短波辐射除了导致地球电离层的电离度增高外，还将引起地球高层大气的加热。耀斑产生的短波辐射增强可达几个数量级，绝大部分被 100 km 以上的高层大气吸收，引起大气分子垂向运动加快。垂向运动速度增大将提高分子之间的碰撞频率，并将能量向上层和下层传输。由于大气密度随高度升高而减小，气体从下向上运动比从上向下运动更容易，其净结果是向上运动的分子多于向下运动的分子，导致大气向外膨胀，使高层大气密度增加。这种大气由低层向高层的运动会影响大气环流，导致空间天气变化。太阳耀斑等活动发生期间，地球高层大气密度增大将使得在此高度运行的航天器受到的大气阻力增加，从而导致其轨道衰变和寿命缩短。

1.6　空间环境对航天器的影响

空间环境对航天器的影响是空间环境效应研究的基本着眼点,所涉及的主要科学问题是研究空间环境与航天器相互作用的基本规律及其工程应用。空间环境效应是空间环境与航天器相互作用的宏观和微观表现,涉及各种物理、化学及力学等过程。空间环境效应在时间与空间尺度上具有明显的动态变化特征,其直接受空间环境变化及航天器自身特点的制约。深入研究空间环境对航天器的影响,对于提高航天器在轨服役寿命与可靠性具有重要意义。

(1) 空间中性大气环境的影响

中性大气环境能够对低地球轨道航天器产生多种负面效应。在低于 800 km 的低地球轨道上,地球残余大气构成中性大气环境,能够对航天器产生气动阻力。对于大型非对称结构的航天器而言,阻力作用的不均匀性可使航天器产生扭矩,影响航天器的姿态,需要通过姿控系统加以调整。气动阻力还会导致航天器轨道下降,需要通过轨控发动机定期提升轨道。在低地球轨道条件下,原子氧是必须考虑的中性大气成分。它撞击航天器前表面的平均动能可达到约 5 eV,能够引起许多聚合物材料 (如 Kapton、C/C 复合材料) 及 Ag 等发生表面剥蚀。在航天器的周围存在着由其自身释放的气体形成的本征气体环境。由于受到高真空及空间辐射等作用,能够导致航天器表面材料出气,成为光学敏感表面的污染源。轨控/姿控发动机羽流在背向流区所产生的中性气体分子也是常见的污染源。在低地球轨道条件下,中性气体环境常是导致航天器表面出现紫外-可见光-红外漫散射发光现象的始作俑者。这种复杂的发光现象是材料表面催化与激励过程的回复效应,与轨道高度、姿态、材料特性、表面温度、在轨时间、光照条件及航天器尺寸等多种因素有关。近年来对航天器外部自身大气层危害性的研究日益重视,一是航天器外部自身大气层可能成为气体分子污染源,二是易于触发静电放电或形成辉光。

(2) 空间等离子体环境的影响

等离子体环境对航天器的主要影响是引起电流流向航天器暴露表面,导致电荷累积效应。暴露在空间环境中的高压电源系统产生的电场会对这种电流的流动产生显著影响。所累积的电荷能够在航天器的不同电绝缘表面之间产生电位差,乃至引起破坏性的电弧放电;或者通过形成微电弧,产生电磁噪声与烧蚀表面。这种表面烧蚀效应又会促使航天器周围气体与粉尘环境的形成。低地球轨道等离子体环境能够引起高压太阳电池阵 (>1 000 V) 产生电弧放电。即便在较低电压的情况下,也需要从设计上尽量避免太阳电池阵产生微弧放电及其引起的电磁干扰。通常,太阳电池阵的工作电压应低于 200 V (起弧电压的经验阈值),这会明显增加航天器配电系统的质量。在地球同步轨道条件下,等离子体的能量高,会形成比低地球轨道等离子体严重得多的充电环境,能够在航天器结构与空间等离子体之间或不同表面之间形成几千伏的电位差。已经发现,所产生的电弧放电能够直接导致航天器失效。在航天器表面累积的电荷还易于将带电的污染物气体分子吸引到航天器敏感表面，引起敏感表面的性能发生变化。例如，累积电荷可使航天器表面的电导率下降或改变其充电特性。这说明在地球同步轨道条件下，环境等离子体与电离的气体分子可能产生协同效应。在太阳电池阵表面，也可能使因中性气体发生电离形成电子而导致电弧放电的可能性加大，即产生二次电子倍增效应。因此，地球同步轨道航天器在设计上应采取必要措施，以防止等离子体环境引起充放电效应发生。

（3）空间辐射环境的影响

空间带电粒子辐照对航天器的损伤效应涉及辐射损伤与深层介质充放电两方面，后者是高能电子穿入航天器内部，在电绝缘体中沉积电荷并最终导致电弧放电的过程。辐射损伤效应可以是暂时性的，也可以是永久性的。当带电粒子的能量足够高时，单个粒子穿过便可能使电子器件的状态发生变化，称为单粒子事件，其所产生的影响是使随机存储单元翻转、增加电荷耦合器件的噪声，以及诱发各种错误信号等。严重时，单粒子事件会导致积分电路闭锁或烧毁，形成永久性损伤。常见的空间带电粒子辐射损伤效应是电离吸收剂量的累积所致，称为总电离剂量效应（TID）。这是一种损伤逐渐累积的过程，主要表现为导致热控涂层、电子器件及光学器件等关键材料和器件性能退化。长期以来，对空间带电粒子辐射损伤效应及防护的研究一直是航天器设计十分关注的问题，也是空间环境与航天器相互作用研究的重要内容。太阳各波段电磁辐射都会对航天器产生不利影响；低频的射频干扰会对电子学系统产生影响；来自太阳、地球及其他天体的红外辐射会影响在轨航天器的热平衡；在传感器附近若存在可见光从某些表面反射或从粉尘粒子反射时可能产生微弱的信号或图像。太阳紫外辐射能够直接引起航天器表面材料性能退化，并可通过诱发光电子影响航天器表面的充放电过程。太阳紫外辐射还可能通过光化学键合作用促使敏感表面形成污染膜。X射线与γ射线（主要来源于人造污染源）能够穿过航天器表面并在防护层内产生带电粒子，从而对敏感系统产生影响。通常，来自太阳电磁辐射的X射线与γ射线的强度较弱，所产生的影响较小。发生太阳耀斑时，X射线辐射强度可能呈数量级增强，应予以关注。

（4）空间固体粒子环境的影响

空间固体粒子包括微流星体与空间碎片，能够以很高的速度撞击航天器，会导致航天器受到严重损伤或被完全破坏。微流星体撞击航天器的平均速度为15～20 km/s，甚至可以达到70 km/s；空间碎片的平均撞击速度约为10 km/s。尺度为毫米量级的固体粒子以低地球轨道速度（如约8 km/s）运动时，其动能足以造成航天器严重损伤。例如，一小块漆片的撞击就可使航天器舷窗出现大的穿孔。空间微小粒子的超高速撞击还会诱发航天器结构和表面材料在电压低于100 V时出现电弧放电。空间微细粒子（尺度在微米量级以下）可能使航天器上光学系统受到污染，导致其性能退化。在航天器附近的微细粒子，可能反射或漫散射足够的光辐射能量而导致敏感的传感器过载。光学传感器附近的微细粒子发光时，其信号强度可能超过远处目标的信号强度。在传感器系统的视场中，附近的微细粒子散射会形成杂波。航天器周围的微细粒子或粉尘是航天器表面涂层剥落及火箭发动机点火（尤其是固体火箭发动机）等过程形成的产物。随着人类航天活动的增多，空间固体粒子的数量逐渐明显增多，已经成为长寿命、高可靠航天器设计时必须加以考虑的问题。

（5）空间物理场的影响

空间物理场对航天器的影响主要涉及真空、冷黑、微重力、磁场及电场等环境，下面简要说明。

1）宇宙真空是理想的洁净真空，航天器飞行的轨道高度越高，真空度越高。地球周围的真空环境取决于大气压力。海平面标准大气压力值为 $1.013\,25\times10^5$ Pa。大气压力在 300 km 高度降至 3.5×10^{-5} Pa，在 10 000 km 高度时降至 2.1×10^{-10} Pa。航天器入轨后将始终在高真空或超高真空环境中运行。真空环境会对航天器密封舱产生巨大的内外压力差效应，导致密封舱变形或损坏。在高于 1×10^{-2} Pa 真空度下，气体分子会从材料表面逃逸（真空出气效应），成为对航天器低温敏感表面的污染源。在真空度高于 1×10^{-7} Pa 以上的超高真空条件下，可能产生粘着和冷焊效应。进行航天器热设计时必须考虑真空辐射传热效应。

2）冷黑环境与宇宙空间具有极低的能量密度（约为 1×10^{-5} W·m^{-2}）密切相关，相当于温度为 3 K 的黑体，会导致航天器的热辐射全部被太空吸收，且无二次反射（常称为热沉）。航天器热设计必须考虑冷黑环境的影响，否则会造成航天器的温度过高或过低，影响航天器的正常工作和寿命。

3）微重力环境是地球引力场与航天器在轨运动相互作用所产生的，导致近地空间轨道航天器上重力加速度值为 $(10^{-3}\sim10^{-6})g$，形成"失重"状态。在微重力环境下物体的运动规律不同于地面，其运动状态会影响航天器的对接和分离、太阳电池阵与天线的展开以及航天员的生理功能等。

4）地球磁场显著影响近地空间环境和航天器在轨行为，能够俘获空间带电粒子，形成地球辐射带。宇宙线粒子能量较低时，会在地磁场作用下发生路径偏转，难以到达低地球轨道。空间磁场会使航天器产生磁力矩，包括永久磁力矩、感生磁力矩及涡流磁力矩，一方面这会影响航天器的姿态控制和磁性仪器的测量精度，但另一方面空间磁场也可用于控制航天器的姿态。

5）空间电场是源于空间电荷，可由正、负带电粒子极化分离产生极化电场，也可由磁场随时间变化而产生感应电场。空间等离子体流横切地磁场线所产生的极化电场称为对流电场。空间等离子体密度低而电离度高，空间电荷不易累积，一旦对流停止，对流电场也立即消失。地磁场线基本上是等电位线，可使一个区域的电场沿磁场线映射到另一个区域，形成映射电场。上述四种形式空间电场的形成，可为地磁层的能量输入、耦合和耗散过程提供有效的驱动机制。地磁层和太阳风相互作用所形成的大尺度磁层电场能够沿着高电导率的磁场线映射到高纬电离层，而电离层变化又可对磁层电场施加调制作用，导致磁层和电离层强烈耦合。行星际磁场与地磁场重联时，由行星际磁场的南向分量驱动的磁层对流电场是导致环电流增强和地磁暴产生的主要原因。在近地空间存在多种大尺度电流系统，它们随时间变化都能产生感应电场。地磁暴和亚暴是地球空间磁场随时间发生剧烈变化的事件，也会产生感应电场。这些情况说明空间电场的形成及其变化将直接或间接地对航天器产生重要的影响。

（6）空间天气的影响

在太阳活动的驱动下，行星际空间和近地空间环境呈现随时间动态变化的状态，会对航天器乃至天基和地基技术系统的性能和可靠性产生严重影响。空间环境的动态变化状态称为空间天气。美国国家空间天气计划纲要将空间天气定义如下："空间天气是指在太阳上和太阳风、磁层、电离层以及热层内，能够影响天基和地基技术系统的性能和可靠性，并可能对人类的生命或健康造成危害的空间环境状态"。太阳射电爆发期间，行星际介质、地磁层、电离层、高层大气和高能粒子环境都会有强烈的反应，形成恶劣的空间天气环境。在恶劣的空间天气条件下，航天器将面临严重考验，空间环境的损伤效应将显著增强。太阳耀斑和日冕物质抛射时，太阳能量粒子的峰通量在数小时内到达地球，导致航天器辐射损伤加剧（太阳粒子事件）。日冕物质抛射事件将触发地磁暴，导致地磁场发生强烈扰动和能量粒子注入地磁层，造成航天器运行、通信和导航系统出现故障。地磁场扰动会在地面电力系统中诱导产生感生电流，造成电力系统过载，例如，1989 年 3 月强地磁暴发生时，在几秒钟内便造成加拿大魁北克省电网系统瘫痪。太阳射电爆发能够对无线电通信产生强烈干扰。在电离层暴发生期间，卫星与地面之间通信可能出现异常或中断。太阳短波电磁辐射的变化将会引起地球大气环流和天气发生变化。因此，加强空间天气预报十分必要。通过空间天气预报，可有效地减轻或避免空间天气事件给航天器和人类造成危害。

1.7　空间环境效应研究基本途径

早在航天技术发展的初期，人们在实践中很快就认识到空间环境效应是直接影响航天器设计与在轨运行状态的基本因素之一。自 1958 年发现范艾伦辐射带以来，空间环境与航天器相互作用的研究一直是受到关注的热点问题。几十年来，人们在发展航天技术的过程中，由于种种错综复杂的原因，发生了许多的故障和事故。据不完全统计，有 50% 以上的航天器故障或事故与空间环境效应有关。这一方面说明空间环境效应问题的重要性，另一方面也说明了问题的复杂性。空间环境效应的研究是在解决一系列工程实际问题的基础上不断探索和深化，它具有很强的工程应用背景与科学研究内涵。随着航天技术的发展，将对航天器不断提出新的、更高的要求，这需要更加关注航天器与空间环境的依存关系。新一代航天器可能对空间环境效应更加敏感；并且，不同的空间环境效应可能具有协同性，使得空间环境效应对航天器的影响更加复杂。所以，为了有效地提高航天器在轨服役的可靠性与寿命，深入开展空间环境效应研究十分必要。

空间环境与航天器的相互作用涉及复杂的动力学过程与物理/化学机制。空间环境具有明显的动态变化特征，即便在很短时间内也可能发生剧烈变化，这在很大程度上增加了空间环境效应研究的难度。特别是，空间环境与航天器相互作用发生在太空，直接在轨进行研究不仅所需费用大，技术上也难以实现，有效的途径是在地面上进行空间环境效应模拟研究，包括地面试验模拟与计算机仿真。地面模拟便于进行系统研究，能够较深刻地揭示空间环境效应的物理本质与规律，但毕竟受模拟条件所限，与在轨实际情况会有一定的或较大的差异。为了解决这一问题，可将地面模拟与在轨飞行试验相结合，充分发挥各自的优点，综合进行空间环境效应研究。因此，空间环境效应研究的基本途径有以下三种。

（1）地面模拟试验

地面模拟试验是在"效应等效"原则下，通过试验方法模拟空间环境效应。空间环境与航天器相互作用发生在太空，在地面上难以再现，只能通过效应等效进行模拟。地面模拟试验分整星、分系统及材料与器件三个层次。鉴于整星与分系统的复杂性，大量的空间环境效应地面模拟试验是在材料与器件上进行的。这成为空间环境与航天器相互作用研究的基础。实际上，空间环境导致航天器出现故障或事故总是首先源于材料与器件的损伤。针对航天器进行空间环境效应地面模拟试验的关键是找到薄弱环节，并在此基础上揭示空间环境效应的机理与规律。为了使空间环境效应地面模拟试验尽可能与在轨实际情况相吻合，地面模拟试验应达到等效模拟与加速试验两方面基本要求。在空间环境效应等效原则下，选择试验参数和界定等效判据是进行地面等效模拟试验的前提。航天器在轨服役时间长达几年乃至十几年以上，难以在地面上进行等时间试验评价。许多情况下，地面模拟加速试验是解决这一问题的唯一选择。地面模拟加速试验时，必须保证不引入新的损伤机制，应力求使加速试验时空间环境效应的损伤机制与非加速试验时一致。

（2）计算机模拟与仿真

计算机模拟与仿真是进行空间环境与航天器相互作用研究的必不可少的途径。空间环境条件与航天器结构均十分复杂，加之航天器在轨运行时间长，不可能完全通过地面模拟试验进行分析。通过计算机模拟与仿真能够在理论建模的基础上从多个层面进行研究，便于对空间环境与航天器的相互作用进行量化表征。计算机模拟与仿真的研究结果能够与地面模拟试验结果相互补充、相互印证，共同揭示空间环境与航天器相互作用的内在本质与演化规律。空间环境与航天器相互作用的研究首先要涉及空间环境的量化表征，要求建立空间环境模式，并能够对航天器轨道环境进行计算。多年来，在大量探测数据的基础上建立了多种空间环境模式，为解决这一问题提供了必要的基础。尽管所建立的各种空间环境模式尚存在着许多不足，但毕竟为空间环境参数计算提供了基本依据。航天器与空间环境的相互作用涉及复杂的动力学过程与物理/化学机制。许多情况下空间环境效应不但涉及轨道环境变化，还与航天器结构、尺寸及在轨运行状态等因素有关，只能通过计算机模拟与仿真方法进行研究，如航天器表面充电效应及污染效应等。由于受地面模拟试验条件所限，许多情况下难以直接通过试验对航天器的复杂环境效应进行量化表征。随着航天技术的发展，对空间环境与效应的表征提出了越来越高的要求，将需要进一步加强计算机模拟与仿真研究的作用。

（3）空间飞行试验

空间飞行试验是直接在航天器实际运行条件下进行空间环境效应的试验，能够真实地反映空间环境与航天器相互作用的实际情况。这种途径具有试验数据直接、真实及可信特点，能够有效地弥补地面模拟试验与计算仿真的不足，成为空间环境效应研究的不可缺少的基本途径之一。地面模拟试验与计算仿真的结果是否正确，最终要通过航天器在轨飞行试验验证。该种途径的不足之处是试验费用高、试验难度大，难以大量进行。空间飞行试验涉及轨道选择、暴露试验装置设计及试验过程控制和数据传输等诸多问题。为了提高空间环境效应分析的准确性，应尽可能对在轨暴露试验样件进行物理隔离，以避免试验结果受到航天器整体状态变化的影响。

1.8　常用术语

1）天文单位：指用于表征太阳系内距离的一种度量单位（AU）。一个天文单位等于太阳与地球之间的平均距离，即 1 AU≈149 597 870 km。

2）太阳常数：指距离太阳一个天文单位的地球大气层外垂直于太阳光线的单位面积上，单位时间内接收到来自太阳的总电磁辐射能量，单位为 W/m^2。

3）太阳光谱辐照度：指给定波长范围或单位波长间隔，单位时间通过单位面积的太阳电磁辐射能量，单位为 $W/(m^2 \cdot \mu m)$。

4）地外太阳光谱辐照度：指距离太阳一个天文单位处，在地球大气层外接收到的来自太阳的光谱辐照度，单位为 $W/(m^2 \cdot \mu m)$。

5）积分辐照度：指在给定波长 $\lambda_1 \sim \lambda_2$ 范围内积分的光谱辐照度，即 $E_{\lambda_1 - \lambda_2} = \int_{\lambda_1}^{\lambda_2} E_\lambda d\lambda$。

6）AM0：指零空气质量，即无地球大气衰减作用时的太阳辐射条件，为 Zero Air Mass 的缩写。

7）地磁要素：指表述地磁场矢量的七个基本参量，包括总地磁场强度 B、水平强度 H、磁倾角 I、磁偏角 D、北向分量 X、东向分量 Y 及垂直分量 Z。它们之间的相互关系为：$H = B \cdot \cos I, Z = B \cdot \sin I, X = H \cdot \cos D, Y = H \cdot \sin D, H^2 = X^2 + Y^2$ 及 $B^2 = H^2 + Z^2 = X^2 + Y^2 + Z^2$。其中，$B$、$H$、$Z$ 及 I 属内禀地磁要素，可直接反映地磁场的特性；其他地磁要素与参考系有关。通常用水平强度 H 表征地磁场的变化。

8）地磁极：指地球表面上地磁场方向沿垂直方向（即水平分量为零）的点。南、北半球各一个地磁极，分别称为南磁极与北磁极。

9）地磁赤道：指地球表面磁倾角 I 为零的点构成的线。地磁场呈磁轴与地球自旋轴重合的偶极磁场时，磁赤道与赤道重合。

10）地磁偶极子：指其磁场近似代表地磁场分布的磁偶极子。若磁偶极子位于地心，称为中心偶极子；地磁偶极子与地心不重合（通常偏离约 430 km）时，称为偏心偶极子。地磁偶极子轴相对于地球旋转轴倾斜约 11.5°。

11）地磁坐标系：以地心为原点，以中心偶极轴为极轴的球坐标系，又称偶极坐标系。通过偶极轴的大圆为偶极子午面，与中心偶极子轴垂直的大圆为偶极赤道。空间任意一点的三个坐标分别为地心距 r、地磁余纬度 θ_m 及地磁经度 λ_m。

12）粒子能量：本书中粒子能量是指粒子的动能。

13) 粒子通量：指单位时间内穿过单位面积的粒子数，单位为粒子数·cm^{-2}·s^{-1}。

14) 全向通量：指单位时间内从立体角所有方向穿过截面为 1 cm^2 球体的粒子数，单位为粒子数·cm^{-2}·s^{-1}。

15) 单向通量：指单位时间内从某个方向射入单位立体角和单位面积上的粒子数，单位为粒子数·cm^{-2}·s^{-1}·sr^{-1}（这里 sr 为立体角的弧度）。

16) 微分通量：指在能量 E 和 $E + dE$ 范围内的粒子通量。单向微分通量的单位为：粒子数·cm^{-2}·s^{-1}·sr^{-1}·MeV^{-1}；全向微分通量单位为：粒子数·cm^{-2}·s^{-1}·MeV^{-1}。一般情况下，单向微分通量是空间位置的函数，并随粒子入射方向而变化；全向微分通量只与空间位置有关。当来自各方向的单向微分通量相等时，它等于全向微分通量除以 4π。

17) 积分通量：指能量超过某一给定能量（E_0）的粒子通量。单向积分通量的单位为：粒子数·cm^{-2}·s^{-1}·sr^{-1}；全向积分通量的单位为：粒子数·cm^{-2}·s^{-1}。一般情况下，单向积分通量是空间位置的函数，并随粒子入射方向而变化；全向积分通量只与空间位置有关。当来自各方向的单向积分通量相等时，它等于全向积分通量除以 4π。

18) 能谱：指粒子通量随能量的变化关系。能谱通常用二维坐标表示，横坐标为能量，纵坐标为通量。微分能谱是界定粒子微分通量与能量的关系，用符号 $\varphi(E)$ 表示；积分能谱是指粒子积分通量随能量的变化关系，用符号 $\Phi(> E_0)$ 表示。积分能谱等于微分能谱从能量 E_0 到无穷大的积分，即 $\Phi(> E_0) = \int_{E_0}^{\infty} \varphi(E) dE$。

19) 累积通量：指在给定的时间范围内穿过单位面积的粒子总数，即为时间积分通量，单位为：粒子数·cm^{-2}。累积通量也常称为注量。

20) 能量注量：指单位面积的被辐照表面所受到的辐射总能量，单位为：$J·cm^{-2}$。

21) 吸收剂量：指单位质量物质所吸收的平均辐射能量，以 rad 或 Gy 为单位（1 rad $= 100$ erg/g $= 0.01$ J/kg；1Gy $= 1$ J/kg $= 100$ rad）。

22) 阻止本领：入射粒子能量损失过程的特征可用单位路径长度上的能量损失（$-dE/dx$）来描述，（$-dE/dx$）称为阻止本领。入射粒子在单位路径长度上与靶材原子核及核外电子碰撞所引起的能量损失，分别称为核阻止本领（$-dE/dx$）$_n$ 与电子阻止本领（$-dE/dx$）$_e$。

23) 线性能量传递（LET）：指入射粒子在物质中穿过单位距离时损失的电离辐射能量，单位为：$MeV·cm^2·g^{-1}$。工程上，常以下式表征

$$\text{LET} = \frac{1}{\rho}(-dE/dx) \tag{1-2}$$

式中 ρ——材料的密度；

$-dE/dx$——材料对入射粒子的阻止本领。

24) 地磁刚度：指粒子每单位电荷的动量所定义的物理量，用于表述带电粒子穿入地磁场能力的大小，单位为 GV。粒子的磁刚度 R 与能量 E 的关系为

$$R = \frac{A}{Z} \sqrt{E(E + 1\,862)/1\,000} \tag{1-3}$$

式中　　A——粒子的原子质量数；

　　　　Z——粒子电荷数；

　　　　E——粒子能量（MeV）。

25）地磁截止刚度：指地磁场允许带电粒子进入地磁场某位置的最小磁刚度（R_c）。只有满足 $R \geqslant R_c$ 条件，带电粒子才能进入并到达地磁场中的某位置。

26）磁刚度谱：指带电粒子的通量随磁刚度的变化关系。

27）线性能量传递谱（LET 谱）：指入射粒子的通量随线性能量传递的变化关系。

28）吸收剂量深度分布：指入射粒子辐射吸收剂量沿材料深度的变化关系。

29）射程：入射粒子进入靶物质后直至静止下来所走过的距离称为射程。入射粒子在路径上的能量损失大小与粒子动能呈反比。随着路径的增加，粒子在单位长度路径上损失的能量将逐渐增多，直至在路径的末端达到最大。入射粒子路径末端沿入射方向的平均投影距离，称为投影射程。具有某能量 E 的入射粒子的平均射程为

$$R_E = \int_0^E (- \mathrm{d}E/\mathrm{d}x)_E^{-1} \mathrm{d}E \qquad (1-4)$$

30）非电离能量损失（NIEL）：指入射粒子在物质中穿行单位距离时通过非电离过程损失的能量，单位为：$\mathrm{MeV} \cdot \mathrm{cm}^2 \cdot \mathrm{g}^{-1}$。

31）高层大气：指 120 km 高度以上，成分随高度有明显变化的大气层（非均质层），包括热层和外层大气。随高度增加，大气的主要组分依次为氮气、氧气、原子氧、氦及原子氢。

32）热层大气：指约 120 km 至 400～700 km（取决于太阳活动水平）的地球大气层。在 120～200 km 高度，大气温度随高度增加呈指数升高，并且在 200 km 以上逐渐趋近于等温状态。太阳活动情况不同，热层顶的高度和温度会有较大变化。随着高度的增加，热层大气主要组分依次为氮气、氧气及原子氧。

33）外层大气：指热层顶以上的等温大气层，也是地球中性大气的最外层。外层大气低层主要是原子氧，再向上依次为氦和原子氢。由于原子氢和氦的质量较小并具有一定的能量，有时可逃逸到外空间，故也称为逃逸层。

34）大气密度：指单位体积的大气质量，单位为：$\mathrm{kg/m^3}$。

35）原子氧数密度：指单位体积大气中原子氧的个数，单位为：个$/\mathrm{cm^3}$。

36）原子氧通量：指原子氧按麦克斯韦分布时在热运动速度与定向速度叠加的情况下，单位时间内原子氧穿过单位面积的个数，单位为：个$/（\mathrm{cm^2} \cdot \mathrm{s}）$。

37）原子氧累积通量：指原子氧通量沿轨道的积分，即按原子氧环境下暴露时间的积分，单位为：个$/\mathrm{cm^2}$。累积通量也称为注量。

38）原子氧飞行攻角：指原子氧入射方向与航天器单位表面法线之间的夹角，单位为：（°）。零攻角表面为受原子氧作用时的正迎风面。

39）太阳射电辐射通量（$F_{10.7}$）：指太阳发出的波长为 10.7 cm 的射电辐射强度，单位为：$10^{-22} \, \mathrm{J} \cdot \mathrm{s}^{-1} \cdot \mathrm{m}^{-2} \cdot \mathrm{Hz}^{-1}$。$F_{10.7}$ 通量能够表征太阳紫外辐射特性，并可在地面上进行连续观测，是太阳活动水平的重要指标，变化周期为 11 年和 27 年，并具有逐日变化

的特征。平均（$F_{10.7}$）为取前 81 天的平均值（对应于太阳自转 3 圈）。

40）A_P 指数：指常用的表征一天地磁扰动平均变化的地磁指数，其数值为 $0 \sim 400$，能够大体上线性地表征地磁扰动幅度的变化。

41）地磁层：指位于电离层之上由地磁场控制的区域，其上边界位置为太阳风压力和地磁场磁压力的平衡处。地磁场被屏蔽于地磁层内，而太阳风被排斥于地磁层之外。磁层外形在向日侧为略扁的半球，边界在平静期距地心约 $10R_E$；在背日侧呈很长的近似圆柱形的尾巴。太阳风等离子体的密度和速度突然增大时，地磁层受到急剧压缩〔日侧磁层顶退缩至距地心（$5 \sim 6$）R_E〕，在全球范围内引起地磁场的剧烈扰动（地磁暴）。

42）地球辐射带：指在地磁层内存在的由地磁场长期俘获的能量粒子（质子和电子）的区域，其下边界高度受大气层限制（$200 \sim 1\,000$ km），上边界在赤道上空的高度可达 $7R_E$ 以上，纬度上限约为 $65°$（受地磁场几何构型制约）。地球辐射带分为内带和外带。内带位于等离子体层内，主要由能量为兆电子伏以上的高能质子（源于银河宇宙线与高层大气碰撞所产生的反照中子的衰变）组成，在赤道面上的高度距地心（$1.2 \sim 2.5$）R_E。外带由高能电子（> 100 keV）和较低能量质子（几 MeV）组成，在赤道面上的高度距地心（$3.0 \sim 7$）R_E。在外辐射带边界，粒子组分由太阳风等离子体供给，并会通过粒子逃逸而贫化。外辐射带的强度变化大，而内辐射带比较稳定（磁暴时也无剧烈变化）。地球辐射带由美国学者 J·A·范艾伦（J. A. Van Allen）于 1958 年发现，也常称为范艾伦辐射带。

43）俘获粒子：指在地磁场作用下能够围绕地球漂移一周以上的带电粒子，其运动可分解为三部分：1）围绕地磁场线做回旋运动，保持磁矩不变量守恒；2）沿地磁场线在南北镜点之间反冲，保持纵向不变量守恒；3）围绕地磁场漂移，保持通量不变量守恒。若漂移壳层与地磁层顶相交，粒子会从磁层逃逸；或者，粒子在漂移过程中其镜点降低至大气层，与大气分子碰撞而注入大气层。后两种情况下的俘获粒子称为伪俘获粒子，且漂移轨道组成的区域称为伪俘获区。

44）磁壳层：指地磁场中由磁壳层参数 L 界定的磁场线组成的旋转曲面。带电粒子在地磁场中绕偶极子轴漂移时，漂移轨道形成的曲面称为漂移壳层。在地磁偶极子近似下，磁壳层即为漂移壳层。大体上可以认为，通过空间某一点的诸带电粒子处于同一漂移壳层，能够用相同的磁壳层或漂移壳层参数 L（单位为地球半径 R_E）表征。

45）粒子投掷角：指带电粒子的速度矢量与地磁场方向之间的夹角。在磁矩不变量守恒条件下，粒子运动到磁场强度为 B 的点时，投掷角 α 由下式[11]给定

$$\alpha = \arcsin\left(\sqrt{\frac{B}{B_0}} \sin \alpha_0\right) \tag{1-5}$$

式中　B_0，α_0——粒子初始所在点的磁场强度和投掷角。

俘获粒子的单向通量以磁场线为轴呈对称分布，并在投掷角为 $\pi/2$ 时最高。随着投掷角减小，镜点位置降低，粒子更易与大气分子碰撞而导致通量逐渐下降，最终形成损失锥（顶点在赤道上，轴线沿磁场线方向）。锥内的粒子因投掷角太小和镜点高度低而注入稠密大气层。

46）镜点：指带电粒子由弱磁场区向强磁场区运动时所呈现的反射点。粒子在镜点的投掷角为 π/2。若粒子初始所在点的磁场强度和投掷角分别为 B 与 α 时，镜点处的磁场强度则为 $B_\mathrm{m} = B/\sin\alpha$[11]。地磁场近似为偶极子磁场情况下，同一条磁场线上高纬度的磁场强度比低纬度处高，镜点处于带电粒子轨道的高纬端。随着粒子初始投掷角减小，镜点磁场强度 B_m 增高。相应地，便可能使镜点降低至稠密大气层而导致俘获粒子损失，即进入损失锥。

47）轨道根数：指描述航天器运行轨道与所在位置所需要的六个参数，统称为轨道根数。其中，五个参数涉及航天器轨道的大小、形状和方向，另一个参数用于确定航天器在轨道中的位置。轨道的大小和形状由半长轴 a 和偏心率 e 确定。半长轴可看作是航天器离地心的平均距离或圆轨道半径。椭圆轨道的近地点距离为 $a(1-e)$，远地点距离为 $a(1+e)$。轨道平面在空间的方向由轨道平面对赤道的倾角 i 和升交点的赤经 Ω 确定。轨道平面内近地点的位置，由其和航天器运动方向上的升交点分别与地心连线之间的夹角 ω 确定（ω 称为近地点幅角）。航天器在轨道中的位置由近地点与地心的连线开始扫过的幅角 θ 确定（θ 称为真近点角）。轨道根数如图 1-17 所示。

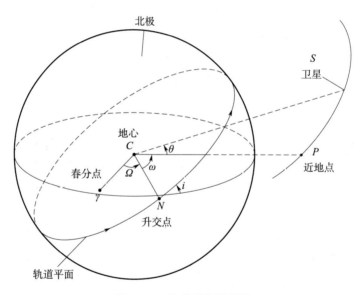

图 1-17　轨道根数示意图

参 考 文 献

[1]   HASTINGS D. GARRETT H. Spacecraft – environment interactions [M]. Cambridge (UK): Cambridge University Press，1996.

[2]   ANDERSON B J. Natural orbital environment guideline for use in aerospace vehicle development [S]. NASA/TM – 4527，1994.

[3]   WILSON R M, HATHAWAY D H. On the relationship between solar wind speed，geomagnetic activity，and the solar cycle using annual values [S]. NASA/TP – 215249，2008.

[4]   SLIVERMAN E M. Sapce environmental effects on spacecraft：LEO materials selection guide [R]. NASA Contractor Report 4661，1995：1 – 37.

[5]   GOMBOSI T I. Physics of the space environment [M]. Cambridge (UK)：Cambrigde University Press，1998：292 – 295.

[6]   BOTHMER V, DAGLIS I V. Space weather – physics and effects [M]. Chichester (UK)：Praxis Publishing Ltd. ，2007.

[7]   ONDOH T，MARUBASHI K. Science of space environment [M]. Tokyo：Ohmsha Ltd. ，2000：145 – 153.

[8]   PROLSS G W. Physics of the earths space environment [M]. Springer，2004：401 – 445.

[9]   刘振兴，等 . 太空物理学 [M]. 哈尔滨：哈尔滨工业大学出版社，2005：146 – 173，227 – 237.

[10]   林元章 . 太阳物理导论 [M]. 北京：科学出版社，2000：459 – 463，544 – 551.

[11]   中国空间科学学会 . 空间科学词典 [M]. 北京：科学出版社，1987：50 – 77.

第 2 章　空间环境表征模式

2.1　引言

空间环境是航天器在轨飞行过程中必然遭遇的外部环境，对于航天器的寿命与可靠性会产生重要影响。航天器在轨服役过程中，其性能退化或出现故障乃至失效就是空间环境作用的结果。空间环境量化表征是进行空间环境效应分析的基础，也是航天器设计、选材与在轨服役行为评价所必需的条件。本章主要介绍航天器在近地空间运行时所涉及的空间环境模式。近地空间是人类发射航天器的密集区域，通过空间环境模式表征航天器在轨服役条件具有十分重要的实际意义。空间环境包括自然环境因素和诱导环境因素。近地空间的自然环境因素有高层大气、地磁场、太阳电磁辐射、等离子体、地球辐射带、太阳宇宙线、银河宇宙线、微流星体、地球阴影及地球引力场等。诱导空间环境因素是由于人类的航天活动或航天器与空间环境相互作用所导致的，如空间碎片及航天器外部自身大气层等。此外，本章还简要涉及其他行星和月球的空间环境相关问题。至今，人们对其他行星环境模式的认识尚有限，有待于进一步研究。

长期以来，人类对空间环境进行了大量的探测，获得了丰富的有关空间环境参数分布的数据，为建立空间环境表征模式提供了必要的基础。已建立的空间环境模式通常以计算公式、数据图表或计算机程序表述。现代计算机技术的发展为空间环境模式的工程应用提供了良好条件。

空间环境模式的建立是对已有的空间环境探测成果的集中体现。由于所依据的空间环境探测数据及软件程序和算法不同，相同的空间环境可有多种表述模式。不同模式的计算结果存在一定差别，有的比较严苛，有的趋于宽松。至今尚难以针对相同的空间环境建立统一的标准模式。空间环境模式的选择可视航天器型号设计要求，综合考虑风险与成本两方面因素加以确定。空间环境模式的计算结果比较严苛时，航天器防护结构设计所需成本较高；若计算结果比较宽松，会使航天器受空间环境作用而出现损伤的风险性增大。

空间环境具有明显的动态变化特征。现有的空间环境模式多为静态模式，是对空间环境平均状态的表述。空间环境经常发生剧烈扰动，其对航天器造成的损伤可能远超过空间环境平均状态对航天器的影响。近年来，人们为了表征空间环境动态变化对航天器的影响，已发射了多颗探测卫星，获得了大量有价值的探测数据，为修正已有空间环境模式及建立动态空间环境模式提供了必要的基础。随着人们对空间环境认识的不断深入，必将加快空间环境模式从静态到动态发展的进程。针对航天器型号设计的需要，选择和应用空间环境模式时应密切关注已有模式的升级及动态模式的进展，以便尽可能提高空间环境表征的水平。

2.2　地磁场模式

2.2.1　地磁场的基本特征

在较低高度地球磁场可近似为磁偶极子，而在较高高度受太阳风作用地磁场将严重变形。地磁场模式是建立辐射带与宇宙线粒子环境模式所不可或缺的条件。地球辐射带粒子的分布常基于理想化的地磁偶极子空间位置描述。对于太阳能量质子与银河宇宙线环境而言，需要考虑地磁场的磁屏蔽效应。地磁场模式也用于地磁层物理研究，如描述带电粒子通过磁层的迹线等。

航天器横切地磁场运动时，会受到诱导的动态电磁场作用，即 $E = V \times B$（式中，E 为电场矢量，V 为速度矢量，B 为磁场矢量）。若形成电流回路，会有电流流过航天器与周围的等离子体，从而导致低地球轨道航天器产生几伏的电位差。地磁场与航天器的在轨磁矩交互作用能够产生磁干扰力矩，使航天器的姿态发生改变，或者可用于姿态控制。

地球磁场按其起源分为内源场与外源场。内源场主要起源于地球内部的电流系，是地球磁场的主要部分（主磁场）；外源场起源于地球附近的电流系，包括电离层电流、环电流、场向电流、磁层顶电流及磁尾电流。由于太阳风的作用，地磁场的存在只局限于磁层顶以内的空间。地磁场的变化可以灵敏地反映近地空间环境的变化，成为近地空间环境状态的重要表征。地磁层是动态变化的体系，涉及等离子体、电场与磁场的扰动。这种扰动可通过在地面上观测 K_p、A_P 和 D_{st} 等地磁指数来加以描述。通常，地球主磁场主要涉及准静态地磁场模式，而外源场模式需要考虑地磁层扰动的影响。

理想化的中心偶极子的总磁场强度可由下式给出

$$B = \frac{M}{r^3} (1 + 3 \cos^2 \theta)^{1/2} \tag{2-1}$$

式中　　θ——地理余纬度（从偶极轴起算）；

r——径向距离；

M——偶极子磁矩。

在地磁偶极子近似下，M 约为 7.9×10^{30} nT·cm³ 或 30 400（nT）·R_E^3。地磁中心偶极子轴相对于地球旋转轴倾斜 11.5°，使地磁极与地理极不重合，地磁场强度不再与经度无关。偶极子磁轴与地面的交点称为地磁极。中心偶极子磁轴与北、南半球地面的交点分别位于 78.5°N、291.0°E（地磁北极）和 78.5°S、111.0°E（地磁南极）。

地磁场更接近于偏心偶极子磁场，即偶极子磁轴相对于地球旋转轴倾斜并偏离[1]。沿着 15.6°N、150.9°E 方向取偶极子中心偏离地心距离约为 436 km，倾斜磁轴与地面的交点分别为 81.0°N、275.3°E 和 75.0°S、120.4°E，拟合地磁场获得了良好的效果。地磁场在十分缓慢地变化，包括：偶极子磁场强度以每年约 0.05% 的速率减小，局域磁场异常区（如南大西洋异常区）以每年约 0.2°（经度）的速率沿纬圈向西漂移，以及偶极子中心以每年约 2 km 的速度进行北向运动。1990 年，偏心偶极子的偏离距离为 515 km。1965 年，偏心偶极子磁轴与北、南半球地面的交点分别位于 75.6°N、259°E（地磁北极）和66.3°S、

141°E（地磁南极）。探测表明，2000 年南地磁极移至 64.7°S、138.1°E；2001 年地磁北极移至 81.3°N、249.2°E。偏心偶极子磁矩与中心偶极子相等。地球表面磁场强度在赤道区约为 0.3 Gs，而在极区约为 0.6 Gs。

在评价地磁场效应时，应该考虑地磁偶极子的倾斜与偏移。在球坐标系（r，θ，λ）与中心偶极子近似的条件下，地球偶极子磁场任意一点的三个基本分量为

$$B_r = -\frac{M}{r^3} \cdot 2\cos\theta \tag{2-2}$$

$$B_\theta = -\frac{M}{r^3}\sin\theta \tag{2-3}$$

$$B_\lambda = 0 \tag{2-4}$$

式中　λ——地理东经。

地球偶极子磁场的磁场线（以往常称磁力线）方程为

$$r = r_0\sin^2\theta \tag{2-5}$$

式中　r_0——磁场线与地球赤道面交点距地心的距离。

2.2.2　地球主磁场模式

2.2.2.1　国际参考地磁场模式

国际地磁和高空物理协会（IAGA）基于地磁台和野外测量、卫星、飞船及航天飞机的实测数据，建立了地球主磁场（内源场）的计算模式，称为国际参考地磁场模式（IGRF）[2-3]。国际参考地磁场模式是一个通称，有不同的版本。每五年为一个场期，对模式中的高斯系数 g_n^m 和 h_n^m 进行一次更新。在应用国际参考地磁场模式时，应指明所用的版本，如 IGRF-95 或 IGRF-10 等。表 2-1 列出了国际参考地磁场模式 1900—2010 期间各场期的主要参量[4]。地球磁场的偶极磁矩在逐年缓慢降低。

地球主磁场的磁位势可用球谐级数或球谐函数表述。磁向量场由磁位势梯度所决定，即 $B=-\nabla V$。地磁位势的表达式如下

$$V(r,\theta,\lambda) = a\sum_{n=1}^{\infty}\left\{\left(\frac{a}{r}\right)^{n+1}\sum_{m=0}^{n}\left[g_n^m\cos(m\lambda) + h_n^m\sin(m\lambda)\right]P_n^m(\cos\theta)\right\} \tag{2-6}$$

式中　V——磁场的位势；

　　　r——径向距离（地心距）；

　　　θ——地理余纬度（极角）；

　　　λ——地理东经；

　　　a——参考地球半径（6 371.2 km）；

　　　g_n^m，h_n^m——Schmidt 系数，或称高斯系数，由地球主磁场观测数据确定；

　　　$P_n^m(\cos\theta)$——n 次 m 阶的 Schmidt 归一化的勒让德多项式，即

$$P_n^m(\cos\theta) = \left[\frac{\varepsilon_m(n-m)!}{(n+m)!}\right]^{\frac{1}{2}} \times \left[\frac{(1-\cos^2\theta)^{\frac{m}{2}}}{2^n n!} \cdot \frac{d^{n+m}}{d(\cos\theta)^{n+m}}(\cos^2\theta-1)^n\right] \tag{2-7}$$

式（2-7）中，第二个方括号内的多项式称为勒让德多项式 $P_{nm}(\cos\theta)$；ε_m 取值为

表 2-1 国际参考地磁场模式 1900—2010 各期的主要参量（IGRF-10）

| 历年 | 偶极磁矩 | | | 偶极磁场 | | | | 偏心偶极磁场 | | | | |
	$M/$ (nT·R_E^3)	$M/$ (10³⁰ nT·cm³)	偶极倾角 /(°)	北磁极地理纬度/(°)	北磁极地理经度/(°)	南磁极地理纬度/(°)	南磁极地理经度/(°)	偏心距 /(km)	北磁极地理纬度/(°)	北磁极地理经度/(°)	南磁极地理纬度/(°)	南磁极地理经度/(°)
1900	32 176.26	8.321 46	11.386 1	78.61	291.21	−78.61	111.21	330.5	80.22	277.53	−76.54	121.14
1905	32 096.42	8.300 81	11.392 8	78.61	291.25	−78.61	111.25	337.2	80.25	277.28	−76.48	121.32
1910	31 986.5	8.272 38	11.413	78.59	291.28	−78.59	111.28	344.43	80.27	277.03	−76.4	121.46
1915	31 843.71	8.235 45	11.431 6	78.57	291.43	−78.57	111.43	351.78	80.33	276.97	−76.3	121.63
1920	31 690	8.195 7	11.443 8	78.56	291.62	−78.56	111.62	359.4	80.4	276.98	−76.2	121.8
1925	31 553.57	8.160 42	11.446 4	78.55	291.73	−78.55	111.73	368.47	80.5	276.86	−76.09	121.87
1930	31 433.18	8.129 28	11.473 9	78.53	291.74	−78.53	111.74	378.01	80.58	276.7	−75.94	121.8
1935	31 344.99	8.106 47	11.506 7	78.49	291.64	−78.49	111.64	386.6	80.67	276.53	−75.8	121.56
1940	31 285.86	8.091 18	11.534 7	78.47	291.49	−78.47	111.49	395.1	80.76	276.34	−75.65	121.25
1945	31 224.51	8.075 31	11.533 7	78.47	291.47	−78.47	111.47	406.83	80.9	276.14	−75.52	121.09
1950	31 183.71	8.064 76	11.533 9	78.47	291.15	−78.47	111.15	418.95	81.04	275.61	−75.38	120.67
1955	31 129.22	8.050 67	11.539 6	78.46	290.84	−78.46	110.84	430.3	81.15	275.06	−75.25	120.29
1960	31 043.16	8.028 41	11.490 3	78.51	290.53	−78.51	110.53	441.58	81.3	274.43	−75.19	119.98
1965	30 951.64	8.004 74	11.465 4	78.53	290.15	−78.53	110.15	451.57	81.4	273.73	−75.13	119.62
1970	30 829.18	7.973 07	11.409	78.59	289.82	−78.59	109.82	462.6	81.53	272.94	−75.1	119.4
1975	30 696.38	7.938 73	11.312 6	78.69	289.53	−78.69	109.53	474.38	81.68	272.01	−75.11	119.29
1980	30 573.7	7.907	11.194 4	78.81	289.24	−78.81	109.24	488.63	81.88	270.95	−75.11	119.17
1985	30 434.77	7.871 07	11.025 6	78.97	289.1	−78.97	109.1	502.26	82.15	269.95	−75.15	119.18
1990	30 318.16	7.840 91	10.861 7	79.14	288.87	−79.14	108.87	514.67	82.4	268.92	−75.2	119.04
1995	30 215.08	7.814 25	10.676 8	79.32	288.58	−79.32	108.58	526.93	82.68	267.77	−75.27	118.83
2000	30 119.62	7.789 56	10.456 7	79.54	288.43	−79.54	108.43	540.14	83.03	266.73	−75.34	118.64
2005	300 36.74	7.768 13	10.256 2	79.74	288.22	−79.74	108.22	552.09	83.36	265.75	−75.41	118.32
2010	299 72.63	7.751 55	10.055 6	79.95	288.02	−79.95	108.02	563.43	83.7	264.8	−75.49	117.97

$$\varepsilon_m = \begin{cases} 2, m > 0 \\ 1, m = 0 \end{cases} \qquad (2-8)$$

在球坐标系 (r, θ, λ) 内，可由 $B = -\nabla V$ 求得地磁场的北向、东向及垂直向下的分量，分别为 $X = \dfrac{1}{r} \cdot \dfrac{\partial V}{\partial \theta}$，$Y = -\dfrac{1}{r\sin\theta} \cdot \dfrac{\partial V}{\partial \lambda}$，$Z = \dfrac{\partial V}{\partial r}$。由此，代入式（2-6）得到相应的计算公式如下

$$X = B_\theta = \sum_{n=1}^{\infty} \sum_{m=0}^{n} \left(\frac{a}{r}\right)^{n+2} \left[g_n^m \cos(m\lambda) + h_n^m \sin(m\lambda)\right] \frac{\mathrm{d}P_n^m(\cos\theta)}{\mathrm{d}\theta} \qquad (2-9)$$

$$Y = B_\lambda = \sum_{n=1}^{\infty} \sum_{m=0}^{n} \left(\frac{a}{r}\right)^{n+2} \left[g_n^m \sin(m\lambda) - h_n^m \cos(m\lambda)\right] m \frac{P_n^m(\cos\theta)}{\sin\theta} \qquad (2-10)$$

$$Z = B_r = \sum_{n=1}^{\infty} \sum_{m=0}^{n} \left(\frac{a}{r}\right)^{n+2} \left[g_n^m \cos(m\lambda) + h_n^m \sin(m\lambda)\right](n+1)P_n^m(\cos\theta) \qquad (2-11)$$

利用上述表达式和相应时期的系数，可以确定地面以上几个 R_E 高度内的地磁场空间分布。分析表明，式（2-6）中 $n = 1$ 的项占磁位势 V 值的 90% 以上，代表位于地心的偶极子磁场；其余 $n > 1$ 的部分为非偶极磁场。非偶极磁场中，$n = 2$ 和 $n = 3$ 的两项占主导地位。在实际应用时，常选用勒让德级数的少数几项即可满足要求，使计算简化。

如果取地磁场球谐级数中 $n=1$ 的三项，则高斯系数 g_1^0、g_1^1 及 h_1^1 分别对应位于地心的三个互相垂直的偶极子。三者合成的偶极子仍位于地心，而偶极轴与地球自转轴不平行，其偶极磁矩为

$$M = \left[(g_1^0)^2 + (g_1^1)^2 + (h_1^1)^2\right]^{\frac{1}{2}} a^3 \qquad (2-12)$$

式中 a——地球半径。

偶极子轴的方向与地球自转轴的夹角为

$$\theta_0 = \arccos(g_1^0 a^3 / M) \qquad (2-13)$$

且指向的方位角为

$$\lambda_0 = \arctan(h_1^1 / g_1^1) \qquad (2-14)$$

因此，可由地磁场模式并依据 g 和 h 系数的缓慢变化计算地磁偶极矩的变化。表 2-2[5] 列出了国际参考地磁场模式中 g_1^0、g_1^1 和 h_1^1 系数与地磁偶极矩的变化。表 2-3 列出了 IGRF-95 模式球谐级数 $n=1$ 时的高斯系数及其年变化率。

表 2-2 国际参考地磁场模式的系数与所计算的偶极矩的变化

国际参考地磁场模式	模式系数			$M/(\text{nT} \cdot R_E^3)$	$M/(\text{nT} \cdot \text{cm}^3)$
	g_1^0	g_1^1	h_1^1		
IGRF-45	−30 634	−2 240	5 806	31 259.7	$8.084\,4 \times 10^{30}$
IGRF-55	−30 507	−2 134	5 796	31 125.9	$8.049\,8 \times 10^{30}$
IGRF-65	−30 334	−2 119	5 776	30 951.6	$8.004\,7 \times 10^{30}$
IGRF-75	−30 100	−2 013	5 675	30 696.4	$7.938\,7 \times 10^{30}$
IGRF-85	−29 877	−1 903	5 497	30 438.0	$7.871\,9 \times 10^{30}$
IGRF-90	−29 775	−1 851	5 411	30 319.2	$7.841\,2 \times 10^{30}$

续表

国际参考	模式系数			$M/(\text{nT} \cdot R_E^3)$	$M/(\text{nT} \cdot \text{cm}^3)$
地磁场模式	g_1^0	g_1^1	h_1^1		
IGRF－95	－29 682	－1 789	5 318	30 207.7	7.812 3×10³⁰

注：M 为地磁偶极矩；R_E 为地球半径。

表 2－3　IGRF－95 模式的系数（3 次、3 阶）及其年变化率

高斯系数	m	n	模式系数/nT	长期变化率/（nT/年）
g	0	1	－29 682	17.6
g	1	1	－1 789	13.0
h	1	1	5 318	－18.3
g	0	2	－2 197	－13.2
g	1	2	3 074	3.7
h	1	2	－2 356	－15.0
g	2	2	1 685	－0.8
h	2	2	－425	－8.8
g	0	3	1 329	1.5
g	1	3	－2 268	－6.4
h	1	3	－263	4.1
g	2	3	1 249	－0.2
h	2	3	302	2.2
g	3	3	769	－8.1
h	3	3	－406	－12.1

针对给定的地理位置，可应用国际参考地磁场模式计算相应的 7 个地磁要素，包括总地磁场强度 B、水平强度 H、磁倾角 i、磁偏角 D、北向分量 X、东向分量 Y 及垂直分量 Z。在国际参考地磁场模式中，以 IGRF－95 模式应用较广，最新的版本为 IGRF－10[6]。IGRF－10 模式的输入参量可为测地坐标位置（按照 WGS－84 参考椭球模型确定），也可为地心坐标位置（取地球半径为 6 371.2 km）；时间按十进制年（如 2007.5）输入。图 2－1 为 IGRF－95 模式计算的地球海平面总地磁场强度分布。图 2－2 和 2－3 分别为 IGRF－10 模式针对距地面 400 km 高度计算的总地磁场强度分布及其年变化率的分布。

通常将国际参考地磁场模式视为标准的通用模式，已得到广泛应用。

2.2.2.2　其他地球主磁场模式

长期以来，人们对地球主磁场模式进行了大量研究。除国际参考地磁场模式外，以下地球主磁场模式也比较常见。

（1）USGS 地磁场模式

USGS 模式（USGS Model Coefficients for Continental U. S. and Hawaii 1985）用于计算美国本土及夏威夷的地磁场参数。这是美国地质勘测署（U. S. Geological Survey,

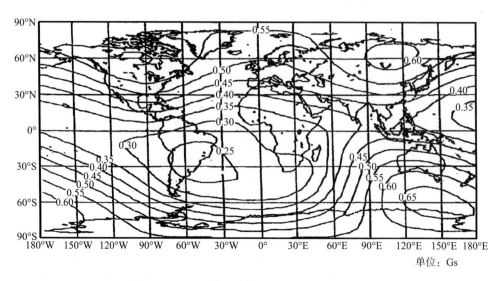

图 2-1　应用 IGRF-95 模式计算的地球海平面总地磁场强度分布

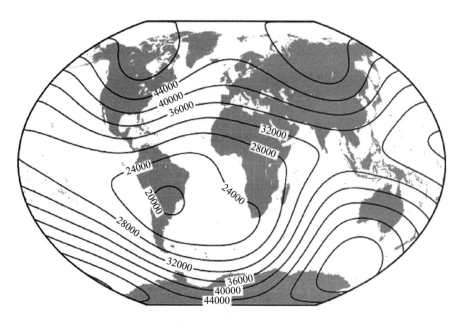

图 2-2　由 IGRF-10 模式计算的 2005 年距地面 400 km 高度上总地磁场强度分布
单位：nT；等值线标度为 4 000 nT；WGS-84 参考椭球坐标

USGS）建立的模式，描述美国地磁场从 1985 年开始每年变化率的期望。该模式是在国际参考地磁场模式（IGRF-85）的基础上，通过大量地面、海洋及航空测量所得到的地磁场数据，并参考近年来地磁台的数据所建立的。该模式采用球谐波函数形式，应用于美国本土时需要 4 阶、4 次，共 24 个系数；而应用于夏威夷地区时则需要 2 阶、2 次，共 8 个系数。

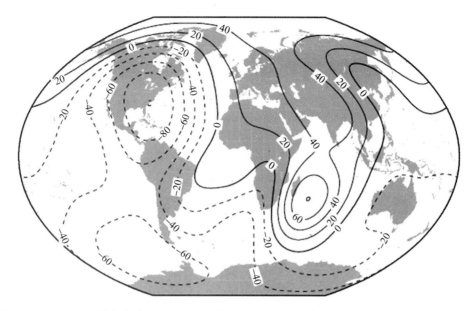

图 2-3　IGRF-10 模式计算的 2005—2010 年距地面 400 km 高度上总地磁场强度年变化率分布

单位：nT·a^{-1}；等值线标度为 20 nT·a^{-1}；WGS-84 参考椭球坐标

（2）GSFC 地磁场模式

GSFC 模式是通称，包含 GSFC（9/65）、（12/66）、（9/80）、（12/83）及（11/87）等一系列模式，主要用于计算地球主磁场强度及其矢量。GSFC（9/65）球谐函数模式包含 147 个计算系数。这些系数是基于 1945—1964 年观测的 197 000 个数据所建立的，适用于 20 世纪 60 年代。球谐函数的常数项被展开成 9 阶、9 次，一次导数项为 6 阶、6 次，在确定这些系数时，考虑了地球扁率（扁率参数为 1/298.3）的影响。

GSFC（12/66）球谐函数模式包含 360 个计算系数。球谐函数的常数项、一次导数项及二次导数项均被展开成 10 阶、10 次。该模式应用了 1900—1964 年的全部数据，适用的历元为 20 世纪 60 年代。

GSFC（9/80）模式包含 462 个计算系数。该模式主要基于：1）MAGSAT 卫星 15 206 个地磁场矢量观测值（1979-11-5 至 1979-11-6）；2）POGO 卫星 71 000 个地磁场标量观测值；3）地磁观测站的 148 个数据；4）海上测量的 300 个数据；5）约 600 个来自选定位置地面站的重复测量数据。计算系数适用历元为 20 世纪 80 年代。球谐函数的常数项及一次导数项被展开成 13 阶、13 次，二次导数项被展开成 6 阶、6 次，三次导数项被展开成 4 阶、4 次。GSFC（9/80）模式数据的时间跨度是 1960—1980 年。该模式是对早期模式的修正，不仅有大量的探测数据，更重要的是外源场的地面观测值被很好地修正，能够较准确地计算地磁场强度及其矢量。软件中包含计算地磁场强度及其矢量分量的程序。

GSFC（12/83）模式包含 367 个计算系数，适用历元为 20 世纪 80 年代。球谐函数的常数项被展开成 14 阶、14 次，一次导数项被展开成 11 阶、11 次。该模式基于 MAGSAT 卫星的 54 728 个观测数据（1979-11 至 1980-4）和地磁观测站的 91 个数据（1978—

1982）。与以前基于 MAGSAT 卫星数据的模式不同，GSFC（12/83）模式只应用地磁纬度为 50°内的数据，从而避免了场向电流的影响，并且提供了一阶外源场系数及其与地磁指数 D_{st} 的关系。主磁场项简化成 10 阶、10 次时，可作为 IGRF - 80 模式应用。该模式也可用于推导 IGRF - 45、IGRF - 50、IGRF - 55 及 IGRF - 60 模式。

GSFC（11/87）模式包含 448 个计算系数。球谐函数的常数项及一次导数项均为 14 阶、14 次。GSFC（11/87）模式第一次采用 DE 航天器的测量数据，其主要数据来源包括：1）DE - 2 卫星数据（1981 - 9 - 30 至 1983 - 1 - 6）；2）MAGSAT 卫星数据（1979 - 11 至 1980 - 4）；3）MAGNET 飞机数据（1981—1983）；4）158 个地磁观测数据（1979—1983）；5）海洋测量数据（1980—1983）；6）陆地测量数据（1979 - 5 至 1983 - 5）。矢量数据由 MAGSAT 卫星和 MAGNET 飞机（1.5～8 km）测量，其余的数据均为标量数据。GSFC（11/87）模式在历元 1980 年和 GSFC（12/83）模式一致，实际上是后者的延伸。

（3）Jensen - Cain 地磁场模式

Jensen - Cain（1962）模式主要用于计算地球主磁场强度及其矢量。该模式数据包含归一化的高斯-勒让德多项式有关的磁位势计算系数。模式系数适用历元为 20 世纪 60 年代，基于从 1940 年开始对地磁水平强度 H 和磁场总强度 B 所观测的 74 000 个地面观测数据。有 48 个非零系数被展开成 6 阶、6 次。该模式没有考虑磁场的长期变化，即没有时间导数参数，并且没有考虑地球的扁率。通常，该模式被广泛应用于计算实际卫星飞行任务的地磁坐标。

（4）POGO 地磁场模式

POGO 模式同样是计算地球主磁场强度及其矢量的系列模式，包含 POGO（3/68）、（10/68）、（8/69）及（8/71）模式。POGO（3/68）球谐函数地磁场模式数据包含 198 个计算系数，这些系数适用历元为 20 世纪 60 年代。球谐函数的常数项及一次导数项均被展开成 9 阶、9 次。数据来自极轨道地球物理观测卫星（Polar Orbiting Geophysical Observatory，POGO 或 OGO）1965 - 10 - 12 至 1967 - 8 - 2 的数据。POGO（3/68）模式比 GSFC（12/66）模式能够更好地与数据吻合，曾被建议作为国际参考地磁场的候选模式。

POGO（10/68）模式包含 286 个计算系数，这些系数适用历元为 20 世纪 60 年代。球谐函数的常数项及一次导数项被展开成 11 阶、11 次。除了 POGO（3/68）模式中的数据，该模式还大量采用了 OGO4 卫星的地磁场强度探测数据（直到 1967 年 12 月），总共涉及 32 649 个数据点。

POGO（8/69）模式包含 240 个系数，这些系数同样适用于历元 20 世纪 60 年代。球谐函数的常数项及一次导数项均被展开成 10 阶、10 次。POGO（8/69）模式是 POGO 系列模式的提升，应用了 OGO2、OGO4 和 OGO6 卫星的探测数据（直到 1968 年 5 月）。

POGO（8/71）模式包含 240 个系数，适用历元同样为 20 世纪 60 年代。球谐函数的常数项及一次导数项均展开成 10 阶、10 次。该模式是 POGO 系列模式的最后一个版本。POGO（8/71）模式是针对地磁平静期（1965 - 10 至 1970 - 3），在 OGO2、OGO4 和 OGO6 卫星的 50 000 个实测数据的基础上建立的。该模式与 1970—1976 的实测数据吻合较好。

（5）AWC 地磁场模式

AWC（75）模式用于计算地球主磁场强度及其矢量，包含 248 个计算系数。球谐函数的常数项被展开成 12 阶、12 次，一次导数项展开成 8 阶、8 次。美国地质勘测署每 5 年出版一次更新版本。该模式是基于陆地、海洋及空中 1939—1974 的 100 000 个探测数据建立的。

（6）IGS 地磁场模式

IGS（75）模式的数据集包含 296 个计算系数，涉及的历元以 1975 年为基础。球谐函数的常数项被展开成 12 阶、12 次，一次导数项展开成 8 阶、8 次，二次导数项展开成 6 阶、6 次。该模式是基于地面探测数据、飞机空中探测数据、海上观测数据及 OGO 卫星的探测数据建立的。

（7）MGST 地磁场模式

MGST（4/81）地磁场球谐模式的数据集包含 258 个计算系数，针对历元 1980 年，并且常数项被展开成 13 阶、13 次，一次导数项展开成 7 阶、7 次。该模式只采用了 MAGSAT 卫星 15 天的探测数据，而没有应用 1979—1980 的全部数据。因此，通常不推荐使用。

2.2.3　地磁场（B，L）坐标

通常，地磁场采用偶极坐标系，即以地心为原点、以中心偶极子轴为极轴的球坐标系。空间任意一点的坐标分别为径向距离 r、地磁纬度 φ 和地磁经度 λ。地磁纬度是空间点和地心的连线与偶极赤道之间的夹角；地磁经度是过该点的偶极子午面与过地理极的偶极子午面之间的夹角。在实际应用时，需要将地磁场的偶极坐标系转换成（B，L）坐标系。在地球辐射带模式中，用（B，L）坐标系描述地磁场的分布[7]。L 为 McILwain 磁壳参数，由偶极地磁场线与赤道面交点的地心距离决定，单位为地球半径 R_E；B 为空间某给定点的磁场强度（单位为 Gs）。该点位置是沿磁场线从地磁赤道面上具有相应最低磁场强度 B_0 的点出发加以确定。B_0 所在点为磁场线与地磁赤道面的交点。在（B，L）坐标系中，任意一点的空间位置可由 B 与 L 或 B/B_0 两个参数决定。

在准偶极子地磁场中，L 可通过绝热积分不变量 I 加以定义

$$I = \int_{l_1}^{l_2} \left(1 - \frac{B}{B_m}\right)^{\frac{1}{2}} \mathrm{d}l \tag{2-15}$$

式中，积分沿着两个共轭镜点 l_1 和 l_2 之间的磁场线进行；B_m 是镜点的磁场强度。在给定的磁场线或磁壳层，I 为常数，则 L 可由下式给出

$$L^3 \left(\frac{B}{M}\right) = f\left(\frac{I^3 B}{M}\right) \tag{2-16}$$

式中　M——地磁偶极矩。

McILwain 于 1961 年首次建立（B，L）坐标系时，采用的偶极磁矩为 $M = 31\,165.3\ \mathrm{nT} \cdot R_E^3$。函数 f 由下式给出[8]

$$f(x) = 1 + a_1 x^{\frac{1}{3}} + a_2 x^{\frac{2}{3}} + a_3 x \tag{2-17}$$

式中，$x = \dfrac{I^3 B}{M}$；$a_1 = 1.350\ 47$，$a_2 = 0.456\ 376$ 及 $a_3 = 0.047\ 545\ 5$。

分析表明，在任意给定的磁场线或磁壳层，L 近似为常数。地磁场中的带电粒子有三个运动分量，包括：沿磁场线的回旋运动，沿磁场线在磁镜点之间的往复运动（反冲），以及围绕地球的漂移（形成漂移壳层）。通过把轨道位置坐标转换成（B，L）坐标，并代入地球辐射带环境模式，便可计算卫星轨道的辐射带粒子能谱。

由于计算任意一点的 L 坐标涉及沿磁场线的积分并需应用地磁场模式，因此必须选取相应的辐射带环境模式，以使积分计算时参数 M 始终一致。虽然地磁场的变化很小，有时也会对辐射带粒子环境的计算结果产生影响。在低地球轨道条件下，粒子的通量随高度增加梯度变化很大，应加以注意。在计算（B，L）坐标时，需要应用相同的 L 参数定义、M 值（$M = 31\ 165.3\ \text{nT} \cdot R_E^3$）以及相同历元的地磁场模式。这是针对辐射带环境模式计算（B，L）坐标时所需遵守的准则。

具有给定 L 参数的磁场线与地磁赤道面的交点是该磁场线上磁场强度 B 最低点的位置，相应的磁场强度由下式给出

$$B = B_0 = ML^{-3} \qquad\qquad (2-18)$$

式中　M——地磁偶极矩。

在理想的偶极子空间，极坐标可以通过下列公式与 B 和 L 建立联系

$$r = L \cos^2 \varphi$$
$$B = \frac{M}{r^3}(1 + 3 \sin^2 \varphi)^{\frac{1}{2}} \qquad\qquad (2-19)$$

式中　φ——地磁纬度；

　　　r——从地心到 L 壳层的径向距离。

在地磁赤道处，$r_0 = L$，即磁场线的 L 值是其在地磁赤道面上的交点与地心的距离（以地球半径 R_E 为单位）。L 壳层是磁场线绕地磁偶极轴的旋转表面。

2.2.4　地球外源磁场模式

地球外源磁场主要由地球附近的各种电流系产生，包括电离层电流、磁层顶电流、磁尾电流、环电流及进出电离层的场向电流产生的磁场。在离地球表面约 $4R_E$ 以上高度的空间，地球磁场已经大大偏离偶极子磁场。在地磁层空间，随着高度增加，外源磁场（或地磁层磁场）的贡献逐渐占据主导地位。由于外源磁场变化复杂，难以用定量的磁场模式表述其瞬态变化。已建立的地球外源磁场模式多为给定磁层扰动条件下的平均模式，包括以下模式。

（1）Tsyganenko 模式[9]

Tsyganenko 模式是基于多颗卫星在不同地磁扰动水平条件下取得的实测数据建立的半经验模式，适用于相当大的地磁层空间 $[(4\sim70)R_E]$。它包含了各主要的磁层电流系对磁场产生的贡献，可以给出地磁层磁场在不同扰动条件下的平均分布，包括不同 K_P 指数条件下的平均地磁层磁场位形。该模式有不同版本。Tsyganenko—87 版本提供了适用于"长期"和

"短期" 的两种模式；Tsyganenko—89c 版本主要是针对磁尾建立的模式；Tsyganenko—96 版本明确定义了磁层顶、大尺度场向电流的 I 区和 II 区，以及行星际磁场渗透地磁层边界等概念；Tsyganenko—01 版本揭示了不同行星际条件及地面扰动水平引起的地磁层内部和边缘结构的变化；Tsyganenko—04 版本建立了与磁暴相关的地球外源磁场动态模式。

（2）Olson – Pfitzer 模式[10]

该模式是用于计算地球外源磁场强度的解析模式，其静态模式（1977）的适用范围较广，从日侧的地磁层顶直到背日侧超出月球轨道的磁尾区都适用。地球内源磁场按固定的偶极子磁场描述。在地磁平静条件下，将地球外源磁场描述为磁层顶电流、磁尾电流及环电流的共同影响。在地心-太阳直角坐标系中，通过幂级数和指数项的六阶展开式描述地球磁场。从 OGO3 和 OGO5 卫星的 600 多个探测数据中，拟合出 180 个计算系数。该模式的缺点是局限于静态条件，并且主偶极子与环电流方向固定（垂直于日-地连线方向）。

Olson – Pfitzer 动态模式（1998）针对地磁层主要电流系的尺度与强度变化进行建模，表述外源地磁场变化。该模式能够计算地球静止轨道在磁层向日侧各种地磁活动条件下的磁场及在背日侧非磁暴时的磁场。由于该模式不包含场向电流向磁尾的扩展，尚不能准确描述磁尾发生磁暴时的磁场。

（3）Mead – Fairfield 模式[11]

Mead – Fairfield 模式是基于四颗 IMP 卫星（1966—1972）从不同轨道获得的数据的基础上建立的。通过最小平方拟合方法得到 17 个模式系数，在地心太阳磁层坐标系中可以写成二次幂级数展开的形式。针对由 K_p 表征的四种地磁活动水平，有四组模式系数相对应。该模式可用于计算地磁层的磁场强度，适用范围为 $< 17R_E$，但对于环电流及磁尾中性片电流的影响尚未能很好地建模。

（4）Paraboloid 地磁层磁场模式

Paraboloid 模式由俄罗斯国立莫斯科大学核物理研究所与美国地质勘测地磁研究所共同开发，被建议作为地球外源磁场模式的国际标准。在不同地磁活动（平静及扰动）条件下，该模式可用于计算地磁层顶电流系及磁层内多种电流系产生的磁场强度，并考虑了地磁层环境所受到的太阳活动（如太阳耀斑等）的影响。

2.2.5　地磁层边界计算模型

工程应用时，可采用较简单的公式对地磁层边界的位置进行估算。在向日侧，磁层顶距地心的距离 L_{mp} 由下式给出

$$L_{mp} = 107.4 \, (n_{sw} u_{sw}^2)^{-1/6} \qquad (2-20)$$

式中　L_{mp}——磁层顶距地心的距离（R_E）；

　　　n_{sw}——太阳风质子数密度（个/cm³）；

　　　u_{sw}——太阳风速度（km/s）。

通常，n_{sw} 和 u_{sw} 分别取 8 质子/cm³ 与 450 km/s，可得到磁层顶距地心距离约为 10 R_E。

Sibeck 模式[12]可以完整地计算磁层顶位置，其表达式为

$$R^2 + Ax^2 + Bx + C = 0 \qquad (2-21)$$

式中　　$R^2 = y^2 + z^2$；

　　　　x，y，z——地心太阳磁层坐标系（GSM）变量（R_E）；

　　　　A，B，C——与太阳风压力有关的拟合参数，如表 2-4 所示。

表 2-4　Sibeck 模式的拟合参数与磁层顶位置计算结果[12]

太阳风压力范围/ nPa	拟合参数			磁层顶日下点位置/ R_E	磁层顶晨向位置/ R_E
	A	B	C		
0.54~0.87	0.19	19.3	−272.4	12.6	16.5
0.87~1.47	0.19	19.7	−243.9	11.7	15.6
1.47~2.60	0.14	18.2	−217.2	11.0	14.7
2.60~4.90	0.15	17.3	−187.4	10.0	13.7
4.90~9.90	0.18	14.2	−139.2	8.8	11.8

2.2.6　地磁场模式选用

虽然地磁场偶极子模式是近似模式，但通常已能够满足工程应用的需要。在大多数工程应用时，没有必要再通过外源场模式对地磁场表征加以扩展；仅在涉及地磁层研究或需要有关地磁场在高纬度和较高高度的变化与地方时及太阳/地磁活动关系的信息时，才有此必要。一般情况下，建议选用 IGRF-10 模式作为地磁内源场计算的基本模式，可有效地应用至 2015 年。国际参考地磁场模式与地磁场缓慢变化密切相关，若与所设定的年份相比超过 5 年，则模式的有效性将降低。

在选用地磁场模式时，应注意到在某些情况下可能有特殊要求。例如，地磁场模式的重要应用是为空间带电粒子环境计算提供必要的（B，L）坐标输入条件。在进行空间带电粒子能谱计算时，合理选择地磁场模式十分必要。基本原则是要保证所输入的地磁场模式与建立空间带电粒子能谱计算模式时所采用的地磁场模式相一致。常用的地球辐射带模式为 AE-8 及 AP-8 模式，经常用到的地磁场模式为 IGRF 模式、GSFC 模式及 Jensen-Cain 模式。不同的应用部门或针对不同的任务，所选用的地磁场模式不同。如美国国家航空航天局、欧洲空间局及俄罗斯国立莫斯科大学等单位，在各自建立的辐射带粒子能谱计算软件中采用的地磁场模式不尽相同，即使采用相同的 AE-8 或 AP-8 模式，由于软件算法不同，计算结果也会出现差异。因此，计算空间带电粒子能谱时，必须考虑地磁场模式的影响。选择地磁场模式时应视实际情况和用途进行有针对性的选择。表 2-5 是针对各种地球内源磁场模式的计算参数、展开项阶/次数、数据来源及历元所进行的对比。

表 2 - 5 常用地球内源磁场模式对比

模式名称	系数的个数	阶数或次数				数据源	历元
		主项	1 次项	2 次项	3 次项		
Jensen - Cain	48	6				1945—1962	1960
GSFC 9/65	147	9	6			1945—1964	1960
GSFC 12/66	360	10	10	10		1900—1966	1960
GSFC 9/80	462	13	13	6	4	OGO. MAGSAT. 1960—1980	1980
GSFC 12/83	367	14	11			MAGSAT. 1978—1982	1980
GSFC 11/87	448	14	14			DE. MAGSAT. 1978—1983	1982
POGO 3/68	198	9	9			OGO	1960
POGO 10/68	286	11	11			OGO	1960
POGO 8/69	240	10	10			OGO. 1965 - 7—1968 - 4	1960
POGO 8/71	240	10	10			OGO. 1965 - 2—1970 - 3	1960
MGST 4/81	258	13	7			MAGSAT，15 天	1980
AWC75	248	12	8			1967—1974	1975
USGS（美国本土）	24	4				Land. Marine. Aerial	1985
USGS（夏威夷）	8	2				Surveys. IGRF	1985
IGRF - 95	120	10				各种数据源	1945—1995

地球外源磁场模式可为深入研究地磁层及计算磁层磁场提供必要的途径。但由于地球外源磁场很弱，不同模式的计算结果相差较大，尚难以形成比较通用的地球外源磁场模式。在表征地磁层磁场的平均特征及其随地磁活动和太阳活动的变化时，常采用 Tsyganenko—96 模式[9]。为了更精确地表征地磁层磁场的瞬态变化（如亚暴），可选用较新的 Tsyganenko—01[13] 和 Tsyganenko—04 模式[14]。在现行的空间带电粒子辐射环境计算模式中，尚没有考虑地球外源磁场的影响。

2.3 太阳电磁辐射环境模式

2.3.1 引言

在距太阳 1 AU 处地球大气层外太阳电磁辐射的能量通量称为太阳常数。实际上，由于地球绕太阳在稍呈椭圆的轨道上运行，使该轨道处太阳辐射通量每年期间变化约 3.4%。在太阳活动 11 年周期内，太阳发出的辐射量也会稍有变化（约为 $\pm 0.1\%$）。

太阳电磁辐射对近地空间的主要影响，一是使高层大气加热，影响大气的温度与密度；二是使部分大气电离，产生电离层。随着太阳活动的增强，高层大气与电离层的状态随之变化。由于强烈引起这种变化的太阳极紫外辐射难以直接在地面上测量，通常用太阳 10.7 cm 射电辐射通量（$F_{10.7}$）作为太阳活动指数。$F_{10.7}$ 通量可在地面上测定，并与太阳极紫外辐射功率有对应关系。太阳事件的强烈爆发会引起地磁扰动，地磁指数是表征地磁活动的重要参量。太阳活动指数与地磁活动指数是高层大气及其他近地空间环境模式必要的输入条件。

2.3.2　太阳常数

太阳常数是对太阳平均总电磁辐射能量的表征。通常以日地平均距离（1 AU）处地球大气层外单位时间、单位面积接收到的太阳辐射能量为依据，作为描述太阳电磁辐射环境的基本参量。长期以来，人们对太阳电磁辐射进行了广泛的测量。第一个被广泛使用并作为美国国家航空航天局设计规范的太阳常数值是 1954 年由 Johnson 提出的。他根据早期在地面上测量的结果，并利用火箭探测资料进行修正，将太阳常数取值为 1 395 W/m²。

随着探测技术的发展，从 20 世纪 60 年代开始利用飞机、火箭、气球和卫星进行了一系列有关太阳常数的测量，大大减小了大气衰减修正引起的误差。根据 60 年代后期的一系列测试结果，Thekaekara 于 1970 年提出将太阳常数改为（1 353±21）W/m²。这一数值曾被美国国家航空航天局采用，并作为美国材料试验协会的工程标准而被广泛使用。我国航天工业部门也采用此值作为太阳常数标准。

在 20 世纪 60 年代后期，太阳常数测量的主要问题是标定误差和仪器的固有误差较大。1981 年世界气象组织的仪器与观测方法委员会建议，按照 1969—1980 的观测记录，将太阳常数取为 1 367 W/m²。依据 1970—1981 期间 Nimbus - 6 号和 7 号卫星、火箭和高空气球的测量结果，1982 年后美国国家航空航天局选取的太阳常数值为（1 371±10）W/m²，作为航天器设计的空间环境规范[15]。美国材料试验协会于 2000 年公布了新版的太阳光谱，将太阳常数定为 1 366.1 W/m²（详见 ASTM 标准 E490 - 00a）。欧洲空间局在 2008 年版空间环境规范中将太阳常数选为 1 366.1 W/m²[4]；并且，在该规范中还认定：

1）太阳最高能量通量（冬至）：1 412.9W/m²；

2）太阳最低能量通量（夏至）：1 321.6W/m²。

2.3.3　太阳光谱

太阳光谱是太阳电磁辐射环境的基本依据。太阳光谱的绝大部分集中在可见光和近红外辐射波段，并且变化不大，故通常用平均参考光谱表征太阳电磁辐射的基本特性。早期的参考太阳光谱由 Johnson 提出，基本上近似于 6 000 K 的黑体辐射分布。1970 年 Thekaekara 根据高空飞机、气球和卫星探测资料所提出的太阳光谱，详见表 2 - 6（取太阳常数为 1 353 W/m²）。美国国家航空航天局在低地球轨道选材指南中，取太阳常数为 1 367 W/m²，相应的太阳光谱曲线如图 2 - 4 所示。

表 2 - 6　地外太阳光谱辐照度（太阳常数为 1 353 W/m²）

(a) 紫外、可见和红外光谱区地外太阳光谱辐照度

波长 λ/μm	光谱辐照度/ [W/ (m²·μm)]	0～λ 的累积辐照度/ (W/m²)	波长 λ/μm	光谱辐照度/ [(W/m²·μm)]	0～λ 的累积辐照度/ (W/m²)
0.120	0.10	0.005 999 3	0.390	1 098	105.792
0.140	0.03	0.007 3	0.395	1 189	111.509
0.150	0.07	0.007 8	0.400	1 429	118.054

续表

波长 λ/μm	光谱辐照度/ [W/ (m² · μm)]	0～λ 的累积辐 照度/ (W/m²)	波长 λ/μm	光谱辐照度/ [(W/m² · μm)]	0～λ 的累积辐 照度/ (W/m²)
0.160	0.23	0.009 3	0.405	1 644	125.737
0.170	0.63	0.013 5	0.410	1 751	134.224
0.180	1.25	0.023	0.415	1 774	143.037
0.190	2.71	0.042 8	0.420	1 747	151.839
0.200	10.7	0.109 85	0.425	1 693	160.439
0.210	22.9	0.277 85	0.430	1 639	168.769
0.220	57.5	0.679 85	0.435	1 663	177.024
0.225	64.9	0.985 85	0.440	1 810	185.707
0.230	66.7	1.314 85	0.445	1 922	195.037
0.235	59.3	1.629 85	0.450	2 006	204.857
0.240	63.0	1.935 60	0.455	2 057	215.014
0.245	72.3	2.273 85	0.460	2 066	225.322
0.250	70.4	2.630 60	0.465	2 048	235.607
0.255	104	3.066 60	0.470	2 033	245.809
0.260	130	3.651 60	0.475	2 044	256.002
0.265	185	4.439 10	0.480	2 074	266.297
0.270	237	5.481 60	0.485	1 976	276.422
0.275	204	6.571 60	0.490	1 950	286.237
0.280	222	7.636 60	0.495	1 960	296.012
0.285	315	8.979 10	0.500	1 942	305.767
0.290	482	10.971 6	0.505	1 920	315.422
0.295	584	13.636 6	0.510	1 882	324.927
0.300	514	16.381 6	0.515	1 833	334.214
0.305	603	19.174 1	0.520	1 833	343.379
0.310	689	22.404 1	0.525	1 852	352.592
0.315	764	26.036 6	0.530	1 842	361.827
0.320	830	30.021 6	0.535	1 818	370.977
0.325	975	34.534 1	0.540	1 783	379.979
0.330	1 059	39.619 1	0.545	1 754	388.822
0.335	1 081	44.969 1	0.550	1 725	397.519
0.340	1 074	50.356 6	0.555	1 720	406.132
0.345	1 069	55.714 1	0.560	1 695	414.669
0.350	1 093	61.119 1	0.565	1 705	423.169
0.355	1 083	66.559 1	0.570	1 712	431.712
0.360	1 068	71.936 6	0.575	1 719	440.289

续表

波长 λ/μm	光谱辐照度/ [W/ (m² · μm)]	0～λ 的累积辐照度/ (W/m²)	波长 λ/μm	光谱辐照度/ [(W/m² · μm)]	0～λ 的累积辐照度/ (W/m²)
0.365	1 132	77.436 6	0.580	1 715	448.874
0.370	1 181	83.219 1	0.585	1 712	457.442
0.375	1 157	89.064 1	0.590	1 700	465.972
0.380	1 120	94.756 6	0.595	1 682	474.427
0.385	1 098	100.302	0.600	1 666	482.797
0.605	1 647	491.079	3.300	19.2	1 330.98
0.610	1 635	499.284	3.400	16.6	1 332.77
0.620	1 602	515.469	3.500	14.6	1 334.33
0.630	1 570	531.329	3.600	13.5	1 335.73
0.640	1 544	546.899	3.700	12.3	1 337.02
0.650	1 511	562.174	3.800	11.1	1 338.19
0.660	1 486	577.159	3.900	10.3	1 339.26
0.670	1 456	591.869	4.000	9.5	1 340.25
0.680	1 427	606.284	4.100	8.7	1 341.16
0.690	1 402	620.429	4.200	7.8	1 341.99
0.700	1 369	634.284	4.300	7.1	1 342.73
0.710	1 344	647.849	4.400	6.5	1 343.41
0.720	1 314	661.139	4.500	5.9	1 344.03
0.730	1 290	674.159	4.600	5.3	1 344.59
0.740	1 260	686.909	4.700	4.8	1 345.10
0.750	1 235	699.384	4.800	4.5	1 345.56
0.800	1 107	757.934	4.900	4.1	1 345.99
0.850	988	810.309	5.000	3.830	1 346.390 6
0.900	889	857.234	6.000	1.750	1 349.180 6
0.950	835	900.334	7.000	0.990	1 350.550 6
1.000	746	939.859	8.000	0.600	1 351.345 6
1.100	592	1006.76	9.000	0.380	1 351.835 6
1.200	484	1060.56	10.000	0.250	1 352.150 6
1.300	396	1104.56	11.000	0.170	1 352.360 6
1.400	336	1141.16	12.000	0.120	1 352.505 6
1.500	287	1 172.31	13.000	0.087	1 352.609 1
1.600	244	1 198.86	14.000	0.055	1 352.680 1
1.700	202	1 221.16	15.000	0.049	1 352.732 1
1.800	159	1 239.21	16.000	0.038	1 352.775 6
1.900	126	1 253.46	17.000	0.031	1 352.810 1

续表

波长 $\lambda/\mu m$	光谱辐照度/ $[W/(m^2 \cdot \mu m)]$	0～λ 的累积辐照度/（W/m^2）	波长 $\lambda/\mu m$	光谱辐照度/ $[(W/m^2 \cdot \mu m)]$	0～λ 的累积辐照度/（W/m^2）
2.000	103	1 264.91	18.000	0.024	1 352.837 6
2.100	90	1 274.56	19.000	0.020	1 352.859 6
2.200	79	1 283.01	20.000	0.016	1 352.877 6
2.300	68	1 290.36	25.000	0.006 10	1 352.932 8
2.400	64	1 296.96	30.000	0.003 00	1 352.955 6
2.500	54	1 302.86	35.000	0.001 60	1 352.967 1
2.600	48	1 307.96	40.000	0.000 94	1 352.973 5
2.700	43	1 312.51	50.000	0.000 38	1 352.980 1
2.800	39	1 316.61	60.000	0.000 19	1 352.982 9
2.900	35	1 320.31	80.000	0.000 07	1 352.985 5
3.000	31	1 323.61	100.000	0.000 03	1 352.986 5
3.100	26	1 326.46	1 000.000	0.000 00	1 353.000 0
3.200	22.6	1 328.89			

（b）远红外、微波区地外太阳光谱辐照度

波长 $\lambda/\mu m$	光谱辐照度/ $[(W/(m^2 \cdot \mu m)]$	波长 $\lambda/\mu m$	光谱辐照度/ $[(W/(m^2 \cdot \mu m)]$
100.0	2.66E−0.5	800.0	7.13E−09
120.0	1.29E−0.5	1 000.0	2.97E−09
150.0	5.34E−06	1 200.0	1.46E−09
200.0	1.71E−06	1 500.0	6.10E−10
250.0	7.04E−07	2 000.0	2.00E−10
300.0	3.42E−07	2 500.0	8.43E−11
400.0	1.10E−07	3 000.0	4.10E−11
500.0	4.55E−08	4 000.0	1.32E−11
600.0	2.22E−08	5 000.0	5.58E−12

（c）微波、射电区地外太阳光谱辐照度

波长 λ/cm	光谱辐照度/$[W/(m^2 \cdot \mu m)]$			
	太阳黑子多	太阳黑子少	典型噪声暴	大型射电暴
0.6	2.89E−12	2.83E−12		
1.5	1.09E−13	9.73E−14		
3.0	1.13E−14	8.67E−15		6.67E−16
6.0	1.29E−15	9.58E−16		4.16E−16
15.0	9.20E−17	6.53E−17		1.33E−16

续表

波长 λ/cm	光谱辐照度 / [W/ (m² · μm)]			
	太阳黑子多	太阳黑子少	典型噪声暴	大型射电暴
30.0	1.47E−17	9.00E−18		6.67E−17
60.0	2.41E−18	1.50E−18	4.17E−19	2.50E−17
150.0	1.25E−19	9.2E−20	9.33E−19	5.33E−18
300.0	7.67E−21	6.0E−21	3.33E−19	1.67E−18
600.0	4.08E−22	3.0E−22	5.83E−20	4.17E−19

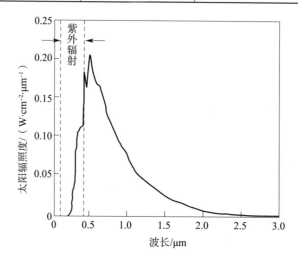

图 2-4　大气层外太阳光谱的标准曲线[4]

太阳常数为 1 367 W/m²

　　自 1982 年以后，美国国家航空航天局通常采用的太阳常数值为 1 371 W/m²，并将太阳光谱近似为 5 762 K 的黑体辐射分布；空间冷黑背景温度取为 3 K。欧洲空间局在 2000 年版的 ECSS‐E‐10‐04A 标准[5] 中，也采用了美国国家航空航天局的这一规范；但在 2008 年版的标准[4] 中，将太阳常数值取为 1 366.1 W/m²。在采用 1982 年确定的太阳常数值时，应将表 2-6 中的太阳光谱辐照度和累积辐照度值均乘以 1.013 3。图 2-5 为相应的地外太阳光谱、海平面太阳辐照谱及 5 762 K 黑体辐射曲线，从图中可以看出，大气中的气体对太阳电磁辐射有不同程度的吸收。臭氧的吸收带在紫外区，而水汽的吸收带主要在红外区。

　　由于测量技术和大气影响的不同，常将太阳光谱按波长分成几个区段。一般大体上将太阳光谱划分为 γ 射线/X 射线波段 （λ<10 nm）、紫外波段 （10～400 nm）、可见光波段 （400～700 nm）、红外波段 （700 nm～1 mm） 以及微波/射电波段 （λ>1 mm）。各波段辐射相应的频率和光子能量见表 2-7。红外辐射分为近红外 （0.70～3 μm）、中红外 （3～6 μm） 与远红外 （6～1 000 μm） 波段。紫外辐射常分为远紫外或真空紫外 （10～200 nm） 与近紫外 （200～400 nm） 波段；并且，常将波长在 10～120 nm 的光谱区称为极紫外辐射。在不同场合，对太阳光谱的分区略有不同[16]。

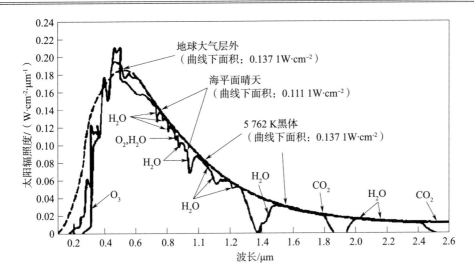

图 2-5　1 AU 处地外太阳光谱、海平面晴天太阳辐照谱及 5 762 K 黑体辐射曲线[5]

表 2-7　太阳光谱各区段波长、频率及光子能量

光谱区段	波长/m	频率/Hz	能量/eV
射电波	$>1\times10^{-1}$	$<3\times10^{9}$	$<10^{-5}$
微波	$1\times10^{-3}\sim1\times10^{-1}$	$3\times10^{9}\sim3\times10^{11}$	$10^{-5}\sim10^{-3}$
红外线	$7\times10^{-7}\sim1\times10^{-3}$	$3\times10^{11}\sim4.3\times10^{14}$	$10^{-3}\sim2$
可见光	$4\times10^{-7}\sim7\times10^{-7}$	$4.3\times10^{14}\sim7.5\times10^{14}$	$2\sim3$
紫外线	$1\times10^{-8}\sim4\times10^{-7}$	$7.5\times10^{14}\sim3\times10^{16}$	$3\sim10^{3}$
X 射线	$1\times10^{-11}\sim1\times10^{-8}$	$3\times10^{16}\sim3\times10^{19}$	$10^{3}\sim10^{5}$
γ 射线	$<1\times10^{-11}$	$>3\times10^{19}$	$>10^{5}$

在太阳光谱中，除 γ 射线和 X 射线外，紫外辐射（包括近紫外和远紫外）的波长较短，相应的光量子能量高，对高层大气及许多材料产生重要影响。电磁辐射光量子能量 E 与波长 λ 成反比例关系，即 $E=hc/\lambda$（式中，h 为普朗克常数，c 为光速）。光量子的能量在近紫外波段为 3.1~6.2 eV；远紫外波段为 6.2~12.4 eV。极紫外辐射光子的能量大于 12.4 eV。紫外辐射光子可破坏高分子聚合物的化学键，产生光降解效应，以及在光学玻璃等材料中产生色心等。为了有效地评价太阳紫外辐射效应，在有关标准中均对相应的光谱辐照度及其占太阳常数的百分率进行了规定。在美国国家航空航天局和欧洲空间局的空间环境标准中规定[5,15]：近紫外（180~400 nm）光谱辐照度为 118 W/m²，占太阳常数的百分率为 8.6%；远紫外（<180 nm）光谱辐照度为 0.023 W/m²。在 ISO WD 15856：2002E[17] 和 ASTM：E512—94[18] 等地面模拟试验标准中规定：近紫外（200~400 nm）光谱辐照度为 118 W/m²，占太阳常数的 8.7%；远紫外（10~200 nm）光谱辐照度为 0.1 W/m²，占太阳常数的 0.007%。

通常，太阳常数变化很小，仅约为平均值的 ±0.1%，但短波太阳辐射的变化幅度却会很大[19]。一般认为，175~210 nm 波段的辐射，在太阳 27 天自转及 11 年活动周期过程中均会出现变化。紫外辐射的变化幅度达到 50％乃至两倍以上。发生太阳耀斑时，X 射线辐射会呈数量级增强。太阳各短波段辐射的平均通量和最差情况下的通量如表 2-8 所示[5]。在工程应用时，通常取最差情况的太阳电磁辐射通量进行计算。表 2-8 所给出的耀斑 X 射线辐射通量是大耀斑时的峰值。针对工程设计需要，可假设这样的耀斑 X 射线辐射通量每周持续 1 h。

表 2-8　太阳各短波段辐射的平均通量与最差情况的通量

短波辐射波段	波长/nm	平均通量/（W/m²）	最差情况通量/（W/m²）
近紫外	180～400	118	177
远紫外	<180	2.3×10^{-2}	4.6×10^{-2}
	100～150	7.5×10^{-3}	1.5×10^{-2}
极紫外	10～100	2×10^{-3}	4×10^{-3}
X 射线	1～10	5×10^{-5}	1×10^{-4}
耀斑 X 射线	0.1～1	1×10^{-4}	1×10^{-3}

2.3.4　太阳辐射压强

航天器在日球内运行时，其光照表面会受到太阳辐射压强的作用。虽然这种压强不一定很大，却可能引起航天器运行轨迹的摄动。携带着动量的太阳电磁辐射受到航天器表面反射时会发生动量交换。太阳辐射作用于航天器的压强（P_{SR}，N·m⁻²）由下式给出[5]

$$P_{SR} = \frac{F}{c} \tag{2-22}$$

式中　F——太阳辐射在航天器表面的能量通量（J·m⁻²·s⁻¹）；

　　　c——光速（m·s⁻¹）。

太阳辐射压强的影响与航天器表面的反射性能有关。太阳辐射压强产生的摄动效应与航天器的面积和质量比成正相关，而与到太阳距离的平方成反比。因此，沿着太阳与航天器连线方向，太阳辐射对航天器的摄动加速度 F_{SRP} 可由下式计算

$$F_{SRP} = R \frac{A}{m} P_{SR} \left(\frac{a_S}{r_S}\right)^2 \tag{2-23}$$

式中　R——与航天器表面反射性能有关的系数；

　　　r_S——航天器到太阳的距离；

　　　a_S——地球距太阳的平均距离；

　　　A——航天器的光照面积；

　　　m——航天器的质量。

2.3.5　太阳与地磁活动指数

2.3.5.1　太阳活动指数

太阳活动指数用于表述太阳活动的水平。常用的太阳活动指数为黑子相对数（R）与 10.7 cm 波长射电通量（$F_{10.7}$）。两者均可在地面上测试，并与太阳极紫外辐射具有良好的

相关性。太阳黑子相对数 R（有时记为 R_z）是表征太阳黑子活动的指数，定义为 $R = k(10g + s)$，其中 s 为单个黑子数，g 为黑子群数，k 为观测因子。通过各国际天文台每日观测到的黑子数量组合，可以得到日平均黑子数，进而确定每周、每月和每年的平均黑子数。$R12$ 或 R_z12 用于表征太阳黑子相对数 R 的 12 个月平滑均值。$F_{10.7}$（有时简写为 F_{10}）是表征波长为 10.7 cm（或频率为 2 800 MHz）时太阳射电辐射通量。$F_{10.7}$ 指数与太阳黑子相对数 R 两者在 1 个月以上期间的平均值有如下转换关系

$$F_{10.7} = 63.7 + 0.728R + 8.9 \times 10^{-4}R^2 \qquad (2-24)$$

式（2 - 24）中，$F_{10.7}$ 指数的单位为 10^{-22} W·m^{-2}·Hz^{-1}（此单位又常记为 sfu，即 solar flux units）。

除黑子相对数 R 和 10.7 cm 波长射电通量（$F_{10.7}$）外，太阳活动指数还可通过 $S_{10.7}$ 和 $M_{10.7}$ 两个指数表征[20]。$S_{10.7}$ 指数（简写为 S_{10}）是通过 SOHO 卫星用极紫外探测器在 26~34 nm 波段测量的太阳辐射通量，并以平均值 1.995 5×10^{10} 光子/（cm^2·s）进行归一化，单位为 sfu。$M_{10.7}$ 指数是通过 NOAA - 16 和 NOAA - 17 卫星用太阳背散射紫外谱仪测量的太阳辐射通量，反映太阳色球及光球某些区域的活动水平，单位以 sfu 表征。

2.3.5.2　地磁活动指数

地磁活动指数用于表征地磁场的扰动状态，也是对太阳活动水平的间接表征。地磁扰动实际上是由太阳活动的变化导致的。常用的地磁活动指数为 K_P、a_P 和 D_{st}。K_P 和 a_P 基于全球 13 个地磁观测站每 3 小时测试的结果。a_P 从 0~400 取值，单位为 2 nT。K_P 指数共分 28 级，分别记为 0_0、0_+、1_-、1_0、1_+、2_-、…、8_0、8_+、9_-、9_0。为了进一步纯数值化，将各级 K_P 指数值乘以 10，并对下标为 "一" 的减去 3，下标为 "+" 的加 3。例如，1_- 为 7，1_0 为 10，1_+ 为 13，以此类推。K_P 与 a_P 的转换关系见表 2 - 9。A_P 指数为每天 8 个 a_P 值的平均值。a_P 在 24 h 内变化的参考值在表 2 - 10 中给出，可作为一种每 3 小时地磁扰动最坏情况的代表。D_{st} 是表述赤道环电流强度的指数，用于表征磁暴发生时低纬度地磁活动每小时的变化，单位为 nT。

表 2 - 9　地磁指数 K_P 与 a_P 的转换关系

K_P	0_0	0_+	1_-	1_0	1_+	2_-	2_0	2_+	3_-	3_0	3_+	4_-	4_0	4_+
a_P	0	2	3	4	5	6	7	9	12	15	18	22	27	32
K_P	5_-	5_0	5_+	6_-	6_0	6_+	7_-	7_0	7_+	8_-	8_0	8_+	9_-	9_0
a_P	39	48	56	67	80	94	111	132	154	179	207	236	300	400

表 2 - 10　a_P 指数在 24 h 内变化的参考值

时间/h	0	3	6	9	12	15	18	21	24
a_P/（2nT）	15	15	300	130	50	15	15	15	15

注：表中时间为磁地方时。

2.3.5.3　$F_{10.7}$ 和 A_P 指数与太阳周期的关系

美国国家航空航天局在《自然轨道环境指南》[15]中，给出了 $F_{10.7}$ 和 A_P 指数在 11 年太阳周期内各月的最大、平均和最小值按 13 个月平均的变化数据，如表 2 - 11 所示。图 2 - 6

和图 2-7 分别为表 2-11 中 $F_{10.7}$ 指数与 A_P 指数在一个平均太阳周期的变化曲线。表中 $F_{10.7}$ 数值是 1749—1947 记录的太阳黑子数推算及实测结果；A_P 数值是基于 1932 年以来的记录数据得出的。各点的"最大"与"最小"值都是历史上记录的在 11 年周期内相应的极值，经过 13 个月数据的数学平滑处理而得出的。平均太阳周期时间长度的标准偏差在所涉及的历史记录范围内为 1.23 年，所得结果可用于对太阳活动进行预测或在较长时间段内分析太阳活动的变化。

表 2-11　$F_{10.7}$ 和 A_P 的最大、平均和最小值在 11 年太阳周期内逐月的平均变化[15]

周期内月份	$F_{10.7}$			A_P		
	最大值	平均值	最小值	最大值	平均值	最小值
1	73.3	69.6	67.0	11.5	9.5	7.6
2	73.4	69.7	67.0	711.7	9.6	7.7
3	74.0	70.0	67.0	11.8	9.7	7.7
4	74.5	70.4	67.0	11.9	9.7	7.6
5	74.9	70.7	67.0	11.9	9.7	7.4
6	76.2	71.1	67.1	12.2	9.9	7.3
7	78.4	71.6	67.2	12.5	10.0	7.2
8	79.8	72.2	67.3	12.9	10.3	7.3
9	81.5	72.8	67.4	13.3	10.6	7.8
10	84.1	73.6	67.5	14.1	10.9	8.1
11	87.7	74.5	67.7	15.1	11.2	8.2
12	93.4	75.7	67.9	15.7	11.5	8.3
13	97.9	77.0	68.0	15.9	11.8	8.3
14	101.7	78.4	68.0	16.4	12.0	8.3
15	107.7	80.1	68.0	17.4	12.3	8.5
16	114.5	82.0	68.0	18.4	12.7	8.4
17	121.1	84.0	68.1	18.7	12.9	8.5
18	129.1	86.2	68.4	18.8	13.1	8.7
19	137.6	88.5	68.5	18.6	13.2	9.0
20	143.4	91.0	68.6	18.3	13.2	9.3
21	147.6	93.7	68.8	18.1	13.2	9.7
22	151.7	96.3	68.7	18.4	13.4	9.5
23	155.7	98.9	68.8	18.4	13.5	9.3
24	160.1	101.6	69.2	17.6	13.5	9.1
25	164.8	104.4	69.7	17.1	13.6	9.0
26	169.1	107.2	70.1	17.4	13.6	9.1
27	173.0	110.2	70.6	17.4	13.6	9.4
28	177.1	113.2	70.7	18.5	13.8	9.8
29	186.1	116.2	71.3	19.9	14.0	10.0

续表

周期内月份	$F_{10.7}$			A_P		
	最大值	平均值	最小值	最大值	平均值	最小值
30	191.5	119.3	72.2	19.9	14.1	10.0
31	194.3	122.0	72.6	19.9	14.1	10.1
32	196.9	124.3	73.3	20.1	14.1	10.4
33	199.6	126.5	73.9	20.4	14.2	10.2
34	204.2	128.6	74.1	20.8	14.2	10.3
35	210.6	131.0	74.4	20.9	14.1	10.6
36	214.8	133.3	74.5	21.0	14.0	10.6
37	217.2	135.6	74.6	21.2	14.0	10.5
38	221.6	137.6	74.5	21.6	14.1	10.4
39	226.9	139.6	74.1	22.1	14.1	10.6
40	229.9	141.4	73.6	22.2	14.0	10.8
41	231.7	143.2	73.5	21.0	13.7	10.7
42	233.7	144.6	73.6	20.1	13.4	10.4
43	235.6	145.6	74.0	19.8	13.3	10.5
44	238.8	146.7	75.1	19.3	13.3	10.7
45	242.8	147.2	75.8	19.2	13.3	10.8
46	245.2	147.7	76.5	19.0	13.4	11.0
47	244.5	148.1	78.1	18.8	13.3	10.7
48	243.3	148.4	80.1	18.6	13.4	10.8
49	244.7	148.7	82.5	18.6	13.4	10.6
50	245.7	148.2	84.0	18.3	13.4	10.2
51	243.3	146.8	85.5	18.2	13.5	10.6
52	239.4	145.7	87.9	18.7	13.8	11.3
53	235.0	145.1	89.5	19.2	14.1	11.4
54	232.9	144.9	92.2	19.6	14.2	11.3
55	233.3	144.9	93.8	20.3	14.4	11.3
56	233.1	144.7	94.9	21.0	14.6	11.5
57	231.2	144.2	95.0	21.4	14.8	11.6
58	229.1	143.5	94.7	21.2	14.8	11.6
59	228.1	142.7	94.9	20.4	14.7	11.8
60	227.6	142.3	96.5	20.7	14.8	12.1
61	226.7	142.1	97.3	21.9	15.1	12.2
62	225.6	141.3	96.8	22.7	15.2	12.0
63	223.0	140.1	96.0	22.7	15.1	11.6
64	218.6	138.4	96.0	22.3	15.1	11.2

续表

周期内月份	$F_{10.7}$			A_P		
	最大值	平均值	最小值	最大值	平均值	最小值
65	215.3	136.8	96.6	21.7	15.1	11.2
66	212.0	135.5	96.7	21.5	15.1	11.2
67	206.9	134.3	95.1	22.1	15.1	11.2
68	204.0	133.0	95.0	23.1	15.5	11.3
69	203.6	131.6	96.3	23.5	15.6	11.3
70	200.4	129.8	96.5	23.4	15.6	11.2
71	196.8	128.3	94.7	23.3	15.7	11.1
72	195.7	127.3	93.6	23.1	15.5	10.8
73	194.8	126.5	93.5	22.2	15.7	10.9
74	191.5	125.1	91.9	22.1	15.6	11.1
75	187.4	123.5	88.7	22.2	15.6	11.7
76	182.9	122.3	86.6	22.5	15.8	11.6
77	178.6	121.5	87.8	22.6	15.9	11.5
78	176.3	120.5	86.5	22.5	15.8	11.3
79	174.9	119.5	85.9	21.6	15.7	11.3
80	171.1	117.9	85.0	21.0	15.4	11.3
81	164.5	116.3	83.6	21.1	15.2	11.2
82	158.1	114.6	82.3	21.6	15.2	11.2
83	154.4	112.9	81.6	22.2	15.4	11.4
84	152.7	111.1	81.5	22.0	15.3	11.3
85	150.8	109.5	81.9	22.0	15.2	11.4
86	148.1	108.0	81.6	22.2	15.0	11.3
87	145.0	106.4	81.4	22.5	14.9	11.3
88	141.1	104.9	80.2	22.8	14.7	11.2
89	137.0	103.4	80.3	23.5	14.7	11.1
90	132.4	101.9	80.0	24.2	14.7	11.0
91	125.4	100.3	78.9	24.7	14.8	11.3
92	119.5	98.9	77.6	25.0	14.8	11.3
93	118.4	97.7	76.6	24.9	14.8	11.2
94	118.7	96.6	74.8	24.5	14.8	11.4
95	119.4	95.6	74.0	23.6	14.7	11.6
96	119.8	94.8	73.4	22.8	14.7	11.3
97	119.0	93.9	73.2	22.1	14.7	11.1
98	117.7	92.8	73.1	21.8	14.8	11.1
99	116.4	91.8	72.7	21.4	14.8	11.2

续表

周期内月份	$F_{10.7}$			A_P		
	最大值	平均值	最小值	最大值	平均值	最小值
100	114.6	90.6	71.7	21.1	14.8	11.2
101	110.8	89.6	71.1	20.5	14.7	10.5
102	105.4	88.4	70.6	19.7	14.4	9.9
103	103.2	87.3	70.1	19.7	14.3	9.5
104	102.0	86.5	69.9	19.8	14.1	9.2
105	100.0	85.7	70.0	19.5	14.0	9.0
106	98.2	84.8	69.9	19.1	13.8	8.9
107	96.6	83.6	69.7	18.6	13.8	8.8
108	94.6	82.5	69.5	17.9	13.8	8.7
109	93.8	81.8	69.4	17.0	13.7	8.7
110	92.7	81.1	69.3	16.5	13.6	8.8
111	92.0	80.3	69.0	16.7	13.5	8.9
112	91.8	79.6	68.8	16.9	13.4	9.0
113	91.4	78.9	68.5	17.1	13.3	9.0
114	90.8	78.2	68.2	17.4	13.3	9.0
115	90.1	77.5	68.2	17.7	13.1	9.0
116	89.1	76.9	68.2	17.6	12.9	9.2
117	88.2	76.4	68.2	17.4	12.7	9.3
118	87.0	75.9	68.3	16.9	12.5	9.2
119	85.4	75.3	68.3	16.1	12.2	9.1
120	83.2	74.8	68.3	14.7	11.8	9.1
121	80.5	74.2	68.3	13.6	11.5	9.1
122	78.5	73.5	67.9	13.7	11.2	8.9
123	77.6	72.9	67.6	13.4	10.9	8.5
124	77.1	72.3	67.4	13.0	10.6	8.1
125	76.9	72.0	67.4	12.7	10.5	8.0
126	76.7	71.6	67.2	12.4	10.3	8.0
127	76.5	71.3	67.1	11.7	10.1	8.0
128	76.2	70.9	67.0	11.2	9.9	8.0
129	75.2	70.6	67.0	11.0	9.8	7.9
130	74.2	70.3	67.0	10.9	9.1	7.2
131	74.0	70.1	67.0	11.1	9.2	7.4
132	73.5	69.9	67.0	11.4	9.4	7.6

注：1. 表中 $F_{10.7}$ 和 A_P 指数均为历史记录数据的 13 个月平均值；

　　 2. 此表可按太阳活动 11 年周期重复外延；

　　 3. $F_{10.7}$ 的单位为 sfu，即 $1 \ \text{sfu} = 10^{-22} \ \text{W} \cdot \text{m}^{-2} \cdot \text{Hz}^{-1}$。

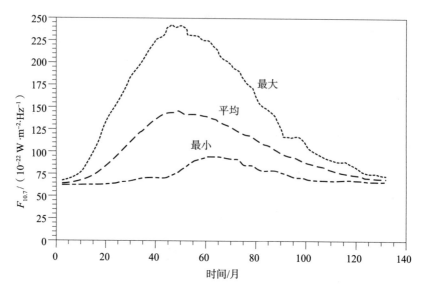

图 2-6　按 13 个月平均的 $F_{10.7}$ 指数在一个平均太阳周期内的变化[15]

历史上的记录表明该平均周期的标准偏差为 1.23 年

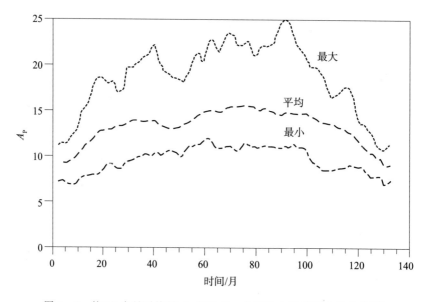

图 2-7　按 13 个月平均的 A_P 指数在一个平均太阳周期内的变化[15]

　　类似地，欧洲空间局在空间环境标准[4]中，给出了第 23 太阳周期内各月的平均太阳活动指数，如表 2-12 所示。表中，F_{10}（$F_{10.7}$）、S_{10}（$S_{10.7}$）及 M_{10}（$M_{10.7}$）为每日太阳活动指数在 30 天期间的平均值；F_{81}、S_{81} 及 M_{81} 为相应指数的 81 天平均值。各指数的下标 min、mean 及 max，用于表示相应指数在所给定月份的最低值、平均值及最高值。在表（2-12）中未给出地磁活动指数 A_P 的变化。在太阳活动周期内，太阳活动指数变化大，而地磁活动指数 A_P 相对变化较小。地磁活动指数主要呈现季节性变化，并在二分点（equinoxes）时变化较大（如春分或秋分点）。

表 2-12 第 23 太阳周期各月的平均太阳活动指数[4]

月份	$F_{10\min}$	$F_{10\mathrm{mean}}$	$F_{10\max}$	$F_{81\min}$	$F_{81\mathrm{mean}}$	$F_{81\max}$	$S_{10\min}$	$S_{10\mathrm{mean}}$	$S_{10\max}$	$S_{81\min}$	$S_{81\mathrm{mean}}$	$S_{81\max}$	$M_{10\min}$	$M_{10\mathrm{mean}}$	$M_{10\max}$	$M_{81\min}$	$M_{81\mathrm{mean}}$	$M_{81\max}$
0	72	74	77	74	76	78	74	78	82	78	79	79	65	72	76	72	73	74
1	71	74	81	74	74	74	74	77	82	78	78	78	62	71	75	72	72	73
2	70	74	76	74	74	74	73	79	83	78	79	79	66	73	80	73	73	74
3	69	74	81	74	74	74	74	80	86	79	80	81	67	75	86	74	75	76
4	71	75	85	72	73	74	78	83	91	81	81	81	72	78	87	76	76	77
5	68	72	77	72	72	73	78	81	87	81	81	82	70	76	86	76	76	77
6	67	71	80	73	73	77	75	80	87	82	83	86	68	75	85	76	77	80
7	70	78	92	77	82	85	80	88	95	86	89	93	73	81	92	80	83	87
8	85	96	119	85	87	90	95	100	103	93	96	98	81	94	101	87	89	92
9	79	85	90	90	92	93	92	98	103	98	100	102	85	91	98	92	93	95
10	86	97	118	93	94	96	97	103	119	102	102	103	84	95	118	95	95	97
11	85	100	117	96	97	97	95	105	120	103	104	105	84	100	121	97	98	99
12	81	95	108	94	95	97	92	104	110	103	104	105	85	100	114	97	98	99
13	83	94	107	94	97	101	93	104	110	103	105	108	85	98	114	97	99	101
14	90	108	133	101	105	108	97	109	123	108	110	113	83	103	117	101	105	108
15	88	109	141	108	109	110	101	118	131	113	115	116	94	114	147	108	110	112
16	87	107	133	106	107	109	101	114	125	116	116	117	90	111	129	112	113	113
17	93	104	117	106	108	109	103	117	128	116	117	117	90	110	124	113	116	118
18	99	114	129	108	116	123	118	118	118	117	118	119	101	125	150	118	123	128
19	109	130	154	123	128	131	118	118	118	118	118	118	120	132	144	128	131	133
20	117	141	179	130	132	133	118	118	118	118	118	119	121	139	151	132	134	135
21	112	123	143	128	130	132	118	118	118	119	123	127	117	132	147	131	133	134
22	103	128	162	129	133	139	118	133	150	127	133	138	109	129	156	133	135	137
23	126	147	168	139	142	147	127	146	159	138	141	142	116	141	175	137	139	140

续表

月份	F_{10min}	F_{10mean}	F_{10max}	F_{81min}	F_{81mean}	F_{81max}	S_{10min}	S_{10mean}	S_{10max}	S_{81min}	S_{81mean}	S_{81max}	M_{10min}	M_{10mean}	M_{10max}	M_{81min}	M_{81mean}	M_{81max}
24	110	147	184	143	145	147	134	141	148	139	140	140	109	140	170	137	139	140
25	99	146	205	137	141	144	115	135	159	137	138	139	102	140	172	134	136	138
26	110	133	157	130	132	137	129	143	154	137	138	138	117	137	159	130	133	134
27	100	117	141	127	128	131	118	135	151	138	139	142	101	125	157	130	131	133
28	98	135	178	131	138	148	111	142	168	142	147	154	97	131	175	133	138	145
29	137	157	176	148	156	162	140	162	179	154	161	166	121	151	175	145	152	157
30	130	166	210	162	165	168	156	174	200	166	169	170	132	163	197	157	159	161
31	123	164	216	157	164	169	146	165	190	162	168	171	129	156	187	154	159	162
32	107	161	248	153	155	157	136	162	194	158	161	162	121	155	202	150	153	154
33	122	149	200	154	160	167	148	157	168	158	160	162	130	152	167	150	153	156
34	143	184	249	167	172	181	151	166	187	162	166	170	134	161	195	156	159	164
35	143	175	221	175	177	181	153	176	193	168	171	173	139	165	186	161	164	167
36	130	172	217	163	167	177	143	170	200	170	171	173	125	165	209	163	164	167
37	126	159	208	165	172	181	142	173	196	171	174	179	129	166	209	163	166	171
38	141	193	233	181	186	191	157	182	201	179	184	189	131	171	196	171	175	181
39	164	199	234	189	192	195	173	198	214	187	189	191	156	189	213	178	180	183
40	127	174	244	182	187	194	165	181	206	186	188	191	146	171	199	177	179	182
41	146	193	262	181	185	194	165	185	212	184	186	192	141	175	210	173	176	183
42	156	188	245	186	190	196	176	193	222	192	194	197	152	183	224	181	184	187
43	148	191	262	178	181	186	185	208	234	193	195	197	162	196	236	182	184	187
44	131	159	194	170	177	184	162	184	212	184	189	193	131	175	220	174	179	183
45	133	184	232	171	172	174	166	179	197	181	182	184	150	173	196	173	174	174
46	150	172	204	171	175	179	171	185	197	181	182	183	137	177	211	173	174	176
47	135	168	205	171	174	176	156	178	224	183	184	184	126	165	211	174	175	176

续表

月份	F_{10min}	F_{10mean}	F_{10max}	F_{81min}	F_{81mean}	F_{81max}	S_{10min}	S_{10mean}	S_{10max}	S_{81min}	S_{81mean}	S_{81max}	M_{10min}	M_{10mean}	M_{10max}	M_{81min}	M_{81mean}	M_{81max}
48	144	180	201	166	171	174	158	186	209	179	182	183	139	177	203	170	174	176
49	148	163	184	155	161	166	174	179	185	171	176	179	154	176	188	159	166	170
50	130	145	177	155	163	168	158	164	179	171	174	176	127	147	179	158	162	164
51	134	193	274	165	169	170	155	185	218	173	174	174	141	170	216	157	158	159
52	123	163	196	166	170	172	152	170	186	173	174	174	116	157	188	158	161	163
53	130	147	180	155	161	166	151	163	173	168	170	173	125	153	173	161	161	163
54	116	165	221	150	151	155	151	174	190	165	166	168	142	170	194	159	160	161
55	115	137	167	151	156	163	142	156	168	166	167	168	133	149	172	159	160	162
56	143	177	226	163	180	193	167	175	195	168	177	185	145	166	188	162	169	177
57	173	230	285	193	209	222	189	204	230	185	195	203	173	197	223	177	189	197
58	171	215	248	216	219	222	192	208	232	203	205	206	176	201	234	197	199	201
59	170	215	271	214	221	226	182	201	232	204	206	209	168	197	225	200	203	206
60	206	234	275	223	224	226	197	213	232	207	210	213	196	214	233	203	209	212
61	189	229	261	213	221	227	197	218	235	210	212	213	195	220	243	210	213	214
62	172	197	235	200	204	213	191	202	213	200	205	210	192	203	228	200	204	210
63	166	184	217	185	190	200	181	189	195	190	194	200	176	186	202	189	193	200
64	147	185	226	179	182	185	171	189	203	181	185	190	167	188	212	183	186	189
65	157	178	191	159	169	179	161	179	194	168	176	181	157	185	210	171	178	183
66	131	146	170	159	163	165	150	161	174	163	166	168	143	164	188	165	168	171
67	129	177	242	163	169	177	144	162	181	163	165	168	139	165	201	165	167	170
68	135	183	241	177	182	183	149	172	202	168	171	172	134	173	214	170	173	176
69	136	173	221	174	177	182	150	173	198	169	172	173	144	175	207	173	175	176
70	136	168	183	164	170	174	150	165	180	163	166	169	146	169	190	165	169	173
71	137	168	199	162	165	169	149	161	176	160	163	166	140	162	185	161	165	169

续表

月份	$F_{10\min}$	$F_{10\text{mean}}$	$F_{10\max}$	$F_{81\min}$	$F_{81\text{mean}}$	$F_{81\max}$	$S_{10\min}$	$S_{10\text{mean}}$	$S_{10\max}$	$S_{81\min}$	$S_{81\text{mean}}$	$S_{81\max}$	$M_{10\min}$	$M_{10\text{mean}}$	$M_{10\max}$	$M_{81\min}$	$M_{81\text{mean}}$	$M_{81\max}$
72	114	157	213	148	157	162	135	164	177	154	158	161	130	164	193	153	159	163
73	115	144	189	137	143	148	133	149	172	144	150	154	128	149	182	143	149	154
74	102	125	150	129	133	137	111	135	151	133	139	144	109	130	163	132	137	143
75	89	132	160	126	127	129	102	131	153	126	130	133	94	131	172	126	129	132
76	99	127	160	121	123	126	109	128	149	123	125	126	106	131	158	123	125	126
77	92	117	154	122	124	126	104	123	142	124	125	126	94	122	147	123	125	128
78	106	128	193	125	126	127	107	125	139	125	126	127	103	126	151	127	128	131
79	100	129	157	123	126	128	110	128	134	125	126	127	113	134	150	129	130	131
80	99	121	137	118	120	123	108	122	136	123	124	126	118	127	140	127	128	130
81	94	110	134	115	121	132	106	121	136	122	123	126	106	123	144	125	127	130
82	92	134	257	129	134	141	110	124	161	123	125	127	102	128	163	126	129	133
83	91	158	279	137	138	141	100	132	185	124	125	127	92	136	187	128	130	133
84	86	123	175	122	129	140	92	122	150	117	120	124	84	128	173	122	124	129
85	102	119	137	111	115	122	97	114	136	112	114	117	96	119	156	113	116	122
86	87	102	118	109	110	113	96	109	120	109	111	113	88	107	127	109	111	114
87	90	110	127	106	107	110	101	110	122	110	111	112	90	107	123	108	109	112
88	88	108	129	104	105	106	101	113	125	109	110	110	99	112	126	107	108	109
89	85	99	118	99	101	104	99	105	111	104	106	109	95	104	115	103	105	108
90	83	99	119	97	102	108	97	101	107	102	103	104	87	102	116	101	103	105
91	78	114	175	106	109	112	89	106	125	103	104	105	81	108	142	102	104	106
92	83	117	165	111	113	115	88	105	118	105	105	106	79	107	135	105	107	108
93	86	105	131	102	107	114	97	105	112	102	104	106	85	108	131	103	106	108
94	87	92	112	106	107	108	92	97	111	104	104	105	86	98	109	106	107	109
95	95	122	141	106	106	107	103	111	122	104	104	105	99	113	131	107	107	109

续表

月份	$F_{10\text{min}}$	$F_{10\text{mean}}$	$F_{10\text{max}}$	$F_{81\text{min}}$	$F_{81\text{mean}}$	$F_{81\text{max}}$	$S_{10\text{min}}$	$S_{10\text{mean}}$	$S_{10\text{max}}$	$S_{81\text{min}}$	$S_{81\text{mean}}$	$S_{81\text{max}}$	$M_{10\text{min}}$	$M_{10\text{mean}}$	$M_{10\text{max}}$	$M_{81\text{min}}$	$M_{81\text{mean}}$	$M_{81\text{max}}$
96	85	99	113	101	105	107	92	101	113	101	102	104	87	105	129	103	106	108
97	83	103	145	98	100	101	89	99	119	96	98	101	83	101	117	98	101	103
98	82	101	133	97	98	99	85	99	119	93	95	96	79	102	121	95	97	98
99	74	92	114	91	93	97	76	89	101	89	91	93	72	92	113	92	93	95
100	77	84	90	90	91	93	81	87	92	88	89	90	75	89	101	91	92	94
101	77	99	126	92	93	95	81	90	100	89	89	90	75	93	109	93	93	94
102	82	96	116	94	97	99	84	90	98	89	91	92	79	96	107	94	95	97
103	72	95	130	93	94	95	77	91	107	89	90	91	72	94	123	92	94	95
104	71	87	111	91	92	95	72	85	103	89	89	90	71	89	118	92	93	94
105	74	95	119	85	89	91	74	90	101	84	86	89	72	93	110	88	90	92
106	72	82	112	84	85	85	73	83	98	82	83	84	71	88	105	85	87	88
107	72	78	100	83	84	85	70	78	83	80	81	82	71	81	91	84	85	86
108	80	92	106	85	86	88	78	83	89	81	82	83	79	88	102	85	86	87
109	77	85	93	83	86	88	76	84	93	82	83	83	75	88	107	85	86	87
110	74	81	94	78	81	83	72	79	88	77	80	82	72	81	96	80	83	85
111	72	76	79	78	79	80	71	75	79	77	77	77	70	78	86	79	80	80
112	72	83	100	79	81	82	71	79	88	77	79	80	72	82	91	80	82	83
113	72	85	101	82	83	83	74	84	89	80	81	82	77	90	108	83	85	86
114	72	78	85	78	80	82	72	79	88	78	80	81	69	83	97	81	84	85
115	70	77	87	76	77	78	70	76	82	75	76	78	70	79	91	78	80	81
116	70	73	85	77	78	79	69	72	76	74	74	75	67	75	82	78	78	79
117	73	82	89	77	78	78	70	75	82	74	74	74	67	80	92	76	77	78
118	70	76	85	78	78	79	67	75	81	74	74	75	66	77	92	75	76	76
119	70	78	91	79	80	83	66	72	81	74	74	75	63	71	81	74	75	76

续表

月份	$F_{10\,min}$	$F_{10\,mean}$	$F_{10\,max}$	$F_{81\,min}$	$F_{81\,mean}$	$F_{81\,max}$	$S_{10\,min}$	$S_{10\,mean}$	$S_{10\,max}$	$S_{81\,min}$	$S_{81\,mean}$	$S_{81\,max}$	$M_{10\,min}$	$M_{10\,mean}$	$M_{10\,max}$	$M_{81\,min}$	$M_{81\,mean}$	$M_{81\,max}$
120	77	89	103	82	83	85	73	78	90	74	74	75	63	78	86	74	76	77
121	72	83	94	83	84	85	68	74	80	74	75	75	62	77	89	76	77	77
122	76	83	92	79	80	83	72	74	77	72	73	74	67	76	84	73	75	76
123	71	74	78	74	76	79	67	70	75	70	71	72	65	70	74	70	72	73
124	69	72	75	73	73	74	64	68	73	68	69	70	64	68	74	69	69	70
125	68	75	87	73	74	75	63	67	71	68	68	69	62	69	80	69	70	71
126	67	75	87	74	74	75	66	70	79	68	68	69	64	72	89	70	71	72
127	65	71	84	72	73	74	61	68	79	67	68	69	62	72	89	70	71	72
128	66	71	79	70	70	72	62	66	70	65	66	67	61	69	76	68	69	70
129	67	69	72	68	69	70	61	64	66	63	64	65	60	65	69	66	66	68
130	65	67	69	68	68	68	60	61	62	61	62	63	61	64	67	65	65	66
131	67	68	69	68	69	71	59	61	66	61	61	62	61	64	67	65	66	69
132	67	70	75	71	73	74	59	61	64	62	62	64	62	68	80	69	71	72
133	71	79	94	74	75	75	60	65	71	64	64	65	62	79	94	72	72	72
134	70	74	80	72	74	75	61	67	76	64	64	65	61	67	77	67	70	72
135	68	71	73	72	72	72	61	62	66	63	63	64	64	67	74	67	67	67
136	68	74	89	71	71	72	59	64	70	63	63	64	64	67	71	66	67	67
137	67	70	76	70	71	71	60	64	70	63	64	64	62	65	70	66	66	66
138	66	68	72	67	68	70	58	63	68	60	61	63	62	65	70	65	65	66
139	65	66	67	66	67	67	57	58	60	58	59	60	62	63	65	63	64	65

注：1. F_{10}（$F_{10.7}$）、S_{10}（$S_{10.7}$）和 M_{10}（$M_{10.7}$）为日活动指数；
2. F_{81}、S_{81} 和 M_{81} 为 81 天的平均值；
3. 下标 min, mean 和 max 分别代表各月的最低、平均及最高值。

太阳活动指数 $F_{10.7}$ 和地磁指数 A_P 是许多空间环境模式要求输入的参数。为了实现工程设计，对太阳活动和地磁活动通常考虑最差的情况。依据所要研究的效应，可以取 $F_{10.7}$ 和 A_P 指数的高值或低值。在许多情况下，为了进行归一化比较，常将太阳和地磁活动指数综合归纳为低、中和高三个等级，称为参考指数值，如表 2-13 所示[5]。表 2-13 中所列的长期值为月平均或更长时间的平均值，可应用于对 1 周以上时间的空间环境变化进行评价；短期值用于 1 天或更短时间，以评价环境参数（如大气密度）在短时间内的最大变化。在欧洲空间局 2008 年版空间环境标准[4]中，参照最近的第 23 周期太阳活动指数和地磁指数的变化规律，对上述参考指数值进行了调整，如表 2-14 所示。比较表 2-13 和表 2-14 可见，新标准中降低了对太阳和地磁活动参考指数的要求。虽然曾经测得短期太阳和地磁活动指数达到过或高于表 2-13 所给出的指标（例如，$F_{10.7}=380$ 及 $A_p=400$），但在现有的地球高层大气模式中应用如此高的指标会导致较大误差。

表 2-13　太阳和地磁活动参考指数值[5]

指数	长期值			短期值
	低	中	高	高
$F_{10.7}$	70	140	250	380
A_P	0	15	25	300

表 2-14　经调整后的太阳和地磁活动参考指数值[4]

指数	长期值（27 天以上）			短期值（1 天内）		
	低	中	高	低	中	高
$F_{10.7}$	65	140	250	65	140	300
$S_{10.7}$	60	125	220	60	125	235
$M_{10.7}$	60	125	220	60	125	240
A_P	0	15	45	0	15	240

注：1. 参考第 23 周期太阳和地磁活动指数的变化规律取值；

　　2. A_P 指数的低、中或高值可在太阳周期的任何时刻发生。

2.3.6　太阳紫外辐射能量注量计算

太阳紫外辐射能量注量是指给定时间内单位面积所接收到的太阳紫外辐射能量，其计算公式如下

$$H_s = E_\lambda \cdot t \qquad (2-25)$$

式中　H_s——太阳紫外辐射能量注量（J/m^2）；

　　　E_λ——太阳紫外辐照度（W/m^2）；

　　　t——辐照时间（s）。

地面模拟试验时，常以等效太阳小时（esh）为单位表征太阳电磁辐射能量注量，这相当于在 1 个太阳常数条件下辐照 1 h 时，单位面积上所接收到的太阳电磁辐射能量。为了界

定加速试验因子，又常以等效太阳辐照度来表征实际的光谱辐照度。等效太阳辐照度是指试验时实际的光谱辐照度与相应波段太阳光谱辐照度的比值，可由等效太阳辐照度相对于太阳光谱辐照度的倍数求得试验加速因子。如前所述，太阳近紫外和远紫外辐射的光谱辐照度分别为 118 W/m² 和 0.1 W/m²，故可分别代入式（2-25）计算相应的辐射能量注量。

航天器在轨运行过程中，各表面相对于太阳的取向不断发生变化。计算太阳紫外辐射能量注量时，应考虑取向因子的影响。航天器进出地球阴影时间视轨道不同，还需要考虑地球阴影效应因子的影响。因此，航天器单位面积表面上太阳紫外辐射能量注量可按下式计算

$$H_s = \sum E_\lambda \cdot \beta_i \cdot \cos \alpha_i \cdot t_i \qquad (2-26)$$

式中　H_s——航天器某表面单位面积上所受太阳紫外辐射能量注量；

　　　E_λ——太阳紫外辐照度；

　　　β_i——该单元表面在 t_i 时段的地球阴影效应因子，取值为 0 和 1（位于地影时为 0；光照时为 1）；

　　　$\cos \alpha_i$——航天器该单元表面在 t_i 时段相对于太阳的取向因子，称为受晒因子；

　　　t_i——航天器在轨飞行单元时段。

2.3.7　太阳电磁辐射环境模式选用

太阳电磁辐射是空间环境的重要因素之一。太阳常数与太阳光谱是表征太阳电磁辐射的基本依据。工程上可参照美国国家航空航天局和欧洲空间局的有关规范，取太阳常数为 1 353 W/m² 或 1 371 W/m²；或者按照 ASTM E490 标准取太阳常数为 1 366.1 W/m²。

太阳电磁辐射会对高层大气产生很大影响，一是使高层大气加热，二是使部分大气电离。通常以太阳 10.7 cm 射电辐射通量 $F_{10.7}$ 和地磁指数 A_P 分别表征太阳与地磁活动水平，并作为高层大气模式的输入条件。进行航天器型号设计时，建议选用表 2-14 中太阳活动和地磁活动参考指数的高值，且选用时无须额外附加冗余量。该表中的长期指数值可适用于 1 周以上情况。若选用 JB—2006 大气模式[21] 时，需同时选用 $F_{10.7}$、$S_{10.7}$ 和 $M_{10.7}$ 作为太阳活动指数。表 2-10 中的 a_p 指数值可与表 2-14 中太阳活动指数（$F_{10.7}$、$S_{10.7}$ 及 $M_{10.7}$）的长期平均值一同应用。表 2-12 给出了一个完整的太阳周期内各月太阳活动指数的数值，可作为预测实际的太阳活动指数演变的序列，应用于地球高层大气模式计算。针对具体给定的太阳周期内的某一时间段，可以选用表 2-12 中相应的太阳活动指数值。表 2-12 中的太阳活动指数值可以 11 年为重复周期外推。例如，2008 年 8 月可作为第 24 太阳周期的开始，通过表 2-12 可查取该周期各月的太阳活动指数。若美国国家海洋和大气管理局空间环境中心公布了第 24 太阳周期置信度更高的估算值，则宜选用所公布的新指数值。

太阳紫外辐射能量注量是表征航天器外表材料受太阳紫外辐射作用程度的参量，由太阳紫外辐照度与辐照时间的乘积给出，它对于表述材料性能退化规律具有重要意义。通过地面模拟试验或在轨飞行试验，能够建立航天器材料性能与太阳紫外辐射能量注量的关系。工程应用时，太阳近紫外与远紫外辐射的光谱辐照度可分别取为 118 W/m² 和 0.1 W/m²。

2.4　地球高层大气模式

2.4.1　引言

深入了解地球高层大气的温度、密度、压力及各组成气体浓度的变化规律，对于评价低地球轨道航天器的在轨行为具有重要意义。高层大气对在轨航天器产生空气动力学作用，使航天器轨道维持与姿态控制受到影响。气动力对航天器的摄动作用与大气密度成正比。气动力是大气和航天器之间的动量交换所产生的，能够分解成升力、阻力和侧向力。在大多数航天器所处的高度上，总气动力较小，且与速度方向相反。一般情况下，除了涉及再入过程外，主要关注大气阻力或密度对航天器寿命的影响。大气密度需要通过大气模式进行计算。

地球高层大气密度的垂直分布对内辐射带质子能量及轨道碎片通量具有调制作用。宇宙线粒子作用于地球高层大气形成的反照中子衰变是产生内辐射带质子的重要机制；而随着高度降低，大气密度的显著增加又会导致辐射带粒子被吸收。地球磁场线相对于高层大气密度垂直分布有倾角，导致的大气吸收使辐射带质子在南大西洋异常区从东、西向到达时的通量相差数倍以上，称为东-西效应。东向粒子沿磁场线回旋从较高处到达，而西向粒子沿磁场线回旋从较低处到达。两者经过的路径上大气密度不同，导致东向粒子通量高于西向粒子。在不同轨道高度上，新生成的空间碎片与陨落碎片的数量随时间变化的增长速率不同。在 400 km 以下，由于大气密度较大，使得新生空间碎片数量低于陨落碎片数量，大气起清除作用；而在 400 km 以上，大气密度随高度增加越来越小，新生空间碎片数量逐渐大于陨落碎片数量，导致空间碎片总数逐年增多。

原子氧是地球高层大气的重要组分，会与航天器表面材料发生反应，产生剥蚀效应。入射的原子氧还可能使航天器表面出现发光现象，称为飞行器辉光（vehicle glow）。为了深入研究空间原子氧的各种效应及其影响，需要在地球高层大气模式的基础上，进一步对空间原子氧环境进行表征。

2.4.2　地球高层大气一般表述

地球高层大气是指约 120 km 以上成分随高度明显变化的大气层，包括热层（thermosphere）和外大气层（exosphere）。所谓热层是指约 120 km 至 500～700 km（取决于太阳活动水平）的地球大气。在 120～200 km 高度，大气温度随高度呈指数函数增加，并在 200 km 以上逐渐趋于等温状态。太阳活动情况不同，热层顶的高度和温度有较大变化。随着高度增加，热层大气组分依次为氮气、氧气及原子氧。外层大气指热层顶以上的等温大气层，也是地球中性大气的最外层。在外层大气的低层主要是原子氧，再向上依次为氦和原子氢。由于原子氢和氦的质量小且具有一定动能，有时会逃逸到外空间，故该层大气也称为逃逸层。

地球高层大气通过吸收太阳极紫外辐射而被加热。在热层的底部，近紫外辐射的吸收也很重要。由于紫外辐射主要使地球向阳面的高层大气受热，导致向阳面与背阳面出现较大温差，并导致风从向阳面流向背阳面，风速可达 100 m/s。高层大气还可能与沿地磁场线进入的太阳风交互作用。太阳风是源自太阳的高速等离子体流，能够在磁层顶通过磁场线从高纬区进入热层大气并使之加热。相应地，在高纬区会看到极光。电离层是热层大气的一小部分气体受太阳辐射产生电离所形成的。在白天电离气体的密度不超过中性气体密度的 1%，并在夜晚会有所降低。太阳风从磁层顶引入高纬电离层的电场会引起电流流动，并通过欧姆或焦耳耗散机制消耗能量，使中性热层气体加热。电离层中的离子同中性气体碰撞，导致高纬区产生很高的风速（可达 1.5 km/s）。风流通过粘滞效应损失的动能也会成为使热层气体加热的附加热源。源于太阳风的高纬区热源无论白天或夜晚都很有效。虽然这类热源对热层大气的加热可能是间歇式的，但其加热能量却时常会超过热层大气所吸收的极紫外辐射总能量。这种沉积到高纬区（>60°）的能量所引起的扰动效应，还可以通过风或波的作用传递到低纬区。高纬电离层电流突然增强会引起地磁扰动（地磁层亚暴）。

中性的热层大气受到加热时，会沿径向向外膨胀。未受扰动的热层大气密度随高度增加而减小，但气体的向外膨胀导致较高高度上的气体密度增加。白天的热层大气密度大于夜晚，同时磁暴发生期间高纬区大气密度将明显增高。这些由于不均匀加热所引起的热层大气密度增长现象，分别称为白昼上涨（diurnal bulge）与极区上涨（polar bulge）。高层大气的状态与太阳活动密切相关。由于太阳活动的变化，可引起高层大气出现昼夜变化、27 天变化、半年变化、季节纬度变化及 11 年周期变化。在出现太阳耀斑、冕洞等事件过程中，太阳风与地磁层的交互作用明显增强，形成使高纬区热层大气加热的热源，并引起地磁场扰动。这类偶发的太阳活动增强事件也会引起高层大气状态的变化。磁暴发生时，热层大气密度在几小时内增加几倍至几十倍，然后又迅速下降。地磁扰动会造成热层大气成分的明显变化，使高纬区重气体组分（N_2，O_2，Ar）的密度增大，而轻气体组分（O，He）的密度减小。在低纬区，热层大气的变化幅度较小。通常，太阳射电辐射通量 $F_{10.7}$ 用于表征太阳活动的水平，并以表征地磁扰动日平均变化的地磁指数 A_P 来间接反映偶发性太阳事件的影响。地磁场扰动是由太阳事件引起的赤道环电流或高纬区电离层的电流扰动所驱动的。

长期以来，人们通过卫星在轨飞行的阻力分析、质谱仪测试、探测火箭及地基非相干散射雷达等手段，获得了有关地球高层大气（尤其是高度为 150～700 km 的大气）的组分、温度及其变化信息。大量数据表明，影响地球高层大气状态的主要参数涉及：1）地理高度 h，单位为 km；2）地理纬度 φ，单位为（°）或 rad；3）地方太阳时 t_{1s}，单位为 h；4）世界时 t_{ut}，单位为 h；5）当年的日期 t_d（从 1 月 1 日算起），单位为 d；6）太阳射电辐射通量 $F_{10.7}$（常取前 1 日的值），单位为 10^{-22} W·m^{-2}·Hz^{-1}；7）平均太阳射电辐射通量指数 $(F_{10.7})_{平均}$，即 81 天的平均值（常取前 3 个太阳自转周期的平均值）；8）日平均地磁指数 A_P。若上述参数已知，便可以对大气的总密度及其变化建立模型。这些参数可从不同角度表征地球高层大气的变化，包括由太阳和地磁活动引起的变化，与地方时和地理纬度相关的昼夜变化，以及与日期和纬度相关的季节-纬度变化等。所建立的模型

（如 MSIS 模型）给出的大气总密度均方差可达到 $\pm 10\% \sim \pm 15\%$。上述 8 项参数是地球高层大气模型的输入条件。地理经度 λ、世界时 t_{ut} 和地方太阳时 t_{ls} 是相互关联的，可按如下关系转换

$$\lambda = 15 \times (t_{ls} - t_{ut}) \qquad (2-27)$$

式中，λ 的单位为（°），t_{ls} 和 t_{ut} 的单位均为 h。

2.4.3　高层大气状态基本计算公式

通常认为，大气在 90 km 高度以上已属于非均质层（heterosphere），即大气的成分处于扩散平衡状态，不再随高度变化。在地球重力与热扩散的影响下，每种组分气体的分布遵循各自的扩散方程

$$\frac{1}{n_i}\frac{\mathrm{d}n_i}{\mathrm{d}h} + \frac{1}{H_i} + \frac{1+\alpha_i}{T}\frac{\mathrm{d}T}{\mathrm{d}h} = 0 \qquad (2-28)$$

式中　i——某种组分气体（$i = 1 \sim 7$，分别代表 N_2、O_2、Ar、O、He、H 及 N）；

　　　h——地理高度（km）；

　　　T——局域大气温度（K）；

　　　n_i——某种组分气体的数密度（个/m^3）；

　　　H_i——某种气体的浓度定标高度（km）；

　　　α_i——某种气体的热扩散系数（对于 H 和 He：$\alpha_i = -0.4$；其他组分气体：$\alpha_i = 0$）。

高层大气温度沿高度的分布近似呈指数函数关系，并在热层顶达到一个渐近限 T_∞（外层温度），则有

$$T = T_\infty - (T_\infty - T_{120})\exp[-s(h - h_{120})] \qquad (2-29)$$

式中　T_∞——热层顶（外层开始）的温度；

　　　T_{120}——120 km 高度大气的温度；

　　　s——温度梯度参数（1/km）；

　　　$h_{120} = 120$ km。

式（2-28）与式（2-29）可分别改写成如下的显函数形式

$$n_i = n_{i,120}\exp(-\sigma\gamma_i z)\left\{\frac{(1-c)}{[1-c\exp(-\sigma z)]}\right\}^{1+\alpha_i+\gamma_i} \qquad (2-30)$$

$$T = T_\infty[1 - c\exp(-\sigma z)] \qquad (2-31)$$

式中　$z = (h - h_{120})(R_E + h_{120})/(R_E + h)$——地磁位势的高度参数（km）；

　　　$c = 1 - T_{120}/T$；

　　　$T_\infty = T_\infty(h, \varphi, t_{1s}, t_{ut}, t_d, (F_{10.7})_{平均}, F_{10.7}, A_P)$；

　　　$T_{120} = T_{120}(h, \varphi, t_{1s}, t_{ut}, t_d, (F_{10.7})_{平均}, F_{10.7}, A_P)$；

　　　$n_{i,120} = n_{i,120}(h, \varphi, t_{1s}, t_{ut}, t_d, (F_{10.7})_{平均}, F_{10.7}, A_P)$；

　　　$\sigma = s + (R_E + h_{120})^{-1}$——温度梯度参数（1/km）；

　　　$s = s(h, \varphi, t_{1s}, t_{ut}, t_d, (F_{10.7})_{平均}, F_{10.7}, A_P)$；

　　　$\gamma_i = 1/(H_i \cdot \sigma)$——无量纲扩散参数；

$H_i = RT / (M_i \cdot g)$——i 种组分气体的浓度定标高度（m）；

$M_i = 28$、32、40、16、4、1 及 14——N_2、O_2、Ar、O、He、H 及 N 的摩尔质量（kg/kmol）；

$R_E = 6\ 357$ km——地球半径；

$g = 9.806$ m/s^2——重力加速度常数；

$R = 8\ 314$ J·kmol^{-1}·K^{-1}——气体常数。

大气密度由质量权重归一化的数密度确定，并且压力应为组分气体分压之和。两者的表达式分别为：

$$\rho = \frac{1}{N_A} \sum_{i=1}^{7} n_i M_i \tag{2-32}$$

$$p = \sum_{i=1}^{7} p_i = kT \sum_{i=1}^{7} n_i \tag{2-33}$$

式中　ρ——总质量密度（kg/m^3）；

p——压力（N/m^2）；

$k = 1.380\ 7 \times 10^{-23}$ J/K——玻耳兹曼常数；

$N_A = 6.022 \times 10^{23}$ mol^{-1}——阿伏加德罗常数；

n_i——i 种组分气体的数密度（m^{-3}）；

M_i——i 种组分气体的摩尔质量（kg/kmol）；

p_i——i 种组分气体的分压（N/m^2）；

T——温度（K）。

对于稀薄气体（尤其在 200 km 高度以下）的空气动力学计算而言，平均自由程长度、声速及动力学粘度十分重要，可分别由下述公式近似计算

$$\frac{1}{L} = \sqrt{2}\,\pi d_{平均}^2 \frac{p}{kT} \tag{2-34}$$

$$a = \sqrt{k \frac{p}{\rho}} \tag{2-35}$$

$$\mu = \frac{2}{3} L\rho a \sqrt{\frac{2}{\pi k}} \tag{2-36}$$

式中　L——分子平均自由程（m）；

μ——动力学粘度（kg·s^{-1}m^{-1}）；

a——声速（m/s）；

$k = 1.44$——比热比（在 N_2 为主的环境中）；

$d_{平均} = 3.62 \times 10^{-10}$ m——N_2 的平均碰撞直径。

式（2-30）和式（2-31）的右端均涉及影响高层大气状态的 8 个参数，包括：h、φ、t_{1s}、t_{ut}、t_d、$F_{10.7}$、$(F_{10.7})_{平均}$ 及 A_P。这些参数需要通过测试数据加以拟合。为了拟合这些参数的高度分布及其在每日、季节和太阳周期内的变化，需要有适当的空间分布和瞬态分布的测试数据。由于测试数据有限，200 km 高度以下、700 km 高度以上及太阳和地

磁活动呈现严重扰动时的高层大气模式的可靠性较低。

2.4.4 标准大气模式

美国标准大气 1976 模式[22]是一种使用方便，且得到国际上广泛承认与使用的标准大气模式。所谓标准大气是假定在中等太阳活动条件下，大气服从理想气体定律和流体静力学方程，通过建立一种设想的大气温度、压力和密度的垂直分布，表征高度 1 000 km 范围内中纬度大气在中等太阳活动条件下的年平均状态。在地球标准大气模式中，给出了标准大气的定义、数据来源、基本假设、计算公式以及主要大气参数随高度变化的数据表。图 2-8 为大气的平均温度随高度的变化。由图 2-8 可见，100 km 以上的热层大气中，温度开始随高度增加急剧上升，然后上升变缓，最后达到外层大气温度。美国标准大气 1976 模式的外层大气温度为 1 000 K。大气的平均密度与压力随高度增加呈指数下降，如图 2-9 所示。大气组分在约 100 km 以上开始扩散分离，120 km 以上完全达到扩散分离状态。图 2-10 是中等太阳活动（$F_{10.7}=150$）和宁静磁扰动（$A_P=4$）条件下大气主要组分的数密度随高度的变化。在 200～650 km 高度范围内，原子氧的数密度明显高于其他大气组分。

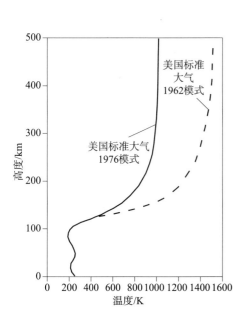

图 2-8 大气平均温度的垂直分布

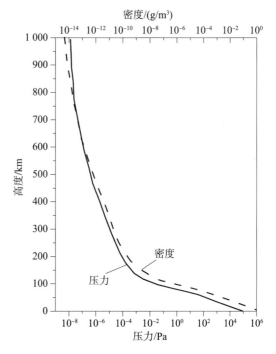

图 2-9 大气平均密度和压力的垂直分布

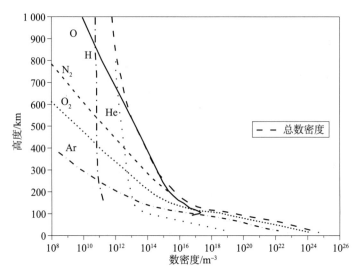

图 2 - 10　大气主要组分的数密度随高度的变化

2.4.5　MSIS 参考大气模式

　　参考大气模式与标准大气模式不同之处在于，参考大气模式考虑了地球大气随纬度、季节以及太阳活动变化的特征，能够较好地表述大气的运动状况。MSIS（Mass Spectrometer Incoherent Scatter）参考大气模式是基于多颗卫星上的质谱仪和地基非相干散射雷达探测数据所建立的半经验模式[23]。该系列模式前几个版本的重点是高层大气，其中 MSIS—86 版本已经被空间研究委员会（COSPAR）采纳为国际参考大气模式（CIRA），即 CIRA—1986 模式。后来，MSIS 模式又扩展到中层和低层大气，形成的 MSISE—90 版本[24]，能够给出从地面到外大气层高度上大气温度、密度及主要大气组分的数密度分布。对于 72.5 km 以上的大气，MSISE—90 与 MSIS—86 版本的结论基本相似，只是前者基于航天飞机的飞行数据和有关地基非相干散射雷达的探测结果对模式进行了适当修正。MSIS 参考大气模式较好地考虑了太阳极紫外辐射和地磁扰动对热层大气的影响。太阳活动对热层大气的成分分布有明显影响。太阳活动低年时，扩散分离速度加快，重组分随高度下降加剧，轻组分便成为热层大气的主要成分；太阳活动高年时，则情况相反。地磁扰动也会引起热层大气温度和密度变化。发生磁暴时，由于出现沉降粒子的注入，使大气加热并造成热层大气密度明显提高。

　　欧洲空间局的空间环境标准（ECSS - E - 10 - 04A）[4]，推荐选用 NRLMSISE—00 参考大气模式[25]。该模式是在已有的 MSIS 参考大气模式基础上，进一步吸纳了多种卫星、火箭及雷达的有关大气温度、密度及组分浓度等观测数据，成为扩展的 MSIS 模式（NRLMSISE）。该模式能够很好地表述地面至外层空间的地球大气成分、温度及总质量密度分布。表 2 - 15、表 2 - 16 及表 2 - 17 分别给出 NRLMSISE—00 模式在太阳和地磁指数低、中和高三种情况下，大气温度 T、密度 ρ 及主要组分气体的数密度 n 随高度 h 的变化；其中，低活动指数为 $F_{10.7} = (F_{10.7})_{平均} = 65$，$A_P = 0$；中活动指数为 $F_{10.7} = (F_{10.7})_{平均} = 140$，$A_P = 15$；

表 2 - 15　NRLMSISE—00 参考大气模式主要参数在赤道随高度的变化 (太阳/地磁活动弱)[54]

h/km	n_{He}/m^{-3}	n_{O}/m^{-3}	n_{N_2}/m^{-3}	n_{O_2}/m^{-3}	n_{Ar}/m^{-3}	n_{H}/m^{-3}	n_{N}/m^{-3}	$n_{Anomal\ O}$/m^{-3}	T/K	ρ/(kg·m^{-3})
0	1.17E+20	0.00E+00	1.74E+25	4.67E+24	2.08E+23	0.00E+00	0.00E+00	0.00E+00	3.00E+02	1.07E+00
20	9.46E+18	0.00E+00	1.41E+24	3.78E+23	1.69E+22	0.00E+00	0.00E+00	0.00E+00	2.06E+02	8.68E-02
40	4.05E+17	0.00E+00	6.04E+22	1.62E+22	7.23E+20	0.00E+00	0.00E+00	0.00E+00	2.57E+02	3.72E-03
60	3.29E+16	0.00E+00	4.90E+21	1.31E+21	5.86E+19	0.00E+00	0.00E+00	0.00E+00	2.45E+02	3.01E-04
80	1.89E+15	3.01E+15	2.73E+20	7.27E+19	3.25E+18	2.65E+13	6.64E+10	2.28E-51	2.06E+02	1.68E-05
100	1.17E+14	4.78E+17	1.02E+19	2.38E+18	1.04E+17	2.70E+13	3.10E+11	2.24E-37	1.71E+02	6.18E-07
120	2.50E+13	7.23E+16	3.11E+17	4.36E+16	1.36E+15	6.07E+12	1.19E+12	1.41E-27	3.53E+02	1.88E-08
140	1.50E+13	2.12E+16	4.89E+16	4.45E+15	1.09E+14	2.17E+12	6.16E+12	2.44E-19	5.21E+02	3.08E-09
160	1.16E+13	9.37E+15	1.38E+16	1.06E+15	1.88E+13	1.09E+12	1.61E+13	1.12E-12	6.05E+02	9.49E-10
180	9.61E+12	4.88E+15	4.76E+15	3.34E+14	4.23E+12	7.31E+11	2.20E+13	1.45E-07	6.48E+02	3.70E-10
200	8.21E+12	2.73E+15	1.80E+15	1.15E+14	1.08E+12	5.94E+11	2.02E+13	1.20E-03	6.70E+02	1.63E-10
220	7.12E+12	1.59E+15	7.14E+14	4.11E+13	2.98E+11	5.32E+11	1.51E+13	1.22E+00	6.82E+02	7.80E-11
240	6.21E+12	9.42E+14	2.93E+14	1.51E+13	8.62E+10	4.98E+11	1.04E+13	2.43E+02	6.88E+02	3.97E-11
260	5.45E+12	5.66E+14	1.23E+14	5.66E+12	2.59E+10	4.75E+11	6.85E+12	1.40E+04	6.92E+02	2.13E-11
280	4.78E+12	3.44E+14	5.27E+13	2.16E+12	8.02E+09	4.57E+11	4.50E+12	3.08E+05	6.94E+02	1.18E-11
300	4.21E+12	2.10E+14	2.30E+13	8.42E+11	2.54E+09	4.41E+11	2.96E+12	3.26E+06	6.95E+02	6.80E-12
320	3.71E+12	1.30E+14	1.01E+13	3.33E+11	8.22E+08	4.27E+11	1.96E+12	1.96E+07	6.96E+02	4.01E-12
340	3.28E+12	8.05E+13	4.54E+12	1.33E+11	2.71E+08	4.13E+11	1.30E+12	7.64E+07	6.96E+02	2.41E-12
360	2.90E+12	5.02E+13	2.06E+12	5.42E+10	9.06E+07	4.00E+11	8.74E+11	2.13E+08	6.96E+02	1.47E-12
380	2.56E+12	3.15E+13	9.43E+11	2.23E+10	3.07E+07	3.87E+11	5.88E+11	4.60E+08	6.96E+02	9.14E-13
400	2.27E+12	1.99E+13	4.37E+11	9.29E+09	1.06E+07	3.75E+11	3.98E+11	8.15E+08	6.96E+02	5.75E-13
420	2.01E+12	1.26E+13	2.04E+11	3.91E+09	3.66E+06	3.64E+11	2.70E+11	1.24E+09	6.96E+02	3.66E-13
440	1.78E+12	8.06E+12	9.61E+10	1.66E+09	1.29E+06	3.53E+11	1.85E+11	1.69E+09	6.96E+02	2.35E-13
460	1.58E+12	5.17E+12	4.56E+10	7.13E+08	4.55E+05	3.42E+11	1.26E+11	2.09E+09	6.96E+02	1.53E-13

续表

h/ km	n_{He}/m^{-3}	n_O/m^{-3}	n_{N_2}/m^{-3}	n_{O_2}/m^{-3}	n_{Ar}/m^{-3}	n_H/m^{-3}	n_N/m^{-3}	$n_{Anomal\ O}$/m^{-3}	T/K	ρ/（kg·m^{-3}）
480	1.41E+12	3.33E+12	2.18E+10	3.09E+08	1.63E+05	3.32E+11	8.68E+10	2.42E+09	6.96E+02	1.01E−13
500	1.25E+12	2.15E+12	1.05E+10	1.35E+08	5.87E+04	3.22E+11	5.99E+10	2.66E+09	6.96E+02	6.79E−14
520	1.11E+12	1.40E+12	5.11E+09	5.92E+07	2.13E+04	3.12E+11	4.15E+10	2.81E+09	6.96E+02	4.63E−14
540	9.91E+11	9.14E+11	2.50E+09	2.62E+07	7.81E+03	3.03E+11	2.88E+10	2.88E+09	6.96E+02	3.21E−14
560	8.83E+11	5.99E+11	1.23E+09	1.17E+07	2.88E+03	2.94E+11	2.00E+10	2.88E+09	6.96E+02	2.28E−14
580	7.88E+11	3.94E+11	6.07E+08	5.24E+06	1.07E+03	2.85E+11	1.40E+10	2.83E+09	6.96E+02	1.65E−14
600	7.04E+11	2.60E+11	3.02E+08	2.36E+06	4.01E+02	2.77E+11	9.79E+09	2.74E+09	6.96E+02	1.23E−14
620	6.29E+11	1.73E+11	1.51E+08	1.07E+06	1.51E+02	2.69E+11	6.88E+09	2.63E+09	6.96E+02	9.37E−15
640	5.63E+11	1.15E+11	7.59E+07	4.90E+05	5.74E+01	2.61E+11	4.84E+09	2.50E+09	6.96E+02	7.33E−15
660	5.04E+11	7.67E+10	3.84E+07	2.25E+05	2.19E+01	2.54E+11	3.42E+09	2.37E+09	6.96E+02	5.88E−15
680	4.51E+11	5.14E+10	1.95E+07	1.04E+05	8.42E+00	2.46E+11	2.42E+09	2.23E+09	6.96E+02	4.83E−15
700	4.04E+11	3.45E+10	9.94E+06	4.84E+04	3.26E+00	2.39E+11	1.72E+09	2.09E+09	6.96E+02	4.04E−15
720	3.63E+11	2.33E+10	5.10E+06	2.26E+04	1.27E+00	2.33E+11	1.22E+09	1.96E+09	6.96E+02	3.44E−15
740	3.26E+11	1.58E+10	2.63E+06	1.06E+04	4.97E−01	2.26E+11	8.70E+08	1.83E+09	6.96E+02	2.98E−15
760	2.93E+11	1.07E+10	1.36E+06	5.00E+03	1.96E−01	2.20E+11	6.21E+08	1.70E+09	6.96E+02	2.61E−15
780	2.63E+11	7.28E+09	7.06E+05	2.37E+03	7.75E−02	2.14E+11	4.45E+08	1.59E+09	6.96E+02	2.31E−15
800	2.37E+11	4.97E+09	3.68E+05	1.13E+03	3.09E−02	2.08E+11	3.20E+08	1.48E+09	6.96E+02	2.06E−15
820	2.13E+11	3.40E+09	1.93E+05	5.41E+02	1.24E−02	2.02E+11	2.30E+08	1.38E+09	6.96E+02	1.85E−15
840	1.92E+11	2.33E+09	1.02E+05	2.60E+02	4.99E−03	1.97E+11	1.66E+08	1.28E+09	6.96E+02	1.67E−15
860	1.73E+11	1.61E+09	5.36E+04	1.26E+02	2.02E−03	1.91E+11	1.20E+08	1.19E+09	6.96E+02	1.51E−15
880	1.57E+11	1.11E+09	2.85E+04	6.09E+01	8.25E−04	1.86E+11	8.68E+07	1.11E+09	6.96E+02	1.38E−15
900	1.41E+11	7.67E+08	1.52E+04	2.97E+01	3.38E−04	1.81E+11	6.30E+07	1.03E+09	6.96E+02	1.26E−15

注：1. h 为高度，n 为气体组分的数密度，T 为大气温度，ρ 为大气质量密度；

2. $F_{10.7} = （F_{10.7}）_{平均} = 65$，$A_P = 0$。

表 2 − 16　NRLMSISE—00 参考大气模式主要参数在赤道高度随的变化（太阳/地磁活动中等）[14]

h/km	$n_{\text{He}}/\text{m}^{-3}$	$n_{\text{O}}/\text{m}^{-3}$	$n_{\text{N}_2}/\text{m}^{-3}$	$n_{\text{O}_2}/\text{m}^{-3}$	$n_{\text{Ar}}/\text{m}^{-3}$	$n_{\text{H}}/\text{m}^{-3}$	$n_{\text{N}}/\text{m}^{-3}$	$n_{\text{Anomal O}}/\text{m}^{-3}$	T/K	$\rho/(\text{kg}\cdot\text{m}^{-3})$
0	1.26E+20	0.00E+00	1.88E+25	5.04E+24	2.25E+23	0.00E+00	0.00E+00	0.00E+00	3.00E+02	1.16E+00
20	1.02E+19	0.00E+00	1.52E+24	4.09E+23	1.82E+22	0.00E+00	0.00E+00	0.00E+00	2.06E+02	9.37E−02
40	4.38E+17	0.00E+00	6.53E+22	1.75E+22	7.81E+20	0.00E+00	0.00E+00	0.00E+00	2.57E+02	4.02E−03
60	3.55E+16	0.00E+00	5.29E+21	1.42E+21	6.33E+19	0.00E+00	0.00E+00	0.00E+00	2.45E+02	3.26E−04
80	2.07E+15	3.71E+15	3.00E+20	7.66E+19	3.56E+18	2.53E+13	8.61E+10	8.53E−51	1.98E+02	1.83E−05
100	1.16E+14	5.22E+17	9.60E+18	2.00E+18	9.71E+16	1.89E+13	3.76E+11	7.28E−37	1.88E+02	5.73E−07
120	3.08E+13	9.27E+16	3.36E+17	3.95E+16	1.49E+15	3.47E+12	1.77E+12	5.52E−27	3.65E+02	2.03E−08
140	1.83E+13	2.73E+16	5.38E+16	3.84E+15	1.26E+14	8.82E+11	9.45E+12	8.98E−19	6.10E+02	3.44E−09
160	1.39E+13	1.31E+16	1.72E+16	9.29E+14	2.64E+13	3.46E+11	2.73E+13	4.12E−12	7.59E+02	1.20E−09
180	1.16E+13	7.47E+15	7.08E+15	3.22E+14	7.67E+12	2.01E+11	4.18E+13	5.33E−07	8.53E+02	5.46E−10
200	1.00E+13	4.67E+15	3.27E+15	1.31E+14	2.61E+12	1.53E+11	4.31E+13	4.43E−03	9.11E+02	2.84E−10
220	8.91E+12	3.06E+15	1.62E+15	5.81E+13	9.73E+11	1.33E+11	3.64E+13	4.48E+00	9.49E+02	1.61E−10
240	8.00E+12	2.07E+15	8.36E+14	2.71E+13	3.84E+11	1.23E+11	2.82E+13	8.94E+02	9.73E+02	9.60E−11
260	7.24E+12	1.43E+15	4.44E+14	1.31E+13	1.58E+11	1.17E+11	2.10E+13	5.14E+04	9.88E+02	5.97E−11
280	6.59E+12	9.94E+14	2.40E+14	6.48E+12	6.69E+10	1.13E+11	1.56E+13	1.14E+06	9.98E+02	3.83E−11
300	6.01E+12	7.00E+14	1.32E+14	3.27E+12	2.90E+10	1.10E+11	1.15E+13	1.20E+07	1.00E+03	2.52E−11
320	5.50E+12	4.96E+14	7.35E+13	1.67E+12	1.28E+10	1.07E+11	8.60E+12	7.22E+07	1.01E+03	1.69E−11
340	5.04E+12	3.54E+14	4.13E+13	8.66E+11	5.75E+09	1.05E+11	6.45E+12	2.81E+08	1.01E+03	1.16E−11
360	4.62E+12	2.54E+14	2.35E+13	4.54E+11	2.61E+09	1.02E+11	4.86E+12	7.85E+08	1.01E+03	7.99E−12
380	4.24E+12	1.83E+14	1.34E+13	2.40E+11	1.20E+09	1.00E+11	3.68E+12	1.69E+09	1.01E+03	5.60E−12
400	3.90E+12	1.32E+14	7.74E+12	1.28E+11	5.61E+08	9.79E+10	2.79E+12	3.00E+09	1.02E+03	3.96E−12
420	3.59E+12	9.56E+13	4.50E+12	6.90E+10	2.64E+08	9.59E+10	2.13E+12	4.57E+09	1.02E+03	2.83E−12
440	3.30E+12	6.96E+13	2.63E+12	3.74E+10	1.25E+08	9.38E+10	1.63E+12	6.21E+09	1.02E+03	2.03E−12
460	3.04E+12	5.08E+13	1.55E+12	2.05E+10	6.00E+07	9.19E+10	1.25E+12	7.70E+09	1.02E+03	1.47E−12

续表

h/ km	n_{He}/ m^{-3}	n_O/ m^{-3}	n_{N_2}/ m^{-3}	n_{O_2}/ m^{-3}	n_{Ar}/ m^{-3}	n_H/ m^{-3}	n_N/ m^{-3}	$n_{Anomal\ O}$/ m^{-3}	T/ K	ρ/ (kg·m^{-3})
480	2.80E+12	3.72E+13	9.15E+11	1.13E+10	2.90E+07	9.00E+10	9.59E+11	8.92E+09	1.02E+03	1.07E−12
500	2.58E+12	2.73E+13	5.44E+11	6.24E+09	1.41E+07	8.81E+10	7.39E+11	9.81E+09	1.02E+03	7.85E−13
520	2.38E+12	2.01E+13	3.26E+11	3.48E+09	6.90E+06	8.64E+10	5.71E+11	1.04E+10	1.02E+03	5.78E−13
540	2.20E+12	1.48E+13	1.96E+11	1.95E+09	3.40E+06	8.46E+10	4.42E+11	1.06E+10	1.02E+03	4.29E−13
560	2.03E+12	1.10E+13	1.18E+11	1.10E+09	1.69E+06	8.29E+10	3.43E+11	1.06E+10	1.02E+03	3.19E−13
580	1.88E+12	8.17E+12	7.19E+10	6.24E+08	8.42E+05	8.12E+10	2.67E+11	1.04E+10	1.02E+03	2.39E−13
600	1.74E+12	6.08E+12	4.38E+10	3.55E+08	4.23E+05	7.96E+10	2.08E+11	1.01E+10	1.02E+03	1.80E−13
620	1.61E+12	4.54E+12	2.68E+10	2.04E+08	2.13E+05	7.81E+10	1.62E+11	9.69E+09	1.02E+03	1.36E−13
640	1.49E+12	3.40E+12	1.65E+10	1.17E+08	1.08E+05	7.65E+10	1.27E+11	9.22E+09	1.02E+03	1.04E−13
660	1.38E+12	2.55E+12	1.02E+10	6.78E+07	5.52E+04	7.50E+10	9.91E+10	8.72E+09	1.02E+03	7.98E−14
680	1.28E+12	1.92E+12	6.33E+09	3.94E+07	2.83E+04	7.36E+10	7.78E+10	8.20E+09	1.02E+03	6.16E−14
700	1.18E+12	1.45E+12	3.94E+09	2.30E+07	1.46E+04	7.22E+10	6.11E+10	7.70E+09	1.02E+03	4.80E−14
720	1.10E+12	1.09E+12	2.46E+09	1.34E+07	7.54E+03	7.08E+10	4.81E+10	7.20E+09	1.02E+03	3.76E−14
740	1.02E+12	8.27E+11	1.54E+09	7.91E+06	3.92E+03	6.94E+10	3.80E+10	6.73E+09	1.02E+03	2.98E−14
760	9.45E+11	6.28E+11	9.72E+08	4.67E+06	2.05E+03	6.81E+10	3.00E+10	6.28E+09	1.02E+03	2.38E−14
780	8.78E+11	4.78E+11	6.14E+08	2.77E+06	1.07E+03	6.68E+10	2.37E+10	5.85E+09	1.02E+03	1.92E−14
800	8.16E+11	3.64E+11	3.89E+08	1.65E+06	5.65E+02	6.56E+10	1.88E+10	5.45E+09	1.02E+03	1.57E−14
820	7.58E+11	2.78E+11	2.47E+08	9.83E+05	2.99E+02	6.44E+10	1.49E+10	5.07E+09	1.02E+03	1.29E−14
840	7.05E+11	2.13E+11	1.58E+08	5.89E+05	1.59E+02	6.32E+10	1.19E+10	4.72E+09	1.02E+03	1.07E−14
860	6.56E+11	1.63E+11	1.01E+08	3.54E+05	8.47E+01	6.20E+10	9.45E+09	4.40E+09	1.02E+03	9.03E−15
880	6.11E+11	1.26E+11	6.47E+07	2.14E+05	4.53E+01	6.09E+10	7.54E+09	4.09E+09	1.02E+03	7.67E−15
900	5.69E+11	9.68E+10	4.16E+07	1.29E+05	2.44E+01	5.98E+10	6.02E+09	3.81E+09	1.02E+03	6.59E−15

注：1. h 为高度，n 为气体组分的数密度，T 为大气温度，ρ 为大气质量密度；

2. $F_{10.7} = (F_{10.7})_{平均} = 140$，$A_P = 15$。

表 2 - 17 NRLMSISE—00 参考大气模式主要参数在赤道高度随高度的变化（太阳/地磁活动强）[4]

h/km	n_{He}/m^{-3}	n_{O}/m^{-3}	n_{N_2}/m^{-3}	n_{O_2}/m^{-3}	n_{Ar}/m^{-3}	n_{H}/m^{-3}	n_{N}/m^{-3}	$n_{Anomal\ O}$/m^{-3}	T/K	ρ/(kg·m^{-3})
0	1.41E+20	0.00E+00	2.10E+25	5.65E+24	2.52E+23	0.00E+00	0.00E+00	0.00E+00	3.00E+02	1.29E+00
20	1.14E+19	0.00E+00	1.71E+24	4.57E+23	2.04E+22	0.00E+00	0.00E+00	0.00E+00	2.06E+02	1.05E-01
40	4.90E+17	0.00E+00	7.31E+22	1.96E+22	8.74E+20	0.00E+00	0.00E+00	0.00E+00	2.57E+02	4.49E-03
60	3.98E+16	0.00E+00	5.92E+21	1.59E+21	7.09E+19	0.00E+00	0.00E+00	0.00E+00	2.45E+02	3.64E-4
80	2.34E+15	4.36E+15	3.39E+20	8.15E+19	4.02E+18	2.51E+13	1.23E+11	2.04E-50	1.93E+02	2.03E-05
100	1.21E+14	5.70E+17	9.71E+18	1.72E+18	9.73E+16	1.43E+13	5.38E+11	1.57E-36	2.02E+02	5.64E-07
120	3.61E+13	1.15E+17	3.72E+17	3.37E+16	1.62E+15	2.13E+12	3.08E+12	1.36E-26	3.80E+02	2.22E-08
140	2.09E+13	3.51E+16	6.07E+16	3.02E+15	1.43E+14	3.93E+11	1.76E+12	2.12E-18	7.10E+02	3.93E-09
160	1.59E+13	1.86E+16	2.17E+16	6.80E+14	3.51E+13	1.24E+11	5.84E+13	9.74E-12	9.16E+02	1.54E-09
180	1.34E+13	1.15E+16	1.00E+16	2.29E+14	1.21E+13	6.34E+10	1.02E+14	1.26E-06	1.05E+03	7.87E-10
200	1.17E+13	7.72E+15	5.24E+15	9.68E+13	4.91E+12	4.52E+10	1.18E+14	1.05E-02	1.14E+03	4.57E-10
220	1.05E+13	5.42E+15	2.93E+15	4.65E+13	2.18E+12	3.83E+10	1.09E+14	1.06E+01	1.19E+03	2.86E-10
240	9.62E+12	3.93E+15	1.71E+15	2.42E+13	1.03E+12	3.51E+10	9.18E+13	2.11E+03	1.23E+03	1.87E-10
260	8.85E+12	2.90E+15	1.03E+15	1.32E+13	5.02E+11	3.34E+10	7.39E+13	1.22E+05	1.25E+03	1.27E-10
280	8.19E+12	2.17E+15	6.30E+14	7.43E+12	2.52E+11	3.23E+10	5.87E+13	2.68E+06	1.27E+03	8.87E-11
300	7.60E+12	1.64E+15	3.91E+14	4.28E+12	1.30E+11	3.15E+10	4.65E+13	2.84E+07	1.28E+03	6.31E-11
320	7.07E+12	1.25E+15	2.46E+14	2.51E+12	6.77E+10	3.08E+10	3.70E+13	1.71E+08	1.29E+03	4.56E-11
340	6.59E+12	9.53E+14	1.56E+14	1.49E+12	3.59E+10	3.02E+10	2.95E+13	6.65E+08	1.30E+03	3.34E-11
360	6.16E+12	7.32E+14	1.00E+14	8.94E+11	1.93E+10	2.97E+10	2.36E+13	1.85E+09	1.30E+03	2.47E-11
380	5.75E+12	5.65E+14	6.44E+13	5.41E+11	1.05E+10	2.91E+10	1.90E+13	4.00E+09	1.30E+03	1.85E-11
400	5.38E+12	4.37E+14	4.18E+13	3.30E+11	5.75E+09	2.86E+10	1.54E+13	7.10E+09	1.30E+03	1.40E-11
420	5.04E+12	3.39E+14	2.73E+13	2.03E+11	3.18E+09	2.82E+10	1.24E+13	1.08E+10	1.30E+03	1.06E-11
440	4.72E+12	2.64E+14	1.79E+13	1.26E+11	1.78E+09	2.77E+10	1.01E+13	1.47E+10	1.31E+03	8.13E-12
460	4.42E+12	2.06E+14	1.18E+13	7.84E+10	1.00E+09	2.72E+10	8.21E+12	1.82E+10	1.31E+03	6.26E-12

续表

h/km	n_{He}/m^{-3}	n_O/m^{-3}	n_{N_2}/m^{-3}	n_{O_2}/m^{-3}	n_{Ar}/m^{-3}	n_H/m^{-3}	n_N/m^{-3}	$n_{Anomal\,O}$/m^{-3}	T/K	ρ/(kg·m^{-3})
480	4.14E+12	1.62E+14	7.85E+12	4.91E+10	5.66E+08	2.68E+10	6.69E+12	2.11E+10	1.31E+03	4.84E−12
500	3.89E+12	1.27E+14	5.23E+12	3.10E+10	3.23E+08	2.64E+10	5.47E+12	2.32E+10	1.31E+03	3.76E−12
520	3.65E+12	9.97E+13	3.50E+12	1.96E+10	1.85E+08	2.60E+10	4.48E+12	2.45E+10	1.31E+03	2.94E−12
540	3.43E+12	7.86E+13	2.36E+12	1.25E+10	1.07E+08	2.55E+10	3.67E+12	2.51E+10	1.31E+03	2.31E−12
560	3.22E+12	6.21E+13	1.59E+12	8.01E+09	6.21E+07	2.51E+10	3.02E+12	2.51E+10	1.31E+03	1.82E−12
580	3.02E+12	4.92E+13	1.08E+12	5.15E+09	3.62E+07	2.48E+10	2.48E+12	2.47E+10	1.31E+03	1.43E−12
600	2.84E+12	3.91E+13	7.34E+11	3.33E+09	2.13E+07	2.44E+10	2.04E+12	2.39E+10	1.31E+03	1.14E−12
620	2.67E+12	3.11E+13	5.02E+11	2.16E+09	1.25E+07	2.40E+10	1.69E+12	2.29E+10	1.31E+03	9.06E−13
640	2.52E+12	2.48E+13	3.44E+11	1.41E+09	7.41E+06	2.36E+10	1.39E+12	2.18E+10	1.31E+03	7.23E−13
660	2.37E+12	1.98E+13	2.37E+11	9.19E+08	4.41E+06	2.33E+10	1.15E+12	2.06E+10	1.31E+03	5.79E−13
680	2.23E+12	1.58E+13	1.63E+11	6.03E+08	2.63E+06	2.29E+10	9.57E+11	1.94E+10	1.31E+03	4.65E−13
700	2.10E+12	1.27E+13	1.13E+11	3.97E+08	1.58E+06	2.26E+10	7.94E+11	1.82E+10	1.31E+03	3.75E−13
720	1.98E+12	1.02E+13	7.86E+10	2.63E+08	9.50E+05	2.22E+10	6.60E+11	1.70E+10	1.31E+03	3.03E−13
740	1.87E+12	8.21E+12	5.48E+10	1.74E+08	5.74E+05	2.19E+10	5.50E+11	1.59E+10	1.31E+03	2.46E−13
760	1.76E+12	6.62E+12	3.83E+10	1.16E+08	3.48E+05	2.16E+10	4.58E+11	1.48E+10	1.31E+03	2.00E−13
780	1.66E+12	5.35E+12	2.68E+10	7.74E+07	2.12E+05	2.13E+10	3.82E+11	1.38E+10	1.31E+03	1.63E−13
800	1.57E+12	4.33E+12	1.88E+10	5.19E+07	1.29E+05	2.10E+10	3.20E+11	1.29E+10	1.31E+03	1.34E−13
820	1.48E+12	3.51E+12	1.33E+10	3.48E+07	7.93E+04	2.07E+10	2.67E+11	1.20E+10	1.31E+03	1.10E−13
840	1.40E+12	2.85E+12	9.39E+09	2.35E+07	4.87E+04	2.04E+10	2.24E+11	1.12E+10	1.31E+03	9.06E−14
860	1.32E+12	2.32E+12	6.65E+09	1.59E+07	3.01E+04	2.01E+10	1.88E+11	1.04E+10	1.31E+03	7.50E−14
880	1.25E+12	1.89E+12	4.72E+09	1.07E+07	1.86E+04	1.98E+10	1.58E+11	9.67E+09	1.31E+03	6.23E−14
900	1.18E+12	1.54E+12	3.36E+09	7.30E+06	1.16E+04	1.95E+10	1.33E+11	9.01E+09	1.31E+03	6.00E−14

注： 1. h 为高度，n 为气体组分的数密度，T 为大气温度，ρ 为大气质量密度；

2. $F_{10.7} = (F_{10.7})_{平均} = 250$，$A_p = 45$。

高活动指数为 $F_{10.7}=(F_{10.7})_{平均}=250$，$A_P=45$。表中的数据为昼夜和季节变化、纬度变化的平均值；$(F_{10.7})_{平均}$ 为 81 天的平均值。表中除主要大气组分 N_2、O、O_2、He、Ar、H 和 N 外，还给出了异常原子氧（anomalous oxygen）的数密度随高度的变化情况。图 2-11 所示为不同太阳/地磁活动指数条件下，平均原子氧数密度在赤道的垂直分布曲线。图 2-12 所示为中等太阳和地磁活动指数条件下，地球大气主要组分的数密度随高度的变化。NRLMSISE—00 模式在中等太阳/地磁活动条件下，对热层大气质量密度估算的不确定性约为 15%；在 90 km 高度以下，对大气质量密度估算的不确定性低于 5%。

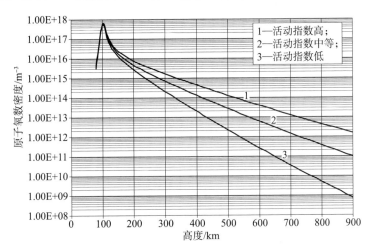

图 2-11　不同太阳/地磁活动条件下 NRLMSISE—00 参考大气模式平均原子氧数密度在赤道随高度的变化[4]

活动指数低：$F_{10.7}=(F_{10.7})_{平均}=65$，$A_P=0$；活动指数中等：$F_{10.7}=(F_{10.7})_{平均}=140$，$A_P=15$；

活动指数高：$F_{10.7}=(F_{10.7})_{平均}=250$，$A_P=45$

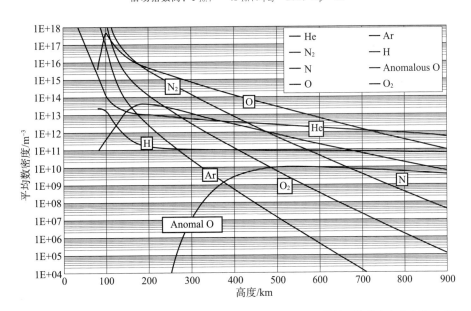

图 2-12　中等太阳/地磁活动条件下 NRLMSISE—00 参考大气模式主要组分的平均数密度在赤道随高度的变化[4]

$$F_{10.7}=(F_{10.7})_{平均}=140,\ A_P=15$$

2.4.6　MET 参考大气模式

美国国家航空航天局马歇尔空间飞行中心建立的工程热层大气模式[26]，是一种静态扩散的经验模式，简称 MET 参考大气模式。该模式的系数通过分析卫星所受阻力获得，其主要工程应用是描述热层大气质量密度的变化，广泛应用于美国国家航空航天局航天器的轨道控制。建立 MET 大气模式的基本思路是对每种组分气体（O_2，O，N_2，He 和 Ar）的扩散方程从 105 km 高度向上积分；对氢的扩散方程从 500 km 高度向上积分。在 90～105 km 高度范围内，各组分气体的质量密度通过对气压方程积分进行计算。高层大气的总质量密度为各组分气体的质量密度相加，并通过季节/纬度效应进行修正。为此，将 Jacchia[27] 在 1971 年建立的热层大气模式所应用的方程引入 MET 模式。在规定外大气层的温度后，按照经验确定的温度高度分布模式，计算 90～2 500 km 范围内各高度的温度[28]。在 MET 模式中，高层大气的总质量密度、温度及各单独的组分气体有着相同的变化相位，即均在相同的地方时达到最大值。

MET 模式计算的输入条件包括：时间（年，月，日，时和分），位置（高度，纬度和经度），前几日的太阳射电辐射通量（$F_{10.7}$），以及前 6～7 h 的地磁指数（a_P 或 A_P）；输出结果为总质量密度，温度，压力，各组分气体的数密度，平均分子量，标称高度，比热，以及局域重力加速度。表 2-18 为针对不同轨道高度 MET 模式计算的参考大气压力，可用于航天器设计时大气参数的分析。

表 2-18　不同轨道高度时 MET 参考大气压力[15]

最低压力	标称压力	最高压力	轨道高度/km
4.0E−5 (3.0E−7)	8.5E−5 (6.4E−7)	2.3E−4 (1.7E−6)	200
1.8E−7 (1.4E−9)	1.5E−6 (1.1E−8)	1.7E−5 (1.3E−7)	400
3.0E−8 (2.3E−10)	3.1E−7 (2.3E−9)	6.5E−6 (4.9E−8)	500
1.7E−8 (1.3E−10)	8.3E−8 (6.2E−10)	2.7E−6 (2.0E−8)	600
4.3E−9 (3.2E−11)	7.5E−9 (5.6E−11)	1.5E−7 (1.1E−9)	1 000
1.0E−11 (7.5E−14)	—	—	地球同步轨道

注：1. 大气压力的低值与高值基于轨道的平均值与倾角 28.5°进行计算；
　　2. 输入条件：低值：8 月 8 日，04：00 u. t.；$F_{10.7}=70$，$A_P=0$；
　　　　　　　　高值：10 月 27 日，14：00 u. t.；$F_{10.7}=230$，$A_P=400$；
　　3. 压力值单位为 Pa，括号内数据的单位为 torr。

2.4.7　其他常用的高层大气模式

高层大气是低地球轨道航天器运行的重要环境。长期以来，人们对建立高层大气模式十分重视，在众多的地球高层大气模式中，除上述 MSIS 模式和 MET 模式外，常用的还有以下几种。

（1）DTM 热层大气模式

DTM（Density and Temperature Model）模式是一个三维的地球热层大气模式[29]。该模式是基于球谐函数，在分析了近两个太阳周期内卫星阻力数据的基础上建立的，能够给出高层大气的总密度，组分气体（He 和 N_2）的密度及温度的变化规律。DTM 模式输入条件为：日期，高度（200～1 200 km），纬度，地方太阳时，日平均 $F_{10.7}$ 太阳射电辐射通量，3 个月 $F_{10.7}$ 的平均值，以及地磁指数 K_P；所得输出包括：He 的数密度，原子氧数密度，N_2 的数密度，大气总的质量密度，外层大气温度，以及不同高度的大气温度。DTM 模式所覆盖的高度为 200～1 200 km。氢是较高高度时占主导的组分气体，尤其在低太阳活动时更是如此，但在 DTM 模式中未加以考虑。通过 DTM 模式所计算的各组分气体的密度与原位测试结果吻合很好，常用的版本为 DTMB78。

（2）GOST 模式

GOST—84 模式是俄罗斯建立的标准模式[30]，主要用于描述地球高层大气的总质量密度随高度的变化，所依据的数据来源于卫星阻力的分析。高层大气的总质量密度通过所建立的高度分布参考模式计算，并考虑昼夜变化、季节/纬度变化、太阳活动及地磁活动等因素的影响进行修正。经过升级后的该模式系数已于 1990 年发表。

（3）MET‑SAM 模式

MET‑SAM 模式是上述 MET 模式的统计分析模式[15]，主要用于较短时间段（少于90 天）高层大气状态的预测。在航天器研制阶段，常缺乏未来时间段的日平均 $F_{10.7}$ 数据或 162 天平均的 $F_{10.7}$ 数据，以及地磁指数 a_P。通常认为，日平均 $F_{10.7}$ 数据或 162 天的平均值，在数值上等于通过 1855 年以来黑子数的统计分析得到的 13 个月平滑处理的数据（见 2.3.5.3 节）。针对 a_P 值也采取类似的处理方法。这种通过太阳黑子数转换的方法对预测长期平均大气密度的数据比较有效，而对于较短时间（如少于 90 天）会有较大偏差。经过对 1947—1991 所有的 $F_{10.7}$ 数据和 A_P 数据进行统计分析，建立了新的数据集，并将经过 13 个月平滑处理的太阳活动指数 $F_{10.7}$ 分为 5 级，包括 $F_{10.7}=66～102$（1 级），102～138（2 级），138～174（3 级），174～210（4 级），以及 210～246（5 级）。在此基础上，针对不同高度与 $F_{10.7}$ 指数分级，给出了全球最高大气密度的平均值及其与不同时间百分位条件下最高密度值的差值，详见《NASA TM‑4527 指南》附录 C 中的表 C‑1[15]。所谓时间百分位（percentile）是指大气密度等于或低于指定值的时间占总时间段的百分比。利用该表中的数据，可以针对给定的时间百分位求得对应的最高大气密度，称为时间百分位密度。在此基础上，能够针对较短时间段（如几天）计算大气密度的变化幅度及其在不同时间百分位发生的概率。表 2‑19 为 10 天内在不同的 $F_{10.7}$ 分级下，热层大气密度不超过各时间百分位相应的最高密度值的概率。其他时间段内，不同 $F_{10.7}$ 分级与 95% 和 99% 时间百分位条件下大气密度不超过指定值的概率可由图 2-13 进行估算。在这种较高的时间百分位密度水平下，大气密度一旦超过指定值通常可在短时间（几小时，最多几天）内降回来；并且可能在几天内又重新超过该水平幅值。这说明热层大气扰动是高度不稳定的。如果太阳是宁静的，热层大气密度也可能维持几个月不发生明显变化。

表 2-19　在至少 10 天内热层大气密度不超过各时间百分位密度的概率[15]

13 个月平滑处理的 $F_{10.7}$ 范围	时间百分位			
	66%	90%	95%	99%
66~102	0.13	0.46	0.63	0.86
102~138	0.21	0.55	0.71	0.90
138~174	0.28	0.55	0.68	0.89
174~210	0.35	0.60	0.75	0.93
210~246	0.38	0.65	0.76	0.87

注：各时间百分位密度可通过参考文献 [15] 中的表 C-1 按轨道高度进行计算。

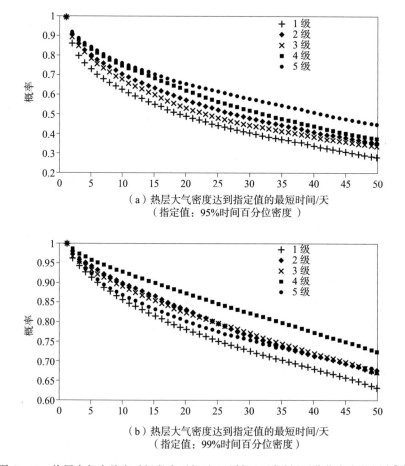

（a）热层大气密度达到指定值的最短时间/天
（指定值：95% 时间百分位密度）

（b）热层大气密度达到指定值的最短时间/天
（指定值：99% 时间百分位密度）

图 2-13　热层大气在给定时间段内不超过 95% 与 99% 时间百分位密度的概率[15]

$F_{10.7}$ 指数分级范围：66~102（1 级）；102~138（2 级）；138~174（3 级）；174~210（4 级）；210~246（5 级）

（4）JB—2006 模式

JB—2006 模式（全称为 Jacchia‐Bowman Thermospheric Density Model）[21]是在 Jacchia 模式[27-28]基础上发展的地球热层大气模式。该模式具有两个主要特点：一是对热层大气密度的半年变化有较好的系统表述；二是引入了新的太阳活动指数（$S_{10.7}$ 和 $M_{10.7}$），能够更真实地表征太阳辐射的能量输入与高层大气加热过程的关系。这两个特点使得 JB—2006 模式同其他模式（包括 NRLMSISE—00）相比，能够更准确地表征高层大气的平均质量密度。JB—2006 的有效适用范围是从 120 km 高度至外大气层，所需应用的太阳和地磁活动指数包括：

1）$F_{10.7}$ 和 $(F_{10.7})_{平均}$，分别取前一天的值以及以输入时间为中点的 81 天的平均值；

2）$S_{10.7}$ 和 $(S_{10.7})_{平均}$，分别取前一天的值以及以输入时间为中点的 81 天的平均值；

3）$M_{10.7}$ 和 $(M_{10.7})_{平均}$，分别取前 5 天的值以及以输入时间为中点的 81 天的平均值；

4）A_P 指数，取前 6～7 h 的值。

表 2‐20 列出了不同太阳/地磁活动指数条件下，通过 JB—2006 模式计算的地球高层大气质量密度在赤道纬度的高度分布，相应的变化曲线如图 2‐14 所示。在表 2‐20 与图 2‐14 中，相应于低、中和高太阳/地磁活动指数的取值分别为：

1）低活动水平：$F_{10.7} = (F_{10.7})_{平均} = 65$，$S_{10.7} = (S_{10.7})_{平均} = 60$，$M_{10.7} = (M_{10.7})_{平均} = 60$，$A_P = 0$；

2）中等活动水平：$F_{10.7} = (F_{10.7})_{平均} = 140$，$S_{10.7} = (S_{10.7})_{平均} = 125$，$M_{10.7} = (M_{10.7})_{平均} = 125$，$A_P = 15$；

3）高活动水平（长期）：$F_{10.7} = (F_{10.7})_{平均} = 250$，$S_{10.7} = (S_{10.7})_{平均} = 220$，$M_{10.7} = (M_{10.7})_{平均} = 220$，$A_P = 45$；

4）高活动水平（短期）：$F_{10.7} = 300$，$(F_{10.7})_{平均} = 250$，$S_{10.7} = 235$，$(S_{10.7})_{平均} = 220$，$M_{10.7} = 240$，$(M_{10.7})_{平均} = 220$，$A_P = 240$。

表 2‐20　不同太阳与地磁活动水平下 JB—2006 参考模式大气质量密度在赤道纬度随高度的变化

h/ km	低活动水平	中等活动水平	高活动水平（长期）	高活动水平（短期）
100	5.31E−07	5.37E−07	5.44E−07	5.43E−07
120	2.18E−08	2.40E−08	2.45E−08	2.46E−08
140	3.12E−09	3.98E−09	4.32E−09	4.45E−09
160	9.17E−10	1.36E−09	1.54E−09	1.60E−09
180	3.45E−10	6.15E−10	7.40E−10	7.77E−10
200	1.47E−10	3.17E−10	4.10E−10	4.38E−10
220	6.96E−11	1.77E−10	2.46E−10	2.70E−10
240	3.54E−11	1.05E−10	1.56E−10	1.77E−10
260	1.88E−11	6.47E−11	1.04E−10	1.21E−10
280	1.03E−11	4.12E−11	7.12E−11	8.57E−11
300	5.86E−12	2.69E−11	5.00E−11	6.22E−11

续表

h/km	低活动水平	中等活动水平	高活动水平（长期）	高活动水平（短期）
320	3.40E−12	1.80E−11	3.59E−11	4.60E−11
340	2.02E−12	1.23E−11	2.61E−11	3.45E−11
360	1.22E−12	8.48E−12	1.93E−11	2.63E−11
380	7.46E−13	5.95E−12	1.44E−11	2.02E−11
400	4.63E−13	4.22E−12	1.09E−11	1.57E−11
420	2.92E−13	3.02E−12	8.32E−12	1.23E−11
440	1.87E−13	2.18E−12	6.40E−12	9.69E−12
460	1.21E−13	1.59E−12	4.96E−12	7.70E−12
480	8.04E−14	1.17E−12	3.87E−12	6.16E−12
500	5.44E−14	8.60E−13	3.04E−12	4.95E−12
520	3.77E−14	6.39E−13	2.40E−12	4.01E−12
540	2.68E−14	4.77E−13	1.91E−12	3.25E−12
560	1.96E−14	3.58E−13	1.52E−12	2.66E−12
580	1.47E−14	2.71E−13	1.22E−12	2.18E−12
600	1.14E−14	2.06E−13	9.82E−13	1.79E−12
620	9.10E−15	1.57E−13	7.93E−13	1.48E−12
640	7.41E−15	1.20E−13	6.43E−13	1.23E−12
660	6.16E−15	9.28E−14	5.22E−13	1.02E−12
680	5.22E−15	7.19E−14	4.25E−13	8.49E−13
700	4.50E−15	5.60E−14	3.47E−13	7.09E−13
720	3.93E−15	4.40E−14	2.84E−13	5.94E−13
740	3.48E−15	3.48E−14	2.34E−13	4.98E−13
760	3.10E−15	2.79E−14	1.92E−13	4.19E−13
780	2.79E−15	2.26E−14	1.59E−13	3.54E−13
800	2.53E−15	1.85E−14	1.32E−13	2.99E−13
820	2.30E−15	1.53E−14	1.10E−13	2.54E−13
840	2.11E−15	1.28E−14	9.21E−14	2.16E−13
860	1.94E−15	1.08E−14	7.72E−14	1.84E−13
880	1.78E−15	9.27E−15	6.50E−14	1.57E−13
900	1.65E−15	8.01E−15	5.49E−14	1.35E−13

注：表中大气质量密度单位为 kg/m³。

　　在中等太阳/地磁活动指数水平下，JB—2006 模式对热层大气质量密度估算值的不确定性为 10%～15%。太阳/地磁活动十分剧烈时，由于缺少相应的探测数据，估算值的不确定性会增大。

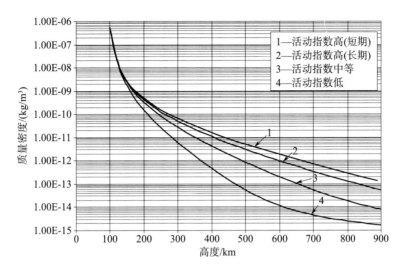

图 2 - 14　不同太阳与地磁活动条件下 JB—2006 参考模式大气质量密度在赤道纬度随高度的变化

2.4.8　地球高层大气风模式

对地球大气风模式的了解，主要基于 AE - E 和 DE - 2 等卫星的测试数据；在较低高度上，以地基非相干散射雷达数据和大气观测数据为主。已有的风模式主要限于预测水平运动的经向分量 V_x（北向为正）和纬向分量 V_y（东向为正）。垂直方向的平均风速 V_z 通常小于 1 cm/s，可以忽略不计。

水平风是高层大气在复合向心加速度的影响下，由于局域压力梯度所引起的流动。这种由地球自转引起的风场可通过以下公式计算

$$V_x = \frac{1}{2\rho w_{\mathrm{E}} \sin\varphi} \frac{\partial p}{\partial x} \tag{2-37}$$

$$V_y = \frac{1}{2\rho w_{\mathrm{E}} \sin\varphi} \frac{\partial p}{\partial y} \tag{2-38}$$

式中　p——高层大气局域压力（N/m²）；

V_x——经向风分量（北向为正）（m/s）；

V_y——纬向风分量（东向为正）（m/s）；

ρ——局域大气密度（kg/m³）；

$w_{\mathrm{E}} = 7.292 \times 10^{-5}$ rad/s——地球自转速度；

φ——地理纬度。

在赤道区，即 $\varphi \in [-15°, +15°]$，上述因地球转动产生风场的假设不适用，风场分量应在纬度±15°之间线性插值。HWM（Horizontal Wind Model）模式是比较常用的高层大气水平风模式。它是基于卫星和地面探测数据，以矢量球谐多项式形式表述的经验模式。第一个版本于 1987 年公布（HWM—87 模式），适用于 220 km 以上高度[31]。目前常用版本为 HWM—93[32]，其应用可扩展至地面。该模式的结构和参数与 MSISE—90 热层大气模式相类似。水平风的方向与速度在热层上部区域按日周期性变化，而在热层下部区

域按半日周期性变化。太阳活动指数对水平风的影响较小，但地磁活动对水平风的影响很大，引起明显的季节-纬度变化。地磁活动指数的影响主要体现在高纬区或极区，相关的动力学效应尚难以完全预测。这使得 HWM 模式主要在中、低纬度地区比较有效。HWM—93 模式预测的风速和方向与 MSISE—93 模式给出的大气压力分布具有一定的相关性。HWM—93 模式的输入条件为：年和日，日内时刻，高度（100～850 km），纬度、经度，地方太阳时，日平均的 $F_{10.7}$，3个月平均的 $F_{10.7}$ 及地磁指数 A_P；输出参数为经向风速（m/s）和纬向风速（m/s）。

2.4.9　地球高层大气模式选用

高层大气模式是对大气状态进行表述的有效方式，对于解决工程实际问题具有重要意义。在诸多已建立的高层大气模式中，以 MSIS 模式和 MET 模式应用较为广泛。它们的主要特点是较好地考虑了各种影响高层大气变化的因素，能够提供较多的输出结果，具有较高的准确性。JB—2006 模式是较新的热层大气质量密度的计算模式，具有较高的准确度。本书建议采用 NRLMSISE—00 模式计算地球大气的温度和组分的高度分布，而采用JB—2006 模式计算 120 km 以上热层大气的总质量密度随高度的变化。

太阳活动和地磁活动会对高层大气状态产生重要影响，合理选择太阳活动指数和地磁指数是应用高层大气模式时的必要输入条件。太阳活动指数 $F_{10.7}$ 可通过黑子数加以推算［见式（2-24）］。通过建立太阳和地磁活动指数与太阳周期的关系，能够为预测较长时间大气的平均状态提供必要的基础。应用热层大气密度模式可预测低地球轨道卫星的轨道寿命，包括针对设定的轨道寿命确定轨道高度，或针对设定的轨道高度估算轨道维持所需的能量。应用高层大气模式计算大气密度时，涉及对未来太阳和地磁活动指数的预测，其预测的精确程度是影响模式计算结果准确性的重要因素。

一般情况下，建议针对以下不同情况分别选择太阳和地磁活动指数：1）针对最苛刻情况且持续时间小于 1 周时，选用表 2-14 中高短期值作为日活动指数和高长期值作为 81天的平均指数；2）持续时间大于 1 周时，可针对不同情况分别选用表 2-14 中的长期值作为日活动指数和 81 天平均指数；3）持续时间大于 1 周且涉及太阳周期某一特定时段或要求输入实际的太阳活动指数序列时，选用表 2-12 中各相应的指数值作为太阳活动日指数值及 81 天的平均指数。

在选用太阳活动指数时，应注意不要将短期太阳活动指数（如 $F_{10.7}$）的高值与长期太阳活动指数［如 $(F_{10.7})_{平均}$］的低值或中等值同时应用。实际上，航天器在轨运行过程中会在小尺度的时间和空间范围内，遭遇太阳或地磁状态的剧烈变化（如地磁扰动等）。由热层大气模式预测的结果只能是较大尺度（时空）范围（分别如 3 小时和 1 000 km 以上量级）内的缓慢变化。因此，宜将太阳活动指数的短期高值与 81 天（长期）的高平均值相组合，以便得到比较符合实际的预测结果。与此不同的是，高的地磁指数 A_P 值可以分别同太阳活动指数的低值、中等值或高值合用。在太阳活动周期的任何时刻，高的 A_P 值都可能出现。

高层大气风速的变化常用 HWM—93 模式预测。计算时可针对不同情况，分别选用表

2－14 中太阳和地磁指数的参考值。太阳活动指数的 81 天平均值（$F_{10.7}$）$_{平均}$可通过表 2－12 中连续 3 个月的 $F_{10.7}$ 值平均求得。对于高层大气风活动的最坏情况，可取表 2－14 中的短期高指数值，但 81 天平均值（$F_{10.7}$）$_{平均}$不能超出表中长期高值的大小。在高磁纬度与地磁扰动情况下，需谨慎应用 HWM—93 模式，因为其结果可能与实际情况有较大差异。

2.5　空间等离子体环境模式

2.5.1　引言

等离子体是部分或完全电离的气体，由带电粒子和中性粒子组成，总体上呈电中性。在电场与磁场中，等离子体粒子呈集约性运动。带电粒子间的静电作用是导致等离子体呈现集约性运动的原因。描述等离子体环境的主要参数包括：密度（常以电子数密度 n_e 表述，单位为 m^{-3}），粒子组分（常以所占总百分比表述）及温度（以 K 或 eV 为单位）。按着能量或温度的不同，可将空间等离子体分为热等离子体（$\geqslant 10$ eV）和冷等离子体（< 10 eV）两类。等离子体是空间环境的重要组成部分，几乎充满着整个日地空间。在近地空间，等离子体区域主要包括：1）电离层，指地球大气上部的冷等离子体区域；2）地磁层，指电离层以上至磁层顶之间受地磁场控制的等离子体区域；3）太阳风，指地磁层周围源于太阳并流过行星际空间的等离子体流。地磁层等离子体区域又常分为等离子体层与外磁层等离子体区。

空间等离子体与航天器相互作用会产生多种效应。电离层是由稠密的冷等离子体组成的，可引起高压太阳电池阵电流泄漏及弧光放电，造成电源功率损耗。航天器通过极光带时，可能受到从外磁层沉降的高能电子充电而产生很高的负电位。在地球同步轨道，等离子体的能量较高而密度低。同低地球轨道相比，地球同步轨道上的等离子体密度约低 3 个数量级，这使得航天器表面的光电子发射成为平衡表面电位的重要因素。在太阳光照/地球阴影的过渡区，航天器光照表面与阴影表面之间的电位可相差数千伏（取决于航天器的几何结构和表面材料性能）。空间等离子体（如电离层）还会影响电波的正常传播，造成空间/地面通信障碍。空间等离子体对航天器产生的可能危害如表 2－21 所示。因此，为了确保航天器在轨可靠运行，有必要对空间等离子体环境进行科学表征，为分析在轨航天器可能受到的影响提供必要的依据。

表 2－21　空间等离子体对航天器的主要危害

应用场合	主要危害
高轨航天器（外地磁层）	表面充电，并可能产生静电放电
电离层中的高压系统	功率泄漏，并可能产生放电或使航天器呈高浮置电位
电离层中的大型航天器	航天器尾流效应（形成等离子体空腔，利于沉降电子充电）
极轨航天器（穿越极光带）	表面充电、溅射，并可能产生静电放电
所有的航天器	电波频率低于电离层频率阈值时，空间/地面通信产生障碍；较高频率时产生信号干扰
电推进	所形成的等离子体与环境等离子体及航天器产生相互作用
雷达/导航	电离层传播滞后、闪烁、吸收、折射等

2.5.2　电离层等离子体模式

2.5.2.1　电离层的一般表述

由太阳高能电磁辐射使部分高层大气电离产生的准中性等离子体区域，即为电离层。它处在 $50\sim1\,000$ km 高度区间，主导的中性气体和离子分别是 O 和 O^+。在 $1\,000$ km 高度以上，离子数密度开始大于中性气体的数密度，并且 H^+ 和 He^+ 逐渐成为主导离子组分。电离层的主要特点是相对于其他空间等离子体区域，具有较低的温度和高得多的数密度。除极光带区域外，电离层等离子体的温度一般为 $300\sim3\,500$ K（$0.05\sim0.3$ eV）。在极光带区域经常有高能电子从磁尾等离子体片沿磁场线注入，能量大都在 1 keV 以上，称为沉降粒子。

电离层按照电子密度随高度的变化分为 D 区（$50\sim90$ km）、E 区（$90\sim150$ km）及 F 区（$150\sim500$ km）。D 区的主要电离源位于 $70\sim90$ km 高度，为太阳 X 射线辐射；而在 70 km 高度以下为宇宙线粒子辐射。D 区和 E 区的主要成分为 NO^+、O_2^+ 和电子。E 区的主要电离源为太阳极紫外辐射。有时 E 区在 $100\sim120$ km 高度出现异常电离，称为偶现 E 区（即 E_s 区）。E_s 的出现几乎与太阳辐射没有直接关系。E_s 区在低纬区主要出现在白天，在中纬地区主要出现在夏季，而在极区多出现在夜间。F 区由 F_1 区和 F_2 区两部分组成，主要离子组分为 O^+。F_1 区出现于 $150\sim200$ km 高度，受太阳辐射强烈作用，夜间一般消失。F_2 区是电离层电子密度最高的区域，日间可达 10^{12} m^{-3} 量级，夜间为 5×10^{11} m^{-3} 左右。F_2 区的峰值约在 300 km 高度附近。在稍高于此高度的区域，电子密度随高度近似呈指数下降。F_2 区有明显的昼夜变化、季节变化及纬度变化。除受太阳辐射的作用外，F_2 区还受双极性扩散、电动漂移及风等动力学效应的影响，易出现不稳定性和不均匀结构。F 区中常见的不均匀结构是形成扩展 F 区（Spread F）的诱因，可使局域范围内的离子密度降低 $2\sim3$ 个量级，这是一种贫化的反常电离现象。

在高纬区，电离层与地磁层和太阳风的耦合作用增强。随着地磁场线从闭合向开放状态的过渡和高能沉降粒子的注入，电离层受到显著的影响：一是在极光带区域（纬度为 $60°\sim70°$），能量为几千电子伏的电子从外磁层沿磁场线注入电离层。通过沉降电子的加热和地磁层电场驱动等离子体粒子漂移，可使电离层密度出现大范围异常（垂直方向上范围可达到几米至几千米；水平方向上可达到几米至几百千米）。在发生剧烈地磁活动期间，高纬区等离子体密度可突然增加上百倍。二是在极盖区（纬度高于 $70°$），等离子体密度的波动相对较小，但地磁偶极子的偏斜可导致出现冬-夏不对称性。在冬天，电离层密度由等离子体粒子受电场作用发生的漂移和极雨（来源于太阳风的能量约为 100 eV 的沉降电子流）维持。当这两个过程减弱时，极盖区电离层的密度便变得很低。

电离层的主要能量来自太阳极紫外辐射。由于电子易于被加热，因此其温度高于离子和中性原子。电子温度在 100 km 的高度约为 300 K，增加至 800 km 的高度时约为 $3\,500$ K。在 400 km 高度以下，离子温度与中性气体的温度相近。在 150 km 以下，由于大气密度和碰撞频率高，使电子、离子及中性气体的温度相同。通常，电离层等离子体的温度在地磁赤道最低，并随纬度增加而升高，这是受高纬区沉降粒子加热影响所致。

2.5.2.2　电离层效应特点

电离层是低地球轨道航天器运行的重要环境，会对航天器的在轨行为产生明显影响。

(1) 迎向和尾向效应

当航天器速度高于离子声速时，会使其周围等离子体环境受到干扰，导致在前方产生等离子体堆积，而尾部形成等离子体空腔，这种现象称为迎向和尾向效应（ram and wake effects）。该现象在电离层易于出现。离子声速可由下式计算

$$V_s = (\frac{kT_e + \gamma kT_i}{M})^{\frac{1}{2}} \tag{2-39}$$

式中　V_s——离子声速（m/s）；

　　　k——玻耳兹曼常数；

　　　T_e，T_i——电子和离子的温度（K）；

　　　M——离子质量（kg）；

　　　γ——等于 3 的常数。

以 300 km 高度的电离层为例，$T_e = T_i = 1\ 000$ K，其成分为 77%O^+，20% H^+ 和 3% He^+，则离子声速为 1.5 km/s。在此高度沿圆轨道运行的航天器速度等于 7.7 km/s，应为超声速运动。航天器通过电离层运动时，扫过前方的粒子并在尾部形成空腔。周围的冷等离子体难以及时填充空腔，空腔的尺寸取决于航天器的宽度和马赫数（V/V_s）。在航天器的前方，由于离子从航天器前表面发生背散射而使其密度明显增加。

上述尾向效应易使在低地球轨道环境下沉降电子对航天器的充电效应加剧。在极光带区域，高能的沉降电子会使航天器的尾部表面充电，这是由于在航天器尾部离子密度极低，难以使由沉降电子诱发的高负电位得到中和所致。在这种情况下，航天器尾部表面的高负电位可使附近电离层中离子的运动轨迹发生偏转与加速，以致部分离子可以填充所形成的等离子体空腔。

(2) 电流收集效应

电离层是稠密的冷等离子体，具有充足数量的低能离子和电子，有利于使航天器表面的高浮置电位得以中和。然而，太阳帆板表面的高浮置电位却难以通过周围的冷等离子体进行中和。光伏电池在太阳光照射作用下，发射光电子，易于使太阳帆板的电压差得以维持。在这种情况下，来自电离层的离子和电子，分别被太阳电池阵的负电位端和正电位端收集，形成通过电离层等离子体的电流，这将降低太阳帆板的效率。航天器在稠密的电离层冷等离子体中运行时，当需要提高太阳电池阵的工作电压时，遇到的困难之一便是电流的泄漏。

电离层中离子和电子的可动性不同，电子易于被收集。这使得太阳电池阵的正电位端电位趋近于空间电位，而负电位端保持高负电位。平衡电位取决于太阳电池阵和航天器结构的暴露面积。接地方式对于制约航天器结构的电位十分重要。航天器的"地线"接到太阳电池阵的正电位端时，能够使航天器结构呈现较低的正浮置电位。航天器的地线接到负电位端时，航天器结构在较高的负电位下浮置，其幅值取决于电流收集面积，并通常约大

于太阳电池阵总电位差的 75%。这种情况将增大航天器的"结构地"与绝缘表面间电弧放电的可能性，并使入射离子产生较强的溅射效应，会对航天器产生很大的危害。

（3）溅射效应

溅射是由离子撞击引起的表面材料损失。航天器应用薄涂层时，溅射效应会逐渐改变其表面性能，并产生能粘附到其他表面的污染物。溅射效应的产物主要是中性原子，$2\% \sim 4\%$ 为离子。在电离层中，航天器的迎风表面可能因受到稠密的离子和中性原子撞击而产生溅射效应。每一次离子撞击的溅射产率约为 10^{-6}。航天器由于被充电或不正确接地使表面有高负电位时，会使电离层离子加速撞击航天器表面，造成溅射效应增强。较高原子序数离子的溅射产率高，并且峰溅射产率发生于较高能量场合。H^+ 离子在能量为 1 keV 时的溅射产率稍低于 1。经溅射产生的中性原子或离子约具有 10 eV 的能量，与入射离子的种类和能量无关。

（4）传播效应

电离层最重要的传播效应是电波在临界频率以下反射，使得地面/卫星通信需要在较高的频率下进行。临界频率与电离层的峰值电子密度密切相关，可由下式计算

$$f_0 = \frac{1}{2\pi} \left(\frac{N_e e^2}{\varepsilon_0 m_e} \right)^{\frac{1}{2}} \approx 9 N_e^{\frac{1}{2}} \tag{2-40}$$

式中　f_0——临界频率（Hz）；

　　　N_e——峰值电子密度（m^{-3}）；

　　　e——电子电荷（C）；

　　　ε_0——自由空间介电常数（$kg^{-1} \cdot m^{-3} \cdot s^{-1} \cdot A^2$）；

　　　m_e——电子质量（kg）。

电离层不同层区的峰值电子密度不同，所对应的临界频率会有所差别。通常提到的临界频率是指电离层所有层区中最大的临界频率，即日间为 F_2 区的临界频率 f_{0F_2}，夜间为 F 区的临界频率 f_{0F}。

为了使航天器与地基信号之间的距离测定及雷达测高具有高的准确性，应考虑电离层的等离子体密度所引起的传播滞后效应。这种传播滞后时间可由下式表述

$$\Delta T = -\frac{4.03 \times 10^3 N}{c f^2} \tag{2-41}$$

式中　ΔT——传播滞后时间（s）；

　　　N——电子沿路径的柱密度（m^{-2}）；

　　　c——光速；

　　　f——电波频率（Hz）。

通常电离层模式没有考虑电子密度随时间的变化，实际应用时需通过两个频率条件下无线电波的传播滞后对雷达测高仪进行校正。

电离层中存在各种尺度的不规则结构，大小从几厘米至数百千米不等，它们能够使传播的电波呈现折射、闪烁等效应。折射是由于电离层大尺度的不均匀性结构造成的，电离层的电子密度发生的变化能够使电波的传播路径发生弯曲。闪烁是小尺度的不均匀性结构

造成的。由于无线电波在电离层中传播速度会发生变化，通过无线电跟踪计算卫星轨道时，必须考虑折射效应问题。在 300 MHz 频率以下，无线电波信号衰降主要是由电离层结构的不规则性造成的。

2.5.2.3　常用电离层模式

（1）国际参考电离层模式

多年来，已在电离层观测和研究的基础上，建立了多种电离层模式，既有经验模式，也有理论模式；其中，以国际参考电离层模式应用最为广泛[33]，其简称为 IRI（International Reference Ionosphere）模式。它是一个有关全球电离层的经验模式，常用版本为 IRI—90，IRI—95 及 IRI—2007。

IRI—95 模式适用于纬度小于 ±60°，能够计算地磁平静条件下电离层等离子体在 60～2 000 km 高度的各特征参数，包括月平均的等离子体密度、成分及温度。输入条件包括：日期、高度、纬度、经度、地方时，以及 12 个月平均的太阳黑子数或相应的 $F_{10.7}$。输出结果为电子数密度、O^+ 数密度、H^+ 数密度、He^+ 数密度、O_2^+ 数密度、NO^+ 数密度、N^+ 数密度、离子团数密度、中性气体温度、离子温度及电子温度。该模式计算时有多种选择，能够用于不同的应用场合。运行程序可给出推荐的选择。模式的误差范围在 F_2 层峰高度以下为 2～4 倍；在 F_2 层峰高度以上可达 1 个数量级。

IRI—2007 模式运行时可选择地理坐标或地磁坐标，输入条件包括纬度、经度、日期、地方时或世界时、高度（起始至终止高度及步长）。其他输入条件，如 R_z12（12 个月平均的太阳黑子数）、$F_{10.7}$ 和 a_P 等可取程序的默认值。在程序中太阳活动指数还可用基于中午电离层观测数据引出的 IG12 指数[34]，代替月平均的太阳黑子数作为一种新的太阳活动指数。采用该模式版本计算电离层电子密度时，准确度可达：从 65～95 km，50%～80%；在白天，从 100～200 km，5%～15%；在夜间，从 100～200 km，15%～30%；在纬度<60°时，从 200～1 000 km，15%～25%；在纬度>60°时，从 200～1 000 km，50%～80%。

表 2 - 22 为应用 IRI—2007 模式计算的电离层一般情况下电子密度沿高度的分布。计算条件是经度和纬度均为 0°，日期为 2000 年 1 月 1 日，太阳黑子相对数 R_z 为 112.1，地方时分别为午夜（0 h）和中午（12 h）。

表 2 - 22　IRI—2007 模式针对午夜和中午计算的电离层电子密度沿高度的分布

高度/km	电子密度/cm⁻³	
	午夜（0 h）	中午（12 h）
100	3 082	163 327
200	16 432	231 395
300	688 694	512 842
400	978 126	1 394 750
500	513 528	1 197 828
600	254 377	554 483

续表

高度/km	电子密度/cm⁻³	
	午夜（0 h）	中午（12 h）
700	140 005	268 714
800	85 766	148 940
900	57 255	92 547
1000	40 847	62 731
1100	30 679	45 401
1200	23 989	34 545
1300	19 369	27 327
1400	16 047	22 291
1500	13 579	18 637
1600	11 693	15 898
1700	10 217	13 788
1800	9 038	12 123
1900	8 080	10 785
2000	7 288	9 689

注：2000 年 1 月 1 日；经度 0°，纬度 0°；太阳黑子数 R_z=112.1。

图 2-15 和图 2-16 分别为应用 IRI—90 模式针对太阳低年 6 月 21 日计算的全球 400 km 高度电离层等离子体密度和温度的分布[15]。应该指出，电离层模式的预测结果常与实际情况有一定出入，特别是在发生磁暴与亚暴时，难以用静态的 IRI 模式进行预测。这一点在应用电离层模式时应加以注意。

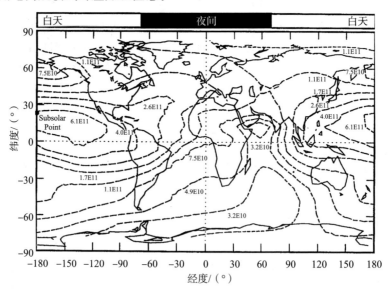

图 2-15 应用 IRI—90 模式针对太阳低年计算的全球 400 km 高度电离层等离子体密度（m⁻³）分布

（日期 6 月 21 日，$F_{10.7}$=70，0：0：0 GMT）

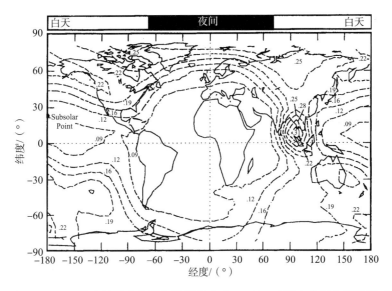

图 2 - 16　应用 IRI—90 模式针对太阳低年计算的全球 400 km 高度电离层电子温度（eV）分布

（日期 6 月 21 日，$F_{10.7}=70$，0：0：0 GMT）

（2）极光带沉降电子模式

在极光带区域，沉降电子对电离层产生重要影响，并且成为导致航天器充电的主要因素。伴随着极光的出现，会有大量电子（能量在 0.1～10 keV 范围）沿磁场线沉降至 200～100 km 高度，可能使局域电离层的等离子体密度增高约 100 倍。美国空军在 USAF MIL - STD—1809 模式[35]中，对沉降电子的分布进行了表述。各向同性的沉降电子（约数 keV，呈准麦克斯韦分布）可诱发弥散极光。这类电子主要来源于磁尾等离子体片，所产生的极光具有比较模糊且结构不清的特点。在沿地磁场线沉降的加速电子（1～10 keV）作用下，可产生分立极光，其亮度高且结构清晰（如呈现极光弧、射线带等）。

对于弥散极光而言，其强度沿磁纬度呈高斯分布（半峰宽为 3°），可用下式计算沉降电子的微分通量

$$F(E) = \left[\frac{Q}{2(E_m)^3} \right] E \exp\left(-\frac{E}{E_m}\right) \qquad (2-42)$$

式中　$F(E)$——沉降电子微分通量（$cm^{-2} \cdot s^{-1} \cdot keV^{-1}$）；

　　　E——沉降电子能量（keV）；

　　　E_m——标度能量（keV）；

　　　Q——积分能量通量（$erg \cdot cm^{-2} \cdot s^{-1}$）。

Q 和 E_m 的特征值如表 2 - 23 所示。

表 2 - 23　USAF 弥散极光电子模式的特征参数

参数	最小	一般	标称	最大
$Q/[erg/(cm^2 \cdot s)]$	0.25	1.0	3.0	12.0
E_m/keV	0.40	1.15	3.0	9.0

对于分立极光，USAF MIEL‐STD—1809 模式对沉降电子强度采用半峰宽为 0.1°（磁纬度）的高斯分布，能量也呈高斯分布，并且其微分通量高于上述弥散极光的 10 倍以上。分立极光沉降电子的微分通量可用下式计算

$$F(E) = \frac{Q}{\pi E_s E_g} \exp[-(E - E_g)/E_s] \tag{2-43}$$

式中　$F(E)$——沉降电子微分通量（$cm^{-2} \cdot s^{-1} \cdot keV^{-1}$）；

　　　E——沉降电子能量（keV）；

　　　E_g——沉降电子沿磁场线加速的最大能量（keV）；

　　　E_s——标度能量，取值为 $E_s = 0.2 E_g$；

　　　Q——积分能量通量（$keV \cdot cm^{-2} \cdot s^{-1}$）。

通常，可取 $Q = 6.25 \times 10^8\ keV \cdot cm^{-2} \cdot s^{-1}$；$E_g$ 在 5～18 keV 范围内取值。

为了评价极光带区域的充电效应，采用如下最差情况的沉降电子分布函数：

$E \leqslant 17.44\ keV$ 时，

$$f(E) = 3.9 \times 10^{-30} \tag{2-44}$$

$E > 17.44\ keV$ 时，

$$f(E) = \frac{N_0\ (m_e)^{\frac{3}{2}} \exp(-\dfrac{E - E_0}{kT_0})}{(2\pi kT_0)^{\frac{3}{2}}} \tag{2-45}$$

式中　$f(E)$——极光带沉降电子分布函数（$s^3 \cdot cm^{-6}$）；

　　　E——电子能量（keV）；

　　　N_0——电子数密度，等于 1.13 cm^{-3}；

　　　kT_0——名义温度，等于 3.96 keV；

　　　$E_0 = 17.44\ keV$；

　　　m_e——电子质量。

经分析 DMSP 航天器发生的严重的充电情况，得出沉降热离子的数密度取为 125 cm^{-3}，能量取为 0.2 eV。

在进行极光带区域充电效应模拟计算时，通常要求输入沉降电子的微分通量谱 $F(E_{keV})$。这可在上述沉降电子分布函数 $f(E)$ 的基础上，通过下式求得

$$F(E_{keV}) = 2000 \times E_{keV} e^2 f(E)/m_e^2 \tag{2-46}$$

式中　E_{keV}——沉降电子能量（keV）；

　　　e, m_e——电子的电荷与静止质量。

上述极光带区域沉降电子分布的最差情况可通过 POLAR[36] 程序计算，用于预测低轨道环境下航天器表面充电电位。极区常产生瞬态的高能沉降电子流。图 2‐17[37] 为火箭在约 320 km 高度上测量得到的典型极光带区域电子通量分布。图 2‐18[38] 为卫星在 840 km 高度上测量得到的强极光带区域电子和离子的分布函数，可作为航天器设计的极限情况。这种强极光粒子的穿透能力不大，主要是在 250 km 以上的高度可引起航天器表面充电。

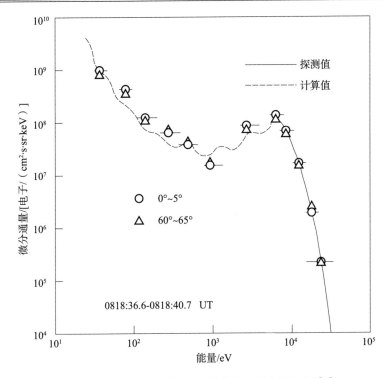

图 2-17　极光带区域电子通量分布（极光弧中心）[37]

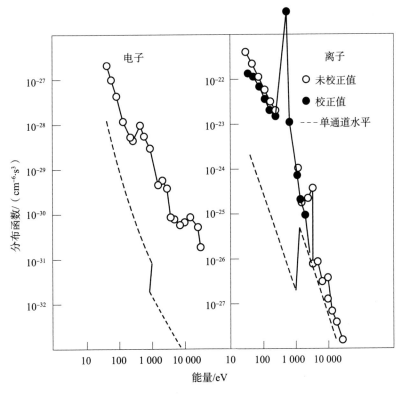

图 2-18　强极光带区域电子（左）和离子（右）的分布函数

（1983 年 11 月 26 日，49 843 s UT）[38]

2.5.3　等离子体层模式

2.5.3.1　等离子体层的一般表述

等离子体层是位于电离层上部的比较稠密的等离子体区域，等离子体密度为 $10^2 \sim 10^4 \ \mathrm{cm}^{-3}$，能量约低于 10 eV。等离子体来源于电离层，并受地磁场线束缚。在地磁层中，共旋转电场和越尾电场分别使沿磁场线上、下反冲并回旋的电子和离子垂直于磁场线漂移。在低 L 壳层，共旋转电场起主要作用，使粒子的漂移轨迹闭合，并导致从电离层逃逸的离子累积，形成稠密的等离子体层。在较高的 L 壳层上，越尾电场占主导，促使等离子体粒子向向日侧磁层顶漂移，并逃逸出地磁层。等离子体粒子漂移的封闭路径与未封闭路径的边界是变化的。一般而言，等离子体层的外边界，即等离子体层顶，位于 $L =$ （3～6）R_E 处，并在地方时昏侧（地方时 15 至 22 时）向外凸起。在等离子体层顶，等离子体密度突然下降至每立方厘米仅有几个粒子。等离子体层的形状取决于地磁活动的强度及其时间历程。随着地磁活动增强，等离子体层顶部受到剥蚀而向内（低高度方向）移动；地磁活动减弱时，等离子体层会发生再填充，使之向外（高高度方向）扩展。该过程可历时几天。

等离子体层含有比较稠密的冷等离子体，临界频率较高，能够对无线电波的传播产生影响，这会使较高轨道卫星与地面之间的通信受到一定的阻碍。相对而言，等离子体层的密度远低于电离层的密度，影响要比后者小得多。等离子体层能够适当缓解航天器的表面充电效应。航天器表面的高负电位可通过吸引离子而得到中和。通常在等离子体层航天器不会发生危险的表面充放电效应。

2.5.3.2　常用的等离子体层模式

如上所述，等离子体层是变化的，而且其对航天器的危害性不大。目前，对建立相应的等离子体层标准模式尚未出现迫切要求。为了更好地表述等离子体层参数，以往在欧洲空间局的 ECSS 空间环境标准中推荐应用 Carpenter 和 Anderson 所建立的经验模式[39]。该模式比较全面，考虑了太阳周期变化及年和半年变化等影响。等离子体层的密度可由下式表述

$$\lg n_e = (-0.341\,45L + 3.904\,3) +$$
$$\left(0.15\left\{\cos\left[\frac{2\pi(d+9)}{365}\right] - 0.5\cos\left[\frac{4\pi(d+9)}{365}\right]\right\} + 0.001\,27\bar{R} - 0.063\,5\right) \times \eqno(2-47)$$
$$\exp\left[-\frac{(L-2)}{1.5}\right]$$

式中　n_e——电子密度（cm^{-3}）；

　　　d——年内计算日期相应的日数（从 1 月 1 日算起）；

　　　$\bar{R}$——13 个月平滑的太阳黑子相对数（以选定计算日的黑子数为中点）。

按照 Carpenter - Anderson 模式[39]，等离子体层顶的内边界（由离子组分从电离层顶的 O^+ 改变为 H^+ 时的高度界定）可由下式给出

$$L_{ppi} = 5.6 - 0.46K_{Pmax} \eqno(2-48)$$

式中　L_{ppi}——等离子体层顶的内边界，单位为地球半径；

　　　K_{Pmax}——前 24 小时地磁指数 K_P 的最高值。

若磁地方时区间为 06～09，09～12 和 12～15 时，可分别去掉紧接的前 1，2 和 3 个 K_P 值。

在等离子体层中，离子和电子的温度一般分别为 1 eV 和 0.5 eV。由于电子温度低，难以对航天器造成危害性的充电效应。若不考虑季节变化与太阳周期的影响，等离子体层的电子密度与磁壳层参数 L 的关系如表 2-24 所示。

表 2-24　按 Carpenter-Anderson 模式计算的等离子体层电子密度与 L 参数的关系[39]

L 参数/R_E	电子密度/cm^{-3}
2.5	1 312
3.0	913
3.5	636
4.0	442
4.5	308
5.0	214

在 2008 年版的 ECSS-ST-10-04C 标准中，推荐将 GCPM 模式（Global Core Plasma Model）[40] 作为表征等离子体层的模式。该模式可针对内地磁层给出等离子体密度（电子、质子、氦离子及氧离子）随地磁条件的变化，输入的参数包括时间、地心距、地方时、地磁纬度及 K_P 指数。表 2-25 为 GCPM 模式计算的等离子体密度与地心距的关系。在 GCPM 模式中，以 $K_P=9$ 表示最苛刻的情况，所计算的等离子体层电子密度与地心距的关系如图 2-19 所示。

表 2-25　GCPM 模式计算的等离子体层电子及离子密度与地心距的关系

地心距/R_E	电子密度/cm^{-3}	质子密度/cm^{-3}	氦离子密度/cm^{-3}	氧离子密度/cm^{-3}
1.3	5.31E+03	4.73E+03	5.46E+02	3.24E+01
1.35	4.98E+03	4.44E+03	5.22E+02	2.69E+01
1.4	4.68E+03	4.16E+03	4.91E+02	2.42E+01
1.5	4.12E+03	3.68E+03	4.25E+02	2.08E+01
1.75	3.00E+03	2.70E+03	2.85E+02	1.50E+01
2.0	2.19E+03	1.99E+03	1.90E+02	1.09E+01
2.5	1.16E+03	1.07E+03	8.35E+01	5.81E+00
3.0	6.17E+02	5.77E+02	3.67E+01	3.08E+00
3.5	3.27E+02	3.10E+02	1.61E+01	1.64E+00
4.0	1.74E+02	1.66E+02	7.04E+00	8.69E-01

注：1. R_E 为地球半径；

　　2. 时间：1999 年 1 月 1 日；

　　3. 磁地方时 18 h，磁纬度 0°，$K_P=5.0$。

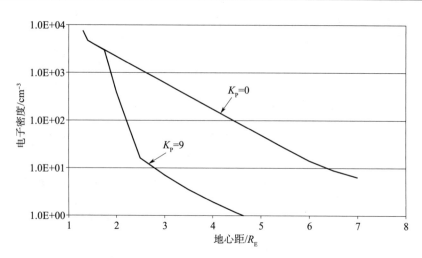

图 2-19　不同 K_P 指数时 GCPM 模式计算的等离子体层电子密度与地心距的关系

（1999 年 1 月 1 日；磁地方时 18 h；磁纬度 0°）

2.5.4　外地磁层等离子体模式

2.5.4.1　外地磁层的一般表述

在等离子体层以上的区域，磁层等离子体的主要特征是具有较高温度和较低密度，这一区域通常包含地球同步轨道。磁层等离子体主要来源于太阳风。太阳风等离子体主要从磁尾进入地磁层，并在越尾电场的作用下向地球方向漂移。当行星际磁场与地磁场重联时，部分太阳风等离子体也可从向日侧直接进入地磁层。等离子体粒子在从磁尾向地球方向运动的过程中，会由于向高磁场强度区域运动而受到绝热加热。在磁尾区发生突然重联事件时，也能使大量磁能传递给进入低 L 壳层的等离子体，这种现象称为地磁亚暴。注入的等离子体粒子可沿地磁场线进入高纬区，并在午夜地方时前后从所到达区域开始绕地球进行梯度－曲率漂移，离子向西或昏向漂移，电子向东或晨向漂移。因此，磁层热等离子体密度与高的 K_P 和 A_E 指数密切关联。

与等离子体层顶相类似，外地磁层的边界（即地磁层顶）也是一个动力学边界，其位置由太阳风等离子体的动压与地磁场的磁压相平衡所控制。在日-地连线上，磁层顶距地心的距离可大体上由下式求得

$$L_m = \left(\frac{B_0^2}{\mu_0 \, n \, m V^2} \right)^{\frac{1}{6}} \qquad (2-49)$$

式中　L_m——磁层顶日下点距地心的距离，单位为地球半径；

　　　B_0——地球内源磁场在赤道的强度，等于 3×10^4 nT；

　　　μ_0——自由空间的磁导率；

　　　n——太阳风等离子体密度；

　　　m——质子的质量；

　　　V——太阳风的速度。

通常，L_m 约为 $10 R_E$。磁层顶外形在向日侧近似为压扁的半球面；外侧向上、向外扩张，并在背日方向无限向外延伸（至少达到 $500 R_E$）。在磁尾区存在不同的等离子体区域，包括等离子体片（热等离子体）及尾瓣（较冷的等离子体）。

等离子体片是外地磁层等离子体的一个重要区域。在磁尾赤道面附近存在磁场强度近似为零的弱磁场薄层区域，称为中性片。在中性片两侧等离子体密度较高的区域即为等离子体片，其半厚度约为 $4 R_E$，内边界的地心距在（5～10）R_E 之间，沿磁场线在极区低高度上的投影为极光卵的赤道侧边界。等离子体片依据太阳活动和地磁活动而变化（膨胀或收缩）。在地磁宁静期，该区等离子体呈准麦克斯韦分布；电子典型能量约为 1 keV，密度约为 0.5 cm^{-3}；离子主要为质子，能量约为 5 keV。在发生地磁层亚暴期间，等离子体片的半厚度可减小到 $1 R_E$ 以下，并会有热等离子体注入事件发生（平均能量可达到数十千电子伏），使得该区域的等离子体状态随亚暴进程而变化。

外地磁层的热等离子体将对航天器表面产生充电效应，这是导致地球同步轨道航天器在轨运行期间出现故障的重要原因。当航天器不同表面的充电程度有较大差异时，有可能引起放电。地磁层亚暴产生的高温电子易使航天器表面充电，并达到危险的水平，这种情况主要发生在地方时段的午夜至黎明。

2.5.4.2　麦克斯韦分布函数

地磁层亚暴注入的高温等离子体使外地磁层处于复杂的动力学状态，其能量和密度经常发生变化。由于外地磁层等离子体在时空分布上的复杂性，至今尚没有建立起统一的模式。描述等离子体的参数较多，常用分布函数表述。分布函数是表征在相空间体积单元中粒子出现概率的函数，它将离散分立的体系连续函数化，以便描述体系的运动状态。各向同性的空间等离子体在速度空间分布函数 $f(v)$ 的头四个矩，分别表征粒子数密度、粒子数通量、粒子能量密度或压强以及粒子能量通量。相应的表达式如下

$$M_1 = \text{ND} = 4\pi \int_0^\infty v^0 f(v) v^2 \mathrm{d}v \qquad (2-50)$$

$$M_2 = \text{NF} = \int_0^\infty v^1 f(v) v^2 \mathrm{d}v \qquad (2-51)$$

$$M_3 = \text{ED} = \frac{4\pi m}{2} \int_0^\infty v^2 f(v) v^2 \mathrm{d}v \qquad (2-52)$$

$$M_4 = \text{EF} = \frac{m}{2} \int_0^\infty v^3 f(v) v^2 \mathrm{d}v \qquad (2-53)$$

式中　ND——粒子数密度（cm^{-3}）；

ＮＦ——粒子数通量（cm^{-2} · s^{-1}）；

ＥＤ——粒子能量密度（eV · cm^{-3}）；

ＥＦ——粒子能量通量（eV · cm^{-2} · s^{-1}）；

m——粒子质量；

v——粒子速度。

粒子数通量可转化为电流密度，单位为 A · cm^{-2}（1 A · cm^{-2} = 6.242×10^{18} e · cm^{-2} · s^{-1}）；粒子能量密度可转化为压强，单位为 dyne · cm^{-2}。通过麦克斯韦分布函数的头四个矩，

还可定义等离子体的平均温度 $T_{av}=2$ （ED）/3 （ND）与均方根温度 $T_{rms}=$ （EF）/2 （NF）。

空间等离子体的扰动变化很剧烈，使得分布函数非常复杂。为了简化计算，常采用麦克斯韦分布函数描述空间等离子体状态。麦克斯韦分布函数是理想状态下的分布函数。根据空间等离子体环境的特性和近似程度，可以选择单麦克斯韦分布函数或双麦克斯韦分布函数。单麦克斯韦分布函数表征由单一温度（T）和数密度（n）的粒子构成的粒子群分布

$$f_{single}(v) = n \left(\frac{m}{2\pi kT}\right)^{\frac{3}{2}} \exp\left(-\frac{mv^2}{2kT}\right) \tag{2-54}$$

式中　v——粒子速度；

　　　m——粒子质量；

　　　k——玻耳兹曼常数。

双麦克斯韦分布函数用于表征由两种不同温度（T_1，T_2）与不同数密度（n_1，n_2）的同种粒子（质量为 m）构成的粒子群分布，其表达式如下

$$f_{double}(v) = n_1 \left(\frac{m}{2\pi kT_1}\right)^{\frac{3}{2}} \exp\left(-\frac{mv^2}{2kT_1}\right) + n_2 \left(\frac{m}{2\pi kT_2}\right)^{\frac{3}{2}} \exp\left(-\frac{mv^2}{2kT_2}\right) \tag{2-55}$$

可见，双麦克斯韦分布函数相当于两个单麦克斯韦分布函数之和。如有必要，也可以采用多麦克斯韦分布函数表征由不同温度和不同数密度的同种粒子构成的体系。

当空间等离子体某种 i 粒子呈各向同性的单麦克斯韦分布时，可由其分布函数［式（2-54）］的头四个矩［见式（2-50）～式（2-53）］分别求得如下参数：

数密度（cm^{-3}）

$$M_1 = ND_i = n_i \tag{2-56}$$

数通量（$cm^{-2} \cdot s^{-1} \cdot sr^{-1}$）

$$M_2 = NF_i = \frac{n_i}{2\pi} \left(\frac{2kT_i}{\pi m_i}\right)^{1/2} \tag{2-57}$$

压强（$dyne \cdot cm^{-2}$）

$$M_3 = P_i = n_i k T_i \tag{2-58}$$

能量通量（$eV \cdot cm^{-2}$）

$$M_4 = EF_i = \frac{m_i n_i}{2} \left(\frac{2kT_i}{\pi m_i}\right)^{3/2} \tag{2-59}$$

在双麦克斯韦分布情况下，i 种粒子的分布函数头四个矩分别由以下表达式给出

$$M_1 = n_i = n_{1i} + n_{2i} \tag{2-60}$$

$$M_2 = NF_i = \frac{n_{1i}}{2\pi} \left(\frac{2kT_{1i}}{\pi m_i}\right)^{1/2} + \frac{n_{2i}}{2\pi} \left(\frac{2kT_{2i}}{\pi m_i}\right)^{1/2} \tag{2-61}$$

$$M_3 = P_i = n_{1i} k T_{1i} + n_{2i} k T_{2i} \tag{2-62}$$

$$M_4 = EF_i = \frac{m_i n_{1i}}{2} \left(\frac{2kT_{1i}}{\pi m_i}\right)^{3/2} + \frac{m_i n_{2i}}{2} \left(\frac{2kT_{2i}}{\pi m_i}\right)^{3/2} \tag{2-63}$$

因此，在已知或设定 i 种粒子的数密度、数通量、压强、能量通量及质量的情况下，便可以计算双麦氏分布时该种粒子两部分各自的温度和数密度，从而得到双麦氏分布函数表征的空间等离子体环境。

通常情况下，地球同步轨道等离子体的密度较低，难以通过粒子碰撞达到理想的麦克斯韦分布状态。依据分布函数的头四个矩进行表征只是一种近似的方法，还需结合实际探测数据进行分析。Purvis 等人[41]基于等离子体状态各向同性的假设，利用 ATS - 5，ATS - 6 和 SCATHA 三颗卫星的观测数据，给出了单麦氏分布及双麦氏分布下地球同步轨道等离子体状态的平均参数，如表 2 - 26 所示；相应参数的标准偏差如表 2 - 27 所示。从表 2 - 27 可见，标准偏差有时超过了参数值，这是由地球同步轨道等离子体环境的复杂性所决定的。尽管如此，这些平均参数值仍被美国《评估和控制航天器充电效应设计指南》引用，作为估算航天器经历磁暴前充电条件的依据。航天器经历磁暴前的原始充电状态将会直接影响其对环境等离子体发生剧烈变化的动态响应，成为决定磁暴后航天器充电状态的重要因素。因此，有必要在分析充电效应时，依据环境等离子体的平均参数，对航天器经历磁暴前的原始充电状态进行表述。

表 2 - 26　地球同步轨道等离子体的平均参数[41]

(a) 电子

参量	航天器		
	ATS - 5	ATS - 6	SCATHA
数密度（ND）/（cm^{-3}）	0.80	1.06	1.09
电流密度（J）/（$nA \cdot cm^{-2}$）	0.068	0.096	0.115
能量密度（ED）/（$eV \cdot cm^{-3}$）	1 970	3 590	3 710
能量通量（EF）/（$eV \cdot cm^{-2} \cdot s^{-1} \cdot sr^{-1}$）	0.98×10^{12}	2.17×10^{12}	1.99×10^{12}
组分 1 的数密度（N_1）/（cm^{-3}）	0.578	0.751	0.780
组分 1 的温度（T_1）/keV	0.277	0.460	0.550
组分 2 的数密度（N_2）/cm^{-3}	0.215	0.273	0.310
组分 2 的温度（T_2）/keV	7.04	9.67	8.68
平均温度（T_{av}）/keV	1.85	2.55	2.49
均方根温度（T_{rms}）/keV	3.85	6.25	4.83

(b) 离子（主要指质子）

参量	航天器		
	ATS - 5	ATS - 6	SCATHA
数密度（ND）/cm^{-3}	1.30	1.20	0.58
电流密度（J）/（$pA \cdot cm^{-2}$）	5.1	3.4	3.3
能量密度（ED）/（$eV \cdot cm^{-3}$）	13 000	12 000	9 440
能量通量（EF）/（$eV \cdot cm^{-2} \cdot s^{-1} \cdot sr^{-1}$）	2.6×10^{11}	3.4×10^{11}	2.0×10^{11}
组分 1 的数密度（N_1）/cm^{-3}	0.75	0.93	0.19
组分 1 的温度（T_1）/keV	0.30	0.27	0.80
组分 2 的数密度（N_2）/cm^{-3}	0.61	0.33	0.39
组分 2 的温度（T_2）/keV	14.0	25.0	15.8
平均温度（T_{av}）/keV	6.8	12.0	11.2
均方根温度（T_{rms}）/keV	12.0	23.0	14.5

表 2 - 27　地球同步轨道等离子体参数的标准偏差[41]

(a) 电子

参量	航天器		
	ATS - 5	ATS - 6	SCATHA
数密度（ND）/cm^{-3}	±0.79	±1.1	±0.89
电流密度（J）/（nA·cm^{-2}）	±0.088	±0.09	±0.10
能量密度（ED）/（eV·cm^{-3}）	±3100	±3700	±3400
能量通量（EF）/（eV·cm^{-2}·s^{-1}·sr^{-1}）	±1.7×10^{12}	±2.6×10^{12}	±2.0×10^{12}
组分 1 的数密度（N_1）/cm^{-3}	±0.55	±0.82	±0.70
组分 1 的温度（T_1）/keV	±0.17	±0.85	±0.32
组分 2 的数密度（N_2）/cm^{-3}	±0.38	±0.34	±0.37
组分 2 的温度（T_2）/keV	±2.1	±3.6	±4.0
平均温度（T_{av}）/keV	±2.0	±2.0	±1.5
均方根温度（T_{rms}）/keV	±3.3	±3.5	±2.9

(b) 离子（主要指质子）

参量	航天器		
	ATS - 5	ATS - 6	SCATHA
数密度（ND）/cm^{-3}	±0.69	±1.7	±0.35
电流密度（J）/（pA·cm^{-2}）	±2.7	±1.8	±2.1
能量密度（ED）/（eV·cm^{-3}）	±9700	±9100	±6820
能量通量（EF）/（eV·cm^{-2}·s^{-1}·sr^{-1}）	±3.5×10^{11}	±3.6×10^{11}	±1.7×10^{11}
组分 1 的数密度（N_1）/cm^{-3}	±0.54	±1.78	±0.16
组分 1 的温度（T_1）/keV	±0.30	±0.88	±1.0
组分 2 的数密度（N_2）/cm^3	±0.33	±0.16	±0.26
组分 2 的温度（T_2）/keV	±5.0	±8.5	±5.0
平均温度（T_{av}）/keV	±3.6	±8.4	±4.6
均方根温度（T_{rms}）/keV	±4.8	±8.9	±5.3

2.5.4.3　地球同步轨道等离子体典型状态模式

地球同步轨道是在地球的外磁层中应用卫星的高密集运行区域。它位于等离子体层上部，并常在地磁活动增强时在背日侧与等离子体片交界。在地磁活动活跃的条件下，经常发生亚暴等离子体注入事件，导致等离子体片中能量较高的热等离子体进入地球同步轨道，对航天器表面形成强烈的充电效应。在对航天器表面充电进行评估时，常进行几种典型的等离子体状态分析，包括统计平均状态、强亚暴状态和极端恶劣状态。统计平均状态是以卫星探测数据的统计平均结果表述等离子体环境，能够给出航天器飞行过程中充电的平均状态，一般用于模拟航天器充电的起始环境。极端恶劣状态是指能够引起强充电事件的等离子体环境，这种状态往往发生在子夜到黎明的极强烈的亚暴事件中。如果航天器能够克服极端恶劣的等离子体状态，在其他状态下也将是安全的。极端恶劣状态对评价航天器抗充电能力很有效，但毕竟该状态很少出现。为此，需要界定发生概率较高的一般恶劣状态，如中等和强亚暴状态。在地球同步轨道上会经常发生亚暴。

多年来，人们根据所获得的卫星探测数据及不同的应用对象，针对地球同步轨道等离子体环境提出了多种典型状态的工程应用模式。

（1）Purvis 模式

Purvis 等人[41]根据 ATS - 5，ATS - 6 和 SCATHA 等三颗卫星的探测数据，在单麦氏分布拟合的基础上，给出统计平均、强亚暴和极端恶劣情况下地球同步轨道等离子体环境的特征参数，如表 2 - 28 所示。统计平均是根据上述三颗卫星近 45 天每 10 min 的数据平均得到的。极端恶劣状态参数对单麦氏分布的符合度达到 90%。强亚暴状态参数是根据发生频率拟合三颗卫星探测到的电子和离子分布得出的，此环境每年约有 10% 的时间在地球同步轨道发生。美国国家航空航天局推荐采用 Purvis 模式的极端恶劣参数进行航天器表面充电效应分析。

表 2 - 28　Purvis 模式参数

参数	统计平均		强亚暴		极端恶劣	
	电子	离子	电子	离子	电子	离子
密度/cm^{-3}	1	0.9	1.1	0.4	1.12	0.236
温度/keV	2.5	12	12	20	12	29.5

（2）Stevens 模式

Stevens 等人[42]用单一麦克斯韦分布给出了地球同步轨道发生中等和严重亚暴事件条件下的等离子体状态模式，该模式的参数如表 2 - 29 所示。

表 2 - 29　Stevens 模式参数

参数	中等亚暴		严重亚暴	
	电子	离子	电子	离子
密度/cm^{-3}	2.1	0.7	1.1	0.4
温度/keV	8.0	21	11	11

（3）SCATHA 模式

1979 年 4 月 24 日，SCATHA 卫星曾发生一次极端严重的充电事件[43]。在日照条件下，该航天器被充电到 -8 kV。通过最小二乘法拟合充电事件中获得的数据，建立了表征极端恶劣等离子体状态的模式。在拟合中采用了与实际符合较好的双麦克斯韦分布。双麦克斯韦分布是针对两组粒子分别按麦克斯韦分布进行拟合，其中一组粒子能量较高，相当于来自等离子体片的等离子体流；另一组粒子能量较低，相当于轨道的背景等离子体。SCATHA 模式针对垂直磁场和平行磁场分别给出的电子和离子的双麦克斯韦分布参数如表 2 - 30 所示。这种等离子体极端恶劣状态模式得到了广泛应用，可用于等离子体层顶至磁层顶之间的各种轨道航天器充电效应的分析，相应的地磁壳层参数 L 在（5～10）R_E 之间。表 2-30 中所列的离子和电子密度不相等，其电中性由较低能量的等离子体维持。由于后者不引起充电，在表中并未列出。在欧洲空间局的 ECSS 标准中，建议采用表 2-30 中垂直于磁场条件下的等离子体环境参数进行航天器表面充电效应评价。

表 2-30 SCATHA 极端恶劣等离子体环境模式参数

两组粒子的参数	垂直于磁场		平行于磁场	
	电子	离子	电子	离子
密度 1/cm^{-3}	0.2	0.6	0.1	1.6
密度 2/cm^{-3}	1.2	1.3	0.8	0.6
温度 1/keV	0.4	0.2	0.5	0.5
温度 2/keV	27.5	28.0	27.8	29.5

2.5.4.4 地球同步轨道等离子体统计解析模式

上述几种典型的状态模式，不能完全反映地球同步轨道等离子体的变化，难以准确地对复杂的充电环境进行预测。Garrett 和 Deforest[44] 基于 ATS-5 和部分 P78 卫星的观测结果，建立了地球同步轨道等离子体环境的统计解析模式。该模式考虑了较宽的地磁活动范围与磁层亚暴注入事件，能够表征离子和电子的双麦克斯韦分布与地方时和地磁指数 A_P 的关系，可为航天器充电效应模拟，如 NASCAP 程序[45] 提供输入条件。

Garrett 和 Deforest 的统计解析模式选取等离子体分布函数的头四个矩，描述地球同步轨道的等离子体状态。在 50 eV～50 keV 的能量范围内，电子和离子分布函数的头四个矩与地磁指数 A_P 和地方时 LT 的关系可通过如下线性回归多项式表述

$$M_I(A_P, LT) = c_0 + c_1 \cos(\frac{\pi t}{12}) + c_2 \sin(\frac{\pi t}{12}) + c_3 \cos(\frac{\pi t}{6}) + c_4 \sin(\frac{\pi t}{6}) + c_5 A_P +$$
$$c_6 A_P \cos(\frac{\pi t}{12}) + c_7 A_P \sin(\frac{\pi t}{12}) + c_8 A_P \cos(\frac{\pi t}{6}) + c_9 A_P \sin(\frac{\pi t}{6}) \tag{2-64}$$

式中，$I = 0，1，2，\cdots，8$，并以 1，3，5 和 7 对应电子的四个矩，而 2，4，6 和 8 对应离子的四个矩；$t = LT + 6.5$，LT 是地方时（h）；A_P 是每日 8 个 3 小时 a_P 指数的和。各等离子体矩的名称和单位见表 2-31；回归系数 $c_0～c_9$ 由表 2-32 给出；模式的误差见表 2-33。

按照式（2-64），可以针对不同地方时和地磁活动条件，计算地球同步轨道等离子体环境参数。表 2-34，表 2-35，表 2-36 分别给出 $\sum A_P = 56，\sum A_P = 656$ 和 $\sum A_P = 2\,240$ 情况下，地球同步轨道在不同地方时的等离子体参数的计算结果[46]。$\sum A_P = 56$ 相当于 $K_P = 20$ 的低地磁活动条件；$\sum A_P = 656$ 相当于 $K_P = 60$ 的强地磁活动条件；$\sum A_P = 2\,240$ 是 1932—1997 年出现的最强地磁活动条件。

表 2 - 31　式（2 - 64）等离子体矩的名称和单位

I 参数	矩名称	矩的单位
1	电子数密度 n_e	100 cm^{-3}
2	离子数密度 n_i	100 cm^{-3}
3	电子压强 P_e	10^{10} dyne · cm^{-2}
4	离子压强 P_i	10^{10} dyne · cm^{-2}
5	电子能量通量 EF_e	100 erg · cm^{-2} · s^{-1} · sr^{-1}
6	离子能量通量 EF_i	100 erg · cm^{-2} · s^{-1} · sr^{-1}
7	电子数通量 NF_e	10^{-6} cm^{-2} · s^{-1} · sr^{-1}
8	离子数通量 NF_i	10^{-6} cm^{-2} · s^{-1} · sr^{-1}

表 2 - 32　地球同步轨道等离子体头四个矩计算的多项式回归系数

项数	c_0	c_1	c_2	c_3	c_4	c_5	c_6	c_7	c_8	c_9
1	0.38E+02	-0.42E+02	0.22E+02	-0.21E+01	0.23E+02	0.43E+00	-0.73E-01	-0.60E-01	-0.80E-01	0.44E-01
2	0.99E+02	-0.27E+02	0.23E+01	-0.28E+01	-0.33E+01	0.21E+00	0.98E-02	-0.35E-01	-0.48E-01	0.37E-01
3	0.52E+01	0.10E+02	0.64E+01	0.26E+01	-0.48E+01	0.13E+00	-0.28E-01	0.33E-01	-0.20E-01	0.23E-02
4	0.77E+02	-0.45E+01	0.16E+02	-0.81E+00	-0.31E+01	0.16E+00	-0.49E-01	0.42E-01	-0.64E-01	0.24E-01
5	0.36E+02	-0.74E+02	0.50E+02	0.21E+02	-0.11E+02	0.91E+00	-0.33E+00	-0.51E+00	-0.17E+00	-0.47E-01
6	0.19E+02	-0.52E+00	0.31E+01	-0.63E-01	-0.50E+00	0.38E-01	-0.12E-01	0.15E-01	-0.18E-01	0.34E-02
7	0.47E+02	-0.68E+02	0.38E+02	0.76E+01	-0.44E+02	0.81E+00	-0.24E-01	0.45E-01	-0.11E-01	0.50E-01
8	0.62E+01	-0.95E+00	0.14E+01	-0.13E+00	-0.31E+00	0.15E-01	-0.34E-02	0.76E-03	-0.47E-02	0.25E-02

表 2 - 33　地球同步轨道等离子体头四个矩计算模式误差

矩参量	双组分参数	单位	电子		离子	
			标准偏差	缺省值	标准偏差	缺省值
数密度		cm^{-3}	0.67	0.02	0.55	0.33
压强		dyne · cm^{-2}	2.6×10^{-9}	4×10^{-11}	4×10^{-9}	4×10^{-9}
能量通量		erg · cm^{-2} · s^{-1} · sr^{-1}	2.1	0.08	0.13	0.09
数通量		cm^{-2} · s^{-1} · sr^{-1}	1.4×10^{-8}	4×10^{-6}	4×10^{-6}	3×10^{-6}
平均能量		eV	(1 600)	1 000	(1 820)	
电流密度		nA · cm^{-2}	0.07	0.002	0.002	0.001 5
	n_1	cm^{-3}	2			
	n_2	cm^{-3}	0.04			
	T_1	eV	250			
	T_2	eV	20 000			

表 2-34 $\sum A_P = 56$ 条件下地球同步轨道不同地方时的主要等离子体参数[46]

地方时/h	电子数密度/cm⁻³	离子数密度/cm⁻³	电子能量通量/(erg·cm⁻²·s⁻¹·sr⁻¹)	离子能量通量/(erg·cm⁻²·s⁻¹·sr⁻¹)	电子数通量/(cm⁻²·s⁻¹·sr⁻¹)	离子数通量/(cm⁻²·s⁻¹·sr⁻¹)	电子平均能量/keV	离子平均能量/keV
0	0.98	1.20	1.11	0.26	1.47E+09	9.04E+07	1.74	8.57
1	1.16	1.26	1.37	0.26	1.84E+09	9.20E+07	1.89	8.19
2	1.26	1.30	1.60	0.26	2.10E+09	9.14E+07	2.02	7.79
3	1.28	1.32	1.76	0.25	2.19E+09	8.88E+07	2.15	7.36
4	1.22	1.32	1.83	0.23	2.11E+09	8.48E+07	2.25	6.93
5	1.09	1.32	1.80	0.22	1.90E+09	8.02E+07	2.33	6.51
6	0.94	1.31	1.67	0.21	1.59E+09	7.56E+07	2.36	6.14
7	0.78	1.30	1.47	0.20	1.26E+09	7.15E+07	2.29	5.85
8	0.66	1.29	1.24	0.19	9.59E+08	6.81E+07	2.10	5.65
9	0.57	1.27	1.00	0.19	7.36E+08	6.54E+07	1.80	5.56
10	0.53	1.24	0.78	0.19	6.06E+08	6.31E+07	1.49	5.59
11	0.51	1.19	0.61	0.18	5.58E+08	6.10E+07	1.27	5.72
12	0.49	1.13	0.48	0.18	5.58E+08	5.88E+07	1.19	5.96
13	0.46	1.05	0.40	0.18	5.65E+08	5.66E+07	1.23	6.30
14	0.41	0.97	0.34	0.18	5.41E+08	5.46E+07	1.37	6.75
15	0.32	0.89	0.30	0.18	4.63E+08	5.31E+07	1.57	7.30
16	0.22	0.83	0.26	0.18	3.37E+08	5.27E+07	1.86	7.93
17	0.13	0.80	0.24	0.19	1.90E+08	5.38E+07	2.22	8.56
18	0.07	0.79	0.22	0.19	6.98E+07	5.68E+07	2.39	9.08
19	0.07	0.82	0.24	0.21	2.58E+07	6.15E+07	1.61	9.40
20	0.15	0.87	0.30	0.22	9.92E+07	6.76E+07	1.19	9.50
21	0.31	0.95	0.42	0.24	3.08E+08	7.44E+07	1.27	9.41
22	0.52	1.04	0.60	0.25	6.38E+08	8.10E+07	1.43	9.20
23	0.76	1.13	0.84	0.26	1.05E+09	8.66E+07	1.59	8.91

表 2 - 35　$\sum A_P = 656$ 条件下地球同步轨道不同地方时的主要等离子体参数[16]

地方时/h	电子数密度/cm⁻³	离子数密度/cm⁻³	电子能量通量/(erg·cm⁻²·s⁻¹·sr⁻¹)	离子能量通量/(erg·cm⁻²·s⁻¹·sr⁻¹)	电子数通量/(cm⁻²·s⁻¹·sr⁻¹)	离子数通量/(cm⁻²·s⁻¹·sr⁻¹)	电子平均能量/keV	离子平均能量/keV
0	3.66	2.47	4.62	0.69	6.81E+09	2.11E+08	2.31	10.20
1	3.73	2.35	5.00	0.66	7.26E+09	2.03E+08	2.44	10.30
2	3.69	2.22	5.29	0.61	7.50E+09	1.90E+08	2.58	10.10
3	3.61	2.11	5.53	0.54	7.56E+09	1.76E+08	2.70	9.50
4	3.54	2.09	5.78	0.47	7.52E+09	1.65E+08	2.80	8.68
5	3.53	2.16	6.14	0.42	7.44E+09	1.60E+08	2.85	7.79
6	3.60	2.32	6.67	0.40	7.36E+09	1.62E+08	2.85	7.05
7	3.75	2.54	7.37	0.40	7.30E+09	1.69E+08	2.82	6.56
8	3.93	2.77	8.18	0.41	7.25E+09	1.79E+08	2.77	6.28
9	4.08	2.95	9.00	0.44	7.15E+09	1.86E+08	2.74	6.14
10	4.13	3.03	9.67	0.45	6.95E+09	1.87E+08	2.73	6.04
11	4.03	2.98	10.00	0.44	6.59E+09	1.80E+08	2.76	5.91
12	3.77	2.82	10.00	0.41	6.06E+09	1.65E+08	2.81	5.72
13	3.36	2.57	9.53	0.36	5.38E+09	1.44E+08	2.89	5.43
14	2.88	2.29	8.64	0.30	4.62E+09	1.21E+08	2.97	5.07
15	2.40	2.04	7.47	0.25	3.88E+09	1.02E+08	3.04	4.74
16	2.01	1.87	6.19	0.22	3.29E+09	9.16E+07	3.03	4.63
17	1.79	1.81	4.99	0.22	2.94E+09	9.19E+07	2.88	4.95
18	1.77	1.86	4.03	0.26	2.91E+09	1.04E+08	2.61	5.71
19	1.96	2.00	3.42	0.34	3.20E+09	1.25E+08	2.33	6.71
20	2.30	2.19	3.20	0.44	3.77E+09	1.51E+08	2.15	7.72
21	2.71	2.37	3.32	0.54	4.54E+09	1.77E+08	2.10	8.60
22	3.12	2.49	3.68	0.62	5.38E+09	1.98E+08	2.12	9.32
23	3.45	2.52	4.15	0.68	6.17E+09	2.10E+08	2.20	9.85

表 2 - 36　$\sum A_P = 2\,240$ 条件下地球同步轨道不同地方时的主要等离子体参数[46]

地方时/h	电子数密度/ cm⁻³	离子数密度/ cm⁻³	电子能量通量/ (erg·cm⁻²·s⁻¹·sr⁻¹)	离子能量通量/ (erg·cm⁻²·s⁻¹·sr⁻¹)	电子数通量/ (cm⁻²·s⁻¹·sr⁻¹)	离子数通量/ (cm⁻²·s⁻¹·sr⁻¹)	电子平均能量/keV	离子平均能量/keV
0	10.70	5.81	13.90	1.81	2.09E+10	5.29E+08	2.45	11.10
1	10.50	5.23	14.60	1.72	2.16E+10	4.97E+08	2.60	11.60
2	10.10	4.64	15.00	1.53	2.18E+10	4.51E+08	2.76	11.70
3	9.76	4.22	15.50	1.31	2.18E+10	4.06E+08	2.90	11.30
4	9.66	4.11	16.20	1.10	2.18E+10	3.76E+08	2.98	10.20
5	9.96	4.37	17.60	0.95	2.21E+10	3.70E+08	3.00	8.80
6	10.60	4.98	19.90	0.89	2.26E+10	3.90E+08	2.97	7.68
7	11.60	5.81	22.90	0.92	2.32E+10	4.27E+08	2.91	6.98
8	12.60	6.68	26.50	1.00	2.38E+10	4.71E+08	2.86	6.60
9	13.40	7.38	30.10	1.09	2.41E+10	5.04E+08	2.85	6.40
10	13.70	7.76	33.10	1.14	2.37E+10	5.15E+08	2.86	6.22
11	13.30	7.73	34.90	1.12	2.25E+10	4.95E+08	2.91	5.99
12	12.40	7.30	35.20	1.01	2.06E+10	4.45E+08	2.98	5.62
13	11.00	6.60	33.60	0.83	1.81E+10	3.74E+08	3.07	5.06
14	9.39	5.78	30.60	0.62	1.54E+10	2.98E+08	3.16	4.33
15	7.87	5.06	26.40	0.43	1.29E+10	2.32E+08	3.20	3.55
16	6.73	4.60	21.80	0.31	1.11E+10	1.94E+08	3.14	3.06
17	6.17	4.47	17.50	0.31	1.02E+01	1.92E+08	2.92	3.26
18	6.27	4.68	14.10	0.45	1.04E+10	2.28E+08	2.61	4.21
19	6.94	5.14	11.80	0.69	1.16E+10	2.93E+08	2.35	5.58
20	7.96	5.67	10.90	1.01	1.35E+10	3.73E+08	2.20	7.00
21	9.07	6.11	11.00	1.34	1.57E+10	4.49E+08	2.17	8.27
22	10.00	6.31	11.80	1.61	1.79E+10	5.07E+08	2.21	9.37
23	10.60	6.20	12.90	1.78	1.97E+10	5.34E+08	2.31	10.30

2.5.5　太阳风等离子体环境模式

2.5.5.1　太阳风等离子体的一般表述

太阳风是日冕，即太阳外层大气的一部分。太阳附近呈高温状态的等离子体气体携带着太阳磁场向外膨胀，这种日冕气体向外膨胀而连续不断形成的超声速等离子体流称为太阳风。太阳风开始时为缓慢运动的高温、稠密的等离子体，离开太阳后很快被径向加速并在到达近地空间时成为稀薄的冷态超声速等离子体流。由于太阳风的加速主要发生在太阳附近，很难通过地球卫星观察到太阳风的速度随距太阳距离的变化。

太阳风的速度一般介于 300～800 km/s 之间，通常在 400 km/s 左右，但也时常出现速度约为 700 km/s 的高速流。这种太阳风高速流被认为来自太阳表面的开磁场区（称为冕洞），多在太阳低年时被观察到，并呈现 27 天周期，为位于太阳表面的冕洞随太阳旋转所致。

太阳风由正离子和电子组成，其中正离子包括约 95% 的质子、3%～4% 的双电荷氦离子及少量其他重离子。质子的通量一般为 10^8 cm^{-2}·s^{-1} 量级。太阳风的参量是高度可变的，存在复杂的时空变化结构，既有瞬态结构变化（如行星际激波），也有大尺度结构变化（如从冕洞发出的高速等离子体流）。这些结构变化与太阳磁场的特性、构型及源自太阳的波动和扰动等紧密相关。日冕物质抛射能够引起太阳风的强烈扰动。太阳风的高度可变性是导致向地磁层输入能量的驱动力。

地磁层顶的存在会导致太阳风突然减速，并形成舷激波。太阳风经过舷激波间断面后减速成为亚声速的等离子体流，绕地磁层流动并改变方向而形成处于磁层顶外侧的一个等离子体区域，其外边界为舷激波的向地侧界面，内边界为磁层顶。该过渡区域称为磁鞘。太阳风等离子体经舷激波进入磁鞘后，定向流速将减小而温度增加，磁场有较大起伏。

太阳风等离子体离子所携带的动能足以引起航天器表面材料发生溅射。通常太阳风中质子的能量约为 1 keV，氦离子的能量约为 4 keV，电子能量为 10～20 eV。在磁鞘中，太阳风离子的动能降低，但温度明显升高，仍会发生溅射效应。太阳风定向运动可对航天器轨道产生轻度的非重力摄动，同电磁辐射时光压力的影响相比，其影响可以忽略。

2.5.5.2　太阳风等离子体参数表征

太阳风流向地磁层时，除遭遇舷激波外几乎不受调制作用。可以认为，太阳风在近地空间是均匀的，能够用磁流体麦克斯韦分布表征。太阳风等离子体的平均参数及变化范围列于表 2 - 37[47]，表中给出的电子密度和离子密度不相等，其电中性由较低能量的等离子体维持，由于后者对充电效应影响不大，在表中未列出。

在磁鞘中，太阳风等离子体的参数因不同的纬度和地方时而异。在日下点（纬度和地方时分别为 0° 和中午），磁鞘等离子体的数密度和温度最高，并且速度降低幅度最大，该区域等离子体的典型参数列于表 2 - 38[4]。

表 2 - 37　太阳风等离子体参数[47]

参数	平均	5%～95%范围
速度/（km/s）	468	320～710
数密度/cm^{-3}	8.7	3.2～20
质子温度 T_p/K	$1.2×10^5$	$1×10^4～3×10^5$
电子温度 T_e/K	$1.0×10^5$	$9×10^4～2×10^5$
α 粒子与质子的数密度比	0.047	0.017～0.078

表 2 - 38　磁鞘等离子体的典型参数[4]

地方时	速度/（km/s）	质子温度/K	电子温度/K	数密度/cm^{-3}
中午 12：00	50	$2×10^6$	$2×10^6$	35
晨 06：00	350	$1×10^6$	$1×16^6$	20

2.5.6　诱导等离子体环境计算模型

2.5.6.1　诱导等离子体的一般表述

空间等离子体环境可能被各种航天器内部或表面上的等离子体源增强。在入射的光子、电子及离子作用下，从表面所发射的光电子和二次电子能够使航天器充电到正电位，大小为几伏。发射出的光电子和二次电子在航天器周围距离为德拜长度的范围内形成低能的电子云，其温度为 2～5 eV，数密度取决于航天器的电位。这类次生的电子族群会对自然的低能电子环境参数测量产生干扰。

航天器表面材料在高真空条件下可析出气体，其电离能够产生低能离子。轨控发动机羽流气体电离也可能产生低能离子。这些过程都会对航天器表面的污染效应产生影响。一旦航天器周围的中性气体通过太阳光照射或与其他离子进行电荷交换而产生电离，会形成低能离子（<10 eV）。它们能够被吸引到航天器的负电位表面，形成附着层或黏结层，这会改变航天器敏感表面（如太阳电池玻璃盖片和光学器件等）的光学性能，或者使二次电子和光电子的发射率及表面充电敏感性发生变化。在航天器内部，如电子器件壳体内，残余气体电离易促使高压器件产生静电放电。

2.5.6.2　光电子和二次电子密度计算模型

航天器表面附近低能电子的数密度由光电子和二次电子的产率与入射的紫外光子和一次电子的通量所决定。在距航天器表面一定距离处，光电子和二次电子的数密度可由下式[48]计算

$$\frac{N}{N_0} = \left(1 + \frac{z}{\sqrt{2}\lambda_0}\right)^{-2} \qquad (2-65)$$

式中　N——电子数密度（cm^{-3}）；

　　　N_0——发射表面处的电子数密度（cm^{-3}）；

z——离开表面的距离；

λ_0——屏蔽距离，即二次发射电子所给定的德拜长度。

2.5.6.3 气体光致电离诱导离子计算模型

中性气体不管以何种机制从航天器释放到空间后，会受到太阳紫外辐射而产生光致电离与分解，也可能与太阳风离子交换电荷而发生电离。新形成的离子产率可通过下式[49]计算

$$Q = N_i(\gamma + \sigma n_{sw} V_{sw}) \qquad (2-66)$$

式中　Q——单位时间、单位体积内离子产率；

　　　N_i——离子数密度；

　　　γ——光致电离速率；

　　　n_{sw}，V_{sw}——太阳风的数密度和速度；

　　　σ——电荷交换截面。

光致电离速率与发生光致电离的气体原子或分子种类，以及太阳紫外辐射强度和光谱有关。参考文献[50]针对 1 AU 处光照条件，给出了多种气体的光致电离速率，常见气体的光致电离速率如表 2-39 所示。对于 H_2O，电荷交换截面 σ 约为 2.1×10^{-19} m²。光致电离速率和电荷交换速率大致相等。典型的光电子鞘层参数示于表 2-40[51]。

表 2-39　某些气体的太阳紫外辐射电离速率（在 1 AU 处）[50]

气体种类	光致电离速率/s^{-1}
H_2O	3.34×10^{-7}
O_2	5.13×10^{-7}
N_2	3.52×10^{-7}

表 2-40　光电子鞘层参数[51]

光电子温度/eV	光电子电流/（A·m^{-2}）	表面光电子密度/m^{-3}
3	1×10^{-5}	1×10^8

2.5.7　空间等离子体环境模式选用

空间等离子体几乎充满着整个日地空间，是影响航天器在轨运行可靠性和寿命的重要环境因素之一。等离子体环境对不同轨道的影响有较大差别，需视航天器所穿越的空间区域加以分析和确定。诱导等离子体在各种轨道均可出现。不同轨道所需要考虑的空间等离子体环境如表 2-41 所示。

电离层位于 60～2 000 km 的高度。对于在低地球轨道运行的航天器而言，需要考虑电离层等离子体的影响，建议选用 IRI—2007 模式。该模式的输入参数有多种选择，能够用于不同的应用场合。当轨道倾角高于 50° 时，还应考虑极光带区域沉降等离子体的充电效应。最差情况的沉降电子分布函数及微分通量可采用 2.5.2.3 节中的公式进行计算；沉降热离子的数密度和温度分别取 125 cm^{-3} 和 0.2 eV。

表 2-41　不同轨道的等离子体环境

轨道	所遭遇的等离子体环境
低地球轨道，$i<50°$	电离层
极地轨道	电离层（包括极光电子）
中高度圆轨道	等离子体层、外地磁层及地磁鞘层（高纬度时可能遭遇）
地球同步轨道	等离子体层、外地磁层及地磁鞘层（偶然遭遇）
地球同步转移轨道	电离层、等离子体层、外地磁层及地磁层鞘（偶然遭遇）
高远地点椭圆轨道	视轨道不同，可能遭遇各种空间等离子体环境
行星际轨道	太阳风

等离子体层位于约 2 000 km（大约相当于在赤道上空 $L=1.3R_E$ 处，R_E 为地球半径）至 $L=7R_E$ 的高度范围，建议选用 GCPM 模式，并取 $K_P=9$ 计算等离子体层的密度-高度分布剖面，用于作为最坏情况的表征。

外地磁层位于 $L\approx3R_E$ 至磁层顶之间，包含地球同步轨道区域。这是一个等离子体密度与温度均呈动态变化的区域。对于大多数工程应用场合，可用表 2-42 所列参数表征最坏情况的外地磁层等离子体环境。对于地球同步轨道而言，美国国家航空航天局在 TM-4527《轨道环境指南》中，采用表 2-28 所列的"极端恶劣"参数表征最坏情况的等离子体状态。实际上，"极端恶劣"的电子环境和离子环境不一定同时发生，以此作为评价航天器充电效应的依据可能过于苛刻。因此，在欧洲空间局的 ECSS 标准中，推荐采用表 2-43 所给出的参数表征地球同步轨道的等离子体环境。

表 2-42　外地磁层最坏情况等离子体双麦克斯韦分布

等离子体分组	电子密度/cm^{-3}	电子温度/keV	离子密度/cm^{-3}	离子温度/keV
第一组	0.2	0.4	0.6	0.2
第二组	1.2	27.5	1.3	28.0

注：按照 SCATHA 卫星 1979 年 4 月 24 日发生的极端严重充电事件拟合。

表 2-43　地球同步轨道等离子体典型参数（ECSS 标准）

状态	密度/cm^{-3}	离子温度	电子温度	德拜长度/m
平静期	10	1 eV~1 keV	1 eV~1 keV	50
亚暴期	1	10 keV	10 keV	500

2.6　地球辐射带质子模式

2.6.1　质子辐射带的一般表述

地球辐射带是地磁场俘获能量带电粒子的区域，又称为范艾伦带（Van Allen Belts）。带电粒子进入地磁场后，将围绕磁场线回旋、沿磁场线往复反冲和绕地球缓慢漂移。以 10 MeV 质子为例，上述三种运动的基本参数示于表 2-44。这三种运动的结合，导致带电粒子的径迹位于以地磁偶极轴为中心的环形表面。这种带电粒子发生漂移的表面称为漂移壳层或磁壳层。带电粒子被长期束缚在磁壳层上漂移而不能离开，成为地磁场的俘获粒子。地球辐射带粒子的来源涉及侵入地磁层的太阳风粒子、上行的电离层粒子，以及宇宙线粒子作用于高层大气产生的反照中子衰变形成的质子和电子等。

表 2 - 44　10 MeV 质子在地球辐射带运动的基本参数

地理高度/km	绕磁场线回旋半径/km	回旋周期/s	沿磁场线反冲周期/s	绕地球漂移周期/min
500	50	7×10^{-3}	0.65	3
20 000	880	0.13	1.7	1.1

地球辐射带质子又称为俘获质子（trapped protons），其能量范围为 100 keV 至几百兆电子伏。辐射带质子通量与其能量高低有关，呈现很宽的能谱特征。图 2 - 20 为地球辐射带质子能谱在地磁赤道的径向分布。在相同能量条件下，质子通量随磁壳层参数 L 增加将连续变化，并呈现单极值特征。随着质子能量提高，通量的极大值向低 L 方向移动，使距地面较近的空间出现高能质子（>10 MeV）的聚集区域。图 2 - 21 为不同能量的地球辐射带质子全向积分通量等值线在子午面上的分布。由于受到地球偶极磁场的控制，辐射带质子通量等值线分布具有绕地球的轴对称性。>10 MeV 的高能质子集中分布在 $L <$ 3.5 R_E 的区域（约为赤道上空高度 20 000 km 以下的区域）。能量较低的辐射带质子分布范围较广，如<100 keV 的质子可到达地球同步轨道。

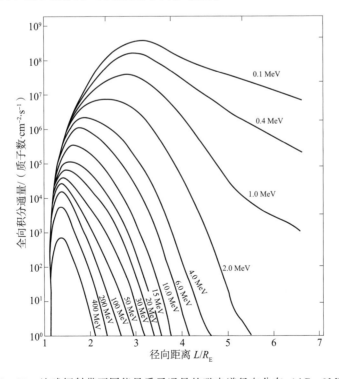

图 2 - 20　地球辐射带不同能量质子通量的磁赤道径向分布（AP - 8MIN）

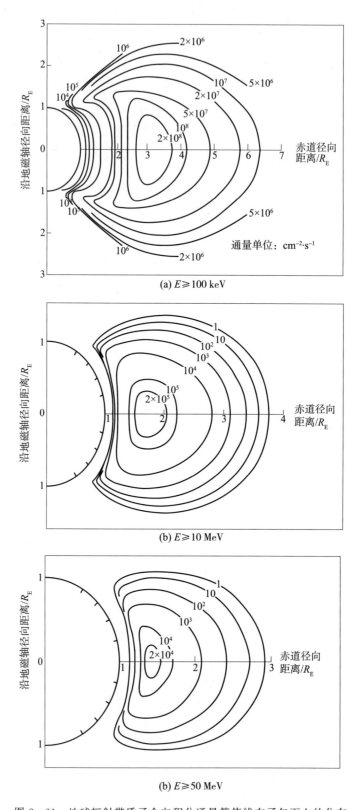

(a) $E \geqslant 100 \text{ keV}$

(b) $E \geqslant 10 \text{ MeV}$

(b) $E \geqslant 50 \text{ MeV}$

图 2-21　地球辐射带质子全向积分通量等值线在子午面上的分布

　　上述地球辐射带质子分布特征是对一般平均状态的表述，实际上，地球辐射带质子的分布还受到以下诸因素的影响：

　　1）太阳活动周期的影响：太阳活动 11 年周期所呈现的电磁辐射强度变化，会使低高度辐射带质子的通量出现周期性变化。同太阳活动低年相比，太阳活动高年时地球中性大气层膨胀加剧。这会使低高度辐射带质子与中性大气层的交互作用增强，导致辐射带质子损失及辐射带下边界上移。太阳活动高年时，银河宇宙线强度减弱也是造成辐射带质子通量有所减小的原因之一。

　　2）地磁场缓慢变化的影响：由于地磁偶极子中心相对于地心长期慢速向西漂移，磁矩随时间降低，导致辐射带内边界向内缓慢移动。地磁偶极子中心与地心偏离及磁轴相对于旋转轴倾斜，使巴西东南部上空低高度磁场强度降低。该区域的质子辐射带环境在 1 000 km 以下增强，称为南大西洋异常区。图 2 - 22 示出了南大西洋异常区（西经 35°附近）上空辐射带质子（>5 MeV）通量高度分布下沉的趋势。地磁场缓慢变化的影响还表现在南大西洋异常区以 0.3（°）/a 的速度沿纬圈向西漂移。

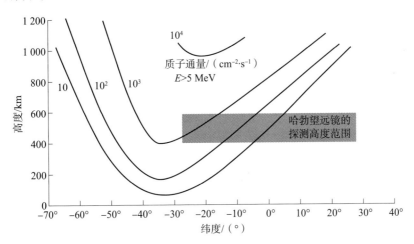

图 2 - 22　西经 35°附近辐射带质子（>5 MeV）通量沿纬度和高度的分布截面

　　3）低高度磁场俘获粒子的各向异性：在 2 000 km 以下的高度，辐射带粒子通常同中性大气发生相互作用。具有 1 MeV 以上能量的质子绕磁场线回旋的半径大体上与大气高度相当。由于地磁场与大气高度分布有一定的倾角，使质子绕磁场线回旋时分别从较高和较低的高度上沿西向和东向到达某一点，其结果导致质子在绕磁场线回旋过程中遭遇不同的大气密度，使质子在垂直磁场矢量平面上通量大小与到达的方向和投掷角有关，所导致的各向异性称为东-西效应，可使从不同方向到达某一点的质子通量相差 4 倍以上。

　　4）地磁层状态的影响：辐射带粒子的通量分布除发生上述长期变化外，还可能出现短时扰动。外辐射带电子通量可能在几小时内发生几个数量级的变化，这种变化与地磁活动水平有关，可通过地磁指数（如 A_P）表征。磁暴也可以显著影响辐射带质子的通量及其空间分布，如 1991 年 3 月发生磁暴时质子的峰通量增加了约 1 个数量级。

　　地球辐射带质子能够对材料和器件产生严重的电离损伤和位移损伤，表现为总剂量效应。在南大西洋异常区，能量极高的辐射带质子还能导致电子器件产生单粒子事件。人们很早就认识到辐射带质子能够对航天器构成严重威胁。多年来，已对地球辐射带质子环境如何表征开展了大量卓有成效的工作。在航天器设计时，其成果已成为选择轨道、材料和器件并进行防护结构优化的重要依据。

2.6.2　辐射带质子通用模式

常用的地球辐射带质子模式是对辐射带质子通量静态分布的描述，可针对太阳活动高年和低年计算给定能量（E）和地磁坐标（L，B）条件下质子的积分通量和微分通量。目前，国际上通用的辐射带质子模式是美国国家航空航天局戈达德空间飞行中心 J. I. Vette 等人[52]所建立的 AP - 8 模式，以下简称为 AP - 8（NASA）模式，其所依据的探测数据主要来自 20 世纪 60 年代和 70 年代早期的 20 多颗卫星。该模式能够较充分地覆盖地球辐射带质子区域，并有较宽的质子能量范围。尽管相当数量的数据是通过外推得到的，AP - 8（NASA）模式仍是国际上广泛应用于工程的基本模式。

AP - 8 模式是在 AP - 1，AP - 5，AP - 6 和 AP - 7 模式的基础上发展的。从前的模式是应用幂函数或指数函数形式表述地球辐射带质子能谱。实际上，简单的函数关系难以完全拟合辐射带质子在 0.1～400 MeV 范围内的能谱。AP - 8 模式的解析函数形式取为六个系数的两个指数关系项之和，即

$$j = A_1 e^{A_2 E^{A_3}} + B_1 e^{B_2 E^{B_3}} \tag{2-67}$$

式中　j——辐射带质子微分通量；

　　　E——质子能量；

　　　A_1，A_2，A_3，B_1，B_2，B_3——系数。

辐射带质子的积分能谱可在式（2 - 67）的基础上，利用通用的最小均方曲线拟合方法求得。

AP - 8 模式描述磁宁静条件下地球辐射带质子的全向积分通量与地磁坐标的关系，包括太阳活动高年的 AP - 8MAX 模式和低年的 AP - 8MIN 模式，所涉及的辐射带质子的能量（E）范围为 0.1～400 MeV。AP - 8 模式的主要表述形式分别针对各种能量的质子，在不同 L 和 B 值条件下建立全向积分通量列线图。利用这种列线图易于对全向积分通量与 B 和 L 的关系通过插值法求值，应用比较方便。AP - 8 模式的解析函数形式仅是对不同条件下的数据处理进行比较的辅助方式。AP - 8 模式不仅在 $L=6.6$ R_E 范围内有效，也可以通过外推在 $L=11$ R_E 时使质子通量为零。上述计算过程可通过计算机程序完成。

值得注意的是，应用 AP - 8（NASA）模式计算轨道能谱时，必须与适当的地磁场模式相匹配，否则，所得结果会有较大误差。地磁场逐年在发生变化，而美国国家航空航天局建立 AP - 8 模式的基础是 20 世纪 60 年代至 70 年代的卫星探测数据，通过反映当时地磁场状态的地磁场模式进行轨道地理位置坐标向磁坐标（L，B）的变换。如果选用后来的地磁场模式，便会使轨道地理位置与空间能谱的对应关系出现偏差。特别是，在辐射带

的内边界，质子积分通量随高度变化的梯度大，极易使低轨道地理位置计算出现偏差，导致 AP-8 模式的计算结果产生较大误差。美国国家航空航天局规定，应用 AP-8MIN 模式时，选用 Jensen-Cain 地磁场模式；应用 AP-8MAX 模式时，选用 GSFC（12/66）地磁场模式。

2.6.3　AP-8（NASA）模式的局限与预测的不确定性

2.6.3.1　AP-8（NASA）模式的局限性

AP-8（NASA）模式一直是国际上地球辐射带质子模式的"事实标准"。在应用后期发展形成的辐射带质子模式计算轨道能谱时，往往需要同 AP-8（NASA）模式进行比较。从 20 世纪 90 年代中期以来，人们越来越意识到 AP-8（NASA）模式所存在的局限性及其对轨道能谱预测结果的影响[53]，主要涉及以下问题。

（1）太阳活动周期的影响

AP-8（NASA）模式所计算的辐射带质子能谱只是划分了太阳活动高年和低年两种情况，而不能计算两者之间的能谱或质子通量在一个太阳周期内的变化。而且，建立 AP-8MAX 模式时所依据的太阳高年探测数据已远低于近年来太阳高年的探测数据，这说明 AP-8（NASA）模式尚不能真实反映太阳活动周期变化对轨道能谱计算的影响。

（2）地球辐射带瞬态变化的影响

AP-8（NASA）模式为静态模式，所计算的结果对航天器在轨飞行时间超过 6 个月或更长时间时才较为准确。该模式没有考虑辐射带质子通量在较高轨道上会因地磁扰动而产生的瞬态变化，仅适用于计算 6 个月以上的平均通量，尚不能预测地磁空间任意给定时刻和位置的质子通量。

（3）辐射带质子入射方向性的影响

AP-8（NASA）模式的计算结果表征的只是辐射带质子各向同性的通量，而没有考虑辐射带质子在空间的方向性。该模式可应用于相当低的轨道高度的质子能谱计算，但计算结果误差较大。

（4）辐射带质子能谱外推的影响

AP-8（NASA）模式的质子能量范围为 0.1～400 MeV，其能谱的低能区段和高能区段是通过能谱外推方法得到的，缺乏实际探测数据的支持。当能量低于 10 MeV 时，所对应的质子通量值是不确定的。在评价低能量质子辐射影响较大的表面吸收剂量效应时，不宜采用 AP-8 模式。

（5）地磁场长期缓慢变化的影响

AP-8（NASA）模式建立时依据的是当时的地磁场特征，没有反映质子的磁俘获环境随时间的变化。由于地磁场长期缓慢变化，南大西洋异常区以每年 0.3° 的速度向西移动。AP-8（NASA）模式的地磁坐标参数适用于历元 1960—1970 年，故难以准确预测南大西洋异常区位置所对应的质子通量。

2.6.3.2　AP-8（NASA）模式预测的不确定性

上述 AP-8（NASA）模式所具有的局限性，会导致其预测结果有一定的不准确性。为了解决这一问题，自 20 世纪 70 年代中期以来，相继发射了一些卫星或航天器进行在轨测试，如 APEX 卫星（300～2 500 km，各种倾角）、CRRES 卫星（＞800 km，各种倾角）、DMSP 卫星（840 km，90°）、NOAA 卫星（＜850 km，各种倾角）及 LDEF（350～500 km，28.5°）等[53-54]。

低轨道（＜2 000 km）上测得的质子通量和吸收剂量探测数据与 AP-8（NASA）模式的计算结果进行比较，表明模式预测值比实测数据小约 2 倍[54]。将模式的预测值乘以系数 2，可使两者相差范围在±25% 之内，如图 2-23，图 2-24 及图 2-25 所示，其所涉及的轨道倾角分别为 28.5°，51.6° 及 90°。经验校正系数 2 对 AP-8MIN 和 AP-8MAX 模式均适用，并与质子能量无关。

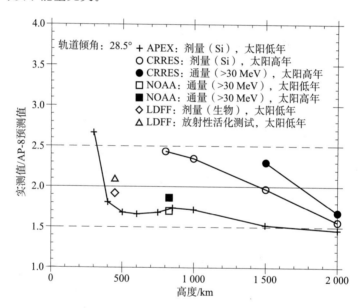

图 2-23　28.5°倾角圆轨道飞行实测数据与 AP-8（NASA）模式预测结果比较[54]

对于较高轨道（＞2 000 km），可用于和 AP-8（NASA）模式预测数据进行比较的实测数据较少。图 2-26 为 CRRES 卫星实测的＞30 MeV 质子积分通量与 AP-8MAX（NASA）模式预测结果的比较。CRRES 卫星在轨飞行过程中，遇到了大的地磁暴。图 2-26 中"磁宁静"曲线是磁暴前 8 个月的质子平均通量数据；"磁暴"曲线是磁暴后 6 个月的平均通量数据。当轨道高度＜5 000 km 时，AP-8MAX 模式的预测结果比实际测量值低；在更高的轨道高度上，地磁平静时预测值比实测结果高，而地磁活动强时预测值比实测结果低。

图 2-27 为具有 3.14 g/cm² 铝防护时，应用 AP-8MAX（NASA）模式和 SHIELD-OSE-2 模式计算得到的吸收剂量与 CRRES 卫星吸收剂量实测数据的比较。在此厚度防护层和弱地磁活动条件下，当轨道高度＜10⁴ km 时，防护层后器件的吸收剂量主要是由地

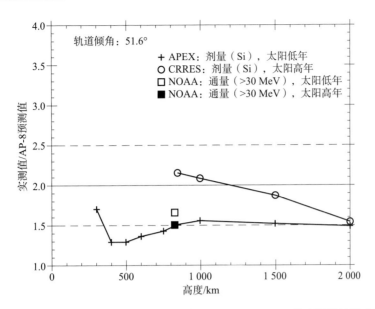

图 2-24　51.6°倾角圆轨道飞行实测数据与 AP-8（NASA）模式预测结果比较[54]

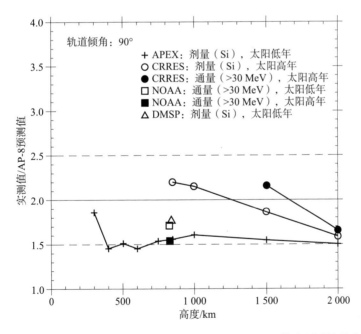

图 2-25　90°倾角圆轨道飞行实测数据与 AP-8（NASA）模式预测结果比较[54]

球辐射带质子所产生的。当轨道高度$>10^4$ km 时，外辐射带电子产生的韧致辐射会对总吸收剂量有较大贡献，并在 2×10^4 km 高度时达到最大值。AP-8MAX（NASA）模式的预测结果在$<5\,000$ km 高度时比实际飞行测量值低，而在 $5\,000\sim10\,000$ km 高度比实际测量值高。在地磁活动期和较高轨道条件下，模式的预测结果比实际测量值低。

　　基于上述 CRRES 卫星测得的质子通量和吸收剂量数据可见，在地磁平静期，AP-8

（NASA）模式对较低轨道的预测结果比实测值低，而对较高轨道的预测结果比实测值高。在强地磁活动条件下，AP-8（NASA）模式的预测结果明显低于实测值。这种结果也表明，质子辐射带的外层区域（5 000～10 000km）受地磁活动的影响较大。AP-8（NASA）模式在低轨道高度条件下预测的不确定程度与辐射效应表征参量无关，相同的 2 倍修正系数可以分别应用于质子通量、电离辐射吸收剂量及位移损伤效应预测。

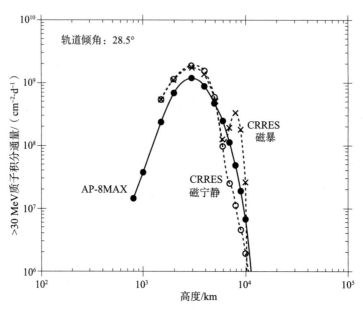

图 2-26　AP-8MAX（NASA）模式针对 28.5°倾角圆轨道预测的＞30 MeV
质子积分通量与 CRRES 卫星实测数据比较[54]

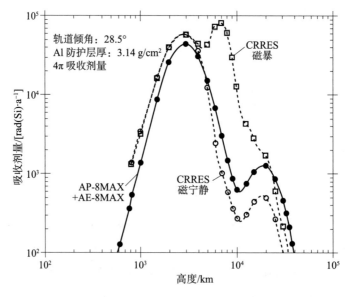

图 2-27　AP-8MAX（NASA）模式针对 28.5°倾角圆轨道预测的防护层后吸收剂量与
CRRES 卫星实测数据比较[54]

2.6.4 地球辐射带质子模式进展

为了更好地提高地球辐射带质子模式预测的准确性，美国国家航空航天局、欧洲空间局及俄罗斯等都试图在充分利用近年来有关探测数据的基础上，对 AP-8 模式加以改进或更新，并已取得以下主要进展。

1）AP-8（NASA）模式：鉴于目前尚难以有新的模式能够在轨道高度、倾角及质子能量范围等方面完全达到 AP-8（NASA）模式所具有的水平，因此提高其工程应用能力和准确性，仍然是辐射带质子模式发展的重要方向。有效途径是通过与在轨实测数据对比，确定 AP-8（NASA）模式预测结果的修正因子。如上所述，已经确定在 2 000 km 高度以下，AP-8（NASA）模式的修正因子为 2 倍。经修正后，轨道质子能谱的预测结果与飞行实测数据的差异在 ±25％ 范围内。在进行航天器辐射防护设计时，需要应用 AP-8（NASA）模式计算轨道质子能谱。为了保证防护设计的可靠性，通常再乘以裕度系数（如通常取 2 倍）求得冗余能谱作为设计依据。裕度系数仅用于补偿模式的一般性误差，也可以不予考虑。在比较保守的情况下，可首先采用 2 倍修正因子对 AP-8（NASA）模式计算的能谱进行修正，然后再乘以适当的裕度系数[54]。

2）AP-8（ESA）模式：欧洲空间局的两位科学家 Daly 和 Evans[55-56]针对低地球轨道高度，改进了 AP-8 模式的插值方法。在低轨道高度条件下，地球辐射带质子通量受大气密度的影响较大，使质子通量随高度变化梯度陡峭。AP-8（NASA）模式中，质子通量数据库网格在低轨道时比较粗略，易于造成较大误差。数据库中有质子积分通量与 E，B/B_0 和 L 等参数变化的关系（E 是质子能量；B 是地磁场强度；$B_0 = M_0/L^3$，是磁场线与磁赤道相交点的磁场强度；M_0 是磁矩；L 是磁壳层参数）。为得到更好的质子通量的内插值，使用了新的变量参数 $\phi = \arcsin [(B - B_0) / (B_{max} - B_0)]$，其中 B_{max} 为地磁场强度在大气中的截断值。质子通量是通过 ϕ 和 L 的内插值得到，而不是对 B/B_0 和 L 进行插值的结果。此外，AP-8（ESA）模式还应用了不同的地磁场模式和给定的磁矩值，并在计算程序和软件上也有改进。在美国国家航空航天局的 TRAP/SEE 程序[57]中已经将 AP-8（ESA）作为一种改进方案，用于计算辐射带质子能谱。

3）CRRESPRO 模式：该模式是美国空军实验室于 1994 年，在 CRRES 卫星探测数据的基础上建立的辐射带质子模式[58-59]。CRRES 卫星（Combined Radiation and Release Effects Satellite）在轨飞行时间为 1990 年 7 月至 1991 年 10 月（太阳活动高年，第 22 活动周期）；轨道为地球同步转移轨道，倾角为 18.2°，短半轴高度为 327 km，长半轴高度为 33 575 km。CRRES 卫星在轨飞行期间正好遇到一次大的地磁暴，磁暴前飞行时间为 8 个月，磁暴后飞行时间为 6 个月，所获得的探测数据为评价太阳活动高年及强地磁暴条件下辐射带质子能谱变化提供了有效依据。探测覆盖的空间区域为：$1.15\ R_E < L < 5.5\ R_E$，$1.0 < B/B_0 < 684.6$；质子能量范围为 1~100 MeV。CRRESPRO 模式适用于计算地磁平静期及活动期辐射带质子能谱，地磁场模式选用 IGRF-90。

4）NOAAPRO 模式：该模式是美国波音公司基于 NOAA 气象卫星近 20 年来的探测数

据建立的[60]。自 1978 年以来，美国国家海洋与大气管理局发射了一系列低高度极轨气象卫星（NOAA 系列卫星），轨道高度 850 km，倾角 99°，卫星上搭载各种探测轨道上离子与电子通量的探测器。截至 1998 年 4 月，共发射了七颗 NOAA 卫星，每颗卫星寿命为 2 年，保持同时有两颗卫星在轨服役。NOAA 系列卫星在轨探测时间覆盖了两个太阳周期，包括第 21 周期和第 22 周期。NOAAPRO 模式能够计算>16 MeV，>36 MeV 及>80 MeV 的全向质子积分通量。模式考虑了实际太阳周期变化和地磁场长期缓慢变化的影响，并将 L 参数延伸至比 AP - 8（NASA）模式更低的范围。模式预测的质子通量比通用的 AP - 8（NASA）模式的结果约大 1 倍，被认为是目前预测低轨道辐射带质子能谱较好的模式。虽然它还不能够完全取代 AP - 8（NASA）模式，却是首次在辐射带质子模式中反映了质子通量与实际太阳活动变化（用 $F_{10.7}$ 指数表征）的关系。不足之处是该模式的能量范围和轨道高度范围尚有限，仅在 850 km 高度范围内有效。该模式采用 FORTRAN 源程序形式。

5）TPM - 1 模式：该模式[61]是美国国家航空航天局在空间环境效应研究计划（SEE）框架内，将 NOAAPRO 模式与 CRRES 等卫星的探测数据相结合所建立的辐射带质子模式，即 Trapped Proton Model（TPM. Version1）。它所覆盖的空间区域从 300 km 高度到接近地球同步轨道（$1.15 R_E < L < 5.5 R_E$）的区域，质子能量范围从 1～100 MeV（探测数据为 1.5～81.5 MeV）。在模式中包含了低轨道高度时太阳周期变化的影响。太阳活动指数 $F_{10.7}$ 的数据从 1960 年至 2001 年 8 月，可以外延至 2020 年。地磁场条件的影响涉及地磁平静期与活动期，能够给出地磁空间中任意给定位置的质子通量及轨道平均能谱。该模式是较新的地球辐射带质子模式，其预测结果具有较高的准确性。同通用的 AP - 8（NASA）模式相比，TPM 模式对低轨道能谱的预测结果偏于严重，而对高轨道能谱的预测两种模式的预测结果比较接近。

6）SINP 模式：该模式是俄罗斯国立莫斯科大学核物理研究所建立的辐射带质子模式[62]。SINP 是 Skobeltsyn Institute of Nuclear Physics 的缩写。在该模式中，包含了通用的 AP - 8（NASA）模式的数据，并结合了俄罗斯卫星如 GORISINT，COSMOS 及 INTERCOSMOS 等的探测结果。SINP 模式在 $E - L$ 网格取值（E 为能量，L 为磁壳层参数）、数据库插值算法及计算软件等方面，与通用的 AP - 8（NASA）模式有所不同。

7）AP - 9 模式：自 2006 年以来，由美国空军研究实验室（AFRL）、国家勘测局（NRO）、Los Alamos 国家实验室及 Aerospace 公司等多家单位联合开发了 AP - 9 模式，旨在建立地球辐射带质子环境的统计学模式。该模式适用于 200～48 000 km 高度空间范围与各种纬度范围；能量范围为 1 keV～2 GeV，甚至可小于 1 keV。通过将地球辐射带质子能谱与磁层热等离子体能谱相结合，该模式使近地空间轨道质子能谱的低能端延伸至 <1 keV，为航天器抗辐射设计提供了足够宽的轨道质子能谱。在不同能量质子全向微分通量演化计算的基础上，该模式采用对数正态分布函数对轨道质子微分通量能谱进行统计学表征，给出一定任务期内的平均、50%、75%、90% 及 95% 的通量能谱。各能谱曲线的百分位值按通量扰动振幅计算，用于表征相应能谱曲线出现的概率或置信度。通过概率或置信度反映空间天气（如地磁层扰动等）及探测数据误差等不确定性因素影响的程度。百

分位数值越高，相应曲线所表征的通量能谱越苛刻（95％通量能谱为最坏情况），且其置信度也越高（如 95％通量能谱曲线的超越概率＜5％），即受不确定性因素影响的程度越低。AP-9 模式通过蒙特卡罗（Monte-Carlo）方法和概率平均模型，分别计算给出近地空间轨道质子扰动通量能谱的概率曲线分布。概率计算的通量平均周期取为 5 min，1 h，1 d，1 周及给定的任务期。随着探测数据的不断完善与模式算法研究的深入，AP-9 模式将视不同需要相继推出多种版本，预计将逐渐取代传统的 AP-8 模式而获得广泛应用。

2.6.5　地球辐射带质子模式预测比较

不同的地球辐射带质子模式由于所依据的探测数据、地磁场模式及软件算法等不同，对轨道能谱的预测结果会有差别。下面主要针对几种常用的辐射带质子模式预测的轨道平均能谱进行比较。

（1）AP-8（NASA）、AP-8（ESA）及 SINP 模式预测比较

图 2-28 是 AP-8（NASA）、AP-8（ESA）及 SINP 模式针对 500 km，51.6°轨道计算的辐射带质子积分能谱（太阳活动为高年）。从图中可见，三种模式的预测结果总体上吻合较好。图 2-29 和图 2-30 是分别针对 AP-8（NASA）与 AP-8（ESA）及 SINP 模式，对不同轨道条件下的预测结果所进行的比较。轨道条件涉及不同的高度、倾角及太阳活动。图中的纵坐标为两种对比模式计算的质子积分通量比，横坐标为轨道环境条件。能量范围为 0.1～398 MeV。在此能量范围内，AP-8（ESA）模式针对各轨道所预测的最大积分通量约比 AP-8（NASA）模式的结果高约 30％（除 1 000 km 轨道相差约 10％外），最低积分通量的相差范围约为±13％。在多数轨道条件下，SINP 模式预测的质子积分通量比 AP-8（NASA）模式的结果高，如最大积分通量一般要高 30％～50％，有时高约 2 倍以上（350 km，28.5°；太阳高年）。

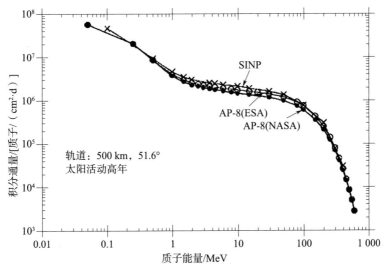

图 2-28　AP-8（NASA）、AP-8（ESA）及 SINP 模式针对 500 km，51.6°轨道计算的质子积分能谱比较（太阳高年）[53]

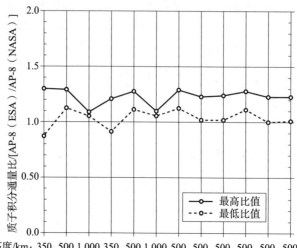

质子积分通量比/[AP-8（ESA）/AP-8（NASA）]
2.0
1.5
1.0
0.50
0.0
最高比值
最低比值
高度/km: 350 500 1 000 350 500 1 000 500 500 500 500 500 500
倾角/（°）: 28.5 28.5 28.5 28.5 28.5 28.5 28.5 51.6 90 28.5 51.6 90
太阳活动: min min min max max max min min min max max max

图 2-29　AP-8（ESA）与 AP-8（NASA）模式针对不同轨道条件计算的辐射带质子积分通量比的最高值和最低值（能量范围 0.1～398 Mev）[53]

质子积分通量比/[SINP/AP-8（NASA）]
3.0
2.5
2.0
1.5
1.0
0.50
0.0
最高比值
最低比值
高度/km: 350 500 1 000 350 500 1 000 500 500 500 500 500 500
倾角/（°）: 28.5 28.5 28.5 28.5 28.5 28.5 28.5 51.6 90 28.5 51.6 90
太阳活动: min min min max max max min min min max max max

图 2-30　SINP 与 AP-8（NASA）模式针对不同轨道条件计算的辐射带质子积分通量比的最高值和最低值（能量范围 0.1～398 Mev）[53]

（2）AP-8（NASA）与 NOAAPRO 模式预测对比

图 2-31 和 2-32 分别是太阳低年和高年时，NOAAPRO 模式与 AP-8（NASA）模式对不同轨道高度辐射带质子积分通量计算结果的比较[60]。纵坐标为两种模式预测比值，横坐标为轨道高度。能量范围为＞16 MeV，＞30 MeV 及＞80 MeV，可见，NOAAPRO 模式的预测值约为 AP-8（NASA）模式预测值的 1.8～2.4 倍。

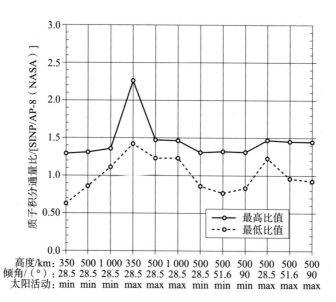

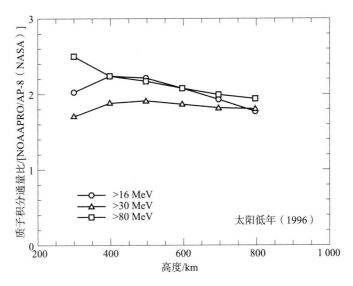

图 2 - 31　太阳低年 NOAAPRO 与 AP - 8（NASA）模式针对

不同轨道高度计算的辐射带质子积分通量比较[60]

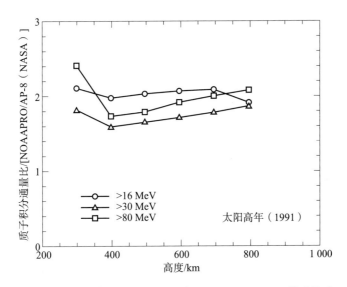

图 2 - 32　太阳高年 NOAAPRO 与 AP - 8（NASA）模式针对

不同轨道高度计算的辐射带质子积分通量比较[60]

（3）TPM - 1 与 AP - 8（NASA）模式预测对比

图 2 - 33～图 2 - 35 分别为 TPM - 1 模式和 AP - 8（NASA）模式针对不同高度轨道的微分能谱计算结果的比较[61]。可见，对于小于 1 000 km 高度的轨道，TPM - 1 模式计算的能谱在较低能量段明显偏低，而在较高能量段偏高；对于 5 000 km 高度的轨道，TPM - 1 模式的预测值与 AP - 8（NASA）模式的结果趋于一致。相比之下，AP - 8（NASA）模式计算的能谱具有较宽的能量范围，这也是其至今仍成为国际上工程应用事实标准模式的重要原因之一。

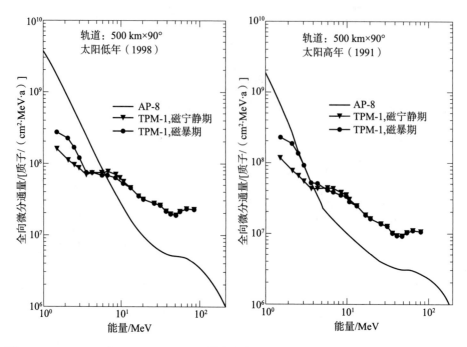

图 2-33　TPM-1 和 AP-8（NASA）模式针对 500 km，90°轨道预测的微分能谱比较[61]

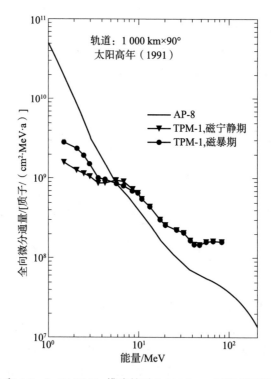

图 2-34　TPM-1 和 AP-8（NASA）模式针对 1 000 km，90°轨道预测的微分能谱比较[61]

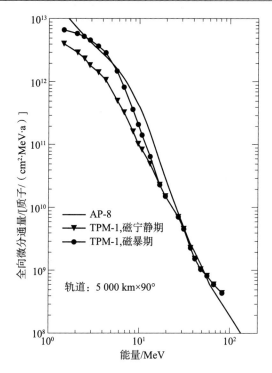

图 2-35　TPM-1 和 AP-8（NASA）模式针对 5 000 km，90°轨道预测的微分能谱比较[61]

（4）CRRESPRO 与 TPM-1 模式预测比较

图 2-36～图 2-38 分别为 CRRESPRO 模式与 TPM-1 模式针对不同轨道计算的辐射带质子微分能谱的比较[61]。从图中可见，在低轨道（如<1 680 km）条件下，TPM-1 模式的预测值要比 CRRESPRO 模式的结果低，其原因主要是前者考虑了大气对质子辐射带的截断效应。随着轨道高度的增加，大气的影响越来越小，将使 TPM-1 模式的预测值与 CRRESPRO 模式的预测值趋于一致。

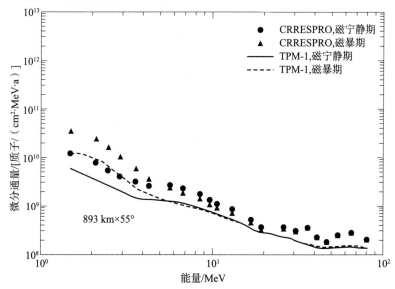

图 2-36　CRRESPPRO 模式与 TPM-1 模式针对 893 km，55°轨道计算的辐射带质子微分能谱比较[61]

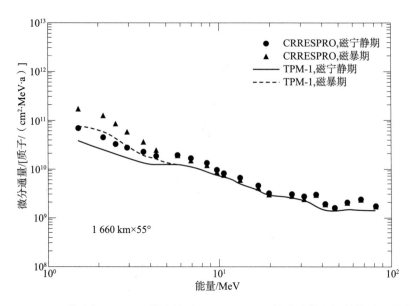

图 2-37　CRRESPPRO 模式与 TPM-1 模式针对 1 680 km，55°轨道计算的辐射带质子微分能谱比较[61]

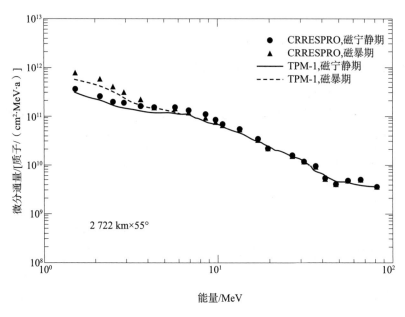

图 2-38　CRRESPPRO 模式与 TPM-1 模式针对 2 722 km，55°轨道计算的辐射带质子微分能谱比较[61]

（5）AP-8 模式与 AP-9 模式预测比较

图 2-39 为 AP-8 模式和 AP-9 模式（Vβ.2 版本，蒙特卡罗算法）针对 HEO 和 GTO 轨道计算的＞30 MeV 质子积分通量随在轨时间演化曲线的对比。HEO 为大椭圆轨道（1 475 km×38 900 km，63°）；GTO 为地球同步转移轨道（500km×30 600 km，10°）。AP-9 模式分别针对两种轨道给出了＞30 MeV 质子积分通量演化曲线和概率分布范围（图中细波纹线区域）。AP-8 模式针对两种轨道计算的＞30 MeV 质子积分通量演化曲线

均明显低于 AP - 9 模式给出的概率曲线下边界，这表明 AP - 8 模式的预测结果受不确定性因素的影响较大。

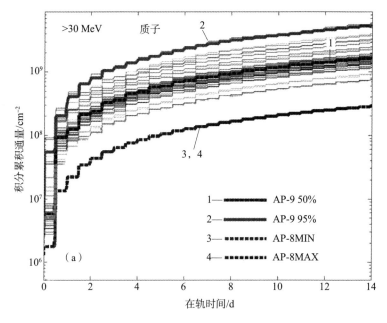

（a）HEO（1 475 km×38 900 km，63°）

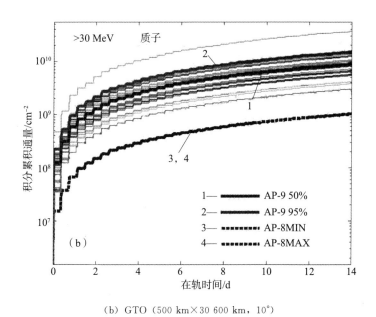

（b）GTO（500 km×30 600 km，10°）

图 2 - 39　AP - 8 模式和 AP - 9 模式（Vβ.2 版本，蒙特卡罗算法）针对 HEO 和 GEO
轨道计算的＞30 MeV 质子积分通量演化曲线的比较（见彩插）

2.6.6　地球辐射带质子模式选用

美国国家航空航天局戈达德空间飞行中心建立的 AP - 8 模式，具有较宽的能量范围与空间覆盖区域，至今仍是国际上"事实通用"的标准模式，适用于计算长期（六个月以上）的平均地球辐射带质子能谱。在进行轨道能谱计算时，可视航天器在轨期间太阳活动水平分别选用 AP - 8MAX 或 AP - 8MIN 模式。当难以确定任务期内太阳高年与低年的相对比例时，可选用 AP - 8MIN 模式，使所得轨道能谱计算的结果偏于保守。应用 AP - 8MIN 模式时，需要选用 Jensen - Cain 地磁场模式；而 AP - 8 MAX 模式需与 GSFC（12/66）地磁场模式相匹配。应用 AP - 8 模式计算低地球轨道（＜2 000 km）辐射带质子能谱时，宜乘以 2 倍的经验系数，而对于较高轨道所计算的质子能谱可不修正。

近些年来，为了克服 AP - 8 模式的局限性和不足，已在空间数据探测与新模式建立等方面进行了许多卓有成效的工作。一是针对低地球轨道环境，确定了辐射带质子能谱的经验修正系数（2 倍），提高了通用的 AP - 8 模式预测结果的准确性；二是以 NOAAPRO 模式、TPM 模式及 AP - 9 模式为代表的新模式的建立，成为克服静态 AP - 8 模式局限性的良好开端。前两种模式考虑了太阳活动及地磁场缓慢变化的影响，但在覆盖空间与能量广度上尚没有达到足以完全取代通用的 AP - 8 模式的程度。不同的模式是基于不同时期、不同轨道及不同探测数据而建立的，应根据具体应用情况选择适当的模式进行轨道能谱预测。一般趋向于认为，AP - 8（ESA）模式由于改进了数据库的插值算法，有利于使预测结果更好地与探测数据吻合。低轨道辐射带质子能谱的预测宜选用 NOAAPRO 模式或 TPM 模式。

AP - 9 模式具有能谱宽（从 1 keV 至吉电子伏）和空间范围广（200～48 000 km）的特点，并能够给出不同暴露时间的平均通量谱及受不确定性因素影响的概率分布通量谱，适用于动态表征空间天气扰动对辐射带质子环境的影响。随着探测数据和算法的不断完善，预计 AP - 9 模式将逐渐取代传统的 AP - 8 模式而获得广泛应用。

2.7　地球辐射带电子模式

2.7.1　电子辐射带的一般表述

高能电子是地球辐射带的重要组成部分之一。地球辐射带电子又称为俘获电子（trapped electrons），在地磁场中其基本运动行为与辐射带质子相类似。以 1 MeV 电子为例，辐射带电子绕磁场线回旋、沿磁场线往复反冲和绕地球漂移等三种运动的典型参数如表 2 - 45 所示。辐射带电子的能量范围为 40 keV～7 MeV。一般情况下，随着能量升高，辐射带电子的通量下降，呈现较宽的能谱特征。图 2 - 40 为太阳高年时辐射带不同能量电子的通量在地磁赤道的径向分布。在相同能量条件下，电子的通量分布呈现双极值特征。这说明地球辐射带电子分成内带和外带，中间出现低通量区域（称为槽区或过渡区）。内辐射带和外辐射带电子的全向通量峰区分别出现在 $L=(1.2\sim2.5)R_E$ 和 $(3.0\sim7.0)$ R_E 范围。外辐射带可延伸至 $L\approx11R_E$ 处。L 为磁壳参数，以地球半径为单位 $(R_E=6\,371.2\text{ km})$。图 2-41 为不同能量辐射带电子的全向积分通量等值线在子午面上的分布。从图中可见，辐射带电子主要分布在外带。该图中外带中心位于 $L\approx4.5\,R_E$ 处，内带中心在 $L\approx1.4\,R_E$ 处，两者的边界约在 $L=(2.5\sim3.0)R_E$ 处。外带包围着内带，并在高纬区沿磁场线向地球方向扩展并形成极区辐射锥。外辐射带电子可沿着磁场线在地磁纬度 $60°\sim70°$ 上空接近地球，即到达极光卵区域。

表 2-45　1 MeV 电子在地球辐射带中运动的基本参数

地理高度/km	绕磁场线回旋半径/km	回旋周期/s	沿磁场线反冲周期/s	绕地球漂移周期/min
500	0.6	10^{-5}	0.1	10
20 000	10	2×10^{-4}	0.3	3.5

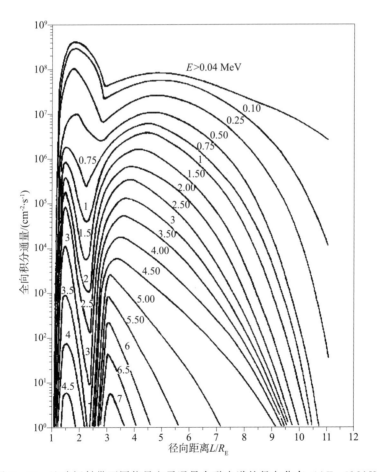

图 2-40　地球辐射带不同能量电子通量在磁赤道的径向分布（AE-8MAX）

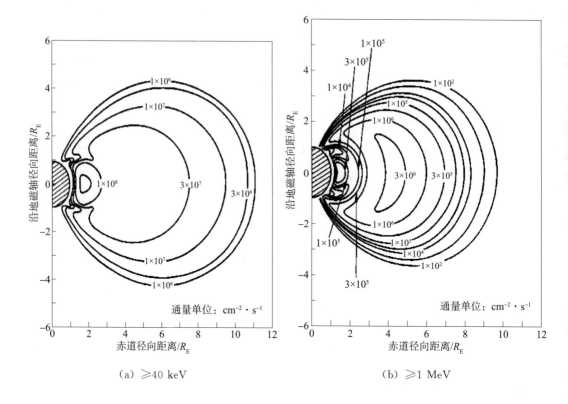

（a）≥40 keV

（b）≥1 MeV

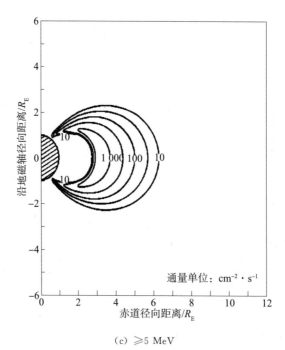

（c）≥5 MeV

图 2-41 地球辐射带电子全向积分通量等值线在子午面上的分布

上述地球辐射带电子分布特征，同辐射带质子分布类似，也是对一般平均状态的表述。实际上，由于受到太阳活动周期、地磁场缓慢变化及地磁层扰动等影响，地球辐射带电子的状态会发生显著变化。外辐射带电子通量可能在几小时内发生数量级的变化。这种变化与地磁活动水平密切相关，可通过地磁指数（如 A_P）表征。

2.7.2　辐射带电子通用模式

至今，国际上通用的地球辐射带电子模式是 AE‑8（NASA）模式，它能够给出辐射带电子通量的静态分布。针对太阳活动高年和低年，通过该模式可分别计算出不同能量（E）和地磁坐标（L,B）条件下辐射带电子的积分通量和微分通量。该模式所依据的探测数据主要来自 20 世纪 60 年代至 70 年代中期发射的 20 多颗卫星，能够较好地覆盖地球辐射带的空间区域 $[L=(1.2 \sim 11)R_E]$，并有较宽的电子能量范围（40 keV～7 MeV）。

地球电子辐射带涉及内带（$1.2\,R_E<L<2.5\,R_E$）、过渡区（$2.5\,R_E<L<3.0\,R_E$）及外带（$3.0\,R_E<L<11\,R_E$）三部分，难以通过统一的解析模式加以表述。参考文献[63]对 AE‑8（NASA）模式所涉及的基本内容进行了综合论述。AE‑8（NASA）模式是在 AE‑4（NASA），AE‑5（NASA）和 AE‑6（NASA）等模式版本的基础上，进一步结合 Azur，OV3‑3，OV2‑19，ATS‑5 和 ATS‑6 等卫星探测数据所建立的。AE‑8（NASA）模式是迄今对地球电子辐射带在空间和能量范围上覆盖程度最广的模式。

外电子辐射带的全向积分通量是能量（E）、磁场参数（b）、磁壳层参数（L）、地方时参数（φ）及历元参数（T）的函数，即

$$J_{oz}(>E,b,L,\varphi,T) = N_T(>E,L) \cdot \varPhi(>E,L,\varphi) \cdot G(b,L) \qquad (2-68)$$

式中，$b=B/B_0$，B_0 为磁场线与地磁赤道交点的磁场强度 $[B_0=31\,165.3/L^3\,(\text{nT})]$，$B$ 为磁场线上各点的磁场强度；$N_T(>E,L)$ 为地磁赤道径向分布积分能谱；$\varPhi(>E,L,\varphi)$ 为能谱地方时影响函数；$G(b,L)$ 为电子通量沿磁场线分布函数。式中各项函数均具有复杂的解析表达式（详见参考文献[63]）。

内电子辐射带受地方时变化的影响较小，可不考虑 $\varPhi(>E,L,\varphi)$ 函数的影响。内电子辐射带的积分能谱可由下式表达

$$J_{iz}(>E,\alpha_0,L,T) = aX^2\left(\frac{E}{X}+1\right)\exp\left(-\frac{E}{X}\right) \qquad (2-69)$$

式中　α_0——地磁赤道投掷角；

a，X——α_0，L 和 T 参数的函数，即 $a(\alpha_0,L,T)$ 和 $X(\alpha_0,L,T)$ 均具有复杂的解析函数形式（详见参考文献[63]）。

AE‑8（NASA）模式包括太阳活动高年的 AE‑8MAX 和低年的 AE‑8MIN 两部分，以数据表格和图形曲线的形式给出磁宁静状态下地球辐射带电子的全向积分通量与地磁坐标（L,B）的关系，所涵盖的电子能量范围为 $0.04\sim 7$MeV。表格和曲线所给出数据的中间值可通过插值法求得。

在应用 AE‑8（NASA）模式时，需要选用 Jensen‑Cain 地磁场模式，不论是 AE‑8MIN 及 AE‑8MAX 模式均如此。只有将 AE‑8（NASA）模式与 Jensen‑Cain 地磁场

模式相匹配使用，才能得到地球辐射带电子能谱较好的计算结果。

2.7.3　AE-8模式的局限与预测的不确定性

2.7.3.1　AE-8模式的局限性

AE-8（NASA）模式和AP-8（NASA）模式相类似，也存在着一定的局限性，这会使轨道电子能谱的计算结果与实际情况有时会有较大的差异。该模式没有反映以下因素的影响：

1）太阳活动周期的影响：AE-8（NASA）模式所计算的辐射带电子通量只是分为太阳高年和太阳低年两种情况，没有反映电子通量随太阳周期的动态变化。

2）地磁扰动的影响：AE-8（NASA）模式是静态模式，仅适用于计算6个月以上轨道平均的电子能谱，没有考虑地磁扰动会引起高轨道电子能谱发生很大的瞬态变化。

3）入射电子方向的影响：AE-8（NASA）模式的计算结果是给出各向同性的辐射带电子通量，没有考虑电子在空间的入射方向。

4）能量外推的影响：AE-8（NASA）模式适用的辐射带电子能量范围为40 keV～7.0 MeV。在能谱的低能区段和高能区段（＞2MeV），AE-8（NASA）模式均需通过能谱外推插值法求得电子通量，而缺乏在轨实测数据。

5）地磁场长期缓慢变化的影响：由于地磁场长期缓慢变化的影响，会使辐射带电子模式计算点的位置与实际位置出现差异。如南大西洋异常区以每年0.3°的速度向西漂移，而AE-8（NASA）模式没有对相应轨道电子通量的计算结果进行修正。实际上，同所要计算点的位置相比，AE-8（NASA）模式计算结果所对应的空间区域已经向西偏移。这种情况产生的原因是采用AP-8（NASA）模式计算时，地磁场已由所给定的模式界定。

2.7.3.2　AE-8模式预测的不确定性

评价AE-8（NASA）模式预测的不确定性比较困难。地磁扰动与太阳事件爆发时，会使电子辐射带发生很大变化，而AE-8（NASA）只是计算长期（6个月以上）平均通量的模式，不能表征辐射带电子能谱的瞬态变化。地球辐射带电子涉及的空间范围较广，难以对不同轨道的平均能谱统一进行简单的计算表征。目前用于进一步验证地球辐射带电子模式准确性的空间探测数据，主要来源于APEX卫星和CRRES卫星[54]。

APEX卫星为低高度椭圆轨道卫星（362 km×2 544 km，70°），在轨运行时间为1994年8月至1996年6月（太阳低年）。在该卫星上装有对＞150 keV电子敏感的探测器，且有0.029 g/cm² 厚度的Al防护层。对于如此厚度的防护层，探测器测得的吸收剂量主要来自辐射带电子的贡献。利用实测数据，通过软件针对不同高度（300～2 000 km）和倾角（20°～90°）计算确定了相应轨道的电子辐射吸收剂量，再与利用AE-8MIN模式计算的轨道能谱预测吸收剂量进行对比。图2-42为不同轨道倾角时APEX卫星的探测数据与基于AE-8MIN模式的计算数据之比随轨道高度的变化，图中纵坐标为APEX卫星的探测吸收剂量值与AE-8MIN模式的预测吸收剂量值之比，横坐标为轨道高度。

图2-42[54]表明，在轨道高度低于750 km与倾角低于40°时，APEX卫星对电子辐射

吸收剂量的探测值显著高于基于 AE - 8MIN 模式的计算值（2～10 倍）。由于该轨道高度基本上在地球辐射带以下，电子辐射的吸收剂量很低，所得到的 AE - 8MIN 模式预测结果显著偏低的实际意义不大。对于低高度（<750 km）与高倾角（>40°）轨道，吸收剂量主要是外辐射带电子在极区辐射锥附近产生辐射效应所致。在此区域辐射带电子可到达较低的高度，吸收剂量探测值与 AE - 8MIN 模式预测值之比为 0.5～1.5。由于地磁扰动会造成外辐射带电子数量显著波动，导致 AE - 8 模式预测的不确定程度与地磁活动密切相关。对于>750 km，<40°轨道或者>750 km，>40°轨道，吸收剂量主要由内辐射带电子产生。前者的探测值与模式预测值之比为 2～10，而后者的比值则为 1～2。表 2 - 46[54]是对上述对比情况的综合表述。

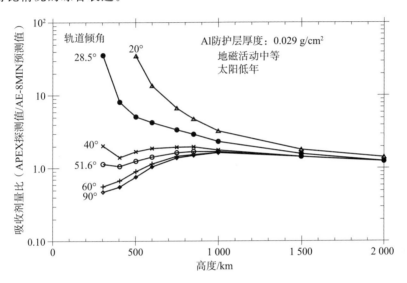

图 2 - 42　低高度轨道 APEX 卫星探测数据与 AE - 8 MIN 模式预测数据的比值随轨道高度的变化[54]

表 2 - 46　低轨道 APEX 卫星对吸收剂量的探测值与 AE - 8MIN 模式预测结果对比[54]

倾角	高度/km	空间区域	探测值与模式预测值之比
<40°	<750	低于辐射带（电子通量低）	2～10
<40°	750～2 000	内辐射带的内边缘区	2～10
>40°	300～750	极区辐射锥（外辐射带）	0.5～1.5
>40°	760～2 000	内辐射带的内边缘区	1～2

CRRES 卫星是在大椭圆轨道上运行的卫星（近地点 327 km，远地点 33 575 km，倾角 18.2°），1990 年 6 月至 1991 年 10 月在轨运行，并于 1991 年 3 月 23 日至 31 日遭遇了特大的地磁暴。磁暴前的 8 个月和磁暴后的 6 个月分别为地磁平静期和活动期。通过 CRRES 卫星探测器测得的电子辐射吸收剂量数据，可用于评价 AE - 8（NASA）模式预测的不准确性。在利用 AE - 8（NASA）模式计算得到的轨道能谱的基础上，通过软件计算得到不同轨道参数条件下防护层后的平均吸收剂量，作为预测的吸收剂量进行对比。图 2 - 43 为 CRRES 卫星探测数据和 AE - 8（NASA）模式预测值的比较[54]，从图中可见，

在高于 2 000 km 的轨道上，AE－8MAX 模式预测值均明显高于 CRRES 卫星探测值。表 2－47 给出了不同轨道高度区间，CRRES 卫星对电子辐射吸收剂量的探测值和 AE－8MAX 模式预测值之比的变化范围。显然，在外辐射带的外边缘区，如地球同步轨道高度附近，AE－8（NASA）模式的预测值显著偏高（达到 1～2 个数量级）。

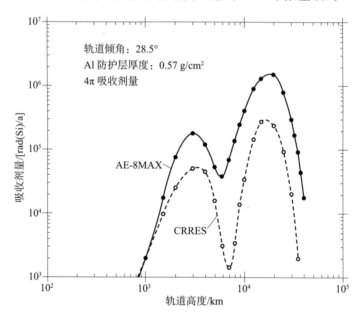

图 2－43　地磁平静期 AE－8MAX 模式预测结果与 CRRES 卫星探测数据的比较[54]

表 2－47　CRRES 卫星在地磁平静期对电子辐射吸收剂量的探测数据与 AE－8MAX 模式预测值的对比[54]

轨道高度/km	空间区域	探测值与模式预测值之比
2 000～5 000	内辐射带	1/3
5 000～10 000	槽区	1/3～1/5
10 000～30 000	外辐射带中心区	1/5～1/10
30 000～40 000	外辐射带外边缘区	1/10～1/100

　　1991 年 3 月发生的特大地磁扰动与太阳质子事件，使得辐射带电子的瞬态通量可能达到上限值。AE－8（NASA）模式是静态模式，没有考虑地磁暴所产生的影响。通过 CRRES 卫星在地磁活动期对辐射带电子的探测数据与 AE－8（NASA）模式的预测值进行对比[54]，可以推断 AE－8（NASA）模式的预测结果受地磁活动影响程度的上限值。图 2－44 为 CRRES 卫星在地磁平静期和高活动期对辐射带电子辐射吸收剂量的探测数据与 AE－8MAX 模式预测值的对比。在较低轨道（＜4 000 km）条件下，高地磁活动期的探测结果与地磁平静期基本相同，说明内辐射带对地磁活动不敏感。在电子辐射带的过渡区（槽区），高地磁活动期的探测结果约比平静期高两个数量级；在外辐射带中心附近，前者约比后者高 1 个数量级，这表明在强地磁暴后有大量电子向外辐射带及槽区注入。静态 AE－8MAX 模式的预测结果

在内辐射带、槽区及外辐射带，均显著高于 CRRES 卫星在地磁平静期的探测数据。在高地磁活动条件下，AE-8MAX 模式的预测结果在外辐射带的外边缘区仍然明显偏高（达到 1 个数量级以上）。在外辐射带的内侧，预测结果与 CRRES 卫星在高地磁活动期探测数据相接近。AE-8MAX 模式对不同轨道电子辐射吸收剂量的预测值与 CRRES 卫星在地磁平静期和高活动期探测数据比值随轨道高度变化如图 2-45 所示[54]。

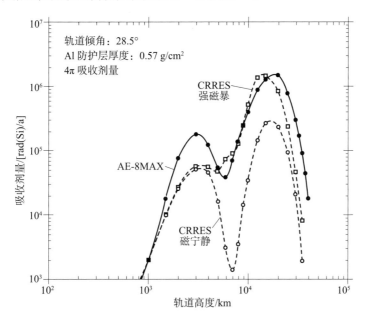

图 2-44　地磁平静期/活动期 CRRES 卫星对电子辐射吸收剂量探测数据与 AE-8MAX 模式预测值的比较[54]

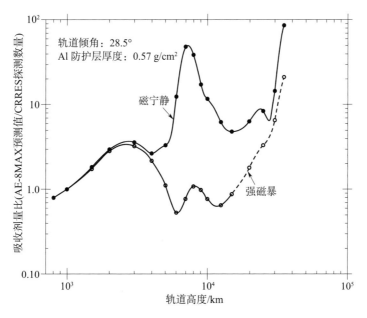

图 2-45　地磁平静期/活动期 AE-8MAX 模式对电子辐射吸收剂量预测值与
CRRES 卫星探测数据的比值随高度的变化[54]

2.7.4　地球辐射带电子模式进展

由于 AE-8（NASA）模式本身所固有的局限性，使其计算的预测结果与卫星在轨实测数据出现较大差异。对于多数轨道高度，静态 AE-8（NASA）模式的预测结果显著高于卫星实测结果，即便在强地磁活动条件下，AE-8（NASA）模式的预测结果往往仍然偏高。为了解决这一问题，有必要进一步完善辐射带电子模式或研发新的模式。已取得明显进展的新模式主要有以下几种。

（1）AE-8（ESA）模式

该模式为 AE-8 模式的欧洲空间局版本[55]。所采用的数据库与 AE-8（NASA）模式基本相同，但对数据的插值方法作了适当改进。在 AE-8（ESA）模式中，地球辐射带电子的积分通量取决于 E，B/B_0 和 L 三个参数值。在给定能量 E 条件下，辐射带电子积分通量值由地磁场强度 B/B_0 和磁壳参数 L 决定。B_0 为相关的磁场线与磁赤道相交处的最低磁场强度（$B_0 = M_0/L^3$，M_0 为地磁矩）。在 AE-8（ESA）模式中，以新参量 ϕ 取代 B/B_0，即 $\phi = \arcsin^{-1}[(B - B_0)/(B_{max} - B_0)]$。$B_{max}$ 为辐射带受大气作用截止处的地磁场强度。辐射带电子的积分通量通过 ϕ 和 L 插值求得，而不是借助于 B/B_0 和 L 插值。通常，欧洲空间局以 AE-8（ESA）模式作为 UNIRAD 俘获辐射软件包[64]的一部分加以应用，采用了不同的地磁场模式和固定的地磁矩，并在软件上也有所变动。

（2）POLE 模式

该模式是法国宇航实验室（ONERA）与美国 Los Alamos 国家实验室（LANL）针对地球同步轨道开发的地球辐射带电子模式，全称为 Particle ONERA-LANL Electron，最新版本为 IGE 2006，即 International GEO Electron Model Version 2006[65]。POLE 模式所依据的数据为 1976 年到 2001 年的 25 年间（两个半太阳活动周期）地球同步轨道卫星的实测数据，并考虑了辐射带电子通量随太阳活动的变化。实测数据的能量范围为 60 keV～1.3 MeV，经外推使模式的能量范围扩大到 1.0 keV～6.0 MeV。该模式仅适用于地球同步轨道，能够给出平均情况和苛刻情况两种条件下 11 年太阳周期各年内的俘获电子微分能谱，分别列于表 2-48 和表 2-49；表中以"0"代表太阳极小年，作为 11 年太阳周期各年的参照点。当电子能量小于 100 keV 时，所得轨道能谱预测结果高于 AE-8（NASA）模式预测结果；电子能量大于 100 keV 时，所得预测结果低于 AE-8（NASA）模式的结果。该模式可通过 SPENVIS 空间环境信息系统实现应用[66]。

（3）ONERA MEO$_V$2 模式

该模式是法国宇航实验室针对导航卫星常用的中高度圆轨道（MEO）而研发的地球辐射带电子模式[67]。典型的轨道高度为 20 000km±500 km，倾角 55°，所依据的数据是美国 Los Alamos 国家实验室所提供的 LANL-GPS 卫星 1990 年至 2007 年的探测数据。为了保证数据的真实性，星上的探测器进行了相互校准，并考虑了探测器的污染及饱和效应等因素的影响。该模式所涉及的能量范围为 0.28～2.24 MeV，能够给出平均情况及苛刻情况的微分能谱，如表 2-50 和表 2-51 所示。表中以太阳活动极小年（记为"0"）为

表 2 - 48　IGE 2006 模式针对 GEO 轨道计算的 11 年太阳周期内各年的平均电子微分能谱

能量/keV	-6	-5	-4	-3	-2	-1	0（极小年）	1	2	3	4
9.17E-01	1.35E+07	1.43E+07	1.25E+07	9.80E+06	8.57E+06	6.93E+06	7.13E+06	7.87E+06	8.99E+06	9.98E+06	1.39E+07
1.20E+00	1.15E+07	1.21E+07	1.06E+07	8.41E+06	7.29E+06	6.01E+06	6.22E+06	6.86E+06	7.80E+06	8.58E+06	1.19E+07
1.57E+00	9.85E+06	1.04E+07	9.13E+06	7.32E+06	6.34E+06	5.28E+06	5.47E+06	6.02E+06	6.85E+06	7.47E+06	1.02E+07
2.05E+00	8.39E+06	8.84E+06	7.80E+06	6.32E+06	5.52E+06	4.63E+06	4.53E+06	4.71E+06	5.70E+06	6.27E+06	8.53E+06
2.67E+00	7.07E+06	7.42E+06	6.62E+06	5.42E+06	4.78E+06	4.01E+06	3.91E+06	4.02E+06	4.93E+06	5.36E+06	7.21E+06
3.47E+00	5.85E+06	6.06E+06	5.52E+06	4.59E+06	4.08E+06	3.40E+06	3.54E+06	3.85E+06	4.45E+06	4.70E+06	6.15E+06
4.53E+00	4.67E+06	4.76E+06	4.45E+06	3.77E+06	3.38E+06	2.79E+06	2.96E+06	3.21E+06	3.69E+06	3.85E+06	4.94E+06
5.90E+00	3.57E+06	3.58E+06	3.47E+06	2.99E+06	2.70E+06	2.19E+06	2.35E+06	2.52E+06	2.88E+06	3.00E+06	3.80E+06
7.73E+00	2.57E+06	2.54E+06	2.56E+06	2.24E+06	2.04E+06	1.61E+06	1.75E+06	1.84E+06	2.10E+06	2.20E+06	2.76E+06
1.02E+01	1.73E+06	1.68E+06	1.77E+06	1.57E+06	1.45E+06	1.10E+06	1.19E+06	1.24E+06	1.41E+06	1.51E+06	1.87E+06
1.33E+01	1.08E+06	1.05E+06	1.15E+06	1.01E+06	9.56E+05	7.09E+05	7.50E+05	7.72E+05	8.79E+05	9.68E+05	1.18E+06
1.74E+01	6.28E+05	6.10E+05	6.99E+05	6.06E+05	5.85E+05	4.28E+05	4.35E+05	4.39E+05	5.09E+05	6.17E+05	7.05E+05
3.00E+01	1.92E+05	1.89E+05	2.39E+05	2.13E+05	2.42E+05	2.14E+05	1.74E+05	1.61E+05	1.92E+05	2.14E+05	1.59E+05
6.12E+01	6.66E+04	6.42E+04	8.20E+04	7.54E+04	8.92E+04	7.76E+04	6.39E+04	5.87E+04	6.82E+04	7.30E+04	5.52E+04
8.87E+01	2.62E+04	2.48E+04	3.19E+04	3.02E+04	3.70E+04	3.18E+04	2.64E+04	2.41E+04	2.74E+04	2.83E+04	2.18E+04
1.26E+02	9.18E+03	8.52E+03	1.11E+04	1.08E+04	1.35E+04	1.17E+04	9.86E+03	9.02E+03	1.00E+04	9.90E+03	7.83E+03
1.84E+02	3.45E+03	3.15E+03	4.13E+03	4.22E+03	5.37E+03	4.71E+03	4.02E+03	3.66E+03	3.91E+03	3.65E+03	2.99E+03
2.66E+02	1.23E+03	1.10E+03	1.48E+03	1.58E+03	2.07E+03	1.79E+03	1.53E+03	1.36E+03	1.43E+03	1.27E+03	1.07E+03
3.97E+02	3.83E+02	3.23E+02	4.77E+02	5.41E+02	7.31E+02	6.22E+02	5.24E+02	4.53E+02	4.64E+02	3.87E+02	3.33E+02
6.12E+02	7.56E+01	6.33E+01	9.96E+01	1.22E+02	1.71E+02	1.45E+02	1.17E+02	9.93E+01	9.87E+01	7.70E+01	6.57E+01
9.08E+02	1.81E+01	1.57E+01	2.80E+01	3.51E+01	5.39E+01	4.28E+01	3.26E+01	2.73E+01	2.66E+01	1.97E+01	1.60E+01
1.29E+03	4.63E+00	4.56E+00	8.68E+00	1.11E+01	1.86E+01	1.37E+01	9.84E+00	8.07E+00	7.78E+00	5.52E+00	4.25E+00
1.99E+03	5.79E-01	6.73E-01	1.39E+00	1.81E+00	3.41E+00	2.28E+00	1.52E+00	1.22E+00	1.15E+00	7.74E-01	5.56E-01
2.44E+03	1.96E-01	2.45E-01	5.26E-01	6.92E-01	1.37E+00	8.79E-01	5.65E-01	4.48E-01	4.21E-01	2.76E-01	1.92E-01
3.07E+03	5.29E-02	7.23E-02	1.62E-01	2.15E-01	4.54E-01	2.76E-01	1.71E-01	1.34E-01	1.24E-01	7.93E-02	5.30E-02
3.97E+03	9.09E-03	1.37E-02	3.21E-02	4.32E-02	9.74E-02	5.60E-02	3.31E-02	2.56E-02	2.36E-02	1.46E-02	9.36E-03
5.20E+03	1.27E-03	2.12E-03	5.23E-03	7.12E-03	1.72E-02	9.33E-03	5.27E-03	4.01E-03	3.67E-03	2.19E-03	1.35E-03

注：表中电子通量单位为 keV^{-1}·cm^{-2}·s^{-1}·sr^{-1}。

表 2 - 49　IGE 2006 模式针对 GEO 轨道计算的 11 年太阳周期内各年的苛刻电子微分能谱

能量/keV	−6	−5	−4	−3	−2	−1	0（极小年）	1	2	3	4
9.17E−01	1.89E+07	2.00E+07	1.75E+07	1.37E+07	1.20E+07	9.71E+06	9.99E+06	1.10E+07	1.26E+07	1.40E+07	1.95E+07
1.20E+00	1.61E+07	1.69E+07	1.48E+07	1.18E+07	1.02E+07	8.42E+06	8.71E+06	9.61E+06	1.09E+07	1.20E+07	1.67E+07
1.57E+00	1.38E+07	1.46E+07	1.28E+07	1.03E+07	8.88E+06	7.40E+06	7.66E+06	8.43E+06	9.60E+06	1.05E+07	1.43E+07
2.05E+00	1.18E+07	1.24E+07	1.09E+07	8.86E+06	7.73E+06	6.49E+06	6.35E+06	6.60E+06	7.99E+06	8.79E+06	1.20E+07
2.67E+00	9.91E+06	1.04E+07	9.28E+06	7.60E+06	6.70E+06	5.62E+06	5.48E+06	5.63E+06	6.91E+06	7.51E+06	1.01E+07
3.47E+00	8.20E+06	8.50E+06	7.74E+06	6.44E+06	5.72E+06	4.77E+06	4.96E+06	5.40E+06	6.24E+06	6.59E+06	8.62E+06
4.53E+00	6.55E+06	6.68E+06	6.24E+06	5.29E+06	4.74E+06	3.91E+06	4.15E+06	4.50E+06	5.18E+06	5.40E+06	6.93E+06
5.90E+00	5.01E+06	5.02E+06	4.87E+06	4.20E+06	3.79E+06	3.07E+06	3.30E+06	3.54E+06	4.04E+06	4.21E+06	5.33E+06
7.73E+00	3.61E+06	3.57E+06	3.60E+06	3.15E+06	2.87E+06	2.26E+06	2.46E+06	2.58E+06	2.95E+06	3.09E+06	3.88E+06
1.02E+01	2.43E+06	2.36E+06	2.49E+06	2.21E+06	2.04E+06	1.55E+06	1.67E+06	1.74E+06	1.98E+06	2.12E+06	2.63E+06
1.33E+01	1.52E+06	1.48E+06	1.62E+06	1.42E+06	1.35E+06	9.98E+05	1.06E+06	1.09E+06	1.24E+06	1.36E+06	1.66E+06
1.74E+01	8.86E+05	8.60E+05	9.86E+05	8.55E+05	8.25E+05	6.04E+05	6.14E+05	6.19E+05	7.18E+05	8.70E+05	9.94E+05
3.00E+01	2.72E+05	2.68E+05	3.39E+05	3.02E+05	3.43E+05	3.03E+05	2.47E+05	2.28E+05	2.72E+05	3.03E+05	2.25E+05
6.12E+01	9.57E+04	9.22E+04	1.18E+05	1.08E+05	1.28E+05	1.11E+05	9.18E+04	8.43E+04	9.80E+04	1.05E+05	7.93E+04
8.87E+01	3.81E+04	3.60E+04	4.64E+04	4.39E+04	5.38E+04	4.62E+04	3.84E+04	3.50E+04	3.98E+04	4.11E+04	3.17E+04
1.26E+02	1.35E+04	1.26E+04	1.64E+04	1.59E+04	1.99E+04	1.73E+04	1.45E+04	1.33E+04	1.48E+04	1.46E+04	1.16E+04
1.84E+02	5.21E+03	4.76E+03	6.24E+03	6.37E+03	8.11E+03	7.11E+03	6.07E+03	5.53E+03	5.91E+03	5.51E+03	4.52E+03
2.66E+02	1.92E+03	1.72E+03	2.31E+03	2.46E+03	3.23E+03	2.79E+03	2.39E+03	2.12E+03	2.23E+03	1.98E+03	1.67E+03
3.97E+02	6.27E+02	5.29E+02	7.81E+02	8.86E+02	1.20E+03	1.02E+03	8.58E+02	7.42E+02	7.60E+02	6.34E+02	5.46E+02
6.12E+02	1.34E+02	1.12E+02	1.76E+02	2.16E+02	3.02E+02	2.56E+02	2.07E+02	1.75E+02	1.74E+02	1.36E+02	1.16E+02
9.08E+02	3.52E+01	3.05E+01	5.45E+01	5.83E+01	1.05E+02	8.32E+01	6.34E+01	5.31E+01	5.17E+01	3.83E+01	3.11E+01
1.29E+03	1.01E+01	9.91E+00	1.89E+01	2.41E+01	4.04E+01	2.98E+01	2.14E+01	1.75E+01	1.69E+01	1.20E+01	9.24E+00
1.99E+03	1.50E+00	1.75E+00	3.61E+00	4.70E+00	8.85E+00	5.91E+00	3.94E+00	3.16E+00	2.98E+00	2.01E+00	1.44E+00
2.44E+03	5.61E−01	7.02E−01	1.51E+00	1.98E+00	3.92E+00	2.52E+00	1.62E+00	1.28E+00	1.21E+00	7.90E−01	5.50E−01
3.07E+03	1.72E−01	2.34E−01	5.25E−01	6.97E−01	1.47E+00	8.95E−01	5.54E−01	4.34E−01	4.02E−01	2.57E−01	1.72E−01
3.97E+03	3.44E−02	5.18E−02	1.21E−01	1.63E−01	3.68E−01	2.12E−01	1.25E−01	9.68E−02	8.93E−02	5.52E−02	3.54E−02
5.20E+03	5.74E−03	9.58E−03	2.36E−02	3.22E−02	7.77E−02	4.22E−02	2.38E−02	1.81E−02	1.66E−02	9.90E−03	6.10E−03

注：表中电子通量单位为 keV^{-1} · cm^{-2} · s^{-1} · sr^{-1}。

表 2 - 50　MEO.2 模式针对 MEO 轨道计算的 11 年太阳周期内期各年的平均电子微分能谱

能量/MeV	-6	-5	-4	-3	-2	-1	0（极小年）	1	2	3	4
0.28	2.90E+06	2.89E+06	3.79E+06	3.95E+06	4.93E+06	4.31E+06	3.88E+06	3.46E+06	3.69E+06	3.36E+06	2.90E+06
0.4	1.61E+06	1.57E+06	2.25E+06	2.53E+06	3.35E+06	2.89E+06	2.47E+06	2.15E+06	2.22E+06	1.87E+06	1.61E+06
0.56	6.75E+05	6.48E+05	1.01E+06	1.22E+06	1.70E+06	1.44E+06	1.17E+06	1.00E+06	9.98E+05	7.91E+05	6.75E+05
0.8	2.00E+05	1.94E+05	3.33E+05	4.14E+05	6.19E+05	5.03E+05	3.89E+05	3.28E+05	3.21E+05	2.42E+05	2.00E+05
1.12	5.80E+04	5.99E+04	1.11E+05	1.40E+05	2.27E+05	1.72E+05	1.27E+05	1.05E+05	1.02E+05	7.35E+04	5.80E+04
1.6	1.21E+04	1.37E+04	2.70E+04	3.48E+04	6.14E+04	4.34E+04	3.01E+04	2.44E+04	2.33E+04	1.61E+04	1.21E+04
2.24	2.15E+03	2.62E+03	5.45E+03	7.12E+03	1.35E+04	8.98E+03	5.94E+03	4.75E+03	4.49E+03	3.01E+03	2.15E+03

注：表中电子通量单位为 $MeV^{-1} \cdot cm^{-2} \cdot s^{-1} \cdot sr^{-1}$；典型轨道：20 000 km±500 km，55°。

表 2 - 51　MEO.2 模式针对 MEO 轨道计算的 11 年太阳周期内各年的苛刻时刻电子微分能谱

能量/MeV	-6	-5	-4	-3	-2	-1	0（极小年）	1	2	3	4
0.28	7.39E+06	7.40E+06	9.54E+06	9.79E+06	1.20E+07	1.06E+07	9.65E+06	8.65E+06	9.27E+06	8.55E+06	7.39E+06
0.4	4.38E+06	4.27E+06	6.03E+06	6.73E+06	8.78E+06	7.61E+06	6.58E+06	5.74E+06	5.94E+06	5.05E+06	4.38E+06
0.56	1.99E+06	1.91E+06	2.95E+06	3.53E+06	4.86E+06	4.16E+06	3.41E+06	2.92E+06	2.92E+06	2.32E+06	1.99E+06
0.8	6.48E+05	6.24E+05	1.06E+06	1.32E+06	1.94E+06	1.60E+06	1.25E+06	1.05E+06	1.03E+06	7.82E+05	6.48E+05
1.12	2.13E+05	2.18E+05	4.01E+05	5.06E+05	8.09E+05	6.22E+05	4.61E+05	3.82E+05	3.71E+05	2.69E+05	2.13E+05
1.6	5.24E+04	5.88E+04	1.15E+05	1.48E+05	2.60E+05	1.85E+05	1.29E+05	1.05E+05	1.00E+05	6.96E+04	5.24E+04
2.24	1.11E+04	1.34E+04	2.77E+04	3.61E+04	6.78E+04	4.55E+04	3.03E+04	2.43E+04	2.30E+04	1.54E+04	1.11E+04

注：表中电子通量单位为 $MeV^{-1} \cdot cm^{-2} \cdot s^{-1} \cdot sr^{-1}$；典型轨道：20 000 km±500 km，55°。

参照，给出了 11 年太阳周期内各年的 MEO 轨道俘获电子微分能谱。当轨道高度为 20 500～24 000 km，倾角为 55°±5°时，选择 AE-8 模式或 MEO$_V$2 模式均可，后者可给出较为保守的能谱。

（4）FLUMIC 模式

该模式的全称为 Flux Model for Internal Charging，是针对辐射带电子产生航天器内部充电效应而建立的计算辐射带电子通量的模式[68]。为了满足航天器内部充电效应的研究要求，需要计算轨道的日平均电子通量谱及电子能量大于 2 MeV 时的最大通量谱与平均通量谱。通用的 AE-8（NASA）模式不能满足此要求，需要考虑太阳活动变化的影响。欧洲空间局首先在 1998 年开发了 FLUMIC-1 版本，随后在 2000 年升级为 FLUMIC-2 版本。这两个版本仅能计算地球辐射带外带电子的通量谱。最近升级的 FLUMIC-3 版本能够分别计算外辐射带（$L>2.5\,R_E$）和内辐射带（$L<2.5\,R_E$）电子的能谱，所依据的数据主要来自 GOES/SEM，STRV/REM 及 STRV-1d/SURF 等卫星。该模式的计算结果在地球同步轨道及地磁赤道附近较为准确，并且能够反映辐射带电子能谱随季节及太阳活动周期的变化，其能量的适用范围为 0.2～5.9 MeV。

（5）ESA-SEE 1 模式

该模式是欧洲空间局在对 AE-8（NASA）模式进行修正的基础上建立的，也可以看做是对 AE-8MIN 模式的升级。AE-8（NASA）模式在地球辐射带电子能量超过 2 MeV 时，缺乏必要的实测数据。通过应用 CRRES 卫星的探测数据对 AE-8MIN 模式进行了修正，并建立了辐射带电子通量与地磁活动指数之间的关系，这对于外辐射带电子通量描述十分有利。该模式电子能量的适用范围为 40 keV～7 MeV，覆盖的空间区域为 $1.14\,R_E \leqslant L \leqslant 12\,R_E$，地磁场模式采用 Jensen-Cain（1962）模式。

（6）CRRESELE 模式

该模式是在 CRRES 卫星探测数据的基础上建立的[69]。在 CRRES 卫星上装有能量电子通量探测器，可在 0.5～6.60 MeV 范围内分 10 段进行测试。在所建立的数据库的基础上，该模式能够应用软件计算不同高度轨道的平均辐射带电子通量谱，覆盖的空间区域为：$2.5\,R_E \leqslant L \leqslant 6.8\,R_E$，$1.0 \leqslant B/B_0 \leqslant 684.6$。内源场地磁场模式采用 IGRF1990 模式，外源场采用 Olson-Pfitzer 模式（地磁平静期）；通过 A_{P15} 反映地磁活动水平对外辐射带电子通量的影响（A_{P15} 为地磁指数 A_P 的 15 天平均值）。工程上可以考虑使用 CRRESELE 模式在一定程度上表征外辐射带电子的动态变化[70]。

（7）SINP 模式与 LOWALT 模式

这两个模式由俄罗斯国立莫斯科大学核物理研究所建立。SINP 模式（1991 版）包括辐射带质子模式和辐射带电子模式两部分，在其相关的辐射带电子模式的数据库中，除与 AE-8（NASA）模式大体相同的数据外，还增添了俄罗斯卫星（GORISINP，COSMOS 及 INTERCOSMOS 等）的探测数据。SINP 模式所涉及的 E-L 网格取值、数据库插值算法及计算软件，与 AE-8（NASA）模式有所不同。LOWALT 模式是专门针对低地球轨道所开发的辐射带电子模式，用于计算 300～1 000 km 轨道上电子的积分通量，能量范围为 0.04~2.0 MeV，所依据的探测数据主要来自 INTERCOSMOS - 19 和 COSMOS - 1686 等卫星。LOWALT 模式的数据库采用地理坐标系，不涉及地磁场模式。

（8）AE - 9 模式

2006 年以来，由美国空军研究实验室、国家勘测局、Los Alamos 国家实验室及 Aerospace 公司等多家单位联合开发了 AE - 9 模式，旨在建立地球辐射带电子环境的统计学模式。该模式空间范围适用于 200~48 000 km 高度与各种纬度；能量范围为 1 keV~30 MeV，甚至可小于 1 keV。通过将地球辐射带电子能谱与磁层热等离子体能谱相结合，可使近地空间轨道电子能谱的低能量端延伸至<1 keV，为航天器轨道宽能谱计算及表面电离总剂量效应分析提供了有利条件。该模式采用 Wiebull 分布函数对轨道电子微分能谱进行统计学表征，分别给出一定任务期内平均的 50%，75%，90% 及 95% 的通量谱。各能谱曲线的百分位值按通量扰动振幅计算，用于表征相应能谱曲线出现的概率或置信度。通过概率和置信度反映空间天气（如地磁层扰动等）及探测数据误差等不确定性因素的影响程度。能谱曲线的百分位数值越高，相应曲线所表征的通量能谱越苛刻（95% 通量能谱曲线为最坏情况），且其置信度越高（如 95% 通量能谱曲线的超越概率<5%），即受不确定性因素影响的程度越低。AE - 9 模式通过概率平均模型和蒙特卡罗方法，可分别计算近地空间轨道电子扰动通量能谱的概率分布曲线。概率通量计算的平均周期取为 5min、1h、1d、1 周及给定的任务期。随着探测数据的不断完善及模式算法的深入研究，AE - 9 模式将视不同需要相继推出多种版本，预计将逐渐取代传统的 AE - 8 模式而获得广泛应用。

2.7.5　地球辐射带电子模式预测比较

同 AP - 8（NASA）模式类似，AE - 8（NASA）模式仍作为通用的地球辐射带电子模式得到了广泛应用，成为工程应用的"事实标准"模式。在应用其他辐射带电子模式时，往往将其结果与 AE - 8（NASA）模式的计算结果相对比，以增强对所得结果的认知程度。

（1）AE - 8（ESA）和 SINP 模式与 AE - 8（NASA）模式预测比较

图 2 - 46 为 AE - 8（ESA）模式、SINP 模式、LOWALT 模式与 AE - 8（NASA）模式，针对 500 km，51.6°轨道所计算的太阳高年电子积分能谱的结果对比[53]。辐射带电子的能量范围为 0.04~6MeV。AE - 8（ESA）和 AE - 8（NASA）模式的计算结果基本相同，SINP 模式在 0.5~2 MeV 能量区间的计算结果偏高，而 LOWALT 模式在较低能量段的计算结果偏低。图 2 - 47 和图 2 - 48 是针对不同的轨道高度、倾角及太阳活动水平，分别对 AE - 8（ESA）模式和 SINP 模式与 AE - 8（NASA）模式计算结果进行比较。由图 2 - 47 可见，轨道高度为 350 km 时，AE - 8（ESA）和 AE - 8（NASA）模式计算的最低积分通量相差最大。如图 2 - 47 中虚线所示，AE - 8（ESA）模式的预测结果分别在太阳低年和太阳高年降低 40% 和 30%；轨道高度为 1 000 km 时，两种模式的结果相差较小。图 2 - 48 表明，SINP 模式的计算结果比 AE - 8（NASA）模式的结果平均约高 70%，对于某些轨道甚至可高达 2.5 倍。

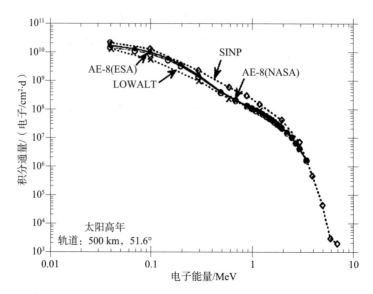

图 2 - 46   不同辐射带电子模式针对 500 km，51.6°轨道计算的太阳高年积分能谱比较[53]

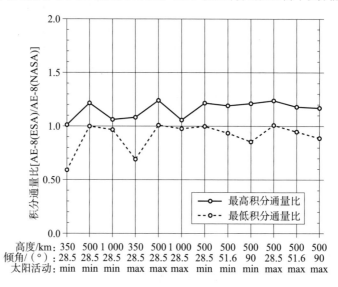

图 2 - 47   AE - 8（ESA）与 AE - 8（NASA）模式针对不同轨道条件计算的最高积分
通量比及最低积分通量比的比较[53]

（2）POLE，CRRESELE 及 FLUMIC 模式与 AE - 8（NASA）模式预测比较

图 2 - 49 为 POLE 模式（IGE2006）针对地球同步轨道预测的 11 年平均电子微分能谱
与 AE - 8（NASA）模式计算结果的比较[4]，图中涉及 POLE 模式针对最坏、平均和最好
三种情况的计算结果，以及 AE - 8（NASA）模式针对好、坏两种情况的计算结果。AE -
8（NASA）的 AE - 8MAX 和 AE - 8MIN 模式对地球同步轨道电子能谱的计算结果相同。
AE - 8（NASA）模式计算的能谱与航天器所在经度有关，在东经 200°时情况最坏，而在
西经 300°时情况最好。当辐射带电子能量低于 100 keV 时，POLE 模式的计算结果明显高
于 AE - 8（NASA）模式的结果，如在 40 keV 时可高达 7 倍。在 0.1～2.5 MeV 范围内情

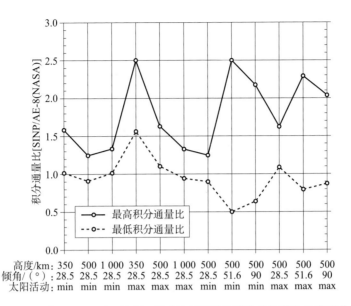

图 2-48　SINP 与 AE-8（NASA）模式针对不同轨道条件计算的最高积分通量
比及最低积分通量比的比较[53]

况相反，如在 900 keV 时 POLE 模式计算的最好结果低约 7 倍。当能量高于 2.5 MeV 时，
POLE 模式需外推得到计算结果。

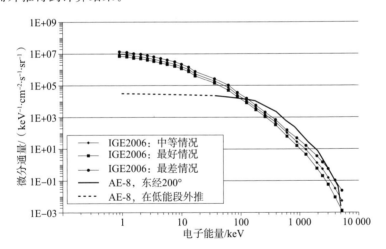

图 2-49　AE-8（NASA）与 IGE2006 模式针对地球同步轨道计算不同条件下
11 年平均电子微分能谱的比较[4]

　　图 2-50 为 AE-8（NASA）模式、CRRSELE 模式、FLUMIC 模式及 POLE 模式针
对地球同步轨道计算的电子积分能谱比较[4]。在 0.1～2MeV 能量区间，各模式的计算结
果明显不同。同 AE-8（NASA）模式相比，FLUMIC 模式和 POLE 模式的结果偏低，
而 CRRSELE 模式的结果稍许偏高。在较高能量（＞2MeV）区段，各模式的结果相近。
上述情况表明，应用 FLUMIC 模式与 POLE 模式时，可在很大程度上避免出现 AE-8

（NASA）模式预测地球同步轨道电子能谱产生的显著偏高现象。但同 POLE 模式相比，
FULMIC 模式计算能谱的范围较窄。

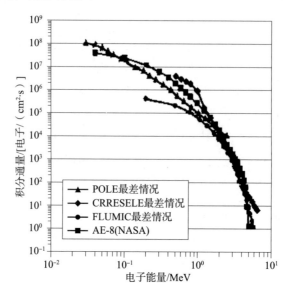

图 2-50　AE-8（NASA）模式与 POLE 模式、CRRESELE 模式及 FLUMIC
模式针对地球同步轨道计算俘获电子积分能谱的比较[4]

图 2-51 为 ONERA MEOᵥ2 模式针对中高度地球轨道（MEO）计算的 11 年平均电子积
分能谱与 AE-8（NASA）模式的结果比较[4]。图中给出了 ONERA MEOᵥ2 模式计算的中
等、最好和最差三种情况的结果，能量范围为 0.28～1.12MeV；AE-8（NASA）模式计算
时，取 7 年太阳高年与 4 年太阳低年。可见，ONERA MEOᵥ2 模式计算的 MEO 轨道中等情
况的俘获电子积分能谱与 AE-8（NASA）模式计算所得结果很相近。

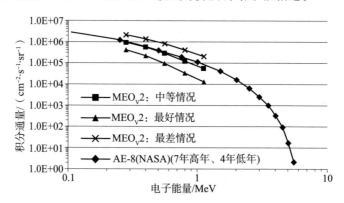

图 2-51　AE8（NASA）与 ONERA MEOᵥ2 模式针对中高度地球轨道计算
俘获电子 11 年平均积分能谱的比较[4]

（3）AE-9 模式与 AE-8（NASA）及 CRRESELE 模式预测比较

图 2-52 为 AE-8（NASA）、CRRESELE 和 AE-9 模式，针对 HEO 和 GTO 轨道
计算 1.5 MeV 电子微分累积通量随在轨时间变化的对比。其中，HEO 为大椭圆轨道

（1 475 km×38 900 km，63°）；GTO 为地球同步转移轨道（500 km×30 600 km，10°）。
AE-9 模式采用蒙特卡罗算法，分别给出了两种轨道条件下 1.5 MeV 电子微分累积通量
演化曲线的概率分布范围，如图 2-52 所示细波纹线范围。AE-8MAX，AE-8MIN 及
CRRESELE 模式的计算曲线与 AE-9 模式的 50% 百分位曲线比较接近，而明显低于 95%
百分位曲线，这说明 AE-8 和 CRRESELE 模式的预测结果受不确定因素的影响较大。

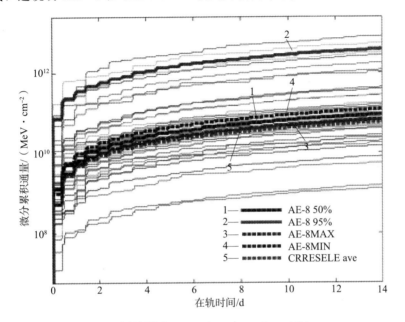

（a）大椭圆轨道（1 475 km×38 900 km，63°）

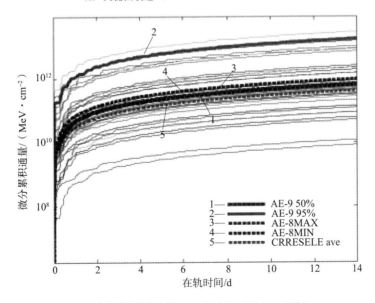

（b）地球同步转移轨道（500 km×30 600 km，10°）

图 2-52　AE-8（NASA）和 AE-9 模式（V1.0 版本，蒙特卡罗算法）针对两种轨道

计算的 1.5 MeV 电子微分累积通量演化曲线对比（见彩插）

图 2 - 53 为 AE - 8（NASA）、CRRESELE 和 AE - 9 模式，针对地球同步轨道计算 0.125 MeV 和 0.55 MeV 电子积分累积通量演化曲线的对比。在地球同步轨道条件下，AE - 8MAX 和 AE - 8MIN 的计算结果基本相同。AE - 8（NASA）和 CRRESELE 模式计算的 0.125 MeV 电子积分累积通量演化曲线明显低于 AE - 9 模式给出的概率曲线分布范围（如图 2 - 53 所示细波纹线范围），而其 0.55 MeV 电子的积分累积通量演化曲线与 AE - 9 模式的 50％百分位曲线相近。图 2 - 53 中还给出了 DSP 卫星的探测曲线，在两种电子能量条件下均与 AE - 9 模式的 50％百分位曲线比较接近。

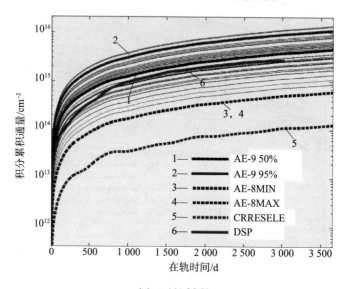

（a）0.125 MeV

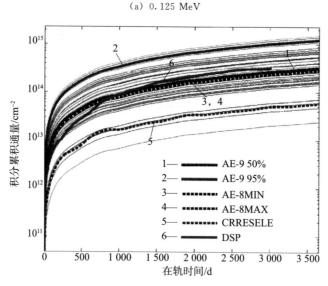

（b）0.55 MeV

图 2 - 53　AE - 8（NASA）和 AE - 9 模式（Vβ. 2 版本，蒙特卡罗算法）针对地球同步
轨道计算的两种能量电子积分累积通量演化曲线对比（见彩插）

2.7.6　地球辐射带电子模式选用

　　地球辐射带电子的分布范围较宽，涉及内辐射带、槽区及外辐射带，并易受太阳活动和地磁活动的影响。静态的地球辐射带电子模式，如 AE-8（NASA）模式与 AE-8（ESA）模式，适用于计算较长期（6 个月以上）的平均轨道能谱。至今，AE-8（NASA）模式仍是国际上事实通用的标准模式，工程应用时需视卫星在轨服役期间的太阳活动水平分别选用 AE-8MIN 或 AE-8MAX 模式。太阳低年或太阳高年的开始时间可通过表 1-4 或式（1-1）加以确定。若难以确定卫星在轨任务期内太阳低年和高年比例时，可选用 AE-8MAX 模式给出较为保守的能谱计算结果。按照美国国家航空航天局标准的规定，AE-8MAX 和 AE-8MIN 模式的应用均应与 Jensen-Cain 地磁场模式相匹配。

　　已有卫星探测数据表明，AE-8（NASA）模式针对较高轨道高度（尤其是外辐射带）计算的辐射带电子能谱偏高几倍乃至 100 倍，这说明 AE-8（NASA）模式难以准确计算地球同步轨道（相当于外辐射带的外边缘区）能谱。实际应用时，可参照近年来的探测数据及有关 AE-8（NASA）模式不确定性的研究结果，适当进行修正（如表 2-47 所示）。为了有效地克服静态辐射带电子模式的局限性和不足，法国宇航实验室和美国 Los Alamos 国家实验室联合开发了 POLE 模式（IGE 2006），使地球同步轨道俘获电子能谱计算结果避免出现过于偏高的现象，被认为是目前能够较好地适用于地球同步轨道的俘获电子模式。

　　对于中高度圆形地球轨道（20 000 km±500 km，55°倾角），在欧洲 ECSS-E-ST-10-04C 标准中，建议选用 ONERA MEO$_V$2 模式计算长期平均俘获电子能谱。当 MEO 轨道高度在 20 500～24 000 km 之间及倾角为 55°±5°时，选用 AE-8（NASA）或 ONERA MEO$_V$2 模式均可。相比之下，后者可给出较保守的俘获电子能谱。

　　为了分析航天器内部充电效应，需要计算最坏情况的俘获电子能谱。为此，建议针对在轨任务期通过 FLUMIC-3 模式计算，并选用该模式给出的最高电子通量进行分析；或针对地球同步轨道，选用表 2-52 给出的最苛刻情况俘获电子能谱。这两种最坏情况俘获电子能谱也适用于短期（1 至 30 天）苛刻情况的辐射效应分析。

表 2-52　地球同步轨道最苛刻情况俘获电子积分能谱

电子能量/MeV	积分通量/（cm^{-2}·s^{-1}·sr^{-1}）
0.225	6.5E6
0.315	4.2E6
0.5	2.2E6
0.75	1.0E6
1.1	4.4E5
1.5	2.0E5
1.8	1.05E5
3.5	6.4E3

选用不同的辐射带电子模式计算轨道能谱会有一定的差别。不同的辐射带电子模式是基于不同时期、不同轨道、不同航天器及不同探测器的在轨实测数据建立的。不同模式在轨道计算、地磁场模式选择、插值方法及软件程序等方面也会有所不同。地球辐射带电子模式的选用可视实际需要，在综合考虑防护结构成本与风险的基础上加以选择。若提高对轨道电子能谱的要求，则有利于降低防护结构的风险性，却又使成本增加；反之亦然。为了使所选用的辐射带电子模式能够给出较准确的结果，应合理选择地磁场模式。

AE-9 模式的建立为表征辐射带电子环境提供了日趋完善的动态模式，能够对空间天气和探测数据误差等不确定性因素的影响进行统计学表述，便于航天器抗辐射防护设计时选择合适的轨道俘获电子能谱。随着探测数据和模式算法的不断完善，AE-9 模式将可能逐渐取代传统的 AE-8（NASA）模式而获得广泛应用。

2.8　银河宇宙线模式

2.8.1　一般表述

银河宇宙线是来自除太阳外银河系的高能带电粒子流。通常认为，银河宇宙线是超新星爆发所产生的。银河宇宙线的主要组分为质子（约占 85%）、氦核（或称 α 粒子，约占 14%）以及其他各种元素的原子核（约占 1%）。虽然超新星爆发也会产生大量电子，但在宇宙空间长距离输运过程中电子易被吸收，能够到达近地空间的电子数量很少（约 2%）。银河宇宙线粒子的主要特点是核外电子被充分剥离，处于完全电离状态，这与太阳宇宙线粒子常处于部分电离状态的情况有所不同。图 2-54 示出银河宇宙线中各种元素核粒子的相对丰度及其与太阳系元素分布的比较。归一化条件为 $E=2$ GeV/n（n 表示核子）及 Si 核丰度为 10^6。可见，除 Li，Be，B 及 Cl～Mn 两族元素外，银河宇宙线和太阳系元素的相对丰度大体上一致。银河宇宙线中轻元素及 Fe 的含量较高，而比 Ni 重的元素含量很低。

银河宇宙线粒子的能量范围为 10～10^{16} MeV/n，甚至大于 10^{16} Mev/n。通常，随着能量提高，银河宇宙线粒子的通量明显降低。图 2-55 为几种银河宇宙线粒子的微分能谱。在高能量区段，银河宇宙线粒子通量随能量增加几乎呈直线下降。银河宇宙线中各种粒子的总微分通量与能量的关系见图 2-56。在图中膝点（knee point）与踝点（ankle point）附近，测试点与直线稍有偏离。在 10^{11}～10^{20} eV 极高能量范围内，银河宇宙线能谱呈现幂律函数关系。图 2-57 和图 2-58 表明，太阳活动高年时，银河宇宙线粒子的通量有所下降，这是由于银河宇宙线与太阳风相向运动，会受到太阳风的阻止作用，从而使其通量随太阳活动增强而降低。

通常，银河宇宙线对大多数近地轨道航天器所吸收的辐射总剂量的贡献较小（约 15%）。银河宇宙线的重核离子易于使微电子器件产生单粒子事件，如单粒子翻转和单粒子锁定等。银河宇宙线离子可能在航天器防护结构材料中诱发二次辐射效应，并可通过电离效应在敏感器件如电荷耦合器件（CCD）中产生噪声。这些效应都是航天器设计时应加以考虑的问题。

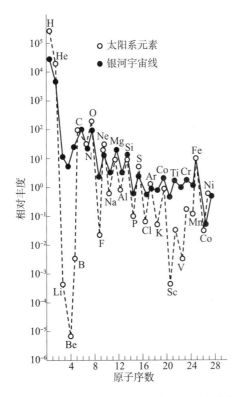

图 2-54　银河宇宙线中各种元素粒子的相对丰度分布

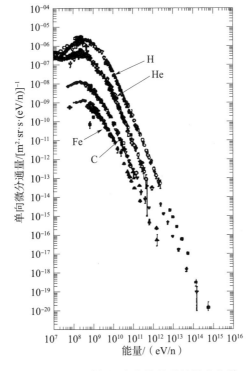

图 2-55　几种银河宇宙线粒子的微分能谱

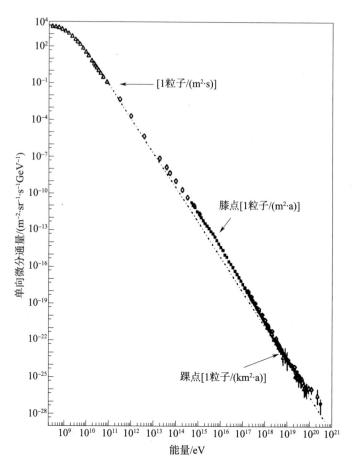

图 2-56　银河宇宙线粒子的总微分通量与能量的关系

图中括号内给出的是大于箭头所指能量粒子的积分通量

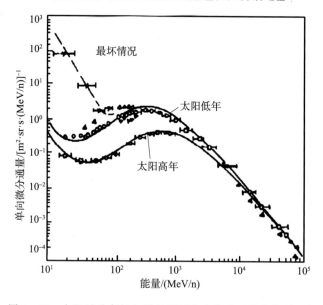

图 2-57　太阳活动高年与低年银河宇宙线质子微分能谱比较

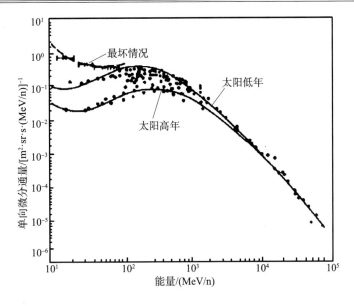

图 2 - 58　太阳活动高年与低年银河宇宙线氢离子微分能谱比较

国际上，已有多种描述地磁层外银河宇宙线粒子通量变化的模式，包括：CREME[71-73] 模式、Badhwar 与 O'Neil 模式[74]、Davis[75] 模式及 Nymmik 模式[76-77] 等。其中，常用的模式为 CREME 模式（1986 年版本及 1996 年版本）与 Nymmik 模式。下面主要介绍这两种模式的基本要点。

2.8.2　Nymmik 银河宇宙线模式

Nymmik 模式由俄罗斯国立莫斯科大学核物理研究所 Nymmik 教授等人建立[76-77]。在 2004 年 6 月出版的 ISO 15390 国际标准中[78]，将该模式作为银河宇宙线的通用模式。该模式适用于地磁层外行星际空间能量从 $5\sim10^5$ MeV/n 的银河宇宙线粒子，包括：质子及 $Z=2\sim92$ 的重核离子。Nymmik 模式具有如下基本要点。

（1）银河宇宙线粒子通量的影响因素

在地磁层外的行星际空间，银河宇宙线粒子通量分布具有各向同性，并主要受太阳活动及日球磁场变化的影响。太阳活动用 12 个月平均的黑子数或 Wolf 数 $\overline{W}$ 表征（$W=10g+f$，式中 g 为太阳黑子群数，f 为可见的单个黑子数）。日球磁场的变化与太阳极性磁场的变化呈正相关，且取决于太阳活度与所给定的太阳周期数 n 是偶数还是奇数。某一时刻的日球磁场可由下式表征：

$$M[\overline{W}(t),n]=(-1)^{n-1}\times S\times\left\{1-\left[\frac{\overline{W}(t)-W_n^{\ min}}{W_n^{\ max}-W_n^{\ min}}\right]^{2.7}\right\} \qquad (2-70)$$

式中　$W_n^{\ max}$——第 n 次太阳活动周期中 $\overline{W}$ 的最大值；

$W_n^{\ min}$——第 n 次太阳活动周期中 $\overline{W}$ 的最小值。

在 $t-t_n^{\pm}\geqslant0$ 时，$S=1$；否则，$S=-1$。$t_n^{\pm}$ 是第 n 次太阳活动周期中磁场极性变换的时刻（按极大年界定）。为进行银河宇宙线粒子通量预测，建议取 $t_{19}^{\pm}=1\,958.21$，$t_{20}^{\pm}=$

1 968.87, $t_{21}^{\pm} = 1\,979.96$，$t_{22}^{\pm} = 1\,989.46$，$t_{23}^{\pm} = 2\,000.71$ 及 $t_{24}^{\pm} = 2\,011.3$。

由于银河宇宙线强度与太阳活动密切相关，在建立预测模式时需考虑银河宇宙线在日球中所受到的太阳风调制作用。日球的有效调制势可由下式计算

$$R_0\{\overline{W}[t - \Delta T(n, R, t)]\} = 0.37 + 3 \times 10^{-4} \times \overline{W}^{1.45}[t - \Delta T(n, R, t)] \quad (2-71)$$

式中　$\Delta T(n, R, t)$——银河宇宙线通量相对于太阳活动变化的滞后时间（月）。

相对于银河宇宙线而言，太阳风的运动速度较慢，其对银河宇宙线的调制会产生一定的滞后效应。这种滞后效应与银河宇宙线粒子的磁刚度 R，太阳周期数 n 是奇数还是偶数，以及太阳周期的相位时刻 t 有关，即

$$\Delta T(n, R, t) = 0.5 \times [T_+ + T_-(R)] + 0.5 \times [T_+ - T_-(R)] \times \tau(\overline{W}) \quad (2-72)$$

式中　T_+——偶数太阳周期时的滞后时间；

　　　T_-——奇数太阳周期时的滞后时间。

T_+ 与银河宇宙线粒子的磁刚度 R 无关，$T_+ = 15$（月）；T_- 与粒子磁刚度 R 有关，即 $T_-(R) = 7.5 \times R^{-0.45}$（月）。$\tau(\overline{W})$ 可由下式计算

$$\tau(\overline{W}) = (-1)^n \times \left[\frac{\overline{W}(t - \delta t) - W_n^{\min}}{W_n^{\max}}\right]^{0.2} \quad (2-73)$$

式中　$\delta t = 16$（月）；

　　　$\tau(\overline{W})$——滞后效应变化的时间函数项。

（2）银河宇宙线粒子磁刚度谱

磁刚度谱是指粒子通量随磁刚度的变化关系。磁刚度是表征带电粒子穿入磁场能力的物理量，与粒子的能量 E，电荷 Q 及原子序数 A 有关，即 $R = \frac{A}{Q}\sqrt{E(E + 1.876)}$。粒子具有相同的磁刚度时，在磁场中运动状态相同。在某一时刻 t，具有磁刚度 R 的银河宇宙线粒子的通量 $\Phi_i(R, t)$ 可由下式计算

$$\Phi_i(R, t) = \frac{C_i \times \beta^{\alpha_i}}{R^{\gamma_i}} \times \left[\frac{R}{R + R_0(R, t)}\right]^{\Delta_i(R, t)} \quad (2-74)$$

式中　Φ_i 的单位为 $(\text{m}^2 \cdot \text{sr} \cdot \text{s} \cdot \text{GeV})^{-1}$；

　　　$R_0(R, t)$——日球的有效调制势，如式（2-71）所示；

　　　$\Delta_i(R, t)$——无量纲参数；

　　　β——粒子速度与光速之比。

$\Delta_i(R, t)$ 和 β 表达式分别为

$$\Delta_i(R, t) = 5.5 + 1.13 \frac{Z_i}{|Z_i|} \times M[\overline{W}(t), n] \times \frac{\beta R}{R_0(R, t)} \exp\left[-\frac{\beta R}{R_0(R, t)}\right] \quad (2-75)$$

$$\beta = \frac{R}{\sqrt{R^2 + \left(\frac{A_i m_i}{|Z_i|}\right)^2}} \quad (2-76)$$

上述各公式中，A_i 和 Z_i 分别表示第 i 种粒子的质量数和电荷数，大小由元素种类决定，具体数值如 ISO 15390 标准[78] 的表 1 和表 2 所示。m_i 表示粒子的静止能量，即电子：$m_e = 5.1 \times 10^{-4}$ GeV；质子：$m_p = 0.938$ GeV；重核：$m_{Z \geqslant 2} = 0.939$ GeV/n。C_i，α_i 及 γ_i 为第 i 种

粒子的非调制刚度的有关参数，对 $Z \leqslant 28$ 的粒子依据 ISO 15390 标准的表 1 取值；对于 $Z \geqslant 29$ 的粒子，$\alpha_i = \alpha_{26}$，$\gamma_i = \gamma_{26}$，$C_i = C_{26} \cdot \dfrac{C_i}{C_{26}}$，并且 $\dfrac{C_i}{C_{26}}$ 依据 ISO 15390 标准的表 2 取值。

（3）银河宇宙线粒子能谱

能谱是指粒子通量随能量的变化关系。在某一时刻 t 具有能量 E 的银河宇宙线粒子的通量 $F_i(E, t)$，可由下式计算

$$F_i(E, t) = \Phi_i(R, t) \cdot \frac{A_i}{|Z_i|} \cdot \frac{10^{-3}}{\beta} \tag{2-77}$$

式（2-77）中　各系数的含义同式（2-74）和式（2-76）。对 $A_i = 1$ 的粒子，通量 $F_i(E, t)$ 的单位为 $(\mathrm{m^2 \cdot sr \cdot s \cdot MeV})^{-1}$；对 $A_i \geqslant 2$ 的粒子，通量 $F_i(E, t)$ 的单位为 $(\mathrm{m^2 \cdot sr \cdot s \cdot MeV/n})^{-1}$。

对于给定磁刚度 R 的银河宇宙线粒子，可由下式计算相应的能量 E（单位为 GeV，对重核粒子单位为 GeV/n）

$$E = -m_i + \sqrt{m_i^2 + \left(\frac{Z_i}{A_i} R\right)^2} \tag{2-78}$$

对于给定能量 E 的银河宇宙线粒子，可分别由下列公式计算相应的磁刚度 R 和粒子对光速的相对速度 β

$$R = \frac{A_i}{|Z_i|} \sqrt{E(E + 2m_i)} \tag{2-79}$$

$$\beta = \frac{\sqrt{E(E + 2m_i)}}{E + m_i} \tag{2-80}$$

基于以上模式框架，可以计算地磁层外行星际空间的银河宇宙线粒子通量。计算时需要考虑日球尺度的影响。根据有关日球尺度的假定，需将日球调制势 $R_0(t)$ 作如下修正

$$R_0{}'(r, t) = R_0(t) \cdot (1 - r/r_0)$$

式中　$R_0{}'(r, t)$——修正后的调制势；

　　　　r——与太阳的距离（AU）；

　　　　r_0——调制区域半径（$r_0 \approx 100$ AU）。

2.8.3　CREME 模式

CREME 模式是美国海军研究实验室针对航天器微电子器件评价的需要而开发的宇宙线环境模式，包括银河宇宙线模式与太阳宇宙线模式。1981 年，Adams 等人[71]发表了地磁层外银河宇宙线模式的第 1 版，通常称为 CREME—81 模式。该模式是一个基于探测数据拟合的经验模式，可计算原子序数 1～92 的元素核离子的微分能谱。在银河宇宙线中，前 28 种元素的核离子对微电子器件产生的辐射效应最为重要。银河宇宙线粒子微分通量的单位为：粒子数/（$\mathrm{m^2 \cdot s \cdot sr \cdot MeV/n}$）。CREME 模式的 1986 年升级版本称为 CREME—86 模式，其根据已有的卫星探测结果，考虑了氦、碳、氮、氧、氖、镁、硅、氩及铁的异常成分对银河宇宙线能谱的影响。这种异常成分被认为是单电离的离子，对地磁场具有较大的穿透能

力。在 CREME—86 模式中给出了计算宇宙线异常成分的经验公式。

在 CREME—86 模式的基础上，结合俄罗斯国立莫斯科大学 Nymmik 模式的半经验公式，建立了 CREME—96 模式[73]。与 CREME 模式的原有版本相比，CREME—96 模式进行了以下改进：1) 改进了银河宇宙线模式、异常宇宙线模式及近地空间轨道太阳事件粒子成分模式；2) 改进了地磁传输计算方法；3) 改进了核子传输子程序；4) 改进了单粒子翻转（SEU）效应计算方法，包括质子诱发及重离子直接产生的单粒子事件；5) 提高了程序界面的可操作性。

CREME 模式计算银河宇宙线粒子能谱时针对不同的元素分组，分别给出如下微分能谱的表达式。

（1）质子、α粒子和铁核的微分能谱

在 $E>10$ MeV/n 条件下，质子（氢核）、α粒子（氦核）和铁核的微分能谱由下式给出

$$F(E,t) = A(E)\sin[W(t-t_0)] + B(E) \tag{2-81}$$

式中　　E——离子能量（MeV/n）；

$W = 0.576$ rad/a；

$t_0 = 1950.6$（历元日期，年）；

t——当前日期（年）。

$A(E)$ 和 $B(E)$ 分别由以下公式计算

$$B(E) = 0.5[f_{\min}(E) + f_{\max}(E)] \tag{2-82}$$

$$A(E) = 0.5[f_{\min}(E) - f_{\max}(E)] \tag{2-83}$$

式中　　$f_{\min}(E), f_{\max}(E)$——太阳极小年和极大年的微分能谱。

氢核、氦核和铁核在太阳极小年和极大年的微分能谱，可分别按表 2-53 所列常数值通过以下公式求得

$$f(E) = 10^m \left(\frac{E}{E_0}\right)^a \tag{2-84}$$

$$a = a_0\{1 - \exp[-X_1(\lg E)^b]\} \tag{2-85}$$

$$m = C_1\exp[-X_2(\lg E)^2] - C_2 \tag{2-86}$$

表 2-53　式（2-84）至式（2-86）中相应于太阳极小年和极大年的常数表

元素	a_0	E_0	b	X_1	X_2	C_1	C_2
$H_{\min}$	−2.20	1.177 5E+5	2.685	0.117	0.80	6.52	4.00
$H_{\max}$	−2.20	1.177 5E+5	2.685	0.079	0.80	6.52	4.00
$He_{\min}$	−2.35	8.270 0E+4	2.070	0.241	0.83	4.75	5.10
$He_{\max}$	−2.35	8.270 0E+4	2.070	0.180	0.83	4.75	5.10
$Fe_{\min}$	−2.14	1.175 0E+5	2.640	0.140	0.65	6.63	7.69
$Fe_{\max}$	−2.14	1.175 0E+5	2.640	0.102	0.65	6.63	7.69

（2）C，O，F，Ne，Na，Al 和 P 等元素核离子的微分能谱

这 7 种元素核离子的微分能谱可由式（2-81）计算的氦（He）核的微分能谱乘以表

2-54 中各元素核离子丰度的比例系数求得。

表 2-54　各元素核离子相对氢核的丰度比例系数

元素	比例系数	元素	比例系数
C	3.04E−2	Al	1.07E−3
O	2.84E−2	P	2.34E−4
F	6.06E−4		
Ne	4.63E−3		
Na	1.02E−3		

（3）Ca，Co 和 Ni 等元素核离子的微分能谱

这 3 种元素核离子的微分能谱可由式（2-81）计算的 Fe 核微分能谱乘以表 2-55 中各元素核离子丰度的比例系数求得。

表 2-55　Ca，Co 及 Ni 核离子相对于铁核的丰度比例系数

元素	比例系数
Ca	2.1E−1
Co	3.4E−3
Ni	5.0E−2

（4）Li，Be 和 B 等元素核离子的微分能谱

通过式（2-81）计算氦核微分能谱 F_{He}，并按下式求得（Li+Be+B）的综合谱（F^*）

$$F^* = \begin{cases} 0.021 F_{He}, E < 3\,000 \text{ MeV/n} \\ 0.729\,E^{-0.443} \cdot F_{He}, E \geqslant 3\,000 \text{ MeV/n} \end{cases} \qquad (2-87)$$

然后，再乘以表 2-56 中各元素占综合谱丰度的比例系数，求得各元素核离子单独的微分能谱。

表 2-56　Li，Be 和 B 占（Li+Be+B）综合谱丰度的比例系数

元素	比例系数
Li	0.330
Be	0.176
B	0.480

（5）元素 N 核的微分能谱

元素 N 核的微分能谱 F_N 由 He 核微分能谱 F_{He} 通过下式求得

$$F_N = \{8.7E^{-3} \exp[-0.4\,(\lg E - 3.15)^2] + 7.6E^{-3} \exp[-0.9\,(\lg E - 0.8)^2]\} \cdot F_{He}$$

$$(2-88)$$

式中　E——能量（MeV/n）。

（6）Mg，Si 和 S 等元素核离子的微分能谱

通过 He 核的微分能谱 F_{He}，经下式求得（Mg+Si+S）综合谱 F^*

$$F^* = \begin{cases} F_{\text{He}}, & E < 2\,200\ \text{MeV/n} \\ [1 + 1.56E^{-5}(E - 2\,200)] \cdot F_{\text{He}}, & E \geqslant 2\,200\ \text{MeV/n} \end{cases} \quad (2-89)$$

然后，将 F^* 乘以表 2-57 中各元素相对于综合谱丰度的比例系数，便可分别求得 Mg，Si 和 S 等元素核离子的微分能谱。

表 2-57　Mg，Si 和 S 元素相对于综合谱丰度的比例系数

元素	比例系数
Mg	6.02E−3
Si	4.63E−3
S	9.30E−4

(7) Cl，Ar，K，Sc，Ti，V，Cr 和 Mn 等元素核离子的微分能谱

这 8 种元素核离子的综合微分能谱 F^* 是在 Fe 核微分能谱 F_{Fe} 的基础上求得的，如下式所示

$$F^* = Q(E) \cdot F_{\text{Fe}} \quad (2-90)$$

$$Q(E) = 16[1 - \exp(-0.075E^{0.4})]E^{-0.33} \quad (2-91)$$

式中　E——能量（MeV/n）。

各元素核离子单独的微分能谱由 F^* 乘以表 2-58 中相应的丰度比例系数求得。

表 2-58　各元素相对于 F^* 综合谱丰度的比例系数

元素	比例系数	元素	比例系数
Cl	0.070	Ti	0.147
Ar	0.130	V	0.070
K	0.090	Cr	0.140
Sc	0.042	Mn	0.100

(8) Cu~U 各元素的核离子微分能谱

Cu~U 各元素的核离子微分能谱可通过式（2-81）计算的 Fe 核微分能谱 F_{Fe} 乘以表 2-59 中各元素的丰度比例系数求得。

表 2-59　各元素相对于 Fe 核的丰度比例系数

元素	比例系数	元素	比例系数
Cu	6.8E−4	Pm	1.9E−7
Zn	8.8E−4	Sm	8.7E−7
Ga	6.5E−5	Eu	1.5E−7
Ge	1.4E−4	Gd	7.0E−7
As	9.9E−6	Tb	1.7E−7
Se	5.8E−5	Dy	7.0E−7
Br	8.3E−6	Ho	2.6E−7

续表

元素	比例系数	元素	比例系数
Kr	2.3E−5	Er	4.3E−7
Rb	1.1E−5	Tm	8.9E−8
Sr	3.6E−5	Yb	4.4E−7
Y	6.8E−6	Lu	6.4E−8
Zr	1.7E−5	Hf	4.0E−7
Nb	2.6E−6	Ta	3.6E−8
Mo	7.1E−6	W	3.8E−7
Tc	1.6E−6	Re	1.3E−7
Ru	5.3E−6	Os	5.6E−7
Rh	1.5E−6	Ir	3.7E−7
Pd	4.5E−6	Pt	7.2E−7
Ag	1.3E−6	Au	1.3E−7
Cd	3.6E−6	Hg	2.3E−7
In	1.4E−6	Tl	1.8E−7
Sn	7.5E−6	Pb	1.7E−6
Sb	9.9E−7	Bi	9.0E−8
Te	5.7E−6	Po	0
I	1.5E−6	At	0
Xe	3.5E−6	Rn	0
Cs	5.8E−7	Fr	0
Ba	6.0E−6	Ra	0
La	5.3E−7	Ac	0
Ce	1.6E−6	Th	9.0E−8
Pr	3.0E−7	Pa	0
Nd	1.1E−6	U	5.4E−8

（9）最坏情况的微分能谱

上述计算银河宇宙线各元素核离子微分能谱的方法适用于太阳活动平静期，并假设在行星际空间仅存在银河宇宙线粒子。银河宇宙线能谱会受到小型太阳耀斑和太阳风共转效应（CIR）等事件的干扰，尤其对较低能量粒子通量的影响较大。为了考虑行星际扰动状态的影响，应在给定置信度条件下计算最坏情况的能谱。所谓最坏情况是指任意能量的银河宇宙线粒子的瞬态通量在90%置信度下所能达到的最高值。

最坏情况的银河宇宙线质子微分能谱 $F_{H(最坏)}$ 可先通过式（2-84）～式（2-86）计算太阳极小年的氢核能谱 $f_{H(min)}$，然后再按照下式求得

$$F_{H(最坏)} = (1\,897\,e^{-E/9.66} + 1.64) \cdot f_{H(min)} \qquad (2-92)$$

式中　E——能量（MeV/n）。

式（2-92）适用于 $E \leqslant 100$ MeV/n。

类似地，He 核与 Fe 核离子的最坏情况微分能谱可先由式（2-84）～式（2-86）计算太阳极小年的氦核和铁核微分能谱，再乘以下式

$$28.4e^{-E/13.84} + 1.64 \tag{2-93}$$

所得结果适用于 $E \leqslant 100$ MeV/n。

在 $E > 100$ MeV/n 时，H，He 和 Fe 核的最坏情况微分能谱近似由下式求得

$$F_{最坏} = 1.64 f_{min} \tag{2-94}$$

式中　f_{min}——相关元素的太阳极小年微分能谱。

最坏情况的 H 核、He 核和 Fe 核的微分能谱也是计算其他元素核离子最坏情况微分能谱的基础。基于最坏情况的 H 核、He 核和 Fe 核的微分能谱，可按照上述太阳活动平静期时相同的方法计算其他元素核离子最坏情况的微分能谱。

（10）反常宇宙线粒子的微分能谱

反常宇宙线源于星际中性原子向日球的渗入，并在太阳紫外辐射作用下被电离所形成的低电荷态离子（一般为一价），主要组分涉及 He，N，O 和 Ne 等。在行星际空间，反常宇宙线粒子可被加速到每个核子几兆电子伏的能量。由于反常宇宙线粒子呈低电荷态，可在相同能量下具有明显高于银河宇宙线粒子的磁刚度，易于穿入地磁层深处。在低高度、小倾角轨道条件下，反常宇宙线可能是导致微电子器件产生单粒子效应的主导因素。反常宇宙线各主要组分的微分能谱可由下述经验公式计算。

①单电离氦离子微分能谱［通量单位：粒子/（$m^2 \cdot sr \cdot s \cdot$ MeV/n）］

$$F_{He} = \begin{cases} 0.4, E < 195 \text{ MeV/n} \\ 1.54 \times 10^4 E^{-2}, E \geqslant 195 \text{ MeV/n} \end{cases}$$

②单电离氮离子微分能谱［通量单位：粒子/（$m^2 \cdot sr \cdot s \cdot$ MeV/n）］

$$F_{N} = \begin{cases} 1.54 \times 10^{-2} \exp[-(\ln E - 1.79)^2/0.7], E < 20 \text{ MeV/n} \\ 0.773 E^{-2}, E \geqslant 20 \text{ MeV/n} \end{cases}$$

③单电离氧离子微分能谱［通量单位：粒子/（$m^2 \cdot sr \cdot s \cdot$ MeV/n）］

$$F_{O} = \begin{cases} 6.00 \times 10^{-2} \exp[-(\ln E - 1.79)^2/0.7], E < 30 \text{ MeV/n} \\ 1.32 E^{-2}, E \geqslant 30 \text{ MeV/n} \end{cases}$$

④单电离氖离子微分能谱［通量单位：粒子/（$m^2 \cdot sr \cdot s \cdot$ MeV/n）］

$$F_{Ne} = \begin{cases} 8.00 \times 10^{-3} \exp[-(\ln E - 1.79)^2/0.7], E < 20 \text{ MeV/n} \\ 0.40 E^{-2}, E \geqslant 20 \text{ MeV/n} \end{cases}$$

⑤单电离碳离子微分能谱［通量单位：粒子/（$m^2 \cdot sr \cdot s \cdot$ MeV/n）］

$$F_{C} = \begin{cases} 4.00 \times 10^{3} \exp[-(\ln E - 1.79)^2/0.7], E < 10 \text{ MeV/n} \\ 0.27 E^{-2}, E \geqslant 10 \text{ MeV/n} \end{cases}$$

⑥单电离镁离子微分能谱［通量单位：粒子/（$m^2 \cdot sr \cdot s \cdot$ MeV/n）］

$$F_{Mg} = \begin{cases} 8.00 \times 10^{-4} \exp[(-\ln E - 2.30)^2/0.7], E < 20 \text{ MeV/n} \\ 0.40 E^{-2}, E \geqslant 20 \text{ MeV/n} \end{cases}$$

⑦单电离硅离子微分能谱 [通量单位：粒子/ (m² • sr • s • MeV/n)]

$$F_{Si} = \begin{cases} 1.00 \times 10^{-3} \exp[-(\ln E - 2.20)^2 / 0.4], E < 10 \text{ MeV/n} \\ 0.10 E^{-2}, E \geqslant 10 \text{ MeV/n} \end{cases}$$

⑧单电离氩离子微分能谱 [通量单位：粒子/ (m² • sr • s • MeV/n)]

$$F_{Ar} = \begin{cases} 5.40 \times 10^{-4} \exp[-(\ln E - 1.79)^2 / 0.7], E < 20 \text{ MeV/n} \\ 0.28 E^{-2}, E \geqslant 20 \text{ MeV/n} \end{cases}$$

⑨单电离铁离子微分能谱 [通量单位：粒子/ (m² • sr • s • MeV/n)]

$$F_{Fe} = \begin{cases} 6.00 \times 10^{-4} \exp[-(\ln E - 2.48)^2 / 2.0], E < 30 \text{ MeV/n} \\ 0.35 E^{-2}, E \geqslant 30 \text{ MeV/n} \end{cases}$$

2.8.4　近地轨道银河宇宙线能谱计算方法

地磁场能够对宇宙线粒子起到一定的屏蔽作用，称为地磁屏蔽效应 (geomagetic shielding)。由于宇宙线是带电粒子流，进入地磁场后会受到地磁场的作用而发生偏转，使得能量或磁刚度较低的粒子难以到达较低的近地轨道。磁刚度是粒子的动量与电荷之比所定义的物理量，即粒子每单位电荷的动量。宇宙线粒子进入地磁场某位置的条件是粒子的磁刚度要大于该点地磁场的截止刚度。粒子的磁刚度是表征其穿透磁场能力的参数。地磁截止刚度是地磁场允许带电粒子进入地磁空间某位置的最小刚度。地磁截止刚度 R_c 与粒子到达位置的地理高度、地磁纬度及入射方向有关。在偶极磁场近似下，R_c（单位为 GV）可由下式计算

$$R_c = \frac{59.6 \cdot \cos^4 \varphi}{r^2 [1 + (1 - \cos^3 \varphi \cdot \cos\gamma)^{1/2}]^2} \tag{2-95}$$

式中　r——地心距（R_E）；

　　　φ——地磁纬度；

　　　γ——粒子入射方向与东向的夹角。

地磁截止刚度 R_c 相对应的截止能量 E_c（单位为 GeV/n）由下式给出

$$E_c = [(ZR_c/A)^2 + E_0^2]^{\frac{1}{2}} - E_0 \tag{2-96}$$

式中　E_0——粒子静止能量；

　　　A——粒子质量数；

　　　Z——粒子所带电荷数。

若粒子从天顶方向垂直入射（$\gamma = 90°$），地磁截止刚度 R_c 可近似由下式求得

$$R_c = \frac{14.9 \cos^4 \varphi}{r^2} = \frac{14.9}{L^2} \tag{2-97}$$

式（2-97）中，R_c 的单位为 GV；L 为地磁壳层参数；$r = L \cos^2 \varphi$。有时将系数 14.9 取为 16，该值是通过实际观测的有效地磁截止刚度拟合得出的。

由式（2-95）可见，宇宙线粒子较易于从西向（$\gamma = 180°$）进入地磁场，而从东向（$\gamma = 0°$）进入相对较难。宇宙线粒子进入地磁场后，呈现空间分布的不均匀性和运动的各向异性，使粒子通量呈现纬度效应和东西不对称性，这种现象称为宇宙线强度的地磁效

应，如图 2-59 所示。随着地磁纬度的增加，地磁截止刚度降低。地磁效应的东西不对称性主要出现在低纬度区。宇宙线粒子从西向进入地磁场时，能够到达较东向进入时低的轨道高度。

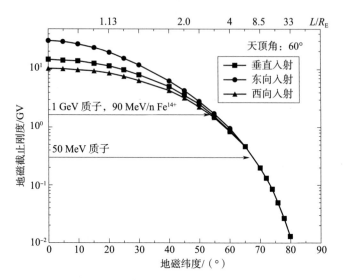

图 2-59　地磁偶极近似下宇宙线粒子从西、东向入射及垂直入射时截止刚度与地磁纬度的关系

地磁截止刚度随着地磁活动指数 K_P 增高而降低。在发生磁暴时，地磁截止刚度下降，有利于较低能量的宇宙线粒子进入近地高度轨道。磁暴对地磁截止刚度 R_c 的影响，大体上可用下式表述

$$R_c^{'} = R_c [1 - 0.54 \exp(-R_c/2.9)] \tag{2-98}$$

式中　$R_c^{'}$——发生磁暴时的地磁截止刚度（GV）。

地磁空间各点的地磁截止刚度不同，地磁屏蔽效应与轨道高度和倾角密切相关。宇宙线粒子易于进入极地轨道及较高高度的轨道（如地球静止轨道）。航天器在轨运行过程中，通过不同位置时的地磁截止刚度不同，导致宇宙线粒子从不同位置进入轨道的通量发生变化。为了计算航天器运行轨道上的宇宙线粒子通量，引入地磁截止透过函数（transmission function）来表征进入轨道的粒子通量与原始宇宙线粒子通量的关系。地磁截止透过函数在数值上等于航天器在轨运行期间通过 $R \geqslant R_c$ 位置的飞行时间 $T(\geqslant R_c)$ 与总飞行时间 T_0 之比，即

$$\Delta T(\geqslant R_c) = \frac{T(\geqslant R_c)}{T_0} \tag{2-99}$$

因此，将原始的宇宙线粒子能谱乘以航天器轨道相应的地磁截止透过函数，便可求得该轨道的宇宙线粒子能谱，即 $F_{轨道}(\geqslant R_c) = F_{原始}(R) \cdot \Delta T(\geqslant R_c)$。地磁截止透过函数 $\Delta T(\geqslant R_c)$ 随轨道高度、地理纬度、地磁指数 K_P 和磁地方时等因素变化。

基于以上分析，航天器运行轨道上银河宇宙线粒子能谱的计算方法包括：1）计算轨道上各点的位置坐标；2）计算轨道上各点的地磁截止刚度；3）根据地磁层外银河宇宙线模式，计算原始银河宇宙线粒子的磁刚度谱与能谱；4）基于航天器在轨飞行时间、轨道

圈数、地磁指数 K_P 及磁地方时等条件，计算轨道上各种磁刚度银河宇宙线粒子的地磁截止透过函数；5）基于原始银河宇宙线粒子能谱和地磁截止透过函数，计算航天器运行轨道上银河宇宙线粒子的磁刚度谱与能谱；6）为了求得银河宇宙线粒子和反常宇宙线粒子的合成能谱，应首先计算两者的原始能谱及相应的地磁截止透过函数，再针对给定的航天器运行轨道计算各自的能谱并进行加和。

上述计算过程可由计算机程序完成，如用 CREME—96 程序进行计算（http：//crsp3. nrl. nany. mil/creme96），SPENVIS 系统收录了 CREME—96 程序（http：//www. spenvis. oma. be/spenvis/）。莫斯科大学提供计算银河宇宙线粒子能谱程序的网址为 http：//www. npi. msu. ru/gcrf/form. html。

2.8.5　常用银河宇宙线模式计算的轨道能谱比较

由于银河宇宙线环境的复杂性，采用不同模式计算的结果会有差别。图 2 - 60 为 CREME—96 模式与其以往版本计算得到的太阳低年时银河宇宙线中 H，He，O 和 Fe 核微分能谱的比较。在高能部分，两种版本的计算结果基本上一致，均与实测数据吻合。当能量低于 10^3 MeV/n 时，CREME—96 版本的计算结果与实测数据吻合较好，而新旧版本的计算结果却出现明显差别。在 NASA 的空间环境标准中，将 CREME - 96 模式作为银河宇宙线环境的标准模式。

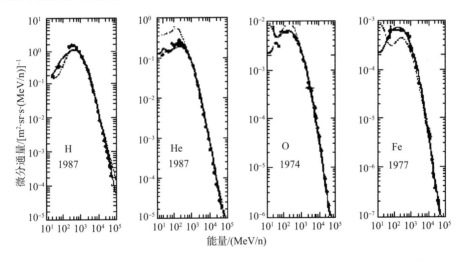

图 2 - 60　CREME 模式新旧版本计算的银河宇宙线粒子微分能谱及其与实测数据的比较（太阳低年）
——CREME—96；⋯⋯旧版 CREME；•实测数据

针对三种轨道（500 km，98°；20 000 km，55°及 36 000 km，0°），采用 CREME—86 模式和 Nymmik 模式计算银河宇宙线质子全向微分能谱（在轨时间预定为 10 年），所得结果分别如图 2 - 61，图 2 - 62 及图 2 - 63 所示。在高能部分，两种模式的计算结果基本相近；在较低能量部分，Nymmik 模式能较好地给出银河宇宙线质子的微分累积通量随能量升高而逐渐降低的趋势。上述结论适用于三种轨道。在欧洲空间局的 ECSS - E - ST - 10 - 04C 空间环境标准中，推荐应用 ISO 15390 模式，即 Nymmik 银河宇宙线模式。

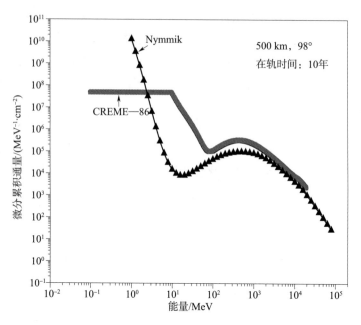

图 2-61　CREME—86 与 Nymmik 模式计算 500 km，98°轨道银河宇宙线质子能谱比较

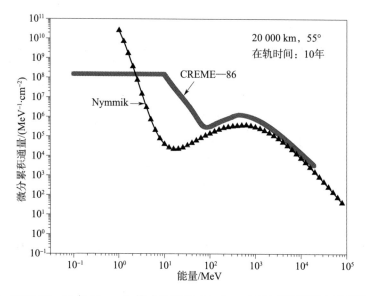

图 2-62　CREME—86 与 Nymmik 模式计算 20 000 km，55°轨道银河宇宙线质子能谱比较

2.8.6　银河宇宙线模式选用

银河宇宙线由各种元素的核离子及 2% 左右的电子组成。核离子的能量范围为 10～10^{16} MeV/n。银河宇宙线的强度受太阳活动调制，与太阳黑子数存在负相关性，即太阳活动低年时银河宇宙线强度高。

地磁场对银河宇宙线粒子会产生一定的磁屏蔽效应。银河宇宙线粒子进入地磁场某位

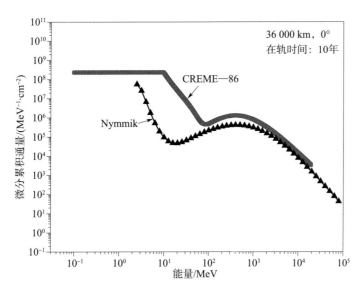

图 2 - 63　CREME—86 与 Nymmik 模式计算 36 000 km，0°轨道银河宇宙线质子能谱比较

置的条件是粒子本身的磁刚度大于地磁截止刚度。地磁截止刚度与粒子到达位置的地理高度、地磁纬度及粒子入射方向有关。银河宇宙线粒子易于到达极地轨道及地球同步轨道。计算近地空间轨道上银河宇宙线粒子能谱时，需将地磁层外的原始能谱乘以航天器轨道相应的地磁截止透过函数。在对银河宇宙线能谱进行保守计算时，可不考虑地磁屏蔽效应的影响。

反常宇宙线粒子具有低电荷态，对地磁场具有较大的穿透能力，可能成为导致卫星上微电子器件产生单粒子效应的重要因素。尤其在低高度、小倾角轨道条件下，反常宇宙线粒子可能是造成单粒子事件的主导因素。在太阳活动下降期或极小年，反常宇宙线的影响尤为明显，应充分考虑反常宇宙线组分中 He，O 和 N 粒子能谱的贡献。在这种情况下，有必要计算银河宇宙线与反常宇宙线的合成能谱。

银河宇宙线模式以 CREME—86 或 CREME—96 模式应用较为广泛。Nymmik 模式较好地考虑了太阳活动对银河宇宙线的调制作用及地磁屏蔽效应，近年来受到重视，成为国际标准 ISO 15390 采纳的银河宇宙线标准模式，得到推广应用。

2.9　太阳宇宙线模式

2.9.1　一般表述

太阳宇宙线是太阳爆发（耀斑或日冕物质抛射）期间，发射出的高能带电粒子流。能量范围在 0.1 MeV 至几十吉电子伏之间，丰度最大的能区为 1 MeV 至几百兆电子伏。太阳宇宙线粒子绝大部分为质子，常称为太阳质子事件。在太阳宇宙线中，还有电子、氦核（3%～15%）及少量其他 $Z>2$ 的重核离子。太阳宇宙线的重核离子一般没有达到完全电离状态。每次太阳爆发时产生的太阳宇宙线的成分、通量及能谱都不完全相同，具有很大的随机性。

通常认为，太阳质子事件源于太阳耀斑。然而，太阳耀斑涉及多种过程，也可能不呈现典型的质子事件。较近期的看法是日冕物质抛射会直接导致太阳质子事件。日冕物质抛射与太阳耀斑可能是共生现象或因果关系。日冕物质抛射往往在 X 光耀斑增亮之前开始。太阳质子事件常与耀斑同时发生，但有的太阳质子事件可能仅是日冕物质抛射所致。这说明日冕物质抛射更可能是太阳质子事件的源。

太阳爆发后，不同能量的粒子从太阳到达地球的传播时间不同，可以从几十分钟到几小时。图 2-64 为太阳宇宙线粒子强度（或通量）随时间变化的示意图。图中，t_0 为光学耀斑出现至第一批太阳能量粒子到达地球所需时间，称为滞后时间；t_R 为能量粒子出现于地球附近至达到最大通量所需时间，称为上升时间；t_D 为粒子通量最大值衰降到 $1/e$ 所需时间，称为衰降时间。不同能量粒子的通量随时间变化出现峰值的先后不同。粒子能量越高，峰通量出现的时间越短，峰通量值越低。太阳宇宙线在峰通量时对航天器的损伤程度最大。峰通量可作为表征太阳宇宙线强度的重要参量。

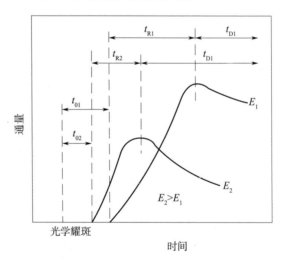

图 2-64　太阳宇宙线粒子通量随时间变化示意图

太阳宇宙线粒子在离开太阳时是各向异性的，而在行星际磁场和太阳风等离子体的调制作用下，到达地球附近时逐渐趋于各向同性。太阳宇宙线的地磁效应与银河宇宙线相类似；不同的是太阳宇宙线粒子的能量大都比银河宇宙线低，更易于受到地磁场的影响。通常是在高纬和高度较高的近地轨道才有太阳宇宙线粒子到达。能量超过 10 MeV 的太阳质子能够直接进入地球同步轨道，而在出现磁扰动时才会有能量较低（<3 MeV）质子进入地球同步轨道。在地磁纬度约大于 63°的极区，地磁截止刚度趋近于零，易于太阳质子的进入。图 2-65 为第 19 至第 20 次周期各年太阳质子事件的积分累积通量（>30 MeV）分布，从图中可见，太阳质子事件主要发生在太阳高年的 7 年内。在 11 年太阳周期的 4 年低年期间，一般不出现强质子事件。图 2-66 给出太阳质子事件三种典型的微分能谱。

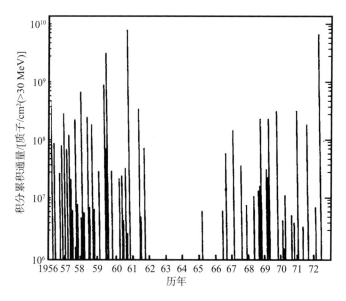

图 2-65　第 19 至第 20 次太阳周期各年太阳质子事件的积分累积通量分布

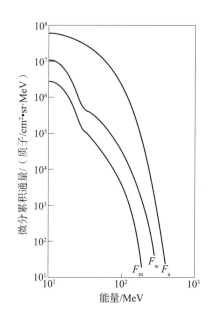

图 2-66　太阳质子事件的三种典型微分能谱

F_m—典型的普通事件；F_w——一般的最坏情况，置信度为 90%；F_a—特大的太阳质子事件

太阳宇宙线粒子能够对航天器材料、电子器件及太阳电池产生严重的辐射损伤效应，包括电离效应、位移效应及单粒子事件等，是人类航天活动必须关注的重要空间环境因素。目前，国际上有关太阳宇宙线的模式尚未统一，已有模式包括：King 模式或 SOL-PRO 模式[79]，JPL 模式[80-81]，CREME 模式[73]，ESP 模式[82] 及 Nymmik 模式[83] 等，这些模式均为地磁层外太阳宇宙线模式。计算近地空间轨道上太阳宇宙线粒子能谱时，尚需要考虑地磁场的屏蔽效应。

2.9.2 Nymmik 太阳宇宙线模式

该模式是由俄罗斯国立莫斯科大学核物理研究所 Nymmik 等人[83] 提出的，已成为俄罗斯的国家标准，并在 2004 年 10 月被采纳作为国际标准的技术规范（ISO TS 15391）。

太阳宇宙线的发生与太阳活动密切相关。在 Nymmik 模式中，将发生太阳宇宙线事件的次数与黑子数 W 相联系，并认为两者成正比关系。预期在 T 时间段内发生太阳宇宙线事件的平均次数 $\langle n \rangle$ 可由下式计算

$$\langle n \rangle = C \cdot \int_0^T v(t) \cdot \mathrm{d}t = C \cdot \sum_i^m \langle W_i \rangle \tag{2-100}$$

式中　$v(t)$——发生太阳宇宙线事件的频率；

　　　$\langle W_i \rangle$——预期时间段内每月的平均太阳黑子数（按 13 个月平均）；

　　　m——T 时间段的月数；

　　　C——与太阳宇宙线事件强度有关的系数（能谱系数）。

太阳宇宙线事件的强度以 $E \geqslant 30$ MeV 质子的累积通量 $F(\geqslant 30)$ 或 F_{30} 为判据。若 $F_{30} \geqslant 10^6$ cm^{-2} 时，$C = 0.006\ 75$；$F_{30} \geqslant 10^5$ cm^{-2} 时，$C = 0.013\ 5$。

太阳宇宙线事件的发生属概率事件，符合统计学规律。随机发生的事件次数 n 与期望的平均次数 $\langle n \rangle$ 不同。在 $\langle n \rangle < 8$ 的条件下，太阳宇宙线事件发生的概率 P 与月平均次数 $\langle n \rangle$ 和相应的随机发生次数 n 之间的关系可由下式给出

$$P(n, \langle n \rangle) = \frac{\exp(-\langle n \rangle) \langle n \rangle^n}{\langle n \rangle!} \tag{2-101}$$

而在 $\langle n \rangle \geqslant 8$ 时，则为

$$P(n, \langle n \rangle) = \frac{1}{\sigma \sqrt{2\pi}} \exp\left[-\frac{(\langle n \rangle - n)^2}{2\sigma^2}\right] \tag{2-102}$$

式中　$\sigma = \sqrt{\langle n \rangle}$ 。

太阳宇宙线质子的累积通量 F 和峰通量 f 的微分能谱可统一用下式表述

$$\Phi(E)\mathrm{d}E = \Phi(R) \cdot \frac{\mathrm{d}R}{\mathrm{d}E} \cdot \mathrm{d}E = C \cdot \left(\frac{R}{R_0}\right)^{-\gamma} \cdot \frac{\mathrm{d}R}{\mathrm{d}E} \cdot \mathrm{d}E = \frac{C}{\beta}\left(\frac{R}{R_0}\right)^{-\gamma}\mathrm{d}E \tag{2-103}$$

式中　Φ——累积通量 F 和峰通量 f 的通用符号；

　　　R——太阳质子的磁刚度，$R = \sqrt{E(E+2m_0c^2)}$；

　　　$\dfrac{\mathrm{d}R}{\mathrm{d}E} = \dfrac{\sqrt{R^2 + (m_0c^2)^2}}{R} = \dfrac{1}{\beta}$；

　　　E——太阳质子能量（MeV）；

　　　$m_0c^2 = 938$ MeV——质子的静止能量；

　　　β——质子相对速度，可按 $\beta = \sqrt{E(E+2m_0c^2)}\,/\,(E+m_0c^2)$ 求得；

　　　$R_0 = 239$ MV，相应于 $E = 30$ MeV；

　　　C, γ——太阳宇宙线的能谱系数和能谱指数。

当 $E \geqslant 30$ MeV 时，$\gamma = \gamma_0$；$E < 30$ MeV 时，有

$$\gamma = \gamma_0 \cdot \left(\frac{E}{30}\right)^{\alpha} \qquad (2-104)$$

式中　α——能谱衰减指数。

太阳宇宙线能谱曲线的形状由能谱系数 C，能谱指数 γ 及能谱衰减指数 α 决定。它们均为太阳宇宙线事件月平均发生次数 $\langle n \rangle$ 与概率 $P_{(n_i, \langle n \rangle)}$ 的函数。在太阳宇宙线事件预测时，概率 $P_{(n_i, \langle n \rangle)}$ 一般按预测需要加以规定。$\langle n \rangle$ 值根据预测时间段内各月的平均太阳黑子数 $\langle W_i \rangle$ 按式（2-100）计算。计算时，太阳宇宙线事件通量的阈值以 $E \geqslant 30$ MeV 质子的累积通量 $F_{\geqslant 30}$ 或峰通量 $f_{\geqslant 30}$ 为判据确定，要求累积通量 $F_{\geqslant 30} \geqslant 10^5$ 质子/cm² 或者峰通量 $f_{\geqslant 30} \geqslant 0.1$ 质子/（cm² · s · sr）。按照式（2-103）和式（2-104）计算太阳宇宙线事件能谱时，所需要的基本参数 C，γ_0 及 α 可由表 2-60～表 2-65 查得，表中各能谱参数的中间值可通过插值法求得。Nymmik 太阳宇宙线模式适用的质子能量范围为 4～10⁴ MeV。

表 2-60　太阳质子累积通量微分能谱系数 $C_{P, \langle n \rangle}$

cm⁻² · MeV⁻¹

概率 P / $\langle n \rangle$	0.9	0.842	0.5	0.158	0.1	0.010
1	—	—	8.43E+03	2.99E+05	9.62E+05	3.77E+07
2	—	4.53E+03	5.76E+04	1.60+06	4.21E+06	6.57E+07
4	1.92E+04	3.46E+04	3.66E+05	6.50E+06	1.48E+07	1.04E+08
8	1.37E+05	2.37E+05	1.99E+06	2.04E+07	3.43E+07	1.49E+08
16	9.42E+05	1.48E+06	8.56E+06	4.66E+07	6.78E+07	2.09E+08
32	5.05E+06	7.25E+06	2.90E+07	9.20E+07	1.21E+08	2.88E+08
64	2.15E+07	2.85E+07	7.51E+07	1.72E+08	2.10E+08	4.09E+08
128	7.50E+07	9.04E+07	1.71E+08	3.16E+08	3.60E+08	5.87E+08
256	2.06E+08	2.35E+08	3.68E+08	5.65E+08	6.25E+08	8.83E+08

表 2-61　太阳质子累积通量微分能谱指数 $\gamma_{0, P, \langle n \rangle}$

概率 P / $\langle n \rangle$	0.9	0.842	0.5	0.158	0.1	0.010
1	—	—	6.24	5.29	5.29	4.98
2	—	8.01	5.47	5.22	5.16	4.92
4	5.92	5.68	5.31	5.14	5.12	4.86
8	5.45	5.40	5.23	5.11	5.02	4.76
16	5.31	5.27	5.15	5.02	4.92	4.68
32	5.21	5.19	5.09	4.97	4.92	4.61
64	5.14	5.13	5.04	4.93	4.87	4.59
128	5.12	5.09	4.99	4.88	4.81	4.57
256	5.05	5.04	4.97	4.85	4.80	4.61

表 2 - 62　太阳质子累积通量微分能谱衰减指数 $\alpha_{P,\langle n\rangle}$

概率 P $\langle n\rangle$	0.9	0.842	0.5	0.158	0.1	0.010
1	—	—	0.18	0.04	0.08	0.22
2	—	0.73	0.03	0.10	0.14	0.22
4	0.11	0.06	0.04	0.14	0.20	0.21
8	0.03	0.03	0.08	0.20	0.21	0.18
16	0.05	0.06	0.13	0.21	0.22	0.15
32	0.08	0.10	0.16	0.20	0.20	0.12
64	0.12	0.13	0.18	0.20	0.19	0.10
128	0.16	0.16	0.18	0.18	0.17	0.07
256	0.17	0.17	0.18	0.17	0.16	0.06

表 2 - 63　太阳质子峰通量微分能谱系数 $C_{P,\langle n\rangle}$

$$\mathrm{cm^{-2} \cdot s^{-1} \cdot sr^{-1} \cdot MeV^{-1}}$$

概率 P $\langle n\rangle$	0.9	0.842	0.5	0.158	0.1	0.010
1	—	—	8.91E−03	0.316	1.03	36.1
2	—	5.02E−03	5.24E−02	1.61	4.23	64.5
4	1.40E−02	2.49E−02	0.311	6.13	13.9	95.7
8	0.146	0.150	1.58	18.7	30.9	137
16	0.495	0.83	5.97	36.1	53.6	179
32	2.35	3.60	18.1	61.7	82.4	226
64	8.33	12.2	36.5	92.8	122	274
128	23.0	28.1	61.3	134	160	320
256	45.9	54.7	96.1	181	216	314

表 2 - 64　太阳质子峰通量微分能谱指数 $\gamma_{0,P,\langle n\rangle}$

概率 P $\langle n\rangle$	0.9	0.842	0.5	0.158	0.1	0.010
1	—	—	6.21	5.29	5.26	4.89
2	—	8.11	5.42	5.21	5.14	4.84
4	5.81	5.56	5.29	5.11	5.08	4.78
8	5.39	5.32	5.20	5.07	4.99	4.70
16	5.27	5.23	5.10	4.94	4.89	4.57
32	5.19	5.16	5.05	4.87	4.80	4.49
64	5.08	5.08	4.97	4.78	4.73	4.44
128	5.06	5.00	4.88	4.71	4.62	4.35
256	5.12	5.13	5.11	5.07	5.03	4.71

表 2-65　太阳质子峰通量微分能谱衰减指数 $\alpha_{P,\langle n \rangle}$

概率 P $\langle n \rangle$	0.9	0.842	0.5	0.158	0.1	0.010
1	—	—	0.17	0.04	0.09	0.18
2	—	0.81	0.01	0.11	0.14	0.19
4	0.08	0.03	0.04	0.15	0.19	0.17
8	0.02	0.03	0.10	0.21	0.22	0.15
16	0.06	0.07	0.14	0.20	0.20	0.11
32	0.12	0.13	0.21	0.20	0.18	0.08
64	0.15	0.18	0.21	0.18	0.16	0.00
128	0.22	0.21	0.19	0.15	0.12	−0.03
256	0.28	0.30	0.27	0.24	0.21	−0.02

图 2-67 所示为 Nymmik 模式计算的太阳活动第 22/23 周期内太阳质子能谱与实测值的比较，图中各曲线所示太阳质子累积通量超过模式预测值的概率分别为 0.9，0.5，0.1 及 0.01。由此可见，由 GOES 卫星所得的实测值与模式计算结果吻合较好。图 2-68 给出了太阳活动第 22/23 周期内太阳质子峰通量能谱的模式计算结果与实测值的比较。该模式给出了能量区间为 $4\sim10^4$ MeV 时太阳质子峰通量分布，也与卫星实测结果相近。

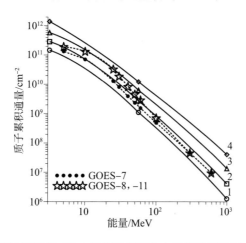

图 2-67　Nymmik 模式计算第 22/23 太阳活动周期内太阳质子能谱与 GOES 卫星实测值比较

实际累积通量超过图中各曲线预测值的概率为 0.9 (1)、0.5 (2)、0.1 (3) 及 0.01 (4)

2.9.3　King 太阳质子模式

1974 年提出的，King 模式又称 SOLPRO 模式，长期作为预测太阳质子累积通量的标准模式[79]。该模式建立的基础主要是在第 20 次太阳周期内（1966—1972 年）所获得的数据。按照 Yucker[84] 和 Burrell[85] 分析太阳质子数据时曾经应用的统计学方法，将能量大于 E 的质子在 t 年内累积通量大于某一 f 值的概率 P 定义如下

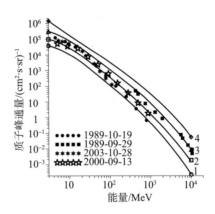

图 2-68　Nymmik 模式计算第 22/23 太阳活动周期内太阳质子峰通量与 GOES 卫星实测值比较

实际峰通量超过图中各曲线预测值的概率为 0.9（1）、0.5（2）、0.1（3）及 0.01（4）

$$P(>F,E;t) = \sum_{n=1}^{\infty} P(n,t;N,T)Q(>F,E;n) \qquad (2-105)$$

式中，$f=10^F$；N 是所观察到的在 T 年内发生的事件次数。在 t 年内发生 n 次事件的概率可由 Poisson 公式计算

$$P(n,t;N,T) = \frac{(n+N)!}{n!N!} \cdot \frac{(t/T)^n}{[1+(t/T)]^{1+n\div N}} \qquad (2-106)$$

式中，对于异常大的耀斑，取 $N=1$ 和 $T=7$；对普通耀斑，取 $N=24$ 和 $T=7$。

n 次事件的总累积通量对数超过 F 的概率 Q 由下式计算

$$Q(>F,E;n) = \int_{-\infty}^{\infty} q(x,E)Q[>\lg(10^F-10^x),E;n-1]\mathrm{d}x \qquad (2-107)$$

若被积函数中对数的增量小于或等于零，则式（2-107）中递归的 Q 值等于 1；而 $x<F$ 与 $n-1$ 时，Q 值等于零。如果累积通量的对数呈正态分布，则

$$q(F) = \frac{1}{\sqrt{2\pi}\sigma}\mathrm{e}^{-(F-\langle F \rangle)^2/2\sigma^2} \qquad (2-108)$$

式中　$\langle F \rangle$ ——累积通量对数平均值；

　　　σ ——标准偏差。

King 模式的数据库涉及 25 次单独的太阳质子事件，包括 1972 年 8 月发生的特大质子事件。该事件所产生的质子累积通量约为整个太阳周期内 >10 MeV 质子通量的 70%。这次事件的积分能谱可用如下指数函数拟合

$$J(>E) = J_0\exp[(30-E)/E_0] \qquad (2-109)$$

式中，$J_0=7.9\times10^9$ cm^{-2}；$E_0=26.5$ MeV。普通质子事件的累积通量适于采用磁刚度的指数函数（磁刚度谱）表征。质子的磁刚度 R 与能量 E 的关系如下

$$R = (E^2+1\,862E)^{1/2}/1\,000 \qquad (2-110)$$

式中，磁刚度的单位为 GV；能量 E 的单位为 MeV。对普通太阳质子事件，按事件发生时间平均的累积通量 J 也可用下式计算

$$J = 8.38 \times 10^7 (e^{\frac{-E}{20.2}} + 45.6 e^{\frac{-E}{3}}) \qquad (2-111)$$

由式（2-111）可预测近地球的行星际空间中，发生普通太阳事件时的典型质子能谱。在普通太阳质子事件情况下，最大平均累积通量的表达式为

$$J = 2.865 \times 10^8 (e^{\frac{-E}{30}} + 22.0 e^{\frac{-E}{4}}) \qquad (2-112)$$

利用式（2-112）可以预测普通太阳质子事件造成的最坏情况能谱（具有 90% 概率）。利用 King 模式计算的上述三种情况太阳质子事件能谱如图 2-69 所示。

King 模式的基本用法是确定给定任务期内发生太阳质子事件的次数（普通事件或特大事件），并计算不超过该次数的概率或置信度。在任务期内太阳质子事件总的累积通量应为特大事件或普通事件的能谱与预期事件次数的乘积。如果预期任务期内仅有一次概率（或置信度）等于或大于 90% 的普通事件，宜用 90% 概率的最坏情况的能谱进行计算。表 2-66 列出给定任务期（按太阳高年数计算）内发生不同次数特大事件的概率。因此，若任务期为 3 个太阳高年并要求特大事件发生概率为 90% 时，应在辐射分析中最多涉及 2 次特大太阳质子事件。

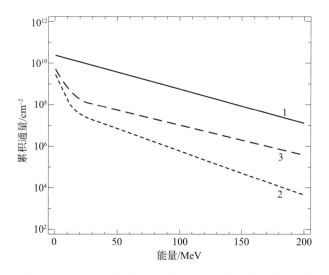

图 2-69　King 模式计算的三种水平的太阳质子事件能谱

1—特大事件；2—普通事件；3—最坏普通事件（90% 概率）

表 2-66　在 t 太阳高年内发生 $\leqslant n$ 次特大事件的概率

%

事件次数 n	任务期 t/年			
	1	3	5	7
0	76.56	49.00	34.03	25.00
1	95.70	78.40	62.38	50.00
2	99.29	91.63	80.11	68.75
3	99.89	96.92	89.95	81.25
4	99.98	98.91	95.08	89.06
5	99.99	99.62	97.65	93.75

2.9.4　JPL 太阳质子模式

JPL 模式由 Feynman 等人在 1985 年提出（JPL—85）[80]，并在 1991 年进行了升级（JPL—91）[81]。Feynman 等人认为，上述 King 模式将太阳质子事件分成特大和普通两类不尽合理。而且，在第 20 次太阳活动周期内所记录的事件数量较少，会使建立统计学模式的有效性受到限制。为此，在建立 JPL—85 模式时，除利用第 20 次太阳活动周期的数据外，还利用了第 19 次与第 21 次周期的数据。

Feynman 等人经过分析提出，在 11 年太阳活动周期内，高年期定为 7 年，低年期定为 4 年，如图 2-70 所示。JPL 模式仅考虑在 7 年的高年期内太阳质子事件的累积通量，而忽略 4 年平静期的累积通量。JPL 模式的表达形式与 King 模式相同，只是 P（n，t；N，T）函数的定义不同。由于 JPL 模式所用数据涉及事件数量多，可直接应用 Poisson 统计学表达式。正态概率分布函数用于描述太阳质子事件的累积通量（以单个事件累积通量 Φ 的对数表征，即 $F=\lg\Phi$）的分布，则有

$$f(F) = (\frac{1}{\sqrt{2\pi}} \times \sigma) \cdot \exp\left\{-\frac{1}{2}\left[(F-\mu)/\sigma\right]^2\right\} \tag{2-113}$$

式中　μ——单个事件累积通量对数 F 的平均值；

　　　σ——标准偏差。

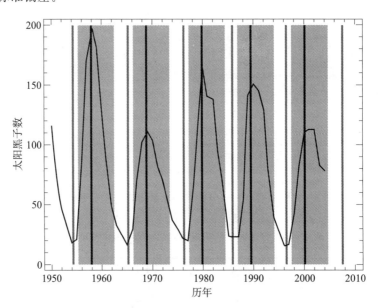

图 2-70　1950—2005 期间年平均太阳黑子数的变化

矩形—JPL 模式定义的太阳高年期

在时间 τ 内发生 n 次质子事件的概率由如下 Poisson 分布函数给出

$$P(n, w\tau) = \mathrm{e}^{-w\tau}\frac{(w\tau)^n}{n!} \tag{2-114}$$

式中，w 是太阳高年时间段 T 内平均发生的事件数，即 $w=N/T$。在轨任务期 τ 内，太阳

质子事件超过所选定的 F 参数的概率 P（$>F,\tau$）通过下式求得

$$P(> F,\tau) = \sum_{n=1}^{\infty} P(n,w\tau)Q(F,n) \qquad (2-115)$$

式中　 Q（F,n）——n 次事件总累积通量超过 10^F 或其对数大于 F 的概率函数,可通过蒙特卡罗方法计算。

　　计算概率 $P(>F,\tau)$ 所需的参数 w, μ 及 σ 数值可采用由美国国家航空航天局推荐的如表 2-67 所示的数值。

表 2-67　JPL 模式参数

参数	>10 MeV	>30 MeV
μ	8.07	7.42
σ	1.10	1.2
w	6.15	5.40

　　JPL 模式以选定时间段内超过某一累积通量的概率曲线形式进行表述。不同时间段内 >60 MeV 质子累积通量的超越概率曲线如图 2-71 所示。在应用超越概率曲线时,要确定所要求时间段相应的太阳高年年数,即在轨任务期按太阳高年计算。在一个 11 年的太阳周期内,总累积通量等于 7 年太阳高年的累积通量。应注意的是,超越概率与置信度之和等于 100%,即如置信度为 95%,只有 5% 的概率能使累积通量大于按 95% 置信度所确定的值。所以,超越概率曲线的横坐标给出的累积通量不会在所选择的置信度条件下被超越。由于 JPL 模式是以数值形式表述,可对超越概率曲线的中间值用线性插值法求得。JPL 模式的能量阈值取为 1 MeV,4 MeV,10 MeV,30 MeV 及 60 MeV。若能量不同于模式的能量阈值时,可依据累积通量与质子磁刚度的指数关系进行内推或外推处理。图 2-72 为 JPL—91 模式针对不同置信度和在轨时间计算的太阳质子积分累积通量谱,相应的数据列于表 2-68。对于不同的在轨时间,标准置信度量级可按表 2-69 取值。

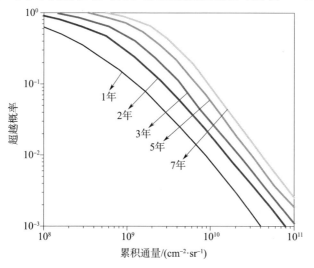

图 2-71　不同时间段内 >60 MeV 质子累积通量的超越概率曲线

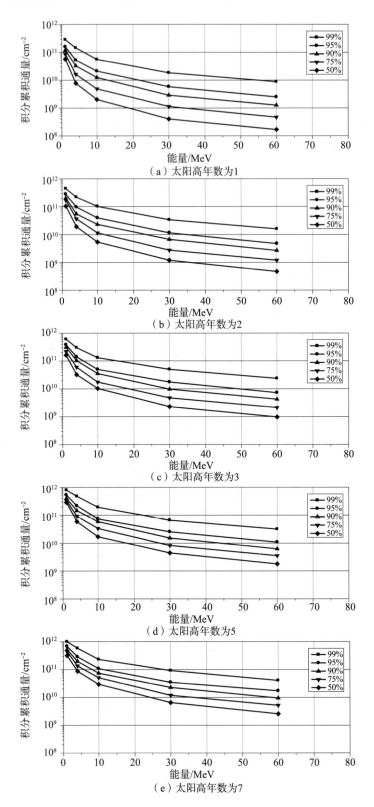

图 2-72　不同置信度与在轨时间条件下太阳质子积分累积通量谱（JPL—91）

表 2 - 68　不同置信度与在轨时间条件下太阳质子积分累积通量 (JPL—91)

能量/MeV	置信度/（%）	积分累积通量/cm^{-2}				
		（1 年）	（2 年）	（3 年）	（5 年）	（7 年）
>1	50	5.92×10^{10}	1.16×10^{11}	1.72×10^{11}	3.15×10^{11}	3.99×10^{11}
>1	75	8.76×10^{10}	1.74×10^{11}	2.42×10^{11}	3.87×10^{11}	4.77×10^{11}
>1	90	1.26×10^{11}	2.39×10^{11}	3.25×10^{11}	4.79×10^{11}	5.89×10^{11}
>1	95	1.64×10^{11}	2.92×10^{11}	3.96×10^{11}	5.55×10^{11}	6.95×10^{11}
>1	99	2.91×10^{11}	4.52×10^{11}	5.89×10^{11}	7.68×10^{11}	1.00×10^{12}
>4	50	8.00×10^{9}	2.02×10^{10}	3.33×10^{10}	5.75×10^{10}	8.84×10^{10}
>4	75	1.69×10^{10}	3.58×10^{10}	5.74×10^{10}	9.28×10^{10}	1.27×10^{11}
>4	90	3.46×10^{10}	6.42×10^{10}	9.81×10^{10}	1.49×10^{11}	1.96×10^{11}
>4	95	5.49×10^{10}	9.54×10^{10}	1.40×10^{11}	2.09×10^{11}	2.70×10^{11}
>4	99	1.50×10^{11}	2.28×10^{11}	3.10×10^{11}	4.45×10^{11}	5.63×10^{11}
>10	50	2.11×10^{9}	5.59×10^{9}	9.83×10^{9}	1.79×10^{10}	2.78×10^{10}
>10	75	5.34×10^{9}	1.18×10^{10}	1.85×10^{10}	3.16×10^{10}	4.70×10^{10}
>10	90	1.25×10^{10}	2.42×10^{10}	3.41×10^{10}	5.28×10^{10}	7.55×10^{10}
>10	95	2.12×10^{10}	3.79×10^{10}	5.19×10^{10}	7.51×10^{10}	1.05×10^{11}
>10	99	5.88×10^{10}	1.02×10^{11}	1.31×10^{11}	1.86×10^{11}	2.36×10^{11}
>30	50	4.50×10^{8}	1.28×10^{9}	2.22×10^{9}	4.56×10^{9}	6.61×10^{9}
>30	75	1.23×10^{9}	2.94×10^{9}	4.67×10^{9}	8.33×10^{9}	1.16×10^{10}
>30	90	3.19×10^{9}	6.71×10^{9}	1.00×10^{10}	1.66×10^{10}	2.24×10^{10}
>30	95	5.81×10^{9}	1.13×10^{10}	1.66×10^{10}	2.63×10^{10}	3.52×10^{10}
>30	99	1.93×10^{10}	$3.49 \times 10^{1\circ}$	4.83×10^{10}	6.96×10^{10}	9.04×10^{10}
>60	50	1.67×10^{8}	4.92×10^{8}	9.18×10^{8}	1.73×10^{9}	2.85×10^{9}
>60	75	4.93×10^{8}	1.24×10^{9}	2.11×10^{9}	3.52×10^{9}	5.26×10^{9}
>60	90	1.37×10^{9}	2.83×10^{9}	4.39×10^{9}	7.00×10^{9}	1.01×10^{10}
>60	95	2.61×10^{9}	4.92×10^{9}	7.36×10^{9}	1.12×10^{10}	1.53×10^{10}
>60	99	9.20×10^{9}	1.62×10^{10}	2.26×10^{10}	3.27×10^{10}	4.25×10^{10}

注：括号中数据为太阳活动高年年数。

表 2 - 69　应用于不同在轨时间的标准置信度

太阳活动高年年数	置信度/（%）
1	97
2	95
3	95
4	90
5	90
6	90
7	90

通常，JPL 模式的能量参数取值范围最高为 60 MeV。若需进一步提高能量时，可通过指数关系对磁刚度谱进行拟合。粒子能量与磁刚度的转化关系为

$$R = (A/Z)(E^2 + 1\,862E)^{\frac{1}{2}} / 10^3 \qquad (2-116)$$

式中，磁刚度 R 的单位为 GV；能量 E 的单位为 MeV；A 为粒子的原子质量数；Z 为粒子的电荷数。

图 2-73 为 King 模式与 JPL—91 模式对任务期太阳高年数为 7 和置信度为 90％时能谱计算结果的比较。由表 2-66 可知，按 King 模式计算时应涉及 5 次特大事件。通常，JPL 模式在能量较低与较高（＞80 MeV）时积分累积通量预测值较 King 模式高；在中等能量范围内，King 模式的预测值较高。在 $E = 200$ MeV 时，两种模式的预测结果相差约 1 个数量级。

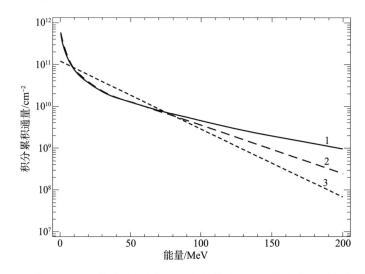

图 2-73　JPL—91 模式与 King 模式对任务期太阳高年数为 7 和置信度为 90％的能谱计算结果比较
1—JPL—91 模式（刚度指数关系）；2—JPL—91 模式（能量指数关系）；3—King 模式（5 次特大事件）

2.9.5　ESP 太阳质子模式

ESP 模式（Emission of Solar Protons Model）[82]由美国海军研究实验室和美国国家航空航天局戈达德空间飞行中心共同开发，用于预测太阳质子累积通量及最坏情况太阳质子事件与在轨任务期和不同置信度的关系。利用该模式有利于更好地权衡太阳质子事件可能造成的风险与航天器设计成本之间的关系。

JPL 模式与 King 模式均属于经验模式，而且所依据的探测数据有限，均为第 22 次太阳活动周期前的数据。实际上，每次太阳活动周期都有不同的特点，如：第 20 次周期有一次特大事件占据了全部累积通量的绝大部分；第 21 次周期相对比较平静，无特大事件发生；第 22 次周期又较活跃，有几次很大的事件发生。

在 JPL 模式与 King 模式中，采用对数正态分布描述太阳质子事件的累积通量分布适用于较大的事件，而与较小事件的累积通量分布偏离较大。应用幂函数描述较小事件的累

积通量与实际情况吻合较好，却又对大事件的概率估计过高。描述太阳质子事件累积通量分布的主要困难在于探测数据的不完整。Xapsos 等人[86]提出可依据最大平均信息量（或最大熵）原理描述太阳质子事件累积通量分布。这可在数据不完整的情况下，提供一种概率分布的数学方法。图 2 - 74 所示为每太阳高年发生超过给定累积通量的事件次数与累积通量的关系，图中各点为第 20 次至第 22 次太阳周期内针对>30 MeV 质子事件的探测数据，与由最大平均信息量法预测的曲线吻合良好。ESP 模式具有以下要点。

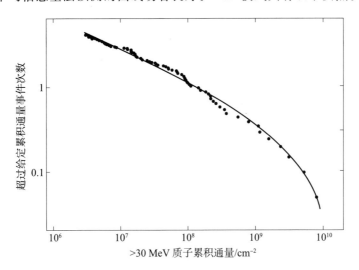

图 2 - 74　每太阳活动高年发生超过给定累积通量的质子事件次数与累积通量的关系

图中各点为第 20 次至第 22 次太阳周期内各高年探测数据；曲线为预测曲线

（1）太阳质子事件累积通量初始分布

为了预测任务期内太阳质子事件累积通量，有必要首先计算 1 太阳高年期间不同累积通量事件出现的次数，作为太阳质子事件累积通量初始分布。如上所述，最大平均信息量法原理提供了针对不完整的数据集合选择概率分布的数学方法基础。对于概率密度为 $p(M)$ 的连续随机变量 M 而言，平均信息量或熵（S）的定义为

$$S = -\int p(M)\ln[p(M)]\mathrm{d}M \qquad (2-117)$$

设定 M 为太阳质子事件累积通量 Φ 的对数，即 $M = \lg\Phi$。一旦通过已有探测数据与相关的边界条件求得概率密度 $p(M)$ 后，便可计算每太阳高年具有大于或等于累积通量 Φ 的事件次数 N

$$N = N_{\mathrm{tot}} \frac{\Phi^{-b} - \Phi_{\max}^{-b}}{\Phi_{\min}^{-b} - \Phi_{\max}^{-b}} \qquad (2-118)$$

式中　N_{tot}——每太阳高年具有大于或等于选定的最小累积通量 $\Phi_{\min}$ 的事件总次数；

　　　　b——幂函数指数；

　　　　$\Phi_{\max}$——最大事件的累积通量。

由式（2 - 118）给出的截断幂函数的特性，在 $\Phi \ll \Phi_{\max}$ 时与具有指数 b 的幂函数相类似，可在上限 $\Phi_{\max}$ 处平滑地变为零。太阳质子事件在不同能量阈值（从>1 MeV 至>100 MeV）

的累积通量可通过式（2-118）对 N 进行回归拟合求得。拟合参数 N_{tot}，b 及 Φ_{max} 可调。图 2-74 所示为针对每太阳高年发生＞30 MeV 质子事件的次数与累积通量关系的典型回归结果（拟合参数为 $N_{tot}=4.41$，$b=0.36$，$\Phi_{max}=1.32\times10^{10}$ cm^{-2}）。

（2）任务期内最坏事件累积通量

假设太阳质子事件的发生是一个 Poisson 随机过程。通过极值理论分析[87]确定在 T 太阳高年期间，按时间累积计算出现最"坏"事件的概率分布由下式给出

$$F_T(M) = \exp\{-N_{tot} \cdot T[1-P(M)]\} \qquad (2-119)$$

式中，累积概率 $F_T(M)$ 等于所设定的置信度；$P(M)$ 为相应于已知概率密度 $p(M)$ 事件的概率。由于 $M=\lg\Phi$，则 $P(M)=1-N/N_{tot}$，可依据事件的累积通量 Φ 表述为

$$P(\Phi) = \frac{\Phi_{min}^{-b} - \Phi^{-b}}{\Phi_{min}^{-b} - \Phi_{max}^{-b}} \qquad (2-120)$$

将式（2-119）和式（2-120）应用于＞30 MeV 的质子事件，所得不同任务期内超越最坏事件累积通量的概率分布如图 2-75 所示。图 2-75 中纵坐标为任务期内出现超过横坐标所示事件累积通量的最坏事件概率；任务期分别为 1，3，5 及 10 个太阳高年；最大的事件累积通量 Φ_{max} 在图中用垂直的虚线给出，可作为设计上限。如果设计时要求无风险，则最大的事件累积通量可取为 $\Phi_{max}=1.32\times10^{10}$ cm^{-2}；或者，根据不同的能量范围，选择相应的最大事件累积通量值，如表 2-70 所示。置信度为 1.0 时，相应的 Φ_{max} 值与任务期长短无关。实际上，Φ_{max} 不是绝对的上限，而是在数据有限条件下能够确定的最大可能发生的太阳质子事件累积通量，用于作为约束设计费用的工程指标。图 2-76 给出 ESP 模式与 JPL 模式针对太阳质子最坏事件能谱计算结果的比较。

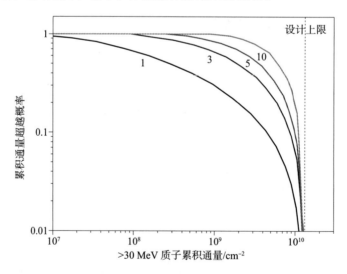

图 2-75　不同任务期内最坏太阳质子事件累积通量超越横坐标给定值的概率

任务期分别为 1，3，5 及 10 太阳高年；超过设计上限 $\Phi_{max}=1.32\times10^{10}$ cm^{-2} 时，概率为零

表 2 - 70　太阳质子事件能量范围与最小和最大事件的累积通量

质子能量范围/MeV	最小事件累积通量 Φ_{min}/cm^{-2}	最大事件累积通量 Φ_{max}/cm^{-2}
>1	5.0×10^8	1.55×10^{11}
>3	1.0×10^8	8.71×10^{10}
>5	1.0×10^8	6.46×10^{10}
>7	2.5×10^7	4.79×10^{10}
>10	2.5×10^7	3.47×10^{10}
>15	1.0×10^7	2.45×10^{10}
>20	1.0×10^7	1.95×10^{10}
>25	3.0×10^6	1.55×10^{10}
>30	3.0×10^6	1.32×10^{10}
>35	3.0×10^6	1.17×10^{10}
>40	1.0×10^6	8.91×10^9
>45	1.0×10^6	7.94×10^9
>50	3.0×10^5	6.03×10^9
>55	3.0×10^5	5.01×10^9
>60	3.0×10^5	4.37×10^9
>70	1.0×10^5	3.09×10^9
>80	1.0×10^5	2.29×10^9
>90	1.0×10^5	1.74×10^9
>100	1.0×10^5	1.41×10^9

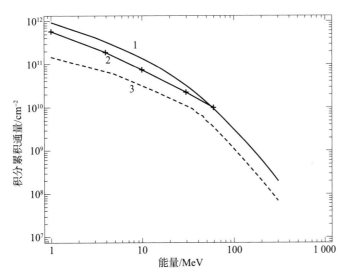

图 2 - 76　ESP 模式与 JPL 模式对任务期为 7 个太阳高年和置信度为 90% 时

太阳质子最坏事件能谱计算结果的比较

1—总累积通量（ESP）；2—最坏事件累积通量（ESP）；3—最坏事件累积通量（JPL）

（3）任务期内事件的总累计通量

在求得太阳质子事件累积通量的初始分布后，可分别计算不同能量范围内的年平均累积通量 Φ_{mean} 与相对偏差 Φ_{RV}。太阳质子事件的累积通量可通过 Poisson 统计学描述。太阳质子事件的次数及规模均随机变化。在给定的时间段内，总的累积通量应为各次随机事件所得结果之和。

在 T 太阳高年内太阳质子总积分累积通量不超过预定值的概率，可通过以下对数正态分布函数表述

$$F[\varphi, T/\Phi_{RV}(>E), \Phi_{mean}(>E)] = \frac{1}{\sigma\sqrt{2\pi}}\int_0^\varphi \frac{1}{\varphi'}\exp\left\{-\frac{1}{2\sigma^2}\left[\ln(\varphi')-\mu\right]^2\right\}d\varphi'$$

$$(2-121)$$

式中　φ——预定的能量$>E$的总积分累积通量；

　　　$\Phi_{mean}(>E)$，$\Phi_{RV}(>E)$——距太阳 1 AU 处相应能量范围内的质子年平均积分
　　　　　　　　　　　　　　　　累积通量和相对偏差；

　　　σ，μ——对数正态分布参数，与太阳高年数 T 有如下关系

$$\sigma^2 = \ln[1+\Phi_{RV}(>E)/T] \qquad (2-122)$$

$$\mu = \ln[T \cdot \Phi_{mean}(>E)] - \frac{\sigma^2}{2} \qquad (2-123)$$

EPS 模式在不同能量范围的 Φ_{mean} 和 Φ_{RV} 参数值列于表 2-71。在给定所要求的置信度条件下，可通过数值法求解式（2-121），求得不同任务期（高年数）太阳质子的总积分累积通量。当能量范围扩展为>100 MeV 至>300 MeV 时，可按表 2-72 估算相应的总积分累积通量。基于表 2-71，通过 ESP 模式针对不同在轨任务期及置信度计算的太阳质子总积分累积通量如表 2-73 所示。航天器在轨任务期为数个太阳高年时，总的太阳质子积分累积通量也可由 1 太阳高年时的平均累积通量 Φ_{mean} 与太阳高年数 T 的乘积求得，而相对偏差为 1 太阳高年的相对偏差 Φ_{RV} 除以太阳高年数。

表 2-71　ESP 模式在不同能量范围的参数值

能量范围	Φ_{mean}/cm^{-2}	Φ_{RV}
>1 MeV	8.877E+10	0.940
>3 MeV	3.297E+10	3.038
>5 MeV	1.973E+10	5.250
>7 MeV	1.371E+10	7.575
>10 MeV	9.089E+09	11.239
>15 MeV	5.476E+09	17.675
>20 MeV	3.707E+09	24.351
>25 MeV	2.687E+09	31.126
>30 MeV	2.034E+09	37.889
>35 MeV	1.589E+09	44.572

续表

能量范围	$\Phi_{\text{mean}}/\text{cm}^{-2}$	Φ_{RV}
> 40 MeV	1.273E+09	51.130
> 45 MeV	1.038E+09	57.504
> 50 MeV	8.602E+08	63.674
> 55 MeV	7.215E+08	69.642
> 60 MeV	6.117E+08	75.368
> 70 MeV	4.518E+08	86.122
> 80 MeV	3.431E+08	95.852
> 90 MeV	2.665E+08	104.635
> 100 MeV	2.109E+08	112.465

表 2 - 72　ESP 模式在 > 125 MeV 至 > 300 MeV 范围质子总积分累积通量的估算值

能量范围	积分累积通量/cm^{-2}
> 125 MeV	$0.603 \times \varphi$ (> 100 MeV)
> 150 MeV	$0.390 \times \varphi$ (> 100 MeV)
> 175 MeV	$0.267 \times \varphi$ (> 100 MeV)
> 200 MeV	$0.191 \times \varphi$ (> 100 MeV)
> 225 MeV	$0.141 \times \varphi$ (> 100 MeV)
> 250 MeV	$0.107 \times \varphi$ (> 100 MeV)
> 275 MeV	$0.0823 \times \varphi$ (> 100 MeV)
> 300 MeV	$0.0647 \times \varphi$ (> 100 MeV)

注：φ (> 100 MeV) 为 > 100 MeV 质子的总积分累积通量，按式 (2 - 121) 和预定的任务期 T 计算。

表 2 - 73　ESP 模式针对不同在轨服役期与置信度计算的太阳质子总积分累积通量

能量/MeV	置信度/（%）	总累积通量/cm^{-2}				
		（1 年）	（2 年）	（3 年）	（5 年）	（7 年）
>1	50	6.37E+10	1.46E+11	2.32E+11	4.07E+11	5.83E+11
>1	75	1.10E+11	2.23E+11	3.30E+11	5.39E+11	7.41E+11
>1	90	1.81E+11	3.24E+11	4.54E+11	6.93E+11	9.20E+11
>1	95	2.43E+11	4.06E+11	5.48E+11	8.06E+11	1.05E+12
>1	99	4.23E+11	6.20E+11	7.83E+11	1.07E+12	1.33E+12
>10	50	2.60E+09	7.07E+09	1.25E+10	2.52E+10	3.94E+10
>10	75	7.55E+09	1.79E+10	2.90E+10	5.24E+10	7.63E+10
>10	90	1.97E+10	4.11E+10	6.19E+10	1.01E+11	1.38E+11
>10	95	3.51E+10	6.78E+10	9.75E+10	1.50E+11	1.97E+11
>10	99	1.03E+11	1.73E+11	2.28E+11	3.15E+11	3.84E+11
>30	50	3.26E+08	9.11E+08	1.65E+09	3.47E+09	5.62E+09

续表

能量/MeV	置信度/（%）	总累积通量/cm^{-2}				
		（1 年）	（2 年）	（3 年）	（5 年）	（7 年）
>30	75	1.19E+09	2.93E+09	4.92E+09	9.33E+09	1.41E+10
>30	90	3.79E+09	8.36E+09	1.31E+10	2.27E+10	3.23E+10
>30	95	7.59E+09	1.57E+10	2.36E+10	3.87E+10	5.29E+10
>30	99	2.80E+10	5.10E+10	7.10E+10	1.05E+11	1.34E+11
>100	50	1.98E+07	5.58E+07	1.02E+08	2.18E+08	3.57E+08
>100	75	8.59E+07	2.17E+08	3.70E+08	7.21E+08	1.11E+09
>100	90	3.22E+08	7.34E+08	1.18E+09	2.12E+09	3.09E+09
>100	95	7.09E+08	1.53E+09	2.36E+09	4.04E+09	5.71E+09
>100	99	3.12E+09	6.01E+09	8.69E+09	1.36E+10	1.80E+10

注：括号中数据为太阳活动高年年数。

图 2-77～图 2-79 为 ESP 模式预测的太阳质子总积分累积通量与任务期、能量及置信度的关系。图 2-77 给出 1 太阳活动高年时，太阳质子在不同置信度条件下的总积分累积通量谱。图 2-78 为不同置信度条件下，$E>30$ MeV 太阳质子总积分累积通量与任务期的关系。图 2-79 给出置信度为 95％时，不同能量太阳质子总的积分累积通量随任务期的变化。可见，随着任务期时间增加，太阳质子的总积分累积通量逐渐增大。这一点与下面给出的最坏事件积分累积通量的变化规律有所不同，说明普通的低级别事件对任务期总累积通量的贡献逐渐显现。

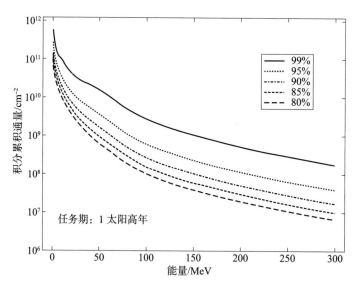

图 2-77　任务期为 1 太阳高年时太阳质子在不同置信度条件下的总积分累积通量谱（ESP 模式）

利用 ESP 模式预测任务期内太阳质子最坏事件积分累积通量变化的结果如图 2-80 和图 2-81 所示。图 2-80 为不同置信度条件下 1 太阳高年时太阳质子最坏事件的积分累积

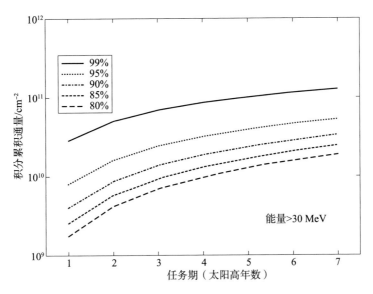

图 2-78　不同置信度条件下 $E > 30$ MeV 太阳质子的总积分累积通量与在轨任务期的关系（ESP 模式）

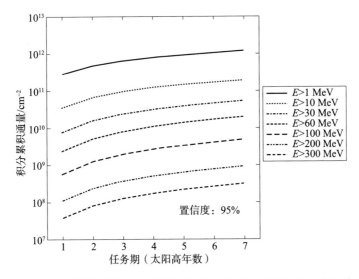

图 2-79　置信度为 95％时不同能量太阳质子的总积分累积通量与在轨任务期的关系（ESP 模式）

通量谱。图 2-81 给出置信度为 95％时 1 和 7 太阳高年太阳质子最坏事件的积分累积通量谱。图 2-82 给出不同置信度条件下太阳质子最坏事件的积分累积通量与在轨任务期的关系。图 2-83 给出置信度为 95％时不同能量太阳质子最坏事件的积分累积通量随在轨任务期的变化。在任务期超过 3 年后，增加在轨任务期的年数不会使太阳质子最坏事件的积分累积通量明显提高。

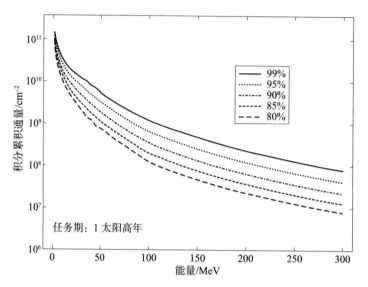

图 2-80　不同置信度条件下 1 太阳高年质子的最坏事件积分累积通量谱（ESP 模式）

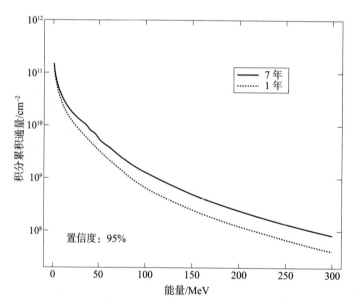

图 2-81　置信度为 95％时 1 和 7 太阳高年期间太阳质子的最坏事件积分累积通量谱（ESP 模式）

2.9.6　异常大的太阳质子事件

2.9.6.1　August 72′太阳质子事件

一般情况下，将 1972 年 8 月发生的太阳质子事件作为异常大事件的代表[79]，该事件在地球附近产生能量＞10 MeV 的太阳质子的峰通量超过 10^6 cm^{-2} · s^{-1}，这对于 Al 屏蔽厚度通常为 1~10 mm 的航天器十分不利，易在 10~70 MeV 太阳质子辐照作用下受到损伤。基于这种考虑，将这次事件列为最坏情况太阳质子事件的代表，称为异常大的事件

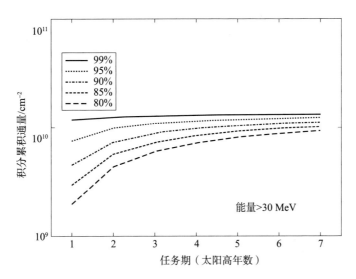

图 2-82　不同置信度条件下最坏事件的 $E>30$ MeV 太阳质子的积分累积通量与在轨任务期的关系（ESP 模式）

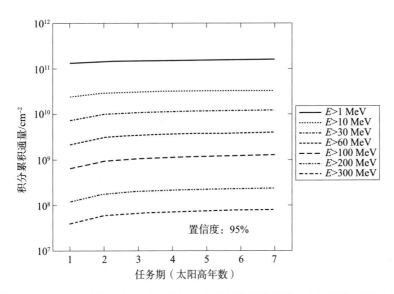

图 2-83　置信度为 95% 时不同能量太阳质子的最坏事件积分累积通量与在轨任务期的关系（ESP 模式）

（Anomalously Large Event）。该事件的能谱如下式所示

$$\Phi(> E) = 7.9 \times 10^{9} \exp\left(\frac{30 - E}{26.5}\right) \qquad (2 - 124)$$

式中　Φ——太阳质子的积分累积通量（cm^{-2}）；

　　　E——太阳质子能量（MeV）。

2.9.6.2　October 89′太阳质子事件

1989 年 10 月发生的太阳质子事件是自 1972 年 8 月以来所观测到的最大的太阳质子事件。这次事件持续了将近 15 天，$E>10$ MeV 质子的积分通量达到 10^{5} $\text{cm}^{-2} \cdot \text{sr}^{-1} \cdot \text{s}^{-1}$ 以上，被视为一种极端情况。这次事件的特点是在较低和较高的能量区段通量均十分高，而在中等能量范围的通量较低。这种能谱特点对于航天器表面材料与深层屏蔽器件均易于造成严重损伤。现有以下两种表征该事件质子微分累积通量谱的模式，可供选择。

（1）欧洲空间局采用的比较苛刻的模式

$$F(E) = 1.2 \times 10^{11} E^{-1.7}, \quad E < 30 \text{ MeV} \tag{2-125}$$

$$F(E) = 4.5 \times 10^{12} E^{-2.8}, \quad 30 \text{ MeV} < E < 150 \text{ MeV} \tag{2-126}$$

$$F(E) = 5.5 \times 10^{9} E^{-1.45}, \quad E > 150 \text{ MeV} \tag{2-127}$$

（2）美国喷气推进实验室采用的模式

$$F(E) = 7.5 \times 10^{10} E^{-1.6}, \quad E < 30 \text{ MeV} \tag{2-128}$$

$$F(E) = 4.3 \times 10^{12} E^{-2.84}, \quad 30 \text{ MeV} < E < 150 \text{ MeV} \tag{2-129}$$

$$F(E) = 4.6 \times 10^{9} E^{-1.45}, \quad E > 150 \text{ MeV} \tag{2-130}$$

式中 $F(E)$——太阳质子事件的微分累积通量（$\text{cm}^{-2} \cdot \text{MeV}^{-1}$）；

E——质子能量（MeV）。

1989 年 10 月 19 日、22 日及 24 日的太阳质子事件曾被分别拟合成 Weibull 谱形式，获得如下微分峰通量谱表达式[88-89]

$$J(E) = A \cdot k \cdot \alpha \cdot E^{(\alpha-1)} \cdot \exp(-kE^{\alpha}) \tag{2-131}$$

式中 E——质子能量（MeV）；

$J(E)$——太阳质子微分峰通量（$\text{cm}^{-2} \cdot \text{s}^{-1} \cdot \text{sr}^{-1} \cdot \text{MeV}^{-1}$）；

拟合参数 A，k 及 α 由表 2-74 给出。

表 2-74　1989 年 10 月太阳质子事件微分峰通量谱拟合系数

事件	A [$\text{cm}^{-2} \cdot \text{s}^{-1} \cdot \text{sr}^{-1} \cdot \text{MeV}^{-1}$]	k	α
1989 年 10 月 19 日	214	0.526	0.366
1989 年 10 月 22 日	429	0.458	0.3908
1989 年 10 月 24 日	54 900	2.38	0.23

2.9.7　CREME 太阳宇宙线模式

通常分析太阳粒子事件引起的单粒子效应时，采用 CREME—96 模式[73]。在涉及比较苛刻的太阳质子事件时，也常用此模式进行分析。CREME—96 模式是在以前版本（如 CREME—86 模式）的基础上，结合 1989 年 10 月特大质子事件升级版本，能够给出最劣 1 周、1 天和高峰 5 min 时太阳宇宙线的成分、能谱及 LET 谱。以往的 CREME 模式版本对太阳质子事件的峰通量计算有较多的选择，但过于苛刻的峰通量实际上难以出现。

太阳耀斑事件是随机发生的过程，常持续 1～5 d。为了进行统计学处理，可将太阳耀斑事件分为普通（OR）和异常大（AL）两种情况。在时间 t 内发生多于事件数 n 的概率由下式给出

$$P(n,t,N,T) = 1 - \sum_{i=0}^{n} (i+N)! (t/T)i / [i!N!(1+t/T)^{1+i+N}] \tag{2-132}$$

式中　T，t 的单位为年数；

　　　　N——在 T 年内发生太阳耀斑的次数。

　　对于普通事件，在太阳周期下降阶段，式（2-132）变为

$$P_{OR} = P(n,t,24,7) \tag{2-133}$$

　　而在太阳周期上升阶段，式（2-132）变为

$$P_{OR} = P(n,t,6,8) \tag{2-134}$$

式中　P_{OR}——t 年内发生多于 n 次普通事件的概率。

　　类似地，对于异常大的事件，式（2-132）变为

$$P_{AL} = P(n,t,1,7) \tag{2-135}$$

　　通常，普通事件时太阳质子的峰通量微分能谱为

$$f_{OR} = 2.45E^4(e^{\frac{-E}{27.5}} + 173e^{\frac{-E}{4}}) \tag{2-136}$$

式中　f_{OR}——普通事件时质子微分峰通量 ［质子/（m^2 · sr · s · MeV）］；

　　　　E——质子能量（MeV）。

　　最坏情况时，太阳质子的峰通量微分能谱为

$$f_{WOR} = 2.06E^5(e^{\frac{-E}{24.5}} + 63.6e^{\frac{-E}{4}}) \tag{2-137}$$

式中　f_{WOR}——最坏情况时质子微分峰通量 ［质子/（m^2 · sr · s · MeV）］。

　　式（2-136）和式（2-137）的置信度约为 90%。

　　当取 1972 年 8 月太阳耀斑作为模式的异常大事件时，太阳质子峰通量微分能谱为

$$f_{AL} = \begin{cases} 9.3E^9(\dfrac{dp}{dE})\exp(-\dfrac{p}{0.10}), E < 150 \text{ MeV} \\ 1.76E^5(\dfrac{dp}{dE})p^{-9}, E \geqslant 150 \text{ MeV} \end{cases} \tag{2-138}$$

$$p = [E^2 + 1\,863.2E]^{\frac{1}{2}}/1\,000 \tag{2-139}$$

式中　f_{AL}——异常大事件时太阳质子的微分峰通量 ［质子/（m^2 · sr · s · MeV）］；

　　　　E——质子能量（MeV）。

　　为了表征太阳质子事件可能出现的最坏情况，取 1972 年 8 月太阳耀斑的峰通量谱 ［由式（2-138）计算］与 1956 年 2 月太阳耀斑的峰通量谱组成复合谱。1956 年 2 月耀斑的峰通量谱由下式给出

$$f_{1956} = 1.116E^{+8}(E^{-1.248})(0.248 + 2.5E^{+5})[1.7(\text{EPOW})(\text{EXPOW})]$$
$$+ 4.7E^{+19}(E^{-5.3})\{4.3(1 - \text{EXPOW}) - 6.32E^{-15}[(4)(\text{EPOW})(\text{EXPOW})]\}$$
$$\tag{2-140}$$

式中，$\text{EPOW} = E^{1.7}$；$\text{EXPOW} = \exp(-2.5E^{-5}\text{EPOW})$。

　　不同的太阳耀斑，耀斑粒子的组分变化很大。表 2-75 给出 Ni 以前各元素与氢元素相比的相对丰度，包括平均情况与置信度为 90% 的最坏情况。为了得到太阳耀斑时各元素粒子的能谱，可将表中的丰度系数乘以相应耀斑的质子能谱。平均情况下 Cu~U 各元素相对于氢的丰度系数列于表 2-76；最坏情况下 Cu~U 各元素的丰度系数可通过表 2-76 中相应的丰度系数乘以下式给出

$$[C_w(O)/C_t(O)]0.48\exp(Z^{0.78}/6.89) \qquad (2-141)$$

式中　$C_w(O)$，$C_t(O)$ ——表 2-75 中最坏和平均情况下 O 元素的丰度系数；

　　　Z——各元素的原子序数。

通过 CREME—96 模式分别针对最坏 5 min、最坏一天及最坏一周进行计算，所得行星际空间太阳宇宙线离子微分能谱列于表 2-77，表 2-78 及表 2-79。

表 2-75　平均与最坏情况下太阳耀斑粒子中 H～Ni 相对于 H 的丰度系数

元素	平均情况	最坏情况
H	1	1
He	1.0E−2	3.3E−2
Li	0	0
Be	0	0
B	0	0
C	1.6E−4	4.0E−4
N	3.8E−5	1.1E−4
O	3.2E−4	1.0E−3
F	0	0
Ne	5.1E−5	1.9E−4
Na	3.2E−6	1.3E−5
Mg	6.4E−5	2.5E−4
Al	3.5E−6	1.4E−5
Si	5.8E−5	1.9E−4
P	2.3E−7	1.1E−6
S	8.0E−6	5.0E−5
Cl	1.7E−7	8.0E−7
Ar	3.3E−6	1.8E−5
K	1.3E−7	6.0E−7
Ca	3.2E−6	2.0E−5
Sc	0	0
Ti	1.0E−7	5.0E−7
V	0	0
Cr	5.7E−7	4.0E−6
Mn	4.2E−7	2.3E−6
Fe	4.1E−5	4.0E−4
Co	1.0E−7	5.5E−7
Ni	2.2E−6	2.0E−5

表 2-76　平均情况下太阳耀斑粒子中 Cu~U 相对于 H 的丰度系数

元素	相对丰度	元素	相对丰度
Cu	2.0E−8	Pm	0
Zn	6.0E−8	Sm	1.0E−11
Ga	2.0E−9	Eu	4.0E−12
Ge	5.0E−9	Gd	2.0E−11
As	3.0E−10	Tb	3.0E−12
Se	3.0E−9	Dy	2.0E−11
Br	4.0E−10	Ho	4.0E−12
Kr	2.0E−9	Er	1.0E−11
Rb	3.0E−10	Tm	2.0E−12
Sr	1.0E−9	Yb	9.0E−12
Y	2.0E−10	Lu	2.0E−12
Zr	5.0E−10	Hf	8.0E−12
Nb	4.0E−11	Ta	9.0E−13
Mo	2.0E−10	W	1.0E−11
Tc	0	Re	2.0E−12
Ru	9.0E−11	Os	3.0E−11
Rh	2.0E−11	Ir	3.0E−11
Pd	6.0E−11	Pt	6.0E−11
Ag	2.0E−11	Au	1.0E−11
Cd	7.0E−11	Hg	1.0E−11
In	9.0E−12	Tl	9.0E−12
Sn	2.0E−10	Pb	1.0E−10
Sb	1.4E−11	Bi	6.0E−12
Te	3.0E−10	Po	0
I	6.0E−11	At	0
Xe	2.7E−10	Rn	0
Cs	2.0E−11	Fr	0
Ba	2.0E−10	Ra	0
La	2.0E−11	Ac	0
Ce	5.0E−11	Th	2.0E−12
Pr	8.0E−12	Pa	0
Nd	4.0E−11	U	1.2E−12

表 2 - 77 最坏 5 min 的太阳宇宙线离子微分能谱（CREME—96）

能量/（MeV/n）	离子通量/ $[\text{m}^{-2} \cdot \text{s}^{-1} \cdot \text{sr}^{-1} （\text{MeV/n})^{-1}]$					
	H	He	C	N	O	Fe
1.0E+00	1.36E+09	5.25E+07	5.05E+05	1.29E+05	1.07E+06	4.11E+05
2.0E+00	6.36E+08	2.09E+07	2.01E+05	5.15E+04	4.27E+05	1.64E+05
3.0E+00	3.81E+08	1.11E+07	1.07E+05	2.74E+04	2.27E+05	8.70E+04
4.0E+00	2.56E+08	6.76E+06	6.50E+04	1.66E+04	1.38E+05	5.30E+04
5.0E+00	1.83E+08	4.47E+06	4.29E+04	1.10E+04	9.12E+04	3.50E+04
6.0E+00	1.37E+08	3.12E+06	3.00E+04	7.69E+03	6.38E+04	2.45E+04
7.0E+00	1.06E+08	2.27E+06	2.18E+04	5.59E+03	4.64E+04	1.78E+04
8.0E+00	8.44E+07	1.71E+06	1.64E+04	4.20E+03	3.48E+04	1.34E+04
9.0E+00	6.83E+07	1.31E+06	1.26E+04	3.23E+03	2.68E+04	1.03E+04
1.0E+01	5.61E+07	1.03E+06	9.91E+03	2.54E+03	2.11E+04	8.08E+03
2.0E+01	1.32E+07	1.25E+05	1.20E+03	3.09E+02	2.56E+03	1.37E+03
3.0E+01	4.89E+06	2.30E+04	2.21E+02	5.66E+01	4.69E+02	2.96E+02
4.0E+01	2.26E+06	6.90E+03	6.62E+01	1.70E+01	1.41E+02	7.94E+01
5.0E+01	1.20E+06	2.71E+03	2.61E+01	6.68E+00	5.54E+01	2.87E+01
6.0E+01	6.95E+05	1.27E+03	1.22E+01	3.12E+00	2.59E+01	1.25E+01
7.0E+01	4.31E+05	6.67E+02	6.40E+00	1.64E+00	1.36E+01	6.18E+00
8.0E+01	2.81E+05	3.83E+02	3.67E+00	9.42E−01	7.81E+00	3.37E+00
9.0E+01	1.91E+05	2.35E+02	2.25E+00	5.77E−01	4.79E+00	1.97E+00
1.0E+02	1.35E+05	1.52E+02	1.46E+00	3.73E−01	3.09E+00	1.22E+00
2.0E+02	1.18E+04	8.78E+00	8.43E−02	2.16E−02	1.79E−01	5.41E−02
3.0E+02	2.70E+03	1.72E+00	1.65E−02	4.23E−03	3.50E−02	9.03E−03
4.0E+02	9.45E+02	5.53E−01	5.31E−03	1.36E−03	1.13E−02	2.60E−03
5.0E+02	4.00E+02	2.20E−01	2.11E−03	5.40E−04	4.48E−03	9.47E−04
6.0E+02	1.74E+02	1.03E−01	9.91E−04	2.54E−04	2.11E−03	4.14E−04
7.0E+02	9.16E+01	5.45E−02	5.24E−04	1.34E−04	1.11E−03	2.06E−04
8.0E+02	5.27E+01	3.14E−02	3.01E−04	7.72E−05	6.40E−04	1.13E−04
9.0E+02	3.24E+01	1.93E−02	1.85E−04	4.74E−05	3.93E−04	6.60E−05
1.0E+03	2.09E+01	1.24E−02	1.20E−04	3.06E−05	2.54E−04	4.10E−05
2.0E+03	1.19E+00	7.06E−04	6.78E−06	1.74E−06	1.44E−05	1.77E−06
3.0E+03	2.21E−01	1.32E−04	1.26E−06	3.24E−07	2.69E−06	2.83E−07
4.0E+03	6.72E−02	4.00E−05	3.84E−07	9.85E−08	8.17E−07	7.68E−08
5.0E+03	2.67E−02	1.59E−05	1.53E−07	3.91E−08	3.24E−07	2.80E−08

续表

能量/（MeV/n）	离子通量/［m⁻² · s⁻¹ · sr⁻¹ （MeV/n）⁻¹］					
	H	He	C	N	O	Fe
6.0E+03	1.25E−02	7.47E−06	7.17E−08	1.84E−08	1.52E−07	1.22E−08
7.0E+03	6.63E−03	3.94E−06	3.79E−08	9.71E−09	8.05E−08	6.09E−09
8.0E+03	3.81E−03	2.27E−06	2.18E−08	5.58E−09	4.63E−08	3.33E−09
9.0E+03	2.34E−03	1.39E−06	1.34E−08	3.43E−09	2.84E−08	1.95E−09
1.0E+04	1.51E−03	9.01E−07	8.65E−09	2.22E−09	1.84E−08	1.21E−09
2.0E+04	8.58E−05	5.11E−08	4.90E−10	1.26E−10	1.04E−09	5.24E−11
3.0E+04	1.60E−05	9.53E−09	9.15E−11	2.34E−11	1.94E−10	8.35E−12
4.0E+04	4.86E−06	2.89E−09	2.78E−11	7.13E−12	5.91E−11	2.27E−12
5.0E+04	1.93E−06	1.15E−09	1.10E−11	2.83E−12	2.35E−11	8.25E−13
6.0E+04	9.08E−07	5.40E−10	5.19E−12	1.33E−12	1.10E−11	3.61E−13
7.0E+04	4.79E−07	2.85E−10	2.74E−12	7.02E−13	5.82E−12	1.80E−13
8.0E+04	2.76E−07	1.64E−10	1.58E−12	4.04E−13	3.35E−12	9.82E−14
9.0E+04	1.69E−07	1.01E−10	9.68E−13	2.48E−13	2.06E−12	5.76E−14
1.0E+05	1.09E−07	6.52E−11	6.26E−13	1.60E−13	1.33E−12	3.57E−14

表 2-78　最坏一天的太阳宇宙线离子微分能谱（CREME—96）

能量/（MeV/n）	离子通量/［m⁻² · s⁻¹ · sr⁻¹ （MeV/n）⁻¹］					
	H	He	C	N	O	Fe
1.0E+00	3.24E+08	1.25E+07	1.20E+05	3.08E+04	2.56E+05	9.81E+04
2.0E+00	1.54E+08	5.07E+06	4.87E+04	1.25E+04	1.03E+05	3.97E+04
3.0E+00	9.34E+07	2.72E+06	2.61E+04	6.70E+03	5.55E+04	2.13E+04
4.0E+00	6.32E+07	1.67E+06	1.60E+04	4.11E+03	3.41E+04	1.31E+04
5.0E+00	4.57E+07	1.11E+06	1.07E+04	2.74E+03	2.27E+04	8.71E+03
6.0E+00	3.44E+07	7.82E+05	7.51E+03	1.93E+03	1.60E+04	6.13E+03
7.0E+00	2.68E+07	5.73E+05	5.50E+03	1.41E+03	1.17E+04	4.48E+03
8.0E+00	2.14E+07	4.32E+05	4.15E+03	1.06E+03	8.82E+03	3.38E+03
9.0E+00	1.74E+07	3.34E+05	3.21E+03	8.23E+02	6.82E+03	2.62E+03
1.0E+01	1.44E+07	2.64E+05	2.53E+03	6.49E+02	5.38E+03	2.06E+03
2.0E+01	3.47E+06	3.31E+04	3.18E+02	8.14E+01	6.75E+02	3.61E+02
3.0E+01	1.31E+06	6.17E+03	5.93E+01	1.52E+01	1.26E+02	7.95E+01
4.0E+01	6.16E+05	1.88E+03	1.80E+01	4.62E+00	3.83E+01	2.16E+01
5.0E+01	3.29E+05	7.45E+02	7.15E+00	1.83E+00	1.52E+01	7.86E+00
6.0E+01	1.92E+05	3.50E+02	3.36E+00	8.62E−01	7.14E+00	3.44E+00

续表

能量/（MeV/n）	离子通量/［m^{-2} · s^{-1} · sr^{-1} （MeV/n）$^{-1}$］					
	H	He	C	N	O	Fe
7.0E+01	1.19E+05	1.85E+02	1.78E+00	4.55E−01	3.77E+00	1.71E+00
8.0E+01	7.82E+04	1.06E+02	1.02E+00	2.62E−01	2.17E+00	9.35E−01
9.0E+01	5.33E+04	6.53E+01	6.27E−01	1.61E−01	1.33E+00	5.49E−01
1.0E+02	3.75E+04	4.22E+01	4.05E−01	1.04E−01	8.62E−01	3.40E−01
2.0E+02	3.22E+03	2.39E+00	2.30E−02	5.89E−03	4.89E−02	1.47E−02
3.0E+02	7.02E+02	4.47E−01	4.29E−03	1.10E−03	9.12E−03	2.35E−03
4.0E+02	2.32E+02	1.36E−01	1.30E−03	3.34E−04	2.77E−03	6.38E−04
5.0E+02	9.29E+01	5.39E−02	5.17E−04	1.33E−04	1.10E−03	2.32E−04
6.0E+02	3.91E+01	2.53E−02	2.43E−04	6.23E−05	5.17E−04	1.02E−04
7.0E+02	2.06E+01	1.34E−02	1.28E−04	3.29E−05	2.73E−04	5.06E−05
8.0E+02	1.18E+01	7.69E−03	7.39E−05	1.89E−05	1.57E−04	2.76E−05
9.0E+02	7.27E+00	4.72E−03	4.54E−05	1.16E−05	9.64E−05	1.62E−05
1.0E+03	4.70E+00	3.05E−03	2.93E−05	7.52E−06	6.23E−05	1.01E−05
2.0E+03	2.66E−01	1.73E−04	1.66E−06	4.26E−07	3.53E−06	4.35E−07
3.0E+03	4.97E−02	3.23E−05	3.10E−07	7.95E−08	6.59E−07	6.94E−08
4.0E+03	1.51E−02	9.82E−06	9.43E−08	2.42E−08	2.00E−07	1.88E−08
5.0E+03	6.00E−03	3.90E−06	3.74E−08	9.59E−09	7.95E−08	6.86E−09
6.0E+03	2.82E−03	1.83E−06	1.76E−08	4.51E−09	3.74E−08	3.00E−09
7.0E+03	1.49E−03	9.68E−07	9.29E−09	2.38E−09	1.97E−08	1.49E−09
8.0E+03	8.57E−04	5.57E−07	5.35E−09	1.37E−09	1.14E−08	8.16E−10
9.0E+03	5.26E−04	3.42E−07	3.28E−09	8.41E−10	6.98E−09	4.79E−10
1.0E+04	3.40E−04	2.21E−07	2.12E−09	5.44E−10	4.51E−09	2.97E−10
2.0E+04	1.93E−05	1.25E−08	1.20E−10	3.08E−11	2.56E−10	1.29E−11
3.0E+04	3.60E−06	2.34E−09	2.24E−11	5.75E−12	4.77E−11	2.05E−12
4.0E+04	1.09E−06	7.10E−10	6.82E−12	1.75E−12	1.45E−11	5.56E−13
5.0E+04	4.34E−07	2.82E−10	2.71E−12	6.94E−13	5.75E−12	2.03E−13
6.0E+04	2.04E−07	1.33E−10	1.27E−12	3.26E−13	2.70E−12	8.87E−14
7.0E+04	1.08E−07	7.00E−11	6.72E−13	1.72E−13	1.43E−12	4.41E−14
8.0E+04	6.20E−08	4.03E−11	3.87E−13	9.91E−14	8.22E−13	2.41E−14
9.0E+04	3.81E−08	2.47E−11	2.37E−13	6.09E−14	5.05E−13	1.41E−14
1.0E+05	2.46E−08	1.60E−11	1.54E−13	3.93E−14	3.26E−13	8.77E−15

表 2 - 79　最坏一周的太阳宇宙线离子微分能谱 (CREME—96)

能量/（MeV/n）	离子通量/$[m^{-2} \cdot s^{-1} \cdot sr^{-1}(MeV/n)^{-1}]$					
	H	He	C	N	O	Fe
1.0E+00	4.64E+07	2.36E+06	2.75E+04	7.04E+03	5.84E+04	1.57E+04
2.0E+00	2.28E+07	9.53E+05	1.11E+04	2.85E+03	2.36E+04	6.34E+03
3.0E+00	1.41E+07	5.12E+05	5.97E+03	1.53E+03	1.27E+04	3.41E+03
4.0E+00	9.77E+06	3.14E+05	3.66E+03	9.39E+02	7.79E+03	2.09E+03
5.0E+00	7.19E+06	2.09E+05	2.44E+03	6.25E+02	5.19E+03	1.39E+03
6.0E+00	5.51E+06	1.47E+05	1.72E+03	4.40E+02	3.65E+03	9.80E+02
7.0E+00	4.36E+06	1.08E+05	1.26E+03	3.22E+02	2.67E+03	7.17E+02
8.0E+00	3.53E+06	8.13E+04	9.48E+02	2.43E+02	2.02E+03	5.41E+02
9.0E+00	2.91E+06	6.29E+04	7.33E+02	1.88E+02	1.56E+03	4.19E+02
1.0E+01	2.44E+06	4.96E+04	5.78E+02	1.48E+02	1.23E+03	3.30E+02
2.0E+01	6.61E+05	5.20E+03	6.06E+01	1.55E+01	1.29E+02	4.93E+01
3.0E+01	2.74E+05	1.13E+03	1.32E+01	3.37E+00	2.80E+01	1.07E+01
4.0E+01	1.38E+05	3.81E+02	4.45E+00	1.14E+00	9.45E+00	3.63E+00
5.0E+01	7.90E+04	1.64E+02	1.92E+00	4.92E-01	4.08E+00	1.57E+00
6.0E+01	4.88E+04	8.27E+01	9.65E-01	2.47E-01	2.05E+00	7.91E-01
7.0E+01	3.20E+04	4.63E+01	5.40E-01	1.38E-01	1.15E+00	4.43E-01
8.0E+01	2.20E+04	2.80E+01	3.26E-01	8.36E-02	6.94E-01	2.68E-01
9.0E+01	1.56E+04	1.80E+01	2.09E-01	5.37E-02	4.45E-01	1.72E-01
1.0E+02	1.14E+04	1.21E+01	1.41E-01	3.61E-02	2.99E-01	1.16E-01
2.0E+02	1.27E+03	8.86E-01	1.03E-02	2.65E-03	2.20E-02	1.28E-02
3.0E+02	3.16E+02	1.92E-01	2.24E-03	5.74E-04	4.76E-03	4.00E-03
4.0E+02	1.13E+02	6.50E-02	7.58E-04	1.94E-04	1.61E-03	1.76E-03
5.0E+02	4.79E+01	2.80E-02	3.27E-04	8.38E-05	6.95E-04	9.28E-04
6.0E+02	2.13E+01	1.41E-02	1.64E-04	4.21E-05	3.50E-04	5.51E-04
7.0E+02	1.19E+01	7.89E-03	9.20E-05	2.36E-05	1.96E-04	3.54E-04
8.0E+02	7.20E+00	4.77E-03	5.56E-05	1.43E-05	1.18E-04	2.42E-04
9.0E+02	4.62E+00	3.06E-03	3.57E-05	9.14E-06	7.58E-05	1.73E-04
1.0E+03	3.11E+00	2.06E-03	2.40E-05	6.15E-06	5.10E-05	1.28E-04
2.0E+03	2.30E-01	1.51E-04	1.76E-06	4.51E-07	3.74E-06	1.76E-05
3.0E+03	5.00E-02	3.27E-05	3.82E-07	9.79E-08	8.12E-07	5.51E-06
4.0E+03	1.69E-02	1.11E-05	1.29E-07	3.31E-08	2.75E-07	2.42E-06
5.0E+03	7.31E-03	4.78E-06	5.57E-08	1.43E-08	1.18E-07	1.28E-06

续表

能量/（MeV/n）	离子通量/ $[m^{-2} \cdot s^{-1} \cdot sr^{-1} (MeV/n)^{-1}]$					
	H	He	C	N	O	Fe
6.0E+03	3.68E−03	2.40E−06	2.80E−08	7.18E−09	5.96E−08	7.58E−07
7.0E+03	2.06E−03	1.34E−06	1.57E−08	4.02E−09	3.33E−08	4.88E−07
8.0E+03	1.25E−03	8.13E−07	9.48E−09	2.43E−09	2.01E−08	3.33E−07
9.0E+03	8.02E−04	5.21E−07	6.08E−09	1.56E−09	1.29E−08	2.36E−07
1.0E+04	5.40E−04	3.51E−07	4.09E−09	1.05E−09	8.69E−09	1.76E−07
2.0E+04	3.98E−05	2.57E−08	3.00E−10	7.69E−11	6.38E−10	2.42E−08
3.0E+04	8.66E−06	5.58E−09	6.51E−11	1.67E−11	1.38E−10	7.59E−09
4.0E+04	2.94E−06	1.89E−09	2.20E−11	5.64E−12	4.68E−11	3.33E−09
5.0E+04	1.27E−06	8.14E−10	9.49E−12	2.43E−12	2.02E−11	1.76E−09
6.0E+04	6.39E−07	4.09E−10	4.78E−12	1.22E−12	1.02E−11	1.04E−09
7.0E+04	3.58E−07	2.29E−10	2.67E−12	6.85E−13	5.68E−12	6.72E−10
8.0E+04	2.17E−07	1.38E−10	1.62E−12	4.14E−13	3.43E−12	4.59E−10
9.0E+04	1.39E−07	8.88E−11	1.04E−12	2.66E−13	2.20E−12	3.27E−10
1.0E+05	9.35E−08	5.97E−11	6.97E−13	1.79E−13	1.48E−12	2.42E−10

2.9.8　常用太阳宇宙线模式预测比较

King 模式（或 SOLPRO 模式）[79]与 JPL 模式[80-81]是被广泛应用的太阳宇宙线质子模式。前者主要基于航天器在第 20 次太阳周期的探测数据；后者所依据的探测数据包括第 19 次太阳周期的地面测试数据以及第 20 次和第 21 次太阳周期的航天器在轨探测数据。第 20 次太阳周期所发生的太阳质子事件的特点，是一次大的事件（1972 年 8 月事件）主导了该周期总的太阳质子累积通量。这使得 SOLPRO 模式适于预测给定在轨任务期和置信度条件下发生特大事件的次数。随后，第 19 次和第 21 次太阳周期探测数据的分析结果表明，太阳质子事件的强度实际上是在一些小级别事件与 1972 年 8 月特大事件之间连续变化。第 22 次太阳周期的探测数据也证明，特大太阳质子事件不是一次反常发生的事件，而是由几次事件构成的事件。

SOLPRO 模式和 JPL 模式适用于预测较长时间太阳质子事件的累积通量。由于这两个模式所依据数据的不完整性，必然会存在某些局限性。首先是能量范围有限。SOLPRO 模式的能量范围为 10～100 MeV；JPL 模式为 1～60 MeV。在进行太阳电池在轨性能评价时，需要考虑能量＜10 MeV 太阳质子的影响；而高能太阳质子对于卫星内微电子器件的单粒子效应和总剂量效应评价均十分必要。SOLPRO 模式和 JPL 模式都未包含差别很大的三个完整太阳周期的数据。第 20 次太阳周期有 1 次特大太阳质子事件，占据了整个周期内太阳质子累积通量的绝大部分（1972 年 8 月事件）。第 21 次太阳周期没有大的太阳质子事件发生，而第 22 次太阳周期有 6 次特大太阳质子事件，并在 1 个月内发生了 2 次（1989 年 10 月事件），其次，这两个模式都属于经验模式，难以在较宽的置信度和任务期条件下更好地描述最坏情况的太阳质子事件，而最坏情况的太阳质子事件需要通过事件的累积通量与峰通量加以表征。

相比之下，ESP 模式[82] 的能量范围较宽，从＞1 MeV 至＞300 MeV，并且，ESP 模式所依据的探测数据较好地覆盖了第 20 次～第 22 次太阳周期，如表 2-80 所示。图 2-84 为 ESP 模式针对 1，3 和 7 太阳高年计算的太阳质子积分累积通量谱与 SOLPRO 模式和 JPL 模式计算结果的对比（置信度为 95%），图中对 SOLPRO 模式未给出 7 个太阳高年的计算结果，原因是该模式的最长任务期为 6 年。可见，在覆盖的能量范围相同时，不同模式的预测结果相近，而随着能量的提高，预测结果的差别逐渐加大。

表 2-80　ESP 模式所依据数据的来源和能量范围

太阳周期	数据来源	卫星名称	时间范围	能量范围/MeV
20	King[79]	IMP-3 IMP-4 IMP-5	1966-7—1972-8	10～100
	Goswami[90]	IMP-7 IMP-8	1972-10—1974-9	1～92
21	Goswami[90]	IMP-8	1976-4—1984-4	1～92
22	Stassinopoulos[91]	GOES-5 GOES-6 GOES-7	1986-2—1996-8	1～500

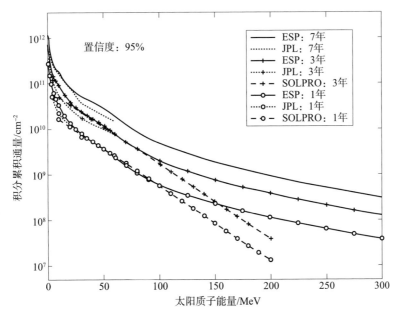

图 2-84　ESP 模式对 1，3 和 7 太阳高年计算的太阳质子积分累积通量谱与 SOLPRO 模式及 JPL—91 模式预测结果的比较

图 2 - 85 是 ESP 模式针对最坏情况计算的 1 年和 7 年太阳高年质子积分累积通量谱与 CREME—96 模式计算的最坏情况 1 周结果的比较。在 CREME—96 模式中，对最坏情况 1 周太阳质子积分累积通量的预测基于 COES 卫星对 1989 年 10 月事件的探测数据，并将置信度定为 99%。可见，CREME—96 模式对最坏情况 1 周的预测结果与 ESP 模式对 1 年太阳高年和置信度为 90% 的预测结果相接近，这是由于太阳质子事件通常持续的时间较短（为 2～4 d）所致。

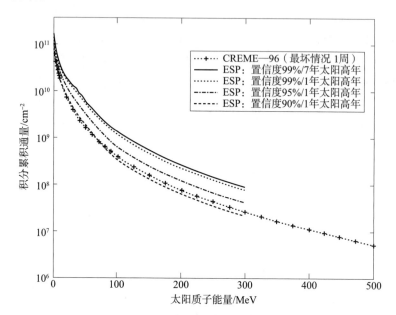

图 2 - 85　ESP 模式针对最坏情况太阳质子事件计算 1 年和 7 年积分累积
通量谱与用 CREME—96 模式计算的最坏情况 1 周结果的比较

2.9.9　近地轨道太阳宇宙线通量计算

如前所述，宇宙线粒子进入地磁场某位置的条件是粒子本身的磁刚度 R 要大于地磁截止刚度 R_c，即 $R \geqslant R_c$。航天器在轨运行期间通过不同位置时地磁截止刚度不同，导致太阳宇宙线粒子从不同位置进入轨道的通量发生变化。为了计算航天器轨道上的太阳宇宙线粒子能谱，需要通过透过率将原始的行星际太阳宇宙线粒子能谱转化为航天器轨道上的能谱。太阳宇宙线粒子在航天器轨道上的透过率可由式（2 - 99）求得，即在数值上等于航天器在轨飞行过程中通过 $R \geqslant R_c$ 位置的飞行时间与总的飞行时间之比。通过原始的太阳宇宙线粒子能谱与航天器轨道上的透过率乘积可求得轨道上太阳宇宙线粒子能谱，包括累积通量能谱与峰通量能谱。

地球磁场对太阳质子有明显的屏蔽效应。Stassinopoulos 与 King 建立了太阳质子地磁屏蔽的经验模式[92]。该模式表明，在地磁层平静条件下，$E < 200$ MeV 的太阳质子不能垂直进入 $L < 5\ R_E$ 的近地空间，即地磁场可在 $L \leqslant 5\ R_E$ 条件下使太阳质子完全被屏蔽。这一结论适用多数情况。事实上，较低能量的太阳质子能够从非垂直方向进入 $L < 5\ R_E$ 的地磁

空间。特别是，地磁层扰动时，地磁屏蔽效应减弱，有利于太阳质子进入地磁层。地磁层扰动时，太阳质子从西向到达 $L=5\ R_E$ 磁壳层的截止能量低于 30 MeV。工程上，若航天器在轨道周期的 50% 以上时间都处于 $L>5\ R_E$ 的近地空间，便需要计算轨道上的太阳质子透过率及其能谱；在 $L<5\ R_E$ 地磁空间的时间占轨道周期 70% 以上时间时，可不考虑太阳质子的影响。

同计算轨道上银河宇宙线粒子能谱相类似，轨道上太阳宇宙线粒子能谱的计算步骤包括：1) 计算轨道上各点的位置坐标；2) 计算轨道上各点的地磁截止刚度；3) 根据地磁层外太阳宇宙线模式计算原始太阳宇宙线粒子能谱与磁刚度谱；4) 根据航天器在轨飞行时间，确定轨道上各种磁刚度太阳宇宙线粒子的透过率；5) 计算航天器轨道上太阳宇宙线粒子磁刚度谱与能谱，包括累积通量谱与峰通量谱。

上述计算过程可由计算机程序完成。提供 CREME—96 程序的网址为：http://crsp3. nrl. navy. mil/creme96/。在 SPENVIS 系统中收录了 CREME—96 程序，可以在线使用（http://www. spenvis. oma. be/spenvis/）。莫斯科大学提供 Nymmik 模式的网址为：http://elana. sinp. msu. ru。

对太阳黑子数的预测可通过已有计算机程序进行（http://spidr. nasa. gov）。预测可以给出太阳黑子数 W 随时间的变化，包括期望的最高值、最低值及平均值，通常是应用太阳黑子数的平均期望值进行计算。

2.9.10　太阳宇宙线模式选用

太阳宇宙线是太阳事件爆发时发射的高能带电粒子流，主要由质子及少量其他元素的离子组成，能量一般从几兆电子伏至数百兆电子伏。每次太阳质子事件的强度和能谱都不相同，具有很大的随机性，持续时间一般为几天。太阳质子辐射可对航天器材料和器件产生电离损伤效应和位移损伤效应，并导致微电子器件产生单粒子效应。太阳质子事件是地球同步轨道和极轨道航天器及深空探测器所必须考虑的重要辐射环境因素。

在已有的太阳宇宙线质子模式中，以往以 SOLPRO 模式和 JPL—91 模式应用较为广泛，适于预测较长任务期（1 年以上）太阳质子事件的累积通量。但它们所依据的探测数据不够完整，能量范围有限，难以描述任务期内最坏情况的太阳质子事件。相比之下，ESP 模式所依据的探测数据比较完整，适用的能量范围较宽，达到 1～300 MeV，甚至更高。SOLPRO 模式和 JPL—91 模式的能量范围分别为 10～100 MeV 及 1～60 MeV。另外，ESP 模式较好地考虑了太阳质子事件的随机性，能够在较宽的置信度和不同任务期条件下应用。因此，建议选用 ESP 模式计算 1 年以上任务期的太阳质子累积通量谱；当任务期短于 1 年时，也可应用该模式求得 1 年的累积通量谱，作为保守分析的依据。在任务期超过一个太阳周期（11 年）时，可按照总的太阳高年数进行计算。

针对评价单粒子效应的需要，通常选用 CREME—96 模式计算太阳粒子（质子和离子）的最坏 5 min，1 天及 1 周的微分通量能谱，如表 2 - 77，表 2 - 78 及表 2 - 79 所示。当考虑异常大的太阳质子事件时，可选用 August 72′ 或 October 89′ 模式。

　　地球磁场对太阳宇宙线具有明显的磁屏蔽效应。通常，在地磁平静条件下，＜200 MeV 的太阳质子难以进入 L＜5 R_E 的近地高度轨道，可不考虑地磁屏蔽效应。地磁层扰动时，地磁场对太阳宇宙线的屏蔽效应减弱，有利于太阳质子进入较低高度轨道，这会使太阳质子从西向到达 $L=5$ R_E 地磁壳层的截止能量低于 30 MeV。太阳质子易于到达地球同步轨道与极地轨道。工程上，当航天器的轨道周期 50％以上的时间都处于 L＞5 R_E 的地磁空间时，需要计算地磁屏蔽效应对航天器轨道上太阳质子的透过率与能谱的影响。

2.10　空间原子氧环境模式

2.10.1　一般表述

　　原子氧是地球高层大气的重要组分，会对在低地球轨道运行的航天器构成严重的威胁。原子氧在撞击航天器表面时可能发生弹性镜面反射，或者其能量和动能有所改变而产生漫散射。入射的原子氧可能与附着在航天器表面的其他物质发生反应，如与 NO 高速碰撞将形成激发态的氮氧化合物 NO_2^*。当 NO_2^* 从航天器表面解析并恢复到基态的 NO_2 时，激发的能量将以光子形式释放，产生橙红色辉光。这会影响航天器的隐蔽性。原子氧的危害作用主要表现为能直接与航天器表面材料发生反应，形成可挥发的反应物，产生剥蚀效应。剥蚀效应不但导致材料质量损失，还会使航天器表面性能变坏，从而成为影响航天器在轨寿命与可靠性的重要因素。许多聚合物、碳纤维复合材料及 Ag 等，都属于易于受到原子氧损伤的敏感材料。原子氧对材料的剥蚀厚度 Δx 可按原子氧的反应系数 R_e 与注量 Φ 的乘积计算，即 $\Delta x = R_e \cdot \Phi$。原子氧对聚酰亚胺的反应系数 $R_e = 3.0 \times 10^{-24}$ cm^3/原子，可求得在 400 km 高度轨道暴露 1 年的剥蚀厚度达数十微米，说明厚度较薄的聚酰亚胺膜 1 年内便可能消失。

　　为了有效地防止原子氧的有害作用，必须深入开展原子氧与航天器表面材料相互作用的研究，这对于提高低地球轨道航天器在轨服役的可靠性与寿命具有重要意义。有效的研究途径是通过地面模拟试验分析，建立空间原子氧环境参数与航天器外表面材料性能退化的关系，作为预测航天器在轨服役寿命的必要依据。解决这一问题的前提条件是对空间原子氧环境进行量化表征。

　　空间原子氧的分布与轨道高度、季节、航天器所处位置的地方太阳时及太阳活动等诸多因素有关。通常，原子氧的数密度随轨道高度增加呈指数降低。太阳活动高年时，原子氧的数密度增大。轨道高度越高，太阳活动高年与低年的原子氧数密度相差越大，1 000 km 高度时，两者相差可约达 4 个数量级。太阳紫外辐射对热层大气有着重要影响，是导致原子氧产生的根源。地球自转可使原子氧数密度发生昼夜变化。在高度一定时，原子氧数密度常在地方太阳时 14 时出现最大值，地方太阳时 4 时出现最小值。由于地球在黄道面上绕太阳公转，每年两次经过太阳赤道面，使大气温度和原子氧数密度存在明显的半年变化。每年 10 月大气温度和原子氧数密度达到最大值，7 月达到最小值。

为了评价原子氧与航天器的相互作用，需要计算原子氧的通量和注量。原子氧的数密度是计算空间原子氧通量和累积通量的依据，可通过热层大气模式加以确定。工程上，常应用 MSIS—90 模式、NRLMSISE—00 模式及 MET 模式计算空间原子氧的数密度。空间原子氧的动力学速度由热层大气风速与航天器速度的矢量差决定，可由热层大气风模式（HWM—90 模式）确定风速。

2.10.2　原子氧环境参数计算模式

在分析原子氧与航天器相互作用时，所涉及的主要环境参数包括原子氧的能量、通量及注量，这将涉及航天器的飞行速度、原子氧的热运动速度及原子氧飞行攻角等的影响。空间原子氧环境参数计算方法如下。

（1）原子氧能量计算

原子氧的能量是表征其与航天器相互作用能力的重要参量。原子氧能量越高，对航天器材料的剥蚀能力越强。原子氧能量与其自身的热运动速度及与航天器的相对运动速度有关。原子氧的热运动速度可通过气体动力学的麦克斯韦理论计算，并认为呈各向同性分布。原子氧的平均热运动速度可由下式计算

$$u_m = (2RT/M)^{1/2} \qquad (2-142)$$

式中　T——环境温度（K）；

　　　R——气体常数，8 314 J/（kmol·K）；

　　　M——原子氧质量（kg/kmol）。

尽管原子氧的热运动速度很低，但在其与航天器相遇时会产生很高的相对运动速度。航天器在轨飞行速度 v_s 与轨道高度或圆轨道半径有关，即 $v_s = (GM/a)^{1/2}$，式中 GM 为地球引力常数（$m^3 \cdot s^{-2}$）；a 为轨道半径（m）。计算表明，在 1 000 km 高度，圆形轨道航天器的速度约为 7.8 km/s，这相当于使原子氧定向高速运动并达到很高的能量状态。在航天器的迎风面，即航天器表面法线与飞行方向的夹角 α 小于 90°，原子氧可获得约达 5 eV 的能量。若不考虑原子氧热运动速度，原子氧与航天器迎风面的撞击能量可由 $E = mv_s^2/2$ 计算。代入原子氧的质量 $m = 2.655 \times 10^{-26}$ kg 和航天器飞行速度 $v_s = 7.8$ km/s，可得到 $E = 8.1 \times 10^{-19}$ J，即 5.05 eV。若考虑原子氧的热运动，其与航天器表面的撞击能量略有增加。为准确计算原子氧的动能，应针对具体轨道并考虑各种摄动因素的影响计算航天器的实际在轨飞行速度。在非迎风面（$\alpha > 90°$）上，原子氧与航天器碰撞的速度为热运动速度，可基于热原子氧计算撞击能量（零点零几电子伏，甚至更小）。

（2）原子氧通量计算

原子氧通量也是表征原子氧环境与航天器表面相互作用强度的重要参量，其大小由空间原子氧数密度和定向运动速度共同决定。空间原子氧数密度可根据轨道高度，按照高层大气模式确定。原子氧的定向运动速度为原子氧撞击航天器表面的速度，应由原子氧的热运动速度与航天器的飞行速度共同决定。计算航天器迎风面上原子氧通量时，可忽略原子氧热运动速度的影响，近似认为原子氧的入射速度等于航天器在轨飞行速度。在这种情况

下，原子氧通量计算可以大大简化。如图 2-86 所示，入射原子氧速度在航天器表面法线上的分量 V_x 为

$$V_x = V_i \cdot \cos\alpha \tag{2-143}$$

则原子氧通量由下式计算

$$\varphi = N_0 \cdot V_x = N_0 \cdot V_i \cdot \cos\alpha \tag{2-144}$$

式中　φ——入射原子氧通量 ［个／（$cm^2 \cdot s$）］；

　　　N_0——原子氧数密度（个／cm^3）；

　　　V_i——原子氧入射速度（km/s）；

　　　α——原子氧飞行攻角，即原子氧入射方向与表面法线间夹角。

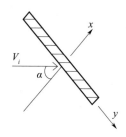

图 2-86　原子氧撞击航天器表面速度矢量

　　计算航天器非迎风面上原子氧通量时，需考虑空间原子氧的热运动，有必要计算入射原子氧平均法向速度分量 $\overline{V}_x$。一般情况下，原子氧热运动呈正态分布。原子氧粒子的定向速度 $\boldsymbol{V}$ 由其热运动速度 $\boldsymbol{u}$ 与气体动力学速度 $\boldsymbol{V}_{aero}$ 共同决定，即

$$\boldsymbol{V} = \boldsymbol{V}_{aero} + \boldsymbol{u} \tag{2-145}$$

　　原子氧粒子热运动速度分布的概率密度由下式计算：

$$f(u_i) = \frac{1}{(\pi \cdot u_m)} \exp(- u_i^2 / u_m^2) \tag{2-146}$$

式中　u_m——原子氧粒子的平均热运动速度，由式（2-142）给出；

　　　u_i——原子氧粒子热运动速度矢量的三个分量。

　　气体动力学速度是风速矢量与航天器速度矢量之差，即

$$\boldsymbol{V}_{aero} = \boldsymbol{V}_w - \boldsymbol{V}_s \tag{2-147}$$

式中　V_w——热层大气风速；

　　　V_s——航天器速度。

　　参照图 2-86 所示的坐标系，可由下式计算入射原子氧平均法向速度分量 $\overline{V}_x$

$$\overline{V}_x = \int_{-\infty}^{\infty} \int_{-\infty}^{\infty} \int_{-\infty}^{\infty} V_x f(\boldsymbol{V} - \boldsymbol{V}_{aero}) dV_x dV_y dV_z \tag{2-148}$$

对式（2-148）求解，得

$$\overline{V}_x = (RT/2\pi M)^{\frac{1}{2}} \{ \exp(- s^2) + \pi^{\frac{1}{2}} \cdot s[1 + \mathrm{erf}(s)] \} \tag{2-149}$$

式（2-149）中，s 为原子氧的速度比，即

$$s = (\boldsymbol{V}_{aero} \cdot \boldsymbol{X}) / u_m \tag{2-150}$$

erf 为标准偏差函数，即

$$\text{erf}(s) = \frac{2}{\sqrt{\pi}} \int_0^s e^{-x^2} \cdot dx \qquad (2-151)$$

则按照式（2-144），入射原子氧平均通量为

$$\varphi = N_0 \cdot \overline{V}_x = N_0 \cdot \sqrt{\frac{RT}{2\pi M}} \{ \exp(-s^2) + \sqrt{\pi} s [1 + \text{erf}(s)] \} \qquad (2-152)$$

因此，考虑原子氧热运动时，可计算入射原子氧通量相对于航天器表面法线倾角分布。由于原子氧热运动遵循正态分布，计算结果符合中心正态法则。

（3）原子氧注量计算

注量或累积通量是直接制约原子氧对航天器表面材料剥蚀程度的重要参量。入射原子氧的注量越大，航天器表面材料的剥蚀程度越严重。空间原子氧的注量或累积通量按照定义应为一定时间内原子氧的平均通量与时间的乘积，由此可计算轨道上任一点的累积通量及航天器整个飞行期内的注量。

航天器在轨飞行时，轨道上任一点的原子氧注量可通过迭代梯形方法计算，如下式所示

$$\Phi_i = \Phi_{i-1} + 0.5(\varphi_i + \varphi_{i-1}) \cdot (t_i - t_{i-1}) \qquad (2-153)$$

式中 Φ_i——t_i 时刻的原子氧注量；

       Φ_{i-1}——t_{i-1} 时刻的原子氧注量；

       φ_i——t_i 时刻的原子氧通量；

       φ_{i-1}——t_{i-1} 时刻的原子氧通量。

航天器在 j 轨道飞行期内原子氧的注量由下式计算

$$\Phi_j = \varphi_j \cdot (T_j - t_j) \qquad (2-154)$$

式中 Φ_j—— 航天器在 j 轨道整个飞行期内原子氧的注量；

       φ_j—— 航天器在 j 轨道整个飞行期内原子氧的平均通量；

       T_j, t_j—— 飞行的终止时间与开始时间。

当航天器变轨飞行时，可通过下式计算总的原子氧注量

$$\Phi_\Sigma = \Phi_{j-1} + 0.5(\varphi_j + \varphi_{j-1}) \cdot (t_j - T_{j-1}) + \varphi_j (T_j - t_j) \qquad (2-155)$$

式中 Φ_Σ—— 总的原子氧注量；

       Φ_{j-1}—— 航天器在 $j-1$ 轨道飞行时的原子氧注量；

       φ_j, φ_{j-1}—— 航天器在 j 轨道和 $j-1$ 轨道飞行时原子氧的平均通量；

       T_j, t_j—— 航天器在 j 轨道飞行的终止时间与起始时间；

       T_{j-1}—— 航天器在 $j-1$ 轨道飞行的终止时间。

（4）原子氧飞行攻角的影响

飞行攻角是影响原子氧与航天器表面材料交互作用程度的重要因素。所谓飞行攻角是指原子氧入射方向与航天器表面法线间的夹角。图 2-87 给出 $F_{10.7}=150$ 及不同飞行攻角时原子氧年注量随圆轨道高度的分布。在相同轨道高度，减小飞行攻角使原子氧注量增大；相应地，原子氧注量增大，将使航天器表面材料的剥蚀厚度增加，如图 2-88 所示。

因此，在空间原子氧环境效应地面模拟试验时，应考虑原子氧飞行攻角的影响。原子氧飞行攻角可通过航天器各单元表面取向分析求得。

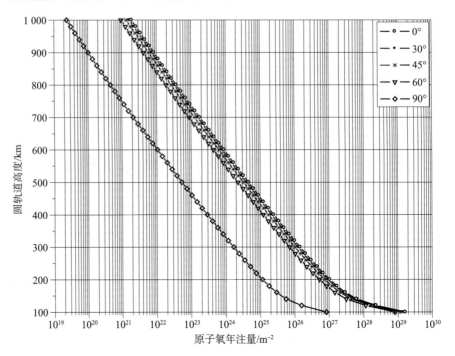

图 2-87　在不同圆轨道高度下飞行攻角对原子氧年注量的影响（$F_{10.7}=150$）

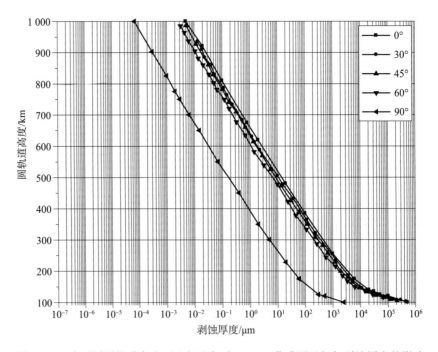

图 2-88　在不同圆轨道高度下飞行攻角对 Kapton 薄膜原子氧年剥蚀厚度的影响

（$F_{10.7}=150$，反应系数 $R_e=3\times10^{-24}\,cm^3/$原子）

实际上，飞行攻角的影响是入射原子氧与航天器不同取向表面交互作用时能量效应与通量效应的综合体现。航天器表面与速度矢量取向关系不同时，入射原子氧的能量会有所变化。如飞行攻角为 0°时，入射原子氧的能量可达到 5 eV，而飞行攻角为 90°时，入射原子氧的能量主要为热运动动能（零点零几电子伏）。另外，由式（2 - 144）可见，飞行攻角 α 不同时，原子氧的通量不同。随着飞行攻角减小，原子氧通量与注量增加。可以认为，原子氧飞行攻角对航天器表面损伤效应的影响与原子氧能量和通量的综合效应具有相关性。

（5）在轨卫星原子氧注量计算程序

在综合考虑高层大气模式、卫星三维结构和在轨飞行状态、太阳活动及地磁活动的基础上，可建立卫星表面原子氧注量计算软件，计算软件的流程如图 2 - 89 所示。根据式（2 - 144）与式（2 - 154），可按照下式计算卫星在轨飞行过程中单元表面的原子氧注量

$$\Phi = \sum_i N_0 \cdot V_i \cdot \cos \alpha_i \cdot t_i \qquad (2 - 156)$$

式中　Φ——原子氧注量；

　　　N_0——原子氧数密度，取决于轨道高度及太阳和地磁活动；

　　　V_i——原子氧在 t_i 时段平均入射速度；

　　　α_i——卫星单元表面法线与前进方向夹角，$\cos \alpha_i$ 为取向因子；

　　　t_i——卫星在轨飞行单元时段，步长取 60 s。

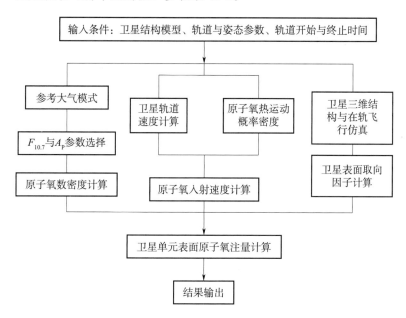

图 2 - 89　卫星表面原子氧注量分布计算流程

ATOMOX 是 SPENVIS 信息系统提供的计算空间原子氧环境参数的程序，能够给出航天器任一取向表面上原子氧的注量。计算时考虑原子氧热运动与航天器飞行轨道的影响，并考虑阴影效应及航天器其他表面的散射效应。除原子氧外，ATOMOX 程序还能计

算地球高层大气其他组分（原子与离子）的通量和累积通量。主要计算内容包括：

    1）计算航天器各表面与速度矢量的取向关系；

    2）针对航天器飞行轨道，计算原子氧数密度（考虑太阳与地磁活动的影响）；

    3）针对主迎风面（垂直于速度矢量），计算环境原子氧的通量与注量；

    4）针对各非迎风面（与速度矢量有一定的取向角度），计算原子氧通量与注量。

2.10.3 原子氧与航天器相互作用系数计算

上述原子氧通量与注量计算是针对比较理想的情况进行的：一是假设航天器表面完全暴露在空间原子氧环境中，能够充分受到原子氧作用；二是认为原子氧在航天器表面不产生反射与散射，可一次性地被吸收；三是假设航天器表面与空间原子氧环境的相对取向保持不变。实际上，航天器三维结构会使有些表面完全暴露，而有些表面可能受到部分遮挡或全部遮挡，即存在阴影区；具有一定动能的原子氧撞击航天器表面时，可能一次性地被吸收，也可能经过多次反射后才被吸收。对于自旋卫星，其表面与周围环境的相对取向会连续变化。这些情况在针对实际航天器三维结构计算原子氧通量和注量时应加以考虑。为此，可采用迹线跟踪分析方法计算原子氧的作用系数，并在此基础上计算航天器各表面上实际经受的原子氧通量和注量。如果上述三种情况下原子氧对航天器的作用系数均为零，则原子氧通量和注量便等于完全暴露条件下的通量和注量。下面分别针对上述三种情况给出原子氧对航天器表面作用系数的计算方法。

（1）遮挡系数计算

航天器表面受到遮挡时，仍可能受到热运动的原子氧的作用。通过引入表观表面系数 A，可计算受遮挡表面上原子氧的通量。受遮挡表面上原子氧的通量等于完全暴露时热原子氧通量与表观表面系数的乘积。为了计算表观表面系数，需进行迹线跟踪分析。若从某个三角形或四边形单元表面沿粒子速度相反方向发射许多射线，则表观表面系数由下式计算

$$A = \frac{\sum\limits_{i \in J} WG_i}{\sum\limits_{i=1}^{N_t} WG_i} \qquad (2-157)$$

式中 N_t——射线总数；

    J——击中表面的 i 射线的 i 数值集合；

    WG_i——射线 i 的权重。

对于三角形单元表面，射线 i 的权重 WG_i 等于 1；对于四边形单元表面，WG_i 取决于采样点。

为了发射迹线，需要确定粒子的速度方向。这仅是为了计算表观系数，而不是用于计算通量。对于每一采样点，粒子的速度方向由下式确定

$$\boldsymbol{V} \cdot \boldsymbol{X} > 0 \qquad (2-158)$$

式中 $\boldsymbol{X}$——表面向内的法线方向（单位矢量）；

V——粒子速度矢量。

式（2-158）是使 V 到达表面的条件，这种关系也可以写成

$$u_x > - V_{aero} \cdot X \tag{2-159}$$

式中　u_x——原子氧热运动速度矢量 V_{aero} 的 x 分量。

仅有热运动时，应随机取样。为了确定随机速度，可在 $[0，1]$ 区间选取三个随机数 χ_x，χ_y 和 χ_z，则

$$\chi_x = \frac{\displaystyle\int_{-V_{aero} \cdot X}^{u_x} f(u) \mathrm{d}u}{\displaystyle\int_{-V_{aero} \cdot X}^{\infty} f(u) \mathrm{d}u} > - V_{aero} \cdot X \tag{2-160}$$

$$\chi_y = \int_{-\infty}^{u_y} f(u) \mathrm{d}u \tag{2-161}$$

$$\chi_z = \int_{-\infty}^{u_z} f(u) \mathrm{d}u \tag{2-162}$$

式（2-160）～式（2-162）中，$f(u)$ 由式（2-146）给出。积分后得

$$\chi_x = \frac{\mathrm{erf}(\frac{u_x}{u_m}) + \mathrm{erf}(s_x)}{1 + \mathrm{erf}(s_x)} \tag{2-163}$$

$$\chi_y = \frac{\mathrm{erf}(\frac{u_y}{u_m}) + 1}{2} \tag{2-164}$$

$$\chi_z = \frac{\mathrm{erf}(\frac{u_z}{u_m}) + 1}{2} \tag{2-165}$$

式（2-163）中，s_x 由下式计算

$$s_x = \frac{V_{aero} \cdot X}{u_m} \tag{2-166}$$

由上述方程便可求得原子氧热运动矢量的三个分量

$$u_x = u_m \mathrm{erf}^{-1}[(\chi_x - 1)\mathrm{erf}(s_x) + \chi_x] \tag{2-167}$$

$$u_y = u_m \mathrm{erf}^{-1}(2\chi_y - 1) \tag{2-168}$$

$$u_z = u_m \mathrm{erf}^{-1}(2\chi_z - 1) \tag{2-169}$$

（2）多次反射系数计算

原子氧对航天器表面的撞击过程是一个比较复杂的物理现象，目前有关的实验研究尚很少，对此过程所需考虑的主要参数涉及反射粒子的方向与速度，前者取决于航天器表面材料和碰撞角，后者与航天器表面材料和碰撞速度有关。为了建立数学模型，需要针对每种材料定义 3 个系数：一是材料吸收的粒子通量所占百分比，称为吸收系数（Ω）；二是镜面反射相对于总反射的比率，称为镜面反射率（S）；三是漫反射时粒子重新发射速度的系数，称为漫反射调节率（r）。其中，吸收系数 Ω 与镜面反射率 S 由下式给出

$$S = \frac{\rho_s}{\rho_s + \rho_d} \tag{2-170}$$

$$\Omega + \rho_s + \rho_d = 1 \qquad\qquad (2-171)$$

式中　ρ_s——镜面反射系数，表示镜面反射通量所占百分比；

　　　ρ_d——漫反射系数，表示漫反射通量所占百分比。

原子氧在航天器表面的多次反射过程可采用迹线跟踪方法进行分析。设某一迹线携带的粒子数为 N，并与某表面相遇。其中，部分粒子被相遇的表面吸收，部分粒子被镜面反射，部分粒子被漫反射。被表面吸收的粒子数为 $N_a = \Omega N$；镜面反射的粒子数为 $N_s = \rho_s N$。当设定漫反射的迹线数为 M 时，各漫反射迹线所携带的粒子数为

$$N_d = \frac{\rho_d N}{M}(1-r) \qquad\qquad (2-172)$$

式中　r——漫反射调节率。

若经镜面反射重新发射的迹线没有撞击任何表面，则过程终止且二次通量为零；而当重新发射的迹线撞击某个表面时，吸收和反射过程重新开始。在剩余通量小于所规定的首次撞击通量的某一百分比，或者镜面反射的次数大于规定的次数时，镜面反射过程终止。

在发生漫反射时，会有多条迹线从碰撞点发出，并在与某表面相遇时转化为该表面上的原子氧通量。如果这些重新发射的迹线没有与表面相遇，会使原子氧通量流失。在这两种情况下，过程均终止。

（3）表面自旋系数计算

在表面自旋情况下，需要定义自旋轴矢量与绕自旋轴分析位置的数量（N）。计算方法的基本思路是先针对首次自旋位置，通过迹线跟踪方法计算入射原子氧通量。然后，在卫星的参考坐标系内围绕自旋轴旋转卫星速度矢量，并相应地旋转卫星。旋转角度为 $2\pi/N$，N 为所定义的自旋位置的数量。此步骤重复 $N-1$ 次。在 N 次旋转后，粒子通量按自旋位置的数量平均。这种计算方法的缺点是比较费时，自旋位置的数量越大，所需计算时间越长。

图 2-90 为针对自旋卫星计算迹线方向的参考坐标系。图中，n 为卫星的自旋轴矢量；d_1 为首次自旋位置时的迹线方向；θ 角为 d_1 与 n 之间的夹角；φ_1 为首次自旋角度。首次自旋位置时的迹线方向可由下式给出

$$d_1 = \begin{cases} |d_1| \sin\theta \cos\varphi_1 \\ |d_1| \sin\theta \sin\varphi_1 \\ |d_1| \cos\theta \end{cases} \qquad\qquad (2-173)$$

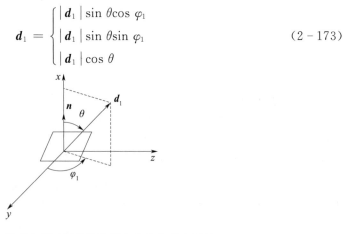

图 2-90　针对自旋卫星确定迹线方向的参考坐标系

若 N 为自旋位置数，则第 i 次自旋位置的迹线方向 $\boldsymbol{d}_i$ 由下式计算

$$\boldsymbol{d}_i = \begin{cases} |\boldsymbol{d}_i| \sin\theta\cos\left[\varphi_1 + (i-1)\dfrac{2\pi}{N}\right] \\[2mm] |\boldsymbol{d}_i| \sin\theta\sin\left[\varphi_1 + (i-1)\dfrac{2\pi}{N}\right] \\[2mm] |\boldsymbol{d}_i| \cos\theta \end{cases} \quad (2-174)$$

2.10.4　原子氧环境因素裁剪

地球高层大气由多种气体组分组成。在 $200\sim700$ km 高度范围内大气的主要组分是原子氧，可对低地球轨道航天器表面材料产生损伤效应，包括使表面材料产生质量损失、表面剥蚀及材料性能退化等。空间原子氧环境参数计算是分析原子氧损伤效应的基础与前提，具有重要的工程需求背景与实际意义，主要需考虑以下问题。

1）原子氧数密度是表征空间原子氧环境的基本参量，可通过国际上通用的参考大气模式，如 NRLMSIS—00 及 MET-V 2.0 加以确定。在影响空间原子氧数密度分布的诸多因素中，应主要考虑轨道高度及太阳活动指数（$F_{10.7}$）和地磁指数（A_P）的影响。

2）计算空间原子氧环境参数时，应区分迎风面（其法线与速度矢量夹角小于 $90°$）与非迎风面（与速度矢量夹角大于 $90°$）等不同状况。在迎风面上可忽略原子氧热运动速度的影响，原子氧的相对定向运动速度接近 8 km/s，能量达到约 5 eV；在非迎风面上，热运动速度成为主要的影响因素，导致原子氧能量趋于零点零几电子伏，甚至更小。

3）原子氧通量是表征空间原子氧环境与航天器相互作用强度的参量，可通过原子氧数密度与定向运动速度求得。在迎风面上，原子氧的定向运动速度等于航天器在轨飞行速度；在非迎风面上，计算原子氧通量需要考虑热运动概率密度分布的影响。

4）原子氧注量是直接制约空间原子氧环境对航天器损伤程度的重要参量，可通过原子氧通量与作用时间的乘积求得。鉴于航天器轨道环境条件及表面取向关系的复杂性，可通过建立计算机程序来计算航天器不同表面在轨飞行过程中原子氧注量的变化。

5）原子氧飞行攻角是影响空间原子氧环境对航天器表面材料损伤效应的主要因素之一，其影响与原子氧能量和通量的综合效应具有一定的相关性。

6）在需要考虑原子氧对航天器表面作用存在遮挡、多次反射及表面自旋等因素时，可通过迹线跟踪分析方法计算相应的作用系数，作为修正完全暴露条件下原子氧通量和注量计算的依据。

2.11　微流星体与空间碎片环境模式

2.11.1　一般表述

在地球轨道上运行的航天器会受到微流星体和空间碎片的超高速撞击。所谓超高速撞击是指碰撞物体间的相对速度超过了被碰撞材料中的声速，可使碰撞产生的冲击压力远大

于弹体和靶材料的强度（高几个数量级）。在碰撞的初始阶段，弹体及其周围的靶材料呈现流体性质，需要基于流体动力学模型表述。超高速撞击在弹体和靶材料内产生冲击波，使弹体及其周围靶材料受到绝热和非等熵加热。冲击压力可通过在弹体和靶材的自由表面生成膨胀波而得到释放。因此，超高速撞击因材料性质、几何参数及撞击速度等因素的不同，会导致弹体和靶材产生碎裂、熔化或蒸发等过程，表现出与通常低速碰撞时明显不同的损伤行为。

流星体是在星际空间高速运动的天然固体颗粒，来源于小行星或彗星。通常将质量小于 1 g 或尺度为毫米级以下的流星体称为微流星体。微流星体按其运行轨道的空间分布状态分为两类：一类是聚集在相近轨道（通常是母体彗星轨道附近）上运行的微流星体粒子群，可在某些时间段内出现高通量，称为微流星体流；另一类是运行轨道随机分布的各类微流星体粒子，称为偶现微流星体。空间碎片是指人为产生的绕地球轨道运行的废弃物体或物体碎片，也常称为轨道碎片。自 1957 年以来，人类的航天活动已在低地球轨道产生可通过雷达探测跟踪的物体（＞10 cm）超过了 10 000 个。在地球同步轨道上可跟踪物体的尺寸通常约大于 1 m。在人为产生的空间物体中，90％以上是已无用途的废弃物体。据估计，尺寸大于 1 cm 的空间碎片数量在 500 000～700 000 的数量级，更小尺寸的碎片可能更多。微流星体和空间碎片对航天器产生的撞击损伤取决于撞击粒子的尺寸、密度、速度及撞击方向，也与航天器的防护结构有关。微米量级的微细粒子撞击可在航天器材料和器件外表面产生陷坑，导致光学、电学、热学及密封等性能退化。大尺寸粒子能够击穿航天器的外表面，使舱体结构和设备遭到破坏。

微流星体与空间碎片来源不同，具有不同的特性。微流星体的质量密度范围较宽，为 $0.15 \sim 8 \ \text{g/cm}^3$；空间碎片质量密度可在 $0.01 \sim 4.7 \ \text{g/cm}^3$ 范围内变化。如果不考虑地球的遮挡效应，微流星体撞击航天器表面的视角可为 2π。空间碎片多产生于航天器常运行的轨道（如低地球轨道、地球同步轨道等），且能够在这些轨道上长期停留，直至在大气阻力作用下坠入地球大气陨灭。空间碎片撞击速度分布与航天器轨道倾角有关。直径大于 1 mm 时，空间碎片粒子的累积通量远大于微流星体；而对于尺寸较小的空间碎片粒子，情况相反。

已经分别针对微流星体和空间碎片环境建立了通量计算模式。微流星体和空间碎片所产生的损伤效应可以通过经验公式评估，给出侵彻深度、撞击坑尺寸与粒子参数和靶材性能的关系。微流星体和空间碎片的通量通常是指随机翻动表面一侧按时间平均的通量（F_r）。撞击通量是指单位时间和单位面积上拦截的粒子数。通量 F_t 的相关面积是指航天器实际的外表面积。对于取向随机变动的航天器，也可以按特定的粒子流方向取时间平均的横截面积来定义撞击通量，称为横截面积通量 F_c。对于无凹度表面，$F_c = 4F_r$。若按单位立体角计算粒子撞击通量，则有 $F_j = F_r/\pi = F_c/4\pi$，单位为撞击次数·$\text{m}^{-2} \cdot \text{sr}^{-1} \cdot \text{a}^{-1}$。航天器以固定取向飞行时，微流星体或空间碎片的撞击通量应为矢量，需要分析撞击效应的方向性。大多数情况下，微流星体或空间碎片的撞击发生在航天器的前表面和朝向空间的表面。

撞击次数 N 随航天器的暴露面积、粒子通量和时间呈线性增加，即

$$N = F_r \times A \times t \tag{2-175}$$

式中　F_r——微流星体或空间碎片的通量；

　　　A——总的暴露面积；

　　　t——暴露时间。

微流星体和空间碎片的撞击次数可以相加。当撞击次数 N 确定后，可由 Poisson 统计学方程求得相应时间段内发生 n 次撞击的概率 P_n

$$P_n = (\frac{N^n}{n!}) \times e^{-N} = (F_r \cdot A \cdot t)^n \cdot \exp(-F_r \cdot A \cdot t)/n! \tag{2-176}$$

并且，不发生撞击的概率 P_0 由下式求得

$$P_0 = e^{-N} = e^{-F_r \cdot A \cdot t} \tag{2-177}$$

若 $N \ll 1$，则至少发生 1 次撞击的概率 Q（$Q=1-P_0$）近似等于 N，即

$$Q = 1 - e^{-N} \approx 1 - (1-N) = N = F_r \cdot A \cdot t \tag{2-178}$$

2.11.2　微流星体环境模式

2.11.2.1　微流星体的密度与速度分布

微流星体环境仅涉及天然的固体粒子。几乎所有的微流星体来源于彗星或小行星，包括微流星体流（streams）和偶现微流星体（sporadic）。偶现微流星体数量与时间无关，而微流星体流数量在某些时间段内可增加数倍以上。相对于地球而言，每次形成的微流星体流中所有粒子几乎具有相同的撞击方向和速度。航天器遭遇微流星体流的时间可持续几小时至几天。偶现微流星体的撞击方向或速度没有固定的模式。在一年范围内，偶现微流星体的通量基本上不变。微流星体流的年平均累积通量大约为偶现微流星体的 10%。微流星体环境由平均偶现的微流星体与年平均的微流星体流所构成。美国国家航空航天局的 TM-4527 空间环境指南推荐微流星体的质量密度为：粒子质量 $<10^{-6}$ g 时，质量密度为 2 g/cm³；粒子质量 >0.01 g 时，质量密度为 0.5 g/cm³；粒子质量在 $10^{-6} \sim 0.01$ g 之间时，质量密度为 1 g/cm³。尽管微流星体的质量密度存在较大的不确定性，但对建立通量计算模式影响不大。微流星体通量模式主要依据撞击坑数量等实测数据建立，而受粒子质量密度值的影响较小。

在近地空间，微流星体相对于地球的速度在 11~72 km/s 范围内变化，如图 2-91 所示。在各向同性的参考通量模式中，美国国家航空航天局采用的微流星体速度分布如下

$$n(v) = \begin{cases} 0.112 & 11.1 \leqslant v < 16.3(\text{km/s}) \\ 3.328 \times 10^5 v^{-5.34} & 16.3 \leqslant v < 55.0(\text{km/s}) \\ 1.695 \times 10^{-4} & 55.0 \leqslant v < 72.2(\text{km/s}) \end{cases} \tag{2-179}$$

式（2-179）中，$n(v)$ 为微流星体粒子数按速度分布的函数，单位为粒子数/（km/s）。这种分布的平均速度约为 17 km/s。在低地球轨道，微流星体与航天器的平均撞击速度约为 19 km/s。通常，微流星体模式所涉及的距太阳 1 AU 处的归一化速度分布与通量的关系

如表 2-81 所示。表中给出的微流星体速度分布是基于 HRMP 计划（Harvard Radio Meteor Project）约 20 000 次观测所得到的数据建立的[93]。

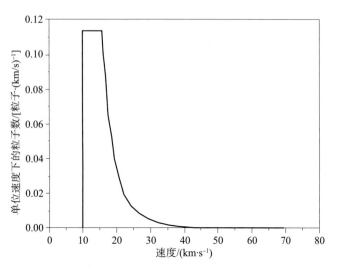

图 2-91　微流星体归一化的速度分布

表 2-81　归一化的微流星体速度分布（距太阳 1AU)[93]

v_∞	$n(v_\infty)$	v_∞	$n(v_\infty)$	v_∞	$n(v_\infty)$	v_∞	$n(v_\infty)$
0.5	7.22E−04	18.5	4.47E−02	36.5	4.91E−03	54.5	3.45E−04
1.5	2.27E−03	19.5	4.22E−02	37.5	4.03E−03	55.5	3.26E−04
2.5	5.15E−03	20.5	3.94E−02	38.5	3.30E−03	56.5	2.98E−04
3.5	9.44E−03	21.5	3.63E−02	39.5	2.67E−03	57.5	2.66E−04
4.5	1.49E−02	22.5	3.29E−02	40.5	2.14E−03	58.5	2.38E−04
5.5	2.09E−02	23.5	2.97E−02	41.5	1.68E−03	59.5	2.15E−04
6.5	2.68E−02	24.5	2.66E−02	42.5	1.31E−03	60.5	1.93E−04
7.5	3.22E−02	25.5	2.39E−02	43.5	1.03E−03	61.5	1.68E−04
8.5	3.68E−02	26.5	2.15E−02	44.5	8.17E−04	62.5	1.42E−04
9.5	4.05E−02	27.5	1.94E−02	45.5	6.53E−04	63.5	1.18E−04
10.5	4.34E−02	28.5	1.73E−02	46.5	5.35E−04	64.5	9.54E−05
11.5	4.56E−02	29.5	1.53E−02	47.5	4.65E−04	65.5	7.47E−05
12.5	4.72E−02	30.5	1.33E−02	48.5	4.33E−04	66.5	5.57E−05
13.5	4.83E−02	31.5	1.15E−02	49.5	4.19E−04	67.5	3.98E−05
14.5	4.88E−02	32.5	9.87E−03	50.5	4.05E−04	68.5	2.81E−05
15.5	4.87E−02	33.5	8.42E−03	51.5	3.86E−04	69.5	1.93E−05
16.5	4.79E−02	34.5	7.12E−03	52.5	3.68E−04	70.5	1.18E−05
17.5	4.66E−02	35.5	5.94E−03	53.5	3.56E−04	71.5	4.86E−06

注：1. v_∞ 表示微流星体在 1 km/s 范围内中点的速度，单位为 km/s；

　　2. $n(v_\infty)$ 为相应于 v_∞ 为中点的 1 km/s 范围的粒子相对通量。

地球重力场的作用，将会使微流星体通量增加，称为重力汇聚效应。在微流星体具有相同速度与给定地心距 r 条件下，重力汇聚因子由下式计算

$$G = 1 + \frac{v_{\text{esc}}^2}{v_\infty^2} \qquad (2-180)$$

或者，当 $v^2 = v_{\text{esc}}^2 + v_\infty^2$ 时，可得

$$G = \frac{v^2}{v^2 - v_{\text{esc}}^2} \qquad (2-181)$$

公式中　v_{esc}——微流星体在地心距 r 处的逃逸速度；

　　　　v_∞——微流星体在自由空间的速度（见表 2-81）。

微流星体的逃逸速度由下式给出

$$v_{\text{esc}} = \sqrt{\frac{2\mu}{r}} \qquad (2-182)$$

式（2-182）中，μ 为地球重力常数，约等于 3.986×10^5 km$^3 \cdot$ s^{-2}；r 为地心距。若微流星体具有不同速度，重力汇聚因子 G 应为速度 v_∞ 的函数。对于给定的速度分布函数 $n(v_\infty)$，可由下式求得平均加权重力汇聚因子 $\overline{G}$

$$\overline{G} = \int_0^\infty n(v_\infty) \cdot G(v_\infty) \cdot \mathrm{d}v_\infty \qquad (2-183)$$

式中　$G(v_\infty)$——单一速度时微流星体的重力汇聚因子。

微流星体的速度分布 $n(v_\infty)$ 通过下式进行归一化

$$\int_0^\infty n(v_\infty) \cdot \mathrm{d}v_\infty = 1 \qquad (2-184)$$

因此，在地球重力场条件下，微流星体的通量 F_{E} 可由下式计算

$$F_{\text{E}} = \overline{G} \cdot F_{\text{met},0} \qquad (2-185)$$

式中　$\overline{G}$——平均加权重力汇聚因子；

　　　　$F_{\text{met},0}$——无重力场时自由空间微流星体的年平均积分通量。

基于上述分析方法，可以将表 2-81 给出的微流星体速度归一化分布进行重力汇聚效应校正，即将无重力条件下的速度分布转换成地心距为 r 时的速度分布。若以 k 代表表中某一速度区段，并以 $n_k = n(v_\infty, k)$ 和 $n_k' = n'(v, k)$ 分别表征 k 区段速度的原始分布函数与在地心距 r 处的分布函数，则上述平均加权重力汇聚因子 $\overline{G}$ 可以重新作如下表述

$$\overline{G} = \int_0^\infty n(v_\infty) \cdot G(v_\infty) \cdot \mathrm{d}v_\infty \approx \sum_{k=1}^N n_k \cdot G_k = \sum_{k=1}^N n_k' \qquad (2-186)$$

式中　N——速度分布的区段数；

　　　　G_k——k 区段速度分布在地心距 r 处的重力汇聚因子。

式（2-186）表明在给定地心距 r 处微流星体逃逸速度 v_{esc} 的情况下，可依据表 2-81 中各速度分区的 $n_k = n(v_\infty, k)$ 计算经重力汇聚因子校正后的 $n_k' = n'(v, k)$，即

$$n_k'(v, k) = G_k \cdot n_k(v_\infty, k) \qquad (2-187)$$

式中

$$G_k = \frac{v_k^2}{v_k^2 - v_{esc}^2} \qquad (2-188)$$

$$v_k = \sqrt{v_{esc}^2 + v_{\infty,k}^2} \qquad (2-189)$$

并且，可按照式（2-190）针对表 2-81 中相应于 $n_k' = n'(v,k)$ 的 v_∞ 计算校正后的速度 v，即

$$v = \sqrt{v_{esc}^2 + v_\infty^2} \qquad (2-190)$$

由此所计算的 v 成为新的速度分布函数 $n'(v)$ 的自变量。新的速度分布函数 $n'(v)$ 在速度分区上呈非等区间分布，需要重新进行归一化与分区插值调整，得到等区间速度分区的新的速度分布 $n'(v)$ 列表。在给定地心距 r 或轨道高度时，可通过上述方法求得经重力汇聚因子校正的微流星体速度分布。

2.11.2.2　微流星体通量模式

Grün 等人[94]给出了各向同性的微流星体通量模式。微流星体的通量模式可基于积分通量 $F_{met}(>m)$ 建立。积分通量是指在 2π 视角内每年撞击随机翻动平板每平方米内质量大于某一给定值 m 的粒子数，即单位为粒子数/（$m^2 \cdot a$）。在距太阳 1 AU 处行星际的微流星体积分通量，包括偶现微流星体平均通量与微流星体流平均通量之和，可由下述公式求得

$$F_{met,0}(>m) = 3.155\,76 \times 10^7 \,[F_1(m) + F_2(m) + F_3(m)] \qquad (2-191)$$

$$F_1(>m) = (2.2 \times 10^3 m^{0.306} + 15)^{-4.38} \qquad (2-192)$$

$$F_2(>m) = 1.3 \times 10^{-9} (m + 10^{11} m^2 + 10^{27} m^4)^{-0.36} \qquad (2-193)$$

$$F_3(>m) = 1.3 \times 10^{-16} (m + 10^6 m^2)^{-0.85} \qquad (2-194)$$

式中　m——微流星体质量（g）。该式是假定微流量体的平均速度为 20 km · s^{-1} 条件下得出的。

函数 $F_1(m)$、$F_2(m)$ 及 $F_3(m)$ 分别涉及尺寸较大（$m > 10^{-9}$ g）、尺寸中等（10^{-14} g $< m < 10^{-9}$ g），以及尺寸较小（$m < 10^{-14}$ g）的微流星体。按照 Grün 模式，行星际空间微流星体积分通量与质量的关系如图 2-92 所示。表 2-82 为所计算的不同质量微流星体对随机翻动平板的年累积撞击次数（不考虑地球的影响，密度为 2.5 g/cm^3）。

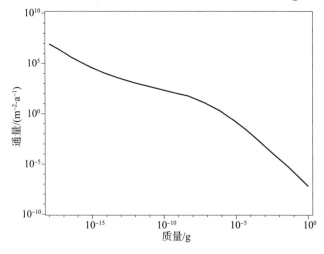

图 2-92　行星际空间微流星体积分通量与质量的关系（Grün 模式）

表 2 - 82　不同质量微流星体对随机翻动平板年累积撞击次数计算结果（Grün 模式）

粒子质量/g	粒子直径/cm	年累积撞击次数/（$m^{-2} \cdot a^{-1}$）
1.00E－12	9.14E－5	1.09E＋3
5.00E－12	1.56E－4	6.11E＋2
1.00E－11	1.97E－4	4.71E＋2
5.00E－11	3.37E－4	2.57E＋2
1.00E－10	4.24E－4	2.02E＋2
5.00E－10	7.26E－4	1.20E＋2
1.00E－9	9.14E－4	9.51E＋1
5.00E－9	1.56E－3	5.15E＋1
1.00E－8	1.97E－3	3.74E＋1
5.00E－8	3.37E－3	1.51E＋1
1.00E－7	4.24E－3	9.54E＋0
5.00E－7	7.26E－3	2.75E＋0
1.00E－6	9.14E－3	1.49E＋0
5.00E－6	1.56E－2	3.07E－1
1.00E－5	1.97E－2	1.47E－1
5.00E－5	3.37E－2	2.36E－2
1.00E－4	4.24E－2	1.04E－2
5.00E－4	7.26E－2	1.43E－3
1.00E－3	9.14E－2	5.97E－4
5.00E－3	1.56E－1	7.57E－5
1.00E－2	1.97E－1	3.07E－5
5.00E－2	3.37E－1	3.72E－6
1.00E－1	4.24E－1	1.49E－6
5.00E－1	7.26E－1	1.77E－7
1.00E＋0	9.14E－1	7.02E－8
5.00E＋0	1.56E＋0	8.22E－9
1.00E＋1	1.97E＋0	3.26E－9
5.00E＋1	3.37E＋0	3.79E－10
1.00E＋2	4.24E＋0	1.50E－10
5.00E＋2	7.26E＋0	1.74E－11

注：1. 未计及地球重力效应与屏蔽效应的影响；

　　2. 粒子直径由质量密度 $\rho = 2.5$ g/cm³换算。

为了计算微流星体在近地空间轨道的通量，尚需在上述行星际空间通量模式的基础上，考虑地心引力和几何遮蔽两种效应的影响。如上所述，地球重力场的作用会使微流星体受到吸引，导致微流星体通量增加。重力汇聚因子可由下式计算

$$G_e = 1 + \frac{R_E + 100}{r} \qquad (2-195)$$

式（2-195）中，R_E 为地球半径；r 为地心距（以 R_E 为单位）；常数 100 km 表示可使微流星体坠入后陨灭的稠密大气层高度。图 2-93 示出重力汇聚因子 G_e 随轨道高度增加而逐渐降低。地球对航天器给定表面的遮蔽因子 s_f 取决于所在轨道的高度，并与该表面法线相对于地球的取向有关。考虑遮蔽效应时，实际上是要减去遮挡物体所对立体角 Ω 中的微流星体通量。地球对航天器形成遮蔽锥的几何关系如图 2-94 所示。平均的地球遮蔽因子 s_f 可由以下公式求得

$$s_f = \frac{1 + \cos\theta}{2} \qquad (2-196)$$

$$\sin\theta = \frac{R_E + 100}{R_E + h} \qquad (2-197)$$

式中　R_E——地球半径（6 378 km）；

　　　h——航天器所在高度（km）；

　　　θ——遮蔽锥半顶角；

　　　常数 100 km 用于考虑大气的影响。

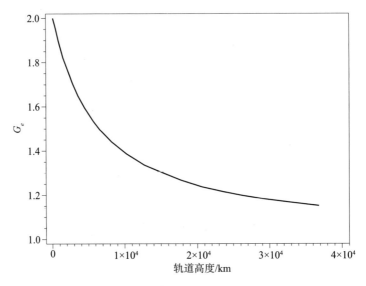

图 2-93　轨道高度对重力汇聚因子 G_e 的影响

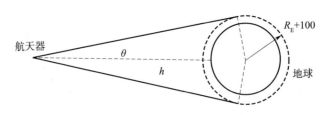

图 2-94　地球遮蔽锥的几何关系

图 2-95 示出平均的地球遮蔽因子随轨道高度的变化。地球对近地空间微流星体通量的综合影响，可由 G_e 和 s_f 的乘积确定。地球影响的综合因子 $(G_e \cdot s_f)$ 与轨道高度的关系如图 2-96 所示。

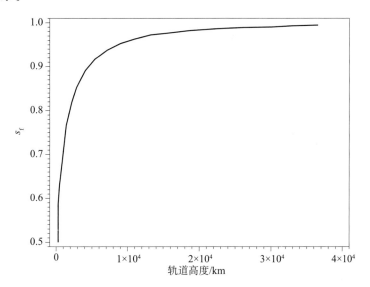

图 2-95　轨道高度对地球遮蔽因子 s_f 的影响

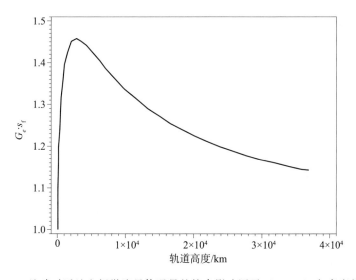

图 2-96　地球对近地空间微流星体通量的综合影响因子 $(G_e \cdot s_f)$ 与高度的关系

除上述地球引力效应与遮蔽效应外，尚需考虑航天器的飞行速度会引起所遭遇的微流星体通量增加。这种因航天器运动所产生的微流星体通量增强效应可由 V_{rel}/V 表征（V_{rel} 为微流星体与航天器的相对速度；V 为微流星体的速度）。V_{rel}/V 详细计算过程涉及微流星体的速度分布，比较复杂。为了简化计算，通常以单一系数 K 表征航天器运动对微流星体通量的增强效应。因此，对在近地空间飞行的航天器而言，微流星体的通量可由下式计算

$$F_{\text{met}} = F_{\text{met},0} \times G_e \times s_f \times K \qquad (2-198)$$

式（2-198）中，$F_{\text{met},0}$ 为距太阳 1 AU 处行星际空间微流星体积分通量；系数 G_e，s_f 及 K 由表 2-83 给出。

表 2-83　计算不同高度地球圆轨道航天器所遭遇微流星体通量的系数

轨道高度/km	G_e	s_f	K
100	2.04	0.50	1.09
200	2.03	0.58	1.09
400	2.00	0.63	1.09
800	1.94	0.70	1.08
1 000	1.92	0.72	1.08
2 000	1.81	0.79	1.08
4 000	1.65	0.87	1.07
10 000	1.41	0.95	1.05
20 000	1.26	0.98	1.04
35 790 (GEO)	1.16	0.99	1.03
100 000	1.06	1.00	1.01
距太阳 1 AU	1.00	1.00	1.00

2.11.2.3　微流星体流通量模式

上述微流星体通量模式是给出年平均计算结果。所计算的通量主要为偶现微流星体通量，也包括少量微流星体流（或称流星雨）的年平均通量。当航天器遭遇微流星体流时，微流星体通量在一定时间内将大幅度增加。遭遇微流星体流的时间一般是几小时至几天。微流星体流中各粒子的撞击方向和速度大体上相同。在高峰期，微流星体流的通量可能大于偶现粒子通量的 5 倍以上，有时甚至可在短时间（$1\sim2$ h）内达到偶现粒子通量的 10^4 倍以上，如 1998 年、1999 年及 2000 年形成的狮子座微流星体流便是如此。一般认为，微流星体流的粒子较大［质量为（$10^{-8}\sim10^{-6}$）g，甚至 $>10^{-6}$ g］，密度较低（$0.5\sim1.0$ g/cm^3）。有关微流星体流的通量模式可参阅参考文献 [95-96]。

表 2-84 所示为一年期间发生的各种微流星体流事件的名称及其基本参数。这些数据基于在 10 年间从南、北半球不同观察点收集的大量观测数据，可作为微流星体流通量计算的基本依据。微流星体流的基本特征通过以下与簇射强度（shower activity）达到极大值时相关的参数表征：1）太阳经度 $\lambda_{\max}$；2）簇射强度（每小时的天顶流量）$\text{ZHR}_{\max}$，单位为粒子数/h；3）簇射点的赤经 $\text{RA}_{\max}$ 与赤纬 $D_{\text{ec},\max}$；4）微流星体到达地球大气层顶部的地心速度 v_∞，单位为 km·s^{-1}。

表 2 - 84　一年间发生的各种微流星体流及其基本参数

名称	λ_{max}	RA_{max}	ΔRA	$D_{ec,max}$	ΔD_{ec}	ZHR_{max}^{p}	B^{p+}	B^{p-}	ZHR_{max}^{b}	B^{b+}	B^{b-}	α	k	v_{∞}
Bootids	283.3	232	0.6	45	−0.31	10	2.5	2.5	20	0.37	0.45	0.92	8.4E−17	43
γVelids	285.7	124	0.5	−47	−0.2	2.4	0.12	0.12	0	0	0	1.1	5.8E−19	35
αCrucids	294.5	193	1.1	−63	−0.4	3	0.11	0.11	0	0	0	1.06	1.9E−19	50
αHydrusids	300	138	0.7	−13	−0.3	2	0.2	0.2	0	0	0	1.03	3.4E−19	44
αCarinids	311.2	99	0.4	−54	0	2.3	0.16	0.16	0	0	0	0.92	1.3E−17	25
δVelids	318	127	0.5	−50	−0.3	1.3	0.2	0.2	0	0	0	1.1	3.1E−19	35
αCentaurids	319.4	210	1.3	−58	−0.3	7.3	0.18	0.18	0	0	0	0.83	3.7E−18	57
ocentaurids	323.4	176	0.9	−55	−0.4	2.2	0.15	0.15	0	0	0	1.03	1.9E−19	51
θCentaurids	334	220	1.1	−44	−0.4	4.5	0.2	0.2	0	0	0	0.95	4.4E−19	60
δLeonids	335	169	1	17	−0.3	1.1	0.049	0.049	0	0	0	1.1	1.9E−18	23
Virginids	340	165	0.9	9	−0.2	1.5	0.2	0.2	0	0	0	1.1	1.5E−18	26
γNormids	353	285	1.3	−56	−0.2	5.8	0.19	0.19	0	0	0	0.87	1.9E−18	56
δPavonids	11.1	311	1.6	−63	−0.2	5.3	0.075	0.075	0	0	0	0.95	5.1E−19	60
Lyrids	32.4	274	1.2	33	0.2	12.8	0.22	0.22	0	0	0	0.99	2E−18	49
μVirginids	40	230	0.5	−8	−0.3	2.2	0.045	0.045	0	0	0	1.1	1.1E−18	30
ηAquarids	46.5	340	0.9	−1	0.3	36.7	0.08	0.08	0	0	0	0.99	1.5E−18	66
βCorona Aust.	56	284	1.3	−40	0.1	3	0.2	0.2	0	0	0	1.13	1.5E−19	45
αScorpiids	55.9	252	1.1	−27	−0.2	3.2	0.13	0.13	0	0	0	0.92	4.7E−17	21
Da. Arietids	77	47	0.7	24	0.6	54	0.1	0.1	0	0	0	0.99	2.6E−17	38
γSagitarids	89.2	286	1.1	−25	0.1	2.4	0.037	0.037	0	0	0	1.06	1.9E−18	29
τCetids	95.7	24	0.9	−12	0.4	3.6	0.18	0.18	0	0	0	0.92	3.7E−19	66
θOphiuchids	98	292	1.1	−11	0.1	2.3	0.037	0.037	0	0	0	1.03	3.5E−18	27
τAquarids	98	342	1	−12	0.4	7.1	0.24	0.24	0	0	0	0.92	8.9E−19	63
νPhoenicids	111.2	28	1	−40	0.5	5	0.25	0.25	0	0	0	1.1	2.6E−19	48
oCygnids	116.7	305	0.6	47	0.2	2.5	0.13	0.13	0	0	0	0.99	1.4E−18	37
Capricornid	122.4	302	0.9	−10	0.3	2.2	0.041	0.041	0	0	0	0.69	8.3E−17	25
τAquarids N	124.1	324	1	−8	0.2	1	0.063	0.063	0	0	0	1.19	3.6E−20	42
Pisces Aust.	124.4	339	1	−33	0.4	2	0.4	0.4	0.9	0.03	0.1	1.16	1.5E−19	42
δAquarids S.	125.6	340	0.8	−17	0.2	11.4	0.091	0.091	0	0	0	1.19	3.6E−19	43
τAquarids S.	131.7	335	1	−15	0.3	1.5	0.07	0.07	0	0	0	1.19	1.2E−19	36
Perseids	140.2	47	1.3	58	0.1	70	0.35	0.35	23	0.05	0.092	0.92	1.2E−17	61
κCygnids	146.7	290	0.6	52	0.3	2.3	0.069	0.069	0	0	0	0.79	3E−17	27
πEridanids	153	51	0.8	−16	0.3	40	0.2	0.2	0	0	0	1.03	1.7E−18	59
γDoradids	155.7	60	0.5	−50	0.2	4.8	0.18	0.18	0	0	0	1.03	1.1E−18	41
Aurigids	158.2	73	1	43	0.2	9	0.19	0.19	0	0	0	0.99	2.9E−19	69

续表

名称	λ_{max}	RA_{max}	ΔRA	$D_{ec,max}$	ΔD_{ec}	ZHR^p_{max}	B^{p+}	B^{p-}	ZHR^b_{max}	B^{b+}	B^{b-}	α	k	v_∞
κ Aquarids	177.2	339	0.9	−5	0.4	2.7	0.11	0.11	0	0	0	1.03	1.9E−17	19
εGeminids	206.7	104	0.7	28	0.1	2.9	0.082	0.082	0	0	0	1.1	2.1E−20	71
Orionids	208.6	96	0.7	16	0.1	25	0.12	0.12	0	0	0	1.13	1.6E−19	67
Leo Minorids	209.7	161	1	38	−0.4	1.9	0.14	0.14	0	0	0	0.99	1.1E−19	61
Taurids	223.6	50	0.3	18	0.1	7.3	0.026	0.026	0	0	0	0.83	4.3E−17	30
δEridanids	229	54	0.9	−2	0.2	0.9	0.2	0.2	0	0	0	1.03	7.5E−19	31
ζPuppids	232.2	117	0.7	−42	−0.2	3.2	0.13	0.13	0	0	0	1.22	9.5E−20	41
Leonids	235.1	154	1	22	0.4	19	0.55	0.55	4	0.025	0.15	1.22	3.4E−20	71
Puppids/Vel	252	128	0.8	−42	−0.4	4.5	0.034	0.034	0	0	0	1.06	8.2E−19	40
Phoenicids	252.4	19	0.8	−58	0.4	2.8	0.3	0.3	0	0	0	1.03	2.5E−17	18
Monoceroti.	260.9	100	1	14	−0.1	2	0.25	0.25	0	0	0	1.25	3.3E−19	43
Geminids	262.1	113	1	32	0.1	74	0.59	0.81	18	0.09	0.31	0.95	7.8E−17	36
σHydrusids	265.5	133	0.9	—	−0.3	2.5	0.1	0.1	0	0	0	1.1	4.7E−20	59
Ursids	271	224	−0.2	78	−0.3	10	0.9	0.9	2	0.08	0.2	1.22	8.1E−19	35

注：1. λ_{max} 为最大通量时太阳经度；

　2. RA_{max} 为最大通量时簇射点赤经；

　3. $D_{ec,max}$ 为最大通量时簇射点赤纬；

　4. ZHR^p_{max} 为最大通量时簇射峰强度，粒子数/h；

　5. ZHR^b_{max} 为最大通量时簇射峰背底强度，粒子数/h；

　6. B 为簇射强度分布梯度；

　7. α 和 k 为式（2-204）系数；

　8. v 为到达地球大气层顶的速度，km/s。

在某一给定的太阳经度 λ 条件下，微流星体流的簇射点的赤经 $RA(\lambda)$ 与赤纬 $D_{ec}(\lambda)$ 分别由下列表达式给出

$$RA(\lambda) = RA(\lambda^0) + \Delta RA(\lambda - \lambda^0) \tag{2-199}$$

$$D_{ec}(\lambda) = D_{ec}(\lambda^0) + \Delta D_{ec}(\lambda - \lambda^0) \tag{2-200}$$

式中　λ^0——界定表 2-84 中 RA 和 D_{ec} 值时所对应的太阳经度。

微流星体流的簇射强度与其最大值和时间及太阳经度 λ 的关系如下

$$ZHR(\lambda) = ZHR_{max} \cdot 10^{-B|\lambda - \lambda_{max}|} \tag{2-201}$$

式中　$ZHR(\lambda)$——太阳经度为 λ 时微流星体流的簇射强度；

B——微流星体流簇射强度变化的梯度（见表 2-84）。

微流星体流的簇射强度呈对称分布时，可用单一 B 值表征；而非对称分布时，需要通过不同的 B 值表征内向和外向的分布梯度（分别记为 B^+ 和 B^-）。大多数微流星体流的簇射强度呈对称分布，即表 2-84 中的 B^{p+} 和 B^{p-} 数值上相等。仅双子座（Geminids）例外，$B^{p+}=0.59$，而 $B^{p-}=0.81$。此外，有 6 种微流星体流需要通过两组簇射强度分布的合成进行表征：一是具有单一梯度 B^p 的峰强度 ZHR^p_{max} 分布；二是背底强度 ZHR^b_{max} 分布，具有内向梯度 B^{b+} 和外向梯度 B^{b-}。在这种情况下，可通过下式表述微流星体流的簇射强度与

太阳经度的关系

$$\text{ZHR}(\lambda) = \text{ZHR}_{\max}^{p} \, 10^{-B^{p} \cdot |\lambda - \lambda_{\max}|} + \text{ZHR}_{\max}^{b} \, [10^{-B^{b-} \cdot (\lambda_{\max} - \lambda)} + 10^{-B^{b+} \cdot (\lambda - \lambda_{\max})}]$$

$$(2-202)$$

当计算某一微流星体流的累积通量时，需给定太阳经度 λ，并依据表 2-84 选择最相近的 $\lambda_{\max}$ 以确定具体的微流星体流种类。微流星体流的累积通量可由下式计算

$$F(m,\lambda) = F(m)_{\max} \frac{\text{ZHR}(\lambda)}{\text{ZHR}_{\max}}$$

$$(2-203)$$

式（2-203）中，m 为微流星体流粒子的质量；$\text{ZHR}_{\max}$ 由表 2-84 给出；$\text{ZHR}(\lambda)$ 视微流星体流的峰强度分布特点不同，分别按式（2-201）和式（2-202）计算。$F(m)_{\max}$ 为微流星体流的峰值通量，可按下式计算

$$F(m)_{\max} = k \, m^{-\alpha}$$

$$(2-204)$$

式（2-204）中，k 和 α 由表 2-84 查得。总的微流星体累积通量 F_{T} 应为偶现微流星体通量 F_{SP} 与各种微流星体流通量 F_{ST} 之和，即

$$F_{T} = F_{SP} + \sum F_{ST}$$

$$(2-205)$$

2.11.2.4　微流星体环境参量裁剪

微流星体的平均质量密度大体上分为低密度（1.0 g/cm³）、中密度（2.0 g/cm³）及高密度（4.0 g/cm³）三种情况。在分析微流星体环境效应时，通常是以中密度 2.0 g/cm³ 作为标称密度。欧洲的 ECSS-E-ST-10-04C 标准中，取密度为 2.5 g/cm³ 进行微流星体撞击损伤效应分析。为了评价微流星体的撞击效应，需要考虑式（2-179）给出的速度分布，其结果可适用于各种地球轨道。初步分析时采用固定的撞击速度 20 km/s。在进行微流星体粒子的质量和直径转换时，可将微流星体粒子的形状视为球形，密度取 2.5 g/cm³。为计算微流星体的通量，通常采用 Grün 模式[94]，或选用下节介绍的 MASTER—2005 模式中的微流星体通量模式。在轨任务期较短（约 3 周以内）时，需要考虑相关微流星体流对微流星体通量的贡献；而任务期较长时，可采用年平均通量模式。

通常认为，年平均通量模式相对于地球表面是各向同性的。对于在轨飞行的航天器而言，地球遮蔽和航天器运动会使微流星体通量随方向变化。地球对随机取向表面的遮蔽因子 s_{f} 由式（2-196）计算。平面法向与地球方向的夹角 $\geqslant \pi/2$ 时，$s_{f}=1$；平面法向指向地心时，$s_{f}=\cos\theta$（θ 为遮蔽锥半顶角）。对于法线方向垂直于地球方向的表面，地球遮蔽因子由下式计算

$$s_{f} = 1 - \frac{1}{\pi}(1 - 0.5\sin 2\theta)$$

$$(2-206)$$

针对其他取向的航天器表面，地球遮蔽因子可通过内插值法求得。航天器的运动会使其前进方向上前表面的通量增加，而后表面的通量减小。综合以上两方面因素的影响，可针对航天器在 400 km 和 800 km 轨道高度的飞行状态，求得几种情况下微流星体的通量比值如表 2-85 所示。

表 2 - 85　不同条件下微流星体的通量比值

轨道高度	400 km	800 km
前表面/随机平均	≈2.1	≈2.1
前表面/后表面	≈7.7	≈7.2
面向空间表面/面向地球表面	≈12.0	≈5.5

需要指出的是，由于微流星体的物理特性（如质量密度等）是通过间接方法求得的，尚存在很大的不确定性，这会使在微流星体质量一定的条件下，通量的计算存在一定的困难。据估计，对于 $<10^{-6}$ g 的微流星体，质量密度的不确定度为 0.2～0.5 倍，通量计算的不确定因子在 0.33～3 之间变化；对于 $>10^{-6}$ g 的微流星体，质量密度在 0.15～8 g/cm^3 范围变化，通量计算的不确定因子约为 0.1～10。

2.11.2.5　微流星体环境模式选用

微流星体环境模式宜视不同轨道高度进行选择。在轨道高度低于 36 786 km 时，可选用 Grün 模式计算微流星体的年平均积分通量（见 2.11.2.2 节），或选用 MASTER—2005 模式计算（见 2.11.3.4 节）。MASTER—2005 模式包含微流星体通量计算模式。Grün 模式适用的微流星体粒子尺度范围为 10^{-18}～100 g；MASTER—2005 模式适用的微流星体粒子质量范围为 10^{-12}～100 g。两种模式均可针对全部在轨任务期进行计算。当任务期短于 3 周时，可在此基础上再附加针对给定的任务期通过微流星体流模式所计算得到的通量，MASTER—2005 模式中的微流星体流通量计算模式，就可用于计算。

当轨道高度在 36 786 km 以外或位于金星与火星的平均日心轨道之间时，可通过式（2 - 191）计算微流星体通量，包括至月球及日-地系的拉格朗日点。在这种情况下，可忽略微流星体流通量对微流星体通量的贡献。

在上述两种情况之外的行星际轨道，尚无可供参考的较成熟的微流星体通量计算模式，需要时，可参考新建立的行星际微流星体通量计算模式[97-98]。

2.11.3　空间碎片环境模式

2.11.3.1　概述

在距地球表面 2 000 km 高度内，空间碎片的总质量已远远超过微流星体的总质量。它们大多数在大倾角的圆形轨道飞行，平均速度约为 10 km/s。人为产生的轨道物体在 1988 年中期已达到 1 500～3 000 t，包括废弃的火箭、报废的有效载荷、一些正在工作的有效载荷及卫星碎片等。美国太空司令部实施了这些在轨飞行物体的跟踪观测。其中，直径在 1 cm 左右的空间碎片的质量已超过 1 000 kg，<1 mm 的碎片超过 300 kg。随着人类航天活动的增加，空间碎片的增长速率将逐渐加大。据估计，直径在 1 cm 以下空间碎片的年增长率可为 2%～10%。

空间碎片由于受到其来源的影响，具有如下特点：1) 碎片多生成和聚集于航天器常运行的圆形轨道（如低地球轨道、中高度圆形轨道及地球同步轨道），且飞行方向大致平行于地球表面；2）碎片的通量与航天器的轨道高度和倾角有关；3）碎片撞击次数与速度的关系是轨道倾角的函数，并且在相同轨道上多数碎片的撞击方向相近；4）空间碎片环境随时间演化。

空间碎片环境与人类航天活动密切相关，存在诸多不确定性因素，这使空间碎片环境难以表征，例如难以准确预测人类未来航天活动的强度（如卫星发射的数量与频繁程度等），也无法完全了解卫星和火箭爆裂时碎片的形成和演化过程（如碎片的尺寸和速度分布等），许多形成轨道碎片事件的原因和强度也难以预知。在对当前空间碎片环境进行表述时，除了探测数据的统计和测试具有难度外，还存在某些数据空白，如对于某些粒子的尺寸和存在高度缺少必要的探测数据。

由于存在上述困难，至今尚没有形成标准的空间碎片环境模式。所建立的工程模式是依据已有的观测和探测数据，通过概率密度方法表述空间碎片环境分布状态，包括碎片的通量、速度分布及质量分布等，可应用于空间碎片撞击风险评估和防护设计。常用的工程模式主要有：NASA—90 模式[99]、ORDEM－2000 模式[100]、MASTER 模式[101]，以及 IDES 模式[102]。1990—1996 年，得到广泛应用的是 NASA—90 模式。该模式能够给出较简单的解析表达式，易于推广应用。它的主要缺点是假设所有碎片均为球形，用于风险评估时可能过于保守。目前，比较常用的模式主要为美国国家航空航天局的 ORDEM—2000 模式和欧洲空间局的 MASTER—2005 模式，它们已成为空间碎片风险评估和防护设计时现行的通用工程模式。ORDEM—2000 模式适用于尺寸大于 10 μm 的空间碎片粒子及 2 000 km 以下的轨道高度；MASTER—2005 模式适用于尺寸大于 0.1 μm 的空间碎片粒子及 36 000 km 以下的轨道高度。

2.11.3.2　NASA—90 模式

NASA—90 模式是 Kessler 等人[99]于 1989 年提出的，至今仍应用于初始风险评估中。该模式以 1988 年为基准年，通过探测数据拟合获得通量和速度分布曲线来代表当前的空间碎片环境，再与预期未来变化的附加项相耦合获得模式的解析表达式，涉及以下主要计算内容。

（1）空间碎片通量计算

尺寸大于直径 d 的空间碎片在随机翻动平面上的积分通量可由下式计算

$$F_r(d,h,i,t,S) = H(d)\Phi(h,S)\Psi(i)[F_1(d)\cdot g_1(t) + F_2(d)\cdot g_2(t)] \qquad (2-207)$$

式中　F_r——每年每平方米面积上碎片粒子的积分通量［粒子数/（m²·a）］；

d——空间碎片直径，$10^{-4}\leqslant d < 500$（cm）；

t——日期（a）；

h——轨道高度，$h\leqslant 2\ 000$（km）；

S——$(t-1)$ 年的 13 个月平均太阳射电辐射通量，用于表征太阳活动的影响，可从表 2－11 中 $F_{10.7}$ 项的平均栏取值；

$\Psi(i)$——轨道倾角函数；

i——轨道倾角。

式（2-207）中各函数的表达形式如下

$$H(d) = \{10^{\exp[-(\lg d - 0.78)^2/0.637^2]}\}^{\frac{1}{2}} \tag{2-208}$$

$$\Phi(h,S) = \Phi_1(h,S)/[\Phi_1(h,S)+1] \tag{2-209}$$

$$\Phi_1(h,S) = 10^{(h/200-S/140-1.5)} \tag{2-210}$$

$$F_1(d) = 1.22 \times 10^{-5} \cdot d^{-2.5} \tag{2-211}$$

$$F_2(d) = 8.1 \times 10^{10}(d+700)^{-6} \tag{2-212}$$

$$g_1(t) = (1+q)^{(t-1988)}, t < 2011 \tag{2-213}$$

$$g_1(t) = (1+q)^{23}(1+q')^{(t-2011)}, t \geq 2011 \tag{2-214}$$

$$g_2(t) = 1 + p(t-1988) \tag{2-215}$$

式（2-213）～式（2-215）中，p 为预定的轨道上碎片质量的年增长率，取 $p=0.05$；q 和 q' 为估计的碎片质量增长率，取 $q=0.02$ 与 $q'=0.04$。q' 项仅用于 2011 年及以后日期。

轨道倾角函数 $\Psi(i)$ 用于表征倾角为 i 时空间碎片在航天器上的通量与平均倾角约为 50°时的相对关系。$\Psi(i)$ 的取值列于表 2-86。

表 2-86　轨道倾角函数 $\Psi(i)$ 取值

轨道倾角	28.5°	30°	40°	50°	60°	70°	80°	90°	100°	120°
$\Psi(i)$	0.91	0.92	0.96	1.02	1.09	1.26	1.71	1.37	1.78	1.18

图 2-97 为应用式（2-207）针对 $h=500$ km，$i=28.5°$，$t=1995$ 及 $S=97.0$ 时计算的空间碎片积分通量在轨道上的分布。为了比较，图 2-97 还给出了应用式（2-191）针对微流星体积分通量的计算结果。

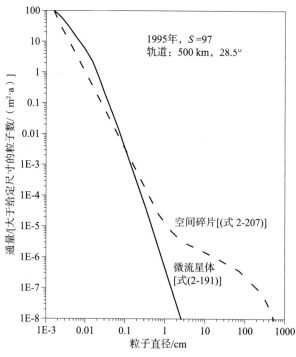

图 2-97　针对 1995 年轨道为 500 km，28.5°时计算的空间碎片和微流星体积分通量分布比较

（2）碎片平均形状和质量密度计算

有关轨道碎片形状与质量密度的信息尚很不充分。碎片的实际形状很不规律，包括片状、棒状、空心状等。随着尺寸的减小，碎片形状规则性趋于变好。在 NASA—90 模式中，假设空间碎片为球形，且认为质量密度与碎片尺寸有关。空间碎片的平均质量密度可按下式计算

$$\begin{cases} \rho = 2.8d^{-0.74}, d \geqslant 0.62 \text{ cm} \\ \rho = 4.0, d < 0.62 \text{ cm} \end{cases} \quad (2-216)$$

式中　d——碎片直径（cm）；

　　　ρ——质量密度（g/cm³）。

式（2-216）表明，小尺寸空间碎片的平均质量密度为常数。实际上，空间碎片的形状和质量密度均存在较宽的变化范围，这是该模式的不足之处。

（3）碎片速度分布计算

空间碎片的速度分布是指碎片对航天器的撞击次数与撞击速度的关系。作为各种轨道高度平均的结果，在具有 i 倾角的轨道上航天器受空间碎片撞击次数与撞击速度的关系可由下式表述

$$f(v) = (2vv_0 - v^2)\left(G\exp\{-[(v-Av_0)/(Bv_0)]^2\} + F\exp\{-[(v-Dv_0)/(Ev_0)]^2\} \right)$$
$$+ HC(4v_0v - v^2) \quad (2-217)$$

式中　$f(v)$——在 v 和 $v+dv$ 区间的撞击次数；

　　　v——撞击速度（km/s）；

　　　A——常数，$A=2.5$；

　　　B，C，D，E，F，G，H，v_0——与航天器轨道倾角 i 有关的参数，各参数可按下述公式计算

$$B = \begin{cases} 0.5 & i < 60° \\ 0.5 - 0.01(i-60) & 60° < i < 80° \\ 0.3 & i > 80° \end{cases} \quad (2-218)$$

$$C = \begin{cases} 0.012\,5 & i < 100° \\ 0.012\,5 + 0.001\,25(i-100) & i > 100° \end{cases} \quad (2-219)$$

$$D = 1.3 - 0.01(i-30) \quad (2-220)$$

$$E = 0.55 + 0.005(i-30) \quad (2-221)$$

$$F = \begin{cases} 0.3 + 0.000\,8(i-50)^2 & i < 50° \\ 0.3 - 0.01(i-50) & 50° < i < 80° \\ 0.0 & i > 80° \end{cases} \quad (2-222)$$

$$G = \begin{cases} 18.7 & i < 60° \\ 18.7 + 0.028\,9(i-60)^3 & 60° < i < 80° \\ 250.0 & i > 80° \end{cases} \quad (2-223)$$

$$H = 1.0 - 0.000\,075\,7(i-60)^2 \quad (2-224)$$

$$v_0 = \begin{cases} 7.25 + 0.015(i - 30) & i < 60° \\ 7.7 & i > 60° \end{cases}$$

$$(2 - 225)$$

当 $f(v)$ 小于零时，应取值为零。在取 7.7 km/s 作为航天器在轨速度时，可通过下式计算空间碎片撞击速度矢量与航天器速度矢量之间的夹角 α

$$\cos(\pm \alpha) = \frac{v}{v_{max}} = \frac{v}{15.4}$$

$$(2 - 226)$$

式中　v——空间碎片撞击速度；

　　　v_{max}——碎片与航天器间可能存在的最大速度差。

（4）模式应用的限制条件

应用 NASA—90 模式预测空间碎片环境的变化时，会受到一定的限制。该模式涉及以下基本假设条件：一是假定低地球轨道上空间碎片质量的年累积速率基本上不变，但这实际上要受人类航天活动等多种因素的影响，如碎片在 1988 年的增长速率达到约 5%。二是认为碎片的尺寸分布与轨道高度无关。在较高轨道条件下，尺寸小于 2 cm 的小型碎片难以准确测试，该模式建立时只有 500～600 km 高度范围的数据。而且，对大椭圆轨道条件下碎片的速度分布也了解较少，不得不作此种假设。三是假设未来太阳活动对各种尺寸碎片数量的衰减效应相同。实际上，与中等太阳活动或太阳低年时相比，太阳活动高年时低轨道碎片的清除速率增高，而对未来太阳活动水平的预测具有很大的不确定性。由于受到上述假设条件的限制，会使 NASA—90 模式的预测结果与实际情况出现偏差。

2.11.3.3　ORDEM 模式

ORDEM—96 模式（Orbital Debris Engineering Model）[103] 是 1996 年以后被美国国家航空航天局广泛应用的空间碎片环境工程模式，它能够对三种碎片源进行解析，包括发射源、爆炸源及碰撞源，所依据的数据包括新近获得的雷达探测数据，以及从空间回收表面上测试获得的撞击坑数据。空间碎片环境通过 6 个倾角不同的分布带加以描述。每个碎片分布倾角带对圆轨道存在特征半长轴分布，而对大椭圆轨道存在特征近地点分布。针对不同的碎片源，每个倾角带分别定义空间碎片尺寸分布的解析形式。在航天器探测的通量或地面上通过传感器测试的通量的基础上，采用碰撞概率方程表述空间碎片数量在不同轨道条件下的分布，为分析撞击粒子通量提供有关方向性的信息。该模式有相应的软件计算程序，适用于尺寸大于 1 μm 的碎片粒子，轨道可为圆形轨道（高度在 2 000 km 以下）及大椭圆轨道。

空间碎片的积分通量（即大于给定尺度粒子的通量），可以通过 ORDEM—96 模式计算。表 2-87 是在 2000 年、轨道 $h = 400$ km 和 $i = 51.6°$，碎片年增长率 $N = 0.02$ 以及太阳活动因子 $S = 140$ 等条件下，针对随机翻动平板从一侧撞击所计算的各种小型碎片粒子的积分通量［单位为粒子数/（m²/a）］。表 2-87 中还给出了按式（2-191）计算的微流星体积分通量。为从质量密度计算微流星体粒子直径，设密度 $\rho = 2.0$ g/cm³，并设粒子为球形。表 2-88 为针对极轨道（$h = 800$ km，$i = 98°$）计算的结果。为了便于比较，将表

2 - 87 的计算结果绘制成曲线图，如图 2 - 98 所示。从图 2 - 98 可见，在较小与较大尺寸范围内，以空间碎片数量居多；而在 0.002～0.1 cm 范围内，微流星体的通量偏高。

表 2 - 87　在 400 km，51.6°轨道条件下随机翻动平板受空间碎片和

微流星体撞击积分通量计算结果（ORDEM－96）

直径/cm	空间碎片积分通量/（m^{-2}・a^{-1}）	微流星体积分通量/（m^{-2}・a^{-1}）	合计/（m^{-2}・a^{-1}）
0.000 1	1.23E+4	1.35E+3	1.37E+4
0.000 2	3.28E+3	6.38E+2	3.92E+3
0.000 3	1.53E+3	4.02E+2	1.93E+3
0.000 5	5.92E+2	2.33E+2	8.25E+2
0.000 7	3.18E+2	1.68E+2	4.86E+2
0.001	1.64E+2	1.18E+2	2.82E+2
0.002	4.27E+1	5.15E+1	9.42E+1
0.003	1.81E+1	2.70E+1	4.51E+1
0.005	6.31E+0	9.98E+0	1.63E+1
0.007	3.34E+0	4.58E+0	7.92E+0
0.01	1.64E+0	1.81E+0	3.45E+0
0.02	2.31E−1	2.25E−1	4.56E−1
0.03	5.56E−2	5.79E−2	1.14E−1
0.05	1.02E−2	9.46E−3	1.97E−2
0.07	3.56E−3	2.74E−3	6.30E−3
0.1	1.21E−3	7.12E−4	1.92E−3
0.2	1.53E−4	4.90E−5	2.02E−4
0.3	4.63E−5	9.98E−6	5.63E−5
0.5	1.04E−5	1.32E−6	1.17E−5
0.7	4.04E−6	3.47E−7	4.42E−6
1.0	1.60E−6	8.36E−8	1.68E−6
2.0	3.57E−7	5.22E−9	3.62E−7
3.0	1.90E−7	1.03E−9	1.91E−7
5.0	1.08E−7	1.32E−10	1.08E−7
10.0	6.48E−8	8.17E−12	6.48E−8

注：1. 计算条件：$h=400$ km，$i=51.6°$，$t=2000$ 年，$N=0.02$（年增长速率），$S=140$；

　　2. 空间碎片通量按 ORDEM—96 模式计算；

　　3. 微流星体通量按式（2 - 191）计算（$\rho=2.0$ g/cm^3，球形）。

表 2 - 88　在 800 km，98°轨道条件下随机翻动平板受空间碎片和

微流星体撞击积分通量计算结果（ORDEM—96）

直径/cm	碎片积分通量/（m^{-2}·a^{-1}）	微流星体积分通量/（m^{-2}·a^{-1}）	合计/（m^{-2}·a^{-1}）
0.000 1	2.93E+4	1.46E+3	3.08E+4
0.000 2	8.28E+3	6.86E+2	8.97E+3
0.000 3	4.00E+3	4.32E+2	4.43E+3
0.000 5	1.62E+3	2.51E+2	1.87E+3
0.000 7	8.97E+2	1.81E+2	1.08E+3
0.001	4.81E+2	1.27E+2	6.08E+2
0.002	1.38E+2	5.54E+1	1.93E+2
0.003	6.40E+1	2.91E+1	9.31E+1
0.005	2.46E+1	1.07E+1	3.53E+1
0.007	1.33E+1	4.93E+0	1.82E+1
0.01	6.66E+0	1.94E+0	8.60E+0
0.02	1.25E+0	2.41E−1	1.49E+0
0.03	4.11E−1	6.23E−2	4.73E−1
0.05	9.85E−2	1.02E−2	1.09E−1
0.07	3.78E−2	2.94E−3	4.07E−2
0.1	1.35E−2	7.66E−4	1.43E−2
0.2	1.80E−3	5.27E−5	1.85E−3
0.3	5.56E−4	1.07E−5	5.67E−4
0.5	1.17E−4	1.42E−6	1.18E−4
0.7	3.95E−5	3.73E−7	3.99E−5
1.0	1.86E−5	8.99E−8	1.87E−5
2.0	7.02E−6	5.61E−9	7.03E−6
3.0	4.57E−6	1.10E−9	4.57E−6
5.0	2.92E−6	1.42E−10	2.92E−6
10.0	1.80E−6	8.79E−12	1.80E−6

注：1. 计算条件：$h=800$ km，$i=98°$，$t=2000$ 年，$N=0.02$（年增长速率），$S=140$；

2. 空间碎片通量按 ORDEM—96 模式计算；

3. 微流星体通量按式（2-191）计算（$\rho=2.0$ g/cm^3，球形）。

ORDEM—2000 是 ORDEM—96 模式的升级版本[100]，较好地表述了 200～2 000 km 高度轨道上的空间碎片环境。结合一系列涵盖 10 μm～10 m 尺寸范围的天基和地基观测数据，通过相似估计方法将探测数据转换为碎片概率分布函数，建立数据库，并采用有限元

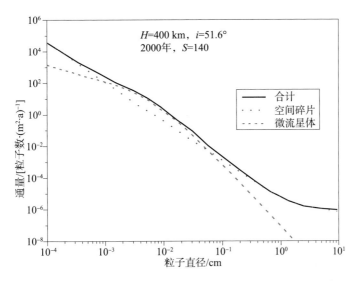

图 2 - 98　在 400 km，51.6°轨道条件下随机翻动平板受空间碎片和微流星体
撞击积分通量比较（计算条件与表 2 - 87 相同）

模型处理碎片的分布环境，进行空间碎片通量与撞击速度计算，以用于航天器工程设计。该模式软件的输入/输出结构清晰，具有良好的图形界面。

目前，ORDEM 模式已经更新至 2010 版本。

2.11.3.4　MASTER 模式

MASTER 模式（Meteoroid and Space Debris Terrestrial Environment Reference Model）[101] 是欧洲空间局针对微流星体和空间碎片环境开发的工程模式，是依据空间碎片密度和速度数据三维离散化建立的半定量模式，采用轨道演化理论和体积剖分方法计算空间碎片的密度和速度。将发射源、爆炸源与碰撞源作为描述碎片数量变化的三种来源，并跟踪它们在轨演化过程。MASTER—97 模式的初始时间参照点是 1996 年 3 月 31 日，空间碎片的总数来自 132 次低强度和高强度的在轨碎裂事件及其演化。以后各年的空间碎片总数，采用 2% 线性增长速率（适用于各种尺寸碎片）进行处理。对于＞0.1 mm 的 240 000 块轨道碎片按质量或尺寸分配权重。通过专家分析系统针对给定体积的任意靶体的轨道，确定碰撞粒子通量的空间分布。最终可对空间碎片通量按照碰撞速度大小、碰撞方向（极角和方位角）、轨道位置以及与碎片通量遭遇的卫星 3D 位置来加以解析。MASTER—97 模式的简化版本称为 MASTER 工程模式，适用于尺寸大于 0.1 mm 的空间碎片，轨道可为高度直至地球静止轨道的圆形轨道及大椭圆轨道。

MASTER—2005 模式[104] 的时间参考点是 2005 年 5 月 1 日，空间碎片的数量来自 203 次在轨碎片碎裂事件、16 次俄罗斯 RORAST 卫星反应堆冷却剂（NaK）抛射及 1076 次固体火箭发动机点火所形成的碎片演化。碎片尺寸大于 1μm，轨道高度可直至地球同步轨道。在 MASTER—2005 版本中，对微流星体通量的计算采用 Staubach - Grün 模式[105]，而微流星体流通量的计算采用 Jenniskens - McBride 模式[95-96] 及 Cour - Palais 模式[106]。上述模式软件程序可在 Windows，UNIX 及 Linux 操作平台上运行。

表 2-89 至表 2-91 分别为针对地球静止轨道（35 786 km，0.5°）、太阳同步轨道（800 km，98°）及低地球轨道（400 km，51.6°），采用 MASTER—2005 模式计算的空间碎片和微流星体积分通量的结果，参考日期为 2005 年 5 月 1 日，粒子尺寸大于 0.001 cm。表中微流星体设定为球形，直径按质量密度 $\rho=2.5$ g/cm³ 进行计算。

表 2-89　在地球静止轨道条件下随机翻动平板受空间碎片和微流星体

撞击积分通量计算结果（MASTER—2005）

粒子直径/cm	空间碎片积分通量/ $(m^{-2} \cdot a^{-1})$	微流星体积分通量/ $(m^{-2} \cdot a^{-1})$	合计/ $(m^{-2} \cdot a^{-1})$
0.000 1	1.37E+2	7.39E+2	8.76E+2
0.000 2	3.99E+1	4.34E+2	4.74E+2
0.000 3	3.59E+1	3.68E+2	4.04E+2
0.000 5	1.26E+1	3.16E+2	3.28E+2
0.000 7	6.64E+0	2.23E+2	2.30E+2
0.001	3.31E+0	1.44E+2	1.47E+2
0.002	2.02E+0	5.59E+1	5.79E+1
0.003	1.38E+0	2.56E+1	2.70E+1
0.005	1.00E+0	7.97E+0	8.98E+0
0.007	7.59E-1	3.52E+0	4.27E+0
0.01	4.98E-1	1.48E+0	1.98E+0
0.02	1.17E-1	2.46E-1	3.63E-1
0.03	2.55E-2	6.21E-2	8.76E-2
0.05	1.38E-3	1.12E-2	1.26E-2
0.07	1.36E-4	3.39E-3	3.52E-3
0.1	2.40E-5	8.86E-4	9.10E-4
0.2	2.60E-6	7.53E-5	7.79E-5
0.3	1.02E-6	1.07E-5	1.17E-5
0.5	2.22E-7	1.74E-6	1.96E-6
0.7	1.23E-7	4.53E-7	5.76E-7
1.0	5.86E-8	9.64E-8	1.55E-7
2.0	1.75E-8	—	1.75E-8
3.0	1.08E-8	—	1.08E-8
5.0	6.48E-9	—	6.48E-9
10.0	5.38E-9		5.38E-9

注：1. 轨道高度 $h=35\ 786$ km，倾角 $i=0.5°$，2005 年 5 月 1 日；

　　2. 粒子直径按质量密度 $\rho=2.5$ g/cm³ 进行换算。

表 2-90 在 800 km,98°轨道条件下随机取向平板受空间碎片和微流星体
撞击积分通量计算结果 (MASTER—2005)

粒子直径/cm	空间碎片积分通量/ (m^{-2}·a^{-1})	微流星体积分通量/ (m^{-2}·a^{-1})	合计/ (m^{-2}·a^{-1})
0.000 1	3.41E+3	9.97E+2	4.41E+3
0.000 2	2.09E+3	6.01E+2	2.69E+3
0.000 3	1.81E+3	5.16E+2	2.33E+3
0.000 5	1.48E+3	4.44E+2	1.93E+3
0.000 7	1.31E+3	3.14E+2	1.63E+3
0.001	9.25E+2	2.03E+2	1.13E+3
0.002	4.22E+2	7.88E+1	5.01E+2
0.003	2.34E+2	3.60E+1	2.70E+2
0.005	1.24E+2	1.13E+1	1.35E+2
0.007	7.67E+1	4.98E+0	8.17E+1
0.01	3.88E+1	2.15E+0	4.10E+1
0.02	4.87E+0	3.61E−1	5.23E+0
0.03	6.10E−1	9.28E−2	7.03E−1
0.05	2.76E−2	1.75E−2	4.50E−2
0.07	4.52E−3	5.24E−3	9.76E−3
0.1	1.51E−3	1.37E−3	2.89E−3
0.2	4.79E−4	1.14E−4	5.93E−4
0.3	2.78E−4	1.82E−5	2.96E−4
0.5	1.06E−4	2.88E−6	1.09E−4
0.7	6.81E−5	7.50E−7	6.89E−5
1.0	3.53E−5	1.60E−7	3.55E−5
2.0	1.11E−5	—	1.15E−5
3.0	7.80E−6	—	7.80E−6
5.0	4.60E−6	—	4.60E−6
10.0	3.19E−6	—	3.19E−6

注：1. 轨道高度 $h=800$ km,倾角 $i=98°$,2005 年 5 月 1 日；

2. 粒子直径按质量密度 $\rho=2.5$ g/cm^3 进行换算。

表 2-91 在 400 km,51.6°轨道条件下随机取向平板受空间碎片和微流星体
撞击积分通量计算结果 (MASTER—2005)

粒子直径/cm	空间碎片积分通量/ (m^{-2}·a^{-1})	微流星体积分通量/ (m^{-2}·a^{-1})	合计/ (m^{-2}·a^{-1})
0.000 1	1.26E+2	9.33E+2	1.06E+3
0.000 2	5.68E+1	5.54E+2	6.11E+2
0.000 3	4.68E+1	4.73E+2	5.19E+2
0.000 5	2.67E+1	4.06E+2	4.33E+2

续表

粒子直径/cm	空间碎片积分通量/（m^{-2}·a^{-1}）	微流星体积分通量/（m^{-2}·a^{-1}）	合计/（m^{-2}·a^{-1}）
0.000 7	1.89E+1	2.87E+2	3.06E+2
0.001	1.26E+1	1.85E+2	1.98E+2
0.002	1.09E+1	7.21E+1	8.30E+1
0.003	9.77E+0	3.29E+1	4.27E+1
0.005	6.68E+0	1.04E+1	1.70E+1
0.007	4.46E+0	4.63E+0	9.08E+0
0.01	3.29E+0	1.99E+0	5.28E+0
0.02	3.72E−1	3.35E−1	7.07E−1
0.03	2.19E−2	8.70E−2	1.09E−1
0.05	1.95E−3	1.68E−2	1.88E−2
0.07	5.04E−4	5.06E−3	5.57E−3
0.1	2.44E−4	1.33E−3	1.58E−3
0.2	6.78E−5	1.08E−4	1.75E−4
0.3	2.77E−5	1.72E−5	4.49E−5
0.5	8.48E−6	2.86E−6	1.13E−5
0.7	3.80E−6	7.46E−7	4.55E−6
1.0	1.42E−6	1.57E−7	1.58E−6
2.0	3.89E−7	—	3.89E−7
3.0	1.79E−7	—	1.79E−7
5.0	1.34E−7	—	1.34E−7
10.0	1.29E−7	—	1.29E−7

注：1. 轨道高度 h＝400 km，倾角 i＝51.6°，2005 年 5 月 1 日；

2. 粒子直径按质量密度 ρ＝2.5 g/cm^3 进行换算。

2.11.3.5 空间碎片环境裁剪与模式选择

计算空间碎片对航天器表面撞击次数时，需要考虑不同表面的取向性。碎片在取向不同的航天器表面上的撞击通量不同，在航天器前进方向的前表面上碎片撞击通量最高。在圆形轨道条件下，航天器面向地球和空间的表面和尾向表面只能受到来自不同倾角轨道的碎片撞击，通量要小得多。空间碎片在定取向表面上的通量和随机取向表面上的通量之比与粒子尺寸和轨道有关。在较高倾角轨道上，空间碎片在面向航天器前进方向表面的撞击通量具有更高的峰值。

空间碎片的撞击速度可在 0～15.5 km/s 范围内变化，对低倾角轨道碎片平均撞击速度为 10 km/s，对高倾角轨道碎片平均撞击速度为 13 km/s。通常认为，空间碎片的质量密度对于＜0.62 cm 的碎片为 2.8～4.7 g/cm^3；对于＞0.62 cm 的碎片，可按 ρ＝2.8$d^{-0.74}$（g/cm^3）计算。在欧洲 ECSS‐E‐ST‐10‐04C 标准中，用 ρ＝2.8 g/cm^3 代表＞1 mm 空间碎片的平均质量密度。一般情况和最坏情况的空间碎片环境工程模式参量与质量密度列于表 2 - 92。

表 2 - 92　一般情况和最坏情况的空间碎片环境参量

参量	一般情况	最坏情况
太阳活动 S 参量（$F_{10.7}$）	140	70
任务期参照年份 t	中间年份	最后年份
碎片密度 $\rho/$（$g \cdot cm^{-3}$）	4.0	8.0

进行航天器设计时，通常采用表 2 - 92 中一般情况的参量。为了通过质量密度计算空间碎片粒子的直径，设定粒子为球形。空间碎片环境的年增长速率采用相关模式的计算程序默认值。为了评价撞击效应，应考虑轨道碎片速度分布的影响。初步分析时，可取撞击速度为 10 km/s，且不考虑所采用计算模式的不确定性因子的影响。

由于空间碎片环境的复杂性，使相关通量计算模式不可避免地存在一定的不确定性。所涉及的影响因素包括：碎片尺寸、碎片质量密度、碎片形状、碎片环境年增长速率、轨道高度（尤其是 800 km 以上高度）、碎片速度分布（尤其是低撞击速度），以及太阳活动等。为了更接近实际情况，需要通过不确定性因素分析确定影响因子。最终的碎片通量可由模式计算的通量乘以不确定性因子求得。在 90% 置信度条件下，针对不同碎片尺寸选取的不确定性因子，如表 2 - 93 所示。

表 2 - 93　计算空间碎片通量采用的不确定性因子 （90% 置信度）

碎片尺寸	不确定性因子
$d > 10$ cm	0.5～1.5
0.05 cm $< d <$ 10 cm	0.33～3.0
$d < 0.05$ cm	0.5～2.0

空间碎片环境工程模式尚未形成统一标准，可视风险评估需要选择 ORDEM—2000 或 MASTER—2005 模式。ORDEM—2000 模式用于 2 000 km 以下轨道高度，粒子尺寸从 10 μm～10 m；MASTER—2005 模式应用于 36 786 km 以下的地球轨道，粒子尺寸从 1 μm～100 mm。地球同步轨道高度以上及行星际空间轨道可不考虑空间碎片的影响。

2.11.4　撞击损伤评估

2.11.4.1　一般情况

微流星体与空间碎片撞击航天器能够造成严重损伤，有必要对损伤效应进行评估，并针对具体的条件和要求加以考虑，包括轨道、防护、损伤判据及可靠性要求等。撞击损伤评估结果在很大程度上取决于损伤判据，可能作为损伤判据的因素有：1）形成微小撞击坑，导致传感器性能退化，航天器出现窗口模糊及表面磨蚀；2）形成较大撞击坑，导致航天器表面涂层破坏及材料性能损失等；3）撞击产生等离子体，造成信号干扰与诱导放电；4）表面出现剥落，导致设备受损与航天员受伤；5）洞穿，导致设备和人员损伤及密封遭到破坏等；6）压力容器爆裂；7）航天器结构遭到破坏。

在评估撞击损伤风险时，要针对给定的防护结构建立损伤方程，用于作为表述粒子撞击对防护结构产生物理损伤效应的表达式。通过建立损伤方程，能够针对给定的撞击粒子参数和损伤判据，计算靶板厚度阈值或临界穿孔尺寸。在相同的粒子超高速撞击条件下，靶板厚度不同时产生的损伤效应不同。通常，靶板分为薄板（粒子穿透，靶板形成穿孔）、厚板（粒子未穿透，撞击坑深度较大，靶板背面出现鼓胀或剥落）及半无限厚板（粒子未穿透，靶板背面无损伤）三种。侵彻深度是指粒子撞击靶板不产生穿孔或剥落条件下所形成的撞击坑深度。

单层金属板防护的厚度阈值可由 Fish – Summers 薄板方程计算

$$t = k_m m_p^{0.352} \rho_p^{0.167} v_p^{0.875} \tag{2-227}$$

式中　t——可穿透的极限厚度（cm）；

　　　k_m——材料常数，对 Al 取值 0.57；

　　　m_p——撞击粒子质量（g）；

　　　ρ_p——撞击粒子的质量密度（g/cm³）；

　　　v_p——粒子垂直撞击速度分量（km/s）。

当具有一定质量、密度和速度的粒子的侵彻深度阈值超过防护板厚度时，便会发生洞穿。

针对具体的防护结构建立实用的损伤方程会有较大难度。虽然已有不少针对不同防护结构方案和撞击速度的损伤方程，却很难找到适用于大多数材料与实际防护结构的通用损伤方程。在评估初级撞击效应时，常通过已有的损伤方程根据有效防护层厚度按比例计算。

空间碎片和微流星体撞击防护板时会产生次级粒子。所发射的次级粒子能够撞击周围其他表面并造成损伤效应，次级粒子的总质量可能超过初级粒子质量几个数量级。通常，次级粒子在以撞击方向为轴线的锥形漏斗区内发射，速度约低于 2 km/s。迄今，尚未形成成熟的评价次级撞击损伤效应的模式。欧洲空间局针对可跟踪的空间物体建立了 DIS-COS（Database and Information System Characterising Objects in Space）数据库，该数据库能够提供被跟踪对象的详细数据及数据处理方法。

通常，航天器采用多层防护结构以防止空间碎片和微流星体超高速撞击对其造成严重的损伤。如图 2 - 99 所示，较薄的防护屏（Al 合金，1.3 mm 厚）与中间防护层（多层毯，30 层，每层厚约 1.3 μm）能够有效地吸收撞击粒子能量。入射粒子经过与防护屏和中间防护层的相继撞击后变成越来越小的碎片云，使其对后板（Al 合金，3.2 mm 厚）的损伤明显减轻。视撞击粒子能量不同，Al 合金后板可能产生轻微陷坑、较小穿孔乃至剥落。防护屏与后板之间的距离一般为 10.2 cm 左右。参考文献[107]给出了不同的多层防护结构及其撞击损伤方程，可供参考。

ESABASE/DEBRIS[108]是一个统计分析工具，用于评估难以跟踪的较小粒子对航天器产生的撞击风险，它考虑了撞击方向及防护结构的影响，能够给出三维数值分析结果。该统计分析工具所涉及的基本模式包括粒子与防护层相互作用模式，以及微流星体和空间碎片通量模式。在确定航天器三维几何结构、在轨任务期、轨道高度、防护方案以及空间粒子类型、

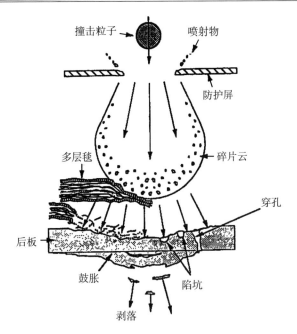

图 2 - 99　多层防护结构因超高速撞击形成损伤的示意图

尺寸和速度范围后，可计算出以下信息：总撞击次数、造成损伤的撞击次数、平均撞击速度（大小与方向）、不同尺寸陷坑数量，以及无破坏概率。对于微流星体和空间碎片通量模式可以有不同选择，包括 MASTER—2005 模式、偶现微流星体模式及微流星体流模式。

2.11.4.2　撞击损伤方程

损伤方程（damage equations）是用于表征固体粒子与航天器防护结构相互作用程度的量化形式。通常，损伤方程有两种表达方式：一是撞击极限方程，文献常称为弹道极限方程（ballistic limit equations），用于计算撞击导致防护结构破坏时弹丸的临界尺寸 $d_{p,lim}$，可依据靶板产生崩落、穿孔等不同的破坏形式进行界定；二是损伤尺寸方程（damage size equations），用于计算半无限厚靶撞击坑尺寸或薄靶穿孔直径。应用损伤方程时，需要有关靶结构的信息。靶结构分单层靶板（single wall）与多层靶板（multiple wall）两类。单层靶为单一均匀的结构板，主要以其厚度和材料密度为特征参数。多层靶是在需要防护的结构板（又称为后板）前放置一层或多层薄防护屏。撞击粒子穿透前面的防护屏时，被破碎成小尺寸的碎片云。在碎片云中，粒子可以是固体、液体或气体。碎片云对后面的结构板（后板）的危害要比单一大块粒子撞击时小得多。多层靶的结构信息包括各防护屏与后板的厚度及材料密度，以及各防护屏与后板的间距。对于具有多层防护屏的多层靶，以防护屏的厚度之和及各防护屏至后板的平均间距作为损伤方程的特征参数。常用的撞击损伤方程讨论如下。

（1）欧洲空间局采用的损伤方程

欧洲空间局在空间环境信息系统（SPENVIS）指南中，采用以下四种损伤方程[109]。

①单层靶板撞击极限方程

单层靶板撞击极限方程由下式给出

$$d_{\mathrm{p,lim}} = \{t_{\mathrm{t}} / [K_{\mathrm{f}} K_1 \rho_{\mathrm{p}}^{\beta} v^{\gamma} \cos^{\xi}(\alpha) \rho_{\mathrm{t}}^{\kappa}]\}^{\frac{1}{\lambda}} \qquad (2-228)$$

式中　$d_{\mathrm{p,lim}}$——弹体的极限直径（cm）；

K_{f}——靶板的破坏特征参数（无量纲），仅针对厚板及玻璃靶板，并与靶板的破坏类型有关；

K_1——与靶材有关的参数（无量纲）；

t_{t}——靶板的厚度（cm）；

ρ_{p}——撞击粒子的质量密度（g·cm^{-3}）；

v——撞击速度（km·s^{-1}）；

α——撞击方向倾斜角（从表面法向起算）；

ρ_{t}——靶材的密度（g·cm^{-3}）。

式（2-228）中各参数值列于表 2-94。单层靶板撞击极限方程也可用于评价多层隔热毯（MLI）遭到的破坏，相关的参数值通过试验与流体模拟程序给出。

表 2-94　单层靶板撞击极限方程标准参数值

靶类型	K_{f} ①	K_1 ②	λ	β	γ	ξ	κ
厚板	1.8～3	0.2～0.33	1.056	0.519	2/3	2/3	0
薄板	1.0	0.26～0.64	1.056	0.519	0.875	0.875	0
多层隔热毯	1.0	0.37	1.056	0.519	0.875	0.875	0
玻璃	1.85～7.0	0.64	1.2	0	2/3	2/3	0.5
玻璃	1.85～7.0	0.53	1.06	0.5	2/3	2/3	0

注：①K_{f} 参数的取值：

厚板：$K_{\mathrm{f}} \geq 3.0$，靶板产生撞击坑而无剥落起裂裂纹；$2.2 \leq K_{\mathrm{f}} < 3.0$，靶板后表面出现剥落；$1.8 \leq K_{\mathrm{f}} < 2.2$，靶板剥落碎块飞离；$K_{\mathrm{f}} < 1.8$，靶板穿孔。

玻璃：$K_{\mathrm{f}} \geq 7.0$，靶板产生撞击坑而无剥落起裂裂纹；$1.85 \leq K_{\mathrm{f}} < 7.0$，靶板后表面出现剥落；$K_{\mathrm{f}} < 1.85$，靶板穿孔。

②K_1 参数的取值：

厚板：Al 合金 $K_1 = 0.33$；不锈钢 $K_1 = 0.20$；

薄板：Al 合金 $K_1 = 0.43 \sim 0.454$；不锈钢 $K_1 = 0.255$（AISI 304，AISI 306），$K_1 = 0.302$（17-7PH，退火）；Mg-Li 合金 $K_1 = 0.637$。

②双层靶板撞击极限方程

双层靶板撞击极限方程由下式给出

$$d_{\mathrm{p,lim}} = \{(t_{\mathrm{rw}} + k_2 t_{\mathrm{b}} \rho_{\mathrm{b}}^{V_2}) / [K_1 \rho_{\mathrm{p}}^{\beta} v^{\gamma} \cos^{\xi}(\alpha) \rho_{\mathrm{rw}}^{\kappa} S^{\Delta} \rho_{\mathrm{b}}^{V_1}]\}^{\frac{1}{\lambda}} \qquad (2-229)$$

式中　t_{rw}——后板的厚度（cm）；

t_{b}——防护屏的厚度（cm）；

ρ_{b}——防护屏的密度（g/cm^3）；

ρ_{p}——撞击粒子的质量密度（g/cm^3）；

v——撞击速度（km/s）；

α——粒子撞击方向倾斜角（从表面法向起算）；

ρ_{rw}——后板的密度（g/cm^3）；

S——防护屏与后板的间距（cm）。

式 (2-229) 中的其他参数列于表 2-95，其中，$\sigma_{y,ref}$ 和 $\sigma_{y,t}$ 分别为参考屈服强度与后板屈服强度。若后板为 Al 合金时，参考屈服强度常取为 $\sigma_{y,ref} = 482.8$ MPa。

表 2-95　双层靶板撞击极限方程的标准参数值

方程		K_1	K_2	λ	β	γ	κ	Δ	ξ	V_1/V_2
Cour-Palais 方程		$0.044\,(\sigma_{y,ref}/\sigma_{y,t})^{0.5}$	0	1	0.5	1	0.167	−0.5	1	0/0
Maiden-McMillan 方程[①]		$K_f \cdot \dfrac{\pi}{6}(\sigma_{y,ref}/\sigma_{y,t})^{0.5}$	0	3	1	1	0	−2	1	0/0
ESA 方程[②]	$v<3$ km/s	$0.255\sim0.637$	1	1.056	0.519	0.875	0	0	0.875	0/0
	$v>9.5$ km/s	$\dfrac{\pi}{6}(\sigma_{y,ref}/\sigma_{y,t})^{0.5}$	0	3	1	1	0	0	1	0/0

注：①Maiden-McMillan 方程的靶板破坏特征参数 K_f：

$K_f \geqslant 41.5$，无破损现象；$8.2 \leqslant K_f < 41.5$，后板表面出现屈服区域；$7.1 \leqslant K_f < 8.2$，后板表面出现破裂区域；$K_f < 7.1$，后板表面形成微小撞击坑弥散分布区域。

②ESA 方程：若撞击粒子速度在 3 km/s $<v<$ 9.5 km/s 范围时，该方程在 $<$3 km/s 和 $>$9.5 km/s 两范围之间进行线性插值计算；参考屈服强度取为 $\sigma_{y,ref} = 482.8$ MPa。

③撞击坑尺寸方程

撞击坑尺寸方程用于表征半无限厚靶板条件下撞击坑直径与弹丸参数及靶材特征的关系，可由下式给出

$$D = K_1 K_c d_p^{\lambda} \rho_p^{\beta} v^{\gamma} \cos^{\xi}(\alpha) \rho_t^{\kappa} \qquad (2-230)$$

式中　D——撞击坑直径（cm）；

　　　d_p——撞击粒子直径（cm）；

　　　K_c——撞击坑参数，即撞击坑半径与坑深度之比，可按韧性靶和脆性靶分别取值。

对于韧性靶板，撞击坑大体上为球形，K_c 约为 1.0；对于脆性靶板，K_c 约为 10。通常，撞击粒子会在脆性靶板上形成直径 D_c 较大的撞击坑，并在其内部坑底形成直径 D_b 较小的撞击坑，如图 2-100 所示。撞击坑尺寸方程应在不发生破坏的情况下才有效，该方程假设靶板为半无限厚板，即仅适用于靶厚度远大于撞击粒子直径的情况。式 (2-230) 中其他各参数由表 2-96 给出。

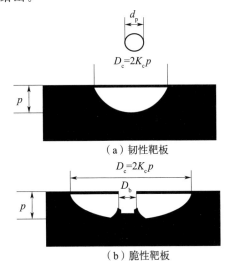

图 2-100　半无限厚靶板撞击坑基本特征形貌

表 2 - 96　撞击坑尺寸方程的标准参数值

方程类别		K_c	K_1	λ	β	γ	ξ	κ
韧性靶板	厚板方程[①]	2	$0.4\sim0.66$	1.056	0.519	2/3	2/3	0
	Shanbing 方程	n/d[②]	$0.54\sigma_{y,t}^{-\frac{1}{3}}$	1	2/3	2/3	2/3	$-1/3$
	Christiansen 方程[③]							
	$\rho_p/\rho_t<1.5$	n/d[②]	$10.5H_t^{-0.25}C_s^{\frac{2}{3}}$	1.056	0.5	2/3	2/3	-0.5
	$\rho_p/\rho_t>1.5$	n/d[②]	$10.5H_t^{-0.25}C_s^{\frac{2}{3}}$	1.056	2/3	2/3	2/3	$-2/3$
脆性靶板	Cault 方程	n/d[②]	1.08	1.071	0.524	0.714	0.714	-0.5
	Fechtig 方程	n/d[②]	6.0	1.13	0.71	0.755	0.755	-0.5
	McHugh-Richardson 方程	n/d[②]	1.28	1.2	0	2/3	2/3	0.5
	Cour-Palais 方程	n/d[②]	1.06	1.06	0.5	2/3	2/3	0

注：①K_1 参数（厚板）：Al 合金，$K_1=0.66$；不锈钢，$K_1=0.4$；

②n/d 对韧性靶板和脆性靶板分别为 1 和 10；

③Christiansen 方程中，H_t 为靶材的布氏硬度，典型值为 90；C_s 为靶材中的声速，对钢靶为 $C_s=5.85$ km/s。

④穿孔方程

穿孔方程（clear hole equation）由下式给出

$$D = [K_0 (t_b/d_p)^\lambda \rho_p^\beta v^\gamma \cos^\xi(\alpha) \rho_b^\nu + A]d_p \qquad (2-231)$$

式中　D——穿孔直径（cm）；

t_b——防护屏厚度（cm）；

d_p——撞击粒子直径（cm）；

ρ_p，ρ_b——撞击粒子和防护屏的密度（g/cm³）；

v——撞击速度（km/s）；

α——粒子撞击方向斜倾角。

式（2 - 231）中其他参数列于表 2 - 97。穿孔方程用于完全穿透情况，即主要适用于超薄靶板（如双层靶的防护屏），可由 $t_b/d_p<10$ 加以限定。

表 2 - 97　穿孔方程的标准参数值

方程类别	K_0	λ	β	γ	ξ	ν	A
Maiden 方程	0.88	2/3	0	1	1	0	0.9
Nysmith - Denardo 方程	0.88	0.45	0.5	0.5	0.5	0	0
Sawle 方程	0.209	2/3	0.2	0.2	0.2	-0.2	1
Fechtig 方程	5.24×10^{-5}	0	1/3	2/3	2/3	0	0

（2）美国国家航空航天局采用的损伤方程

美国国家航空航天局在超高速撞击结构损伤预测与分析手册（NASA CR - 4706）中，针对不同的靶板结构给出了多种损伤方程[107]。

①双层靶板撞击极限方程

E. L. Christiansen 针对双层靶板结构，建立了计算撞击穿透条件下粒子极限直径 $d_{p,lim}$

的方程。该防护结构文献上常称为 whipple bumper shields，其特点是在拟防护的壁面结构（后板）前设置一块薄防护屏，旨在使入射的超高速粒子破碎并与受撞击损伤的防护屏材料一起形成碎片云，有效地分散撞击动量以减轻对后板的破坏。防护屏与后板之间的距离 S 至少要大于撞击粒子直径的 15 倍（如图 2-101 所示）。为了更好地体现粒子撞击速度的影响，将撞击速度范围分成三个区段，分别建立以下撞击极限方程。

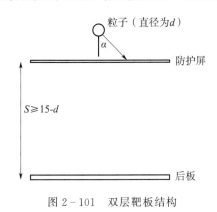

图 2-101　双层靶板结构

1）$V_n > 7$ km/s：

$$d_{\mathrm{p,lim}} = 3.918 t_{\mathrm{rw}}^{2/3} \cdot \rho_{\mathrm{b}}^{-1/9} \cdot \rho_{\mathrm{p}}^{-1/3} \cdot (V_{\mathrm{p}} \cdot \cos\alpha)^{-2/3} \cdot S^{1/3} \cdot (\sigma_{\mathrm{y}}/70)^{1/3} \quad (2-232)$$

2）3 km/s $< V_n < 7$ km/s：

$$d_{\mathrm{p,lim}} = \left(\frac{t_{\mathrm{rw}} \cdot \sqrt{\sigma_{\mathrm{y}}/40} + t_{\mathrm{b}}}{1.248\rho_{\mathrm{p}}^{0.5} \cdot \cos\alpha} \right)^{18/19} \cdot \left(1.75 - \frac{V_n}{4} \right) +$$
$$\left[1.071 t_{\mathrm{rw}}^{2/3} \cdot \rho_{\mathrm{b}}^{-1/9} \cdot \rho_{\mathrm{p}}^{-1/3} \cdot S^{1/3} \cdot (\sigma_{\mathrm{y}}/70)^{1/3} \cdot \frac{V_n - 3}{4} \right] \quad (2-233)$$

3）$V_n < 3$ km/s：

$$d_{\mathrm{p,lim}} = \left[t_{\mathrm{rw}} \cdot \sqrt{\sigma_{\mathrm{y}}/40} + t_{\mathrm{b}}/0.6\rho_{\mathrm{p}}^{0.5} \cdot V_n^{2/3} \cdot \cos^{5/3}(\alpha) \right]^{18/19} \quad (2-234)$$

式中　$d_{\mathrm{p,lim}}$——撞击粒子极限直径（cm）；

　　　t_{rw}——后板的厚度（cm）；

　　　t_{b}——防护屏厚度（cm）；

　　　ρ_{b}——防护屏的密度（g/cm³）；

　　　ρ_{p}——撞击粒子的质量密度（g/cm³）；

　　　V_{p}——粒子撞击速度（km/s）；

　　　α——粒子撞击方向倾斜角（从表面法向起算）；

　　　V_n——粒子正向撞击速度，即 $V_{\mathrm{p}} \cdot \cos\alpha$；

　　　S——防护屏与后板之间距离（cm）；

　　　σ_{y}——后板的屈服强度（ksi）。

当 $\alpha > 65°$ 时，撞击粒子极限直径按 65° 计算。

在通过上述公式计算撞击粒子极限直径 $d_{\mathrm{p,lim}}$ 的基础上，可进一步计算防护屏厚度 t_{b} 和后板厚度 t_{rw}。相应的计算公式如下：

1) $t_b = c_b \cdot d_{p,lim} \cdot \rho_p / \rho_b$，式中 c_b 在 $S/d_p < 30$ 时，取值 0.25；$S/d_p \geqslant 30$ 时，取值 0.20。

2) $t_{rw} = c_{rw} \cdot d_p^{0.5} \cdot (\rho_p \cdot \rho_b)^{1/6} \cdot m_p^{1/3} \cdot V_n / S^{0.5} \cdot (70/\sigma_v)^{0.5}$，式中 c_{rw} 取值为 0.16 cm²·s/（g²ᐟ³·km）；m_p 为撞击粒子质量（g）；其他符号同前。

②三层靶板撞击极限方程

E. L. Christiansen 等人针对图 2-102 所示的三层靶板结构，建立了计算撞击穿透情况下粒子极限直径 $d_{p,lim}$ 的方程。在防护屏与后板中间放置 MLI 隔热毯作为中间防护层是一种常见的三层靶结构。MLI 隔热毯由多层（15~20 层或更多层）真空沉积高纯 Al 或 Au 的聚合物薄膜作为热辐射反射屏，各层反射屏之间有 Nomex（芳纶 1313）或尼龙等细线网相隔，并要求层间气体压力 $<10^{-5}$ Torr（防止发生对流热传递）（1 Torr=133.322 Pa）。MLI 毯的上表面常为镀 Al 的玻璃纤维布或 Kapton 等聚合物薄膜，下表面可为 Kevlar（芳纶 1414）等高强度聚合物薄膜增强复合叠层。在防护屏与后板之间放置柔性 MLI 毯，能够有效地降低防护屏遭到破坏时所产生碎片云的能量和动量，获得对后板更好的防护效果。MLI 毯作为三层靶的中间防护层时，应具有足够的厚度，并要求其与防护屏的厚度之和在 1.3 mm 以上。所用的线网、Nomex 膜及 Kevlar 膜等的质量厚度宜至少分别达到 0.03 g/cm²，0.3 g/cm² 和 0.136 g/cm²。

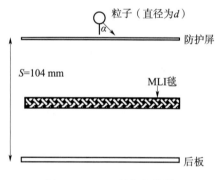

图 2-102　三层靶板结构

针对上述三层靶板防护结构，按如下三区段撞击速度建立粒子撞击极限方程：

1) $V_p \cdot \cos^{1/3}(\alpha) > 6.5$ km/s：

$$d_{p,lim} = 0.62(t_{rw} \cdot \rho_{rw})^{1/3} \cdot \rho_p^{-1/3} \cdot V_p^{-1/3} \cdot \cos^{-1/2}(\alpha) \cdot S^{2/3} \cdot (\sigma_y/40)^{1/6} \quad (2-235)$$

2) $2.7/\cos^{1/2}(\alpha)$ km/s $< V_p < 6.5/\cos^{1/3}(\alpha)$ km/s：

$$\begin{aligned}
d_{p,lim} = & 1.031\rho_p^{-1/2} \cdot [t_{rw} \cdot (\sigma_y/40)^{1/2} + 0.3m_b] \cdot \cos^{-4/3}(\alpha) \cdot \\
& \{[6.5 \cdot \cos^{-1/3}(\alpha) - V_p] / [6.5 \cdot \cos^{-1/3}(\alpha) - 2.7 \cdot \cos^{-1/2}(\alpha)]\} + \\
& 0.332(t_{rw} \cdot \rho_{rw})^{1/3} \cdot \rho_b^{-1/3} \cdot \cos^{-7/18}(\alpha) \cdot S^{2/3} \cdot (\sigma_y/40)^{1/6} \cdot \\
& \{[V_p - 2.7 \cdot \cos^{-1/2}(\alpha)] / [6.5 \cdot \cos^{-1/3}(\alpha) - 2.7 \cdot \cos^{-1/2}(\alpha)]\} \quad (2-236)
\end{aligned}$$

3) $V_p \cdot \cos^{1/2}(\alpha) \leqslant 2.7$ km/s：

$$d_{p,lim} = 2[t_{rw} \cdot \sqrt{\sigma_y/40} + 0.37m_b/\rho_p^{0.5} \cdot V_n^{2/3} \cdot \cos^{5/3}(\alpha)] \quad (2-237)$$

在上述公式中，m_b 为防护屏和中间防护层（MLI 毯）的质量厚度之和，单位为 g/cm²；其他符号同前。

③撞击坑尺寸方程

E. L. Christiansen 针对半无限厚靶板建立的撞击坑尺寸方程如下

$$D = 5.24 \cdot d_p^{19/18} \cdot HB^{-0.25} \cdot (\rho_p/\rho_t)^{0.5} \cdot [V_p \cdot \cos(\alpha)/c]^{0.667} \qquad (2-238)$$

式中　　D——撞击坑深度（cm）；

　　　　c——靶材中的声速（km/s）；

　　　　HB——靶材的布氏硬度；

　　　　ρ_t——靶材的密度（g/cm³）；

　　　　其他符号——同前。

式（2-238）适用于 $\alpha < 45°$ 的情况。在 $\alpha < 45°$ 时，撞击坑呈圆形；$\alpha > 45°$ 时，撞击坑的形状会被拉长。

当靶为厚板时，可基于计算的撞击坑深度，按照给定的损伤形式计算靶板厚度。在损伤形式为撞击坑时，靶板厚度按 $t = 1.8D$ 计算；靶板背表面出现剥落时，按 $t = 2.2D$ 计算。

2.11.4.3　二次喷射效应

超高速撞击会产生二次喷射效应。在超高速撞击作用下，靶板材料的剥离可涉及三个过程：喷射、碎片锥形成和剥落，如图 2-103 所示。通常，韧性靶板无剥落现象出现。上述三个过程的主要特点如下：

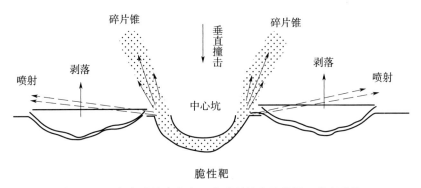

图 2-103　超高速撞击产生二次喷射效应示意图（垂直碰撞）

1）喷射：撞击粒子进入靶材后，靶材与撞击粒子均会发生部分或完全熔化与蒸发，从而使一部分材料从撞击界面向外喷射。喷出物主要为液态，喷射方向大约与靶板表面呈 20°角。喷出物的质量与总喷射质量之比很小（约 <1%）。

2）碎片锥形成：在撞击坑形成的后期，靶板因受到压缩或拉伸破坏而形成细小的固体碎片。它们沿着锥角向外喷射，喷出物主要为固体粒子。喷射角度与靶材特性有关，大体上为 60°~80°（从靶板表面计算）。喷出物的质量与总喷射质量之比为 50%~70%。喷射速度与所形成的喷射碎片尺寸成反比，为每秒几米至几千米。喷射碎片的最小尺寸取决于靶材料特性，一般为亚微米量级。喷射碎片的最大尺寸可通过经验公式估算。喷射碎片的尺寸分布与尺寸的平方成反比。

3）剥落：超高速撞击冲击波可在自由表面附近演变成膨胀波并产生拉应力。在脆性靶材中，拉应力破坏会导致固态剥落碎片的形成。剥落碎片垂直于表面向外发射，速度低于 1 km/s，约比碰撞速度低 10～100 倍。剥落碎片具有平板状，尺寸较大，约为碎片锥喷射碎片尺寸的 10 倍。通常，韧性靶板不发生剥落。

2.11.4.4　斜碰撞效应

撞击粒子的入射方向与靶板表面的夹角小于 90° 时，称为斜碰撞。斜碰撞效应大体上可分为两种情况：

1）碰撞角度＞30°时，撞击效应与上述垂直撞击时的效应相类似，也会产生喷射、碎片锥形成及剥落过程。随着碰撞角度变小，喷出物的质量减小。碎片锥的中轴仍垂直于靶板表面，但碎片锥的喷射角度随碰撞角度减小而变小。斜碰撞时，撞击效应出现非轴对称性。撞击方向的倾斜有利于在入射角下游方向产生撞击效应；在入射角的上游一侧，撞击效应相对较弱。

2）碰撞角度＜30°时，易产生滑弹现象（ricocheting）。碰撞粒子可能在撞击过程中没有被完全毁灭，成为具有高速的固体碎片。靶板所受到的压缩作用较小，沿撞击方向形成划痕。喷出物主要为固体粒子，并集中在中心轴与靶板表面呈 10° 角的锥体内。喷出物的平均尺寸一般大于撞击角＞30°时所形成的喷射碎片，且超高速喷射碎片的数量明显增多。

2.12　近地空间微细粒子环境模式

2.12.1　一般表述

近地空间微细粒子或称粉尘粒子，是指空间中存在的尺度在微米量级以下的固体粒子（质量＜10^{-6} g），包括微小型空间碎片及微流星体粒子。它们在空间存在的数量较多，与航天器碰撞概率高，会对航天器暴露材料和器件产生累积撞击损伤效应，如破坏各种光学表面、击穿聚合物薄膜结构等。由于受到太阳紫外辐射等作用，空间微细粒子表面往往带正电荷，易于在充负电的航天器表面沉积，产生粒子污染效应。空间微细粒子是可见的物质聚集体，能够阻止光线到达所要照射的光学表面，并可使入射光线的路径发生散射。空间微细粒子对航天器的超高速撞击，实际上是航天器材料或器件与带电固体微粒子的交互作用。空间微细粒子对航天器撞击可能产生的影响与尺寸较大的微流星体和空间碎片对航天器的撞击作用不同，主要是导致航天器关键暴露材料和器件产生性能退化或粒子污染效应。毫米量级的微流星体或空间碎片撞击可产生一次性破坏事件，直接影响航天器在轨可靠性。鉴于空间微细粒子对航天器的撞击损伤效应与毫米量级以上微流星体和碎片不同，有必要单独针对近地空间微细粒子环境模式进行表征。

　　近地空间微细粒子主要来源之一是天然形成的粉尘粒子，尺度在 $10^{-14} \sim 10^{-6}$ g，甚至更小。太阳系中的微流星体主要来自彗星的分裂。约近 99% 的微流星体沿椭圆轨道运动，基本上与太阳及围绕太阳旋转的行星运行方向一致。在逐渐接近太阳时，微流星体的数密度逐渐增加，经频繁碰撞将导致微流星体破碎，形成微小的尘埃粒子，这些粒子随太阳风一起逆太阳运动到达近地空间。空间微细粒子的来源之二是人为产生的微小型碎片或粉尘粒子。在航天器舱壁发生漏气时，舱内悬浮的粉尘粒子可能逸出。航天器入轨后，其表面上残留的粉尘粒子可能被释放到太空。轨控/姿控发动机羽流也含有固体和液体的燃烧产物粒子。航天器表面剥落的漆片或原子氧剥蚀产物也可能成为空间微细粒子。

　　空间微细粒子的尺度小，无法用望远镜和雷达等观测手段探测，只能通过在轨直接测试及分析回收后的航天器表面等方法获得有关信息，分析难度较大。微细粒子在近地空间的分布与粒子的质量或尺寸、轨道高度及探测时间等多种因素有关，分布的随机性大，探测数据分散度也较大，难以用简单的函数关系表述。这些情况使得近地空间微细粒子环境的表征遇到困难。为了满足工程上的需要，已参照现有空间探测数据建立了相关的通量模式。不同模式所得结果相差较大，尚需进一步开展研究。

2.12.2　近地空间微细粒子环境探测

　　近地空间微细粒子环境探测是建立其通量模式的基础。空间微细粒子尺寸小，难以在地面进行跟踪观测。获取空间微细粒子环境参数的途径，一是在卫星上装载探测器进行在轨测试；二是回收空间暴露的航天器表面进行撞击陷坑观测。

　　图 2-104 为 20 世纪 60 年代后期，各国在不同近地空间区域进行空间微细粒子通量与质量关系测试所得的结果。图中数据点是不同探测器的实测值，曲线 Ⅰ～曲线 Ⅵ 为不同模式预测结果。不同的探测结果相差较大，一般相差约一个数量级。总的变化趋势是粒子的尺寸或质量越大，通量越低。鉴于当时空间碎片的数量尚有限，图 2-104 中数据主要反映源于微流星体的微细粒子环境信息。

　　图 2-105 为国际空间研究委员会在 1970 年提出的流星体近地空间分布的积分通量与质量的关系。在 $10^{-6} \sim 10^{-12}$ g 质量范围内，源于流星体的微细粒子积分通量 Φ 与质量 m 近似符合 $\lg \Phi (>m) = -10.8 - 0.6 \cdot \lg m$ 的关系。

　　近年来，国外在高度关注尺寸较大的空间碎片和微流星体对航天器所产生的危害作用的同时，也逐渐重视近地空间微细粒子环境的探测。美国发射的长期暴露装置（LDEF）曾在空间在轨飞行 69 个月，获得了大量有关空间微细粒子环境的信息。试验将 6 个传感器面板布置在不同方向，并采用立体光学显微镜分析、电子显微镜观察及 X 射线光电子能谱分析等手段，研究空间微细粒子撞击陷坑及其周围区域。在 LDEF 表面共发现 34 336 处撞击坑，其中直径在 0.5 mm 以下的撞击坑达 27 385 个。通过鉴别撞击坑内残留物质的成分，表明多数撞击坑是由航天器自身产生的微小碎片撞击形成的，包括航天器结构材料 Al 合金碎片、固体火箭推进剂燃烧后的氧化铝粒子及涂层氧化物粒子等。同时，也观察到

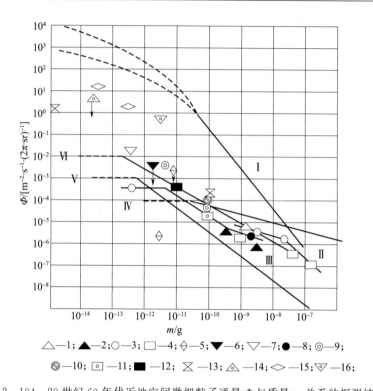

图 2-104　20 世纪 60 年代近地空间微细粒子通量 Φ 与质量 m 关系的探测结果

Ⅰ—以往的尘埃云模式；Ⅱ，Ⅲ—微流星体模式；Ⅳ，Ⅴ，Ⅵ—黄道云模式；

1—宇宙-125（1966—1967 年）；2—宇宙-163（1967 年）；3—探险者-16，23（1962—1964 年）；

4—飞马座 1、2、3（1965—1966 年）；5—羚羊-2（1965 年）；6—轨道地球物理观测站-4（1967 年）；

7—轨道地球物理观测站-3（1966—1967 年）；8—月球轨道器（1966—1967 年）；9—探险者-35（1967—1969 年）；

10—先驱者-8，9（1968—1969 年）；11—水手-2（1962 年）；12—水手-4（1964—1967 年）；

13—双子星座-8，10（1966 年）；14—双子星座-12（1966 年）；15—Найк-Апаш 导弹（1968 年）；

16—半人马座导弹（1967—1969 年）

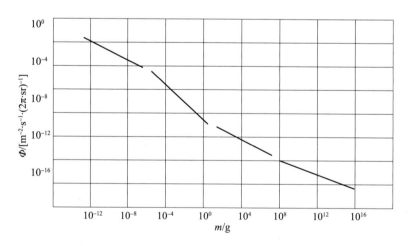

图 2-105　1970 年国际空间研究委员会提出的近地空间流星体积分通量 Φ 与质量 m 的关系

由微小型微流星体撞击所形成的撞击坑。俄罗斯在 1993 年和 1996 年分别发射地平线 - 41
和地平线 - 43 两颗卫星，在地球同步轨道上探测空间微细粒子环境参数，其结果如图 2 -
106[110] 所示。卫星探测使用双薄膜电容传感器，可记录直径约 1～100 μm，速度在 0.2～
70 km/s 范围的人工和天然形成的空间微细粒子。两次探测分别得到直径在 10 μm 以下的
微流星体粒子平均通量为 5.9×10^{-5} m^{-2} · s^{-1} 和 1.2×10^{-4} m^{-2} · s^{-1}；空间微细粒子的总
通量分别为 1.2×10^{-4} m^{-2} · s^{-1} 和 1.1×10^{-3} m^{-2} · s^{-1}。第二次的探测数据比第一次几乎
高了 1 个数量级，这在一定程度上反映了近地空间微细粒子的数量有逐年增加的趋势。
1995 年 3 月日本发射的探测器进入高度 300～500 km，倾角 28.5° 的圆轨道运行，并于
1995 年 12 月搭载航天飞机返回地面。探测器的总外表面积为 150 m^2，发现有 337 处被撞
击区域，总面积达到 18 m^2，其中仅有 3 个最大陷坑的直径超过 200 μm。

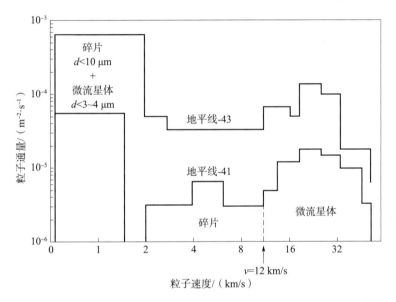

图 2 - 106　俄罗斯对地球同步轨道空间微细粒子通量的探测结果[110]

　　近几年来的探测数据表明，直径为 1～10 μm 的微细粒子易在固体燃料发动机工作过
程中及空间环境因素与航天器表面材料相互作用等过程中形成。固体燃料发动机工作时，
会形成大量的 Al_2O_3 粒子。在空间环境因素（如真空、等离子体溅射、太阳电磁辐射、高
能带电粒子辐照及微流星体撞击等）作用下，涂层和漆料薄片可从航天器表面剥离。在低
地球轨道区域，不同成因的粒子或物体数量按尺寸的分布及其通量与高度的关系分别如图
2 - 107（a）和（b）所示。

2.12.3　近地空间微细粒子通量模式

　　微小型微流星体是空间微细粒子的主要组成部分，尤以偶现微流星体粒子为主。相比
之下，微流星体流粒子质量较大（质量为 10^{-8}～10^{-6} g，密度为 0.5～1.0 g/cm^3），而偶
现微流星体粒子质量可小于 10^{-12} g 以下。通常认为，微流星体相对于地球的速度在 8.5～
80 km/s 范围内，在近地空间微流星体相对于地球的平均速度约为 20 km/s。在不考虑地

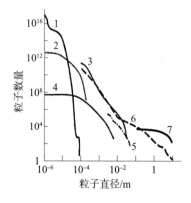 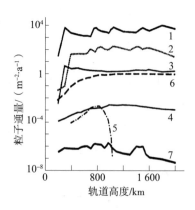

（a）粒子或物体数量按尺寸分布　　　　（b）粒子或物体通量按高度分布

图 2 - 107　低地球轨道区域不同成因粒子或物体数量和通量分布

1—固体燃料发动机工作时抛出的 Al_2O_3 粒子；2—从航天器表面剥离的碎片；

3—固体燃料发动机工作结束时抛出的燃料残余物；4—环境粒子撞击表面后剥离的粒子；

5—核能源航天器毁坏时产生的 Na 和 K；6—被毁航天器的碎片；7—在轨编目注册的物体

球影响的情况下，微小型微流星体（10^{-12} g$\leqslant m\leqslant 10^{-6}$ g）的平均积分通量与粒子质量的关系大体上可按 Cour - Palais 模式[106]计算

$$\lg\Phi(\geqslant m) = -14.339 - 1.584\lg m - 0.063(\lg m)^2 \tag{2-239}$$

式中　Φ——单位时间内落到单位面积上的质量$\geqslant m$ 的总的微流星体平均通量（积分通量）
　　　　　［粒子/（$m^2 \cdot s$）］；

　　　m——粒子质量（g）。

　　类似地，近地空间微小型微流星体（$>10^{-14}$ g）的平均积分通量也可以按下式近似估算

$$\lg\Phi(\geqslant m) = -17 - 1.7\lg m \tag{2-240}$$

式中　Φ——平均积分通量［粒子/（$m^2 \cdot s$）］；

　　　m——粒子质量（g）。

　　若假定粒子流各向同性，平均速度为 20 km/s，质量密度为 2.7 g/cm^3，可得出近地空间微小型微流星体（$m\geqslant 10^{-14}$ g）的积分通量约为 5×10^{-4} 粒子/（$m^2 \cdot s$）。

　　近地空间微细粒子除了微小型微流星体外，还有人为形成的微小型粒子。由于人为形成的微细粒子的来源比较复杂，难以建立准确的通量模式。微细粒子在空间的分布与粒子的质量或尺寸、轨道高度等因素有关。空间微细粒子分布的随机性大，探测数据分散，难以用简单的函数关系表述。参考国外现有近地空间微细粒子探测数据，可以认为，直径小于几微米的空间微细粒子的平均积分通量为 $10^{-4}\sim10^{-3}$ 粒子/（$m^2 \cdot s$）。若较精确地判定近地空间微细粒子的平均通量，需要借助相关的工程模式进行估算。对于 200 km 以上地球轨道上的微米量级粒子，可将 ORDEM—2000（外推至微细粒子尺寸范围）和 Grün 模式相结合，分别计算微细型空间碎片与微流星体粒子的积分通量，并求得两者的加和。但如此采用 ORDEM—2000 模式外推计算微细型碎片粒子通量的准确性会受到质疑。图 2 -

108 为将 ORDEM—2000 和 MASTER—2001 模式分别与 Grün 模式相结合所得到的近地空间固体粒子积分通量的计算结果。

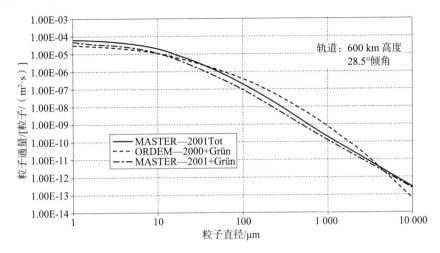

图 2-108　ORDEM—2000 和 MASTER—2001 分别与 Grün 模式相结合计算的
近地空间固体粒子积分通量分布

2.13　地球引力场环境模式

2.13.1　地球引力场的一般表述

牛顿定律表明，任何两个物体之间的引力与两者质量的乘积成正比，而与距离平方成反比，即

$$F = G \frac{m_1 m_2}{r^2} \tag{2-241}$$

式中　F——万有引力；

　　　G——万有引力常数，等于 $(6.672\,6 \pm 0.000\,9) \times 10^{-11}$ m³ · kg⁻¹ · s⁻²；

　　　m_1，m_2——两物体的质量；

　　　r——两物体质心间距离。

最简单的情况是两物体的相对距离远大于它们的尺寸时，可将两物体均视为点质量。牛顿定律能够很好地适用于质量均匀分布的两球形物体，这种情况称为两体问题（two-body problem）。在精确分析地球引力场环境时，需要考虑第三天体的摄动及潮汐效应。

天体引力是十分重要的空间环境因素，直接制约着航天器的在轨运动。在计算航天器轨道时，必须考虑天体引力的作用。地球是扁球体，赤道直径约比极直径大 42.77 km。这种扁球度所引起的地球引力场变化会对航天器轨道产生摄动。航天器的轨道平面绕地球轴沿航天器运动相反方向转动。这种摄动对航天器在地球轨道飞行轨迹的影响是计算型号任务轨道时必须考虑的因素。月球和太阳的引力也会对绕地球运动的航天器的轨道产生影响，使轨道的倾角和偏心率发生周期性变化。地球引力场的大小取决于地球的形状和内部结构，并会受到固体外壳及地面上的海洋和周围大气的影响。地球具有平均半径为

（3 485±3）km 的液态核，在其内部有平均半径为 1 220 km 的固体内核。在月球和太阳引力的作用下，地球的形状和内部结构分布将随时间变化，导致地球引力成为随着时间和空间而变化的参量。

由于地球不是理想的球体，且在空间并非孤立存在，难以简单地通过式（2-241）来计算地球对在轨航天器产生的引力。为了计算航天器轨道，应考虑地球引力场异常时产生的影响，建立工程上适用的地球引力场模式。地球引力场是位势场，包括中心引力位势和表面引力位势两部分。地球表面引力位势可通过满足 Laplace 方程的球谐函数进行表述，即 $\nabla^2 U = 0$（式中，U 为自由空间的地球表面引力位势，单位为 $m^2 \cdot s^{-2}$）。通过中心引力位势与表面引力位势相结合，建立地球引力位势函数，可较准确地计算空间任意点处某物体所受到的地球引力或重力，如下所示

$$F = mg = m(-\nabla U) \tag{2-242}$$

式中　F——地球引力；

$\quad\quad m$——物体质量；

$\quad\quad g$——重力加速度；

$\quad\quad U$——地球引力位势；

$\quad\quad \nabla$——矢量微分算符。

若采用式（2-241）所示的"点质量"模型计算地球引力场，精度为千分之一左右。通过地球引力位势函数计算引力场时，考虑了质量非均匀分布的影响，可使计算精度提高到百万分之几。

在近地空间轨道条件下，航天器上物体的重力加速度值能够达到（$10^{-3} \sim 10^{-6}$）g（$g = 9.8 \ m \cdot s^{-2}$，表示地面重力加速度）的环境称为微重力环境。在微重力环境下，物体运动惯性力的影响抵消地球引力（重力），会产生失重。式（2-241）表明，地球重力加速度 g 与距地球距离 r 的平方成反比，即 $g = GM/r^2$（式中，G 为万有引力常数；M 为地球质量）。随着航天器飞行高度增加，地球重力加速度急剧降低，易于使物体在航天器飞行轨道高度的运动惯性力与重力相平衡。所谓失重状态实际上是惯性力与重力平衡产生的表象，而不是物体质量的真正丢失。就航天器而言，当在轨运动速度达到第一宇宙速度时，重力和离心力两者抵消。在航天器坐标系统内，航天器处于力平衡状态。在这种情况下，航天器易于受到外界或自身的某些力的扰动，即受到微重力的作用，导致重力加速度值为（$10^{-3} \sim 10^{-6}$）g。因此，微重力环境可视为地球引力场与航天器在轨运动相互作用所产生的一种诱导环境。航天器的近地轨道高度提供了使物体运动惯性力能够抵消地球重力的条件。

2.13.2　地球引力位势函数表征

地球引力位势函数的表达式如下

$$U = \frac{GM}{r}\left\{1 + \sum_{n=2}^{N}\left(\frac{a_{\mathrm{E}}}{r}\right)^n \sum_{m=0}^{n}\left[C_{nm}\cos(m\lambda) + S_{nm}\sin(m\lambda)\right]\mathrm{P}_{nm}(\sin\varphi)\right\} \tag{2-243}$$

式中　G——万有引力常数；

$\quad\quad M$——地球质量；

r——至地心的径向距离；

a_E——地球的平均赤道半径；

N——展开式的最大阶数；

n——表面球谐函数的阶数；

m——表面球谐函数的次数；

C_{nm}——界定表面球谐函数振幅的系数；

S_{nm}——界定表面球谐函数相位的系数；

λ——计算点的地理经度；

φ——计算点的地理纬度；

$P_{nm}(\sin\varphi)$——$\sin\varphi$ 的 n 阶、m 次勒让德函数，可通过递推公式计算[111]。

地球引力场模式是万有引力常数、地球质量、平均赤道半径及球谐系数（C_{nm} 和 S_{nm}）等参数的集合。表 2-98 所示为地球引力场模式常用的参数。为了计算方便，采用归一化的勒让德函数 $\overline{P}_{nm}$ 及归一化的球谐函数系数 $\overline{C}_{nm}$ 和 $\overline{S}_{nm}$，分别由如下表达式给出

$$\overline{P}_{nm} = \left[\frac{(2n+1)k(n-m)!}{(n+m)!}\right]^{1/2} P_{nm} \tag{2-244}$$

$$\overline{C}_{nm} = \left[\frac{(n+m)!}{(2n+1)k(n-m)!}\right]^{1/2} C_{nm} \tag{2-245}$$

$$\overline{S}_{nm} = \left[\frac{(n+m)!}{(2n+1)k(n-m)!}\right]^{1/2} S_{nm} \tag{2-246}$$

式中，当 $m=0$ 时，$k=1$；当 $m\neq0$ 时，$k=2$。

表 2-98　地球引力场模式常用参数

参数	数值	单位
万有引力常数 G	$6.672\,59\times10^{-11}$	$m^3 \cdot kg^{-1} \cdot s^{-2}$
地球赤道半径 a_E	$6\,378\,136.3$	m
地球质量 M	$5.973\,70\times10^{24}$	kg
GM	$398\,600.441\,5$	$km^3 \cdot s^{-2}$

基于地球表面球谐函数的振幅 J_{nm} 和相位角 λ_{nm}，可将式（2-243）改写为

$$U = \frac{GM}{r}\left\{1 - \sum_{n=2}^{N}\left(\frac{a_E}{r}\right)^n \sum_{m=0}^{n} J_{nm}\cos[m(\lambda-\lambda_{nm})]P_{nm}(\sin\varphi)\right\} \tag{2-247}$$

式中，J_{nm} 和 λ_{nm} 与式（2-243）中 C_{nm} 和 S_{nm} 的转换关系如下

$$C_{nm} = -J_{nm}\cos(m\lambda_{nm}) \tag{2-248}$$

$$S_{nm} = -J_{nm}\sin(m\lambda_{nm}) \tag{2-249}$$

$$J_{nm} = \sqrt{C_{nm}^2 + S_{nm}^2} \tag{2-250}$$

$$\lambda_{nm} = \frac{2}{m}\arctan\left(\frac{S_{nm}}{J_{nm}+C_{nm}}\right) \tag{2-251}$$

通过对 n 和 m 的不同取值，可以表征地球表面球谐函数的不同特征。一是 $n\neq m$ 时，将表面球谐项称为田形谐合函数（tesseral harmonics），这是将地球表面分成高地和谷地，

分别以球谐系数 J_{nm} 和 λ_{nm} 表征其振幅和相位。二是 $n=m$ 时，$P_{nm}=1.0$，称为扇形谐合函数（sectorial harmonics），即将地球表面分成与经度相关的扇形区域。三是 $m=0$ 时，$C_{n0}=-J_{n0}$，称为带状谐合函数（zonal harmonics），即将地球表面分成仅与纬度有关的带状区域（环形的高地与谷地），主要考虑地球扁率的影响。在这种情况下，常将 J_{n0} 简写为 J_n，如以 J_2 代表地球扁率对引力位势的贡献。不同的地球引力位势场模式所采用的地球扁率稍有不同，可取值为 $f_E=(a_E-b_E)/a_E=1/298.257$（式中 $a_E=6\,378\,136$ m，即地球赤道半径；$b_E=6\,356\,752$ m，即地球极半径）。按照惯例，地球引力位势函数的中心引力项为 $C_{00}=-J_{00}=1$。如果地球质量中心与地心坐标系的原点相重合，则 $C_{10}=C_{11}=S_{11}=0$。在地固系坐标轴与主惯性矩重合的情况下，$C_{21}=S_{21}=S_{22}=0$。

为了建立地球引力位势场模式，需要直接或间接测试地球引力加速度，并在大量测试的基础上确定模式系数（GM，a_E，C_{nm} 及 S_{nm}）。直接测试地球的引力加速度比较困难，需要采用高敏感重力梯度仪。通常是基于绕地球飞行的卫星探测数据间接测试地球的引力加速度。通过观测表明，基于以下两点原因，可对地球引力位势的球谐级数进行舍项计算：一是式（2-243）和式（2-247）中 $(a_E/r)^n$ 项导致地球引力位势 U 随地心距 r 的增大而迅速衰降，这使得随着轨道高度增加，地球引力位势场的细节会变得越来越不重要，而逐渐成为点质量的影响。因此，可将 $(a_E/r)^n$ 视为地球引力位势的衰降因子。二是地球引力位势函数可在一定的阶、次数下进行表征，按照 Kaula 经验准则，可按下式估算归一化球谐系数的量级与阶数 n 的关系

$$\overline{C}_{nm},\overline{S}_{nm}=\frac{10^{-5}}{n^2} \qquad (2-252)$$

式（2-252）表明，舍项计算对球谐系数项的影响较小，可采用较低的阶数项表征表面球谐函数的展开级数，所产生的误差较小。针对给定轨道高度，可通过 Kaula 参数（$10^{-5}/n^2$）与地球引力位势衰降因子 $(a_E/r)^n$ 的乘积计算不同阶数 n 时球谐系数的量级。表 2-99 所列数据为针对 25 000 km 高度轨道的计算结果。可见，随着阶数 n 的增加，该轨道条件下球谐系数的量级急剧减小。若取地球引力位势球谐级数的阶数×次数=360×360，计算过程将相当复杂，而对计算结果的精确度贡献有限。因此，在许多情况下，可采用较低的阶数计算地球引力位势函数。

表 2-99　25 000 km 高度地球引力位势球谐系数量级估算

阶数	Kaula 参数计算值	25 000 km 高度的引力势衰降因子	25 000 km 高度球谐系数量级
2	2.500E-06	6.250E-02	1.563E-07
3	1.111E-06	1.563E-02	1.736E-08
4	6.250E-07	3.906E-03	2.441E-09
5	4.000E-07	9.766E-04	3.906E-10
6	2.778E-07	2.441E-04	6.782E-11
7	2.041E-07	6.104E-05	1.246E-11
8	1.563E-07	1.526E-05	2.384E-12

续表

阶数	Kaula 参数计算值	25 000 km 高度的引力势衰降因子	25 000 km 高度球谐系数量级
9	1.235E−07	3.815E−06	4.710E−13
10	1.000E−07	9.537E−07	9.537E−14
12	6.944E−08	5.960E−08	4.139E−15
15	4.444E−08	9.313E−10	4.139E−17
20	2.500E−08	9.095E−13	2.274E−20
50	4.000E−09	7.889E−31	3.155E−39
100	1.000E−09	6.223E−61	6.223E−70
360	7.716E−11	1.813E−217	1.399E−227

2.13.3　第三天体引力的影响

在计算绕地球飞行的航天器轨道时，需要考虑除地球外第三天体引力对航天器产生的摄动。第三天体，如太阳及其他行星的引力可通过点质量模型计算，所需要的参数包括第三天体的质量、引力常数及位置等。表 2−100 给出太阳系各行星引力有关参数的计算。一般情况下，计算时考虑金星、火星、木星及土星的引力对地球轨道航天器的摄动作用已足够，其他行星引力的影响可忽略，主要原因在于后者的位置太远或者其引力很小，不会对绕地球飞行的航天器产生较大影响。在进行第三天体引力摄动计算时，涉及相关行星及月球的天体位置推算，可参照参考文献[112]所给出的相关数据，或者登录以下网址：ftp：//ssd.jpl.nasa.gov/pub/eph/export/。

表 2−100　太阳系行星引力的有关参数

行星	赤道半径 R/km	质量 M/kg	GM/（km³ · s⁻²）	引力加速度/（m · s⁻²）
水星	2 420	3.345×10^{23}	22 322	3.5
金星	6 200	4.881×10^{24}	325 657	8.5
地球	6 378	5.974×10^{24}	398 600	9.8
火星	3 400	6.452×10^{23}	43 049	3.7
木星	71 370	1.900×10^{27}	126 754 940	25.9
土星	60 400	5.687×10^{26}	37 946 762	11.1
天王星	23 530	8.722×10^{25}	5 819 566	10.5
海王星	22 300	1.033×10^{26}	6 895 788	13.8

2.13.4　潮汐效应

上述地球引力位势函数作为对地球静态引力场的表述，尚需考虑潮汐效应的影响。由于太阳和月球的引力作用，地球（包括海洋和大气）会产生变形，其质量分布将发生变化。太阳和月球的引力可使地面站的站址坐标分别升降 15 cm 和 32 cm；在太阳和月球潮汐的影响下，海水的质量发生位移，海平面的振幅可超过 100 cm；前者称为固体地球潮汐（solid earth tides），后者称为海洋潮汐（ocean tides）。两者均可引起地球引力位势发生复杂的变化，需要对地球引力位势函数增加附加项进行修正，这对于精确计算航天器的轨道十分必要。一般情况下，取地球引力位势球谐级数的阶数大于 3 时，便需要考虑月球及太阳潮汐效应附加项对计算结果的贡献。当取阶数为 1 及 2 时，应主要考虑中心质量项对引力位势的贡献与地球扁率的影响，可忽略潮汐效应的影响。月球的潮汐效应对地球引力位势的影响大于太阳的潮汐效应，这是由于天体距离对引力的影响明显大于天体质量的影响。太阳离地球的距离比月球离地球的距离远得多，对地球产生的起潮力只有月球的 1/2.17。有关潮汐效应对地球引力位势影响的数据可参阅参考文献[113]。

2.13.5 地球引力场模式选用

在计算航天器轨道与姿态时，需要考虑地球及其他天体引力对航天器的影响，所涉及的引力源及引力位势球谐级数的舍项计算精度，应与对航天器轨道和姿态的定位要求相吻合。常用的地球引力场模式有以下几种。

1）GRIM 4 地球引力场模式：该模式由德国与法国联合开发，作为欧洲的地球引力场模式（European Global Earth Gravity Field Modes）。GRIM 4 模式有两个版本，包括仅用于卫星的版本 GRIM 4 - S 和综合版本 GRIM 4 - C，前者是基于对卫星的轨道进行光学和激光测试及 Doppler 跟踪所获得的数据建立的，球谐系数项达到 50 阶、50 次；后者则进一步综合了有关地球引力位势异常与测高计所获得的数据，球谐系数项达到 60 阶和 60 次。

2）WGS 地球引力场模式（World Geodetic System Earth Gravitation Models）：该模式由美国国防部测绘局（United States Department of Defense Mapping Agency，DMA）建立，所依据的数据来源于对近地空间卫星的 Doppler 跟踪与 LAGEOS 和 STARLETTE 卫星的激光测试，以及通过卫星对海洋表面测高和观测地球表面所给出的平均引力异常数据等。WGS—84 版本的球谐系数项达到 180 阶、180 次。

3）EGM 96 地球引力场模式：该模式由美国国家航空航天局的戈达德空间飞行中心（GSFC）、国家图像和测绘署（National Imagery and Mapping Agency，NIMA）与俄亥俄州立大学联合开发，能够给出较准确的地形参考表面，并改进了海洋循环模式及低地球轨道卫星的定轨计算方法。在较新版本的 EGM 96 地球引力场模式中，球谐系数项达到 360 阶、360 次，相应的全球分辨率约为 55 km。EGM 96 模式中包含了 TOPEX/POSEIDON，ERS - 1 及 GEOSAT 等卫星对海洋表面高度测量及卫星轨道跟踪的数据。

4）JGM - 2（Joint Gravity Model）地球引力场模式[114]：该模式是由美国国家航空航天局、得克萨斯大学、俄亥俄州立大学及法国航天局共同建立的，所依据的数据包括 LAGEOS 卫星的轨道跟踪数据、地球表面重力测试数据及卫星高度观测数据等，地球引力位势的球谐系数项达到 70 阶、70 次。JGM - 2 模式有两个版本：一是 JGM - 2S 版本，仅涉及卫星轨道的跟踪数据；二是 JGM - 2G 版本，可应用于地球物理研究。JGM - 2 模式的不确定性主要是由于不同倾角轨道的卫星跟踪数据较少，并缺乏较低轨道卫星的精确跟踪数据。在多数航天飞行动力学及工程应用情况下，JGM－2S 模式能够满足要求，对轨道计算的精确度达到厘米级的水平。当海洋学家进行精确测高计算时，建议应用 JGM－2G 模式。在 ECSS－E－10－04A 空间环境标准中，曾建议将 JGM－2 模式作为欧洲空间局的候选地球引力场模式。表 2－101 和表 2－102 分别给出 JGM－2 模式 9 阶、9 次的归一化球谐系数（$\overline{C}_{nm}$ 和 $\overline{S}_{nm}$），表 2－103 为针对具有代表性的卫星轨道应用 JGM－2 模式进行预测计算的结果。

表 2－101　JGM－2 模式 9 阶、9 次的归一化球谐系数 $\overline{C}_{nm}$（$\times 10^{-6}$）

n $\backslash$ m	2	3	4	5	6	7	8	9
0	−484.165 466 3	0.957 122 4	0.540 143 3	0.068 464 5	−0.150 003 0	0.090 946 0	0.049 304 9	0.026 703 6
1	−0.000 187 0	2.028 399 7	−0.536 368 0	−0.059 121 4	−0.076 129 4	0.275 825 6	0.023 283 4	0.146 266 4
2	2.439 083 8	0.904 408 6	0.350 349 3	0.653 387 5	0.048 648 3	0.327 876 6	0.078 756 0	0.024 529 4
3		0.721 153 9	0.990 258 2	−0.451 901 7	0.057 953 7	0.250 896 5	−0.020 811 4	−0.161 924 3
4			−0.188 488 5	−0.295 080 1	−0.086 299 3	−0.275 546 2	−0.244 836 9	−0.008 525 4
5				0.174 971 0	−0.267 189 0	0.001 812 8	−0.025 148 8	−0.016 662 3
6					0.009 885 5	−0.359 038 2	−0.065 155 8	0.062 675 0
7						0.001 254 7	0.067 157 5	−0.118 488 6
8							−0.123 892 3	0.188 425 1
9								−0.048 124 8

表 2－102　JGM－2 模式 9 阶、9 次的归一化球谐系数 $\overline{S}_{nm}$（$\times 10^{-6}$）

n $\backslash$ m	2	3	4	5	6	7	8	9
1	0.001 195 3	0.248 806 6	−0.473 422 6	−0.095 532 7	0.026 558 8	0.096 777 0	0.059 199 6	0.020 650 3
2	−1.400 109 3	−0.619 230 6	0.662 868 9	−0.323 778 6	−0.373 788 0	0.094 033 7	0.066 248 8	−0.033 777 7
3		1.414 036 9	−0.201 009 9	−0.215 096 6	0.009 030 4	−0.216 625 4	−0.086 661 3	−0.075 142 3
4			0.308 845 3	0.049 670 0	−0.471 670 0	−0.123 863 4	0.070 287 5	0.019 206 4
5				−0.669 650 2	−0.536 523 4	0.017 716 4	0.089 249 0	−0.054 311 1
6					−0.237 094 6	0.151 770 2	0.309 240 2	0.222 425 8
7						0.024 433 7	0.074 626 9	−0.096 585 4
8							0.120 462 6	−0.003 147 7
9								0.096 600 2

表 2 - 103　JGM - 2 模式对具有代表性的卫星轨道的计算结果

卫星	轨道半长轴/km	轨道偏心率	轨道倾角/ (°)	轨道的预测误差/cm		
				径向	横越轨道方向	沿轨道方向
ERS—1	7 153	0.001	98.8	8.0	15.1	160.4
Ajisai	7 870	0.001	50.0	2.6	3.6	13.2
Starlette	7 331	0.020	49.8	5.2	7.2	16.1
GEOS - 3	7 226	0.001	114.9	6.6	9.6	72.5
GEOS - 1	8 075	0.073	59.3	2.3	3.0	45.1
GEOS - 2	7 711	0.031	105.8	3.3	5.1	63.8
Peole	7 006	0.016	15.0	981.0	106.7	353.5
BE—C	7 507	0.025	41.2	9.2	11.4	60.0
DI—C	7 341	0.053	40.0	14.5	16.9	70.7
DI—D	7 622	0.084	39.5	10.1	11.2	88.9
NOVA	7 559	0.001	90.0	9.6	21.7	397.0

5）EIGEN－GL04C 地球引力场模式：该模式是基于综合了大量卫星探测与高度/重力测试数据而建立的较新模式[115]，其空间分辨率为纬度×经度＝1°×1°。这相应于地球引力位势球谐级数的阶数和次数各为 360，即阶数×次数＝360×360。表 2 - 104 给出阶数×次数＝8×8 时 EIGEN－GL04C 模式的球谐系数。有关 EIGEN - GL04C 模式的数据与应用细节可登录国际全球模式中心（International Center for Global Earth Models）的网址：http：//icgem. gfz - potsdam. de/ICGEM/ICGEM. html。

表 2 - 104　EIGEN - GL04C 模式在阶数×次数＝8×8 时的球谐系数

n ＼ m	0	1	2	3	4	5	6	7	8
0	1.00E+00	0.00E+00	−4.84E−04	9.57E−07	5.40E−07	6.87E−08	−1.50E−07	9.05E−08	4.95E−08
	0.00E+00	0.00E+00	0.00E+00	0.00E+00	0.00E+00	0.00E+00	0.00E+00	0.00E+00	0.00E+00
1		0.00E+00	−2.55E−10	2.03E−06	−5.36E−07	−6.29E−08	−7.59E−08	2.81E−07	2.32E−08
		0.00E+00	1.44E−09	2.48E−07	−4.74E−07	−9.44E−08	2.65E−08	9.51E−08	5.89E−08
2			2.44E−06	9.05E−07	3.51E−07	6.52E−07	4.87E−08	3.30E−07	8.00E−08
			−1.40E−06	−6.19E−07	6.62E−07	−3.23E−07	−3.74E−07	9.30E−08	6.53E−08
3				7.21E−07	9.91E−07	−4.52E−07	5.72E−08	2.50E−07	−1.94E−08
				1.41E−06	−2.01E−07	−2.15E−07	8.94E−09	−2.17E−07	−8.60E−08
4					−1.88E−07	−2.95E−07	−8.60E−08	−2.75E−07	−2.44E−07
					3.09E−07	4.98E−08	−4.71E−07	−1.24E−07	6.98E−08
5						1.75E−07	−2.67E−07	1.65E−09	−2.57E−07
						−6.69E−07	−5.37E−07	1.79E−08	8.92E−08
6							9.46E−09	−3.59E−07	−6.60E−08
							−2.37E−07	1.52E−07	3.09E−07
7								1.52E−09	6.73E−08
								2.41E−08	7.49E−08
8									−1.24E−07
									1.21E−07

注：表格中上一行的数据为 C 系数，下一行的数据为 S 系数。

2.14　月球环境模式

2.14.1　月球的基本参数

月球是地球唯一的天然卫星，也是距地球最近的天体。月球是一个南北稍扁而赤道略鼓的球体，极半径比赤道半径短约 500 m。月球的平均直径为 3 476 km，相当于地球直径的 27%；质量为 7.353×10^{22} kg，约为地球质量的 1/81；体积约为地球体积的 1/49。月球围绕地球沿椭圆形轨道运动，远地点为 406 700 km，近地点为 356 400 km，与地球的平均距离为 384 403 km。

月球重力加速度约为地球重力加速度的 1/6，月球赤道上的重力加速度为 1.62 m/s²。月球赤道上的逃逸速度为 2.38 km/s，比地球轨道上的逃逸速度（11.2 km/s）小很多。月球重力场分布不均匀，月海（mare）盆地部位因出现质量过剩而产生重力异常，称为质量瘤（mascons）。

一般认为，月球不存在全球性的偶极磁场。通过测试返回地球的月球岩石样品的剩磁，发现 32 亿年前形成的月球岩石有较明显的剩磁强度，而后期形成的月球岩石几乎不存在剩磁。这表明古月球曾存在过偶极磁场，后来月球全球性的磁场消失了。已有绕月飞行的探测结果与阿波罗月球样品的剩磁测量结果表明，月球具有许多区域性的表面剩余磁场，强度一般仅为 nT 量级（约比地球低 5 个数量级）。月表磁场强度较强（＞100 nT）的区域一般位于月球背面的高地（highland）。除强磁场异常区外，月球还分布着一些弱磁场异常区。

从地球上观测月球，月球的平均反照率低于 0.09。月球表面某一特定区域的反照率与该区域表层物质的化学和矿物学组成、微粒大小及物质密度等因素有关。通常，高地要比月海地区亮。月球正面反照率在月海区域平均值为 0.07，高地区域平均值为 0.15，整个正面平均值为 0.09。月球背面的平均反照率通常为 0.22。

月球的基本物理参数与轨道参数分别如表 2 - 105[116] 与表 2 - 106[117] 所示。

表 2 - 105　月球的基本物理参数

物理参数	数值
质量/kg	7.353×10^{22}
平均密度/ $(g \cdot cm^{-3})$	3.34
平均半径/km	1 737.5
极地半径/km	1 735
扁率	0.000 5
赤道上的重力加速度/ $(m \cdot s^{-2})$	1.62
赤道上的逃逸速度/ $(km \cdot s^{-1})$	2.38
表面反照率	0.067
所受太阳辐照度/ $(W \cdot m^{-2})$	1 380
大气体积分子数/cm³	10^4（白天）；2×10^5（夜晚）

续表

物理参数	数值
黑体温度/K	274.5
平均表面温度/℃	107（白天）；−153（夜晚）；
平均表面热流/（mW・m⁻²）	约 29
磁场强度/（A・m⁻¹）	0

表 2 - 106　月球的轨道参数

轨道参数	数值
半长轴/km	384 400
近地点距离/km	363 300
远地点距离/km	405 500
公转周期/d	27.322
朔望周期/d	29.53
平均轨道速度/（km・s⁻¹）	1.023
轨道倾斜角（相对于黄道）/（°）	5.145
轨道偏心率	0.054 9
月球自转周期	27 d 7 h 43 min 11.5 s
赤道与轨道面夹角	6°41′

2.14.2　近月空间环境

尽管地球与月球相距约 380 000 km，但相对于太阳而言，可将两者视为距太阳的距离大体上相当，这使得近月空间受太阳活动的影响与近地空间类似。除太阳的影响外，近月空间环境还与月球本身特性有关。月球没有全球性的强磁场，且大气层十分稀薄，难以形成辐射带，有利于使近月空间的带电粒子辐射环境同近地空间相比总体上趋于宽松。近月空间环境具有以下具体特点。

（1）大气环境

月球大气非常稀薄，其密度比地球大气密度大约小 14 个数量级。在月球的夜晚，宁静大气的密度约为 2×10^5 分子/cm³，白天降至 10^4 分子/cm³。月球表面大气的主要成分为氖、氢、氦和氩。氖和氢主要来自太阳风。大部分氦也来自太阳风，约有 10% 的氦由月球本身重核元素的放射性衰变产生。氩主要通过月球上 ^{40}K 放射性衰变形成（^{40}Ar）。月球大气的浓度在夜晚增大而在白天减小，说明气体浓度与月球表面温度呈反向变化。

（2）辐射环境

近月空间的辐射环境总体上与近地空间大体相同，包括太阳电磁辐射、太阳风、太阳宇宙线及银河宇宙线。不同的是月球无全球性磁场，不会形成磁层与辐射带。近月空间各辐射环境因素可通过与近地空间相同的模式表述或计算。例如，可以 1989 年 10 月爆发的太阳质子事件为依据，计算近月空间可能遇到的太阳耀斑质子能谱，结果见表 2 - 107[118]。

银河宇宙线和太阳宇宙线的能谱与线性能量传递谱可通过 CREME—96 等程序计算。表 2-108[118] 为针对近月空间宇宙线（包括银河宇宙线和太阳宇宙线）计算的线性能量传递谱，计算时考虑了原子序数为 1～92 所有元素粒子的贡献。

表 2-107 近月空间可能遭遇的特大太阳耀斑质子能谱

能量/MeV	质子通量/cm^{-2}	能量/MeV	质子通量/cm^{-2}	能量/MeV	质子通量/cm^{-2}
1.0	1.04E+11	36.0	3.23E+09	100.0	4.69E+08
2.0	7.50E+10	38.0	2.95E+09	110.0	3.81E+08
3.0	5.85E+10	40.0	2.70E+09	120.0	3.11E+08
4.0	4.74E+10	42.0	2.48E+09	130.0	2.55E+08
5.0	3.94E+10	44.0	2.28E+09	140.0	2.11E+08
6.0	3.34E+10	46.0	2.10E+09	150.0	1.75E+08
7.0	2.88E+10	48.0	1.94E+09	160.0	1.47E+08
8.0	2.50E+10	50.0	1.79E+09	170.0	1.23E+08
9.0	2.19E+10	52.0	1.66E+09	180.0	1.03E+08
10.0	1.94E+10	54.0	1.54E+09	190.0	8.78E+07
11.0	1.75E+10	56.0	1.42E+09	200.0	7.45E+07
12.0	1.59E+10	58.0	1.33E+09	210.0	6.31E+07
13.0	1.46E+10	60.0	1.24E+09	220.0	5.42E+07
14.0	1.33E+10	62.0	1.16E+09	230.0	4.58E+07
15.0	1.22E+10	64.0	1.10E+09	240.0	3.98E+07
16.0	1.13E+10	66.0	1.05E+09	250.0	3.38E+07
17.0	1.04E+10	68.0	9.95E+08	260.0	2.95E+07
18.0	9.63E+09	70.0	9.46E+08	270.0	2.51E+07
19.0	8.91E+09	72.0	8.89E+08	280.0	2.20E+07
20.0	8.30E+09	74.0	8.57E+08	290.0	1.90E+07
21.0	7.72E+09	76.0	8.15E+08	300.0	1.64E+07
22.0	7.19E+09	78.0	7.75E+08	310.0	1.44E+07
23.0	6.72E+09	80.0	7.41E+08	320.0	1.23E+07
24.0	6.28E+09	82.0	7.07E+08	330.0	1.09E+07
25.0	5.88E+09	84.0	6.73E+08	340.0	9.48E+06
26.0	5.51E+09	86.0	6.43E+08	350.0	8.17E+06
27.0	5.18E+09	88.0	6.15E+08	360.0	7.26E+06
28.0	4.86E+09	90.0	5.87E+08	370.0	6.34E+06
29.0	4.57E+09	92.0	5.60E+08	380.0	5.47E+06
30.0	4.33E+09	94.0	5.37E+08	390.0	4.88E+06
32.0	3.90E+09	96.0	5.15E+08	400.0	4.29E+06
34.0	3.54E+09	98.0	4.92E+08	——	——

表 2-108 近月空间宇宙线的线性能量传递谱

线性能量传递谱/（MeV·cm²·g⁻¹）	粒子通量/（m⁻²·sr⁻¹·s⁻¹）	
	银河宇宙线	银河宇宙线和太阳宇宙线
1.210 5E+03	1.301 0E+00	3.036 0E+04
1.082 9E+03	1.472 7E+00	3.513 0E+04
9.687 8E+02	1.660 1E+00	4.039 6E+04
8.666 7E+02	1.877 9E+00	4.643 7E+04
7.753 2E+02	2.081 5E+00	5.289 9E+04
6.936 0E+02	2.374 6E+00	6.011 0E+04
6.204 9E+02	2.676 2E+00	6.838 3E+04
5.550 9E+02	3.030 4E+00	7.780 9E+04
4.965 8E+02	3.436 8E+00	1.229 3E+05
4.442 4E+02	3.977 7E+00	1.749 2E+05
3.974 1E+02	4.559 2E+00	2.362 0E+05
3.555 3E+02	5.424 3E+00	3.107 0E+05
3.180 5E+02	6.220 9E+00	4.157 5E+05
2.845 3E+02	7.028 6E+00	5.464 4E+05
2.545 4E+02	8.322 3E+00	7.210 4E+05
2.277 1E+02	9.083 4E+00	9.412 2E+05
2.037 1E+02	1.005 0E+01	1.244 4E+06
1.822 4E+02	1.131 9E+01	1.613 8E+06
1.630 3E+02	1.267 6E+01	2.112 6E+06
1.458 4E+02	1.410 5E+01	2.721 1E+06
1.304 7E+02	1.589 5E+01	3.541 3E+06
1.167 2E+02	1.884 2E+01	4.494 0E+06
1.044 2E+02	2.161 4E+01	5.794 4E+06
9.341 1E+01	2.305 3E+01	7.873 0E+06
8.356 5E+01	2.520 4 E+01	9.733 2E+06
7.475 7E+01	2.684 7E+01	1.156 1E+07
6.687 7E+01	2.947 8E+01	1.455 5E+07
5.982 8E+01	3.272 0E+01	1.823 5E+07
5.352 2E+01	3.391 2E+01	2.254 2E+07
4.788 1E+01	3.539 4E+01	2.748 4E+07
4.283 4E+01	3.769 8E+01	3.343 2E+07
3.831 9E+01	3.942 7E+01	4.075 6E+07
3.428 0E+01	4.160 4E+01	4.867 4E+07
3.006 7E+01	4.445 7E+01	5.811 5E+07

续表

线性能量传递谱/（MeV・cm² · g⁻¹）	粒子通量/（m⁻² · sr⁻¹ · s⁻¹）	
	银河宇宙线	银河宇宙线和太阳宇宙线
2.743 5E+01	4.832 8E+01	6.779 7E+07
2.454 3E+01	5.271 0E+01	7.955 7E+07
2.195 6E+01	5.798 7E+01	9.051 5E+07
1.964 2E+01	6.540 8E+01	1.019 2E+08
1.757 1E+01	7.462 3E+01	1.134 1E+08
1.571 9E+01	8.581 3E+01	1.248 3E+08
1.406 2E+01	9.945 4E+01	1.364 8E+08
1.258 0E+01	1.161 0E+02	1.456 1E+08
1.125 4E+01	1.380 9E+02	1.555 1E+08
1.006 8E+01	1.629 7E+02	1.636 8E+08
9.008 6E+00	1.947 8E+02	1.713 8E+08
8.057 5E+00	2.371 6E+02	1.778 4E+08
7.208 2E+00	3.217 6E+02	1.834 5E+08
6.448 4E+00	3.783 1E+02	1.881 5E+08
5.768 7E+00	3.894 6E+02	1.916 5E+08
5.160 7E+00	4.061 3E+02	1.945 6E+08
4.616 7E+00	4.279 4E+02	1.965 8E+08
4.130 1E+00	4.652 6E+02	1.979 3E+08
3.694 8E+00	5.125 8E+02	1.985 1E+08
3.305 3E+00	5.813 8E+02	1.988 9E+08
2.956 9E+00	6.844 4E+02	1.990 5E+08
2.645 3E+00	8.279 0E+02	1.991 1E+08
2.366 5E+00	1.040 8E+03	1.991 3E+08
2.117 0E+00	1.368 0E+03	1.991 4E+08
1.893 9E+00	1.897 0E+03	1.991 5E+08
1.694 3E+00	3.552 7E+03	1.991 5E+08

（3）流星体环境

流星体是近月空间的重要环境因素之一。由于缺少大气层的摩擦烧蚀，流星体易于到达月球表面，月球表面几乎所有暴露在空间的岩石上都有流星体撞击后形成的撞击坑。月球表面流星体通量可由下式[117]估算

$$\lg N_t = -14.597 - 1.213\ 1 \cdot \lg m \qquad (10^{-6}\ \text{g} < m < 10^6\ \text{g}) \qquad (2-253)$$

$$\lg N_t = -14.566 - 1.584\ 1 \cdot \lg m - 0.063\ (\lg m)^2 \qquad (10^{-12}\ \text{g} < m < 10^{-6}\ \text{g})$$

$$(2-254)$$

式中　N_t——质量 $>m$ 的流星体积分通量［粒子/（m² · s）］；

m——流星体粒子质量（g）。

流星体到达月球表面的撞击速度为 13～18 km/s。

2.14.3 月球表面环境

月球表面环境包括月球地形和地貌、月壤和月尘以及月表温度和热流等，具有以下主要特点。

（1）月球地形和地貌

月球表面总体上分为月海和高地两大类地理单元。月海是月面上宽广的平原，约占月球表面积的 17%。绝大多数月海分布在月球朝向地球的一面（正面），约占月球整个正面半球表面积的一半。大多数月海被环形山脉所包围，月海平原为玄武岩质熔岩所覆盖。高地是指月球表面高出月海的区域，一般高出月海水准面 2～3 km，面积约占月球表面积的83%。月球表面分布着数量众多的撞击坑，总数达到 33 000 个以上，尤其在月球高地撞击坑分布最为密集。大多数撞击坑被环形山包围，高度一般在 300～7 000 m 之间。月球表面上分布着连续的险峻山峰带，高度可达 7～8 km，称为山脉（或山系）。它们的数目不多，常以地球上的山脉命名（如阿尔卑斯山脉等）。在月球表面上发现存在一些大裂缝，弯弯曲曲延绵数百千米，宽度达几千米至几十千米，看起来很像地球上的峡谷。月球表面较宽的峡谷称为月谷（valleys），而较细长的峡谷称为月溪（rilles）。月谷多分布在高地的较平坦区域，而在高地和月海均发现有月溪。

月海平原相对平坦，最大坡度约为 17°，大部分坡度在 0°～10°之间。高地区域的地形起伏较大，最大坡度约为 34°，大部分坡度在 0°～23°之间。撞击坑内侧坡度很大，在25°～50°之间，平均为 35°左右；外侧坡度较小，仅为 3°～8°，平均为 5°左右。

（2）月壤与月尘

在月球基岩之上覆盖着月表风化物质（lunar regolith）。其中，直径 ≥1 cm 的团块，称为月岩（lunar rocks）；直径 <1 cm 的颗粒称为月壤（lunar soil），并将直径 <1 mm 的颗粒称为月尘（lunar dust）。月壤和月尘是在无氧气、水、风和生命活动的情况下，通过陨石和微陨石撞击、宇宙线和太阳持续辐照及大幅度昼夜温差变化等过程作用于月球表面而形成的，尤以陨石和微陨石撞击产生机械破碎起主导作用。月球高地的月壤厚度普遍大于月海的月壤厚度。高地和月海的月壤平均厚度分别约为 10.7 m 和 5.3 m。

月壤的化学成分、岩石类型和矿物组成十分复杂，几乎每一个月壤样品都由多种岩石和矿物组成。组成月壤的颗粒可分为月壤起源型和基岩起源型两类。月壤起源型颗粒是指陨石撞击原有月壤后形成的物质，包括粘合集块岩、月壤角砾岩碎屑和玻璃；基岩起源型颗粒包括火成岩碎屑、单矿碎屑角砾岩、复矿碎屑角砾岩和原始结晶岩碎屑。Basu 和 Riegsecker 等人[119]基于阿波罗各次登月点月壤的平均化学成分，估算了颗粒直径在 90～150 μm 之间的月壤平均矿物组成，如表 2－109 所示。计算时，假设月壤不含石英、磷灰石和黄铁矿，而由长石、橄榄石、辉石和尖晶石组成。显然，这种假设条件会带来较大误差，只能作为对月壤矿物组成的估算。

表 2 - 109　各次阿波罗登月点月壤平均矿物组成及其体积分数估算[119]

%

月壤样品	长石	橄榄石	辉石	不透明矿物
阿波罗-11	26.7	3.2	53.7	16.4
阿波罗-12	23.0	8.7	63.4	4.9
阿波罗-14	49.7	1.8	47.0	1.5
阿波罗-15	37.9	8.4	52.2	1.5
阿波罗-16	69.0	2.6	28.2	0.2
阿波罗-17	35.5	5.5	56.3	2.7

　　月壤由颗粒组成，颗粒间的结合强度远小于颗粒本身的强度。在外力作用下颗粒之间发生相对错动，引起月壤中的一部分相对于另一部分产生滑动（剪切）。月壤的承载能力、压缩性和抗剪性与孔隙比密切相关。不同孔隙比的月壤具有明显不同的承载力、内聚力和内摩擦角，如表 2 - 110 所示[120]。

表 2 - 110　月壤的力学特性

月壤参数	孔隙比				
	>1.3	1.3～1.0	1.0～0.9	0.9～0.8	<0.8
承载力/kPa	<7	7～25	25～36	36～55	>55
内聚力/kPa	<1.3	1.3～2.2	2.2～2.7	2.7～3.4	>3.4
内摩擦角/ (°)	<10	10～18	18～22	22～27	>27
月表典型位置	孤立的月壤细颗粒	小型新鲜撞击坑边缘、陡坡处	撞击坑强烈侵彻表面	撞击坑交叠区域	新生成的薄层月壤；孤立石块

注：孔隙比是指月壤中孔隙体积与颗粒体积之比，用倍数表示。

　　月壤颗粒直径以<1 mm 为主，绝大部分颗粒直径在 30 μm～1 mm 之间（称为月尘）。阿波罗 17 月壤样品的粒度分析表明，中等月尘粒径在 40～130 μm 之间，平均粒径为 70 μm。这说明近半数月尘颗粒的直径小于肉眼能分辨的大小。有 10%～20% 的月尘颗粒直径小于 20 μm，易于产生漂浮。月尘颗粒的形态多变，从圆球状、椭圆状到极端棱角状均有出现，尤以长条状和棱角状更为常见。月壤或月尘颗粒的相对密度（颗粒质量与同体积纯水在 4 ℃时的质量之比，无量纲）一般为 2.3～3.32 不等，有时>3.32。纯水在 4 ℃时的密度为 1g/cm³，故月壤或月尘颗粒的相对密度在数值上等于颗粒密度。

　　月表物质主要由硅酸盐类物质组成，是典型的低电导率物质。极低的电导率可使月表物质在相当长的时间内保持带电。在太阳紫外辐射作用下，月尘颗粒表面发生光致电离而带正电荷。月球受太阳光照的表面因紫外辐射产生电离效应充电到正电位，而阴面半球在太阳风等离子体及外地磁层等离子体作用下充电形成负电位（−400～−1 000 V）。这会导致两个半球之间形成电场，并引起带有正电荷的月尘颗粒漂浮并移动。漂浮的月尘附着在仪器设备表面将干扰仪器的正常工作，易产生严重的污染效应。

（3）月表温度变化

月球表面的温度由所吸收的太阳辐射和来自其内部的热量决定。月球自身的热惯性很小，在白天表面的温度基本上是由所吸收的太阳辐射决定的。由于没有大气的热传导，月球表面白天和夜晚的温差很大。月表白天受太阳光照射时温度可达 130～150 ℃，而夜间及在太阳光照射不到的阴影处月表温度会下降到 $-160\sim -180$ ℃。月球表面的极限温度在 -180 ℃ $\sim +150$ ℃之间变化。发生月食时，月球表面会迅速冷却，2 h 内月表温度下降可达 250 ℃之多。月表温度的变化仅涉及岩石表面以下 12 cm 的范围，这说明月球表层物质的导热性很差。

（4）月表辐射环境

由于没有大气层阻挡，各种空间辐射可以直接抵达月球表面，并与月壤相互作用。太阳风是由太阳发出的持续的等离子体流，注入月壤内的深度仅为 30～50 nm，所产生的影响有限。太阳宇宙线和银河宇宙线的粒子能量可达数百兆电子伏，甚至更高，能够与月壤和月岩产生一系列核反应，形成月表二次辐射源（如二次中子等）。二次中子具有很强的穿透能力，对设备仪器及生命体均会造成辐射损伤。在月球表面层，可能有 30％的辐射吸收剂量是由二次中子的辐射产生的。

2.15　空间环境的其他相关模式

2.15.1　引言

上述各节所述空间环境主要是针对太阳与近地空间而言，尚未涉及地球以外的其他行星的相关环境。随着人类航天活动范围的不断扩大，有必要对太阳系内各行星的相关环境进行量化表征。这需要人类进行大量的空间探测活动，以便提供足够的探测数据。目前，人类对地球以外其他行星环境的了解尚有限。为了形成系统的环境模式，将需要经历逐渐深化和完善的过程。本节仅给出地球以外其他行星环境的部分有关数据，以供参考。

此外，作为近地空间环境模式的补充，本节还就地球本身的电磁辐射与地球大气反照中子通量模式进行了简要的表述。

2.15.2　地球大气反照中子通量模式

在银河宇宙线与太阳能量粒子作用下，地球大气通过核反应所产生的中子称为大气反照中子。类似地，大气反照中子也可以在其他行星的大气中产生。通常认为，地球大气反照中子衰变是内辐射带质子和 $L \leqslant (2\sim 3) R_E$ 时电子辐射带产生的重要来源。

至今，尚没有成熟的大气反照中子通量模式。在参考文献［121-122］中，基于蒙特卡罗辐射传输响应函数方法，建立了计算地球大气二次辐射的模式，即 QinetiQ Atmospheric Radiation Model（QARM）。该模式用于给出 100 km 高度地球大气反照中子的通量 φ（100），并可按下式计算航天器所在轨道高度的反照中子通量

$$\varphi(h) = \varphi(100) \times \frac{(R_E + 100)^2}{(R_E + h)^2} \qquad (2-255)$$

式中　φ——地球大气反照中子通量〔中子/（cm² · s）〕；

　　　h——轨道高度（km）；

　　　R_E——地球半径（km）。

　　QARM 模式计算结果与部分探测数据吻合较好[123-124]。图 2-109 和 2-110 分别为针对太阳高年和低年计算不同地磁截止刚度（R_c）条件下，100 km 高度地球大气反照中子的能谱，可以作为应用式（2-255）计算不同轨道高度条件下反照中子通量的基础。

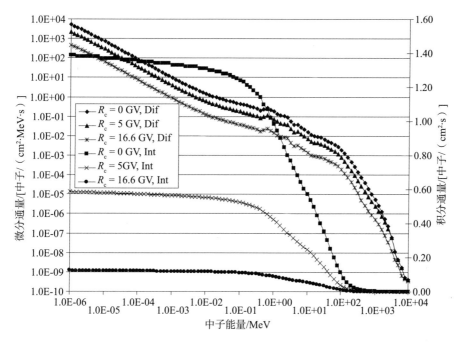

图 2-109　太阳高年时 100 km 高度地球大气反照中子的微分能谱和积分能谱

R_c—地磁截止刚度；Dif，Int—微分谱和积分谱

2.15.3　行星大气

　　在除地球外的行星中，以火星大气模式的发展较为成熟，其他行星大气模式的研究虽已取得一定进展，但仍需要进行大量工作。各行星大气模式进展情况如下：

　　1）木星（Jupiter）：通过卡西尼空间飞行器[125]和伽利略着陆探测器[126]的探测表明，木星大气层的结构较为简单，其对流层具有固定的垂直向上的降温速率，在其顶部温度降至最低（约至 100 K）。在对流层顶以上的平流层，温度增加至 160 K，并基本上保持不变。再往上达到约 300 km 高度后，温度升高。在对流层和平流层，木星大气压力在 0.51～21.1 bar 之间。木星大气的主要成分（体积百分比）为：H_2（86%），O_2（13.6%），CH_4（0.18%）及 N_2（0.07%），相应的摩尔质量为 0.31×10^{-3} kg · mol^{-1}。木星大气呈现微弱的季节性变化。在赤道区域，平流层的温度大约每四年变化 10 K。

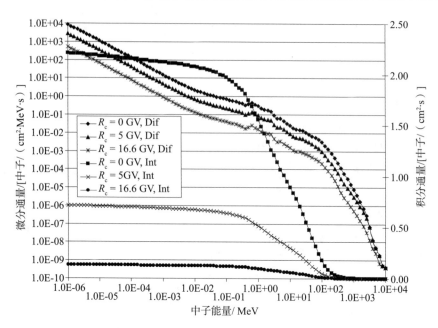

图 2-110　太阳低年时 100 km 高度地球大气反照中子的微分能谱和积分能谱

R_c—地磁截止刚度；Dif，Int—微分谱和积分谱

2）金星（Venus）：金星表面周围有稠密的大气层。在 0～32 km 高度范围内，金星大气的垂直结构不随纬度而变化。金星表面大气压力为 92.1 bar，表面大气温度为 753.3 K，表面大气密度为 64.8 kg/m³。金星大气温度随高度增加而降低，降温速率为 8～9 K/km。在 32 km 以上，金星大气呈现一定的纬度相关性。金星大气的主要成分（体积百分比）为：96%CO_2 和 3.5%N_2，以及少量的 H_2O，SO_2，Ar 及 CO 等。COSPAR（Committee on Space Research）提出了金星大气的国际参考大气模式（Venus International Reference Atmosphere，VIRA）[127]。

3）火星（Mars）：火星大气比较稀薄，密度不到地球大气的百分之一，表面大气压力为 5～7 mbar。火星大气温度垂直分布与地球不同：由表面至 50 km 高度，温度随高度增加由 320 K 下降至 140 K；50～100 km 高度，温度呈小范围的不规律变化，约有 20 K 的波动；在 130 km 高度附近，温度为 160 K。火星大气的基本成分（体积百分比）为 CO_2（95.3%），另外还有 N_2（2.7%）、Ar（1.6%）、O_2（0.13%）及 H_2O（0.03%）等。火星大气呈现明显的季节性变化。火星大气模式的发展相对比较成熟，已建立了两种大气参考模式：一是美国国家航空航天局的马歇尔空间飞行中心建立的 MarsGRAM—2005 模式[128]；二是法国气象动力学实验室、牛津大学及西班牙天文物理实验室合作建立的 EM-CD 模式（Martian Climate Database）[129]。这两种火星大气模式总体上吻合较好，所覆盖的大气高度均为 0～250 km。若适当考虑航天器型号任务设计裕度，两个模式可给出等效的分析结果。

4）土星（Saturn）：土星表面周围覆盖着很厚的大气层，其基本成分（体积百分比）为 H_2（96%）和 He（3%），以及少量的 CH_4，NH_3，C_2H_6 及硫化物。土星大气温度在压力为 1 200 mbar 的高度约为 143 K；对流层顶在压力为 70 mbar 的高度，温度为 83 K；在平流层每 1 mbar 压力变化相当的高度，温度变化约 140 K；均质层顶温度为 200 K；外层大气温度为 400 K。土星大气中有云层。在深层大气云层中有冰形成。目前，尚未建立适当的土星大气参考模式。

5）土卫六（Titan）：在土卫六表面周围有稠密的大气层。土卫六是太阳系中唯一有丰富大气层的卫星，大气层厚度至少有 400 km，比地球大气稠密得多。土卫六表面大气压力为（1.5±0.1）bar，表面每单位面积上的气体约为地球上的 10 倍。土卫六大气的主要成分（体积百分比）为 N_2（82%～94%）和 Ar（约 12%），以及 CH_4，H_2，C_2H_6，C_3H_5 等。美国国家航空航天局采用针对海王星所建立的工程大气模式（Neptune - CRAM）表征土卫六大气[130]。

6）海王星（Neptune）：海王星的大气层基本上由 H_2 和 He 所组成。据估计，He 占 15%～25%。海王星大气层的高度可达 3 000～5 000 km，其底部压力约为 200 kbar。已查明，海王星大气层的温度是太阳系中最低的，其风速也最小。美国国家航空航天局针对海王星建立了工程大气模式（Neptune - CRAM）[130]。

7）水星（Mercury）：水星周围有稀薄的大气层，表面压力约为 10^{-12} bar 量级，数密度为 $10^{11}\ m^{-3}$ 量级。由于水星大气稀薄，气体原子与分子彼此间不发生碰撞，但能够与水星表面碰撞。在太阳光量子和太阳能量粒子的激活作用下，停留于水星表面的气体原子和分子可被释放并进行弹道飞行。因此，水星大气层相当于是一种外逸层（exosphere），这使得水星大气层具有很大的扩展度，可延伸至数千千米以上的广大空间。水星大气温度主要反映水星的表面温度，可在昼夜之间发生很大变化。水星大气的准确成分尚未确定，已探知含有 H，He，Na，Ca 及 K 等。水星大气尚未有合适的参考模式。

2.15.4　行星电磁辐射

在行星际空间，除了太阳电磁辐射外，还有源于行星的电磁辐射，包括行星对入射太阳光的反照及行星本身发出的红外辐射两部分。

（1）地球反照

地球反照率（albedo）是指入射太阳光被地球所反射的比率。对于在轨飞行航天器而言，所受地球反照辐射的影响与其对地球的视角有关。反照辐射光谱的分布与太阳光谱的特点相同，可视为是对太阳光谱的全谱反照。在全球范围内，地球反照率的变化很大，与地球表面的特性、云层覆盖情况以及太阳天顶角等因素有关。针对太阳同步轨道或进行行星电磁辐射短期分析时，不宜直接采用地球的平均反照率。在太阳同步轨道条件下，地球反照率与地方时有关。

地球的平均反照率为 0.3。对于某一在轨航天器而言，地球反照率可在 0.05（开阔的海洋）与 0.6（厚云层或冰盖）之间变化。地理纬度和经度对地球反照率的影响可通过下式表述[131]

$$a = a_0 + a_1 P_1(\sin \varphi) + a_2 P_2(\sin \varphi) \qquad (2-256)$$

式中　　a——地球反照率；

　　　　φ——地理纬度；

　　　　P_n——n 阶勒让德多项式。

　　　　$a_0 = 0.34$，$a_2 = 0.29$；a_1 由下式计算

$$a_1 = c_0 + c_1 \cos[w(\mathrm{JD} - t_0)] + c_2 \sin[w(\mathrm{JD} - t_0)] \qquad (2-257)$$

式中　　$c_0 = 0$；

　　　　$c_1 = 0.10$；

　　　　$c_2 = 0$；

　　　　t_0——日期；

　　　　w——轨道脉动（$w = 2\pi/365.25$）；

　　　　JD——关注的儒略日期（在天文计算中常用的计时制度）。

（2）地球红外辐射

地球发射的热辐射相当于平均温度为 288 K 的黑体辐射。地球红外辐射率会在全球范围内发生变化，其变化幅度低于反照率的变化。在海洋上空，地球红外辐射率变化较小，而在沙漠区域变化幅度可达 20%。地球的平均红外辐照度为 230 W/m²。对于在轨航天器而言，平均地球红外辐照度可在 150～350 W/m² 范围内变动。

地理纬度和经度对地球红外辐射率的影响可由下式表述[131]

$$e = e_0 + e_1 P_1(\sin \varphi) + e_2 P_2(\sin \varphi) \qquad (2-258)$$

式中　　e——地球红外辐射率；

　　　　φ——地理纬度；

　　　　P_n——n 阶勒让德多项式；

　　　　$e_0 = 0.68$，$e_2 = -0.18$；

　　　　e_1 由下式计算

$$e_1 = k_0 + k_1 \cos[w(\mathrm{JD} - t_0)] + k_2 \sin[w(\mathrm{JD} - t_0)] \qquad (2-259)$$

式中　　$k_0 = 0$；

　　　　$k_1 = 0.07$；

　　　　$k_2 = 0$；

　　　　t_0——日期；

　　　　w——轨道脉动（$w = 2\pi/365.25$）；

　　　　JD——关注的儒略日期。

（3）与其他行星相关的电磁辐射

一般认为，同地球反照类似，其他行星对太阳电磁辐射的反照光谱形状总体上与太阳光谱相同。然而，行星对太阳光的反射具有漫散性，实际的反照光谱可能发生某种变化，这将取决于行星的表面特性。行星表面材料性质不同时，会在不同波段产生吸收，导致反照光谱发生变化。因此，只有在航天器视角所看到的行星表面部分受到太阳光照射时，才会有确定的反照率。

行星所吸收的太阳电磁辐射转换为热能的大部分能量将重新形成红外辐射。平均的行星反照率及红外辐射参考值在表 2 - 111 中给出。

表 2 - 111　平均的行星反照率及红外辐射参考值

行星	平均反照率	反照率范围	平均红外辐射黑体温度/K	红外辐射黑体温度范围/K
水星	0.106	0.09～0.45	442	100～725
金星	0.65		231.7	737（表面）
火星	0.15		210.1	184～242
木星	0.52		110.0	112（0.1 bar 高度）
土星	0.47		81.1	1～143（1 bar 高度）
天王星	0.51		58.2	76（1 bar 高度）；53（0.1 bar 高度）
海王星	0.41		46.6	72（1 bar 高度）；44（0.1 bar 高度）
土卫六	0.22			

2.15.5　行星等离子体环境模式

当行星具有强磁场时，磁场会阻止太阳风到达行星附近，从而有可能形成磁层并俘获等离子体，这种情况与地磁层俘获太阳风等离子体的情况相类似。木星和土星具有很强的磁场，可形成比地磁层大得多的磁层。但由于相关信息有限，至今尚未能形成标准的磁层等离子体环境模式。

为了进行航天器充电效应分析，Carrett 和 Hoffman[132] 提出了木星和土星的等离子体环境模式。他们通过 Maxwellian 分布函数、Kappa 分布函数或两者的综合，对木星和土星的等离子体环境进行了表征。相关分布函数如下：

Maxwellian 分布

$$f(v) = \frac{\{N_0\,(m_e)^{\frac{3}{2}}\exp[-(E-E_0)/kT_0]\}}{(2\pi kT_0)^{\frac{3}{2}}} \qquad (2-260)$$

Kappa 分布

$$f(v) = \frac{[N_0\,(m_e)^{\frac{3}{2}}]}{(2\pi\kappa kT_0)^{\frac{3}{2}}}\frac{\Gamma(\kappa+1)}{\Gamma(\kappa-1/2)(1+E/\kappa kT_0)^{\kappa+1}} \qquad (2-261)$$

式（2-260）和式（2-261）中，$f(v)$ 的单位为 m⁻⁶·s³；Γ 为 Gamma 函数；其他各参数的定义及其在木星和土星磁层中不同区域的参考值可在参考文献[132]中查得。

2.15.6　近行星空间能量粒子辐射环境模式

近行星空间的能量粒子辐射环境大体上分两种情况：一是行星具有强磁场，能够俘获带电粒子并形成辐射带；二是行星无强磁场，不会形成辐射带，也无磁场屏蔽效应。

木星具有强磁场，能够形成很强的俘获粒子辐射环境，可对绕木星飞行的航天器产生辐射损伤与内充电效应。美国国家航空航天局曾于 1972—1973 年发射先驱者-10 和先驱者-11 飞行器，探测木星和土星的空间环境。Divine 和 Garrett[133] 基于所得到的探测数据，建立了带电粒子在木星磁层内的分布模式，适用的磁层范围对质子和电子分布分别达到 $10R_J$ 和 $100R_J$（R_J 为木星半径）。法国 ONERA 实验室[134-135]基于伽利略和先驱者号航天器对木星磁层在（8～16）R_J 范围内电子的探测数据，通过物理建模提出了木星的带电粒子环境模式。Evans 和 Garrett[136]给出了用于分析近木星空间使航天器产生内充电效应的环境模式。针对木星轨道上运行的航天器进行内充电效应计算时，应考虑木星辐射带对带电粒子通量的增强效应，将 Divine‑Garrett 模式预期的木星轨道的平均电子通量乘以 2～3 倍。

火星由于没有强磁场，使其近空间的带电粒子辐射环境与行星际空间环境相类似，火星所涉及的带电粒子辐射环境包括：太阳风、银河宇宙线及太阳宇宙线，唯一的差别是在火星所张开的立体角范围内有一定的屏蔽效应，这对于低高度轨道尤为如此。火星表面岩石层及大气层受到银河宇宙线与太阳宇宙线辐照后，会产生二次辐射。对于载人航天活动而言，主要关注的二次辐射粒子是中子，已有相应模式与软件可用于计算近火星空间的辐射环境[137-139]。

参 考 文 献

［1］ ERASER – SMITH A C. Centered and eccentric geomagnetic dipoles and their poles，1600 – 1985 ［J］. Rev. Geophys，1987，25：1.

［2］ PEDDIE N W. International geomagnatic reference field：the third generation ［J］. Geomag. Geoelectr.，1982，34：309.

［3］ BARTON C E. Revision of international geomagenetic reference field released. EOS Transactions of the AGU 77，1996：16.

［4］ European Cooperation for Standardization. ECSS – E – ST – 10 – 04C—2008 Space engineering – space environment ［S］.

［5］ European Cooperation for Standardization. ECSS – E – 10 – 04A—2000 Space engineering – space environment ［S］.

［6］ IGRF – 10：the list of coefficients given at the IGRF Web page on the IAGA ［DB］. http：//www. ngdc. noaa. gov/IAGA/vmod/igrf. html.

［7］ McILWAIN C E. Co – ordinates for mapping the distribution of geomagnetically tarpped particles ［J］. Geophys. Res.，1961，66：3681.

［8］ HILTON H H. L parameter – a new approximation ［J］. Geophys. Res.，1971，76：6952.

［9］ TSYGANENKO N A，STERN D P. Modeling the global magnetic field of the large – scale birkeland current systems ［J］. Geophys. Res.，1996，101：27187.

［10］ OLSEN W P，PFITZER K A. A dynamic model of the magnetopheric magnetic and electric fields for July 29，1977 ［J］. Geophys. Res.，1977，87：5943.

［11］ MEAD G D，FAIRFIELD D H. A quantitative magnetospheric model derived from spacecraft magnetometer data ［J］. Geophys. Res.，1975，80：523.

［12］ SIBECK D G，LOPEZ R E，ROELOF E C. Solar wind control of the magnetopause shape，location and motion ［J］. Geophys. Res.，1991，96：5489.

［13］ TSYGANENKO N A. A model of the near magnetosphere with a dawn – dusk，asymmetry 1，mathmetical structure ［J］. Geophys. Res.，2002，107 （A8）：doi：10. 1029/2001 JA000219.

［14］ TSYGANENKO N A，SITNOV M I. Modeling the dynamic of the inner magnetosphere during strong geomagnetic storms ［J］. Geophys. Res.，2005，110 （A3）：AO3208，doi：10. 1029/2004 JA010798.

［15］ NASA. Natural orbital environment guidelines for use in aerospace vehicle development. NASA Technical Memorandum 4527，1994.

［16］ ISO 21348 Space systems – space environment – solar irradiance determinations ［S］，2007.

［17］ ISO CD 15856—2002 （E） Space systems and operation – space environment simulation，guideline for radiation exposure of nonmetallic materials ［S］，2002.

［18］ E512 – 94 ASTM Standards ［S］.

［19］　都亨，叶宗海. 低轨道航天器空间环境手册［M］. 北京：国防工业出版社，1996.

［20］　TOBISKA W K，BOUWER S D，BOWMAN B R. The development of new solar indices for use in thermospheric density modeling［J］. Atm. Solar－Terr. Phys.，2008，70（5）：803.

［21］　BOWMAN B R，TOBISKA W K，MARCOS F A. The JB2006 empirical thermospheric density model［J］. Journal of Atmospheric and Solar－Terrestial Physics，2008，70（5）：774.

［22］　National Oceanic and Atmospheric Administration，National Aeronautic and Space Administration，U. S. Air Force. U. S. standard atmosphere，1976［M］. U. S. Government Printing Office，Washington/DC，1976.

［23］　HEDIN A E. MSIS－86 thermospheric model［J］. Geophys. Res.，1987，92（A5）：4649.

［24］　HEDIN A E. Extension of the MSIS thermospheric model into the middle and lower atmosphere［J］. Geophys. Res.，1991，96（A2）：1159.

［25］　PICONE J M，HEDIN A E，DRO D P，AIKIN A C. NRLMSISE－00 empirical model of the atmospheric：statistical comparisions and scientific issues［J］. Geophys. Res.，2002，107（A2）：1468.

［26］　HICKEY M P. NASA CR－179359 The NASA marshall engineering thermospheric model，1988.

［27］　JACCHIA L G. Revised static model of the thermosphere and exosphere with empirical temperature profiles［R］. SAO Report No. 332，1971.

［28］　JACCHIA L G. Thermospheric temperature，density and composition－new models［R］. SAO Report No. 375，1977.

［29］　BARLIER F，BERGER C，FALIN J L，et al. Thermospheric model based on satellite drag data［R］. Aeronomica Acta A，No. 185，1977.

［30］　GOST 25645－84 Density model for satellite orbit prediction［S］. Moscow：Standards Editing House，1984.

［31］　HEDIN A E，SPENCER N W，KILLEEN T L. Empirical global model of upper thermosphere winds based on atmosphere and dynamics explorer satellite data［J］. Geophys. Res.，1988，93：9959.

［32］　HEDIN A E，FLEMING E L，MANSON A H，et al. Empirical wind model for the upper，middle，and lower atmosphere［J］. Atmos. Terr. Phys.，1996，58：1421.

［33］　BILITZA D，REINISH B. International reference ionosphere 2007：improvements and new parameters［J］. Advances in Space Research，2008，42（4）：599.

［34］　LIU R Y，SMITH P A，KING J W. A new solar index which leads to improved foF2 prediction using the CCIR ATLAS［J］. Telecommunication Journal，1983，50（8）：408.

［35］　USAF. MIL－STD－18090 Space environment for USAF space vehicles，1991.

［36］　LILLEY J R，et al. AFGL－TR－85－0246 POLAR user's manual［S］.

［37］　PULLIAN D M，et al. Auroral electron acceleration and atmospheric interactions［J］. Geophys. Res.，1981，86（A4）：2397.

［38］　GUSSENHOVEN M S，et al. High－level spacecraft charging in the low－altitude polar auroral environment［J］. Geophys. Res.，1985，90（A11）：11023.

［39］　CARPENTER D L，ANDERSON R R. An ESEE/Whistler model of equatoral electron density in the magnetosphere［J］. Geophys. Res.，1992，97：1097.

［40］ GALLAGHER D L，CRAVEN P D，COMPORT R H. Global core plasma model ［J］. Geophys. Res. ，2000，105（A8）：18819.

［41］ PURVIS C K，et al. Design guidlines for assessing and controlling spacecraft charging effects ［R］. NASA Technical Paper 2361，1984.

［42］ STEVENS N J. Design practices for controlling spacecraft charging interaction：AIAA 20th Aerospace Sciences Meeting，January 11 – 14，1982 ［C］.

［43］ GUSSENHOVEN M S，MULLEN E G. Geosynchronous environment for severe spacecraft charging ［J］. Spacecraft and Rockets，1988，20：26.

［44］ GARRETT H B，DEFOREST S E. An analytical simulation of the geosynchronous plasma environment ［J］. Planet Space Sci. ，1979，27（8）：1101.

［45］ KAZA I，CASSIDY J J，et al. The capabilities of the NASA charging analyzer program in spacecraft charging technology ［R］. NASA CP – 2071/AFGL TR – 79 – 0082，ADA 045459，1979：101.

［46］ 中国科学院空间科学与应用研究中心 . 宇航空间环境手册 ［M］. 北京：中国科学技术出版社，2000：97.

［47］ FEYNMAN J. Solar wind，the chapter 3 of handbook of geophysics and the space environment ［M］. ［S. l. ］：USAF，1985.

［48］ GRAD R J L，TUNALEY J K E. Photo electron sheath near a planar probe in interplanetary space ［J］. Geophys. Res. ，1971，76：2498.

［49］ HUDDLESTON D E，JOHNSTONE A D，COATES A J. Determination of comet Halley gas emission characteristic from mass loading of the solar wind ［J］. Geophys. Res. ，1990，95：21.

［50］ HUEBNER W F，GIGUERE P T. A model of comet comae Ⅱ：Effects of solar photo dissociative ionization ［J］. Astrophys. Journal，1980，238：753.

［51］ SCIALDONE J J. An estimate of the out gassing of space payloads and its gas out influence on the environment ［J］. Spacecraft and Rockets，1986，23：373.

［52］ SAWYER D W，VETTE J I. AP – 8 trapped proton environment for solar maximum and minimum ［R］. NSSDC WDC – A – R & S 76 – 06，NASA – GSFC，1976.

［53］ ARMSTRONG T W，COLBOR B L. Trapped radiation model uncertainties：model – data and model – model comparisons ［R］. NASA/CR – 2000 – 210071，2000.

［54］ ARMSTRONG T W，COLBORN B L. Evaluation of trapped radiation model uncertainties for spacecraft design ［R］. NASA/CR – 2000 – 210072，NASA Marshell Flight Center，2000.

［55］ DALY E J，EVANS H D R. Problems in radiation environment model at low altitude ［J］. Radiation Meas. ，1996，26（3）：363.

［56］ DALY E J，LEMAIRE J，et al. Problems with model of the radiation belts ［J］. IEEE Trans. Nucl Sci. ，1996，43（2）：403.

［57］ ARMSTRONG T W，COLBOR B L. TRAP/SEE code user manual for predicting trapped radiation environment ［R］. NASA/CR – 2000 – 209789，2000.

［58］ MEFFERT J D，GUSSENHOVEN M S. CRRESPRO documentation PL – TR – 94 – 2218 Environmental Research Papers ［R］. ［S. l. ］：Phillips Laboratory，1994：1158.

［59］ GUSSENHOVEN M S，MULLEN E G，VIOLET M D，et al. CRRES high energy flux maps ［J］. IEEE Trans. Nucl Sci. ，1993，40：1450.

[60] HUSTON S L, PFITZER K A. Space environment effects: low – altitude trapped radiation model [R]. NASA/CR – 1998 – 208593, NASA Marshell Space Flight Center, 1998.

[61] HUSTON S L. Space environment and effects: trapped proton model [R]. NASA/CR – 2002 – 211784, Marshell Space Flight Center, 2002.

[62] PANASYUK M I. Empirical and theoretical models of terrestical radiation: Proc. of Workshop on the Earth's Trapped Particle Environment [C]. Woodbury (N. Y.): API Press, 1996: 383.

[63] VETTE J I. The AE – 8 trapped electron model environment [R]. NSSDC/WDC – A – R & S, Report 91 – 24, NASA – GSFC, 1991.

[64] HEYNDERICKX D, KRUGLANSKI M, LEMAIRE J, et al. The trapped radiation software package UNIRAD//Radiation Belts: Models and Standards Geophysical Monogrph97, American Geophyscial Union, 1996.

[65] SICARD – PIET A, BOURDARIE S A, BOSCHER D M, et al. A new international geostationary electron model: IGE – 2006, from 1keV to 5. 2MeV [R]. Space Weather, 6, S07003, doi: 10. 1029/2007SW000368, 2008.

[66] SPENVIS [M/OL]. http: //www. spenvis. oma. be/spenvis/.

[67] SICARD – PIET A, BOURDARIE S A, BOSCHER D, et al. Solar cycle electron radiation environment at GNSS like altitude: Proc. 57th International Astronautical Congress, Valencia, Sept, 2006 [C].

[68] RODGERS D J, HUNTER K A, WRENN G L. The flumic electron environment model: Proc. 8th Spacecraft Charging Technology Conference, Huntsville, Alabama, 2003 [C].

[69] BRAUTIGAM D H, Bell J T. CRRESELE documentation [R]. Phillips Laboratory, Geophysics Directorate, Hanscom AFB. PL – TR – 94 – 2218, 1995.

[70] BRAUTIGAM D H, GUSSENHOVEN M S, MULLEN E G. Quasi – static model of outer zone electrons [J]. IEEE Trans. Nucl. Sci. , 1992, NS – 39: 1797.

[71] ADAMS J H, SILIBERBERG R, TSAO C H. Cosmic ray effects on microelectronics, Part I : the near – earth particle environment [R]. NRL Memorandum Report 4506, Naval Research Laboratory, Washington DC, USA, 1981.

[72] ADAMS J H. Cosmic ray effects on microelectronics, Part IV [R]. NRL Memorandum Report 5901, Naval Research Laboratory, Washington DC, USA, 1986.

[73] TYLKA A J, et al. CREME96: a revision of the cosmic ray effects on micro – electronics code [J]. IEEE Trans. Nucl. Sci. , 1997, 44 (6): 2150.

[74] BADHWAR G D, O'NEIL P M. Galactic cosmic radiation model and its application [J]. Adv. Space Res. , 1996, 17 (2): 7.

[75] DAVIS A J, MEWALT R A, BINNS W R, et al. The evolution of galactic cosmic ray element spectra from solar minimum to solar maximum: ACE Measurements Proc. ICRC, 2001: 3917 [C].

[76] NYMMIK R A, PANASYUK M I, PERVAJA T J et al. A model of galactic cosmic ray fluxes [J]. Nucl. Tracks & Radiat. Meas. , 1992, 20: 427.

[77] NYMMIK R A. Initial conditions for radiation analysis: model of galactic cosmic rays and solar particle events [J]. Adv. Space Res. , 2006, 38 (6): 1182.

[78] ISO 15390—2004 (E) Space environment (natural and artificial) – galactic cosmic ray model [S].

[79] KING J H. Solar proton fluences for 1977—1983 space mission [J]. Spacecraft Rockets, 1974, 11:

401.

[80] FEYMAN J, ARMSTRONG T P, DAO – GIBNER L, et al. New interplanetary proton fluence model [J]. Spacecraft Rockets, 1990, 27 (4): 403.

[81] FEYMAN J, SPITALE G, WANG J, et al. Interplanetary proton fluence model: JPL 1991 [J]. Geophys. Res., 1993, 98 (A8): 13281.

[82] XAPSOS M A, SUMMER G P, et al. Probability model for cumulative solar proton event fluences. IEEE Trans. Nucl. Sci., 2000, 47: 486.

[83] ГОСТ Р 25645.165—2001. лучи космические солнечнее – вероятностная моделъ потоков протонов [S].

[84] YUCHOR W R. Solar cosmic hazard to interplanetary and earth – orbital space travel [R]. NASA Report TMX – 2440, 1972.

[85] BURRELL M O. The risk of solar proton events to space mission [R]. NASA Report TMX – 2440, 1972.

[86] XAPSOS M A, SUMMER G P, et al. Probability model for worst case proton event fluences [J]. IEEE Trans. Nucl. Sci., 1999, 46: 1481.

[87] XAPSOS M A, SUMMER G P, BURKE E A. Extreme value analysis of solar energetic proton peak fluxes [J]. Solar Phys., 1998, 183: 157.

[88] XAPSOS M A, WALTERS R J, SUMMER G P, et al. Characterizing solar proton energy spectra for radiation effects applications [J]. IEEE Trans. Nucl. Sci., 2000, 47 (6): 2218.

[89] DYER C S, LEI F, CLUCAS S N, et al. Solar particle enhancements of single event rates at aircraft altitudes [J]. IEEE Trans. Nucl. Sci., 2003, 50 (6): 2038.

[90] GOSWAMI J N, MCGUIRE R E, REEDY R C, et al. Solar flare proton and alpha particles during the last three solar cycles [J]. Geophys. Res., 1988, 93 (7): 7195.

[91] STASSINOPOULOS E G, BRUCKER G J, NAKAMURA D W, et al. Solar flare proton evaluation at geostationary orbits for engineering applications [J]. IEEE Trans. Nucl. Sci., 43 (2): 1996, 369.

[92] STASSINOPOULOS E G, KING J H. Empirical solar proton model for orbiting spacecraft applications [J]. IEEE Trans. on Aerosp. and Elect. Systems, 1973, AES – 10: 442.

[93] TAYLOR A D. The Harvard radio meteor project meteor velocity distribution reappraised [J]. Icarus, 1995, 116: 154.

[94] GRÜNE, ZOOK H A, FECHTIG H, et al. Collision balance of the meteoritic complex [J]. Icarus, 1985, 62: 244.

[95] McBRIDE N. The importance of the annual meteoroid streams to spacecraft and their detectors [J]. Adv. Space Res., 1997, 20: 1513.

[96] JENNISKENS P. Meteoroid stream activity [J]. Astron. Astrophys., 1994, 287: 990.

[97] DIKAREV V, GRÜN E, LANDGRAF M, et al. Update of the ESA meteoroid model: Proc. 4th European Conf. on Space Debris, ESOC, April 18 – 20, 2005, ESA – SP – 587, 2005: 271.

[98] JONES J. Meteoroid engineering model – final report [R]. SEE/CR – 2004 – 400, NASA/MSFC, 2004.

[99] KESSLER D J, REYNOLDS R C, ANZ – MEADOR P. Orbital debris environment for spacecraft designed to operate in low – earth orbit: NASA TM – 100471, Johnson Space Center, Houston,

TX，April，1989.

[100] LOIN J C，MATNEY M J，ANZ – MEADOR P D，et al. The new NASA orbital debris engineering model [R]. ORDEM – 2000，NASA/TP – 2002 – 210780，May，2002.

[101] KLINKRAD H，BENDISCH J，SDUNNUS H，et al. An introduction to the 1997 ESA MASTER model：Proc. 2nd European Conf. on Space Debris，ESA/SP – 393，1997：217 [C].

[102] WALKER R，HUAPTMANN S，CROWTHER R，et al. Introducing IDES：characteristic the orbital debris environment in the past，present and future，Paper AAS 96 – 113 [J]. Advances in the Astronautical Sciences，1996，93（1）：201.

[103] KESSLER D J，ZHANG J，MATNEY M J，et al. A computer based orbital debris environment model for spacecraft design and observations in low earth orbit [R]. NASA/TM – 104825，1996.

[104] OSWALD M，STABROTH S，WIEDEMANN C，et al. MASTER—2005：the debris risk assessment tool for the space industry：paper AIAA – 2006 – 7219，AIAA Space 2006 Conference，San Jose，CA，USA，2006 [C].

[105] STAUBACH P，GRÜN E，JEHN R. The meteoroid environment of the earth：31th COSPAR Sci. Assembly，Birmingham/UK，July，1996 [C].

[106] COUR – PALAIS B G. Meteoroid environment model—1969（near earth to lunar surface）[R]. NASA/SP – 8013，1969.

[107] ELFER N C. Structure damage prediction and analysis for hypervelocity impacts – handbook [R]. NASA Contract Report 4706，Marshall Space Flight Center，1996.

[108] DROLSHAGEN G，BRODE J. ESABASE/DEBRIS：meteoroid/debris impact analysis [DB]. Technical Description，Issue 1 for ESABASE Version 90，1992.

[109] The Directory of SPENVIS [S]. [S. l.]：Belgian Institute for Space Aeronomy，2004.

[110] NVIKOV J S，VORONOV K E，SEMKIN N D，et al. Attempt of measurement of space debris microparticles flux in geosynchronous orbit：Proc. 2nd European Conf. on Space Debris，ESOC. Darmstadt，Germany，March17 – 19，1997：135 [C].

[111] MONTENBRUCK O，GILL E. Satellite orbits models，methods，applications [M]. Berlin – Heidelberg – New York：Springer，2000.

[112] STANDISH E M. JPL planetary and lunar ephemerides DE405/LE405 [R]. JPL Inter – Office Memorandum IOM 312F – 98 – 048，1998.

[113] McCARTHY D D，GERARD P. IERS conventions（2003），IERS Technical Note 32：Verlag des Bundesamtes für Kartographie und Geodäsie，Frankfurt am Main，2004 [C].

[114] NEREM R S，LERCH F J，MARCHALL J A，et al. Gravity model development for TOPEX/POSEIDEN：joint gravity models 1 and 2 [J]. Geophys. Res. ，1994，99（12）：24421 – 24447.

[115] FÖRSTE C，FLECHTNER F，SCHMIDT R，et al. A mean global gravity field model from the combination of satellite mission and altimetry/gravimetry surface data – EIGEN – GL04C [J]. Geophysical Research Abstracts，2006，8：03462.

[116] HEIKEN G H，VANIMAN D T，FRENCH B M，et al. Lunar source book：a user's guide to the moon [M]. London：Cambridge University Press，1991.

[117] ECKART P，ALDRIN B，BISHOP S，et al. The lunar base handbook [M]. [S. l.]：McGraw – Hill Higher Education，1999.

［118］ 欧阳自远. 月球科学概论 ［M］. 北京：中国宇航出版社，2005.

［119］ BASU A，REIGSECKER S E. Reliability of calculating average soil composition of Apollo landing sites. Workshop on New Views of the Moon：Integrated Remotely Sensed，Geophysical and Sample Datasets，20，1998.

［120］ GROMOV V. Physical and mechanical properties of lunar and planetary soil ［J］. Earth，Moon and Planets，1999，80：51.

［121］ LEI F，CLUCAS S，DYER C，et al. An atmospheric radiation model based on response matrices generated by detailed Monte Carlo simulations of cosmic ray interactions ［J］. IEEE Trans. Nucl. Sci.，2004，51（6）：3442 - 3451.

［122］ LEI F，CLUCAS S，DYER C，et al. Improvements to and validations of the qinetiQ atmospheric radiation model（QARM）［J］. IEEE Trans. Nucl. Sci.，2006，53（4）：1851 - 1858.

［123］ ATI - OUAMER F，ZYCH A D，WHITE R S. Atmospheric neutrons at 8. 5 GV cutoff in the southern hemisphere ［J］. Geophys. Res.，1988，93（A4）：2499 - 2510.

［124］ MORRIS D J，AARTS H，BENNETT K，et al. Neutron measurements in near - earth orbit with COMPTEL ［J］. Geophys. Res.，1995，100（A7）：12243 - 12249.

［125］ FLASAR F M，et al. An intense stratospheric jet on Jupiter ［J］. Nature，2004，427：132 - 135.

［126］ BAGENAL F，DOWLING T，McKINNON W（ed.）. Jupiter ［M］. Cambridge：Cambridge University Press，2004.

［127］ KLIORE A J，MOROZ V I，KEATING G M（ed.）. The Venus international reference atmosphere ［J］. Advances in Space Research，1985，5（11）.

［128］ JUSTUS C G，et al. Mars - GRAM 2000：a Mars atmospheric model for engineering applications ［J］. Advances in Space Research，2002，29：193 - 202.

［129］ LEWIS S R，COLLINS M，READ P L，et al. A climate database for Mars ［J］. Geophys. Res.，1999，104（E10）：177 - 194.

［130］ JUSTUS C G，DUVALL A L，JOHNSON D L. Engineering - level model atmospheres for Titan and Neptune：AIAA - 2003 - 4803，Proc. 39th AIAA/ASME/ SAE/ASEE Joint Propulsion Conference，Huntsville，Alabama，July 20 - 23，2003 ［C］.

［131］ KNOCKE P C，RIES J C，TAPLEY B D. Earth radiation pressure effects on satellites：AIAA - 1988 - 4292，Proc. AIAA/AAS Astrodynamics Conference，Minneapolis/MN，August 15 - 17，1988.

［132］ GARRETT H B，HOFFMAN A R. Comparison of spacecraft charging environments at the Earth，Jupiter，and Saturn ［J］. IEEE Trans. Plasma Science，2000，28（6）：2048.

［133］ DIVINE N，GARRETT H. Charged particle distribution in Jupiter's magnetosphere ［J］. Geophys. Res.，1983，88：6889 - 6903.

［134］ JUN I，GARRETT H B，EVANS R W. High - energy trapped particle environments at Jupiter：an update ［J］. IEEE Trans. Nuc. Sci.，2005，52：2281.

［135］ BOURDARIE S，SICARD - PIET A. Jupiter environment modeling ［R］. ONERA technical note 120 Issue 1. 2，ESA Contract 19735/NL/HB，FR 1/11189 DESP，2006.

［136］ EVANS R W，GARRETT H B. Modeling Jupiter's internal electrostatic discharge environment ［J］. Spacecraft&Rockets，2002，39（6）：926.

［137］ANGELIS G D，CLOWDSLEY M S，SINGLETERRY R C，et al. A new Mars radiation environment model with visualization ［J］. Advances in Space Research，2004，34 (6)：1328 - 1332.

［138］KEATING A，MOHAMMADZADEH A，NIEMINEN P，et al. A model for Mars radiation environment characterization ［J］. IEEE Trans. Nucl. Sci. ，2005，52 (6) .

［139］DESORGHER L，FLÜCKIGER E O，GURTNER M. The PLANETOCOSMICS Geant4 application：36th COSPAR Scientific Assembly，Beijing，China，July 16 - 23，2006 ［C］.

第3章　常用轨道带电粒子能谱计算

3.1　常用轨道带电粒子辐射环境一般特点

宇宙空间中存在着相当数量的带电能量粒子，能量达到几十千电子伏至数百兆电子伏，甚至更大，会对在轨航天器造成严重威胁。带电能量粒子产生的辐射易于使航天器关键材料和器件受到损伤，导致航天器在轨服役寿命与可靠性下降。

空间带电能量粒子源主要包括地球辐射带、银河宇宙线及太阳宇宙线三类[1-6]，如图3-1所示。地球辐射带粒子受到地磁场约束，长期沿着以地球磁场偶极轴对称的环形表面（称为漂移壳层）漂移，如在几千千米高度轨道上辐射带质子寿命长达若干年以上。银河宇宙线粒子能量极高，能够直接穿入地磁场到达近地轨道高度乃至地球表面。太阳宇宙线粒子能量通常不足以使粒子直接到达地磁场深处，受地磁场作用易于被折回或转向，只有少部分能量极高的粒子才能到达地磁场深处。太阳宇宙线是太阳爆发后的产物，对航天器的破坏作用具有间歇性，而地球辐射带和银河宇宙线则产生持续性的辐射损伤效应。

科学表征空间带电能量粒子的辐射环境是进行卫星等航天器在轨服役寿命预测的前提。多年来，国际上已对空间带电能量粒子环境进行了大量探测，并在所得探测数据的基础上建立了各种空间带电粒子辐射环境模式。

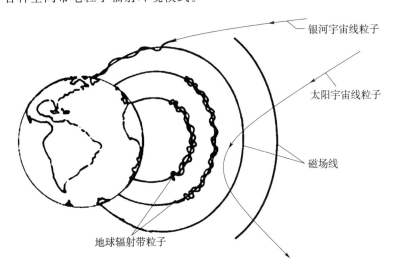

图3-1　近地空间带电能量粒子的基本类型

本章针对各类航天器常用的近地空间轨道，给出典型的带电粒子能谱计算结果。工程上，常涉及的近地轨道带电粒子环境的主要特点如下：

1）地球静止轨道或地球同步轨道（GEO）：通常在该轨道上，辐射带电子环境占主导地位，并具有随时间发生显著变化的特点。该轨道有时处于低辐射水平的平静期，又常有大量能量电子注入。大量能量电子的注入，会使辐射吸收剂量效应明显增强，并导致航天器内充电。太阳能量质子和银河宇宙线粒子可不受限制地进入地球同步轨道。太阳质子能在短时间内对总剂量效应和单粒子效应产生很大影响；银河宇宙线粒子经常引起单粒子事件。

2）中高度地球圆轨道（MEO）与大椭圆轨道（HEO）：除经受上述辐射带电子环境的主导作用外，MEO 和 HEO 还会遭受内辐射带质子的辐射作用。对于在中高度圆轨道与大椭圆轨道运行的航天器，需要考虑高能质子产生的单粒子效应与非电离辐射效应。这两类轨道常常会遭遇辐射带电子峰区，使能量电子辐射环境比地球同步轨道更为苛刻，以致静电充电效应可能成为更严重的威胁。

3）低地球轨道（LEO）：一般常将高度在 1 000 km 以下的低倾角（<55°）轨道称为低地球轨道。在低地球轨道条件下，内辐射带高能质子辐射起主导作用；特别是在南大西洋异常区，辐射环境更加苛刻。在辐射带的内边缘区域，质子通量具有明显的东-西不对称性。由于来自地磁层外的带电粒子受到地磁场的屏蔽作用，使该轨道上太阳质子通量和银河宇宙线粒子通量较低。

4）极地轨道（PEO）：通常，极地轨道的高度在 1 000 km 以下，倾角大于 80°。在极地轨道运行的航天器会遭遇南大西洋异常区，将受到内辐射带质子和电子的强烈辐射作用。在高于地磁纬度 60°的极光带区域，外辐射带电子会通过磁场线进入较低的轨道高度。银河宇宙线粒子和太阳能量质子几乎能够在通量不衰减的情况下进入高纬极地轨道。

5）行星际轨道：在行星际空间，存在银河宇宙线粒子与随机出现的太阳质子事件生成的粒子。这两类粒子的通量均取决于太阳活动的调制。深空探测时，航天器飞向行星的过程需要考虑行星磁层对宇宙线粒子能谱强度的影响。深空探测常在日-地系或地-月系的拉格朗日点进行，从带电粒子辐射环境角度，这些位置也可以视为处于行星际空间。

3.2 轨道带电粒子能谱计算方法

3.2.1 轨道辐射环境计算内容

工程上，需要针对航天器型号设计或研制任务进行轨道辐射环境计算，包括以下主要内容：

1）针对所选定的轨道，计算地球辐射带质子和电子的平均能谱。

2）针对在轨任务期，计算太阳质子累积通量-能量谱。计算时，需要适当考虑地磁场的屏蔽效应。

3）针对在轨任务期，计算最坏情况的辐射带电子能谱、辐射带质子能谱及太阳质子能谱（考虑地磁场屏蔽效应）。计算结果常用于分析航天器内充电效应与敏感材料和器件所受辐射效应。

4）针对适当的太阳活动周期相位，计算银河宇宙线粒子的 LET‑通量谱及最坏情况 5 min 太阳能量粒子的 LET‑通量谱。入射带电粒子在单位长度路径上所损失的能量称为线性能量传递，英文缩写为 LET。LET 谱用来表征粒子通量与 LET 的关系，所计算的 LET 谱应包含从 $Z=1$ 至 $Z=92$ 的所有元素离子的贡献，并需要适当考虑地磁屏蔽效应及材料防护层的屏蔽效应。当防护层厚度无具体规定时，可取 1 g/cm² 的等效 Al 防护层进行计算。

5）针对适当的太阳活动周期相位，计算银河宇宙线粒子的 LET‑注量谱与最坏情况 1 d 太阳能量粒子的 LET‑注量谱，应包含 $Z=1$ 至 $Z=92$ 的所有元素离子的贡献，并考虑地磁场和材料防护的屏蔽效应。当对防护层厚度无具体规定时，可取等效 Al 防护层厚度为 1 g/cm²。在计算最坏情况 1 d 太阳能量粒子的 LET‑注量谱时，需要适当考虑太阳周期相位，并适当选择能量粒子事件次数。例如，对于第 23 次太阳活动周期，CREME—96 模式取最坏 1 d 期间太阳粒子事件次数为 5～7 次。

6）按照等效 Al 球防护模型，计算在轨任务期的带电粒子辐射吸收剂量与防护层厚度的关系曲线。计算时应考虑高能电子诱发的轫致辐射的贡献。

7）对于载人航天活动，需要将所计算的轨道辐射吸收剂量转化为适用于生物组织的等效吸收剂量。所谓等效吸收剂量是指生物组织的平均吸收剂量与辐射权重因子（无量纲，取决于辐射粒子类型和能量等因素）的加权乘积，单位为 Sv（1 Sv=1 J/kg）。针对生物组织的某一点或某一部位，可基于 LET 计算吸收剂量（单位为 Gy，1 Gy=1 J/kg），并与品质因子 Q（无量纲参量）相乘求得剂量当量（单位为 Sv），作为表征等效吸收剂量的参数。通常，γ 光子和电子辐射的 Q 值取为 1；100 keV 和 1 MeV 质子辐射的 Q 值分别取为 10.0 和 8.5；α 粒子辐射在能量为 1 MeV 和 5 MeV 时，Q 值分别取为 20 和 15。

8）针对太阳电池进行带电粒子辐射损伤效应评价时，需要计算 1 MeV 电子和 10 MeV 质子辐照等效注量。

9）针对电荷耦合器件、光电器件及光学器件，需要计算与非电离能量损失（NIEL）相关的 10 MeV 质子辐照等效注量和等效 Al 球形防护层厚度的关系曲线。

10）如果航天器型号任务所涉及的关键器件对带电粒子辐射环境敏感，需要计算轨道上辐射带电子和质子、银河宇宙线粒子及太阳能量粒子的通量随时间的变化。

11）针对给定的在轨任务期进行带电粒子辐射环境计算时，需要考虑所选用带电粒子辐射环境模式的不确定性对风险评估的影响。不管选用哪一种辐射环境模式，都应由航天器型号设计者给出所需的裕度。

在进行上述轨道辐射环境预测计算时，还需要考虑航天器轨道辐射环境变化的影响。航天器轨道发生变化时，所遭遇的地球辐射带环境会有所不同。同一轨道上带电粒子的辐射环境也可能有所不同，如大椭圆轨道将穿越不同的地球辐射带区域。地球静止轨道的辐射环境易受地磁扰动的影响。航天器在低地球轨道运行时，因反复进出南大西洋异常区，使航天器所遭遇的辐射带质子和电子通量会发生周期性变化，如图 3 - 2 所示[7]。为了反映轨道带电粒子辐射环境变化的影响，工程应用时常需要计算轨道的峰通量-能量谱。

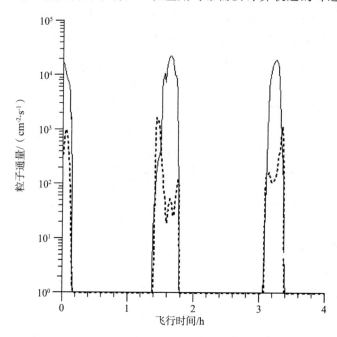

图 3 - 2　国际空间站在轨飞行过程中所遭遇的辐射带质子和电子通量周期性的变化

——：质子；----：电子

太阳活动是影响轨道带电粒子辐射环境变化的重要因素。现有地球辐射带环境模式通常只能分别计算太阳高年和低年的能谱。在工程上，为了预测航天器在轨长期（＞5 年）飞行时所遭遇的地球辐射带环境，可计算太阳高年和低年能谱的算数平均值，将所求得的辐射带粒子能谱的平均值作为中等太阳活动时能谱强度的表征。太阳活动周期内任意年份的辐射带粒子能谱，可以利用下式进行线性插值求得[7]

$$\varphi(E) = \varphi(E)_{max} + [\varphi(E)_{min} - \varphi(E)_{max}] \frac{w - w_{min}}{w_{max} - w_{min}} \qquad (3-1)$$

式中　$\varphi(E)_{max}$，$\varphi(E)_{min}$，$\varphi(E)$——太阳高年能谱、太阳低年能谱、所求解年份的辐射带粒子能谱；

　　　　w_{max}，w_{min}，w——相应的太阳黑子数平均值。

3.2.2　轨道带电粒子能谱计算流程

轨道带电粒子能谱计算是一个比较复杂的过程，需要利用计算机程序进行计算，图 3 - 3 为计算程序的基本流程。国际上已有多种用于计算航天器轨道带电粒子辐射环境与吸收剂量的程序，如美国的 CREME—96 程序（http：//crsp3. nrl. navy. mil/creme96/）和欧洲空间局的 SPENVIS 信息系统（http：//www. spenvis. oma. be/spenvis/）等。俄罗斯国立莫斯科大学开发了 SEREIS 软件系统（第一代）与 COSRAD 软件系统（第二代）。

COSRAD 软件系统能够计算航天器在轨长期飞行时的辐射环境，可给出各种带电粒子能谱的平均值和峰值，以及航天器在轨飞行特定时间段的辐射环境参数。

采用不同软件计算轨道能谱所得到的结果会有一定差别，可视实际需要加以选择。应用 CREME—96 程序或 SPENVIS 信息系统计算轨道能谱时，可通过登录前述网址进行在线计算。在本章下面有关各节中，计算实例将采用俄罗斯国立莫斯科大学的 COSRAD 软件，给出针对常用轨道能谱的计算结果，计算时间设定为 1 年。空间辐射粒子包括地球辐射带质子和电子、银河宇宙线粒子以及太阳宇宙线粒子。对于地球辐射带质子和电子，给出中等太阳活动条件下轨道的平均通量谱、峰通量谱以及 1 年期间的累积通量谱。考虑到银河宇宙线粒子通量受太阳活动的影响，将太阳活动周期数设定为偶数，计算中等太阳活动条件下轨道平均通量谱、峰通量谱（磁层外）及 1 年的累积通量谱。计算轨道太阳宇宙线粒子能谱时，需要考虑太阳粒子事件的偶发性特点，设定出现太阳粒子事件的超越概率为 0.01，给出轨道的平均峰通量谱（考虑地磁场屏蔽效应）、峰通量谱（不考虑地磁场屏蔽效应）以及 1 年期间的累积通量谱。对于银河宇宙线和太阳宇宙线的能谱，除给出质子能谱外，还计算了 $Z=2$ 至 $Z=92$ 的重离子能谱。

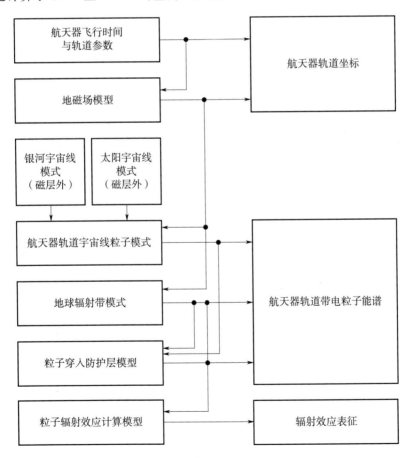

图 3-3　轨道带电粒子能谱及辐射效应计算流程

3.2.3　典型轨道的辐射带粒子能谱

　　在国际标准 ISO WD 15856 中，为了对近地空间带电粒子辐射环境进行比较分析，确定了五种典型轨道计算能谱[8]，如表 3 - 1 所示。该五种典型轨道能谱计算程序利用美国的 RADMODLS 软件系统（http：//nssdc. gsfc. nasa. gov/space/model/magnetos/radmodls. html1/），包含了 AE - 8 和 AP - 8 模式的基础数据，适用的能量范围：电子 0.04～5 MeV，质子 0.1～200 MeV。对于 GEO，GLON 和 HEO 轨道，还增添了能量 0.1～100 keV 范围内低能电子和质子能谱的补充数据。ISS 和 POL 两种低轨道尚无低能电子和质子通量数据，给出的电子和质子的通量计算值为 1 年期间的平均值。针对五种典型轨道计算的辐射带电子通量微分能谱示于图 3 - 4 和图 3 - 5；辐射带质子通量微分能谱示于图 3 - 6 和图 3 - 7。航天器在上述五种轨道条件下，其表面上所接受的辐射带粒子年能量注量列于表 3 - 2。可见，辐射带电子对能量注量的贡献所占比例较大，而质子的影响相对较小。通过计算带电粒子能量通量，可综合表征辐射带电子和质子对辐射环境的影响。图 3 - 8 为五种典型轨道的辐射带粒子能量通量谱，两种低轨道的辐射带粒子能量通量谱约比三种较高轨道低几个数量级。

表 3 - 1　典型轨道参数（ISO WD 15856）

典型轨道	代号	轨道	轨道高度/km	轨道倾角/（°）	轨道类型
1	ISS	低地球轨道（国际空间站）	426	51.6	圆形
2	GEO	地球同步轨道	35 790	0	圆形
3	GLON	GLONASS/GPS 轨道	19 100	64.8	圆形
4	HEO	大椭圆轨道	500～39 660	65	椭圆
5	POL	典型极轨道	600	97	圆形

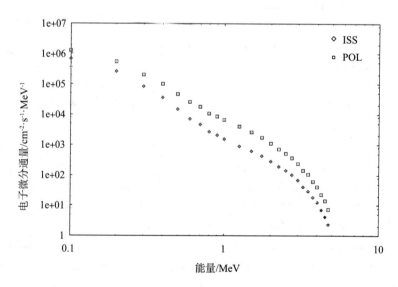

图 3 - 4　ISS 和 POL 两种轨道的辐射带电子通量微分能谱

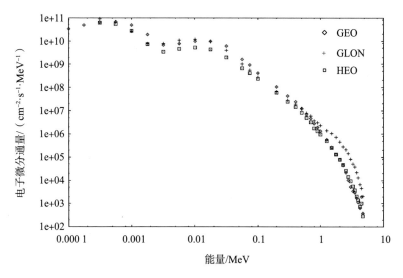

图 3-5 GEO，GLON 和 HEO 三种轨道的辐射带电子通量微分能谱

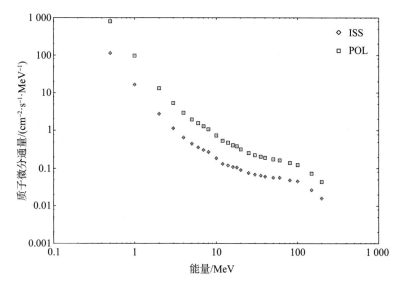

图 3-6 ISS 和 POL 两种轨道的辐射带质子通量微分能谱

表 3-2 航天器在五种典型轨道飞行时表面所接受的辐射带粒子年能量注量

典型轨道	代号	能量注量/（J·m^{-2}/年）		
		电子	质子	总量
1	ISS	8.6×10^2	36	8.6×10^2
2	GEO	9.8×10^5	3.8×10^4	1.0×10^6
3	GLON	8.3×10^5	2.6×10^5	1.1×10^6
4	HEO	4.9×10^5	6.8×10^4	5.6×10^5
5	POL	2.3×10^3	1.0×10^2	2.4×10^3

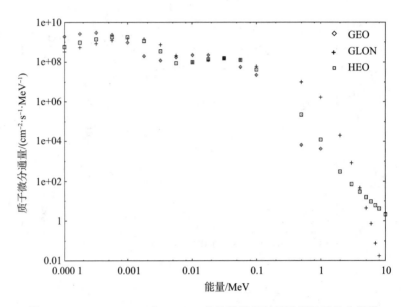

图 3-7　GEO，GLON 和 HEO 三种轨道的辐射带质子通量微分能谱

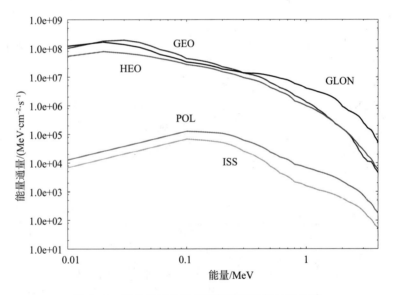

图 3-8　五种典型轨道的辐射带粒子能量通量谱

3.3　地球同步轨道带电粒子的微分能谱与积分能谱

下面讨论采用 COSRAD 程序，针对 36 000 km，0°轨道，所得到的辐射带电子和质子的能谱、银河宇宙线能谱及太阳宇宙线能谱计算结果。计算过程设定太阳活动为中等水平，在轨时间为 1 年，太阳宇宙线能谱的超越概率为 0.01（即置信度 99%）。

在 36 000 km，0°轨道上，地球辐射带电子的微分能谱和积分能谱分别如图 3-9～图 3-12 所示；辐射带质子的微分能谱和积分能谱分别示于图 3-13～图 3-16。

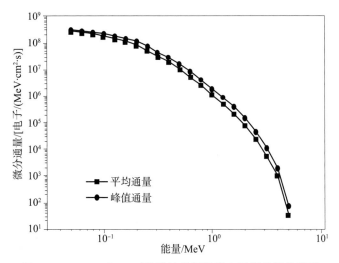

图 3-9　36 000 km，0°轨道地球辐射带电子通量微分能谱

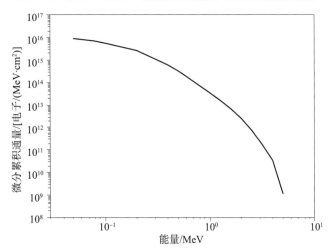

图 3-10　36 000 km，0°轨道地球辐射带电子 1 年累积通量微分能谱

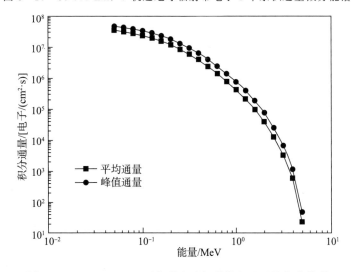

图 3-11　36 000 km，0°轨道地球辐射带电子通量积分能谱

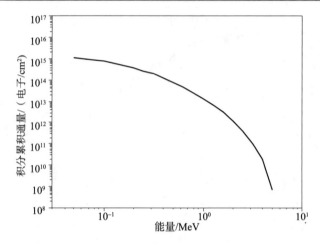

图 3 - 12　36 000 km，0°轨道地球辐射带电子 1 年累积通量积分能谱

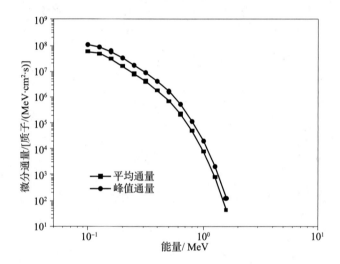

图 3 - 13　36 000 km，0°轨道地球辐射带质子通量微分能谱

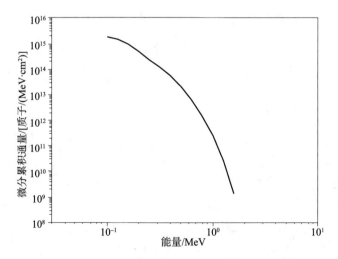

图 3 - 14　36 000 km，0°轨道地球辐射带质子 1 年累积通量微分能谱

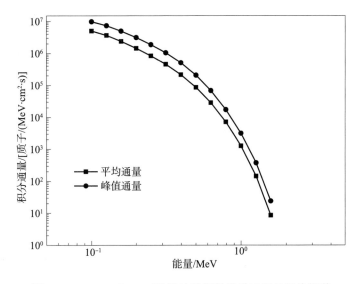

图 3 - 15　36 000km，0°轨道地球辐射带质子通量积分能谱

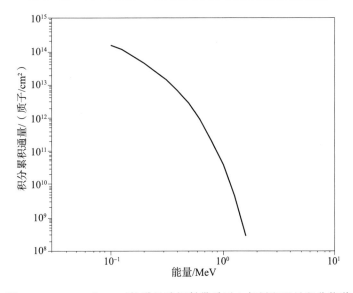

图 3 - 16　36 000km，0°轨道地球辐射带质子 1 年累积通量积分能谱

在 36 000 km，0°轨道的银河宇宙线质子微分能谱和积分能谱分别示于图 3 - 17～图 3 - 20；银河宇宙线 He 离子、Li 离子、Be 离子、B 离子、C 离子、N 离子、O 离子、F 离子及 Ne 离子的轨道平均通量微分能谱、峰通量微分能谱及 1 年累积通量微分能谱分别示于图 3 - 21，图 3 - 22 和图 3 - 23；银河宇宙线 Na 离子、Mg 离子、Al 离子、Si 离子、P 离子、S 离子、Cl 离子、Ar 离子及 K 离子的轨道平均通量微分能谱、峰通量微分能谱及 1 年累积通量微分能谱，分别示于图 3 - 24，图 3 - 25 及图 3 - 26；银河宇宙线 Ca 离子、Sc 离子、Ti 离子、V 离子、Cr 离子、Mn 离子、Fe 离子、Co 离子及 Ni 离子的轨道平均通量微分能谱、峰通量微分能谱及 1 年累积通量微分能谱，分别示于图 3 - 27，图 3 - 28 及图 3 - 29。

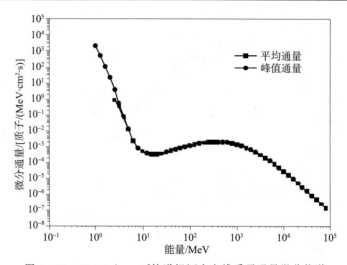

图 3-17　36 000 km，0°轨道银河宇宙线质子通量微分能谱

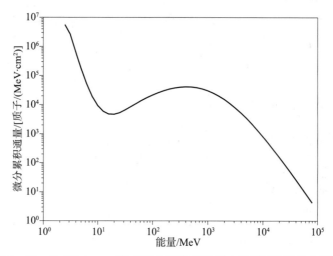

图 3-18　36 000 km，0°轨道银河宇宙线质子 1 年累积通量微分能谱

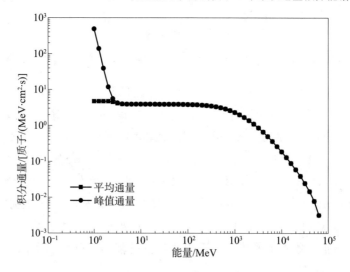

图 3-19　36 000 km，0°轨道银河宇宙线质子通量积分能谱

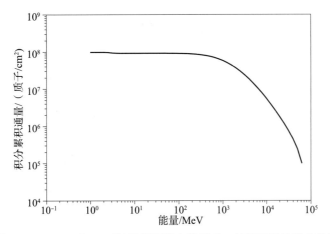

图 3 - 20　36 000km，0°轨道银河宇宙线质子 1 年累积通量积分能谱

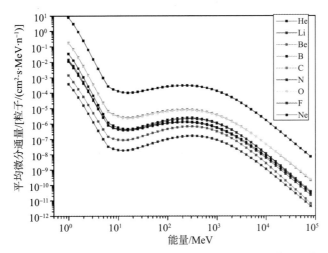

图 3 - 21　36 000 km，0°轨道银河宇宙线 He，Li，Be，B，C，N，O，F 及 Ne 离子平均通量微分能谱（见彩插）

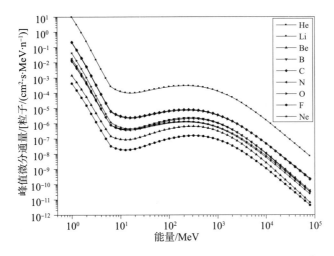

图 3 - 22　36 000 km，0°轨道银河宇宙线 He，Li，Be，B，C，N，O，F 及 Ne 离子峰值通量微分能谱

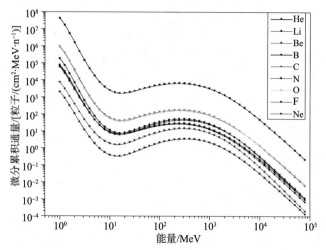

图 3-23　36 000 km，0°轨道银河宇宙线 He，Li，Be，B，C，N，O，F 及 Ne 离子 1 年累积通量微分能谱（见彩插

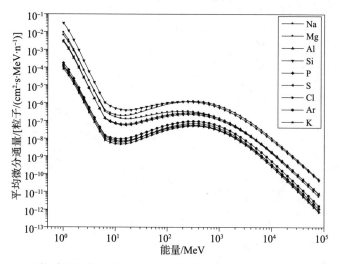

图 3-24　36 000 km，0°轨道银河宇宙线 Na，Mg，Al，Si，P，S，Cl，Ar 及 K 离子平均通量微分能谱

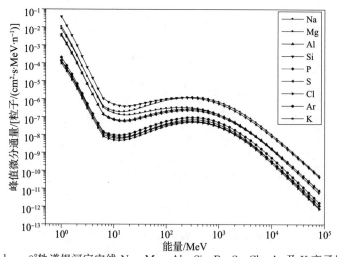

图 3-25　36 000 km，0°轨道银河宇宙线 Na，Mg，Al，Si，P，S，Cl，Ar 及 K 离子峰值通量微分能谱

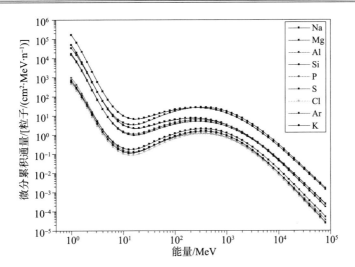

图 3-26　36 000 km，0°轨道银河宇宙线 Na，Mg，Al，Si，P，S，Cl，Ar 及 K 离子 1 年累积通量微分能谱（见彩插）

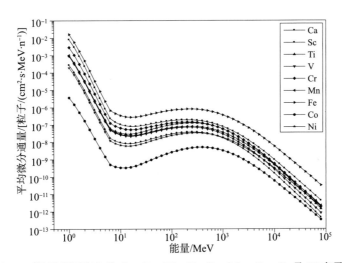

图 3-27　36 000 km，0°轨道银河宇宙线 Ca，Sc，Ti，V，Cr，Mn，Fe，Co 及 Ni 离子平均通量微分能谱

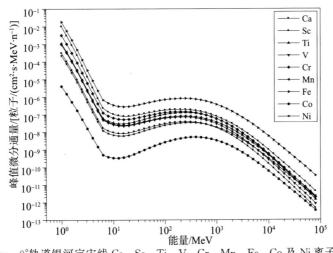

图 3-28　36 000 km，0°轨道银河宇宙线 Ca，Sc，Ti，V，Cr，Mn，Fe，Co 及 Ni 离子峰值通量微分能谱

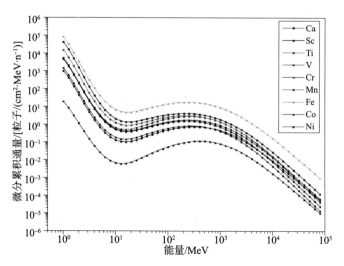

图 3-29　36 000 km，0°轨道银河宇宙线 Ca，Sc，Ti，V，Cr，Mn，Fe，Co 及 Ni 离子 1 年累积通量微分能谱（见彩

在 36 000 km，0°轨道上，太阳宇宙线质子微分能谱和积分能谱分别示于图 3-30～图 3-33；太阳宇宙线 He 离子、Li 离子、Be 离子、B 离子、C 离子、N 离子、O 离子、F 离子及 Ne 离子的轨道平均通量微分能谱、峰通量微分能谱及 1 年累积通量微分能谱，分别示于图 3-34，图 3-35 和图 3-36；太阳宇宙线 Na 离子、Mg 离子、Al 离子、Si 离子、P 离子、S 离子、Cl 离子、Ar 离子及 K 离子的轨道平均通量微分能谱、峰通量微分能谱及 1 年累积通量微分能谱，分别示于图 3-37，图 3-38 及图 3-39；太阳宇宙线 Ca 离子、Sc 离子、Ti 离子、V 离子、Cr 离子、Mn 离子、Fe 离子、Co 离子及 Ni 离子的轨道平均通量微分能谱、峰通量微分能谱及 1 年累积通量微分能谱，分别示于图 3-40，图 3-41 及图 3-42。

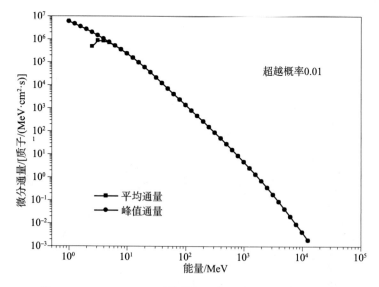

图 3-30　36 000 km，0°轨道太阳宇宙线质子通量微分能谱

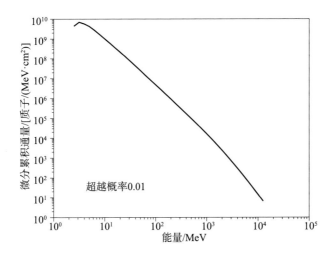

图 3-31　36 000 km，0°轨道太阳宇宙线质子 1 年累积通量微分能谱

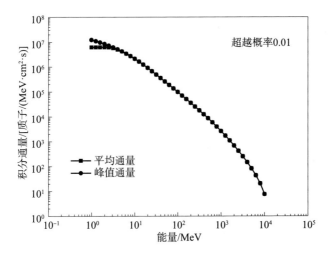

图 3-32　36 000 km，0°轨道太阳宇宙线质子通量积分能谱

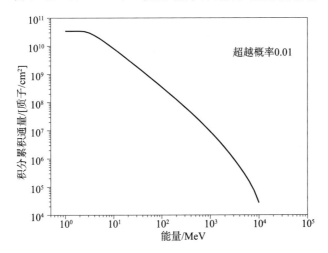

图 3-33　36 000 km，0°轨道太阳宇宙线质子 1 年累积通量积分能谱

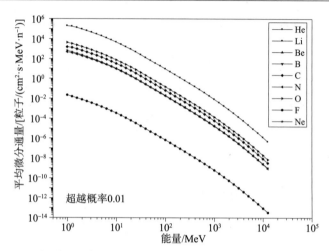

图 3 - 34　36 000 km，0°轨道太阳宇宙线 He，Li，Be，B，C，N，O，F 及 Ne 离子平均通量微分能谱

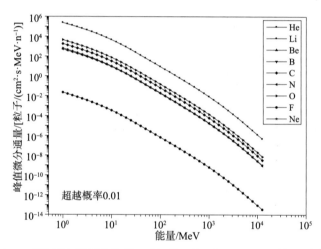

图 3 - 35　36 000 km，0°轨道太阳宇宙线 He，Li，Be，B，C，N，O，F 及 Ne 离子峰通量微分能谱

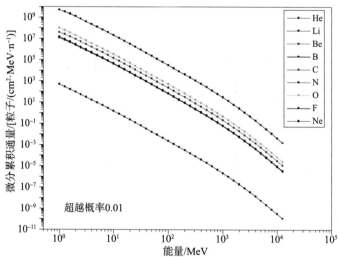

图 3 - 36　36 000 km，0°轨道太阳宇宙线 He，Li，Be，B，C，N，O，F 及 Ne 离子 1 年累积通量微分能谱（见彩插

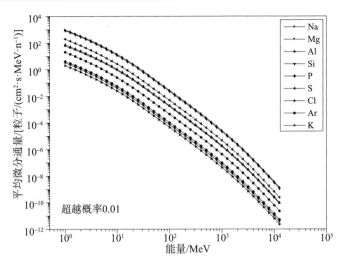

图 3 - 37　36 000 km，0°轨道太阳宇宙线 Na，Mg，Al，Si，P，S，Cl，Ar 及 K 离子平均通量微分能谱

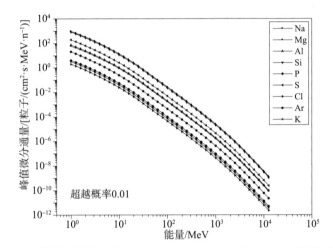

图 3 - 38　36 000 km，0°轨道太阳宇宙线 Na，Mg，Al，Si，P，S，Cl，Ar 及 K 离子峰通量微分能谱

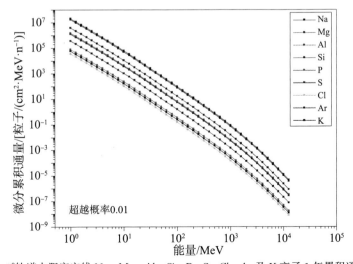

图 3 - 39　36 000 km，0°轨道太阳宇宙线 Na，Mg，Al，Si，P，S，Cl，Ar 及 K 离子 1 年累积通量微分能谱（见彩插）

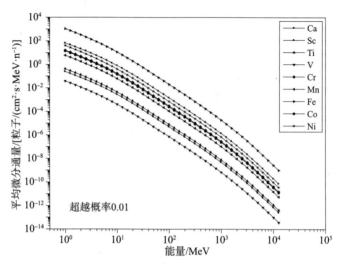

图 3-40　36 000 km，0°轨道太阳宇宙线 Ca，Sc，Ti，V，Cr，Mn，Fe，Co 及 Ni 离子平均通量微分能谱

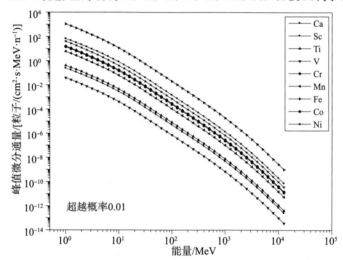

图 3-41　36 000 km，0°轨道太阳宇宙线 Ca，Sc，Ti，V，Cr，Mn，Fe，Co 及 Ni 离子峰通量微分能谱

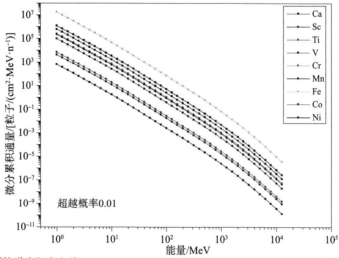

图 3-42　36 000 km，0°轨道太阳宇宙线 Ca，Sc，Ti，V，Cr，Mn，Fe，Co 及 Ni 离子 1 年累积通量微分能谱（见彩插

3.4 中地球轨道带电粒子的微分能谱与积分能谱

下面讨论采用俄罗斯莫斯科国立大学开发的 COSRAD 程序，针对 20 000 km，55°倾角的中高度地球圆轨道，所得到的地球辐射带电子和质子的能谱、银河宇宙线粒子能谱及太阳宇宙线粒子能谱的计算结果。计算设定太阳活动为中等水平，在轨时间为 1 年，太阳宇宙线能谱的超越概率为 0.01（即置信度为 99%）。

在 20 000 km，55°轨道上，地球辐射带电子的微分能谱和积分能谱分别如图 3-43～图 3-46 所示；辐射带质子的微分能谱和积分能谱分别示于图 3-47～图 3-50。

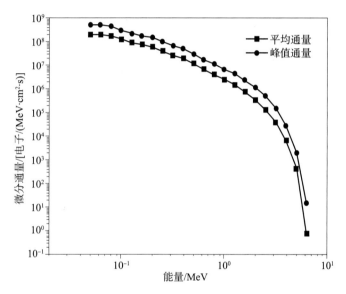

图 3-43 20 000 km，55°轨道地球辐射带电子通量微分能谱

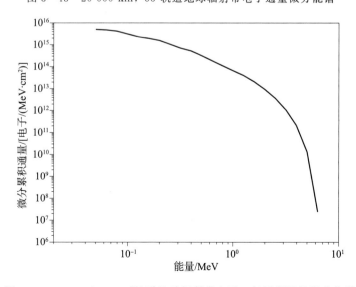

图 3-44 20 000km，55°轨道地球辐射带电子 1 年累积通量微分能谱

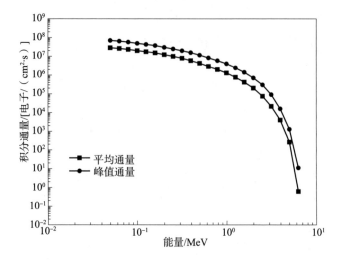

图 3-45　20 000 km，55°轨道地球辐射带电子通量积分能谱

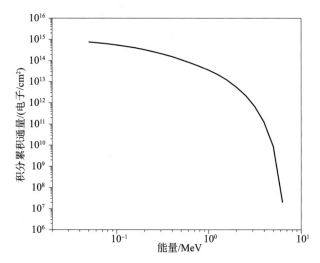

图 3-46　20 000 km，55°轨道地球辐射带电子 1 年累积通量积分能谱

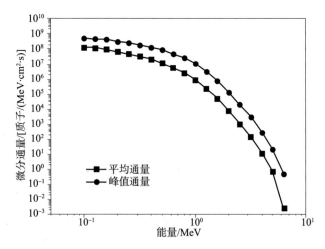

图 3-47　20 000 km，55°轨道地球辐射带质子通量微分能谱

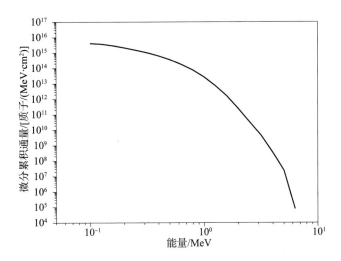

图 3-48 20 000 km，55°轨道地球辐射带质子 1 年累积通量微分能谱

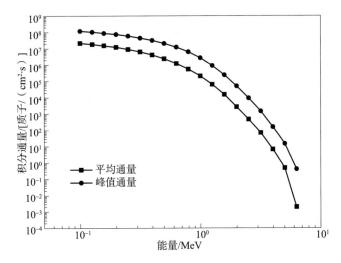

图 3-49 20 000 km，55°轨道地球辐射带质子通量积分能谱

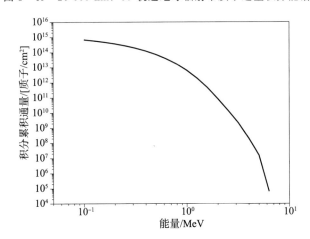

图 3-50 20 000 km，55°轨道地球辐射带质子 1 年累积通量积分能谱

在 20 000 km，55°轨道上，银河宇宙线质子的微分能谱和积分能谱分别示于图 3-51 ～图 3-54；银河宇宙线 He，Li，Be，B，C，N，O，F 及 Ne 离子的轨道平均通量微分能谱、峰通量微分能谱及 1 年累积通量微分能谱分别示于图 3-55，图 3-56 和图 3-57；银河宇宙线 Na，Mg，Al，Si，P，S，Cl，Ar 及 K 离子的轨道平均通量微分能谱、峰通量微分能谱及 1 年累积通量微分能谱分别示于图 3-58，图 3-59 和图 3-60；银河宇宙线 Ca，Sc，Ti，V，Cr，Mn，Fe，Co 及 Ni 离子的轨道平均通量微分能谱、峰通量微分能谱及 1 年累积通量微分能谱分别示于图 3-61，图 3-62 和图 3-63。

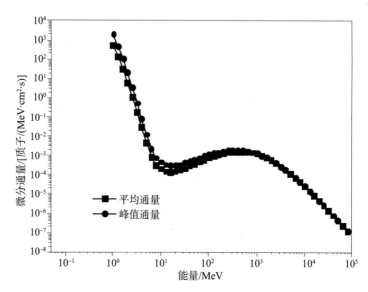

图 3-51　20 000 km，55°轨道银河宇宙线质子通量微分能谱

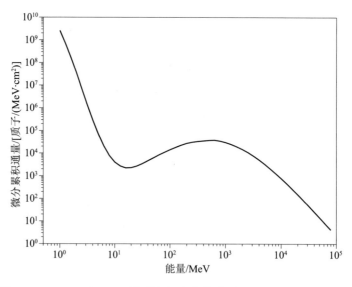

图 3-52　20 000 km，55°轨道银河宇宙线质子 1 年累积通量微分能谱

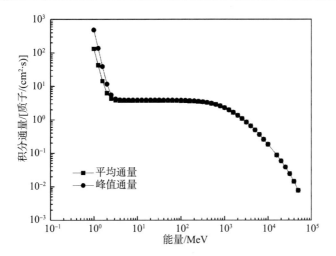

图 3 - 53　20 000 km，55°轨道银河宇宙线质子通量积分能谱

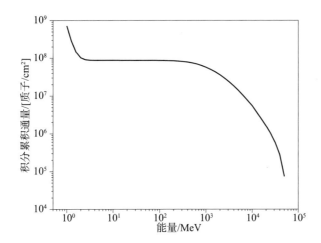

图 3 - 54　20 000 km，55°轨道银河宇宙线质子 1 年累积通量积分能谱

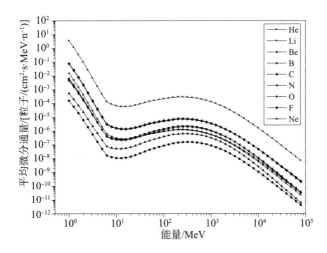

图 3 - 55　20 000 km，55°轨道银河宇宙线 He，Li，Be，B，C，N，O，F 及 Ne 离子平均通量微分能谱

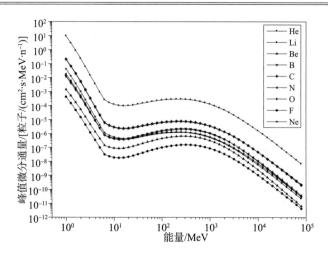

图 3 - 56 20 000 km，55°轨道银河宇宙线 He，Li，Be，B，C，N，O，F 及 Ne 离子峰通量微分能谱

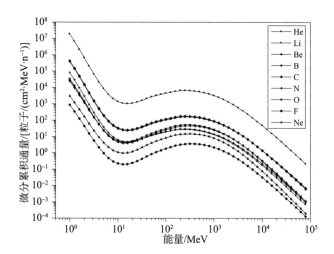

图 3 - 57 20 000 km，55°轨道银河宇宙线 He，Li，Be，B，C，N，O，F 及 Ne 离子 1 年累积通量微分能谱

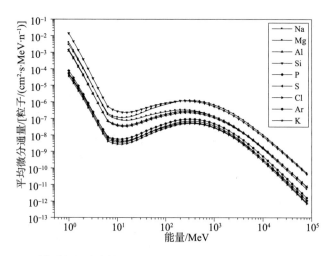

图 3 - 58 20 000 km，55°轨道银河宇宙线 Na，Mg，Al，Si，P，S，Cl，Ar 及 K 离子平均通量微分能谱

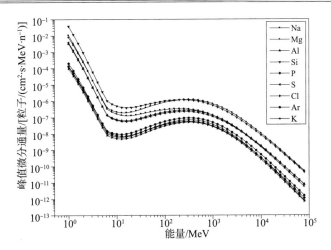

图 3-59　20 000 km，55°轨道银河宇宙线 Na，Mg，Al，Si，P，S，Cl，Ar 及 K 离子峰通量微分能谱

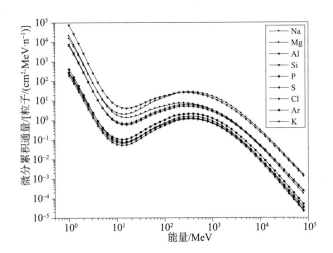

图 3-60　20 000 km，55°轨道银河宇宙线 Na，Mg，Al，Si，P，S，Cl，Ar 及 K 离子 1 年累积通量微分能谱

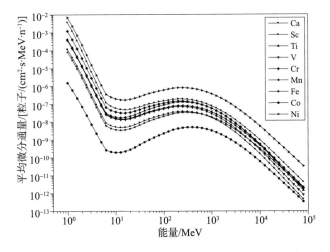

图 3-61　20 000 km，55°轨道银河宇宙线 Ca，Sc，Ti，V，Cr，Mn，Fe，Co 及 Ni 离子平均通量微分能谱

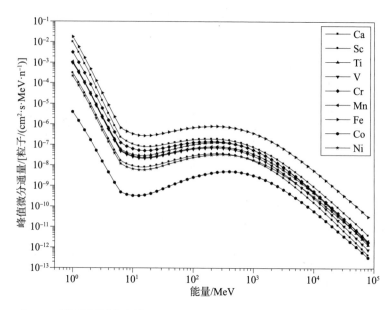

图 3-62 20 000 km，55°轨道银河宇宙线 Ca，Sc，Ti，V，Cr，Mn，Fe，Co 及 Ni 离子峰通量微分能谱

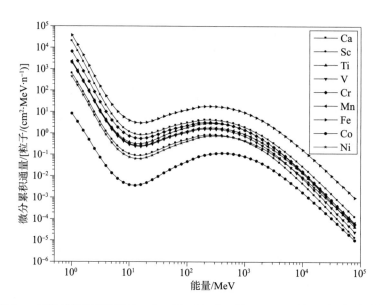

图 3-63 20 000 km，55°轨道银河宇宙线 Ca，Sc，Ti，V，Cr，Mn，Fe，Co 及 Ni 离子 1 年累积通量微分能谱

在 20 000 km，55°轨道上，太阳宇宙线质子的微分能谱和积分能谱分别示于图 3-64 ～图 3-67；太阳宇宙线 He，Li，Be，B，C，N，O，F 及 Ne 离子的轨道平均通量微分能谱、峰通量微分能谱及 1 年累积通量微分能谱分别示于图 3-68，图 3-69 和图 3-70；太阳宇宙线 Na，Mg，Al，Si，P，S，Cl，Ar 及 K 离子的轨道平均通量微分能谱、峰通量微分能谱及 1 年累积通量微分能谱分别示于图 3-71，图 3-72 和图 3-73；太阳宇宙线 Ca，Sc，Ti，V，Cr，Mn，Fe，Co 及 Ni 离子的轨道平均通量微分能谱、峰通量微分能谱及 1 年累积通量微分能谱分别示于图 3-74，图 3-75 和图 3-76。

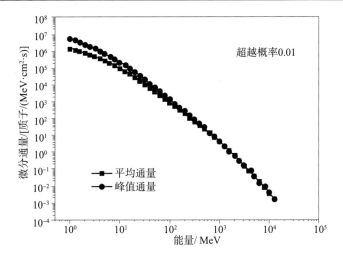

图 3 - 64　20 000 km，55°轨道太阳宇宙线质子通量微分能谱

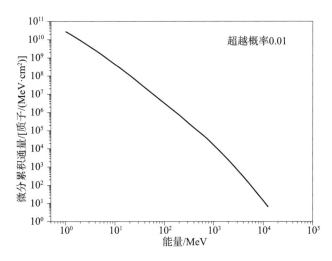

图 3 - 65　20 000 km，55°轨道太阳宇宙线质子 1 年累积通量微分能谱

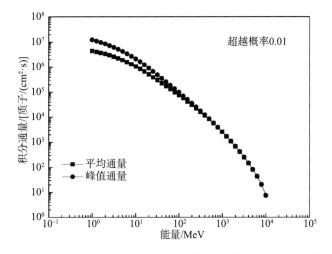

图 3 - 66　20 000 km，55°轨道太阳宇宙线质子通量积分能谱

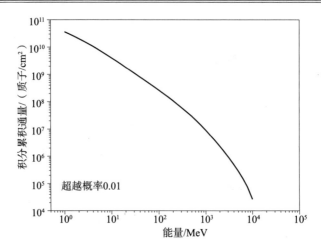

图 3-67　20 000 km，55°轨道太阳宇宙线质子 1 年累积通量积分能谱

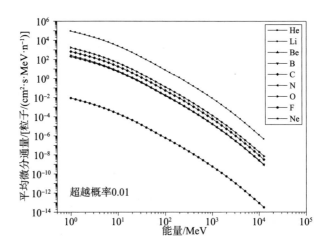

图 3-68　20 000 km，55°轨道太阳宇宙线 He，Li，Be，B，C，N，O，F 及 Ne 离子平均通量微分能谱

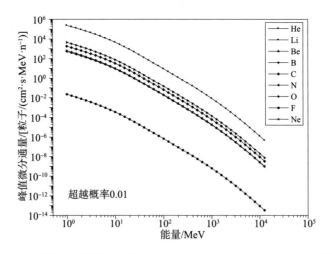

图 3-69　20 000 km、55°轨道太阳宇宙线 He，Li，Be，B，C，N，O，F 及 Ne 离子峰通量微分能谱

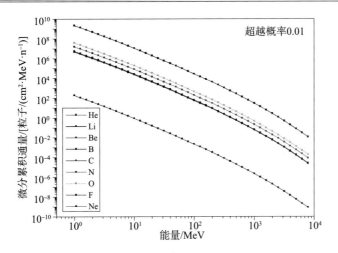

图 3－70 20 000 km，55°轨道太阳宇宙线 He，Li，Be，B，C，N，O，F 及 Ne 离子 1 年累积通量微分能谱（见彩插）

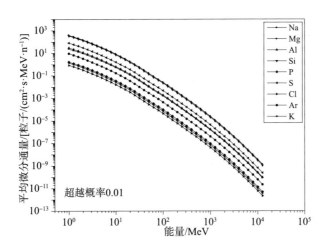

图 3－71 20 000 km，55°轨道太阳宇宙线 Na，Mg，Al，Si，P，S，Cl，Ar 及 K 离子平均通量微分能谱

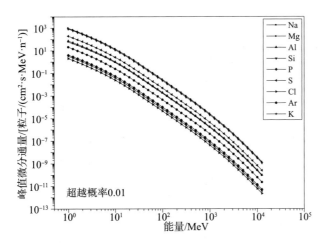

图 3－72 20 000 km，55°轨道太阳宇宙线 Na，Mg，Al，Si，P，S，Cl，Ar 及 K 离子峰通量微分能谱

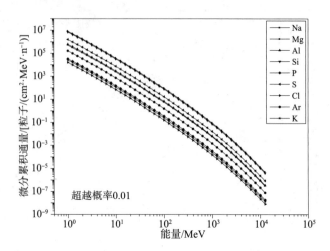

图 3 - 73　20 000 km，55°轨道太阳宇宙线 Na，Mg，Al，Si，P，S，Cl，Ar 及 K 离子 1 年累积通量微分能谱

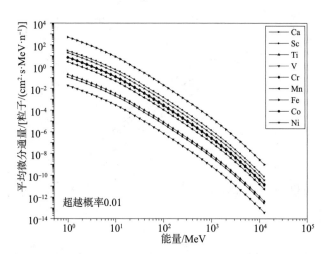

图 3 - 74　20 000 km，55°轨道太阳宇宙线 Ca，Sc，Ti，V，Cr，Mn，Fe，Co 及 Ni 离子平均通量微分能谱

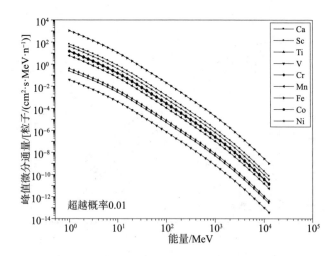

图 3 - 75　20 000 km，55°轨道太阳宇宙线 Ca，Sc，Ti，V，Cr，Mn，Fe，Co 及 Ni 离子峰通量微分能谱

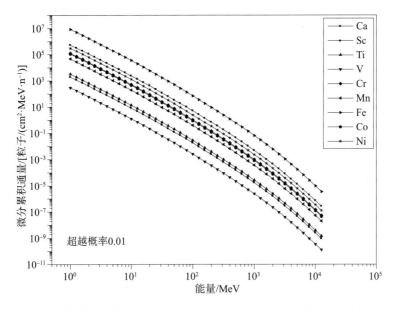

图 3 - 76　20 000 km，55°轨道太阳宇宙线 Ca，Sc，Ti，V，Cr，Mn，Fe，Co 及 Ni 离子 1 年累积通量微分能谱

3.5　太阳同步轨道带电粒子的微分能谱与积分能谱

下面讨论采用 COSRAD 程序，针对 500 km，98°的轨道，所得到的地球辐射带电子和质子的能谱、银河宇宙线粒子能谱及太阳宇宙线粒子能谱的计算结果。计算设定太阳活动为中等水平，在轨时间为 1 年，太阳宇宙线能谱的超越概率为 0.01（即置信度 99%）。

在 500 km，98°轨道上，地球辐射带电子的微分能谱和积分能谱分别如图 3 - 77～图 3 -80 所示；地球辐射带质子的微分能谱和积分能谱分别示于图 3 - 81～图 3 - 84。

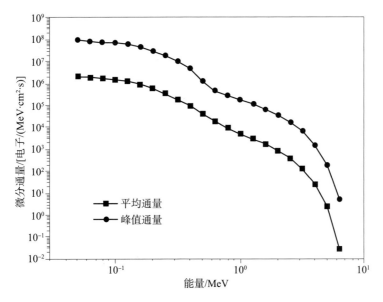

图 3 - 77　500 km，98°轨道地球辐射带电子通量微分能谱

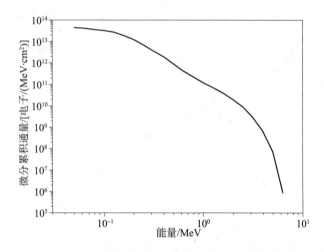

图 3-78　500 km，98°轨道地球辐射带电子 1 年累积通量微分能谱

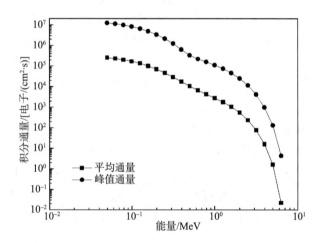

图 3-79　500 km，98°轨道地球辐射带电子通量积分能谱

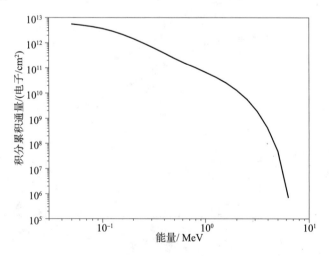

图 3-80　500 km，98°轨道地球辐射带电子 1 年累积通量积分能谱

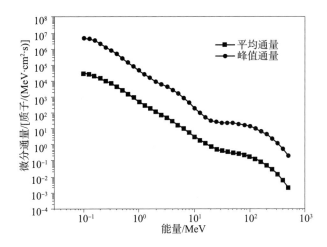

图 3 - 81　500 km，98°轨道地球辐射带质子通量微分能谱

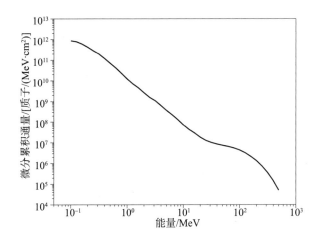

图 3 - 82　500 km，98°轨道地球辐射带质子 1 年累积通量微分能谱

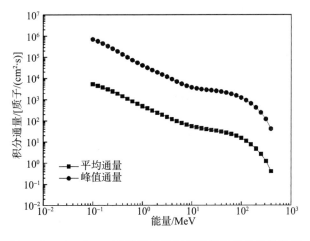

图 3 - 83　500 km，98°轨道地球辐射带质子通量积分能谱

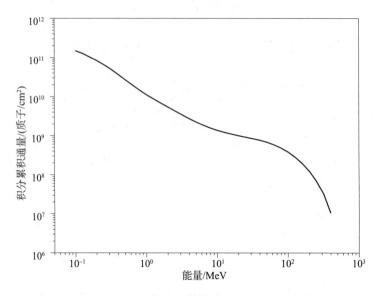

图 3 - 84　500 km，98°轨道辐射带质子 1 年累积通量积分能谱

在 500 km，98°轨道的银河宇宙线质子的微分能谱和积分能谱分别示于图 3 - 85～图 3 - 88；银河宇宙线 He，Li，Be，B，C，N，O，F 及 Ne 离子的轨道平均通量微分能谱、峰通量微分能谱及 1 年累积通量微分能谱分别示于图 3 - 89，图 3 - 90 和图 3 - 91；银河宇宙线 Na，Mg，Al，Si，P，S，Cl，Ar 及 K 离子的轨道平均通量微分能谱、峰通量微分能谱及 1 年累积通量微分能谱分别示于图 3 - 92，图 3 - 93 和图 3 - 94；银河宇宙线 Ca，Sc，Ti，V，Cr，Mn，Fe，Co 及 Ni 离子的轨道平均通量微分能谱、峰通量微分能谱及 1 年累积通量微分能谱分别示于图 3 - 95，图 3 - 96 和图 3 - 97。

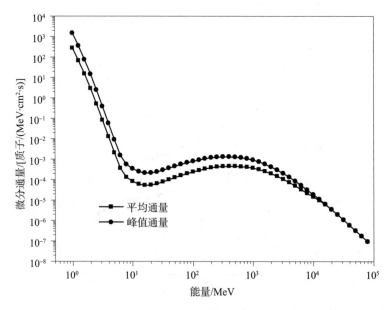

图 3 - 85　500 km，98°轨道银河宇宙线质子通量微分能谱

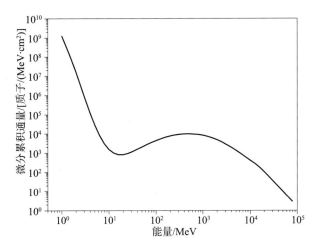

图 3 - 86　500 km，98°轨道银河宇宙线质子 1 年累积通量微分能谱

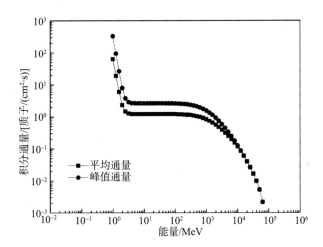

图 3 - 87　500 km，98°轨道银河宇宙线质子通量积分能谱

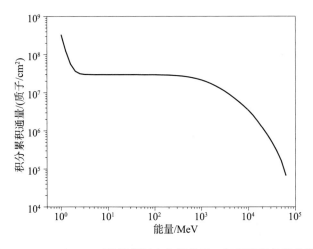

图 3 - 88　500 km，98°轨道银河宇宙线质子 1 年累积通量积分能谱

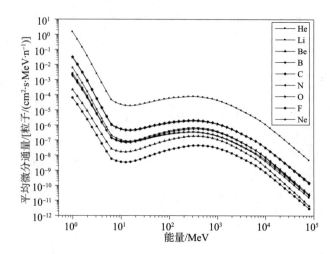

图 3 - 89　500 km，98°轨道银河宇宙线 He，Li，Be，B，C、N，O，F 及 Ne 离子平均通量微分能谱

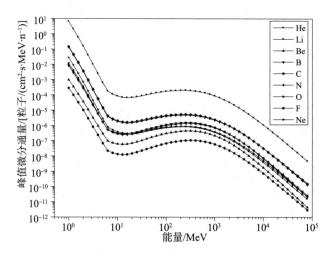

图 3 - 90　500 km，98°轨道银河宇宙线 He，Li，Be，B，C，N，O，F 及 Ne 离子峰通量微分能谱

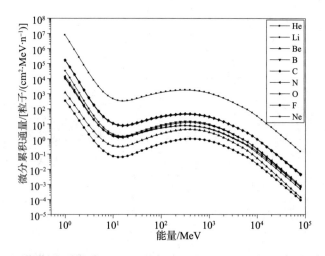

图 3 - 91　500 km，98°轨道银河宇宙线 He，Li，Be，B，C，N，O，F 及 Ne 离子 1 年累积通量微分能谱

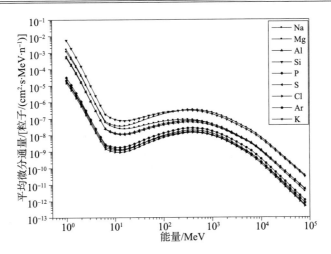

图 3 - 92　500 km，98°轨道银河宇宙线 Na，Mg，Al，Si，P，S，Cl，Ar 及 K 离子平均通量微分能谱

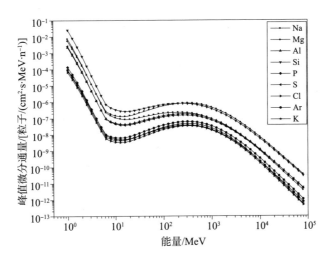

图 3 - 93　500 km，98°轨道银河宇宙线 Na，Mg，Al，Si，P，S，Cl，Ar 及 K 离子峰通量微分能谱

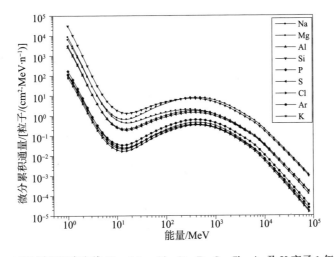

图 3 - 94　500 km，98°轨道银河宇宙线 Na，Mg，Al，Si，P，S，Cl，Ar 及 K 离子 1 年累积通量微分能谱

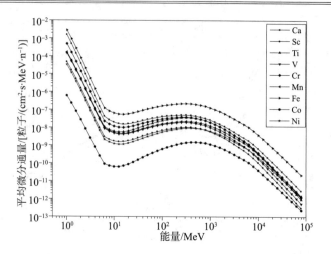

图 3 - 95　500 km，98°轨道银河宇宙线 Ca，Sc，Ti，V，Cr，Mn，Fe，Co 及 Ni 离子平均通量微分能谱

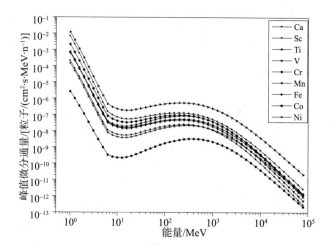

图 3 - 96　500 km，98°轨道银河宇宙线 Ca，Sc，Ti，V，Cr，Mn，Fe，Co 及 Ni 离子峰通量微分能谱

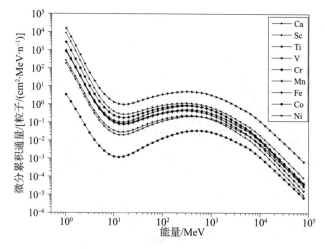

图 3 - 97　500 km，98°轨道银河宇宙线 Ca，Sc，Ti，V，Cr，Mn，Fe，Co 及 Ni 离子 1 年累积通量微分能谱

在 500 km，98°轨道上，太阳宇宙线质子的微分能谱和积分能谱分别示于图 3 - 98～图 3 - 101；太阳宇宙线 He，Li，Be，B，C，N，O，F 及 Ne 离子的轨道平均通量微分能谱、峰通量微分能谱及 1 年累积通量微分能谱分别示于图 3 - 102、图- 103 和图 3 - 104；太阳宇宙线 Na，Mg，Al，Si，P，S，Cl，Ar 及 K 离子的轨道平均通量微分能谱、峰通量微分能谱及 1 年累积通量微分能谱分别示于图 3 - 105，图 3 - 106 和图 3 - 107；太阳宇宙线 Ca，Sc，Ti，V，Cr，Mn，Fe，Co 及 Ni 离子的轨道平均通量微分能谱、峰通量微分能谱及 1 年累积通量微分能谱分别示于图 3 - 108，图 3 - 109 和图 3 - 110。

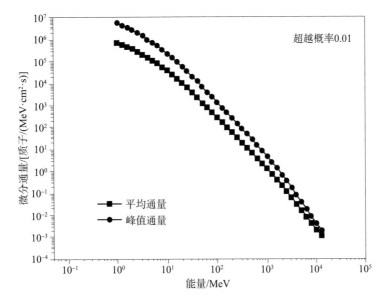

图 3 - 98　500 km，98°轨道太阳宇宙线质子微分能谱

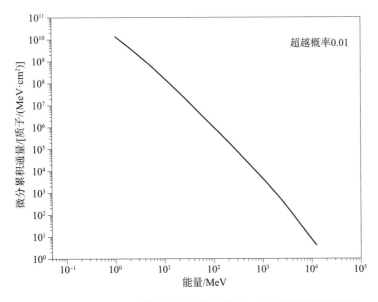

图 3 - 99　500 km，98°轨道太阳宇宙线质子 1 年累积通量微分能谱

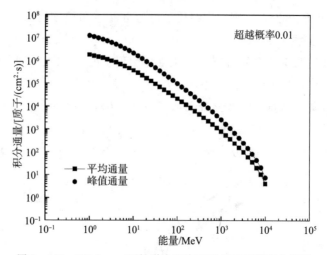

图 3 - 100　500 km，98°轨道太阳宇宙线质子通量积分能谱

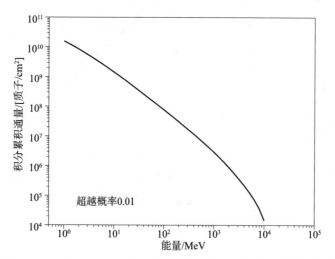

图 3 - 101　500 km，98°轨道太阳宇宙线质子 1 年累积通量积分能谱

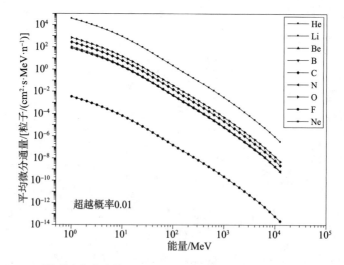

图 3 - 102　500 km，98°轨道太阳宇宙线 He，Li，Be，B，C，N，O，F 及 Ne 离子平均通量微分能谱

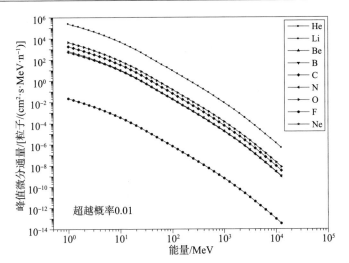

图 3-103　500 km，98°轨道太阳宇宙线 He，Li，Be，B，C，N，O，F 及 Ne 离子峰通量微分能谱

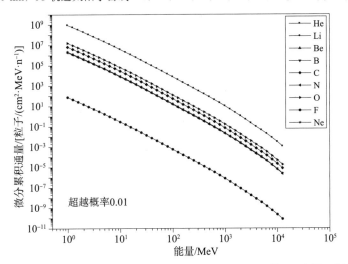

图 3-104　500 km，98°轨道太阳宇宙线 He，Li，Be，B，C，N，O，F 及 Ne 离子 1 年累积通量微分能谱

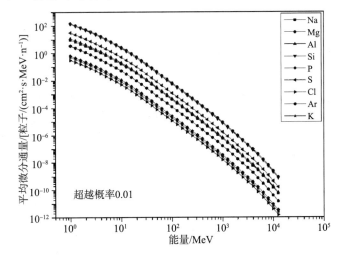

图 3-105　500 km，98°轨道太阳宇宙线 Na，Mg，Al，Si，P，S，Cl，Ar 及 K 离子平均通量微分能谱

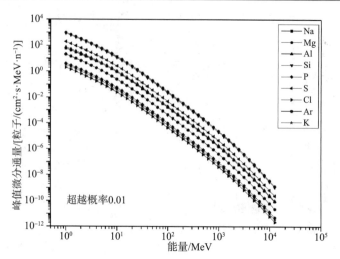

图 3-106　500 km，98°轨道太阳宇宙线 Na，Mg，Al，Si，P，S，Cl，Ar 及 K 离子峰通量微分能谱

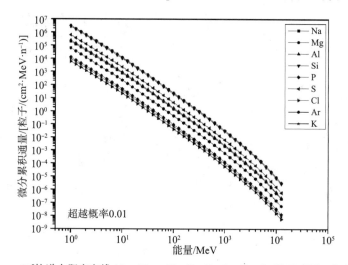

图 3-107　500 km，98°轨道太阳宇宙线 Na，Mg，Al，Si，P，S，Cl，Ar 及 K 离子 1 年累积通量微分能谱

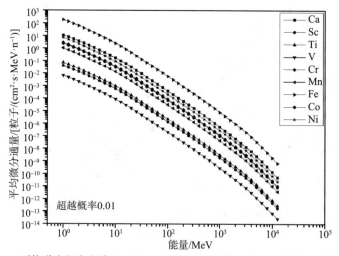

图 3-108　500 km，98°轨道太阳宇宙线 Ca，Sc，Ti，V，Cr，Mn，Fe，Co 及 Ni 离子平均通量微分能谱

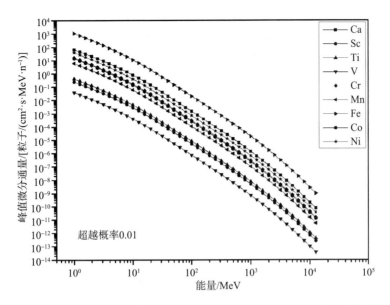

图 3 - 109　500 km，98°轨道太阳宇宙线 Ca，Sc，Ti，V，Cr，Mn，Fe，Co 及 Ni 离子峰通量微分能谱

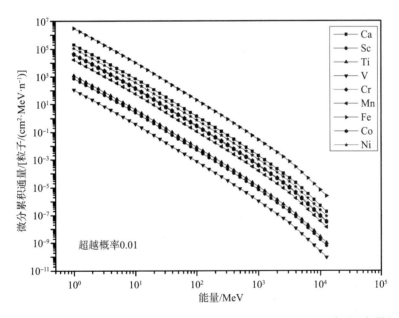

图 3 - 110　500 km，98°轨道太阳宇宙线 Ca，Sc，Ti，V，Cr，Mn，Fe，Co 及 Ni 离子 1 年累积通量微分能谱

3.6　绕月 200 km 轨道带电粒子的微分能谱与积分能谱

下面讨论采用 COSRAD 程序，针对绕月 200 km，0°轨道所得到的银河宇宙线粒子能谱及太阳宇宙线粒子能谱的计算结果。计算银河宇宙线粒子能谱时，设定太阳活动周期为偶数；计算太阳宇宙线粒子能谱时，设定太阳活动为中等水平，超越概率为 0.01；采用的在轨飞行时间均为 1 年。

在 200 km，0°绕月轨道上，银河宇宙线质子微分能谱和积分能谱分别示于图 3 - 111～图 3 - 114；银河宇宙线 He，Li，Be，B，C，N，O，F 及 Ne 离子的轨道平均通量微分能谱、峰通量微分能谱及 1 年累积通量微分能谱分别示于图 3 - 115、图 3 - 116 和图 3 - 117；银河宇宙线 Na，Mg，Al，Si，P，S，Cl，Ar 及 K 离子的轨道平均通量微分能谱、峰通量微分能谱及 1 年累积通量微分能谱分别示于图 3 - 118，图 3 - 119 和图 3 - 120；银河宇宙线 Ca，Sc，Ti，V，Cr，Mn，Fe，Co 及 Ni 离子的轨道平均通量微分能谱、峰通量微分能谱及 1 年累积通量微分能谱分别示于图 3 - 121，图 3 - 122 和图 3 - 123。

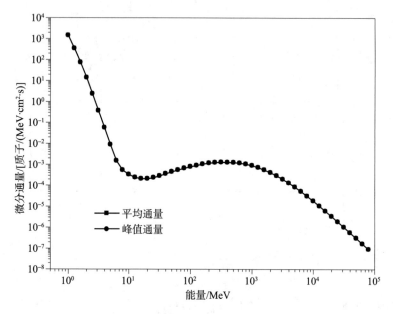

图 3 - 111　200 km，0°绕月轨道银河宇宙线质子通量微分能谱

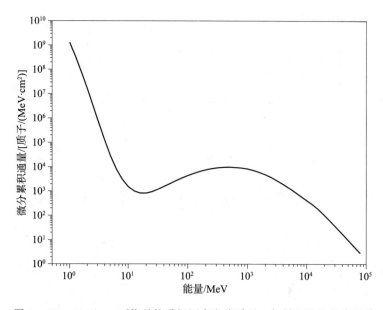

图 3 - 112　200 km，0°绕月轨道银河宇宙线质子 1 年累积通量微分能谱

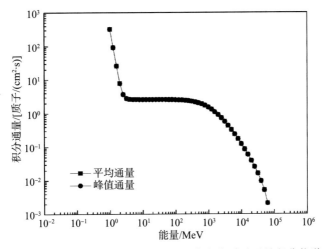

图 3-113 200 km，0°绕月轨道银河宇宙线质子通量积分能谱

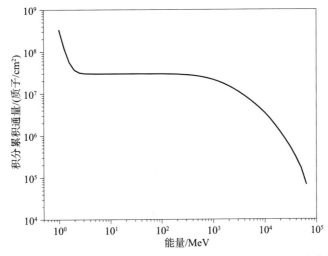

图 3-114 200 km，0°绕月轨道银河宇宙线质子 1 年累积通量积分能谱

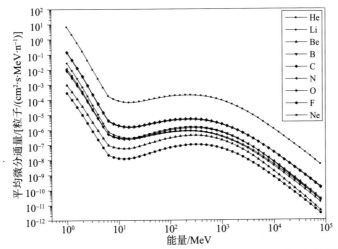

图 3-115 200 km，0°绕月轨道银河宇宙线 He，Li，Be，B，C，N，O，F 及 Ne 离子平均通量微分能谱

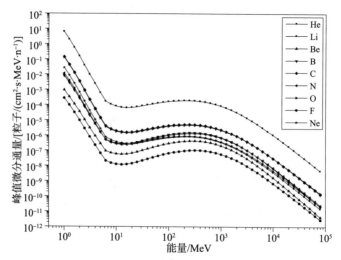

图 3 - 116　200 km，0°绕月轨道银河宇宙线 He，Li，Be，B，C，N，O，F 及 Ne 离子峰通量微分能谱

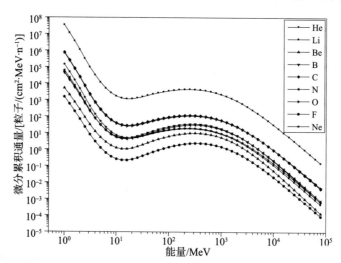

图 3 - 117　200 km，0°绕月轨道银河宇宙线 He，Li，Be，B，C，N，O，F 及 Ne 离子 1 年累积通量微分能谱

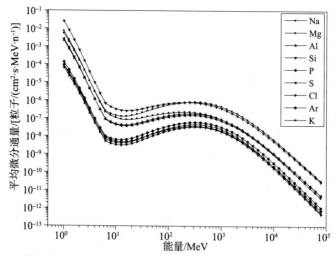

图 3 - 118　200 km，0°绕月轨道银河宇宙线 Na，Mg，Al，Si，P，S，Cl，Ar 及 K 离子平均通量微分能谱

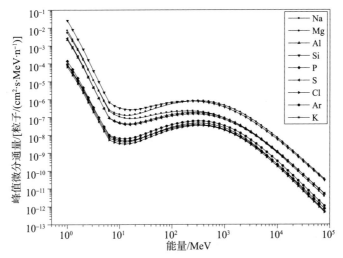

图 3 - 119　200 km，0°绕月轨道银河宇宙线 Na，Mg，Al，Si，P，S，Cl，Ar 及 K 离子峰通量微分能谱

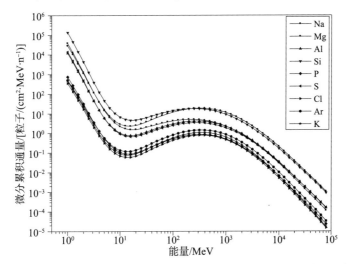

图 3 - 120　200 km，0°绕月轨道银河宇宙线 Na，Mg，Al，Si，P，S，Cl，Ar 及 K 离子 1 年累积通量微分能谱

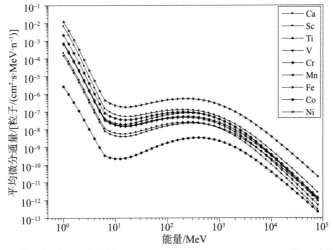

图 3 - 121　200 km，0°绕月轨道银河宇宙线 Ca，Sc，Ti，V，Cr，Mn，Fe，Co 及 Ni 离子平均通量微分能谱

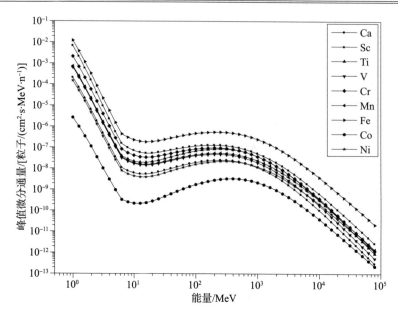

图 3-122　200 km，0°绕月轨道银河宇宙线 Ca，Sc，Ti，V，Cr，Mn，Fe，Co 及 Ni 离子峰通量微分能谱

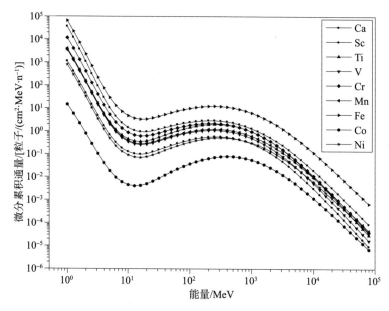

图 3-123　200 km，0°绕月轨道银河宇宙线 Ca，Sc，Ti，V，Cr，Mn，Fe，Co 及 Ni 离子 1 年累积通量微分能谱

在 200 km，0°绕月轨道上，太阳宇宙线质子的微分能谱和积分能谱分别示于图 3-124～图 3-127；太阳宇宙线 He，Li，Be，B，C，N，O，F 及 Ne 离子的轨道平均通量微分能谱、峰通量微分能谱及 1 年累积通量微分能谱分别示于图 3-128，图 3-129 和图 3-130；太阳宇宙线 Na，Mg，Al，Si，P，S，Cl，Ar 及 K 离子的轨道平均通量微分能谱、峰通量微分能谱及 1 年累积通量微分能谱分别示于图 3-131，图 3-132 和图 3-133；太阳宇宙线 Ca，Sc，Ti，V，Cr，Mn，Fe，Co 及 Ni 离子的轨道平均通量微分能谱、峰通量微分能谱及 1 年累积通量微分能谱分别示于图 3-134，图 3-135 和图 3-136。

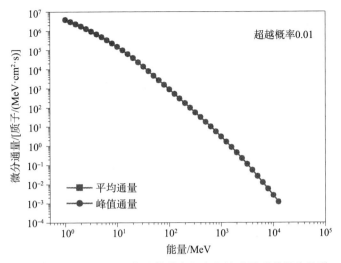

图 3 - 124　200 km，0°绕月轨道太阳宇宙线质子通量微分能谱

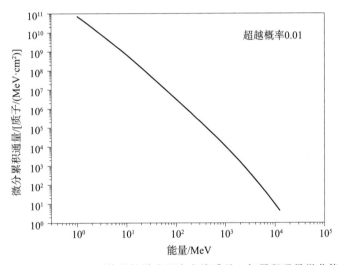

图 3 - 125　200km，0°绕月轨道太阳宇宙线质子 1 年累积通量微分能谱

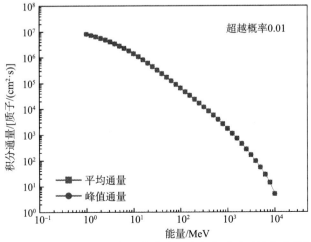

图 3 - 126　200 km，0°绕月轨道太阳宇宙线质子通量积分能谱

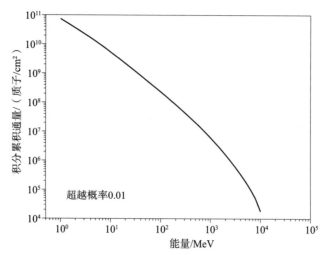

图 3-127　200 km，0°绕月轨道太阳宇宙线质子 1 年累积通量积分能谱

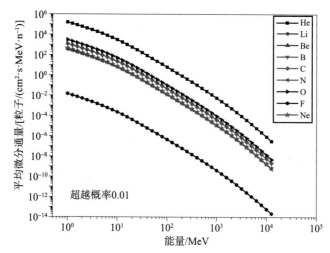

图 3-128　200 km，0°绕月轨道太阳宇宙线 He，Li，Be，B，C，N，O，F 及 Ne 离子平均通量微分能谱

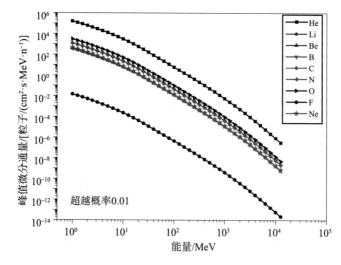

图 3-129　200 km，0°绕月轨道太阳宇宙线 He，Li，Be，B，C，N，O，F 及 Ne 离子峰通量微分能谱

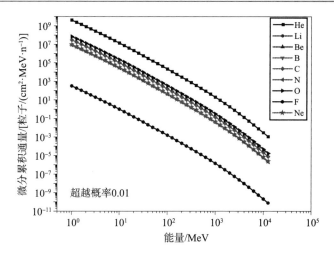

图 3 - 130　200 km，0°绕月轨道太阳宇宙线 He，Li，Be，B，C，N，O，F 及 Ne 离子 1 年累积通量微分能谱

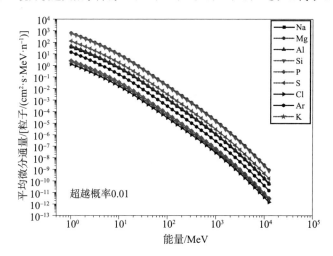

图 3 - 131　200 km，0°绕月轨道太阳宇宙线 Na，Mg，Al，Si，P，S，Cl，Ar 及 K 离子平均通量微分能谱

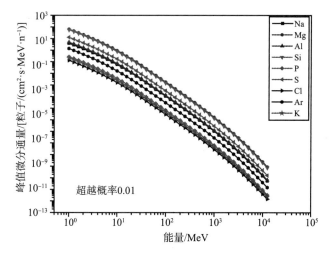

图 3 - 132　200 km，0°绕月轨道太阳宇宙线 Na，Mg，Al，Si，P，S，Cl，Ar 及 K 离子峰通量微分能谱

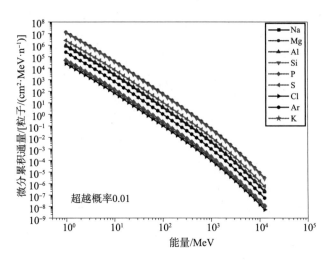

图 3-133　200 km，0°绕月轨道太阳宇宙线 Na，Mg，Al，Si，P，S，Cl，Ar 及 K 离子 1 年累积通量微分能谱

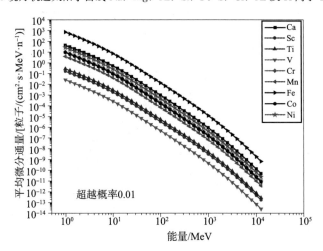

图 3-134　200 km，0°绕月轨道太阳宇宙线 Ca，Sc，Ti，V，Cr，Mn，Fe，Co 及 Ni 离子平均通量微分能谱

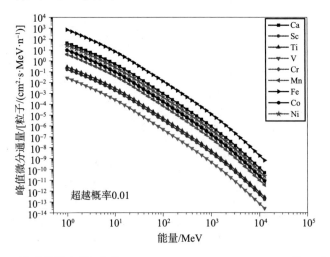

图 3-135　200 km，0°绕月轨道太阳宇宙线 Ca，Sc，Ti，V，Cr，Mn，Fe，Co 及 Ni 离子峰通量微分能谱

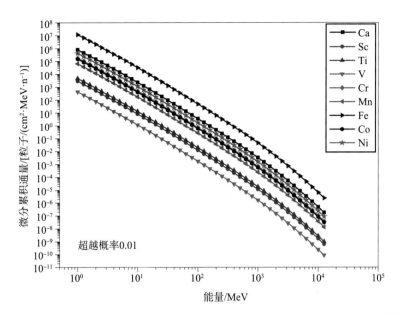

图 3 - 136　200 km，0°绕月轨道太阳宇宙线 Ca，Sc，Ti，V，Cr，Mn，Fe，Co 及 Ni 离子 1 年累积通量微分能谱

3.7　空间带电粒子能谱选择

　　空间带电粒子分布具有宽能谱特征，随着能量的增加，粒子通量逐渐降低。空间带电粒子能谱是计算航天器在轨期间所接受辐射吸收剂量的基本依据。粒子能谱计算正确与否，直接影响辐射吸收剂量的计算结果。

　　在近地空间，空间带电粒子主要包括地球辐射带质子和电子、银河宇宙线粒子（质子与重离子）及太阳宇宙线粒子（质子与重离子）。对于相同的轨道，选用不同的带电粒子环境模式计算的能谱会有一定差别。有的模式计算的轨道能谱比较苛刻，导致粒子辐射吸收剂量计算结果偏高，而有的模式对轨道能谱及吸收剂量的计算结果偏低。

　　在进行航天器型号设计时，需视不同情况选择轨道带电粒子能谱，这将涉及辐射防护结构设计成本与辐射损伤的风险性评估。采用较高强度的轨道能谱时，航天器的防护结构设计趋于比较保守，使防护结构的成本增加；采用较低强度的能谱有利于降低防护结构的成本，却会使航天器受辐射损伤的风险性增大。因此，航天器防护结构设计时，合理选择轨道带电粒子能谱至关重要。

　　如第 2 章所述，用于进行轨道能谱计算的空间带电粒子环境模式有多种选择。本章作为一种选择，针对几种典型的近地空间轨道和绕月轨道（200 km，0°），给出了通过 COSRAD 程序计算的各种带电粒子能谱。COSRAD 程序是俄罗斯国立莫斯科大学核物理研究所开发的空间带电粒子辐射环境及效应的计算软件，所计算的轨道能谱的能量范围较宽，带电粒子的种类较全。同其他空间带电粒子辐射环境模式或软件的计算结果相比，本章给出的轨道能谱总体上属于较为苛刻的情况，可供应用时参考。

参 考 文 献

［1］ BOTHMER V，DAGLIS I A. Space weather–physics and effects ［M］. Chichester，Praxis Publishing，2007：292.

［2］ 何世禹，杨德庄，焦正宽. 空间材料手册（第 1 卷）：空间环境物理状态 ［M］. 北京：中国宇航出版社，2012：185－187；252－256；373－377.

［3］ ONDOH T，MARUBASHI K. Science of space environment ［M］. Tokyo：Ohmsha Ltd，2000：196－208.

［4］ Папаскж M И（ред.）. Модель Космоса，Том1：физические условия в космическом пространстве. Москва：Издательство《КДу》，2007：62－66；294－296；526－532.

［5］ 都亨，叶宗海. 低轨道航天器空间环境手册 ［M］. 北京：国防工业出版社，1996：298－302；340－344；397－405.

［6］ 中国科学院空间科学与应用研究中心. 宇航空间环境手册 ［M］. 北京：中国科学技术出版社，2009：138－223.

［7］ Папаскж M И. Уцебное пособие：радиационные условия в космическом прострнCTBE. MOCKBO-BCKий Уциверситет，Москва，2008：81－90.

［8］ ISO WD 15856，2002（E）.

第4章 航天器带电粒子辐射吸收剂量计算

4.1 空间带电粒子辐射效应的一般表述

空间带电粒子与航天器相互作用是导致航天器出现故障或失效的重要原因。在空间带电粒子辐射作用下，航天器所用材料和器件会产生电离效应、位移效应及单粒子事件。为了有效地提高航天器在轨服役寿命与可靠性，必须深入开展空间带电粒子辐射效应计算模型与方法研究，为型号设计的选材、防护结构的设计及航天器在轨性能退化的预测提供必要的依据。

具有一定能量的带电粒子入射到靶材料时，可能产生以下四种作用：1) 与靶材料核外电子发生弹性碰撞；2) 与靶材料原子核发生弹性碰撞；3) 与靶材料核外电子发生非弹性碰撞；4) 与靶材料原子核发生非弹性碰撞。碰撞通常是入射的带电粒子与靶原子核或核外电子之间发生的静电库仑作用，而只有在能量很高时入射的带电粒子才会与靶材料原子核发生类似刚性球体之间的直接碰撞。入射带电粒子与靶材料原子核发生弹性碰撞可使后者发生位移，而与核外壳层电子之间的非弹性碰撞会导致原子的电离和激发。一般认为，韧致辐射的产生主要是高能电子与靶材料原子核发生非弹性碰撞的结果。韧致辐射是指带电粒子（主要是电子）在靶原子核库仑电场作用下突然减速或制动时发射的高能电磁辐射（X 射线和 γ 射线）。入射带电粒子与靶原子核或核外电子发生弹性碰撞会引起带电粒子运动方向的改变，即发生散射现象。极高能量带电粒子与靶原子核直接碰撞可能产生核反应。

空间带电粒子对航天器材料和器件的辐射损伤效应，主要是通过电离与原子位移两种方式产生的。电离辐射在靶材料中产生的电子-空穴对；位移辐射形成移位原子和空位对（Frenkel 缺陷对）。这两种作用都可由质子和重离子产生，而能量电子主要产生电离和韧致辐射效应。空间辐射对航天器材料和器件的损伤常表现为累积效应。在高能带电粒子作用下所产生的单粒子事件，实际上是特殊条件下产生的快速的电离效应。带有多电荷的高能重离子在其传输路径上可造成强烈的电离效应，从而导致出现单粒子事件。

空间带电粒子主要是电子与质子，以及少量重离子。电子和质子（或重离子）在材料中的传输特点有明显不同。电子易在材料中产生电离效应，只有高能量电子才能引起位移效应。电子的质量小，在材料中传输时易发生大角度散射，使传输路径变得曲折，如图 4-1 所示[1]。这会使电子射程的计算遇到困难，难以有唯一性的射程值，而只能有条件地计算入射电子在材料中的射程。相比之下，质子在材料中传输路径比较平直，具有明确的射程与能量关系。而且，与电子辐射不同的是，质子能量越高，越易引起电离效应，而能量较低时主要产生位移效应。重离子的质量大，在材料中射程小，但具有较多正电荷与产生快速电离效应的能力。在高能重离子作用下，材料易产生单粒子效应。高能质子及重离子在材料中传输时，均可能通过核反应产生二次粒子，包括二次质子、二次中子及靶原子核碎片等。

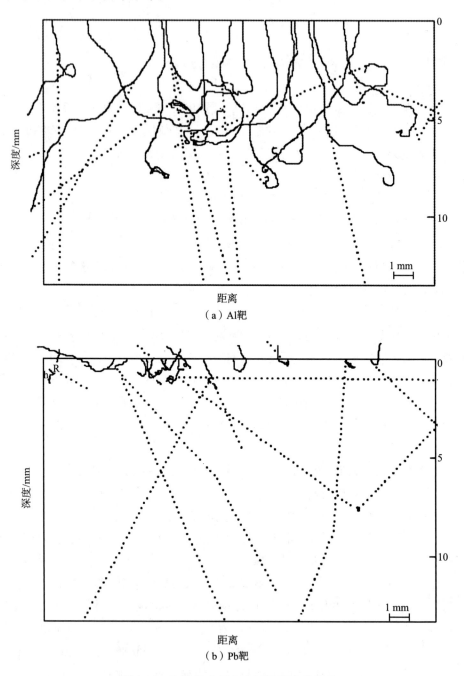

（a）Al靶

（b）Pb靶

图 4-1　5 MeV 电子在 Al 和 Pb 中的路径

采用 GEANT 程序计算，电子从上部垂直入射；图中虚线为入射电子所诱发的韧致辐射光子路径

　　高能带电粒子在材料中传输时，会逐渐损失能量，并将能量传递给靶材料，这是导致靶材料受到辐射损伤的根源。入射粒子在传输路径上的能量损失率（$-dE/dx$）称为靶材料的阻止本领（stopping power）。入射粒子的能量损失可分成核外电子所致能量损失与核致能量损失两部分。电子所致能量损失是入射粒子与靶原子核外电子相互作用所产生的；核致能量损失是入射粒子与靶原子核作用所致。带电粒子与靶材料原子核的弹性碰撞一般通过静电库仑作用实现。只有在粒子能量足够高时，才会直接与靶材料原子核发生非弹性碰撞而引起核反应。在电离辐射情况下，带电粒子在单位长度路径上所损失的能量（$-dE/dx$）又常称为线性能量传递。工程上，常将线性能量传递除以靶材料密度 ρ，即 $\frac{1}{\rho}\left(-\frac{dE}{dx}\right)$，单位为 MeV·cm^2/g，这样做的好处是在带电粒子的种类和能量相同的条件下，不同材料的线性能量传递值近似相同。当入射粒子在材料中的射程以质量厚度（单位为 g·cm^{-2}）表征时，相同种类和能量的带电粒子在不同材料中的射程也大体上相近，如图 4-2 所示[2]。若将射程的单位取为 μm 或 mm 时，入射电子、质子及 α 粒子在 Al 中射程与能量的关系示于图 4-3。在产生位移辐射的条件下，常将 $\frac{1}{\rho}\left(-\frac{dE}{dx}\right)$ 称为非电离能量损失（Non-Ionizing Energy Loss，NIEL）。入射粒子在材料中的线性能量传递或非电离能量损失是计算辐射吸收剂量的基本依据，可通过辐射物理的有关基本公式计算，详见参考文献 [3-6]。

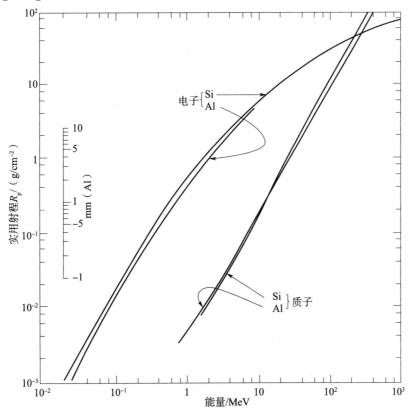

图 4-2　电子和质子在 Al 和 Si 中的射程与入射能量的关系

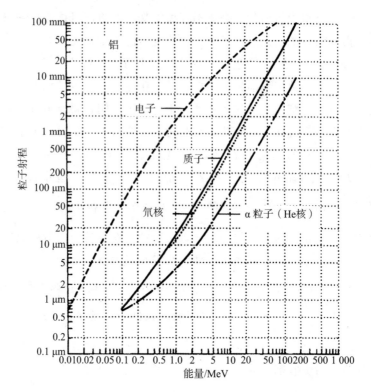

图 4-3　电子、质子及 α 粒子在 Al 中射程与入射能量的关系

4.2　带电粒子辐射能量损失计算

4.2.1　电离辐射能量损失计算公式

　　按照经典原子模型，带正电荷或负电荷的入射粒子从靶材料原子附近掠过时，靶原子的核外电子因库仑作用而受到吸引或排斥，从而获得一定能量。如果核外电子获得的能量大于其与原子轨道的结合能时，就会脱离原子核的束缚而逸出成为自由电子，使原子成为正离子。在实际材料中，这种电离过程表现为使价带中的电子获得能量进入导带，并在价带中留下空穴，即形成电子-空穴对。通常，空间带电粒子对航天器材料和器件的辐射效应主要表现为电离损伤。电离辐射能量损失是指入射带电粒子与靶材料原子核外电子发生非弹性碰撞所引起的能量损失，又称电离损失或靶材料对入射粒子的"电子阻止"。由于入射电子和带电重粒子两者的质量和电荷特性不同，相应的电离辐射能量损失的计算公式不同。文献上有关电离辐射能量损失的计算公式较多，尚未形成统一表达式。随着辐射物理研究的不断深入，计算公式的修正与参数选择逐渐更趋合理，但仍需进行深入研究。本节只给出最基本的计算公式，以供参考。

　　（1）带电重粒子电离辐射能量损失

　　带电重粒子是指质量比电子大得多的带电粒子，如质子与 α 粒子等。考虑相对论和其他校正因子，根据量子理论推导带电重粒子在靶材料中产生的电离碰撞阻止本领，通常采用 Bethe - Bloch 公式计算：

$$\left(-\frac{dE}{dx}\bigg|_{E_0}\right)_{\text{电离}} \approx \frac{4\pi z^2 e^4 NZ}{m_e v^2}\left[\ln\left(\frac{2m_e v^2}{I}\right) + \ln\left(\frac{1}{1-\beta^2}\right) - \beta^2 - \frac{C}{Z} - \frac{\delta}{2}\right] \quad (4-1)$$

式中　z, v——带电重粒子的电荷数和运动速度（$cm \cdot s^{-1}$）；

　　　e——电子的电荷（C）；

　　　m_e——电子的静止质量（g）；

　　　N——每立方厘米靶材料中的原子数目（又称原子密度）；

　　　Z——靶材料的原子序数；

　　　δ——靶材料电子密度效应校正因子；

　　　I——靶材料原子的平均电离能（eV）；

　　　C——靶材料电子壳层效应校正因子。

式（4-1）中，β 等于 v/c，c 是光速；计算所得 $\left(-\frac{dE}{dx}\right)$ 的单位为 erg/cm。

式（4-1）中有三个校正项。一是相对论校正项，包括方括号中的第二、三项。二是 C/Z 校正项，该校正项是考虑到入射粒子速度低于靶材料原子内层轨道电子速度时，被束缚的内层电子不能被电离和激发，即 K，L 及 M 等内层电子不参与阻止入射粒子。三是 $\delta/2$ 修正项，它是入射粒子能量很高（如质子能量在几百兆电子伏，甚至更高）时，针对介质的极化而加入的一项负的校正项。靶原子的平均电离能 I 可通过下式求出

$$I = \begin{cases} (9.76Z + 58.8/Z^{0.19}), Z \geqslant 13 \\ 11.5 \times Z, Z < 13 \end{cases} \quad (4-2)$$

Bethe - Bloch 公式适用于入射粒子能量大于 500I 的情况，当能量小于 500I 时，带电重粒子辐射的能量损失需要通过位移阻止本领进行计算。

（2）电子电离辐射能量损失

入射电子穿入靶物质时，与靶原子的核外电子发生非弹性库仑碰撞，能够将一部分能量传递给核外电子，使靶原子电离或电子受到激发，这与带电重粒子的电离辐射能量损失机理类似。电子电离辐射能量损失是入射电子在靶物质中损失能量的一种重要方式。与带电重粒子不同的是，入射电子与靶原子的核外电子发生库仑相互作用时，一次碰撞便有可能损失较多的能量，最多时可将其本身能量的一半转移给靶原子的核外电子。一般情况下，单次碰撞的平均能量转移为几千电子伏。因此，一次碰撞后入射电子的运动方向会有较大的改变。

能量较低时，速度为 v 的入射电子与靶原子核外电子非弹性碰撞所引起的能量损失表达式如下

$$\left(-\frac{dE}{dx}\bigg|_{E_0}\right)_{\text{电离}} = \frac{4\pi e^4 NZ}{m_e v^2}\left[\ln\left(\frac{2m_e v^2}{I}\right) + 1.232\,9\right] \quad (4-3)$$

式（4-3）中各物理量的定义与式（4-1）相同。

入射电子能量较高时，应考虑相对论效应。修正后的电子阻止本领表达式为

$$\left(-\frac{\mathrm{d}E}{\mathrm{d}x}\bigg|_{E_0}\right)_{\text{电离}} = \frac{2\pi e^4 NZ}{m_e v^2}\left[\ln\frac{m_e v^2 E}{2I^2(1-\beta^2)} - (\ln 2)(2\sqrt{1-\beta^2} - 1 + \beta^2) + (1-\beta^2) + \frac{(1-\sqrt{1-\beta^2})^2}{8}\right]$$

$$(4-4)$$

式（4-4）中，E 为入射电子的动能，即为总能量与静止能量之差；其余各物理量的定义同式（4-1）。

4.2.2 韧致辐射能量损失计算公式

当带电的能量粒子到达靶原子核的库仑场时，可通过库仑引力或斥力使入射粒子的速度和方向发生明显变化。这时运动着的带电粒子与靶原子核发生非弹性碰撞。伴随着粒子运动状态的急剧改变，会产生高能电磁辐射，称为韧致辐射（bremsstrahlung）。韧致辐射光子具有连续能谱，最高能量可至入射带电粒子的能量。高能的韧致辐射光子能够对靶材料产生电离损伤。质子或重离子由于质量较大，受靶原子核库仑场的制动作用较小，难以诱发较强的韧致辐射效应。空间高能电子是在航天器材料和器件中诱发韧致辐射的主要辐射源。入射的高能电子在靶材料中被吸收时，所产生的韧致辐射光子具有很强的穿透能力，能够在穿行过程中对靶材料继续产生辐射损伤。靶材料的原子序数越高，韧致辐射效应的影响就越大。韧致辐射光子的能量不同，对靶材料的作用机制不同。韧致辐射光子能量小于 0.1 MeV 时，易于通过非弹性碰撞将能量全部传递给靶原子内壳层电子，形成光电子（光电效应）。能量约为几 MeV 时，韧致辐射光子可将部分能量传递给靶原子外壳层电子而成为散射光子，并产生二次反冲电子，称为康普顿散射。韧致辐射光子能量达到 10 MeV 后，靶原子核发生非弹性碰撞，形成正、负电子对（电子对效应）。这三种使韧致辐射光子能量衰降的过程都涉及二次电子的形成（电离效应）。通常，将韧致辐射对入射高能电子所造成的能量损失称为辐射能量损失 $\left(-\frac{\mathrm{d}E}{\mathrm{d}x}\right)_{\text{辐射}}$。韧致辐射能量损失或阻止本领计算公式有不同的表达形式，下面给出一种常用的形式。

带电粒子产生韧致辐射所引起的辐射能量损失或阻止本领如下式所示

$$\left(-\frac{\mathrm{d}E}{\mathrm{d}x}\right)_{\text{辐射}} \propto \frac{z^2 Z^2}{m^2} NE \tag{4-5}$$

式中　E，m，z——入射粒子的动能、静止质量和原子序数；

　　　　Z，N——靶材料的原子序数和原子数密度。

对于入射的高能电子，韧致辐射能量损失的基本表达式如下

$$\left(-\frac{\mathrm{d}E}{\mathrm{d}x}\right)_{\text{辐射}} = \frac{ENZ(Z+1)e^4}{137m_e^2 c^4}\left[4\ln\left(\frac{2E}{m_e c^2}\right) - \frac{4}{3}\right] \tag{4-6}$$

式（4-6）中，$m_e c^2$ 为电子静止能量；其余物理量同式（4-5）。

由式（4-5）可见，韧致辐射能量损失与粒子能量 E 成正比。入射电子能量越高，韧致辐射能量损失越大。在靶材料中，入射电子的能量损失应为电离碰撞能量损失与韧致辐射能量损失之和。因此，入射电子能量低时，电离辐射能量损失占优势；入射电子能量高时，韧致辐射能量损失占主导。当电子的能量小于 100 keV 时，韧致辐射能量损失可以忽

略不计。入射电子能量增加到 10～100 MeV 时，轫致辐射能量损失将可能大于电离碰撞能量损失。入射电子产生轫致辐射所引起的能量损失与电离辐射能量损失之比，可由下式计算

$$\frac{(-\frac{\mathrm{d}E}{\mathrm{d}x})_{\text{辐射}}}{(-\frac{\mathrm{d}E}{\mathrm{d}x})_{\text{电离}}} \approx \frac{EZ}{700} \qquad (4-7)$$

式中　E——入射电子能量（MeV）；

　　　Z——靶原子序数。

由于带电粒子轫致辐射的阻止本领与粒子静止质量 m 的平方成反比，较重的粒子（如质子、α 粒子等）产生轫致辐射的几率很小。

4.2.3　位移辐射能量损失计算公式

带电粒子与靶材料原子发生库仑相互作用时，会改变各自的运动速度和方向，在这个过程中不辐射光量子，也不激发原子核，二者碰撞前后保持动量守恒和总动能守恒。发生位移碰撞后，入射带电粒子损失能量（散射），被撞靶原子反冲，分别将前者称为散射粒子，后者称为反冲粒子。入射带电粒子可以多次与靶材料原子发生弹性碰撞，使其能量逐渐损失。同时，反冲的靶材料原子获得的能量较高时，也可以与其他原子碰撞，产生二次、三次和更高次的反冲原子（级联碰撞）。这种级联碰撞过程成为造成靶材料位移辐射损伤的重要原因。位移辐射损伤实际上是入射粒子与靶物质原子核发生弹性碰撞所致。靶物质原子核对入射带电粒子的阻止作用，称为核阻止。在入射带电粒子能量较低或质量较大时，核阻止作用会对辐射能量损失有重要贡献。

位移辐射能量损失又称核阻止本领，即入射粒子在单位长度路程上与靶物质原子核弹性碰撞所产生的能量损失。随着入射粒子速度的减小，靶物质的核阻止本领逐渐增大。在入射粒子速度 $V \ll V_0$（$V_0 = 2.2 \times 10^8$ cm/s，称为玻尔速度）时，核阻止本领在入射粒子的能量损失中占主导地位。位移辐射能量损失通常以非电离能量损失（NIEL）表征，单位为 MeV·cm^{-1} 或 MeV·cm^2·g^{-1}。

在计算入射电子及离子（质子及其他重离子）的非电离能量损失时，需要给定靶原子位移微分散射截面，用于表征局域位移碰撞概率。在空间带电粒子能谱范围内，入射电子与靶原子核主要发生库仑相互作用（Rutherford 弹性散射）。对于质子及其他重离子，能量低（<10 MeV）时采用 Rutherford 弹性散射表征其弹性碰撞；能量较高（>10 MeV）时，尚需在 Rutherford 弹性散射的基础上，适当考虑其与靶原子核直接碰撞的影响。当质子或重离子的能量很高（如质子能量>100 MeV）时，需要考虑核反应并通过经验数据给定非电离能量损失的具体数值。

空间高能带电粒子的非电离能量损失基本计算公式如下

$$\text{NIEL}(E) = \frac{N}{A} \int_{T_d}^{T_{\max}} \left(\frac{\mathrm{d}\sigma}{\mathrm{d}T}\right)_E \cdot Q(T) \cdot T(E) \mathrm{d}T \qquad (4-8)$$

式中　N——阿伏加德罗常数；

A——靶原子质量；

E——入射粒子能量；

T（E）——一个能量 E 的粒子传递给靶原子的能量，即产生反冲原子的能量；

$d\sigma$——粒子传递给靶原子能量 dT 时总的微分散射截面（弹性散射＋非弹性散射）；

T_d——靶原子位移阈值能量；

T_{max}——粒子对靶原子的最大传递能量；

Q（T）——Lindhard 能量分配函数（在低能时尤为重要），表征电离与位移两种碰撞传输能量的分配比例。

在式（4-8）中引入 Q（T）函数项，用于界定入射粒子对靶原子传递能量 T 中沉积于弹性碰撞的份额。

当入射粒子能量足够高时，反冲原子将发生核反应。此时，需要考虑靶原子的各反冲核子对非电离能量损失的贡献，可由下式计算非电离能量损失

$$\text{NIEL}_{nuc}(E) = \frac{N}{A} \cdot \sum_i \int_{T_d}^{T_{max}} \left(\frac{d\sigma_i}{dT}\right)_E \cdot Q_i(T) \cdot T_i(E) dT \tag{4-9}$$

式中　指数 i——靶原子核反应产生的某种反冲核子；

$d\sigma_i$——i 种反冲核子的微分散射截面；

$Q_i(T)$——i 种反冲核子的能量分配函数，用于界定核子位移传递入射能量所占的比例；

$T_i(E)$——在能量为 E 的粒子作用下 i 种反冲核子的动能；

其余符号——同式（4-8）。

每种反冲核子的微分散射截面和能量分配函数可基于 GEANT4 模拟软件和数据库进行计算。

在求解非电离能量损失时，除了微分散射截面外，Lindhard 能量分配函数也是重要的参量。下面分别说明 Lindhard 函数的计算方法，以及电子和质子非电离能量损失计算方法。

（1）Lindhard 能量分配函数计算

Lindhard 函数 $Q_L(T)$ 值可以通过试验或理论计算求得，其理论计算公式为

$$Q_L(T) = 1/[1 + K_L g(T/E_L)] \tag{4-10}$$

式中　$E_L = (Z_1 Z_2 e^2/a)(M_1 + M_2)/M_2$（$Z_1$ 和 Z_2 分别为入射粒子和靶材料的原子序数，M_1 和 M_2 分别为入射粒子和靶材料的原子质量）；

$g(T/E_L) = T/E_L + 0.402\,44\,(T/E_L)^{3/4} + 3.400\,8\,(T/E_L)^{1/6}$；

$T/E_L = \varepsilon_L = 0.010\,14 \cdot Z_2^{-7/3} \cdot T$；

$K_L = \dfrac{32}{3\pi} \left(\dfrac{m_0}{M_2}\right)^{1/2} \dfrac{(M_1 + M_2)^{3/2} \cdot Z_1^{2/3} \cdot Z_2^{1/2}}{M_1^{3/2} (Z_1^{2/3} + Z_2^{2/3})^{3/4}}$；

e，m_0——电子的电荷和质量；

a——库仑屏蔽半径（按 Moliere 势计算时取 $a = 0.885\,3a_0/(Z_1^{2/3} + Z_2^{2/3})^{1/2}$，且 $a_0 = 0.052\,917$nm）。

$Q_L(T)$ 函数除式（4-10）外，较新的表达式如下

$$Q_N(T) = 1/[1 + K_L g_N(T/E_L)] \qquad (4-11)$$

式中，$g_N(T/E_L) = 0.744\,2T/E_L + 1.681\,2(T/E_L)^{3/4} + 0.905\,65(T/E_L)^{1/6}$，在较低能量粒子辐射时该公式计算值与试验数据吻合较好。

（2）入射电子非电离能量损失的计算方法

对于入射电子而言，靶原子位移微分散射截面的数学表达式为

$$\frac{d\sigma}{d\Omega} = \left(\frac{d\sigma}{d\Omega}\right)_R \cdot F(\beta, \theta) \qquad (4-12)$$

式中　$\beta = \dfrac{v}{c}$——相对速度（c 为光速）；

$\left(\dfrac{d\sigma}{d\Omega}\right)_R = \dfrac{r_0^2 Z^2(1-\beta^2)}{[\beta^4(1-\cos\theta)^2]}$——相对论 Rutherford 散射截面；

$r_0 = 2.818 \times 10^{-13}$ cm——经典电子半径；

Z——靶原子的核电荷数或原子序数；

θ——电子碰撞散射角；

Ω——立体角。

计算式（4-12）时 $F(\beta, \theta)$ 函数常应用 Mckinley - Feshbach 近似，即

$$F_{KF}(\beta, \theta) = 1 - \frac{1}{2}\beta^2\sin^2(\theta/2) + \pi\alpha\beta[1 - \sin(\theta/2)]\sin(\theta/2) \qquad (4-13)$$

式（4-13）中，$\alpha = E/137$，其适用范围是 $Z < 20$，并且散射角 θ 要小。在考虑靶原子核外电子壳层空间电荷对入射电子屏蔽效应的情况下，更为广泛采用的是

$$F_{MS}(\beta, \theta) = \sum_{j=0}^{4} a_j(\beta, \theta, Z)(1 - \cos\theta + 2\eta)^{j/2} \qquad (4-14)$$

式中　η——靶原子核外电子屏蔽参数；

a_j——参数在相关文献中给出。

对于屏蔽参数 η，可应用如下表达式

$$\eta = 1.7 \times 10^{-5}\frac{1-\beta^2}{\beta^2 \cdot Z^{2/3}}\left[1 + 4\alpha\chi\left(\frac{1-\beta^2}{\beta^2 \cdot \ln\chi}\right) + \frac{0.231}{\beta} + 1.448\beta\right] \qquad (4-15)$$

式（4-15）中，$\chi = 8.25 \times 10^{-3}\dfrac{(1-\beta^2)^{1/2}}{\beta \cdot Z^{1/3}}$。

因此，入射电子与靶原子发生库仑屏蔽碰撞时，Rutherford 散射截面为

$$\left(\frac{d\sigma}{d\Omega}\right)_R = \frac{r_0^2 \cdot Z^2(1-\beta^2)}{\beta^4(1-\cos\theta + 2\eta)^2} \qquad (4-16)$$

式中　Ω——立体角。

对于入射电子非电离能量损失的计算，需要将 $\dfrac{d\sigma}{d\Omega}$ 转化为 $\dfrac{d\sigma}{dT}$。T 为入射电子与靶原子碰撞时传递的能量，其表达式为

$$T = T_{max}\sin^2(\theta/2) \qquad (4-17)$$

式（4-17）中，$T_{max} = 2\,148E(2E+1.022)/M_2$，单位：eV；$E$ 为入射电子的能量，单位：MeV；M_2 为靶材料原子核质量（相对原子质量）。所以，可以将 $F_{KF}(\beta, \theta)$ 转化为

$F_{KF}(T)$，并将 $F_{MS}(\beta,\theta)$ 转化为 $F_{MS}(T)$。通过 $F_{MS}(T)$ 和 $(\dfrac{d\sigma}{d\Omega})_R$，可以计算 $\dfrac{d\sigma}{dT}$。最后，结合式（4-11），并通过式（4-8）计算入射电子的非电离能量损失值。

（3）入射质子非电量能量损失的计算方法

对于入射质子而言，计算非电离能量损失时除了涉及库仑散射作用外，还需要考虑级联碰撞过程以及核反应。库仑散射在质子能量低时占主导优势。当入射质子的能量高于10 MeV 时，需要在库仑散射的基础上附加直接弹性碰撞（刚球碰撞）作用。但是，由于这两者在能量上存在相重合的部分，不能直接相加，需要优化计算模型，以便不致影响微分散射截面的计算。优化模型中的参数均为试验数据。

碰撞散射角度较小时，可以认为只存在库仑散射作用。散射角 θ 约等于 5° 时，可作为库仑散射与核弹性碰撞的分界值。所以，入射质子非电离能量损失的计算分为两种情况：1）当 $\theta < 5°$ 时，采用库仑散射截面计算；2）当 $\theta \geqslant 5°$ 时，应用 MCNPX 程序中的微分散射截面，并对非弹性核碰撞采用 ENDF/B-Ⅵ 数据集计算。

4.2.4 带电粒子辐射能量损失计算的蒙特卡罗方法

4.2.4.1 引言

采用理论公式计算带电粒子辐射能量损失较为复杂，难以精确求解入射粒子在材料中的传输过程。随着计算机技术的发展，蒙特卡罗方法得到了广泛应用[7]。蒙特卡罗方法是通过跟踪大量单个粒子的游走"历史"来模拟入射粒子在材料中的输运过程。每个粒子的"历史"开始于某一特定的能量、位置和运动方向。粒子的运动被认为是在两体弹性碰撞下改变运动方向，而在两次弹性碰撞之间粒子的运动为直线"自由飞行"。角度偏转和能量损失都归结到各次自由程（即游走步长）的端点处。粒子的动能由于碰撞和散射过程而减小。当粒子的能量减小到某一最低阈值或者粒子的位置到达靶材之外时，粒子的"历史"终止。采用该方法时通常对靶材料作无定形结构假设，即认为靶材料原子为均匀随机分布。

蒙特卡罗方法相对于建立在粒子输运理论上的公式解析法有其独特的优点，它能够对弹性散射进行严格处理，对边界和界面给予直观考虑，并且很容易确定粒子的能量和角分布；其主要缺点是计算资源开销大，常常需要在计算时间和计算精度之间进行权衡。

4.2.4.2 质子或离子能量损失计算

入射质子或离子在材料中的输运过程，主要源于经典量子力学的粒子碰撞。当能量粒子穿过材料时，靶材料原子反冲并吸收能量，结果导致入射粒子能量衰减，其运动速度和轨迹的变化可通过动量和能量守恒加以计算。入射粒子的能量损失（$-dE/dX$），一部分用于激发靶材料原子内部的自由度（激发与电离），另一部分用于靶材料原子的整体平移运动（位移）。这两部分能量损失，分别称为非弹性能量损失和弹性能量损失。

SRIM 程序[8]是常用的计算质子或离子辐射能量损失与射程的软件，全称为：Stopping and Range of Ions in Matter，入射质子或离子的能量范围为 10 eV/n～2 GeV/n，基本思路是通过量子力学方法处理入射质子或离子与靶材料原子的碰撞，并采用统计学算法进行计算。入射质子或离子在所计算的各次碰撞之间跳越,应对其间的碰撞结果进行平均处理。在碰撞过程中,入射质子或离子会与靶材料原子发生库仑屏蔽碰撞,包括重叠电子壳层间的交换与关联交互作用。入射质子或离子在靶材料内通过长程交互作用产生电子激发。计算时通过靶材料的集约式电子结构和原子键结构加以描述(提供标准值表)。入射质子或离子在靶材料中的电荷状态用有效电荷概念表述,可给出粒子速度与电荷状态的关系,并表征靶材料内集约式电子状态所产生的长程屏蔽效应。

SRIM 程序包含 TRIM(Transport of Ions in Matter)。TRIM 程序能够对不同材料的多层靶材进行分析,最多可至 8 层。入射质子或离子在靶材料中的三维分布及各种与离子能量损失有关的动力学过程均可以采用 SRIM 程序进行计算,包括靶材料的位移损伤、电离吸收剂量及声子产率等。靶材料原子的级联碰撞过程能够详实地加以跟踪。SRIM 程序可在线运行,能够给出入射质子或离子在靶材料中的最终分布及能量损失计算结果,应用时可登录网址:http://www.research.ibm.com/ionbeams/SRIM/SRIMINTR.HTM。

4.2.4.3　电子能量损失计算

入射电子在材料中的能量损失涉及电离碰撞和轫致辐射两个过程,被认为是许多次电离碰撞的分立能量损失和轫致辐射能量损失之和。入射电子能量较低时,电离碰撞能量损失占主导;入射电子能量较高时,以轫致辐射能量损失为主。碰撞散射截面积分的处理采用 Moliere 散射势和解析表达式。入射电子在材料中容易受到靶材料原子的库仑场作用,使电子的游走"历史"较为复杂。在入射电子的轨迹长度内,碰撞次数相当多。通过蒙特卡罗方法计算一个电子的游走"历史"要比中性粒子的计算量大上千倍。为了减少计算量,可采用浓缩"历史"的方法。其基本思路是把真实的物理上的随机游走过程划分为若干阶段,每个阶段包含多次游走,即把多次随机碰撞合并成一次碰撞,并作为一步游走进行处理。对电子游走时所涉及能量和飞行方向的转移概率由近似的多次散射理论模型给出。

已有的蒙特卡罗计算程序包括:1) ETRAN 程序[9],用于计算入射电子和光子在平板靶材中的输运;2) ITS/TIGER 程序[10],用于计算各种形状靶材中入射电子和质子的输运;3) GEANT - 4 程序(欧洲高能物理实验室开发),用于计算复杂形状靶材中入射电子、质子和光子的输运;其应用网址:http://www.info.cern.ch/asd/geant4/geant4.html/。

利用上述程序,可针对入射电子在靶材料中的能量损失给出以下结果:1) 入射电子的透过率与背散射率;2) 入射电子输运诱发的轫致辐射产率;3) 入射电子束在厚靶中沉积的能量;4) 靶材料深度对电子通量谱的影响;5) 电子辐射吸收剂量与防护层深度的关系(剂量-深度分布)。

4.3　带电粒子辐射吸收剂量计算

4.3.1　带电粒子辐射吸收剂量计算公式

入射带电粒子与靶材料原子的交互作用涉及核阻止本领 $(-\mathrm{d}E/\mathrm{d}X)_\mathrm{n}$ 和电子阻止本领 $(-\mathrm{d}E/\mathrm{d}X)_\mathrm{e}$。相应所产生的辐射损伤效应分为位移效应与电离效应。辐射吸收剂量的计算实际上是对入射粒子在靶材料中沉积能量的量化表征。位移效应和电离效应所涉及的入射粒子在靶材料中沉积能量的方式不同，使计算吸收剂量的基本参数有所区别。发生电离辐射时，计算辐射吸收剂量的基本参数是入射粒子在靶材料中的线性能量传递（LET）；而发生位移辐射时，计算的基本参数为非电离能量损失（NIEL）。因此，计算带电粒子辐射吸收剂量时，需要针对电离效应与位移效应分别进行。

4.3.1.1　单能粒子电离辐射吸收剂量

通常，将电离辐射吸收剂量的计算分成单能粒子辐射和能谱粒子辐射两种情况。单能粒子辐射吸收剂量计算是进行能谱粒子辐射计算的基础。在单能粒子辐射计算时，视入射粒子能量的高低，又可分为穿透辐射与未穿透辐射两种情况。

（1）穿透辐射

辐射吸收剂量是表征空间粒子与航天器材料交互作用的参量。辐射吸收剂量的传统定义是在粒子穿透靶材（符合薄靶模型）的条件下，单位质量物质所吸收的辐射能量，单位为 Gy 或 rad（1 Gy＝1 J/kg；1 rad＝100 erg/g；1 Gy＝100 rad）。电离辐射薄靶模型如图 4-4 所示，所需满足的条件为：$x_0 \ll \{a,b\}$，$x_0 \ll R(E_0)$，$L(E_0) = \mathrm{const}(x)$ 及 $l = x_0\cos\theta$。其中，x_0 为靶材厚度；a 和 b 分别为靶材长度与宽度；E_0 为粒子的能量；R 为粒子在靶材中的射程；L 为粒子在靶材中的线性能量传递，即 LET；l 为粒子在靶材中运动路径的长度；θ 为粒子辐射角。由于满足薄靶模型时，线性能量传递为常数（不随粒子入射深度 x 变化），则吸收剂量可由下式计算

$$D = \frac{\Delta E}{m} = \frac{L \cdot \rho \, x_0/\cos\theta \cdot \varPhi S\cos\theta}{\rho \cdot x_0 \cdot S} = L\varPhi \qquad (4-18)$$

式中　D——吸收剂量；

　　　m——靶材质量；

　　　ρ——靶材料密度；

　　　$\varPhi$——粒子辐照注量；

　　　S——粒子辐照面积。

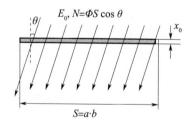

图 4-4　粒子辐射薄靶模型示意图

（2）未穿透辐射

单能粒子电离辐射时，若粒子能量较低未能穿透靶材，而只造成靶材表层损伤，则粒子在靶材料中的线性能量传递随粒子入射深度变化，即 LET≠const（x），这种情况难以用式（4-18）计算吸收剂量。参照吸收剂量的传统定义，可按照下式计算单能粒子未穿

透辐射平均吸收剂量

$$D = \frac{\Phi \cdot E}{\rho \cdot R} = \frac{\varphi \cdot E \cdot t}{\rho \cdot R} \tag{4-19}$$

式中　Φ——粒子辐照注量；

　　　E——单个入射粒子能量；

　　　ρ——靶材料的密度；

　　　R——粒子在材料中的射程；

　　　φ——粒子辐照通量；

　　　t——辐照时间。

　　实际上，发生未穿透辐射时，由于粒子的线性能量传递随入射深度变化，计算结果应为吸收剂量沿靶材深度的分布曲线。为此，需要进行分层计算，使每个分层的厚度都满足薄靶模型要求。单能粒子发生未穿透辐射时，吸收剂量应为各个分层吸收剂量之和，即按下式计算

$$D \approx \Phi \cdot \sum_i (\mathrm{LET})_i \tag{4-20}$$

式中　i——靶材按厚度的分层数；

　　　$(\mathrm{LET})_i$——各分层的线性能量传递；

　　　Φ——入射粒子辐照注量。

　　为了计算入射粒子在各分层中的 LET，需要通过蒙特卡罗方法模拟入射粒子的传输过程，建立 $(-\mathrm{d}E/\mathrm{d}X)$ 随入射深度 X 的变化曲线。根据各个分层所对应的深度，便可求得相应的 $(\mathrm{LET})_i$ 值。

4.3.1.2　能谱粒子电离辐射吸收剂量

　　空间带电粒子具有宽能谱特征。不同能量粒子的通量和射程均有很大差别，使得空间带电粒子辐射吸收剂量的计算较为复杂。空间能谱范围内的粒子辐射可能出现穿透辐射与未穿透辐射两种情况共存的局面。若所有空间带电粒子都能穿透靶材，可参照式（4-18）按下式计算电离辐射吸收剂量

$$D = k \int_{E_{\min}}^{E_{\max}} \mathrm{LET}(E) \cdot \Phi(E) \mathrm{d}E \tag{4-21}$$

式（4-21）中，吸收剂量 D 的单位为 rad；$\mathrm{LET}(E)$ 表示能量为 E 的粒子在靶材料中的线性能量传递，即 $\mathrm{LET}(E) = \frac{1}{\rho}(-\frac{\mathrm{d}E}{\mathrm{d}X})$；$\Phi(E)$ 表示能量为 E 的粒子辐照注量（或称微分注量），即 $\Phi(E) = \varphi(E) \cdot t$；$k$ 为量纲转化系数，$k = 1.6 \times 10^{-8}$ rad·g/MeV。

　　当具有能谱的粒子辐射出现未穿透的情况时，可参照式（4-19）将吸收剂量计算公式改写为

$$D = \frac{t}{\rho} \int_{E_{\min}}^{E_{\max}} \varphi(E) \left(-\frac{\mathrm{d}E}{\mathrm{d}X}\right)_E \mathrm{d}E \tag{4-22}$$

式中　$\varphi(E)$——轨道上粒子微分通量能谱；

　　　$\left(-\dfrac{\mathrm{d}E}{\mathrm{d}X}\right)_E$——能量为 E 的粒子在靶材料中的电离辐射能量损失；

ρ——靶材料密度；

t——辐照时间。

实际上，式（4-21）是在假设空间能谱中所有粒子辐射都能穿透时，对式（4-22）按薄靶模型进行的简化，该式的计算比较容易，但在具体计算过程中，还需要考虑辐射粒子的种类。航天器轨道上存在着地球辐射带、银河宇宙线及太阳宇宙线三类粒子，应分别按式（4-21）或式（4-22）进行计算，并最终求其和。

式（4-22）主要由 $\mathrm{LET}(E) = \dfrac{1}{\rho}\left(-\dfrac{\mathrm{d}E}{\mathrm{d}X}\right)$ 与 $\varPhi(E) = \varphi(E) \cdot t$ 两部分组成，后者可根据轨道上带电粒子能谱与航天器任务期求得，关键在于计算 $\dfrac{1}{\rho}\left(-\dfrac{\mathrm{d}E}{\mathrm{d}X}\right)$。为简化计算过程，可通过下式针对具有能量 E 的粒子辐射，计算单位辐照注量在靶材厚度为 d 时产生的吸收剂量

$$D'(E,d) = 1.6 \times 10^{-8} \times \frac{1}{\rho}\left(-\frac{\mathrm{d}E}{\mathrm{d}X}\right) \tag{4-23}$$

式（4-23）中，1.6×10^{-8} 为量纲转化系数，单位为 $\mathrm{rad \cdot g/MeV}$。这种算法的好处是能够将单位面积上单个粒子辐射吸收剂量的求解，直接与粒子在靶材料中的能量损失 $\left(-\dfrac{\mathrm{d}E}{\mathrm{d}X}\right)$ 相联系。入射粒子在靶材料中的能量损失 $\left(-\dfrac{\mathrm{d}E}{\mathrm{d}X}\right)$ 与入射深度 X 的关系曲线，可通过蒙特卡罗方法或已有计算程序建立。借助于所建立的 $\left(-\dfrac{\mathrm{d}E}{\mathrm{d}X}\right)$ 与 X 的关系曲线，便可直接对式（4-23）求解。因此，通过式（4-23），可以简化式（4-22）的积分求解过程，易于得到空间粒子连续能谱条件下电离辐射吸收剂量的数值积分解。

针对空间带电粒子能谱条件，计算不同能量粒子在靶材某一深度 d 产生电离辐射吸收剂量的公式如下

$$D(d) = \sum_{E} \varPhi(E) \cdot D'(E,d) \cdot \Delta E \tag{4-24}$$

式中　$D(d)$——空间能谱粒子辐照在暴露材料或器件深度为 d 时产生的吸收剂量；

$\varPhi(E)$——能量为 E 的空间粒子的辐照微分注量；

$D'(E, d)$——单位辐照注量条件下能量为 E 的粒子在暴露材料或器件深度为 d 时的电离辐射吸收剂量。

4.3.1.3　带电粒子位移辐射吸收剂量

空间带电粒子产生位移辐射吸收剂量的计算方法，类似于式（4-21）的计算。对于位移辐射吸收剂量而言，其表达式为

$$D = k \int_{E_{\min}}^{E_{\max}} \mathrm{NIEL}(E) \cdot \varPhi(E) \mathrm{d}E \tag{4-25}$$

式中　D——吸收剂量（rad）；

$\mathrm{NIEL}(E)$——某能量为 E 的粒子在靶材料中的非电离辐射能量损失；

$\varPhi(E)$——能量为 E 的粒子辐照注量，即 $\varPhi(E) = \varphi(E) \cdot t$；

k——量纲转化系数，$k = 1.6 \times 10^{-8}\ \mathrm{rad \cdot g/MeV}$。

4.3.2　SHIELDOSE 程序算法与应用

4.3.2.1　SHIELDOSE 程序算法

　　空间带电粒子在靶材料中的电离辐射吸收剂量常采用 SHIELDOSE 程序[11]计算。图 4-5 为 SHIELDOSE 程序中三种基本防护层模型,防护层为 Al,剂量计算点为 Si(薄靶)。这种防护构型与航天器上电子器件的实际防护情况相符合。针对这种特定的防护构型,所计算的电离辐射吸收剂量与 Al 防护层深度或厚度的关系曲线称为剂量深度分布,是表征空间电离辐射环境对航天器影响的特征曲线。若入射粒子是质子,电离辐射吸收剂量的计算只考虑质子辐射本身的影响;而对于电子,除考虑其本身辐射的能量沉积外,还要考虑二次轫致辐射光子的作用。对于球形防护层,应计算球体中心的电离辐射吸收剂量,该中心点被等厚度 Al 防护层所屏蔽,粒子从空间各个方向入射。对于有限厚度平板防护层,应计算经过有限厚度 Al 防护层后 Si 薄靶的吸收剂量,粒子仅从一侧表面入射。对于半无限厚平板防护层,计算条件与有限厚度防护层的计算条件相类似,差别只是假设靶材在另一侧方向的厚度为无限大。

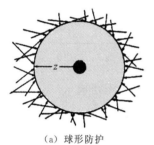 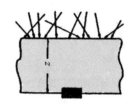 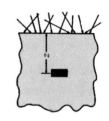

（a）球形防护　　　　　　（b）有限厚度平板防护　　　　（c）半无限厚平板防护

图 4-5　防护层模型

　　SHIELDOSE 程序是在 Seltzer[12] 所建立的数据集的基础上建立的,包含单位辐照注量条件下的电离辐射吸收剂量与粒子能量及 Al 防护层深度的关系。入射粒子能谱在防护层某一深度的总吸收剂量可在考虑每种能量粒子通量和辐照时间的基础上,对各种能量粒子辐射的贡献求和。Seltzer 首先于 1979 年应用 ETRAN 程序模拟了电子和轫致辐射光子的输运,并在各向同性入射不同能量电子的条件下,计算了半无限厚平板 Al 防护层不同深度的吸收剂量 $D(X,E)$。利用所得到的 $D(X,E)$ 数据集,可针对任一给定的空间粒子能谱,计算在各防护层深度 X 条件下不同能量粒子总的电离辐射吸收剂量,得到该能谱条件下的辐射吸收剂量-深度分布曲线。发生质子电离辐射时,$D(X,E)$ 数据集是在"直线路径连续慢化"的近似条件下计算得到的。

　　图 4-6,图 4-7 及图 4-8 给出了 SHIELDOSE 程序分别针对入射电子、二次轫致辐射光子及入射质子的电离辐射吸收剂量计算结果(剂量计算点为 Si)[2],计算时均假设防护层为半无限厚 Al 平板,且入射电子和质子在 4π 立体角内为各向同性。对于每种辐射(电子、轫致光子及质子),均分别给出两组关系曲线:一组曲线为在不同 Al 防护层厚度条件下,Si 的电离辐射吸收剂量与入射粒子能量的关系;另一组曲线为在不同入射粒子能

量条件下，Si 的电离辐射吸收剂量与 Al 防护层厚度的关系。图 4-6～图 4-8 纵坐标为防护层后 Si 的吸收剂量，归一化为单位入射粒子注量条件下的吸收剂量。图 4-6，图 4-7 及图 4-8 所代表的数据集，已成为针对不同轨道带电粒子能谱计算航天器上材料或器件吸收剂量-深度分布的基础。

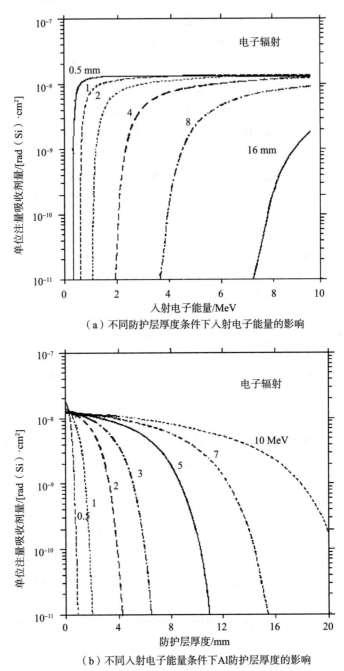

（a）不同防护层厚度条件下入射电子能量的影响

（b）不同入射电子能量条件下 Al 防护层厚度的影响

图 4-6　半无限厚 Al 板防护时电子辐射吸收剂量深度分布

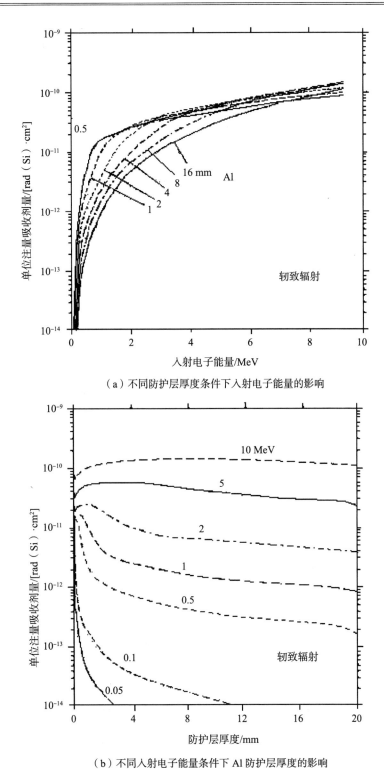

（a）不同防护层厚度条件下入射电子能量的影响

（b）不同入射电子能量条件下 Al 防护层厚度的影响

图 4-7　半无限厚 Al 板防护时韧致辐射吸收剂量深度分布

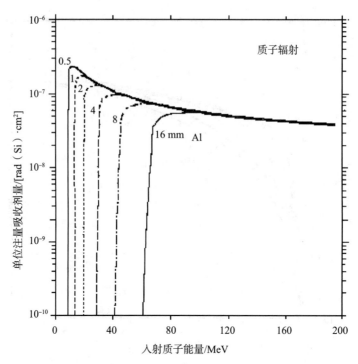

（a）不同防护层厚度条件下入射质子能量的影响

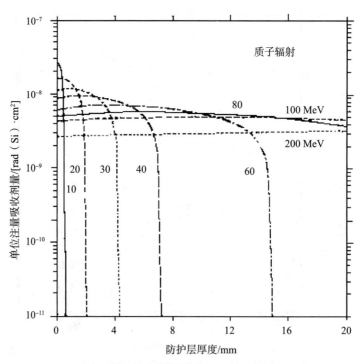

（b）不同入射质子能量条件下 Al 防护层厚度的影响

图 4-8　半无限厚 Al 板防护时质子辐射吸收剂量深度分布

实际上，防护层的几何结构会影响辐射吸收剂量的计算结果。在平板防护层条件下，辐照粒子从一侧入射时，不垂直于表面的入射粒子在防护层内的输运路径较长，使计算的防护层后吸收剂量偏低。采用平板防护层模型的好处是有利于蒙特卡罗方法的计算效率。采取球形防护层时，来自各方向的入射粒子均以最短路径到达球心，所受到的屏蔽作用较小，使防护层后吸收剂量的计算结果趋于偏高。在航天器轨道辐射环境效应初期评估阶段，通常采用球形防护层模型。从半无限厚平板防护模型向球形防护层模型转化时，可由下式计算吸收剂量

$$D_{\mathrm{sp}}(Z) = 2D_{\mathrm{pl}}(Z) \cdot (1 - \frac{\mathrm{dlg}\, D}{\mathrm{dlg}\, Z}) \qquad (4-26)$$

式中　D_{sp}——球形防护层时球心处吸收剂量；

　　　D_{pl}——半无限厚平板防护层后的吸收剂量；

　　　Z——防护球半径或平板防护层深度。

式（4-26）中对数的导数之比是拟合 $\lg D_{\mathrm{pl}}(Z)$ 的一种数学方法。工程上，通常采用球形防护层模型计算航天器内电离辐射吸收剂量深度分布。

4.3.2.2　SHIELDOSE 程序应用

采用 SHIELDOSE 程序，并结合轨道带电粒子能谱计算吸收剂量-深度分布曲线，已经成为航天器轨道辐射环境效应评价的基本方法[2]。工程上，将针对轨道辐射环境条件所计算的 Si 薄靶吸收剂量与 Al 防护层厚度的关系，称为轨道吸收剂量-深度分布。图 4-9 为针对低地球轨道（1 000 km，28.5°）SHIELDOSE 程序计算 Si 薄靶年吸收剂量与球形 Al 防护层厚度的关系曲线[2]，图中分别给出了不同种类辐射粒子对总吸收剂量的贡献。低地球轨道的辐射环境主要是辐射带质子辐照，而辐射带电子及其所诱发的韧致辐射强度较小。Al 防护层厚度大于 2 mm 时，辐射带质子对吸收剂量起主导作用。太阳耀斑产生的能量粒子因地磁场的屏蔽难以进入低地球轨道。在 Al 防护层厚度大于 4 mm 后，辐射带质子辐射的吸收剂量变化趋缓，这说明进一步增加防护层厚度对吸收剂量影响的效果不明显。

图 4-10 为针对地球静止轨道 SHIELDOSE 程序计算的 Si 薄靶年吸收剂量与 Al 球防护层厚度的关系曲线[2]。地球静止轨道辐射环境的特点是超越了质子辐射带，而暴露于以电子辐射为主的空间环境之中。Al 防护层厚度小于 6 mm 时，吸收剂量主要受辐射带电子辐射控制。电子辐射所诱发的韧致辐射衰降速率较低，使吸收剂量随防护层厚度增加而下降的趋势缓慢。太阳质子对吸收剂量的贡献是通过一次异常大的太阳耀斑事件所预期的。由于韧致辐射和太阳质子辐射的吸收剂量均随防护层厚度增加而缓慢变化，将防护层厚度增加到 7 mm 以上的有效性不大。通常，其他轨道的吸收剂量-深度分布曲线是以上两种轨道情况的综合结果。例如，对大椭圆轨道和极轨道而言，既会遭遇内辐射带质子和外辐射带电子辐射，也可部分受到太阳质子辐射，因此需要对多种类型粒子的辐射吸收剂量进行综合计算（加和）。

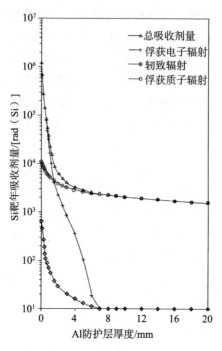

图 4 - 9　低地球轨道（1 000 km，28.5°）Si 靶年吸收剂量与球形 Al 防护层厚度的关系曲线

SHIELDOSE 程序，太阳低年

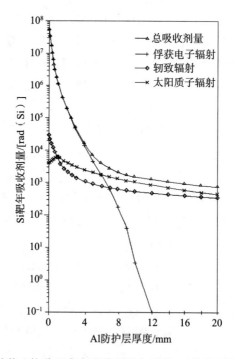

图 4 - 10　地球静止轨道 Si 靶年吸收剂量与球形 Al 防护层厚度的关系曲线

SHIELDOSE 程序，太阳高年

图 4-11 为针对不同高度的近赤道圆轨道，应用 SHIELDOSE 程序和地球辐射带模式计算的球形 Al 防护 Si 薄靶年吸收剂量与轨道高度的关系曲线，称为吸收剂量径向高度分布 (radial-altitude profile for dose)[2]。图 4-11 中（a）、（b）、（c）和（d）是分别针对辐射带电子、韧致辐射光子、辐射带质子及总吸收剂量的计算结果。吸收剂量的径向高度分布特征与辐射带结构具有一致性。

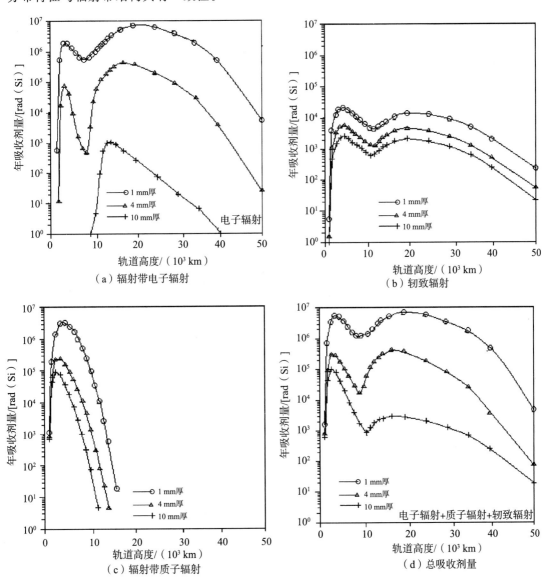

图 4-11 针对赤道圆形轨道计算的不同厚度球形 Al 防护层 Si 靶年吸收剂量径向高度分布曲线
防护层厚度分别为 1，4 和 10 mm；SHIELDOSE 程序；AE-8MAX 和 AP-8MAX

图 4-12 为针对具有 4 mm 厚球形 Al 防护层的航天器及赤道圆形轨道，应用辐射带电子和质子模式及 SHIELDOSE 程序计算的 Si 薄靶年吸收剂量径向高度分布曲线[2]。由图 4-12 可见，近赤道圆轨道高度较低时，防护层后 Si 薄靶的年吸收剂量主要由辐射带质子辐

射所决定，这种趋势可涵盖 3 000 km 高度出现的内辐射带电子吸收剂量高峰，一直延伸至约 9 000 km 高度。在这之后，辐射带质子的影响可以忽略。在约 20 000 km 高度，出现由外辐射带电子所产生的吸收剂量高峰，该区域成为对航天器电子器件造成危险的空间区域。

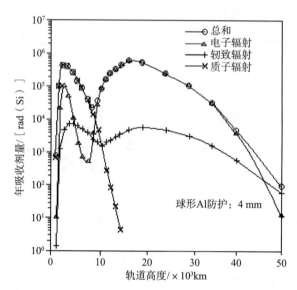

图 4 - 12　针对赤道圆形轨道计算的 4 mm 厚度球形 Al 防护 Si 靶年吸收剂量与轨道高度的关系
SHIELDOSE 程序；AE - 8MAX 和 AP - 8MAX

4.3.3　防护材料对辐射吸收剂量的影响

在工程上，多采用等效 Al 球形防护层模型估算航天器舱内器件的辐射吸收剂量。计算时需要通过防护层材料密度校正，将所有防护材料的厚度转化为等效 Al 厚度。然而，这种转化需要假定在质量厚度相同时，所有材料的辐射透过系数（transmission coefficient）相等。但实际上，这种计算方法会导致出现偏差，特别是在计算电子辐射吸收剂量时。

在辐射带电子是主要电离辐射源的轨道（如地球静止轨道），建议航天器采用多层结构防护模式，即通过一组不同材料的平板结构进行航天器辐射屏蔽，其原因是电子辐射产生很强的散射效应，并与防护材料的原子序数有关。在相同质量厚度条件下，高原子序数的平板防护层材料使电子能够穿过的数量较小，而低原子序数的平板防护层材料效果则相反。图 4 - 13 给出几种防护材料对能量电子的背散射系数与原子序数的关系[13]，可见，Pb 的背散射系数为 Al 的 5～10 倍，这将使入射电子能量损失与靶材料质量密度的关系有所变化。图 4 - 14 为针对地球静止轨道计算的 7 年吸收剂量与 Al 和 Pb 防护层厚度的关系。在防护层厚度 <1 g/cm² 时，Pb 的防护效果优于 Al；但在防护层厚度 >1 g/cm² 后，由于韧致辐射效应的影响使 Al 的防护效果显著优于 Pb。这种材料的原子序数对防护效果的影响不适用于质子辐照，原因在于质子具有较大的质量，难以诱发韧致辐射效应。上述情况表明，采用复合层板防护有利于提高防护效果。由于韧致辐射主要发生在防护层深处并与材料的原子序数有关，如果以 Pb 为外防护层而 Al 为内防护层，会有利于发挥 Pb 对电子辐射屏蔽能力强以及 Al 具有较低韧致辐射产率两方面的优势。实际上，许多防护结构均可通过不同屏蔽材料的匹配收到良好的辐射防护效果。

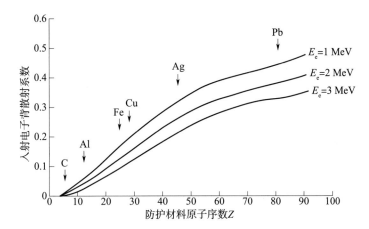

图 4-13 入射电子背散射系数与防护材料原子序数的关系

E_e—电子能量

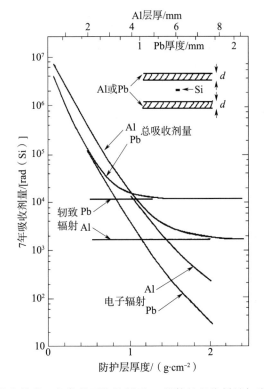

图 4-14 地球静止轨道 7 年条件下防护层后 Si 器件的吸收剂量与防护层厚度的关系

（防护材料为 Al 和 Pb）

4.3.4　常用计算软件

航天器在轨辐射吸收剂量的计算过程比较复杂，涉及轨道能谱、防护层构型及粒子传输等多种因素，宜通过计算机程序进行计算。计算软件分两类，一类是基于蒙特卡罗方法的计算软件，计算精确度高，但计算量大、耗时；另一类是基于 SHIELDOSE 方法的计算软件，工程上比较适用。

（1）SPENVIS 软件系统

该系统全称为 ESA Space Environment Information System，由比利时空间研究所负责管理和运行。该系统集成了各种较成熟的空间环境及效应分析软件，供网上在线运行。采用欧洲空间局开发的轨道计算软件，能够定义各种航天器轨道，所应用的辐射带模式有 AP－8 和 AE－8（美国国家航空航天局），CRESSPRO 和 CRESSELE 模式（美国空军研究实验室），以及欧洲空间局在 1998 年应用 SAMPEX，CRRES/MEA 和 AZUR 等卫星探测数据开发的辐射带质子和电子模式；太阳质子模式有 JPL—86、JPL—91 和 SOLPRO 模式；宇宙线模式为 CREME 模式（美国海军研究实验室）。SPENVIS 系统应用 SHIELDOSE 和 SHIELDOSE－2 程序，计算电离辐射吸收剂量。对于太阳电池的辐射损伤，应用 EQFRUX 和 EQFRUXGA 程序计算。采用 Dale 等人[14] 提出的方法计算非电离能量损失。通过与欧洲空间标准合作组织（ECSS）合作，SPENVIS 系统逐渐增加了新的模式与功能，如引入俄罗斯国立莫斯科大学的太阳宇宙线模式和银河宇宙线模式等，并正在考虑将蒙特卡罗程序与辐射防护结构分析相结合，以便能够针对航天器复杂结构的任意一点计算辐射吸收剂量。SPENVIS 系统在线应用的网址为：http：//www. spenvis. oma. be/spenvis/。

（2）NOVICE 软件包[15]

该软件包用于分析航天器三维结构模型的辐射效应，也可用于分析其他与航天活动无关的辐射传输和防护。输入条件包括：1）分析对象的几何模型，涉及形状、尺寸及材料等；2）辐射源的空间分布，对空间粒子辐射设定为各向同性；3）辐射源的能谱，涉及空间电子和质子的积分能谱；4）辐射探测器（如电子器件）的空间分布；5）辐射能量在探测器内的分布，设有各种材料能量沉积的数据库；6）可在软件包数据库获得分析对象的几何模型中所用材料成分与辐射反应数据。软件包内设有各种分析处理器。粒子传输分析程序有 SIMGMA、SHIELD、BETA、GCR、SHIELDOSE、SOLAR 及 SOFIP（AE－8/AP－8）。卫星几何模型辐射分析所涉及的程序包括 MCNP、SECTOR 及 ESABASE，并有用于 CATIA，EUCLID，IGES 及 STEP 的计算机辅助设计界面。粒子辐射微分截面数据涉及中子、γ 射线光子、电子、正电子、质子、α 粒子、重离子及宇宙射线。NOVICE 软件包的程序可在计算机的 DOS 或 Windows 95 模式下运行。

（3）Space Radiation 软件（Space－Radiation Associates，Eugene，Oregon，USA）

该软件用于对空间粒子辐射所产生的总剂量效应、单粒子事件、太阳电池损伤效应及电子器件的位移损伤效应进行预测，所采用的空间环境模式为 AP－8，AE－8，CREME，JPL—91 等，主要计算内容涉及轨道生成、地磁屏蔽及航天器防护（辐射粒子在材料中的传输），所涉及的辐射效应包括单粒子翻转、总剂量效应、位移损伤效应、太阳电池损伤及生物体等效吸收剂量等。软件采取模块化设计，包括环境计算模块、剂量-深度分布计算模块、简单箱体屏蔽计算程序及单粒子翻转计算模块。输出格式包括曲线、图表及绘制图。

（4）GEANT-4 软件包

该软件包用于高能物理领域的探测器（靶材）模拟分析，是一种蒙特卡罗程序。该软件包的名称为 Geometry and Tracking，由欧洲高能物理研究所主持开发。软件在设计上，考虑了空间粒子、宇宙线、重离子及核辐射等作用，能够针对多种辐射物理学过程建立模型，如非稳态粒子衰变及电磁辐射等。软件包设有一整套有用的工具包，包括随机数发生器，物理学常数、同位素/元素/化合物定义及事件发生器接口等。欧洲空间局的防护评估研究署（Defence Evaluation Research Agency）正在开发针对空间辐射效应进行分析的专用模块。

（5）COSRAD 软件包

该软件包由俄罗斯国立莫斯科大学核物理研究所建立，用于预测航天器在轨长期（大于 1 年）飞行过程中辐射环境变化产生的效应。该软件包可计算地球辐射带质子和电子、银河宇宙线粒子及太阳宇宙线粒子的轨道平均通量谱，以及可能的最高通量谱。软件包采用经过俄罗斯卫星探测数据修正的 AP-8 和 AE-8 模式，计算辐射带质子能谱和电子能谱。对银河宇宙线粒子和太阳宇宙线粒子能谱，均采用相应的 Nymmik 模式计算。采用等效 Al 球防护模型计算防护层后能谱与线性能量传递谱，以及 Si 器件的吸收剂量与 Al 防护层厚度的关系。计算时，该软件包考虑了宇宙线高能质子与防护层作用产生的二次质子流和中子流的影响。

4.4　典型暴露件辐射吸收剂量计算

4.4.1　基本思路

热控涂层、光学器件及航天器 Al 壳体是典型的暴露件。这三类暴露件在空间粒子辐射作用下所受到的损伤主要与电离效应有关，应在电离辐射能量损失表达式的基础上计算吸收剂量。对于 Al 壳体而言，除电离效应外，还应该适当考虑高能电子入射所产生的轫致辐射对吸收剂量的贡献。带电重粒子和电子电离辐射时能量损失（$-dE/dX$）的基本计算公式分别如式（4-1）与式（4-3）、式（4-4）所示。高能电子产生轫致辐射的（$-dE/dX$）计算公式见式（4-6）。

卫星暴露件辐射吸收剂量的计算基本上属于空间粒子未穿透辐射问题，主要反映空间能谱中能量较低粒子对吸收剂量的贡献。在空间能谱中能量较高的粒子能够在暴露件中穿过，所沉积的能量较少。不同能量的带电粒子对相同深度处辐射吸收剂量的贡献不同，应分别求出各种能量粒子的吸收剂量深度分布曲线，再针对各种深度分别计算不同能量粒子辐射吸收剂量之和，最终得到空间能谱粒子在暴露件中总的吸收剂量深度分布曲线。

为了计算式（4-24）中的 $D'(E, d)$ 项，需要计算入射粒子在航天器暴露件材料中的射程（R）、能量损失（$-dE/dX$）及其随深度（X）的变化关系。空间粒子在物质中的能量传输是随机过程，可通过蒙特卡罗方法进行模拟计算。在对上述三类暴露件计算带电粒子辐射吸收剂量时，需分别针对离子（含质子）辐射和电子辐射两种情况建立计算程序。

4.4.2　计算方法

如上所述，针对暴露件计算空间带电粒子辐射吸收剂量问题，实际上是对吸收剂量的深度分布进行量化表征。空间连续能谱可视为若干个从低到高的分立能量效应的组合。因此，发生空间连续能谱辐射时，可将电离辐射吸收剂量的求解转化为分立能量粒子辐射吸收剂量的计算问题，采用数值积分方法求解。

针对暴露件计算空间粒子电离辐射吸收剂量深度分布的具体方法如下：

1）根据航天器预定轨道与飞行时间，应用空间带电粒子辐射环境模式分别计算质子和电子的微分通量能谱和积分通量能谱；

2）通过蒙特卡罗方法或相关软件，计算不同能量粒子在暴露件材料中的射程（R）与线性能量传递（LET），并通过计算建立不同能量下粒子能量损失 $-dE/dX$ 与入射深度（X）的关系曲线；

3）针对不同的入射粒子能量（E），通过蒙特卡罗方法或 SHIELDOSE 程序，计算单位注量条件下吸收剂量 $D'(E, d)$ 与暴露件或防护层深度（d）的关系曲线；

4）针对不同的暴露件或防护层深度（d），计算单位辐照注量条件下各能量粒子辐射吸收剂量之和，并乘以按空间能谱和在轨任务期计算的相应注量，得到各深度的吸收剂量值；

5）将暴露件或防护层内各深度的吸收剂量数据点连成曲线，最终得到与整个空间能谱粒子辐射相对应的吸收剂量深度分布谱。

上述计算过程可通过计算机程序实现。工程上，也可以用 SHIELDOSE 程序计算吸收剂量深度分布曲线。

4.4.3　计算实例

（1）Al 壳层内吸收剂量深度分布

下面以卫星在 500 km，98°倾角圆轨道飞行 1 年为例，说明在地球辐射带质子电离辐射条件下，Al 壳层内吸收剂量深度分布的计算方法。图 4-15 为按照 AP-8MAX 模式计算的辐射带质子积分能谱和微分能谱。通过 SRIM 程序计算辐射带质子在 Al 防护层内的射程（R）和线性能量传递（LET）与能量（E）的关系曲线，如图 4-16 所示。图 4-17 为通过 SRIM 程序计算的不同能量质子在 Al 壳层中的能量损失（$-dE/dX$）与入射深度 X 的关系。图 4-18 为 SRIM 程序针对轨道能谱不同能量计算的单位注量质子辐照条件下吸收剂量沿 Al 防护层深度的分布。图 4－19 为针对该轨道最终获得的 Al 防护层内辐射带质子辐射年吸收剂量的深度分布曲线。为方便比较，图 4－19 还给出了应用 SHIELDOSE－2 程序的计算结果。可见，SRIM 程序与 SHIELDOSE 程序的计算结果吻合良好。

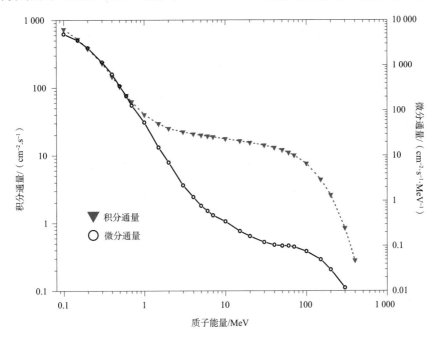

图 4－15　通过 AP－8MAX 模式计算的太阳同步轨道（500 km，98°）
辐射带质子积分能谱和微分能谱

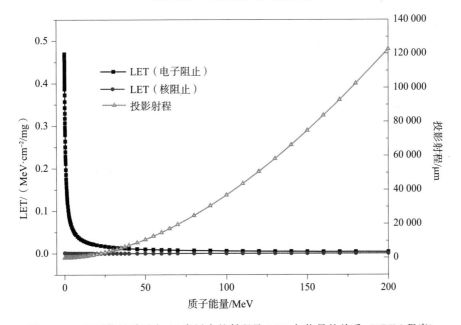

图 4－16　不同能量质子在 Al 壳层中的射程及 LET 与能量的关系（SRIM 程序）

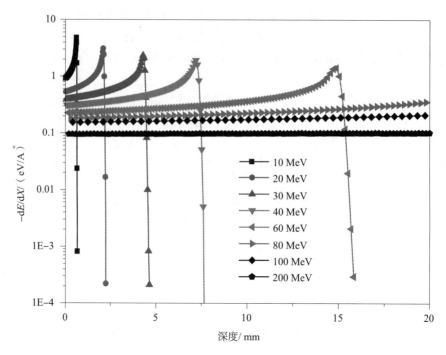

图 4-17　不同能量质子在 Al 壳层中的能量损失与入射深度的关系（SRIM 程序）

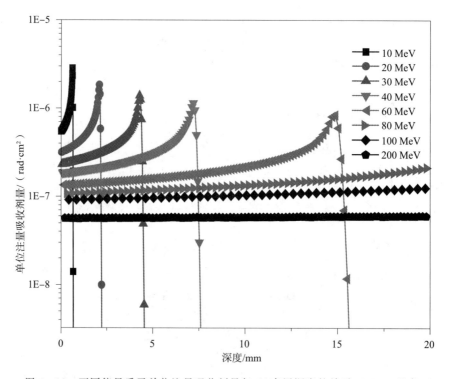

图 4-18　不同能量质子单位注量吸收剂量与 Al 壳层深度的关系（SRIM 程序）

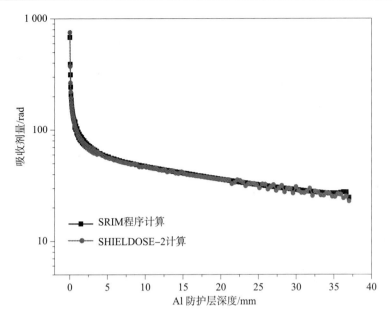

图 4 - 19　在 500 km，98°轨道上飞行 1 年时辐射带质子辐射

吸收剂量在 Al 壳层内各深度的分布（AP - 8MAX）

（2）多层膜玻璃反射镜内辐射吸收剂量深度分布

Al/玻璃反射镜是一种多层结构，由 5 层不同的材料组成，从上至下依次为：SiO_2 膜（188 nm）、Al_2O_3 膜（63 nm）、Al 膜（250 nm）、Al_2O_3 膜（63 nm）及光学玻璃基体（30 mm）。图 4 - 20 为针对 500 km，98°轨道和飞行期为 1 年所计算的辐射带质子辐射在

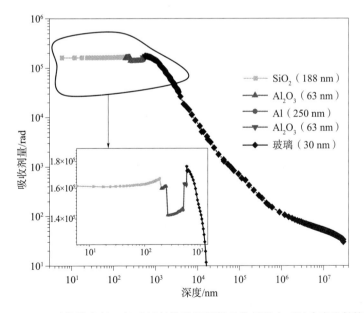

图 4 - 20　在 500 km，98°轨道飞行 1 年时辐射带质子辐射吸收剂量在 Al/玻璃反射镜内的深度分布

（AP - 8 MAX）（见彩插）

Al/玻璃反射镜内吸收剂量深度分布曲线，图中包含了曲线初始阶段的局部放大图。计算时地球辐射带质子能谱采用 AP-8 MAX（ESA）模式，通过 SRIM 程序计算不同能量质子在各层材料内的能量损失（$-dE/dX$）与深度 X 的关系曲线，并按式（4-23）与式（4-24）求得辐射吸收剂量深度分布曲线。所采用的计算方法和步骤与上述 Al 壳层（单一材料）的计算相同。

4.5　航天器防护层后吸收剂量计算

4.5.1　基本思路

航天器防护层后吸收剂量计算属于穿透辐射问题。通常航天器舱内电子器件对空间带电粒子辐射的敏感区域很薄，易于满足薄靶模型条件。如前所述，空间带电粒子穿透辐射时，可用式（4-21）计算电离辐射吸收剂量。但应注意的是，入射粒子的微分注量-能量谱应为空间粒子穿过防护层后的能谱。入射粒子微分注量能谱 $\Phi(E)$ 可通过下式转换为在靶材料中的线性能量传递谱 $\Phi(L)$

$$\Phi(L) = \int_{E_{\min}}^{E_{\max}} \left[dL(E)/dE \right]^{-1} \cdot \Phi(E) \qquad (4-27)$$

基于式（4-21），空间带电粒子辐射在防护层后靶材料中的吸收剂量可由下式计算

$$D = k \sum_i \int_{E_{\min}}^{E_{\max}} L_i(E) \cdot \Phi_i(E) \cdot dE = k \sum_i \int_{L_{\min}}^{L_{\max}} L \cdot \Phi_i(L) \cdot dL \qquad (4-28)$$

式中　$L_i(E)$——具有能量 E 的某种粒子在防护层后靶材（如 Si 器件）中的线性能量传递；

$\Phi_i(E)$——某种空间粒子穿过防护层后的微分注量能谱；

$\Phi_i(L)$——穿过防护层后的某种粒子对靶材辐射的线性能量传递谱；

i——空间辐射粒子的种类；

k——量纲转换系数。

在计算空间带电粒子穿过防护层后的微分注量能谱 $\Phi(E)$ 时，只计算射程大于防护层厚度的粒子能谱。粒子射程小于防护层厚度时，其能谱被防护层屏蔽。可以认为，射程大于防护层厚度的粒子穿过防护层后通量不变，而只是能量有所降低，即

$$E = E_0 - \int_0^t \left(\frac{dE}{dX} \Big|_{E_0} \right) dx \qquad (4-29)$$

式中　E_0——空间粒子的原始能量；

E——粒子穿过防护层后的能量；

$\dfrac{dE}{dX}\Big|_{E_0}$——具有能量为 E_0 的空间粒子在防护层内的线性能量传递；

t——防护层厚度。

当防护层厚度较大时，还应考虑入射的空间带电粒子在防护层内产生二次辐射效应的影响，如轫致辐射与二次中子辐射等。在防护层内发生的二次辐射效应对穿过防护层后的能谱及吸收剂量的计算结果会有一定的贡献。

在工程上，通常采用 SHIELDOSE 程序，按照等效 Al 球防护层模型计算防护层后带

电粒子电离辐射吸收剂量，给出航天器舱内 Si 器件吸收剂量与 Al 防护层厚度的关系。

4.5.2　计算方法

　　航天器防护层后空间带电粒子辐射的吸收剂量计算是一个比较复杂的问题，所涉及的主要计算过程如下：

　　1）通过空间带电粒子辐射环境模式及相关程序，针对给定轨道和航天器在轨时间计算不同种类带电粒子的微分注量-能量谱。计算时可先算出飞行时间为 1 年的能谱曲线，再视实际飞行时间得到所需要的能谱曲线。对地球辐射带（REB）、银河宇宙线（GCR）和太阳宇宙线（SCR）的能谱需要分别计算。以国际空间站（ISS）轨道为例，按飞行时间 10 年计算所得到的各种带电粒子的微分注量-能量谱分别如图 4-21～图 4-24 所示。

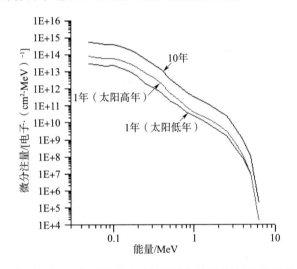

图 4-21　针对 ISS 轨道飞行 10 年计算的地球辐射带电子微分注量-能量谱（COSRAD 软件）

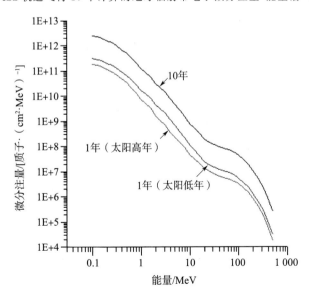

图 4-22　针对 ISS 轨道飞行 10 年计算的地球辐射带质子微分注量-能量谱（COSRAD 软件）

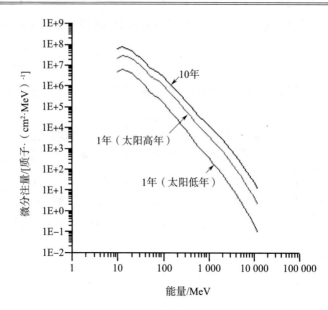

图 4-23　针对 ISS 轨道飞行 10 年计算的太阳宇宙线质子微分注量-能量谱（COSRAD 软件）

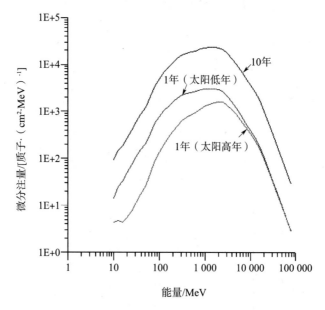

图 4-24　针对 ISS 轨道飞行 10 年计算的银河宇宙线质子微分注量-能量谱（COSRAD 软件）

2）通过防护层模型及相关程序，计算空间带电粒子穿过不同厚度 Al 防护层后的微分注量-能量谱。对地球辐射带电子和质子、银河宇宙线粒子及太阳宇宙线粒子需分别进行计算。在对拟评价航天器的实际防护结构不一定充分了解的情况下，可针对不同的 Al 防护层厚度进行计算，如 0.01，0.1，1，10 及 100 g/cm^2。图 4-25～图 4-28 分别为在 ISS 轨道和 10 年条件下，针对地球辐射带电子和质子、银河宇宙线质子及太阳宇宙线质子穿过不同厚度 Al 防护层后微分注量-能量谱的计算结果，计算时考虑了高能带电粒子穿过防护层时诱发二次粒子（中子）所产生的影响。

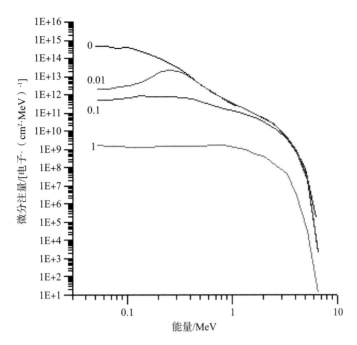

图 4 - 25　针对 ISS 轨道飞行 10 年计算的地球辐射带电子穿过不同厚度 Al
防护层后的微分注量-能量谱（COSRAD 软件）

图中数字为防护层厚度（g/cm²）

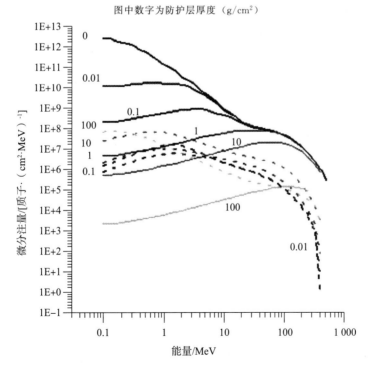

图 4 - 26　针对 ISS 轨道飞行 10 年计算的地球辐射带质子穿过不同厚度 Al 防护层后
的质子和二次中子微分注量－能量谱（COSRAD 软件）

图中数字为防护层厚度（g/cm²）；质子—实线；中子—虚线

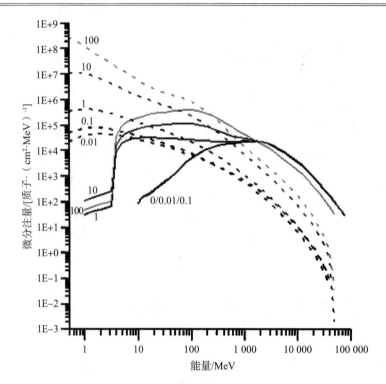

图 4 - 27　针对 ISS 轨道飞行 10 年计算的银河宇宙线质子穿过不同厚度 Al 防护层后
的质子和二次中子微分注量-能量谱（COSRAD 软件）

图中数字为防护层厚度（g/cm²）；质子—实线；中子—虚线

　　3）在不同厚度 Al 防护层后粒子微分注量-能量谱的基础上，通过式（4 - 27）计算
入射粒子在航天器舱内 Si 器件中的线性能量传递谱。图 4 - 29 和图 4 - 30 为在 ISS 轨道
飞行 1 年和 10 年及 Al 防护层厚度为 0.01 g/cm² 条件下，分别针对银河宇宙线粒子和太
阳宇宙线粒子计算 Si 器件中的线性能量传递谱。计算时考虑了原子序数从 1～92 各元
素离子的贡献。

　　4）在不同厚度 Al 防护层后 Si 器件中空间粒子线性能量传递谱的基础上，通过式（4
- 28）计算吸收剂量。图 4 - 31 为针对在 ISS 轨道飞行 1 年和 10 年计算 Al 防护层后 Si 器
件中总吸收剂量与防护层厚度关系的结果，所涉及的入射粒子包括地球辐射带质子和电
子、银河宇宙线粒子及太阳宇宙线粒子。图 4 - 32 为 ISS 轨道上不同种类粒子辐射的吸收
剂量的比较。可见，地球辐射带质子和电子对 10 年总吸收剂量的贡献较大，而银河宇宙
线和太阳宇宙线的贡献相对较小。在所计算的防护层厚度范围内，银河宇宙线粒子辐射吸
收剂量基本保持不变。图 4 - 33 为在地球静止轨道飞行 10 年时不同种类粒子辐射在防护
层后吸收剂量的计算结果。防护层厚度较薄时，地球辐射带粒子辐射对 10 年总剂量的贡
献较大，而防护层较厚时以太阳宇宙线辐射的贡献为主。这说明在防护层厚度较大时，需
要考虑高能宇宙线粒子在防护层中所诱发的二次粒子（如中子）辐射效应。

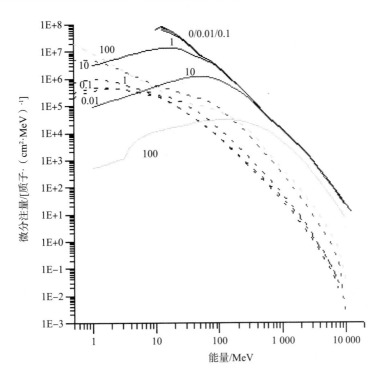

图 4 - 28　针对 ISS 轨道飞行 10 年计算的太阳宇宙线质子穿过不同厚度 Al 防护层后的质子和二次中子微分注量－能量谱（COSRAD 软件）

图中数字为防护层厚度（g/cm²）；质子—实线；中子—虚线

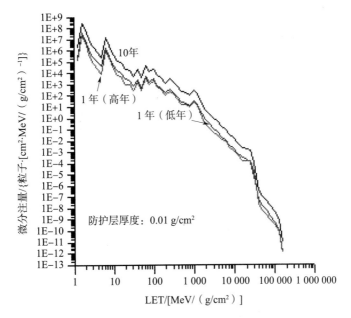

图 4 - 29　针对 ISS 轨道飞行 10 年计算的银河宇宙线粒子在 0.01g/cm²
Al 防护层后 Si 器件中的线性能量传递谱（COSRAD 软件）

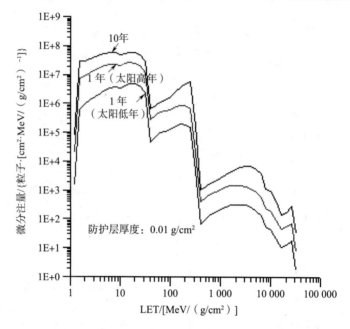

图 4 - 30　针对 ISS 轨道飞行 10 年计算的太阳宇宙线粒子在 0.01g／cm²
Al 防护层后 Si 器件中的线性能量传递谱（COSRAD 软件）

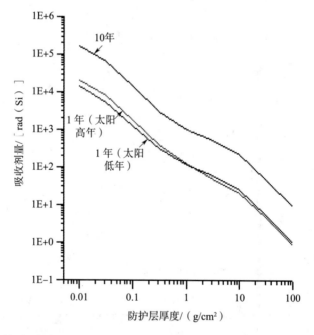

图 4 - 31　针对 ISS 轨道飞行 10 年计算的 Al 防护层后 Si 器件中三类粒子辐射总的
吸收剂量与防护层厚度的关系曲线（COSRAD 软件）

辐射源：REB—地球辐射带；GCR—银河宇宙线；SCR—太阳宇宙线（超越概率 0.01）

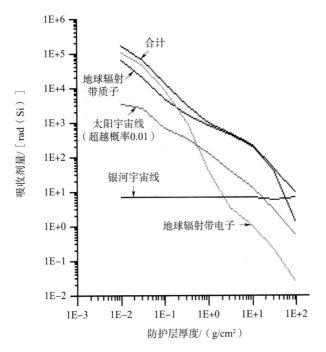

图 4-32　针对 ISS 轨道飞行 10 年计算的不同种类粒子辐射在 Al 防护层后
吸收剂量比较（COSRAD 软件）

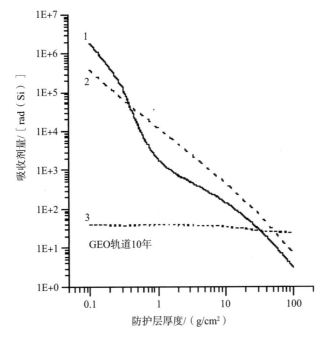

图 4-33　在 CEO 轨道飞行 10 年条件下不同种类粒子辐射在 Al 防护层后
Si 器件中的吸收剂量比较（COSRAD 软件）

1—地球辐射带；2—太阳宇宙线（超越概率 0.01）；3—银河宇宙线

4.5.3　计算实例

4.5.3.1　COSRAD 软件计算结果

按照上述计算方法并采用 COSRAD 软件，分别针对几种典型轨道计算了不同种类带电粒子在球形 Al 防护层条件下的微分能谱、线性能量传递谱及吸收剂量与防护层厚度的关系。典型轨道分别为 36 000 km，0°；36 000 km，55°；20 000 km，55°；500 km，98°。假设航天器在轨飞行 10 年，太阳宇宙线能谱的超越概率为 0.01，所得计算结果如下：

1）不同种类带电粒子在上述几种近地空间轨道的微分累积通量-能量谱（10 年），如图 4-34～图 4-36 所示。辐射粒子涉及地球辐射带质子和电子、银河宇宙线质子及太阳宇宙线质子。另外，针对绕月轨道（200 km，0°），分别计算了银河宇宙线和太阳宇宙线的质子、He 离子、O 离子、Fe 离子及 U 离子的微分累积通量-能量谱（10 年），如图 4-37 所示。上述图中，REB，GCR 和 SCR 分别表示地球辐射带、银河宇宙线及太阳宇宙线。

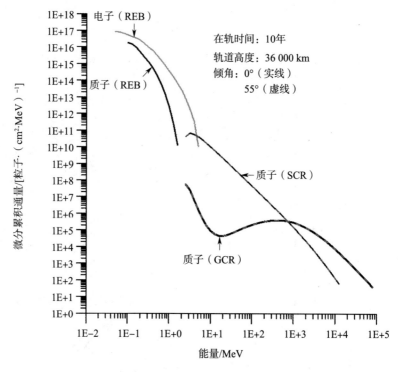

图 4-34　36 000 km 高度地球轨道质子和电子的微分累积通量-能量谱

2）不同种类辐照粒子在几种厚度球形 Al 防护层后的微分注量-能量谱，如图 4-38～图 4-41 所示。图中给出了针对几种轨道的计算结果。球形 Al 防护层的厚度取为 0.01 g/cm² 和 1 g/cm²。计算时，考虑了高能电子辐射在防护层中的轫致辐射效应及高能质子在防护层中产生二次质子的影响。

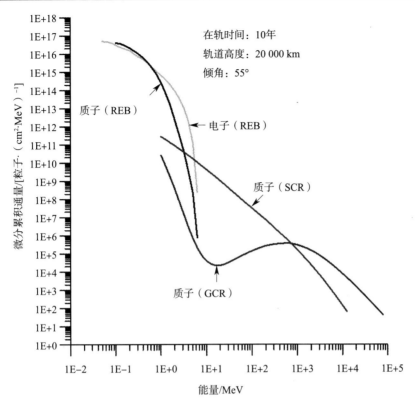

图 4 - 35　20 000 km，55°轨道质子和电子的微分累积通量-能量谱

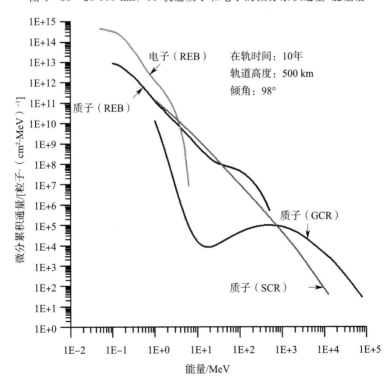

图 4 - 36　500 km，98°轨道质子和电子的微分累积通量-能量谱

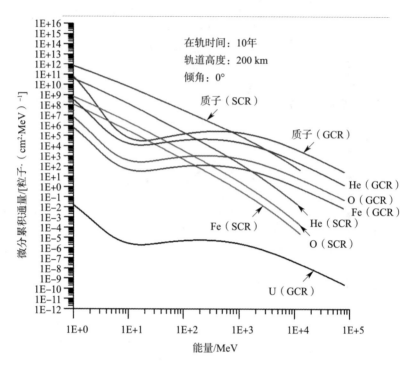

图 4 - 37　200 km，0°绕月轨道银河宇宙线和太阳宇宙线粒子的微分累积通量-能量谱

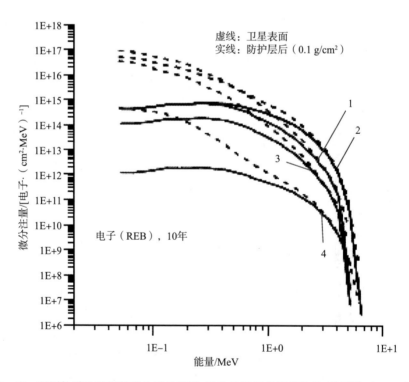

图 4 - 38　不同轨道地球辐射带电子在球形 Al 防护层后的微分注量-能量谱（0.1 g/cm²）

1—36 000 km，0°；2—36 000 km，55°；3—20 000 km，55°；4—500 km，98°

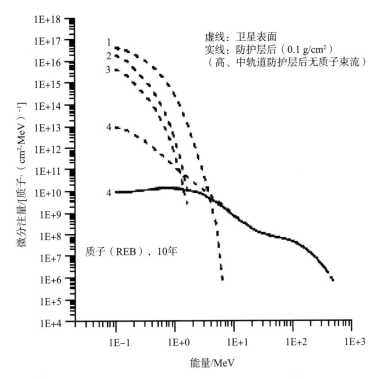

图 4 - 39　不同轨道地球辐射带质子在球形 Al 防护层后的微分注量-能量谱（0.1 g/cm²）

1—36 000 km，0°；2—36 000 km，55°；3—20 000 km，55°；4—500 km，98°

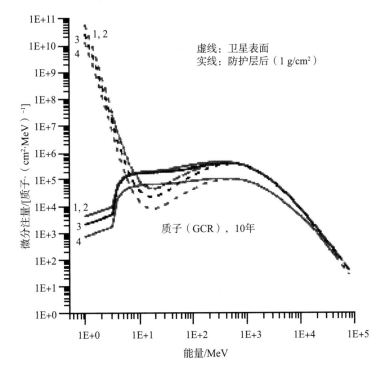

图 4 - 40　不同轨道银河宇宙线质子在球形 Al 防护层后的微分注量-能量谱（1 g/cm²）

1—36 000 km，0°；2—36 000 km，55°；3—20 000 km，55°；4—500 km，98°

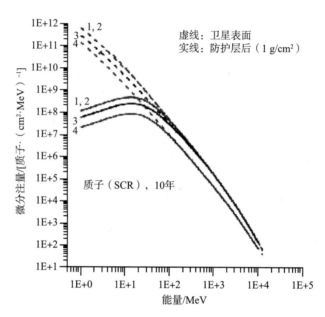

图 4 - 41　不同轨道太阳宇宙线质子在球形 Al 防护层后的微分注量-能量谱（1 g/cm²）

1—36 000 km，0°；2—36 000 km，55°；3—20 000 km，55°；4—500 km，98°

3）空间能量粒子在球形 Al 防护层后的线性能量传递谱，如图 4 - 42 和图 4 - 43 所示。球形 Al 防护层的厚度为 0.01 g/cm²。图中给出了 36 000 km，0°和 500 km，98°两种轨道条件下，分别针对银河宇宙线质子和太阳宇宙线质子的线性能量传递谱的计算结果。

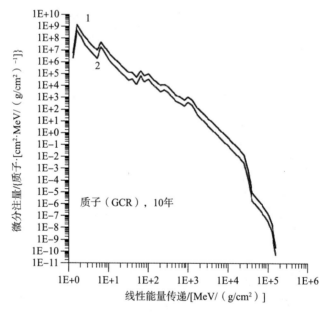

图 4 - 42　球形 Al 防护层不同轨道银河宇宙线质子的线性能量传递谱（0.1 g/cm²）

1—36 000 km，0°；2—500 km，98°

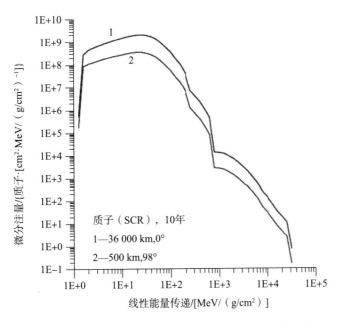

图 4-43　球形 Al 防护层不同轨道太阳宇宙线质子的线性能量传递谱（0.1 g/cm²）

4）空间能量粒子辐射在防护层后的吸收剂量与球形 Al 防护层厚度的关系，如图 4-44～图 4-47 所示。球形 Al 防护层的厚度为 0.01～100 g/cm²。防护层后的靶材为 Si 器件。图中分别给出在三种地球轨道（高、中及低）和绕月轨道条件下，球形 Al 防护层后 Si 器件所受 10 年带电粒子辐射吸收剂量的计算结果。

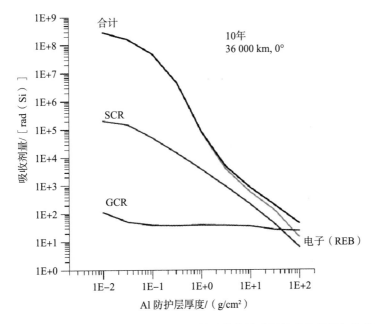

图 4-44　地球静止轨道条件下球形 Al 防护层 Si 器件的带电粒子辐射吸收剂量与防护层厚度的关系

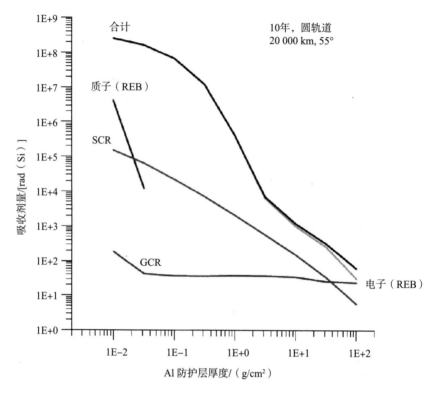

图 4-45　中高度倾斜圆轨道条件下球形 Al 防护层 Si 器件的吸收剂量与防护层厚度的关系

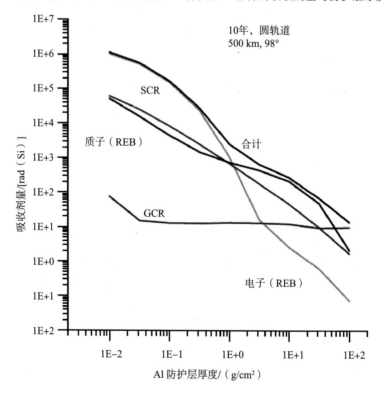

图 4-46　太阳同步轨道条件下球形 Al 防护层 Si 器件的吸收剂量与防护层厚度的关系

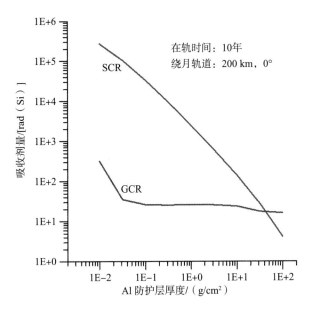

图 4 - 47　200 km，0°绕月轨道条件下球形 Al 防护层 Si 器件的吸收剂量与防护层厚度的关系

4.5.3.2　SPENVIS 软件计算结果

图 4 - 48～图 4 - 53 为应用 SPENVIS 软件分别针对不同轨道飞行 1 年计算的航天器采用球形 Al 防护层时，Si 器件所受带电粒子辐射吸收剂量与防护层厚度的关系（习惯上称为剂量-深度分布曲线）[16]，以及轨道平均 LET 谱。假设在 4π 立体角内辐射为各向同性，涉及的辐照粒子包括地球辐射带电子和质子、轫致辐射光子及太阳宇宙线质子。计算所应用的辐射带电子模式为 AE - 8 模式，辐射带质子模式为 AP - 8 模式，太阳质子模式为 JPL—91 模式。计算防护层后微分和积分 LET 谱时，取球形 Al 防护层厚度为 1 g/cm² (3.7 mm)。选取的轨道及计算结果如下：

1）地球同步转移轨道（200 km×35 786 km，7°）：该轨道用于将通信卫星和行星际探测器转移至与地球同步的高度。计算所得 Al 防护层后 Si 靶吸收剂量-深度分布曲线与轨道平均 LET 谱分别见图 4 - 48（a）和（b）。

2）地球静止轨道（35 786 km×35 786 km，0°）：该轨道用于通信卫星。计算所得 Al 防护层后 Si 靶吸收剂量-深度分布曲线与轨道平均 LET 谱分别见图 4 - 49（a）和（b）。

3）极轨道（800 km×800 km，98°）：该轨道用于对地观察卫星。计算所得 Al 防护层后 Si 靶吸收剂量-深度分布曲线与轨道平均 LET 谱分别见图 4 - 50（a）和（b）。

4）国际空间站轨道（378 km×378 km，51.57°）：针对该轨道计算所得 Al 防护层后 Si 靶吸收剂量-深度分布曲线与轨道平均 LET 谱分别见图 4 - 51（a）和（b）。

5）全球定位卫星轨道（20 182 km×20 182 km，55°）：针对该轨道计算所得 Al 防护层后 Si 靶吸收剂量-深度分布曲线与轨道平均 LET 谱分别见图 4 - 52（a）和（b）。

6）Molniya 轨道（1 250 km×39 105 km，63°）：该轨道用于高纬通信卫星。计算所得 Al 防护层后 Si 靶吸收剂量-深度分布曲线与轨道平均 LET 谱分别见图 4 - 53（a）和（b）。

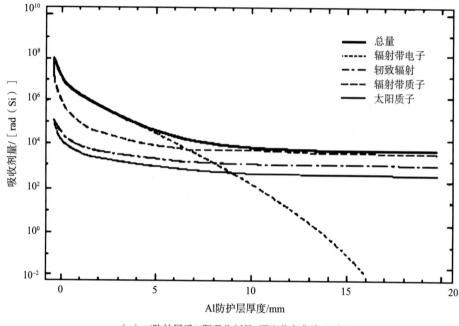

（a）Al防护层后Si靶吸收剂量-深度分布曲线（1年）

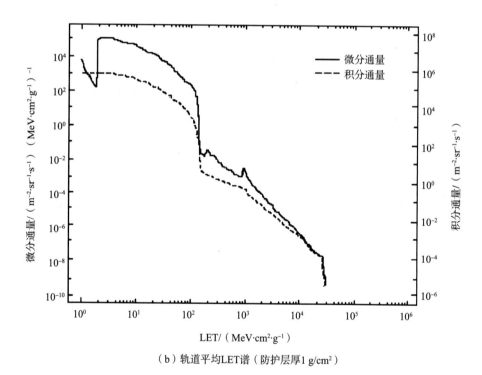

（b）轨道平均LET谱（防护层厚1 g/cm²）

图 4-48　针对地球同步转移轨道（200 km×35 786 km，7°）计算的剂量-深度分布曲线及 LET 谱
（SPENVIS 软件）

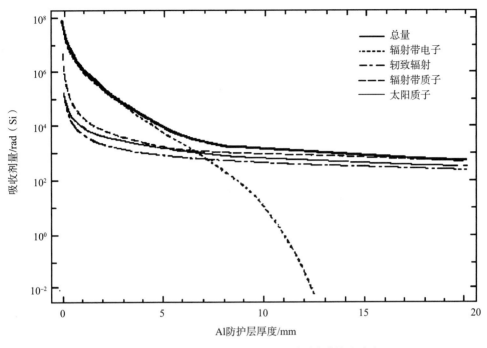

（a）Al防护层后Si靶吸收剂量–深度分布曲线（1年）

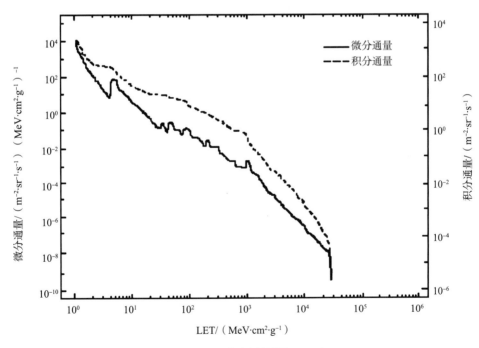

（b）轨道平均LET谱（防护层厚1 g/cm²）

图 4 - 49　针对地球静止轨道（35 786km×35 786 km，0°）计算的剂量-深度

分布曲线及 LET 谱（SPENVIS 软件）

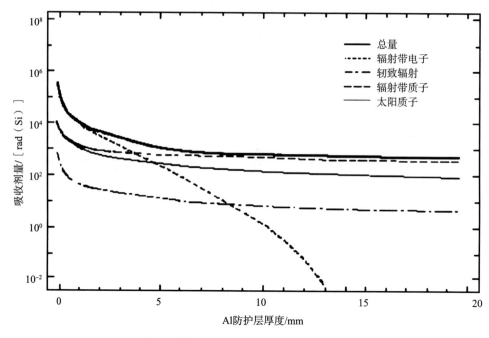

（a）Al防护层后Si靶吸收剂量-深度分布曲线（1年）

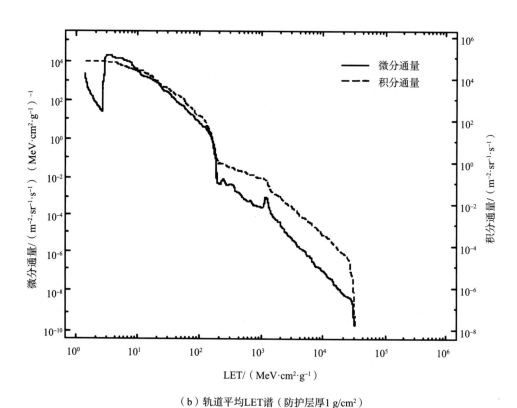

（b）轨道平均LET谱（防护层厚1 g/cm²）

图 4-50　针对极轨道（800 km×800 km，98°）计算的剂量-深度

分布曲线及 LET 谱（SPENVIS 软件）

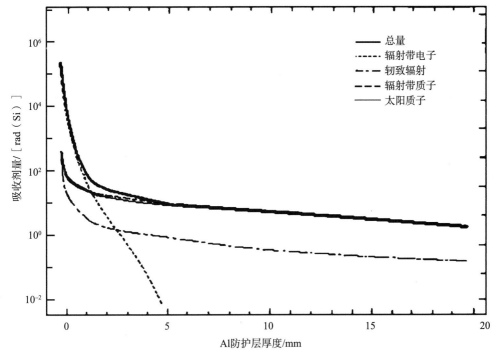

（a）Al防护层后Si靶吸收剂量-深度分布曲线（1年）

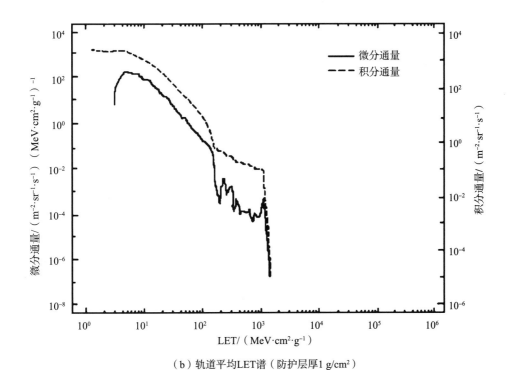

（b）轨道平均LET谱（防护层厚1 g/cm²）

图 4-51　针对国际空间站轨道（378 km×378 km，51.57°）计算的剂量-深度
分布曲线及 LET 谱（SPENVIS 软件）

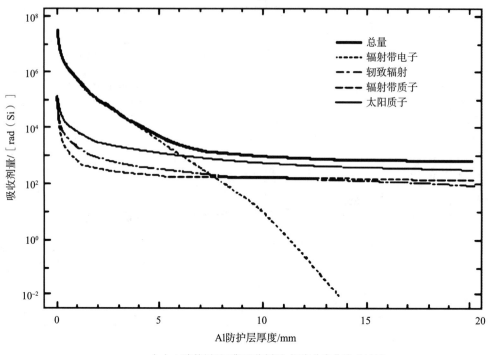

（a）Al防护层后Si靶吸收剂量–深度分布曲线（1年）

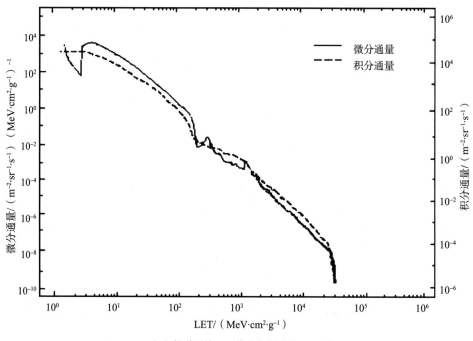

（b）轨道平均LET谱（防护层厚1 g/cm²）

图 4-52　针对全球定位卫星轨道（20 182 km×20 182 km，55°）计算的剂量–深度
分布曲线及 LET 谱（SPENVIS 软件）

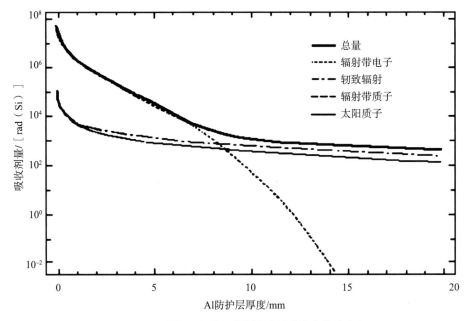

（a）Al防护层后Si靶吸收剂量–深度分布曲线（1年）

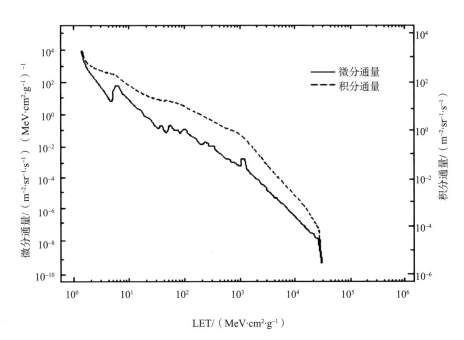

（b）轨道平均LET谱（防护层厚1 g/cm²）

图 4 - 53　针对 Molniya 轨道（1 250 km×39 105 km，63°）计算的剂量-深度

分布曲线及 LET 谱（SPENVIS 软件）

4.6　复杂结构吸收剂量计算

4.6.1　基本思路

针对航天器复杂结构建立空间带电粒子辐射吸收剂量计算方法具有十分重要的意义。航天器不但形状复杂，而且防护层结构分布不均匀，采用简单的等厚度球形防护层模型，只能大体上估算舱内材料或器件所受到的带电粒子辐射吸收剂量，而难以满足预测航天器在轨寿命的要求。为了进行航天器在轨寿命预测，需要对航天器任意单元表面所经受的空间带电粒子辐射吸收剂量进行较为精确的计算。

计算航天器三维复杂结构的空间粒子辐射吸收剂量时，应首先视工程需要选定计算部位（尺度为亚微米级），并以此部位为中心沿立体角计算不同迹线方向上防护层的等效 Al 厚度。计算时所选取的迹线方向和数量视航天器结构的不均匀程度而定：一种方法是根据防护结构的等效 Al 厚度分布特点，在立体角范围内分成若干个扇形区域分别进行计算；另一种方法是将立体角大量均匀剖分，并沿各个迹线方向分别计算单元立体角范围内防护层的等效 Al 厚度。显然，第二种方法的剖分数量越多，计算结果越精确，但计算量将相应增大。通常，可将立体角剖分数量控制在 10 000 以内。每个单元立体角均对应一个微小的扇形区域，具有相同的等效 Al 厚度。

对于各剖分迹线方向或立体角扇形区域的辐射吸收剂量计算，可根据 SHIELDOSE 程序按等效 Al 球防护层模型进行。最后，将所有迹线方向上辐射吸收剂量的计算结果相加，即为所选定计算部位或单元表面的辐射吸收剂量。如此类推，便可求得复杂结构航天器任一部位所经受的辐射吸收剂量。这种分析方法称为扇形分析（sectoring）。具体计算过程如下：

1）通过 3D 建模软件，构建航天器三维结构模型。

2）选定计算部位或单元表面，进行立体角剖分或立体角扇形区域划分，并分别沿各迹线方向计算防护层等效 Al 厚度。

3）通过 SHIELDOSE 程序按等效 Al 球防护层模型，分别沿剖分迹线方向计算辐射吸收剂量。计算时应将视为各向同性入射的空间粒子的全向通量转化为单一入射迹线方向的通量（见 4.6.2 节）。

4）将所有单迹线方向上的辐射吸收剂量计算结果相加，求得所选定计算部位或单元表面的辐射吸收剂量。

5）重复上述过程，求得航天器各单元表面或计算部位的吸收剂量。

4.6.2　计算方法

在针对复杂结构航天器任意一点计算吸收剂量时，需要将整个 4π 空间的入射粒子通量转化为各单元立体角或特定迹线方向上的粒子通量。若以所选定的计算点为球心，可通

过极角 θ 和方位角 λ 对立体角进行剖分，如图 4 - 54 所示。在空间范围内，极角 θ 的范围为 0～π；方位角 λ 的范围为 0～2π。通过依次对极角 θ 和方位角 λ 进行大量剖分，便可使 4π 立体角剖分成几千乃至上万个单元。空间粒子在某一特定迹线方向上的通量，可由相应单元立体角所占 4π 立体角的比率与全向通量相乘求得。

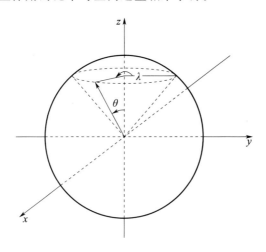

图 4 - 54　立体角剖分示意图

从选定的计算点沿剖分立体角各迹线方向的防护层等效 Al 厚度 t_i 可由下式计算

$$t_i = \sum_{j=1}^{M} t_j \cdot \frac{\rho_j}{2.7} \qquad (4-30)$$

式中　t_j，ρ_j——i 剖分迹线方向上航天器某一防护层（j 层）的厚度与材料密度；

　　　　M——i 剖分方向上具有不同材料密度的防护层数。

航天器任一点的总辐射吸收剂量 D 等于

$$D = \sum_{i=1}^{n} d(t_i) \cdot \frac{\Omega_i}{4\pi} \qquad (4-31)$$

式中　$d(t_i)$——以 t_i 为半径的 Al 防护球心的吸收剂量，可按 SHIELDOSE 程序与入射粒子能谱计算；

　　　　n——针对计算点剖分立体角的迹线数；

　　　　Ω_i——i 迹线对应的单元立体角。

基于以上公式，可按下述步骤计算复杂结构航天器上任意一点或单元表面的吸收剂量

1）以该点或单元表面为球心进行立体角剖分；

2）按照入射粒子能谱求解各单元立体角范围内的粒子通量和注量；

3）通过 SHIELDOSE 程序，沿各剖分迹线方向计算防护结构等效 Al 厚度，并计算各单元立体角范围内的辐射吸收剂量；

4）将各单元立体角范围内的吸收剂量相加，最终得到所要求解部位的吸收剂量。

上述计算方法的示意图如图 4 - 55 所示。

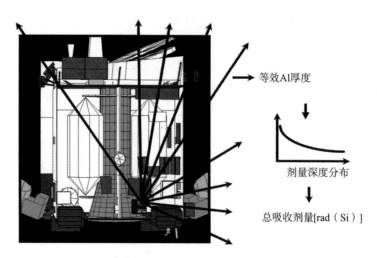

等效Al厚度

剂量深度分布

总吸收剂量[rad（Si）]

图 4-55 卫星舱内任意部位受空间带电粒子辐射吸收剂量计算示意图

4.6.3 计算软件

上述扇形分析方法是计算复杂结构航天器任意一点或单元表面所受空间带电粒子辐射吸收剂量的有效方法。已形成的工程计算软件有：

1）DOSRAD 软件[17]：航天器的结构模型可通过各种简单几何形状单元加以构建，并由 UNIRAD 系统中的 SHIELDOSE 程序自动调取吸收剂量-深度分布曲线。同其他扇形分析方法类似，通过大量迹线剖分以计算点为中心的立体角，并穿越各种防护结构，计算各单元立体角范围内总的等效 Al 厚度。针对单元立体角，依据等效 Al 球防护层模型计算剂量-深度分布曲线，求得相应的吸收剂量。通过对各单元立体角的吸收剂量计算结果求和，得到计算点的吸收剂量。复杂结构航天器各点的吸收剂量均可通过上述过程求得。该软件继承了 ESABASE 软件系统对航天器结构可视化和计算结果 3D 显示的功能。

2）SIGMA 软件[18]：该软件的基本计算过程与 DOSRAD 软件相同。原有的 SIGMA/B 程序对复杂结构定义比较困难，要借助于表面耦合二次方程，并需要对孔洞进行定义。SIGMA II 程序改进了几何结构定义方法，对孔洞不再需要专门定义，便于工程应用。

3）FASTRAD 软件：该软件是法国 TRAD 公司（Tests & Radiations）自 1999 年以来开发的软件，能够通过扇形分析方法对航天器任意部位的辐射吸收剂量进行计算。航天器的结构可以基于简单几何形状单元表面通过软件构建，也可以直接调用结构设计的 ProE 图，从而为辐射防护工程设计提供了便利。

4.7 带电粒子辐射吸收剂量计算的应用

4.7.1 优化辐射防护结构设计

通常所说的防护结构含义较为广泛，包括建构性防护（build-in shielding）与添加性防护（add-on shielding）。建构性防护是指航天器结构设计上必需的舱体及星内各种仪器、设备等，能够对入射粒子起屏蔽阻挡作用。它们的功能原本主要是着眼于航天器结构设计的需要，而不是辐射防护。添加性防护是指针对辐射敏感部位或器件，专门设置的防护层结构。实际上，在辐射敏感部位或器件周围，往往会有其他设备或仪器（作为建构性防护结构），可通过合理布局收到良好的辐射防护效果。这有利于将可能起辐射屏蔽作用的物质质量加以充分利用。通过敏感部位周围设备的合理布局，可以显著减少用于专门的添加性防护层所增加的质量，这应该成为优化防护结构设计的一种基本途径和原则。航天器的每一部分结构或组件都可以作为辐射防护结构加以有效利用。

　　通过扇形分析方法计算航天器任意部位的辐射吸收剂量，可为优化防护结构设计提供有效途径。例如，针对卫星内某一点（如 CMOS 器件），可大体上将卫星的防护结构分成 10 个扇形区域，分别标为 A，B，C 至 K，如图 4-56[2] 所示。在每一扇形区域内，防护结构的等效 Al 厚度、对应 4π 立体角的比率及 7 年吸收剂量列于表 4-1[2]。轨道粒子能谱采用有关程序（如 UNIRAD）计算，并按 SHIELDOSE 程序计算吸收剂量-深度分布曲线，所得星内该计算点的 7 年总吸收剂量为 13.6 krad（Si）。通过上述计算，便可发现在该电子器件（计算点）周围防护结构的薄弱点。在 A，C，G 及 K 区域，防护结构比较薄弱，使入射粒子辐照的吸收剂量明显偏高。这说明防护结构设计不够合理，而应该通过适当调整防护结构布局加以改善。而且，也可以看出，即便在很小的立体角范围内，防护结构薄弱也会成为辐射粒子大量进入的通道。实际上，可将需要防护器件周围的其他构件或设备均视为防护结构的组成部分。在卫星平台结构设计框架内，通过适当调整各种构件或仪器设备的位置布局可收到总体优化防护结构的效果。

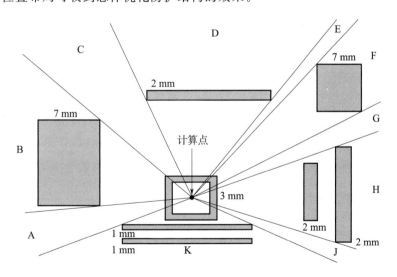

图 4-56　通过扇形分析计算卫星内某器件辐射吸收剂量示意图

表 4 - 1　针对图 4 - 56 各扇形区域计算的等效 Al 厚度、立体角比率及吸收剂量

扇形区域	A	B	C	D	E	F	G	H	J	K
等效 Al 厚度/mm	3	10	3	5	3	10	3	7	3	5
4π 立体角的比率	0.04	0.12	0.08	0.15	0.01	0.07	0.02	0.10	0.01	0.40
7 年剂量/ [krad（Si）]	2.4	0.24	4.8	0.9	0.6	0.14	1.2	0.3	0.6	2.4

辐射吸收剂量计算对于优化添加性防护结构也具有重要意义。对于重要的星内电子器件，往往需要在优化建构性防护结构的基础上，进一步考虑添加性防护结构。后者包括总体防护与局部防护两部分。总体防护是指器件的封装或外壳；局部防护是针对敏感部位进行特殊屏蔽。为了合理地确定封装或外壳及局部屏蔽层的厚度，均需要借助于辐射吸收剂量的精确计算。过量的添加性防护结构设计不但没有必要，反而会带来不良后果（如增重等），应力求加以避免。

4.7.2　合理选材

合理选材是优化航天器功能与降低成本的重要举措。特别是，许多重要的材料和器件不但对辐射效应敏感，价格也相当昂贵，若选材不当将直接影响航天器的功能及成本。

辐射吸收剂量计算可为航天器合理选材提供基本依据。在航天器型号设计选材时，辐射效应评价第一阶段的流程如图 4 - 57 所示。在进行立体角扇形分析计算之前，需要通过轨道辐射环境模式与 SHIELDOSE 程序计算给出吸收剂量-深度分布曲线，并提出航天器结构布局。针对关键材料和器件所在部位，通过扇形分析方法计算相应的辐射吸收剂量，并依此初步筛选材料和器件。然后，还要针对拟初步选用的材料和器件，通过必要的地面辐照模拟试验进行考核和评价。在型号设计辐射效应评价的第二阶段，需要结合防护结构优化设计与抗辐照加固需要，进一步考核拟选用材料和器件抵御最坏辐射情况的能力，并预测辐照损伤演化结果，最终确定性能和价格比适当的材料与器件选择方案。在上述过程中，经常会出现一些意想不到的情况，如原以为能够满足辐射吸收剂量要求的材料或器件可能在考核试验中出现问题。这需要通过改进防护结构设计或更换材料和器件来解决。总之，依据轨道辐射环境条件与航天器型号结构设计方案，准确计算任意部位的辐射吸收剂量是实现合理选材过程的基本条件。

4.7.3　关键材料和器件在轨性能退化预测

高能带电粒子辐射是导致航天器关键材料与器件在轨性能退化的重要原因。如以金属氧化物半导体器件为例，可表明辐射吸收剂量计算在关键材料和器件在轨性能退化预测中起着重要作用。

阈值电压 V_T 是 MOS 器件的重要特性参量，其变化与空间粒子电离辐射损伤效应密切相关。在阈值电压下，MOS 器件可通过反型联通产生能够测量的沟道电流（一般约为 10 μA）。MOS 器件的阈值电压 V_T 随着辐射吸收剂量 D_A 增加而降低，导致其漂移 $-\Delta V_T$ 增大。相应地，$-\Delta V_T$ 的增大会使 MOS 器件逐渐丧失功能，并最终导致 MOS 电路失效。

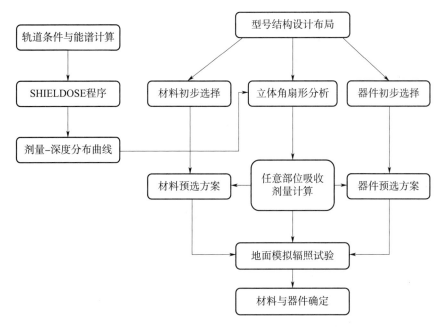

图 4 - 57　航天器设计选材时辐射效应评价流程

所产生的故障形式包括切换速度降低、静态电流 I_{ss} 急剧增加及逻辑状态失效等。带电粒子辐照产生电离及俘获电荷过程均主要在氧化物层发生，俘获电荷的累积可视为与辐射吸收剂量成正比。氧化物层内俘获电荷的累积是导致 MOS 器件阈值电压下降的原因。带电粒子辐照过程中 MOS 器件阈值电压漂移可由下式计算

$$\Delta V_T = R \cdot A \cdot D \tag{4 - 32}$$

式中　R——与氧化物层厚度有关的参数；

　　　A——电荷俘获概率，可用于表征单个晶体管栅极氧化物特性，对最敏感器件在数值上为 1.0；

　　　D——辐射吸收剂量。

依据 MOS 器件在航天器内所处位置，通过扇形分析方法计算其在轨服役过程中辐射吸收剂量变化，可以通过式（4 - 32）预测阈值电压漂移。通过所计算的阈值电压漂移的变化，能够进一步计算该器件在轨期间发生故障的最早时间。

根据辐射吸收剂量预测航天器关键材料或器件在轨性能退化，一是需要通过地面等效模拟试验建立性能与吸收剂量关系曲线；二是需要根据轨道辐射环境条件和航天器结构模型，计算相应材料或器件的辐射吸收剂量。通过两者的结合，便可针对不同的在轨服役时间进行预测，为航天器关键材料与器件在轨服役行为评价提供必要的依据。

4.8　航天器在轨带电粒子辐射吸收剂量计算流程

辐射吸收剂量的计算是对空间带电粒子与航天器交互作用的量化表征。辐射吸收剂量

的传统定义是，在粒子穿透条件下单位质量物质所吸收的能量。实际上，辐射吸收剂量计算常分为穿透辐射与未穿透辐射两种情况。发生穿透辐射时，吸收剂量可由辐照粒子注量 Φ 与粒子在靶材料中的线性能量传递的乘积求得；而发生未穿透辐射时，计算结果应为吸收剂量沿靶材深度的分布。

空间带电粒子对航天器材料和器件的辐射损伤效应，主要通过电离和位移两种方式产生。这两种效应都易于由质子和重离子所引起，而空间电子主要产生电离和轫致辐射效应。空间带电粒子对材料和器件的辐射损伤常表现为吸收剂量累积效应，称为总剂量效应。在高能带电粒子作用下所产生的单粒子事件，实际上是特殊条件下的快速电离效应。

吸收剂量计算可在辐射物理有关带电粒子辐射能量损失计算的基本公式的基础上，通过蒙特卡罗方法跟踪模拟入射粒子在材料中的输运过程，建立计算程序和软件。常用的蒙特卡罗计算程序如 SRIM 程序、GEANT - 4 程序等，均已获得成功应用。

工程上，通常采用 SHIELDOSE 程序计算空间带电粒子在航天器材料和器件中的电离辐射吸收剂量，并以防护层后 Si 薄靶的吸收剂量与 Al 防护层厚度的关系曲线表征空间辐射环境的影响（简称为剂量-深度分布曲线）。航天器的防护结构常用等效 Al 球模型进行简化表征。复杂结构航天器的辐射吸收剂量计算可采用立体角扇形分析方法，在 SHIELDOSE 程序计算得到的剂量-深度分布曲线的基础上进行。这种方法的优点是简便易行，适于工程应用。在需要进行精确计算时，也可以通过大型蒙特卡罗软件进行，如 GEANT - 4 和 MCNP 软件等。航天器辐射吸收剂量计算的基本流程如图 4 - 58 所示。空间带电粒子能谱可依据轨道条件，通过不同带电粒子环境模式计算（见第 2 章）。

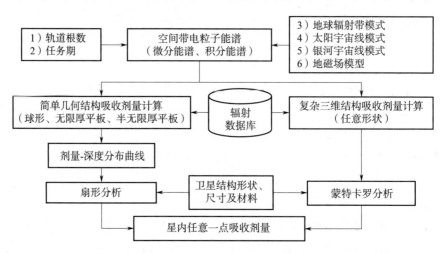

图 4 - 58　航天器在轨带电粒子辐射吸收剂量计算基本流程

在进行防护层后辐射吸收剂量计算时，选择合适的防护层结构模型十分必要。为了更加合理地反映航天器结构的影响，T. M. Jordan[15]建议将防护层结构模型分成五种类型（如图 4 - 59 所示）：

1）球壳防护模型（spherical shell）：剂量计算点位于等厚度球壳中心，适用于表征航天器舱体内的部位。在防护层厚度相同的情况下，所计算的辐射吸收剂量低于实球模型中心的吸收剂量。这是由于球壳的内表面发生电子散射时对中心计算点的影响较小所致。

2）实球防护模型（solid sphere）：剂量计算点位于实体球的中心。在防护材料与计算点之间无空隙。入射粒子在输运路径上发生散射时易于作用于剂量计算点，不会出现散射通量逸散现象，故所计算的辐射吸收剂量高于球壳模型。

3）单层板防护模型（single slab）：假定单层防护板是无限的二维表面，入射粒子从一侧进入并作用于计算点，无电子背散射发生。这种情况相当于存在有无限厚的背板防护，没有来自前单层板防护层后的辐射通量，适用于表征高能质子和重离子的辐射防护效应，这两类粒子不易产生散射。

4）背板防护模型（back slab）：剂量计算点位于有限厚度单层板与无限厚板的空隙之间。粒子从有限厚度的单层前板表面一侧入射，并可在无限厚的背板表面反射或背散射。这有可能使入射电子的通量增加近一倍。

5）双板防护模型（double slab）：剂量计算点位于两个相同厚度薄板的空隙之间。辐射粒子通量来自两侧，并在两侧薄板防护层的内表面产生电子背散射。这种情况适用于表征航天器太阳帆板的防护构型。

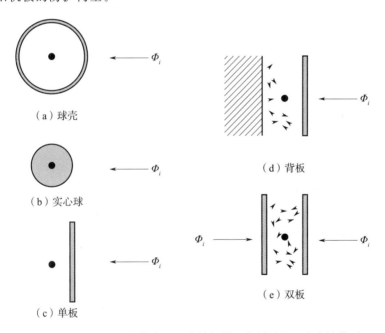

图 4 - 59　NOVICE 软件中用于计算辐射吸收剂量的五种防护模型

Φ_i—辐照粒子通量；●—剂量计算点；➤—电子背散射

上述五种防护结构模型是对 SHIELDOSE 模型（见图 4 - 5）的改进，能够较好地反映航天器及其组件的防护结构特征，已在 NOVICE 软件程序中应用，作为计算航天器简单结构所受空间带电粒子辐射吸收剂量的基础。其中，尤以球壳防护模型的应用较多，原因是其更接近于航天器舱内微电子器件的防护层构型。

参 考 文 献

［1］ DALY E J. The evaluation of space radiation environments for ESA projects ［J］. ESA Journal, 1988, 12: 229.

［2］ ESA Document PSS – 01 – 609, Issue 1: The radiation design handbook ［M］. ［S. l.］: ［s. n.］, 1993: 265 – 401.

［3］ 汤家墉，张祖华. 离子在固体中阻止本领、射程和沟道效应 ［M］. 北京：原子能出版社，1988.

［4］ SIGMUND P. Particle penetration and radiation effects ［M］. Heidelberg: Springer Press, 2006.

［5］ CARRON N J. An introduction to the passage of energetic particles through matter ［M］. New York: Taylor & Francis, 2006.

［6］ HUSSEIN E. Radiation mechanics: principles and practice ［M］. Amsterdam: ELSEVIER, 2007.

［7］ 许淑艳. 蒙特卡罗方法在实验核物理中的应用 ［M］. 北京：原子能出版社，1996：148 – 151.

［8］ ZIEGLER J F, BIERSACK J P, LITTMARK U. The stopping and ranges of ions in solids ［M］. New York: Pergamon Press, 1985: 109.

［9］ NBSIR – 82 – 2550A Stopping powers and ranges of electrons and protons ［S］.

［10］ HALBLIEB J A, KENSEK R P, MEHLHORN T A, et al. ITS vension 3. 0: the integrated TI-GER series of coupled electron/photo Monte – Carlo transport codes ［R］. Report SAND91 – 1634, UC – 405, 1992.

［11］ SELTZER S M. SHIELDOSE: a computer code for space shielding radiation dose calculations ［M］. Gaithersburg: National Bureau of Standards, 1980: 853 – 855.

［12］ SELTZER S M. Electron, electron – bremsstrahlung and proton depth – dose data for space shielding applications ［J］. IEEE Trans. Nud. Sci. , 1979, Ns26 (6) .

［13］ WRIGHT K A, Trump J G. Journal Appl. Phys. , 1962, 33: 687.

［14］ DALE C, MARSHALL P, CUMMINGS B, et al. Displacement damage effects in mixed particle environ-ments for shielded spacecraft CCDs ［J］. IEEE Trans. Nucl. Sci. , 1993, NS – 40: 1628 – 1637.

［15］ JORDAN T M. NOVICE: a radiation transport/shielding code: users' guide ［R］. Technical Report 87. 01. 02. 01.

［16］ HOLMES – SIEDLE A, ADAMS L. Handbook of radiation effects. 2nd. ［S. l.］: OXFORD University Press, 2002.

［17］ FERRANTE J G, COFFINIER P, AUBE B, et al. Spacecraft systems engineering and geometry modeling: the ESABASE – MATVIEW approach ［J］. ESA Journal, 1984, 84 (4) .

［18］ DAVIS H S, JORDAN T M. Improved space radiation shielding methods ［J］. JPL Tech. Memo, Jet Propulsion Laboratory, Pasadena, CA, 1996.

第 5 章　空间环境效应的计算机模拟

5.1　引言

　　航天器在太空与空间环境发生相互作用，涉及的问题复杂，难以完全通过地面模拟试验进行表征。空间环境效应地面模拟试验的主要困难涉及：复杂的空间环境条件难以在地面再现，所经历的物理、化学及动力学过程复杂，以及所发生的效应与航天器结构和在轨飞行状态密切相关。航天器具有复杂的三维结构，在轨飞行时间可长达几年乃至十几年以上。这些问题都对空间环境效应研究提出了挑战。随着计算机模拟技术的发展，通过必要的理论建模及采用蒙特卡罗模拟等方法，使复杂的空间环境效应分析成为可能。计算机模拟已经成为研究复杂空间环境效应的有效手段。

　　针对空间环境与航天器相互作用的物理/化学过程进行理论建模，是揭示空间环境效应机制的基础。通过对复杂现象的合理剖析与必要的假设，可建立适当的空间环境效应物理模型和数学模型。空间环境效应往往涉及随机过程分析，需要借助于蒙特卡罗方法进行模拟。

　　本章针对几种复杂的空间环境效应，阐述相关计算机模拟方法的基本思路。通过对这几种典型效应模拟方法的剖析，可以说明应用计算机模拟研究空间环境效应的特点与优势。空间环境效应的计算机模拟分析结果是否正确，最终要经受必要的试验验证或航天器在轨飞行试验的考验。

5.2　带电能量粒子在材料中的输运过程模拟

5.2.1　入射电子输运模拟

　　空间带电粒子的种类主要为质子和电子。通常，采用蒙特卡罗方法模拟入射质子和电子在材料中的输运过程[1]。质子的传输路径比较平直，而电子在输运过程中易发生大角度散射，甚至背散射。入射电子在材料中传输路径曲折，难以有确定的沿入射方向的投影射程。

　　入射电子在材料中的随机游走过程，可以看成是一组状态集合的序列（即所谓的单个电子的"历史"）

$$
\begin{array}{ccccccc}
E_0 & \Lambda_0 & \theta_0 & \lambda_0 & x_0 & y_0 & z_0 \\
E_1 & \Lambda_1 & \theta_1 & \lambda_1 & x_1 & y_1 & z_1 \\
\cdots & \cdots & \cdots & \cdots & \cdots & \cdots & \cdots \\
E_n & \Lambda_n & \theta_n & \lambda_n & x_n & y_n & z_n
\end{array}
$$

其中，E 表示电子能量；Λ 表示电子游走步长；θ 表示电子沿运动方向散射的极角；λ 表示电子沿运动方向散射的方位角；x、y 及 z 表示电子在直角坐标系的坐标，如图 5-1 所示。图中以电子垂直入射方向为 Z 轴正方向，Y 轴正方向垂直纸面并指向外。X、Y 和 Z 轴组成右手坐标系，坐标原点为入射电子与材料上表面的交点。

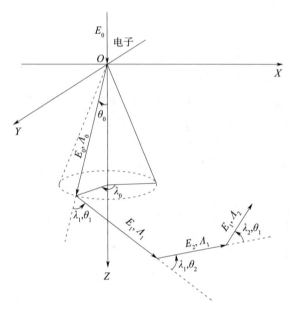

图 5-1　坐标系定义与电子在材料中的游走过程

　　蒙特卡罗模拟是通过跟踪大量单个电子在材料中输运的"历史"来实现的。每个入射电子的"历史"开始于某一特定的能量、位置和运动方向。电子的运动被认为是在两体弹性碰撞下改变运动方向，而在两体弹性碰撞之间是直线"自由飞行"，角度偏转和能量损失都归结到自由程（即游走步长）的端点处。当电子的能量减小到某一最低阈值或其位置跑到靶材之外时，电子的游走"历史"终止。

　　入射电子在靶材中容易受到静电库仑力的作用，使其游走"历史"比中性粒子（如 γ 光量子和中子）要复杂得多。在电子游走轨迹长度内，碰撞次数相当多。例如，一个电子由能量 0.5 MeV 减小到 0.25 MeV 时，在 Al 中所走路程约需经过 2.9×10^4 次碰撞；而γ 光量子只要经过 20～30 次康普顿散射，其能量就可从几兆电子伏降到 50 keV。中子在氢中经过约 18 次碰撞可使能量从 2 MeV 降到热能水平。通过蒙特卡罗方法计算一个电子的游走"历史"要比 γ 光量子或中子的计算量大上千倍。为了减小计算量，可以采用 Berger[2] 提出的"浓缩历史"的方法，即把真实的物理上的随机游走过程划分为若干"历史"阶段，每一"历史"阶段包含多次游走，即把许多次随机碰撞合并成一次碰撞，并作为一步游走过程来处理。在这一步游走过程中电子能量和飞行方向的转移概率分布可由近似的多次散射理论给出。

　　模拟入射电子在材料中的输运过程时，需考虑以下主要问题。

（1）"浓缩历史"分割方法

通常，采用能量对数分割法对电子的游走过程进行模拟，即按照电子的能量划分其在材料中的"浓缩历史"。入射电子每走一步，能量按照对数关系减小，即

$$E_{n+1} = kE_n \tag{5-1}$$

式中，$k = \left(\dfrac{1}{2}\right)^m$，（$m$ 为设定的游走步数，电子游走 m 步时能量减小一半）。这种划分方法的优点是电子游走到下一步时，散射偏转角变化不大。

根据 Blanchard 等人[3] 推导的结果，多次散射偏转角余弦的平均值可由下式给出

$$(\cos \omega)_{\text{average}} = \left(\frac{E_{n+1}}{E_n} \frac{E_n + mc^2}{E_{n+1} + 2mc^2}\right)^{0.3Z} \tag{5-2}$$

式中　ω——电子多次散射偏转角；

　　　Z——材料的原子序数；

　　　mc^2——电子的静止能量。

当电子的动能 E_n 和 E_{n+1} 远低于 $2mc^2$ 时，散射偏转角主要由 E_{n+1}/E_n 决定，而与 E_n 和 E_{n+1} 的大小无关。因此，E_{n+1}/E_n 比值确定后，电子由第 n 次步游走到第 $n+1$ 次步的偏转角度变化不大。

为了使电子游走步长划分得更细些，可在式（5-2）划分的主栅格内再划分子栅格。子栅格的能量间距可为

$$\Delta E = \frac{E_n - E_{n+1}}{\text{ISB}} \tag{5-3}$$

式中　ISB——在 1 个主栅格内划分的子栅格数。

当取 $m = 8$ 时，ISB 按如下经验公式取值

$$\text{ISB} = -0.000\,460\,11Z^2 + 0.236\,75Z + 1.01 \tag{5-4}$$

（2）电子运动方向确定

为了准确模拟电子在靶材料中随机游走过程，必须确定电子每一步游走的运动方向。电子在输运 ΔS 的路程中，要与靶材料原子核及核外电子多次碰撞，使运动方向不断变化。这种变化通过极坐标系，由散射极角 θ 和方位角 λ 表示电子行进方向的偏转。经 Bethe 修正的 Moliere 多次散射极角分布解析式如下[4]

$$A(\theta)\theta\mathrm{d}\theta = \sqrt{\sin\theta/\theta}\,\vartheta\mathrm{d}\vartheta\left[2\exp(-\vartheta^2) + f^{(1)}(\vartheta)/B + f^{(2)}(\vartheta)/B^2\right] \tag{5-5}$$

式中　$f^{(1)}$，$f^{(2)}$——可在参考文献 [4] 的表格中查得；

　　　θ——散射极角；

　　　$\vartheta = \dfrac{\omega}{\chi_c}\sqrt{B}$——约化角度；

　　　$\chi_c^2 = 4\pi\dfrac{N}{A}Z(Z+1)\Delta S r_e^2 \dfrac{1-\beta_0^2}{\beta_0^4}$；

　　　ΔS——电子游走步长（g/cm^2）；

　　　B——超越方程参数，即 $B - \ln B = \ln\left(\dfrac{\chi_a}{\chi'_a}\right)^2 + F$；

$$\chi_a'^2 = 1.167\chi_a^2 \ ;$$

$$\chi_a^2 = \chi_0^2 \Big[1.13 + 3.76 \Big(\frac{Z}{137\beta_0} \Big)^2 \Big] \ ;$$

$$\chi_0^2 = \Big(\frac{\lambda}{(0.885a_0)^2} \Big) Z^{\frac{2}{3}} \ ;$$

$$\lambda = 3.86 \times 10^{-11} \sqrt{1-\beta_0} / \beta_0 \ ;$$

$$a_0 = 0.53 \times 10^{-8} \ ;$$

$$F = (Z+1)^{-1} \Big(\ln \Big\{ 0.16 Z^{\frac{2}{3}} \Big[1 + 3.33 \Big(\frac{Z}{137\beta_0} \Big)^2 \Big] \Big\} - C_F \Big) \ ;$$

C_F ——可在参考文献 ［5］ 中查得。

对于多次散射极角 θ 的分布，可以采用如下抽样方法：

1） 将整个积分区间 $[0,\pi]$ 均分成 N 份，计算每个子区间散射极角分布概率 P_i 的积分值，即

$$P_i = \int_{\frac{i\pi}{N}}^{\frac{(i+1)\pi}{N}} A(\theta)\theta \mathrm{d}\theta \ , \ i = 0, \ 1, \ \cdots, \ N-1 \qquad (5-6)$$

2） 按 $[0,1]$ 均匀分布，生成随机数 r（可由计算机随机生成）。

3） 从 $P_0, P_1, \cdots, P_{N-1}$ 中找到 k ，使得下式成立

$$\sum_{i=0}^{k-1} P_i \leqslant r \leqslant \sum_{i=0}^{k} P_i \qquad (5-7)$$

4） 按下式计算 θ 角

$$\theta = \frac{\pi}{N} \Big[1 + \Big(r - \sum_{i=0}^{k-1} P_i \Big) / P_k \Big] \qquad (5-8)$$

散射方位角 λ 表示电子在空间切平面上的偏转，可按 $[0,2\pi]$ 区间均匀分布抽样，即 $\lambda = 2\pi r'$ 。其中，r' 为满足 $[0,1]$ 均匀分布的随机数，可由计算机的随机数发生器生成。

若电子原来运动方向为 θ_n 和 λ_n ，下一步运动方向为 θ_{n+1} 和 λ_{n+1} ，则可由游走一大步长 ΔS 末端的 θ 和 λ 通过下式给定电子每次运动前后散射角度的关系

$$\begin{bmatrix} \sin\theta_{n+1}\cos\lambda_{n+1} \\ \sin\theta_{n+1}\sin\lambda_{n+1} \\ \cos\theta_{n+1} \end{bmatrix} = \begin{bmatrix} \cos\theta_n\cos\lambda_n & -\sin\lambda_n & \sin\theta_n\cos\lambda_n \\ \cos\theta_n\sin\lambda_n & \cos\lambda_n & \sin\theta_n\sin\lambda_n \\ -\sin\theta_n & 0 & \cos\theta_n \end{bmatrix} \begin{bmatrix} \sin\theta\cos\lambda \\ \sin\theta\sin\lambda \\ \cos\theta \end{bmatrix} \qquad (5-9)$$

$$\cos\theta_{n+1} = \cos\theta_n\cos\theta - \sin\theta_n\sin\theta\cos\lambda \qquad (5-10)$$

$$\sin(\lambda_{n+1} - \lambda_n) = \frac{\sin\theta\sin\lambda}{\sin\theta_{n+1}} \qquad (5-11)$$

$$\cos(\lambda_{n+1} - \lambda_n) = \frac{\cos\lambda - \cos\theta_n\cos\theta_{n+1}}{\sin\theta_n\sin\theta_{n+1}} \qquad (5-12)$$

当 $\sin\theta_n\sin\theta_{n+1} = 0$ 时，$\lambda_{n+1} - \lambda_n = \lambda$ 。

（3） 步长与空间位置计算

按照上述"浓缩历史"输运方法，电子在靶材料中每游走一步，能量从 E_n 变为 E_{n+1} 。

其间所经过的轨迹长度 Λ_{n+1} 可由下式表示

$$\Lambda_{n+1} = \int_{E_n}^{E_{n+1}} \frac{1}{-\dfrac{\mathrm{d}E}{\mathrm{d}s}} \mathrm{d}E \approx \frac{E_n - E_{n+1}}{\dfrac{\mathrm{d}E}{\mathrm{d}s}(E_n)} \tag{5-13}$$

式中　s——电子输运路径距离；

　　　$-\dfrac{\mathrm{d}E}{\mathrm{d}s}$——电子在靶材料中的能量损失或线性能量传递。

于是，对应于图 5-1 所定义的直角坐标系，可求得电子游走后的新位置坐标如下

$$x_{n+1} = x_n + \sin\theta_{n+1}\cos\lambda_{n+1}\Lambda_{n+1}$$
$$y_{n+1} = y_n + \sin\theta_{n+1}\sin\lambda_{n+1}\Lambda_{n+1}$$
$$z_{n+1} = z_n + \cos\theta_{n+1}\Lambda_{n+1}$$

由式（5-13）可见，电子在靶材料中的线性能量传递是影响游走步长的重要参量。入射电子的能量损失涉及电离碰撞和轫致辐射两部分。为了简化计算，假设电离碰撞能量损失和轫致辐射能量损失相互独立。电子在靶材中的能量损失是许多次分立的电离能量损失和轫致辐射能量损失之和。电子能量较低时，电离能量损失占主导；而电子能量较高时，以轫致辐射能量损失为主。电子通过电离碰撞及轫致辐射产生的能量损失可分别由式（4-3）、式（4-4）和式（4-6），或者类似的其他公式计算。电子输运过程中，在空间栅格长度 Δx 上的线性能量传递可按下式计算

$$L(E,x) = \frac{\mathrm{d}E}{\mathrm{d}x}\Big|_{(E,x)} = \frac{\Delta E\,|_{(E,x/\Delta x)}}{\Delta x} \tag{5-14}$$

式中　$\Delta E\,|_{(E,x/\Delta x)}$——入射能量为 E 的电子在 x 处沉积的能量。

（4）计算步骤

应用上述"浓缩历史"跟踪电子输运时，可按以下步骤进行计算：

1）根据给定电子的能量上限，按照能量对数分割法［见式（5-1）］确定能量栅格，以数组的形式存放。

2）根据式（5-13）和式（5-6）分别计算电子的游走步长及相应步长内的散射极角分布概率，均以数组形式存放。

3）给定入射电子的初始状态（或按分布抽样确定），包括：能量 E_0、极角 θ_0 与方位角 λ_0，以及位置坐标（x_0，y_0，z_0）。

4）按划定的步长和栅格跟踪入射电子，包括：

a）计算新运动方向的 θ 角和 λ 角；

b）计算新的位置坐标（x，y，z）；

c）根据切断条件判断是否继续跟踪：一是否达到切断能量（$E < E_c$）？二是否跳出边界，即新位置（x，y，z）是否跳出靶材之外？

d）如果满足切断条件，跟踪结束，并开始一个新的"历史"。对新的入射电子进行跟踪，从步骤 3）开始。

e）如果不满足切断条件，令 $x_0 = x$、$y_0 = y$ 及 $z_0 = z$，并按线性分配关系计算入射电子在每个空间栅格内的能量沉积，即

$$\Delta E_i = \frac{\Delta x_i}{\Delta s} \Delta E \tag{5-15}$$

式中 Δx_i——电子在第 i 个栅格内穿过的长度；

       Δs——电子的步长；

       ΔE_i——电子在第 i 个空间栅格内沉积的能量。

转到步骤 4）继续跟踪。

    以上是采用蒙特卡罗方法，模拟入射电子在材料中输运过程的基本思路。已有多种用于模拟电子在材料中输运过程的蒙特卡罗软件，如 ETRAN，ITS 及 MCNP 等软件。这些软件功能齐全，通用性强，应用范围广，涉及电子与光子和中子的耦合输运问题，但程序过于繁杂，计算耗时，应用较为困难。CASINO 是比较简单的软件，能够方便地给出入射电子在材料中输运的模拟结果。图 5-2 和图 5-3 分别为 CASINO 软件对 1 keV 和 1 MeV 电子在 Al/Si 靶材中输运路径分布的模拟结果。靶材上层为 Al，下层为 Si。两种入射能量情况下，电子均从 Al 表面入射，在 Al 层中形成很高的电子输运迹线密度，说明入射电子能量主要沉积在 Al 层。入射电子的能量越高，达到相同的防护效果所需 Al 层的厚度应越大。

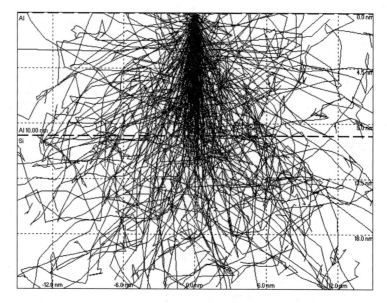

图 5-2   1 keV 电子在 Al/Si 靶材中输运迹线分布模拟结果（CASINO 软件）

5.2.2   入射质子和离子输运模拟

    采用蒙特卡罗方法模拟入射质子或离子在材料中输运的基本思路和计算过程与上述电子入射的情况相类似，需要通过构建概率模型与随机抽样，实现入射粒子在材料中随机碰撞过程的统计学分析。所不同的是质子或离子的质量较大，与靶材料原子碰撞时交互作用较强。质子或离子与靶材料原子碰撞时不易发生大角度散射，输运路径相对比较平直，输运"历史"较短，比较易于跟踪计算。经与质子或离子碰撞后，靶材料原子能够获得较高

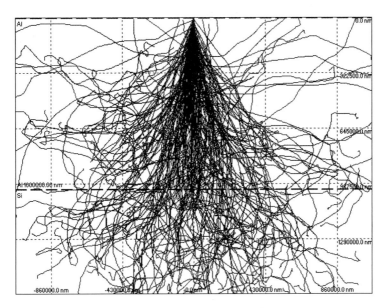

图 5-3　1 MeV 电子在 Al/Si 靶材中输运迹线分布模拟结果（CASINO 软件）

能量，成为反冲原子并产生级联碰撞效应，这会导致靶材料原子重新分布，而间接影响入射质子或离子的输运"历史"。入射质子或离子与靶材料原子碰撞时，一部分能量用于克服核外电子壳层的库仑屏蔽作用，激发靶原子内部自由度（电子激发与电离），称为库仑屏蔽碰撞；另一部分能量用于靶材料原子的整体位移，称为核碰撞。前者属于长程交互作用，可通过靶材料的集约式电子结构和原子键结构加以描述。入射质子或离子在靶材料内的电荷状态可以用有效电荷概念表征，包括与速度相关的电荷状态和由靶材料的集约式电子结构产生屏蔽作用的影响。库仑屏蔽碰撞所引起的能量损失常称为非弹性能量损失或电子阻止本领 $(-dE/dX)_e$。核碰撞引起的能量损失称为弹性能量损失或核阻止本领 $(-dE/dX)_n$。总的阻止本领为两者之和。

　　SRIM 程序是模拟入射质子或离子在材料中输运过程的一种常用的蒙特卡罗程序。模拟粒子在材料中输运过程的关键是如何准确计算粒子的能量损失或阻止本领。考虑到上述质子或离子在材料输运过程中的特点，SRIM 程序采用试验拟合的方法，建立了一套适用的计算质子及离子在材料中输运时能量损失或阻止本领的公式，取得了良好效果。下面分别介绍 SRIM 程序针对靶材料的电子阻止截面和核阻止截面所采用的计算公式，这是建立 SRIM 程序的基础。阻止截面 $S(E)$ 可视为单位体积内单个靶材料原子的阻止本领，即 $(-dE/dX) = N \cdot S(E)$，式中 N 为靶材料原子数密度，$S(E)$ 的单位为 $eV \cdot cm^2$。

　　（1）电子阻止截面计算

　　SRIM 程序按照入射离子的电荷数不同，分为质子、He 离子及重离子三种情况计算电子阻止截面。

　　①质子的电子阻止截面

　　当入射的带电粒子在固体中穿行时，可将固体中的诸电子看做电子气。入射粒子在电子气中运动并通过与所遇到的电子发生碰撞而损失能量。Ziegle 等人[6]是在 Lindhard 的带电粒子（离子）在电子气中慢化模型框架内，利用局域电子密度近似计算入射质子的电子阻止截面 S_e。根据有效电荷理论及实验数据分析，质子在固体中的有效电荷数 Z_H^* 等于 1。计算入射质子的电子阻止截面 S_e 时，所需要的固体中原子的电荷分布是在孤立原子模型基础上，通过计算固体点阵结构的影响而得到的。

动能为 E 的质子在原子序数为 Z_2 靶材料中的电子阻止截面 S_{ep}，可用下式计算（E 的单位为 keV/amu）：

$$S_{ep} = \begin{cases} \left(\dfrac{S_L S_H}{S_L + S_H}\right)\left(\dfrac{E}{10}\right)^p, E \leqslant 10 \text{ keV} \\[2mm] \dfrac{S_L S_H}{S_L + S_H}, 10 \text{ keV} < E \leqslant 10^4 \text{ keV} \\[2mm] i + j\,\dfrac{\ln E}{E} + k\left(\dfrac{\ln E}{E}\right)^2 + l\,\dfrac{E}{\ln E}, E > 10^4 \text{ keV} \end{cases} \tag{5-16}$$

其中

$$S_L = aE^b + cE^d \tag{5-17}$$

$$S_H = eE^f \ln(\frac{g}{E} + hE) \tag{5-18}$$

$$p = \begin{cases} 0.45, Z_2 \geqslant 7 \\ 0.35, Z_2 < 7 \end{cases} \tag{5-19}$$

式中，系数 a，b，c，d，e，f，g，h，i，j，k 及 l 均为拟合系数。此外，程序中还涉及一些其他参数，如靶材料密度、费米速度等。

②He 离子的电子阻止截面

根据带电粒子（离子）在电子气中产生微扰的观点，电子阻止截面 S_e 与入射离子的有效电荷数 Z^* 的平方成正比。有效电荷的概念是考虑到入射离子在固体中的实际电荷状态会受到其运动速度和靶材料电子屏蔽作用的影响，而使离子的有效电荷数与原子序数不相等。若速度 v 相同，He 离子（α 粒子）和 H 离子（质子）在原子序数为 Z_2 靶材料中的电子阻止截面之比可以写成

$$\frac{S_{e\alpha}(v_1, Z_2)}{S_{ep}(v_1, Z_2)} = \left[\frac{Z_{He}^*(v_1)}{Z_H^*(v_1)}\right]^2 \tag{5-20}$$

式中　$S_{e\alpha}$，S_{ep}——He 离子和质子的电子阻止截面。

式（5-20）中，假定有效电荷数 Z_{He}^* 和 Z_H^* 仅为入射速度 v_1 的函数，而与靶材组成物质无关。如果定义入射离子的有效电荷比为

$$\gamma_1 \equiv \frac{Z_1^*(v_1)}{Z_1(v_1)} \tag{5-21}$$

则得 $Z_{He}^* = \gamma_{He} Z_{He}$，$Z_H^* = \gamma_H Z_H$。式（5-21）中的 Z_1^* 和 Z_1 分别为入射离子的有效电荷数与原子序数。按照有效电荷理论，$Z_H^* = 1$，因而 $\gamma_H = 1$。于是，根据式（5-20），在求得 He 离子的有效电荷比 γ_{He} 后，其电子阻止截面可由同样速度的 H 离子的电子阻止截面计算得到，即

$$S_{e\alpha}(v_1, Z_2) = S_{ep}(v_1, Z_2) Z_{He}^2(v_1) \gamma_{He}^2 \tag{5-22}$$

由于有效电荷数是公式中唯一不能由理论来确定的量，Ziegler 等人采用实验数据内插拟合方法得到 γ_{He}^2 的求解公式为

$$\gamma_{He}^2 = 1 - \exp\left[-\sum_{i=0}^{5} a_i (\ln E)^i\right] \tag{5-23}$$

式 (5-23) 中，a_i 为拟合系数，可分别取为 0.286 5，0.126 6，−0.001 429，0.024 02，−0.011 35 及 0.001 475。

根据入射能量 E 的不同，分以下两种情况计算 He 离子的电子阻止截面：

1) $E \leqslant 1$ keV/amu 时

$$S_{e\alpha} = 4E^{0.5} S_{ep}(1.0) Z_{He}^* \tag{5-24}$$

式 (5-24) 中，$S_{ep}(1.0)$ 表示能量为 1.0 keV 质子的电子阻止本领；He 离子的有效电荷数 Z_{He}^* 可以表示为

$$Z_{He}^* = \gamma^2 [1 - \exp(-A)] \tag{5-25}$$

其中，$A = 0.286\ 5$；$\gamma = 1 + (0.007 + 0.000\ 05Z_2)e^{-7.6^2}$ 。

2) $E > 1$ keV/amu 时

$$S_{e\alpha} = 4S_{ep} Z_{He}^* \tag{5-26}$$

$$Z_{He}^* = \gamma^2 [1 - \exp(-A)] \tag{5-27}$$

其中，$\gamma = 1 + (0.07 + 0.000\ 05Z_2)e^{-(7.6 - \ln E)^2}$；$A = \min(30, 0.286\ 5 + 0.126\ 6B - 0.001\ 429B^2 + 0.024\ 02B^3 - 0.011\ 35B^4 + 0.001\ 475B^5)$；$B = \ln E$ 。

③重离子的电子阻止截面

重离子的电子阻止截面计算可参照式 (5-20) 处理。在速度相同的条件下，重离子和 H 离子在原子序数为 Z_2 的靶材料中的电子阻止截面之比可以写成

$$\frac{S_{eion}(v_1, Z_2)}{S_{ep}(v_1, Z_2)} = \left[\frac{Z_{ion}^*(v_1)}{Z_H^*(v_1)}\right]^2 \tag{5-28}$$

同样，根据有效电荷比 γ_1 的定义 [见式 (5-21)]，因 $Z_H^* = 1$ 和 $\gamma_H = 1$，则有

$$S_{eion}(v_1, Z_2) = S_{ep}(v_1, Z_2) Z_{ion}^2(v_1) \gamma_{ion}^2 \tag{5-29}$$

在实际计算程序中，对上述公式中的 γ_{ion} 采用拟合公式。

为了计算重离子的电子阻止截面，首先需要计算有效电荷数。定义 $v = v_1/v_F$，v_F 为靶材料原子核外电子的费米 (Fermi) 速度。在计算程序中，v_F 从存储数据文件中取值。费米速度的理论计算公式为

$$v_F = \left(\frac{\hbar}{m}\right)(3\pi^2 \rho)^{\frac{1}{3}} \tag{5-30}$$

式中　ρ——电子数密度；

　　　$\hbar$——普朗克常数除以 2π；

　　　m——电子质量。

在计算程序中，费米速度 v_F 是以玻尔速度 v_0 为单位，即取值为 $\frac{v_F}{v_0}$。玻尔速度为 $v_0 = \frac{e^2}{\hbar} = 2.8 \times 10^8$ cm/s 。

按照有效电荷理论，与电子轨道速度相比较的应是入射离子和靶材料电子的相对速度 $v_r = |v_1 - v_e|$，而非离子速度本身。在对靶材料电子各运动方向的速度求平均后，可得到如下表达式

$$v_r = \begin{cases} \dfrac{3}{4} v_F \left(1 + \dfrac{1}{3} v^2 - \dfrac{1}{15} v^4\right), v < 1 \\[3mm] v \cdot v_F \left(1 + \dfrac{1}{5} v^{-2}\right), v \geqslant 1 \end{cases} \tag{5-31}$$

离子的电离度定义为 $Q = (Z_1 - N)/Z_1$（式中 Z_1 为原子序数；N 为离子的剩余电子数）。入射离子在固体中的电离度可取为 $Q = \max(1 - e^{-A}, 0)$，其中参数 A 由如下两式给出

$$A = \min(-0.803 y_r^{0.3} + 1.316\,7 y_r^{0.6} + 0.381\,57 y_r, 50) \tag{5-32}$$

$$y_r = \max(v_r Z_1^{-\frac{2}{3}}, Z_1^{-\frac{2}{3}}, 0.13) \tag{5-33}$$

上述式中，y_r 称为有效离子速度，由 $y_r = v_r/v_0 Z_1^{\frac{2}{3}}$ 定义（v_0 为玻尔速度）。由此，可进一步求得入射离子的有效电荷数。

离子有效电荷数的表达式为

$$\zeta = \zeta_0 \left[1 + Z_1^{-2}(0.08 + 0.001\,5 Z_2) e^{-(7.6-B)^2}\right] \tag{5-34}$$

式中　$\zeta_0 = Q + 0.5 v_r^{-2}(1-Q) \ln\left[1 + \left(\dfrac{4\lambda v_F}{1.919}\right)^2\right]$；

λ——离子的屏蔽距离（用于描述离子的尺度），可以从数据文件中查得；

$B = \max(0, \ln E)$；

Z_1，Z_2——入射离子与靶材料的原子序数。

下面将根据 y_r 的不同，分两种情况计算重离子的电子阻止截面：

1）当 $y_r = v_r Z_1^{-\frac{2}{3}}$ 时，则有

$$S_{eion} = S_{ep}\,(\zeta Z_1)^2 v_{FCorr} \tag{5-35}$$

式中　S_{eion}——重离子的电子阻止截面；

v_{FCorr}——费米速度修正项，可以由数据文件查得。

2）当 $y_r = \max(0.13, Z_1^{-\frac{2}{3}})$ 时，可取 $E' = 25 v_{min}^2$，$v_{min} = 0.5(v_{r,min} + C^{\frac{1}{2}})$，$v_{r,min} = \max(0.13 Z_1^{-\frac{2}{3}}, 1)$ 及 $C = \max(v_{r,min}^2 - 0.8 v_F^2, 0)$。将 E' 代入式（5-16）计算 H 离子的电子阻止截面 S_{ep}，并按下式进行费米修正

$$S'_{ep} = S_{ep} v_{FCorr} \tag{5-36}$$

然后，按下式计算入射重离子的电子阻止截面

$$S_{eion} = S'_{ep} \cdot (\zeta Z_1)^2 \left(\dfrac{E}{E'}\right)^p \tag{5-37}$$

式中

$$p = \begin{cases} 0.55, Z_1 = 3 \\ 0.375, Z_2 < 7 \\ 0.375, Z_1 < 18 \text{ 且 } Z_2 = 14 \text{ 或 } 32 \\ 0.47, \text{其他} \end{cases} \tag{5-38}$$

（2）核阻止截面计算

核阻止截面是表征入射离子与靶材料发生原子核碰撞引起能量损失的重要参量。在 SRIM 程序中，应用 Biersack 普适势计算得到核阻止截面表达式。首先，将入射离子的能量转化为约化形式。约化能 ε 由下式计算

$$\varepsilon = \frac{32.53 M_2 E}{Z_1 Z_2 (M_1 + M_2)(Z_1^{0.23} + Z_2^{0.23})} \qquad (5-39)$$

式中　　E——入射离子能量（keV/amu）；

下标 1，2——入射离子与靶物质；

M，E，Z——原子质量、能量与原子序数。

其次，通过 Biersack 普适势计算，得到如下核阻止截面表达式

$$S_n(E_0) = \left(-\frac{\mathrm{d}E}{\mathrm{d}x}\right)_n = \frac{8.462 Z_1 Z_2 M_1}{(M_1 + M_2)(Z_1^{0.23} + Z_2^{0.23})} S_n(\varepsilon) \qquad (5-40)$$

式中　　$S_n(\varepsilon)$——约化核阻止截面。

按照约化能 ε 的不同，$S_n(\varepsilon)$ 可有以下两种表述形式：

当 ε ⩾ 30 时

$$S_n(\varepsilon) = \frac{\ln\varepsilon}{2\varepsilon} \qquad (5-41)$$

当 ε < 30 时

$$S_n(\varepsilon) = \frac{\ln(1 + 1.138\,3\varepsilon)}{2(\varepsilon + 0.013\,21\varepsilon^{0.212\,26} + 0.195\,93\varepsilon^{0.5})} \qquad (5-42)$$

以上分别给出了 SRIM 程序中计算入射质子或离子的电子阻止截面 S_e 和核阻止截面 S_n 的表达式，总的阻止截面应为两者之和。SRIM 程序已经获得广泛应用。这说明尽管带电粒子辐射能量损失或阻止本领的计算公式有多种形式，但通过必要的理论分析与实验拟合方法建立计算模型，不失为一种有效的方式。

5.3　航天器表面充电效应的计算机模拟

5.3.1　表面充电效应的一般表述

航天器在轨运行过程中，从周围空间等离子体环境中收集并蓄积电荷的过程称为充电[7-8]。地球周围的所有航天器轨道都存在空间等离子体。在地球表面 90 km 高度以上，地球残余大气分子受到太阳电磁辐射作用发生电离，形成带正电荷的离子和自由电子，称为电离层等离子体。在电离层之上存在地磁层等离子体，包括等离子体层及外磁层等离子体等。在行星际空间存在太阳风等离子体。空间等离子体的特性可主要由等离子体的密度和能量表征。在近地空间，等离子体的密度和能量均随高度和纬度变化，如图 5-4 所示。在小倾角的低地球轨道，电离层等离子体稠密，但能量低。随着纬度增加，电离层等离子体的密度下降。在大倾角的极地轨道，除电离层等离子体外，还存在来自外磁层的高能沉

降电子，以由其所形成的极光而被人们所认知。在地球同步轨道，航天器会遭遇与地磁亚暴相关的能量较高而密度较低的热等离子体。空间等离子体由于具有一定的能量而不停地运动，并产生电流，包括运动着的电子产生的负电流和运动着的离子产生的正电流。由于电子和离子能量相等而质量相差大，使电子的运动速度明显高于离子，从而导致电子电流明显大于离子电流。在轨飞行的航天器受到这种不均等的正、负电流作用时，便在暴露的表面上产生电荷蓄积（称为表面充电），如图 5-5 所示。在航天器表面优先累积负电荷会使入射电子减速，而使入射的正电荷离子加速。这会使电子电流趋于减小，而离子电流趋于增大，直至两种电流相等。结果便使航天器表面上累积的负电荷达到平衡状态，形成相对于环境等离子体的浮置电位（floating potential）。

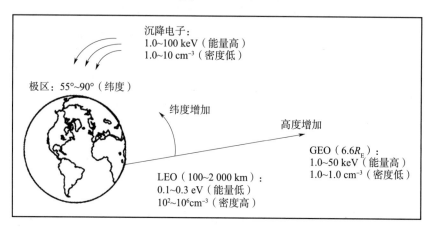

图 5-4　近地空间等离子体的主要特性[8]

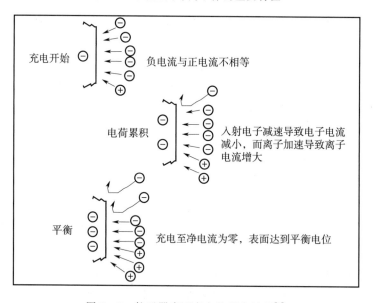

图 5-5　航天器表面充电的基本过程[8]

　　除了上述空间等离子体的充电作用外，光电子也是影响航天器表面充电状态的主要因素。光电子电流是在太阳辐射作用下由航天器表面材料释放的光电子所形成的，可以视为一种由航天器表面向外发射的反充电电流。由于光电子电流对航天器具有足够大的影响，需要考虑地球阴影、季节变化以及航天器在轨飞行期间相对于太阳取向变化等因素的影响。如对三轴稳定航天器而言，太阳翼对太阳的取向不变，而星上有效载荷却可能对其他空间天体（如地球）采取固定取向。航天器不同表面相对于太阳的取向不同，会在轨道不同位置受到不同的太阳照射。这种光照条件的变化可直接影响光电流乃至航天器表面的浮置电位。

　　航天器表面充电是由环境等离子体中不均等的正、负电流所引起的。当到达与离开航天器表面的电流总和为零时，航天器表面充电电位达到平衡。若航天器全部单元表面充电到相同的电位，称为绝对充电（absolute charging）。航天器表面全部为金属或导体时，易于产生这种均匀的表面充电效应。航天器表面为不同介质材料时，各部分表面的充电电位不同，称为不等量充电（differential charging）。介质材料不利于累积电荷的传布，成为累积电荷的储存区。入射的等离子体粒子通量的差异会使航天器介质材料表面产生不同的浮置电位。通常，在光照介质表面与阴影介质表面之间易产生不等量充电现象，如图 5 - 6 所示。这是因为许多情况下光电子电流可能是最大的流向航天器表面的正电流，能够使光照介质表面相对于阴影介质表面的浮置电位为正，导致两部分介质表面间产生电位差。按照产生条件的不同，可将航天器表面不等量充电分为两种类型：一类是由于介质材料本身的电物理性能差异所导致的航天器表面不等量充电，属内禀型不等量充电；另一类是由于光照或遮挡等外部条件所产生的，属外禀型不等量充电。

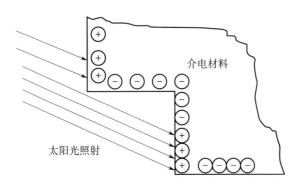

图 5 - 6　在光照介质表面与阴影介质表面之间产生不等量充电示意图[8]

　　航天器表面充电的基本物理过程是电流平衡。在给定的空间环境条件下，航天器表面充电分析的基础是充电基本方程，如下式所示

$$I_{\mathrm{T}}(U) = I_{\mathrm{e}} - \left[I_{\mathrm{i}} + I_{\mathrm{se}} + I_{\mathrm{be}} + I_{\mathrm{si}} + I_{\mathrm{ph}} + I_{\mathrm{cond}} \right] = 0 \qquad (5 - 43)$$

式中　I_{e}——环境电子电流，能够使航天器表面充电到负电位；

　　　I_{i}——环境离子电流，可部分抵消电子电流产生的负电位；

　　　I_{se}——环境电子撞击诱发的二次电子电流，与材料特性相关，入射电子能量较低
　　　　　　时，二次电子发射系数＞1；

I_{be}——背散射的一次电子电流；

I_{si}——源于环境离子撞击产生的二次电子电流；

I_{ph}——太阳辐射产生的光电子电流，通常是光照表面上相对于环境电子的反充电电流；

I_{cond}——航天器不同表面之间的导电电流，取决于材料的电阻率；

$I_T(U)$——航天器表面净电流或总电流（U 为航天器表面浮置电位）。

由于环境电流密度与 $(kT/m)^{\frac{1}{2}}$ 成正比（式中 k 为常数，T 为温度，m 为等离子体粒子质量），离子电流通常低于电子电流。

在上述公式中，当 I_e 起主导作用时，会使表面负电位升高。在 I_e 受到势垒作用而逐渐降低，并与其他电流之和相等时，表面负电位不再增加。表面浮置电位的平衡条件是净电流为零，即 $I_T(U)=0$。由于电子二次发射、背散射、光电子发射及电阻均与材料特性有关，产生充电效应所需的一次电子通量和能量也与材料密切相关。材料的二次电子发射系数 σ 对表面充电效应的影响十分重要。若 $\sigma>1$，易促使净电流抑制充电。通常，入射电子能量小于1.5 keV时，σ 值较大；入射电子能量较高时，σ 值降低。所以，在环境电子能谱中，主要由能量较高的电子诱发充电效应。光照表面能够发射较高通量的光电子，不利于充电；而地球阴影或卫星自身遮挡会抑制光电子发射，成为充电的有利条件。

在绝对充电的情况下，航天器总体电位在发生变化，各表面的电压均由"结构地"的参考电压锁定，充电过程进展很快。在地球同步轨道条件下，航天器位于阴影区的充电时间为分秒量级。相对于绝对充电而言，不等量充电过程进展较慢，时间超过数分钟。不等量充电常在日光照射条件下发生，其过程自然会慢些。

航天器绝对充电会对一些科学仪器产生干扰，但一般没有危险性。航天器表面充电效应的危险性主要来自不等量充电，即不同表面的充电程度不同，这是由航天器不同的表面材料特性和各部分表面取向上的差异所造成的。在航天器相邻表面或表面与航天器"结构地"之间产生静电放电会在敏感电路系统中产生很大的电流脉冲，导致逻辑开关乃至电路系统失效。放电也会引起航天器外表面产生物理损伤。放电产生的局部加热与表面材料从电弧放电处向外喷射，将引起材料的性能下降与质量损失。所喷射的材料会成为对航天器其他表面的污染源。从航天器表面析出的有机物分子可能受太阳辐射发生电离而成为正电荷的离子，并被吸附到具有负浮置电位的表面上。航天器表面的负浮置电位越大，被污染的可能性越大。当负的浮置电位足够大时，会加速正电荷离子的运动速度而使其获得较高能量，对航天器表面产生溅射效应。

通常，将航天器表面电位与周围环境等离子体的电位相差至少达到100 V以上界定为表面充电。航天器易在以下情况下发生表面充电：1）航天器在极轨道运行遭遇极光等离子体流时，其中高能电子通量显著高于离子通量；2）航天器周围环境等离子体中电子的能量足够高，使得其流向航天器表面的通量明显高于表面材料发射的二次电子通量，抑制了二次电子的发射效应；3）航天器处于地球阴影区或表面受到遮挡，使光电子发射受到抑制；4）航天器表面尺寸足够大，易于减小漏电流的影响，促使环境等离子体电子的收集率高于离子收集率。

工程上，习惯将地球同步轨道发生磁层亚暴时产生的航天器充电效应称为表面充电。在美国国家航空航天局的航天器充电效应评价和控制设计指南中[9]，将磁层亚暴时电荷在地球同步轨道航天器外表面的累积定义为航天器表面充电。近些年来，随着高压电池阵的应用，低地球轨道航天器在电离层中发生的充电效应日益受到关注。从 2003 年起，美国国家航空航天局相继发布了低地球轨道航天器充电设计标准及手册[10-11]。一般情况下，所谓航天器表面充电效应包含地球同步轨道和低地球轨道条件下发生的两种表面充电情况，所涉及的充电效应特征和对策明显不同，应分别对待。

5.3.2　航天器表面充电效应模拟

5.3.2.1　空间不同区域航天器充电特点

空间不同区域内航天器表面充电的特点取决于所在区域等离子体的温度 T 和数密度 n。这两个参数决定着等离子体环境的德拜屏蔽半径。等离子体可视为不同电荷粒子通过静电库仑效应而产生集约性相互作用的集合体，处于准电中性状态。在小尺度范围内，这种准电中性状态在受到较强的静电库仑作用（如航天器表面电位的影响）时而遭到破坏，导致不同电荷粒子出现独立运动。在等离子体中能够出现这种效应的尺度或半径称为德拜半径。超过德拜半径的尺度范围后，等离子体仍呈现集约性协调运动，故可将德拜半径视为在等离子体环境中屏蔽航天器表面电位影响的尺度。在德拜半径尺度范围之外，等离子体能够保持准电中性；当小于德拜半径时，航天器表面可对等离子体中的某种电荷粒子产生吸引，而对其他异号电荷粒子产生排斥。德拜半径的计算公式如下

$$\lambda_D = \left(\frac{\varepsilon_0 k T_e}{n e^2} \right)^{\frac{1}{2}} \tag{5-44}$$

式中　λ_D——德拜半径（m）；

　　　T_e——电子温度（K）；

　　　e——电子电荷（C）；

　　　n——等离子体密度（m^{-3}）；

　　　k——玻耳兹曼常数；

　　　ε_0——自由空间的介电常数。

对于多组分空间等离子体而言，其分布函数为各组分的麦克斯韦函数的线性组合，可由下式计算德拜半径

$$\lambda_D = \left[\frac{1}{8\pi e^2} \left(\sum \frac{n_i}{k T_i} \right)^{-1} \right]^{\frac{1}{2}} \tag{5-45}$$

式中　λ_D——多组分空间等离子体的德拜半径；

　　　T_i，n_i——i 组分等离子体的温度和密度；

　　　e——电子电荷（C）；

　　　k——玻耳兹曼常数。

通常认为，在地球同步轨道上，具有双温度分布的等离子体德拜半径由温度较低的等

离子体组分决定。

在地球同步轨道条件下，德拜半径达到 10^4 cm 以上量级。相比之下，可将航天器视为较小的球体。航天器的充电效应主要由地磁层发生亚暴时注入的磁层热等离子体 $[kT \approx 10^4 \, \text{eV}, \, n \approx (0.1 \sim 1.0) \, \text{cm}^{-3}]$ 所诱发。充电事件多发生在午夜至黎明时段。这是由于地磁层发生亚暴时，热电子从午夜注入并在黎明前沿纬圈发生漂移所致。在热等离子体中电子和离子的平均热运动速度均远超过航天器的轨道速度，可不考虑航天器运动对充电效应的影响。由于磁层热等离子体的密度低，光电子电流在充电过程中会有较大影响。通常，在光照情况下，光电子电流可能大于一次电子电流。航天器表面日光照射条件不同时，易诱发产生不等量充电。地磁层发生亚暴时，航天器表面的充电电位可达到或超过 $-10\,000$ V。

在低地球轨道范围内分析航天器表面充电时，主要分两种情况。一是在低倾角轨道情况下，等离子体环境主要为电离层 $[kT \approx 0.1 \, \text{eV}, \, n \approx (10^2 \sim 10^6) \, \text{cm}^{-3}]$，德拜半径为 $0.1 \sim 1.0$ cm 量级。由于电离层等离子体的密度高，能够使一次电子电流大于光电子电流，从而可忽略光电子电流的影响。并且，电离层等离子体的能量低，也可以不考虑二次发射电子电流和背散射电子电流对电流平衡的贡献。电离层中离子的热运动平均速度较低（约 1 km/s），远低于航天器的轨道速度（约 8 km/s），可将其对航天器的作用视为呈各向异性。这易于使迎风面离子密度增高而尾部区域形成离子空腔，导致充电效应受航天器运动的影响。相比之下，电子的热运动速度高于航天器的速度，能够对航天器产生各向同性的充电作用。同地球同步轨道等离子体环境相比，电离层等离子体的充电能力有限，可使航天器表面充电到 $0.1 \sim 5$ V 的负电位。另外一种情况是在极地轨道，存在能量达到 $1 \sim 50$ keV 的极光沉降电子，可与电离层冷等离子体共同作用导致航天器表面充电。这种极区的低轨道环境能够对航天器产生较强烈的充电效应，表面充电电位可达 $-(10^2 \sim 10^3)$ V。但由于极光电子沉降的区域较窄，航天器能够在较短时间（$1 \sim 10$ s）内通过，表面电位难以达到平衡状态。

在地磁层外，航天器表面充电是太阳紫外辐射与太阳风等离子体共同作用的结果。通常情况下，光电子发射电流占主导地位，使航天器表面呈正电位，可达到几十伏。

5.3.2.2　电流收集模型

航天器表面充电是从空间等离子体环境收集和累积电荷的过程，可基于试验物体（探针）在等离子体中的充电过程进行分析（朗谬尔探针近似）。在航天器表面与周围等离子体之间可形成电流回路，成为空间等离子体环境向航天器表面输运电荷的通道。这种航天器表面从周围等离子体环境收集电荷的过程称为电流收集（current collection），表现为形成从环境等离子体流向航天器表面的电流。航天器表面收集电荷所能达到的程度与空间等离子体环境的德拜半径有关。德拜半径决定了空间等离子体环境能够向航天器表面供应电荷的鞘层范围。德拜半径越大，空间等离子体环境向航天器表面提供电荷的能力越强，越易于使航天器表面充电到更大的负电位。因此，计算收集电流时，需考虑航天器周围等离子体鞘层的尺度。

按照德拜半径 λ_D 相对于航天器特征尺寸 R_s（或表面半径）的程度，可将电流收集鞘层分为厚鞘层（$\lambda_D > R_s$）和薄鞘层（$\lambda_D < R_s$）两种[12]。在地球同步轨道条件下，德拜半径一般明显大于航天器的特征尺寸（除非大于 10 m），适于用厚鞘层近似计算收集电流。对于低地球轨道航天器，适于用薄鞘层近似计算。

（1）薄鞘层近似

在薄鞘层条件下，可认为航天器表面近似为平面。设表面电位为 U_s，则距表面 y 处的电位 U 可用泊松方程（Posson's equation）计算

$$\frac{d^2U}{dy^2} = -\frac{q \cdot n(y)}{\varepsilon_0} \tag{5-46}$$

式中　$n(y)$——等离子体中受航天器表面吸引的粒子的数密度；

　　　q——粒子的电荷；

　　　ε_0——自由空间的介电常数。

按照电流连续性方程，收集电流密度为

$$j = q \cdot n(y)v(y) \tag{5-47}$$

式中　j——收集电流密度；

　　　$v(y)$——受航天器表面吸引的粒子的速度。

假设开始时受航天器表面吸引的粒子远离表面、能量为零，且向表面运动过程中未受到碰撞，则可按照能量守恒得出

$$\frac{1}{2}mv^2(y) + qU(y) = 0 \tag{5-48}$$

式中　m——粒子的质量。

将式（5-47）和式（5-48）代入泊松方程，可得

$$\frac{d^2U}{dy^2} = \frac{j}{\sqrt{-2qU/m}} \cdot \frac{1}{\varepsilon_0} \tag{5-49}$$

为了求解式（5-49），假设在 $y = S$ 处，U 和 $dU(y)/dy$ 均为零。这是假设源于航天器表面电位的电场能够被空间电荷所屏蔽，故可在某一点（$y = S$）使电位降为零。这种假设称为空间电荷限制（space-charge-limited assumption）。按照这一假设，并在式（5-49）两端均乘以 dU/dy，可得

$$\frac{1}{2}\left(\frac{dU}{dy}\right)^2 = \frac{1}{\varepsilon_0}\frac{m}{q}j\sqrt{-2qU/m} \tag{5-50}$$

利用 $y = 0$ 时，$U = U_s$ 及 $y = S$ 时，$U = 0$ 条件进行积分，则得

$$j = \frac{4}{9}\sqrt{\frac{2q}{m}} \cdot \varepsilon_0 \frac{|U_s|^{3/2}}{S^2} \tag{5-51}$$

因此，在泊松方程的基础上，利用电流连续性方程、能量守恒及薄鞘层假设，可建立航天器表面电位为 U_s 时收集电流密度 j 与鞘层厚度 S 的关系，这种关系称为 Child-Langmuir 定律，用于表征空间电荷限制时的收集电流。鞘层厚度 S 可按下式计算

$$S = \frac{2}{3}\left(\frac{\sqrt{2}}{K^*}\right)^{1/2} \cdot \lambda_D \left(\frac{|qU_s|}{kT}\right)^{3/4} \tag{5-52}$$

式（5-52）中，K^* 为系数，取值范围为 $1/\sqrt{2\pi} \leqslant K^* \leqslant 1$；$k$ 为玻耳兹曼常数；T 为温度；其他符号意义同前。由于鞘层厚度 S 至少应等于德拜半径 λ_D，式（5-52）需满足 $|qU_s|/kT \geqslant 1$。可见，当航天器表面有较高的偏压时，电场从表面向外延伸的距离会大于德拜半径，即形成的空间电荷屏蔽鞘层厚度为 $\lambda_D(|qU_s|/kT)^{\frac{3}{4}} \geqslant \lambda_D$。在平面假设条件下，还应满足 $S \leqslant R_s$。按照这种薄鞘层近似，通过空间电荷限制可使鞘层边界（$y = S$）处电场为零，并使流向航天器表面的收集电流密度达到最高值［由式（5-51）给出］。若收集电流进一步增加，会使鞘层边界的电场符号反向而产生排斥效应，将不会有更多的电荷注入。在低地球轨道条件下，等离子体密度大，易于使航天器周围的空间电荷成为制约电流收集的主导因素。

（2）厚鞘层近似

在地球同步轨道，等离子体密度小，可以忽略空间电荷的屏蔽效应，适于采用拉普拉斯方程 $\Delta^2 U = 0$。这种情况相应于 $\lambda_D \geqslant R_s$，即厚鞘层近似。假设航天器呈球形，可通过能量守恒和角动量守恒条件计算环境等离子体粒子掠过航天器表面时，其轨迹距航天器中心的临界半径距离 R_i 与航天器半径 R_s 的关系

$$R_i^2 = R_s^2 \left(1 - \frac{2qU_s}{mv_o^2} \right) \tag{5-53}$$

式中　U_s——航天器表面电位；

　　　v_o——粒子的掠过速度；

　　　m——粒子质量；

　　　q——粒子的电荷。

粒子掠过时，其轨迹距航天器中心的半径距离 R 称为撞击参量（impact parameter）。仅有 $R < R_i$ 的粒子能够到达航天器表面，故可将 $(R_i - R_s) \approx R_i$ 视为等效于薄鞘层近似所定义的鞘层厚度 S。在此厚度范围内，环境等离子体粒子有可能被航天器表面所吸引。在厚鞘层近似条件下，收集电流密度可由下式计算

$$j(U_s) = \frac{I}{4\pi R_s^2} = \frac{I}{4\pi R_i^2} \frac{R_i^2}{R_s^2} = j_o \left(1 - \frac{2qU_s}{mv_o^2} \right) \tag{5-54}$$

式中　I——收集电流；

　　　j_o——环境等离子体电流密度，取决于粒子的平均速度 $\bar{v}$ 和数密度 n，即 $j_o = qn\bar{v}/4$。

环境等离子体粒子的平均速度可由下式计算

$$\bar{v} = \left(\frac{8kT}{\pi m} \right)^{1/2} \tag{5-55}$$

于是，可由下式计算 j_o

$$j_o = \frac{qn}{2} \left(\frac{2kT}{\pi m} \right)^{1/2} \tag{5-56}$$

式中　n——粒子的数密度；

　　　T——粒子温度（eV）；

m——粒子质量；

q——粒子的电荷。

在厚鞘层近似条件下，环境等离子体粒子能否被航天器表面所吸引主要取决于其运动轨道参量（能量和角动量），而不是表面前方自洽的空间电荷。这种电流收集机制称为轨道限制收集（orbit‐limited collection）。

5.3.2.3　一次收集电流计算

初次流经航天器表面的收集电流源于环境等离子体，包括一次电子电流与一次离子电流。视航天器轨道等离子体环境的不同，可分别按厚鞘层近似和薄鞘层近似两种情况进行收集电流的计算。地球同步轨道等离子体的德拜半径明显大于航天器的特征尺寸，满足厚鞘层近似的条件。低地球轨道等离子体的德拜半径远低于航天器的尺寸，适于应用薄鞘层近似。

地球同步轨道上的等离子体相对于运动着的航天器可视为具有各向同性，适于将航天器简化为小球体模型。在该环境等离子体的作用下，一次电子收集电流密度可由下述公式计算[9]

$$j_e = j_{eo} \exp\left(\frac{qU}{kT_e}\right), \ U < 0 \ (\text{排斥}) \tag{5-57}$$

$$j_e = j_{eo}\left[1 + \left(\frac{qU}{kT_e}\right)\right], \ U > 0 \ (\text{吸引}) \tag{5-58}$$

$$j_{eo} = \left(\frac{qn_e}{2}\right)\left(\frac{2kT_e}{\pi m_e}\right)^{\frac{1}{2}} \tag{5-59}$$

并且，一次离子收集电流密度由下述公式计算

$$j_i = j_{io} \exp\left(-\frac{qU}{kT_i}\right), \ U > 0 \ (\text{排斥}) \tag{5-60}$$

$$j_i = j_{io}\left[1 - \left(\frac{qU}{kT_i}\right)\right], \ U < 0 \ (\text{吸引}) \tag{5-61}$$

$$j_{io} = \left(\frac{qn_i}{2}\right)\left(\frac{2kT_i}{\pi m_i}\right)^{1/2} \tag{5-62}$$

式中　U——航天器表面电位；

T_e, T_i——电子和离子的温度(eV)；

n_e, n_i——电子和离子的数密度；

m_e, m_i——电子和离子的质量；

q——电子的电荷量；

k——玻耳兹曼常数。

在等离子体环境充电条件下，航天器表面电位在净电流为零时达到平衡。若 $U < 0$，可由式(5‐57)与式(5‐61)计算表面净电流

$$I_{net}(U) = \left[j_{eo}\exp\left(\frac{qU}{kT_e}\right) - j_{io}\left(1 - \frac{qU}{kT_i}\right)\right] \cdot A \tag{5-63}$$

式中　A——航天器表面面积。

令 $I_{net}(U) = 0$，可求得航天器表面电位 U_s 如下

$$U_s = -\frac{kT_e}{q} \ln\left[\sqrt{\frac{T_i m_i}{T_e m_e}}\left(1 - \frac{qU_s}{kT_i}\right)\right] \qquad (5-64)$$

式 $(5-64)$ 中，$\sqrt{m_i/m_e} \approx 43$，且 $T_e \approx T_i$。因此，可得 $U_s \approx -kT_e/q$，即表面平衡电位与电子温度呈正比。由此，在地球同步轨道条件下，估算得到航天器的充电电位可达到 $-10\,000 \sim -30\,000$ V 量级。

在低地球轨道，电离层中电子的热运动速度 v_{th}^e 显著高于离子的热运动速度 v_{th}^i，即 $v_{th}^e \gg v_{th}^i$。而且，同航天器的运动速度 v_s 相比，存在如下关系：$v_{th}^e \gg v_s \gg v_{th}^i$。这说明航天器表面对电子电流的收集可不受航天器运动的影响，而离子电流收集会具有各向异性。在迎风面上离子数密度有增强效应，使得离子电流收集主要受航天器运动速度控制。薄鞘层对一次离子电流收集的贡献可忽略不计。对于 $U < 0$ 的航天器表面，可由下式近似计算一次离子电流密度

$$j_i = qn_i v_s \sin\alpha \qquad (5-65)$$

式中　α——航天器表面相对于前进方向的倾角。

一次电子电流密度可基于环境等离子体中电子的平均热运动速度计算

$$j_e = qn_e(\bar{v}_e/4)\exp\left(\frac{qU}{kT_e}\right), \qquad U < 0 \qquad (5-66)$$

式中　$\bar{v}_e$——环境电子的平均热运动速度，按式 $(5-55)$ 计算。

对于低地球轨道航天器而言，环境电子电流密度约为 mA/m^2 量级，明显大于光电子电流密度，因此可忽略光电子电流的影响。而且，电离层等离子体的能量低（$0.1 \sim 0.2$ eV），不足以产生较大的二次电子电流和背散射电子电流。因此，在低地球轨道条件下，主要的收集电流应为一次电子电流和一次离子电流。若航天器表面为零浮置电位，即使在迎风面的离子数密度有所增强时，离子收集电流仍低于电子收集电流，从而导致航天器表面形成负浮置电位。在表面达到平衡电位 U_s 时，可有如下关系成立：

$$I_i - I_e \approx Aqn_e\left[v_s \sin\alpha - \frac{\bar{v}_e}{4}\exp(qU_s/kT_e)\right] = 0 \qquad (5-67)$$

式中　A——航天器表面面积。

由此可得

$$\frac{qU_s}{kT_e} = \ln(4v_s \sin\alpha/\bar{v}_e) \qquad (5-68)$$

若 $\alpha = \pi/2$，$T_e = 0.2$ eV 及 $v_s = 8$ km/s，则得 $U_s = -0.45$ V。可见，在低地球轨道，航电器表面的电位通常很低。

在极地轨道，除了低温、稠密的电离层等离子体外，航天器还会遭遇极光电子流。极光电子流对流向航天器的总电子通量的贡献至关重要。它们具有足够高的能量，还能够产生很强的二次电子发射效应。极光电子流所产生的二次电子发射电流也会对收集电流产生影响。若地磁场线平行于航天器表面，从表面发射的二次电子难以逃逸而将重新撞击其回旋半径内的表面。上述影响的综合结果会使航天器充电到很高的负电位，以便排斥来自电离层的冷电子及极光热电子。例如，美国空军的国防气象卫星 DMSP 卫星曾发生充电事件，使其表面电位达到 -462 V。

5.3.2.4　表面二次发射效应

在分析航天器表面充电效应时，通常需要考虑三种形式的二次电子发射过程[13]：一是环境等离子体中的电子和离子从航天器表面激发二次电子，相应的发射率分别表示为 δ 和 γ；二是环境电子入射时从航天器表面发生背散射，成为背散射电子，相应的背散射率记为 η；三是具有足够能量的太阳辐射光量子从航天器表面激发光电子。由入射电子产生的总的二次电子系数 σ 应为 δ 和 η 之和，即 $\sigma = \delta + \eta$。二次电子发射过程的一个重要特点是：σ、δ 和 η 均与一次电子能量有关。图 5-7 为三种聚合物材料的二次电子系数 σ 与一次电子能量 E_e 的关系。由图 5-7 可见，一次电子能量 E_e 为 150~300 eV 时，σ 的最大值大于 1（即 $\sigma_m > 1$）。随着一次电子能量的进一步提高，σ 值下降。在分析航天器表面充电效应时，需要确定每种材料的二次电子系数 σ/σ_m 与一次电子能量的关系，如下式所示

$$\frac{\sigma}{\sigma_m} = \left(\frac{E}{E_m}\right)^\alpha \exp\left[1 - 2\sqrt{\left(\frac{E}{E_m}\right) \cdot \alpha}\right] \tag{5-69}$$

式中　E_m——与 σ_m 对应的一次电子能量；

　　　α——拟合参数。

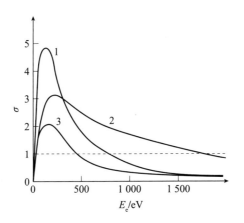

图 5-7　三种聚合物材料的二次电子系数 σ 与一次电子能量 E_e 的关系[13]

1—聚酯薄膜；2—氟塑料；3—聚酰胺

当 α 取不同值时，可得如图 5-8 所示的 σ/σ_m 与 E/E_m 关系曲线。

环境等离子体中的离子主要通过其动能从航天器表面激发二次电子。一次离子的能量与二次电子的产率 γ 有下述关系

$$\frac{\gamma}{\gamma_m} = 2\left(\frac{E}{E_m}\right)^{\frac{1}{2}} \cdot \left(1 + \frac{E}{E_m}\right)^{-1} \tag{5-70}$$

式中　E——一次离子能量；

　　　γ_m——离子的最大二次电子产率；

　　　E_m——与 γ_m 对应的离子能量。

式（5-70）的计算结果与某些材料试验结果的对比如图 5-9 所示。

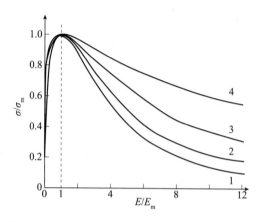

图 5-8 拟合参数 α 取值不同时计算的 σ/σ_m 与 E/E_m 的关系曲线[13]

1：$\alpha=1.0$；2：$\alpha=0.75$；3：$\alpha=0.5$；4：$\alpha=0.25$

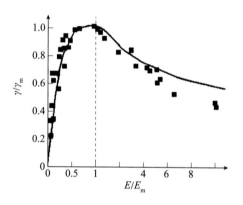

图 5-9 γ/γ_m 与 E/E_m 的关系曲线[13]

实线—计算结果；■—试验点

光电子发射的特点是存在光谱制约性，即一个入射光子发射的光电子数受光子能量（或波长）制约。在分析航天器表面充电效应时，光电子发射电流密度 j_{ph} 为积分参量，需要结合太阳辐射光谱的能量分布进行确定。常用材料的光电子发射电流密度 j_{ph}，最大二次电子发射率 δ_m 及背散射率 η 列于表 5-1。对于航天器外表面所采用的大多数材料，j_{ph} 都在 $1\times10^{-5}\sim5\times10^{-5}$ A·m^{-2} 范围内。通常情况下，光电子发射电流 I_{ph} 可能大于环境等离子体的电子电流，即 $I_{ph}>I_e$，这会使航天器表面充电电位为正。

在考虑航天器表面二次发射效应的情况下，可将电流平衡方程表示如下

$$A_e j_{eo}(1-\sigma-\eta)\exp\left(\frac{qU_s}{kT_e}\right)-A_i j_{io}(1+\gamma)\left(1-\frac{qU_s}{kT_i}\right)-A_{ph} j_{ph} f(x_m)=0 \quad (5-71)$$

式中　A_e，A_i——电子和离子的收集面积；

　　　A_{ph}——光电子发射面积；

　　　j_{eo}，j_{io}——环境电子和离子的电流密度；

　　　$f(x_m)$——航天器所在轨道上太阳辐射通量随距日心距离 x_m 的衰降系数。

式（5-71）适用于地球同步轨道上尺度＜10 m 且均匀导电的航天器。二次电子发射系数 δ，η 和 γ 对 A1 的典型数值分别取 0.4，0.2 及 3.0。在地球同步轨道遭遇磁层亚暴条件下，j_e/j_i 约为 30。对于位于地球阴影区的航天器，可以近似得出 $U_s \approx T_e$（U_s 为航天器表面平衡电位；T_e 为环境等离子体电子温度，单位为 eV）。这表明在地球阴影区，航天器的充电电位数值上大约与以电子伏为单位表示的等离子体温度相等。所涉及的条件是充电前 T_e 应达到某一临界值以上（通常要求＞1 keV），否则二次发射电流可能超过源于环境等离子体的一次电流。

表 5-1 常用材料的电子发射系数[13]

材料	电子辐照			质子辐照		光子辐照
	δ_m	E_m/keV	η	γ	E_m/keV	$j_{ph}/(10^{-5}\,\text{A}\cdot\text{m}^{-2})$
玻璃	2.4	0.3	0.12	5.0	70.0	2.0
聚酰合成纤维	2.3	0.4	0.11	5.0	100.0	2.0
聚酰胺（尼龙）	2.1	0.15	0.07	5.8	80.0	2.0
特氟龙	3.0	0.3	0.09	5.0	70.0	2.0
碳	0.75	0.35	0.08	5.0	70.0	2.1
铝	0.97	0.3	0.17	5.0	80.0	4.0
银	1.5	0.8	0.4	2.0	300.0	3.0
In_2O_3	2.35	0.35	0.2	4.2	45.0	3.2

注：δ_m 为电子激发的最大二次电子发射率；η 为电子背散射率；γ 为离子激发的二次电子发射率；j_{ph} 为光电子电流密度；E_m 为入射粒子的最大能量。

5.3.2.5 传导电流对充电过程的影响

航天器的结构通常在金属壳体上有一定厚度的介质材料层，在介质层的表面上有与航天器壳体连接的传导带，传导带之间有一定的距离。在介质层表面，电荷可以通过两种方式流向航天器的金属壳体：一是电荷穿过介质层；二是电荷沿着介质层表面经过边缘处的传导带流向金属壳体。在第一种情况下，传导电流由介质层的体电阻率 ρ_v 决定；在第二情况下，传导电流由介质层的表面电阻率 ρ_s 决定。穿过介质层的传导电流密度 j_v 由下式计算[13]

$$j_v = \frac{U_x - U_c}{\rho_v \cdot h} \tag{5-72}$$

式中 U_x——介质层表面 x 点处的电位（X 轴的方向垂直于传导带，且坐标原点位于 $L/2$ 处）；

U_c——航天器金属壳体的电位；

ρ_v——介质层的体电阻率；

h——介质层厚度。

介质层表面传导电流密度 j_s 可由下式计算[13]

$$j_s = -\frac{dU_x}{dx} \cdot \frac{1}{2\rho_s} \cdot \frac{x}{(L/2)^2 - x^2} \tag{5-73}$$

式中　$\dfrac{\mathrm{d}U_x}{\mathrm{d}x}$——介质层表面沿 X 方向的电位梯度；

　　　ρ_s——介质层表面电阻率；

　　　L——介质层两端传导带之间距离；

　　　x——介质层表面上距 X 坐标原点距离（坐标原点取在 $L/2$ 处）。

在按式（5-43）求得航天器表面平衡充电电位 U_0 后，便可以结合 x 点处的 j_v 和 j_s，分析传导电流对介质层与航天器金属壳体之间电位差 ΔU_x 的影响，如图 5-10 所示。图中曲线 1 和 2 分别表示厚度相同而 ρ_v 和 ρ_s 不同的两种介质层，如牌号分别为 AK-512 和 KO-5191 的珐琅质涂层（厚度均为 80 μm）。它们在横坐标不同 x 点处的 ρ_v 和 ρ_s 不同，致使传导电流发生变化。两种介质层的 $\Delta U_x/\Delta U_0$ 均在接近传导带边缘时明显下降，这说明传导电流对介质层与航天器壳体之间电位差 ΔU_x 的影响主要表现在两者的界面附近。

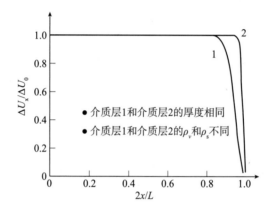

图 5-10　基于传导电流计算的介质层与航天器金属壳体之间电位差沿传导带距离的分布[13]

降低介质材料层的体电阻率 ρ_v，可使其与航天器金属壳体之间的电位差减小。图 5-11 示出介质层体电阻率对航天器表面充电电位的影响。图中 U_ρ 是介质材料体电阻率为 ρ_v 时的充电电位；U_∞ 为 $\rho_v = \infty$ 时的充电电位。可见，$\rho_v < 10^{13}$ $\Omega \cdot$ cm 时，介质层与航天器金属壳体之间的电位差很小；而 ρ_v 增加至 $10^{16} \sim 10^{17}$ $\Omega \cdot$ cm 后，两者之间的电位差不再增大。这说明流经介质层的传导电流不再对航天器表面的充电电位产生明显影响。

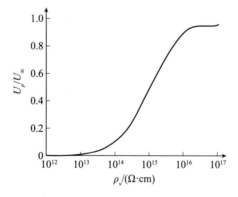

图 5-11　介质层体电阻率 ρ_v 对航天器表面充电电位的影响[13]

5.3.2.6　航天器运动对表面充电效应的影响

航天器在轨高速（＞离子声速）飞行会导致周围等离子体环境扰动，使航天器前方产生等离子体堆积，而在后方形成等离子体空腔。这种效应主要发生在电离层中，并对低地球轨道航天器表面充电产生影响。离子的声速是指等离子体中压力差得以传输的临界速度，可由下式计算[14]

$$V_s = \left(\frac{kT_e + \gamma kT_i}{M} \right)^{\frac{1}{2}} \tag{5-74}$$

式中　V_s——离子的声速（m/s）；

　　　k——玻耳兹曼常数；

　　　T_e，T_i——电子和离子的温度（K）；

　　　M——离子的质量（kg）；

　　　γ——常数（通常，$\gamma = 3$）。

例如，对于 300 km 高度的电离层（$T_e = T_i = 1\,000$ K；主要成分为 77％ O^+，20％ H^+ 及 3％ He^+），计算得出的离子声速 V_s 约为 1.5 km/s。在 300 km 高度圆轨道，航天器的速度为 7.7 km/s，即超声速飞行。这会使航天器穿过电离层时，要掠过前方的等离子体，而在其后方等离子体中离子的运动速度过慢，无法立即填充所形成的空腔，其结果便使航天器尾部区域基本上没有环境等离子体。该空腔区域的长度与航天器的宽度和马赫数（V/V_s）有关。航天器前方的离子数密度通过前表面对离子的背散射而增高（增强效应）。在航天器尾部形成等离子体离子空腔，会使航天器在低地球轨道运行时其尾部表面易于充电，其原因是高能的极光电子使航天器尾部表面充电产生负电位时，难以被周围的环境等离子体离子所中和。

5.3.2.7　航天器接地方式

为了有效地控制航天器的电位，需要采取适当的接地方式。在相同的环境等离子体温度条件下，由于电子同离子相比具有低得多的质量和高得多的运动速度，导致向航天器运动的电子流密度显著高于离子流密度。为了达到这两种收集电流的平衡，航天器的大部分或全部表面应形成负电位，以使所收集的离子和电子在数量上相等。

通常航天器的结构提供电气接地。航天器结构的电位除与等离子体环境有关外，还会受太阳电池阵的制约。太阳电池阵本身具有电位差，会影响航天器结构的电位。航天器结构与太阳电池阵的连接方式有三种（如图 5-12 所示）。

1）浮置接地（floating grounding）：这是将航天器结构与太阳电池阵之间进行电绝缘，使彼此的浮置电位相互独立，没有公共接地点。在环境等离子体作用下，航天器结构带负电位；太阳电池阵由于本身具有电位差，其大部分面积相对于环境等离子体具有负电位，而少部分面积具有正电位。这种接地方式会严重干扰航天器上仪器的正常工作，不宜采用。

2）正接地（positive grounding）：这是将航天器结构与太阳电池阵的正端连接。航天器结构会与太阳电池阵带正电位的面积一起收集电子，促使太阳电池阵带正电位的面积减小。在这种情况下，航天器结构可具有较小的正浮置电位，通常约为太阳电池阵电压的 $10\%\sim25\%$。这是一种较为理想的接地方式。

3）负接地（negative grounding）：这是将航天器结构与太阳电池阵的负端连接。在这种情况下，航天器结构具有与太阳电池阵相同的负电位。由于太阳电池阵大部分面积具有负电位，会使航天器结构与环境等离子体之间存在较大的电位差，通常约为太阳电池阵电压的 $75\%\sim90\%$。这种接地方式不利于避免表面绝缘层与航天器"结构地"之间发生静电放电，还易于增强离子溅射效应。尤其是对于高压电池阵的航天器，可使表面放电的危险性明显增大。所以，从避免航天器表面充放电考虑，不宜采取这种接地方式。大多数航天器常采用负接地方式，原因是航天微电子器件一般需要阴极接地。

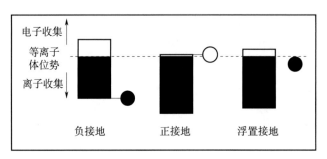

图 5－12　航天器的三种接地方式

5.3.2.8　地球同步轨道航天器表面放电效应

航天器在等离子体中可视为电容器，相对于空间等离子体具有浮置电位。在航天器表面上有各种用于热防护和电绝缘的介质薄层。通过介质表面可以将航天器划分成若干局域的电容器。各介质表面的充电速率不同，会导致航天器表面形成不等量充电状态。一旦这种不等量的电荷累积状态所产生的电场超过放电阈值，便会导致电荷从航天器向空间或向具有不同电位的临近表面释放，直至放电的驱动力消失。电荷的释放量将取决于放电部位的介质表面所储存的总电荷。地球同步轨道航天器表面放电有以下三种常见方式。

（1）介质表面放电

在地球同步轨道等离子体环境条件下，通常满足以下两个判据之一时，便可能发生介质表面放电（dielectric surface breakdown）：一是作用于介质表面的电场强度达到附近空间的击穿强度；二是介质表面与裸露导体（接地）之间界面电场强度大于 1×10^5 V/cm。在这两种情况下，介质表面所储存的电荷极不稳定，易于向空间释放，所产生的瞬态脉冲能够通过电容耦合到航天器结构及电路系统，并有电流从空间返回到航天器裸露的导体区域。瞬态电流在航天器结构内的流动状态视材料的电性能特性而定。放电脉冲电流因航天器结构材料电阻而逐渐衰降。放电过程可持续到电位梯度或电场消失为止。

针对上述的第一种情况，NASCAP/GEO 程序界定航天器表面放电阈值的经验判据是：1）介质单元表面相对于航天器结构或相邻裸露导体的电位差达到＋500 V 以上；2）介质单元表面相对于航天器结构或相邻裸露导体的电位差超过－1 000 V。若太阳电池阵盖片具有高的二次电子发射率，便可能使其相对于邻近的金属互联片呈现高的正电位差而导致放电。介质表面的金属镀膜与航天器"结构地"相绝缘，两者之间呈电容性耦合。在这种情况下，若介质充电至很高的负浮置电位（在阴影区），可使金属镀膜因相对于周围表面呈现较高的负电位而成为阴极并发射电子。因此，不论介质表面充电至正电位或负电位，只要所形成的电场超过周围空间的击穿强度均可导致放电，即航天器向空间发射电子流。

介质表面放电的第二个判据主要适用于形成很高负电位差的航天器表面。这通常与介质和相邻表面的界面层有关，即在界面层形成很强的电场。若表面介质材料中存在裂缝并使下方的导体裸露，会使局域电场强度显著增大，从而导致介质中所储存的电荷易于释放。

在大面积介质表面（如太阳翼）充电并存在电位梯度的情况下，可能发生与面积相关的电荷损失（area‑dependent charge losses）。这种大面积电荷释放过程易在电位差超过 10 kV 时发生。若介质表面未形成这种显著的电位差，通常不会发生严重的大面积电荷清除过程。当在介质表面下方有与电弧放电部位呈电气相连的导体时，电弧放电产生的等离子体云可扫过介质表面达 2 m 距离，产生电流强度达到 $4\sim5$ A 的电荷释放，所涉及的电容达到几百皮法拉。

NASA‑TP‑2361 规范按照电荷释放量 Q 将介质表面放电分为如下三个等级：

1）$0<Q<0.5\ \mu C$，称为轻微放电；

2）$0.5\ \mu C<Q<2\ \mu C$，称为中等放电；

3）$2\ \mu C<Q<10\ \mu C$，称为严重放电。

假定介质表面放电电容为 500 pF，且三种等级的放电电压依次为 1 kV、4 kV 及 20 kV 时，可估算出相应的放电释能分别为 250 μJ，4 mJ 及 100 mJ。

（2）介质浅表层放电

在地球同步轨道条件下，具有足够能量的磁层热等离子体可穿入介质浅表层并被俘获（埋入电荷）。当介质表面因光电子或二次电子发射呈近似零浮置电位时，埋入电荷可在浅表层形成强电场。在电场强度超过 2×10^5 V/cm 时，便会产生放电，即介质表面被击穿，并向空间释放电荷。这种类型的放电也称为埋入电荷放电（buried charge breakdown）。当介质的相对介电常数为 2 时，充电表层的电子注量达到 2.2×10^{11} cm^{-2} 便可产生 2×10^5 V/cm 的电场。在介质表层所形成的电场与累积电荷呈正比，而反比于介质的介电常数。

（3）航天器表面向空间放电

地球同步轨道的航天器不等量充电时，会在介质表面与相邻暴露导体表面间形成电位差，可周期性地触发航天器表面向空间放电。这相当于由航天器与周围空间形成了电容器而放电，其基本特点与上述介质表面放电类似。但所涉及的电容较小（约为 2×10^{-10} F），放电强度较低且过程较短。这种类型的放电效应称为航天器向空间放电（spacecraft‑to‑space breakdown），放电阈值电压可低于 2 kV。

5.3.3 高压电池阵对低地球轨道航天器表面充放电效应的影响

5.3.3.1 引言

长期以来，航天器能源系统的电压多为 28 V。在如此低的电压下，可忽略低地球轨道电离层环境对航天器产生的充电效应，因为介质表面充电只能达到负几伏的量级。然而，随着高压（>55 V）电池阵的应用，低地球轨道航天器的充放电效应正越来越多地受到人们的关注。高压电池阵的应用有利于大幅度增加太阳电池系统的功率，减小电缆的质量和电流传输的功率损失，并有利于减轻地磁场对航天器姿态的影响。通过提高太阳电池阵的电压与减小电流，有利于减小电缆的截面积和电阻，并使地磁场的电动力学效率降低。由于高压电池阵的影响和等离子体环境的差异，低地球轨道航天器的表面充电效应具有与地球同步轨道航天器不同的特点。

高压电池阵的应用所带来的问题主要包括：1）通过与电离层等离子体相互作用，具有高负浮置电位（如约−100 V）的导体表面易于产生电弧放电，导致航天器表面材料受到损伤，并产生强电磁脉冲；2）高负浮置电位（如约−100 V）的表面会使入射的正离子加速而引起溅射效应；3）呈高正浮置电位（>100 V）的表面易于从环境等离子体收集电子，并在附近形成二次电子鞘层，导致额外的功率损失；4）表面偏压所引起的电流收集会显著影响航天器不同表面的浮置电位；5）高压电池阵采用负接地方式时，易使航天器结构相对于电离层等离子体环境呈现高浮置电位（接近太阳电池阵的最大电压水平）。

针对上述情况，美国国家航空航天局制定了低地球轨道航天器充电设计标准[10]及手册[11]，提出了控制和预防航天器发生充放电效应的对策，对于工程应用具有重要的指导意义。

5.3.3.2 电流收集效应

高压电池阵的浮置电位分布是影响其本身以及航天器结构收集电流效应的重要因素。高压电池阵大部分表面相对于环境等离子体呈负浮置电位，而一部分表面呈正浮置电位。这会在高压电池阵表面附近形成厚度明显大于德拜半径的等离子体鞘层。当局域表面（如互联片）呈现正浮置电位时，将显著加剧电子电流收集，其产生的影响：一是形成等离子体漏电流而导致电池阵功率损失；二是正偏置电压达到一定阈值时，易于导致具有不同电位的表面间产生放电。

通常，互联片、电池片边缘及电源走线是裸露的导体表面。不同的互联片、电池片边缘及电源走线的浮置电位，取决于太阳电池阵的结构及接地方式等因素。只有呈正浮置电位的裸露表面能够收集电子电流。在电池片上放置玻璃盖片能够有效地抑制电子电流收集。为了减少电子电流收集，宜尽量使电池片相互靠近。

当裸露导体表面的正浮置偏压足够高（如>100 V）时，会发生电子电流收集突增现象，称为 Snapover 效应[11]。一般情况下，收集电流随偏置电压增高呈线性增加，而偏置电压达到一定值后却突然呈指数急剧变化。这是由于在足够强的电场作用下，电子会加速撞击裸露的导体表面及附近介质表面，产生大量二次电子并形成鞘层。在这种情况下，可将高压电池阵的互联片、电池片边缘及电源走线等裸露导体表面视为"漏斗"，它们能够在正浮置偏压的作用下快速集中收集电子电流。所形成的二次发射电子鞘层同时起着推波助澜的作用，促使电流收集急剧增加。因此，高压电池阵所用绝缘体的二次电子发射特性对电流收集具有重要影响。二次电子鞘层的出现会使有效收集电子的面积大幅度增加，而不是只限于互联片或电池片边缘所占据的有限区域。在正浮置电位足够高的情况下，Snapover 效应似乎可使太阳电池阵的表面全部变为导电表面。若航天器结构有呈正浮置电位的裸露导体表面且附近有绝缘体，也会呈现 Snapover 效应，导致电子收集电流大幅度增加。

相比之下，离子电流收集一般不会出现突增现象。太阳电池阵对离子电流的收集几乎总是与负浮置偏压呈线性函数关系。整个太阳阵的离子收集电流可基于所有呈负浮置电位的电池面积求和。总体比较而言，太阳电池阵的离子收集电流通常小于航天器结构从环境等离子体所收集的离子电流。

5.3.3.3　电弧放电效应

以往，大多数航天器的电源电压为 28 V。在这种情况下，低地球轨道航天器（不穿越极光区域）不会产生电弧放电。随着大于 100 V 的高压电池阵的应用，电弧放电问题日益显现。

电弧放电的阈值电压与等离子体束流密度及太阳电池阵的结构、绝缘及偏压等因素有关。在低地球轨道电离层条件下，太阳电池阵放电阈值电压可降低至约 -75 V（负偏压）。放电开始至达到最大电流的时间约为亚微秒至秒量级（取决于电路的阻抗）。总的放电时间可为数微秒至数秒。电弧电流可达 100~1 000 A（取决于太阳电池阵的电容）。工程上，常将电弧放电分为以下两大类。

（1）快速瞬态电弧放电

快速瞬态电弧放电是低地球轨道航天器在电离层中放电的常见形式，其特征是起弧时间很短且快速熄灭。这种类型放电主要是产生瞬态电磁干扰，而一般不会产生严重的永久性破坏效应。当在同一部位反复发生电弧放电时，可能造成较大的破坏性损伤。在航天器结构或太阳电池阵有很大电容与电弧起弧部位联通时，瞬态电弧可能足够强而引起严重损伤。

最常见的电弧放电发生在三体结合部位（triple - point conjunction），即绝缘体、导体与等离子体三者的汇合点。对于太阳电池阵而言，这种汇合点通常位于互联片或电池片边缘（导体），且附近有玻璃盖片（介质）。若导体相对于环境等离子体及裸露的介质表面具有较大的负偏压，便易于发生电弧放电。电弧放电的速率与等离子体密度及介质表面温度（影响表面导电性）密切相关，可为每秒数次，或者断续发生，且间断时间不等（数分钟、几小时或更长）。一般认为，电弧放电的关键在于电子发射机制，起弧前应有电子从导体表面发射（触发放电）。在导体表面上有极薄的高电阻氧化膜，这种导体表面的介质薄层能够在导体负偏压的影响下，从环境等离子体收集和累积高密度的正离子，这样便会在导体表面形成诱发电子从导体表面（负偏压）向外发射的强电场条件。这种现象称为导体表面场致电子发射效应。所发射的电子受到导体与介质之间的电场作用而被加速，并撞击介质层侧表面，产生二次电子发射级联效应。在二次电子的撞击下，会使被吸附在介质层上表面及侧面的中性气体分子发生解吸和电离，从而在三体结合部位形成局域性的高密度等离子体，并产生击穿放电。按照上述机制，环境等离子体密度需要足够高，以便为导体表面上的介质薄层提供充足的正离子通量。否则，将难以产生场致发射效应。导体表面上的介质薄层（氧化膜）为在负偏压导体表面通过收集正电荷形成强电场创造了必要条件。

电弧放电除了常发生在导体、介质与环境等离子体的三体结合部位外，还可能直接以介质薄层放电形式发生，称为介质击穿（dielectric breakdown）。在低地球轨道电离层等离子体条件下，带有高负偏压的导体表面所覆盖的介质薄层易发生放电击穿。这是由于具有负电位的导体吸引等离子体中的离子，在介质薄层外表面上形成高密度的离子堆积，从而在介质薄层内建立起增强的内电场。通过场致发射效应，引起导体表面向介质薄层发射电子。在介质薄层内，电子被电场加速并通过碰撞与介质层原子发生电离反应，导致电子易于从介质薄层/真空界面向空间发射。所留下的空穴会使介质薄层内的电场进一步加强。当介质薄层内电场强度超过放电阈值时，便发生击穿放电。通常，航天器上常见的介质薄层是阳极化铝膜，厚度为 $0.1 \sim 1$ 毫耳，可在 -100 V 电压下击穿。导体表面上介质薄层击穿时所产生的等离子体云还会触发附近表面放电（约在 2 m 范围内）。几平方米的介质薄层相当于具有若干微法拉的电容器，电弧放电时释放的能量可达到数焦耳，能够使放电部位熔化并将熔化的金属喷向空间。

(2) 持续电弧放电

通常，这种类型放电过程起源于快速瞬态触发电弧，并在太阳电池阵等能源馈电作用下发展成持续不断的电弧。持续电弧的回路由电离层等离子体与太阳电池阵、布线或其他能源电路组成。由于有能量供应，会使电弧持续不断产生直至形成短路，对航天器所造成的破坏可能是灾难性的。起始触发电弧产生的等离子体云从起弧部位向外扩展，可与附近具有不同偏压的裸露导体联通。相应地，电弧电流从起始点的电容放电电流变为不同导体（如太阳电池串）之间的电流。当起始电弧电流与不同导体间电位差分别大于阈值时，便会使起始电弧发展成为持续电弧。对于太阳电池阵而言，起始电弧电流和太阳电池串间电位差的阈值分别约为 0.5 A 和 40 V。电弧放电持续时间较长时，可使太阳电池互联片熔化，或者使作为绝缘衬底的 Kapton 膜炭化烧焦。Kapton 膜炭化后将变为导体，成为电弧通道。因此，一旦发生持续电弧放电便会使太阳电池阵遭到严重破坏，包括：单个电池串被破坏（同一电池串布线间放电）、相邻电池串被破坏（电池串间放电），以及整个太阳电池阵被破坏（电源总线间放电）。航天器结构表面的阳极化铝膜被击穿时，所产生的等离子体云可能与太阳电池阵或其他能源电路联通，也会引发持续电弧放电。这种由介质薄膜击穿触发的持续静电放电文献上常称之为 sizzle arcs。

5.3.4　航天器表面充电效应的基本计算方法

5.3.4.1　基本计算方程

实际的航天器具有复杂的结构与多相表面，其大部分表面区域覆盖着各种性能不同的介质材料，充电时呈现不等量性。空间等离子体对航天器各单元表面充电时，会受到其他单元表面电位的影响，并在相邻单元表面之间以及各单元表面与金属外壳之间存在传导电流。航天器介质表面和金属外壳之间的电容性耦合会对表面的充电电荷数量及充电过程的时间特性产生影响。通过各单元表面依据电流平衡方程所构建的综合体系，能够界定航天器表面充电时电荷和电位的分布。航天器表面充电效应模拟分析的关键是计算各单元表面的电位和周围空间电场。

为了进行航天器表面充电效应分析，需要通过构建航天器结构模型，再现航天器的结构形状及材料分布，明确各单元表面材料的介电特性。通常情况下，实际航天器的结构模型可由一定数量的几何单元构成，如球面、圆柱面及平面等。为了进行数值模拟，需要将航天器表面划分为若干个三角形单元。针对每个单元三角形，通过求解电流平衡方程计算表面电位。构建单元三角形的总数取决于航天器的结构和运算表达式的特点，并在很大程度上受计算机的运算能力制约。

航天器周围电位的分布可通过泊松方程或拉普拉斯方程计算。这要求针对航天器周围空间构建三维网格，即将周围空间划分成许多独立的单元，以便对环境等离子体电子和离子的运动轨迹进行统计计算。在通常情况下，求解过程需要进行迭代，直至迭代误差小于预定值计算过程才能完成。

航天器表面充电效应计算涉及以下基本的方程[15]：

1）空间等离子体粒子及二次发射粒子在坐标 $\boldsymbol{r}$ 和 t 时刻按速度 $\boldsymbol{V}$ 的分布以函数 $f_a(\boldsymbol{V}, \boldsymbol{r}, t)$ 表述，并满足如下关系

$$\boldsymbol{V} \frac{\partial f_a}{\partial \boldsymbol{r}} + \frac{q_a}{m_a} \frac{\partial U}{\partial \boldsymbol{r}} \frac{\partial f_a}{\partial \boldsymbol{V}} = 0 \tag{5-75}$$

式中，a——粒子类别；

　　　m_a——粒子质量；

　　　q_a——粒子的电荷；

　　　U——电位。

2）在 $\boldsymbol{r}$ 点与 t 时刻，电位 $U(\boldsymbol{r}, t)$ 满足泊松方程

$$\nabla^2 U(\boldsymbol{r}, t) = -4\pi \rho(\boldsymbol{r}, t) \tag{5-76}$$

式中　$\rho(\boldsymbol{r}, t)$——等离子体 $\boldsymbol{r}$ 点在 t 时刻的空间电荷密度，可由下式给出

$$\rho(\boldsymbol{r}, t) = \sum_a \int \mathrm{d}\boldsymbol{V} f_a(\boldsymbol{V}, \boldsymbol{r}, t) \tag{5-77}$$

当空间电荷密度很低时，泊松方程可简化为拉普拉斯方程，即 $\nabla^2 U = 0$。这种情况适用于地球同步轨道环境。

3）等离子体粒子与航天器表面的相互作用可由如下方程表述

$$f_a(\boldsymbol{V}, \boldsymbol{r}, t) = \int \mathrm{d}\boldsymbol{V}'(\boldsymbol{V}' \cdot \boldsymbol{n}) \sum_{a'} F^{a \rightarrow a'}(\boldsymbol{V}, \boldsymbol{V}', \boldsymbol{n}) f_{a'}(\boldsymbol{V}', \boldsymbol{r}, t) \tag{5-78}$$

式中　$F^{a \rightarrow a'}(\boldsymbol{V}, \boldsymbol{V}', n)$——粒子群从一种状态向另一种状态过渡的概率；

　　　$\boldsymbol{n}$——航天器表面的法向矢量；

　　　$\boldsymbol{V}, \boldsymbol{V}'$——粒子群两种状态的速度矢量。

4）若考虑传导电流的影响，航天器表面电荷密度可由下式计算

$$j(\boldsymbol{r},t,U) = \sum_a \int \mathrm{d}\boldsymbol{V} q_a (\boldsymbol{V} \cdot \boldsymbol{n}) f_a (\boldsymbol{V},\boldsymbol{r},t) + j_{\mathrm{cond}} (\boldsymbol{r},t,U) \qquad (5-79)$$

式中　j_{cond}——传导电流密度。

5）介质单元表面的电荷密度由电流密度对暴露时间进行积分求得

$$\sigma(\boldsymbol{r},t) = \int_0^t j(\boldsymbol{r},t') \mathrm{d}t' \qquad (5-80)$$

式中　σ——表面电荷密度；

　　　t——暴露时间；

　　　t'——时刻。

6）在表面 S 累积的总电荷 Q 按下式计算

$$Q(t) = \int_S \mathrm{d}s \int_0^t j(\boldsymbol{r},t') \mathrm{d}t' \qquad (5-81)$$

5.3.4.2　航天器表面边界条件

空间等离子体环境可视为等效电源，能够以与电容器相类似的方式对航天器表面进行充电。航天器的实际表面具有不同形式的电容性耦合状态，会直接影响充电效果。通常航天器有总的金属外壳，其上可能有不同种类与厚度的介质薄层（如漆层、垫控涂层及防护玻璃等）；金属结构可能部分或完全裸露而受到环境等离子体的作用。一些薄金属板结构的两侧面均可能覆盖有介质薄层。一般情况下，可将航天器看成是由一些金属结构单元组成，彼此之间用电路（有效电阻、电容及电感）相连接。因此，针对航天器各单元表面求解静电学问题时需要考虑如下边界条件[15]：

1）金属基底上有介质薄层时，介质表面电荷累积的边界条件可通过平板电容器近似表征，即视为由介质表面上的电荷层与金属基板组成平板电容器。在这种情况下，存在如下关系

$$-\frac{\partial U(\boldsymbol{r},t)}{\partial \boldsymbol{n}} + \frac{\varepsilon(\boldsymbol{r})}{d(\boldsymbol{r})}[U(\boldsymbol{r},t) - U_c(t)] = 4\pi\sigma(\boldsymbol{r},t) \qquad (5-82)$$

式中　U——介质表面诱导电位；

　　　U_c——金属基板电位；

　　　$\boldsymbol{n}$——介质表面法线矢量；

　　　ε——材料介电常数；

　　　d——介质层厚度；

　　　$\boldsymbol{r}$——位置坐标矢量；

　　　σ——介质表面形成的电荷密度；

　　　t——时间。

2）裸露金属表面电荷累积的边界条件由下式给出

$$\int_{S_c} \frac{\partial U}{\partial \boldsymbol{n}} \mathrm{d}S = -4\pi \boldsymbol{Q}_c \qquad (5-83)$$

式中　S_c——裸露导体表面面积；

Q_c —— 表面电荷量。

3）当金属薄板两侧覆盖有介质薄层时，边界条件通过以下两个方程表述

$$\frac{\partial U_2(\boldsymbol{r})}{\partial \boldsymbol{n}} - \frac{\partial U_1(\boldsymbol{r})}{\partial \boldsymbol{n}} = 4\pi\sigma_{\mathrm{eff}}(\boldsymbol{r}) \tag{5-84}$$

$$U_1(\boldsymbol{r}) - U_2(\boldsymbol{r}) = 4\pi\mu \tag{5-85}$$

式中　U_1, U_2 —— 两侧介质薄层表面的电位；

　　　σ_{eff} —— 每侧介质薄层表面单电层的有效电荷密度；

　　　μ —— 两侧介质薄层表面双电层的电矩密度。

4）在较薄的裸露金属基板上有薄介质层时，边界条件由下述方程给出

$$-\frac{\partial U}{\partial \boldsymbol{n}} + \frac{\varepsilon(\boldsymbol{r})}{d(\boldsymbol{r})}[U(\boldsymbol{r},t) - U_c(t)] = 4\pi\sigma(\boldsymbol{r},t) \tag{5-86}$$

$$U(\boldsymbol{r}) - U_c(\boldsymbol{r}) = 4\pi\mu \tag{5-87}$$

$$\int_{S_c} \frac{\partial U}{\partial \boldsymbol{n}}\mathrm{d}S = -4\pi Q_c \tag{5-88}$$

5.3.4.3　航天器表面邻近空间电场计算方法

为了计算航天器各单元表面的电位，需要考虑等离子体粒子在周围空间电场中的运动，可通过泊松方程或拉普拉斯方程求解航天器近表面空间电位分布。常用的求解方法涉及以下几种[15]。

（1）有限差分法

在航天器几何结构模型的周围建立三维空间网格，并取直角坐标系 (x,y,z) 和适当的节距 h，以使其边界电位为零。在这样的网格上，泊松方程的有限差分近似表达式如下

$$(U_{i+1,j,k} + U_{i-1,j,k} + U_{i,j+1,k} + U_{i,j-1,k} + U_{i,j,k+1} + U_{i,j,k-1} - 6U_{i,j,k})/h^2 = -4\pi\rho_{i,j,k}$$
$$\tag{5-89}$$

式（5-89）中，(i,j,k) 为网格节点指数，相应的电位为 $U_{i,j,k} = U(x_i, y_j, z_k)$；电荷密度 $\rho(x_i, y_j, z_k)$ 用类似的方法标注。

有限差分方程组的维数由相应于航天器表面的网格节点数决定。该方程组为稀疏矩阵，可利用迭代法求解。这种方法的优点是易于得到线性方程组，求解方法简单。但对于结构复杂的航天器而言，因难以构建有规律的空间网格，应用该方法尚有一定困难。

（2）有限元法

同上述有限差分法相比，有限元法较为适用于求解构型较复杂的航天器的静电学问题。该方法是求解电场能量泛函 χ 的极小化，即

$$\chi = \frac{1}{2}\int\{[\nabla U(\boldsymbol{r})]^2 - 8\pi\rho(\boldsymbol{r})U(\boldsymbol{r})\}\mathrm{d}V \tag{5-90}$$

式（5-92）中，V 代表体积；∇ 为微分算符；其余符号的意义同前。按照有限元算法，将积分区域划分成许多简单形状单元（如棱柱体或椎体）。在每个单元体内对电位采用线性近似。所建立的剖分网格可能是不规则的，由形状复杂的单元组成，能够较好地体现航天器结构模型的形状。

泛函数 χ 满足以下条件时达到最小值

$$\frac{\partial \chi}{\partial U_k} = 0 \tag{5-91}$$

式中　U_k——剖分网格节点的电位。

　　针对网格节点电位 U_k 建立的线性方程组矩阵分布稀疏，故可采用与有限差分法类似的方法进行计算。方程组求解的维数取决于计算机的运算能力。由于航天器表面电位会发生变化，对于方程组的求解需要经过多次运算，消耗大量的计算时间。

　　（3）积分方程法

　　积分方程法是航天器在稀疏等离子体中充电数值模拟更受欢迎的方法，也称边界元法。在该方法中，电位 U 的空间分布由以下关系式给出

$$U(\boldsymbol{r}) = \int_S \frac{\sigma(\boldsymbol{r}')}{|\boldsymbol{r}-\boldsymbol{r}'|} \mathrm{d}S' + \int_S \frac{\mu(\boldsymbol{r}')[(\boldsymbol{r}-\boldsymbol{r}') \cdot \boldsymbol{n}]}{|\boldsymbol{r}-\boldsymbol{r}'|^3} \mathrm{d}S' + \int_v \frac{\rho(\boldsymbol{r}')}{|\boldsymbol{r}-\boldsymbol{r}'|} \mathrm{d}V \tag{5-92}$$

式中　σ——表面电荷密度；

　　　　ρ——空间电荷密度；

　　　　μ——与表面边界条件有关的电矩密度；

　　　　S,V——面积和体积。

　　为求得该方程的数值解，利用三角形剖分法将航天器表面划分成若干单元，并针对每个单元表面计算相应的电荷密度 σ_i。基于式（5-92）进行离散化后得到的结果，可得到有关单元表面电荷密度 σ_j 的线性方程组

$$\sum_j \boldsymbol{A}_{ij} \sigma_j = U_i^* \tag{5-93}$$

式中　U_i^*——第 i 单元的有效表面电位；

　　　　$\boldsymbol{A}_{ij}$——表面库仑作用矩阵，可由下式给出

$$\boldsymbol{A}_{ij} = \int_{S_i} \frac{\mathrm{d}S_i}{|\boldsymbol{r}_j - \boldsymbol{r}_i|} \tag{5-94}$$

式中　$\boldsymbol{r}_i$，$\boldsymbol{r}_j$——第 i 和第 j 三角形重心的矢量半径。

　　积分沿着第 i 三角形的面积进行。在 $\boldsymbol{r}_i = \boldsymbol{r}_j$ 时，该矩阵的对角单元在转入极坐标系求积分时消失。

　　式（5-93）中的第 i 单元的有效表面电位 U_i^* 由下式给出

$$U_i^* = U_i - \int_S \frac{\mu(\boldsymbol{r}')[(\boldsymbol{r}-\boldsymbol{r}') \cdot \boldsymbol{n}]}{|\boldsymbol{r}-\boldsymbol{r}'|^3} \mathrm{d}S' + \int_v \frac{\rho(\boldsymbol{r}')}{|\boldsymbol{r}-\boldsymbol{r}'|} \mathrm{d}V' \tag{5-95}$$

　　为了通过式（5-93）求解 σ_j，应针对 $\boldsymbol{A}_{ij}$ 建立逆矩阵 $\boldsymbol{C}_{ij}$，即

$$\sigma_j = \sum_i \boldsymbol{C}_{ij} U_i^* \tag{5-96}$$

式中　$\boldsymbol{C}_{ij}$——航天器表面单元的耦合电容矩阵。于是，在求得各单元表面的电荷密度后，便可通过式（5-92）计算任一空间点 $\boldsymbol{r}$ 的电位。

　　积分方程法的主要优点是通过二维网格计算便可对航天器表面进行数值模拟，而有限差分法和有限元法均需借助于空间三维网格。库仑作用矩阵元［式（5-94）］排列紧密，

易于直接进行变换，可显著减少求解维数。电容矩阵 $\boldsymbol{C}_{ij}$ 可事先进行一次性计算，便于在进行电荷密度和电场计算时多次调用。积分方程法的计算精度优于有限差分法和有限元法。

5.3.4.4　航天器表面充电动力学方程

为了对航天器表面充电动力学过程进行分析，需要求解各个单元介质表面局域累积电荷［见式（5-82）］与裸露导体表面累积电荷［见式（5-83）］对时间的导数，分别如下述公式[15]所示

$$-\frac{\partial}{\partial t}\frac{\partial U}{\partial \boldsymbol{n}}+\frac{\varepsilon(\boldsymbol{r})}{d(\boldsymbol{r})}\left[\frac{\partial}{\partial t}U(\boldsymbol{r},t)-\frac{\partial}{\partial t}U_{\mathrm{c}}(t)\right]=4\pi j(\boldsymbol{r},t) \tag{5-97}$$

$$\int_{s}\frac{\partial}{\partial t}\frac{\partial U}{\partial \boldsymbol{n}}\mathrm{d}S=-4\pi J \tag{5-98}$$

式中　　j,J ——电流密度和电流。

针对所建立的航天器结构模型，经表面三角形法剖分后，可得到如下线性微分方程

$$\frac{\partial}{\partial t}\left[-\frac{\partial U_{i}}{\partial \boldsymbol{n}}+C_{i}(U_{i}-U_{\mathrm{c}})\right]=4\pi j_{i}\quad\text{（各介质单元）} \tag{5-99}$$

$$\sum\frac{\partial}{\partial t}\frac{\partial U_{k}}{\partial \boldsymbol{n}}S_{k}=-4\pi J\text{（全部单元）} \tag{5-100}$$

因此，航天器的充电过程可通过单元三角形表面电位 U_{k} 的微分方程组表述，即

$$\frac{\partial}{\partial t}U_{k}(t)=\sum\boldsymbol{G}_{kl}j_{l}(t,U_{l}) \tag{5-101}$$

$$\sum\frac{\partial}{\partial t}\frac{\partial}{\partial \boldsymbol{n}}U_{k}(t)S_{k}=-4\pi J(t) \tag{5-102}$$

式中　　$\boldsymbol{G}_{kl}$ ——单元表面矩阵，需针对具体的航天器表面结构和介质涂层材料性能计算。

由于电流密度与电位的关系比较复杂，式（5-101）和式（5-102）需要通过数值积分求解。一般情况下，必须解非线性方程［式（5-102）］才能求得电位 $U_{k}(t)$。在求解过程中，视各表面介质材料充电速率不同选择时间步长，可获得优于固定时间步长时的计算精度。

5.3.4.5　复杂结构表面一次和二次电流计算方法

针对形状简单的航天器，可基于 5.3.2 节所述方法计算流经表面的一次电流和二次电流。空间等离子体环境可视为等效电源，以与电容器充电类似的方式对航天器表面进行充电。航天器表面充电方程可写为

$$C\left(\frac{\mathrm{d}U}{\mathrm{d}t}\right)=I_{\mathrm{e}}-I_{\mathrm{i}}-(\delta I_{\mathrm{e}}+\eta I_{\mathrm{e}}+\gamma I_{\mathrm{i}}+I_{\mathrm{ph}})-I_{\mathrm{cond}} \tag{5-103}$$

式中　　C ——表面电容；

$\dfrac{\mathrm{d}U}{\mathrm{d}t}$ ——表面电位变化速率；

$I_{\mathrm{e}},I_{\mathrm{i}}$ ——环境等离子体的电子电流和离子电流，均为一次电流；

δ,η ——入射电子产生二次电子和背散射电子的系数；

γ —— 入射离子产生二次电子的系数；

I_{ph} —— 光电子电流；

I_{cond} —— 导电电流或漏电流。

一次电流的大小与航天器相对于周围等离子体的电位有关。二次电流由一次电流和材料的二次发射系数所决定。环境等离子体对航天器表面充电的一次电流可根据式（5-57）~式（5-62）计算。计算二次电流所需的材料参数 δ，η 和 γ，可通过试验测试或从有关材料的数据库中调取。

实际上，流经航天器表面的一次电流和二次发射电流均与表面电位有关。对于复杂结构的航天器而言，各单元表面的电位可能有较大差异。为了较准确地计算一次电流和二次发射电流，应该考虑航天器电场对环境等离子体粒子运动及从表面发射的二次粒子运动的影响。按照电流管道模型，可由带电粒子通过单元面积 ΔS 的轨迹构成电流管道，并给出如下电流表达式[15]

$$J = \int_{\Delta S} j(\boldsymbol{r}) \mathrm{d}S \qquad (5-104)$$

粒子的运动轨迹可根据在航天器周围空间建立的离散化三维网格进行计算。在此网格中，航天器电场强度矢量可由下式给出[15]

$$E(\boldsymbol{r}) = -\frac{\partial U(\boldsymbol{r})}{\partial \boldsymbol{r}} \qquad (5-105)$$

并且，电荷为 e 和质量为 m 的粒子在电场中的运动轨迹方程为

$$\dot{\boldsymbol{r}}_{n+1} = \dot{\boldsymbol{r}}_n - \Delta t_n \frac{e}{m} E\left(\boldsymbol{r}_n + \frac{1}{2}\dot{\boldsymbol{r}}_n \Delta t_n\right) \qquad (5-106)$$

$$\boldsymbol{r}_{n+1} = \boldsymbol{r}_n + \frac{\Delta t_n}{2}(\dot{\boldsymbol{r}}_{n+1} + \dot{\boldsymbol{r}}_n) \qquad (5-107)$$

式中　Δt —— 时间步长；

n —— 步数。

一般情况下，为了达到足够的精度，必须进行大量的计算，即 n 值越大而 Δt 值越小，计算精度越高。若假设电场强度 $E(\boldsymbol{r})$ 在三维网格单胞范围内不变，可使计算过程简化。在这种近似条件下，粒子在网格单胞中的运动轨迹具有固定的加速度，便于计算粒子的飞行时间与位置。粒子从一个单胞向另一个单胞运动时，其坐标和速度都是连续的。

为了加速计算过程，可利用简化程序计算各单元表面的电流密度（基于等离子体探针理论方程）。在这种情况下，需要针对各单元表面计算粒子的收集角。通过收集角对简单结构的收集电流方程进行修正，能够简化复杂结构的收集电流的计算程序，并可保证具有足够的计算精度。粒子收集角由各单元表面的几何可视角、太阳光照条件、空间等离子体特征及表面材料二次发射系数等因素决定。在航天器表面剖分数值化的基础上，可基于上述粒子轨迹计算确定各单元表面对粒子的几何可视角及日照条件（如照射角度及受遮挡情况等）。因此，针对各单元表面，可基于空间等离子体特性和材料性能，并根据可视几何角与光照条件计算粒子收集角。

5.3.4.6 航天器表面充电效应计算流程

航天器表面充电效应计算的基本过程包括：航天器结构模型构建，航天器表面及相邻空间的剖分与数字化表征，针对各剖分单元表面建立充电方程组并求解，以及计算结果的数值和图形化表征。所涉及的具体计算程序视采用的静电方程求解方法而不同。图 5 - 13 为俄罗斯国立莫斯科大学核物理研究所建立的 COULOM 程序流程[15]。该程序采用积分方程法求解，其主要思路如下：

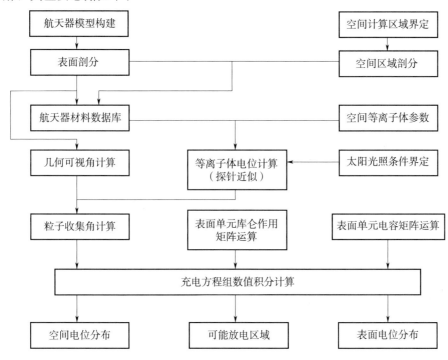

图 5 - 13 航天器表面充电效应计算流程框图

在计算航天器表面充电效应时，所需要的原始信息包括航天器的几何结构模型、表面材料性能及空间等离子体环境参数。这些原始信息数据利用程序界面通过交互方式生成。为了构建几何结构模型，对航天器的表面进行剖分（数字化转换），即将其表面划分成若干个参数三角形。针对计算航天器周围电位和电场及粒子运动轨迹的需要，给定空间计算区域的范围和剖分数量，构建均匀的三维笛卡儿坐标系网络，并确定航天器各单元表面所占据的单胞。

在对航天器表面及其周围空间剖分的基础上，计算带电粒子的运动轨迹，并界定各单元表面的几何可视角与日照条件。针对航天器各单元表面，依据空间等离子体环境参数、材料的二次发射特性、日照条件以及几何可视角等相关数据，计算粒子的收集角。为了计算航天器各单元表面的电荷密度，通过式（5 - 94）进行表面库仑作用矩阵运算，并求解航天器单元表面的电容矩阵。由此，进一步通过式（5 - 96）和式（5 - 92）求得电位的空间分布。

由于一次收集电流密度与航天器表面电位关系的复杂性，需要通过数值积分进行求解。在积分求解的每一步都要进行如下计算：

1）依据已求得的基础单元的表面电位（初值及各积分步长的相应值），计算航天器各单元表面的电场强度。

2）基于所求得的表面电位和电场强度，针对给定的基础单元表面计算局域的一次电流。

3）基于所求得的局域一次电流和给定表面材料的二次发射系数，计算局域二次电子电流及光电子电流（考虑电场对电子逸出的抑制效应）。

4）基于给定材料的导电性参数，计算航天器结构模型的各单元表面及结构单元之间的耦合电流。

在上述计算基础上，可以通过迭代循环实现所涉及电流方程组的求解，直至各单元表面电流达到平衡状态，并求得航天器表面电位的分布。图 5 - 14（a）和（b）为按照地球同步轨道极端恶劣等离子体环境条件（见表 2 - 30），针对某卫星结构模型计算表面电位分布和周围电场分布的实例。

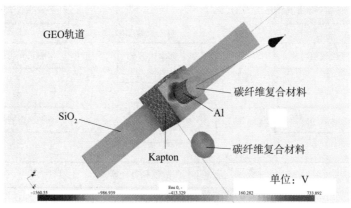

（a）充电电位

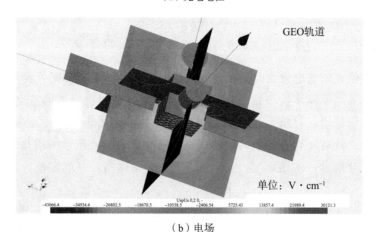

（b）电场

图 5 - 14　某卫星结构模型表面充电电位和电场分布计算实例

5.3.5　航天器表面充电效应计算程序

5.3.5.1　NASCAP 系列程序

美国国家航空航天局自 20 世纪 70 年代中期以来，对航天器表面充电效应进行了一系列研究。该项研究计划的全称为 Charging Analyzer Program（简称 NASCAP），建立了一系列计算机软件。

（1）NASCAP/GEO 程序

NASCAP/GEO[16]是常用的分析地球同步轨道航天器表面充电效应的三维模拟程序，能够计算航天器各单元表面的电位分布。在该程序中，航天器的几何结构模型由立方体和角锥体等单元构成，并建立了专门的用于描述航天器表面材料特性的数据库。针对每种材料，数据库能够给出介电性能、导电性能以及在等离子体电子和离子作用下的二次电子发射系数等 19 种特性参数。对静电方程的求解使用有限元法。空间等离子体环境采用地磁层亚暴的双麦克斯韦分布，能够分别界定电子与离子组分的温度和数密度。为了计算等离子体一次粒子和二次发射电子的电荷分布及流经航天器各单元表面的电流，通过迹线跟踪与迭代方法求解，直至达到电荷平衡状态。NASCAP 程序允许航天器结构模型由 15 个独立的导体组成，彼此呈电阻耦合或电容耦合，可分别保持一定的浮置电位或偏压。若主要关注材料在给定环境下的充电效应敏感性时，航天器的几何形状已不重要，可应用 NASCAP 程序的一维 MATCHG 子程序进行计算。NASCAP 程序的基本流程如图 5-15 所示。

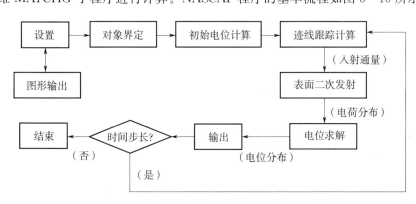

图 5-15　NASCAP 程序基本流程

（2）NASCAP/LEO 及 NASCAP/POLAR 程序

在低地球轨道条件下，主要在极光带区域发生航天器表面充电效应，其原因是航天器表面发生充电时，需要有通量较高且能量达到几千电子伏的电子流。轨道高度较低时，冷等离子体离子的数量较多，易使航天器表面的负电位得到中和，这一般会使航天器表面的充电不易发生，或主要发生在离子数量较少的航天器尾部表面。尽管离子的数密度较高，但也难以达到外地磁层中充电电位的程度。在 20 世纪 80 年代中期，为了分析低地球轨道航天器表面充电效应，在 NASCAP/GEO 程序的基础上开发了 NASCAP/LEO 程序[17]。同前者相比，该程序对航天器几何结构模型的表述要复杂得多。针对极区低地球轨道航天器建立的专用程序命名为 NASCAP/POLAR 程序[18]。在该程序中，除了电离层电子和离子外，还考虑了极光电子的作用，并通过数值模拟方法，跟踪周围等离子体鞘层中的离子向具有负电位的航天器表面运动的轨迹。航天器的速度作为输入条件，该程序可模拟航天器的迎风面效应和尾部效应。等离子体环境可用单一或双麦克斯韦分布描述。在表面电流确定后，应用 NASCAP/GEO 程序的相同方法计算表面电位和电荷平衡状态。

（3）NASCAP/2K 程序

该程序是 2000 年初由美国空军在已有 NASCAP 程序的基础上开发的新版本，其目的是为了适用于各种条件下航天器表面充电效应分析，包括分析行星际空间航天器受到太阳风等离子体的作用等。该程序具有用于描述解析计算结果的交互性用户图表界面，构建空间网格的新程序，描述航天器几何形状的新模型，计算航天器表面电位和电荷的模型，以及计算等离子体空间网格电位和粒子轨迹的模型。通过对象定义工具箱（Object Definition Toolkit），能够针对航天器表面充电效应分析建立更为准确的数学表达式，并以 Java 通用程序语言及三维图形界面形式表述，可在 Windows 和 Linux 等操作系统上运行。有关的航天器几何结构模型及部件信息（包括单元结构的材料描述），以 XML 格式存储在数据库中。空间网格模型利用从航天器几何模型中获取的相关数据进行表述，允许建立插入计算网格的方程组，可对航天器周围的等离子体环境进行高空间分辨率计算。该程序通过有限元法解析稀薄等离子体环境（如地球同步轨道）中充电过程的静电学问题，有效地提高了航天器表面电场强度和电流的计算速度及精度。在表述电离层中粒子的运动轨迹及航天器周围空间电场的分布情况时，该程序应用了 Dyna PAC 程序的模拟理论。NASCAP/2K 程序吸取了近代计算手段和算法的优点，更易于应用，并且能够对 LEO，GEO 及极光带区域的充电电流和电荷收集进行模拟，预计将会取代 NASCAP/GEO 和 NASCAP/LEO 程序。

（4）Spacecraft Charging Handbook 程序

该程序系统可译为航天器充电指南，是由美国国家航空航天局的马歇尔空间飞行中心和麦克斯韦实验室联合开发的[19]。该程序采用一维充电模型描述航天器表面单一材料及多种材料的充电效应，并通过三维充电模型分别模拟地球同步轨道与极光带条件下航天器表面的充电过程。通过单独的子程序给出材料的二次电子发射特性，并对地球同步轨道、极光带区域及地球辐射带内的带电粒子流进行表述。该程序的三维充电模型能够对充电过程进行模拟，包括考虑光电子和二次发射电子影响时所产生的整体充电和不等量充电情况。该程序采用的几何结构模型能够给出航天器材料的种类和尺寸，包括壳体、太阳电池帆板和天线等。在计算机屏幕上可对该程序所建立的几何结构模型进行透视投影。在进行充电过程动态描述时，该程序可给出充电过程的总体时间和自动界定各时段内的间隔数量。间隔幅值呈几何级数增长，不受程序用户调整控制。运行该程序能够给出航天器各单元表面的充电电位分布，以表格或色码形式给出。

5.3.5.2 COULOMB 程序

该程序[20]是 20 世纪 80 年代末由俄罗斯国立莫斯科大学核物理研究所开发，用于地球同步轨道和大椭圆轨道航天器表面充电效应的模拟，其基本功能与 NASCAP 程序相类似，程序模块如图 5-16 所示。用户图像界面的核心模块是 XML 编辑程序和数据显示交互模块，能够满足航天器几何结构模型构建、材料参数和计算范围表述，实时充电状态模拟及计算结果输出等需要。该程序环境介质条件模块可实现对航天器附近任意点和任意时间等离子体参数的数学表述，并生成运算程序表；计算区域模块用于界定航天器周围等离子体的物理区域界限，以满足计算粒子运动轨迹的需要。计算时需将航天器几何结构模型、运行程序表、数据计算区域、充电效应计算模型及粒子轨迹计算模型等一并输入该程序的任务管理模块。结果输出模块用于对所构建的数学模型以 XML 格式进行保存，并将图表信息输出打印或以通用的图表格式进行文件保存。图形界面的相关功能在 Gtk 程序库基础上实现，能够便捷地构建交互对话环境。为了确保程序模块与开放图形库（Open GL）的相互联系，需要使用 VTK 程序包。该程序包是一种高级定向汇编数据库，可以对数据进行直观显示。为了解决上述一系列问题，图形界面和程序包要在 Linux 操作系统上使用。该系统具有很高的安全性和稳定性，允许多任务同时运行，并能借助 Open GL 图形库实现图像信息的有效输出。图 5 - 17 所示为计算机屏幕图像界面，以独立窗口显示航天器的三维几何结构模型及所计算的表面电位分布。

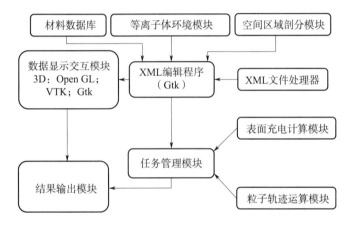

图 5 - 16　COULOMB 程序模块流程

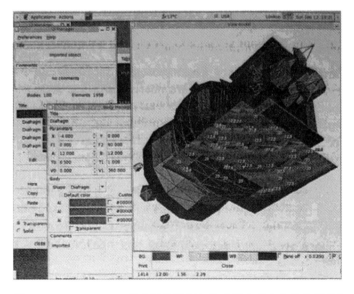

图5 - 17　COULOMB 程序图像界面与航天器表面电位分布显示[①]

① 此图为计算机界面示意性图，清晰的原图已很难获取。——编者注

5.3.5.3　ECO - M 程序

ECO - M 程序[21]是由俄罗斯国立克拉斯诺亚尔斯克大学于 1984 年开始建立的，主要用于地球同步轨道航天器表面充电效应分析。该程序针对多组分的麦克斯韦分布等离子体，应用分析探测近似方法计算流经航天器表面的电流。航天器几何模型由标准图形构建，如圆柱、球及平面等，并通过参数方程式加以表述。该表述方法允许航天器的几何模型具有复杂构型，能够包含具有单元结构的物体及活动部件（如缓慢旋转的太阳翼）。该程序对航天器表面材料的描述，除涉及导电性能、光电子发射率及二次电子发射率外，还考虑温度和光照条件等影响因素。在进行航天器充电过程动态模拟时，该程序自动选择时间步长，并以所给出的数值准确程度为依据。通常，时间步长选择在 0.1～1 s 之间。这种算法能够适用于外部等离子体环境条件在数秒时间内发生变化的情况。因此，该程序可针对以下情况进行航天器表面充电效应分析：在亚暴期间，等离子体参数发生变化；航天器在轨运行期间通过不均匀的等离子体区域；航天器进入或驶出地球阴影区，以及航天器相对于太阳的取向发生变化等。

5.3.5.4　ESPIRE 系列程序

欧洲空间局针对航天器与等离子体相互作用及充电效应开展了一系列研究，并建立了一套模拟分析程序，简称为 ESPIRE computer codes[22]。已经建立的航天器表面充电效应分析软件有以下几种。

（1）EQUIPOT 程序

EQUIPOT 程序[23]是一维的表面充电分析软件，能够对航天器表面材料充电效应进行快速评价。所采用的几何结构模型是在航天器表面上有一块尺度较小的介质材料，分别针对航天器壳体和介质材料计算各种组分电流，并估算净电流为零时的平衡电位与充电时间。用户可以选择航天器的结构材料和表面介质材料，针对多种环境条件进行计算，包括：德拜半径较大（GEO）和较小（LEO）的等离子体区域，太阳光照区或阴影区，与航天器运动相关的迎风面与尾部表面，以及粒子垂直入射或各向同性入射等。德拜长度不同时，需分别按照"厚鞘层"和"薄鞘层"两种情况计算收集电流。该程序可通过欧洲空间局的 SPENVIS 信息系统进行在线应用。

（2）SAPPHIRE 程序

SAPPHIRE 程序是二维的表面充电电位分析程序，能够计算在存在等离子体流条件下航天器附近离子和电子的密度及静电电位，适用于航天器的迎风面和尾部表面充电效应分析。该程序可针对不同的几何形状航天器进行计算。等离子体环境条件可以是单能状态的等离子体，也可以是具有麦克斯韦温度分布的等离子体。该程序由于其复杂性，尚未列入 SPENVIS 信息系统的应用范围。

（3）PICCHARGE 程序

PICCHARGE 程序是通过空间网格跟踪粒子轨迹的计算程序，能够较准确地模拟航天器与周围等离子体环境的相互作用。通过建模能够表征复杂的航天器结构形状，以及不同表面区域的材料特性。航天器不同表面区域的电荷累积过程可以进行动态跟踪，分析对象可以置于模拟空间的任何位置。因此，该程序可在漂移的等离子体环境中模拟运动航天器迎风面和尾部表面的充电效应。

5.3.6　航天器表面充放电效应控制

地球同步轨道与低地球轨道的等离子体环境有明显差异，航天器在这两种轨道发生表面充放电效应的特点与对策不同。防止地球同步轨道航天器发生表面充放电的主要思路是疏导累积电荷，尽可能使电荷在航天器表面均匀分布，避免产生不等量充电。在低地球轨道条件下，电离层等离子体的密度高而能量低，一般不会对航天器产生很大的一次收集电流，不等量充电效应不明显。低地球轨道航天器应尽量避免裸露正偏压导体表面，以防止航天器表面偏压加剧对环境等离子体电子的过度收集（Snapover 效应）。因此，针对地球同步轨道与低地球轨道航天器两种情况，应分别采取不同的表面充放电效应控制方法。

（1）地球同步轨道航天器表面充放电防护措施

在美国国家航空航天局的航天器充电效应评价和控制设计指南中[9]，针对地球同步轨道航天器表面充电效应提出了如下基本思路与措施。

①接地防护

1）所有结构部件必须相互进行电气连接，并作为航天器的"结构地"，任意连接点间的直流电阻应小于 2.5 mΩ。这种电气接地可为静电放电产生的电流提供低阻抗通道。

2）从防静电放电角度，航天器所有裸露表面应具有导电性，并与"结构地"相连接。在裸露的介质材料表面可通过增加导电膜、导电漆、导电胶及金属化介质薄层使其具有一定的导电性，且表面电阻不应超过 10^9 Ω。表面薄层的电阻为 $R = \rho_s \cdot \dfrac{l}{w}$（式中 l 为表面薄层的长度，其一端接地；w 为表面薄层的宽度）。孤立导体的接地电阻应小于 10^6 Ω。

②电磁屏蔽防护

1）航天器的主结构应设计成具有良好防电磁干扰功能的法拉第筒（Faraday cage），能够对所有的电子器件及线缆提供有效的电磁干扰屏蔽：一是防止空间等离子体进入航天器内部；二是防止航天器表面放电对内部电子器件产生辐射噪声，至少应将放电引起的辐射噪声衰减 40 dB。通常，约 1 mm 厚的 Al 或 Mg 便能达到此效果。

2）法拉第筒屏蔽可由航天器结构、电子仪器机壳及分立电缆的屏蔽层联合提供。为了维持法拉第筒的完整性，宜尽可能减少开口。

3）所有位于航天器法拉第筒外的线缆应加以屏蔽，且宜将屏蔽层与法拉第筒相连接。线缆的屏蔽可由薄 Al 片或 Cu 片实现。线缆在进入或离开航天器主结构之处需进行良好接地。

③电磁滤波保护

1）为了防止航天器放电对电路产生电磁干扰，应采取电磁滤波保护措施。所有电路即使已安装在法拉第筒屏蔽范围内，仍有受放电瞬态电压脉冲干扰的危险。滤波器应能够经得起 100 V 峰值瞬态电压及 200 A 峰值瞬态电流的冲击。

2）滤波器应能够在规定时间（如 5 μs）内或高于特定频率时消除电磁噪声。

④表面材料选择

1）航天器表面材料宜尽可能选择导电材料并统一接地。置于导电基体上的介质材料应有小于 10^{11} $\Omega \cdot cm$ 的体电阻率 ρ_v（体电阻 $R = \rho_v \cdot l/A$，式中 l 为长度，A 为横截面积）。介质材料表面宜有铟锡氧化物（ITO）镀膜。

2）采用二次电子发射系数高的材料有利于降低航天器表面充电电位。

（2）低地球轨道航天器表面充放电防护措施

在美国国家航空航天局的低地球轨道航天器充电设计标准[10]及手册[11]中，针对低地球轨道电离层环境，提出了如下防止航天器表面发生充放电的基本思路与措施。

①抑制电流收集

1）在低地球轨道电离层等离子体环境下，航天器应避免存在裸露的高正偏压导体表面，防止出现异常的电流收集。

2）采用二次电子发射系数较低的介质材料，有利于抑制异常电流收集效应。

3）航天器所用电源电压宜降至产生异常电流收集的阈值电压以下（如<80 V）。

②控制航天器电位

1）在可能的情况下，航天器宜采用正接地方式，有利于降低表面电位。

2）采用主动控制表面电荷技术，可通过等离子体发生器将航天器表面电位降至放电阈值以下。等离子体发生器产生的高密度等离子体云可与环境等离子体形成良好的电接触，从而将航天器表面电荷向环境等离子体释放。

③绝缘屏蔽

1）通过有效地绝缘屏蔽航天器高压导体表面，尽可能隔绝周围等离子体环境的影响。绝缘层的厚度应足以承受高压太阳电池阵条件下介质放电峰值电压的影响。

2）绝缘屏蔽层的所有开口应小于电离层等离子体的德拜长度，以避免环境等离子体进入航天器而与内部的导体发生相互作用。开口的最大尺寸一般应小于 0.10 cm。

3）绝缘屏蔽层内不应有气体进入，以防引起高压气体放电。所用的绝缘材料应具有足够低的真空出气率。

④抑制电弧放电

1）在可能的情况下，宜将太阳电池阵的串电压降低至 55 V 以下，避免触发电弧放电。当太阳电池片边缘或互联片裸露且串电压大于 55 V 时，应保证相邻电池片间的电位差小于40 V。

2）当太阳电池阵的串电压超过 75 V 时，必须对电池片及电池阵边缘进行充分屏蔽，以隔绝环境等离子体的影响。用于屏蔽的介质材料层必须有足够的厚度，且不会从高压组件表面剥离，开口应小于环境等离子体的德拜长度。

3）当航天器相邻太阳电池片间的电位差超过 40 V，且电流大于 0.5 A 时，易于触发持续电弧放电。每个电池串宜设置保护二极管，以便阻断串间电流和抑制持续电弧放电。

5.4　航天器内充电效应的计算机模拟

5.4.1　概述

工程上，通常将高能电子（约 100 keV 至几兆电子伏）辐照导致航天器内部的介质材料及绝缘导体产生电荷累积称为内充电效应（internal charging）[24-25]。高能电子能够穿透航天器的屏蔽层，并在孤立导体（未接地）表面及电路板介质内沉积电荷，如图 5−18 所示[25]。当累积电荷数量达到足够高程度时，会向附近导体（如电路板走线）产生电弧放电。实际上，介质材料可在航天器内部，也可以位于航天器屏蔽层外部。高能电子辐射在介质材料内部（深度＞20 μm）区域产生沉积电荷也视为内充电效应，文献常称之为深层介质充电（deep dielectric charging）或体充电效应（bulk charging）。当入射电子在介质材料内部沉积电荷的速率大于电荷泄漏速率时，电场强度会逐渐增加。一旦所产生的电场强度超过介质材料放电阈值，便发生电弧放电。深层介质放电阈值一般在 $10^5 \sim 10^6$ V/cm 量级。放电起源于材料内部并向表面扩展，形成放电通道（释放气体和等离子体）。这种深层介质充放电效应与带电粒子环境、航天器屏蔽层厚度及介质材料的特性和形状等因素有关。高能电子辐照易产生深层介质充放电效应，而质子辐照的影响小，可忽略不计。高能电子辐照通量足够高时，可在数小时或几天时间内导致航天器发生深层介质充放电效应。

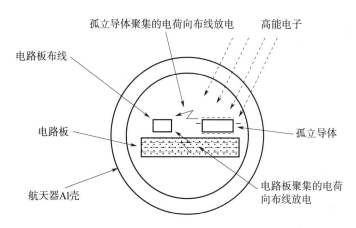

图 5−18　航天器内充放电效应示意图

材料的导电性是决定航天器放电能否发生的重要因素。航天器内充放电效应的危害性取决于局域电场强度达到放电阈值时累积电荷的数量，其受电荷沉积速率与泄漏速率两方面因素控制。在地球同步轨道条件下，高能电子对航天器产生内充放电效应的束流通量约为 1 pA/cm^2（1 pA＝10^{-12} A）量级。当材料的体电阻率低于 10^{12} Ω·cm 时，可将沉积的电荷导走，而不致使局域电场强度达到很高的程度（＞10^5 V/cm^2）；反之，当金属导体被电阻率大于 10^{12} Ω·cm 的介质层绝缘时，便会累积电荷而成为航天器发生内充放电的危险部位（局域介质层）。航天器内部的电容器壳、集成电路外壳、变压器芯、继电器线圈外壳以及绝缘的导线等，均可能成为浮置导体。在航天器内部，浮置导体累积电荷达到一定程度时，便可能向附近的电路器件或走线放电。因此，这些部位也需要防范产生内充放电的危险性。

由于孤立的浮置导体也是导致航天器内充放电的敏感部位，在航天器工程设计上应力求避免孤立浮置导体的存在。同介质发生体充放电效应相比，浮置导体放电时往往会产生更大的峰电流及更大的电流变化速率，所造成的危害性更大。一般所谓航天器内充电效应不应只限于介质的体充电效应，还必须考虑孤立导体充电的危害。当单纯将深层介质充电等同于内充电效应时容易产生误解，似乎只有介质材料能够累积电荷，而忽略孤立导体的危害性。

航天器内充电效应所导致的电弧放电会对航天器产生严重损伤。航天器内充放电部位比较靠近舱内敏感电路和器件，易于直接产生不良后果。电弧放电不仅能够直接烧毁附近的电路及器件，所产生的瞬态电磁脉冲还可通过导线与电子器件耦合而引起异常故障，如意外的逻辑改变、指令错误、信号乱真及传感器系统失灵等。遭受损伤的敏感部位可以是单个电子器件，也可以是线路分系统。航天器内充放电效应往往会比表面充放电产生更加严重的影响。表面电弧放电的能量在耦合进入航天器内部结构时会产生衰减，主要是对航天器的外部电路及天线馈源系统等产生损伤。已在 CRRES 等卫星上，通过介质放电监测证实多达 50% 的电弧放电是由内充放电效应所产生的。航天器内充放电效应的危害可通过合理屏蔽防护或接地等方式加以避免。通过屏蔽防护能够显著降低高能电子的辐照强度，从而减小发生航天器内充放电的危险性。

5.4.2　深层介质充电效应相关物理问题

5.4.2.1　介质材料的辐射诱导电导性

航天器介质材料的特点是具有极低的电导率，能够阻碍电荷的运动，成为容纳电荷的载体。在空间高能电子辐照条件下，航天器介质材料的电导率会发生变化。通常，介质材料的电导率 σ 与辐照剂量率的关系如下

$$\sigma = \sigma_0 + k \left(\frac{\mathrm{d}D}{\mathrm{d}t} \right)^{\Delta} \tag{5-108}$$

式中　σ_0——介质材料的内禀电导率（$\Omega^{-1} \cdot \mathrm{m}^{-1}$）；

k——单位剂量率条件下的辐射诱导电导率；

$\mathrm{d}D/\mathrm{d}t$——辐照剂量率（$\mathrm{rad/s}$）；

Δ——与材料有关的指数，一般在 0.3～1.0 范围内取值。介质材料的内禀电导率 σ_0 通常为 $10^{-13} \sim 10^{-18} \Omega^{-1} \cdot \mathrm{m}^{-1}$；系数 k 为 $10^{-13} \sim 10^{-20} \Omega^{-1} \cdot \mathrm{m}^{-1} \cdot \mathrm{rad}^{-\Delta} \cdot \mathrm{s}^{-\Delta}$。

式（5-108）右侧的第二项称为辐射诱导电导率 σ_r。在高辐照剂量率条件下，可取 $\Delta \approx 1$，且辐射诱导电导率 σ_r 大于内禀电导率 σ_0。因此，可以认为，在高辐照剂量率时，介质材料的电导率或辐射诱导电导率与辐照剂量率成正比。

在高能电子电离辐射条件下，介质材料的电导率增高与自由载流子的产生和注入有关。体电荷的形成源于两个过程：一是介质材料原子发生电离产生异号载流子（电子和空穴）；二是一次电子沿入射路径损失能量成为慢化电子。所形成的电荷数量与辐射吸收剂量呈正相关性。当入射电子的射程大于介质材料厚度时，辐射能量吸收均匀；入射电子能量完全耗散在材料内部时，辐射能量的吸收呈现不均匀性。一次电子的注入速率 $g(x)$ 和电离载流子的生成速率 $k(x)$ 与介质材料深度 x/R（x 为距表面距离，R 为入射电子射程）的关系如图 5 - 19 所示[26]。$g(x)$ 体现一次电子沿入射路径损失能量过程的统计学特征；$k(x) = D(x)/w$，其中 $D(x)$ 是在深度为 x 时材料单位体积内消耗的能量，w 为形成一对电离载流子所消耗的能量。可见，二次电离载流子主要分布在航天器表面附近，而一次慢化电子主要分布在材料深处。在二次载流子中，电子具有很高的活动性，易于从表面逸出并形成发射电流。这样会使材料表层空穴数量逐渐超过电子数量，形成正电荷区，而在一次电子的射程附近为负电荷区。正、负电荷区之间便产生电场，促使电子向表面运动，导致介质材料的导电率增加。这种现象称为辐射诱导电导行为。

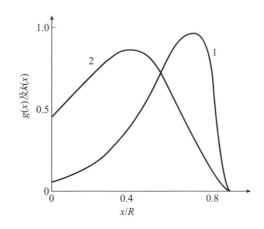

图 5 - 19　一次电子注入速率 $g(x)$ 和二次载流子生成速率 $k(x)$ 在介质材料中的深度分布

（x 为距表面距离；R 为入射电子射程）

1— $g(x)$；2— $k(x)$

高能电子辐射诱导的电导性对介质内充放电效应的影响具有双重性。一是有助于累积电荷的疏导，如增强漏电流；二是促进放电通道的形成，导致累积电荷集中向表面外释放。通常情况下，辐射诱导电导率增高的实际影响将取决于环境电子对介质材料的充电速率或电荷累积速率。在环境电子充电速率高的条件下，辐射诱导电导性的影响将主要表现为促使介质材料发生深层放电。

介质材料的电导率 σ 与温度 T 的关系可通过下式表述

$$\sigma = \sigma_\infty \exp(-E_a/kT) \tag{5-109}$$

式中　E_a——激活能，通常为 $1.0 \sim 1.5$ eV；

　　　σ_∞——试验测定的常数。

在电场强度 $E > 1$ MV/m 条件下，介质材料的电导率与电场强度 E 和温度 T 的关系如下

$$\sigma(E,T) = \frac{1}{3}\sigma(T)\left(2 + \cosh\frac{\beta_F E^{1/2}}{2kT}\right)\frac{2kT}{eE\delta}\sinh\frac{eE\delta}{2kT} \qquad (5-110)$$

式中　$\beta_F = \sqrt{e^3/\pi\varepsilon}$

　　　ε——介电常数；

　　　e——电子电荷；

　　　δ——线性长度参量，量级约为 10 nm。

5.4.2.2　充电介质内电场和电位分布

在受到能量为 1~10 MeV 电子辐照的条件下，介质中的体电荷累积由下列过程决定：1）电离辐射能量损耗导致一次电子在介质中制动；2）不同种类陷阱俘获导致电子在介质中热化；3）介质固有及辐射诱导的导电性导致体电荷流向辐照表面和基板。为了估算体电荷的分布深度，需要确定入射电子在介质材料中的射程。在表述电子射程 R 与能量 E 的关系时，常使用如下的韦伯（Weber）公式

$$R = 0.55\,E\left(1 - \frac{0.984\,1}{1+3E}\right) \qquad (5-111)$$

式（5-111）中，E 的单位为 MeV；R 的单位为 g/cm²。式（5-111）用于计算 Al 中电子射程，对于介质材料（如玻璃等）也适用。计算结果表明，2 MeV 电子的射程约为 3 mm；5 MeV 和 10 MeV 电子的射程分别为 1 cm 和 2 cm。这种计算适用于单能电子束垂直辐照。地球辐射带电子具有能量和角分布特征，会使体电荷在一定深度范围内累积。

随着导入的电荷在介质内累积，会产生影响电荷徙动的内电场。在带电介质内，电流和电场可通过如下电流连续性方程、欧姆定律（微分形式）及泊松方程描述

$$\frac{\partial \rho_p}{\partial t} = -\nabla j \qquad (5-112)$$

$$j = \sigma E + j_i \qquad (5-113)$$

$$\nabla^2 \varphi = \frac{\rho_p}{\varepsilon\varepsilon_0} \qquad (5-114)$$

式中　ρ_p——体电荷密度；

　　　j——电流密度矢量；

　　　σ_i——介质的内禀电导率；

　　　E——电场强度矢量；

　　　j_i——辐射注入载流子的电流密度矢量；

　　　φ——电位；

　　　$\varepsilon,\varepsilon_0$——介质和真空的介电常数；

　　　∇^2——拉普拉斯算子。

对于航天器表面的介质材料，可通过上述方程针对两种典型充电情况的边界条件进行计算：1）介质外表面有与金属基板或航天器壳体连接的金属薄层（接地）；2）介质有暴露的外表面（未接地）。体电荷分布的平衡状态取决于介质中通过辐照导入的电荷与体内向表面逸出电荷的平衡，这种平衡有可能达到或未能达到体放电产生的条件。

在不考虑介质的内禀电导率和辐射诱导电导率时，可以通过简单的分析模型得出上述两种边界条件下介质内电场强度和电位随深度分布的特点。当入射电子能量为 1 MeV，且注量为 3.1×10^{14} cm^{-2} 时，可得出两种边界条件下某介质内部的电场强度和电位随深度的分布，如图 5-20 所示[27]。在这两种边界条件下，该介质内的电场强度和电位分布具有不同的特点。介质表面接地时，电场强度在接地表面达到最大正值（约 1.7 MV/m），如图 5-20（a）所示；而在裸露表面最高电场强度为负值（约为 −2.1 MV/m），且出现在非辐照作用区域内（深度大于 0.5 mm），如图 5-20（b）所示。介质表面接地时，电位在接近入射电子最大射程处达到最低值（约 −400 V），如图 5-20（c）所示；而图 5-20（d）表明，介质表面未接地时，最低电位的数值较大（约 −4 500 V），且出现在介质表面上。

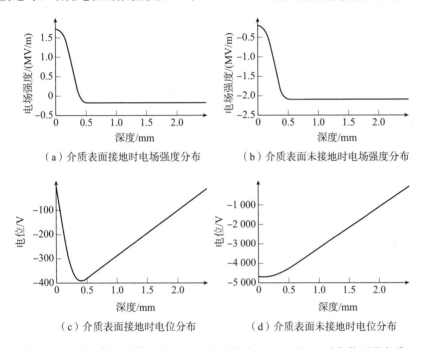

（a）介质表面接地时电场强度分布　　　　（b）介质表面未接地时电场强度分布

（c）介质表面接地时电位分布　　　　（d）介质表面未接地时电位分布

图 5-20　在入射电子能量为 1 MeV 和注量为 3.1×10^{14} cm^{-2} 条件下某介质表面接地和不接地时电场强度和电位分布[27]

在不同辐照条件下，实际空间辐射导入的电荷密度、电位及电场强度沿介质深度的分布，可通过数值模拟方法计算。在 GEANT-4 等程序中，广泛采用蒙特卡罗方法计算。

5.4.2.3　介质体充电过程的数学表述

高能电子对介质材料的电离辐射作用是形成电子−空穴对。其中，电子具有高活动性；而空穴的活动性较差，可认为不参与电荷迁移。但空穴可作为复合中心，影响电荷的重组过程。自由电子在迁移过程中会遭遇数量众多的陷阱。陷阱的深度按能量呈指数规律分布。电子被陷阱俘获后暂时不参与电荷的迁移，直至受到热激活而被释放为止。电子在陷阱中停留的时间取决于陷阱的温度和深度。在介质体充电过程中，电子的运动（扩散和漂移）通过相继被陷阱俘获和从陷阱中热释放等过程来实现。基于上述分析，可以建立介质体充电过程中辐射诱导的电导率 $\sigma_r(t)$ 与主要载流子（电子）浓度 $N(t)$ 变化的关系式。该模型称为 Rose－Fowler－Vaisbeng（RFV）模型，有时也称多次俘获模型。

在高能电子辐照过程中，介质中的电荷载流子浓度急剧增大，会诱导电导率增高。辐射诱导的电导率 $\sigma_r(t)$ 可视为介质材料辐照时的电导率与辐照前电导率的差值。辐射诱导的电导率可由下式计算

$$\sigma_r(t) = e\mu_0 N_0(t) \tag{5-115}$$

式中　μ_0——自由电子的微观起始迁移率；

　　　e——电子电荷；

　　　$N_0(t)$——迁移率为 μ_0 时的电子浓度。

RFV 模型的计算方程具有下列形式[28]

$$\frac{dN(t)}{dt} = g_0 - k_r N_0(t)N(t) \tag{5-116}$$

$$\frac{\partial\rho(E,t)}{\partial t} = k_c N_0(t)\left[\frac{M_0}{E_1}\exp\left(-\frac{E}{E_1}\right) - \rho(E,t)\right] - \nu_0\exp\left(-\frac{E}{kT}\right)\rho(E,t) \tag{5-117}$$

$$N(t) = N_0(t) + \int_0^\infty \rho(E,t)dE \tag{5-118}$$

式中　$N(t)$——主要载流子（电子）的总浓度；

　　　g_0——载流子的体生成速率；

　　　k_r——电子与空穴的体复合系数；

　　　k_c——陷阱俘获准自由电子的速率常数；

　　　M_0——能量呈指数分布的陷阱的总浓度（按能量 $E > 0$ 计算）；

　　　$\rho(E,t)$——俘获电子浓度按能量和时间的分布函数；

　　　ν_0——陷阱热释放载流子的有效频率因子；

　　　E_1——陷阱能量指数分布因子。

在式（5-116）～式（5-118）中，假设空穴生成后不参与电荷转移过程，并且辐照过程中电荷载流子的体生成速率 g_0 恒定。在 RFV 模型计算方程中，式（5-116）描述电离辐射激发所形成的电子总浓度的变化；式（5-117）和式（5-118）常称为多次俘获方程式，表述陷阱俘获准自由电子和随后热释放的随机过程。辐射诱导电导率的最大值 σ_{rm}，稳态值 $\bar{\sigma}_r$ 及达到时间 t_m 可分别由以下公式给出

$$\sigma_{rm} = B(\alpha)\left(\frac{k_r}{k_c}\right)^{(1-\alpha)\Delta} \tag{5-119}$$

$$\bar{\sigma}_r = \frac{D(\alpha)}{C(\alpha)}g_0\mu_0\tau_0 e\left(\frac{\nu_0}{g_0\tau_0 k_r}\right)^{\alpha\Delta} \tag{5-120}$$

$$t_m = C(\alpha)\nu_0^{-1}\left[\frac{M_0 k_c\nu_0}{g_0 k_r}\right]^\Delta \tag{5-121}$$

在式（5-119）～式（5-121）中，$\alpha = kT/E_1$；$\Delta = (1+\alpha)^{-1}$；$\tau_0 = (k_c M_0)^{-1}$，称为准自由电子被俘获前的存活时间；g_0，μ_0，k_r，k_c，ν_0 及 M_0 的意义同前；系数 α、$B(\alpha)$、$C(\alpha)$ 及 $D(\alpha)$ 的值列于表 5-2[28]。表中还给出了 $k_c/k_r = 0.01$ 条件下，$\sigma_{rm}/\bar{\sigma}_r$ 比值的计算值以及几种材料的试验值。

表 5 - 2　辐射诱导电导率的有关参数

α	$B(\alpha)$	$C(\alpha)$	$D(\alpha)$	$\sigma_{rm}/\bar{\sigma}_r$（计算值）	$\sigma_{rm}/\bar{\sigma}_r$（试验值）
0.0	1.00	0.062 4	0.062 4	100	
0.05	0.858	0.065	0.066	55.3	
0.1	0.783	0.144	0.111	33.9	40（对苯二甲酸酯聚乙烯）
0.2	0.718	0.368	0.250	15.5	
0.3	0.700	0.634	0.394	8.35	
0.35	0.702	0.750	0.440	6.55	5.6（聚苯乙烯）
0.4	0.704	1.015	0.586	5.07	
0.5	0.725	1.540	0.827	3.37	10（低密度聚乙烯）
0.8	0.888	4.180	1.72	1.48	
0.95	1.063	6.530	2.33	1.19	

在高能电子均匀辐照条件下，可对介质材料的体充电电场强度求解。若介质材料的厚度远小于入射电子的射程，电荷载流子的体注入速率 Q_0 将沿深度 x 均匀分布。介质材料内部电场强度分布 $E(x)$ 具有以下关系

$$E(x) = \frac{Q_0 \cdot x}{\bar{\sigma}_r} \qquad (5-122)$$

式中　x——距表面距离；

　　　$\bar{\sigma}_r$——辐射诱导电导率的稳态值。

$$Q_0 = -e \cdot S_0$$

式中　e——电子的电荷；

　　　S_0——电子注入速率。

峰值电场强度应出现在 $x = \pm \dfrac{h}{2}$ 处，即

$$|E_{max}| = \frac{|Q_0|}{\bar{\sigma}_r} \cdot \frac{h}{2} \qquad (5-123)$$

式中　h——介质层厚度。

若将 Q_0 近似取为一次电子的电流密度 j_0（即 $Q_0 \propto j_0$），并考虑到 $\bar{\sigma}_r \propto \left(\dfrac{\mathrm{d}D}{\mathrm{d}t}\right)^\Delta \propto j_0^\Delta$，则可得

$$E_{max} \propto j_0^{1-\Delta} = j_0^{\alpha/(1+\alpha)} \qquad (5-124)$$

可见，E_{max} 与 j_0 呈非线性关系。当 $\alpha = 0$ 时，E_{max} 便不再与一次电子的电流密度相关；$\alpha = 0.5$ 时，$E_{max} = j_0^{0.33}$。

经受宽能谱电子辐照的介质材料，其峰值电场强度 E_{max} 可通过下式[29]估算

$$E_{max} = (A/k)/(1 + \sigma/k\dot{D}) \approx (A/k) \qquad (5-125)$$

式中　$A = 10^{-8}$ s · V/（Ω · rad · m^2）；

k ——辐射诱导的电导率系数 $[s/(m \cdot \Omega \cdot rad)]$；

$\dot{D}$ ——平均辐照剂量率（rad/s）；

σ ——电导率（$\Omega^{-1} \cdot m^{-1}$）。

电导率 σ 为辐照前原始电导率 σ_0 与辐射诱导电导率 σ_r 之和，即 $\sigma = \sigma_0 + \sigma_r$。在高通量辐照条件下，$\sigma_r > \sigma_0$，且 $\sigma_r = k\dot{D}^\Delta$（$\Delta$ 可取值为 1.0）。对于聚合物而言，k 的取值范围为 $10^{-16} < k < 10^{-14} [s/(m \cdot \Omega \cdot rad)]$，可求得 E_{max} 为 $10^6 \sim 10^8$ V/m，达到了介质放电的阈值范围。因此，利用式（5-125）可以估算宽能谱电子辐照时介质中电位达到的阈值。

通常认为，电子能量高于 100 keV 时，易于成为导致深层介质充电的辐射源。100 keV 电子在介质材料中的射程约为 70 μm。在地球同步轨道条件下，100 keV 至几兆电子伏的电子具有较高的通量，能够在介质材料深处较快地累积足够电荷而导致深层放电。假设辐射诱导电荷按平板电容模型收集（所施加的电场强度 E 为 $10^7 \sim 10^9$ V/m），可由下式计算总电荷量

$$Q = CV = \varepsilon AV/d = \varepsilon AE \qquad (5-126)$$

式中　Q ——总电荷（C）（1 C = 6.25×10^{18} 电子）；

C ——电容；

V ——平板间的电位，即 $V = E \cdot d$；

d ——平板间距离；

A ——平板面积；

ε ——介电常数（$\varepsilon = \beta \cdot \varepsilon_0$，$\beta \approx 1 \sim 10$，$\varepsilon_0$ 为原始介电常数）。

基于上述分析，可通过式（5-126）估算深层介质充放电的临界电子辐照注量 Q/A 为 $5 \times 10^{10} \sim 5 \times 10^{11}$ 电子/cm²。在地球静止轨道条件下，1 MeV 电子的最大通量约为 5×10^6 电子/（cm² · s），达到临界注量的时间将为 $10^4 \sim 10^5$ s（或 3~30 h）。

5.4.2.4　介质内部放电过程

航天器介质材料的特点是具有高的电阻率（$\rho > 10^{14}$ $\Omega \cdot$cm），微观结构呈现不均匀性，并存在易于俘获电子的深能级陷阱。这些特点赋予介质材料具有很高的存储电荷的能力。当介质材料内部充电所建立的电场强度高于击穿电压强度阈值时，便产生放电击穿现象。在未辐照条件下，介质材料的击穿电压强度一般在 10^{18} V/m 以上。在电离辐射条件下，介质材料产生深层放电所要求达到的临界电子注量为 $10^{12} \sim 10^{14}$ cm^{-2}。该注量阈值是通过单能电子束（能量为 1~10 MeV）辐照玻璃的试验得出的。在空间带电粒子辐照条件下，介质材料中难以达到如此高的体电荷量，原因是地球辐射带电子通量较低，在长期辐照过程中会由介质的导电性增高而引起电荷分布松弛。

介质材料静电放电的重要标志是形成 Lichtenberg 放电通道花样，又称电树枝花样。图 5-21 所示为 22 MeV 电子辐照时，在直径为 10.5 cm 的甲基丙烯酸球内所形成的 Lichtenberg 花样[27]，其中电子辐照注量为 10^{13} cm^{-2}，电子束流密度为 30~60 mA/cm²。甲基丙烯酸球辐照时旋转，可使电子辐照导入的电荷比较均匀地分布在球内。由于边缘效

应，在厚度为 3～5 mm 的近表层导入的电荷密度明显降低。据测试，放电击穿时间约为 1 μs；主要放电通道直径为 50～100 μm；在主要放电通道内，放电电流达 100～200 A，电流密度约为 10^6 A/cm²；放电能量为 10～20 J，放电功率约为 10^7 W。

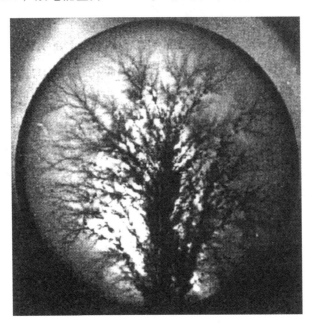

图 5 - 21　甲基丙烯酸球中形成的 Lichtenberg 树枝花样

通常认为，在介质充电电场的作用下形成电子"雪崩"是导致介质材料放电击穿的原因。电子"雪崩"的形成是由于自由电子在介质充电电场的作用下被加速，并获得足以引起快速电离所需的能量，导致介质材料中局部区域电子数量急剧增加所致。构成"雪崩"的自由电子在与介质材料原子碰撞时形成热等离子体，并由热等离子体进一步形成击穿通道。随后大量过剩电荷沿着高传导率的等离子体通道流动，形成击穿脉冲电流。图 5 - 22 为 4 MeV 电子辐照在 TK - 114 玻璃中形成放电通道的光学显微镜照片（×100）[27]。可见，放电通道是直径为几微米的细小管道。通常，介质材料中自由电子的数量很少。高能电子辐照时，只有在介质层内电场强度达到 10^7 V/m 以上才有可能产生电击穿。在高能电子辐照条件下，介质材料受到辐照的区域内会有一定数量能量较高的自由电子或"热"电子，易于在较小的电场强度下发生电子"雪崩"。在非辐照区，可能有极少量的通过漂移从辐照区流入的自由电子。它们同介质材料原子处于热动力学平衡状态，需要在高得多的电场强度下才能被加速。所以，在较厚的介质材料层中难以产生贯通式的放电击穿。

在受辐照面的近表层，存在一次电子诱发的二次电子。它们易于向表面外发射，形成近表层发射电流，有利于介质层内电场强度增加，其结果会导致介质材料近表层发射电流出现不稳定性及其与电场强度的耦合效应。随着高能电子辐射在介质材料深处产生电子聚集（电位增高），航天器暴露表面的电位相对降低。这有利于将电荷聚集处产生的放电通道输送到表面。图 5 - 23 为 20 keV 电子辐照厚度为 50 μm 的聚苯二甲酸乙二醇酯薄膜时

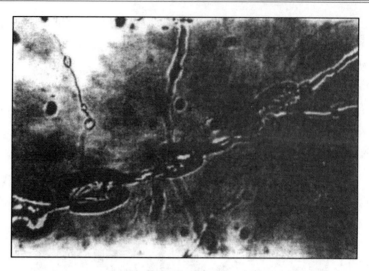

图 5 - 22　4 MeV 电子辐照在 TK - 114 玻璃中形成放电通道的光学显微镜照片 （×100）

放电通路的 SEM 照片[30]。由于入射电子能量较低，放电通道的埋藏深度小于 $2\mu m$。在击穿的情况下，会伴随有剩余电荷与等离子体团向外喷射现象。这种等离子体团可能是电击穿时产生的高温与高压导致介质材料降解与蒸发的产物。图 5 - 24 为高能电子辐照聚合物薄膜形成放电通道与向外喷射等离子体团的示意图。

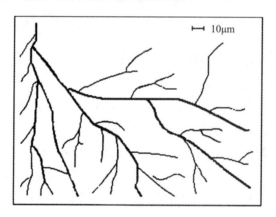

图 5 - 23　20 keV 电子辐照聚苯二甲酸乙二醇酯薄膜放电通路 SEM 照片
薄膜厚度为 50 μm，电子束流密度为 80 nA/cm²

　　通常，对于航天器裸露表面的介质材料而言，高能电子辐照易引起两种形式的放电击穿：裸露表面击穿与直至底板的贯穿式击穿。裸露表面击穿伴随着剩余电荷向周围空间的发射，能够诱发很大的瞬态电流进入附近器件的电路，产生强烈干扰。从介质材料表面喷射的等离子体团可能部分地沉降到附近的航天器表面上，造成光学敏感器件性能下降。贯穿式击穿时，介质材料中累积的负电荷与基板中等值的感应正电荷互相中和，对外部电路的干扰较小。这说明从对航天器相关电路的影响程度上，裸露表面放电击穿的危害性更大。尤其值得注意的是，由于放电通道的形成，不但会使介质材料本身的光学性能和力学

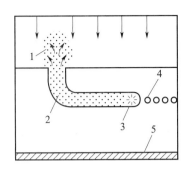

图 5 - 24　高能电子辐照聚合物薄膜形成放电通道与向外喷射等离子体团的示意图

1—带有剩余电荷的等离子体团；2—放电通道；3—局部击穿点；4—电子辐照注入的电荷；5—基板

性能显著变差，甚至可能破坏相关的航天器器件。因此，对介质材料产生内充放电效应的危害性必须给予充分重视。

5.4.3　介质体充电效应模拟分析方法

5.4.3.1　介质体充电数值模拟方法

介质体充电过程的有效分析方法是计算机模拟，可以采用 GEANT - 4 程序进行分析[31]。该程序基于蒙特卡罗方法，以统计描述复杂的非均匀结构在受到电子辐照时粒子的输运过程。GEANT - 4 程序的物理模型和数据库可在空间带电粒子与航天器相互作用的能量范围内，描述粒子与物质的交互作用，包括一次粒子和二次粒子。介质可以是原子序数 $Z = 1 \sim 100$ 的单质，也可以是以各类原子混合物组成的复杂材料。GEANT - 4 程序具有非均质三维几何体描述体系。

利用蒙特卡罗方法模拟高能电子作用下介质体充电过程时，宜采用所谓的"大粒子"近似方法。每个具有给定能量和角分布特性的初始"大粒子"与 Δt 时间内落向目标的粒子通量 ΔN 相对应。在描述带电粒子穿过物质的输运过程时，应考虑电离能量的连续损耗以及形成二次电子和光子的离散化过程。其中，起主导作用的是能量为 10 keV 以上的 δ 电子从原子的分离。介质内部的电荷密度 $\rho(r)$ 由制动的热化电子和原子电离所形成的空穴两者的分布状态共同决定。此时，需要考虑所形成电荷自洽电场 $E(r)$ 的影响。该电场决定着注入介质中的电荷制动及沿深度的分布，并影响从原子分离的 δ 电子的分布。

在模拟每个事件（"大粒子"落向目标）与跟踪一次和二次粒子在靶材料内的级联碰撞后，计算体电荷密度分布函数的增量 $\Delta\rho(r)$。根据所形成的体电荷密度分布 $\rho(r)$，继续计算新的电场强度值 $E(r)$ 和电位值 $U(r)$，并在模拟下一个事件的过程中加以使用。因此，通过多次事件问答，可对介质的内充电过程进行动态计算。同时，计算自洽电场，并考虑其对介质中一次和二次粒子输运的影响。介质内体电荷的累积过程具有时间渐近的性质，计算时为达到必要的精度宜逐渐适当调整时间步长 Δt 和粒子通量值 ΔN。在计算上述电场和体电荷分布的同时，还要计算从靶材料通过与反射的一次和二次粒子的角度及能量分布。该方法可将辐照粒子的任意能量和角分布作为原始条件进行分析，能够模拟定向单能粒子束辐照试验条件以及地球辐射带电子与航天器相互作用的实际情况。

　　基于上述方法，参考文献［32］在单能电子束辐照及特定能谱的地球辐射带电子辐照条件下，针对介质体电荷的累积效应进行了计算机模拟。模拟中使用 0.5 cm 厚的玻璃作为介质模拟体。垂直辐照试样的单能电子束能量范围为 1～10 MeV；各向同性的地球辐射带电子能谱按指数分布函数计算，平均能量为 0.5 MeV，相当于分析航天器内充电效应时常用的"最差情况"。图 5-25 给出不同辐照条件下制动电子数沿玻璃试样深度分布的计算结果。图 5-25（a）示出不考虑体电荷自洽电场时能量为 2 MeV 电子辐照的计算结果。图 5-25（b）为不考虑体电荷自洽电场的情况下，地球辐射带电子辐照的计算结果。两种情况下制动电子的分布具有不同特点。单能电子束辐照时，制动电子数最大值处于约 0.12 cm 深度（即该能量电子的射程深度）。对于地球辐射带电子辐照而言，制动电子数的最大值位置向深度小于 0.1 cm 的试样表层移动。这种差别可由两种原因引起：一是地球辐射带能谱范围内有相当多的低能量电子，其射程较小；二是在各向同性分布中，具有小投掷角的电子份额较大。图 5-25（c）和（d）为考虑导入电荷自洽电场影响时所得的计算结果。为了便于识别，将两个图的横坐标刻度比例适当进行了放大。可见，单能电子束辐照时自洽电场的影响会导致在较小的深度（<0.01 cm）产生附加电荷。这是由于辐照电子的制动和二次电子向试样表面迁移所引起的。具有能谱和各向同性角分布的地球辐射带电子的计算结果表明，几乎全部电荷都聚集在试样辐照面的 h <0.005 cm 的薄层内。

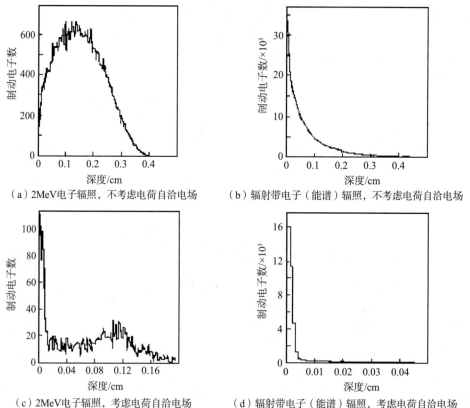

（a）2MeV电子辐照，不考虑电荷自洽电场　　　　（b）辐射带电子（能谱）辐照，不考虑电荷自洽电场

（c）2MeV电子辐照，考虑电荷自洽电场　　　　（d）辐射带电子（能谱）辐照，考虑电荷自洽电场

图 5-25　2 MeV 电子与地球辐射带电子（能谱）辐照 0.5cm 厚玻璃内制动电子数量随深度的分布
（GEANT-4 程序）

　　图 5-26 为实验室单能电子束与空间地球辐射带电子（能谱）辐照 0.5 cm 厚玻璃时电场强度分布的计算结果[32]。在考虑体电荷自洽电场的影响时，两种情况的电场强度分布曲线总体上无论形状与数值都相近。但在深度小于 0.01 cm 时，却出现较大的差别。地球辐射带电子（能谱）辐照在玻璃内部产生的电场强度约为 2 MeV 单能电子束辐照时的 2 倍，这表明在空间带电粒子（能谱）辐照环境下，介质材料更易于产生体充电效应，即可在较低的临界电子注量下发生放电。

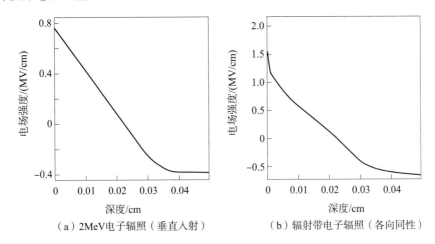

（a）2MeV电子辐照（垂直入射）　　　　　（b）辐射带电子辐照（各向同性）

图 5-26　2 MeV 电子（单能）与辐射带电子（能谱）辐照 0.5 cm 厚玻璃内电场强度深度的分布

（考虑内部电荷自洽电场的影响）

5.4.3.2　介质体充电效应一维解析模型

　　通过简化的一维平板模型，可以计算介质体充电时电场强度及电荷密度分布。基于电流连续性方程［式（5-112）］、欧姆定律［式（5-113）］及泊松方程［式（5-114）］，可以建立介质内 x 点在 t 时刻的电场强度 $E(x,t)$ 与入射电子通量或电流密度 $j_R(x,t)$ 的关系。入射电子通量或电流密度包括一次电子和二次电子两部分的贡献。在 x 点处电荷沉积速率为 $-\dfrac{\partial j_R}{\partial x}$。相应地，可将电流连续性方程、欧姆定律及泊松方程分别表述如下[25]

$$\frac{\partial \rho(x,t)}{\partial t} = -\frac{\partial [j_c(x,t)+j_R(x,t)]}{\partial x} \tag{5-127}$$

$$j_c(x,t) = \sigma(x,t)E(x,t) \tag{5-128}$$

$$\frac{\partial [\varepsilon(x)E(x,t)]}{\partial x} = \rho(x,t) \tag{5-129}$$

式中　ρ——体电荷密度；

　　　j_c——由材料导电性引起的暗电流密度；

　　　j_R——入射电子的电流密度或粒子通量；

　　　σ——电导率，应为介质的内禀电导率 σ_0 与电子辐射诱导电导率 σ_r 之和，即 $\sigma = \sigma_0 + \sigma_r$（$\Omega^{-1} \cdot cm^{-1}$）；

　　　ε——介质的介电常数，在数值上为自由空间介电常数（$\varepsilon_0 = 8.854\,2 \times 10^{-12}$ F·

m^{-1}）与相对介电常数 ε_r 的乘积，即 $\varepsilon = \varepsilon_0 \cdot \varepsilon_r$。

综合式（5-127）、式（5-128）及式（5-129），可得出

$$\frac{\partial [\varepsilon(x)E(x,t)]}{\partial t} + \sigma(x,t)E(x,t) = -j_R(x,t) \tag{5-130}$$

由此，可在给定时刻 t，求得介质内电场强度及电荷密度随 x 点位置的变化。并且，若给定时间步长，便可连续计算介质内电场强度及电荷密度的变化过程。假设介质位于两块金属板之间，初始电场强度为 E_0 且 σ 和 j_R 不随时间 t 变化，可求得电场强度 E 与时间 t 的关系如下

$$E = E_0 \exp(-\sigma t/\varepsilon) + (j_R/\sigma)[1 - \exp(-\sigma t/\varepsilon)] \tag{5-131}$$

式（5-131）中，σ/ε 称为介质体充电时间常数。虽然由于几何因素及电导率和入射电子通量随时间变化等的影响，式（5-131）所给出结果只是粗略的近似，但却可以表明辐射诱导充电效应的基本特征，尤其是介质体充电时间常数（$\tau = \varepsilon/\sigma$）的重要性。随着辐照时间增加，初始电场强度 E_0 的影响逐渐减小，而由 j_R/σ 给出的辐射诱导电场成为主导因素。这种辐射诱导电场变化的时间常数便为 $\tau = \varepsilon/\sigma$，且 $\sigma = \sigma_0 + \sigma_r$（式中 σ_0 和 σ_r 分别为介质的内禀电导率与辐射诱导电导率）。许多介质材料的电导率在 $10^{-16} < \sigma < 10^{-14}$（$\Omega^{-1} \cdot cm^{-1}$）范围内，体充电时间常数为 $10 \sim 10^3$ s。在较高的辐照剂量率下，辐射诱导电导率 σ_r 增加，电场强度会较快达到平衡。反之，辐照剂量率较低时，介质的内禀电导率成为主导因素，会使充电时间常数 τ 及电场达到平衡的时间 t 增长。在地球同步轨道导致航天器产生内充电效应的电子能量在 100 keV～3 MeV 范围内，介质充电平衡时间 t 一般为 3～10 h。

DICTAT 程序[33]是 DERA（Defense Evaluation and Research Agency, UK）从 1994 年以来建立和应用的一维工程软件，全称为 DERA Internal Charging Threat Analysis Tool，用于航天器内充电效应分析。该程序可计算高能电子辐照时，防护层后介质中所累积的电荷与电子电流。依据所建立的电荷分布，该程序可计算介质中可能产生的最大电场强度。通过将最大电场强度与介质的放电阈值电压强度相比较，还可预测介质静电放电的危险性。该软件可通过欧洲空间局的空间环境信息系统（SPENVIS）在线应用。

5.4.4　航天器内充放电效应工程评价方法

5.4.4.1　航天器内充放电效应判据

在 CRRES 卫星上所进行的介质材料内充放电试验的结果，为航天器内充放电效应工程计算提供了基础[34]。CRRES 卫星（Combined Release and Radiation Satellite）于 1990 年 7 月 25 日发射，在轨 14 个月，轨道倾角 18°，近地点 350 km，远地点 35 768 km，轨道周期 10 h。CRRES 卫星沿轨道运行过程中通过了地球辐射带的所有区域。

为了研究介质内充放电效应，CRRES 卫星搭载了 16 个典型介质材料样件。通过星内放电信号探测器，测试高能电子辐射在介质材料样件内部充电所产生的电脉冲次数。在介质样件的表面镀有金属膜，以防止产生表面充电效应。图 5-27 为 CRRES 卫星在轨飞行一圈期间发生的放电脉冲次数与介质样件受到的辐射带电子注量的关系[34]。该曲线是基

于大量试验数据绘制的。在辐射带电子注量约为 5×10^{10} cm^{-2} 后，放电次数显著增加。

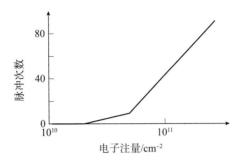

图 5 - 27　CRRES 卫星在轨飞行一圈发生的放电脉冲次数与辐射带电子注量的关系

　　CRRES 卫星所进行的试验结果表明，在地球辐射带电子辐射条件下，航天器上介质体放电的电子注量阈值为 $10^{10} \sim 10^{11}$ cm^{-2}，比前面所述的实验室单能电子束辐照试验数据低 2~3 个数量级。在美国国家航空航天局于 1999 年公布的技术文件（如 NASA - HDBK - 4002）中，考虑到卫星屏蔽及地球辐射带电子能谱等条件，将星内分析部位受到的辐射带电子注量 10 h 内达到 2×10^{10} cm^{-2} 作为产生内充放电的注量阈值[24-25]。这一结果在美国国家海洋和大气管理局（NOAA）的 GOES 系列卫星上也得到了证实。

　　图 5 - 28 给出航天器内充放电效应分析时不同常用计量单位判据间的对应关系[24]。在 10 h 电子注量为 2×10^{10} cm^{-2} 时，所对应的电子束流密度（或通量）为 0.1 pA/cm^2 [1 pA/cm^2 = 6.242×10^6 e/（cm^2·s）]。这相当于辐射带电子束流密度达到 0.1 pA/cm^2 时，可在 10 h 内使电子注量达到 2×10^{10} cm^{-2}。因此，文献常将辐射带电子束流密度在航天器内分析部位达到 0.1 pA/cm^2 作为产生内充放电效应的判据。在地球同步轨道，能量高于 3 MeV 电子的通量或束流密度低于 0.1 pA/cm^2。分析航天器内充放电效应时，可忽略 >3 MeV 电子辐射的影响。考虑到 3 MeV 电子在 Al 中的穿透深度约为 110 密耳（1 密耳 = 0.001 英寸 ≈ 0.254 mm），可将航天器内充放电效应的等效 Al 防护层厚度阈值定为 3 mm。若航天器的等效 Al 防护层厚度达到 3 mm，便不会存在发生内充放电的危险性。

5.4.4.2　航天器内充放电计算能谱选择

　　航天器内充电效应与高能电子对介质材料的作用密切相关。在进行航天器内充电分析时，尤其要重视能量达到 1 MeV 以上的地球辐射带电子的影响。这类高能电子能够穿入航天器内部的介质材料，深度可达数百微米，易于诱发内充放电效应。为了分析航天器内充放电效应，通常选用"最差"情况的地球辐射带电子积分能谱，这种能谱的特点是积分通量高且在高能区具有足够高的通量值（称为硬型能谱）。

　　美国国家航空航天局基于 GOES 系列卫星和 SOPA 卫星在地球同步轨道的探测数据，建立了"最差"情况的地球辐射带电子积分能谱，如图 5 - 29 中曲线 1 所示[25]。图 5 - 29 曲线 2 为 AE - 8MIN 模式针对地球同步轨道计算的电子积分能谱，约比"最差"情况的能谱低 1 个数量级。在地球同步轨道，辐射带电子积分能谱的形状和幅值随时间而变化，

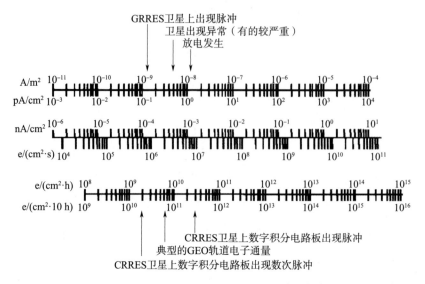

图 5-28　分析航天器内充放电效应时不同计量单位判据间的对应关系

尤其在短时间（如 1 天）内呈现明显的峰通量特征。若取较长时间的通量平均值，这种变化特征将消失。因此，为了进行航天器内充放电效应分析，有必要依据短时间（如几小时）平均峰通量数据建立"最差"情况能谱。在地球同步轨道条件下，辐射带电子能谱随地理经度而变化，通量的极大值约出现在东经 200° 附近。

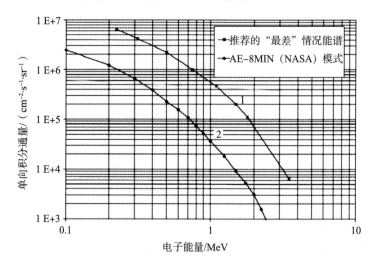

图 5-29　针对地球同步轨道推荐的"最差"情况辐射带电子积分通量谱（1992 年 5 月 11 日，东经 197°，日内数小时平均）与 AE-8MIN（NASN）模式计算的长期平均能谱（东经 200°）的比较

在欧空局的 ECSS-E-ST-10-04C 标准中，推荐采用 FLUMIC-3 模式[35]计算"最差"情况辐射带电子积分通量谱，并分别针对外带和内带两种情况进行计算。

（1）外辐射带"最差"情况电子能谱计算（$L > 2.5$）

最差情况的外辐射带电子积分通量谱采用下式计算

$$F(>E) = F(>2\text{ MeV}) \times \exp\left(\frac{2-E}{E_0}\right) \tag{5-132}$$

式中　$F(>E)$——能量大于 E 的电子积分通量（$\text{m}^{-2} \cdot \text{s}^{-1} \cdot \text{sr}^{-1}$）；

　　　　E——电子能量（MeV）；

　　　　$F(>2\text{ MeV})$——大于 2 MeV 电子的峰积分通量；

　　　　E_0——指数函数项的能量修正常数，视 $F(>2\text{ MeV})$ 取值而不同

$$F(>2\text{ MeV}) < 10^7\text{ m}^{-2} \cdot \text{s}^{-1} \cdot \text{sr}^{-1} \text{ 时}, E_0 = 0.25 \tag{5-133}$$

$$F(>2\text{ MeV}) > 10^7\text{ m}^{-2} \cdot \text{s}^{-1} \cdot \text{sr}^{-1} \text{ 时}, E_0 = 0.25 + 0.11\left(\{\lg[F(>2\text{ MeV})]-7\}1.3\right) \tag{5-134}$$

考虑到航天器屏蔽层具有一定厚度，辐射带电子对内充放电效应的贡献主要以 >2 MeV 电子为主。式（5-132）中，$F(>2\text{ MeV})$ 视太阳活动相位、季节及 L 值而不同。当 $L=6.6$ 时，将 >2 MeV 电子的峰积分通量 $F(>2\text{ MeV},6.6)$ 取值为 $8 \times 10^8\text{ m}^{-2} \cdot \text{s}^{-1} \cdot \text{sr}^{-1}$。考虑太阳活动的影响时，由式（5-135）计算 $L=6.6$，>2 MeV 电子的峰积分通量

$$F(f_{sc}) = 8 \times 10^8 \{0.625 + 0.375\sin[2\pi(f_{sc}-0.7)] + 0.125\sin[4\pi(f_{sc}-0.15)]\} \tag{5-135}$$

式中　f_{sc}——太阳活动周期相位，从太阳极小年起算。

在式（5-135）的基础上，进一步考虑季节的影响，则得

$$F(f_{sc}, f_{oy}) = F(f_{sc})\{0.625 - 0.375\cos[4\pi(f_{oy}+0.03)] - 0.125\cos[2\pi(f_{oy}+0.03)]\} \tag{5-136}$$

式中　f_{oy}——从 1 月 1 日起计算的年内时间百分率。若再考虑航天器所在轨道 L 值的影响时，可进一步由下式计算

$$F(>E, L) = F(>E, 6.6) \times 16\tanh[0.6(L-2.5)]/\cosh[1.5(L-4.3)] \tag{5-137}$$

式（5-137）中，$F(>E, 6.6) = F(f_{sc}, f_{oy}) \times \exp[(2-E)/E_0]$。通量 $F(>E, L)$ 和 $F(>E, 6.6)$ 的单位均取为 $\text{m}^{-2} \cdot \text{s}^{-1} \cdot \text{sr}^{-1}$。

（2）内辐射带"最差"情况电子能谱计算（$L < 2.5$）

通常，内辐射带电子的通量较低，不会使航天器产生严重的内充电效应。针对内辐射带计算"最差"情况电子积分能谱，可为分析航天器在大椭圆轨道运行是否产生内充放电效应提供依据。航天器在大椭圆轨道运行时，相继通过内、外辐射带，有必要计算内辐射带的"最差"情况电子积分通量谱。

"最差"情况的内辐射带电子积分通量谱可由下式计算

$$F(>E, L) = F(>1\text{ MeV}, L) \times \exp[(1-E)/E_0] \tag{5-138}$$

式（5-138）中，$E_0 = 0.14$ MeV；$F(>1\text{ MeV}, L)$ 由下式给出

$$F(>1\text{ MeV}, L) = 4.0 \times 10^{[2.12+45.4/(L+0.05)^2-45.6/(L+0.05)^3]} \tag{5-139}$$

式（5-139）中，$F(>1\text{ MeV}, L)$ 的单位为 $\text{m}^{-2} \cdot \text{s}^{-1} \cdot \text{sr}^{-1}$。

为了考虑地磁场强度分布的影响，FLUMIC 模式建立了地磁场强度（B/B_0）与辐射带

电子积分通量的关系。所建立的表达式分以下两种情况：

1）$L < 3$ 时，按下式计算

$$F(> 1\,\mathrm{MeV}, L, B/B_0) = F(磁赤道) \times 10^{\{-a[(B/B_0)-1]\}} \tag{5-140}$$

式（5-140）中，当 $L > 1.75$ 时，$a = -0.455\,9L + 1.438\,5$；当 $L \leqslant 1.75$ 时，$a = 36.0\left\{\dfrac{1}{\sinh[(L-1) \times 10.0]} + 0.7\right\}$；$F(磁赤道)$ 由式（5-138）计算。

2）$L \geqslant 3$ 时，按下式计算

$$F(> 1\,\mathrm{MeV}, L, B/B_0) = F(磁赤道) \times (B/B_0)^{-m} \times [1 - 0.52 \times (B/B_0)]/L^3 \tag{5-141}$$

式（5-141）中，$F(磁赤道)$ 由式（5-132）计算；当 $L \geqslant 4$ 时，取 $m = 0.6$；当 $3 < L < 4$ 时，取 $m = 0.6 + 0.06 \times (4.0 - L) + 0.06 \times (4 - L)^6$。

习惯上常将式（5-132）称为 DERA 模型。针对地球同步轨道，可将 DERA 模型的表达式简化如下

$$F(> E) = F_r \times \exp\left(\frac{2 - E}{E_0}\right) \tag{5-142}$$

式（5-142）中，$F(> E)$ 为 $> E$ 电子的单向日平均峰积分通量，单位为 $\mathrm{cm}^{-2} \cdot \mathrm{d}^{-1} \cdot \mathrm{sr}^{-1}$；$E_0 = (0.63 \pm 0.08)\,\mathrm{MeV}$；$F_r = 6 \times 10^9\,\mathrm{cm}^{-2} \cdot \mathrm{d}^{-1} \cdot \mathrm{sr}^{-1}$。通过 DERA 模型计算的辐射带电子积分通量谱在 $E > 1\,\mathrm{MeV}$ 范围内，大体上与美国国家航空航天局推荐的地球同步轨道"最差"情况电子能谱相近，只是在能量较低时两者出现偏离，如图 5-30 所示。这种偏离可能与取数据平均值的时间周期不同有关（NASA 模式取几小时，而 FLUMIC 模式取一昼夜）。

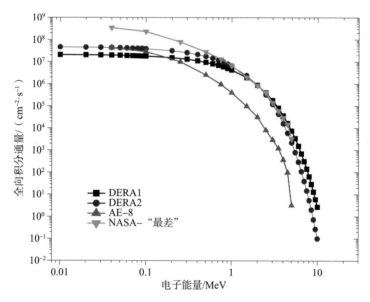

图 5-30　不同模式计算的地球同步轨道"最差"情况辐射带电子积分通量谱比较

5.4.4.3　航天器内充放电危险性分析方法

　　航天器结构的特点之一，是在不同结构单元之间存在带电粒子阻止本领分布的不均匀性。航天器结构由各种具有高阻止本领的结构单元组成，彼此间被阻止本领约为零（真空或空气）的区域所隔开。航天器的屏蔽板是削弱外部带电粒子对内部组件作用的主要结构单元。由于辐照粒子通道上结构单元的厚度通常比航天器外形尺寸小得多，能量损耗主要发生在具有高阻止本领的较短区段上，因此可以采用"直线输运近似"进行分析，即忽略入射带电粒子在经过高阻止本领的材料层时运动方向的变化。

　　为了减小对导入电荷空间分布的计算量，工程上针对具有不均匀结构和复杂构型的航天器计算内充电效应时，广泛采用所谓的迹线法或扇形分析法，如图 5 - 31 所示。航天器的结构模型由不同的结构单元组成，其中的某些结构单元位于另外的结构单元之内。在航天器结构模型的周围建立全立体角的外围球面，其中有带电粒子流作用到分析对象上。建立外围球面时需要考虑航天器的外边界尺寸，以保证球面上的点能够对航天器三维结构的周围环境条件进行模拟。由每个面积元 ds 的中心点向计算点发射迹线，并沿迹线方向计算各结构单元的等效 Al 屏蔽层厚度 D_i。计算时考虑迹线穿越所有的结构单元时相交的角度及材料的物理特性（如密度）。航天器的结构模型可通过工程设计的 ProE 图进行转换，并分别针对每个表面给出材料的物理特性。航天器三维结构模型也可以通过计算机编辑程序，由基本的几何单元（如平面、平板、圆柱、椭圆体、锥体及环面等）进行分级构建。

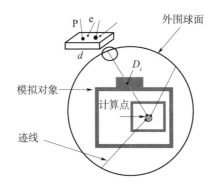

图 5 - 31　航天器内计算点导入电荷计算示意图

　　为了计算航天器内计算点的导入电荷量，需要在外围球面的单元面积上给出"最差"情况的原始辐射带电子单向积分通量谱。基于各迹线方向上的等效 Al 屏蔽层厚度，计算屏蔽层后的单向积分通量谱，并计算各相关迹线的单位立体角范围内 10 h 到达计算点的电子注量。沿着所有的外围球面（辐照表面）对各单元立体角方向到达计算点的电子注量求和，求得 10 h 到达计算点的总电子注量，作为判定该点能否发生内充放电效应的依据。若 10 h 内通过航天器屏蔽层到达计算点的电子注量达到 2×10^{10} cm^{-2}，便有发生内充放电效应的危险性。在达到该注量阈值的情况下，应注意防止产生内充放电效应的可能性，并通过航天器结构优化设计和采取局部屏蔽防护等措施进行预防。

　　上述航天器内计算点的电子注量也可以在计算等效 Al 屏蔽层内 10 h 电子辐射吸收剂量

的基础上进行。通过航天器复杂三维结构辐射吸收剂量计算软件（见 4.6 节），针对计算点计算等效 Al 屏蔽层后由地球辐射带电子所产生的辐射吸收剂量〔通常以 rad（Si）为单位〕。在这种情况下，可以通过下式将所求得的 10 h 辐射吸收剂量转换成相应的辐照注量[36]

$$F = 2.4 \times 10^7 \cdot D \tag{5-143}$$

式中　F ——针对航天器舱内任意给定部位计算的 10 h 电子辐照注量（e/cm²）；

　　　D ——相应的辐射吸收剂量〔rad（Si）〕。

尽管式（5-143）中的转换系数随电子能量大小会有所变化，该式可在电子能量为 0.2～30 MeV 范围内有效。通常，这种转换关系有一定风险，即所计算出的电子注量偏低。Coakley 等人[37]建议将转换系数改为 5×10^7，即将式（5-143）中的转换系数提高 1 倍，若由此所计算出的辐射带电子注量小于 2×10^{10} cm⁻²，便不会发生航天器内充放电效应。

5.4.4.4　航天器内充放电效应计算实例

图 5-32 为针对某卫星三维结构建立的几何模型。设该卫星外壳体面板与舱内各仪器的局域防护壳体厚度均为 2 mmAl。评价卫星内充放电效应时，需要综合考虑卫星外壳体与各仪器壳体厚度对入射高能电子的屏蔽作用。星内仪器的布局直接影响入射电子通道的走向和分布，导致各仪器发生内充放电效应的可能性大小不同。卫星轨道设定为地球同步轨道，"最差"情况的电子能谱由图 5-29 中曲线 1 给定。计算点选在各仪器的局域防护壳体中心，由此向外至卫星外壳体分别计算各迹线方向上等效 Al 屏蔽层厚度。针对图 5-32 所示的四个部位（标号分别为 1～4），基于轨道"最差"情况电子能谱和各迹线方向上等效 Al 防护层厚度计算 10 h 到达的电子注量。为了便于计算，通过扇形分析给出各计算部位的入射电子注入通道，即防护结构薄弱方向，如图 5-33 所示。图 5-34 和表 5-3 分别为基于 4 个计算部位的薄弱方向，采用逆向蒙特卡罗迹线分析所求得的 10 h 电子注量微分能谱与 10 h 注量。按照卫星内充放电效应判据（10 h 电子注量达到 1×10^{10} cm⁻²以上），1 号部位的仪器有发生内充放电效应的危险性，其原因为该部位的仪器有突出于卫星舱体的外表面，较易为环境电子的注入提供通道。其他三个计算部位的 10 h 电子注量均小于 1×10^{10} cm⁻²，不会发生内充放电效应。

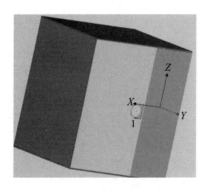

（a）卫星壳体外貌　　　　　　　　　（b）舱内仪器布局

图 5-32　某卫星三维结构模型

(a) 1 号部位　　　　　　　　　　　(b) 3 号部位

图 5-33　1 号和 3 号部位仪器防护结构薄弱方向（扇形分析）

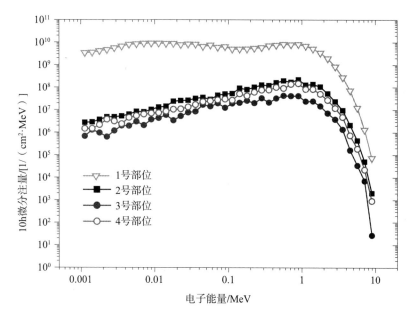

图 5-34　针对四个部位计算的 10 h 电子注量微分能谱（逆向蒙特卡罗计算）

表 5-3　针对四个部位计算的 10 h 电子注量（逆向蒙特卡罗计算）

计算部位	10 h 电子注量/cm^{-2}	发生内充放电效应危险性
1	1.4×10^{10}	有
2	3.3×10^{9}	无
3	1.9×10^{8}	无
4	6.1×10^{7}	无

5.4.5　航天器内充放电效应控制

航天器发生内充放电效应的危险性主要在于高能电子穿透等效 Al 屏蔽层后，可在孤立导体和介质材料中沉积电荷与能量，这是航天器产生内充放电效应的内因，应尽量避免或疏导。为了防止航天器产生内充放电效应，可以采取以下主要措施[25]。

（1）加强屏蔽防护，限制充电速率

地球辐射带电子是导致航天器产生内充放电效应的粒子源。图 5-35 示出易发生严重内充电效应的轨道区域。在可能的情况下，宜尽量避开这类危险的轨道区域。当无法避开时，应通过足够的等效 Al 屏蔽进行防护，力求显著降低星内敏感部位的充电速率。对地球同步轨道而言，这要求等效 Al 屏蔽厚度达到约 3 mm。在这种屏蔽条件下，一般不必再附加额外的屏蔽厚度与进行电荷分布和电场计算分析。这可视为预防地球同步轨道航天器内充放电效应的基本准则。对于某些高敏感电路或器件，要求将发生内充放电效应的判据由 0.1 pA/cm² 降低至 0.01 pA/cm²，相应地需要将等效 Al 屏蔽厚度提高至 5 mm。当材料或器件对内充放电效应不敏感时，可将其等效 Al 屏蔽厚度降至 1～2 mm。航天器的电路系统或布线未达到上述屏蔽程度时，需要设置滤波电路。滤波电路应该能够防止峰宽度约为 20 ns 的电磁脉冲的形成。在布设航天器内部的电路系统时，应尽可能远离舱壁开口，以便减小环境能量电子的暴露剂量。航天器电源线必须充分绝缘，防止电弧被引燃后可从电源获得能量而长时间存在。

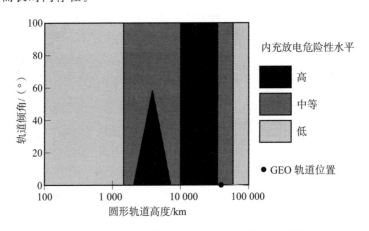

图 5-35　航天器发生内充电效应的危险区域[25]

一般情况下，应基于轨道"最差"情况辐射带电子能谱，通过迹线分析方法或辐射防护计算软件，针对航天器舱内所有敏感部位计算入射电子注量，并最终决定合适的等效 Al 屏蔽厚度。这样能够较精确地进行航天器内充放电效应分析，有利于优化屏蔽防护设计，收到明显减重效果。特别是，实际的航天器屏蔽结构不可避免地留有各种开口，如电缆进口、星体跟踪器视孔等，这会成为地球辐射带电子进入航天器内部的通道。因此，需要分析内充放电效应对航天器舱内材料、器件及电路的影响。

（2）严格限制孤立导体，消除静电放电隐患

孤立导体是产生航天器内充放电效应的危险部位，必须严格限制。所有闲置的航天器电缆、电路布线及非电路导体元件（表面积大于 3 cm² 或长度大于 25 cm，或电路板导体元件表面积大于 0.3 cm²），均必须与航天器的"参考地"相连接。各种用于局域屏蔽辐射的导体均应接地。当所用的导体表面有体电阻率小于 10^{10} Ω·cm 的敷形涂层时，可不附

加接地导线。该涂层可提供电荷泄漏通路。由于通常进入航天器内部的辐射带电子通量较低，可允许孤立导体敷形涂层的体电阻率达到 $10^{10}\,\Omega \cdot cm$ 量级。为了较准确地评估局域孤立导体发生放电效应的可能性，需要结合航天器三维结构进行内充电电流分布的计算。

航天器设计，不应该出现任何未接地的孤立导体。仅有两种情况可以例外：1) 在预期易发生内充电效应的轨道环境下，该导体不会放电；2) 该导体放电不致对附近的敏感电路造成危害，且所产生的电磁干扰不超过电磁兼容的规定。

针对易被忽略的导体（包括结构元件），应注意接地或设置导电的泄漏通路，如：金属插销，电容器密封外壳，集成电路的金属壳，集电器壳，信号和功率变换器芯，电缆未用的导线，以及未用的接插件（电插头、引线及管脚等）。

（3）采取疏导措施，防止电荷过度累积

介质材料在航天器上具有广泛的应用，成为导致内充放电效应的敏感部位。介质材料易于电荷累积，应采取必要的疏导措施，以防止电荷过度累积导致放电。这对于大尺度的块体介质尤其必要。在介质材料表面镀导电层或涂导电漆，可为电荷泄漏提供通路。导电镀层或导电漆应与航天器"结构地"连通。

航天器内部的电路板是内充放电效应的高发部位。电路板宜采用具有一定泄漏电荷能力的敷形涂层，其体电阻率可为 $10^{10} \sim 10^{12}\,\Omega \cdot cm$ 量级，能够提供旁路电阻为 $10^{9}\,\Omega < R < 10^{13}\,\Omega$ 的电荷泄漏通路。通过这种并联的旁路电阻，可在发生内充电效应时泄漏大部分电荷而不影响电路的运行。所用的敷形涂层应在空间高真空、热循环及带电粒子辐射等条件下具有性能稳定性。

5.5　航天器出气污染效应的计算机模拟

5.5.1　航天器出气污染效应一般表述

航天器表面上的许多有机材料在空间高真空环境下，能够释放小分子气体（如 H_2O，CO_2 及 NH_3 等），成为可在航天器附近空间运动的自由分子。它们易于沉积到温度较低的光学敏感表面，形成污染膜。这种现象称为出气污染效应（outgassing contamination）或分子污染效应（molecular contamination）。材料的出气过程是气体分子的体扩散和表面挥发的结果。出气分子可能是材料中原有的组分，也可能是其分解的产物，即使很纯的有机材料也会在表面或内部存在少量可挥发组分，如水、溶剂、过剩的添加剂及未固化单质等。材料的分解产物是材料在太阳电磁辐射、带电粒子辐射、原子氧腐蚀、热循环、微流星体或空间碎片撞击及静电放电等作用下产生的。在这些空间环境因素作用下，材料发生分解并形成小分子的出气物质，成为分子污染源。

材料出气过程与时间的关系有三种情况：与时间呈指数关系，与时间的平方成反比，以及与时间无关。这三种出气过程分别称为解吸附、扩散及分解。解吸附是材料表面吸附的气体分子的释放过程。扩散出气过程涉及材料内部物质分子的热运动，分子需要有足够的热能才能从材料表面逃逸，并向真空环境挥发。在空间高真空环境下，扩散出气常表现为材料内部气体或小分子物质向材料表面逸出，又称为蒸发。分解是一种化学反应，所形成的小分子产物能够通过蒸发或扩散方式出气。这三种出气过程所需的激活能以解吸附最低，其次为扩散出气，而以分解出气最高。由于解吸附仅涉及表层出气过程，对材料总质量的损失贡献不大。分解出气过程所需激活能较高并与时间无关，对材料总质量损失的贡献相对也较小。扩散出气是材料在空间环境中主要的出气机制。

鉴于以上原因，即便航天器表面在地面储存期间保持很干净，在在轨服役过程中也会成为污染源。航天器的出气表面称为一次污染源，而将能够反射一次污染气体分子的表面称为二次污染源。一次污染分子在运动路径上与某一表面相遇时，会附着在该表面上，并通过量子力学振动方式建立热平衡。当一次污染分子在材料表面振动过程中能够获得足以克服表面吸引力的能量时，会从材料表面上逃逸。一次污染分子在该表面上的滞留时间 τ 与表面温度 T 有关，可由下式表述

$$\tau(T) = \tau_0 \exp(E_a/RT) \tag{5-144}$$

式中　　τ_0——滞留时间常数；

　　　　E_a——激活能；

　　　　R——气体常数。

可见，材料表面温度越高，一次污染气体分子的滞留时间越短。太阳帆板表面同附近其他航天器表面相比温度较高，使一次污染分子难以在其表面上滞留，易成为二次污染源。相比之下，污染物气体分子在低温表面的滞留时间要长得多。例如，水分子在室温表面的平均滞留时间约为 1 μs，而在 77 K 表面可达约 10^{17} s。所以，航天器的低温表面成为出气污染的敏感表面[38]。

出气污染效应的影响程度除与表面的敏感度密切相关外，还与污染物气体分子特性有关。一般认为，单原子气体分子（如 Ne，Ar 等）和双原子气体分子（如 N_2，O_2 等）的影响不大。单原子气体分子无振动模式，双原子气体分子只有一种位于光谱微波区的振动模式。它们不会对通常应用的可见光和红外传感器产生噪声。三原子气体分子（如 H_2O，CO_2 等）和四原子气体分子（如 NH_3 等）具有几种振动模式，其中有的振动模式可能位于可见光或红外光谱波段，能够成为干扰信号源。因此，深入研究多原子气体分子对低温光学表面的污染效应将十分必要。此外，由于空间环境效应的复杂性，污染物气体分子也可能在温度较高的光照表面上沉积。在太阳紫外辐射作用下，可能使某些污染物分子发生分解或聚合反应，其产物容易被航天器表面所吸附。通过分解或聚合反应形成的产物可在较高温度下仍有较长的表面滞留时间，易于黏着在航天器表面上。这种现象称为光化学增强沉积（photochemically enhanced deposition）。光化学增强沉积速率随污染物气体分子到达速率或出气速率的提高而降低。在评价航天器光照表面（如太阳帆板）的分子污染效应时，需要考虑光化学增强沉积效应的影响。

航天器表面出气污染效应所造成的危害是使航天器敏感表面的性能下降。在光学表面形成污染膜会导致透过率与反射率等性能显著降低。对于电学性能而言，污染膜使表面的

电导率、二次电子发射率及光电子发射率发生变化。空间摩擦副的润滑脂可能因真空出气而失效。若在传感器的视场内有自由漂浮的污染物气体分子，可能引起光的散射、吸收，并使观测背底增强。航天器表面形成污染膜时，可能产生辉光或其他表面-气体反应。鉴于以上出气污染效应的危害性，应该防止污染物气体分子的形成。然而，在空间高真空和带电粒子辐照条件下，难以完全避免出气污染效应的出现。因此，应对污染物气体分子的形成、传输及沉积过程进行深入的分析。

5.5.2　航天器表面污染膜形成过程

在空间环境下，航天器敏感表面污染膜的形成实质上是不同表面间质量交换的结果，涉及污染物气体分子的析出、输运和沉积过程。这三个过程具有以下特点。

（1）污染物气体分子析出

①材料真空出气特性

空间材料的出气特性一般用总质量损失（TML，%）和收集挥发可凝物质量（CVCM，%）表征。TML 和 CVCM 基于标准的真空出气试验（ASTM E595，E1559）测试结果。为了建立精细的出气/凝结模型，尚需要出气质量流量、表面滞留时间及粘着系数等有关数据，这些数据可通过 ASTM E1559 试验测试。

通常，材料的真空出气速率与质量成正比关系。影响出气速率的主要因素有温度、暴露面积、表面形貌及材料厚度等。出气速率 $\mathrm{d}m/\mathrm{d}t$ 与质量 m 的关系如下式所示

$$\frac{\mathrm{d}m}{\mathrm{d}t} = -km \qquad (5-145)$$

式（5-145）中，$\mathrm{d}m/\mathrm{d}t$ 的单位为 $\mathrm{g/(cm^2 \cdot s)}$。系数 k 为与温度有关的时间常数 τ 的倒数，即

$$k = \frac{1}{\tau}$$

或者

$$\frac{\mathrm{d}m}{\mathrm{d}t} = -\frac{m}{\tau} \qquad (5-146)$$

经积分得

$$m = m_0 \exp(-t/\tau) \qquad (5-147)$$

式中　t——出气时间。

时间常数 τ 与温度 T 存在如下关系

$$\tau = \tau_0 \exp(-E/RT) \qquad (5-148)$$

式中　τ_0——常数；

　　　E——激活能；

　　　R——气体常数。

式（5-148）表明，材料出气过程与温度有关。材料的质量损失可由下式计算

$$\Delta m = m_0 - m = m_0[1 - \exp(-t/\tau)] \qquad (5-149)$$

式中　m_0——出气前材料质量；

　　　m——出气时间为 t 时材料质量；

　　　τ——出气过程时间常数。

对于出气速率为常数的材料，存在以下关系

$$\frac{\mathrm{d}m}{\mathrm{d}t} = -k \tag{5-150}$$

式中　$\mathrm{d}m/\mathrm{d}t$——出气速率 [g/（$cm^2 \cdot s$）]；

　　　k——材料真空挥发速率常数。

温度对材料真空出气速率的影响可由下式给出

$$\frac{\mathrm{d}m}{\mathrm{d}t} = 0.043\,75 \cdot p_s \cdot \left(\frac{M}{T}\right)^{1/2} \tag{5-151}$$

式中　p_s——蒸气压强（hPa）；

　　　M——分子量；

　　　T——温度（K）。

②材料真空出气动力学表征

根据状态平衡原理，环境压力降低将促使材料内气体的析出。在空间高真空条件下，航天器表面聚合物材料易于释放内部的气体分子。出气速率可近似用下式表述

$$g(T,t) = g_0 \exp\left(-\frac{t}{\tau_0}\right) \cdot \exp\left(-\frac{E}{kT}\right) \tag{5-152}$$

式中　$g(T,t)$——温度为 T 和时间为 t 条件下材料的出气速率；

　　　g_0——起始时刻的出气速率；

　　　E——出气过程激活能；

　　　τ_0——出气过程时间常数。

由式（5-152）可见，材料中气体的析出是与时间相关的过程。随着时间的增加，材料的出气速率呈指数衰减。

对于多组分的材料，可由下式计算出气质量流量（outgassed mass flux）

$$\dot{m}_e = \sum_{k=1}^{n} \dot{m}_{e,k} \tag{5-153}$$

式中　$\dot{m}_e$——从 i 表面析出气体的质量流量（g/s）；

　　　$\dot{m}_{e,k}$——从 i 表面析出 k 组分气体的质量流量（g/s）；

　　　n——从 i 表面出气的气体组分数。

k 组分气体的出气质量流量 $\dot{m}_{e,k}$ 可由下式给出

$$\dot{m}_{e,k}(t) = \frac{m_{e,k}(t)}{\tau_{e,k}(T)} \tag{5-154}$$

式中　$m_{e,k}$——在给定时间 t 内从 i 表面析出的 k 组分气体的质量；

　　　$\tau_{e,k}(T)$——k 组分气体析出过程的时间常数，可由下式计算

$$\tau_{e,k}(T) = A^{-1} \exp\left(\frac{E}{RT}\right) \tag{5-155}$$

式中　E——激活能（cal/mol）；

　　　A——与材料有关的常数；

　　　T——表面温度（K）；

　　　R——气体常数。

一般认为，从材料中挥发出来的气体分子按余弦定律（Lambert 定律）向不同方向飞散，出气质量流量 $\dot{m}$ 的空间分布如下式所示

$$\mathrm{d}\dot{m} = \frac{\dot{m}}{\pi} \cdot \cos\theta \cdot \mathrm{d}\Omega \tag{5-156}$$

式中　θ——出气分子飞散方向与污染源表面法线之间的夹角；

　　　$\mathrm{d}\Omega$——θ 与 $\theta+\mathrm{d}\theta$ 两个圆锥间的立体角增量；

　　　$\mathrm{d}\dot{m}$——$\mathrm{d}\Omega$ 立体角内的出气质量流量增量。污染物气体分子向外发射时的温度为表面温度 T，且发射速度为

$$V = \sqrt{\frac{8}{\pi}\frac{RT}{M}} \tag{5-157}$$

式中　R——气体常数，约为 8.314 J/（K・mol）；

　　　M——出气组分的摩尔质量（g/mol）；

　　　T——表面温度（K）。

（2）污染物气体分子输运

污染物气体分子析出后，要经过复杂的空间输运过程到达敏感表面（即被污染表面），如图 5-36 所示。所涉及的输运方式有以下三种。

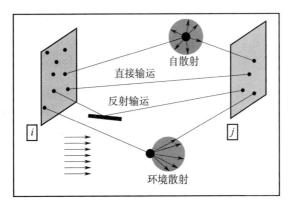

图 5-36　污染物气体分子输运方式

①直接输运

污染物气体分子析出后，沿直线轨迹直接到达敏感表面，中途未与其他表面及气体分子碰撞，称为直接输运。从 i 表面到 j 表面的输运效果，可用质量传输系数 $F_{i,j}$（mass transfer factor）加以表征。$F_{i,j}$ 的定义是污染物气体分子从 i 表面发射并到达 j 表面的质量与 i 表面发射质量之比，可视为一个从 i 表面发射的气体分子到达 j 表面的概率。在直接输运情况下，$F_{i,j}$ 等于从 i 表面到 j 表面的视角因子，与航天器的几何结构有关。质量传

输系数的重要特征是具有时间相关性。

从 i 表面直接输运到 j 表面的出气质量流量 $\dot{m}_{a,j}$ 由下式给出

$$\dot{m}_{a,j} = F_{i,j} \cdot \dot{m}_i \qquad (5-158)$$

式中　$\dot{m}_i$——污染物气体分子的出气质量流量；

　　　$F_{i,j}$——质量传输系数或视角因子。

②反射输运

污染物气体分子析出后，经其他表面反射到达敏感表面，称为反射输运。这种输运方式受表面温度、材料键合状态、航天器结构及周围环境条件等因素影响。这些条件不同时，会使气体分子在反射表面上的滞留时间发生变化。经反射的污染物气体分子在一定视角范围内可传输至敏感表面。经反射输运至敏感表面的质量流量 $\dot{m}_{b,j}$ 可由下式计算

$$\dot{m}_{b,j} = F_{f,j}(\dot{m}_{i,f} \cdot R_f) \qquad (5-159)$$

式中　$\dot{m}_{i,f}$——从 i 表面（污染源）输运至 f 表面（反射面）的质量流量；

　　　R_f——f 表面的反射系数；

　　　$F_{f,j}$——f 表面到 j 表面（敏感表面）的视角因子。

③散射输运

污染物气体分子析出后，经过与环境气体或自身的其他分子碰撞散射到达敏感表面，称为散射输运。污染物气体分子与环境气体分子碰撞散射，称为环境散射（ambient scattering）；而与自身的其他分子碰撞散射，称为自散射（self scattering）。由于碰撞散射的结果，一部分污染物气体分子可能返回到原污染源表面，形成返回流（return-flux）。散射输运过程受一次发射气体分子特性及其附近的浓度，以及周围环境气体的成分、浓度和状态等影响。散射输运计算比较复杂，涉及碰撞截面、散射概率及返回流通量等问题。散射输运至 j 表面的质量流量 $\dot{m}_{c,j}$ 应为环境散射和自散射两种效应之和，即

$$\dot{m}_{c,j} = \dot{m}_{p,j} + \dot{m}_{s,j} \qquad (5-160)$$

式中　$\dot{m}_{c,j}$——从 i 表面经碰撞散射输运至 j 表面的总质量流量；

　　　$\dot{m}_{p,j}$——经环境散射输运至 j 表面的质量流量；

　　　$\dot{m}_{s,j}$——经自散射输运至 j 表面的质量流量。

在低地球轨道条件下，环境气体分子的密度较高，环境散射的影响较大，而在 600～800 km 甚至更高高度时可忽略环境散射的影响。

（3）污染物气体分子沉积

污染物气体分子在航天器敏感表面的沉积过程具有非线性特征。污染膜的沉积速率与多种因素有关，包括：入射的污染物气体分子通量、表面温度、表面化学反应、吸附层状态，以及太阳紫外辐射强度和带电粒子辐射强度等。入射的污染物气体分子要凝聚在敏感表面上，需要将动能转化为在表面上的振动能。所形成的键合可能是较弱的范德华分子键（物理吸附），或较强的化学吸附键。污染物气体分子在敏感表面凝聚的程度，可分别用冷凝系数（物理吸附）和黏着系数（化学吸附）表征。随着表面温度降低，这两个系数均增

大。凝聚在敏感表面上的污染物分子并非永久性滞留。如果形成的吸附键键合状态受到破坏，已凝聚的分子可能从表面上释放而发生解吸附。物理吸附一般不稳定，易发生解吸附。解吸附将使一部分到达敏感表面的污染物气体分子逃逸表面，弥散分布于周围空间，这种现象又常称为重发射（re - emission）。因此，实际的污染膜质量沉积速率应为入射质量速率与重发射质量速率之差，即

$$\dot{m}_{d,j} = \dot{m}_{i,j} - \dot{m}_{r,j} \tag{5-161}$$

式中　$\dot{m}_{d,j}$——在 j 表面上沉积的质量流量；

$\dot{m}_{i,j}$——在 j 表面上入射的质量流量，即 $\dot{m}_{i,j} = \dot{m}_{a,j} + \dot{m}_{b,j} + \dot{m}_{c,j}$；

$\dot{m}_{r,j}$——从 j 表面重发射的质量流量。

从 j 表面重新发射的质量流量 $\dot{m}_{r,j}$ 可由下式计算

$$\dot{m}_{r,j} = \sum_{k=1}^{n} \dot{m}_{r,k} \tag{5-162}$$

式中　$\dot{m}_{r,k}$——从 j 表面重新发射的 k 组分气体的质量流量（g/s）；

n——重新发射气体的组分数。

各气体组分从 j 表面重新发射的质量流量与滞留时间有关，即

$$\dot{m}_{r,k}(t) = \frac{m_{d,k}(t)}{\tau_{r,k}(T)} \tag{5-163}$$

式中　$m_{d,k}$——给定时间 t 内组分 k 在 j 表面上沉积的质量（g）；

$\tau_{r,k}$——k 组分在温度为 T 的 j 表面上的滞留时间。

与一次发射有所不同，重发射与表面材料的特性无关，只取决于表面温度 T。组分 k 在 j 表面的滞留时间由下式给出

$$\tau_{r,k}(T) = B^{-1} \exp\left(\frac{K_r}{T}\right) \tag{5-164}$$

式中　B——常数（s^{-1}）；

K_r——与组分特性有关的重发射温度系数（K）；

T——表面温度（K）。

应该指出的是，解吸附或重发射过程不仅影响敏感表面污染膜的形成，也会影响污染源表面的出气行为。这一点在计算污染源出气质量流量时应予以考虑，即总的出气质量流量应为

$$\dot{m}_{t,i} = \dot{m}_{e,i} + \dot{m}_{r,i} \tag{5-165}$$

式中　$\dot{m}_{t,j}$——污染源 i 表面总的出气质量流量；

$\dot{m}_{e,j}$——污染源 i 表面的一次发射质量流量，由式（5-153）计算；

$\dot{m}_{r,j}$——污染源 i 表面的重发射质量流量，由式（5-162）计算。

5.5.3　航天器表面出气污染效应模拟方法

航天器表面出气污染效应模拟涉及大量气体分子的随机运动与输运，可通过蒙特卡罗

方法进行迹线跟踪统计计算。计算时要考虑航天器的几何形状、表面材料特性、表面温度及环境气氛等因素的影响。计算的目的是要建立航天器敏感表面上污染物的沉积质量随时间的变化关系。计算前要首先确定需要评价的敏感表面，并依据材料的 TML 和 CVCM 等出气特性选择污染源表面。航天器表面是否具有高的 TML 和 CVCM 值是确定污染源的重要依据。计算的难度主要因为航天器结构复杂，可能存在多种污染源以及多种污染物气体分子输送机制等。航天器的结构可视为具有不同出气特性表面的集合，彼此间能进行污染物质量交换，形成污染网络。污染物气体分子能够从发射表面向航天器所有表面运动。在航天器周围空间，污染物气体分子受到环境气体及自身分子气团的散射，以致可能产生返回流，导致一次发射流视线外的表面遭到污染。计算不同表面之间污染物的质量传输时，需要考虑直接输运通量、反射输运通量、自散射通量、环境散射通量以及各表面的重发射通量。

为了进行出气分子迹线跟踪统计分析，将航天器表面划分成尽可能小的单元，以便构成污染分析网络。每个单元表面为网络的节点（node），具有均匀的出气发射和重发射特性。污染物气体分子按余弦定律从各表面节点向空间发射。迹线轨迹可以界定气体分子能够相遇的网络节点。在给定气体分子的轨迹上，随机取样计算环境散射与自散射的概率。每一次碰撞后，随机计算被散射气体分子的速度矢量，并再一次通过其迹线跟踪确定相遇的网络节点。每个污染物气体分子被认为只发生一次碰撞散射。设定时间步长，计算每一时间步长内各节点间的质量传递系数，即到达 j 节点的分子数除以原 i 节点发射的分子数。计算污染物气体分子在航天器表面节点上的沉积质量时，需考虑已沉积分子的重发射效应。在每一节点上，污染物沉积质量应为入射质量与重发射质量之差。污染物气体分子的发射与重发射过程均与材料出气动力学特性和各节点的温度有关。发射或重发射的污染物质量随时间变化，分别由表征其出气动力学特性的时间常数（或滞留时间）所决定。在给定时间，敏感表面（如节点 j）上污染物沉积质量可在考虑航天器各表面间的质量传输系数（如 $F_{f,j}$ 等）、已沉积污染物分子的重发射及表面温度等的基础上计算。在针对污染分析网络进行瞬态数值积分计算时，宜动态改变时间步长，这将有利于得到较高的计算精度。航天器出气污染效应计算流程如图 5-37 所示。

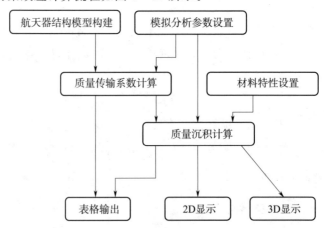

图 5-37　航天器出气污染效应计算流程

上述迹线跟踪模拟分析方法比较复杂，计算过程耗时长，工程上常进行简化处理：一是认为污染物气体分子的环境散射可基于环境气体的密度和速度计算；二是假设自散射所涉及的污染物气体分子密度呈球对称分布，并与 $1/r^2$ 成正比。经上述简化后，可使污染物气体分子从 i 表面到达 j 表面的比率为常数，称为有效视角因子。无碰撞的视角因子可因散射效应有所降低，而其他方向上出气分子又可能通过碰撞使到达敏感表面的数量有所增加。这两方面因素综合的结果使有效视角因子基本上为常数，故可以认为从表面 i 到表面 j 的输运仅通过直接输运方式完成。从表面 i 入射到表面 j 的污染物质量 m_j 可由下式计算

$$m_j = S_i \cdot F_{i,j} \cdot \frac{\mathrm{d}m_i}{\mathrm{d}t} \tag{5-166}$$

式中　S_i——i 表面的面积；

　　　$F_{i,j}$——从 i 表面至 j 表面的有效视角因子；

　　　$\dfrac{\mathrm{d}m_i}{\mathrm{d}t}$——$i$ 表面的出气质量通量。

这种简化的方法仅限于每个污染物气体分子只发生 1 次碰撞，所涉及的有效视角因子易于通过迹线跟踪方法计算。显然，这样简化计算的结果要比考虑碰撞散射效应时相对比较保守。

5.5.4　航天器表面出气污染效应模拟程序

已建立多种用于低地球轨道和地球同步轨道航天器表面出气污染效应分析的计算机程序。比较完善的程序中有专门的数据库，并可自动调用航天器热分析程序（给出表面温度）、大气模式及航天器轨道环境条件等。有的程序对污染物气体分子输运过程的表述尚不够充分，仅考虑了直接输运（视角因子）过程。在 $500 \sim 700$ km 或更低高度轨道条件下，由环境散射和自散射所引起的返回流效应十分重要。特别是，在低地球轨道环境下，环境气氛的压力可由于航天器运动所导致的迎风通量的影响而高达 $10^{-3} \sim 10^{-2}$ hPa。这相当于环境气体分子的自由程为米量级左右，不能忽略碰撞散射对返回流通量的影响。所以，一些程序在较高环境气氛压力条件下，会由于输运过程模拟能力有限而使其应用受到限制。碰撞散射返回流常常是使污染物气体分子直线轨迹外的表面受到污染的主要机制。在不考虑返回流通量影响的程序中，只将无碰撞散射表面的直接输运及可能的反射输运作为主要输运过程。这一点在选择应用软件程序时需要加以注意。下面介绍几种常用模拟程序的主要特点。

（1）ESABASE/OUTGASSING 程序[39]

该程序由 Matra Marconi Space 公司建立，用于航天器出气污染效应分析，能够通过数值积分方法计算航天器表面上污染物的沉积。污染源通过材料出气测试确定。表面温度由航天器热分析程序模块给出。污染物气体分子的输运按照校正的视角因子进行计算。设定环境气体密度与出气气体密度，并假设每个污染物气体分子在传输轨迹上只发生一次碰撞。污染物分子在敏感表面的质量沉积是在考虑重发射或直接反射过程的基础上计算的。该程序存在的主要问题是所建立的模型比较粗略，只近似地考虑环境气体的背景密度，而

没有涉及航天器运动对环境气体与出气气体密度的影响。出气分子密度按球形对称分布处理。对于受遮挡的敏感表面（如低温光学器件），污染物气体分子只能在受到碰撞散射后才能到达，需要充分考虑散射输运的影响。为了克服这些不足，EADS/ASTRIUM 公司在开发的新版程序（SYSTEMA/OUTGASSING）中较充分地考虑了环境散射与自散射的影响。新版的出气污染效应分析程序，能够分别给出污染物气体分子的直接输运通量、自散射通量、环境散射通量及总通量，并在此基础上给出航天器各表面上的污染物沉积质量与时间的关系。该软件已广泛应用于航天器出气污染效应分析，图 5 - 38 为某卫星出气污染效应分析效果图。

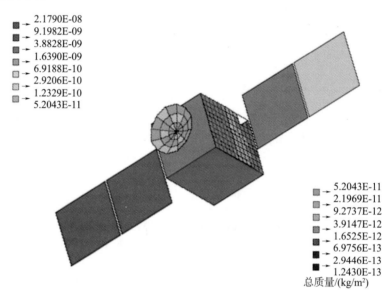

图 5 - 38　航天器表面出气污染质量沉积分析实例

（SYSTEMA/OUTGASSING 软件）

（2）COMOVA 程序

该程序是在欧洲空间局的资助下，由法国 ONERA 实验室开发（网址：http：//www.mip.onera.fr/comova）。该程序采用与 ESABASE/OUTGASSING 程序相同的出气分子传输物理模型，较好地考虑了污染物气体分子在航天器敏感表面的沉积与重发射、反射及气相碰撞等过程。气相碰撞过程涉及污染物气体分子的自散射与环境散射，分别按出气分子与环境气体分子的实际密度计算。除进行出气污染效应分析外，该程序还能够分析航天器出气口排气（venting）的影响，从出气口排出的气体分子也可以成为污染源。出气口可简单地视为从气体空腔释放气体分子，或者按照给定的指令释放气体。航天器运动部件所受到的分子污染效应可通过相对于主污染模型沿轨道的相对运动建模进行计算。应用该软件时需要输入卫星几何结构模型及初始参数（包括温度及轨道等）文件，以及附加参数文件（如材料物理性能等）。航天器的几何模型可通过计算机辅助设计进行创建。这些文件通过 COMOVA 前处理器进行处理，产生单一格式的输入文件，并通过物理模型处理器进行传输和沉积计算，所得的计算结果再转换为计算机辅助设计格式进行可视化显示。

（3）SPACEⅡ程序

该程序是 20 世纪 70 年代末期，由 Martin Marietta Aerospace 公司针对航天飞机及空间实验室建立的出气污染效应计算软件，全称为 Shuttle or Payload Contamination Evaluation Code（缩写为 SPACE）[40]。污染源有两种类型：一是表面材料出气和挥发；二是航天器排气（如推力器羽流）与泄漏。传输机制采用混合式模型表述。一级传输通过视角因子计算，并考虑表面反射效应；二级传输为气相碰撞散射。该程序通过蒙特卡罗迹线跟踪方法进行计算。计算时考虑航天飞机附近的粒子二次碰撞。碰撞的速率与分布函数采用BGK 法计算[41]。另外，该程序还考虑了航天器周围一定体积内二次碰撞源的通量会因与表面撞击而衰减（三次效应）。程序的计算结果是给出表面沉积层厚度。

（4）MOLFLUX 程序

该程序是由 Martin Marietta Aerospace 公司和 Lockheed Engineering & Science 公司为美国国家航空航天局而开发的，全称为 Molecular Flux，曾被美国国家航空航天局选为美国参加国际空间站的研制单位用于预测出气污染的程序[42]。污染物气体分子的传输首先通过视角因子计算，借助于热辐射程序 TRASYS 完成。与 SPACEⅡ程序类似，该程序也是通过 BGK 近似方法进行二级碰撞传输计算。程序的输出结果是给出敏感表面污染物沉积层厚度。

（5）ISEM 程序

该程序是继 SPACEⅡ 和 MOLFLUX 程序后开发的新一代出气污染效应分析程序，全称为 Integrated Spacecraft Environments Model，已在美国国家航空航天局戈达德和马歇尔空间飞行中心、喷气推进实验室、波音公司及应用物理实验室（APL）得到广泛应用[43]。污染物气体分子的输运模型与 SPACEⅡ 和 MOLFLUX 程序相比有某些改进，尽可能地考虑了能够影响分子污染效应的因素，包括：多次表面反射，原子氧剥蚀形成的污染源，以及紫外辐射引起气体分子电离等。该程序的优点是计算速度较快，但在环境气体密度较高或涉及多次碰撞输运时精度尚较低。

（6）ISP2.0 程序

该程序由俄罗斯国立莫斯科航空学院与法国 Alcatel Space 公司联合开发[44]，主要功能是计算航天器周围污染物气体分子析出的浓度与航天器表面受出气污染的程度，涉及直接输运通量、反射输运能通量和返回流通量，以及计算给定方向的污染物气体分子柱密度等。该软件设有分析航天器在轨飞行轨迹和空间取向的工具包，能够计算航天器表面的太阳辐照度和温度。航天器的几何结构模型能够通过一组基本形状单元构建，包括三角形、圆形、球形、锥形及抛物面等。完善的三维可视化工具能够快速地显示计算网络、污染物分子轨迹、航天器周围大气参数分布以及航天器各表面污染层沉积的计算结果。该软件具有方便的用户界面和有效的数据管理工具。应用 Windows NT/2000/XP 计算机计算时，计算时间为 1～2 h（用于较简单的几何模型）至 50～100 h（用于实际航天器结构）。

5.6　航天器轨/姿控发动机羽流效应的计算机模拟

5.6.1　羽流效应概述

轨/姿控发动机或推力器是航天器实现轨道和姿态控制的重要装置，所喷射的羽流直接作用于视线范围内的表面，可能有部分被散射返回到航天器表面，成为污染源。背向流的喷射角度相对于羽流轴线大于 90°。背向流的作用将使遭遇背向流的光学器件、热控涂层、太阳电池、天线及多层毯等受到污染，导致性能退化。羽流的成分及背向流的形成机制与推力器的类型有关。常用的轨/姿控发动机以液体燃料为主，20 世纪 90 年代以后，电驱动推力器开始在航天器上应用。

液体燃料推力器包括单组元推力器和双组元推力器，所用的燃料有所不同。单组元推力器以肼（N_2H_4）为燃料；双组元推力器所用燃料为单甲基肼（MonoMethyl/Hydrazine，MMH）和四氧化二氮（N_2O_4）；羽流的喷射速度一般为 1～3 km/s。典型的单组元推力器和双组元推力器羽流的主要组分分别如表 5-4 和表 5-5 所示，表中各组分的相对含量可视推进器的结构设计与操作模式（如点火脉宽等）而有所不同。液体燃料推力器羽流可通过自散射与环境散射两种方式形成背向流（散射角＞90°）。自散射是指羽流中的部分气体分子经过与其他羽流分子碰撞产生背向散射。环境散射是羽流气体分子与环境气体分子碰撞形成的背向散射。由表 5-4 可见，在单组元推力器羽流中，NH_3，H_2O 和 N_2H_4（来自未燃烧的肼）的凝结温度相对较高，可在温度高于 100 K 的表面上沉积或被收集，通常不会污染低温敏感表面。在双组元推力器羽流中，$MMH-HNO_3$ 通常是低温敏感表面主要的沉积污染物。$MMH-HNO_3$ 是 MMH 与 N_2O_4 未完全燃烧的产物，能够在低温表面（＜100 K）上滞留相当长的时间。

表 5-4　单组元推力器羽流组分

组分	质量百分比/（%）	10^{-4} Pa 压力下凝结温度/K
H_2	8.1	4
N_2	66.5	26
NH_3	24.2	101
H_2O	0.71	159
N_2H_4	0.012	165

注：喷射速度为 2.3 km/s。

表 5-5　双组元推力器羽流组分

组分	摩尔分数	分子量
H_2O	0.328	18
N_2	0.306	28
CO_2	0.036	44
O_2	0.000 4	32

续表

组分	摩尔分数	分子量
CO	0.134	28
H_2	0.17	2
MMH – HNO_3	0.002	46

注：喷射速度为 3.51 km/s。

电驱动推力器以离子推力器（ionthruster）应用较多[45]。离子推力器的推进剂可为汞、铯及惰性气体。在离子推力器的羽流中，有五种主要组分：1) 推进剂的快速离子（>10 km/s），提供推力；2) 未电离的中性气体（如 Xe 等惰性气体），具有一定的热能；3) 推进剂的慢速离子，通过快速离子与中性气体分子之间发生电荷交换（charge - exchange，CEX）而形成；4) 非推进剂流出物（NonPropellant Efflux，NPE），由栅极材料（如 Mo）经剥蚀形成；5) 电子。离子推力器羽流产生背向流的主要原因是推进剂难以达到完全电离的程度，而形成具有热运动速度的中性气体。未电离的推进剂中性气体来自放电腔，并以自由气体分子形式流过栅极，其温度基本上与放电腔壁相同，如对应用 Xe 为推进剂的离子推力器约为 500 K。推进剂的快速离子与中性气体分子之间会发生电荷交换，形成快速中性气体分子与慢速离子。羽流的电场呈径向分布，可将慢速离子推向航天器，形成慢离子束背向流，如图 5 - 39 所示。此外，由于离子推力器的组件受到离子溅射和剥蚀作用，还会使羽流中存在重金属粒子（如 Mo 等）。中性的重金属粒子在羽流中被部分电离，成为背向流的重要组分。重金属粒子不管是否带电荷，均易于在表面上沉积。所以，离子推力器羽流的背向流可对航天器产生溅射与污染沉积两方面的效应，从而导致太阳电池阵、热控表面、光学传感器、科学仪器及结构材料等性能退化。

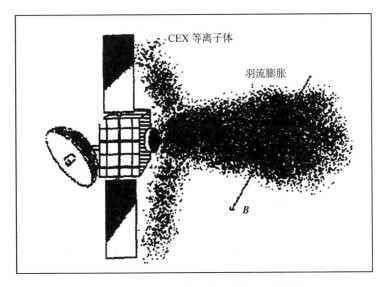

图 5 - 39　离子推力器羽流及其背向流的形成

5.6.2　化学推力器羽流流场计算方法

化学推进剂轨/姿控发动机常用液体燃料。液体燃料推力器羽流的主要组分为不同气体分子，如表 5-4 和表 5-5 所示。羽流从喷管喷出后，在近似真空的环境中迅速膨胀，密度急剧下降。羽流的流动状态经历从连续流至过渡流，最终到自由分子流的过程，如图5-40 所示。羽流在喷管出口处形成等熵核和边界层。等熵核呈连续流向外喷射，并流经过渡流区后扩张成自由分子流，形成羽流的中心等熵膨胀区。在喷管内，由于管壁粘滞摩擦作用的影响，会使燃烧产物气体的流动速度降低，产生流场的边界层。喷管内流场的边界层分为亚声速边界层（靠近管壁）与低马赫数的超声速边界层（靠近中心流场）两部分。在喷管唇口处，边界层的气体分子在膨胀过程中绕过唇口，进入出口平面的上游区域而形成背向流区。在背向流区域，羽流气体呈自由分子流状态。羽流的自由分子流可分别来自中心等熵膨胀区、边界层扩展区及背向流区。图 5-41 为 20 N 轨控推力器（燃料为肼）羽流的数密度等值线图，图中可见羽流呈明显的羽毛状。羽流从喷管喷出后迅速膨胀，尤其在唇口膨胀更剧烈，导致羽流数密度迅速发生变化。有一部分羽流绕过唇口进入到与轴线角度超过 90°的区域，形成背向流区。羽流边界层中的气体分子进入背向流区后，可通过与环境气体或运动较慢的羽流气体分子碰撞而到达航天器表面。羽流中较轻的气体组分易于通过碰撞产生回流。羽流流场计算主要涉及燃烧室热力学计算、喷管内流场及喷管外流场计算。通过羽流流场计算，可给出羽流气体的成分、物理性能（如粘滞性系数和比热等）及热力学参数（如速度、密度、压力和温度等）分布。

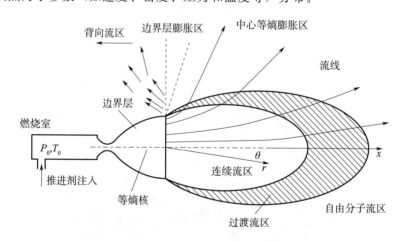

图 5-40　羽流流场区域划分（化学推力器）

（1）燃烧室热力学计算

化学推力器羽流来源于燃烧室内所生成的混合气体产物。所用推进剂不同时，燃烧产物的气体组分不同。各种气体组分具有不同的热力学参数，需要针对给定的推进剂计算燃烧产物的化学平衡组分。燃烧室的热力学平衡状态由温度和压强界定，常取温度为燃烧温度，压强为工作压强。计算时需要给定每种推进剂物质的特性（燃料或氧化剂）、物相（气体、液体或固体）、化学式或原子配比、参考温度下的形成焓以及摩尔分数或质量分数。

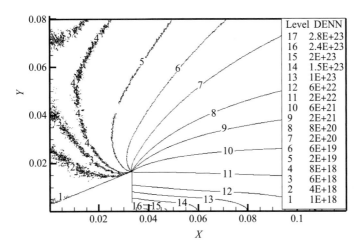

图 5-41　羽流数密度等值线分布（20 N，燃料为肼）

在给定的热力学状态 (P, T) 下，按照吉布斯自由能最小化原则，计算燃烧产物内各组分气体的平衡浓度。单位质量混合气体的吉布斯自由能的表达式如下

$$G = H - TS \tag{5-167}$$

式中　G——单位质量混合气体的吉布斯自由能（J/kg）；

　　　H——单位质量混合气体的焓（J/kg）；

　　　S——单位质量混合气体的熵 $[J/(kg \cdot K)]$；

　　　T——混合气体温度（K）。

对于有 N 种组分的燃烧产物混合气体，吉布斯自由能可表示为

$$G = \sum_{j=1}^{N} \mu_j n_j \tag{5-168}$$

式中　n_j——单位质量混合燃气中 j 气体组分的摩尔数；

　　　μ_j——每摩尔的 j 气体组分的化学势，由下式定义

$$\mu_j = \mu_j^0 + RT \lg\left(\frac{n_j}{n}\right) + RT \lg P \tag{5-169}$$

式中　μ_j^0——j 气体组分在 1 atm 标准状态下的化学势；

　　　R——气体常数；

　　　T, P——界定燃烧产物热力学状态的温度和压强；

　　　n——单位质量混合气体总的摩尔数，由下式给出

$$n = \sum_{j=1}^{N} n_j \tag{5-170}$$

混合燃气的动力学函数如下

$$H(T) = \sum_{j=1}^{N} n_j H_j^0(T) \tag{5-171}$$

$$S(T) = \sum_{j=1}^{N} n_j S_j^0(T) - R \cdot \lg P \tag{5-172}$$

式中　$H(T)$ —— 混合燃气焓的温度函数；

　　　　$S(T)$ —— 混合燃气熵的温度函数；

　　　　$H_j^0(T), S_j^0(T)$ —— 1 atm 状态下 j 气体组分的焓和熵的温度函数；

　　　　R —— 气体常数；

　　　　P —— 混合燃气压强。

当混合燃气处于平衡状态时，按照化学元素守恒原理应满足以下关系式

$$b_i = \sum_{j=1}^{N} a_{ij} \cdot n_j = b_i^0 \quad i = 1, 2, \cdots, L \tag{5-173}$$

式中　b_i —— 单位质量混合燃气中 i 元素的总原子数；

　　　　a_{ij} —— 化学计量系数，即每摩尔 j 气体组分中 i 元素的原子数；

　　　　b_i^0 —— 单位质量原始推进剂中 i 元素的总原子数；

　　　　L —— 混合燃气中不同元素的种类。

为了在满足吉布斯自由能最小化的同时，又能满足化学元素守恒方程，需要借助于下式界定混合燃气的自由能 F 并基于 Newton – Raphson 迭代方法实现其最小化

$$F = G + \sum_{i=1}^{L} \lambda_i \cdot (b_i - b_i^0) \tag{5-174}$$

式（5 – 174）中，λ_i 为 Lagrange 乘子；其余符号同前。计算混合燃气中各组分气体的平衡浓度时，需要先设定一组平衡组分气体的浓度和燃烧温度，再利用数值方法求出每个设定值的修正值，直至经过反复迭代最终求得平衡时混合燃气各组分的浓度 n_j。

在燃烧室热力学平衡状态下，混合燃气的热物理学参数可分别由下列公式计算：

1）$X_j = n_j / \sum_j n_j$，式中 x_j 为混合燃气中 j 组分的摩尔分数；

2）$M_w = \sum_j x_j M_{wj}$，式中 M_w 和 M_{wj} 分别为混合燃气和 j 组分的摩尔质量（kg/kmol）；

3）$H(T) = \sum_j x_j \cdot H_j(T)$，式中 $H(T)$ 和 $H_j(T)$ 分别表示混合燃气与 j 组分的焓（J/kg）；

4）$C_p(T) = \sum_j x_j \cdot C_{pj}(T)$，式中 $C_p(T)$ 和 $C_{pj}(T)$ 分别表示混合燃气与 j 组分的比热容 [J/(kg·K)]；

5）$R = 8\ 314/M_w$，式中 R 为混合燃气的气体常数 [J/(kg·K)]；

6）$\gamma = \dfrac{C_p}{C_p - R}$，式中 γ 为混合燃气的热容比；

7）$V = \sqrt{2(H_0 - H)}$，式中 V 为混合燃气到达喷管不同位置的速度；H_0 和 H 分别为燃气在燃烧室和喷管不同位置的焓；

8）$P_r = \dfrac{\mu \cdot C_p}{k}$，式中 P_r，μ，C_p 和 k 分别为混合燃气的普朗特数、粘滞系数、比热容及导热系数；混合燃气的 μ 和 k 可通过各组分气体的 μ 和 k 值按半经验混合律计算。

（2）喷管内流场计算

喷管内流场计算的输入条件是燃烧室气体产物的相关热物理参数（如燃气的温度、压力、热容、热容比及粘滞系数等），以及喷管的几何参数（如喉部半径、喉部上游和下游的曲率半径、喷管出口的半径和角度、喷管长度等）。喷管内流场是连续流，即努森数 K_n ≪1。努森数是指气体分子的平均自由程 λ_{mfp} 与参考物体（如喷管）特征尺寸 L_b 之比，即 $K_n = \lambda_{mfp}/L_b$。通常，将 K_n≤0.01 作为界定气体连续流的判据。在这种情况下，气体分子会在喷管内运动过程中发生多次弹性碰撞。喷管内流场具有轴对称性，由等熵中心流和缓慢的边界层流两部分组成。考虑到喷管壁对边界层流产生的粘滞效应，采用 Navier - Stokes 方程进行计算。

Navier - Stokes 方程是表述流体动量传递的基本方程，能够给出流体任意微区的动量变化率与所受到的质量力、流体压力及粘性力之间的关系。该方程的一般表达式如下

$$\rho \cdot \frac{\mathrm{d}\boldsymbol{V}}{\mathrm{d}t} = \rho\boldsymbol{F} - \nabla\boldsymbol{P} + \mu(\nabla^2\boldsymbol{V}) + \frac{1}{3}\mu\nabla(\nabla\cdot\boldsymbol{V}) \tag{5-175}$$

式中　ρ——流体密度；

　　　$\boldsymbol{V}$——流体速度矢量；

　　　t——时间；

　　　$\boldsymbol{F}$——流体每单位质量受到的质量力矢量；

　　　μ——流体粘性系数；

　　　$\boldsymbol{P}$——流体压力；

　　　∇——偏微分算子；

　　　∇^2——拉普拉斯算子。

Navier - Stokes 方程的展开式如下

$$\rho\frac{\mathrm{d}V_x}{\mathrm{d}t} = \rho F_x - \frac{\partial P}{\partial x} + \mu\left(\frac{\partial^2 V_x}{\partial x^2} + \frac{\partial^2 V_x}{\partial y^2} + \frac{\partial^2 V_x}{\partial z^2}\right) + \frac{\mu}{3}\frac{\partial}{\partial x}\left(\frac{\partial V_x}{\partial x} + \frac{\partial V_y}{\partial y} + \frac{\partial V_z}{\partial z}\right)$$
$$\tag{5-176}$$

$$\rho\frac{\mathrm{d}V_y}{\mathrm{d}t} = \rho F_y - \frac{\partial P}{\partial y} + \mu\left(\frac{\partial^2 V_y}{\partial x^2} + \frac{\partial^2 V_y}{\partial y^2} + \frac{\partial^2 V_y}{\partial z^2}\right) + \frac{\mu}{3}\frac{\partial}{\partial y}\left(\frac{\partial V_x}{\partial x} + \frac{\partial V_y}{\partial y} + \frac{\partial V_z}{\partial z}\right)$$
$$\tag{5-177}$$

$$\rho\frac{\mathrm{d}V_z}{\mathrm{d}t} = \rho F_z - \frac{\partial P}{\partial z} + \mu\left(\frac{\partial^2 V_z}{\partial x^2} + \frac{\partial^2 V_z}{\partial y^2} + \frac{\partial^2 V_z}{\partial z^2}\right) + \frac{\mu}{3}\frac{\partial}{\partial z}\left(\frac{\partial V_x}{\partial x} + \frac{\partial V_y}{\partial y} + \frac{\partial V_z}{\partial z}\right)$$
$$\tag{5-178}$$

为了求得 Navier - Stokes 方程的数值解，需要针对喷管及其唇口附近区域划分网格，并通过二阶有限体积元法求解。所划分的网格不应有间断和畸变，且不能相互交叉。求解过程的收敛性取决于计算时间步长、粘滞系数及网格划分，可通过减小时间步长、增大仿真粘滞系数和优化网格分布加速收敛。通过计算可给出喷管内气流的密度、速度、温度及马赫数等参数的轴向对称分布。

（3）喷管外羽流流场计算

羽流从喷管喷出后，在空间真空环境中迅速膨胀，密度急剧下降，流动状态会经历从连续流向过渡流，并最终成为自由分子流（$K_n \geqslant 10$）的变化。自由分子流的特征是气体分子依据自身的惯性按弹道轨迹运动，彼此不发生碰撞。过渡流（$0.01 < K_n < 10$）是介于连续流和自由分子流中间的状态，气体分子既可以按弹道轨迹运动，也可能发生碰撞。喷管边界层的低马赫数气流进入自由空间时，会在喷管唇口边缘管壁处因连续膨胀而急剧转向，形成背向分子流。羽流流场的尺度远大于喷管唇口的尺寸，可将羽流流场视为是从唇口平面中心向外发出（点源模型）。

喷管外羽流流场不受管壁及卫星结构的制约。可以认为，羽流流场不具有粘滞性，即粘滞系数 $\mu = 0$。为了简化计算，采用 Euler 方程并通过迭代方法求得收敛的数值解。Euler 方程是 Navier-Stokes 方程在 $\mu = 0$ 条件下的简化形式，其表达式为

$$\rho \cdot \frac{\mathrm{d}\boldsymbol{V}}{\mathrm{d}t} = \rho \cdot \boldsymbol{F} - \nabla \boldsymbol{P} \tag{5-179}$$

式（5-179）的各符号的意义同式（5-175）。假设条件是羽流流场具有稳态的二维结构，在自由空间绝热等熵膨胀，羽流气体的热容 C_p 和热容比 γ 为常数，羽流气体组分不发生反应且无凝聚相。计算时将羽流流场划分为若干网格，每个网格内的羽流可认为是均匀的。网格划分越细，计算精度越高。图 5-42 为羽流点源模型网格划分示意图。羽流流场的计算结果包括羽流气体密度、温度、速度、马赫数及压力等参数的分布。

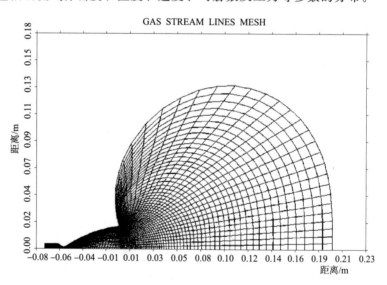

图 5-42　羽流点源模型网格划分示意图

基于羽流点源模型，羽流密度分布可按下式计算[46]

$$\rho(r,\theta)/\rho^* = A_p \cdot (r^*/r^2) \cdot f(\theta) \tag{5-180}$$

式中　r——距喷管唇口平面中心（等熵膨胀源点）的径向距离；

　　　r^*——喷管喉部半径；

　　　θ——从源点中心发射羽流流线与轴线的夹角；

A_p——羽流常数；

$f(\theta)$——角函数。

在羽流等熵膨胀条件下，$f(\theta)$ 由下式给出

$$f(\theta) = \cos^{\frac{2}{\gamma-1}}\left[\frac{\pi}{2}\theta/\theta_{\lim}\right] \tag{5-181}$$

式中　γ——热容比；

$\theta_{\lim}$——喷管出口角度 θ_E 与 Prandtl - Meyer 偏转角度 θ_∞ 之和。

Prandtl - Meyer 偏转角是指喷管边界层流在唇口管壁边缘膨胀转向的最大角度。

若喷管唇口半径为 r_E，边界层厚度为 δ，则起始偏转流线所对应的角度 θ_0 由下式给出

$$\theta_0 = \theta_{\lim}\left[1 - \frac{2}{\pi}\left(\frac{2\delta}{r_E}\right)^{(\gamma-1)/(\gamma+1)}\right] \tag{5-182}$$

在 $\theta > \theta_0$ 条件下，角函数 $f(\theta)$ 的表达式如下

$$f(\theta) = f(\theta_0) \cdot \exp[-\beta \cdot (\theta - \theta_0)] \tag{5-183}$$

式中，β 由下式给出

$$\beta = A_p\left(\frac{\gamma+1}{\gamma-1}\right)^{1/2} \cdot \frac{2\overline{V}_{\lim}}{V_{\lim}}\left(\frac{\gamma_E}{2\delta}\right)^{(\gamma-1)/(\gamma+1)} \tag{5-184}$$

式中　$V_{\lim}$——等熵膨胀流的最大速度；

$\overline{V}_{\lim}$——喷管边界层气流的平均速度。

$V_{\lim}$ 可由下式计算

$$V_{\lim} = \sqrt{\frac{2\gamma R_g T_c}{2\gamma - 1}} \tag{5-185}$$

式中　R_g——喷管气流的气体常数；

T_c——燃烧室温度。

通常，$\overline{V}_{\lim} = 0.75 V_{\lim}$。按照羽流质量守恒，羽流常数 A_p 可由下式给出

$$A_p = \frac{V^*(2V_{\lim})}{\int_0^{\theta_{\lim}} f(\theta) \cdot \sin\theta \mathrm{d}\theta} \tag{5-186}$$

式（5-186）中 V^* 为喷管喉部气流速度；其余符号同前。

上述羽流流场点源模型在连续流区与试验数据吻合良好。在一维稳态流条件下，是否会形成自由分子流可由参数 P 进行判断

$$P = \frac{V}{\rho v}\left|\frac{\mathrm{d}\rho}{\mathrm{d}r}\right| \tag{5-187}$$

式（5-187）中，v——羽流气体分子碰撞频率；其余符号同前。若 $P \ll 1$，则为连续流；$P \approx 0.05$ 时，连续流失稳。在羽流径向距离达到 $P > 0.05$ 区域时，稀薄的膨胀气流虽仍为径向流，却可因气体分子间碰撞而偏转。质量大的分子趋于继续沿径向运动，而质量小的分子的路径将发生较大偏转。因此，羽流中质量大的分子多分布在近轴区，质量小的分子多分布在远轴区。

5.6.3　化学推力器羽流效应计算分析方法

航天器化学推力器羽流效应涉及力学效应、热学效应及污染效应，多数情况下，羽流力学和热学效应主要受近羽流场控制。在远羽流场中，气体分子基本上按各自的惯性弹道轨迹运动，对卫星表面产生的力学效应和热学效应较小。计算羽流效应时，需要针对航天器结构进行几何建模，即通过各种可解析的物体形状进行描述，如矩形平板、圆盘、圆柱、锥体、球体及壳体等。各外表面要划分成许多规则的小网格（元胞）。网格的尺寸要小到足以使局域羽流流场具有均匀性。通过视线分析确定羽流可作用到的航天器单元表面，并基于羽流流场坐标系给出各单元表面网格元胞的坐标和局域羽流参数（如密度、温度、速度、速度矢量等）。假设局域羽流不受航天器结构的影响，仅计算羽流气体分子的撞击效应。

羽流流场按照努森数 K_n 划分区域，包括：连续流区（$K_n \leqslant 0.01$），过渡流区（$0.01 < K_n < 10$）及自由分子流区（$K_n \geqslant 10$）。基于牛顿方程计算连续流的力学效应时，设定连续流气体从喷管到计算单元表面的速度 V 为 $Ma > 5$ ［Ma 为马赫数，$Ma = V/(\gamma kT/m_p)^{1/2}$，式中 V 为定向速度，γ 为热容比，k 为玻耳兹曼常数，T 为温度，m_p 为气体分子质量］时，可在撞击表面前方产生冲击波。自由分子流效应基于气体热力学方程计算，设定气体分子呈麦克斯韦速度分布，可在撞击表面被吸收、漫散射和镜面反射。过渡流是介于连续流和自由分子流的中间状态，通过插值方法计算羽流效应。航天器羽流效应计算分析流程如图 5-43 所示。

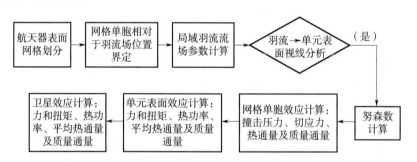

图 5-43　航天器羽流效应计算分析流程

下面分别给出羽流力学效应、热学效应及污染效应的计算公式。

（1）羽流力学效应计算公式

羽流力学效应计算基于撞击产生的压力和切应力，求得作用于卫星表面及整星的力和扭矩，相应的计算公式如下

$$\boldsymbol{F} = \sum (P_{\text{imp}} \cdot \boldsymbol{n} + \sigma \cdot \boldsymbol{X}_t) \cdot a \qquad (5-188)$$

$$\boldsymbol{C} = \sum (P_{\text{imp}} \cdot \overline{OM} \times \boldsymbol{n} + \sigma \cdot \overline{OM} \times \boldsymbol{X}_t) \cdot a \qquad (5-189)$$

式中　$\boldsymbol{F}$——力（N）；

　　　$\boldsymbol{C}$——扭矩（N·m）；

P_{imp}——撞击压力（Pa）；

σ——切应力（Pa）；

$\boldsymbol{n}$ ——单元表面的法向矢量；

$\boldsymbol{X}_t$ ——切向单位矢量；

a——单元表面的面积；

M——单元表面中心；

O——扭矩作用点。

式（5-188）和式（5-189）中，P_{imp} 和 σ 的计算均与羽流流场区域有关。

①连续流撞击压力和切应力计算

在连续流条件下，计算撞击压力时需要考虑冲击波的影响，可由下式计算

$$P_{imp} = \beta(p_{ta} - p_\infty) \cdot \sin^2\theta + p_\infty \tag{5-190}$$

式中　β——撞击压力系数；

p_{ta}——法向冲击波滞止压力；

p_∞——羽流气体压强；

θ——羽流气体入射角。

当 θ 较大时，取 $\beta=1$；当 θ 较小时，取 $\beta = 0.6 + (0.2\pi/\theta)$。在冲击波的作用下，羽流流场会受到扰动，需要求得实际的羽流速度、压强、密度和焓。羽流参数变化可通过以下关系式计算

$$\rho_1 \cdot V_1 \cdot \sin\varepsilon = \rho_2 \cdot V_2 \cdot (\varepsilon - \delta) \tag{5-191}$$

$$V_1 \cdot \cos\varepsilon = V_2 \cdot \cos(\varepsilon - \delta) \tag{5-192}$$

$$P_1 + \rho_1 \cdot V_1^2 \cdot \sin^2\varepsilon = P_2 + \rho_2 \cdot V_2^2 \cdot (\varepsilon - \delta) \tag{5-193}$$

$$H_1 + \frac{V_1^2}{2} = H_2 + \frac{V_2^2}{2} \tag{5-194}$$

式中　V——速度；

P——静压强；

H——焓；

ρ——密度；

ε——冲击角度；

δ——羽流偏角；

下标 1 和下标 2——冲击波上游和下游的参数值。

计算冲击波滞止压力时，取 $\varepsilon=\pi/2$。通过计算得到的冲击波下游参数值（下标为 2），即为实际受扰动的羽流参数。

在计算切应力 σ 时，需要考虑冲击波会使羽流沿撞击表面产生非粘滞性流动，形成很薄的边界层。这种非粘滞性流动与表面之间将形成摩擦力。连续流撞击航天器表面所产生的切应力 σ 可由下式计算

$$\sigma = C_f \cdot \rho_e \cdot V_e^2/2 \tag{5-195}$$

式中　ρ_e，V_e——粘滞性边界层流的密度和速度；

C_f——摩擦系数，可由下式给出

$$C_f = 2S_t \cdot P_r^{2/3} \tag{5-196}$$

式中　P_r——普朗特数；

　　　　S_t——Stanton 数，由下式给出

$$S_t = Q/\rho_e \cdot V_e \left(\int_{T_w}^{T_e} C_p \mathrm{d}T + r \cdot \frac{V_e^2}{2} \right) \tag{5-197}$$

式（5-197）中，Q 为热通量；T_w 和 T_e 分别为撞击表面和边界层的温度；C_p 为比热容；r 为矫正因子，可取值为 $r = (P_r^*)^{1/2}$；其余符号同前。参数 P_r^* 由下式给出

$$\int_{T_w}^{T^*} C_p \mathrm{d}T = 0.5 \int_{T_w}^{T_e} C_p \mathrm{d}T + 0.22 \sqrt{P_r^*} \cdot \frac{V_e^2}{2} \tag{5-198}$$

式（5-198）中，T^* 为 Eckert 参考温度[47]；其余符号同前。

②自由分子流撞击压力和切应力计算

按照努森模型，气体分子撞击表面产生三种类型的相互作用，包括：1) 吸收效应，将吸收的气体分子质量通量与入射质量通量之比称为吸收率（γ 参数）；2) 镜面反射效应，将镜面反射的气体分子质量通量与总反射质量通量之比称为镜面反射比（τ 参数）；3) 能量容纳效应，将入射气体分子漫反射时给予表面的能量与具有表面温度的分子漫反射时给予表面的能量之比称为容纳比（α 参数），即 $\alpha = \dfrac{Q_i - Q_d}{Q_i - Q_w}$（式中 Q_i 为入射气体分子能量；Q_d 为入射气体分子漫反射的能量；Q_w 为具有表面温度 T_w 的气体分子漫反射的能量）。当撞击某表面的气体分子质量流量为 $\dot{m}$ 时，在表面滞留的质量流量为 $\gamma \dot{m}$，镜面反射的质量流量为 $(1-\gamma)\tau \dot{m}$，漫反射的质量流量为 $(1-\gamma)(1-\tau)\dot{m}$。

基于上述假设，在自由分子流条件下，羽流气体分子撞击压力 P_{imp} 和切应力 σ 的计算公式分别如下

$$P_{imp} = P_\infty \left\{ A \left[w(1+\tau) + a(1-\tau) \sqrt{\frac{T_w}{T_\infty}} \right] + \frac{2}{3}(1-a)(1-\tau) + (1+\tau) \left[\frac{1 + \mathrm{erf}(w)}{2} \right] \right\} \tag{5-199}$$

$$\sigma = P_\infty(1-\tau) \cdot A \cdot S \cdot \cos\theta \tag{5-200}$$

式中　P_∞——未扰动气体压强；

　　　　T_w，T_∞——撞击表面温度和羽流气体温度；

　　　　θ——气体分子入射角。

参数 S，A 和 w 的表达式如下

$$S = V_\infty / \sqrt{2RT_\infty} \tag{5-201}$$

$$A = \frac{1}{\sqrt{\pi}} \exp(-w^2) + w[1 + \mathrm{erf}(w)] \tag{5-202}$$

$$w = s \cdot \sin\theta \tag{5-203}$$

式（5-201）～式（5-203）中，V_∞ 为未扰动气体分子速度；R 为气体常数；其余符号同前。

③过渡流撞击压力和切应力计算

过渡流是介于连续流和自由分子流的中间状态，其对表面撞击所产生的压力和切应力可基于努森数 K_n 按下式进行插值计算

$$F_{\text{tran}} = F_{\text{cont}} + X^2 \cdot (F_{\text{free}} - F_{\text{cont}}) \tag{5-204}$$

式（5-204）中，F 表示撞击压力 P_{imp} 或切应力 τ；符号 F 的下标 tran，cont 和 free 分别表示过渡流、连续流和自由分子流；参数 X 由下式给出

$$X = \sin(1.047\,2 + 0.227\,4\lg K_n) \tag{5-205}$$

式中　K_n——努森数，即 $K_n = \lambda / L_{\text{ref}}$（式中 λ 为气体分子平均自由程，L_{ref} 为参照物体长度）。

气体分子平均自由程可按下式计算

$$\lambda = 3.2\mu/\rho \cdot \sqrt{2\pi RT} \tag{5-206}$$

式中　μ——粘滞系数；

ρ——气体密度；

R——气体常数；

T——温度。

参照物体的长度 L_{ref} 是比较难以准确界定的参数。在羽流碰撞体尺寸较小时，可将 L_{ref} 定义为该物体的长度；碰撞体尺寸较大时，L_{ref} 定义为推力器与碰撞体的最小距离。

（2）羽流热效应计算公式

羽流热效应计算涉及入射气体分子与航天器表面的热交换问题，不仅取决于羽流流场区域，还与撞击表面的形状等因素有关。推力器羽流撞击航天器表面时，所产生的热效应由下式计算

$$Q_w = \sum Q_{\text{loc}} \tag{5-207}$$

$$Q_{\text{mean}} = Q_w / \sum a_i \cdot X_i \tag{5-208}$$

式中　Q_w——表面接收到的热功率（kW）；

Q_{loc}——局域热功率（kW）；

Q_{mean}——平均热通量（kW/m^2）；

a_i——单元表面面积（m^2）；

X_i——单元表面的羽流视角因子（按面积百分比计算）。

下面以平板表面为例，给出羽流撞击热通量的计算式。

①连续流撞击热通量计算

当超高速连续流撞击角度较小时，会在平板表面形成薄边界层，所产生的热通量 Q 可由下式计算

$$Q = 0.332 \cdot (P_r^*)^{-2/3} \cdot (Re^*)^{-1/2} \cdot \rho_e \cdot V_e \left[\int_{T_w}^{T_e} C_p \cdot dT + \frac{(P_r^*)^{1/2} \cdot V_e^2}{2} \right]$$

$$\tag{5-209}$$

式中　T_w，T_e——平板和边界层表面温度；

    ρ_e，V_e——边界层流的密度和速度；

    C_p——比热容；

    P_r^*——按式（5-198）计算；

    Re^*——雷诺数，即 $Re^* = \rho^* \cdot V_e \cdot L / \mu^*$（式中 ρ^* 和 μ^* 分别为 Eckert 参考温度
        下羽流的密度和粘滞系数，V_e 为边界层流速度，L 为参考长度）。

当连续流撞击角度较大时，会在平板表面前方形成冲击波滞止线，导致局域羽流速度出现明显变化。在这种情况下，需要计算局域速度梯度。由于局域速度梯度计算模型的不同，所给出的热通量计算公式会有差别。

②自由分子流撞击热通量计算

按照努森模型，自由分子流撞击表面时可由下式计算热通量

$$Q = aP_\infty \sqrt{\frac{RT_\infty}{2}} \left\{ A \left[S^2 + \frac{1}{RT_\infty} \int_{T_w}^{T_\infty} C_p \cdot dT \left(\frac{1 - \dfrac{T_w}{T_\infty}}{2} \right) \right] + w \left[\frac{1 + \mathrm{erf}(w)}{2} \right] \right\}$$

$$(5-210)$$

式（5-210）中，R 为气体常数；C_p 为比热容；其余符号同式（5-199）～式（5-203）。

③过渡流撞击热通量计算

过渡流撞击热通量 Q 的计算方法与上述撞击压力 P_{imp} 和切应力 σ 计算相类似，可基于努森数 K_n 通过式（5-204）进行插值计算，将式中的 F 参量用于界定热通量。

（3）羽流污染效应计算

基于羽流气体撞击航天器表面的质量通量［单位：kg/（m² · s）］和质量流量（单位：kg/s）的计算，能够便捷地进行羽流污染效应分析。在点源模型流场条件下，基于所给出的羽流气体密度和速度分布，可计算航天器单元表面的羽流气体撞击质量通量和质量流量。通过视线分析确定羽流可作用到的航天器单元表面，并按划分的网格可给出各网格元胞的羽流气体密度和速度值。羽流气体撞击单元表面的质量流量 $\dot{m}$ 可由下述公式计算

$$\dot{m} = \varphi \cdot a \cdot X \qquad (5-211)$$

$$\varphi = \sum \rho_i \cdot V_i \qquad (5-212)$$

式中 $\dot{m}$——羽流撞击单元表面的质量流量；

    φ——羽流撞击单元表面的质量通量；

    a——单元表面面积；

    X——单元表面的羽流视角因子；

    ρ_i，V_i——各网格元胞的羽流气体密度和速度。当考虑连续流撞击冲击波的影响时，
        尚需将羽流气体的密度和速度按式（5-191）和式（5-192）进行修正。

羽流污染效应可以直接按撞击质量流量进行评价，也可以进一步结合羽流气体组分、表面材料特性、表面温度及羽流作用时间等因素加以分析。采用上述数值迭代解析方法，能够在较短时间内给出评价结果，便于工程应用。通过精确定义推进器参数与增加迭代计算的次数，可将计算误差控制在一定范围内（＜10%）。该方法的不足之处是难以计算大角度背向流区域自由分子流产生的污染效应。

5.6.4 化学推力器羽流污染效应模拟分析

航天器表面受到羽流污染通常是自由分子流作用的结果，适于采用直接蒙特卡罗（DSMC）方法进行模拟分析。DSMC 模拟的基本思路是通过大量的仿真分子模拟真实气体，追踪分析分子的运动、碰撞及内能变化，利用概率进行统计学计算。在计算机中储存各仿真分子的坐标位置、速度分量及内能。分子的运动及其与边界的碰撞和彼此之间的碰撞均随时间不断地变化，可通过统计网格内仿真分子的运动状态实现对真实气体流动问题的模拟。羽流流场中物理量的变化梯度大，需要通过流场区域的划分来解决计算上的困难。羽流流场分为喷管出口附近的近场区和距离出口较远的远场区。实际计算时要将计算区域划分为若干个网格，并依据仿真分子的位置坐标确定所在网格。通常采用矩形网格进行划分，便于实现并行化和网格自适应。网格的作用一是储存和统计物理量，二是计算仿真分子间的碰撞。为使统计分析结果具有较好的精确度，每一网格内流场物理量的变化梯度不宜过大。网格内任意两个仿真分子都有可能发生碰撞，网格长度不宜超过气体分子的平均自由程 λ。一般将网格长度取为 $\lambda/3$。

计算区域的边界包括物面、真空及入射流等。对于物面边界，有镜面反射和漫反射两种情况。当边界外区域为真空时，不存在流入计算区域的分子通量；仿真分子跑出时，可加以删除。真空边界直接与最大值编号的分子交换位置、速度和内能。对于入射流边界条件，需要计算单位时间内单位面积的分子通量及通过指定表面进入流场的分子速度。羽流场中的气体分子状态包括：分子的迁移运动，分子之间的碰撞，以及分子与物面的碰撞。在真实的气体流动中，气体分子的运动与碰撞往往是相互耦合的，难以在计算机中真实地再现。采用 DSMC 模拟时，需要在一定的时间间隔内将分子的迁移运动与分子之间碰撞进行解耦处理。在变径硬球模型（VHS 模型）的假设条件下，将气体分子视为具有均匀散射概率的硬球，碰撞截面是分子间相对速度的函数，这样可使碰撞后速度分布方向的取样较为简单。

通过 DSMC 方法描述大量气体分子的运动和碰撞，实质上是利用概率进行分析的过程。仿真分子初始位置的设置及碰撞和碰撞后果的判断（如分子运动速度变化）都要依据随机数的产生和变换，取样的基础是在 0 和 1 之间连续产生均匀随机数系列。时间步长 Δt 的选取应满足两个要求：一是 Δt 要小于仿真分子移动一个网格长度的时间；二是 Δt 应远小于仿真分子发生一次碰撞的时间，以便能够对仿真分子的迁移运动与碰撞进行解耦处理。计算时，对不同的计算区域宜选用不同的时间步长。

应用上述 DSMC 方法分析航天器表面羽流污染效应时，尚需确定轨/姿控发动机与敏感表面的相对位置及羽流气体组分的沉积速率。羽流气体分子撞击航天器敏感表面时，可由入射的质量通量乘以粘着系数求得沉积速率。羽流各组分在航天器敏感表面的粘着系数不同，可通过判断随机数和羽流气体组分粘着系数的关系，确定气体分子能否粘附在敏感表面上。如果羽流气体分子未被粘附，将以漫反射方式从航天器表面逃逸。DSMC 模拟流程如图 5-44 所示，模拟程序的基本步骤如下：

1）根据构建的物理模型，设定仿真分子的初始状态，包括羽流气体分子的组分、分布、初始密度、温度、速度和计算区域的边界等，并划分网格。

2）设定进入流场分子的初始位置和初始速度：随机给定进入流场分子的初始坐标，并按照麦克斯韦分布赋予每个分子的初始速度。

3）仿真分子运动计算：按照分子的速度计算仿真分子在一个时间步长内由初始位置出发的行程，确定分子到达的新位置。仿真分子到达新位置后可能超越所设定的边界，需计算仿真分子与边界的相互关系。在边界入口处，按照入口边界条件确定在时间步长内进入计算区域的新的分子数目及其运动状态。当仿真分子到达接收表面时，通过判断随机数与粘附系数的关系确定是否被粘附。未被粘附的分子以漫反射的方式逃逸。

4）仿真分子重新编号：经过一个时间步长的运动后，需要按照事先规定的仿真分子编号方法更新分子的编号索引，为后续计算分子间相互碰撞作准备。

5）仿真分子碰撞计算：计算相对应于一个时间步长的所有分子间的碰撞。

6）判断时间间隔是否达到取样时间：如果达到取样时间，则对网格内仿真分子实施统计计算，求得流场各宏观物理量在网格中心的值；否则，循环运行步骤 3）～步骤 5）。

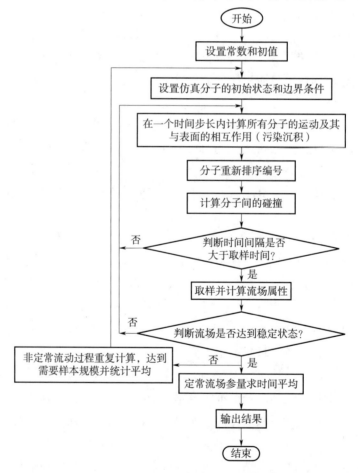

图 5-44 DSMC 方法模拟羽流污染沉积流程

7）判断流场是否达到定常状态：如果流场在宏观上为定常态，进行流场各物理量的统计计算；如果流场为非定常态，需通过重复计算获得所需要的取样规模后再对流场各物理量进行统计平均。

5.6.5　化学推力器羽流效应模拟程序

羽流效应分析涉及轨/姿控发动机布局及其与航天器敏感表面的相对位置，需要构建航天器三维结构模型，并在此基础上进行羽流效应分析。常用的模拟分析程序主要有以下几种。

（1）CONTAM 3.2 或 CONTAMⅢ程序

CONTAM 程序[48]是 20 世纪 70 年代末至 80 年代中期，由美国 SAIC 公司（Science Application International Corporation）为空军火箭推进实验室（AFRPL）开发的，已成为广泛用于计算羽流流场的软件，计算对象包括单组元和双组元液体燃料推力器及固体燃料推力器。羽流流场计算是进行航天器羽流效应分析的基础。在已建立的航天器羽流效应分析软件中，常将该程序作为羽流源的分析模块，如在欧洲空间局的 ESABASE 及德国 TUHH（Technical University Hamburg Harburg）大学的 TRICONTAM 软件中均如此。该程序可计算稳态和瞬态燃烧过程。所计算的羽流中包含未燃烧的推进剂、未燃烧的液滴或固体粒子。该程序通过特征函数处理双相流体动力学问题，沿着流线按一维模型计算非平衡化学动力学，并计算流场中液滴（液体发动机）和固体粒子（固体发动机）的动力学行为，涉及冷凝与挥发过程。

计算非粘性流场时，该程序对沿着喷管壁的边界层进行单独处理。边界层对于羽流污染效应十分重要，决定着唇口附近的过渡层与背向流区。在程序的初级版本中，只涉及扰动的边界薄层。后来在 CONTAM 3.2 版本中进行了必要的改进，将小型发动机较厚的边界层分成多层，并允许定义某些参数。然而，该程序唇口附近过渡区模型仍比较简单，只是涉及唇口边界层弹塑性膨胀，没有考虑扩散与组分的分层效应。因此难以得到较准确的背向流率，这导致单纯应用 CONTAM 程序进行背向流污染效应分析，其结果不够准确。通过 DSMC 方法对唇口处羽流进行表征，可为 CONTAM 程序的应用提供有效的分析方法。液滴发射的角度较小，较易于进行动力学建模。

（2）TRICONTAM 程序

TRICONTAM 程序[49]是由德国 TUHH 大学在 ESA/ESTEC 计划框架下开发的羽流效应分析软件。该程序的羽流流场通过升级的 CONTAMⅢ程序计算，涉及瞬态燃烧过程与相关化学反应。在分析污染物气体分子向航天器表面传输过程时，该程序不考虑碰撞效应。该程序软件还可用于分析羽流对航天器所产生的力、扭矩及热效应。TRICONTAM程序的羽流模型在 CONTAMⅢ程序的基础上进行了改进，已通过大量试验对程序计算结果进行了比较。TRICONTAM 程序有专用的羽流气体成分分析模块，补充了一些较稀少的组分，如 HCN 和 NO，效果较好。在羽流气体流线的发散角度达到 90°前，该程序具有良好的模拟效果。它与 CONTAM 程序及 ESABASE/PLUME 程序类似。在气体背向流区

（发散角大于 90°）的模拟效果不十分理想（效果与 CONTAM Ⅲ 程序类似，但不如 ESA-BASE/PLUME 程序效果好，原因是 ESABASE/PLUME 程序建立了涉及唇口羽流的 DSMC 模型），并且没有考虑羽流组分的分层效应（demixing）。在 TRICONTAM 程序中，有专用的液滴分析模块（在 CONTAM Ⅲ 程序基础上加以改进），能够较好地分析液滴的有关动力学问题。该模块即便在脉冲点火情况下，也能获得较好的分析效果，但尚不能准确分析液滴的尺寸与组分，也没有考虑液滴从管壁向背向流区流动的可能性。

（3）ESABASE/PLUME 程序

ESABASE/PLUME 程序开始是在 CONTAM 程序的基础上开发的，能够较好地模拟化学推力器羽流的膨胀过程，但对背向流的建模不够理想。这使得原程序版本适用于进行羽流所产生的力、扭矩及热效应分析，而在用于分析推力器背向流（及液滴）引起的污染效应时受到一定的限制。

新版的 ESABASE/PLUME 程序[50]，进行了必要的改进。为了有效地表述推力器背向流的形成过程，在 PLUMEFLOW 模块中增加了通过 DSMC 方法对唇口区羽流建立的动力学模型，能够描述羽流的多种组分的分层效应。为了考虑液滴的影响，通过试验确定了双组元推力器羽流流场中液滴的分布，并将液滴的轨迹取为直线（未与表面撞击前）。通过新增加的 CONTAMINE 模块，可计算污染物气体分子与航天器表面的相互作用（吸收、漫反射及镜面反射）。污染效应对航天器表面性能的影响，可通过 CONTAMINE 模块数据库中的有关数据进行评价。新版的 ESABASE/PLUME 程序能够较好地对化学驱动推力器羽流污染效应进行分析，不足之处仍然是所用的传输模型没有充分考虑粒子碰撞问题。

5.6.6　离子推力器羽流特性与污染效应模拟

电驱动推力器分为静电型、电磁型及电热型等几类。其中，尤以静电型的离子推力器应用最广，得到了长足发展。离子推力器是通过电子轰击在放电室内产生离子，将离子引出后通过栅极加速成高速流（＞10 km/s）。加速电压可高达几千伏。为了维持电荷中性，需要由中性器向束流注入电子。推进剂以前用 Hg 和 Cs，现多用 Xe。通常认为，离子推力器羽流主要有以下四种组分：

1）基本的离子流：离子推力器羽流的基本组分是经栅极加速的定向运动的高能离子，并有从中性器注入的电子。电子的热运动速度大于定向流离子的速度。离子基本上按视线轨迹运动，电磁场不足以干扰离子的运动路径。离子流的顺流传输取决于对航天器电位的耦合，以及环境等离子体和磁场条件。大多数离子位于半角为 15°～20° 的扩张锥内，平均的电流密度约为 8.3 mA/cm²，电子密度约为 1.6×10^{16} m⁻³。除非航天器的表面直接与扩张锥相交截，否则离子流不会直接成为污染源。离子推力器的基本离子流可能影响通信电波的传输，包括引起相位漂移、反射、波动及衰降等。羽流等离子体中的自由电子会与射频波的传输发生相互作用。

2）中性的推进剂气体流：在放电室内未电离的推进剂以自由分子状态从栅极流出，

其速度约为与推力器的器壁温度（约 500 K）相当的热运动速度。在栅极内未发生电荷交换（CEX）碰撞的中性气体分子以直线路径向外发射，并呈余弦分布。在推进剂气体流内，还有经过与离子流发生电荷交换及碰撞所形成的中性气体分子，具有与离子流相同的速度。如果中性器是空心的阴极，还会有一定量的在中性器内的推进剂进入中性流。中性气体流的影响取决于其冷凝特性，如蒸气压等。由于推进剂的冷凝特性不同，中性的推进剂气体流可能有害，也可能无害。如对 Xe 而言，除非航天器表面温度很低(<-100 ℃)，否则不会产生污染效应。

3）推进剂电荷交换离子流：所谓的 CEX 离子是指高能束流离子与中性推进剂气体在流经栅极时发生电荷交换反应后所形成的慢速离子。如以 Xe 为推进剂时，有如下反应

$$X^+_{e_{fast}} + X^0_{e_{slow}} \rightarrow X^0_{a_{fast}} + X^+_{a_{slow}} \qquad (5-213)$$

其中，一部分 CEX 离子是在栅极区形成，具有较宽的能量范围和发散角度（直至 90°以上）；其他的 CEX 离子是在运动着的离子束流中形成的。有些 CEX 离子可能被吸引而撞击和溅射栅极表面，成为影响推力器寿命的重要因素。通常，CEX 离子的轨迹受离子束流径向电场的强烈影响，这种径向电场能够防止电子逃逸，并使束流具有径向速度。于是，离子束流能够产生向推力器羽流视线外航天器表面运动的背向流分量。CEX 离子的输送与许多因素有关，如其初始能量及附近航天器表面的电位和几何结构等。CEX 离子能够充填航天器附近的空间区域，但由于受到多种因素的影响，其效应尚难以准确进行计算。CEX 离子对航天器表面的溅射作用与表面具有的电位密切相关。在较高轨道（如 GEO）条件下，可由于充电效应使航天器表面具有很高的负电位，导致流向航天器的离子通量增大。航天器附近的 CEX 离子能够导致高压太阳阵产生额外的电流损失。另一方面，CEX 离子可能通过产生等离子体云而有助于减轻航天器表面不等量充电效应的影响。

4）非推进剂原子流（NPE）：其主要组分是从推力器组件材料溅射出来的原子，如栅极材料的 Mo 原子。这种非推进剂原子流可能是羽流产生污染效应的主要组分。这些中性原子的一部分可能与快速离子流发生电荷交换反应，其余均按直线轨迹运动。非推进剂原子流的重要特性是具有较低的蒸气压，易于在航天器表面上粘附与沉积。已有试验表明，在太阳电池玻璃盖片上沉积约 2 nm 厚的 Mo 污染膜可使其透过率降低 20%。

除了上述四种羽流组分及其效应外，羽流还可能产生一定的场效应，如产生静态或波动的电场与电磁场、光发射及等离子体波等。这些由羽流产生的"场流"（field efflux）可能会导致电磁干扰或通信干扰。静态或波动的电磁场也可能影响等离子体的传输。有关离子推力器"场流"的具体影响尚需深入研究。上述分析表明，离子推力器可在航天器附近产生独特的诱导环境因素，包括中性气体流、等离子体流及"场流"。这些诱导的环境因素是离子推力器羽流与航天器及其附近环境发生复杂相互作用的结果。由于地面模拟设备条件的限制，难以对航天器受离子推力器羽流污染的程度进行精确测试。地面试验所用离子推力器的尺寸也远小于实际空间应用的推力器。这些都使离子推力器羽流污染效应的研究遇到困难。为了深入理解和预测离子推力器羽流污染效应，关键在于阐明 CEX 离子和

NPE 原子向航天器表面反向输运的机制。这可以通过数值模拟方法进行分析。

采用单元粒子法（Particle-In-Cell，PIC），可将等离子体中的离子和电子处理成大尺寸粒子进行模拟[45]。每个大尺寸粒子代表许多实际离子或电子。在静电模型中，等离子体运动状态的变化是由电荷分离产生的静电场所引起的，可将所模拟粒子的电荷沉积到栅极，并通过计算电荷密度求解 Poisson 方程，即

$$\nabla^2 \varphi = -\frac{\rho}{\varepsilon} \qquad (5-214)$$

式中　ρ——电荷密度；

　　　　ε——介电常数；

　　　　φ——电位。

在所建立的自洽电场的作用下模拟分析大尺寸的单元粒子的运动，采用 PIC 方法所遇到的问题是求解电子运动时要求时间步长很小。计算时主要关注离子的运动，可将离子处理成大尺寸粒子，而将电子按流体处理。这样，时间步长便仅由离子的运动决定，如 Xe 离子的时间步长比电子的时间步长约大 490 倍。大尺寸离子的运动方程为

$$\frac{\mathrm{d}\boldsymbol{V}_i}{\mathrm{d}t} = \left(\frac{q}{m}\right)_i [\boldsymbol{E} + \boldsymbol{V}_i \times \boldsymbol{B}] \qquad (5-215)$$

式中　$\boldsymbol{V}_i$——大尺寸离子速度；

　　　　$\left(\dfrac{q}{m}\right)_i$——离子的荷质比；

　　　　$\boldsymbol{E}$——电场强度；

　　　　$\boldsymbol{B}$——磁场强度。

在静电近似条件下，可有 $E = -\nabla\varphi$，则按照 Poisson 方程得到如下表达式

$$\nabla^2 \varphi = -\frac{e}{\varepsilon}(n_i - n_e) \qquad (5-216)$$

式中　φ——电位；

　　　　e——电子电荷；

　　　　n_i——离子数密度；

　　　　n_e——电子数密度；

　　　　ε——介电常数。

电子的数密度可应用玻耳兹曼分布函数计算，即

$$n_e = n_{e_0} \exp\left(\frac{e\varphi}{kT_e}\right) \qquad (5-217)$$

式（5-217）中，T_e 为电子温度；k 为玻耳兹曼常数，这时假设离子推力器羽流中电子温度不变。实际上，在羽流中，电子流处于扩张状态，温度逐渐降低。通常式（5-217）适用于羽流的局部区域计算，可将电子温度视为近似不变。

在模拟离子推力器羽流时，需要跟踪两种离子的运动。一是在每一时间步长内，从推力器发出的快速离子；二是通过快速离子与中性气体碰撞产生的慢速 CEX 离子。采用单元粒子法模拟时，每个大尺寸快速离子的电荷与推力器离子束流携带的电荷量相当；而速

度由栅极加速电压和热运动速度综合确定。慢速 CEX 离子的速度是通过碰撞过程从离子束流的速度降为热运动速度。中性气体背底视为来自离子推力器内的点源，并采用单点源模型进行二维描述。采用 DSMC 分析时，可按下式计算中性气体分子的数密度

$$n_n = n_{n_0} \frac{x + r_T}{(x + r_r)^2 + y^2} \tag{5-218}$$

式中　n_n——中性气体分子数密度（m^{-3}）；

　　　r_r——推力器束流半径（m）；

　　　n_{n_0}——中性气体分子数密度基值。

在每一时间步长内，快速离子与中性气体分子碰撞的最高概率 p_{coll} 由下式给出

$$p_{coll} = 1 - \exp(- \nu_{null} \cdot \Delta t) \tag{5-219}$$

式（5-219）中，ν_{null} 为所关注离子能量范围内最高碰撞频率。这部分离子所占的分数从碰撞取样离子总数中随机选取。对所选取离子的真碰撞频率按下式计算

$$\nu_{coll} = n_n \cdot V_r \cdot \sigma_{CEX}(V_r) \tag{5-220}$$

式中　n_n——离子所在位置的中性气体分子数密度；

　　　V_r——离子与中性气体分子的相对速度（m/s）；

　　　σ_{CEX}——CEX 碰撞截面（m^2）。

真碰撞频率 ν_{coll} 与最高碰撞频率 ν_{null} 之比，可与 0 和 1 之间的随机数 R 相关联。若 $\nu_{coll}/\nu_{null} < R$，则发生碰撞；若 $\nu_{coll}/\nu_{null} > R$，则无碰撞发生。

上述模型为二维模型。图 5-45 示出某一典型的呈非均匀分布的计算网格，便于有效模拟羽流密度的不均匀分布[45]。网格单元的尺寸应与德拜长度相当。随着远离束流中心线距离的增加，羽流密度降低，需将网格单元在 y 方向上的尺寸逐渐增加。设航天器结构为箱形壳体，并在顶部和底部沿 $x=0$ 方向模拟太阳帆板。粒子按时间步长从推力器出口发射。在出口截面上离子的数密度分布可用抛物线关系计算

$$n_{i,exit} = n_{i_0} \left[1 - \left(\frac{y}{r_T} \right)^2 \right] \tag{5-221}$$

式中　$n_{i,exit}$——推力器出口处离子数密度；

　　　r_T——推力器束流半径。

在模拟计算初始条件中，考虑推力器羽流的发散性，取离子流的发散角度为 15°~20°。这可适用于大多数离子推力器，主要原因是栅极具有一定曲率及栅孔边缘的电场均会引起离子束流呈现发散效应。计算时，不考虑到达模拟计算网格边界及航天器表面的离子。设定航天器表面具有固定电位，而计算网格顶部和底部的电位为零。图 5-46 为针对 8 cm 的 Xe 离子推力器工作 3 000 s 时计算的羽流出口处离子数密度径向分布截面[45]。图 5-47 为离开出口 5 cm 处羽流静电位势径向分布截面[45]。可见，在离子推力器羽流中心区域存在位势高峰。这种位势高峰可排斥羽流中的 CEX 离子，从而形成返回到航天器和太阳帆板表面附近的背向流。在背向流区域较高的等离子体数密度可能导致高压太阳电池阵产生电流泄漏，或促使低蒸气压的中性推进剂气体分子沉积在低温表面而产生污染效应。

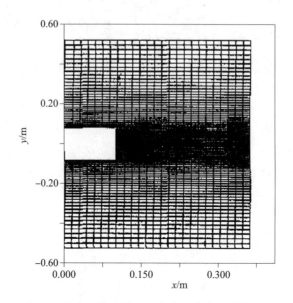

图 5-45　离子推力器羽流密度二维分布计算网格

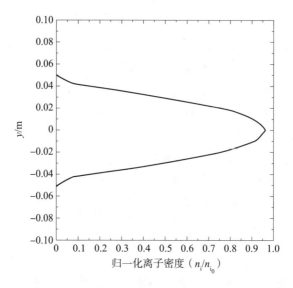

图 5-46　8 cm 的 Xe 离子推力器工作 3 000 s 时羽流出口处离子数密度径向分布截面
（二维模拟）

　　上述通过蒙特卡罗方法所建立的二维模型，只能大体上表征离子推力器羽流的基本特性。为了更好地揭示离子推力器羽流对航天器产生的污染效应，尚需进一步建立完善的三维分析模型。随着电推进技术的发展，推力器的种类日益增多，精确预测各种电推力器的羽流与航天器的相互作用将是十分必要的。离子推力器羽流污染效应的分析具有一定的代表性。

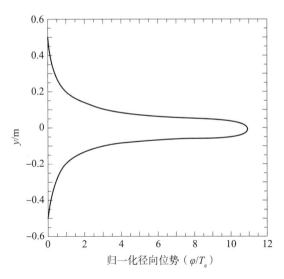

图 5 - 47　8 cm 的 Xe 离子推力器工作 3 000 s 时离开出口 5 cm 处羽流位势径向分布截面

（二维模拟；横坐标为经电子温度 T_e 归一化的羽流位势 φ，取 T_e 为 5 eV）

φ—羽流静电位势；T_e—电子温度（取为 5 eV）

5.6.7　化学推力器羽流效应计算实例

图 5 - 48 给出某卫星结构模型及坐标系。坐标原点取在系统 Y 轴与太阳翼平面中线交点处，太阳翼的法线方向为 $+Z$，平行于太阳翼的方向为 $+X$，前进方向为 $+Y$。卫星两侧面上各设置 8 个 1 N 推力器。每 4 个推力器为一组，其中两个向上 45° 排放，两个向下 45° 排放。图 5 - 49 示出卫星一个侧面上 1～8 号推力器的位置（在另一侧面上，9～16 号推进器相应对称分布）。推力器结构模型如图 5 - 50 所示。推力器燃料为无水肼（N_2H_4）。图 5 - 51～图 5 - 53 分别为羽流气体密度、温度及速度分布的计算结果。针对卫星各表面计算羽流效应时，涉及自由分子流的背向回流效应，主要考虑气体分子的漫反射作用。在分

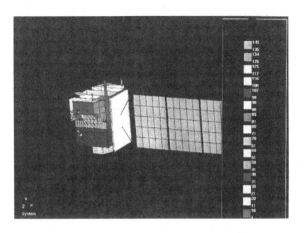

图 5 - 48　某卫星结构模型及坐标系

别针对卫星不同表面计算各推力器羽流效应的基础上，可综合给出整个卫星所受羽流效应的计算结果，表 5-6 给出了 1～4 号推力器对卫星结构产生羽流效应的计算结果，包括各推力器羽流作用到卫星结构上的力、扭矩、热功率、热通量、质量流量及质量通量等。从表 5-6 可以看到，同 1 号和 2 号推力器（斜向下排放）相比，3 号和 4 号推力器（斜向上排放）产生的羽流效应较大。这说明 3 号和 4 号推力器采取向上 45°排放方式，易于使返回流气体分子作用到卫星表面。

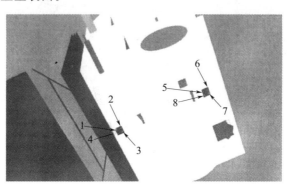

图 5-49　卫星侧面上 1～8 号推力器位置分布

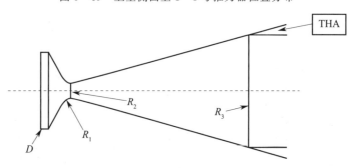

图 5-50　推力器结构建模

（$D=1$ mm；$R_1=1$ mm；$R_2=0.56$ mm；$R_3=5.6$ mm；THA$=15°$）

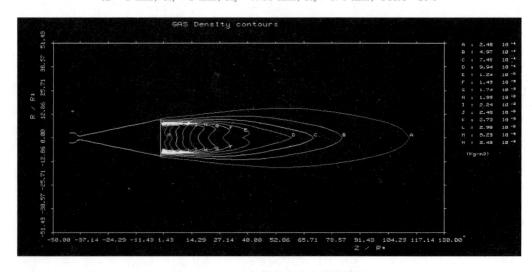

图 5-51　羽流气体密度分布计算结果

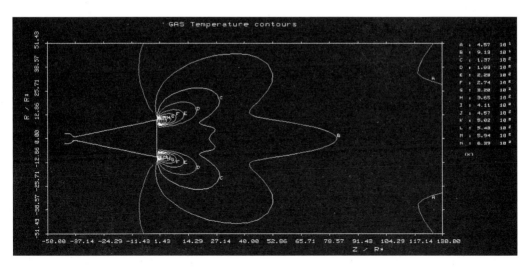

图 5 - 52　羽流气体温度分布计算结果

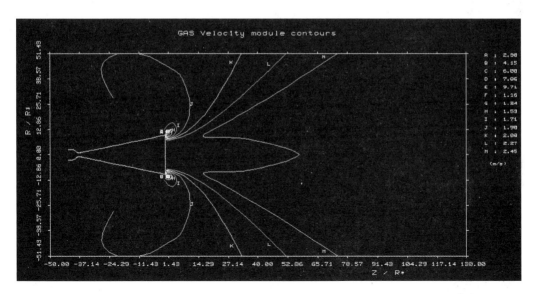

图 5 - 53　羽流气体速度分布计算结果

表 5 - 6　1~4 号推力器对某卫星结构产生的羽流效应计算结果

羽流效应		推力器			
		1	2	3	4
力/N	F_X	−0.300 22E−02	−0.159 24E−02	−0.146 46E−01	−0.123 10E−01
	F_Y	0.250 04E−02	0.428 88E−02	0.751 58E−01	0.461 64E−01
	F_Z	−0.722 63E−03	−0.170 49E−02	−0.138 16E−01	−0.502 77E−02
扭矩/N·m	M_X	0.236 11E−02	0.393 52E−02	0.758 01E−01	0.472 90E−01
	M_Y	0.357 33E−02	0.288 87E−02	0.254 60E−01	0.168 38E−01
	M_Z	0.274 49E−02	0.358 31E−02	0.585 78E−01	0.396 04E−01

续表

羽流效应	推力器			
	1	2	3	4
入射热功率/kW	0.467 71E−02	0.644 72E−02	0.865 79E−01	0.525 49E−01
平均热通量/（kW·m⁻²）	0.286 50E−01	0.361 76E−01	0.172 58E+00	0.109 92E+00
最大热通量/（kW·m⁻²）	0.629 69E−01	0.742 25E−01	0.399 71E+01	0.208 90E+01
入射质量流量/（kg·s⁻¹）	0.259 14E−05	0.346 88E−05	0.325 20E−04	0.206 74E−04
平均质量通量/（kg·m⁻²·s⁻¹）	0.158 73E−04	0.194 64E−04	0.648 24E−04	0.432 47E−04
最大质量通量/（kg·m⁻²·s⁻¹）	0.387 62E−04	0.386 78E−04	0.122 69E−02	0.650 91E−03
面积　总面积/m²	95.263 8	95.263 8	95.263 8	95.263 8
羽流面积/m²	0.163 3	0.178 2	0.501 7	0.478 1
润湿比/（%）	0.001 7	0.001 9	0.005 3	0.005 0

5.7　航天器表面污染物静电返流效应计算模拟

5.7.1　污染物静电返流效应简述

航天器在轨服役过程中，可能通过静电吸引作用使所释放的污染物气体分子返回航天器表面。在空间等离子体环境作用下，航天器表面可充电到较高的负电位，如 ATS‐6 卫星表面电位达到−20 000 V。航天器表面充电是在地球同步轨道及极地轨道条件下经常出现的现象。同时，航天器可通过表面真空出气及姿/轨控发动机羽流释放污染物气体分子。如果污染物出气分子在太阳紫外光子辐照下发生电离，便会在航天器表面负电位作用下使电离的污染物出气分子（离子）受到吸引而形成返回流，如图 5‐54 所示。这是一种非视线的污染物气体分子沉积效应，称为污染物静电返流效应（ElectroStatic Return，ESR）。在地球同步轨道的 SCATHA 航天器上，原位测试表明充电期间发生分子污染的比例约占31%。在地球同步轨道上，空间等离子体鞘层的厚度较大，有利于污染物气体分子从航天器表面释放后有较充足的时间发生电离。等离子体鞘层厚度在低地球轨道条件下为几厘米量级，污染物出气分子发生静电返流的可能性不大；在地球同步轨道条件下，等离子鞘层厚度达到几十米量级，应充分重视静电返流效应的影响。静电返流效应产生的条件：一是航天器释放的污染物气体分子流受到光照，可能在太阳紫外辐射下发生电离；二是航天器表面被充电到高负电位。

航天器表面污染物分子静电返流的危害涉及污染效应与溅射效应。这两种效应都可能使航天器上大面积的热控表面、光学表面及太阳阵表面受到损伤，导致性能下降。在地球同步轨道与行星际环境条件下，污染物分子静电返流效应可能是造成航天器表面污染的主要机制之一，必须予以充分重视。污染物气体分子的源可以是航天器表面材料析出的小分子气体，也可以是航天器出气孔排出的气体或姿/轨控发动机的羽流。通常，简单的气体分子（如 O_2，N_2 及 CO_2 等）不会造成污染沉积，却可能对高负电位表面产生溅射。污染

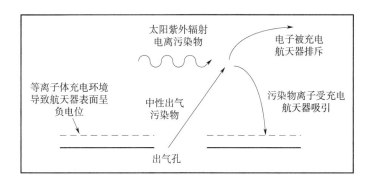

图 5-54　航天器表面污染物分子静电返流的形成

物气体分子经电离所形成的离子返回流能否在航天器负电位表面上形成沉积层与表面的温度有关。太阳紫外辐射是使污染物出气分子沉积或沉积速率增加的必要条件。如果没有太阳光照条件，一般不会发生污染物分子静电返流沉积过程。

5.7.2　充电航天器周围电场的计算模型

　　计算航天器表面污染物静电返流效应涉及航天器的几何结构、表面充电电位分布、污染源特性及空间环境条件。航天器表面充电电位可通过有关程序计算。航天器表面充电后，所形成的电场会影响附近污染物气体分子的电离与运动过程。这使得航天器的形状成为影响污染物气体分子返流的重要因素。航天器形状不同时，充电后所形成的电场不同。航天器的几何形状可简化为球体、圆柱体及矩形六面体。针对这三种情况，可以分别建立相应的电场计算模型[51]。

　　（1）均匀充电球体的电场

　　电荷均匀分布的导电球体在其周围所产生的电场强度等同于相同总电荷的球心点源产生的电场，如图 5-55 所示。距该点源径向距离为 r 时，电场强度可由下式计算

$$E = Q/(4\pi\varepsilon_0 r^2) \tag{5-222}$$

式中　E——电场强度（V/m）；

　　　Q——球表面总电荷（C）；

　　　ε_0——自由空间的介电常数，约等于 8.85×10^{-12} C^2 /（N · m^2）；

　　　r——距球心的径向距离，$r > r_0$（r_0 为球体半径）（m）。

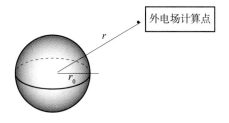

图 5-55　充电的导电球体外电场计算点

（2）充电圆柱体的电场

充电圆柱体的电场可以近似为一段有限长度的线电荷所产生的电场，可在图 5 - 56 所描述的几何关系的基础上进行计算。在点 (x_p, y_p, z_p) 处，由均匀充电的导电圆柱体产生的电场有两个正交分量（径向与轴向）。坐标取为 x 轴沿着圆柱体中心轴，原点取为圆柱体的中心。圆柱体长度从 $x = -a$ 至 $x = a$，半径为 r_0。可以认为，充电圆柱体所产生的电场等于相同总电荷的等效长度线电荷的电场。圆柱体外任一点的位置由笛卡儿坐标 (x_p, y_p, z_p) 加以标定。从圆柱体中心线到电场计算点的径向距离 r_d 为

$$r_d = (y_p^2 + z_p^2)^{\frac{1}{2}} \tag{5-223}$$

当取线电荷增量为 $\lambda \mathrm{d}x$（λ 为线电荷密度）时，线电荷沿 x 轴从增量单元到电场计算点的距离 r 可由下式计算

$$r = [(x - x_p)^2 + y_p^2 + z_p^2]^{\frac{1}{2}} \tag{5-224}$$

在计算点 (x_p, y_p, z_p) 产生的轴向电场分量的增量由下式计算

$$\mathrm{d}E_a = (k\lambda \mathrm{d}x / r^2)(x - x_p)/r \tag{5-225}$$

式中　λ——线电荷密度（C/m）；

　　　k——系数，$1/4\pi\varepsilon_0$；

　　　ε_0——自由空间的介电常数，等于 8.85×10^{-12} C²/（N·m²）。

在计算点 (x_p, y_p, z_p) 处，电场的轴向分量为

$$E_a = \int_{-a}^{+a} (k\lambda \mathrm{d}x / r^2)(x - x_p)/r = \int_{-a}^{+a} k\lambda(x - x_p)\mathrm{d}x / [(x - x_p)^2 + y_p^2 + z_p^2]^{3/2} \tag{5-226}$$

通过积分求解得

$$E_a = k\lambda \{1/[r_d^2 + (a + x_p)^2]^{1/2} + 1/[r_d^2 + (a - x_p)^2]^{1/2}\} \tag{5-227}$$

在计算点 (x_p, y_p, z_p) 处，由线电荷增量 $\lambda \mathrm{d}x$ 产生的径向电场分量 E_r 的增量为

$$\mathrm{d}E_r = (k\lambda r_d \mathrm{d}x / r^2) r_d / r \tag{5-228}$$

式（5 - 228）中各参数的意义同前。在 (x_p, y_p, z_p) 点处的径向电场可由下式计算

$$E_r = \int_{-a}^{+a} (k\lambda \mathrm{d}x / r^2)(r_d / r) = \int_{-a}^{+a} k\lambda r_d \mathrm{d}x / [(x - x_p)^2 + y_p^2 + z_p^2]^{3/2} \tag{5-229}$$

通过积分求解得

$$E_r = (k\lambda / r_d)\{(a - x_p)/[r_d^2 + (a - x_p)^2]^{1/2} + (a + x_p)/[r_d^2 + (a + x_p)^2]^{1/2}\} \tag{5-230}$$

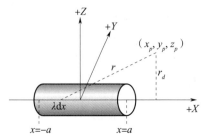

图 5 - 56　充电的导电圆柱体电场计算的几何关系

（3）充电平板的电场

均匀充电的矩形导体可简化为 XY 平面内中心位于原点的平板，如图 5-57 所示。在 X 方向上，平板的尺寸从 $-a$ 至 $+a$；在 Y 方向上，从 $-b$ 至 $+b$。当取 $\sigma \mathrm{d}x\mathrm{d}y$ 为电荷增量（σ 为面电荷密度）时，从计算点 (x_p, y_p, z_p) 至电荷增量单元的距离 r 可由下式求得

$$r = [(x-x_p)^2 + (y-y_p)^2 + (z-z_p)^2]^{1/2} \tag{5-231}$$

在 (x_p, y_p, z_p) 点处，电场分量的增量分别为

$$\begin{cases} \mathrm{d}E_x = (k\sigma \mathrm{d}x\mathrm{d}y/r^2)(x-x_p)/r \\ \mathrm{d}E_y = (k\sigma \mathrm{d}x\mathrm{d}y/r^2)(y-y_p)/r \\ \mathrm{d}E_z = (k\sigma \mathrm{d}x\mathrm{d}y/r^2)(z-z_p)/r \end{cases} \tag{5-232}$$

式中　$k = 1/4\pi\varepsilon_0$；

　　　$\varepsilon_0 = 8.85 \times 10^{-12}\ \mathrm{C}^2/(\mathrm{N} \cdot \mathrm{m}^2)$；

　　　σ —— 面电荷密度（$\mathrm{C/m}^2$）。

相应地，在 (x_p, y_p, z_p) 点，电场的三个正交分量分别为

$$\begin{cases} E_x = k\sigma \displaystyle\int_{-b}^{b}\int_{-a}^{a}(x-x_p)\mathrm{d}x\mathrm{d}y/[(x-x_p)^2 + (y-y_p)^2 + (z-z_p)^2]^{3/2} \\[2mm] E_y = k\sigma \displaystyle\int_{-b}^{b}\int_{-a}^{a}(y-y_p)\mathrm{d}x\mathrm{d}y/[(x-x_p)^2 + (y-y_p)^2 + (z-z_p)^2]^{3/2} \\[2mm] E_z = k\sigma \displaystyle\int_{-b}^{b}\int_{-a}^{a}(z-z_p)\mathrm{d}x\mathrm{d}y/[(x-x_p)^2 + (y-y_p)^2 + (z-z_p)^2]^{3/2} \end{cases} \tag{5-233}$$

式（5-233）中各符号的意义同前。式（5-233）中双重积分求解过程较复杂，可通过数值积分方法求解。

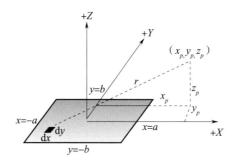

图 5-57　充电平板电场计算的几何关系

（4）航天器的几何形状对充电电场的影响

从直观角度出发，任何形状的充电导体在远距离处可视为点电荷，而在很近距离处可将均匀充电表面视为无限大的平板。若在与表面尺度相当的距离处计算电场强度，则能够较好地揭示航天器充电导体几何形状的影响。设球体的直径、圆柱体的长度及正方形平板的边长均为 1 m，且三种形状导体的总充电电荷相同。按照图 5-58 所示的几何关系及弧形曲线上的不同位置，计算三种不同形状充电导体的电场强度。通过弧形曲线上各点的电场强度反映径向电场强度从 0°（$+z$ 向）至 90°（$+x$ 向）的变化，即相应于极角角度的变

化。为了便于比较，将所计算的电场强度按给定径向距离条件下直径为 1 m 的球体电场强度进行归一化。图 5-59 和图 5-60 分别为 $r=1$ m 和 $r=2$ m 时三种情况的归一化电场计算结果比较[51]。可见，径向距离与充电导体的尺度相当时，三种情况的径向电场强度相差可达 20%～30%；而径向距离达到充电导体的特征尺度 2 倍以上时，充电导体形状的影响变得很小。这说明径向距离较大时，可将任何形状的充电导体按球体处理。

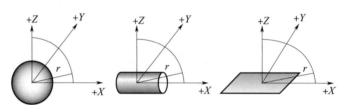

图 5-58　三种不同形状充电导体电场计算的几何条件

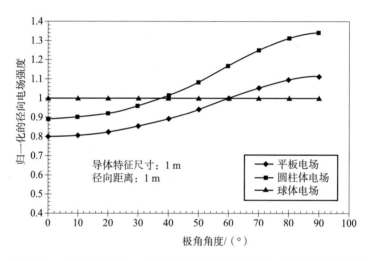

图 5-59　径向距离为 1 m 时三种形状充电导体的归一化电场强度比较

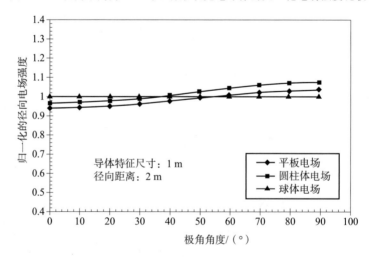

图 5-60　径向距离为 2 m 时三种形状充电导体的归一化电场强度比较

充电航天器的电场对污染物静电返流计算结果的影响与所在区域内污染物气体分子发生电离的比率有关。电场计算的误差会直接影响污染物气体离子从所在区域向航天器返流时能量计算的准确性。由图 5-59 和图 5-60 可见，在相同的径向距离条件下，圆柱形或板形充电导体的电场强度在有些极角区域高于球形充电导体，而在另外一些区域情况又相反。所以，对于均匀出气的航天器，充电导体为圆柱形或板形时不同极角区域电场计算偏差的影响会相互抵消，而使污染物气体离子向航天器返流的平均电场强度大体上与充电导体为球形时相同。在大多数应用场合下，可以通过将充电球体代替圆柱体或平板的方法进行污染物静电返流计算，所带来的误差远小于其他因素如出气速率和电离速率等不确定因素的影响。但有两种情况难以用球形充电导体模型进行计算：一是对于大的矩形表面（如太阳帆板），等离子体鞘层德拜长度小于表面尺寸；二是在低地球轨道，德拜长度仅有几厘米。在这两种情况下，需要将充电表面按无限大平板模型处理。这将有利于在计算析出气体密度时，可不必考虑复杂的航天器结构形状。因此，基于充电导体的球体模型与无限大平板模型，能够用于对具有复杂结构形状的航天器进行分析。对于航天器大多数充电表面，采用球体模型进行分析。在 LEO，GEO 及行星际空间条件下，航天器大尺寸充电表面采用无限大平板模型进行分析。

5.7.3　静电返流计算方法

航天器出气气体静电返流计算方法与电场的类型有关。选择充电航天器电场模型时，必须考虑德拜鞘层的影响。德拜半径是指由于等离子体离子的屏蔽效应导致充电航天器的电场强度从近表面值降低到 $1/e$ 以下的距离，可由下式计算

$$\lambda = 69(T_e/N_e)^{1/2} \tag{5-234}$$

式中　λ——充电航天器等离子体鞘层的德拜半径（m）；

　　　T_e——电子温度（K）；

　　　N_e——电子密度（m^{-3}）。

或者，式（5-234）也可以改写为

$$\lambda = 7.34 \times 10^3 (T_e/N_e)^{1/2} \tag{5-235}$$

式中　T_e——电子温度（eV）；

　　　N_e——每立方米内的电子密度。

通常，德拜半径大于航天器的特征尺寸时，选用球形电场模型；而德拜半径远小于航天器尺寸时，选用平板电场模型。德拜半径对于出气气体分子静电返流计算的影响具有累积效应，应纳入计算的积分式内。

（1）球形电场条件下静电返流计算模型

如前所述，均匀充电球体周围的电场可由式（5-222）给出。然而，周围环境等离子体的存在会产生屏蔽效应，导致电场随着离开航天器表面距离的增加呈 $e^{-r/\lambda}$ 倍数降低，即

$$E = Q/[4\pi\varepsilon_0 r^2 e^{(r-r_0)/\lambda}] \tag{5-236}$$

式中　E——电场强度（V/m）；

Q——航天器电荷（C）；

ε_0——自由空间的介电常数 $[\varepsilon_0=8.85\times10^{-12}\ \mathrm{C^2/(N\cdot m^2)}]$；

r——径向距离（m）；

r_0——航天器半径（m）；

λ——德拜半径（m）。

计算出气气体分子静电返流效应时，要涉及出气离子在航天器电场中的运动，需要解决如下主要问题。

①离子在球形电场中运动所需能量

在球形电场中，将电荷 q 从 B 点移至 A 点所需要的能量或功由下式计算

$$W = q\int_{r_b}^{r_a} E\,\mathrm{d}r = q\int_{r_b}^{r_a} Q/[4\pi\varepsilon_0 r^2 \mathrm{e}^{(r-r_0)/\lambda}]\,\mathrm{d}r \qquad (5-237)$$

经简化得

$$W = qQ/(4\pi\varepsilon_0)\int_{r_b}^{r_a} 1/[r^2 \mathrm{e}^{(r-r_0)/\lambda}]\,\mathrm{d}r \qquad (5-238)$$

式中　W——电荷运动所需能量（J）；

Q——航天器电荷（C）；

q——航天器电场的电荷（C）；

ε_0——自由空间的介电常数；

r_b——B 点的径向距离（m）；

r_a——A 点的径向距离（m）；

r——径向距离（m）；

r_0——航天器半径（m）；

λ——德拜半径（m）。

应该注意的是，电场的径向距离从球形航天器中心计算，而德拜半径从航天器表面计算。公式中积分的求解比较困难，可通过数值积分方法求解。式（5-238）也可以通过电位差的形式表述，即

$$W = q(V_B - V_A) = qQ/(4\pi\varepsilon_0)\int_{r_b}^{r_a} 1/[r^2 \mathrm{e}^{(r-r_0)/\lambda}]\,\mathrm{d}r \qquad (5-239)$$

式中　V_B，V_A——B 点和 A 点的电位。

由此，可计算出气气体离子在充电航天器的电场内运动时所需要的能量。

②球形电场各点的绝对电位

为了求得航天器电场内某一点的绝对电位，可令 r_A 移至无穷远，即 $V_A=0$。在球形航天器表面的 $r=r_0$ 处，绝对电位等于

$$V_B = Q/(4\pi\varepsilon_0)\int_{r_0}^{\infty} 1/[r^2 \mathrm{e}^{(r-r_0)/\lambda}]\,\mathrm{d}r \qquad (5-240)$$

所以，航天器电荷应为

$$Q = V_B(4\pi\varepsilon_0)/\int_{r_0}^{\infty} 1/[r^2 \mathrm{e}^{(r-r_0)/\lambda}]\,\mathrm{d}r \qquad (5-241)$$

③球形电场中离子返流撞击速度

从航天器释放的中性气体分子所具有的动能为

$$E = m v_{th}^2 / 2 \qquad (5-242)$$

式中 E——气体分子动能（J）；

m——分子质量（kg）；

v_{th}——分子热运动速度（m/s）。

假设中性气体分子的动能在电离前不会通过碰撞发生变化，则电离形成的离子具有式 (5-242) 给出的动能，并在电离后会受到式 (5-236) 所给出电场的作用。按照式 (5-238)，新形成的离子在球形电场中从径向距离 r_i 移至无限远处所需能量可由下式给出

$$W = qQ / (4\pi\varepsilon_0) \int_{r_i}^{\infty} 1 / [r^2 e^{(r-r_0)/\lambda}] dr \qquad (5-243)$$

式中 W——出气气体离子逃逸航天器电场所需能量（J）；

Q——航天器电荷（C）；

q——出气气体离子的电荷（C）；

r_i——电离位置的径向距离（m）；

r——径向距离（m）；

r_0——航天器的半径（m）；

ε_0——自由空间的介电常数；

λ——德拜半径（m）。

如果由式 (5-243) 计算的能量小于式 (5-242) 计算的动能，经电离所形成的出气气体离子能够从航天器电场逃逸；反之，该离子将会在航天器电场作用下被拉回到充电的航天器。依据离子逃逸所需能量与电离前中性分子动能相等计算得到的径向距离，称为临界电离半径 r_c。任何出气分子在小于 r_c 的径向位置电离时，均会返回航天器。

返流离子撞击航天器的速度可通过下式计算

$$m v_s^2 / 2 = qQ / (4\pi\varepsilon_0) \int_{r_0}^{r_i} 1 / [r^2 e^{(r-r_0)/\lambda}] dr \qquad (5-244)$$

式 (5-244) 中，v_s 为返流离子撞击航天器的速度（m/s）；m 为离子的质量（kg）；其余符号的意义同前。因此，可以求得

$$v_s = \left[qQ / (2\pi\varepsilon_0 m) \int_{r_0}^{r_i} 1 / [r^2 e^{(r-r_0)/\lambda}] dr \right]^{\frac{1}{2}} \qquad (5-245)$$

可见，返流离子撞击速度 v_s 是电离点径向距离 r_i 的函数。在航天器附近电离的出气分子具有较小的返流撞击速度，而在临界电离半径距离 r_c 附近电离的出气分子具有较大的返流撞击速度。

④球形电场中静电返流质量

假设球形航天器以速率 F_0 均匀出气，可通过下式计算单位时间内出气气体的总质量

$$M_0 = F_0 \cdot 4\pi r_0^2 \qquad (5-246)$$

式中 M_0——单位时间内出气气体的总质量（kg/s）；

F_0——表面出气气体质量通量 [kg/（$m^2 \cdot s$）]；

r_0——航天器半径（m）。

在稳态条件下，通过半径为 r（$r > r_0$）的球表面的出气气体质量通量 F_r[kg/（$m^2 \cdot s$）] 可如下式所示

$$F_r = M_0/4\pi r^2 = (F_0 \cdot 4\pi r_0^2)/4\pi r^2 = F_0 r_0^2/r^2 \qquad (5-247)$$

在径向距离 $r(r > r_0)$ 处，出气气体的质量密度 $D_r(kg/m^3)$ 可由下式计算

$$D_r = F_r/v_{th} = F_0 r_0^2/(v_{th} r^2) \qquad (5-248)$$

式（5-248）中，v_{th} 为气体分子的热运动速度（m/s）；其余符号的意义同前。

如上所述，临界电离半径 r_c 是影响出气分子行为的重要参量。临界电离半径与航天器的电位、德拜半径及出气分子的径向速度有关。出气气体分子在临界电离半径之外电离时，会逃逸航天器电场。在临界电离半径 r_c 范围内电离的出气分子缺乏足够的能量而无法逃逸。这部分出气气体分子将返流回到航天器。在稳态条件下，临界电离半径 r_c 范围内的出气分子的总质量 M_t（单位为 kg）可用下述积分式计算

$$M_t = \int_{r_0}^{r_c} [F_0 r_0^2/(v_{th} r^2)](4\pi r^2)dr \qquad (5-249)$$

因此

$$M_t = 4\pi F_0 r_0^2 (r_c - r_0)/v_{th} \qquad (5-250)$$

式（5-250）中，各符号的意义同前。

出气气体分子可以通过三种机制电离，包括太阳紫外辐射、环境电子辐射及高能离子辐射。其中，主要以太阳紫外辐射和环境电子辐射为主。在临界电离半径范围内，单位时间所产生的离子的总质量由下式计算

$$M_i = M_t(\nu_e + \nu_{ph}) \qquad (5-251)$$

式中　M_i——单位时间内返流回航天器的离子总质量（kg/s）；

M_t——临界电离半径范围内出气分子的总质量（kg）；

ν_e——环境电子辐射诱发的电离频次速率（次/秒）；

ν_{ph}——太阳紫外辐射诱发的电离频次速率（次/秒）。

因此，在球形电场条件下，出气分子返流回航天器的质量分数 M_f 可由下式给出

$$M_f = M_i/M_0 \qquad (5-252)$$

假设最坏情况下粘着系数为 1，出气气体质量密度为 1 g/cm^3，便可以依据所计算的单位时间内出气气体离子返流回航天器的质量求得污染层的厚度。

（2）平板导体电场条件下静电返流计算模型

在德拜半径远小于航天器特征尺度的情况下，难以用球体模型表征航天器的充电表面。如低地球轨道条件下，德拜半径只有几厘米，使得污染物分子静电返流呈现局域效应，需要采用无穷大平板充电导体电场方程计算。平板充电导体的电场可由下式给出

$$E = \sigma/\varepsilon_0 \qquad (5-253)$$

式中　σ——单位面积电荷（C/m^2）；

ε_0——自由空间的介电常数 [$\varepsilon_0 = 8.85 \times 10^{-12}$ $C^2/$（$N \cdot m^2$）]。

当有等离子体鞘层屏蔽时，式（5-253）改为下式

$$E = \sigma/\varepsilon_0 \cdot e^{-r/\lambda} \qquad (5-254)$$

式中　r——距平板导体表面距离（m）；

　　　λ——德拜半径（m）；

　　　其余符号的意义同前。

在电场中将电荷 q 从 B 点移至 A 点所需能量由下式给出

$$W = q\int_B^A E \mathrm{d}r = q\int_B^A \sigma/\varepsilon_0 \cdot e^{-r/\lambda} \mathrm{d}r \qquad (5-255)$$

为了计算平板充电导体电场条件下出气气体分子静电返流效应，需要建立以下计算模型。

①离子从充电平板导体电场逃逸所需能量

如果出气气体分子距充电平板导体表面距离为 r_i，电离后离子逃逸电场（从距离 r_i 移至无穷远处）所需能量应为

$$W = q\int_{r_i}^\infty \sigma/\varepsilon_0 \cdot e^{-r/\lambda} \mathrm{d}r = q\sigma\lambda/\varepsilon_0 \cdot e^{-r/\lambda} \qquad (5-256)$$

②绝对电位

按照式（5-255），将电荷 q 在平板导体电场中从 B 点移至 A 点所做的功或所需能量表达式为

$$W = q(V_B - V_A) = q\int_{r_b}^{r_a} \sigma/\varepsilon_0 \cdot e^{-r/\lambda} \mathrm{d}r = \frac{q\sigma\lambda}{\varepsilon_0}\left(\frac{1}{e^{r_b/\lambda}} - \frac{1}{e^{r_a/\lambda}}\right) \qquad (5-257)$$

式中　V_A，V_B——A 点和 B 点的电位。

由此，令 $r_a = \infty$，$V_A = 0$，则距表面 r_b 处的绝对电位如下

$$V_B = \frac{\sigma\lambda}{\varepsilon_0}\left(\frac{1}{e^{r_b/\lambda}}\right) \qquad (5-258)$$

若令 $r_b = 0$，可得航天器表面单位面积上的电荷 σ（单位为 C/m²）为

$$\sigma = V_B \varepsilon_0/\lambda \qquad (5-259)$$

③平板导体电场条件下临界电离距离

在距平板导体表面临界电离距离 r_c 处，电离所形成离子的动能与其逃逸电场所需能量相等，即存在如下关系

$$\frac{mv^2}{2} = q\int_{r_c}^\infty \frac{\sigma}{\varepsilon_0}(e^{-r/\lambda})\mathrm{d}r = \frac{q\sigma\lambda}{\varepsilon_0}(e^{-r_c/\lambda}) \qquad (5-260)$$

故

$$r_c = \lambda\ln\left(\frac{2q\sigma\lambda}{\varepsilon_0 m v_{th}^2}\right) \qquad (5-261)$$

式中　r_c——距充电表面的临界电离距离（m）；

　　　σ——充电表面单位面积电荷（C/m²）；

　　　q——离子的电荷（C）；

　　　m——出气分子质量（kg）；

　　　v_{th}——出气分子热运动速度（m/s）；

其余符号的意义同前。

④平板导体电场条件下离子返流撞击速度

通过将离子在平板导体电场中的势能转化为动能，可计算出气离子返流撞击充电表面的速度，即存在以下关系

$$\frac{mv_s^2}{2} = q\int_0^{r_i} \frac{\sigma}{\varepsilon_0}(e^{-r_i/\lambda})dr \qquad (5-262)$$

则得

$$v_s = \left[\frac{2q\sigma\lambda}{m\varepsilon_0}(1-e^{-r_i/\lambda})\right]^{1/2} \qquad (5-263)$$

式中　v_s——出气离子撞击充电平板导体表面的速度（m/s）；

　　　　r_i——电离点距表面的距离（m）；

　　　　其余符号的意义同前。

⑤平板导体电场条件下静电返流质量

假设航天器表面出气速率不变，在临界电离距离 r_c 范围内单位时间出气气体的质量分数可为 r_c/v_{th}（v_{th} 为出气分子的热运动速度）。通过平板导体静电返流机制，返流回到航天器表面的出气气体质量通量 F_r 可由下式计算

$$F_r = F_0 r_c(\nu_e + \nu_{ph})/v_{th} \qquad (5-264)$$

式中　F_r——出气分子返流质量通量 [kg/（m²·s）]；

　　　　F_0——表面出气质量通量 [kg/（m²·s）]；

　　　　r_c——距充电表面的临界电离距离（m）；

　　　　ν_e——环境电子辐射诱发出气分子电离的频次速率（次/秒）；

　　　　ν_{ph}——太阳紫外辐射诱发出气分了电离的频次速率（次/秒）；

　　　　v_{th}——出气分子的热运动速度（m/s）。

因此，在平板导体电场条件下，出气分子静电返流的质量分数 M_f 可由下式计算

$$M_f = F_r/F_0 \qquad (5-265)$$

5.7.4　静电返流效应计算程序

Rantanen 与 Gordon[51] 在美国国家航空航天局的 SEE 研究计划的资助下，开发了第一代静电返流（ESR）计算程序，用于静电返流效应分析。航天器表面充电电位计算由有关程序完成（见 5.3.5 节）。ESR 程序可计算污染物返流质量通量、返流质量分数、返流粒子撞击航天器的速度及静电返流对航天器表面的溅射速率等。污染源可以是航天器出气表面、出气孔及轨/姿控发动机羽流。输入参数包括：

1）航天器表面面积；

2）航天器表面污染源的出气速率或质量通量；

3）航天器出气表面温度；

4）航天器表面出气分子的种类与分子量；

5）轨/姿控发动机或出气孔释放气体的速率或质量通量；

6）航天器表面充电电位；

7）德拜长度（用户可自行定义，也可由程序计算）；

8）污染物出气分子受太阳紫外辐射和环境电子辐射作用的电离截面；

9）不同种类和能量离子对航天器表面的溅射率；

10）诱发出气分子电离的太阳紫外光子与环境电子的通量；

11）航天器敏感表面温度（如热控表面、太阳阵表面及光学器件表面等）。

ESR 程序包含两种航天器充电电场计算模型（球形电场模型与平板导体电场模型），可视需要加以选择。静电返流效应计算涉及因素较多。在航天器设计阶段，可应用球形电场模型比较方便地进行初步计算，确定静电返流效应是否可能对航天器造成严重影响。如果发现确有必要，可进一步通过平板充电导体电场模型进行比较详细的计算。航天器存在多个污染源时，需要针对每个污染源分别建模，再通过加和求得综合结果。

参 考 文 献

［1］ 许淑艳. 蒙特卡罗方法在实验核物理中的应用［M］. 北京：原子能出版社，1996.

［2］ Berger M J. Monte－carlo calculation of the penetration and diffusion of fast charged particles//Methods in computational physics，Vol. 1：Statistical physics ［M］. New York：Academic Press，1963：135.

［3］ Blanchard C H，Fano U. Phys. Rev.，1951，82：767.

［4］ Bethe H A. Phys. Rev.，1953，89：1256.

［5］ Spencer L V，Fano U. Phys. Rev.，1954，93：1172.

［6］ Ziegler J F，Biersack J P，Littmark U. The stopping and range of irons in solids，Vol. 1 ［M］. ［S. 1］：Pergamon Press，1985：109.

［7］ Herr J L，McCollum M B. Spacecraft environments interactions：protecting against the effects of spacecraft charging ［M］. ［S. 1］：NASA Reference Publication，1994：1354.

［8］ Leach R D，Alexander M B. Failures and anomalies attributed to spacecraft charging ［M］. ［S. 1］：NASA Reference Publication，1995：1375.

［9］ Purvis C K，Garrett H B，Whittlesey A C，et al. Design guidelines for assessing and controlling spacecraft charging effects ［J］. NASA Technical Paper，1984：2361.

［10］ NASA－STD－4005 NASA Technical Standard：low earth orbit spacecraft charging design standard，2012.

［11］ NASA－HDBK－4006 NASA Technical Handbook：low earth orbit spacecraft charging design handbook，2012.

［12］ Hastings D，Garrett H. Spacecraft－environment interactions ［M］. ［S. 1］：Cambridge University Press，2004：154－167.

［13］ Новиков Л С，Милеев В И，Крупников К К，Маклецов А А. Электризация космических апаратов в магнитосферной плазме. Модель Космоса，Восьмое Издание，том II：Воздействие космической среды на материалы и оборудование космицеских аппаратов，Под ред. Новикова ЛС. Москва：Издательство 《КЦУ》，2007：236－275.

［14］ European Cooperation for Standardization （Ecss）. ECSS－E－ST－10－04A Space engineering－space environment，2000.

［15］ Новиков Л С，Милеев В И，Маклецов А А，и др. Математическое моделирование электризации космических аппратов. Модель Космоса，Восьмое Издание，том II：Воздействие космической среды на материалы и оборудование космических аппаратов，Под ред. Новикова Л С，Москва：Издательство 《К ДУ》，2007：276－314.

［16］ Katz I，Cassidy J J，Mandell M J，et al. The capabilities of the NASA charging analyzer program：Spacecraft Charging Technology－1978，eds.，Finke RC，Pike CP ［R］. NASA CP－2071/AFGL TR－79－0082，ADAO45459，1979：101.

［17］ Mandell M J，Katz I，Cooke K L. Potentials on large spacecraft in LEO ［J］. IEEE Trans. Nucl. Sci.，1982，Ns－29：1584.

[18] Lilley J R，Cooke D L，Jongeward G A，Katz I. Polar user's manual ［M］. AFGL－TR－85－0246.

[19] Davis V A，Katz I，Mandell M J，Gardner B M. Spacecraft charging interactive handbook ［C］. Proe. of 6th Spacecraft Charging Technology Conference，November2－6，1998：211－215.

[20] Krupnikov K K，Mileev V N，Novikov L S，Babkin G V. Mathematical modelling of high altitude spacecraft changing ［C］. Proc. of International Conference of Problems of Spacecraft/Environment Interactions，Novisibinsk，Russia，June15－19，1992：167.

[21] Vasilyev J V，Danilov V V，Dvoryashin V M，et al. Computer modelling of spacecraft charging using ECO－M ［C］. Proc. of International Conference of Problems of Spacecraft/Environment Interactions，Novisibinsk，Russia，June15－19，1992：187.

[22] Martin A R. Spacecraft/plasma interactions and electromagnetic effects in LEO and polar orbits ［R］. The Final Report for ESA/ESTEC Contract，No. 7989/88/NL/PB（SC），1991.

[23] Wrenn G L，Sims A J. Surface potentials of spacecraft materials ［C］. Proc. of ESA Workshop on Space Environment Analysis，ESA WPP－23，1990：415.

[24] NASA technical handbook：avoiding problems caused by spacecraft on－orbit internal charging effects ［M］. NASA－HDBK－4002，1999.

[25] NASA technical handbook：mitigating in－space charging effects－a guideline ［M］. NASA－HDBK 4002A，2011.

[26] Ягушкин Н И，Сергеев А И，Гостищев Э А. Исслецование радиационно－электрических процессов в диэлектриках при облуцении электронами с энергиями до 100кэв. Модель Космоса，Восьмое Издание，том II：Воздействие космицеской среды на материалы и оборудование космицеских аппаратов，Под ред. Новикова Л С. Москва：Издательство 《К ДУ》，2007：343－360.

[27] Акишин А И，Ноьиков Л С，Маклецов А А，Милеев В Н. Объемная электризация диэлектрииеских материалов космических аппаратов. Модель Космоса，Восьмое Издание，том II：Воздействие космицеской среды на материалы и оборудование космицеских аппаратов，Под ред，Новикова Л С. Москва：Издательство 《К ДУ》，2007：313－342.

[28] Тютнев А П，Саенко В С. Исследование радиационной проводимости диэлектриков. Модель Космоса，Восьмое Издание，том II：Воздействие космицеской среды на материалы и оборудование космицеских аппаратов，Под ред. Новиков Л С. Москова：Издательство 《К ДУ》，2007：377－394.

[29] Frederickson A R，Cotts D B，Wall J A，Bouguet F L. Spacecraft dielectric material properties and spacecraft charging：AIAA Progress in Astronautics and Aeronautics，Vol. 107 ［M］. New York：AIAA Press，1986.

[30] Yadlowsky E J，Hazelton R C. Study of micro damage in dielectric discharges ［J］. Spacecraft and Rockets，1979，26（6）：5134－5140.

[31] Agostinelli S，Allison J，Amako K，et al. Geant 4－A simulation toolkit ［J］. Nuclear Instruments and Methods in Physics Research，2003，A（506）：250－303.

[32] Батыгов М С，Милеев В Н，Новиков Л С，Тасайкин В Г. Компьютерное моделирование методом Монте－карло объемного заражения диэлектриков. Космонавтика и Ракетостроение，2003，1（30）：162－167.

[33] Sorensen J，Rodgers D J，Ryden K A，et al. ESA's tools for internal charging ［J］. IEEE Trans. Nucl. Sci.，2000，47（3）：491－497.

[34] Frederickson A K，Holeman E G，Mullen E G. Characteristics of spontaneous electrical discharging of various insulators in space radiations ［J］. IEEE Trans. Nucl. Sci.，1992，39（6）：1773－1982.

[35] Rodgers D J，Hunter K A，Wrenn G L. The flumic electron environment model ［C］. Proc. of 8th

Spacecraft Charging Technology Conference, Huntsville Alabama, 2003.

[36] Wenaas E P, Treadaway M J, Flanagan T M, et al. High – energy electron – induced discharges in printed current boards [J]. IEEE Trans. Nucl. Sci. , 1979, Ns – 26: 5152 – 5155.

[37] Coakley P. Assessment of internal ECEMP with emphasis for producing interim design guideline [M]. AFWL – TN – 86 – 28, 1987.

[38] Tribble A C, Boyadjian D J, et al. Contamination control engineering design guidelines for the aerospace community [R]. NASA Contract Report4740, 1996.

[39] Koeck C, Frezet M. Calculation of environmental effects on spacecraft surface using Monte – Carlo technique – application to contamination and atomic oxygen [C]. Proc. of 4th International Symposium on Materials in Space Environment, Toulouse, France, Spet 6 – 9, 1988: 263 – 273.

[40] Jarossy F J, Pizzicaroli L C, Owen N L. Shuttle/payload contamination evaluation (SPACE) program improvement, shuttle optical environment [C]. Proc. of the Meeting, Washington D C, April 23 – 24, 1981: 78.

[41] Ehlers H K F. An analysis of return flux from the space shuttle orbiter RCS engines [C]. AIAA paper No 84 – 0551: AIAA 22nd Aerospace Science Meeting, Reno NV, Jan 9 – 12, 1984.

[42] Babel H, Hasegawa M, Jones C, Fussell J. The effects of contamination from silicones and a modified – Tefzel Insulation [C]. IAF Paper 96 – 1. 5. 08: The 47th International Asrtonautical Congress, Beijing, China, Oct 7 – 11, 1996.

[43] Rantanen R, Gordon T. On – orbit transport of molecular and particular contaminants, optical system contamination V and stray light and system optimization [C]. Proc. of SPIE Conference, Denver, CO, Aug 5 – 7, 1996: 115 – 126.

[44] Perrin V, Metois P, khartov S, Nadiradze A. Simulation tools for the plasma propulsion and satellite environment [C]. Proc. of 52nd International Astronautical Congress, Toulouse, France, October 1 – 5, 2001.

[45] Roy R E S, Hastings D H. Modelling of ion thruster plume contamination [R]. AIAA Paper No. 93: 2531.

[46] Dettleff G. Plume flow and plume impingment in space technology [J]. Progress in Aerospace Science, 1991, 28: 1 – 71.

[47] Eckert E G. Engineering relations for fictions and heat transfer to surfaces in high velocity flow [J]. Journal of Aeronautics and Science, 1995 (8).

[48] Hoffman R J, Kawasaki A, Trinks H, et al. The CONTAM3. 2 plume flowfield analysis and contamination prediction computer program: analysis model and experimental verification [C]. AIAA Paper No. 85 – 0928: AIAA 20th Thermophysics Conference, Williamsburg, VA, June 19 – 21, 1985.

[49] Tirnds H. Exhaust plume data handbook (EPDH Ⅳ) [M]. Progress Report IV. ESA Contract No. 7510/87/NL/PP, Sept. 1911a.

[50] Cheoux – Damas P, Theroude C, Castejon S, Hufenbach B. PCD: An interactive tool for archiving plume impingement and contamination data [C]. Proc of 2nd European Spacecraft Propulsion Conference, ESTEC, Noordwijk, Netherlands, May 27 – 29, 1997: 587 – 594.

[51] Rantanen R, Gordon T. Electrostatic return of contaminants [M]. NASA CR – 2003 – 212637, Marshell Space Flight Center, 2003.

第6章　航天器用材料及器件环境效应地面模拟试验

6.1　引言

航天实践表明，空间环境与在轨的物质（所谓物质通常是指航天器所用的材料和器件、航天员以及各星球的物质等）相互作用会产生各种效应。其中有两大类效应会严重影响物质的在轨寿命。一类效应是指在空间环境作用下，使航天器所用材料的性能及器件功能退化，当退化到低于材料和器件设计指标时，航天器的功能失效，并终止服役；另一类效应是空间环境会使在轨航天器出现各种突发性故障或事故，也能使航天器终止服役。根据对已发射的各种航天器失效情况的不完全统计，大约有50%左右的航天器的失效是由空间环境引起的。

目前，人类在太空活动的空间主要是太阳系。在上述空间中，人类进行空间活动的装备主要是各种航天器、单机、分系统、器件和材料、航天员，用于做空间科学试验的动物和植物，以及星球表面的物质等。

人类在半个多世纪的空间活动中，创立了空间科学与技术。所研究的空间科学与技术包括如下的四部分内容：

第一部分，空间基础科学。其主要内容如下：

1）空间环境学；

2）空间材料学；

3）空间生命科学。

第二部分，空间应用基础科学。它是指空间环境与空间物质相互作用的核心科学，通常称之为空间环境效应科学。它可保证航天器在轨运行时的高可靠性和长寿命。其内容如下：

1）空间材料、器件、分系统及单机效应科学与技术；

2）空间微电子效应科学；

3）空间光学效应科学；

4）空间能源效应科学；

5）空间运动效应科学；

6）空间摩擦学效应科学；

7）空间通信效应科学；

8）空间热控涂层效应科学；

9）空间环境及效应计算机仿真；

10）空间物质可靠性评估和寿命预测理论。

第三部分，交叉学科。

当航天器运行轨道确定后，在此轨道上航天器所受到的单因素空间环境就确定了。这些单因素的空间环境作用于航天器上会产生不同的效应，涉及物理、化学、生物学等不同学科。

人类已开发的航天器运行轨道有地球（低、中、高）轨道、太阳轨道、月球轨道、火星轨道等。在这些轨道上的环境包括近地轨道环境、太阳环境、月球环境、火星环境、行星际环境等。

第四部分，空间工程科学（空间技术）。

空间技术是探索、开发和利用太空以及地球以外天体的综合性工程技术，是当代高新科技之一。它包括：航天轨道控制，航天器姿态控制，航天器热控制，航天器电源，遥测遥控，生命保障，空间对接，航天器设计与制造，航天器环境模拟，航天器发射，航天器返回，深空探测器的着陆与动力，航天器安控，航天信息获得和处理，航天系统工程等。

空间技术具有当代高技术的一切特征。它是建立在综合科学或大规模研究基础上的技术，是处于当代科学技术前沿的技术，是在发展生产力、增强国防、促进社会文明三个方面起先导作用的技术。

人类要想防止和消除空间环境所产生的不利效应，必须研究这些效应产生的物理规律与机理，这一基础理论研究是提高和保证航天器、航天员安全的核心科学与技术。

空间环境与航天器和航天员的相互作用发生在太空，航天器一旦发射，绝大多数是不能返回地面的，而且空间环境复杂，仅太阳系单因素的空间环境就有 30 余种。这些空间环境处于动态的变化中。物质在空间是受多因素作用的，在空间很难区分出哪种效应是由哪个环境引起的。这就增加了研究空间环境效应物理规律与机理的难度。而从研究的角度来看，必须首先研究单因素作用效应的物理规律及机理，然后才能弄清楚多因素作用下的协同效应和综合效应。而要想研究清楚空间环境单因素作用下的环境效应的物理规律及机理，必须在地面上再现空间环境。但由于空间环境各种参数范围很宽，又受到科学水平与技术条件的限制，有些环境想在地面上再现，使其与空间环境完全一样是办不到的。为此，人们在地面上系统地模拟了空间环境与航天器和航天员的相互作用所涉及的各种效应科学问题。经过大量的科学试验，终于使在地面上进行的空间环境效应研究，与航天器的空间环境效应有相同的研究规律，将此规律称之为"地面与空间的效应等效"。这样，就可以在地面上来研究空间环境效应的物理规律及机理。因此，空间环境效应地面模拟试验成为空间效应科学和技术研究的一条最重要、最基本的途径。

空间环境通常是指宇宙中各种物质状态，它可分为自然、人工、诱导环境三大类。一旦航天器进入太空后，由于航天器本身相关材料在真空条件下有气体析出，航天器发动机废气的排出，放射性物质的存在，空间垃圾及航天器本身的热量等，使航天器周围的环境，如真空、温度、电场、磁场、污染等环境发生显著的变化。我们所说的空间环境与航天器相互作用的效应，应当是在轨航天器周围环境综合作用的结果。因此，研究空间环境效应科学与技术时，仅仅研究空间自然环境的作用是不够的，有其片面性，必须将空间自然环境与航天器发射入轨后所形成的人工和诱导环境综合起来，才能反映空间环境效应的客观规律及物理本质。

在轨航天器周围环境效应地面模拟的主要研究内容包括：

1）空间环境效应的物理规律及机理；

2）航天器周围环境效应的模拟原理及方法；

3）航天器周围环境效应的地面模拟、评价、验证及防护技术与设备（包括单因素效应、多因素协同效应及综合效应等）；

4）航天器周围环境效应模拟试验方法与规范及标准；

5）航天器周围环境效应数值仿真方法；

6）航天员训练与试验方法等；

7）航天器所用材料和器件的性能退化规律的预测与可靠性评价理论与方法；

8）防护技术的验证等。

将空间科学与技术问题在地面上加以研究，必须解决一系列环境效应地面模拟的理论、方法、设备、规范及标准等，才能使地面模拟的成果有效地应用于空间。

6.2　航天器用材料空间环境效应地面等效模拟原理及方法

6.2.1　效应等效模拟原理

将空间科学与技术问题在地面上加以研究，其结果能否有效地应用于空间是首先要解决的关键问题之一。以空间带电粒子辐射环境为例加以说明。空间带电粒子（质子、电子）在空间存在的形式如图 6-1（a）和图 6-1（b）所示，这些质子、电子是以微分能谱的形式作用于空间的各种物质。从目前已有的科学与技术水平来看，在地面上完全再现空间带电粒子能谱还有相当大的困难。为此，在地面上模拟空间辐射环境在大多数情况下是用单一能量，再给以不同的束流密度来实现的。从表面上看，空间带电粒子作用于物质上的微分能谱，而地面环境效应模拟设备的带电粒子是单能的，这两者是完全不同的。但经过大量的实验研究发现，无论是地面模拟环境效应或空间环境效应，二者之间有相同的环境效应的规律。将这一研究规律称之为效应等效模拟原理。

要想在地面上模拟空间环境效应，并能够有效地应用于空间，必须满足地面模拟效应与空间环境效应等效的原理。

6.2.2　空间带电粒子辐射效应等效模拟试验方法

每一种环境效应均有一个技术指标作为效应的判据来表征，如总剂量、电离、位移等效应是用吸收剂量来表征，充放电效应可用电位差来表征，单粒子效应可用线性能量传输与饱和截面的关系来表征。又根据空间环境效应与地面模拟效应等效的原理，建立表征各种效应的地面技术指标与表征空间效应的技术指标相等。即

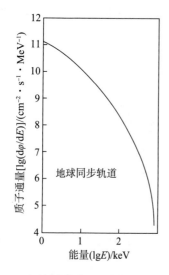

（a）地球同步轨道上的质子微分能量谱[1]

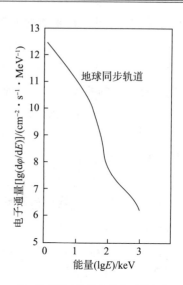

（b）地球同步轨道上的电子微分能量谱

图 6-1 地球同步轨道质子及电子微分能谱（$R=36\ 000$ km，$i=0°$）[2]

$$D_{地} = D_{空} \tag{6-1}$$

D 是表征地面和空间效应的技术指标，它是制定等效模拟方法的依据。

6.2.2.1 吸收剂量相等模拟方法

不同效应其等效判据不同，如总剂量效应其判据为吸收剂量。根据效应等效的原理，其地面模拟环境效应吸收剂量与空间环境效应吸收剂量相等。吸收剂量的数学表达式如下：

（1）空间辐射吸收剂量计算公式

$$D_{空} = \frac{t}{\rho} \int_{E_{\min}}^{E_{\max}} \varphi(E) \left(-\frac{\mathrm{d}E}{\mathrm{d}X} \right)_{E} \cdot \mathrm{d}E \tag{6-2}$$

式中　$\varphi(E)$——轨道上粒子微分能谱；

　　　ρ——靶材密度；

　　　t——辐照时间；

　　　E——粒子能量；

　　　$\left(-\dfrac{\mathrm{d}E}{\mathrm{d}X} \right)_{E}$——能量 E 粒子的阻止本领。

（2）地面试验吸收剂量计算公式

$$D_{地} = \frac{\varphi E \tau}{\rho R} \tag{6-3}$$

式中　φ——粒子辐照通量；

　　　E——入射粒子能量；

　　　ρ——试样的密度；

　　　R——粒子在材料中的射程；

τ ——辐照时间。

可以通过式（6-1）～式（6-3）计算出地面模拟试验的参数，此时地面模拟吸收剂量与空间吸收剂量相等。当辐射粒子作用于靶材上出现的效应不是总剂量效应时，其判据应当根据出现效应的类型不同，而选择表征其空间与地面效应技术指标。

吸收剂量的判据可用于表征总剂量、电离、位移等效应。

6.2.2.2　能谱替换技术

它是利用空间环境效应地面模拟与空间环境效应等效的原理，利用地面单一能量与不同束流密度的配合所产生的效应，替换空间环境微分连续能谱所产生的效应，可用公式（6-4）表示。而计算出的等效束流密度，作为地面模拟试验参数。以热控涂层材料为例，对于热控涂层的空间带电粒子辐照效应模拟，如果空间实际连续能谱粒子辐照对热控涂层太阳吸收比变化 Δa_s 影响等同于某一能量（E_0）的相同粒子以某一束流密度（φ_{eff}）在相同时间内的作用结果，则两者的作用效应具有等效性。其数学表述形式如下

$$\Delta \alpha \left(E_0 \cdot \varphi_{\text{eff}} \right) = \Delta a_s \left(\frac{\mathrm{d}\varphi}{\mathrm{d}E} \right) \tag{6-4}$$

式中　φ_{eff} ——带电粒子等效束流密度；

$\left(\dfrac{\mathrm{d}\varphi}{\mathrm{d}E} \right)$ ——带电粒子微分能谱。

通过式（6-4），可以建立起相等的地面模拟单能粒子辐照效应与空间连续微分能谱辐照效应，并将等效束流密度 φ_{eff} 作为等效模拟判据。在进行空间辐照地面模拟试验时，要针对所选用的辐照粒子能量换算相应的等效束流密度 φ_{eff} 的表达式，作为试验参数选择的基本依据。

在进行空间连续粒子能谱代换时，由"黑箱法"原理所建立的数学表达式是计算空间辐照等效束流密度的基础。考虑到空间粒子能谱分布的连续性，可以将式（6-4）改写为如下形式

$$\Delta \alpha_s \left(E_0 , \varphi_0 \right) = \Delta a_s \left(\int_{E_1}^{E_2} \frac{\mathrm{d}\varphi}{\mathrm{d}E} \mathrm{d}E \right) \tag{6-5}$$

式中　E_0 , φ_0 ——地面模拟空间辐照试验时所选取的单能粒子束流的能量和束流密度，单位分别为 MeV 和 $\text{cm}^{-2}\text{s}^{-1}\text{g}$；

$\dfrac{\mathrm{d}\varphi}{\mathrm{d}E}$ ——航天器具体运行轨道上 E_1 至 E_2 能量范围内的带电粒子谱；

Δa_s ——热控涂层太阳吸收比的变化值。

式（6-5）是计算单一能量配合不同束流密度与空间连续能谱的地面模拟等效束流密度的基础公式。

由于地面模拟能量的选择需考虑到带电粒子的射程和能量损失，因此，在地面模拟时其能量的选择与空间连续能谱的能量应当相近。

在一系列的试验基础上，将建立等效束流密度的求解参数和系数，对不同的电子辐照能量求得相应的等效束流密度，作为试验参数选择的基本依据。

通过式（6-5）可以计算出地面模拟的等效束流密度，作为地面模拟试验参数，该方法主要用于航天器表面所用材料（如热控涂层材料等）的选择。

6.2.2.3　吸收剂量沿材料深度方向等效模拟方法

能谱替换技术方法，适用于航天器用表面材料，如热控涂层。而当航天器用材料很厚时，如光学玻璃，由于受射程的影响，深度方向上越深，其准确性就有较大的误差。为此，人们又研究了吸收剂量沿试验试样深度分布等效方法。此方法是建立在地面模拟与空间环境作用后其判据相等的基础上，是通过试验建立起来的地面模拟方法，如图6-2和图6-3所示。

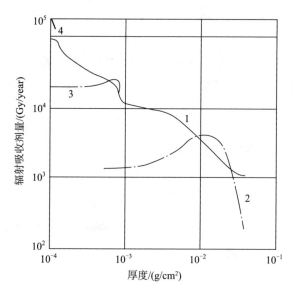

图 6-2　800 km 极轨环境铈玻璃中吸收剂量分布图[3]

1—空间计算出的吸收剂量曲线；2—电子，$E=200$ keV，注量为 $3×10^{12}$ cm^{-2}；

3—质子，$E=300$ keV，注量为 $3.5×10^{11}$ cm^{-2}；4—质子，$E=50$ keV，注量为 $3.2×10^{12}$ cm^{-2}

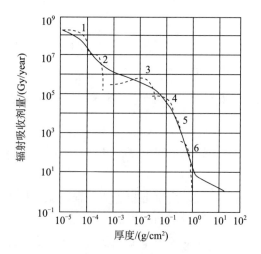

图 6-3　地球同步轨道环境铈玻璃中吸收剂量分布图[4]

1—质子，30 keV；2—质子，150 keV；3~6—电子，分别为 0.2 MeV、0.6 MeV、1 MeV 和 2 MeV

图 6 - 2 和图 6 - 3 分别为极轨（800 km）和地球同步轨道上的铈玻璃吸收剂量分布图。在图 6 - 2、图 6 - 3 中，其中连续的细线为计算出的空间环境作用于材料上的吸收剂量，而要选择使用几种带有不同能量的带电粒子的单能束，使其与计算的沿深度方向的吸收剂量相等方法，来做地面环境效应相等的试验，称之为吸收剂量沿深度方向相等的方法。

这种方法也是按着地面模拟与空间环境效应等效的原理而建立的。在地面模拟试验选择能量范围时，必须保证带电粒子作用到被研究的材料上。

6.3　航天器用器件空间环境效应地面模拟等效原理及方法

航天器在轨寿命包含三个概念：一个是航天器设计寿命；另一个是航天器在轨实际寿命；还有一个寿命的概念，即航天器基础在轨寿命，它是航天器在空间环境作用下，由于性能退化，当低于设计指标时，航天器终止服役。随着航天事业的发展，航天器在轨实际寿命愈来愈长。对已设计好的航天器，或者在轨服役的航天器，均要进行在轨寿命的评估与预测。大量的航天实践表明，航天器在轨寿命是由组成航天器关键的材料和器件决定的。用于制造航天器的材料可反映航天器的性能，而器件可反映航天器的功能，航天器一旦发射入轨，无论材料或器件，在空间环境作用下均会产生性能和功能的退化，当低于航天器材料或器件的设计指标时，航天器终止服役。这个航天器用材料与器件性能和功能退化的时间为航天器在轨寿命，而航天材料和器件退化到低于设计指标时的时间称之为航天器基础在轨寿命。影响航天器在轨寿命还有一个因素，就是可靠性问题，在空间环境作用下，由于航天器的选材、加工、空间环境等因素作用下航天器会出现各种故障，也会使航天器终止服役。可靠性大小用概率表示，它不是寿命的概念，而是影响航天器在轨寿命的一个因素。

统计人类已发射的各种航天器失效的形式，绝大多数的航天器失效是由材料和器件引起的，因此，在地面上研究航天器所用的材料和器件的性能退化及可靠性是进行航天器在轨寿命评估和预测的基础研究。

前文介绍了航天器用材料如何进行地面模拟试验的原理及方法，下面介绍航天器用器件的环境效应地面模拟试验的原理及方法。

我们知道，航天器所用器件，绝大多数是由两种或两种以上的材料组合加工而成。大量的航天器失效研究表明，任何一个航天器的在轨失效均是由航天器所用材料和器件引起的。而器件的失效也是由组成器件中的某一种材料优先失效引起的。在器件中优先失效的部位称之为失效敏感部位。这种部位反映器件失效的规律与机理，因此，器件失效的空间环境效应等效是由失效敏感部位决定的，其等效的判据是由敏感部位的吸收剂量决定的。在对器件辐照试验时，其辐照综合能量必须打在失效敏感部位。四种典型关键件的失效敏感部位如表 6 - 1 所示。

表 6 - 1　四种典型关键件的失效敏感部位

关键件	敏感部位	关键件	敏感部位
热控涂层	光学反射层或表面透明介质层	电子元器件	栅氧区（MOS型），PN结区（双极型）
光学器件	光学膜层	太阳电池	PN结区

6.4　航天器用材料与器件的加速试验原理及方法

随着航天事业的发展，对航天器的在轨寿命提出了更高的要求，其在轨寿命越来越长，如和平号空间站、国际空间站、长寿命应用卫星的在轨寿命长达 20 年左右。航天器的在轨寿命愈长，则在评估和预测时，所花的时间愈长，成本愈高，为了缩短对在轨航天器寿命的预测时间，研究了对航天器所用材料与器件的加速试验的原理和方法。所谓加速试验，是缩短材料与器件试验时间，此时必须使试验参数值增大才能实现。研究表明，航天器的寿命预测能否进行加速，取决于在 1∶1 条件下进行试验的损伤物理本质是否与加速情况下材料和器件损伤的物理本质相一致，这一加速试验的原理是经过多年的研究而获得的。

其加速的试验方法，如以带电粒子辐照环境为例，一定要选择能反映材料属性的性能，通过在不同注量情况下做试验，若能获得如图 6 - 4 所示性能退化规律曲线，则该材料才能做加速试验。

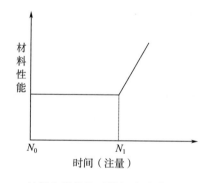

图 6 - 4　材料和器件能否做加速试验的判据示意图

如果某一种材料通过试验获得如图 6 - 4 所示的试验结果。该材料在试验中的曲线（$N_0 \sim N_1$ 范围）为直线，则称之为等效区间。研究表明，在 $N_0 \sim N_1$ 范围内，材料失效的物理本质是一样的。因此，可以做加速试验。

为了做好加速试验，首先要求出加速倍数或加速系数，如下式所示

$$\frac{N_1}{N_0} = K \tag{6-6}$$

式中　N_0——试验开始的时间；

　　　N_1——等效区间的最大值；

K——加速倍数或称加速系数。

用 N_0 除等效区间的任一值，均是加速倍数值，而 $K = N_1 / N_0$ 为该材料的最大加速倍数，当 $K = 20$ 时，该材料在轨工作 20 年时，用一年的试验时间就可以获得材料 20 年的性能数据，这就大大缩短了试验时间，材料的加速试验方法已在工程中得到广泛应用，是用于评价和预测材料性能和器件功能退化的重要方法。

用加速试验方法来评估材料和器件在轨服役期间的性能退化是可行的，但对于评估材料和器件在轨可靠性问题尚不适用。

6.5　航天器用材料与器件在轨环境效应地面模拟试验

6.5.1　空间真空环境效应地面模拟试验

航天器运行在宇宙空间的不同位置，其真空度是不同的。海平面大气密度的标准值为 1.225×10^{-3} g/cm^3，其压力标准值为 101 325 Pa。压力单位有 Pa，Torr，其换算公式如下

$$1 \text{ Pa} \approx 7.5 \times 10^{-3} \text{ Torr}$$

随着与地面的距离越远，大气密度越来越低，测量的 200～10 000 km 高度范围内地球大气压参数的平均值如表 6-2 所示。

表 6-2　200～10 000 km 高度范围内地球大气层参数的平均值

高度/km	压力/Pa	密度/(kg·m^{-3})	温度/K	微粒浓度/(m^{-3})
200	1.9×10^{-4}	4.3×10^{-10}	1 290	1.0×10^{16}
300	3.5×10^{-5}	5.5×10^{-11}	1 650	1.5×10^{15}
400	9.6×10^{-6}	1.3×10^{-11}	1 730	4.0×10^{14}
500	3.2×10^{-6}	3.9×10^{-12}	1 750	1.3×10^{14}
600	1.2×10^{-6}	1.4×10^{-12}	1 760	4.9×10^{13}
800	2.1×10^{-7}	2.2×10^{-13}	1 770	8.6×10^{12}
1 000	4.9×10^{-8}	4.3×10^{-14}	1 770	2.0×10^{12}
1 500	5.7×10^{-9}	2.2×10^{-15}	1 770	2.3×10^{11}
2 000	2.2×10^{-9}	6.0×10^{-16}	1 770	8.9×10^{10}
3 000	4.9×10^{-9}	1.9×10^{-16}	1 900	1.9×10^{10}
5 000	3.0×10^{-10}	4.5×10^{-17}	3 000	4.6×10^{9}
10 000	2.1×10^{-10}	1.0×10^{-17}	15 000	1.0×10^{9}

月球表面的真空度是 10^{-10}～10^{-12} Pa。

火星表面的真空度通常在 1 400～300 Pa，平均为 750 Pa。

不难看出，人类已经探索的宇宙空间绝大多数处于真空状态。因此，真空环境是作用于航天器最基本、最基础的环境之一。

在进行空间真空地面模拟试验时，其真空度如何设置是关键之一。

航天器一旦进入宇宙真空空间，航天器本身也会产生一些气体，排放到航天器的周围，使其航天器周围的真空度下降，经过近地轨道航天器周围真空度的大量测试，结果表明：航天器周围的真空度在 10^{-5} Pa 左右。从真空环境地面模拟设备的需求来看，常规的真空度选取 10^{-5} Pa，当然也有一些效应要求真空度高一些，如冷焊效应的研究，其真空度要求在 10^{-7} Pa。

6.5.1.1　材料在真空中的效应

（1）真空出气效应

当真空度高于 10^{-2} Pa 时，材料中的气体会不断地从材料表面释放出来。这些气体的来源是：1）原先在材料表面吸附的气体，在真空状态下从表面脱附；2）原先溶解于材料内部的气体，在真空状态下从材料内部向真空边界扩散，最后在界面上释放，脱离材料；3）渗透气体通过固体材料释放出来。

（2）材料蒸发、升华和分解效应

材料在空间真空环境下的蒸发、升华和分解都会造成材料组分的变化，引起材料质量损失（简称质损），造成有机物的膨胀，改变材料原有性能，如热物理性能和介电性能等。一般质损 1%～2% 时，材料的宏观性质无重大变化；但质损达 10% 时，材料性质出现明显的变化。因此，一般把每年质损小于 1% 作为航天器材料能否使用的标准。

航天器表面材料不均匀的升华，引起表面粗糙，使航天器表面光学性能变差。在高真空度下材料的内、外分界面可能变动，引起材料机械性能的变化。由于蒸发缺少氧化膜或其他表面保护膜，因而可能改变材料两面的适应系数及表面辐射率，显著改变材料的机械性能、蠕变强度和疲劳强度等。

（3）真空环境下的分子污染效应

航天器材料在空间真空环境下出气，可使高温吸附的可凝性气体转移到航天器的低温处，造成低温处表面污染，从而改变表面成分和性能。这种通过分子流动和物质迁移而沉积在航天器其他部位上造成的污染，称为分子污染。严重的分子污染会降低观察窗和光学镜头的透明度，改变热控涂层的性能，减小太阳电池的光吸收率，增加电器元件的接触电阻等。

分子污染效应会改变航天器材料表面的性能，如二次电子发射系数、光电子发射系数及表面电阻等，使航天器表面的充放电阈值发生变化。因此，分子污染效应是真空环境中主要的效应。

（4）真空放电效应

真空放电效应发生在 10^{-3}～10^{-1} Pa 低真空范围。当电极之间发生自激放电时称为电击穿。决定击穿电压阈值的因素很多，如气体性质、压力、两极间距离、极板的性质和形状等。对于航天器发射上升阶段必须工作或通电的电子仪器，应防止任何可能的放电。

当真空度达到 10^{-2} Pa 或更高时，在真空中分开一定距离的两块金属表面受到具有一定能量的电子碰撞时，会从金属表面激发出更多的次级电子，它们还可能与两个面发生来回多次碰撞，使这种放电成为稳定态，称这种现象为微放电。金属由于发射次级电子而受到侵蚀，电子碰撞会引起温度升高，而使附近气体压力升高，甚至会造成严重的电晕放电。射频空腔波导管等装置有可能由于微放电而使其性能下降，甚至产生永久性失效。

（5）真空环境下的热辐射效应

在空间真空环境下，航天器与外界的传热主要通过辐射形式，因此，航天器表面的辐射特性对航天器的温度控制起着重要作用，这与地面情况差别很大。为了使航天器保持在允许的热平衡温度下，航天器的热设计必须考虑空间真空环境下传热以辐射与接触传热为主导的效应。

此外，航天器中静态接触的部件，由于表面存在微小的不平度和它们之间的真空空隙，使接触热阻增大。日本、法国的第 1 颗卫星入轨后就因为温度控制不当而造成失效。

（6）真空环境大气密度的阻力效应

航天器的阻力与真空环境的大气密度成正比，轨道越高，阻力越小，大气阻力与航天器垂直于运动方向的截面成正比。航天器在大气阻力作用下产生的减速度与航天器的质量成正比，截面越大、质量越小的航天器，其寿命越短。航天器所受的大气阻力与航天器的运动方向相反，它使航天器的动能减小，并导致运动高度下降、轨道收缩。当进入大气稠密区域时，航天器所受的阻力进一步增加，下降速度加快，直至陨落。此外，当航天器相对运动方向的外形不对称时，高层大气的阻力也会产生力矩，力矩与航天器特征长度的立方成正比，因而会直接影响到航天器的姿态。可以说，高层大气的阻力是航天器的轨道衰变、姿态调整、寿命损耗的主要原因之一。

（7）黏着和冷焊效应

黏着和冷焊效应一般发生在 10^{-7} Pa 以上的超高真空环境下。

地面上固体表面总吸附有氧气和水膜及其他膜，在不另加注润滑剂的情况下，它们成为边界起润湿作用的润滑剂，起到了减小摩擦系数的作用。在真空中固体表面的吸附气膜、污染膜以及氧化膜被部分或全部清除，从而形成清洁的材料表面，使表面之间出现不同程度的黏合现象，称为黏着。如果除去氧化膜，使表面达到原子洁净程度，在一定压力负荷和温度下，可进一步整体黏着，即引起冷焊。这种现象可使航天器上一些活动部件出现故障，如加速轴承的磨损，降低其工作寿命，使电机滑环、电刷、继电器和开头触点接触不良，甚至使航天器上一些活动部件出现故障，如天线或重力梯度杆展不开，太阳电池阵板、散热百叶窗打不开等。总之，一切支承、传动、触点部位都可能出现故障。防止冷焊的措施是选择不易发生冷焊的配偶材料，在接触表面涂覆固体润滑剂或设法补充液体润滑剂，涂覆不易发生冷焊的材料膜层。

真空环境是太阳系环境的主要环境之一。在研究空间环境与航天器相互作用时，真空环境是基础环境。空间环境地面模拟试验时，真空环境是必不可少的。

真空试验，可分为材料级、器件级、分系统、整星试验项目，其中，材料级真空试验方法是材料的出气引起的总质量损失及收集到的可凝挥发物的试验方法，是真空环境在地面上最基础、最标准的试验方法。

6.5.1.2　测量真空环境中材料出气引起的总质量损失及收集到的可凝挥发物的标准试
　　　　验方法

（1）范围

1）这一试验方法包含暴露在真空环境下测定材料挥发物的筛选技术，测量两个参数：总质量损失（TML）和收集到的可凝挥发物（CVCM）。另外，还有一个参数是水蒸气回吸量（MVR），是在完成测量必需的 TML 和 CVCM 之后得到的参数。

2）这一试验方法描述了温度在 125 ℃，压力在 24 h 以内不低于 $7×10^{-3}$ Pa（$5.25×10^{-5}$ Torr）的试验设备以及相关的操作程序，以估计材料质量损失。全部的质量损失可分为非凝结性和可凝结性两部分，后者的特征在这里是 25 ℃下收集器中可凝结。

3）试验所用的有机材料、聚合材料和无机材料有很多种类型。其中包括聚合物陶瓷复合材料、泡沫塑料、橡胶、薄膜、带、绝缘材料、压缩管材料、胶粘材料、覆盖材料、衣料、织物、带绳索及润滑剂。

4）这一试验方法主要用于材料筛选技术，但对于计算在一个体系或组分内的实际污染物并不是一定有效的，因为结构、温度及材料处理都存在差异。

5）使用者基于特殊材料组分和体系要求来决定用于接受和拒绝材料的标准。从以往经验来看，总质量损失 TML 不大于 1.00% 和收集可凝挥发物 CVCM 不大于 0.10%，已经被作为验收航天器材料的筛选标准。

6）依照试验方法认为可接受的材料，并不能确保体系或组分一直保持不受污染。因此，接下来很有必要做功能性发展及条件试验以确定材料的性能是合格的。

7）这一标准目的不在于解决所有的安全问题，即便能够解决，也要与其用途相结合，对于使用这一标准的用户而言，他们要对建立相应的安全健康规程和于使用前决定调整的局限性负相应责任。

（2）参考文献

1）ASTM E117—2014《ASTM 试验方法中术语精确性和偏差的使用规程》。

2）《详细制图的微挥发可凝结物材料 Micro VCM》。

（3）术语

1）收集到的可凝挥发物，CVCM——在特定的时间及特定温度不变的条件下从试验样品中析出可收集凝结的物质质量。CVCM 表达形式为初始样品质量的百分比，试验前后收集板的质量差决定凝结物的质量。

2）总质量损失，TML——在特定的时间及特定的温度、压力不变的条件下从试验样品材料析出气体的总质量，TML 的计算是通过试验前后测量的样品质量得到的，其表达形式为初始样品质量的百分比。

3）水蒸气回吸量，WVR——通过选择样品回吸步骤后，重新获得水蒸气的质量。WVR 的计算是样品经过 TML 和 CVCM 试验后置于相对湿度为 50% 的气氛且温度为 23 ℃ 的条件下，保温 24 h 后的样品质量差。其表达形式为初始样品质量的百分比。

（4）试验方法概要

1）根据微挥发凝结物的定义，即要求大量的样品和长时间的测试。

2）试验样品放置在温度为 23 ℃、相对湿度为 50% 的未经污染的预制小盒内，该小盒已经称重。样品放入小盒以后，再次称量，将其置于试样室内用试验设备中的铜棒加热。为满足同步试验，铜加热棒需能够容纳大量样品，加热棒和试验设备的其他部分都位于真空室内，真空室是密封的而且其中的真空压力不低于 7×10^{-3} Pa。加热棒将样品隔间的温度升高到 125 ℃，这导致水蒸气从加热的样品中沿着试样室隔间上的小洞里涌出来，其中水蒸气的一部分通过收集室，其内有之前称量的一些水蒸气的凝结物，而且有独立的温度控制。每一个试样室隔间都相应有一块与其他隔离开的收集板，通过这样的分隔间来阻止相互污染。在 24 h 之后，将实验设备冷却并且在真空室内又充满干燥惰性的气体，称重样品和收集板，在放置于真空中之前测量样品质量就可以得到 TML 和 CVCM 的百分比。正常情况下，报告值是同一材料三个样品的平均值。

3）测定 TML 的样品称重完以后，如果想得到水蒸气回吸量（WVR）的测定，就要按照以下步骤：在温度为 23 ℃，相对湿度为 50%，保温 24 h 的条件下存储样品可以得到水蒸气的回吸量。由放置在以上的环境后测量的样品质量，以及放置于真空之后测量的样品质量，就可以得到 WVR 的百分比。

4）加热基座内两个或三个空的试样室和水冷基座上的收集板，是每个试验随机选择的，都用于控制确保每次试验之后遵循同样的清洁程序。

5）一个标准的试验设备具有 24 个试样室及 24 块收集板，以便能在每个时间段内根据前述的试验操作对一定数量不同类型的材料进行试验，其中三个样品隔间用于控制，还有三个样品隔间用于试验每种类型的材料。对于没有要求预先制备的样品，所需要总的试验时间大概为 4 天。可以使用先前的试验材料作为试验样品，要至少一年一次对设备进行校准。

6）只要试样结构相同而且在试样台内材料体积没有减少并且也没有阻碍出气孔，设备可以在任何方向上适用。出于试验目的而建造的设备能够提供相同和可比较的结果，表 6-3 中给出鉴定组分的尺寸就是由该结果提供的。

表 6-3　试验设备尺寸

字母	mm	公差	in	公差	标注
A[A]	6.3	±0.1	0.250	±0.005	直径
B[A]	11.1	±0.1	0.438	±0.005	直径
C[A]	33.0	±0.1	1.300	±0.005	直径
D[AC]	13.45	±0.10	0.531	±0.005	
E[AC]	9.65	±0.10	0.380	±0.005	
F[AC]	0.65	±0.10	0.026	±0.005	
G[C]	7.1	±0.3	0.50	±0.01	

续表

字母	mm	公差	in	公差	标注
H^A	0.75	±0.10	0.030	±0.05	现货尺寸
J^A	12.7	±0.3	0.500	±0.010	
K	1.6	±0.8	1/16	±1/32	
L	8.0	±0.8	1/17	±1/32	
M	16.0	±0.1	0.625	±0.005	覆盖板必须适合安装
N	16.0	±0.8	5/8	±1/32	
P	32.0	±0.8	5/4	±1/32	
Q	50.0	±0.8	2	±1/32	
R	25.5	±0.8	1	±1/32	
S	0.4	±0.3	0.015	+0.01	
T	12.0	±0.8	1/2	±1/32	材料厚度的一半
U	25.5	±0.8	1	±1/32	
V	25.5	±0.8	1	±1/32	
W	50.0	±0.8	2	±1/32	
X	6.0	±0.8	1/4	±1/32	
Y	25.0	±0.8	1	±1/32	
Z	1.6	±0.8	1/16	±1/32	半径,典型的

（5）意义和用途

1）在谨慎控制条件下，试验方法能够求出置于温度为 125 ℃的真空室内的试验样品质量变化值，以及温度为 25 ℃时收集板的可凝结物和样品中残存的物质质量值。

2）只有在样品温度为 125 ℃和收集板温度为 25 ℃时材料析气性能的对比是有效的。其他温度下的试验样品仅能够和同一温度下的试验材料进行对比。

3）只能通过表面温度为 25 ℃且使用相似几何尺寸收集板测量收集到的可凝挥发物值才是有效的并能做对比。这一试验技术在样品温度从 50～230 ℃范围并且收集板温度从 1～30 ℃范围内试验了样品。在非标准条件下，所采用的数据必须可以清楚被识别并且不能够在样品温度为 125 ℃和收集板温度为 25 ℃时进行对比。

4）此试验方法模拟空间真空的状态时不能要求压力和在行星际飞行所遭遇的压力一样低（例如 10^{-12} Pa）。压力低到气体分子平均自由程和真空室内尺寸相比一样长时，这时候的压力是有效的。

5）使用者可以为特殊的应用指定额外的试验来证明材料合格。

6）测定 TML 和 CVCM 受到获得材料容积或者水蒸气失去的影响。因此必须在控制温度为 23 ℃、相对湿度为 50% 的条件下完成称重。

7）作为选择之一，所有样品都放入敞开的玻璃称量瓶中 24 h 保温保湿。称量瓶从调理室内移出之前必须盖上瓶盖。当放置在未受控制的湿度环境中时，在玻璃称量瓶将水蒸气质量损失或者吸收最小化后每个样品都必须在 2 min 内完成称重。称重温度控制在23 ℃并且在同一温度下指定的 24 h 内储存，这时控制湿度就不是必需的。

（6）设备

材料热真空析气测试仪如图 6-5 所示。

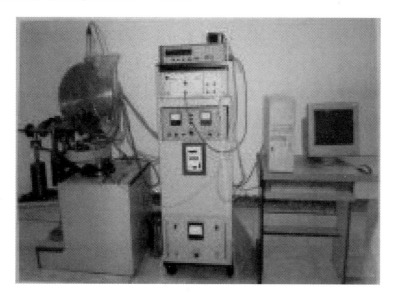

图 6-5　材料热真空析气测试仪（哈工大）

1）用于测定 TML 和 CVCM 的设备主要包括两根阻热铜棒，通常每根铜棒长为 650 mm 且正方交叉，还包括 12 个试样室，试验全部过程中每个试样室敞开部件允许气体通过收集室的小孔从样品中跑出，小孔贯穿一个可移动的温度为 25 ℃的镀铬收集板。如果在指定的表中鉴定尺寸值保持在这一范围，则实验设备结构的变化是可以接受的。

2）有代表性的，24 h 真空操作过程中 24 个试样室全部都用于试验；3 个试样室受到控制，在很窄的真空钟罩（直径为 260 mm）内试验设备安装在真空容器底板上，真空钟罩搁在由底板支持的采用特殊馈通的颈圈上。

3）真空室系统和其他装置中升高真空钟罩的操作都是自动控制的。铜棒上安装加热元件的功率通常由温度控制器的变压器来控制。通过参照扩散结反馈且带有电子温度计的记录器来监测加热棒的温度，并且试验期间用适度流动性的热交换器来保持收集板的温度为 25 ℃。

4）建议真空系统可自动控制以阻止由于电源故障或者中继操作时制冷液失效产生的损伤。注意必须采取措施阻止从真空泵或者扩散泵油逆流进入真空室。

5）收集板的热电偶将机械黏附在加热棒或者环绕来防止热电偶响应时间内松散。样品加热和收集板要对准，并且有规律的检查是最基本的要求。

（7）试验样品

1）制成的产品（例如，人造橡胶、电子仪器的部件和结构部件）被打断制成边长为

1.5～3.0 mm 的相同立方体，这样就可以装进试样盒。试样盒尺寸大概为 12 mm×10 mm×6 mm。

2）需要混合的产品一般以 10 g 批量混合来确定代表性样品。材料可以固化成片、薄板或者厚的部件来模拟实际应用，因此材料可以依照前述的样品立方体的尺寸切割。

3）胶带应用在材料表面来模拟真实使用，诸如预先称重的铝环或者铝箔。通过擦拭、浸蘸或者喷洗使铝箔的涂敷接近使用厚度。涂敷也适用于钝化的表面，诸如碳氟化合物，除了用作薄膜，还可以用于体积材料。一些胶粘剂或者密封剂也可以粘贴或涂敷在预先称重的铝环或者铝箔上。

4）油脂材料可以放入小盒中，液体材料也可以直接放入小盒中或者先吸附在焙烧的中性填充物中，诸如硅胶，然后再放入小盒中。在报告中要标明使用的方式。液体和油脂，特别是硅脂，很容易蔓延；如果材料蔓延到一定程度，就会从小盒中溢出来，那么试验结果就是不正确的。

5）要求样品的最小质量接近 200 mg，如果样品使用质量小于 200 mg，则测量的精确度就会下降。

6）制作样品过程中的任何步骤里样品都绝对不能受到污染。最重要的是，样品材料不应该直接用手处理，因为人体的皮肤分泌的油脂也能可凝结性挥发，从而导致 TML 和 CVCM 的结果发生错误。

7）以下是建议控制污染的样品处理程序：

a）整个样品预制过程中，戴合适的手套或者指套。

b）所有先前预备的材料都被认为是在可接受条件下受到污染，所以必须将它们进行清洁。

c）使用已知的不与样品材料相互反应并且不会留下任何残余物的清洁溶剂。

d）准备样品时，有可能的话放弃材料外表面，用清洁的剃刀刀片剃去橡胶、泡沫塑料和其他软包装的材料外表面。较硬材料的外部表面用清洁的钻石锯削去。一个清洁的钻石钻子用于从怀疑有污染的材料的中心部分削去样品材料。

（8）测试步骤

1）称重预先准备好的铝箔小盒，然后放回利用硅胶干燥的干燥器中。

2）称重预先准备好的收集板，然后将其安装在水冷基座上。

3）添加试验样品（100～300 mg）于小盒中，样品处于温度为 23 ℃、相对湿度为 50% 条件下至少 24 h。

4）用灵敏度为 ±1 μg 的天平称重上述条件下的样品。

5）将装有试样的小盒放入微挥发凝结系统中加热棒的试样室内。在标记 3∶8.5 的操作之前，铜制的试样室、隔离间和收集板都被清洁，在适当位置，等待试样盒和收集板的安装。

6）每个试样室各自的覆盖板都安装和拧紧在入口末端。

7）关闭真空体系，利用合适的操作程序将大气压抽到 $7×10^{-3}$ Pa。不应超过一个小时。

8）降压之前的一个小时内控制收集板的温度在 25 ℃（如果使用不标准的试验，可以用其他的温度）。

9）当压力达到 7×10^{-3} Pa 时，加热试样室，调节可变变压器在 60 min 将试样室加热到 125 ℃（也可以用其他非标准的试验温度），如果样品温度在温度要求的 2 h 之内超过了 150 ℃，则控制温度将加热棒的温度保持在 125 ℃（或者其他想要的温度）。

10）保持收集板的温度在 25 ℃（可以用其他非标准的试验温度）。

11）保持加热棒的温度在 125 ℃（可以用其他非标准的试验温度）24 h，然后关闭高真空阀门，停止当前加热棒的加热。

12）打开通气口，向真空容器内充干燥清洁的氮气，在精确到高于大气压力 10～30 kPa 的范围内调节压力来快速冷却试样室。

13）使加热棒有效冷却到允许范围（通常是两个小时到达 50 ℃），然后关闭收集板冷却水，利用干燥清洁的氮气使真空室压力回到大气压后打开真空容器。

14）立即将装有试样的小盒和收集板储存在干燥器中（利用硅胶干燥）。样品冷却接近到室温后，并且在 0.5 h 之内没有变化后，在将小盒从干燥器中移出的 2 min 内称量每个样品。收集板的温度用于监测相互污染或者不合格的技术操作。控制质量损失大于 20 μg 通常是由于不合格的制备和不合格的收集板清洁造成的。收集板得到的质量超过 50 μg 是不合理清洁和没有烘干以及相互污染或者不合格的真空技术造成的。任何达到 50 μg（100 mg 控制质量的 0.05%）的变化或者更大的变化都是有原因的并且要从技术的角度回顾这些变化。运行期间，当发生这些变化的时候，要求所有的数据都作废或者保留显示差异的标记。

15）如果要测量水蒸气回吸量 WVR，要把上面所述的样品放进控制温度 23 ℃、相对湿度 50% 的室内 24 h，称量该条件下的样品。在后文附件 A1 包含了建议性的清洁和储存程序。

（9）计算

1）计算 TML 如下：

	初始质量	终止质量
装有样品的小盒质量	$S_I + B_I$	$S_F + B_I$
小盒	B_I	B_I
样品质量	$(S_I + B_I) - B_I = S_I$	$(S_F + B_I) - B_I = S_F$
质量差	$L = S_I - S_F$	
	$L/S_I \times 100\% = \text{TML}$	
装有贴铝箔样品的小盒质量	$S_I + Al_I + B_I$	$S_F + Al_I + B_I$
铝箔和小盒质量	$Al_I + B_I$	$Al_I + B_I$
样品质量	$(S_I + Al_I + B_I) - (Al_I + B_I) = S_I$	$(S_F + Al_I + B_I) - (Al_I + B_I) = S_F$
质量差	$L = S_I - S_F$	

$$L/S_I \times 100\% = \mathrm{TML} \qquad (6-7)$$

计算 TML 时，利用可控收集板来修正。这个修正值是可取的但不是必需的，除非在（8）测试步骤中 14）里描述的那样：发生了过大的质量变化。

2）计算 CVCM 如下：

$$\left(\frac{C_0}{S_I}\right) \times 100\% = \mathrm{CVCM} \qquad (6-8)$$

式中　C_0——可凝结物质量（g），$C_0 = C_F - C_I$；

$\quad\quad C_I$——收集板的初始质量（g）；

$\quad\quad C_F$——收集板的终止质量（g）；

$\quad\quad S_I$——样品的初始质量（g）。

计算 CVCM 时，利用可控收集板来修正。这个修正值是可取的但不是必需的，除非在（8）测试步骤中 14）里描述的那样：发生了过大的质量变化。

$$C_s = C_{CF} - C_{CI}$$

式中　C_s——可控收集板的质量变化（g）；

$\quad\quad C_{CI}$——可控收集板的初始质量（g）；

$\quad\quad C_{CF}$——可控收集板的终止质量（g）。

3）计算 WVR 如下：

$$\frac{S_F{}' - S_F}{S_I} \times 100\% = \mathrm{WVR} \qquad (6-9)$$

式中　$S_F{}'$——装有试样的小盒重新在相对湿度为 $50\% \sim 90\%$ 的环境中存放 24 h 后的质量（g）；

$\quad\quad S_F$——装有试样的小盒的终止质量（g）。

4）天平应周期性的校准（至少为每六个月一次）以及提供适当的校准因子。

（10）报告

报告以下信息：

1）交易名称和材料数量，制造商，数量，或者其他诸如此类的信息。

2）制备计划摘要（混合组分，固化时间和温度，后固化，清洁程序），准备日期。

3）样品数量（名义上，每种材料取三份试样，但很多机构在每次试验只用两个样品）。

4）样品结构（尺寸、形状等）以及在处理液体或油脂中运用的技术措施。

5）样品试验温度状态（125 ℃），收集板的温度（25 ℃），以及试验持续时间及试验日期。

6）如果使用样品和收集板的温度不符合标准，要在试验报告中"非标准条件下"清楚地标注，然后标注实际的试验温度。

7）样品初始状态质量，S_I。

8）从试样室中取出的样品质量，S_F。

9）对 WVR 进行测量时，选择重新恢复温度为 23 ℃，相对湿度为 50%，保温 24 h 后试验样品的终止质量，$S_F{}'$。

10）总质量损失百分比，TML（名义上，每种材料取三个值和一个平均值）。

11）水蒸气回吸量，WVR（名义上，在测量时每种材料取三个值和一个平均值）。

12）干燥收集板的初始质量，C_I。

13）可控收集板的质量变化，C_s，单位以 g 计。

14）收集板的终止质量，C_F。

15）收集可凝挥发物的百分比，CVCM（名义上，在测量时每种材料取三个值和一个平均值）。

16）测量时使用红外光谱或者描述可凝结污染物的分析手段。

17）观测试验期间记录任何值得注意的事件或者背离标准条件的情况。

（11）精确度和偏差

1）这些试验的精确度是通过 13 家机构进行 7 种材料试验测量确定的，材料属性和试验差异都能影响到特殊材料的精确度。例如，具有相对低 TML 和 CVCM 值的单块同一材料将有较高的精确度和低于标准的偏差。试验之前个别的混合固化材料不能在机构之间做同一或完全的对比。尽管有如此多的差异，但试验在鉴定出大多数材料的"好"和"坏"方面还是很成功的，并且能从相对高析气的材料中筛选出相对低析气的材料。例如，通过对 DC340 油脂试验，15 家机构得出了 TML 的平均值为 0.086 7%±0.034 59%。聚乙烯珠的 TML 的平均值为 0.384 95%±0.004 7% 以及 CVCM 平均值为 0.144 1%±0.003 9%。先对聚乙烯珠做两次相同的精确试验，TML 值分别为 0.379 86%±0.007 7% 和 0.364 9%±0.037 5%，CVCM 值分别为 0.125 3%±0.013 17% 和 0.141 5%±0.038%。本方法测试的精确度，按 95% 置信水平计算，总质量损失 TML 为 ±10%，收集到的可凝挥发物 CVCM 为 ±20%。

2）试验方法的偏差还没有测量出来。

3）材料是否吸水极大程度上影响了 WVR 的精确度，例如，通过 15 家机构测量 CV2566 硅树脂的 WVR 为 0.019 21%±0.003 13%，或者三者不确定度之和为 48.8%。G569 玻璃带的 WVR 为 0.093 8%±0.013 14%，或者三者不确定度之和为 48.8%。对于大多数低 WVR 值的材料不确定度的合理近似值为 40%~50%。

（12）关键词

材料选择；材料试验；析气；筛选试验；航天器材料；总质量损失（TML）；收集到的可凝挥发物（CVCM）

（13）附件

A1　清洁和储存

A1.1　清洁

A1.1.1　通常——在除去各种残余油脂等工作后应当清洁各组分，从制造程序上来看，A1.1.2～A1.1.9 中的清洁操作都应该在每次试验运行前实施，除非有另外的特殊要求。

A1.1.2　铝盒——为了在 5 min 乃至更多的时间里将小盒除去气体油污，将等体积的氯仿：丙酮：乙醇以 1：1：1 溶解混合来达到去污的目的，然后将小盒在 125±5 ℃的温度下干燥至少 4 h。

A1.1.3　收集板——将收集板在溶液中沉浸和搅动，为了在 15 min 以内将收集板除去气体油污，将等体积的氯仿：丙酮：乙醇以 1：1：1 溶解混合来达到去污的目的。然后将收集板在 125±5℃的温度下干燥至少 4 h。

A1.1.4　试样室和加热棒——试验运行之间为了避免污染，要小心处理加热棒。接下来的试验期间，用适当的溶液清洗棒内的孔洞和表面，将等体积的氯仿：丙酮：乙醇以 1：1：1 溶解混合来达到去污的目的。在没有样品的情况下将棒安装到系统上。将系统压力抽到 1×10^{-4} Pa 并且在加热棒温度为 150±5 ℃时至少 4 h 内去除气体，此时在正常试验温度以上 25 ℃。这时关闭铜棒加热器使得铜棒在真空下冷却，剩下铜加热棒留在真空系统内。只有在试验之后重新清洁时才将其移出。真空系统构造成隔离钟形式，如果有必要的话，将真空泵系统关闭一个星期。

A1.1.5　隔离板——用适当的溶液清洗隔离板，将等体积的氯仿：丙酮：乙醇以 1：1：1 溶解混合来达到去污的目的。利用渗入干燥的氮气来去除颗粒和疏散溶液。

A1.1.6　收集板基座——按照 A1.1.4 中描述的排气系统，用适当的溶液擦拭收集板基座，利用乙醇可以达到去污的目的。

A1.1.7　真空钟——低真空度通常是由从钟内部表面材料出气造成的。按照存储真空操作，用适当的溶液擦拭钟的内部，利用乙醇可以达到去污的目的。

A1.1.8　其他部件——不同部件诸如支架和托座按照要求用适当的溶液擦拭，将等体积的氯仿：丙酮：乙醇以 1：1：1 溶解混合来达到去污的目的。

A1.1.9　清洁材料——所有擦拭清洗的材料在使用时都应该用溶液预浸（见 A1.1 标注），所有溶液都应该是光谱纯的或者相等的纯度。氮气最好为 99.9％的纯度，露点为 −60 ℃甚至更低。渗入气体用由分子组成的 5A 筛或者在使用之前清洁传递气体的金属管（例如，不锈钢或者铜）。

标注 A1.1——建议清洁和擦拭材料的提取程序是，在含有 90％氯仿和 10％普通酒精混合物的索格斯利特萃取器中处理 24 h。

A1.2　储存

A1.2.1　试样盒——清洁后，小盒被放置在设定好隔间号码的 5 cm³ 的有倾口的烧杯中，储存在含有硅胶的干燥器中，在玻璃接缝处涂抹低蒸气压力油脂来密封整个干燥器，然后在存放一天内对小盒称重。

A1.2.2　收集板一收集板安装在循环板架上，也在含有硅胶的干燥器中存储，在玻璃接缝处涂抹低蒸气压力油脂来密封整个干燥器，然后在存放一天内对小盒称重。

A1.2.3　处理和储存——因为这个方法的特性，良好的清洁程序可以处理清洁部件以及将清洁后造成的污染降低到最小程度。因此，所有要清洁的组分都必须以保持它们清洁状态的一种方式储存。

A1.2.4　真空系统——实施周期性的维护，结合生产商建议的规范来确保真空系统的良好运行。

6.5.2　空间温度场效应地面模拟试验

宇宙空间环境具有一定的热量，通常用温度高低来表征物质热量的多少。

空间探测表明，太阳是太阳系中热量最高的星体。太阳表面的温度可达 6 000 K，而绝对温度为 4 300～50 000 K，日冕约为 $8 \times 10^5 \sim 3 \times 10^6$ K，太阳的热量会以不同波长的电磁波向宇宙空间辐射。其辐射热量的多少通常用太阳常数来表征。辐射热量最多的波段是可见光和红外。它们占太阳整个辐照热量的 90%，当太阳的热量辐照到其他星体时，则星体的阳面温度高，星体的阴面温度很低，最低可达 3 K。表 6-4[11] 给出了太阳系各星体的表面温度值。

表 6-4　各星体的表面温度

行星	温度/K	
	有效温度	表面温度
水星	435	90～690
金星	228	735
地球	247	190～325
（月球）	275	40～395
火星	216	150～260
木星	134	
土星	97	
天王星	59	
海王星	59	
冥王星	32	30～60

航天器在轨运行期间将受到太阳热辐射、外星体反射的热量以及航天器本身的热量三个部分。航天器在轨本身的热量应当以航天器本身在轨测量的热量为准。

航天实践表明，航天器在轨服役期间，由于它本身的不断运动，有时面向太阳，有时进入星球阴影区，实际上，航天器所受的温度作用是交变的，称为热循环。航天器不同部位，其表面交变温度不同。航天器外表面交变温度通常在 ±150 ℃左右。

空间温度场的地面模拟必须满足太阳辐照、真空与冷黑环境三个条件。

所谓冷黑环境，是指不计太阳和附近行星的辐射，则别的星球、银河系和宇宙射线（所谓背景辐射）的总的剩余能量是可以忽略不计的。估计这个能量密度在任何方向约为 10^{-5} W/m²，这相当于温度约 3 K 的黑体发射的能量。如果航天器没有同空间其他星球进行热交换，全被太空吸收，可将太空看作理想的黑体，又称之为热沉。如果空间没有太阳辐照，其空间环境几乎是一个"冷"和"黑"状态。

在地面上模拟空间冷黑环境是用铜、铝或不锈钢材料组成的管板结构，内表面涂上黑漆，其对太阳光的吸收率为 $a_s \geqslant 0.95$，半球发射率为 $\varepsilon_\eta \geqslant 0.90$，表面温度低于 100 K，工程上也称作"热沉"。

模拟空间冷黑环境的热沉是航天器热试验的三个基本条件（即太阳辐照、真空与冷黑环境的热沉）之一，是航天器热设计必须考虑的环境参数。冷黑环境不仅影响航天器工作时的热性能，而且也决定着航天器某些部件的工作特性，影响航天器柔性伸展机构的展开性能，以及有机材料的老化与脆变等。至今世界上已建成的数千台大小不等的空间环境模拟室内均设置有模拟冷黑环境的热沉，其结构形式、表面形状、材料选择各有特点，选择最佳方案对提高大型热沉的模拟精度与设备性能是至关重要的。

出于经济与技术上的考虑，热沉模拟采用的是环境效应模拟原理。用 100 K 温度模拟太空 3 K 的温度，即在模拟条件下航天器上感受到的效应和航天器在轨道上飞行时感受到的相近，其误差在设计允许的范围之内。

航天器热设计必须考虑冷黑环境的影响，它是航天器热平衡试验、热真空试验的主要环境之一，考虑不当会造成航天器的温度过高或过低，影响航天器的正常工作和寿命。

航天器上可伸缩的活动机构，如太阳电池阵、天线等在冷黑环境下由于冷黑环境影响会使展开机构卡死，影响其伸展性能。航天器上某些有机材料在冷黑环境下发生老化和脆化，影响材料的性能。

空间热循环会使航天器的材料及器件产生各种热循环效应，它会对航天器的安全可靠性及寿命产生影响。

航天器在轨服役期间，在热循环作用下，其材料及器件会产生尺寸变化、性能退化、循环蠕变以及热疲劳等效应。

为了研究空间温度及对材料的影响，必须在地面上建立具有空间热效应和交变温度作用的地面模拟设备。

到目前为止，已研制设备有热真空设备、热循环设备，在这些设备中均有热沉。

6.5.2.1　空间温度场效应地面模拟设备

空间温度场效应地面模拟设备有两类：

1）一类是低温设备，其最低温度为 10 K。用于红外相机的可靠性评价，也可以用于结构件低温条件下力学性能的测试等。

2）另一类是热循环模拟试验设备，目前应用的热循环模拟试验设备（如图 6-6 所示）有以下三种：

a）恒定载荷热循环试验设备，其技术指标如下：

最大载荷：	1 000 kg	极限真空度：	10^{-7} Torr
变形最大灵敏度：	0.1 μm	变形速度：	$10^{-3} \sim 10^{-2}$ mm/min
温度范围：	4.2～400 K	循环时间：	50～100 min
磁场强度：	$H \leqslant 6$ T	电场强度：	$E \leqslant 40$ kV/cm

(a) 恒定载荷热循环试验设备

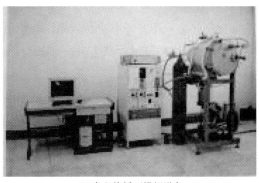

(b) 真空热循环模拟设备

(c) 材料尺寸稳定系数试验设备

图 6-6　热循环模拟试验设备

b）真空热循环模拟设备，其技术指标如下：

极限真空度：　　　　　10^{-7} Torr　　　温度范围：　　　4.2～400 K

循环时间：　　　　　50～100 min　　　热循环体积：　　1 dm³

c）材料尺寸稳定系数试验设备，其技术指标如下：

极限真空度：　　　　　10^{-7} Torr　　　温度范围：　　　4.2～400 K

循环时间：　　　　　50～100 min　　　热循环体积：　　1 dm³

用显微镜测试其尺寸变化。

应用范围：可模拟测试在空间热循环作用下，各种空间材料的力学性能变化，预测多种空间结构件（包括密封件、紧固件及焊接件等）、电子元件、天线、太阳电池及光学器件等尺寸稳定性及工作可靠性。

6.5.2.2　空间材料热循环地面模拟试验方法

（1）范围

本节详细叙述了在真空条件下筛选预定用于制造航天器和有关设备的材料与工艺的热循环试验方法。该试验将确定各种制品在真空条件下经受环境温度急剧变化的能力。

（2）总则

试验时要预估各种有害的后果，其中包括：出气，由于热膨胀、收缩或压力引起尺寸突然变化导致材料/组件产生裂纹和破裂；由于对流和传导等热传递特性的变化导致布线短路以及材料/组件过热。

下面列出了可以用这种试验方法进行评估的典型材料/组件。当然，这里列出的项目并不全面，如工程有要求可以对其他产品/项目进行试验。

- 胶粘剂；
- 胶粘接合；
- 涂层（漆层、热防护层）；
- 绝缘材料；
- 金属胶粘接合；
- 电镀或化学转化作用形成的金属样品；
- 镀金属的塑料薄膜；
- 有机或无机粘接；
- 电镀表面；
- 封装混合物；
- 压敏带；
- 印刷电路板；
- 增强结构层压板；
- 密封胶；
- 钎焊点、焊接点等。

（3）准备条件

①健康/安全措施

对健康/安全措施应特别给予关心。此外，对人员或材料有不可避免的危害的因素应加以控制并减至最低程度。

②样品的制备

（a）构造形式

1）材料样品应按有关的工艺规范或制造厂的规定制备，并应代表材料的批次性变化特征；

2）如果不能对整个组件进行试验，制造厂应提供组件所用的同样材料并采用相同的工艺制备样品；

3）用材料/组件样品制备试样时应按下述规定进行：

a）试验样品必须有一个不与试验时使用的样品架的尺寸相重叠的光滑侧面。

b）该光滑侧面应与样品架紧贴，并采用任一形式的坚固装置加以固定，但是被覆盖的表面不应超过该试样剩余表面的 10%。

c）在 10^{-5} Torr（$\sim 10^{-3}$ Pa）的真空条件下，试样的最大厚度应这样确定：即它末端的任何一点与样品架的温差不要超过 5 ℃。试样的厚度与其材料的传导性能有关。

（b）清洗

样品的清洗和其他处理应与装入航天器前要提交时的情况相同。不允许进行进一步的清洗或其他处理。

（c）搬运和储存

样品搬运时应戴尼龙或不起毛的手套，并应储存在洁净度受控制的场地，其环境温度为 22±3 ℃，相对湿度为 55％±10％。涂层表面应使用聚乙烯或聚丙烯或膜加以保护以防直接接触。应以标准的方式方法将用聚乙烯或聚丙烯或膜包装好的工件装入清洁、无尘、不起毛的材料箱中，避免受到机械损伤。对有限寿命材料，应标明相应的储存期和生产日期，如果不知道生产日期，则应标明交货日期。

（d）标识

1）提交试验的材料应附有填写好的材料标识卡；

2）提交试验的小型组件至少应有如下的标记：

• 商标品称与批号；

• 制造厂/承担采购任务的代理机构的名称；

• 组件构型控制状态。

③设施

（a）洁净度

工作场地应当洁净无尘。用于通风的空气应过滤，以免污染工件。

（b）环境条件

除另规定外，加工过程和工作场地的环境条件是：温度为 22±3℃、相对湿度为 55％±10％。

④设备

下述专项设备必不可少：

（a）试验设备

对于最低的验收试验要求而言，下述的试验设备必不可少。然而如果工程项目要求做更多的试验时，可能需要补充试验设备。

1）显微镜：至少能放大 20 倍并有附件，以便能进行显微照相。

2）电子仪器（如适用）：用于监测试样电性能，如绝缘性、电流及其他有关参数。

3）监测仪器：用于完成试验过程的监测要求。

温度：－150 ℃～＋150 ℃，精确到±1 ℃

相对湿度：40％～70％，精确到±1％

真空度：$1×10^{-5}$ Torr（～10^{-3} Pa），精确到±5％。

（b）专用装置

本试验应在热真空箱内进行。热真空箱配备有合适的样品架并应满足下述要求：

1）真空度优于 $1×10^{-5}$ Torr（～10^{-3} Pa）。真空度的监测应尽可能用靠近样品架安装的真空规来实现；

2）样品架及有关的加热和制冷系统应能在 −150 ～150 ℃之间交替改变样品的温度。温度循环的程序应以样品的温度来控制，而且至少应有两个位置能连续受到监测和记录。精度为±2 ℃的热电偶应装在样品架上。

（4）试验程序

①预试验程序

1）试验前后样品材料和组件的待试验的物理和机械性能将取决于它的预定使用条件。各样品在承受热真空循环前应规定相应的试验参数，如表 6-5 所示。

表 6-5　试验参数的确定

序号	名称	数值
1	加热温度上限,K	423
2	冷却温度下限,K	77
3	冷却温度下限的最短时间,min	13
4	正常加热制度下达到上限温度的最短时间,min 快速加热制度下达到上限温度的最短时间,min	35 23
5	极限载荷,kN	10
6	一次装入试样数,个	10
7	加载方式	拉伸
8	试样形式	带螺纹的圆柱试样(苏联国标 ГОСТ 1497—84)
9	一个循环消耗液氮的最低量,L	4
10	电源功率,W	700
11	外形尺寸,不小于: 占地面积,m² 高度,m	 2.5 1.6
12	质量,kg	280
13	在指定温度停留时间,min	1～99

注：1. 正常加热制度相应于 400～40 000 km 轨道上的实际条件。

2. 快速加热制度下会降低设备的使用寿命。

2）样品缺陷的目视检查应在放大 20 倍的条件下进行。对于如表面裂纹、脆化和起泡这类局部的显微缺陷，可能需要更高的放大倍数。热循环程序前后应在同一放大倍数下拍摄显微照片。为了便于比较，也可能需要检查热-光性能和其他的表面性能。

3）为了比较热循环程序前后的结果，力学试验和其他形式的破坏性试验将要求提供同样的样品。这些试验包括自动拉伸、压缩、延展、硬度、附着性能。提交试验的样品数应受统计分析方法的控制。

4）可以要求自动记录表面粗糙度。

5）可以对样品进行电学测量。在试验前必须规定要测量哪些参数。

②试验顺序

1）试验前后应记录样品的特征。

2）应在温度为 22 ± 3 ℃，试验开始后的 6 h 之内测试样品的固有性能。

3）样品应装在样品架上。

4）样品架装入热真空箱后，热真空箱应抽空。

5）工作真空度达 1×10^{-5} Torr（$\sim10^{-3}$ Pa）后，热循环应开始。

6）除非另有规定，热真空箱的热循环应以样品温度为依据在（-100 ± 5 ℃）～（$+100\pm5$ ℃）之间变化，且在两个温度极值之间，平均加热和冷却速率为 $10+2$ ℃/min。在每个温度极值下，样品应保温 5 min。某些特殊样品，例如电子电路，可以要求根据不同的温度参数修改温度循环程序。

7）每个样品的循环次数均为 100 次，某些试样可以要求更多的循环次数。例如，热疲劳条件存在时，循环次数应在试验开始前予以规定。

8）样品的最终检验和试验应在 22 ± 3 ℃温度下且在热真空循环终止后的 6 h 之内进行。

③试验样品的搬运和装箱

样品搬运时应戴尼龙或不起毛的手套，并应储存在洁净度受控制的场地，其环境温度为 22 ± 3 ℃，相对湿度为 $55\%\pm10\%$。涂层表面应使用聚乙烯或聚丙烯或膜加以保护以防直接接触。应以标准的方式方法将聚乙烯或聚丙烯或膜包装好的工件装入清洁、无尘、不起毛的材料箱中，避免受到机械损伤。对有限寿命材料，应标明相应的储存期和生产日期，如果不知道生产日期，则应标明交货日期。

（5）验收准则

认为的最低要求是，在试验进行和结束时试样没有裂纹、破裂、过热或明显的电学性能降低（如有关）的迹象。另外，应指出样品的显微照片。此外，科研项目可以要求如"预试验程序"规定的那样去评定其他性能。

①数据

下述内容应记在试验报告中：

1）材料的商标名称和批号；

2）制造厂和承担采购任务的代理机构的名称；

3）准备计划的摘要（混合比、处置时间和温度、二次处置、清洗程序等）；

4）热真空循环设备的清单；

5）试验参数的清单，包括试验时工作真空度的任何变化；

6）目视检查，机械、物理性能测试设备的清单及试验规范（如适用）；

7）温度循环时特殊情况的说明；

8）应记录热真空循环试验样品，然后在目视检查和试验后必须报告目视检查和试验的结果。

②不合格

观察到的有关过程的任何不合格，应按质量保证要求的规定处置。

③校准

每个测量设备应经校准。任何可疑的或具体设备的故障必须报告，以便检查原定的结果，从而确定是否需要重新检验/重新试验。

④可追溯性

从入厂检验到最终试验，包括试验设备、系列号和承担试验任务的人员，应保持良好的可追溯性。

6.5.3 微重力环境效应地面模拟试验

6.5.3.1 微重力环境的产生

在地球上的任何物体，由于受地球引力的作用，使其有一定的重力加速度。地球引力使得地球上的物体具有 9.81 m/s^2 重力加速度，通常以无量纲的形式将地球重力加速度称为 $1 g$。

随着物体离开地球表面的距离增加，地球引力不断地减小，当物体在地球表面以上 200 km 高度时，物体所受引力比地面上所受引力只下降不到 6%，而当物体距离地球表面越远时，其引力越小。当物体距地球表面的距离为 $6.37 \times 10^6 \text{ km}$ 时，这个距离相当于地球到月球距离的 18 倍，此时地球引力才能消失，物体处于失重或微重力环境状态。

另一种情况，地面上的物体一旦升空，如各种航天器，当发射到某一个空间轨道时，由于地球引力作用，航天器在轨道上运动，此时航天器除了受到地球引力作用外，由于本身有一定的质量，还会有一个惯性离心力的作用。绕地球轨道飞行的航天器当加速到第一宇宙速度（ 7.9 km/s ）时，所产生惯性离心力与地球引力大小相等，方向相反，互相抵消，此时航天器及航天器中的航天员均处于微重力环境之中。但这种微重力状态与第一种不同，它不是地球引力消失，而是由于力的抵消而产生的效应。

不难看出，物体在地面和空间出现的微重力环境有两种情况：一种情况是地球引力的消失；另一种情况是由于物体在运动的情况下，作用于物体上的力的综合结果也会使物体处于微重力状态。

根据物体在微重力状态下的运动会提出一系列的微重力状态下的运动基本概念。

6.5.3.2 几个基本概念

1）质量（mass）：在牛顿的经典著作《自然哲学的数学原理》（*Philosophiae Naturalis Principia Mathematica*）中，将质量作为第一定义给出：质量是用它的密度和体积来量度的。按其性质来分，物体的质量有两种定义：引力质量（gravitational mass）和惯性质量（inertial mass）。前者是能产生引力作用或受引力场作用的能力的量度，后者是它在任何外力作用下的惯性大小的量度。按照上述定义，这两种质量原则上应是完全不同的，但从牛顿时代开始直到目前为止的所有测量两者差别的实验都表明，在非常高的精度范围内，它们的数据是完全一样的。正是这一结果，导致爱因斯坦创立了广义相对论。

基于牛顿第二定律，物体在受到外力作用时，它所获得的加速度的大小与外力的大小成正比，其比例系数就是物体的质量。加速度的方向和外力方向相同。

2）引力质量与惯性质量：按照牛顿万有引力定律，引力质量为 m 的物体与另一个引力质量为 M 的物体之间引力的大小正比于 m 和 M 的乘积。因此引力质量既可以看作是产生引力的主体，又是在同一引力场中所受引力大小的量度。

按照牛顿第二定律，物体在同一外力作用下产生的加速度的大小反比于物体的质量，叫惯性质量。这里，惯性质量正是物体惯性大小的量度，完全是物体本身内禀性质，与施力主体的性质无关。

3）惯性定律（inertia law）：每个物体将继续保持其静止或匀速直线运动状态，除非有力加于其上迫使它改变这种运动状态。这便是惯性定律或牛顿第一定律的原始表述。

按照牛顿第二定律，在惯性参照系中，质点在外力 F 作用下所获得加速度矢量 $a = \mathrm{d}^2 r / \mathrm{d}t^2$ 与所受力 F 有下列关系：$F = ma$。其中 m 为质点的质量，a 是质点某一时刻的瞬时加速度，这是一个矢量形式的二阶微分方程。

4）惯性参照系（inertial reference frame）：凡惯性定律在其中能成立的参考系称为惯性参照系，简称惯性系。按照牛顿理论，真正的惯性系就是绝对空间，以及相对它静止或做匀速直线运动的参照系。而按马赫及后来的爱因斯坦理论，惯性是由宇宙空间的全部物质及其分布决定的。

5）非惯性参照系（non-inertial reference frame）：当一个参照系相对于惯性参照系有加速运动（平动或转动）时，该参照系就是非惯性系。在非惯性系中，原始形式的牛顿定律不再成立。

6）惯性力（inertial force）：若在非惯性参照系中继续采用牛顿定律，就必须引入惯性力。惯性力是在非惯性系中存在的一种虚假的力，它不是物体之间的相互作用，而是代表某种运动状态。一般表示为

$$F_{惯} = - ma_{惯} \tag{6-10}$$

其中，$a_{惯}$ 是非惯性系相对于惯性系的加速度引起的牵连加速度，它包括惯性离心加速度、切向加速度和科里奥利加速度。

7）惯性离心力（inertial centrifugal force）：它是惯性力的一种，源于物体在转动坐标系中的向心加速度。可以写成下列的矢量形式

$$F_{离心} = - m\boldsymbol{\omega} \times (\boldsymbol{\omega} \times \boldsymbol{r})$$

式中　$\boldsymbol{\omega}, \boldsymbol{r}$ ——转动参照系相对于惯性系的角速度矢量和质点在转动参照系中的位矢；

　　m ——物体的质量。

8）切向惯性力（tangential inertial force）：相应于切向加速度的惯性力叫切向惯性力。其大小为 $F_{切} = - m \mathrm{d}^2 s / \mathrm{d}t^2$，方向与切线方向相反。

9）科里奥利力（Coriolis force）：是一种惯性力。它存在于转动参照系中，并且只有当物体相对于转动参照系有相对运动速度，而且该速度不与转动角速度平行时才存在。一般可写成

$$F_C = -2ma_C = -2m\omega \times u \qquad (6-11)$$

10）加速度（acceleration）：表示单位时间内速度的变化，其中包括速率或方向的变化，或两者同时出现的变化。由于大量技术性术语的使用，加速度这个词在航空和空间医学中的使用一度相当混乱。随着航天事业的发展，现在对各种加速度的术语已逐渐趋于规范。常用的加速度术语有以下几种：

a）角加速度：表示单位时间内角速度的变化。但在航空和空间医学中通常还使用"径向（向心）加速度"一词，实际上也是角加速度，不过旋转轴是在受作用身体以外的轴上，例如人在离心机上旋转或在航天器转弯时产生"径向加速度"。因此，角加速度只限于旋转轴通过受作用身体或接近身体的情况下。

b）线加速度：表示恒定方向的速度大小的改变，其中包括运动速度由快变慢的直线减速度。

c）正加速度：表示在人体长轴上产生从头到足的反作用力所产生的加速度。

d）横向加速度：表示在与人体长轴（脊椎）垂直方向上产生作用的加速度。人体在加速度作用下实际上受到的影响，是与加速度方向相反的惯性作用。由于惯性作用物体本身的重量增加，在航空和空间医学上一般称为"超重"或"过载"（用 g 值表示）。加速度作用于身体上的方向不同，所引起的生理效应也有很大的差异；而且，出现的生理效应又常常是不同加速度综合作用的结果。

e）科氏加速度（Coriolis acceleration）：是"科里奥利加速度"的简称。当物体在做圆周运动的同时，又沿着旋转半径的方向运动，或者在与旋转平面相垂直的另一平面上有附加旋转的情况下，即产生科氏加速度。换言之，就是物体在绕轴旋转时，旋转物体到旋转中心的距离发生变化时，便会产生这种加速度。载人航天研究中，特别是在为了建立人工重力而令载人航天器进行慢旋转的条件下所产生的科氏加速度，是当今的热点课题。

11）引力（gravitational force）：引力是物体之间的一种相互作用，牛顿将质量分别为 M_1 和 M_2 的两个质点之间的引力表示为

$$F_{12} = \frac{GM_1M_2}{r_{12}^2} \qquad (6-12)$$

其中，r_{12} 是 M_1 相对于 M_2 的矢径，比例常数 G 称为万有引力常数或引力常数。这就是著名的万有引力定律。1986 年国际科学联盟理事会科技数据委员会（CODATA）推荐的 G 数值为：$G = 6.672\ 59\ (85) \times 10^{-11}$ m³/(kg·s²)，不确定度为 128 ppm（即万分之 1.28）。

12）重力（gravity）：地球表面附近的物体受到的地球引力作用，称为重力。它是万有引力在地球表面附近的一种表现。重力是一矢量，具有幅值和方向。物体 1 和 2 在距离为 R、质量分别为 m_1 和 m_2 时的引力大小为

$$F_{12} = F_{21} = Gm_1m_2/R^2 \qquad (6-13)$$

测量重力可用静力学方法，也可以用动力学方法。前者又可分为绝对测量（用弹簧秤）和相对测量（用天平）两种。用弹簧秤测量的是物体的重量，用天平称得的是物体的质量。

在自然界有四种基本作用力：强核力、弱核力、静电力和引力。从表 6-6 可以看出，在核粒子如电子（e）、质子（p）、中子（n）和中微子（v）之间，四种力的相对大小。

表 6-6　在近距离下（10^{-15}m）四种基本力的相对大小

力/N	e-v	e-p	p-p	p-n,n-n
强核力	0	0	1	1
静电力	0	10^{-2}	10^{-2}	0
弱核力	10^{-13}	10^{-13}	10^{-13}	10^{-13}
引力	0	10^{-41}	10^{-38}	10^{-38}

从上表可以得出这样的结论：在四种基本作用力之中，近距离下，引力最弱。在亚原子粒子、分子甚至生物细胞的小尺度物体之间两类核作用力和静电力起主导作用。然而，在大距离下，两类核作用力降低至零；只有静电力和引力仍然起重要作用。在更大的距离下，只保留引力了。

13）重量（weight）：如果将地球看成惯性系统，则一物体的重量就是它所受到的重力，即地球作用于该物体上的引力。该力使物体向地心方向做加速运动，物体在向心运动中，将挤压其支撑物，直到支撑物体施加于物体上的力与重力的大小相等而方向相反时，物体便静止下来。因此，可用物体对支撑物的压力，来度量物体的重量。

14）支撑力（supporting force）：物体静止地放置于某一平面上时，将受到一个与重力方向相反的力，使其保持静止，这就是支撑力。它是约束力的一种。正是它的作用才使物体被限制在接触面上。从本质上说，它是物体压在接触面上使之发生形变后产生的弹性反作用力。

15）力的叠加原理（superposition principle of force）：如果有两个或两个以上的力作用在同一质点上，则作用在该质点上各个力造成的质点运动状态的总变化等于各个力按矢量相加得到的合力对该质点造成的运动状态的变化。

6.5.3.3　微重力环境效应

1）重力引起的自然对流基本消失，以扩散过程为主；

2）流体中浮力基本消失；

3）不同质液体密度引起的组分分离和沉淀消失；

4）液体仅由表面张力约束，形成球形，润湿现象和毛细现象加剧，从理论上讲，微重力环境几乎消除了所有由重力引起的不利因素，是一种非常理想的环境，可以开展微重力物理、微重力生物学、微重力生命科学和微重力环境的材料制备及加工研究。

6.5.3.4　微重力环境模拟设备

地球的平均重力加速度为 9.81 m/s²，通常以无量纲形式将地球重力加速度称为 1 g。不同天体的 g 值列于表 6-7 中。

表 6-7　太阳系不同天体的 g 值

天体	质量 M，10^{23}kg	半径 R，10^6m	g，m/s²	g，unitS	重力条件
太阳	19 890 000	695	275	27.99	超重力
水星	3.3	2.44	3.7	0.38	亚重力

续表

天体	质量 M，10^{23} kg	半径 R，10^6 m	g，m/s^2	g，unitS	重力条件
金星	48.69	6.0518	8.87	0.91	亚重力
地球	59.72	6.37815	9.81	1	地球重力
月球	0.735	1.738	1.62	0.17	亚重力
火星	6.4219	3.397	3.71	0.38	亚重力
木星	19 000	71.492	24.8	2.52	超重力
木卫二	0.48	1.569	1.3	0.13	亚重力
木卫三	1.48	2.631	1.43	0.15	亚重力
木卫六	1.35	2.575	1.36	0.14	亚重力
土星	5 680	60.268	10.4	1.07	超重力
天王星	868.3	25.559	8.87	0.91	亚重力
天卫一	0.012 7	0.579	0.25	0.03	亚重力
海王星	1 024.7	24.766	11.1	1.14	超重力
海卫一	0.214	1.35	0.78	0.08	亚重力
冥王星	0.127	1.137	0.66	0.07	亚重力
冥卫星	0.019	0.606	0.35	0.04	亚重力

　　根据微重力产生的两个条件，若想在地面能长时间获得微重力，在目前的科技条件下，是不可能的。只能是利用第二个条件，通过运动物体的重力和其他的力抵消来获得微重力。这种微重力的出现，通常时间是比较短的，人类已研制的微重力模拟设备有如下形式。

　　（1）落塔

　　NASA 的刘易斯研究中心拥有一台 145 m 深的落塔设备。它自大地表面向下延伸，类似于竖直的矿井。该设备的试验横截面的直径为 6.1 m，深度为 132 m，能够产生 5～6 s 的微重力环境。在试验截面的下方，是一个充满聚苯乙烯泡沫的缓冲截止盆。当内部压强保持低于 10^{-2} Torr 的水平时，可以获得 $10^{-5}g$ 量级的微重力。

　　NASA 的马歇尔航天飞行中心拥有一台较小的类似设备。设备高 100 m，坠落管直径为 25.4 cm，可获 4.5 s 的微重力。

　　（2）自由坠落机

　　ESA 位于 Mesland 的自由坠落机（FFM）的工作原理是自由落体。固定在机架上的试样沿着一个 1 m 长的垂直导向杆进行自由坠落。在导向杆的底部，压缩空气（8 bar）的推力可将机架反弹至导向杆的顶端。FFM 的自由坠落时间最大约 900 ms，有 20～80 ms 的约 20 g 的加速间隔。假设 FFM 经历的试验模式是连续的自由落体运动，那么生物器官好像处于一个恒久的微重力状态。FFM 对于许多生物试样来说是一个很好的模拟器，可获得 $10^{-5}g$ 量级的微重力。但对于研究微重力效应来说，获得微重力时间太短。另外，试验者不能置身于试验环境之中。

（3）抛物线飞行

NASA 约翰逊航天中心使用一架拆除了大多数乘客座椅的商用飞机，机舱中的人员受到加垫舱壁的保护，获得约 25 s 的微重力。通常飞行持续 2～3 h，携带的人员在海拔 7 km 开始进行试验（见图 6-7）。飞机以 45°角迅速爬升，然后以 45°角下降（俯冲）。在爬升和俯冲阶段，人员和试样经受 2～2.5 g 水平的超重力。在高度自 7.3～10.4 km 的抛物线阶段，获得 15 s 以上的 10^{-2} g 的微重力。在一个常规飞行中，飞机飞行 40 次抛物线航线。利用飞机不能获得像落塔产生的高质量微重力状态。这是由于自由坠落不充分以及引力非常巨大。但是，它相比于落塔具有一个重要的优点，即试验者可以一同进行试验，常用于研究微重力对动物及人类的心血管系统的效应。

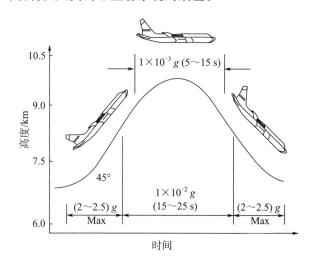

图 6-7　抛物线飞行微重力试验特征飞行曲线

（4）探空火箭

探空火箭（见图 6-8）沿亚轨道弹道飞行时，可产生几分钟的自由坠落（图 6-9）。坠落出现在燃料消耗之后进入大气层之前，产生 10^{-5} g 以下的微重力。NASA 在 1975 至 1981 年使用 SPAR（空间加工应用火箭）进行了流体物理、虹吸现象、液体扩散、无容器加工和电解等试验，将 300 kg 有效载荷进行了 4～6 min 的抛物线弹道自由坠落。

（5）在轨飞行器

在轨飞行器相比于落塔、抛物线飞行和探空火箭具有显著优势，可产生长时间（几天、周、月和年）的 10^{-5} g 量级的微重力状态，能够研究较为缓慢的过程和细微效应，用于研究流体物理、燃烧学、材料学、生物学、基础物理以及在微重力下基本的物理与化学相互作用。

（6）回旋器

回转器如图 6-10 所示，是具有实用意义的微重力效应地面模拟技术，在过去 30 年间，被一直用于模拟微重力效应。实际上，在回转器上可以定性地再现空间的微重力效应。最简单的回旋器是一维回旋器，测试样品固定在垂直于重力矢量的轴上，并以被研究样品的特定重力相应时间相适的速度旋转。这种旋转起到消除重力对样品的影响。

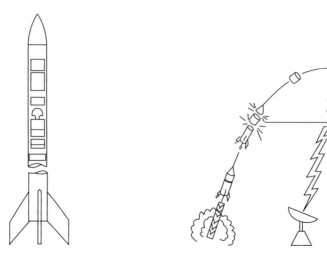

图6-8　微重力试验的探空火箭　　　　　图6-9　探空火箭的抛物线飞行轨迹

此旋转从样品参考框上看与旋转以试样中心为中心的重力矢量相同，并以水平机构的角速度做旋状。这样，时间平均的重力矢量为零。2D回旋器旋转可将重力矢量在两个轴上消除，是一种比1D回旋器好的微重力模拟系统。

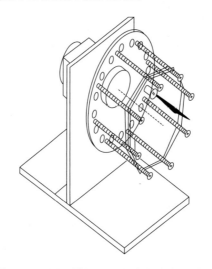

图6-10　用于模拟微重力效应的1D回转器

3D回旋器可将小型生物系统（单细胞结构、单细胞器官、植物幼苗）置于随机矢量的重力中。探头尽可能近地安装在旋转框的中心，该旋转框在另一个旋转框中旋转。两个框有单独的电机驱动。每个框的旋转是随机的，分别由计算机软件自主调节。重力仪安装在框上以记录旋转中的重力矢量。这种3D回转器也称为随机定位机，是较为理想的空间微重力模拟器。如果回转器与水平的角度很小，比如9°，将产生约1/6 g或0.18 g的微重力，相当于月球的重力水平。如果倾斜约17.5°，将产生1/3 g的微重力，相当于火星的重力水平。RPM是一种比自由坠落机（FFM）好的空间微重力环境模拟器，也比1D和2D

回旋器能更有效地模拟微重力。但是，它需要非常精确的设计，因此所需成本较高。

6.5.4　空间原子氧环境效应地面模拟试验

6.5.4.1　空间原子氧来源及在空间的分布

　　地球是由中性气体包围着，在大气组成中有氧、氮、氦等。随着距离地球表面距离的增加，其大气成分的数量会越来越少，而且这些大气在太阳紫外辐射的作用下，产生电离，形成等离子体，氧分子被紫外作用而电离成 O^+，这些离子再与失去的电子复合，形成了氧原子，原子氧在空间的不同高度上的密度如图 6-11 所示。

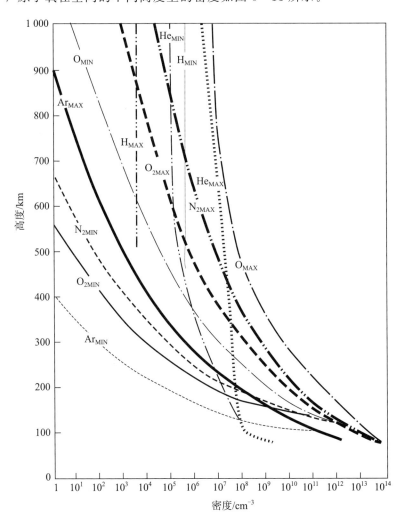

图 6-11　不同高度上相应高层大气成分及其密度分布

　　评估材料在原子氧作用下的质量消耗时，应考虑到原子氧的密度的上限，100 km 高度以上原子氧是主要的大气层成分，而且原子氧的密度在该范围内对太阳活性强度的依赖程度很高。在图 6-12 上表明了原子氧的密度与高度的关系（最低强度，最高强度，平均

强度），而在图 6 - 13 上则指出了在太阳的 11 年活性周期内，400 km 高度轨道内原子氧的
年度积分总量变化。

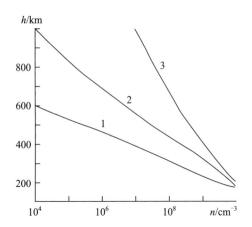

图 6 - 12　不同太阳活性期间原子氧密度随高度的变化关系曲线

1—最低强度；2—平均强度；3—最高强度

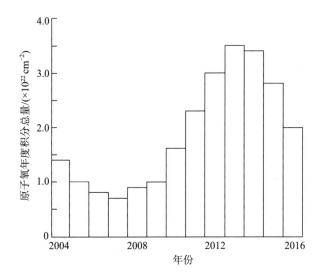

图 6 - 13　太阳的 11 年活动周期内原子氧的年度积分总量变化

　　为了进行初步评估，可以认为在平均强度的太阳活性作用下，原子氧的年度积分总量
在 $200 \sim 1\,000$ km 高度这个范围内为 $10^{23} \sim 10^{18}$ cm^{-2}。

　　在 100 km 高度以下大气层成分较少变化。在 100 km 高度以上以氧分子的分离过程为
主，由此在 $100 \sim 1\,000$ km 高度区间原子氧是大气层的主要成分。在 $1\,000$ km 以上大气层
的成分以氦为主，而在几千千米的高度上大气层主要由氢原子构成，同时在 $20\,000$ km 以
上大气层实际上被完全电离。

　　对我们的研究而言，地球高层大气层的气态成分是最为重要的研究问题，这是因为在
近地轨道上，在化学性质活跃的原子氧的作用下产生的腐蚀，是损害航天器表面材料的最

为显著的原因。

表 6-8 中列举了 200～1 000 km 高度范围内，日地物理活动平均水平下的原子氧密度分布的数据，通过对 3 个不同模型的计算结果取平均值求得[12]。

表 6-8　高空原子氧密度的分布

高度/km	200	400	600	800	1 000
n_0 /m^{-3}	7.1×10^{15}	2.5×10^{14}	1.4×10^{13}	9.9×10^{11}	8.3×10^{10}

应该强调，若航天器周围存在自身外部大气层，则在距航天器最近处的压力可能大于（有时为几个数量级）周围宇宙空间中的压力。自身外部大气层的形成由材料表面和内部的析出气体，从航天器内部隔舱泄漏的气体，各类火箭发动机的运转和其他来源的作用所共同决定。在自身外部大气层中甚至还有从航天器表面分离出来和被火箭发动机抛弃的固体微粒，这些自身外部大气层也会影响原子氧的效应。

6.5.4.2　原子氧的效应

材料在原子氧的作用下，会产生氧化，形成氧化物薄膜，这层氧化物薄膜在其他环境作用下会脱落使材料的质量和体积尺寸减小。通常用体积侵蚀系数 R 来表征。

（1）金属材料的氧化和腐蚀效应

航天器外表面上使用的金属的用途主要有：电流导体，天线枢纽、太阳电池、飞船和连接装置内的热绝缘和反光材料，镜面元件和屏蔽真空热绝缘屏幕（Au，Ag，Al，Ni，Cu），动力元件，以及固态润滑脂（Ag）等。耐火材料（W，Mo，Ta，Nb，Hf，Zr）使用在机载动力装置的高温散热器内及火箭发动机喷嘴内。

在对各种金属进行单原子氧作用的实物实验时，在航天飞机（STS-3，4，5，8）[13]和航天器 LDEF[14] 上曝光的金属有：Au，Pt，Ag，Os，Cu，AL，Cr，Sn，Mg，Ni，Pb，Ta，Nb，Mo。所有在航天器上实验的金属，Au，Pt 除外，以化学方式与氧结合，因此对于它们在近表面层有氧气填充位置，伴随着以化学形式减慢金属的物理侵蚀。

飞行实验中获得的数据表明，所有金属，Ag，Cu 除外，受迎面单原子氧流作用的分散系数不超过 10^{-5}。这种情况下形成挥发态的氧，它会从金属表面带走原子。

在 Al，Ni，Cr，Mo，W 内氧化膜具有足够的密度，不会裂化，且不会从金属上脱落。氧化膜作为单原子氧扩散的一道屏障，可以有效地防止金属遭到破坏。

表 6-9 内提供了从航天器 LDEF[15] 上获得的体积侵蚀系数 R 的值。

表 6-9　金属的体积侵蚀系数

金属	Cu	Mo	W	Nb	Ta	Ti	Ag-盘片	Ag-金属片
R /(10^{-26} cm^3/O)	0.87	0.14	0.04	.014	0.6	0.39	2.9	27.5

单原子氧的氧化作用具有特殊实际意义的是对铜和银的作用，铜和银是用来制造太阳电池表面导线的。把铜放置到低轨道上时，可以观察到形成一层氧化铜 Cu_2O，它的厚度在单原子氧的积分总量从 10^{10} cm^{-2} 上升到 10^{22} cm^{-2}[16] 时，相应从 10 nm 上升到 40 nm。

氧化膜的厚度在积分总量小于 $10^{17}\,cm^{-2}$ 之前以直线规律上升，之后按照对数规律上升，即速度开始减缓。银的氧化过程类似，且优先形成 AgO[17-19]。在实验室内，模拟器 ATOX ESTEC 上进行的能力为 4～8 eV 的单原子氧作用的实验显示，在直线阶段，Ag 的氧化上升速度为 $12×10^{-26}\,cm^3/O$，然后降低到 $0.1×10^{-26}\,cm^3/O$。

Ag 表面形成氧化膜，由于各种金属和氧化物性质的差异，因而具有很大的内部应力。氧化物的体积超过形成其的 Ag 体积的 1.6 倍，这使金属和氧化物的边界具有强大的内部应力。当单原子氧积分总量很高时，这会引起氧化物从表面脱落和分离（剥落），因而加速材料的质量消耗。在施加外部的机械和热负荷时，会增加脱落概率。因此，在实物实验和模拟实验环境下，当 Ag 和 Cu 与单原子氧互相作用时，可以观察到明显的质量损失效果。对于 Ag 来说，实物实验中获得的体积侵蚀参数值在很宽的范围内摇摆 [（1～25）× $10^{-26}\,cm^3/O$]。与此相关，应该指出，样品结构及内部应力值的不同会改变氧化物的脱落概率，从而引起体积侵蚀系数值的波动。表 6-9 内对于两种不同 Ag 制品的数据说明证明了该点。很明显，金属薄片的体积侵蚀系数要高。

实验室环境内也可以看到同一种样品的不同制品上氧化物脱落程度的区别。把陈列在模拟器 НИИЯФ МГУ 上的 Ag 金属片和 Cu 衬板上的 Ag 电子化学薄膜涂层，在等效的积分通量为 $3×10^{21}\,cm^{-2}$ 的情况下进行比较，获得的相应体积侵蚀系数值为 $0.6× 10^{-26}\,cm^3/O$ 和 $10×10^{-26}\,cm^3/O$[20-24]，图 6-14 上绘出了原子氧作用后的样品表面微观形貌。

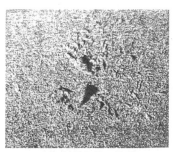 

(a) Cu衬板上的Ag涂层　　　　　　　　(b) Ag金属片

图 6-14　原子氧作用后的样品表面微观形貌（500 μm×300 μm）

在上面提到的在模拟器 ATOX ESTEC[19] 中进行的地面实验内，对于厚度 160 nm 和 320 nm 的 Ag 薄膜，也可以发现氧化物脱落效果，然而在较小厚度的薄膜内（60 nm）则观察不到。研究者这样解释，在厚薄膜内保持着较高引起氧化物完整层遭到破坏的内部应力。

（2）聚合物和含碳材料的氧化腐蚀效应

聚合物材料以热调节涂层薄膜和屏蔽-真空热绝缘层薄膜的形式使用在现代航天器的表面上，以纤维形式使用在外罩和屏幕的丝状物和织物内，作为复合材料和复合热调节涂层、涂层漆和粘合剂的组成部分使用。

碳纤维作为结构碳化纤维板加固成分使用，石墨作为黑色热调节涂层和固体润滑脂的染料使用。

聚酰亚胺薄膜的"聚酰亚胺"及其他聚合物的高侵蚀效果是在航天飞机的飞行过程中发现的，且最先对其感兴趣的是 Leger，他将其认为是表面受到迎面单原子氧流撞击的结果。

用于实物实验环境和实验室环境内的一些材料的体积侵蚀系数 R 的值，见表 $6-10^{[25-27]}$。

实物实验的数据是在单原子氧的较小积分通量（$10^{20}\,cm^{-2}\sim10^{21}\,cm^{-2}$）的情况下获得的，它对应在国际空间站轨道内少于一年的飞行时间，且它们的值在飞行时间内随着积分总量的上升会发生改变。

实验室研究表明，在单原子氧的积分通量小于 $10^{17}\,cm^{-2}$ 的情况下，聚酰亚胺会利用材料表面抓住氧化物的撞击原子，并形成非挥发的中间氧化产品[28-32]，从而限制质量消耗速度。随着单原子氧年度积分通量的增加，会加速侵蚀，它与表面粗糙度的发展紧密相关，引起氧化物原子与表面材料之间更有效的相互作用[33]。然而，当积分通量超过 $10^{18}\,cm^{-2}$ 时，实验室环境内的体积侵蚀系数会变得固定。

表 6 - 10　聚合物材料和含碳材料的体积侵蚀系数

材料	$R\,/(10^{-24}\,cm^3/O)$	
	实物环境	实验室环境
聚酯合成纤维（ПЭТФ），聚酯薄膜	3.2	4.5
尼龙	4.2	—
聚丙烯	4.4	—
聚乙烯	3.5	2.3～4.1
聚砜	2.1	—
聚硅氧烷	质量增加	—
维顿	160	—
特氟龙（ПТФЭ），特氟龙	0.1～0.37	0.06～3.8
聚酰亚胺	3.3	1.7～6
聚氨酯	5.8	—
聚甲基丙烯酸（ПММА）	3.1	—
聚碳酸酯	2.8	—
聚苯并咪唑	1.5	—
聚苯乙烯	1.4	—
聚甲醛	—	9.5
环氧树脂	1.7	2.4
泰德拉	3.2	4.2
石墨	1.0	1.5
珐琅	0.02	—

长时间的实物实验过程中，在高的单原子氧的积分通量（$1.0 \times 10^{23}\,cm^{-2}$）条件下曾经记录了氟塑料薄膜和聚酰亚胺薄膜厚度的减少，它近似于在体积侵蚀系数值基础上分析的较少部分的值[21]，侵蚀的抑制是因为在薄膜表面上形成的来自自身外部大气层的污染物。

在 200 km 高的俄罗斯的空间站上进行的长期实验中，获得了关于聚合物材料厚度和质量变化的大量数据，在该实验进行的 28 和 42 个月中，轨道上陈列了各种薄膜样品：Φ4 - Мь 牌带有六氟丙烯的四氟乙烯共聚物（俄罗斯）和 FEP - 100A（美国），ПМ - 1Э 牌聚酰亚胺（俄罗斯），以及"聚酰亚胺"100HN（美国），ПМ - 1УФЭ - OA 牌单面铝化聚酰亚胺及氟化聚酰亚胺（ПМФТОР）（俄罗斯）[22]。样品的部分曾经用石英玻璃进行防护，波长大于 200 nm 的紫外线辐射可以穿过，但是单原子氧则被阻止，从而可以确定上述因素在材料分散中所起的作用。未防护的样品在受到单原子氧和紫外线辐射的共同作用后，表面上发生了质量、厚度和形态的巨大变化。图 6 - 15 上表明了聚合物薄膜与在空间站暴露时间之间的关系。可以看出，氟化聚合物 FEP - 100A 要比聚酰亚胺少受侵蚀。在过滤器下，样品的属性实际上不改变，这证明了单原子氧在聚合物的侵蚀中所起的重要作用。

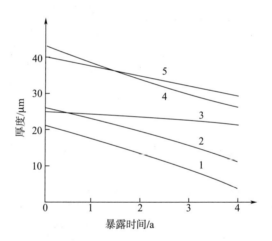

图 6 - 15　聚合物薄膜厚度与在空间站暴露时间的关系

1—ПМ - 1УФЭ - OA；2—"聚酰亚胺"100HN；3—FEP - 100A；4—ПМФТОР；5—ПМ - 1Э

（3）原子氧作用下材料属性的变化

①金属和无机混合物属性的变化

金属表面上形成的氧化层减弱了其电学和光学属性，特别是会降低电磁能的反射系数。研究表明太阳光的总体镜面反射系数与氧化等离子体照射时间之间的关系，如图 6 - 16 所示，该照射模拟单原子氧的作用，用于 Ag 发射器，无防护涂层及带有 3 种不同涂层的 Al 反射器。可以看出，无防护涂层的 Ag 反射器在单原子氧的作用下反射系数迅速下降，而无防护的 Al 反射器则保持了高反射系数。所研究的防护涂层内，SIOₓ + ПТФЭ 涂层具有最高的反射系数，而 MgF_2 和 ITO 涂层（锡钛混合氧化物）在作用研究范围内则具有最高的稳定性，但是它们的反射系数则较低。

由于低导电性的氧化层的形成，可以观察到 Ag 制和 Cu 制太阳电池导线的导电性的减弱。

无机混合物以氧化物和氮化物的形式使用在航天器上，如光学玻璃、玻璃布、陶瓷绝缘子、涂层染料的组成部分，其中包括热调节涂层，用作金属和聚合物的防护涂层。属于这个等级的金属有二硫化钨和钼，它们作为主要的固态润滑脂使用。以锗、硅和铝为基础，它们的氧化物、氟化物、二硫化物、硒化物及碲化物构成光学组件的表面部分。

二硫化钨和钼为基础制造的固态润滑脂经过单原子氧作用后，会观察到一个 10 nm 厚层已经被氧化，这使其充满氧并且呈现灰色。对于这种润滑脂，氧化作用会引起出现磨料属性[23]。在日本的航天器"SFU"和模拟装置[24]上研究 MoS_2 时，发现了氧化作用所引起的固态润滑脂摩擦系数的上升。

单原子氧对光学表面涂层的影响研究在 STS - 41 任务的实验中进行[21]。研究红外环境下使用的锗制窗户的二硫化锌涂层时，单原子氧与硫的反应引起表面扩散反射的稍微上升。带有光学涂层 MgF_2 的铝镜表面上经过单原子氧的作用后会形成厚 3 nm 的氧化物层，它实际上不改变反射系数，这符合图 6 - 16 上标明的数据。

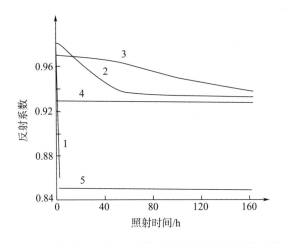

图 6 - 16　原子氧作用下镜面反射型热控涂层反射系数变化曲线

1—无防护抛光（或真空沉积）银表面；2—无防护抛光（或真空沉积）铝表面；3— SiO_X+ПТФЭ
防护反射镜型涂层；4— MgF_2 表面层的镜反射涂层；5— ITO 面层镜反射涂层

在航天器 LDEF 上进行的实验表明，窗户和过滤器上红外线光谱通过时无实质变化，它们的基本材料为：各种切面的石英，Ge，Si，Al_2O_3. 氟化物，二硫化物，硒化物和碲化金属铸块。同时，在窗户和涂层上可以观察到透明度的降低，这些窗户和涂层由更轻的以锌、CaF_2/MgF_2/CDTETIDRLTICIDR 为基础的材料制成[25]。

氧化物和氮化物与单原子氧相比较具有化学惰性，因此它们在迎面单原子氧流作用下的分散可以忽略不计。单原子氧对氮化硼和钼的作用会引起其表面 5 nm 深处转化成氧化物薄膜，从而阻止了下面一层的氧化作用。

氧化钼薄膜在单原子氧作用下密度会上升，且由于氧化物 SiO 转化成 SiO_2 而引起厚度的减小。这时体积侵蚀系数认为是 $(0.2\sim2)\times10^{-28}cm^3/O$。

以 Al，Be，Cr，Mg，Si，Ti 氧化物为基础的陶瓷材料，由于它的氧化物成分的继续氧化再无热动力效果，从而具有高的单原子氧作用稳定性。

②聚合物材料属性的变化

聚合物在单原子氧作用下的侵蚀引起其由表层确定的物理化学属性的变化。

单原子氧的作用增加了表面的粗糙度。如果材料位置相对于迎面单原子氧流不变化，则会出现类似于毛毡绒的典型结构。国外文献把这种表面形态的变化称为"carpet‑like"（类毛毡绒变化）。进行模拟实验时可以观察到类似的图像。图 6‑17 是聚酰亚胺曝光在航天器 LDEF[2] 上之后的表面微型电子照片。按照数据分析[37-39]，这种结构的出现有可能是形成氧化物——不规则碳的微小颗粒的原因。

图 6‑17　航天器 LDEF 上搭载的聚酰亚胺表面原子侵蚀形貌

单原子氧作用下表面出现的规则结构引起已曝光聚合物薄膜光学属性的非均质现象。这种效果可以从实验结果看到，实验结果给出薄膜表面亮度的变化曲线，该薄膜以暴露或有石英玻璃防护的形式在上面提到的空间站的飞行实验中进行曝光，可以看出，在单原子氧流作用下，曲线从各向同性速度转向拉入矢量方向的椭圆速度，如图 6‑18 所示。

单原子氧的作用引起聚合物机械属性的减弱，它最明显地表现在薄结构内，例如，在合成纤维内，形成聚酰亚胺纤维的阿里米特纱线，即使在厚度没有明显减小时，其强度也会降低好几倍。在空间站上进行的实物实验中，阿里米特纱线以无防护和在聚合物薄膜层下的形式在外表面曝光 28 和 42 个月。材料返回后对其进行断裂实验，实验结果见表 6‑11。纤维厚度单位为纺织工业上采用的"特克斯"[1 特克斯（TEX）＝在公定回潮率下，1 000 m 长的纱线重量克数]。

可以看出，纱线防止单原子氧作用的机械特性变化了 10%～30%。同一时刻无防护纱

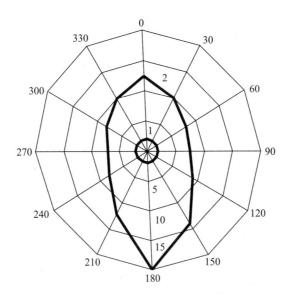

图 6-18　格氟改性聚酰亚胺氟化薄膜空间暴露后表面亮度的变化曲线图

1—带有表面防护层；2—无表面防护层

线的断裂负荷下降 3~6 倍，而断裂时延长 2 倍。引人注目的是，在两种情况下纱线的厚度几乎保持不变。

表 6-11　阿里米特纱线断裂实验结果

参数	检查结果	有防护膜		无防护	
		28 个月	42 个月	28 个月	42 个月
厚度/(TEX×3)	30.5	30.2	27.0	30.0	26.6
相对断裂负荷(g/TEX)	45	43.2	40.0	15.1	6.8
断裂时相对延长/(%)	13	11.9	10	6.7	6.5

空间站上进行的 15 个月的其他飞行实验表明，用来缝制屏蔽真空热绝缘垫的阿里米特纱线在曝光时缝合处会发生变化，而纱线由于外部纤维遭到破坏开始变蓬松。

类似效果在实验室实验时也可以观察到，该实验在莫斯科大学核物理实验室的装置上在氧化等离子作用下进行。等效单原子氧积分通量为 $8×10^{21}$ cm^{-2} 时，进行的模拟实验前后缝合处的外部形状如图 6-19 所示。

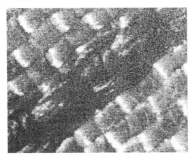
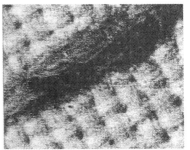

(a) 原子氧作用前　　　　　　　　　　(b) 原子氧作用后

图 6-19　原子氧作用前后缝合部位的变化

在空间站上进行的专门实验"保护 CTPAXOBKA"中发现了强度的降低效果，该实验产品的材料以缝好的阿里米特纱线——阿里米特布为基础[32]。阿里米特纱线曝光十年后，分开由其连接的片段时，无负荷的情况下质量会损失 15%。在断裂负荷下降 2.2~2.3 倍的情况下，阿里米特布的质量会损失 17%，而相对延长在断裂时则会增加 17%~20%。对于多层产品来说，例如细绳、皮带、缆绳，则其变化主要发生在外部纤维层上。对于 5 层产品来说，由于外层对内层的屏蔽作用，上述平均变化参数非常小。阿里米特布在空间站上曝光 10 年后的表面形貌变化见图 6-20[30]。

(a) 原始状态　　　　　　　　　　　　(b) 曝光10年后的状态

图 6-20　阿里米特布在和平号空间站搭载暴露 10 年后的表面形貌变化

③快速单原子氧与聚合物相互作用机理研究

目前，有大量关于单原子氧对各种聚合物作用的实验数据。为了理解单原子氧作用机理的特征，可以使用简单的气态和液体碳模型进行[27]，还可以利用过程的量化模型[28]。由于研究的进展很缓慢，到目前为止还没有一个普遍认可的关于快速单原子氧对聚合物破坏作用机理的论断。

根据现代的模型，快速氧原子沿 3 个通道与表面发生相互作用。部分原子以 0.1~0.5 的概率穿透固体物质并与材料发生相互化学作用，另外部分离开表面形成分子 O_2，还有一部分进行非弹性发散[29]。最后两部分不参加材料的质量消耗反应。

氧原子与碳氢化合物分子之间的初次化学反应有以下几种：

1）利用氧原子 O 打开氢原子 H，并形成 OH 和烃基（这个反应具有低的能量限值，并且可以在氧原子能的作用下进行）；

2）氧原子 O 置换氢原子 H；

3）碳链 C—C 破裂。

后两种反应具有高的能量限值（约 2 eV），且只有在与快速单原子氧进行互相作用时才会发生。对它们来说，单原子氧的能量为 5 eV 时的反应总切面要高于形成 OH 时的反应切面[38]。这样，作为对普通原子反应的补充，利用反应打开氢原子 H 并形成 OH，然后形成水 H_2O，依靠具有更高能量限值的反应，原子能量的升高开启了一条补充道路。

在各种单原子氧能量下，对聚酰亚胺进行引起材料质量损失的反应激活能量 E_a 的直接测量，对于原子来说，$E_a = 0.13~0.3$ eV，对于能量为 1.1~1.5 eV 的原子来说，$E_a = $

0.04 eV，而对于能量为 5 eV 的原子，$E_a = 5 \times 10^{-4}$ eV[30]。所观察到的快速原子反应限值的下降，说明与原子相比，有巨大的反应能力。

单原子氧与表面相互作用过程的量化模型使得可以研究能量为 5 eV 的氧原子在含碳材料表面上作用时，各种过程互相渗透的基本规律。在该项工作中[35-37]使用多部分互相作用的整套模型，包括在古典力学和量子力学潜能方程的基础上计算粒子的运动轨道。鉴于模型中使用的能量为 5～10 eV 范围内的实验数据的局限性，计算机运算实际上只可以在单独情形下完成。

表 6-12 中提供的计算数据是关于化学吸附层的形成，原子的非弹性发散及材料的化学联系破裂的概率，它们引起材料接下来的分解[31]。

表 6-12　含碳材料表面上的物理化学过程概率（$T = 300$ K，碰撞角 $\theta = 45°$）

互相作用过程	概率
化学吸附层的形成	0.02
非弹性发散	0.34
CH 链的破裂：	
H 析出并形成 OH	0.39
2H 析出并形成水 H_2O	0.02
H 析出	0.20
2H 析出	0.01
碳链 C-C 的破裂并形成 OCH_3	0.02

建模结果表明，在所选条件下（$T = 300$ K，碰撞角 $\theta = 45°$），化学吸附层不是很明显，而在从表面反射出的粒子中，除了非弹性发散的氧原子 O（34%），既包含碳氢链 C-H 破裂产品：大量的 OH（39%），较多的 H 析出（20%），较少的 H_2O（2%），2H（1%）；也包含聚合物碳链 C—C 破裂产品 OCH_3（2%）。碳链的破裂和一氧化碳 CO 及二氧化碳 CO_2 的形成构成了有机聚合物基本的质量损失。

原子在与表面进行撞击时与它的部分发生相互作用，它的质量通常是 40 个原子质量单位。作用的结果是动能的大部分转化到质心（5 eV 中的 3 eV），从而把反应自身的剩余的撞击能量储备限制在 2 eV 内[32]。

单原子氧对聚合物的破坏效果在很大程度上取决于聚合物链内联系的破裂能量（参见表 6-13）。

表 6-13　聚合物联系破裂能量和典型波长

结合类型	C—H	CF_2—F	C=C	C=O	Si=O
结合能/eV	3.3～4.3	5.2	6	7.5	8.5
典型波长/μm	0.28～0.36	0.23	0.2	0.15	0.14

氟化聚合物，特别是特氟龙，带有稳固的 C—F 联系及特殊的聚合物链结构，该结构使碳原子 C 不与起作用的氧原子接触，在它们身上发现了对单原子氧作用的稳定性；它们

的侵蚀速度要比聚酰亚胺和聚乙烯至少慢 50 倍。

目前，关于快速单原子氧对聚合物破坏作用机理的理论认识还处在研究阶段。特别是缺少关于单原子氧与聚合物反应效果的能量关系的统一意见。部分研究者把体积侵蚀系数片面地认为是增长的等级函数 $R = 10 - 24AE^n$。各个作者对上述函数的参数 A 和 n 的定义都不同：Zimcik[40]— $A = 1.7, n = 0.62$；Colub[33]— $A = 0.87, n = 0.92$；Banks[34]— $A = 1.5, n = 0.68$；Tagawa[35]— $A = 0.98, n = 0.75$；Krech— $A = 0.8, n = 2$[36]；另一部分人（Koontz，Amold）[37]则认为具有能量限值，在这个限值之后的几个间隔内侵蚀的增长将停止，并在达到能量值（约 $35 \sim 40$ eV）时重新开始。在这些能量下，引起体积侵蚀系数增长的物理发散机理变成现实。根据实验数据，在较小能量下，物理发散储备被认为是不现实的。文献 [46] 表明，在能量为 30 eV 的氧原子作用下聚酰亚胺质量损失比该能量氩离子作用时要多。能量值低于物理发散限值时，关系式为 $R = 10 - 24A\exp(-Ea/E)$，参数值为：Koontz— $A = 4.26, Ea = 0.38$ eV；Amold— $A = 3.6, Ea = 0.18$ eV[38]。

④聚合物体积侵蚀系数的现象评估

与关于快速单原子氧与聚合物反应机理的理论认识一样，发展了一些关于材料稳定性的现象评估方法。

在关于聚合物薄膜质量损失的实物数据的分析基础上，已经确定，在体积侵蚀系数 R 和特殊参数 γ 之间存在线性关系，它们表明了聚合物分子的成分组成特点

$$R \sim \gamma M/\rho, \gamma = N/(N_c - N_{co}) \tag{6-14}$$

式中　N——在单独的重复聚合物环（ПП3）内所有原子的数量；

　　　N_c——单独的重复聚合物环内的碳原子数量；

　　　N_{co}——由于内部 CO 或 CO_2 形式的氧化物分子的作用可能会从单独的重复聚合物环分离出来的碳原子数量；

　　　M——单独的重复聚合物环的平均分子质量；

　　　ρ——聚合物密度。

对于线性含氟聚合物链，在这个公式内加热"屏蔽因素"[48]，计算氟化碳氢化合物对氧化作用稳定性的上升

$$1 - \frac{2N_{F_2} + N_F}{2N_{F_2} + N_P} \tag{6-15}$$

式中　N_{F_2}——单独的聚合物环内，氟分子的数量；

　　　N_F——单独的聚合物环内其他的个别氟原子数量；

　　　N_P——单独的聚合物环内，所有单独的氟原子 F，所有氢原子 H 和所有碳原子 C 的数量总和。

图 6-21 上表明了"MISSE PEACE"的实物实验中和其他的模拟器实验中使用的 40 种聚合物（符号）的计算关系[40]（整条线）。该图很好地说明了预测的体积侵蚀系数值与实验数据的结果之间的关系。计算关系与实验值之间的最大偏差不超过 20%。

侵蚀系数的确认分析还有另一种方法，它建立在使用氧符号为 OI 聚合物的标准特征的基础上（美国），该符号用来标志材料的燃烧能力。根据这种评估方法，聚合物对单原

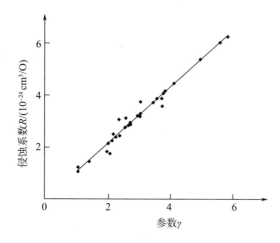

图 6 - 21　原子氧侵系数的计算值（直线）与实验值（点）的拟合关系曲线

子氧作用的稳定性与其可燃性成反比 $R = 10^{-24} \, cm^3/O$。

⑤化学反应与形成挥发产品的概率的计算评估

太空实验中测量的反应系数值 R（体积侵蚀系数）的精度通常小于乘数的 $1.5 \sim 2$，它与地面实验的结果相符合，该实验中单原子材料与聚合物材料撞击能量为 $1 \sim 5 \, eV$。考虑到 R 值的均值特点和各种实验环境——单原子氧的温度，强度积分通量，太阳光辐射或实验装置中快速单原子氧源及其他因素的影响，这种吻合应该认为是可以接受的。既然聚合物在单原子氧的作用下质量损失运动学在总体上具有非线性特征[41]，那么用一类参数来描述质量损失是比较接近的。然而，随着运动学曲线的线性化，近似精度会随着单原子氧积分通量的增加而上升。

以上章节中研究了 R 值的评估方法，该方法以这个值与一些典型材料之间的对照关系为基础。上面研究的方法中最精确的对照关系是经过验证的，且不会给出关于单原子氧与材料在一次撞击的情况下发生反应的概率的论断。这个值对于评估快速单原子氧与航天器表面互相作用的整个过程很重要。

下面，以资料中的实验数据为基础，并使用上面已经形成的关于腐蚀过程的机理和运动学的认识，进行由碳 C，氢 H，氧 O，氮 N 组成的各种聚合物材料有效侵蚀（腐蚀）的计算和比较。各种聚合物氧化反应的概率已经确定。上面的一些结果曾经被多次发表过[42]。

表 6 - 14 中，对于一些聚合物，指出了已经在表 6 - 10 中提到过的单独的聚合物环的组成和系数值 R，以及系数 R_1（CO）和 R_2（CO_2），这两个值在两个假设中列举：聚合物在侵蚀时只形成一氧化碳 CO 或二氧化碳 CO_2。问题在于，排除"聚酰亚胺"（下面会讲到），所形成一氧化碳 CO 或二氧化碳 CO_2 的产出量的比例关系不明确。因此，计算在两个单纯的情况下进行，即假定只形成一氧化碳 CO 或只形成二氧化碳 CO_2。真实值存在于两个单独情况下的计算结果中间。此外，表 6 - 14 还提供出了实验值 R 与理论值 R_1（CO）和 R_2（CO_2）之间的比例关系。

表 6 - 14　有机聚合物和石墨在近地宇宙空间内曝光时的腐蚀效果

(根据文献[43]所进行的工作)

聚合物	单独的聚合物环	系数($10^{-24} cm^3/O$)			比例关系(R/R_1)	
		R	$R_1(CO)$	$R_1(CO_2)$	$R/R_1(CO)$	$R/R_1(CO_2)$
聚酰亚胺	$C_{22}H_{10}O_5N_2$	3.0 3.3	18.7	9.7	0.16 0.176	0.31 0.34
聚酯薄膜(ПТЭФ)	$C_{10}H_8O_4$	3.2	22.9	11.45	0.14	0.28
热塑聚碳酸酯	$C_{16}H_{16}O_3$	2.8 3.8	16.9	9.6	0.17 0.22	0.29 0.40
聚砜	$C_{27}H_{22}O_4S$	2.2	16.4	9.4	.0.134	0.23
特德拉(聚乙烯醇缩甲醛)	C_2H_3F	3.2	15.8	12.2	0.20	0.26
聚苯并咪唑	$C_{14}H_8N_4$	1.5	13.1	8.2	0.11	0.18
聚苯乙烯	C_8H_8	1.4	13.7	8.6	0.10	0.16
环氧树脂	$C_{10}H_{10}O_2$	1.7	17.3	9.74	0.098 0.12～0.15	0.175 0.22～0.27
聚乙烯	C_2H_4	3.5	12.3	8.2	0.28	0.43
聚丙烯	C_3H_6	4.4	12.3	8.2	0.35	0.540
聚甲基丙烯酸	$C_5H_8O_2$	3.1 4.8[*1]	27.7	18.46	0.11 0.174*	0.168 0.26*
聚氨酯	$C_{15}H_{12}O_3N_2$	5.8	20.1	11.3	0.29	0.514
尼龙	$C_9H_{11}ON$	4.2	14.8	9.55	0.284	0.44
聚酯酮	$C_{19}H_{12}O_3$	4.3	18.12	9.72	0.24	0.44
聚甲醛	CH_2O	9.5**	34.9**	17.9**	0.272**	0.544**
碳	C	1.0 2.3[8]	11.0	5.5	0.09 0.187	0.18 0.280*

注：单星号 * 表示数据来自参考文献[9]，双星号 * * 表示数据来自[23]，其他数据来自[22]。

　　单原子氧的聚合物氧化作用的 $R_1(CO)$ 和 $R_1(CO_2)$ 的值计算以化学方程为基础，并使用下列假设：

　　1) 进入到聚合物表面的所有氧原子，都参加化学反应并形成氧化物 CO 和（或者）CO_2，H_2O，NO，即原子的发散，再化合，其他的形成氧气 O_2 的反应的返回过程（例如，与聚合物内的氧原子相互作用时）是不存在的；

　　2) 氧原子附着到聚合物表面的系数等于一个单位；

　　3) 氧化作用的唯一产品是简单氧化物，不形成更重的产品（挥发性乙醇，乙醚等）。

　　这些假设的采用是因为缺少关于聚合物受快速氧原子作用时的腐蚀机理的详细知识。对腐蚀产品的大量光谱测定分析没有发现更复杂的产品。计算公式为

$$R_1(CO) = M/(CN\rho) \tag{6-16}$$

$$R_1(CO_2) = M/(BN\rho) \tag{6-17}$$

式中　M ——单独的聚合物环的分子质量（g/mol）；

N ——三用表数值 (atom/mol)；

ρ ——聚合物密度 (g/cm³)；

C,B ——纯氧化方程内的化学系数。

例如，对于"聚酰亚胺"的氧化作用来说，$C=24$，$B=46$：

$$C_2H_{10}O_5N_2 + 24O \rightarrow 22CO + 5H_2O + 2NO$$

$$C_2H_{10}O_5N_2 + 46O \rightarrow 22CO_2 + 5H_2O + 2NO$$

对这些数据的研究表明，快速单原子氧的原子对有机聚合物的撞击伴随着概率为 $0.1 \sim 0.5$ 的氧化作用。这说明，单原子氧的主要消耗不是形成氧化物，而是在表面的发散（附着系数小于一个单位），以及再化合过程中形成分子氧化物的反应或者与聚合物成分中的氧化物发生的反应，此时形成的分子氧化物从表面解吸到气相中，而不参加到与聚合物的进一步反应中。

获得的比例关系 R/R_1 (CO) 和 R/R_1 (CO$_2$)，可以作为有机聚合物 R 值的近似评估使用。对这些聚合物来说，按照式 (6-16) 和式 (6-17) 可以计算出 R_1 (CO) 和 R_1 (CO$_2$)，然后把它们分别乘以 $0.1 \sim 0.35$ 和 $0.15 \sim 0.5$，就可得到 R 的近似评估值。

这样，当能量为 5 eV 的氧化物原子撞击有机聚合物表面时，一个氧化物原子形成的质量损失效果为 $10\% \sim 35\%$，且当这些聚合物完全氧化并只形成 CO 和 H_2O 或只形成 CO_2 和 NO（如果是含氮聚合物）时，以这个化学方程为基础的效果为 $15\% \sim 54\%$。这个结论可以作为其他以前化学构造为基础的聚合物的腐蚀效果的近似评估。

引出一个公式结论用来计算系数值 A，A 用来在总体上计算 R，即腐蚀时当 CO 和 CO_2 的产出量比例关系 a 从实验中已经明确时

$$R = M/(AN\rho) \tag{6-18}$$

该计算用于碳氢聚合物腐蚀反应的计算，该聚合物的成分组成可以表示为 $C_aH_bO_cN_d$。那么

$$M = 12a + b + 16c + 14d$$

综合的聚合物氧化反应可以写成

$$C_aH_bO_cN_d + AO \rightarrow xCO + yCO_2 + wH_2O + zNO$$

按照定义 $a = x/y$。

形成一个化学方程组

$$\begin{cases} a = x + y \\ b = 2w \\ c + A = x + 2y + w + z \\ d = z \end{cases}$$

从这个方程组内确定系数 A

$$A = a(2+a)/(1+a) + b/2 + d - c$$

式 (6-18) 是一个公共计算公式。其他提到的公式是它的一种情况：

1) 式 (6-16) 中：$a = \infty$，$C = A$；

2）式（6-17）中：$a = 0, B = A$。

对于聚酰亚胺，系数为：$a = 22, b = 10, c = 5, d = 2, M = 382, A = 35, R = 13 \times 10^{-24}\,cm^3/O$。

就像上面提到的，由于缺少关于氧化物产出量比例关系的数据，所以不能够获得关于反应概率的进一步精确评估。只有实物环境中获得的数据[44]是明确的，表面 CO 和 CO_2 的产出量相等（$a = 1$）。这样就能够确定所求的"聚酰亚胺"的概率，并且表明，它处在 0.23～0.25 这个范围内[45]，即处于分别对应于上述极端情况的值 0.16～0.17 和 0.31～0.34 之间。相应的，当 $R = 13 \times 10^{-24}\,cm^3/O$ 时，获得的评估值 $R = 3.1 \times 10^{-24}\,cm^3/O$。

这里，对含氟聚合物我们不使用上述方法。如果聚合物包含有氧化作用时的非挥发氧化物，例如硅，则缺少计算质量损失的方法。当它们与单原子氧互相作用时，在表面形成氧化物薄膜 SiO_x（$x < 2$），之后质量损失会停止。对这些聚合物来说，反应效果概念自身就是不适用的，因为当它们正式使用时，R 取决于单原子氧的积分通量，当积分通量增长时，R 趋于零。

这样，已经具有的计算方法使得能够评估形成挥发性氧化物，C、H 和 N 的聚合物的反应效果。需要提醒的是，对于各种不同的聚合物，实验测量值在一个很大的范围内波动 $(1～9.5) \times 10^{-24}\,cm^3/O$。为进行评估，只需要知道材料的成分组成。碳氧化物产品产出量比例关系明确的聚合物的评估精度为升高。

应该指出，含硫（聚砜）和氟（聚氟乙烯"泰德拉"）聚合物的计算结果与只含碳 C，氢 H 和氮 N 的聚合物的结果相符。这就说明可以把该方法扩展到这些聚合物上。

在现实的太空飞行环境中分析聚合物材料的稳定性时应考虑到，被凝结成分污染的表面，会阻止材料与单原子氧的接触，从而引起体积侵蚀系数的变化。特别是，污染可能会产生防护作用。图 6-22 上指出了飞行时间增加时侵蚀速度的降低效果，上面有碳纤维复合材料 KMУ-4Л 在礼炮号空间站上的质量损失测量结果。

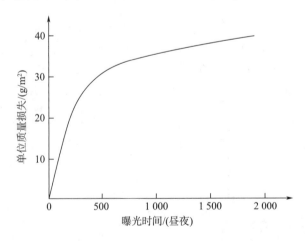

图 6-22　碳纤维复合材料 KMУ-4Л 的单位质量损失与在轨时间之间的关系

6.5.4.3　材料防止原子氧作用的方法

随着航天器使用时间的推移，也积极发展了聚合材料及复合材料对单原子氧作用的物理－化学防护方法和工艺，并进行了抗单原子作用的材料的合成和研究工作。

能够防止氧化作用的金属光学反射器有：Al（铝）和 Si 氧化物薄膜涂层，In 和 Sn 氧化物混合物（以及被称为 ITO 的导电涂层），还有金刚石薄膜。关于一些防护涂层参数的数据已经得到。STS‑41 进行的厚 4 nm 的金刚石涂层实物实验表明，在积分通量约 10^{20} cm^{-2} 的单原子氧作用下，其光学属性不改变，这使得可以认为在含碳材料中，金刚石涂层对于单原子氧作用的惰性最大。

为了对太阳电池的银质条状导线进行防护，使用 Al（铝）和 Si 氧化层及 B 和 Si 氮化物层。在实物实验环境（STS‑41）和模拟装置上进行的实验表明，在积分通量为 10^{20} cm^{-2} 的情况下，Ag 防护层不发生氧化。

表面上元部件的最简单防护方法是在外层使用密度玻璃布（称为 β 织物）。采用这种防护的实验表明，银箔表面下在单原子氧作用后会出现可视的织物结构图像。反应量化产出低于发现范围，这使得可以认为，在单原子氧的积分通量不高的情况下，这种防护等级是合乎要求的。飞行时间增加时，玻璃布的防护等级会不足。把带有玻璃布防护层的 TCOH 牌屏蔽真空热绝缘面板在空间站上曝光 152 个月后，在 3 层外部薄膜上发现了作用的痕迹[46]。在第一层聚酰亚胺薄膜 ΠM‑$1 У Э$‑OA 上发现了复制织物结构的腐蚀痕迹。第一层屏蔽真空热绝缘聚酰亚胺薄膜在暴露前后的外部形态见图 6‑23。织物本身在暴露后具有亮褐色，且其太阳电磁辐射的总体吸收系数 α_S 不断上升。这种方法对于大面积的防护不足，另有相对较高的单位质量的密度玻璃布。

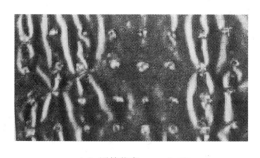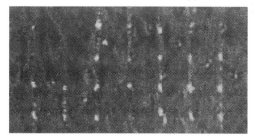

　　　　(a) 原始状态，$\alpha_s = 0.27$　　　　　　　　　(b) 4 640 天后，$\alpha_s = 0.66$

图 6‑23　多层绝热毯表层镀铝聚酰亚胺薄膜在和平号空间站上暴露前后的表面形貌

聚合物材料的防护在两方面进行：喷涂法，在金属表面涂上抗单原子氧作用的薄膜涂层；对材料或其表面进行改造以增加其抗外部作用的稳定性。在后一种情形下，依靠近表面层上的化学元素，材料在单原子氧作用下具有了形成防护膜的能力，防护膜由表面上的非挥发性氧化物组成。

使用下列方法来制成薄膜防护涂层[51]：

1）利用热蒸发，电子束，磁控和离子喷涂，在真空（PVD）内进行 Al（铝），Si，Ge，Ni，Cr，SiO，Al$_2$O$_3$，SiO$_2$，ITO，氟化聚合物＋SiO$_x$ 的物理蒸气沉淀作用；

2）SiO$_x$，SiO$_2$，SiN，SiON 的等离子化学蒸气沉淀作用；

3）Al（铝），Al（铝）/In/Zr 的等离子喷涂。

在其他一些情形下，防护层的喷涂利用油漆喷涂工艺进行。

硅涂层具有很高的稳定性。与单原子氧互相作用时，材料内的涂层使用硅氧化物，用它制成防护膜，从而防止单原子氧对受防护材料表面的扩散。这时，反应系数通常下降多于两个序列[47]。

图 6-24 上指出了各种硅防护涂层的效果，提供了涂上 SiO$_2$ 和两个牌子的硅酮漆的聚酰亚胺薄膜样品的质量损失与单原子氧的积分通量之间的关系，该积分通量在莫斯科大学核物理实验室的模拟试验台上获得。由于使用了防护涂层，薄膜的侵蚀速度下降了 200～800 倍[52]。

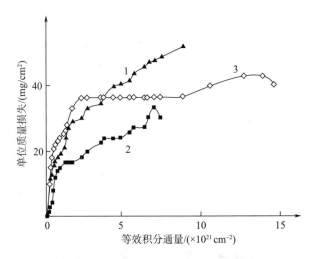

图 6-24　带有不同防护涂层的聚酰亚胺薄膜样品的质量损失与原子氧积分通量之间的关系

1—有机硅树脂漆；2—硅酮有机硅树脂漆；3—SiO$_2$

薄膜涂层的不足之处是其可靠性不高。由于厚度很薄，因此在生产和使用过程中很容易破损，而由于它们的属性与衬板明显不同，因此在热循环作用后可以发现裂口和脱落。图 6-25 展示了带有 SiO$_2$ 涂层的聚酰亚胺薄膜实验后的片段，该实验在莫斯科大学核物理实验室的等离子装置上进行，单原子氧的等效积分通量为 2.2×10^{21} cm^{-2}。可以观察到薄膜在点瑕疵的情况下的穿透腐蚀［图 6-25（a）］，以及曝光部分的边缘（暗的部分）和非照射区域出现了裂纹［图 6-25（b）］。

聚合物表层的改造可以通过能量为 10～30 keV 的 Al（铝）离子移植法来实现，或者用化学填充的形式加入几微米厚的 Si，P 或 F 原子[48]。

如果使用第一种方法，其中的一个变体被称为 IMPLAMTOX，在聚合物和石墨内形成一层厚 10～50 nm 的上述元素。移植 Si 原子时的防护效果约为 100，而 F 则接近 2。图 6-26 表明，聚酯薄膜样品在移植 Al（铝）＋Si（曲线 3）和 Al（铝）＋Si（曲线 2）之后，对模拟的单原子氧作用和紫外线辐射作用（模拟器 UTIAS，加拿大[49]）的稳定性，与未改造样品（曲线 1）相比有上升。可以看出，当模拟时间 $t=5$ h 时，该时间相当于样

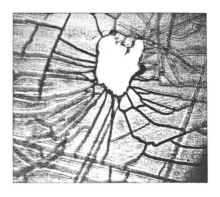

（a）涂层的点瑕疵（视角尺寸为 350 μm）　　（b）照射区域边缘上的裂纹（视角尺寸为 700 μm）

图 6-25　原子氧作用下 SiO_2 涂层上出现的缺陷

品在国际空间站上的约一个月时间，已改造样品的质量损失降低两个序列。"聚酰亚胺" HN 在移植上述元素后的抗作用稳定性上升得更多（差不多 3 个序列）。

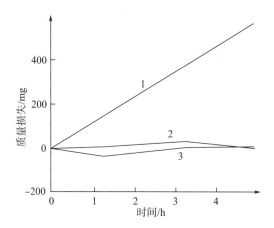

图 6-26　聚合物的质量损失与单原子氧暴露时间的关系

1—聚酯薄膜；2，3—改性聚酯薄膜

　　第二种方法是 PHOTOSIL 过程[54]。在这个方法中，硅组化学元素在聚合物结构内达 1 μm。该过程由 3 个阶段组成：表面上的紫外线辐射光感，在聚合物表面喷涂含硅液体使近表面充满一层硅，在紫外线辐射作用下涂层的稳定。该过程用在完整的一组航天器材料的改造上：聚酰亚胺，聚氯乙烯，聚酯合成纤维，聚乙烯，碳纤维复合材料，聚氨酯涂料。改造之后，在单原子氧作用下的侵蚀系数降低到 10^{-26} g/O，即两个序列。

　　新聚合物材料的合成用于在其结构内加入化学元素（Si，P），使得在与单原子氧进行反应时形成固体混合物防护层。

　　最先进的方向是在聚合物的基础上制造混合材料，并在聚合物链内引入极少的无机物。这项研究被称为 POSS-聚合物（polyhedral olygomeric silsesquioxane），在它的结构中加入了尺寸为 0.7~3 nm 包含有硅原子 Si 和氧原子 O 的多面无机分子（полиариленэтербензимедазол - фосфинооксида）[50]。单原子氧作用下的聚合物侵蚀过程中，微粒子逐渐显露并打开表面，从而引起这种微混合物稳定性的上升。这种材料的体积侵蚀系数为 $(1\sim3)\times10^{-25}\,cm^3/$ O，它要比聚酰亚胺低一个序列[50]。

6.5.4.4　材料在原子氧流作用下腐蚀研究的实验室方法

在对迎面单原子氧流对航天器材料的作用进行建模时，最好先进行加速实验，该实验依赖于与实物实验环境相比的单原子氧流强度的上升。这样，如文献 [52] 中所述，存在一个强度上升范围，它引起快速离子与表面相互作用机理的变化并取决于材料的种类。在保持离子与实验材料相互作用机理的范围内，可以通过增加离子束能量的方式进行加速实验。

实物和模拟实验中，单原子氧的积分通量按照标准材料的质量损失值进行测量。实验中用这种方法测量的单原子氧的积分通量，确定的不是材料的体积侵蚀系数绝对值 R，而是它们与所选标准材料的 R 值之间的比例关系。根据美国的 ASTM 标准[53]，使用聚酰亚胺作为标准材料。目前，聚酰亚胺的等效体在世界上广泛用来评估单原子氧对材料的作用。对于聚酰亚胺来说，$R=3\times10^{-24}\,cm^3/$O，这个值在 STS-8 任务中确定，并使用快速质谱仪来测量单原子氧的积分通量。

中央流体空气学研究所 ЦАГИ 进行的实验中，通过研究离子在流中的分配函数因素，研究出单原子氧绝对值积分通量的测量方法。

在材料的加速实验中，经常使用能量区别于 5 eV 单原子氧束。在这些实验中，使用被称为等效积分通量的概念作为作用的数量尺度，从而理解能量为 5 eV 的单原子氧流的积分通量，它也能保证那些聚酰亚胺样品的质量损失。

单原子氧能量升高时，加速实验的方法在 NASA 的研究中使用，该实验使用微波源并伴有电子循环共振放电，氧化物原子能量＞30 eV[60]，该方法还在莫斯科大学核物理实验室的实验中使用[61]，该实验使用氧气等离子的磁等离子动力加速器。用这些方法，在模拟轨道单原子氧的持续作用时会获得最大的等效单原子氧积分通量，分别为 $2.1\times10^{22}\,cm^{-2}$ 和 $3.5\times10^{22}\,cm^{-2}$。

在实验室环境中，利用分子束（原子自由微分子流，分子，族群），以及离子和等离子流[62]来模拟单原子氧的作用。

6.5.4.5　原子氧环境效应地面模拟设备

自从人类发现原子氧对材料的腐蚀作用影响航天器在轨的可靠性及寿命，对空间原子氧与航天器所用材料的相互作用就在不断地研究中，所需要的试验主要有空间搭载试验和原子氧效应地面模拟试验两大类。

空间试验主要指空间站或卫星等探测器在轨的腐蚀效应试验。另一类试验就是利用各种能量（射频、微波、热沉作用等）使地面中的分子氧电离成等离子体，在一定的电磁场作用下，从金属中获得电子，形成原子氧，但此时的原子氧能量是多少无法确定。

当利用激光能源与地面上的分子氧作用时，使分子氧电离，在一定的条件下，分子氧电离时失去的电子与氧等离子体复合成原子氧与在轨速度为 7.9 km/s 的航天器垂直相撞击的能量为 5 eV，而激光作用后获得的原子氧的能量，与空间原子氧和航天器碰撞时的能量相等，均为 5 eV。

当原子氧的能量是 5 eV 时，对其寿命的预测才能准确，否则进行各种定量评价与预测都是不准确的。因此，激光原子氧获得了广泛的应用。其他类型的原子氧所做的实验只能做定性的比较，不能用来进行量化表征。

空间原子氧的生成是由地面上的分子氧经过电离后，形成的离子氧，在经过电子与离子氧复合才能获得原子氧。在获得原子氧的基础上，地面模拟技术中，要解决原子氧与材料相互作用的能量应当是航天器所用材料与原子氧碰撞时的能量，另一个就是原子氧的速流密度，有关原子氧在空间的分布密度的估计，一方面通过实际测量获得的数据，另一方面通过仿真的方法建立的不同高度上，原子氧的密度计算值。

空间原子氧的密度最大值是 10^8 cm^{-3}，在不同高度上，其原子氧密度不同。航天实践表明，在 1 000 km 以下，尤其是在 200～700 km 高度区间，其原子氧作用密度最大。原子氧的存在对航天所用的材料有很强的氧化作用，使材料几何尺寸、材料质量减小，使材料的力学、物理、光学等性能退化，对航天器的可靠性及寿命带来严重的影响。因此，它是低轨道航天器损坏的最主要的空间环境因素之一。

由于原子氧环境与航天器所用的材料及器件的氧化作用，原子氧会损害低地球轨道的航天器的安全可靠性及寿命。因此必须谨慎地选择航天器的表面材料，原子氧的发光现象会使光学传感器至盲，导致低轨道航天器不能完成规定的任务。原子氧对材料长期侵蚀的潜在威胁也必须考虑。

6.5.4.6 激光原子氧地面模拟设备

航天器在低地球轨道（LEO）运行期间，原子氧诱发过程会导致聚合物及碳基材料发生性能退化，甚至失效。本设备利用多项专利技术，能够实现原子氧、紫外线和热循环等多因素综合模拟，如图 6-27 所示。本设备用于研究航天器材料在 LEO 条件下的环境效应，为各种材料和器件在轨可靠性评价及寿命预测提供有力的技术支撑。

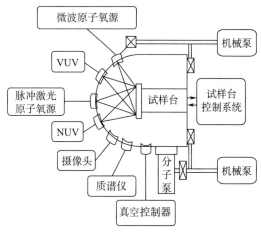

图 6-27 激光原子氧地面模拟设备结构示意图（哈尔滨工业大学）

设备功能：综合模拟 AO、热循环和 UV 环境；可产生用于 LEO 环境试验的 $>$ 10^{15} atom/（cm^2·s）、8±1.2 km/s 以及离子含量低于 1% 的原子氧束流。

工作原理：脉冲分子氧气流阀控制流进锥形超声速喷嘴的气流。激光束在喷嘴内对分子氧进行激发，形成氧等离子体爆炸波，分子氧被爆炸波分解并电离。同时，喷嘴约束了膨胀，使得电子/离子复合，形成具有定向动能的原子氧束流流出喷嘴。其设备参数如表 6-15 所示。

表 6-15　设备参数

		性能参数	技术指标
激光 AO 源	脉冲激光器	激光器功率/J	6～9
		激光波长/μm	10.6
		激光脉冲宽度/ns	200
		激光频率/Hz	4～10
	AO 束流	能量/eV	3～10
		束流密度/[atom/(cm^2·s)]	$2×10^{16}$
		AO 含量	>90%
		O$_2$ 含量	≤1%
		加速因子	≈10
真空室		真空室尺寸/cm	60
		喷嘴到试样距离/cm	45
NUV 源		波长/nm	200～400
VUV 源		波长/nm	120～200

6.5.4.7　空间原子氧环境效应模拟试验方法

空间原子氧环境效应模拟试验遵循的标准是 ASTM E2089—2000（2006）《太空用材料的地面实验室原子氧交互评价的标准规范》。这一标准是在固定名称 E2089 下发布的；紧跟着名称之后的数字表明最初采用的年代或者最后一次修正的年代。括弧里的数字表示最后一次重新批准的年代。

（1）范围

1）此标准规范的目的是定义原子氧暴露程序，旨在最大限度地减小任何特定原子氧暴露设施内结果的可变性，并有助于理解在不同设施中测试时材料反应的差异。此规范不打算规定任何特定类型的原子氧暴露设施，而只是规定了可适用于各种设施的程序。

2）这一标准并非旨在解决与使用相关的所有安全问题（如果有的话）。本标准的使用者有责任在使用前建立适当的安全和健康做法。并确定法规限制的适用性。

3）国际单位制（SI）里规定的数值都被认为是标准的。

（2）术语

①定义

1）原子氧侵蚀量——每一个入射氧原子产生的侵蚀材料体积，单位记为 cm^3/atom。

2）原子氧注量——原子氧到达样品表面的量，单位记为 atom/cm²。

3）原子氧通量——原子氧到达样品表面的速率，单位记为 atom·cm⁻²·s⁻¹。

4）有效原子氧注量——如果样品暴露在低地球轨道上，能够产生可以被观测到的一定数量侵蚀的原子氧到达样品表面的总量，其单位记为 atom/cm²。

5）有效原子氧通量——如果样品暴露在低地球轨道上，能够产生可以被观测到的一定数量侵蚀的原子氧到达样品表面的速率，其单位记为 atom·cm⁻²·s⁻¹。

6）参考材料或者样品——用于测量有效原子氧通量或注量的材料或样品。

②符号标记

A_k ＝参考样品的暴露面积，cm²；

A_s ＝测试样品的暴露面积，cm²；

E_k ＝参考材料在空间产生的侵蚀，cm³/atom；

E_s ＝测试材料在空间产生的侵蚀，cm³/atom；

f_k ＝有效通量，atom·cm⁻²·s⁻¹；

F_k ＝有效注量，atom/cm²；

ΔM_k ＝参考样品的质量损失，g。

③意义和用途

（a）此规范可提供的信息

1）材料原子氧侵蚀特征。

2）四种具有优良性能的聚合物被一个原子氧侵蚀后的对比。

（b）有用的计算数据结果

1）比较暴露在低地球轨道环境中的航天器材料的原子氧耐久性能；

2）比较在不同的地面实验设备之间原子氧侵蚀行为；

3）比较地面实验设备和空间暴露条件下原子氧侵蚀行为；

4）运行在低地球轨道上的航天器可以考虑应用屏蔽材料，然而由于暴露环境和协同效应有所差异，试图根据地面实验测试来预测空间行为时应该谨慎。

④测试样品

1）除了被用于做原子氧交互评价的材料，以下的四种标准参考材料须在同一装置下，采用相同的操作条件和相同的暴露时间进行暴露实验，测试材料为：Kapton 聚酰亚胺薄膜 H 或 HN，TFE 碳氟化合物氟化乙丙烯（橡胶）（FEP），低密度的聚乙烯（PE），热解石墨（PG）。Kapton 聚酰亚胺薄膜 H 或 HN 的原子氧有效通量（atom·cm⁻²·s⁻¹）和有效注量（atom/cm²）应该被记录下来，连同相关质量损失和厚度损耗都应该被记录下来。对 TFE 碳氟化合物氟化乙丙烯（橡胶）（FEP），聚乙烯（PE），热解石墨（PG）应以超出 2×10^{21} atom/cm² 的有效注量测验原子氧交互作用，这一注量对 Kapton 聚酰亚胺薄膜 H 适用，但不适用于 Kapton 聚酰亚胺薄膜 HN，这是因为 Kapton 聚酰亚胺薄膜 HN 中含有抵抗原子氧的无机粒子，这些无机粒子起先保护衬底的聚酰亚胺，这样就导致了注量预测产生偏差。

2）如果在相同暴露实验条件下存有以前的数据，并且样品测试的通量满足标准参考暴露实验的三个因素，这时为测试四个标准参考样品而做每个材料暴露实验就没有必要了。建议使用 0.05 mm 厚并且直径超过 5 mm 的标准参考聚合物材料以及 2 mm 厚且直径超过 5 mm 的热解石墨参考样品，但由于高注量测试能够侵蚀穿透整个标准参考聚合物的厚度，所以这种测试就只能通过堆叠紧挨着彼此的聚合物层来使用上面这种被推荐厚度的标准参考聚合物。

⑤程序

（a）样品制备

清洗：

1）用于原子氧交互评价的样品应该是能够在太空中使用的典型化学材料，因此样品的表面化学性质不应因暴露在化学药品下或清洁溶液中而改变，这种化学药品或清洁溶液也不能适用于太空用功能性材料。

2）擦拭或者洗涤这些样品可以显著地改变材料的表面化学成分以及原子氧防护特征，因此这种方法是不被推荐的。然而如果在太空中的典型应用需要飞行前进行溶剂清洗，则执行这样的清洗以模拟预期的实际表面条件。

（b）处理

由于机械损伤的相关处理使得带有防护层的材料的原子氧耐久性能发生显著性的改变。另外，无防护层的材料在处理过程中可能受到污染，导致原子氧暴露实验产生反常的结果。建议对样品进行处理，尽量减少磨损、污染和弯曲。软性含氟聚合物的镊子被建议用于处理带有防护层的聚合物薄膜。而样品太重又会导致用镊子处理不安全，因此要使用干净的乙烯基橡胶、乳胶或其他手套，这些手套可防止手指油脂渗入样品而且不含棉绒。

（c）暴露区域的控制

1）屏蔽——通常限制原子氧暴露在材料一侧或者材料一侧的有限区域内是合乎需要的，通过擦拭样品周围的金属薄片（比如铝片），用保护性聚合物（比如 Kapton）来覆盖这块面积或者用玻璃来覆盖这块面积使其不暴露在外可以实现这种限制。建议将防护覆盖层和材料紧密接触以防止屏蔽区域的部分暴露。因为在射频（RF）或原子氧源微波激发区域内利用金属薄片的时候，在金属和等离子体之间可能会产生电磁交互作用，这种作用能够产生反常的原子氧通量或者屏蔽带电粒种，还有可能这两种情况都发生。所以在其他测试确定原子氧通量的屏蔽效应之前，将四个标准参考样品采用上面建议的结构进行暴露是很重要的。

2）覆层——将一面涂有防护层的样品通过胶粘复合起来使得在样品两面都涂有防护涂层，建议对薄聚酯胶粘（或其他无硅树脂胶粘）使用覆层。但应该避免使用硅树脂胶粘，因为样品可能会被硅树脂所污染。尽管覆层使得被测试样品两边都带有防护层，但是样品边缘部分的暴露和样品胶粘的出现可以解释有效表面计算的侵蚀特征。

（d）去水和除气（经过质量测量的样品）

因为大多数非金属和非陶瓷材料都明显含有部分水或其他挥发物，还有可能两者都含有，所以应该将这些材料在称重之前真空去水以消除称重带来的误差，而这种误差是由湿气带来的称重损耗。故应该在称重样品之前，保持真空压力持续 48 h 不超过 200 毫米汞柱的条件下，将厚度小于或等于 0.127 mm 的样品去水就能确保样品所吸收的水分可以忽略不计。可将较厚的样品周期性地去水并且称重直到称重损耗显示不再有水失去。还可将多种样品放置在同一真空室内去水，并且真空室内的样品彼此之间不能相互污染，而且没有足够的样品数量会抑制所有样品统一去水。

（e）称重

因为把样品从真空室内移出后水合作用能快速发生，所以应该在把样品从真空干燥室移出后的 5 min 之内称量样品。移出真空室后在测量时间间隔内称重样品可以最小限度地缩减不确定因素以及湿气吸收，还可以反向外推出把样品从真空室内移出时的质量。原子氧注量参考样品的质量损失是利用天平称重样品的灵敏度来测量的。对于直径为 2.54 cm、厚度为 0.127 mm 的 Kapton 聚酰亚胺薄膜 H 注量参考样品而言，灵敏度为 1 mg 的天平可接受至少 10^{19} atom/cm^2 的有效注量，称重样品在室温（20～25 ℃）内进行，如果温度超出了这一范围，就要在称重的时候测温并且记录下来。

（f）有效注量预测

1）注量参考样品。

a）如果测试样品上没有涂有任何防护层材料，则用 Kapton 聚酰亚胺 H 或者 HN 样品测定有效原子氧注量。如果测试样品上涂有原子氧防护层，则用测试衬底材料的未防护试样。未防护试样还可以在空间侵蚀数据可用的情况下来测定有效原子氧注量。如果没有可用的空间数据，则采用在空间产生侵蚀为 3.0×10^{-24} cm^3/atom 的 Kapton 聚酰亚胺 H 或者 HN 试样对有效原子氧注量进行测量。

b）建议在原子氧注量参考材料被模拟暴露原子氧下的时候，测试样品能同时计算有效原子氧注量。如果真空室的几何形状不满足这种条件，则注量参考试样只能预先或者在测试样品之后立即暴露。如果有必要进行高注量的暴露，通常聚合板太薄以至于不能在长时间的暴露下残存，因此聚酰亚胺或者石墨的厚试样被建议用于高注量称量或者厚度损耗测量。热解石墨相对于 Kapton 聚酰亚胺 H 或者 HN 而言，在地面实验装置上测得的原子氧侵蚀量与空间测得的不同。因此将热解石墨质量损失或者厚度损耗转换为 Kapton 聚酰亚胺的等价损失。热解石墨和 Kapton 按照同时或者顺次的暴露来实现这一转换，并且这一转换将使有效注量可以根据 Kapton 的有效注量被计算出来，这里 Kapton 的有效注量采用标准量。

c）建议 Kapton 聚酰亚胺薄膜 H 或 HN，TFE 碳氟化合物氟化乙丙烯（橡胶）（FEP），聚乙烯（PE）和热解石墨（PG）的试样周期性地暴露在测试室内的原子氧下以验证操作的一致性，并且允许在测试装置和空间以及地面基系统之间进行比较，记录这次数据连同其他测试数据使得测试结果更容易做对比。

2）试验，标准参考和注量参考样品位置和方向——设备一般要经受某些由于原子氧形成而产生的空间通量变化。如果参考样品和测试样品尽可能靠近地被放在同一个位置并且参考样品和测试样品暴露表面的尺寸和方向都是一致的，这时有效原子氧注量将会实现误差最小化。建议参考样品和测试样品采用相同尺寸、相同的位置和方向。

3）标准参考以及注量参考样品侵蚀的确认和检验——显然参考样品可以用以前的暴露参考样品来检验和比较，但要证明以前的暴露参考样品具有有效性，即样品表面还没有被污染。诸如表面和防护性的薄膜上的油迹，或者其他光学背离常规漫反射的暴露表面都属于污染的范畴。利用先前就已知的有效测试对比在同一个设备上测量参考样品的有效通量，来确定污染和不规则的操作都没有发生。

4）侵蚀测量——通常由称量损失和厚度损耗的测量来实现对测试样品和参考样品的原子氧侵蚀测量。

a）称量损失——在参考样品从真空干燥室移出后的 5 min 之内称量。每次称量的时间内只能取出一个样品，其余的样品仍然保持在真空状态下使去水后的质量增加至最小限度。当参考样品和衬底有防护层的样品具有相同的化学成分时，在真空状态中取出并且尽可能在接近的时间间隔内称量这两种样品是很重要的。

b）厚度损耗——参考样品材料损失可以用不同的表面分析技术来测量，对于精确称重测量而言暴露面积太小就不可能被测量，就要通过探针量测法，原子扫描显微技术，或者其他的隐性测量技术。要小心地把样品暴露在原子氧下随后再进行仿形测量，这种测量就是将原始表面的一部分保持完整无缺并且在原始表面和原子氧暴露的部分之间存在有明显的梯级。这就要求在原子氧暴露期间使用薄的可抽取的掩膜与样品表面紧密接触，薄膜的厚度要小于 0.2mm。

⑥计算

（a）原子氧 Kapton 有效注量的测定

1）典型的绝对注量的测量在地面实验装置上进行是难以实现的。另外，这样的测量不能准确预测材料在空间的耐久性能，因为在地面实验装置上原子氧侵蚀量和空间中原子氧侵蚀量是不同的，侵蚀产生的实质上很可能是依赖于氧原子的能量，也有可能因材料而异。

2）基于地面实验室原子氧测试可以有助于预测空间行为，利用质量损失或厚度损耗的比较来测量被测材料的有效注量是可取的。

3）如果得不到被测试材料的空间原子氧侵蚀数据，则基于已知空间侵蚀材料（诸如 Kapton 聚酰亚胺薄膜）的参考样品的侵蚀来记录有效注量。用于参考的样品材料和结果都必须被记录下来。用以下的方程计算有效通量和有效注量

$$有效通量 = f_k = \frac{\Delta M_k}{A_k \rho_k E_k t} \tag{6-19}$$

$$有效注量 = F_k = f_k t = \frac{\Delta M_k}{A_k \rho_k E_k} \tag{6-20}$$

式中　ΔM_k——参考样品的质量变化（g）；

A_k——参考样品的暴露面积（cm^2）；

ρ_k——参考样品的密度（g/cm^3）；

E_k——参考材料在空间产生的侵蚀（$cm^3/atom$）；

t ——暴露持续时间（s）。

（b）侵蚀量计算

1）基于质量损失，给定材料侵蚀的专用单位为 $cm^3/atom$，用下面的式子计算产生的侵蚀

$$E_s = \frac{\Delta M_s}{A_s \rho_s F k} \tag{6-21}$$

式中　ΔM_s ——测试样品的质量变化（g）；

　　　A_s ——暴露在原子氧下测试样品的面积（cm^2）；

　　　ρ_s ——测试样品的密度（g/cm^3）；

　　　F_k ——有效注量或者在太空测试的实际注量（$atom/cm^2$）。

因为注量是典型的基于参考样品的有效注量，用下面的式子计算产生的侵蚀

$$E = \frac{\Delta M_s A_k \rho_k E_k}{\Delta M_k A_s \rho_s} \tag{6-22}$$

式中　A_k ——参考样品的暴露面积（cm^2）；

　　　ρ_k ——参考样品的密度（g/cm^3）；

　　　E_k ——参考材料在空间产生的侵蚀（$cm^3/atom$）；

　　　ΔE_s ——参考样品的质量变化（g）。

2）基于厚度损耗，用下面的式子计算产生的侵蚀

$$E_s = \frac{\Delta x_s}{F_k} \tag{6-23}$$

式中　Δx_s ——测试样品的厚度损耗（cm）；

　　　F_k ——有效注量或者在太空测试的实际注量（$atom/cm^2$）。

如果通过厚度损耗能够测量有效注量，则用下面的式子计算产生的侵蚀

$$E_s = \frac{\Delta x_s E_k}{\Delta x_k} \tag{6-24}$$

式中　Δx_k ——参考样品的厚度损耗（cm）；

　　　E_k ——参考材料在空间产生的侵蚀（$cm^3/atom$）。

⑦报告

参考侵蚀数据——材料原子氧交互作用的报告结果列于表 6-16，报告中包含有四种标准参考材料的侵蚀数据。记录质量损失数据时的温度不同于室温（20～25 ℃）。

表 6-16　参考侵蚀数据

标准参考材料	有效通量/ [atom/(cm²·s)]	有效注量/ (atom/cm²)	厚度或质量损耗	测量的侵蚀量	采取的空间 侵蚀量/ (cm³/atom)
KaptonH 或者 HN					3.0×10^{-21}
PE					3.97×10^{-21}
FEP					0.337×10^{-21}
PG					1.2×10^{-21}

测试样品数据——所用材料，有效注量，厚度损耗或者质量损耗，采取的空间侵蚀量，对于相同材料的无防护样品的试验暴露以及数据也在表 6 - 17 中被记录。

表 6 - 17　测试样品数据

所用材料	有效注量/(atom/cm²)	厚度耗损/cm	质量损耗/g	采取的空间侵蚀量
测试样品				
测试无防护样品				

⑧精度和偏差

对于测量材料原子氧交互效应的标准 E2089 — 2000 （2006），程序的精度是不能被指定的，这是因为无法对常规的原子氧暴露体系进行规定。

6.5.5　空间磁场环境效应地面模拟试验

6.5.5.1　空间磁场环境的产生

从地心至磁层边界的空间范围的磁场为地磁场。地磁场可分为基本磁场和变化磁场两部分（见图 6 - 28）。基本磁场可分为偶极子磁场、非偶极子磁场和地磁异常几个组成部分。偶极子磁场是地磁场的基本成分，约占地磁场 90%，磁轴偏于地轴约 11.5°，偏于地心约 500 km。其起源于地核磁流体发电机过程和地壳中的磁性岩石，它有稳定的空间结构和缓慢的长期变化。偶极子磁场和非偶子磁极场都随时间变化。古地磁场记录表明地磁场至少存在了 30 亿年，而且已在过去反转了很多次。非偶极子磁场主要分布在亚洲东部、非洲西部、南大西洋和南印度洋等几个辽阔地域，平均强度约占地磁场的 10%，场源在地球内部何处目前还有争议。地磁异常又分为区域异常和局部异常，系由地壳内具有磁性的岩石和矿体等所形成。

变化磁场起源于磁层、电离层的各种电流体系、粒子流和等离子体流及其地球内部的感应电流，它的强度虽然只有地磁场的百分之几，但这部分磁场随时间变化大，对航天器的工作状态有直接的影响。

地磁场近似于一个置于地心的偶极子的磁场。地磁场是一个弱磁场，在地面上的平均磁感应强度约为 5×10^{-5} T ［（1 T $= 10^4$ Gs（高斯）$= 10^9$ nT（纳特）］，其强度随地心的距离以 r^{-3} 向外递减，航天器运行的轨道越低，遇到的磁场越强。

基本磁场在行星际空间产生磁层，在这里地球的磁场在太阳风的磁场中占主导地位。其他场源还包括由剩余磁化和主场感应在地壳外层产生的不规则本地场，地壳中的地电流感应的磁场。

地球变化磁场可分为平静变化和干扰变化两大类。平静变化包括以一个太阳日为周期的太阳静日变化（Sq）和以一个太阴日为周期的太阴静日变化（L），变化幅度分别为 10～100 nT 和 1～3 nT，场源是分布在电离层中永久的电流系。干扰变化包括磁暴、地磁亚暴、太阳扰日变化和地磁脉动等，场源是太阳粒子同地磁场相互作用在磁层和等离子中产生的各种新的电流系。

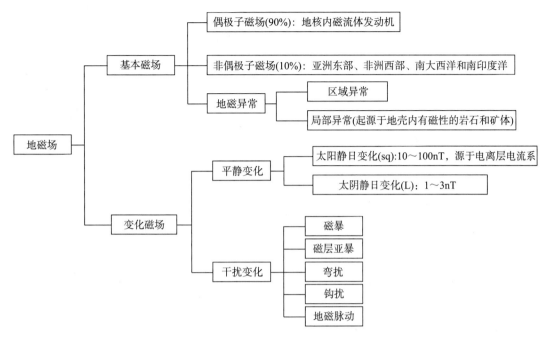

图 6-28　地磁场的组成

　　磁层和电离层中的离子和电子微分通量会形成电流系，这导致了地磁场强度的变化。这部分电离层和磁层中的外部电流在一个非常短的时间尺度变化（平静时 6～24 h，磁暴时几天），并可以产生主场 10% 左右的磁场（磁暴时～1 000 nT，平静时～50 nT）。

　　近地空间磁场的变化最大的影响来自太阳风，即太阳喷发出来的等离子体。该等离子体与磁层的边界（称为磁层顶）上的电流产生的磁场叠加在偶极子磁场上。磁层顶在向阳面近似压扁的半球，在日地连线上距离地球最近，约为 10 个地球半径，在背阳方向则近似圆柱体，其磁尾长度可达 1 000 个地球半径。磁层使大多数太阳风中的带电粒子发生偏转。磁层的形状和尺度随太阳活动和磁暴而变化。

　　为了描述地磁场的时空变化，需要地磁场模型。但由于变化磁场比较复杂，到目前为止还没有完整的模型来描述，但它在空间环境的扰动中又非常重要，常常是空间环境扰动状态的重要标志。因此，人们从磁场记录中总结出标志磁场扰动程度的量——地磁指数。常用的地磁指数有：磁情指数 C，国际磁情指数 C_i，K 指数，K_P 指数，日 K_P 指数，A_P 指数，日 A_P 指数，C_P 指数，D_{st} 指数（赤道环电流指数），极光带电急流指数。

　　根据地面和卫星的大量观测数据，现已发展了许多地磁场模型。其中最有代表性的是国际参考地磁场（IGRF）和 Tsyganenko 模型。IGRF 没有考虑外源场，Tsyganenko 模型则比较充分地考虑了磁层中各种电流系对磁场的贡献。因此在近地卫星轨道一般采用 IGRF 模型，而在 20 000 km 以上的卫星轨道则 Tsyganenko 模型比较适合。

　　通过不断地测量地球上的磁场信息，可以得出一个地球基本磁场的数学表达式，同时可以表示出它是如何变化的。定义磁势 V，V 在任意位置均可被展开成球谐函数

$$V(\gamma,\theta,\lambda) = a \sum_{l=1}^{L} \left(\frac{a}{r}\right)^{l+1} \sum_{m=0}^{l} [A_l^m \cos(m\lambda) + B_l^m \sin(m\lambda)] P_l^m(\cos\theta) \qquad (6-25)$$

一旦高斯系数为观测值所确定，任意位置处的磁场值就可以计算出来。因为磁场随着时间和空间不断地变化，新的观测必须不断进行以得到精确的磁场值。新的国际参考地磁场模型每 5 年公布一次。这些模型通常只计算到 10^{-12} 阶球谐系数。其精度在时间上可以达到 30 min，在强度分量上可以达到 200 nT。

地球偶极场的磁矩一直在减小。从 17 世纪以来，以每年 0.1° 的速度在飘移。地球磁场的非偶极分量在以每年 0.2°～0.3° 的速度向西飘移，有证据表明，此西向飘移速度在减小。不同的球谐分量在以不同的速度飘移。高纬地区的飘移速度快于低纬地区。地球磁场的非偶极部分大约平均每年变化 50 nT。这种飘移主要是由于地球的地幔、外核和内核具有不同的转速而引起的。

6.5.5.2　卫星飞行轨道磁场环境效应

卫星在轨道上飞行受到各种干扰力矩的作用，磁干扰力矩就是其中之一。磁干扰力矩影响卫星姿轨控制精度，沿卫星自旋轴的力矩分量在自旋周期内产生平均值，不等于零的力矩引起自旋轴进动，垂直于自旋轴的力矩分量，引起卫星自旋轴消旋。

卫星的磁干扰力矩影响卫星的飞行姿态，在设计卫星的姿态控制系统时，要对其进行考虑，但它也可以被有效地利用。可以在卫星上安装产生磁矩的永磁铁，永磁铁的磁矩与地磁场相互作用产生磁力矩，此磁力矩使卫星在轨道上沿地磁场方向保持稳定，或用来克服其他扰动力矩。卫星的磁控与其他的控制方法组合使用，可以提高姿态控制精度[55]。

无论是对磁干扰力矩的有效防范，还是对卫星磁性的有效利用，卫星在发射前都需要进行磁试验，以便对卫星的磁性进行了解、诊断和评估，继而达到对卫星磁性控制的目的。

卫星在轨飞行其磁场环境效应的产生，主要是受各种磁矩的影响，目前人类认识的各种力矩如下：

（1）永磁力矩

卫星上使用的磁材料和卫星产生的电流回路使卫星具有一定的磁矩，它的大小与所处的环境磁场无关，它与环境磁场的相互作用形成了卫星的永磁力矩。永磁力矩 T 等于卫星的永磁矩 M 与环境场 B 的矢量积，即

$$T = M \times B \qquad (6-26)$$

卫星永磁力矩是卫星磁干扰力矩的主要部分。例如泰罗斯-1 卫星相当大的磁偶极子与地磁场相互作用，使自旋轴进动，导致气象照相机偏离预定的对地方向。

卫星永磁力矩可以通过磁试验测量得出，也可以把卫星上主要部件的磁矩看作是刚性的固定在卫星上，通过计算单个磁矩的向量和来求出整个卫星的磁矩。

（2）感生磁力矩

卫星上使用的磁性材料受到环境磁场的磁化，产生一定的磁矩，磁矩的大小与所处环境磁场有关，也与材料本身的磁化率和形状有关。软磁材料上的感生磁力矩是增加在永磁

力矩之上的，顺磁时为同向，反磁时为逆向。在极弱的磁场条件下，磁感应强度 B 和磁场强度 H 之间的比例系数 μ_a 是不变的，磁化过程是可逆的。即

$$B = \mu_a H \tag{6-27}$$

随着磁场的增加，产生非线性部分 $1/2aH^2$，即

$$B = \mu_a H + 1/2aH^2 \tag{6-28}$$

式中　μ_a ——材料的起始磁导率；

　　　a ——材料的 Doring 常数。

于是，磁化过程变得不可逆了，如图 6-29 所示[56]。

感生磁力矩是不稳定的，很难预先估计和控制，是根据卫星主要部件的磁矩计算整个卫星磁矩的障碍。感生磁力矩可以通过在受控磁场中的磁试验测量得出。

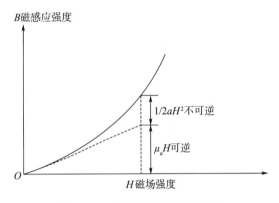

图 6-29　软磁材料磁化过程示意

（3）涡流磁力矩

卫星的导磁材料相对磁场运动时，产生感生电流引起涡流磁力矩。涡流磁力矩 T 与角速度 ω，磁感应场强度 B 有关，即

$$T = k(\omega \times B) \times B \tag{6-29}$$

式中　k ——导磁材料的几何形状和电导率的常数。

如果卫星整体或其中一部分在磁场中快速地旋转，涡流效应是不能忽视的。例如在先驱者 1 号卫星上观测到由于地磁场与卫星旋转，外壳中产生的涡流相互作用使卫星消旋，自旋转速从发射时的 2.7 r/s，两年后降低到 0.2 r/s[56-57]。

精确地估计卫星涡流磁力矩是比较困难的，需要对导磁材料的形状及磁特性以及它与环境磁场相互作用的性质做一些假设，近似地计算涡流磁干扰力矩。涡流磁干扰力矩可以在动态受控磁场环境中的磁试验测量得出。

磁干扰力矩会引起卫星消旋，磁滞阻尼也会引起卫星消旋。星上导磁材料在磁场中旋转时，磁畴运动消耗能量。在任意一个完整旋转周期内的能量损失是常数，每周的能量与转速无关，转速随时间线性减小，并且在有限时间内可减到零。例如在子午仪 1B 卫星上使用了磁滞效应消除卫星自旋，6 天时间内转速从 2.8 r/s 减到 2.6 r/s。

科学探测卫星，特别是进行磁场研究的卫星，要对卫星的本底磁场加以限制，尤其是

对磁场监测器安装部位的磁场强度和稳定性进行限制，才能保证探测数据的可靠性。例如，美国防部重力实验室携带了一台三轴磁饱和式磁强计测量环境磁场，为了减少卫星本底磁场的影响，磁强计的探测器被安装在离开卫星的长杆的端点位置。但磁强计测量的磁场数据还是受到了卫星本底磁场的污染，测量的磁场环境有周期性的变化。经观察分析认为，这个偏差可能是由于太阳照到卫星时，太阳帆板的电流所产生的磁场引起的。

6.5.5.3 卫星磁环境效应试验设备

卫星磁试验设备不同于进行舰船磁性测量和地质岩石研究的磁试验设备，要求磁场均匀区空间大，均匀性高。研制卫星的国家大多研制了专门用于卫星磁试验的设备，仅美国就建了三四座。当今世界上较知名的大型磁试验设备有三座，它们是美国 NASA 戈达德航天飞行中心的磁试验设备、欧空局的德国工业设备管理公司（IABG）的磁试验设备和日本宇宙开发事业团（NASDA）的磁试验设备。这三座磁试验设备的技术指标见表 6－18[63]。

表 6－18　NASA、IABG 和 NASDA 磁试验设备技术性能

设备性能	NASA（美国）	IABG（ESA）	NASDA（日本）
通道尺寸	3.0 m×3.0 m	4.0 m×4.0 m	3.6 m×3.6 m
抵消地磁场	均匀区　　φ1.8 m 不均匀度　±0.5 nT 不稳定度　±0.5 nT/24 h 分辨力　　0.1 nT	均匀区　　φ4.0 m 不均匀度　±5.0 nT 不稳定度　±0.5 nT/h 分辨力　　0.1 nT	均匀区　　φ2.3 m 不均匀度　±2.5 nT
静态磁场	场强　　0～±60 000 nT 均匀区　φ1.8 m 不均匀度　±0.5 nT 不稳定度　±0.5 nT/24 h	场强　　0～±75 000 nT 均匀区　φ0.4 m 不均匀度　±5.0 nT 不稳定度　±0.5 nT/h	场强　　0～60 000 nT 均匀区　φ2.3 m 不均匀度　±2.5 nT
动态磁场	幅值　0～60 000 nT 频率　0～16 Hz 不稳定度　2.0% 分辨率　±1 nT	幅值　0～75 000 nT 频率　0.01～3 Hz 幅值　0～10 000 nT 频率　3～3 600 Hz 幅值　0～5 000 nT 频率　1 kHz～25 kHz 分辨率　0.1 nT	幅值　0～60 000 nT 频率　0.01～15 Hz 均匀区　φ1.8 m 不均匀度　±0.5 nT 不稳定度　±0.5 nT/24 h 分辨率　0.1 nT
充、退磁场	充磁　0～50 Gs 退磁　0～50 Gs 频率　0.01～3 Hz	充磁　0～4 000 A/m 退磁　160～4 000 A/m 频率　0.1～1 Hz	充磁　0～50 Gs 退磁　0～50 Gs 频率　0.2～2 Hz
测试仪器	磁强计、力矩计	磁强计、力矩计	磁强计
试验配套设备	小车、万向支架、转台、太阳模拟器	小车、转台、卫星翻转装置	转台

从表 6－18 可以看出，各设备的技术指标略有不同，但它们都可以模拟在轨卫星所遇到的全部磁场，并具备如下功能：

1) 测量卫星的永磁力矩和感生磁力矩，评价卫星的磁清洁度和稳定性；

2) 测量卫星特定位置上星体本底的磁场值；

3) 对星载磁强计或其他对磁性敏感的探测元件进行标定；

4) 测量卫星的平均磁化率和磁滞回线；

5) 测量和标定磁力矩器的磁特性；

6) 对卫星进行姿控模拟试验；

7) 测量卫星在磁场作用下的力矩和转矩；

8) 控制卫星的磁矩，对卫星进行充、退磁试验，磁补偿试验等。

卫星磁试验设备一般是由主线圈系统，充、退磁线圈系统，外干扰磁场控制系统和磁场测量与数据采集四个部分组成。图 6-30 是 NASA 磁试验设备系统示意图。

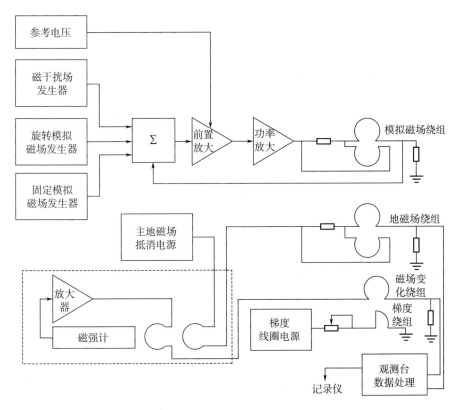

图 6-30　NASA 磁试验设备系统示意图

(1) 主线圈系统

主线圈系统是设备的主体，通过载流线圈获得均匀的可控磁场环境，方法简单，经济实用。

美国 NASA 磁试验设备的线圈是圆形、三轴布朗贝克线圈。布朗贝克线圈的相对结构参数表示在图 6-31 中。布朗贝克线圈可以提供相对其本身尺寸的大空间均匀磁场，提供最大的线圈入口通道面积，每轴上 4 个线圈的通电电流相等，线圈绕组设计简单。线圈系统的结构尺寸见表 6-19，线圈系统的绕组和匝数见表 6-20。

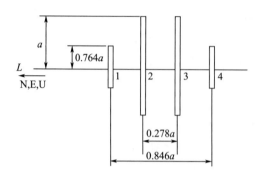

图 6 - 31　布朗贝克线圈相对结构参数

表 6 - 19　NASA 磁试验设备线圈系统结构尺寸

线　圈	Z（垂直方向）	X（南北方向）	Y（东西方向）
内线圈直径	12.7 m	12.2 m	11.9 m
外线圈直径	9.7 m	9.3 m	9.1 m
内线圈间距	3.5 m	3.4 m	3.0 m
外线圈间距	10.7 m	10.5 m	10.1 m

表 6 - 20　NASA 磁试验设备线圈系统的绕组和匝数

绕组	抵消地磁场	模拟磁场	外干扰控制	温度补偿	梯度补正	备用
Z	11 匝	11 匝	11 匝	1 匝/组 2 组	10 匝/组 2 组	1 匝
X	13 匝	13 匝	13 匝	1 匝/组 2 组	10 匝/组 2 组	1 匝
Y	12 匝	12 匝	12 匝	1 匝/组 2 组	10 匝/组 2 组	1 匝

　　IABG 的磁试验设备的线圈是方形、三轴威德里西线圈，威德里西线圈的相对结构参数见图 6 - 32。它的磁场均匀区与其本身尺寸相比不是很大，但线圈入口通道面积大，电流比简单，另外方形线圈便于设计和安装。线圈系统的结构尺寸见表 6 - 21。线圈只有一组绕组，10 匝。

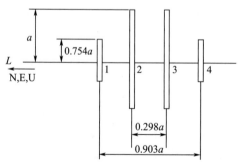

图 6 - 32　威德里西线圈相对结构参数

表 6 - 21 IABG 磁试验设备线圈系统的结构尺寸

线 圈	Z（垂直方向）	X（南北方向）	Y（东西方向）
内线圈直径	15.0 m	14.7 m	14.4 m
外线圈直径	11.3 m	11.1 m	10.9 m
内线圈间距	4.4 m	4.3 m	4.2 m
外线圈间距	13.6 m	13.3 m	13.0 m

日本 NASDA 磁试验设备线圈形式是圆形、三轴布朗贝克线圈，与 NASA 磁试验设备的线圈形式相同，线圈系统的结构尺寸见表 6 - 22，线圈系统的绕组和匝数见表 6 - 23。

表 6 - 22 NASDA 磁试验设备线圈系统的结构尺寸

线 圈	Z（垂直方向）	X（南北方向）	Y（东西方向）
内线圈直径	15.5 m	15.0 m	14.5 m
外线圈直径	11.8 m	11.5 m	11.1 m
内线圈间距	4.3 m	4.2 m	4.0 m
外线圈间距	13.1 m	12.7 m	12.3 m

表 6 - 23 NASDA 磁试验设备线圈系统的绕组和匝数

线圈	抵消地磁场	模拟磁场	梯度补正	外干扰磁场控制
Z	60 匝	60 匝	20 匝	20 匝
X	60 匝	60 匝	20 匝	20 匝
Y	20 匝	60 匝	10 匝	10 匝

线圈形式和线圈系统的加工精度决定磁场均匀区的范围，向线圈供电电流的稳定性主要决定磁场的稳定性，调节细度决定磁场的分辨力。

（2）充、退磁线圈系统

NASA 磁试验设备和 IABG 磁试验设备的充、退磁线圈均为亥姆霍兹线圈形式，两个线圈分别装在支撑小车上，间距可调节。NASA 磁试验设备的充、退磁线圈为圆形，直径为 2.9 m。IABG 磁试验设备的充、退磁线圈为方形，边长为 3.7 m。NASDA 磁试验设备的充、退磁线圈为螺旋管形式，外边有两对方形抵消地磁场的线圈，抵消地磁场垂直方向和水平方向的分量，螺旋管线圈直径为 2 m，高为 2 m。

国内在 2000 年先后建成了 CM1 部组件磁试验室和 CM2 卫星整星磁试验室。

CM2 磁试验室占地 160 m×160 m，主线圈室位于场地中央。CM2 磁试验室由主线圈室、吊装厅和辅助间组成。主线圈室为半地下的无磁建筑，地上 12.4 m，地下 6.8 m。

CM2 磁试验设备是国内最大的多功能磁试验设备。设备从 1994 年开始设计、制造，1999 年完工。

CM2 磁试验设备主要用于卫星的各种磁测量、姿态控制试验和充、退磁试验。设备主要有主线圈系统、电源系统、测量系统、外干扰控制系统、充、退磁系统和无磁操作系统组成。设备主线圈采用三轴四环方形线圈，线圈最大边长为 16 m。系统能产生空间零磁场，小于 60 000 nT 任意方向的恒定磁场和绕任意轴转动的旋转磁场，最大为 50 Gs 的充、退磁场。

（1）主线圈系统

主线圈包括恒定和旋转场绕组、外干扰控制绕组、温度补正绕组、梯度补正绕组和备用绕组。线圈框架由方形铝管构成，上面装有微调机构，用来支撑和调节导线槽。线圈的出入通道为 3.9 m×6.0 m。线圈中心磁场的不均匀值，在直径 2.5 m 的球域内为 ±2.5 nT；在直径 4.0 m 的球域内为 ±25 nT；在直径 4.5 m 的球域内为 ±50 nT。

（2）电源系统

CM2 磁试验设备主要配备了零磁场、恒定磁场、旋转磁场和梯度补正电源。零磁场电源，通过零磁场绕组能在主线圈内产生与地磁场方向相反、幅值相等的恒定磁场，从而使中心呈现零磁环境。恒定磁场电源和旋转磁场电源，通过恒定和旋转场绕组能在设备中产生所需的任意方向和大小的磁场。所有电源安置在距主线圈中心 60 m 的辅助间里。

（3）外干扰控制系统

外干扰控制采用平均值法开环控制，由外干扰补偿绕组、外干扰监测器和外干扰自动补偿电源等组成。两个外干扰监测器分别安放在东西方向距主线圈 40 m 处的探头支架上。该控制系统除了能消除地磁变化对设备磁场稳定性的影响，也可以改善不均匀外场对设备性能的干扰。

（4）测量系统

测量系统由测量支架、测量仪器、数据采集和处理系统、显示系统组成。测量支架位于设备中心南北轴线上，为避免碰撞，支架设计成悬挂式。测量仪器有测量旋转场的交变场磁强计，测量充、退磁场的高斯计，调零磁和测量磁场用的磁通门磁强计。用于磁场测量的数据采集系统有 24 通道，测量范围为 ±10 000 nT，分辨力为 1 nT。

（5）充、退磁系统

充、退磁系统由充、退磁线圈、充、退磁电源和小车组成。充、退磁线圈采用方形亥姆霍兹线圈形式，线圈边长为 3.8 m。平时固定在小车上，放在主线圈的东西两侧，使用时推到主线圈中央，最佳间距为 1.9 m。充、退磁电源能使充、退磁线圈产生最大幅值为 4 mT 的充、退磁场。

（6）无磁操作系统

无磁操作系统有无磁转台和产品车。转台安装在主线圈中心，用于转动试验件。转台面位于主线圈室地板平面处，可绕垂直轴旋转 360°，承重 5 000 kg，用人力推动。产品车负责将试验件从吊装厅运到转台上，承重 2 500 kg。

国内磁环境模拟与试验技术与国外的最大差距表现在功能和精度上，国外的磁环境模拟设备一般都具备空间动态磁场模拟系统以及标准磁场生成系统，而国内的 CM2 磁试验设备仅有抵消地磁场系统。同时，国外的磁环境模拟设备的磁场模拟精度一般可以达到 0.1 nT，而国内一般都在 1 nT 数量级。

6.5.5.4 外干扰磁场控制系统

地球磁场长期变化和短期变化引起的地磁场波动，影响磁试验设备磁试验环境的稳定性。为避免地磁场波动对磁试验环境的影响，NASA 磁试验设备、IABG 磁试验设备和 NASDA 磁试验设备采用了不同的控制方法[65-74]。

1）NASA 磁试验设备采用开环控制系统。由 1 台远离磁试验设备的三轴磁强计探头监测地磁场，当地磁场变化时，磁强计将信号传递给外干扰磁场控制电源，通过线圈系统上的外干扰控制绕组，调节主线圈系统磁场。

2）IABG 磁试验设备的地磁场监测探头放在距磁试验设备 40 m、深 2.5 m 的坑中。磁强计监测的地磁场变化值不控制线圈系统磁场，而是用来修正磁试验时卫星磁场的测量值。

3）NASDA 磁试验设备采用闭环控制系统。使用一个与主线圈形式相同，尺寸缩小 1/10 的等效线圈。等效线圈绕组与主线圈外干扰控制绕组串联，等效线圈距主线圈 40 m，等效线圈内放 1 台三轴磁强计探头，当地磁场变化时，自动调节外干扰控制电源，调节主线圈磁场。

6.5.5.5　卫星磁试验方法

磁试验中测量的主要参数是卫星的磁场和磁矩，当卫星的磁场和磁矩不能满足磁性设计指标时，对卫星进行充、退磁和磁补偿试验，以达到卫星磁性设计的要求。以下将对这些试验方法加以介绍。

（1）磁场测量

可按以下步骤测量卫星在磁强计探头位置上产生的本底磁场和卫星在不同距离位置上产生的本底磁场：

1）按试验要求的磁场环境调节线圈系统磁场；

2）确定卫星在试验区内的位置，在相当于星载磁强计的位置处或距卫星一定距离位置处安装磁强计探头，通过补偿，使磁强计输出为零；

3）把卫星移到预定的位置上；

4）使用磁强计测量并记录磁场数据。

（2）磁矩测量

卫星的磁矩可以用间接法或直接法两种方法进行测量。间接法通过测量卫星的磁场分布，经过数学分析计算得出；直接法使用力矩计通过测量磁矩和磁场相互作用产生的力矩来测量磁矩。

①偶极子法

如果磁场测量距离远到足够偶极化的程度，近场效应忽略不计，被测得的磁场是理论上的偶极子场。那么卫星的偶极矩可以按以下方法求出。

1）在线圈系统中心建立零磁场；

2）确定磁强计探头的位置，单轴磁强计探头对准卫星中心，磁强计补偿调零；

3）把卫星移到线圈系统中心；

4）推卫星绕垂直轴顺时针（从上面看）旋转一周，测量磁场数据；

5）用式（6-30）计算卫星的偶极矩：

$$
\begin{cases}
M_x = \left[(B_x)_{p-p} \gamma^3 / 4 \right] \times 10^7 \\
M_y = \left[(B_y)_{p-p} \gamma^3 / 4 \right] \times 10^7 \\
M_z = \left[(B_z)_{内} - (B_z)_{外} \right] \times \gamma^3 \times 10^7
\end{cases}
\tag{6-30}
$$

式中　$M_{x,y}$，M_z——偶极矩的水平分量和垂直分量（A·m²）；

$(B_x)_{p-p}$，$(B_y)_{p-p}$——磁感应强度在 x 方向和 y 方向的峰峰值（T）；

$(B_z)_{内}$——卫星在线圈系统中心旋转一周 z 方向磁感应强度的平均值（T）；

$(B_z)_{外}$——卫星在线圈系统外旋转一周 z 方向磁感应强度的平均值（T）；

γ——磁强计探头中心到卫星中心的距离（m）。

②球面作图法

在球坐标系中，由磁位函数的球谐分析得到计算磁矩的基本方程

$$
\begin{cases}
M_x = 3r^3 / 8\pi \times 10^{-5} \int_0^\pi \sin^2\theta \left[\int_0^{2\pi} B_r(\gamma, \theta, \phi) \cos\phi \, \mathrm{d}\phi \right] \mathrm{d}\theta \\
M_y = 3r^3 / 8\pi \times 10^{-5} \int_0^\pi \sin^2\theta \left[\int_0^{2\pi} B_r(\gamma, \theta, \phi) \sin\phi \, \mathrm{d}\phi \right] \mathrm{d}\theta \\
M_x = 3r^3 / 8\pi \times 10^{-5} \int_0^\pi \sin\theta \cos\theta \left[\int_0^{2\pi} B_r(\gamma, \theta, \phi) \, \mathrm{d}\phi \right] \mathrm{d}\theta
\end{cases}
\tag{6-31}
$$

式中　M_x，M_y，M_z——卫星在 x、y 和 z 方向上的磁矩分量（mA·m²）；

$B_r(\gamma, \theta, \varphi)$——卫星磁矩径向分量（nT）；

θ——卫星沿水平轴旋转角度（rad）；

ϕ——卫星沿垂直轴旋转角度（rad）；

γ——磁强计探头中心到卫星中心的距离（m）。

按以下试验方法获得求解上述方程需要的磁场测量数据：

1）在线圈系统中心建立零磁场；

2）确定磁强计探头的位置，单轴磁强计探头对准卫星中心，磁强计补偿调零；

3）把卫星移到线圈系统中心；

4）推卫星绕垂直轴顺时针方向（从上面看）旋转 360°，每间隔 $\Delta\phi$ 角记录一个磁场值，然后让卫星绕水平轴转过一个 $\Delta\theta$ 角，再绕垂直轴旋转 360°，每间隔 $\Delta\phi$ 角记录一个磁场值；

5）按此过程重复，直到完成绕水平轴转到 1 800 次为止；

6）根据磁场测量数据，按式（6-31）计算磁矩。

③赤道作图法

通过实测建立一组代数方程，未知量是待求的卫星的偶极矩和多极矩，方程系数是卫星总磁场分量的富氏级数展开的直流、基波正弦和余弦分量。通过最小二乘法求解方程组，将偶极矩同多极矩分离开来。由于磁场分量可以比较准确地测量，并克服了偶极子法中要求磁场足够偶极化距离的困难，此种方法测量精度高，但计算较复杂。试验如图 6-33 所示，试验数据处理方法见参考文献 [75]。

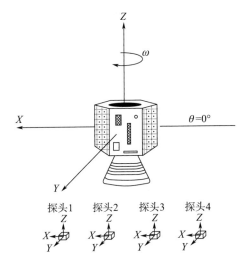

图 6-33　赤道作图法磁试验示意图

④谐振脉冲法

如图 6-34 所示，把卫星悬挂在扭丝绳索上，卫星和扭丝绳索可以在谐振频率上被激励。测量卫星在 X 方向的磁矩时，沿卫星的 Y 方向加谐波频率的方形磁场脉冲，卫星的旋转角由杠杆和显示屏跟踪，所加方波和卫星产生的运动如图 6-35 所示。卫星 Z 方向的磁矩可以根据以下公式计算

$$M_Z = I_Z \omega_0 m / 2 B_m \qquad (6-32)$$

式中　M_Z——卫星 Z 方向磁矩（$A \cdot m^2$）；

　　　I_Z——卫星 Z 方向转动惯量（$kg \cdot A^2$）；

　　　ω_0——谐振角频率（rad/s）；

　　　m——振荡振幅峰值包络线的斜率；

　　　B_m——磁感应强度的峰值（T）。

⑤力矩法

把卫星放在测量力矩的平台上，见图 6-36。在卫星的 X 方向施加一个磁场分量，观测由于卫星磁矩 Y 方向分量与磁场相互作用的偏转角度，根据以下公式计算出卫星 Y 方向的磁矩。

$$M_Y = K_t \theta / B \qquad (6-33)$$

式中　M_Y——卫星 Y 方向的磁矩（$A \cdot m^2$）；

　　　K_t——弹簧系数（$N \cdot m/rad$）；

　　　θ——偏转角度（rad）；

　　　B——磁感应强度（T）。

（3）退磁方法

退磁试验是通过周期性地减少磁滞环，逐步地、持续地减小磁滞曲线的面积到零，初始磁场强度的最大幅值等于或超过材料的最大矫顽力，退掉饱和剩磁，使材料的磁畴不规则地排列。

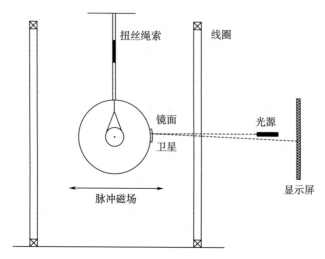

图 6 - 34　谐振脉冲法测量示意图

退磁有三种方法：60 Hz 交流退磁、直流脉冲退磁和直流旋转退磁。这三种退磁方法都能减少剩磁的 90% 左右，差别不大于 5%，其中直流退磁效果最好。

（4）卫星磁性控制

卫星磁性控制的目的是：

1）减小卫星不必要的磁矩。卫星磁矩对姿控系统上的负载造成了危害，为了矫正磁力矩的影响，增加了卫星能源的损耗。

2）保持卫星磁清洁。当前，磁强计的灵敏度已经达到了 0.1 nT 或更好。所以，控制卫星的磁性，减小磁强计探头位置的磁场阈值是首要问题。

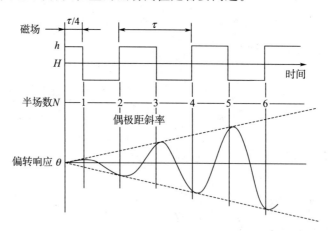

图 6 - 35　谐振脉冲方波与卫星运动示意图

卫星磁性控制的方法主要有：

1）把卫星暴露在一定的稳定磁场中，测量卫星的磁状态，了解卫星软磁材料的情况和在例行环境试验中卫星可能磁化的程度。

2）对卫星退磁，使卫星的剩磁达到最低水平。

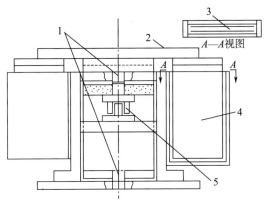

图 6-36　力矩计示意图

1—Bendix 扭轴；2—安装表面；3—阻尼器；4—挤压膜片阻尼器；5—差分电容传感器

6.5.6　空间辐射环境效应地面模拟试验

6.5.6.1　空间辐射环境的主要种类与参数

空间辐射环境通常是指宇宙空间的带电粒子和电磁波辐射两大类环境。

空间带电粒子主要是指不同能量和通量的电子、质子、重离子、中子、高能质子和电子与物质作用发生核反应后产生的带电粒子，以及空间放射性物质辐射的带电粒子。空间探测表明：空间带电粒子和电磁波辐射主要来源于太阳系及银河宇宙射线等。

空间带电粒子辐射环境根据带电粒子的能量高低可分为两大类。其中一类属于低能的带电粒子，主要有冷等离子体、电离层等离子体、等离子体区、太阳风、热磁等离子体。这一类带电粒子由于能量低，基本上作用于航天器的表面，它们的能量、温度以及束流密度如表 6-24 所示[76]。

表 6-24　近地宇宙空间中冷等离子体中电子和离子的浓度和温度的平均值

高度/km	n/m^{-3}	T_e/K(电子)	T_i/K(离子)
电离层			
200	$4.0×10^{11}$	1 350	880
300	$4.9×10^{11}$	1 280	980
500	$1.7×10^{11}$	2 130	1 220
800	$4.0×10^{10}$	3 050	1 900
1 000	$2.2×10^{10}$	3 200	2 000
等离子体区			
2 000	$1.0×10^{10}$	3 400	2 100
6 000	$5.0×10^{9}$	5 000	3 000
20 000	$5.0×10^{8}$	$1.0×10^{5}$	$1.0×10^{4}$
太阳风(磁层外)	$7.0×10^{5}$	$1.5×10^{5}$	$9×10^{4}$

6.5.6.2　空间等离子体效应

空间等离子体是由加热的气态物质在紫外光作用下而形成的。当原子中的电子得到能量，并摆脱原子核对电子的束缚时，就形成了等离子体。电子摆脱原子核束缚后形成的电子和正离子的混合物称为等离子体。其中粒子与其相邻粒子之间的势能要小于粒子的动能。也就是说，电子具有足够的动能使其能够摆脱正离子对它的束缚。这些电子会打在航天器表面，使航天器表面充电。

航天器在轨运动时，会与等离子体中的电子、离子相碰撞。处于等离子体中的航天器，由于表面材料导电性的差别，导体和绝缘体有不同的电位。当电位差达到足够大时，物体表面会发生电弧放电，它会使航天器的分系统遭到永久性的破坏，还可能产生电磁干扰，影响设备的灵敏度，造成灾难性的后果。

粒子的平均动能大于 100 eV 的等离子体称为地球磁层中的热等离子体。该等离子体主要对运行在高轨道的航天器产生影响。热磁层等离子体粒子的能量位于 $1 \sim 100$ keV 区间内，而粒子浓度值为 $(10^3 \sim 10^7)$ /m^3。

极光电子的能量谱和其电子流的密度接近于地球同步卫星轨道地区的热等离子体的对应参数。

航天器与地球磁层等离子体相互作用，最危险的后果是航天器表面电离，即航天器表面聚集电子电荷，使航天器表面的电位提高。由于电位值与周围的等离子体的温度成正比，该现象常被用于航天器在飞行时进行环境分析时考虑。

航天器在空间等离子体中飞行期间，由于等离子体中的电子、离子作用于航天器的表面以及太阳紫外的电磁辐射会产生三种电流：

1）初次电流，它是由等离子体中的电子、离子作用于航天器表面，由于积累的电荷不同而产生的。

2）由于等离子体中电子、离子作用于航天器表面，而使航天器表面材料中的电子、离子发生变化而产生的二次电流。

3）太阳紫外辐射作用在航天器表面而使电子和离子的数量发生了变化，从而产生的光电子流。

当上述三种电子流流经航天器表面时，其全电流方程为

$$J = J_e - J_i - (\delta J_e - \eta J_e + \gamma J_i + J_{ph}) \qquad (6-34)$$

式中　J_e, J_i——等离子体的电子电流和离子电流；

　　　　δ, η, γ——真实的二次电子放射、电子回波、电-离子放射系数；

　　　　J_{ph}——光电子放射电流。

上述方程式（6-34）中的全电流可以分为两种：初次电流和二次电流。初次电流是周围的空间等离子体的电子和离子直接影响航天器表面引起的。方程式（6-34）圆括弧中的是二次电流，它包括航天器表面上能影响空间等离子体初次电流的二次放射电流，以及以太阳的短波辐射为前提条件的光电子流。

初次电流和二次电流值取决于航天器相对于周围空间等离子体的电位，而且，对于二

次电流而言，这种依赖关系会通过改变二次放射系数的值而表现出来，而二次放射系数的改变是以初次电子和离子的能量改变为前提的。当 $J = 0$ 时，从方程式（6-34）求得的解（航天器的电位）是平衡值。

如果流经航天器表面的只是初次等离子电流，那么，当组成等离子体的电子和离子密度以及温度值相同时，由于电子的热速度更高，所以平衡电位会是负数，二次放射电流则会大大降低负电位的绝对值，甚至替换负电位的符号。通常情况下，当 $J_{ph} > J_e$ 时，会产生正电位。

不难看出，航天器在等离子体中飞行，由于等离子体的作用，会产生航天器表面电位差，导致航天器表面的充放电效应。

6.5.6.3　宇宙空间不同领域内航天器充电的特点

宇宙空间不同领域内航天器充电的特点首先由这些领域内的等离子体的参数来决定，即：温度 T 以及等离子体的浓度 n。这两个参数决定着全电流方程式（6-34）中各项的值。

分析航天器充电的课题中研究最多的参数是屏蔽德拜半径 D。对于具有参数 T_j、n_j 的多成分空间等离子体而言，其离子分配函数是麦克斯韦函数 $f(T_j)$ 的线性组合。德拜半径的公式如下

$$D = \left[\frac{1}{8\pi e^2} \left(\sum_j \frac{n_j}{kT_j} \right)^{-1} \right]^{1/2} \tag{6-35}$$

地球同步轨道上的具有双温度的等离子体德拜半径的公式如下

$$D = D_1 \left(1 + \frac{T_1 n_2}{T_2 n_1} \right)^{-1/2} \tag{6-36}$$

式中　　D_1——具有参数 T_j、n_j 的等离子体的德拜半径。

显然，当 $T_1 n_2 / T_2 n_1 \leqslant 1$ 时，德拜半径值实际上由更冷的等离子体分量决定。

在地球的磁场内分析航天器的充电时，主要分为两种情况，第一种情况是，航天器在数万千米的高度上运转（地球同步轨道，高椭圆形轨道的远地段等），这个高度上，航天器会受到温度为 $K_t \approx 10^4$ eV、离子浓度为 $n \approx 0.1 \sim 1.0$ cm^{-3}、浓度不大的热磁场等离子体的巨大影响；第二种情况是，航天器在地球附近的轨道上飞行，其周围有浓度足够大的电离层的冷等离子体（$K_t \approx 0.1$ eV、$n \approx 10^4 \sim 10^6$ cm^{-3}）。可以看出，在第一种情况下，德拜半径 $D \approx 10^4$ cm，第二种情况下，德拜半径 $D \approx 0.1 \sim 1.0$ cm。

在热磁场等离子体中，电子和离子的热运动速度远远超过航天器的轨道速度。由于这个原因，作用在航天器上的粒子流就会是各向同性的。在充电过程中，二次放射电流会施加很大的影响，这其中也包括通常情况下大于初次电子流的光电子放射流。

在地球附近的低空轨道上（在电离层内），等离子体的粒子能量不大，而它的粒子浓度却可以让等离子体的电子流超过光电子放射流。在这种情况下，借助二次放射电流的作用，可以忽略不计初次粒子非常低的能量。因此，航天器表面在电离层的电位为 ~0.1^{-5} V。当在电离层对航天器充电时，各向异性会对航天器正离子流起到重要作用，当然，这里的各向异性是与离子热运动的平均速度（~1 km·s^{-1}）相比较后，以更大的轨道速度

（~ 8 km·s^{-1}）运动为前提条件。当电离层电子以这种速度做热运动时，就会大大超过航天器的轨道运动速度，这就保证了电子的各向同性流作用于航天器上。

将上述两种情况结合起来研究，航天器的充电可以看作是极光区域内的低空轨道航天器的充电。在极光粒子爆发区域的交叉点上，极光粒子的能量在 $1 \sim 50$ keV，这种情况下，这些粒子和电离层的冷等离子体同时作用在航天器上形成了电荷。

航天器的这种充电方式会由于物理过程的复杂性而变得更加困难。此外在这种情况下，作用在航天器上的极光粒子流会是短时间的，原因是在极光粒子爆发的窄区域中航天器是快速越过的。这样的结果是：不可能达到电位值的平衡。

需要注意的是，以上所探讨的所有充电情况中，航天器上的电位通常都是负的。

这里还应当指出航天器充电的一些典型情况。由于机载设备工作而产生的附加电流出现时，会使得航天器表面上的电流平衡发生本质上的改变。基于此种情况，当在宇宙空间进行科学试验时，会设计从航天器向周围的等离子体喷射密集的电子束和离子束，以便研究在磁场等离子体内的物理过程。如果从等离子体流向航天器表面的电流没有完全补偿流失的电荷，则航天器可以充电至与喷射粒子最大能量相符合的电位。通过向电离层喷射电子束进行科学试验时，由于喷射区域内等离子体束放电的产生，因而保证了航天器多余电荷的有效补偿。在更高的空间进行类似的科学试验时，必须要采取必要的措施来补偿航天器的多余电荷。要做到这一点，可以使用异号粒子喷射器或者等离子源。当航天器上的等离子体电动火箭发动机工作时，后一种情况（使用等离子源）可以实现。由于航天器中性气体膜的离子化，在没有充电的航天器表面上会形成附加离子流。

在地球磁场以外，航天器的充电以太阳的紫外线辐射和太阳风的等离子体辐射同时辐射在航天器的表面上为前提条件。因为通常情况下，航天器表面在磁场外的充电为正电位，所以在这些条件中，光电子放射流占主导地位。正电位的最大值受到光电子返回航天器表面条件的限制，该值可以达到几十伏。

航天器在宇宙空间不同领域内充电的主要参数和典型过程参见表 6-25。表中的字母意义如下：H——轨道高度；i——轨道倾角；φ——电位。

表 6-25　航天器在宇宙空间不同领域内充电的主要参数和典型过程

轨道类型	H/km, i/(°)	φ/V	影响因素	角度分配	放射过程的作用
地球同步轨道，大椭圆远地段（ИСЗ"闪电"型）	36 000/±1.5, 40 000/65	$-(10^3 \sim 10^4)$	热等离子体，太阳辐射	各向同性分配	很大
低轨道	$200 \sim 2\,000$, $0 \sim 70$	$-(0.1 \sim 5)$	冷电离层等离子体	各向异性分配	可忽略不计
低两极轨道	$200 \sim 2\,000$, >70	$-(10^2 \sim 10^3)$	冷电离层等离子体，光亮电子，太阳辐射	各向异性分配	明显
（地球）磁场范围外	$>(60 \sim 120) \times 10^3$	$+(5 \sim 20)$	太阳辐射，太阳风等离子体	各向异性分配	光电子放射具有一定的影响

6.5.6.4　初次等离子体流的计算

在上述的空间等离子体参数的基础上，可以计算出流经航天器表面的电子和离子初次等离子流。

对于地球同步轨道上的热磁场等离子体（与运动着的航天器实际上是各向同性的，其特点是 $D \gg R$，这里 R 是航天器的尺寸）而言，其初次等离子体流的表达式如下

$$J_{\mathrm{e}}(\varphi) = J_{\mathrm{e}}^{(0)} \exp\left(-\frac{e\,|\,\varphi\,|}{kT_{\mathrm{e}}}\right) \tag{6-37}$$

其中

$$J_{\mathrm{e}}^{(0)} = en_{\mathrm{e}}\left(\frac{kT_{\mathrm{e}}}{2\pi m_{\mathrm{e}}}\right)^{1/2}$$

表面上的正离子流的方程式如下

$$J_{\mathrm{i}} = J_{\mathrm{i}}^{(0)} = en_{\mathrm{i}}\left(\frac{kT_{\mathrm{i}}}{2\pi m_{\mathrm{i}}}\right)^{1/2} \quad 平面$$

$$J_{\mathrm{i}} = J_{\mathrm{i}}^{(0)}\left(1 + \frac{e\varphi}{kT_{\mathrm{i}}}\right)^{1/2} \quad 柱面 \tag{6-38}$$

$$J_{\mathrm{i}} = J_{\mathrm{i}}^{(0)}\left(1 + \frac{e\varphi}{kT_{\mathrm{i}}}\right) \quad 球面$$

上面方程式适用于航天器表面上的负电位。在双温度函数中，离子流的分配都是相对于每一个等离子体的分量来单独计算的。

6.5.6.5　等离子体环境效应

（1）静电放电

分析航天器充电时，人们很少把关注的重点放在航天器电位的绝对值上。只有在航天器执行科学飞行任务时，当航天器的充电会导致机上的科学设备的测量数据出现偏差时，人们才会关注此问题。电位可能会导致航天器受到更大的阻力，或吸引粒子到达航天器表面，从而增加溅射率[76]。一般来说，这些效应不会影响飞行任务的执行，人们最关注的是具有不同电位的各部位间的静电放电。形式上，静电放电（ESD）的定义是，由直接接触或静电电场诱发的不同电位所形成的静电电荷的转移。MIL - HDBK - 263 定义了几种静电放电形式，包括热力二级故障、金属性熔化、整体故障、绝缘体故障、气态电弧放电以及表面故障。前 3 种形式的发生由能量决定，而后 3 种形式的发生由电压决定。表面故障一般都发生在半导体连接部位的充电区，地面加工时要对此予以关注。由于航天器的充电可能在其表面形成巨大的电位差，于是人们对绝缘体击穿和弧光放电现象更为关心。

（2）绝缘体故障

如果绝缘体的电位差超出了其承受范围，就可能发生绝缘体击穿故障[28]。故障开始于一个故障前兆，当诱发的电场强度达到 10^5 V/cm 的量级时，物体内部形成显著的小的快速脉冲电流。因此，避免出现这种故障的方法之一，就是保持物体有足够的厚度，使电场强度维持在 10^4 V/cm 以下。当物体的电位差在绝缘体内形成了一条气体通道时，前兆

故障就变成了真正的绝缘体故障。形成气体通道时产生的相关能量，可以导致气体脱离物体表面。

表面的控制，可能会形成某种需要关注的污染问题。绝大多数绝缘体故障的发生，一定会诱发整个物体表面性质（如 α_S/ε）的明显变化。局部发生的单一绝缘体故障，也许会导致任务失败。

（3）气态电弧放电

具有不同电位的相邻物体表面间，可通过周围大气形成的粒子通道，重新建立起新的平衡。如果气体的电离程度达到了发光的条件，那么此时的放电过程称为电晕放电故障。尤其要注意这种放电方式对太阳电池阵的特殊影响，因为绝缘盖片和导电的金属互连片之间的间距很小。实验室的试验中曾经观察到，当电位差达到最大的时候，在接近互连片的地方或者是绝缘盖片的边角处有电弧放电发生[77]。电弧放电的频率取决于等离子体的特性及太阳电池阵的几何外形[78]。实验室研究报告指出，产生电弧放电的电压临界值为 $-150 \sim -500\ V$[79-80]。电弧放电会同时伴随着 EMI 的发生，它会干扰灵敏的电子设备，或者会腐蚀物体表面，还可能使电子设备彻底失去功能[81-82]。

尽管人们还无法对放电过程进行全面的定性，但有人提出，电弧的产生是等离子体、导体和太阳电池绝缘体界面间电场消失的结果。当中性分子脱离了绝缘盖片的吸附，并在互连片之间堆积，直到内电场引发闪电放电，这时电弧就形成了[83]。以这种作用机理为基础的数学模拟支持电弧的电压临界值为 $-150\ V$ 量级的说法。用上述机理就可以解释这种现象，一旦航天器抵达轨道，吹气速率最大时电弧放电的速率也最大[84]。

（4）能量耗散

人们之所以关注任何形式的电弧放电，主要是因为放电产生的能量脉冲可能会损坏航天器。这种形式的能量释放与电容器放电不同。放电释放出的能量为

$$E = \frac{1}{2}CV^2 \tag{6-39}$$

式中　C ——电容量（F）；

　　V ——两个表面的电位差（V）。

对一个平行放置的平板电容器，C 的大小为

$$C = \varepsilon \frac{A}{d} \tag{6-40}$$

式中　ε ——电解质的介电常数（F·m^{-1}）；

　　A ——表面积（m^2）；

　　d ——平板电容器极板之间的距离（m）。

放电的能量为 mJ 量级或更小一些，就足以损坏一些特殊的部件。即使放电没有对放电区域造成物理性的损坏，但同时形成的 EMI 也会在系统中扩散，并导致航天器的供电系统或电子控制分系统出现混乱。

（5）污染物的二次吸附

人们最后关注的是航天器对污染物离子的再次吸附。航天器出气后形成的一小部分中

性分子，在距航天器几个德拜长度的距离内，经太阳紫外线的照射而发生电离。如果航天器带负电荷，这些离子会重新被吸附到灵敏物体的表面[38]。在高一些的轨道上，那里的德拜长度更长一些，附着在航天器任一部位的污染物中，重新吸附上去的污染物占有很大的比例。在 LEO 上，这个问题并不令人头痛。

（6）航天器表面上的二次放射过程

研究航天器表面上的充电时，通常人们的注意力会集中到三种形式的二次放射过程，在应用问题中二次电子放射流的特点经常用其总系数 $\sigma = \delta + \eta$ 表征，该系数和二次全电子流与初次电子流的比值相等。

二次电子放射过程的一个主要特点是：系数 σ、δ、η 由初次电子的能量来决定。这种从属关系对于真正的二次电子放射系数 δ 而言表现得更为明显。反射系数 η 取决于初次电子的能量，此外，反射系数 η 与在航天器外表面上大量使用的材料的系数 δ 相比，要小一些。因此，从动力从属关系来看，δ 和 σ 极为相似。

图 6-4 是系数 σ 与初次电子能量之间的关系图，这种初次电子经常用在航天器外表面的三种聚合材料上。很明显，对于这些材料而言，系数 σ 的最大值 $\sigma_m > 1$，与此值相应的初次电子能量 E_m 为 150～300 eV。

在分析航天器充电问题时，必须掌握初次电子能量值 E_1 和 E_2，与之相应的 $\sigma = 1$。图 6-37 中曲线与虚线的交叉点与这些值相对应。

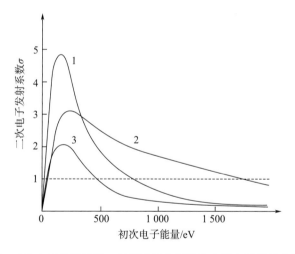

图 6-37　二次电子发射系数 σ 与用于聚合材料的入射电子能量之间的关系

1—聚酯薄膜；2—氟塑料；3—聚酰胺

为方便分析，故将其描述为 $\sigma/\sigma_m = f(E/E_m)$ 标准形式。在分析研究航天器的充电关系时，要求掌握每一种材料自身与此相似的从属关系。重要的是，这种从属关系应该相当正确，甚至也包括初次电子能量在 10～20 keV。为了合理地表述，我们使用了著名的"斯捷尔格拉斯（Стернгласс）公式"（6-41），只不过我们在使用该公式时，加入了附加的调整参数 α

$$\frac{\sigma}{\sigma_m} = \left(\frac{E}{E_m}\right)^{\alpha} \exp\left[1 - 2\sqrt{\left(\frac{E}{E_m}\right)\alpha}\right] \qquad (6-41)$$

借助伏安特性可以方便人们对航天器充电时产生的各种现象，比如说临界效应和平衡电位的非单值性[85]进行研究。当二次放射流的值很高时，这两种效应都存在。

上述效应中的第一种效应的前提条件是：当初次电子的能量低于某些临界值时，二次放射流会远离初次电子携带的负电荷的表面，也就是说，这个表面并没有充电。当初次电子的能量超过这些临界值时，由于二次放射系数的降低，负电荷表面会开始充电。在宇宙空间条件下，航天器表面会受到具有各种能谱的电子流的影响，分析类似的现象时，要考虑到施加影响的等离子体的临界温度。

第二种效应，即平衡电位的非单值性效应与强烈的二次电子放射出现有关，这种放射是在热磁场等离子体粒子分配函数低温成分的电子分量的作用下从表面产生的。

在没有照明（即：$J_{ph} = 0$）的情况下，二次放射系数值很高的单位球体伏安特性曲线示意图参见图 6-38。为了示意图的简洁，这里设置 $\gamma = 0$。但这并不影响伏安特性曲线图的形状。因为电-离子放射流实际上随着电位因数值的增加而呈直线增长，而它的计算则只是轻微地改变了初始纵坐标和离子全电流的直线倾角。这里需要注意的是：这种情况下，全电流的曲线应该穿过横坐标轴，也就是说，在两个电位值的情况下满足电流平衡的条件 $J = 0$。上述的平衡电位的非单值性就在于此。

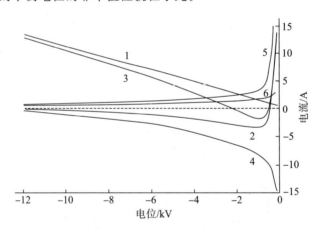

图 6-38 具有高二次电子发射系数的球形电极表面的伏安特性曲线

1—质子注量；2—电子注量；3—全电流；4—初次电子电流；5—二次电子发射电流；6—反射电子电流

为了查明出现这种效应的原因，图 6-39（a）展示了全电流曲线图，该曲线单独用于等离子体冷组分 J_1 和热组分 J_2，也用于与图 6-39（a）相符的全电流的曲线总和。从图 6-39（a）可以看出，曲线 J_1 和横坐标轴没有交点，也就是说，当表面只受到等离子体冷组分的影响时，在其上不会聚集负电荷。这一点可以通过二次电子放射流在等离子体冷组分的作用下会明显产生的现象来解释。而正是这个电流的分量将伏安特性曲线中的 J_1 升高到表面不超过 1 kV 的负电位值区域。当物体表面正电位值不大时（3~10 V），从二次电子表面出来的波能谱（即当温度 K_t 为 2~5 eV 时的麦克斯韦函数）处于制动工作方式时可以达到平衡状态。

符合这种充电方式的伏安特性曲线的区间，以及在电位正值范围内的进入指数很快的区间，在图 6 - 39（a）中并未标出。需要指出的是，在表面正电位值范围内，在光电子放射流优于初次电子流时，这样的伏安特性曲线可以描述为太阳光对物体的充电。

图 6 - 39（b）是二次放射系数值小的球体的伏安特性曲线的示意图。这种情况下，全电流曲线没有上述的特点。曲线与横轴只有一个交点，这个交点与平衡值相吻合。

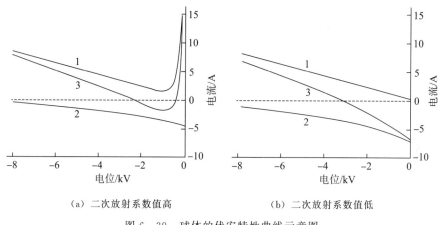

（a）二次放射系数值高　　　　　　　　（b）二次放射系数值低

图 6 - 39　球体的伏安特性曲线示意图

$1-J_1$；$2-J_2$；$3-J_1+J_2$

这样，就可以将上述的物体在空间等离子体中充电过程的伏安特性分为三种类型：在负电位值范围内与横轴没有交点；在负电位值范围内与横轴有一个交点；在负电位值范围内有两个交点。伏安特性曲线的具体形状取决于发生物体充电的等离子体的温度，以及其表面的二次放射特性。

把充电过程通过三种类型（包括不稳定的平衡状态）的伏安特性描述出来时，充电的最终结果还取决于其他的初始条件。这样一来，只有温度为 kT_2 的等离子体的热组分会对符合图 6 - 39 充电的伏安特性曲线的物体造成影响。这会导致表面平衡电位确立在 -8 keV 左右。接着在冷等离子体的成分中会出现温度为 kT_1 的组分，这会引发充电电位下降至 -2 keV（稳定平衡状态）。如果等离子体分量的影响以相反的顺序或者同时作用在未充电的物体上，则当该物体为正电位值时会确立平衡。在后一种情况下（即同时作用在未充电物体上），有可能当该物体上有超过不平衡电位绝对值的初始负电位时，将平衡电位确立在 -2 keV。这种规律与已经掌握的 $\sigma_m > 1$ 并通过单能电子束物体充电[85,86] 过程相吻合。

通过对 J_1 和 J_2 的对比可以发现，在表面的二次放射特性既定的条件下，只有当周围等离子体的温度超过一些临界值（临界效应）时物体上的负电位才可以产生。

图 6 - 40 给出了具有不同的比电阻 ρ_v 和 ρ_s 条件下 ΔU_x 的电势差随导电性的变化关系。降低电介质单位体积的电阻，就可以降低电介质涂层表面与航天器金属壳体之间的势差。图 6 - 41 中给出了表面的正常电位值 U_ρ/U_∞ 与 ρ_v 值（U_∞ 表示 $\rho = \infty$ 时的电位值）之间的

制约关系，从图中可以看出，当 ρ_v 值降低至 10^{13} Ω·cm 时，势差值就会极小。当 ρ_v 值增加至 $10^{16} \sim 10^{17}$ Ω·cm 时，图中的曲线会呈水平形状，也就是说，这时的势差停止增加，当 ρ_v 值为这些数值时，流经搪瓷的泄漏电流就不再对搪瓷表面元件的电流平衡起明显的作用。

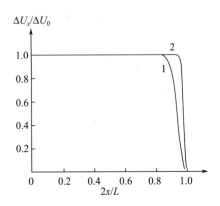

图 6-40 具有不同的比电阻 ρ_v 和 ρ_s 条件下 ΔU_x 的电势差随导电性的变化关系

ρ_v —体积比电阻；ρ_s —表面比电阻

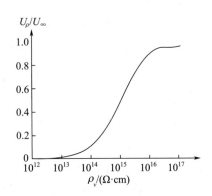

图 6-41 电势差随体积比电阻 ρ_v 的变化关系

6.5.6.6 热磁场等离子体的特性和充电特点

（1）热等离子体粒子波能谱的解析近似值

在探讨引起航天器充电的外部因素时，把更多的注意力放在分析热磁场等离子体的特性上，上文已经指出，正是它使得航天器上出现了更高的电位。

在地球同步轨道范围内，热等离子体电子和离子的波能谱能量范围为 $0.05 \sim 100$ keV。能量在上述范围内的带电粒子的分配函数非常接近两个麦克斯韦分配参数 kT_1 和 kT_2 的累加值，其中 kT_1 和 kT_2 具有各种不同的能量

$$f(v) = n_1 \left(\frac{m}{2\pi kT_1} \right)^{3/2} \exp\left(\frac{mv^2}{2kT_1} \right) + n_2 \left(\frac{m}{2\pi kT_2} \right)^{3/2} \exp\left(-\frac{mv^2}{2kT_2} \right) \qquad (6-42)$$

式中　n ——与温度 T_1 和 T_2 相符的粒子（电子、质子或者其他更重的离子）浓度；

　　　m ——粒子质量；

v —— 粒子速度；

k —— 玻耳兹曼常数。

在地球同步轨道进行试验时，除了等离子体常见的主要离子组成部分 H^+ 以外，还可以有电离层的 He^+、O^+、He_2^+、O_2^+ 参与，而且，通常情况下这些离子在等离子体中的含量会随着地磁活动性水平的提高而增长。在某些情况下，当受到强烈的扰动时，离子 O^+ 的浓度还会超过 H^+ 的浓度。所以，在进行地球同步轨道航天器的试验时，最好将等离子体的离子成分因素考虑进去。但是大多数情况下，在分析充电问题时，还是主要研究质子 – 电子等离子体。

在测量出等离子体粒子流密度结果的基础上，就能确定双温度分配函数（6 – 36）的参数。等离子体粒子流密度的表达式如下

$$F = 4\pi \int_0^\infty v f(v) v^2 \, \mathrm{d}v = \frac{n}{2\pi} \left(\frac{2kT}{\pi m} \right)^{1/2} \tag{6 – 43}$$

粒子浓度正确的表达式如下

$$n = 4\pi \int_0^\infty f(v) v^2 \, \mathrm{d}v \tag{6 – 44}$$

一般情况下是以最小平方的方法为基础来处理试验数据，处理目的是确定分配函数的参数。特别是：当处理在昼夜各种时间段内不同地磁活动性条件下在地球同步轨道 ATS – 5，ATS – 6 和 SCATNA 内、能量在 $1 \sim 80$ eV 范围内的电子流和质子流的试验得到的大量数据包时，要用到最小平方的方法来处理数据。

试验得到的地球同步轨道上电子和质子的双组分麦克斯韦分配函数参数值见表 6 – 26。测量参数时如果出现明显的统计误差，则说明波能谱存在巨大磁差。

表 6 – 26　地球同步轨道上电子和质子的双组分麦克斯韦分配函数参数的平均值

参数	电子			质子		
	ATS – 5	ATS – 6	SCATNA	ATS – 5	ATS – 6	SCATNA
n_1 / cm^{-3}	0.58 ± 0.55	0.75 ± 0.82	0.78 ± 0.70	0.75 ± 0.54	0.93 ± 1.78	0.19 ± 0.16
kT_1 / keV	0.28 ± 0.17	0.46 ± 0.85	0.55 ± 0.32	0.30 ± 0.30	0.27 ± 0.88	0.80 ± 1.0
n_2 / cm^{-3}	0.21 ± 0.38	0.27 ± 0.33	0.31 ± 0.37	0.61 ± 0.33	0.33 ± 0.16	0.39 ± 0.26
kT_2 / keV	7.04 ± 2.12	9.67 ± 3.56	8.68 ± 4.0	14.0 ± 5.0	25.0 ± 8.5	15.8 ± 5.0

最新研究表明，特别是使用莫斯科大学核物理科学研究所的静电分析仪对热磁场等离子体参数的测量研究表明：等离子体两种组成成分的温度，特别是 T_2，在大多数情况下低于表 6 – 26 中的数值。通常情况下，上述两种组成部分的能量值在以下范围内，即：$kT_1 \cong 0.1 \sim 0.5$ keV 和 $kT_2 \cong 1 \sim 10$ keV，美国科学研究所取得的参数与此相似。

即便如此，在一些正式资料中，还是将在测量 KA SCATHA 结果的基础上获取的等离子体参数（表 6 – 27）列为充电的"最坏情况"。

表 6 - 27　地球同步轨道上电子和质子的双组分麦克斯韦分配函数参数（"最坏情况"）

参数	电子	质子
n_1 /cm^{-3}	0.2	0.6
kT_1 /keV	0.4	0.2
n_2 /cm^{-3}	1.2	1.3
kT_2 /keV	27.5	28.0

图 6 - 42 是地球同步轨道上热磁场等离子体电子和质子的差动波能谱图，它是在表 6 - 26 的基础上计算出来的。

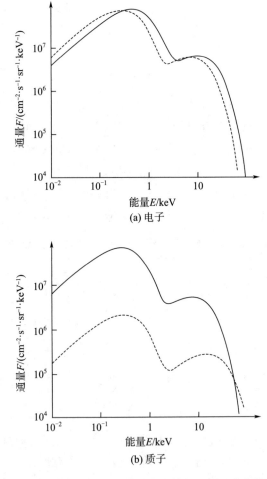

(a) 电子

(b) 质子

图 6 - 42　根据表 6 - 26 的数据计算出的粒子微分能谱

实线—ATS - 5 卫星；虚线—ATS - 6 卫星

图 6 - 43 是测量在地球同步轨道上的"水平"航天器热等离子体的电子光谱图与近似函数相比较的示意图。

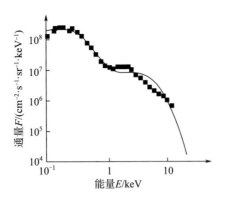

图 6-43　地球同步轨道上记录的电子"微分能谱"麦克斯韦双温度函数近似值

（2）热等离子体参数改变的规律

分析在昼夜期间能对地球同步轨道上的航天器造成影响的热等离子体性能改变问题时，必须掌握有关等离子体和这些参数规律的日变化数据。

由于在地球同步轨道的高度上地球磁场没有轴对称，所以地球同步轨道航天器在轨道运动时会穿过磁场中不同的领域，这些领域中都各自有确定的磁场等离子体参数和航天器运动时的物理机理。这样的结果是：航天器在轨道上与地球旋转进行同步偏移，偏移量由作用在航天器上的等离子体参数的昼夜磁差来确定。

由于磁场范围（等离子体区、等离子体层）界限的不稳定性和内部结构等离子体参数的不稳定性，也就是说，太阳活动性和星际间环境参数改变程度具有不稳定性，所以要在地球同步轨道中等离子体参数的昼夜规律性的磁差上加上各种各样的毫无规律的磁差。这些毫无规律的磁差可以与绝缘磁场扰动、扰动程度总体提高，以及异常扰动等情况区分开来，在这些扰动情况下，磁场的结构会发生明显的变化，例如，磁层顶接近地球同步轨道，这样的结果是：地球轨道航天器会脱离磁场范围而朝着地球向日面运动。

对于与分析航天器充电有关的研究而言，最主要的是确定航天器在地球背日面上相对于磁场结构范围的位置。这里，就要把等离子层与地球同步轨道归结在一起（或者局部地断开），要做到这一点的等离子体的参数如下：$kT_e \approx 0.1 \sim 1$ keV；$kT_i \approx 1 \sim 10$ keV；$n_{e,i} \approx 1 \sim 3$ cm^{-3}。接近地球时，也就是说，接近地球同步轨道时，等离子体层的界限上会分出等离子体层的边缘，在这个范围内，当产生磁场扰动时会形成压缩波，而该压缩波以地球同步轨道中的热等离子体的喷射为前提条件。

上述磁场结构特点以及磁场界限的变化特点取决于地球同步轨道内磁场等离子体参数的规律性的日变化。而这种日变化则是典型的静磁条件。

在研究航天器充电时，日变化最主要的规律在于：早上和夜晚时，两种成分的粒子浓度会增加，白天时则会下降。这种情况下，高温成分的粒子浓度通常比低温成分的粒子浓度要低。由于各地方时间不同，因此温度 T_1 和 T_2 具有更复杂的特点。即便如此，热等离子体的电子束（流）在早上和晚上还是具有明显的最大值。电子流密度 j_e 与地方时间的关系参见图 6-44，图中是在一些地球同步轨道航天器上测量到的数据的总汇。

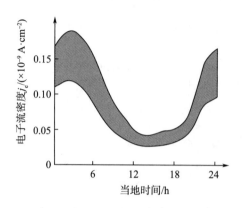

图 6-44　热等离子体电子流密度 j_e 与地方时间的关系示意图

随着地磁活动性水平的提高，等离子体参数的四个值会平均增长，这种情况下，昼夜时间跨度内参数值的落差通常会拉大。对于热等离子体的电子束而言，它会受地磁活动性水平（地磁指数 K_P）影响，因而上述的情况表现得更明显（参见图 6-45）。

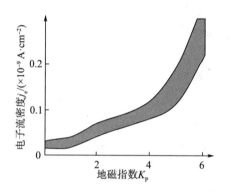

图 6-45　热等离子体电子流密度 j_e 与地磁指数 K_P 的关系示意图

当地磁活动性水平提高时，在有规律的日变化内，等离子体的参数实际上总是出现杂乱无章的磁差，特别是在地球同步轨道傍晚的扇区内时更为明显。

在各种各样的地球物理活动性条件下，上述等离子体参数磁差的规律会对地球同步轨道上的航天器产生影响，这一点已经由莫斯科大学核物理研究所的设备进行的长时间的测量结果所证明。测量工作是利用等离子体电子和离子光谱仪来进行的，测量时，通过静电分析仪来按照能量选择粒子，而管道电子倍增器则用作粒子检波器。光谱仪的能量范围在 $0.1 \sim 12$ keV，在各种试验中，能量通道数量的变化是从 8 到 16。

在各种地球同步轨道航天器上所获取的试验数据的基础上，经过上述的对数据的数学处理程序后，就能够找到近似函数的四个参数值：n_1, n_2, T_1, T_2，也可以算出流密度 F_1 和 F_2。

图 6-46（a）展示的是这四个参数与地方时间的关系示意图，是根据航天器"电子"在低地磁活动性条件下（地磁指数 K_P 为 $1 \sim 2$）测量的结果而获得的数据；而图 6-46（b）则是在高地磁活动性条件下（地磁指数 K_P 为 $3 \sim 5$）测量而获得的数据。

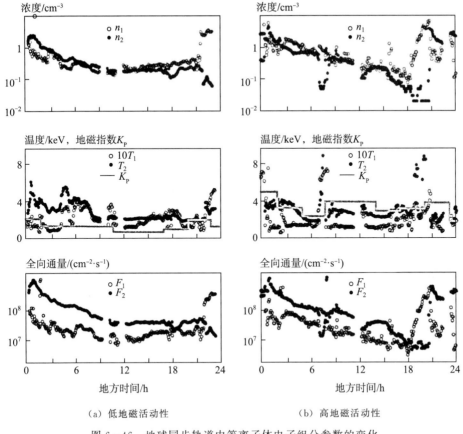

（a）低地磁活动性　　　　　　　　　（b）高地磁活动性

图 6-46　地球同步轨道内等离子体电子组分参数的变化

比较图 6-46 两幅图可以看出，地磁活动性水平的升高会导致在早上和傍晚时等离子体的两种组分浓度有所增加，与低地磁活动性条件下的状况相比，这种情况下白天浓度的降低则更为明显。总体上来说，参数 T_1、T_2 的日变化特性不会有明显改变，但是，可以记录下有关某些温度值升高和不规律磁差振幅增加的相关情况。

在获得大量试验数据的基础上，就可以确定各种地磁条件下等离子体参数的标准值。图 6-47（a）展示的是电子组分的浓度 n_2 受地磁指数 K_P 的制约而变化的情况；图 6-47（b）展示的是温度 T_2 受地磁指数 K_P 的制约而变化的情况。图中黑色的符号表示整昼夜期间的平均值，而亮的符号则表示 18~24 h 地方时间间隔内的平均值。

6.5.6.7　空间等离子体中传导体的伏安特性

我们会在下文中研究航天器表面电位的全电流各分量的伏安特性。在分析航天器充电的物理规律时使用伏安特性很方便。它们会明显地将单独分量汇总，汇总这些分量对平衡电位值的影响程度、外部条件变化时电位有可能出现的变化特点、航天器表面材料的属性。

（1）等离子体流的计算

地球附近的低轨道上（电离层内）电子的热速度 $v_e^{(0)}$ 明显高于离子的热速度 $v_i^{(0)}$，它

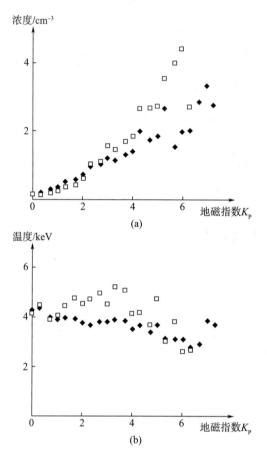

图 6 - 47　热等离子体电子组分的浓度 n_2 和温度 T_2 与地磁指数 K_P 的关系

们之间的关系为：$v_e^{(0)} \gg v \gg v_i^{(0)}$ ，其中 v 表示航天器的运动速度。由此可见，航天器表面上的正离子流主要由其速度值 v 来决定，与此同时，电离层电子流则由它的热速度来决定。

结合获取的参数值，这种情况下的电流平衡方程式如下所示

$$J_e^{\text{therm}}(\varphi) + J_i^V(\varphi) = 0 \tag{6-45}$$

式中　J_e^{therm} ——以电子热运动为前提条件的、电离层等离子体的初次电子流；

　　　J_i^V ——以等离子体进流为前提条件的初次离子流。

这里可以忽略不计二次放射流，因为流入的初次电子流和离子流极小。

这种情况下要精确地计算出初次等离子体流的参数极为困难，因为它们受很多过程的制约，包括以经过等离子体的物体运动为前提条件的磁流体动力现象、地球磁场的电子和离子运动的影响等。即便如此，实践工作显示，如果要描述电离层等离子体的电子流，可以使用方程式（6-37）。

计算离子流时，必须用到离子分配函数，该函数列出了离子定向运动（速度 V ）相对于航天器的关系，具体如下

$$f_{ion}(v_i) = n_i \left(\frac{m_i}{2\pi k T_i} \right)^{3/2} \exp\left(-\frac{m_i \mid v_i - V \mid^2}{2k T_i} \right) \tag{6-46}$$

从实际的观点出发来研究极地区域内的低轨道航天器的充电情况很有意思，当电离层等离子体和光亮电子流（能量为 $1\sim50$ keV）同时作用到航天器上时，为了计算出某一种电子流，还是可以使用上述的方程式。这种情况下，航天器的电位可以达到 $1\sim5$ kV。

与电离层等离子体的电子和离子能量相比，航天器表面的电位要大，这就简化了离子流的计算程序。

对于这种情况，也就是说，当满足下列不等式时

$$\mid \varphi \mid \geqslant \frac{k T_e}{e} \left(\frac{R}{D} \right)^{4/3} \tag{6-47}$$

距离航天器表面近的充电层的界限会显得非常剧烈，因此，要正确引导聚集在一起的离子的有效表面，聚集在一起的离子半径为

$$R_c \sim R F^* \left[\frac{e \mid \varphi \mid}{k T} \left(\frac{D}{R} \right)^{4/3} \right] \tag{6-48}$$

其中，F^* 表示随着球体电位增加而增加的函数。当球体具有某种形式时，R_c 的近似表达式为

$$R_c = 0.803 \, R \left[\frac{e \mid \varphi \mid}{k T} \left(\frac{D}{R} \right)^{4/3} \right]^{3/7} \tag{6-49}$$

聚集在一起的离子半径构想的物理意义：充电物体会在 R_c 的距离上吸引粒子。通过对距离航天器表面近的粒子轨迹的计算表明，进入聚集在一起的离子范围内的粒子，实际上会以直线形式向表面运动。

在计算离子流时，通常使用 R_c 值来代替物体的实际半径。

（2）航天器在地球同步轨道上充电时的临界效应和平衡电位的非单值性现象

借助伏安特性可以方便人们对航天器充电时产生的各种现象（如临界效应和平衡电位）的非单值性进行研究。当二次放射流的值很高时，这两种效应都存在。表 6-28 为充电时具有各种温度值 T 的一系列材料等离子体中的平衡电位值。

表 6-28　充电时具有各种温度值 T 的一系列材料等离子体中的平衡电位值

材料	平衡电位/kV					
	1.0	2.2	3.2	4.5	7.1	14.0
碳	1.5	3.2	4.4	6.0	8.9	16.4
铝	1.2	2.8	3.9	5.4	8.2	15.9
玻璃	0.0	0.0	0.0	0.7	4.7	11.9
导电层 In_2O_3	0.0	0.0	0.0	0.4	4.7	11.8
聚乙烯	0.0	0.0	0.0	0.5	4.7	12.7
聚酯合成纤维	0.0	0.0	0.3	2.7	5.9	13.1
聚酰胺	0.0	2.4	3.7	5.2	8.1	15.0

（3）航天器在极地低轨道上的充电特点

用类似的方法，可以计算出当光亮电子流和太阳光同时作用时，电离层等离子体中的物体充电的电位平衡值。

这样计算的结果参见表 6 - 29。为评估出航天器可能的平衡电位值，计算时应用到的电离层等离子体和光亮电子的参数可以在很大的范围内变化。表 6 - 29 左边一栏中列出的是电离层离子的浓度值。第二栏中列出的是撞击离子流的密度值，也就是说，是以向运动着的航天器任意表面上撞击的离子流为前提条件的离子流的密度值。该值的计算以给定的电离层离子浓度为基础。对于每一组给定的初始参数（电离层离子浓度和光亮电子流密度）的组合而言，当太阳光没有对表面照射时，可以计算出用于光亮电子能量的两个值的电位值。表 6 - 29 右边部分的每一组参数组合的电位值适合于没有太阳照射的 ИСЗ，而当 $j_{ph} = 1.58 \times 10^{-4}$（A/m²）时，适合于太阳照射的 ИСЗ。这时，表左边一栏的电位值用于光亮电子能量为 10 keV，而右边一栏的值则用于光亮电子能量为 30 keV。

表 6 - 29 中极大和极小的电位值都是在形成平衡时各种充电粒子流的主导作用。当电位值 $|\varphi| \leqslant 1$ V 时，电流平衡是在撞击离子流和电离层电子流上建立的，也就是说，光亮电子的作用非常小 $[j_e^{(0)} > j_{aur}]$，可以忽略不计。从表 6 - 29 可以看出，在这种情况下，航天器照明状况对充电过程的影响不大。

当与这一情况相反时，会出现非常强烈的充电，也就是说，如果 $j_e^{(0)} \ll j_{aur}$ 时，会出现非常强烈的充电。当 $j_e^{(0)} \approx j_{aur}$ 时，与没有照明的情况相比较，受光亮电子影响的表面的照明会降低平衡电位。

表 6 - 29　结合光亮电子流影响得出的电离层 ИСЗ 充电的各种情况下的平衡电位值

离子流参数		光亮电子流密度/(A/m²)	
电离层离子浓度/m⁻³	撞击离子流密度/(A/m²)	1.0×10^{-6}	1.58×10^{-4}
3.35×10^9	4.53×10^{-6}	−0.3　−0.4 −0.1　−0.1	−1 700　−1 921 −952　−1 080
10^{10}	1.25×10^{-5}	−0.3　−0.4 −0.2　−0.2	−1 087　−1 179 −609　−658
10^{11}	1.25×10^{-4}	−0.3　−0.3 −0.3　−0.3	−0.1　−0.1 −0.4　−0.4
10^{12}	1.25×10^{-3}	−0.3　−0.3 −0.3　−0.3	−0.3　−0.3 −0.3　−0.3
3.0×10^{12}	3.0×10^{-3}	−0.3　−0.3 −0.3　−0.3	−0.3　−0.3 −0.3　−0.3

为了图解计算，我们可以建立一个曲线图，图中的横轴是物体的电位（绝对值），纵轴则是 k 的值。

$$k = \frac{j_{aur}(1 - \delta)}{j_i} \tag{6-50}$$

当 $j_{ph} = 0$ 时，没有太阳照明的球体的计算结果如图 6-48（a）（b）所示。第一种情况是在电离层离子浓度 $n_i = 1.0 \times 10^{11}$ m^{-3}、光亮电子能量 $E_{aur} = 10$ keV、球体半径 R 变化的条件下进行的计算，而第二种情况则是在 $R = 1$ m、n_i 值变化的条件下进行的计算。根据这些图就可以容易地评估出航天器在光亮区域内的低轨道上充电时有可能出现的电位值。

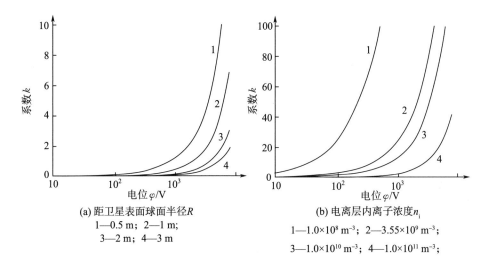

(a) 距卫星表面球面半径 R
1—0.5 m；2—1 m；
3—2 m；4—3 m

(b) 电离层内离子浓度 n_i
1—1.0×10^8 m^{-3}；2—3.55×10^9 m^{-3}；
3—1.0×10^{10} m^{-3}；4—1.0×10^{11} m^{-3}；

图 6-48　方程系数 k 与球体电位 φ 的关系

（4）空间等离子体中各种材料的充电性能标准

使用前面的表达式描述空间等离子体波能谱和各种材料二次放射的特性，进而分析航天器表面上的电流平衡方程式，可以发现负电荷的积聚，相应地，也能发现航天器表面负电位的产生，这一切发生的条件如下

$$(1 - \eta - J_e^{(0)}/J_e^{(0)})\delta_m^{-1} > F[(kT_e/E_m)^{1/2}] \tag{6-51}$$

对于恒温的电子-质子等离子体而言，$J_i^{(0)}/J_e^{(0)} = 0.023$，因此，上面表达式中，左边部分实际上只取决于材料的二次放射参数。这里，我们认为初次电子的放射系数并不取决于能量。

图 6-49 中，函数 $F(x)$ 的 $x = (kT_e/E_m)^{1/2}$，当 $n_e = n_i$ 时，用于计算具有各种能量和角度特性的带电粒子初次电流，$(1 - \eta)\delta_m^{-1}$ 用于一系列材料。

与热等离子体中物体充电开端相符的等离子体临界温度，通过函数 $F(x)$ 的曲线与 $(1 - \eta)\delta_m^{-1}$ 的第二个交点来确定。图 6-49 上的材料，其临界温度为 1～5 keV。

上述分析各种材料充电性能的方法也可以运用于双温度等离子体。分析显示：二次电子放射流的值是确定等离子体临界温度值的主要参数。图 6-50（a）所示为平衡电位的值与热等离子体温度之间的关系，图 6-50（b）所示为在各种等离子体温度值的情况下，平衡电位的值与参数 δ_m 之间的关系。从图 6-50（a）上可以清楚地看出，当热等离子体温度高于具体充电条件的临界值时，电位开始上升。图 6-50（b）上曲线与横轴的交点就是等离子体临界温度与参数 δ_m 之间的关系。

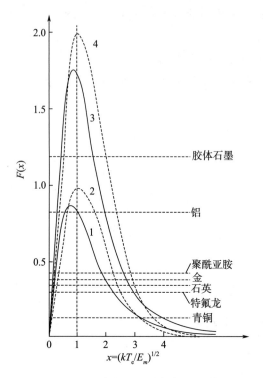

图 6 - 49　材料充电特性标准图谱

1，2—正常进入时的麦克斯韦等离子体和单能粒子流；

3，4—各向同性进入时的麦克斯韦等离子体和单能粒子流

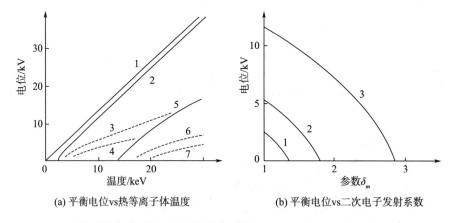

(a) 平衡电位 vs 热等离子体温度　　　　　(b) 平衡电位 vs 二次电子发射系数

图 6 - 50　航天器表面平衡电位与热等离子体温度及二次电子发射系数 δ_m 的关系

图 6 - 50（a）曲线 1，2 为带电粒子垂直入射或全面入射时，平衡电位与热等离子体温度的关系，此时 $\delta_m = 1$，$n_e = n_i = 1 \ cm^{-3}$；曲线 5，6，7 表示当包含有 2.5～5.0 cm^{-3} 浓度的低温等离子体组分时，平衡电位与热等离子体温度的关系；曲线 3，4 与 5，6，7 条件一致，只是此时 $\delta_m = 3$。

图 6-50 (b) 表示等离子体温度为不同值时，平衡电位与二次电子发射系数 δ_m 的关系：曲线 1 的等离子体温度为 1~3.0 keV；曲线 2 的等离子体温度为 2~5.0 keV；曲线 3 的等离子体温度为 3~10.0 keV。

通过对上面计算数据的总体分析可以看出：平衡电位值应该随着能量为 $E > 10 \sim 20\,$keV 的初次电子流的密度而修正。计算评估的结果与试验取得的数据非常吻合。

(5) 固有外层大气和航天器机载设备对充电过程的影响

① 固有外层大气的影响

中性的固有外层大气会由于太阳的短波电磁辐射和航天器周围的等离子体粒子流而电离。固有外层大气电离的结果是：航天器周围形成的带电粒子会聚集在其表面上，从而影响航天器的充电。也就是说，由于在方程式 (6-34) 中出现了补偿电流，以及航天器周围初始电场的变化才会引发上述情况的发生，要评估这些因素对航天器充电过程的影响程度，必须计算出上面提到的补偿电流和航天器周围带电粒子的附加浓度值。就地球同步轨道上航天器充电而言，当其达到很高的负电位时，我们感兴趣的是能够降低负电位的正离子补偿电流。

下面我们来探讨解决带电球体的问题，中性粒子的解吸作用的特点通过其表面的电流密度 I_d 描述，在此我们假设解吸粒子的浓度随着其远离球体而降低〔降低的速度系数为 $(R/r)^2$，这里 R 表示球体的半径，r 则表示到球体中心的距离〕。

这样，在结合上述各项的基础上，我们就可以得出通过太阳短波辐射而离子化的补偿离子流的密度表达式，具体如下

$$F_i^{ph} = I_d \frac{R_c}{v_d} \int_\lambda \Phi_\lambda \sigma_i(\lambda) \mathrm{d}\lambda \tag{6-52}$$

式中　R_c——集合离子的半径；

　　　Φ_λ——离子化量子流的谱密度；

　　　$\sigma_i(\lambda)$——固有外层大气粒子的光电离差动截面；

　　　I_d——电流密度；

　　　v_d——电位。

当地球同步轨道上的航天器充电时，固有外层大气中离子化的粒子的平均浓度可以用下式来表示

$$n_i^{CBA}(r) = 10^{-2} \frac{F_i^{ph}}{v_d} \left(\frac{R}{r}\right)^2 \tag{6-53}$$

方程式 (6-52) 中右边部分的积分是粒子光电离的概率。

研究固有外层大气由于带电离子的作用而离子化时，离子流密度的表达式的形式是这样，但是，求积分是根据粒子的差动波能谱来进行的。

图 6-51 是受典型的解吸作用产物——分子 H_2O 和 CO_2[47,48] 以及 N_2 的光电离截面波长制约的关系。以柱式图解的形式在图上表示出太阳光谱短波范围内辐射强度的分配。

图 6-52 是固有外层大气分子分量离子化截面各种能量的标准值和等离子体双温度麦

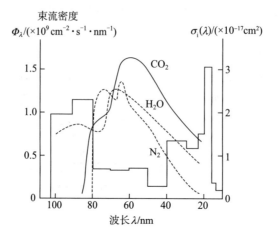

图 6-51　航天器特征气体环境光电离能 σ_i 阶梯图及各组分气体密度与波长的关系

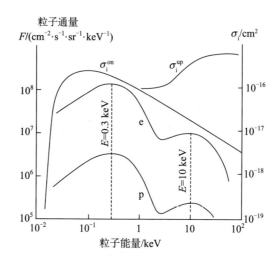

图 6-52　等离子体能谱及其与航天器特征气体环境电离能的关系

克斯韦波能谱，其中等离子体的参数如下：$Kt_1 = 0.3$ keV，$n_1 = 2.5$ cm^{-3}，$Kt_2 = 10$ keV，$n_2 = 1$ cm^{-3}。

　　空间粒子在各种辐射的作用下离子化的概率的计算结果参见表 6-30。表中还有固有外层大气由于从物体表面上散发出的二次电子和光电子的作用而离子化的相关数据。

　　后面一种过程（离子化过程）与固有外层大气由于初次辐射而离子化的过程有着本质的不同。受航天器上负电位的作用而加速的二次电子的能量会按照其脱离表面的程度而快速增长，这样的结果是，离子化的截面值会减小。随着距离 r 的增加，二次电子流的密度也会下降。在二次电子的作用下，通过固有外层大气中的粒子离子化的附加离子流的密度表达式如下

$$j_i^{sec} = I_d \frac{R^2}{v_d} j_{sec} \int_R^{R_c} \sigma_i(r) \frac{1}{r^2} \mathrm{d}r \qquad (6-54)$$

式中　　j_{sec}——物体表面上的二次电子流或者光电子流的密度。

表 6 - 30　空间粒子在各种辐射作用下离子化概率的计算结果

辐射	分子		离子化概率/10^{-7} s^{-1}
太阳辐射	H_2O		7.4
	CO_2		6.2
	O_2		5.8
	N_2		2.8
冷组分 $Kt_1 = 0.3$ keV，$n_1 = 1.5$ cm^{-3}	CO, O_2, N_2, Ar	电子	2.4
		质子	0.04
热组分 $Kt_1 = 10.0$ keV，$n_1 = 1.0$ cm^{-3}	CO, O_2, N_2, Ar	电子	0.5
		质子	0.4
二次电子放射	CO, O_2, N_2, Ar	热等离子体	0.06
		冷等离子体	0.13
电—离子放射	CO, O_2, N_2, Ar	热等离子体	0.11
		冷等离子体	0.01
光电子	CO, O_2, N_2, Ar	最大电流	12.3
		最小电流	2.0

　　计算显示，固有外层大气在二次电子的作用下的离子化实际上只在小于到物体表面 10 m 的距离上进行，在这个距离粒子流的密度还不是非常小。

　　由于固有外层大气的离子化而聚集在一起的离子半径 R_c 在以下三个条件的基础上确定：

　　1）带电体电场中离子的位能与其热运动之间的比值；

　　2）由带电体形成的电场强度与磁场中自然电场强度的比值；

　　3）地磁场对离子聚集过程的影响。

　　在上述条件的基础上计算出的结果显示：对于地球同步轨道而言 R_c 约 10^3 m。需要指出的是，受固有外层大气由于初次辐射而离子化的影响，半径 R_c 为 10^3 m 时，航天器周围的离子聚集在距离航天器不到 10 m 的地方，只形成聚集离子总数的 1%。这样一来，在分析中性的固有外层大气对航天器充电的影响时，远离固有外层大气的区域结构就具有重要意义。通常情况下，该区域可以通过球形对称模拟装置以高精度来描述。

　　当方程式（6-54）中包含有由于固有外层大气的离子化而产生的补偿离子流一项时，解出该方程式的解就会发现，当解吸作用电子流的密度 $I_d > 10^{14}$ cm^{-2} · s^{-1} 时，由于这些补偿离子流的作用，负平衡电位开始下降，如图 6-53 所示。

　　当解吸作用电子流的密度 I_d 为 10^{16} cm^{-2} · s^{-1} 时，负电位会发生明显的下降。对于航天器而言，当进入轨道后，这样的析出气体在前期甚至数周内还会存在。当析出气体流的密度 I_d 下降至 $10^{12} \sim 10^{13}$ cm^{-2} · s^{-1} 时，在航天器开始除气后，固有外层大气对充电过程的影响会非常小，可以忽略不计。

空间材料手册（第 2 卷）空间环境与效应计算及地面模拟试验

②航天器机载设备工作的影响

显而易见，当有足够能量的电子和离子，比如航天试验中，航天器上使用足够能量的电子和离子工作时，由这些电子和离子源形成的附加流会对航天器充电过程造成非常明显的影响。这种情况已不止数次经过理论和实践研究。从航天器上射出同一种符号的带电粒子束被科学家看作是调节航天器电位的方法[10]。

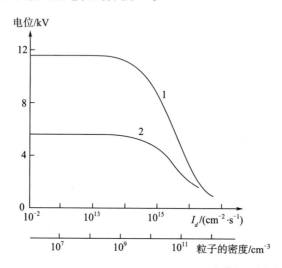

图 6-53　航天器未受日照侧半球面负电位下降与特征气体环境电离的关系曲线

1—单一组分热等离子体；2—双组分热等离子体

从物理角度来说，更为复杂的是从航天器射出中性量子等离子体束。当等离子体电动火箭发动机工作时会形成这种等离子体束。电动火箭发动机的等离子体流具有非常复杂的结构，它的内部分为中心核部分和周边部分，周边部分的特点是射出的离子具有各种能量和浓度。当等离子体流离开电动火箭发动机的喷嘴时，会发生电子和离子的空间分配过程。此外，在等离子体流中还包含有相当数量的中性粒子，这些中性粒子在离开电动火箭发动机喷嘴不远的地方就会离子化。

需要指出的是，当接通电动火箭发动机时，航天器上负电荷的中性化会借助以下两个主要过程来实现：系统"阴极—补偿器—等离子体流"中电流平衡的改变；具有负电位的航天器表面上的喷射流周边区域正离子的聚集。

上述的第一个过程会对航天器的总充电产生影响，也就是说，该过程会降低航天器相对于周围等离子体的平均电位。同样，该过程也非常快。第二个过程会改变航天器差动充电的特性，而且这个过程非常慢。

固有外层大气总电位下降的评估是在平衡电流方程式（6-54）分析解的范围内进行的。而航天器表面上正离子的聚集过程的研究是借助航天器充电的数学模拟装置来进行的。

（6）自然条件下航天器充电的研究

关于航天器充电过程最早的完整数据是 20 世纪 80 年代在地球同步轨道航天器 ATS -

5 和 ATS-6 上获取的[86]。在这些航天器上装备有用于测量磁场等离子体参数的仪器，以及航天器与等离子体之间的电位传感器。试验取得的数据分析结果，其中一部分双温度近似麦克斯韦函数的参数详见表 6-26。很长时间内人们还使用这些成果来评估计算航天器的电位。当时还获得了等离子体参数与地磁活动性程度以及昼夜时间的相互关系的数据。

1979 年，人们发射了一颗专用的科学卫星 SCATNA，用来系统研究航天器充电过程[87]。通过装备在该卫星上的设备人们进一步弄清楚了等离子体参数与地磁活动性参数之间的关系。当时还研究了机载设备上静电放电的产生。

20 世纪 80 年代中期，人们使用 GOES 系列卫星，除了测量地球同步轨道范围内磁场等离子体的参数和航天器的电位以外，还借助电子枪，进行了上文提到的对电位主动调节的试验。

在分析航天器充电故障总汇和产生静电放电数据的基础上，人们发现，这种情形多半发生在早晨和黄昏时间。这样的时间从逻辑上说明了航天器经过了等离子层，以及在磁场尾部范围地球同步轨道上热等离子体喷射的情况。

包括上述课题在内的研究，在一系列的地球同步轨道卫星上也进行过[88]。当时就研究了磁场等离子体粒子流的特性，对离航天器表面各段的电场强度进行了测量，使用等离子体电动火箭发动机进行了航天器电位主动调节的试验[89]。

通过多次测量获取的关于地球同步轨道航天器的电位与地磁指数 K_P 之间关系相关数据参见图 6-54。可以看出，电位值的波动很大，各种测量取得的等离子体特性有区别，这些区别是由于具体航天器的结构特点和材料参数引起的。

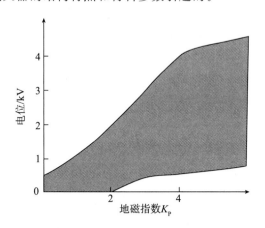

图 6-54　地球同步轨道航天器的负电位与地磁指数 K_P 之间关系的示意图

如今，人们借助 LANL[89] 不仅测量地球同步轨道范围内的等离子体参数，而且还测量充电的效果。近年来获取的 LANL 处理数据的系统结果在文献［90］中列出，还特别列出了航天器电位 φ 与周围等离子体温度 T_e 之间的关系（见图 6-55）。

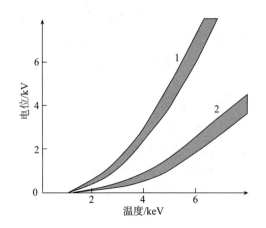

图 6-55　电位 φ 与等离子体温度之间的关系示意图

1—在地球阴影内；2—在轨道的日照段

（7）借助机载电子和离子光谱分析仪对地球同步轨道航天器"地平线"和"电子"充电参数的研究

装备在地球同步轨道航天器上的成套设备中有光谱分析仪，它用于研究热磁场等离子体的电子和质子特性。借助这些仪器，人们可以获取热磁场等离子体流的相关信息，这是分析航天器充电过程所必需的信息。但是，除此之外，在一定条件下，光谱分析仪还可以直接获取航天器上产生的电位值和充电进程方面的数据。

图 6-56 展示的是电子流在数小时期间的改变示意图。这些电子流是安装在"地平线"系列地球同步轨道航天器上的机载电子光谱分析仪在各种能量通道中记录下来的。

当调整参数 α 为不同的值时，所计算出的结果参见图 6-56。很明显，随着参数 α 值的改变，图中曲线的走向也会明显改变，这样一来，就可以使计算出的曲线与试验数据达到最佳的一致性。

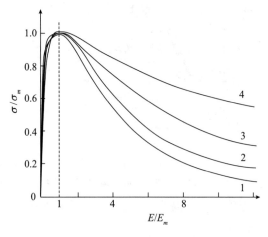

图 6-56　当拟合参数 α 取不同值时，计算得到的二次电子发射系数 σ/σ_m 与 E/E_m 的关系

1— $\alpha=1.0$；2— $\alpha=0.75$；3— $\alpha=0.5$；4— $\alpha=0.25$

除了二次放射系数与初次电子能量之间的从属关系外，它们还受进入目标的入射角 Θ 的制约。这种制约关系被简化成函数 $\sec\Theta$ 的形式。有些情况下采用更为准确的表达式。

通常情况下，电—离子放射以两个物理机理为前提条件，即：借助撞击离子的势能而使二次电子从目标上脱落；借助动能而使二次电子从目标上脱落。我们会研究第二种物理机理，在离子能量大于 1.5 keV 时，这种机理占主导地位。

电—离子放射系数受到初次粒子能量 $\gamma = f(E)$ 的制约，整体上来说，这种制约关系与上面我们探讨的系数 σ 的制约关系相似。其差别在于：与二次电子放射不同，离子能量 E_m 与电—离子放射系数的最大值 γ_m 相符合。能量在 $40\sim100$ keV 范围的情况下，当使用质子撞击它们时，离子能量 E_m 用于大多数的材料，并且能够增加离子的质量。

为了方便分析系数 γ 标准的能量制约关系，采用下列的表达式

$$\frac{\gamma}{\gamma_m} = 2\left(\frac{E}{E_m}\right)^{1/2}\left(1 + \frac{E}{E_m}\right)^{-1} \tag{6-55}$$

图 6-57 给出质子辐照不同材料的试验数据与依据式（6-55）的理论计算值的结果对比。

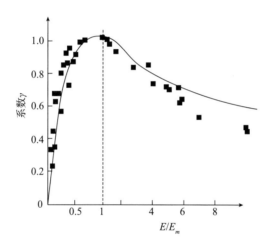

图 6-57　式（6-55）中方程系数 γ 与能量的关系曲线（实线为理论计算值，点为试验值）

光电子放射（外部的光电效应）的特点是其量子输出的光谱制约性，也就是说，落在一个光子上的放射光电子数量受到光子能量（或者是波长）的制约。在航天器充电的分析当中使用到了积分参数，即：光电子放射电流的密度 j_{ph}，该密度值是结合太阳辐射光谱上的能量分配情况而确定的，有关这个参数的情况在表 6-31 中列出。对于航天器外表面上使用到的绝大多数材料的 j_{ph} 都在 $(1\sim5)\times10^{-5}$ A/m^2 范围之内。

表 6-31　各种材料的放射参数

材料	电子			质子		光子
	δ_m	E_m /keV	η	γ	E_m /keV	j_{ph}/(10^{-5} A/m^2)
玻璃	2.4	0.3	0.12	5.0	70.0	2.0
聚酯合成纤维	2.3	0.4	0.11	5.0	100.0	2.0

续表

材料	电子			质子		光子
	δ_m	E_m /keV	η	γ	E_m /keV	$j_{\mathrm{ph}}/(10^{-5}\ \mathrm{A/m^2})$
聚酰胺（尼龙）	2.1	0.15	0.07	5.8	80.0	2.0
特氟龙	3.0	0.3	0.09	5.0	70.0	2.0
碳	0.75	0.35	0.08	5.0	70.0	2.1
铝	0.97	0.3	0.17	4.0	80.0	4.0
银	1.5	0.8	0.4	2.0	300.0	3.0
In$_2$O$_3$	2.35	0.35	0.2	4.2	45.0	3.2

（8）传导电流对充电过程的影响

为了评估传导电流在航天器表面上的位能起伏形成中的作用，我们先分析一下在现实结构中经常会碰到的构造，即：航天器金属壳体上的一个部分，这一部分用一层厚度 $h = 80\sim100\ \mu m$ 的电介质覆盖，这层电介质的表面上涂有与航天器壳体相连接的传导带，传导带之间的距离为 L。

整个电介质（包括传导带之间的部分）的表面上，电荷可以通过两种方式流向航天器的金属壳体，即：横向经过电介质层；沿电介质表面流经传导带。第一种情况中，电流由电介质体积的单位电阻 ρ_v 决定，而在第二种情况中，电流则由电介质表面的单位电阻 ρ_s 来决定。

对于电介质表面上有 x 坐标（该坐标是从 L 的中部截断，并在任何方向上都与传导带垂直）的点而言，横着流经电介质层的电流密度的计算公式如下

$$j_v = \frac{U_x - U_c}{\rho_v h} \tag{6-56}$$

式中　U_x —— x 点上电介质表面的电位；

　　　U_c —— 航天器金属壳体的电位。

对于受电位局部倾斜度 dU_x/dx 制约的表面电流的密度而言，其表达式为

$$j_s = -\frac{dU_x}{dx}\frac{1}{2\rho_s}\frac{x}{[(L/2)^2 - x^2]} \tag{6-57}$$

求得电流平衡方程式（6-34）的解，结合点 x 周围表面上元件的电流 j_v 和 j_s，就可以确定它们对电介质充电表面与航天器金属壳体之间的势差值 ΔU_x 的影响程度。

图 6-58 表示的是 $\Delta U_x/\Delta U_o$ 的比值受坐标点 x 的制约关系，其中坐标点 x 是用于 ρ_v 和 ρ_s 两个数值变量，这两个数值变量实际上与航天器表面上使用的搪瓷涂层相符合，即：1——搪瓷 AK-512；2——搪瓷 KO-5191。两种情况下涂层的厚度均为 80 μm。从图上可以看出，只有在非常接近传导带的区域，受表面电流影响的势差才会明显下降。

图 6-58 中的结果是在 1993 年 3 月 22 日春分期间获取的。春分时，处于磁场背日面的地球同步轨道航天器在大约一小时内在地球的阴影之中。当航天器表面没有照明时，光电子放射会停止，正如上文说的一样，这会导致航天器负电位值的明显增长。这种情况下，航天器周围产生的电场会抑制从周围等离子体向航天器表面运动的电子，这一切都直

接反映在上文提到的光谱分析仪中。在相对单一的时间变化内，18～19UT（国际时）范围内光谱分析仪的读数与航天器在地球阴影内的情况吻合。通过分析光谱分析仪通道中记录的电子流的减小，就可以评估出航天器负电位值。更为准确的电位值要在充电数学—物理模拟装置的基础上获得。

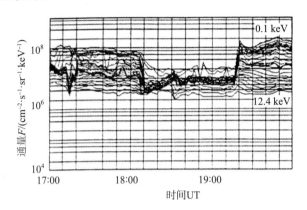

图 6-58　地球同步轨道航天器经过地球阴影时电子光谱分析仪读数的典型变化

　　模拟计算时要用到航天器进入地球阴影前和越过阴影时记录下的电子波能谱。这种波能谱的例子参见图 6-59。从图上可以看出，当航天器处于地球阴影内时，与其初始值（上面的曲线）相比，光谱分析仪记录下的电子流的值（下面的曲线）会明显"下陷"。这种情况下，对于～10 keV 的电子能量而言，光谱分析仪的读数实际上没有改变，也就是说，未充电航天器的电场对于具有这种能量的电子运动没有产生影响，这使得我们马上可以大体评估出航天器负电位值，精确的负电位值要在模拟计算结果的基础上才能获得。类似的评估和计算可以在记录磁场等离子体正离子波能谱的机载光谱分析仪读数的基础上进行。这时，上述的频谱变化特性会是另一种情形，因为通过光谱分析仪记录下的正离子在未充电的航天器电场内具有附加能量。

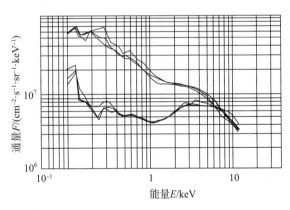

图 6-59　航天器进入地球阴影前（上面的曲线）和越过阴影时（下面的曲线）记录下的电子波能谱

　　上面已经指出，航天器负电位值与能量超过 10～20 keV 的等离子体电子流的值有关系，也就是说，为了实现航天器充电条件，在电子波能谱内高温分量（Kt_2）应该明显地表现出来，也就是说，波能谱应该足够"强硬"。

在莫斯科大学核物理研究所进行的研究基础上，人们根据上述特性，结合航天器充电的条件，对记录下的电子光谱进行了分类。记录下的电子光谱总共分为四组，详见图 6-60。

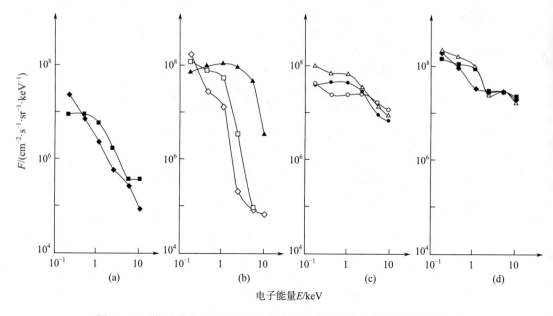

图 6-60　按照对充电过程影响程度的不同对电子微分能谱的分类示意图

第 1 组是：平静的地磁态势中等离子体层外的柔和的光谱［图 6-60（a）］。在这种光谱中，高能分量的流密度低，粒子平均能量大约 2 keV 或者更低。这种流作用下的航天器电位接近零值，并且当航天器在地球阴影内时电位值没有发生实质的变化。

第 2 组是：波能谱高能分量流的值不高时等离子体层内的光谱［图 6-60（b）］。这种光谱的平均能量大约为 3 keV，航天器的电位也不高。

第 3 组是：波能谱高能分量非常强烈时等离子体层内的光谱［图 6-60（c）］。这种光谱的平均能量不超过 4 keV。在这种流的影响下，春分和秋分期间在地球阴影内的航天器电位会升高至 2～3 kV。

第 4 组是：具有强烈的高能分量的光谱。其平均能量大于 5 keV［图 6-60（d）］。在这种流的影响下，无论是在地球阴影内还是在轨道上照明段内，航天器实质上不能充电。

图 6-61 是在地球同步轨道航天器"电子"上进行的热磁场等离子体光谱测定的试验结果。与在航天器"地平线"上搭载的设备相比，本次试验使用了能量通道较少的静电分析仪。

图 6-61（a）展示的是：数小时期间在各种能量通道内电子流的变化情况，其中包括航天器与地球阴影交叉时电子流的变化，在图上用垂直的虚线表示。不难看出，当航天器与地球阴影相交叉时，与在航天器"地平线"上发生的改变一样，光谱分析仪的读数会下降，这种下降是以负电位航天器的出现为前提。值得注意的是，电子流在 11.2 keV 的能量通道内的增加，以及航天器进入地球阴影前光谱上平均电子能量 E_{cp} 的值。这样，电子

波能谱在航天器进入地球阴影时会相当"强硬"。这完全与上文我们探讨过的航天器充电的物理模拟相吻合。

图 6－61（b）展示的是：质子光谱分析仪的数据。图上地球阴影范围内各种能量通道中记录的质子流有所增长。质子光谱分析仪读数的偏差是以航天器负电位质子的加速为前提条件。

图 6－61 是测量的结果，有意思的是，这种情况下，当航天器处于地球阴影内时，在 11.2 keV 的能量通道内电子流和能量 E_{cp} 开始剧烈增长。

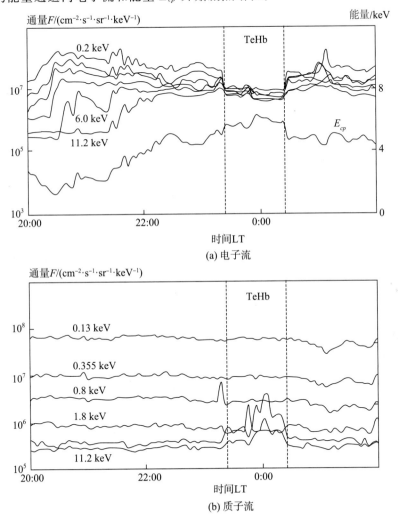

(a) 电子流

(b) 质子流

图 6－61　航天器"电子"在 1996 年 9 月 13 日到 14 日使用光谱分析仪在地球同步
轨道范围内记录下来的电子流和质子流

需要指出的是，在上述情况下，光谱分析仪低能量通道（0.2～0.5 keV）内记录的和轨道照明区域的电子流存在短时间的降低，这种降低与 11.2 keV 能量通道内电子流的增加有关。但是，这里根据观测到的"下陷"深度计算出的负电位实质上比地球阴影内的要低。

　　在航天器"电子"测量结果的基础上人们获取了大量的数据，这些数据的特点是当航天器在地球阴影内充电时电子光谱记录下了偏差。图 6-62 就是航天器进入地球阴影时的这种数据。上面几组曲线展示的是航天器进入地球阴影前记录下的光谱，下面几组则是航天器处于地球阴影内时记录下的光谱。可以看出，这些数据总体上与在航天器"地平线"上获取的数据相似。但是由于等离子体初始数据的不同，光谱偏差的程度有所不同。

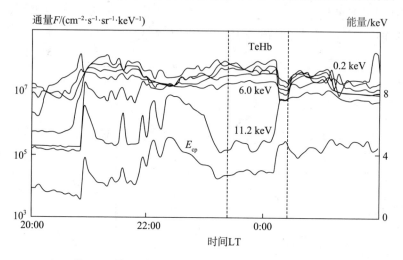

图 6-62　1997 年 9 月 12 日到 13 日航天器"电子"在轨道日照段和地球阴影内的充电情况

　　图 6-64 是在航天器各种负电位值时记录下的电子和质子波能谱的计算结果。初始光谱和双温度麦克斯韦函数相似。可以看出，随着电位的增加光谱的变化特点与试验数据非常吻合，而质子光谱上形成的窄的峰值则与图 6-63 相似。这样的计算结果使得人们可以从空间数据更精确地确定航天器的电位值。

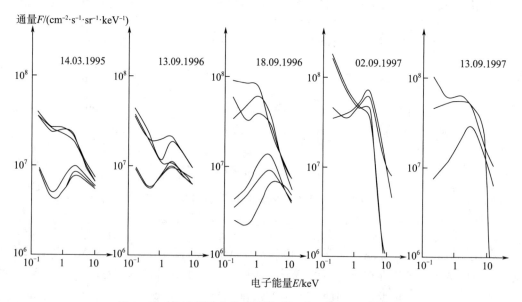

图 6-63　航天器进入地球阴影时记录下的电子能谱变化

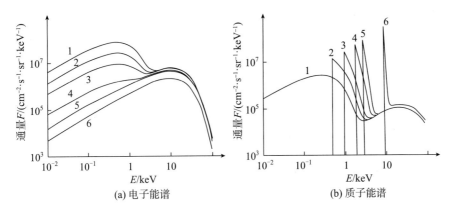

(a) 电子能谱　　　　　　　　　　(b) 质子能谱

图 6 - 64　当航天器表面充电达到各种不同的负电位 φ 值时所记录到的空间电子和质子能谱

1—0 kV；2—0.5 kV；3—1.0 kV；4—2.0 kV；5—3.0 kV；6—10.0 kV

（9）极地范围内低轨道航天器充电的特点

航天器"流星"上安装有带静电分析仪的光谱分析仪，这个航天器的轨道接近圆形，在 1 000 km 的高度上，倾角为~99°[35]。当航天器和极地最上面一层区域相交叉（越过）时，在两个半球上都有相对于这些区域比较典型的粒子流。这时，不管光亮电子流爆发区域结构的离散性，很多情况下，航天器充电可至负电位 0.3~1.5 kV。

图 6 - 65 是光亮椭圆在时间段 06：43：57－06：45：57UT 内交叉时，航天器"流星"光谱分析仪能量通道记录的电子变化情况。0.1~0.5 keV 低能量通道内流的降低与 11~5 keV 高能量通道内记录的流的增加相符。这样，光谱分析仪读数也会形成"下陷"，这与上文地球同步轨道航天器的情况相似。图 6 - 66 所示为卫星进入到椭圆形极光前和后记录到的电子能谱。

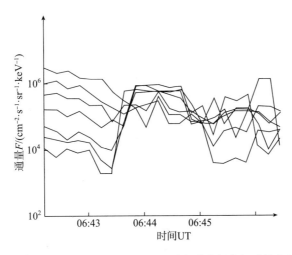

图 6 - 65　航天器"流星"穿越椭圆形极光时光谱分析仪记录的电子变化情况

（10）借助振动传感器对航天器充电进行研究

为了测量航天器表面附近电场强度，在各种型号的航天器上安装有振动传感器，其结

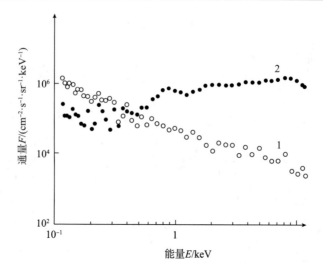

图6-66　卫星进入到椭圆形极光前和后记录到的电子能谱

1—进入极光前；2—进入极光后

构参见图6-67[91,92]。在这种传感器工作的基础上运用了静电感应原理。传感器的灵敏度元件是电极。电极上感应的可变信号振幅与电场强度成比例。电极振动频率为100 Hz，电场强度值的测量范围是0～200 kV·m⁻¹。传感器直径为26 mm，高为60 mm，质量为60～70 g。

　　早期进行航天器充电效果研究时，人们就已经航天器"地平线"的成套设备中使用了这种传感器。这些设备同样可以测量电源总线之间的势差和静电放电产生的脉冲干扰。在以后的航天器"快车""直线"等中都安装有类似的设备。

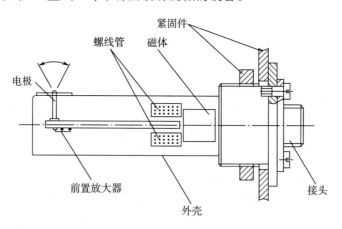

图6-67　振动传感器结构示意图

　　安装在航天器"快车-11"上的振动传感器在各个点上记录的信号如图6-68所示。横轴表示时间，纵轴表示电场强度。图中的测量时间长度大约为两昼夜，在这两昼夜期间曾经发生地磁扰动。记录下来的电场强度值在±20 kV·m⁻¹范围内，这与航天器电位值小于8～15 kV的情况相符。

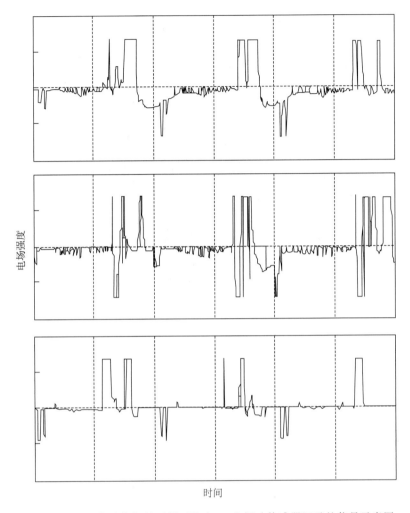

图 6-68　地磁扰动期间航天器"快车-11"振动传感器记录的信号示意图

如果干扰脉冲的振幅超过某些临界值 I_{cr}，它将引起航天器随机设备所含有的电子装置的故障。在脉冲的威布尔振幅分布情况中，描述故障概率 P_{cr} 的公式为

$$P_{cr}(I_{cr}) = \exp(-vI_{cr}^{\mu}) \tag{6-58}$$

（11）等离子体效应地面模拟试验设备

为了在电介质中进行电辐射现象试验研究工作，在俄罗斯托木斯克理工大学内视学科学研究院建造了试验台"预报"，能够模拟真空中各种温度下电子、离子、稠密冷等离子和太阳辐射影响下物质的充电过程[18]。"预报"试验台见图 6-69。

实验台由柱形不锈钢做成，其直径为 0.7 m，高 0.8 m。通过磁放电泵无油抽吸的方式使之真空度达到约 10^{-6} Pa。在旋转盘上的 12 个格可以设置 11 种实验材料样品和粒子束参数控制监视器。带样品的盘位于夹紧的恒温器里，在 -100 ℃ 到 $+60$ ℃ 范围内的任何指定温度条件下恒温器用来进行样品的恒温调节。用液氮来冷却恒温器。所需要的样品温度用精度为 2 ℃ 的恒温调节系统维持。宇宙辐射的模拟物质为 2 个电子束和 1 个离子束，

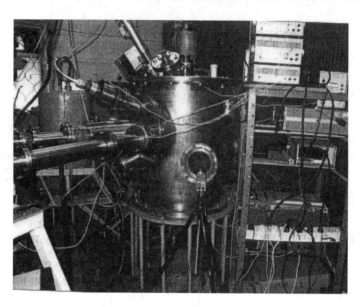

图 6 - 69　　"预报"试验台

它们的特点见表 6 - 32。

表 6 - 32　　电子和离子束的特点

炮的类型	能量/keV	射线电流密度/(A·cm⁻²)	炮的最大直径/cm
电子炮 1	5～100	10^{-11}～10^{-5}	16
电子炮 2	1～25	10^{-11}～10^{-5}	10
离子炮	10～35	10^{-11}～10^{-6}	10

在波长为 $\lambda > 0.2\ \mu m$ 的范围中，辐射光谱接近太阳辐射的高压氙灯 ДКсР - 3000 是太阳辐射源。

光通道使在样本表面获得照明度达 1 W·cm⁻² 成为可能。为了在紫外线真空范围中模拟太阳光谱，使用带压送氢气的气体放电管作为辐射源。通过 LiF 窗口来实现把紫外线辐射输入到舱室中。所有辐射类型的射线通过舱室侧表面上的套管送到样本。

宇宙的冷等离子体的模拟借助于等离子体管来实现，这个等离子体管使在舱室里获得电子平均温度为～6 eV 和浓度达 10^3 cm⁻³ 的等离子体成为可能。用质谱仪对等离子体的密度和成分进行检测。试验台"预报"的结构示意图如图 6 - 70 所示。

电荷在电介质中的积累过程及电场的产生（无论在电介质内，还是在周围空间中）都是比较缓慢的，从几秒到几分钟或者几小时[19]。电击穿是电荷快速中和作用的过程，从几十到几百毫微秒。当电荷在电介质中积累时，外部电场（表面电位）可以用电场电压传感器[14]来测量，该传感器按照静电感应的原理来工作。这种类型的传感器（安装在真空舱室内部）的灵敏度，按电场电压来说为 50 mV·m⁻¹，按电位来说为 200 V。传感器具有高的输入电阻，所以不能用它去测量高速的电荷流动过程。

在电介质击穿的情况下，使用位于舱室内部的宽频带有源探测器[20]来测量电磁脉冲，

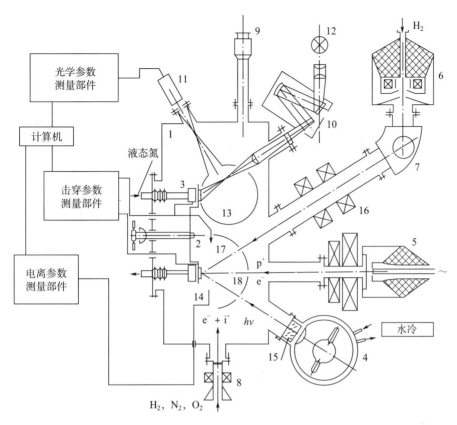

图 6-70　试验台"预报"的结构示意图

1—真空舱室；2—带样本的旋转轮盘；3—热动开关；4—太阳模拟器；5，6—电子和离子炮；7—分离器；

8—等离子体管；9—质谱仪；10—单色仪；11—光接收器；12—校准光源；13—光度测量室；

14—外场传感器；15—滤水器；16—磁透镜；17—宽频带探测器；18—集流管

该探测器记录信号的频带从 $10\ kHz\sim10\ MHz$，灵敏度为 $10\ V\cdot m^{-1}$。在电介质击穿情况下，在样本内部电路内的电子流以电压正脉冲的形式计量，这个电压是从与外壳相绝缘的样本的金属垫板上获得。为了测量电子流脉冲，使用高速示波器，该示波器可以记录毫微秒持续时间的一次过程。

由电介质内部的电荷形成的电场使用辐射法[99-100]来检测。电场强度通过在场[23-24]的作用下电子的反向散射系数的相对变化来确定。二次电子辐射系数的测量借助于半圆的集流管来进行。

试验台的光学通道使测量透过玻璃的光谱成为可能，它保证了由于放电[25-27]产生的玻璃透光度降低的可测性。试验台还可以进行太阳电池的检测。

①表面电位的测量

在图 6-71 中列出了获得的表面电位和电子能量之间的三种情况下的关系曲线：1——玻璃 K208，$d=170\ \mu m$，射线电流密度 $j_n=2\times10^{-9}A\cdot cm^{-2}$；2——K208，$d=170\ \mu m$，$j_n=8\times10^{-11}A\cdot cm^{-2}$；3——氟塑料 Ф4МБ，$d=110\ \mu m$，$j_n=2\times10^{-9}A\cdot cm^{-2}$。图 6-71 中用

虚曲线所表示的关系 $\varphi_s(T_e)$，假设对于小能量区域（$T_e < 20$ keV）和对于大能量区域（$T_e > 20$ keV）计算关系要考虑函数 $\zeta(T_e)$，则对于所有 T_e，$\zeta = 0.25$。在大能量区域，辐射系数对 T_e 的依赖比较小，因此 $\varphi_s(T_e)$ 的关系根据式（6-59）确定。

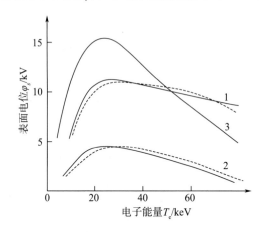

图 6-71　表面电位 φ_s 和电子能量 T_e 的关系曲线

考虑到做出的评论，可取得相当简单的在定态中电介质表面电位的计算公式

$$\varphi_s = \frac{\ell+1}{2\ell+1} B^{\frac{1}{\ell+1}} \left[j_n (1-\xi(T_e')) \right]^{\frac{1}{\ell+1}} \left[d - R(T_e') \right]^{\frac{2\ell+1}{\ell+1}} \tag{6-59}$$

式中　B——常数，取决于电介质内部函数和温度；

　　　ℓ——描述陷阱能量分布（$\ell = T_t / T$）的参数。

二次电子放射系数 ξ 和电子行程 R 是一次电子能量 T_e' 的函数，它们下降到电介质表面时才具有：$T_e' = T_e - e \mid \varphi_s \mid$。

能够指出，在一次电子小能量区域内公式（6-61）大大简化，表面电位稳态值对电子能量的依赖性将用线函数确定

$$\varphi_s = -\frac{1}{e} (T_e - T_{exp}') \tag{6-60}$$

式中　T_{exp}'——电子能量，此时 $\xi = 1$。

从这里能得出结论，在低电子能区域里有依靠 T_e 的线性增长 φ_s。除此之外，在这个区域里表面电位将不依赖于电子束电流的密度、样品厚度或者温度。

因此，在低电子能区域，随着 T_e 的增长，表面电位 φ_s 随之提高，这是以电介质[31]中的电子流动的特点为前提条件的。在高电子能区域，T_e 的增长造成表面电位的降低，这是和靠近接地电极喷射电子的电荷流动的表流作用相联系的。关系式 $\varphi_s(T_e)$ 在能量中间区域，出现最大值，它指出在这个区域内从辐射到表流的充电限幅的更换。

在电子辐射和光辐射条件下，电介质充电的实验室研究整体表明，光对电介质的辐射（模拟太阳辐射）造成了其带电水平明显降低，并且如果电介质是足够透光的，就可造成击穿现象。在图 6-72 中所显示的是玻璃样品 K208 在辐射情况下所测量的发射电流和表面电位的典型关系。

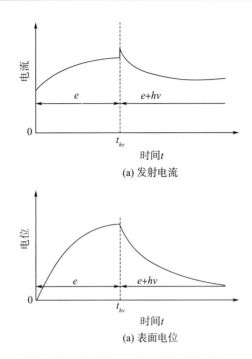

(a) 发射电流

(a) 表面电位

图 6 - 72　K208 玻璃样品在用电子辐照（e）及光子与光量子（$e+h\nu$）共同作用条件下
表面发射电流和表面电位的典型关系曲线

在电子对电介质的辐射开始后，在黑暗中，发射电流和表面电位增长，趋于饱和。发射电流的增长和在电介质[3] 近表层内的电荷积累相联系。在 $t_{h\nu}$ 时刻接通照明，在此之后两个测量的参数值开始减小。在接通照明的情况下，出现了不大的依靠光推进的电子发射的发射电流的激波。在接通照明后过了一些时间，充电状态趋于稳定，对于这个状态，最小的表面电位和发射电流值是其本质的特点。它的原因是因光推进喷射电子通过电介质内部向接地的底层漂移。

该结论被在预充电样本的照明情况下电位降低的动力学测量实验所证实，对于一些材料的实验结果如图 6 - 73 所示。在不同的照明度水平情况下对三种类型的样本进行了研究：K208，$d = 170\ \mu m$：1—0 W · cm^{-2}；2—0.31 W · cm^{-2}；3—0.55 W · cm^{-2}；4—1.05 W · cm^{-2}；聚酯合成纤维（ПЭТФ），$d = 170\ \mu m$：5—0.31 W · cm^{-2}；6—0.55 W · cm^{-2}；Ф4МБ，$d = 110\ \mu m$：7—0.31 W · cm^{-2}。可见，在照明度较大值情况下，来自样本的电荷流动得更快。

图 6 - 74 所示为样本照明度发生变化时，表面电位 φ_s 根据公式的计算结果（虚线）和实际测量的结果（实线）。这里，在情况 1 时，发生照明度的提高（$\Phi_1 = 0.1$ W · cm^{-2}，$\Phi_2 = 0.3$ W · cm^{-2}），而在情况 2 时，发生照明度的降低（$\Phi_1 = 1.4$ W · cm^{-2}，$\Phi_2 = 0.3$ W · cm^{-2}）。在第一种情况下，电子流密度为 $j_{n1} = j_{n2} = 1 \times 10^{-9}$ A · cm^{-2}（$f = 4$），而在第二种情况下，$j_{n1} = j_{n2} = 4 \times 10^{-9}$ A · cm^{-2}（$f = 0.25$）。

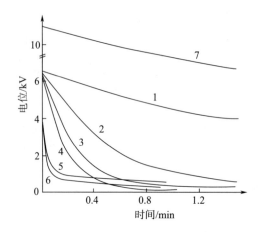

图 6-73　不同照明度情况下样品表面电位 φ_s 的变化曲线

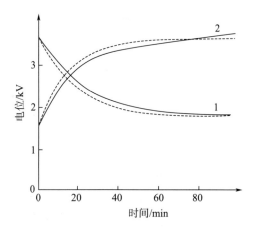

图 6-74　K208（厚度 170 μm）表面电位在照度变化过程中的响应关系曲线

　　可见，试验的数据和计算的数据相吻合。可是从获得的关系曲线得出，在真实情况下，在测定的时刻之后表面电位继续缓慢增长。这是因为从陷波电路中释放的电荷载体扩散的部分感光受到抑制。

　　②电击穿的研究

　　图 6-75 所示为将带有 80 keV 能量的电子照射到型号为 K208 的玻璃样本产生的放电纹图片。在显微镜下对这种图形的研究表明，它们主要集中在靠近电介质的裸露表面的电子射程内。

　　对于带电量为 80 keV 和 20 keV 的电子来说，在型号为 K208 的玻璃中的击穿通道的存在深度是 50~55 μm 和 4~6 μm。

　　一些试验显示，如果入射到电介质的电子的能量低于所给材料的既定阈值，则击穿就不会出现。对于聚酯合成纤维（ПЭТФ）来说，阈值能量等于 12 keV，对于 Φ4МБ 来说是 14 keV，而对于型号为 K208 的玻璃来说是 17 keV。在所有这些情况下，电子的射程大约等于 2.5 μm。得出的这个规律提供了在电子发射击穿的基础上透过照射表面覆盖着电

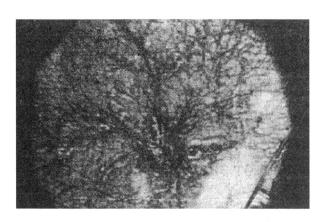

图 6-75　80 keV 电子辐照 K208 玻璃样本产生的放电纹图片

子巨流结构的证据，同时也证明了上面研究的标准（$R > 1\ \mu m$），它保证了在电辐射的电介质击穿的情况下产生冲击电离的条件。

上述情况表明，在被照射电介质的近表面层中，可能产生电场发射的不稳定性的增强。在某些照射方式的情况下，在击穿之前发射电流增加得很慢。在图 6-76 中显示的是对于硼硅酸盐玻璃样本照射的三种情况：$1 - j_n < 10^{-10}\ A \cdot cm^{-2}$；$2 - j_n = 5 \times 10^{-10}\ A \cdot cm^{-2}$，$3 - j_n = 2 \times 10^{-9}\ A \cdot cm^{-2}$。在电场发射不稳定的情况下，在击穿行为之前出现大量细小的发射电流脉冲（曲线 3），在初级电子束密度足够高的情况下可以观察到这些脉冲。细小的电流可以作为出现击穿前脉冲的原因，但这些电流的能量对于在电介质结构中形成等离子体的击穿通道还是不够的。

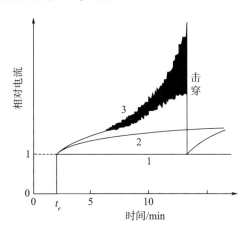

图 6-76　发射电流在 K208 玻璃击穿期间的变化

比较试验结果和上面的计算结果可以得出，对于列出的照射条件来说，电辐射击穿可能在 $E \approx 10^4 \sim 10^5\ V \cdot cm^{-1}$。这种电场击穿强度的降低是电介质裸露表面电场发射不稳定的结果，也是存在照射形成的"热"电子的原因。

电介质击穿的试验研究可以确定平均脉冲和击穿电流脉冲的长度与单能电子束的能量的关系。甚至可以看出，不但是脉冲，而且脉冲的长度实际上都和束电流强度没关系。对

电荷在电介质内部的流动过程的核算可以确定击穿电流脉冲的长度和电子能量[3]的关系的简单公式

$$\tau = G \frac{1}{d - R_{cp}(T_e)} \left[\frac{R_{cp}(T_e)}{T_e - e|\varphi_s|} \right]^{\ell/(\ell+1)} \tag{6-61}$$

式中　G——不取决于电子能量的比例系数；

　　$R_{cp}(T_e)$——描述平均电子射程和它们能量 T_e 的关系函数。

在图 6-77 中显示的是平均脉冲（1）和击穿电流脉冲（2）的长度与对于厚度为 110 μm，面积为 13 cm^2 的样本 Ф4МБ 来说的辐照电子的能量的关系。根据式（6-61）计算出来的虚线表示 τ 和 T_e 的关系。

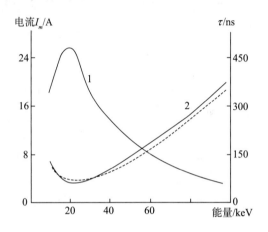

图 6-77　平均脉冲和击穿电流脉冲的长度 τ 与辐照电子的能量 T_e 的关系

可以看出，持续时间短暂和振幅较大的危险脉冲与电子的低能量相符合。同时击穿脉冲的行进频率在电子能量提高的情况下增长，这就像在图 6-78 中所看到的，图中射线的电流密度 $j_n = 1.2 \times 10^{-8} A \cdot cm^{-2}$。

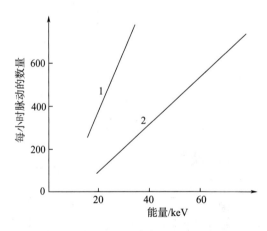

图 6-78　击穿脉冲的行进频率与辐照电子能量 T_e 的关系

1—Ф4МБ（俄制 F4 薄膜）；2—К208 玻璃

在实验中还发现，击穿脉冲的行进频率的增长和射线的电流密度成比例。

在图 6‐79 中显示了用电流密度 $1.6×10^{-8}$A·cm^{-2} 的电子射线辐射玻璃 K208 的情况下，按照击穿电流振幅放电脉冲数量的测量分配。

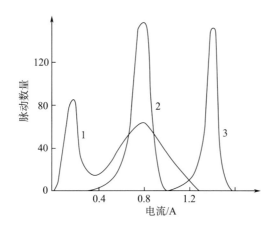

图 6‐79　K208 玻璃的击穿电流脉冲振幅与脉冲数的关系

1—$T_e=40$ keV，辐射整个样本的表面；2—$T_e=40$ keV，不辐射样本的边缘；3—$T_e=20$ keV，不辐射样本的表面

通过比较曲线 2 和 3 可以看出，在电子能降低的情况下，振幅波谱向放电电流值大的方向移动。在样本（曲线 1）边缘辐射的情况下，出现大数量的小振幅脉冲，它们在曲线中形成了第一个最大值。这个最大值是在样本周边击穿的结果，这里的电场强度依赖于边缘效应的提高。第二个最大值符合在样本主要面积上的击穿。

可从研究结果得出结论，裸露表面的电位和电子能的关系是一条具有最大值的曲线，也就是说，不仅有上升的（在 T_e 小的情况下），而且有下降的（在 T_e 大的情况下）分支。电子能的提高导致接近被辐射的电介质表面的电场强度的提高和内部电荷密度在此处的降低，这显示在击穿电流的特点上。在击穿电子能量低的情况下，具有电流脉冲的最大振幅，而在击穿电子能量高的情况下，具有电流脉冲行进的最大频率。

通过发射电荷对辐射表面击穿的研究，确立了电流击穿和电子发射的直接关系，并弄清了它们的原因是在电介质的近表层内电场发射的不稳定性的增长。同时从计算的结果看出，电介质裸露的表面的电位值和电场强度值无关。

光辐射对透光的电介质内部的充电的影响依赖电荷通过电介质内部向近地底层偏移的光推进。由此得出结论，对内部电荷最大的影响是可见范围的光和近距离的紫外线。

6.5.6.8　宇宙空间中的高能带电粒子环境效应地面模拟试验

（1）宇宙空间中的高能带电粒子种类及参数

空间中有三种高能带电粒子天然辐射源：1）地球辐射带；2）银河宇宙射线（GCR）；3）高能粒子太阳质子事件（SPE）。地球辐射带大多数带电粒子是电子和质子，均为高能粒子，其中还包括重离子等。它们在地磁场内做旋转运动。银河宇宙射线主要是来自太阳系外的核能粒子，它们起源于其他星系里的新星或超新星爆炸，或者由星际之间的加速碰撞形成。SPE 主要是高能质子，是太阳出现耀斑时喷发形成的，空间中究竟哪种辐射源居于主导地位，主要取决于航天器所处的空间轨道。

①地球辐射带

带电粒子在地磁场内不停地做旋转运动。在地球的极地区域，磁力线的聚集增大了磁场强度。某一点的磁场强度为

$$B = \frac{mv_\perp^2}{2\mu} \tag{6-62}$$

根据能量守恒定律，一个质量为 m，速度为 v，磁力矩为 μ 的粒子将沿起始运动方向被反弹回来。正是由于这个原因，沿着磁力线运动的粒子被"捕获"在地球磁力线不停地做来回旋转运动。理论上讲，粒子应永远被困在磁场中。然而，通过散射，粒子最终可以移动到更高或更低的轨道上运动，或偏离磁力线运动。

能被肉眼观测到的在磁力线上捕获带电粒子运动的现象就是极光现象。北半球出现的北极光，南半球出现的南极光，都是带电粒子进入地球的大气层，沿着磁力线方向运动而形成的。这些带电粒子与中性大气层发生相互作用时，可以激活周围的原子，在这些原子的衰退过程中会生成五颜六色的辐射光环。由于磁力线使带电粒子不断地聚集到极地区域，于是，观察到在极地轨道上运行的航天器的辐射剂量率，要大于在赤道轨道上运行的航天器辐射剂量率。空间轨道的实际磁场状况和高度决定椭圆激光圈的大小。一般来讲，航天器的轨道倾角小于 45° 时，不会与极光趋势相合。

地球辐射带包括两个电子区，其顶点分别在 3 000 km 和 25 000 km 的高度；还包括一个质子区，其顶点大约在 3 000 km 的高度，图 6-80 所示[94-96]为由于辐射带受地球磁场的控制，所以磁暴和太阳周期的波动会给辐射带造成影响。因而，轨道上实际粒子通量是这些变量（包括磁场纬度）的函数。

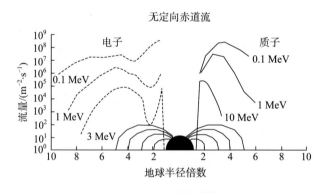

图 6-80　地球辐射带

在航天员睡眠期，飞越南大西洋的异常区时，航天员报告曾看到了"眼内闪光"，这种闪光有时被比喻为浅水篓里小鱼飞溅时映出的闪光。眼内闪光现象是带电粒子穿过航天员视网膜时，使眼睛角膜上皮细胞形成小微孔而造成的。由于地球磁场异常分布（地磁轴与地球自转轴不重合），在辐射带内带的边缘南大西洋上空存在带电粒子异常分布区，所以，在南大西洋异常区域内，辐射带内带边缘降低到较低高度。这种现象称为南大西洋异常。在此区域的航天器会遭受较高的辐射剂量率。

②银河宇宙射线（GCR）

银河宇宙射线几乎包含元素周期表中所有的元素粒子，粒子各向同性。其成分是通量极低但能量极高的带电粒子，通量约 4 粒子/（cm^2 · s），能量为 $10^8 \sim 10^{19}$ eV）GCR 主要成分是质子，约占总数的 85%，其次是 α 粒子，约占总数的 14%，其他重核成分约占总数的 1%。图 6-81 列举了质子、α 粒子和铁离子（每个核子的能量高于 10 MeV）的微分能谱。如果 GCR 接近地球赤道，则根据它们的起始方向和能量，地球磁场会使粒子的运行轨迹出现弯曲，粒子要么返回太空，要么到达极地区域。这样，地球的磁场能有效地屏蔽低高度/低倾斜的轨道部分 GCR 的辐射。由于地球磁场受太阳活动影响，所以 GCR 通量会与太阳周期密切相关。其规律是在太阳活动低年时，GCR 能量和通量最大。GCR 重离子产生的辐射剂量率很小，穿过厚度为 $1 \sim 10$ g/cm^2 的屏蔽层时达到 $3 \sim 8$ rad/a 的量级。GCR 重离子的主要效应是诱发电子设备发生单粒子事件。

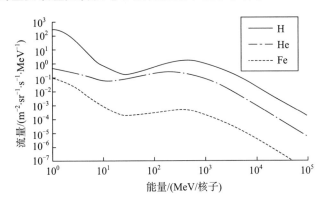

图 6-81　银河宇宙射线粒子能谱

③高能粒子太阳质子事件

太阳会周期性地喷发大量的高能质子、α 粒子以及一些重核元素粒子。起初人们把这些事件与太阳耀斑联系在一起，现在把这种现象命名为太阳日冕物质抛射（CME）。与 GCR 一样，CME 的主要成分也是高能质子，在空间辐射学术研究中把它称为太阳质子事件（SPE）。大多数 SPE 持续 $1 \sim 5$ 天，但也可能持续几个小时或者一个多星期。与大多数自然现象一样，SPE 发生的频率也有一定规律。1972 年 8 月和 1989 年 10 月，曾经有两次非常剧烈的太阳质子事件出现。如果当时在月球上有航天员，且仅以航天服作为防护手段的话，那么他们接受到的辐射剂量将是致命的。通常使用 3 种"耀斑"模型来对 SPE 的大小进行分类。普通模型代表平均太阳耀斑，最坏模型为 90% 置信度耀斑，不规则的特大耀斑是建立在 1972 年 8 月这样的超大型耀斑基础上的，是绝对最坏模型。图 6-82 列举了不同 SPE 模型的能谱。

把 GEO 上的辐射剂量与屏蔽厚度的关系曲线（见图 6-83）与太阳同步轨道的该曲线（见图 6-84）相比，可以较好地评估自然辐射的相对效应。图 6-83 表明合适的拐点处于约 1.5 g/cm^2 屏蔽厚度，对应于约 100 rad/a 的辐射剂量率。由于地球磁场会让带电粒子汇集到极地区域，所以在太阳同步轨道上产生辐射的主要成分是太阳质子（假定此时是最

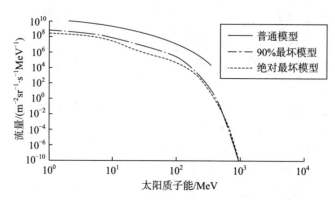

图 6-82　太阳质子事件质子能谱

坏模型）。所以太阳同步轨道的辐射更为严重，而且没有明显的适宜设计点。这种轨道将产生更加严重的辐射剂量率，在屏蔽厚度为 1.5 g/cm² 时达到 5 krad/a 的量级。

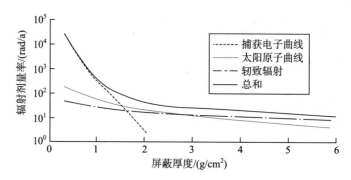

图 6-83　地球同步轨道 1 年平均的辐射剂量与屏蔽厚度关系曲线

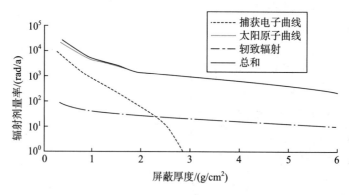

图 6-84　太阳同步轨道 1 年平均的辐射剂量与屏蔽厚度关系曲线

（2）辐射环境效应

①总剂量效应

如果频率合适的光子可以进入 NP 半导体中，光子可能会被原子中的电子吸收，电子会获得足够的动能摆脱原子核对电子的束缚。就硅来说，它的电离能为 3.6 eV，对应的波长为 0.345 μm。因此，太阳电池就是一个简单等效的 NP（或 PN）半导体光电二极管。把太阳电池暴露在太阳可见光谱中，电池内会产生一系列电离过程。在 N 区，蓝色光在距表面 0.2 μm 厚度内即被吸收了 99%。而在 P 区，红色光在射入距离为 200 μm 时才被吸收 99%。一旦原子吸收光子发生电离，电离后生成的电子就成为可以自由移动的带电粒子，从而形成电流。大多数电子都来自电池内部，在材料内扩散移动，直到它们或者被电离后的原子重新捕获，或者到达 NP 结区。如果电子被原子重新捕获，电子的能量会以热量的形式释放。但如果电子到达了 NP 结区，电子在内电场的作用下会到达 N 区。由于 N 区中几乎没有原子捕获电子，于是这些电子有可能继续运动，到达光电池的表面，如果光电池表面有导线，这些电子会沿导线方向移动，形成电流，进而为航天器提供电能[100-101]。前面曾经提到过，单个太阳电池产生大约 1 V 的电压、几毫安的电流。将多个电池串联起来可以产生 28 V 的电压，将多个串联电池链并联起来，即可形成更大的电流。太阳能硅电池的典型效率大约为 11.5%。也就是说，88.5% 的太阳能都会以放热的形式损失掉。

太阳电池受到辐射作用影响时，会出现电离效应和位移损伤效应。如果盖片的原子被电离，产生的电子通过扩散运动会穿过盖片，被其上薄膜吸收形成所谓的色心缺陷[102-103]；结果，透明薄膜的颜色会变暗。一旦周围的硅原子被取代，就会改变硅的晶格结构，晶格结构的缺陷使电子的扩散运动发生偏移，于是电子扩散距离相应减小。电子扩散距离代表电子可以自由移动的距离，它的减少意味着从电池内部能够到达 NP 结区的电子数量减少了。因此，电池产生的电流和功率也随之下降。如图 6-85 所示，辐射不仅能使太阳电池的电流减小，还会使它的电压降低。

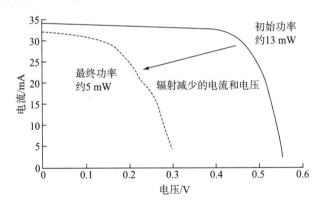

图 6-85　辐射对太阳电池功率的影响

为了确定辐射对特定太阳电池究竟产生怎样的效应，不仅要知道辐射能谱，还要了解电池的结构。为了方便比较，一般把不同的粒子通量转换成 1 MeV 的电子或 10 MeV 的质子的等效通量。也就是说，能量光谱中不同分布范围的粒子产生的损伤，等于产生相同效应的单能粒子数目。图 6-86 列举了不同能量的电子/质子的相对损伤系数。从实验中可以看到，1 个 10 MeV 的质子产生的损伤大约等同于 3 000 个 1 MeV 的电子所产生的损伤。人们可以利用这种关系，对质子损伤和电子损伤进行比较。需要注意的是，图 6-85 和图 6-86 所列举的结果取决于具体的太阳电池结构。尽管对此问题的讨论一直集中在硅技术的应用上，但砷化镓和磷化铟也可以用来制造太阳电池。虽然这些技术可以提供更高的抗辐射能力和效率，但由此增加的额外制造成本，是设计人员必须予以考虑的，这就要求设计人员在综合平衡的基础上，再决定最适合采用哪种手段来解决轨道环境效应问题。

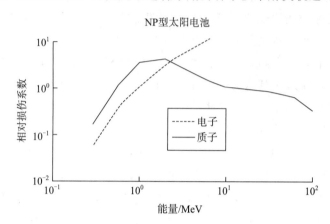

图 6 - 86　太阳电池的质子和电子的相对损伤系数

②电子设备的性能退化

与太阳电池极为相似，其他的电子器件也要依靠载流电子的扩散使电子器件有效运行。半导体的扩散距离（约 $1\ \mu m$）要小于太阳电池中电子的扩散距离 1 个量级，所以半导体更容易受到辐射的损伤。当这些器件中的载流电子扩散距离减小时，这些器件最终也会丧失其功能。表 6 - 33 列举了一系列电子器件发生故障的辐射剂量阈值。根据对飞行中可能遇到的辐射环境的评估，能够顺利完成飞行任务、可以用来作为航天器部件的材料极少。辐射除了影响电子器件，还会改变机械/电子/热控等设备上的聚合物保护膜的性质，使其功能下降[106-110]。辐射效应的大小，因辐射方式、剂量大小、暴露程度的不同而有所区别。

有些材料在遭受 10^4 rad 量级的辐射时就会被损坏，而有些材料在遭受 10^8 rad 量级的辐射时，还能正常工作（见表 6 - 34）

表 6 - 33　不同电子器件所承受的辐射剂量阈值

电子技术	总辐射剂量/rad（Si）
CMOS	$10^3 \sim 10^6$
MNOS	$10^3 \sim 10^6$
NMOS	$10^2 \sim 10^4$
PMNOS	$10^3 \sim 10^5$
ECL	10^7
12L	$10^5 \sim 10^6$
TTL/STTL	$>10^6$

表 6 - 34　辐射剂量对航天器薄膜的影响

材料	可用剂量/rad	极限剂量/rad
Teflon	2×10^4	3×10^4
Nylon	3×10^5	5×10^5
Polyethylene	1×10^7	6×10^7
PVC	1×10^7	1×10^8
Mylar	3×10^6	7×10^7
Kapton	2×10^8	2×10^9
Polystyrene	7×10^8	3×10^9

③对人的影响

生命物质与电子器件一样，受到辐射作用时，也会出现功能下降的现象。功能下降过程的真正物理学原理极其复杂，但从根本上讲，功能下降是由于 DNA 和 RNA 分子受到辐射作用后，丧失了细胞再生能力而形成的。细胞的变化意味着，遭受辐射作用后形成的细胞与受辐射前"正常"的细胞有着显著的差别，细胞组织不能像受辐射前那样正常发挥功效了。细胞繁衍时，细胞再生能力的下降会一代接一代地传递下去，这表现在再生后的细胞生命周期越来越短，细胞组织逐渐丧失了再生能力，最终死亡。细胞中生长能力快的组织（如造血骨髓），如处于生长期的青少年，在受到辐射作用时，遭受到的伤害会更严重[111-113]。

表 6 - 35 列举了美国国家科学学术委员会提出的航天员允许承受的最大辐射剂量的建议值。实际测得的航天器乘员舱中的受辐射剂量数值（表 6 - 36 和表 6 - 37[114-116]）与地面正常情况下测得的数值（表 6 - 38）相比，尽管大了许多，但其程度仍不会威胁到航天员的生命安全。相反，在 LEO 上运行了 5 年零 9 个月的长期暴露装置（LDEF）的表面，测得的辐射总量大约能达到 500 krad[117]。在星际间执行飞行任务的航天器，都要在太空中运行数年，由于地球磁场无法为航天器提供阻挡 GCR 和 SPE 攻击的防护物，所以它们将遭受更大的辐射剂量。于是，乘组人员需要额外的防护措施，使他们免受高剂量辐射的影响（表 6 - 39）。穿越星际的空间飞行，需要大量的消耗性物资，在判断航天器的设计是否合理时，不仅要看航天器本身的结构是否合理，还要看用于保护航天器和乘组人员安全的防护措施是否合理[118]。

表 6 - 35　推荐的航天员允许承受的辐射剂量限值

任务期限	辐射剂量限值/rad(组织)		
	皮肤(0.1 mm)	眼睛(3 mm)	骨髓(5 cm)
30 天	75	37	25
90 天	105	52	35
180 天	210	104	70
1 年	225	112	75
总量	1 200	600	400

表 6 - 36　Gemini，Apollo 和 Skylab 航天器的受辐射剂量

辐射剂量/rad								
Gemini			Apollo			Skylab		
任务	高	低	任务	高	低	任务	高	低
3	0.031	0.020	7	—	—	1	—	—
4	0.050	0.042	8	0.17	0.15	2	1.81	1.62
5	0.185	0.167	9	—	—	3	4.21	3.67
6	0.025	0.024	10	0.66	0.43	4	8.02	6.80
7	0.166	0.161	11	0.20	0.18			
8	0.010	0.010	12	1.20	0.73			
9	0.022	0.017	13	—	—			
10	0.768	0.685	14	0.98	0.91			
11	0.030	0.027	15	0.32	0.28			
12	0.020	0.020	16	0.49	0.36			
17	0.51	0.37						

表 6 - 37　20 世纪 80 年代航天飞机的受辐射剂量

任务	升空日期	轨道高度/km	轨道倾角/(°)	持续时间/h	辐射剂量/rad	
					高	低
1	1981 - 4 - 12	269	40.3	54.3	—	—
2	1981 - 11 - 12	254	38.0	54.2	0.018	0.006
3	1982 - 3 - 22	280	38.0	192.2	0.047	0.042
4	1982 - 6 - 27	296	28.5	169.2	0.041	0.038
5	1982 - 11 - 11	283	28.5	122.2	0.025	0.022
6	1983 - 4 - 4	293	28.5	120.4	0.027	0.024
7	1983 - 6 - 18	296	28.5	146.4	0.046	0.043
8	1983 - 8 - 30	287	28.5	145.1	0.041	0.038
41 - A	1983 - 11 - 28	250	57.0	247.8	0.141	0.119
41 - B	1984 - 2 - 3	296	28.5	191.3	0.058	0.052
41 - C	1984 - 4 - 6	498	28.5	167.70	0.689	0.489
41 - D	1984 - 8 - 30	315	28.5	144.9	0.053	0.051
41 - G	1984 - 10 - 5	259	57.0	197.4	0.092	0.084
51 - A	1984 - 11 - 8	352	28.5	191.7	0.159	0.088
51 - C	1985 - 1 - 24	333	28.5	73.6	0.041	0.035
51 - D	1985 - 4 - 12	454	28.5	168.0	0.472	0.303
51 - B	1985 - 4 - 29	352	57.00	168.1	0.160	0.127

续表

任务	升空日期	轨道高度/km	轨道倾角/(°)	持续时间/h	辐射剂量/rad	
					高	低
51 - G	1985 - 6 - 17	370	28.5	169.7	0.152	0.105
51 - F	1985 - 7 - 29	315	49.5	190.8b	0.167	0.112
51 - I	1985 - 8 - 27	343	28.5	170.3	0.120	0.099
51 - J	1985 - 10 - 3	509	28.5	97.8	0.513	0.329
61 - A	1985 - 10 - 30	324	57.0	168.7	0.139	0.112
61 - B	1985 - 11 - 26	380	28.5	165.1	0.171	0.125
61 - C	1986 - 1 - 12	324	28.5	146.1	0.075	0.065
26	1988 - 9 - 29	311	28.5	97.0	0.037	0.036
27	1988 - 12 - 2	459	57.0	105.1	0.173	0.137
29	1989 - 3 - 13	317	28.5	119.7	0.048	0.042
30	1989 - 5 - 4	311	28.9	97.0	0.029	0.028
28	1989 - 8 - 8	306	57.0	122.0	0.065	0.057
34	1989 - 10 - 18	306	34.3	119.7	0.043	0.038
33	1989 - 11 - 22	537	28.5	120.1	0.601	0.484

表 6 - 38　辐射暴露的典型示例

辐射源	剂量率/(rad/a)
内辐射	
钾 40	0.020
碳 14	0.001
外辐射	
土壤	0.043
空气中的氡	0.001
宇宙射线	
海平面	0.035
海拔 1.5 km	0.04～0.06
海拔 3.0 km	0.08～0.12
海拔 4.5 km	0.16～0.24
海拔 6.0 km	0.30～0.45
旧方法	
夜光表盘	0.04
底盘 X 光配件	<0.001

表 6 - 39　辐射剂量对人体的确切影响

辐射剂量/rad	可能的影响
0～50	无明显作用及血液改变
80～120	有 10% 的概率会出现呕吐或反胃症状 1 天
130～170	有 25% 的概率会出现反胃或其他症状
180～220	有 50% 的概率会出现反胃或其他症状
270～330	有 20% 的概率在 2 至 6 周内死亡，或 3 个月后恢复
400～500	有 50% 的概率在 1 个月内死亡，或 6 个月后恢复
550～750	4 小时内即出现反胃症状，极少幸存
1 000	1 至 2 小时内出现反胃症状，没有幸存者
5 000	直接丧失能力，1 星期内死亡

④剂量率效应

辐射作用除了在电子器件中造成位移损失，使电子的扩散距离减小外，它还能形成一定数量的电离。形成多少电离，取决于材料的电离能和密度。材料接受到的辐射剂量 D 乘以材料密度 ρ（g/cm^3），再除以电离能 IP（J），就能计算出单位体积内所产生的自由电子的数目。讨论辐射效应时比较方便的表达方式，是由式（6-63）定义的载流子产生常数 g

$$g = \frac{\rho}{IP} \qquad (6-63)$$

该常数的单位是电子数/（$cm^3 \cdot rad$），或空穴电子对数（$cm^3 \cdot rad$）。硅的 g 值为 4.05×10^{13} 电子数/（$cm^3 \cdot rad$），而对于锗和砷亿镓，其 g 值分别为 1.2×10^{14} 电子数/（$cm^3 \cdot rad$）和 6.9×10^{13} 电子数/（$cm^3 \cdot rad$）。从 g 的定义可以看出，当辐射穿过 NP 结区时，电离后的粒子流与辐射剂量 D 无关，而与剂量率 $\gamma = dD/dt$ 有关

$$I = eAWg\gamma \qquad (6-64)$$

式中　e ——电子的电量（C）；

　　　A ——结区的面积（m^2）；

　　　W ——结区的宽度（m）；

　　　γ ——剂量率；

　　　g ——载流子产生常数。

如果辐射剂量率足够高，由辐射产生的电流会大于器件中允许通过的正常电流。结果，正常的信号会被掩盖，器件将无法正常工作[119]。

许多现代电子设备的体积是如此之小，以至于一个单能粒子穿越设备时形成的辐射剂量率，就足以改变器件的运行情况。由此造成电子设备使用的中断称为单粒子现象（SEP）或单粒子事件（SEE）。如果造成的损伤是可逆的，设备仍能在一定条件下恢复正常的工作状态，这种效应则被归入“软效应”的范畴。软效应的一个典型例子，就是可纠正记忆位翻转。如果器件受到的损伤是永久性的，最终设备完全失去了功能，这种效应则被归入“硬效应”的范畴，例如无法纠正的记忆位翻转。必须要进一步讨论的两个典型的

SEE 例子分别是闭锁和翻转。

当器件不再对输入信号有反应而处于一种不正常的状态时就是闭锁。常常发生在互补金属氧化物半导体（CMOS）器件上。典型的集成电路出现闭锁的辐射剂量率阈值是 10^8 rad/s。翻转是指设备表现出来的功能与它设计的功能不相符。例如，辐射产生的电流所形成的电场，会改变存储记录的状态，即辐射使存储器的状态发生翻转。引起翻转的最低辐射剂量与器件的设计有关，最低为 10^7 rad/s，最高可达到 10^{12} rad/s。单个粒子穿越引发的翻转，称为单粒子翻转（SEU）。SEU 的一个特征是，从统计学概率得出的一定出现翻转的器件，最终都证明这些器件确实容易受到翻转损伤。GEO 轨道环境下，依据器件结构的不同，发生翻转的概率最低可达 10^{-10} 次/（bit·d），最高可达 10^{14} 次/（bit·d）。翻转概率直接与翻转截面或辐射在所讨论的器件中的 LET 有关。如图 6 - 87 所示，有时把 LET 称为 Heinrich 通量。电子设备吸收辐射越容易，发生翻转的概率就越大。由于 SEE 的产生，在很大程度上是由辐射环境和电子器件自身特点决定的，所以读者可以通过参考文献，来获取更加详细的信息[120-121]。

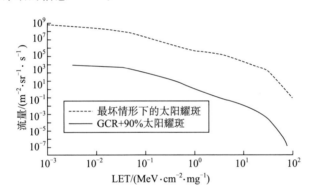

图 6 - 87　高能粒子通过 25 mil 厚的屏蔽层的 Heinrich 通量

由于物质受到辐射作用影响时会产生许多现象，那么要使航天器的设计方案可行，就必须对它们的器件和材料进行辐射性试验，这也是一项重要的设计内容。对电子器件的试验可得到的重要参数包括：总剂量效应、锁定阈值、翻转阈值、单粒子翻转以及中子损伤效应。有许多设备可以用来进行这些试验，这里主要对其中的闪烁 X 射线机和浸没 γ 射线源做进一步的讨论。

闪烁 X 射线机通常用来模拟瞬时的电离辐射。这种装置依靠带电的组合电容器来储存能量。电容器放电时产生的能量，通过场发射形成电子束。电子束自身也可以作为一种辐射源使用，还可以用一块钽板把电子束的能量转换为轫致 X 射线。在几十纳秒的时间里，从电子束就可以得到 1 Mrad（Si）的剂量，或从 X 射线得到 1 krad（Si）的剂量。调节辐射源和靶材之间的距离，就可以改变辐射剂量和剂量率。

依赖于放射性物质的自身性质，可分别形成 α、β 或 γ 射线。浸没研究中，常用 ^{60}Co 和 ^{137}Cs 作为 γ 射线源。用 ^{252}Cf 发射出 α 粒子，可模拟单粒子事件的产生。

如表 6 - 40 所示，设计人员可以有许多不同的选择，让航天器具有抵御辐射的能力。

对于航天器的部件而言，关键是选择的材料对辐射作用有足够的裕度。安全系数达到 5 的部件可以放心地使用，安全系数介于 2～5 之间的，需要进行额外的辐射考核试验，或对其进行跟踪观察，要尽可能地避免使用安全系数小于 2 的部件。要避免单粒子翻转故障的出现，应尽量选择 LET 阈值大于 100 MeV·cm^{-2}·mg^{-1}。对于整个航天器来说，要完全避免故障和翻转的出现几乎是不可能的，所以航天器整体设计应具有发生这些故障后仍能工作的能力。冗余设计和恢复程序也是保障完成任务的关键因素。

表 6 - 40　辐射环境效应设计指南

屏蔽	为了减少辐射剂量和辐射剂量率,在敏感器件和辐射环境中间增加屏蔽体
设计/部件选择	选择辐射安全系数高、抗闭锁和抗翻转故障的设计和部件
裕度	加大太阳阵面积,增加电分系统设计冗余
恢复程序	安装修复软件,以便发生闭锁和翻转时能自动恢复

历史上，早期根据射线辐射的性质，把材料的辐射分为三类：α，β 和 γ 射线辐射。现在已经了解到，α 粒子就是氦原子核；β 粒子要么是负电子，要么是正电子；γ 射线是高能量的光子。另外，质子、中子、重离子和 X 射线都被认为是不同类型的辐射物。辐射和物质之间相互作用的例子就是，高能电子穿过空气时会留下激发电离粒子的痕迹（见图 6 - 88）。如果高能电子在经过一个独立的分子时，能把分子中的电子从原子核上剥离下来的话，空气就会发生电离。如果电子的运动速度太慢，它的动能将达不到形成电离效应所必需的能量；如果电子运动的速度太快，它与相邻分子或原子接触的时间太短，也无法产生电离效应。因此，材料受到辐射损伤的程度，不仅取决于辐射的性质，也取决于辐射所具有的能量以及受到辐射作用的物质本身的特性。由于辐射物理学涉及领域众多，于是有各种描述辐射损伤能量大小的术语。在国际单位制中的辐射单位是戈瑞（Gy），1 Gy 即相当于 1 J/kg 的辐射能量。以前研究空间环境效应时，更经常使用的单位是"拉德"（rad）和"伦琴"（R）。每千克物质辐射 10^{-2} J 的能量就是 1 rad。在常温常压下，γ 射线（或 X 射线）辐射 1 cm^3 体积空气产生一个正静电单位或负静电单位（2.08×10^9 离子对）所需的辐射量就是 1 R。1 R 约等于 0.97 rad（见表 6 - 41）。

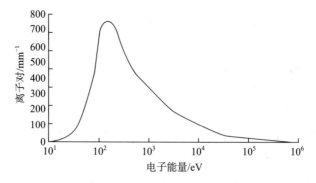

图 6-88　一个高能电子产生的空气电离效应

表 6 - 41　辐射电子产生的空间电离换算

单位	换算
戈瑞(Gy)	1 J/kg
拉德(rad)	0.01 J/kg
伦琴(R)	0.009 7 J/kg

　　沉积在材料里的能量叫作辐射剂量 (radiation dose)。辐射剂量除了取决于吸收材料自身的特性，还取决于辐射的类型和能量的大小。辐射剂量在电子学中，常用 rad (Si) 作单位。而在生物学应用中经常用相对生物学效率 (RBE) 和生物伦琴当量 (REM) 来描述辐射剂量。RBE 的大小与 1 rad 辐射产生生物性损伤所需要的 X 射线或 γ 射线的剂量相当。REM 被定义为是 rad 剂量和 RBE 系数的乘积，由表 6 - 42 可知，质子和快中子比 X 射线或 γ 射线产生的辐射性损伤要大得多。

　　这样一来，辐射带中的粒子和其他与银河宇宙线、太阳质子事件或高空核爆有关的高能粒子一样，不是仅局限在材料表面发生作用，很可能会穿过材料的表面进入材料内部。因此，这些粒子具有穿过航天器表面进入内部发生作用的能力。一般来说，任何高能粒子 (电子、质子、中子、重离子)，或核反应带电粒子、π 介子、μ 介子，光子 (γ 射线、X 射线)，都被认定具有辐射性。内部传输时，它在路径上能引起材料电离或发生位移。受到辐射的物质，随后自身可能又产生更进一步的分裂。其结果是使材料的整体性质发生改变，性能下降。辐射损坏会降低太阳电池阵的输出功率，使光学设备的焦距面形成伪信号，或者使航天器的电子设备及控制系统的存储单元产生错误。所以，在设计航天器时，必须高度关注辐射损伤。

表 6 - 42　银河/太阳宇宙射线、地球辐射带和热等离子体的粒子流的平均参数

高能粒子辐射类型	辐射成分	粒子能量/MeV	通量密度/($m^{-2} \cdot s^{-1}$)
银河宇宙射线	质子	$10^2 \sim 10^{15}$ (对所有原子核组)	1.5×10^4
	氦原子核		1.0×10^3
	重原子核		1.2×10^1
太阳宇宙射线	质子	$1 \sim 10^4$	$10^7 \sim 10^8$
地球辐射带	质子	$1 \sim 30$	3×10^{11}
		> 30	2×10^8
	电子	$0.1 \sim 1.0$	1×10^{12}
		> 1.0	1×10^{10}
热磁层等离子体	质子	$10^{-2} \sim 10^{-1}$	$10^{11} \sim 10^{14}$
	电子		

　　上述的粒子能量和通量密度的值仅用于概略估计对航天器的可能辐射作用。在分析航天器材料和设备元器件中的辐射效应时所必需的准确计算值，应采用描述宇宙辐射参数的空间—时间变化的模型来进行。这些模型主要建立在试验数据之上，即为经验模型，同时，对模型的要求根据其用途可以是不同的。

空间辐射环境中，由于带电离子的能量不同，打在航天器上的深度也不同，可以分为四个层次，材料级—器件—分系统—单机，产生相应的微观和宏观效应。

（3）高能带电粒子辐射环境效应

高能带电粒子辐射环境作用于材料上会在微观产生电离和位移效应，在工程上产生宏观效应。

宏观效应主要有：

1）低剂量率效应；

2）总剂量效应；

3）内充放电效应；

4）外充放电效应；

5）单粒子效应：

a）单粒子翻转；

b）单粒子瞬变；

c）单粒子闭锁；

d）单粒子极板击穿；

e）单粒子烧毁；

f）单粒子功能中断；

g）单粒子损伤；

h）单粒子绝缘体击穿；

i）单粒子位移翻转。

这些效应的出现直接影响航天器在轨的可靠性和寿命。

当带电粒子的能量提高以后，这些带电粒子会穿透航天器，导致航天器所用的材料、器件、分系统以及单机出现损伤，甚至导致航天器失效。穿透航天器的带电粒子有地球辐射带中的电子、质子、太阳宇宙射线、银河宇宙射线等，为此世界各国均建立了相应的辐照效应地面模拟试验设备。

（4）航天器用材料级地面环境模拟设备

空间综合辐照模拟设备可以综合或单一模拟空间高真空环境、冷黑环境、温度循环、太阳电磁射线（200～2 500 nm）、真空紫外线、质子辐照（30～200 keV）和电子辐照（30～200 keV）等多种环境因素，也可分别进行单因素模拟试验。研究对象包括结构材料、热控涂层、光学材料、太阳电池材料、电子材料、密封材料、绝缘材料和天线材料等各种空间材料制备的专门试样，以及一些空间元器件及缩比模型等。整套设备包括真空系统、正离子加速器和控制系统三大部分。真空是空间综合模拟试验所必须具备的重要环境条件，直接关系到模拟试验结果的有效性。该设备的真空系统为三级抽真空系统，真空度达 10^{-5} Pa，即达到了空间高真空的要求，又保证了样品室的洁净度。图 6-89 为空间综合辐照模拟设备外观图。

图 6-89　空间综合辐照模拟设备（哈工大）

①设备的组成

该设备主要由真空室、人造太阳光源模拟器、真空紫外线模拟器、质子束加速器、电子束加速器、真空获取系统、制冷冷却系统、原位测量系统（质谱仪、光学原位测量系统、电性能测量系统）等部分组成（图 6-90）。

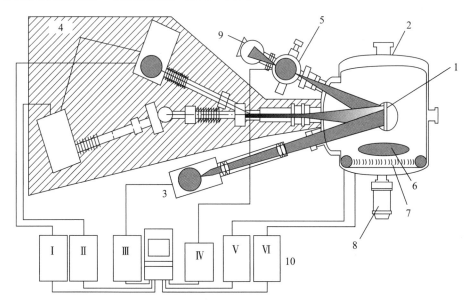

图 6-90　空间综合辐照模拟设备组成示意图

1—辐照靶台；2—主真空室；3—人造太阳模拟器；4—质子、电子加速器；5—真空紫外线模拟器；

6、7—制冷屏；8—真空泵系统；9—副真空室；10—操作控制系统

②材料经受空间综合辐照大型地面模拟系统

• 技术特点

单独或综合模拟空间材料经受真空、太阳辐照、紫外线辐照、电子辐照、质子辐照及热循环等六种因素作用，可将这六种因素同时作用到样件上，对其性能进行评估。

• 技术指标

极限真空度：	10^{-7} Torr
热循环温度范围：	77～400 K
电磁波辐照波长：	200～2 500 nm
电磁波辐照强度：	0.14～028 W/cm²
真空紫外线辐照波长：	1～200 nm
真空紫外线辐照强度：	＞$3.9×10^{-5}$ W/cm²
电子束辐照能量：	20～200 keV
电子束辐照强度：	1～100 μA
质子束辐照能量：	20～200 keV
质子束辐照强度：	1～100 μA

• 应用范围

可模拟测试各种空间材料在不同轨道上长期运行过程中力学性能、电学性能及光学性能等变化，预测在空间 5～10 年以上的服役行为及寿命，包括：结构材料、光学材料和器件、太阳电池、热控涂层、热防护材料、电子器件及集成电路等。应用此系统模拟预测空间材料服役行为及寿命时，可由低能量辐照所得结果预测外推高能量辐照条件下的规律性。

③材料经受空间正离子辐照模拟系统（图 6-91）

• 技术特点

可将某种气体或按一定比例混合的气体引入电离区，并按质量将离子束分开和加速，模拟空间低地球轨道上各种气体离子（如氢离子、氧离子、氮离子、氩离子等）对材料的辐照作用。

• 技术指标

正离子束能量：	50～200 keV
能量稳定性：	＜0.5％
正离子束强度：	0.05～100 μA
在 120 cm² 表面上离子束密度分布不均匀性：	＜5％
极限真空度：	10^{-7} Torr
温度范围：	77～400 K
真空室体积：	100 L

• 应用范围

可模拟测试各种材料在不同正离子辐照剂量下力学性能、电学性能及光学性能等变

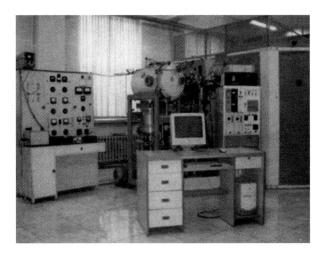

图 6 - 91　空间正离子辐照模拟系统（哈工大）

化，预测光学材料和器件、绝缘材料、太阳电池、热控涂层及电子器件等的服役行为和损伤机理。在此模拟系统上可测量材料表面电阻和体积电阻与辐照温度和剂量的关系；测量在不同辐照剂量下太阳电池短路电流及能量损失率；测量高温超导体在辐射场中的比电阻；测量在低温真空环境箱中离子强度等。

空间辐射环境，由于带电粒子的能量不同，打在航天器上的深度也不同，可以研究四个层次（材料级—器件—分系统—单机）产生的相应微观和宏观效应。

④国外空间辐射效应地面模拟

表 6 - 43 为欧美用于电子元器件单粒子效应及位移效应的加速器。

表 6 - 43　欧美用于电子元器件单粒子效应及位移效应的加速器

加速器名称	所在国家	粒子类型及最高能量
IPN	法国	质子(30 MeV)
BNL	美国	重离子(～10 MeV/n) 质子(3 GeV)
UCL	比利时	重离子(～10 MeV/n) 质子和中子(65 MeV)
RADEF	芬兰	重离子(～10 MeV/n) 质子(60 MeV)
LBL	美国	重离子(30 MeV/n) 质子(55 MeV)
PSI - OPTIS	瑞士	质子(60 MeV)
PSI - PIF	瑞士	质子(230 MeV)
KVI	荷兰	质子(185 MeV)
TRIUMPH	加拿大	质子(520 MeV)

续表

加速器名称	所在国家	粒子类型及最高能量
Indiana University	美国	质子(200 MeV)
CNL,UC Davis	美国	质子(68 MeV)
LA WNL	英国	质子(80 0MeV) 中子(600 MeV)
RAL - ISIS	英国	质子和中子(800 MeV)
TSL	瑞典	质子和中子(175 MeV)
GANIL	法国	重离子(100 MeV/n)
TAMU	美国	重离子(40 MeV/n) 质子(70 MeV)
GSI	德国	重离子(1 GeV/n) 质子(4.5 GeV)
JINR	俄罗斯	重离子(29 MeV/n) 质子(600 MeV)
PNPI	俄罗斯	质子(1 GeV)

质子、重离子、中子等均可用回旋加速器和直线加速器来产生，并用于地面模拟试验。

在低轨道下，存在的气体中有 N_2、H_2、O_2 等，这些气体在太阳紫外线的作用下可以产生电离，会形成带正电的离子，这些离子与航天器相互作用也会使材料或器件产生电离位移效应使其性能退化，低轨道上的太阳电池，在上述离子作用下，性能会下降，也必须加以防护。

⑤穿透性带电粒子效应地面模拟试验方法

根据航天器服役轨道的不同，确定带电粒子的种类，以及辐射源的选择，带电粒子的种类。其实验程序如下：

1）辐射源的能量选择：首先要选用哪种带电粒子来作实验辐射源，其次要确定辐射源的能量，因为辐射源能量的高低会直接影响带电粒子的打入深度。在确定辐射源能量时，必须保证辐射粒子打在试验样件上，使实验结果有效。辐射源能量越高，打在材料上的深度越深。

2）辐射方式的选择：辐射方式主要是指，单因素环境效应模拟、多因素协同效应模拟以及多因素综合效应模拟。

单因素环境效应模拟是多因素协同效应和多因素综合效应模拟的基础。

多因素协同效应主要是指具有相同、相近效应的环境，主要用来研究环境效应科学与技术。

判断多因素环境是否有协同效应，通常用如下公式验证

$$效应 \Delta\alpha = \frac{\Delta\alpha(电子＋重离子＋中子＋质子)}{\Delta\alpha(电子)＋\Delta\alpha(质子)＋\Delta\alpha(重离子)＋\Delta\alpha(中子)} \tag{6-65}$$

当 $\Delta\alpha = 1$ 时，无协同效应。当 $\Delta\alpha > -1$ 或 $\Delta\alpha < 1$ 时，有协同效应。

多因素环境综合效应，是研究航天器轨道确定后的综合效应。该模拟设备主要是评价验证航天器在该轨道下的可靠性及寿命。

3）从模拟方式而言，主要包括单因素连续和多因素综合辐射而言。

4）加速试验：随着航天器寿命的不断提高，地面空间环境地面模拟试验的时间越来越长，为了节约成本，可加速完成效应试验时间，人们已研究出航天器用材料和器件加速试验原理及方法。

5）模拟设备的温度和真空度的上限。

（a）温度

在带电粒子的物质受到影响的条件下，发生了原子和分子的电离作用，形成了大量的二次电子。二次电子与分子发生非弹性碰撞时，发生了电离作用（最大截面为 70～100 eV）和分子激发（最大截面为 10～20 eV）。因此，在这些过程中，高能带电粒子与分子发生碰撞。与活动粒子所带能量相比，分子碰撞所产生的热量和速度可以忽略不计，那么物质初始的辐射效率不应取决于温度。但在最后阶段，各种物理和化学因素能够影响到辐射效率，其中包括温度，它确定了物质的物理状态、结构、分子活动性、扩散过程特点等。所以，温度能够影响到所有辐射分解的二次电子。

辐射温度将对材料的辐射合成和分解产生重要的影响。不管是辐射变化的数值，还是合成与分解的辐射-化学输出之间的关系，都取决于温度。

所有的对航天技术设备材料的试验标准，都规定了辐射条件下材料的临界温度。国际标准化组织的标准方案规定，航天器表面的工作温度保持在 $-150\ ℃$ 到 $+150\ ℃$ 这个范围内。辐射的临界温度应与材料在轨道中的实际温度和计算温度相一致。同时，欧洲空间局的标准指出，必须对较大加速度下的样件温度进行检测，以保证样件与支架之间存在一个好的热接触点。

（b）真空

周围环境的成分和特征对材料稳定性的影响是有机材料化学稳定性的主要问题。电离辐射将引起材料分解，并渗入到辐射穿透的深度部位。分解形成的低分子挥发性辐射产物扩散到材料深处，并溶解在其中。在样件表面形成了吸附层，而后发生解吸作用，在分离后进入到周围空间去。结果，材料中出现了低分子辐射分解产物的浓度梯度。如果材料辐射在封闭容器中进行，那么在容器中就积聚起大量的辐射产物，将降低气体析出的速度。增加材料中低分子产物的浓度，能够引起辐射分解过程方向发生改变。通过真空处理作用定期将工作舱内的产物排出，这将加速气体析出的过程和与之相关的材料质量损失，对正确制作宇宙环境下物质表面的质量交换模型影响很大。这对试验过程中材料表面的低分子辐射产物的深沉作用来说特别重要，对物质的光学特征也有重大影响。

在航天技术设备试验条件下，模拟装置中的真空极限压强按所有标准进行预先说明。国际标准化组织的标准方案规定，根据物质吸收剂量率和物质的具体特征必须在负表压不

高于 $10^{-2} \sim 10^{-3}$ Pa 的真空条件下进行辐射试验。但对试验的某些特征来说，可以在惰性气体中进行。应该指出的是，在真空舱剩余环境中的平均自由行程将对气体的解析作用产生影响。换句话说，真空舱应该足够大，以便使来自样件或支架的析出气体的产物不会通过舱窗或舱壁的反射作用，而与其他样件表面接触。欧洲空间局的标准规定了真空系统的性能（舱室容积和泵的参数）。这时，在使用加速器进行 1 昼夜试验之后，支架上的污染程度不应超过 10^{-6} g/cm^2。

不管是美国材料试验学会（ASTM）的标准，还是欧洲空间局的标准，都要求舱室内压强不高于 10^{-6} Torr。只有在这种压强下才能保证空气与样件材料不相互发生作用，也就是说，不会对结果产生影响。同时需要指出的是，真空系统应能够有效地捕获或排出在试验过程中样品分解出的任何产物。

这样，与其他组织标准规定的压强值相比，国际标准化组织标准方案的真空极限压强值是最大的。按照我们的观点，这是因为美国材料试验学会的标准对调温涂层试验进行了限定，试验的主要参数是材料的光学指标，而正是这些指标对外部污染的灵敏度最高。

6.5.6.9　太阳电磁波辐射效应地面模拟试验[122]

（1）太阳电磁波辐射种类和参数

太阳辐射能量的通量密度为 1.2×10^3 J·m^{-2}·s^{-1}（该值被称为太阳常数）。太阳光谱中约 9% 的能量属于波长 $10 \sim 400$ nm 的紫外线。其余能量大约平均分配给可见光谱（$400 \sim 760$ nm）和红外光谱（$760 \sim 5\,000$ nm）。伦琴光谱区中的太阳辐射的通量密度较小（约 5×10^{-4} J·m^{-2}·s^{-1}），同时随着太阳活动性强度的变化而急剧改变，如表 6 - 44 所示。

表 6 - 44　地球大气外太阳电磁辐射谱

波段	波长范围	能量范围
γ 射线	$\lambda < 2.5$ pm	$E > 500$ keV
硬 X 光	$0.002\,5$ nm $\leqslant \lambda < 0.1$ nm	12.4 keV $< E \leqslant 500$ keV
软 X 光	0.1 nm $\leqslant \lambda < 10$ nm	0.124 keV $< E \leqslant 12.4$ keV
极紫外	10 nm $\leqslant \lambda < 150$ nm	8.24 eV $< E \leqslant 124$ eV
紫外	150 nm $\leqslant \lambda < 300$ nm	4.13 eV $< E \leqslant 8.24$ eV
可见光	300 nm $\leqslant \lambda < 750$ nm	1.65 eV $< E \leqslant 4.13$ eV
红外	750 nm $\leqslant \lambda < 1\,000$ nm	$0.001\,24$ eV $< E \leqslant 1.65$ eV
射电	$\lambda \geqslant 1\,000$ nm	$E \leqslant 0.001\,24$ eV

在可见光和红外线区域中太阳电磁辐射光谱接近温度为 $6\,000$ K 的绝对黑体辐射波谱。该温度对应太阳可见光表面——光球层的温度。在紫外线和伦琴射线区域中采用其他规律描述太阳辐射波谱，这是因为这些区域的辐射来自于位于光球层上方的色球层（温度 10^4 K）和日冕（温度 10^6 K）——太阳外层。太阳辐射波谱的短波部分在连续波谱上分布着一些单独的谱线，其中最强的谱线是氢 α 线 Lα（$\lambda = 121.6$ nm）。当 Lα 线的宽度约为

0.1 nm 时，其对应的辐射通量密度为 $5 \times 10^{-3} \mathrm{J \cdot m^{-2} \cdot s^{-1}}$。Lβ 线（$\lambda = 102.6 \mathrm{nm}$）中的辐射强度比 Lα 线中的辐射强度大约要小 100 倍。

太阳辐射波谱中能量通量密度分布的数据列在表 6 - 45 中。这里对不同的波谱区间给出了能量通量密度的绝对值和相对值，以及辐射量子能值。应当指出，当太阳辐射出现在地球大气层直至 200 km 高度以下时辐射被较少地吸收，即在上述高度以上可认为辐射波谱是不失真的。

表 6 - 45　太阳辐射波谱中能量通量密度分布

波长范围/nm	能量通量密度/(J·m⁻²·s⁻¹)	总通量中的比例	量子能量/eV
紫外线辐射			
10～400	126	9.0	124～3.1
10～255	0.4	0.03	124～5.5
255～300	16	1.2	5.5～4.1
300～400	109	7.8	4.1～3.1
可见光辐射			
400～760	644	46.1	3.1～1.6
400～500	201	14.4	3.1～2.5
500～600	193	13.8	2.5～2.1
600～760	250	17.9	2.1～1.6
红外线辐射			
760～5 000	619	44.4	1.6～0.2
760～1 000	241	17.3	1.6～1.2
1 000～3 000	357	25.6	1.2～0.4
3 000～5 000	21	1.5	0.4～0.2

太阳光谱中的光子波长和能量存在差异，在紫外光区，占太阳光谱能量大约 18%，虽然它所占的能量不多，但它所含的光子能量很高，能将聚合物的化学键断裂开，断键对聚合物可造成严重的损伤。在可见光以上其波长，所占的能量高，但光子能量下降，不会使聚合物断键，但会严重影响材料的温度变化。航天器到了地球阴影区，其温度可达 3 K，而当航天器运行到面向太阳时，其温度可达 150 ℃左右，这种温度的存在与变化会导致航天器的材料与器件温度的变化，无论断键或温度及热循环的变化，均会对材料及器件产生不利的效应。太阳电磁辐射对航天器的热控涂层及光学材料均有重要的影响，太阳电磁辐射产生的断键和温升会与其他空间环境效应产生协同效应和综合效应。

（2）太阳电磁波辐射效应地面模拟设备

人造太阳模拟器是用于产生接近于太阳在 200～2 500 nm 波长范围组成的谱线，辐照各种研究对象的辐射装置（图 6 - 92）。

（3）人造太阳模拟器的构造及工作性能

太阳射线与人造太阳模拟器射线能谱分布对照，如图 6 - 93 所示。

图 6-92　人造太阳模拟器外观图

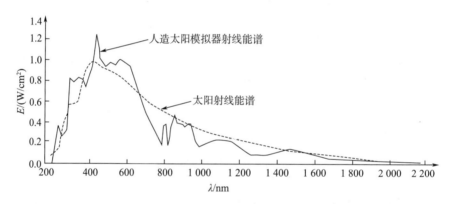

图 6-93　太阳射线与人造太阳模拟器射线能谱分布图

人造太阳模拟器光学系统是由反射镜 1、氙灯 2、聚光镜组 3、遮光板 4 和物镜组 5 等构成，如图 6-94 所示。

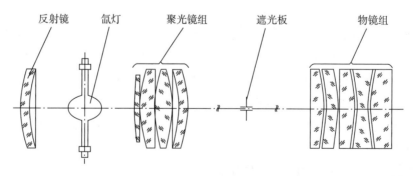

图 6-94　人造太阳模拟器光学系统示意图

光线由氙灯 2 发出，落到反射镜 1 上反射回来，给出光源的二次投影。聚光镜组 3 把这一图像转到位于物镜组 5 的焦点上的遮光板平面，物镜组 5 发射平行光束照到真空室内的被辐照的物体上。

（4）技术数据

1）辐射面中心区照度：1.4×10^5 lx；

2）工作区辐照强度：$0.14 \sim 0.2$ W/cm^2；

3）光照度的不均匀性：中心区 15%，在宽度为 10 mm 的环形边缘区 50%；

4）辐照面直径：ϕ100 mm；

5）功率：6 000 W。

（5）真空紫外线模拟器

1）辐照源的功能：辐照源用于产生真空紫外线和软 X 射线的电磁辐照，波长范围在 $5 \sim 200$ nm，辐照强度 $< 2.3 \times 10^{-5}$ W/cm^2（距离为 70 cm），辐照面积为 ϕ110 mm（图 6 - 95）。

图 6 - 95　真空紫外线模拟器外观图（哈工大）

2）辐照源可以获得连续分布的光谱，最大限度地接近 $5 \sim 170$ nm 波段太阳的实际光谱（图 6 - 96）。作为真空紫外线和软 X 射线辐照源，可以进行材料学方面的研究，或者作为专门的仪器进行研究。

（6）真空紫外线模拟器的工作原理

真空紫外线模拟器的工作原理是利用压力的不同使工作气体（氩气）经过超声喷嘴时形成超声气流进入真空室，电子枪发射电子束垂直射流射向轴心，撞击激发产生真空紫外线和软 X 射线，再经过通道进入真空辐照室。辐照源产生的射线波长和强度由喷嘴参数、工作气体、喷嘴入口处气体的压力和温度，以及电子束的能量和电流强度来确定，为了使

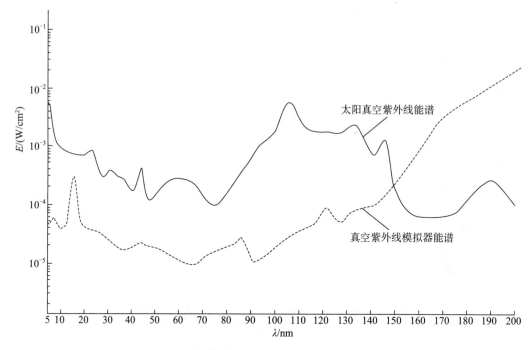

图 6 - 96　真空紫外线模拟器能谱与太阳真空紫外线能谱对比

辐照源真空室保持正常工作所需的真空度，装置采用了以下综合抽气系统：大部分（～97％）超声波气流经过专门的机械泵抽掉，溅射产生的亚声速气流（～3％）由氦制冷机产生的超低温（＞20 K）吸附冷凝在冷屏表面，还有少部分亚声速气流被涡轮分子泵抽掉。

辐照源是一个由相互关联部件组成的复合体，主要包括：

1）辐照源真空室：电子束和工作气体的超声气流在此汇集并被激发，产生真空紫外线和软 X 射线；

2）电子枪控制系统；

3）真空获取系统；

4）真空度及射线强度检测系统。

表 6 - 46 所示为 NUV 设备的技术参数，表 6 - 47 所示为太阳电磁辐射紫外光地面模拟设备的技术参数。

表 6 - 46　NUV 设备的技术参数（哈工大）

参数	NUV 系统
NUV 光源	汞灯
波长范围/mm	180～2 500
NUV 光源功率/W	5 000
NUV 光斑直径(35～45 cm)	150～200 mm

续表

参数	NUV 系统	
距 NUV 光源不同距离(cm)的 NUV 强度(等效太阳常数)	15	12.0
	35	9.5
	50	9.0
冷却系统(空气泵)	有	
CF 接口	12″	
IR 过滤器	水膜厚度 1″	
NUV 设备外形	圆柱形	
外罩直径/cm	50	
长度/cm	50	
质量/kg	6.5	
电压/V	120	
电流/A	～50	
频率/Hz	50～60	

表 6-47　太阳电磁辐射紫外光地面模拟设备的技术参数（哈工大）

指标		改进的 NUV 系统	高级 NUV 系统
NUV 源的类型		NUV(汞＝氙)灯	
波长范围/nm		180～400	180～400
太阳光强度,空气质量为零(AMO)	A:315～400 nm	9.2 mW/cm²	
	B:280～315 nm	1.9 mW/cm²	
	C:200～280 nm	0.6 mW/cm²	
NUV 源功率/W		5 000	
NUV 束斑直径/cm	15	10	0～25
	35	22	
	50	40	
谱的输出强度(%)		见图 6-96	
距 NUV 光源不同距离(cm)的 NUV 强度(等效太阳常数)	15	12.0	10
	35	9.5	
	50	9.0	
冷却系统(无臭氧)		有	有
NUV 强度控制		无	有
NUV 束斑直径调节		无	有
NUV 系统计算机控制		无	有
NUV 强度测量系统		无	有
NUV 系统卡具		有	有
IR 过滤器		有	有

续表

指标	改进的 NUV 系统	高级 NUV 系统
光学系统		
NUV 灯	有	有
椭球反射镜(8 英寸)	有	有
聚焦石英透镜	有	有
石英保护窗	有	无
聚焦系统(1~2 个石英透镜)	无	有
聚焦范围/cm	无	25~45
CF 观察口(6 英寸)	无	有
NUV 系统的外观和质量(估计值)		
NUV 系统外形	圆柱形	
外部装卡直径/cm	25	
长度/cm	~60(包含 IR 系统)	80
质量/kg	~7.0(包含 IR 系统)	10.2
供电电压/V	120	
供电电流/A	~50	
供电频率/Hz	50~60	

（7）太阳电磁波辐射效应地面模拟试验方法

太阳电磁波辐射效应地面模拟试验，主要是针对真空紫外和波长在 200~400 nm 光谱部分，可见光和红外部分对材料的影响比较小，主要对材料的温度产生影响，对材料的损坏影响小一些。太阳电磁波辐射对材料的影响主要是因为真空紫外和 200~400 nm 波长的这个波段的紫外光的光子能量高，它全使聚合物的化学键断裂，影响聚合物材料的组织和性能，太阳电磁波辐射对金属的性能影响不大。进行太阳电磁波辐射效应模拟试验时，所使用的设备主要有两大类：一类是为空间环境效应的科学研究而建立的，该设备主要研究空间环境效应的物理规律与机理；另一类是某一个轨道确定后，空间环境就确定了，该设备为航天工程服务，包括航天器的可靠性评价，故障诊断分析，空间环境对航天器的损伤程度分析，地面设计措施的更改验证，以及寿命预测等。

用于研究空间环境效应科学的设备需要有更明确的设计参数和微观机理分析的仪器，以正确揭示出空间环境与物质相互作用的内在规律与机理，该设备需要很多的实施原位测试的仪器和微观机理分析的仪器等。

（8）空间环境效应地面模拟的分类依据

人类主要在太阳系探索、开发和利用太空。空间探索表明，太阳系空间环境包括：自然环境、人工环境以及诱导环境等。其中单因素环境种类如下：

1）真空；

2）温度；

3）热循环；

4）磁场；

5）引力场；

6）电场；

7）冷等离子体；

8）热等离子体；

9）太阳风；

10）γ-射线；

11）伦琴射线；

12）电子（低、中、高能）；

13）质子（低、中、高能）；

14）重离子（各种重离子）；

15）中子；

16）核反应物质；

17）e^-→物，核反应；

18）p^+→物；

19）π介子；

20）μ介子；

21）真空紫外；

22）近紫外；

23）红外；

24）可见光；

25）空间微流星体；

26）空间碎片；

27）原子氧；

28）火星大气；

29）火星二次辐射；

30）月球上月尘；

31）月球的二次辐射；

32）机械污染；

33）放射性污染；

34）电磁污染；

35）化学污染；

36）分子污染；

37）激光；

38）电子束；

39）核爆炸。

上述单因素环境与物质相互作用所产生的效应的科学与技术是研究多因素环境协同和综合效应的科学的基础。

第一类研究效应科学与技术的地面模拟设备应当是太阳系中的 39 个单因素空间环境效应地面模拟设备。该类设备既有空间环境地面模拟部分，又有环境效应的物理规律研究以及微观机理研究的部分。这一类设备是非常重要的基础研究设备。

第二类是具有相同、相近环境效应的多因素地面模拟设备，如空间辐照物理模拟设备，它包括：电子，质子，重离子，中子，核反应物质，$\gamma -$ 射线，伦琴射线，μ 介子，π 介子等。另一类是电磁辐照模拟设备，它包括：真空紫外，近紫外，可见光及红外线等，如图 6 - 97 所示。

在上述环境中，不同辐射粒子的能量不同，低能的只能打在航天器表面或者开放式航天器的仪器（厚度在几百个微米以内），高能的可对航天器内部的材料及仪器产生影响。这些单因素空间环境微观上会使材料及器件产生电离和位移效应。上述这些辐照环境是属于辐照物理范畴，它和核物理有差别。这一类模拟设备是空间环境科学中最重要的设备。它所研究的空间环境效应很多，包括如表面充放电效应、总剂量效应、内充放电效应、低剂量率效应、单粒子效应。

1）单粒子翻转（SEV）；

2）单粒子瞬变（SET）；

3）单粒子闭锁（SEL）

4）单粒子栅穿（SEGR）；

5）单粒子烧毁（SEB）；

6）单粒子功能中断（SEFT）；

7）单粒子损伤（SED）；

8）单粒子绝缘体击穿（SEDR）；

9）单粒子位移翻转（MBV）。

穿透性高能带电粒子协同效应科学研究设备主要用于研究空间多因素环境效应科学与技术的应用、评价，如图 6 - 97 所示。对此设备的要求：

1）辐照源的设计与安装；

2）效应规律研究仪器设计；

3）效应机理研究仪器设计；

4）主要研究对象：材料、器件、单机；

5）该设备主要研究物质中电离和位移效应中电子与原子的行为、状态以及对航天工程的影响。

低能带电粒子产生表面充放电的效应地面模拟设备，如图 6 - 98 所示。对此设备的要求：

1）辐照源的设计；

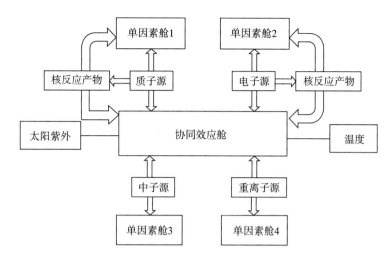

图 6-97　穿透性高能带电粒子协同效应科学研究设备示意图

2）表面充放电规律研究仪器设计；

3）表面充放电机理研究设计。

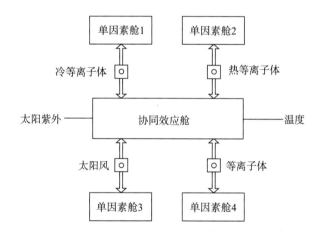

图 6-98　航天器表面协同充放电效应地面模拟设备示意图

第三类是综合地面模拟设备。当航天器运行轨道确定以后，在此轨道上航天器所受到的空间环境单因素就确定了。此时可建立研究多因素综合效应的研究舱。主要用来做工程评价用，其用途包括：

1）空间环境因素选择尽量与轨道一致；

2）航天器在轨服役的可靠性评价；

3）验证航天器设计选材正确与否；

4）设计师设计方案的验证；

5）航天器故障诊断；

6）研究哪种环境因素对航天器损伤最严重；

7）航天器在轨寿命预测等。

此类设备不是研究空间效应科学，不需要精良的原位测试仪器，只要能够实现上述七项工作需要即可。

建立的综合效应模拟设备有以下几类：

1）近地轨道（高、中、低轨道）综合环境效应地面模拟设备；

2）月球环境综合环境效应地面模拟设备；

3）火星环境综合环境效应地面模拟设备。

6.5.7　空间微流星体和碎片环境效应地面模拟试验

6.5.7.1　引言

在宇宙行星际空间中有运动的固态颗粒，通常称之为微流星体，主要由彗星和星体产生。彗星产生的微流星体混有少量的矿物质的团状水粒。星体产生的微流星体是高密度的矿物质。微流星体是一种矿物质。

微流星体的特征常用如下的技术指标来表征：微流星体的相对密度、直径和撞击速度等。

彗星产生微流星体的相对密度为 0.5 g/cm³，星体产生的微流星体的相对密度为 0.8 g/cm³，航天实践表明，近地空间环境下微流星体主要为 50 μm～1 mm 直径范围颗粒。一些微流星体被太阳辐射后加速，撞击速度根据地球轨道运行速度、航天器轨道速度、撞击体速度和撞击方向等因素变化，微流星体的撞击速度范围大约在 3～72 km/s，平均速度为 19 km/s。

空间碎片是地球轨道上的人造颗粒。在地表以上 $2\ 000$ km 高度的范围内估计有 $3\ 000\ 000$ kg 的人工碎片。主要来源于失效航天器等互相撞击、爆炸等。

空间碎片的撞击速度与地球轨道的运行速度、航天器的轨道速度，以及撞击方向等因素有密切的关系，空间碎片撞击速度范围大约为 3～15 km/s，平均速度为 10～13 km/s，碎片的直径尺寸小于 0.5 cm 的碎片平均密度为 4.0 g/cm³，直径超过 0.5 cm 的碎片其平均密度为 2.8 g/cm³。但随着碎片尺寸的递减，其密度也减小，这是因为大碎片不是实心体，而是结构的一部分，存在内腔的孔洞。

从卫星分布和相对速度上看，对于轨道高度低于 $2\ 000$ km 的大多数航天器来说，空间碎片比微流星体更容易撞击。空间碎片分布的数学模型主要研究产生 1 cm 及以上尺寸撞击碎片的问题。小尺寸的碎片质量每年的增长速率为 10%。

6.5.7.2　空间微流星体与碎片的环境效应

航天器与流星体及空间碎片发生相互碰撞，是导致航天器受损和毁坏的重要因素之一。碰撞速度约在 1～50 km/s 范围内。在上述碰撞速度情况下，在有限的物质范围内，会发生强烈的能量释出，因此伴随有液波的形成，随之产生机械碰撞，材料的融化、蒸发及形成蒸气的热电离。横向尺寸超过 0.5～1 cm 的微粒撞击会击穿航天器壁板，小型微粒的撞击也会在航天器表面形成弧坑和划痕，在大量撞击情况下，表面会受到侵蚀。多种光学器件在受到微粒撞击时会遭受很大损伤，会产生等离子体生成、电子和离子放射放电现象等过程。

（1）固体碰撞区域内的能量转换和物质状态的变化

空间碎片或微流星体相对航天器的速度为 $10\sim20$ km·s^{-1}，拥有单位动能约 $10^{7}\sim10^{8}$ J·kg^{-1} 或 $10\sim300$ eV·atom。上述微粒撞击固体目标时，碰撞区域能量释出很快，约在 $10^{-8}\sim10^{-10}$ s 范围内，可将此过程看作是绝热过程。在直线尺寸接近轰击粒子尺寸的碰撞区域内，发生物质压缩，压力可达到 $10^{11}\sim10^{12}$ Pa，这样就会在目标及微粒本身产生激波。

激波在物质内的传播速度超过声速。此时，在激波波前会发生物质参数突变，这符合质量、脉冲和能量守恒定律。

使用压力值 P_0、密度值 ρ_0 和内部比能 ε_0 说明激波波前物质的原始状态，而用相对应的参数值 P_1、ρ_1 和 ε_1 说明激波波后压缩物质的状态。在激波以速度 U 在物质中传播时，用质量速率 u_1 说明激波波后物质的位移，而对于激波波前的物质，其质量速率 $u_0 = 0$。

利用上述参数，借用著名的兰金-雨贡纽方程说明守恒定律

$$\begin{cases} P_0 U = \rho_1 (U - \mu_1) \\ P_1 - P_0 = \rho_0 U \\ P_0 \mu_1 = P_0 U [(\varepsilon_1 - \varepsilon_0) - \mu_1^2/2] \end{cases} \tag{6-66}$$

利用物质单位容积概念 $V_0 = 1/\rho_0$ 和 $V_1 = 1/\rho_1$，从上面的方程式中不难得到激波绝热线方程，即所谓的雨贡纽方程

$$\varepsilon_1 - \varepsilon_0 = \frac{1}{2}(P_1 + P_0)(V_0 - V_1) \tag{6-67}$$

在物质原始参数和热力特性已知的情况下，激波绝热线可确定激波波后的物质参数。

实验测定不同材料的激波绝热线参数，此时最可靠的被测值通常是激波速度 U 和激波波后质量速率 u_1。在这种情况下经常使用激波绝热线线性近似法，形式如下

$$U = c_0 + su_1 \tag{6-68}$$

式中　c_0——弹性波在材料中的传播速度；

　　　s——材料常数。

在采取这种近似法的情况下，根据绝热线倾角的变化，确定物质的相变。一系列材料的激波绝热线参数见表 6-48。

表 6-48　某些材料的激波绝热线参数

材料	ρ/(kg·m^{-3})	c_0/(m·s^{-1})	s
Fe	8 870	4 330	1.55
Ti	4 540	4 810	1.10
Al	2 780	5 320	1.34
Si	2 330	4 800	1.25

通过上面的研究可以得出，在物质出现激波压缩的情况下，会在激波波后发生物质的不可逆加热，也就是说系统熵提高。激波绝热线与普通绝热线（泊松绝热线）的区别正在

于此。其实现条件的典型示例是理想气体在绝热范围内的缓慢膨胀和压缩。

激波到达撞击点对面目标表面时，或者通常说在激波进入目标自由面时，稀疏（去载）回波开始传播，这种波即普通弹性波。压缩物质去载过程具有等熵特点。联合分析说明激波压缩物质去载过程的绝热线和等熵，可以得出激波传输给物质的总能和内能。激波强度通常由 $(P_1 - P_0)/P_0$ 的比例关系来说明。由激波绝热线方程可以得出，对于强激波，在 $P_1 \geqslant P_0$ 的情况下，传输到物质的总能在动能和内能之间平均分配，表达式如下

$$\varepsilon_1 - \varepsilon_0 = \frac{1}{2} P_1 (V_0 - V_1) \tag{6-69}$$

可将固体物质内能分为两个完全不同的组成部分：弹性能和热能。由物质原子之间互作用力决定的第一个组成部分只取决于 ρ 参数（或 $V = 1/\rho$）。第二个组成部分直接与原子（核）和电子的热运动能有关。因此，第二个组成部分首先可划分为两个部分。通常只有在温度 $T > 10^4$ K 时，才会注意到电子的热运动能。

上述比例关系无论对于目标物质，还是对于轰击粒子物质都是正确的。通常这些物质的参数是不同的。传输到目标和微粒的内能值也相应不同。完成的计算结果显示出，由材料特性决定的传输能差异通常不超过一个数量级。传输能的绝对值也首先取决于碰撞速度，也就是碰撞区域释放出的原始动能。

图 6-99 中展示了针对铁微粒计算得出的转化为微粒内能 ε 的部分微粒原始动能 $\varepsilon_{原始动能}$ 和内部热能 $\varepsilon_{内部热能}$ 与不同材质目标撞击时速度之间的关系曲线。在图 6-99（b）中指明了熔化比热值 r_{pl} 和气化比热值 r_k，可对上述过程开始时的撞击速度进行评定。

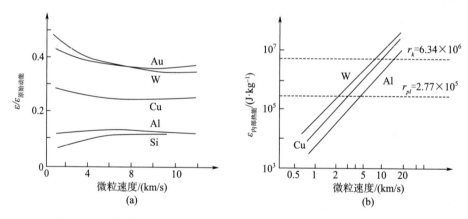

图 6-99　撞击不同目标时 $\varepsilon/\varepsilon_{原始动能}$ 和 $\varepsilon_{内部热能}$ 与微粒速度的关系曲线

因此，可以确定，在撞击速度超过 2～3 km·s^{-1} 时，物质开始熔化。在速度较小时，微粒和目标可能只会变形和受到机械损坏。在撞击速度超过 10 km·s^{-1} 时，开始发生物质的蒸发，这一过程伴随有形成的蒸汽部分热电离。而在速度超过 20～25 km·s^{-1} 时，热电离过程更为强烈，其结果是温度约为 10^4 K 的等离子云脱离碰撞区域。

表 6-49 给出了关于撞击区域所发生过程的动力消耗概念。在表中列出了撞击速度约为 10 km·s^{-1} 时得出的平均实验计算数据。

表 6 - 49　不同过程中的相对能量消耗

过程	$\varepsilon / \varepsilon_{原始动能}$ / %
加热,包括熔化和蒸发:	
微粒	5～10
目标	20～20
破碎	10～25
碎片的喷出	40～50
碰撞电离	<1
闪光	<1

此前对撞击区物质状态方程式的有效数值解法进行了研究。此方法可对物体接触后不同相态内、不同时刻的三维物质分布图进行计算[122]。通过这种计算,可得出关于目标弧坑形成过程、碎片喷出过程、撞击区熔化和等离子体等信息。在最早进行的此类工作中,应特别指出的是俄罗斯学者在 1980 年初使用"织女星-1"和"织女星-2"航天器进行哈雷彗星航天试验时完成的计算[123]。现在,在计算机效率迅猛提升的情况下,类似计算已相当广泛。

(2) 目标中弧坑的形成

上面研究的能量比显示出,粒子撞击后在目标中形成的弧坑参数取决于粒子速度及在给出速度时相应发生的一系列进程总和。

在速度约为 $0.1～0.3\ \mathrm{km \cdot s^{-1}}$ 的情况下,轰击粒子的动能足够克服材料的弹性极限。这种情况下,撞击时粒子发生明显变形,而在由塑性材料(金属)制成的目标表面就会形成凹陷,深度与直径的比 $H/D \leqslant 0.1$。

随着粒子速度的增加,相继会达到熔化、汽化和强热电离过程的极限速度,分别为 $2～3\ \mathrm{km \cdot s^{-1}}$、$10～15\ \mathrm{km \cdot s^{-1}}$、$20～25\ \mathrm{km \cdot s^{-1}}$。因此弧坑的外形发生改变。被熔化的材料漫出弧坑,凝结时则会在弧坑周围形成壁垒(前墙)。弧坑深度增加到 H/D 约为 1,而弧坑底部则为半圆形。撞击区物质的蒸发具有爆炸性质,发生爆炸时,弧坑直径 D 变大,而深度 H 变化不大。

一般情况下,在轰击粒子速度保持足够高的情况下,撞击区物质的三种状态——固态、液态、气态可同时存在,同时蒸气可能发生强电离。塑性目标中弧坑的形成示意图见图 6 - 100。此图中标示了物质碎片的抛出、带电粒子和电磁辐射量子的放射过程,并展示了弧坑底部的轰击粒子残留。

高速撞击时塑性目标受到的主要机械损伤见图 6 - 101。图 6 - 101 上部为足够厚的目标中弧坑的形成情况,用直径 D 和深度 H 来说明;而后击穿目标,并在目标中形成直径为 D_0 的孔;下方为撞击厚度为 L 的目标后表面缺口的形成,这是由后表面疏波使材料拉长而形成的。

图 6 - 102 为暴露在和平号空间站外表面的金属样品中直径约为 $50\ \mu\mathrm{m}$ 的弧坑[124]。可以看出,实际的弧坑外形可能要更为复杂。由于材料具有结构多相性,高速撞击时激波会

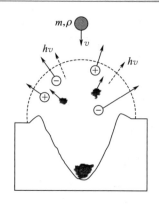

图 6 - 100　塑性靶材撞击坑形成示意图

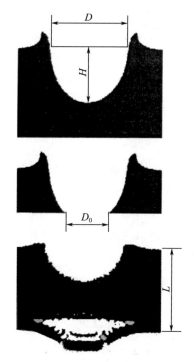

图 6 - 101　高速撞击时塑性目标可能受到的机械损伤

发生消散，因此在基坑周围经常会形成二次弧坑[125]。

得出很多与轰击粒子参数相关的实验比和理论比，可说明目标受损伤与轰击粒子参数之间的联系[126-127]。这里只列出最简单和经常使用的表达式。

按下面的表达式确定弧坑深度 H 与粒子直径 d 的比值，其材料密度为 ρ_{ch}、速度为 v

$$\frac{H}{d} = k\rho_{ch}^{\alpha}v^{\beta} \tag{6-70}$$

这里 $k = 0.3 \sim 0.6$；$\alpha = 1/3 \sim 1/2$；$\beta \cong 2/3$。k、α、β 值取决于目标材料的性能及所研究的撞击速度范围。

图 6 - 103 为不同撞击速度 v 下，D/d 值的范围。此范围是在改变计算式参数的情况下得出的。

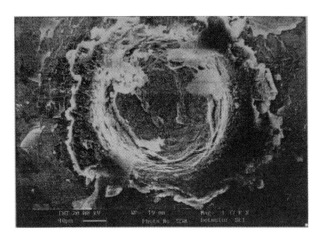

图 6 - 102　空间高速撞击在金属表面形成的撞击损伤形貌

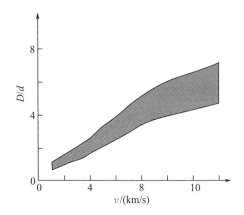

图 6 - 103　弧坑直径 D 和粒子直径 d 的比与粒子速度 v 的关系曲线

薄目标（$L/d < 0.5$）中孔的直径表达式如下

$$\frac{D_0}{d} = 2.4\,\frac{V}{\alpha}\left(\frac{L}{d}\right)^{2/3} + 0.9 \qquad (6-71)$$

这里 α 为目标材料中的声速。

通常用直径和厚度说明脱离目标后表面的缺口层。这里直径通常为 $(2 \sim 3)L$，而厚度则在 $(0.1 \sim 0.5)L$ 范围内。

航天器表面大量存在的脆性材料中（太阳电池防护玻璃、光学设备透镜、舷窗等）弧坑的形成过程更为复杂。为说明快速粒子撞击脆性目标时形成的弧坑，通常使用两个弧坑直径值：中心凹部直径 D_p；根据中心凹部周围脆性目标中形成的环形裂缝最大尺寸确定的直径 D_c。在某些情况下，为说明弧坑的横向尺寸，还需使用其他参数，如根据弧坑中喷出的碎片最大飞散度确定的直径 D_s。但是这一参数通常与 D_c 值的差别不大，且测定的 D_c 值通常更为准确。

为确定弧坑直径 D_p 和 D_c，使用下面的实验表达式

$$D_p = 0.1 d\rho_{ch}^{2/3}\rho_{M}^{-1/2}v^{2/3} \qquad (6-72)$$

$D_c = (2 \sim 5)D_p$ ，弧坑深度 H 的表达式如下

$$H = 0.6d\left(\frac{\rho_{ch}}{\rho_M}\right)^{1/2}v^{2/3} \qquad (6-73)$$

式中　　d ——轰击粒子直径；

　　　　ρ_{ch}, ρ_M ——粒子和目标的质量密度；

　　　　v ——碰撞速度。

图 6-104 为实验室实验中在金属微粒轰击石英玻璃时形成的弧坑图。这组图直观说明了用上述参数描述脆性目标中弧坑直径的正确性。

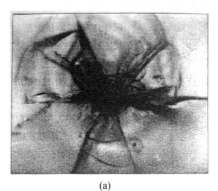
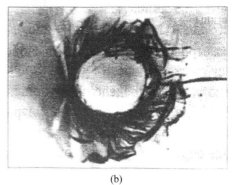

(a)　　　　　　　　　　　　　　　　　　(b)

图 6-104　速度约为 8 km/s 的金属微粒撞击石英玻璃时形成的撞击坑

在图 6-104（a）中可以清楚地看到弧坑的中心区，根据这一区域可确定弧坑的直径 D_p 。由环形裂缝圈起的径向裂缝从中心区散开，如上所述，根据此裂缝可确定弧坑直径 D_c 。从图 6-104（b）中也可以很好地看到中心区，这里由于给目标拍照时采用了其他照明条件，因此中心区看起来是明亮的。在这种情况下，径向裂缝不太清晰。但是可以清楚地看到从弧坑中喷出的碎片，根据喷射区外部边界可确定弧坑直径 D_s 。

图 6-105 是从和平号空间站返回的光电换能器防护玻璃表面弧坑的显微照片。弧坑的基本结构与实验室实验中观察到的结构相似。

图 6-105　光电换能器防护玻璃中的弧坑

脆性目标中弧坑参数（将石英玻璃作为主要目标材料）与轰击粒子参数的依赖关系的一些实验数据见表 6-50[128]。

表 6-50　脆性目标中弧坑参数与轰击粒子参数之间的依赖关系

粒子速度 v /(km·s^{-1})	粒子直径 d /cm	弧坑深度 H /cm	H/d	D_c/d	D_p/d
6	4.0×10^{-4}	1.0×10^{-4}	0.3	3.3	1.4
6	3.4×10^{-4}	5.0×10^{-5}	0.1	2.9	1.4
7	3.3×10^{-4}	9.0×10^{-5}	0.3	3.0	1.5
9	2.0×10^{-4}	1.1×10^{-4}	0.5	3.0	1.4
10	1.8×10^{-4}	9.0×10^{-5}	0.5	3.5	1.6
13	1.4×10^{-4}	1.0×10^{-4}	0.7	3.4	1.7
14	1.1×10^{-4}	7.0×10^{-5}	0.6	3.2	1.7
7	6.0×10^{-2}	1.0×10^{-1}	1.7	41.0	—
7	6.0×10^{-2}	1.0×10^{-1}	1.8	44.8	—
5	4.0×10^{-2}	1.2×10^{-1}	3.1	38.8	—
7	6.0×10^{-2}	1.3×10^{-1}	2.2	52.0	—
7	4.0×10^{-2}	1.3×10^{-1}	3.3	40.0	—
6	8.0×10^{-4}	1.4×10^{-1}	1.8	47.5	—
6	4.0×10^{-4}	1.5×10^{-1}	3.8	47.0	—
7	1.0×10^{-1}	1.8×10^{-1}	1.8	44.9	—

图 6-106 中为使用电子显微镜获得的几个弧坑照片。这些弧坑是在不同尺寸的 Ti 粒子撞击 Ge 目标时形成的。可以看出，微粒发生撞击时，没有形成可确定弧坑尺寸 D_s 和 D_c 的缺口和环形裂缝。同时可以指出的是，缺口的形成过程具有概率性质。因此即使是在轰击粒子与目标间相互作用条件极其接近的情况下，脆性目标中形成的弧坑参数变化范围仍然很大。

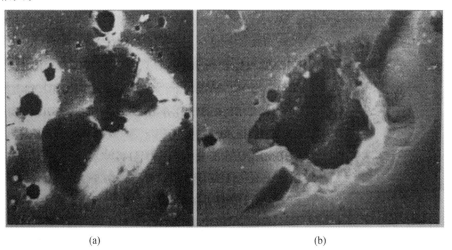

(a)　　　　　　　　　　　　　　(b)

图 6-106　Ti 颗粒在 Ge 靶中的撞击坑（$d\approx0.5\sim1.5\ \mu m$、$v\approx4\sim6\ km/s$）

（3）对薄膜和电容器传感器产生的撞击作用

在现代航天器中广泛应用各种用途的薄膜结构，而薄膜基础上的电容器传感器用于记录和测定天然源和人造源固体微粒参数[129]。下面是对薄膜"金属-电介质-金属"结构的撞击作用进行的实验室研究结果，此薄膜结构可作为微粒检波器使用。

样品为厚度为 $2\sim20~\mu m$、两侧喷涂金属电极的聚合物膜，电极厚度为 $20\sim50~nm$。在莫斯科国立罗蒙诺索夫大学核子物理学研究所静电加速器上，用直径为 $1\sim5~\mu m$、速度为 $0.1\sim10~km/s$ 的 Al、Fe、W 粒子轰击此样品。

图 6-107 为金属-电介质-金属结构碎片，上面的穿透孔是由加速微粒多次撞击后形成的。

图 6-107　静电加速器加速的 Al 粒子轰击后的拉芙桑膜表面形貌

为评估薄膜击穿条件，在根据轰击粒子和目标参数对公式中包含的系数略做改动的情况下，得出很多类似的实验关系比例。

在进行的实验中，得出两种工作方式下金属-电介质-金属结构信号幅度与轰击粒子速度和质量的关系，这两种工作方式分别为：不击穿此结构（电介质激波压缩方式）和击穿时。总体情况下，可用下面的关系式说明金属-电介质-金属检波器信号幅度 A 与被记录粒子质量 m 和速度 v 之间的关系

$$A = Cm^{\alpha}v^{\beta} \qquad (6-74)$$

式中，C、α、β 为常数，取决于粒子和目标的材料特性及撞击速度。

为单独揭示粒子速度和质量对信号幅度的影响，根据这些参数规定幅度定额。得出的 $A/m = f(v)$ 和 $A/v = f(m)$ 关系曲线见图 6-108。

在方程式（6-74）中根据实验数据得出参数值：在不击穿的情况下，$\alpha=0.28\pm1$；$\beta=1.8\pm0.1$（针对 $h=2~\mu m$，线路 1、2）和 $\alpha=0.65\pm1$；$\beta=1.56\pm0.1$（针对 $h=4~\mu m$，线路 3、4）；而在击穿的情况下，针对上述 h 值，相应为 $\alpha=0.25\pm1$；$\beta=0.92\pm0.1$ 和 $\alpha=0.65\pm1$；$\beta=1.31\pm0.1$。需要指出的是，为保障测量时的相同电场强度，在金属-电介质-金属结构样品中施加不同电压：$h=2~\mu m$ 时，100 V；$h=4~\mu m$ 时，200 V。

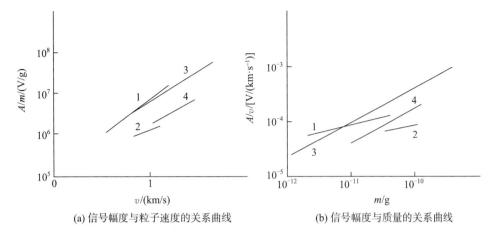

(a) 信号幅度与粒子速度的关系曲线　　　(b) 信号幅度与质量的关系曲线

图 6 - 108　未击穿（1、3）和击穿时（2、4），金属－电介质－金属检波器信号
幅度与粒子速度和质量的关系曲线

图 6 - 108 中展示的关系曲线说明，无论在击穿的条件下，还是在不击穿的情况下，介质电导-激波压缩和加热的产生进程是一样的。

（4）研究微粒撞击对航天器太阳电池的影响

传统上研究的微陨星粒子和空间碎片撞击作用下产生的太阳电池递减作用过程是由于在其表面形成撞击坑、裂缝和划痕，降低了防护玻璃的透明度[132]。此时推测，透明度降低程度与防护玻璃受损部分的总面积成比例。根据粒子积分通量和形成的弧坑尺寸数据，可以显示出，一年时间内受损部分总面积约占太阳电池整个表面的 0.1%。如果认为，太阳电池功率的下降值也如此，那么太阳电池的这种递减作用形式不具备严重危险性。实际上，防护玻璃受损部分的渗透系数只降低 20%～30%，也就是说不会造成太阳电池性能大幅度降低。

与此同时，通过分析上面谈到的"织女星-1"和"织女星-2"航天器通过哈雷彗星核尘气包层时太阳电池性能的降低显示出，太阳电池功率降低值明显大于只根据光电换能器防护玻璃透明度的下降得出的数值[133]。这就有理由推测，除导致防护玻璃光学性能下降外，还存在太阳电池递减作用过程，其结果是使光电换能器 N－P 通道受损。此过程是：从粒子与光电换能器防护玻璃表面碰撞区射出的激波对 N－P 通道施加影响。说明了关于"织女星-1"和"织女星-2"航天器太阳电池功率下降的实验室数据与根据防护玻璃光学特性降低表达式得出的评估之间的区别。

文献［133］中进行的激波损伤光电换能器 N－P 通道过程研究显示出，在撞击速度更低的情况下，这一过程相当有效。但此时撞击速度应符合流星微粒和技术成因粒子与太阳电池表面的平均碰撞速度，相应为 20 km/s 和 10 km/s。

弧坑直接在光电换能器硅板表面的形成过程表达式是所研究的物理过程的基础。渗入硅板将造成 N－P 通道受损。这些过程中最重要的是半导层在 N－P 通道埋藏深度处（不到 1 μm）的熔化。其结果是 N－P 通道的分接或短时间闭合。

在固体微粒轰击装有防护玻璃的光电换能器时，会发生更为复杂的作用情况，此时在粒子与防护玻璃表面碰撞区域形成激波，而后在经过"防护玻璃内表面-光电换能器硅板表面"分界线的同时，向光电换能器深度扩散。在分界线处，原始激波分裂成两部分，其中的一部分在边界处发生反向作用，而另一部分通过此边界向硅板深处传播。显然，这种情况下在防护玻璃表面形成的激波对于 Si 在配置 N－P 通道的光电换能器近表层区域熔化过程是足够的。

在对多层结构进行计算时，材料声阻概念（$G = \rho U$）的使用是非常方便的。这里 ρ 为研究层材料密度，U 为激波在研究层中的传播速度。借助这一参数，可确定第一层压缩冲量中的压力 P_1、边界反射层中的压力 $P_{反射}$ 和通过第二层的冲量中的压力 P_2 之间的联系

$$\frac{P_{反射}}{P_1} = \frac{G_2 - G_1}{G_2 + G_1}, \frac{P_2}{P_1} = \frac{2G_2}{G_2 + G_1} \qquad (6-75)$$

式中，G_1 和 G_2 分别是第一层和第二层材料的声阻。

从上面的关系中可以看出，在 $G_1 \ll G_2$ 时，压缩脉冲几乎从分层处全反射，而在 $G_1 = G_2$ 时，脉冲通过分界线完全传输。

在此关系式基础上，不难得出结论：为使装备防护玻璃的光电换能器 N－P 通道发生分流，轰击粒子的尺寸和速度应大于某一阈值，在具备此阈值的情况下，硅板开始熔化，同时在光电换能器中形成弧坑。在文献［132］中对粒子直径阈值及其速度值进行了计算，上述数值符合上面指出的装有防护玻璃的光电换能器物理受损过程作用原理。计算结果如图 6-109 所示。

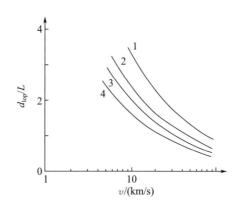

图 6-109　入射粒子损伤阈值 d_{lop}/L 与撞击速度 v 的关系曲线

（其中 d_{lop} 为入射粒子直径，L 为太阳电池防护玻璃片的厚度）

1—$\rho = 1$ 的固体颗粒；2—铝颗粒；3—钛；4—铁

莫斯科罗蒙诺索夫大学核子物理学研究所在静电加速器上进行了光电换能器受损过程实验室研究，结合实物实验数据总体上证明了所做理论鉴定的正确性[135]。

图 6-110 显示了在实验室实验中和实物条件下记录的固体微粒单独撞击时太阳电池光电换能器伏安特性的变化情况。图 6-110（a）中为撞击前（1）和撞击后（2）的特性。图 6-110（b）为几个从和平号空间站返回的太阳电池光电换能器的伏安特性。1 和 2 为

未受严重损伤的换能器特性，3 和 4 特性证明了固体微粒撞击下换能器 N-P 通道的分流。

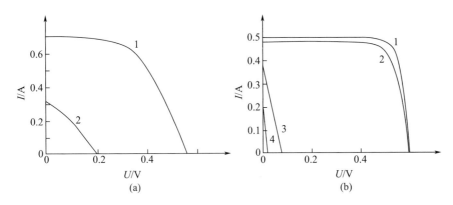

图 6 - 110　撞击损伤后的太阳电池光电换能器伏安特性的变化情况

　　得出的数据可对太阳电池在经过所研究的物理过程后其特性的递减作用进行预测。针对装有 155 μm 厚防护玻璃的太阳电池碎片进行的计算显示出，在空间碎片作用下，近地低轨道区域内的能量损耗每年可达 1%[135]。

　　（5）高速撞击区带电粒子的放射和电磁辐射

　　固体微粒与目标碰撞时，根据碰撞时放射的电子或离子总电荷值，可以判断所记录粒子的速度和质量，此外，放射离子质量谱可提供关于粒子化学成分和粒子与目标碰撞区物质发生激波压缩和加热时的物质化学成分信息。同时，撞击时产生的带电粒子脉冲放射可能为航天器其他机载设备的工作造成干扰。

　　从撞击区发射的电子和离子是物质蒸汽的热电离，其强度随碰撞速度的增加而加大。为说明总放射电荷 Q 与轰击粒子质量和速度 v 之间的关系，得出与（6-68）相类似的实验表达式。

　　用于说明高速撞击下各种进程的公式具有相似性不是偶然的，这是因为其强度都取决于碰撞区域轰击粒子的原始动能和能量转换的规律性。

　　图 6-111 为实验室实验中得出的 Al 和 Cr 粒子轰击银质目标时放射离子比电荷（轰击粒子质量单位）与碰撞速度之间的关系曲线。可以看出，被记录的电荷发生显著变化，这是由被观察进程的概率特性，以及实验中使用的粒子非球面性和目标表面缺陷决定的。

　　除物质蒸气的热电离进程外，其他一些进程对放射电荷量的变化也有影响，如表面电离、机械放射等。因此，所记录的负（电子）电荷通常略多于离子电荷[136]。

　　使用静电粒子加速方法时，与加速固体微粒自身带电有关的特殊补充放射进程也发挥作用。在这种情况下，在入射质点与目标在小于粒子直径 d 的距离上接近时，粒子与目标间产生放电。放电电流引起粒子和目标物质的局部强烈升温，温度可达 $T \approx 10^3 \sim 10^4$ K，保证了电子和离子的放射，甚至是在撞击速度低于 2 km/s，即低于撞击时物质开始熔化的极限速度时。

　　莫斯科罗蒙诺索夫大学核子物理学研究所进行的研究可确定，上述放电发射机构非常有效[69-70]。图 6-112 中列出了在轰击粒子速度范围内得出的电子比电荷 Q/m 与粒子速度

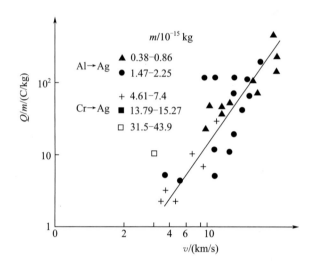

图 6-111　银靶材溅射离子的荷-质比与入射粒子速度的关系曲线（入射粒子为 Al 和 Cr，靶材为银）

之间的关系曲线。在这幅图上，数字 1～3 指明不同放射机构发生作用时的特有速度范围：

1）在撞击速度 $v<1$ km/s 时（范围 1），放射取决于轰击粒子自身是否带电；

2）在 2 号速度范围内，与粒子自身是否带电、粒子动能转换的放射进程都有关；

3）在 3 号速度范围内，主要取决于粒子动能转换的放射进程。

在研究放射离子的质量谱时，也对与飞近粒子与目标间产生放电有关的放射机构效能进行了确认。

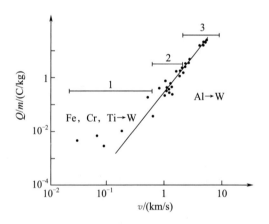

图 6-112　撞击速度 $v<10$ km/s 时钨靶溅射离子的荷-质比与入射粒子速度的关系

图 6-113 为 Cr 粒子轰击 Nb 目标时的两个质量光谱图。两幅质量光谱图中的上曲线为从目标上取下的信号记录，反映了飞近微粒感应目标电荷的过程。对于速度接近且分别为 265 m/s 和 250 m/s 的粒子，相应得到了其光谱，而下光谱图粒子的电荷要多出一倍（$3.5×10^{-13}$ C 和 $7.0×10^{-13}$ C）。但是，尽管第二个粒子的电荷量更大，但与上面的质量光谱图相比，下质量光谱图中的线较少。这是因为，在第一种情况下，带电粒子与目标接近时产生的放电强度更高。

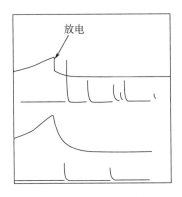

图 6-113　因粒子向目标放电产生放射时的离子质量谱

应当指出的是，天然源和人造源宇宙质点也可能拥有相当大的电荷，这些电荷是在周围等离子体和太阳紫外线辐射的作用下形成的。因此在制造可在宇宙中进行测量的仪器和处理航天实验结果时，需要考虑到放射过程的可能发生，既包括依靠所记录粒子的动能，也包括依靠其势能产生的放射过程，这一放射过程取决于是否存在电荷。

在撞击区被加热到高温的粒子还是大波长范围内的电磁辐射源。曾不止一次进行实验室实验，记录高速撞击时的闪光。闪光强度和粒子质量与速度的关系与上面放射电荷 Q 和上述参数的关系相似。这用撞击区能量转换的规律性也可说明。

在无线电波段记录高速撞击时发生的辐射实验也很著名。例如，日本学者利用高灵敏度接收机，曾在 $(2\sim20)\times10^3$ MHz 频率上对质量约 0.2 g、速度为 4 km/s 的尼龙球撞击金属目标时产生的无线电辐射进行测量。记录的辐射能是轰击粒子动能中极小的一部分。但是，为对固体微粒撞击航天器表面的情况进行记录，建议在宇宙条件下使用类似接收机。

（6）真空和电介质中固体微粒撞击引起的放电

现代航天器外表面配置有大量设备，这些设备的工作电压范围很大，从一千伏到上万伏。这些设备包括检波器和带电粒子分光计、离子发动机和等离子发动机、太阳电池能量变换器、电视设备和通信设备天线等。对于上述装置，宇宙空间真空是天然的绝缘介质。近年来出现制造非密封式航天器的趋势，这一趋势无论从降低其外形尺寸和重量、还是从经济角度来讲都非常有利。鉴于此，在开阔宇宙中工作的机载设备数量将继续增加。这就使航天器放电的产生问题更加突出。

在航天器表面设备中，可能发生两种形式的放电：气体放电和真空放电。在较低度真空中，电极间发生自持气体放电的概率取决于气体自身的过程。为对放电进行分析，通常用气体压力 p 与放电间隙长度 l 的乘积说明真空度。自持气体放电点火电压的最低范围（帕申曲线最低范围）符合 $pl=1\sim10$ Pa·m。这些接近航天器表面的真空条件可以在航天器进入轨道的最初及随后数周内存在，期间会发生航天器的强除气过程。

在符合 $pl\leqslant(3\sim5)\times10^{-2}$ Pa·m 的压力下，会发生气体放电向真空放电的转化，这时电极上的过程在发生放电时是明确的，而剩余气体压力和成分只有在电极表面状况取决于它们的情况下起作用。

固体微粒撞击电极或航天器密封舱外的高压设备绝缘子时，电极间空隙中的电场使从碰撞区发射的电子和离子加速，同时在击中电极时，开始新的二次放射过程，最终导致电极间空隙中放电（击穿）的产生。

鉴于静电电子和离子加速器的结构，在真空中对固体微粒撞击电极引发的物理放电过程进行研究[72]。此时，将脱离一个电极、由于电极间空隙中现有电场使其加速的金属微粒视为起爆粒子。

推测在以下条件下，粒子的碰撞会产生电击穿：

1）与电极碰撞前，粒子动能达到可使粒子蒸发的数值；

2）在尚未膨胀的云状物中，形成的蒸气量应保障其中符合帕申曲线最低限度的气体放电点火；

3）只有在弱放电产物在对负极施加影响的同时、为相当强大的电子发射源的形成创造条件的情况下，产生的弱放电会转为击穿，例如加热负极的某一段，直到发生明显的热离子发射。

显然，与所研究的静电加速器中击穿的产生相比，在宇宙空间条件下，在固体微粒撞击电极速度较高的情况下，可以以大的概率完成上述条件。对固体微粒撞击引发电击穿过程进行的实验室研究证实了其高工效[137]。

图 6-114 中列出了实验室实验中对加速微粒撞击引发电击穿概率进行的测量结果。在实验中使用了装有上层网状电极的平板电容器。轰击粒子可通过上层网状电极渗入，接近下层致密电极。使用直径约 1 μm 的铝粒子、在粒子速度 v 为 10 km·s 的条件下进行研究。这里，横坐标轴为真空间隙中的电压，而纵坐标轴为撞击时发生击穿的概率。可以看出，发生击穿的概率相当大，而且取决于向真空高压间隙施加的电压极性：粒子撞击负极时的击穿概率要高于粒子撞击正极时的击穿概率。这种关系符合上面研究的物理击穿现象图。

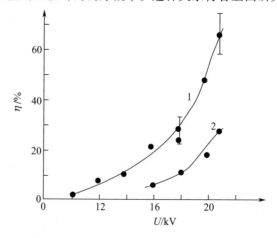

图 6-114　高速粒子撞击平板电容器电极时产生真空电击穿的概率

1—致密电极上具有负电压时；2—电极为正电压时

在固体微粒轰击受能量为 1～5 MeV 电子（地球辐射带电子特有能量）照射的电介质时，粒子撞击可以在电介质范围内产生放电，同时形成特有的放电图形。在受照射的电介质中形成导入电荷，这种电荷在电介质表面和电荷存在区之间形成电场。依靠激波传播区域电介质导电性的局部提升产生放电。

图 6-115 中展示了对上面所描述现象进行的实验室模拟试验结果[70]。在这一实验中，在积分通量约为 5×10^{12} cm^{-2} 时，光学玻璃样品带有能量约为 1 MeV 的电子，而后受到横向尺寸约为 1 μm、速度约 3.0 km·s 的铝粒子轰击。上述作用结果是在样品中产生放电图，同时电路引向表面微粒撞击点处。

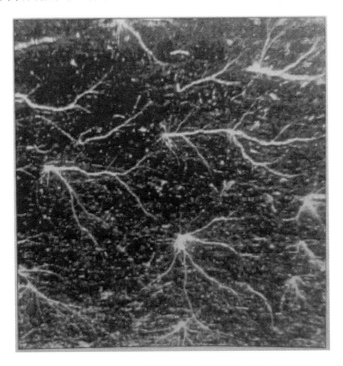

图 6-115　高速撞击粒子引起的玻璃带电及电击穿花纹

这种受地球辐射带电子辐射和固体微粒撞击的联合作用成为电介质光学特性明显加速降低的原因，这对于分析太阳电池防护玻璃、光学仪器透镜、舷窗等部件的受损情况极为重要。

（7）防止航天器受微流星体和空间碎片影响的防护原理

可将对流星物质和空间碎片中固体撞击造成的有害影响的防护方法分成三类：

1）工程设计方法，保障航天器各结构组件必需的强度，制造保护屏蔽；

2）防止航天器与陨星和技术成因体碰撞的主动方法；

3）组织法律措施，旨在降低近地宇宙空间受技术成因体的污染等级。

在航天器设计、制造和试验阶段实施的航天器工程设计防护方法经过最细致的研究并得到广泛应用。主要任务是在结构具备允许的外形尺寸、质量特性时，根据航天器必要防护等级保障要求，选择航天器结构和机体壁板厚度。

实现高防护等级的最简单方法是使用足够厚度的壁板，其材料耐撞击。但这时，结构的外形尺寸和质量特性经常是不满足要求的。

相对机身具有一些间隙的挡板可保障对航天器实施最有效防护。此时，可以使用 2～3 个挡板，挡板间存在间隙。这种防护结构系统图见图 6 - 116。在此图中显示了设置于航天器机身壁板上面的两个厚度分别为 L_1、L_2 的防护挡板，挡板间距离为 S。

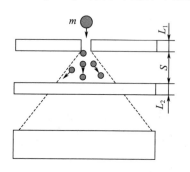

图 6 - 116　双层防护结构示意图

防护效能得以提高的原理是：由于轰击粒子高速碰撞时，即使具有第一层相对薄的挡板，防护也会被破坏，其结果是呈发散状的粒子和被击穿挡板碎片流向第二层挡板施加作用。此时的碎片流由于碰撞速度可以处于固态、液态和蒸汽状态。与整体粒子的局部作用相比，扩散流的撞击影响明显减弱。

如果扩散流仍然击穿第二层挡板，那么就会重复碎片流的破碎和扩散过程。改变挡板厚度、其材料特性和挡板与航天器防护机身之间的距离，就可以达到最佳条件，减弱机身受到的撞击作用。

现在具有大量对不同结构挡板有效性进行的实验室研究结果。作为示例，图 6 - 117 展示了组合式挡板模型，此模型在莫斯科国立罗蒙诺索夫大学力学研究所轻气炮上接受试验[138]。这时的第一个挡板为双层结构，由厚度约为 1 mm 的钢板和微型金属丝网组成。第二个挡板使用其他结构的金属丝网制成。轰击粒子的质量约为 1 g，速度约为 6 km/s。

可以很好地看出，与第一个挡板相比，第二个网状挡板中的孔直径变大，对厚壁板施加影响的碎片散布区域扩大，在厚壁板内还保留了碎片流的中央核心。在这种情况下，使用厚的聚甲基丙烯酸甲酯块作为经过试验的实验室模型基础。在没有防护挡板的情况下，具有上述参数的粒子撞击会在聚甲基丙烯酸甲酯块中形成深弧坑（图 6 - 118）。

现有和正在研究的预防航天器与流星体和技术成因体碰撞的有效方法是：提早探测到对航天器具有潜在危险的目标，实施航天器应急机动或对潜在危险目标施加影响，目的是改变其轨道参数或将其销毁。主要是将大功率脉冲激光器作为作用工具。脉冲激光器可借助镜子调整其辐射并聚集于需要区域。这种激光器既可安装在自防护航天器上，也可安装在专业化自主航天器上。在后一种情况下，可以清除近地宇宙空间辽阔区域中的危险物体。制造类似系统的主要难题在于激光器需要具有高功率，这就要求必须制造设置于航天器上的相应能源。

图 6-117　多层防护结构高速撞击损伤后的形貌

(a)

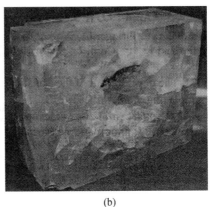

(b)

图 6-118　厚聚甲基丙烯酸甲酯靶材中的撞击坑

6.5.7.3　空间微流星体静电加速模拟效应设备

超高速撞击地面模拟实验是研究微米级微流星体和空间碎片撞击效应最直接、最有效的手段。微流星体静电加速方法在模拟微米级空间碎片，尤其是在加速数量庞大的微流星体级碎片上效果明显。国内有一台模拟空间微流星体环境的微流星体静电加速设备，该设备适合将尺寸 $0.1 \sim 10\mu m$、质量 $10^{-8} \sim 10^{-13}$ g 的球形或片状带电粒子加速到 $1 \sim 10$ km/s，粒子材料可以是铝或碳。该设备可用于航天器外表如热控涂层、光学器件、太阳电池阵、天线及热辐射等材料和器件遭受微米级空间碎片撞击的地面模拟试验，该设备如图 6-119 所示。

（1）模拟原理

在发射器内将尺寸为 $0.1 \sim 10\mu m$ 微小粒子充以 $10^{-19} \sim 10^{-17}$ C 的电荷并发射到加速管道内，通过直线加速装置和动态加速装置等二级加速后，微小粒子获得较高的速度。控制

图 6-119　空微流星体撞击模拟试验设备（哈工大）

系统会记录并处理飞行粒子的基本参数，如粒子的速度、质量、荷质比及总数量等，粒子最终击中放置在真空室内的靶材。整个粒子加速和高速撞击过程是在 1.3×10^{-3} Pa 的真空环境中进行。空间微流星体撞击模拟试验设备结构简图如图 6-120 所示，其中发射装置和加速装置是核心部分。

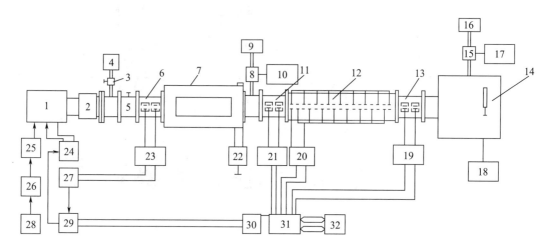

图 6-120　空间微流星体撞击模拟试验设备结构简图

1—粒子发射器电源；2—粒子发射器；3—放气阀；4—前级真空泵；5—隔断闸阀；6—测量传感器；7—直线加速器；

8—真空闸阀；9—真空测量系统；10—真空抽气系统；11—测量传感器；12—动力加速器；13—测量传感器；

14—真空室；15—真空闸阀；16—真空测量系统；17—真空抽气系统；18—二次效应测量系统；19—粒子参数测量系统；

20—高压放大器；21—粒子参数测量系统；22—高压发生器；23—粒子参数测量系统；24—粒子发射器控制单元；

25—电源组件；26—蓄电池；27—时段发生器；28—充电装置；29—激光退耦；30—激光退耦；31—控制器；32—计算机

（2）设备分系统组成及技术指标

①粒子发射装置

该发射装置的结构如图 6-121 所示。当高压加到漏斗电极时，微粒子在电场的作用下进行运动。壳内无序运动的粒子，通过连接套筒把粒子喷入由半球和充电极形成的左右充电室的腔室中。在充电腔中微粒子继续其无序运动暂时不会碰到针尖。当微粒子与尖端接触时进行充电，在电场的作用下粒子经射出孔飞离充电腔直接进入加速管道。

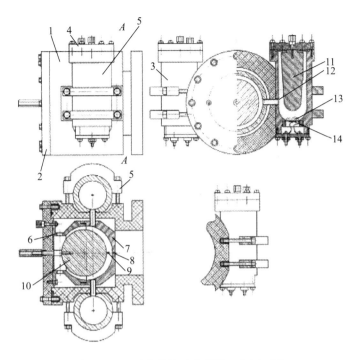

图 6-121　粉尘微粒子发射器工作原理图

1—发射器外壳；2—发射器端盖；3—发射器料室；4—料室盖；5—固定的钩环；6—充电腔的左半球体；

7—充电腔的右半球体；8—射出孔；9—针；10—充电电极；11—漏斗电极；12—连接套筒；13—粉末；

14—压电辐射源

②粒子加速装置

1）直线加速装置。从发射装置发射的微小粒子只能获得较低的初始速度，一般为 0.5～1 km/s，为了进一步提高粒子的速度还要采用加速装置。这里采用直线加速装置，其结构示意图如图 6-122 所示。整个加速装置中包括 12 个独立的加速管，逐个相连，连接处电源极性相反。电源为交流电源，最高电压为 130 kV。经过加速后粒子平均速度可达到 3 km/s。

2）动态加速装置。动态加速装置的结构示意图见图 6-123。其由 4 段共 28 个加速管组成，总长度为 2.52 m，有效加速电压为 450～550 kV。该装置带有速度过滤器，带电粉尘粒子进入动态加速装置之前要进行一次速度和粒子的荷质比采样。进入加速装置中的粒子速度若达不到设定的速度区间，就会在系统中发生偏转被淘汰。采集到的粒子速度和荷质比信息由程序处理，经计算确定取样粒子达到每一个加速电极需要的时间。由它发出连续触发脉冲，当微小粒子处于每一个电极附近时，下一个电极开始接地。通过正确选择这些脉冲的相位，可以实现稳定的加速过程。一般可以获得 5 km/s 的平均速度，最大速度可达 10 km/s。

③真空靶室及真空获得系统

真空靶室直径为 800 mm，长度为 1 000 mm，水平放置，采用不锈钢材料制造。内部

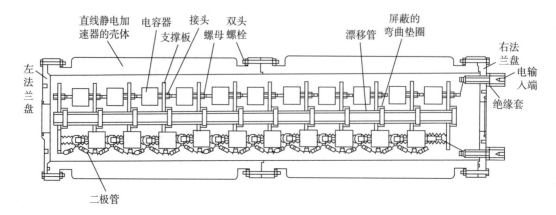

图 6-122 直线加速装置的结构示意图

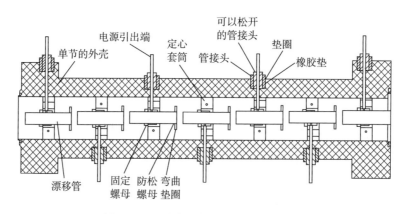

图 6-123 动态加速装置的结构示意图

设有放置靶材的支架和调整距离的滑轨，可以安放靶材及撞击效应检测设备。靶室底部通过真空隔断阀与抽真空系统相连，同时在靶室底部有一接口法兰，其上是光电及电离效应检测装置的信号传输接口。整个试验设备中共有两套抽真空系统，采用扩散泵及前级机械泵配套的抽气系统。整个真空加速管道与真空靶室的极限真空度为 1.3×10^{-3} Pa。

④粒子参数检测与控制系统

粒子参数的控制、处理和调节装置由三个测量尺、六个倍增器、三个蓄电池装置、微控制器、光纤通信系统线路和微型计算机系统组成。

微控制器由四个主要的部分组成：多个存储模块、多个生成器、多个计数模块和多个控制模块。

控制模块是系统的大脑，控制其他组件，并从计算机获得指令。控制模块由微控制器、地址缓冲器、地址存储器和控制信号生成装置及判读器组成。当必须变换 FLASH 存储器中的"穿孔器"时，微控制器接收来自计算机的二进制数据指令，该数据指令记录在存储模块中。控制信号的生成装置为存储器、调节器和缓冲器，可生成工作所需的信号。

存储模块包括：控制信号的生成装置，存储器微电路和缓冲器。微控制器测量三个测量尺的粒子飞行时间：这三个测量尺位于发射器的后面，动加速器的后面以及整个加速管道的出口处。可以确定静电加速器和动加速器管道中的粒子飞行时间。所有这些数据经串联接口传输到计算机。微控制器组同样也要产生信号通过时间的脉冲，该脉冲将加到高压加速器的输入端。

在计数模块中测量通过测量尺的粒子飞行时间间隔，该时间间隔与粒子速度成正比，并生成选择加速的粒子束持续脉冲值的地址。计数模块由控制信号的生成装置、计数器、发生器、缓冲生成器组成。计数脉冲到达控制信号生成装置的计数器。计数器出口处已形成的电码通过捆在一起的缓冲形成器到达存储模块。

光纤通信系统线路保障在加速器高压和低压部分的装置之间传输信号。

近年来以长寿命、高可靠航天器技术发展为应用背景，选择光学材料和器件，如空间相机反射镜与透镜及太阳电池玻璃盖片等，开展了空间粉尘环境效益模拟与评价技术研究。

6.5.7.4　二级轻气炮是空间碎片效应地面模拟设备

二级轻气炮是在地面模拟空间碎片高速撞击的重要设备，参见图 6-124。

图 6-124　二级轻气炮模拟设备（哈工大）

（1）二级轻气炮的组成

二级轻气炮模拟设备示意图如图 6-125 所示。

1）二级轻气炮主要由发射动力源室、压缩管、高压段、发射管、靶室和抽真空系统所组成。炮的尺寸为：长 16.5 m、宽 1.8 m。

2）火药室是炸药爆炸源，是二级轻气炮初级高压发射动力源。炸药在火药室通过直流电压引爆后燃烧产生高压的气体，将所产生的高压气体去推动活塞。火药室主要包括炮闩、电底火、药筒座和药室。

3）压缩管是使炸药爆炸源产生的高压气体推动的活塞瞬间压缩具有较轻分子量的气体，使之迅速进入更高压力的状态。包括运动部件活塞和配重体，活塞由高压聚乙烯制成，配重体是由压缩轻质气体速度决定的。压缩管长约 6 m。

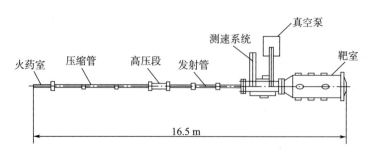

图 6 - 125　二级轻气炮模拟设备示意图

4）高压段是轻质气体被高速压缩一定体积后会迅速膨胀使炮体中承受压力和温度最高的关键部件（约 1 000 MPa 的压力和 3 600 K 温度），其所产生的高压会击破金属隔膜，使大能量集中猛烈地推动弹体进行高速运动。弹体由弹托和弹丸组成，弹托一般分为两瓣或三瓣，由聚碳酸酯制成。金属隔膜是根据破膜所需要的能量决定的。

5）发射管是当高压气体破膜推动弹体发射后，保证弹体在炮管高速运动中压力和姿态基本不变。发射管长约 3 m。

6）靶室是试验所需要的真空环境和截弹防护装置，它包括分离段、碰撞室和靶架台。在分离段中固定肛靶器在弹托运动中通过动力阻尼使弹托脱离。靶架台安装在碰撞室内，在靶架台上安装效应靶，并能调整效应靶的位置。靶室内腔的尺寸为：长 2.7 m、宽 1.2 m。

7）抽真空系统的主要作用是保证压缩管、高压段、发射管和靶室处于低真空环境状态。该系统由机械泵、真空管路、真空仪表和放气阀等组成。

（2）高速撞击模拟试验方法

利用二级轻气炮模拟空间碎片高速撞击试验的基本原理是：发射起爆后，当炸药燃烧产生的压力超过某一值时，低压膜片（大膜片）破裂，活塞以较低且平稳的速度压缩管内预先充入的轻质气体（在压缩段内获得高的压缩比），使其压力和温度不断上升，当高压段压力达到某预定值时高压膜片（小膜片）破裂，高压气体推动弹丸开始运动，如图 6 - 126 所示。

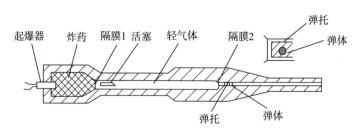

图 6 - 126　二级轻气炮工作原理图

①弹丸速度的确定

二级轻气炮发射使用的炸药量、注入轻气量、弹丸重量、装填件活塞（高压聚乙烯）的质量以及高压、低压膜片（1Cr18Ni9Ti）的破膜压力直接影响炮发射性能和弹丸的速度。

②炸药量对弹丸速度的影响

适当地调整炸药量可以获得所需的活塞速度，而活塞速度对弹丸底部压力的持续过程有很大的影响。炸药起爆加速给定质量的活塞，使活塞在某个预定位置达到所需的速度，在二级轻气炮上，为了减小药室峰值的压力，使用燃速较慢的炸药（硝化纤维）来降低活塞的加速度，使活塞前的推进气体里形成的冲击波较弱，有助于实现等熵压缩的目的。在弹丸加速运动过程中，活塞仍然不断向轻质气体传递能量，当活塞进入高压段的锥形段时，使得作用到弹丸底部的气体有一短暂等底压阶段，弹丸获得高速，此后弹丸在发射管内继续加速，沿弹道飞出炮口。

③活塞对弹丸速度的影响

在弹丸开始起动之前活塞首先达到最大速度，此时用来加速活塞的第一级驱动气体处于低压状态，不再给活塞传递额外能量。因此，压缩推进气体所需能量主要来自活塞的动能。而活塞速度已根据给定弹底压力所要求的压缩比率来确定，所以改变活塞质量可以改变活塞减速时高压段的压缩比率来影响弹丸底部压力。

④注入轻气量对弹丸速度的影响

轻气是具有小分子量的气体（一般指氢气、氦气等），若用分子量大的气体作为工作介质，当加速弹丸时会有很大一部分能量加速气体本身，被用来加速弹丸的能量就会减少，因此弹丸所能获得的最大速度也是比较低的，所以利用轻质气体作为工作介质对提高弹速是有好处的。

⑤膜片对弹丸速度的影响

二级轻气炮的高压压力释放由膜片的破裂强度调整，破膜释放气体直接推动弹体。膜片的破裂强度取决于膜片槽深的厚度和预期压力值，当药室燃烧产生的压力达到某一压力值时会破膜，推动活塞压缩气体不断提高压力和温度，进而冲破高压端膜片瞬间集中释放能量，高压气体使弹体高速运动。破膜厚度与炸药量、活塞和诸如轻质气体相互协调可提高弹丸速度。

⑥弹体对弹丸速度的影响

弹体由弹托和弹丸组成，在发射过程中弹体应保持气动稳定性和足够的强度，不能有破碎等现象，在发射管中运动时应具有好的自密封性能，防止弹底推进压力从弹体与发射管壁间释漏到弹体前影响弹丸的速度。另外，弹体的质量对弹丸发射性能有较大的影响，增加弹体质量需要提高气室和弹底压力，才能提高弹速，即如果要使不同质量的弹体具有相同加速过程以获得同样的弹速，那么弹底压力就必须与弹体质量成正比。

⑦弹丸对中瞄靶

在二级轻气炮发射段端口处利用激光准直仪使激光源对准固定在靶室里靶台架上的效应靶上，上下左右移动靶台架将通过分离段拦截器中间孔的激光源对准靶材中心端，此时二级轻气炮发射段端口与效应靶中心成一条直线，可保证弹丸发射后撞击在效应靶上。

⑧弹托的脱靶

弹丸在发射管内运行是依靠弹托支撑的，弹托由两个或三个瓣组成，是发射能量传递的最后一个环节，在发射过程中弹托应有气动稳定性和足够的强度，保持完整，不能破碎，并且具有自密封性，当弹体飞出发射管时，受到气动力的作用，弹托干净利落分离而不对弹丸产生干扰。在撞击试验中采用的是气动分离和机械拦截脱靶技术，首先向发射管分离段中预先注入 0.3 MPa 的氮气，使弹体在发射运动中弹托受到气动力的作用与弹丸发生分离，弹托的几个瓣开始散开改变飞行方向碰撞在拦截器上而弹丸则通过拦截器中间孔直接撞击在已固定于靶舱里的多层效应靶材料上。

（3）弹丸速度的测定

弹丸出口速度可反映二级轻气炮的发射能力。目前在高速撞击试验中使用磁测速环来测速，它采用的是磁感应测速原理的方法，这种测量原理是：由于弹丸运动时，穿过弹丸的磁通量发生变化，并在弹丸内部激发起感应电流，感生电流的方向与磁通量变化的方向垂直，这个感生电流的磁场将使原有的磁场强度发生变化。因此当弹丸通过固定磁体的磁场时使安装在磁体附近线圈中的磁通量改变，在线圈的输出端得到一个感应电信号。在高速撞击模拟试验中，将含有两个线圈和磁体的磁测速环放置在弹丸飞行路径发射端口上，可根据高分辨率示波器采集到的弹丸通过磁测速环时感应信号触发的波形，如图 6 - 127 所示，找到弹丸通过磁测速环时的时间，就可以计算出弹丸的飞行速度。

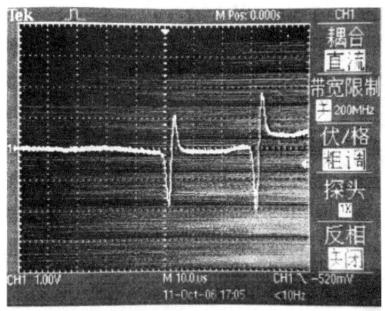

图 6 - 127　弹丸通过磁测速环时感应信号触发的时间波形

计算公式

$$V = d/(t_1 - t_2) \tag{6-76}$$

式中　v——弹丸的速度（km/s）；

　　　d——磁测速环中两个线圈间的长度（cm）；

t_1，t_2——弹丸通过磁测速环中两个线圈感应信号出现的时间（μs）。

（4）实验操作步骤

二级轻气炮是利用瞬间产生的高压推动弹体进行空间碎片高速碰撞模拟的设备，需要使用炸药、氢气和高压氮气等高危物品，对发射试验用的填充件（如活塞、配重、膜片、弹托和弹丸）质量要求高，所以为了保证高速撞击试验的正常进行，要制定正确的实验操作规范，并严格遵守实验规定，按着操作程序工作是使用二级轻气炮进行高速撞击试验，并取得试验数据的重要环节。在准备好发射试验前期条件后，按以下步骤进行操作。

①安装填充件

使用专用工具打开炮体，然后利用炮膛准直杆检查压缩管和发射管，并且在压缩管与药室、发射管与高压段之间安装好活塞、膜片和弹丸后，将炮体各个连接部位合拢锁紧。

②安装效应靶

打开靶室，安装拦截器，在靶台上利用激光准直仪固定好试样（此时激光红斑点应穿过拦截器中间孔落在试样中心处），然后将靶室合拢锁紧。

③安放测速系统

打开分离段侧面阀门并在发射管口上固定好测速磁环，然后用传输信号的同轴电缆连接到示波器的输入端口上。

④检查和连接气体

要预先检查氢气瓶、氮气瓶（是否漏气和有足够压力气体），然后利用导气管连接到压缩管和靶室上（此时压缩管和靶室上的阀门应处于关闭状态）。

⑤药品检查和准备

到药库取发射用炸药、黑火药和雷管，并经过药品检查、称重（根据试验弹丸发射速度来确定药量）和检测雷管质量后，再连接好引爆线路（注意此时一定是开路）。

⑥启动真空系统

对靶室和压缩段抽真空，既分别开启靶室和压缩段机械真空泵，缓慢打开靶室和压缩段与机械真空泵连接的阀门，使靶室和压缩段上的真空表分别指示到 1 MPa 后，先关闭机械真空泵，然后再分别关闭靶室和压缩段与机械真空泵之间的阀门。

⑦充入氮气

拧开氮气瓶通往靶室和分离段的阀门，向靶室和分离段注入氮气，直至靶室和分离段上的真空表指示达到 0.85 MPa 后，才可以关闭氮气瓶的阀门。

⑧注入轻质气体

拧开氢气瓶的阀门，向压缩管注入氢气致使压缩管上的真空表指示达到 $0.2\sim1.0$ MPa 后，立即关闭氢气瓶阀门（此时无关人员撤离现场）。

⑨装填发射药

在准备好的引爆拴上绑好已称重的药包，再缓慢地将药包体送入炸药起爆室，然后锁紧炸药起爆药室后部安全闩，此时需要检查一下引爆装置的雷管阻抗（$2.0\sim3.5$ Ω）。

⑩设置采样参数

按着撞击试验数据需要的要求，将示波器设置成单触发等待状态（可根据试验弹丸发射速度设置输入电压、采集时间和触发电平。此时，输入电压为 2 V，采集时间为 10 μs，触发电平为 520 mV）。

⑪点火发射

再用专用仪表检查引爆线路后，最后将引爆线路与启动装置连接，准备点火发射，起爆。

⑫采集数据

在示波器上读取和记录试验数据。参见采集的弹丸通过磁测速环时感应信号出现的时间波形图。

⑬试验结果

表 6 - 51 列出利用二级轻气炮模拟空间碎片高速撞击的试验数据。

表 6 - 51　高速撞击试验数据

材料名称	药量/g	活塞质量/g	膜厚/mm	注轻气量/MPa	弹丸出口速度/(km/s)
Al	30	135.5	0.4	0.10	1.2
Al	160	135.5	0.6	0.60	2.45
Al	200	135.5	0.8	0.60	2.94
Al	200	135.5	0.4	0.50	4.06
TC4	30	135.5	0.6	0.10	1.32
TC4	140	135.2	0.7	0.80	2.00
TC4	200	135.5	1.9	0.60	3.22
TC4	160	136.0	0.8	0.60	3.73
1Cr18Ni9Ti	25	135.5	0.6	0.10	1.35
1Cr18Ni9Ti	60	135.0	0.6	0.25	2.00
1Cr18Ni9Ti	200	135.0	1.5	0.60	3.27
1Cr18Ni9Ti	180	136.6	0.8	0.60	3.74

参 考 文 献

［1］ Williams P. P. et al. J. of Geoph. , Research, 1973, 78, N22, p. 4751 – 4753.

［2］ Pinson I. D. , Wiebel I. A. AIAA/IES/ASTM Space Simulation Conference, Houston, Texas, 1965. p. 110 – 117.

［3］ Y. Bourrieau, A. Paillous. Effect of radiation on polymers and thermal control coating. Space Materials in Space Environment, ESA SP – 145, 1979, pp. 227 – 245.

［4］ J. Marco, A. Paillous, G. Gourmelon, Proc. of 6th Int. Symp. Materials in Space environment, ESTEC, Norrdwijk, The Netherlands, 1994, pp. 77 – 83. ①

［5］ Rees D. CIRA – 86, Adv. Space Res, 1988, v. 8, No 5 – 6.

［6］ Hedin A. E. Extension of the MSIS thermospheric model into the middle and lower atmosphere. Journ. Geo – phys. Res. , 1991, v. 96, p. 1159.

［7］ Hickey M. P. The NASA Marshall Engineering Thermosphere Model（MET）. NASA CR – 179359, USA, Washington, D. C. , 1988.

［8］ Borde – Renard J. P. , Sabbathier G. , Drolshagen G. Improved analysis for the computation of spacecraft surface erosion due to atomic oxygen. In: Proc. of the 6th Int: Symp. on Materials in Space Environment. ESTEC, Noordwijk, The Netherlands, 1995, Sept. 19 – 23. pp. 271 – 276.

［9］ 黄本诚，童靖宇. 空间环境工程学［M］. 北京：中国科学技术出版社，2010.

［10］ 达道安. 真空设计手册［M］. 北京：国防工业出版社，2004.

［11］ Акишин А. И. , Гужова С. К. , Гужова С К Взаимодействие ионосферной плазмы с материалами и оборудованием космических аппаратов. ФХОМ, 1993, No, 3, с. 40 – 47.

［12］ BA Banks, KK De Groh, SK Miller Low Earth Orbital Atomic Oxygen Interactions with Spacecraft Materials. NASA/TM – 2004 – 213223 August 2004 AIAA – 2004 – 5638. Gleen Research Center, Cleveland, OhIO.

［13］ MIlinchuk V. K, Smirnova T. N, Properties of the polymeric films after natural exposure to the space environment on the orbital space station《MIR》. In: Proc. 8th Int. Symp. On Materials in Space Environment, 2000, ONERA.

［14］ Iaumov S. F, Gorodetsky A. A, Sokolova S. P. et al. Study on materials and out surface coatings aboard space station《MIR》. In: Proc. 8th Int. Symp. On Materials in Space Environment, 2000, ONERA.

［15］ Caledonia GE, Krech RH, Oakes DB. Laboratory studies of fast oxygen atom interactions with materials. In: Proc. 6th Int. Symp. On Materials in Space Environment, ESTEC, 1994, pp. 285 – 292.

［16］ Harris IL, Chambers AR, Roberts GT. The laboratory testing of silver and polymeric materials in a-

---

① 具体文章名称未查到。——编者注

tomic oxygen flows. In: Proc. 6th Int. Symp. On Materials in Space Environment，ESTEC，1994，pp. 195 - 200.

[17] Tagawa M，Yokota K，Kinoshita H，Ohmae N. Use of quartz crystal microbalance on the polymer degradation studies regarding atomic oxygen activities in low earth orbit. In: Proc. 6th Int. Symp. On Materials in Space Environment，ESTEC，2003，SP - 540. pp. 242 - 247.

[18] Chalykh A. E.，Matveev V. V.，Nikiforov A. P.，Skurat V. E.，Babayevsky P. G.，Markov A. V. About mechanism of surface roughness development on polyimide films during anisotropic etching by fast atomic oxygen. In: Proc. 7th Int. Symp. On Materials in Space Environment，ESA，1997，SP - 399. pp. 243 - 243.

[19] Матвеев В. В.，Никифоров А. П.，Скурат В. Е.，Чалых А. Е. О механизме возникновения шероховатоотм ловерхностм лолимерных матерлаиов при аниэотропиом травлении пучком Быстрого атомарного кислорола Химнческая Физика，1998，т. 17，Ио 4，с. 120 - 128.

[20] Babel H. W.，Jones C. Materials and process technology developed for the international space station. On Materials in Space Environment，1998：31 - 37.

[21] De Rooij A. Some results of the oxidation investigation of copper and silver samples flown on LDEF. In: Proc. 5th Int. Symp. On Spacecraft Materials in Space Environment，1991，pp. 119 - 129.

[22] Caledonia G. E.，Krech R. H.，Oakes D. B. Laboratory studies of fast oxygen atom interactions with materials. In: Proc. 6th Int. Symp. On Materials in Space Environment，ESTEC，1994，pp. 285 - 292.

[23] Harris I. L.，Chambers A. R.，Roberts G. T. The laboratory testing of sliver and polymeric materials in atomic oxygen flows. In: Proc. 6th Int. Symp. On Materials in Space Environment，ESTEC，1994，pp. 195 - 200.

[24] Акишин А. И.，Новиков Л. С.，Черник В. Н.，Наумов С. Ф.，Соколова С. П.，Куриленок А. О.，Герасимова Т. И.，ЭрозозияCu，Ag，Au，Sn в низкоэнергичных потоках кислородпой плазмый Поверхность，2006，No，4，с. 45 - 50

[25] Koontz S.，King G.，Dunnet A.，Kirkendahl T.，Linton R.，Vaughn J. The international telecommunication satellite（INTELSAT）solar array coupon（ISAC）atomic oxygen flight experiment: Techniques，result and summary. In: Proc. 6th Int. Symp. On Materials in Space Environment，ESTEC，1994，pp. 285 - 292.

[26] Banks B. A.，Rutledge S. K.，Brady J. A.，Merrow J. E.，Atomic oxygen effects on materials. Workshop，Proc. NASA LRC，Hampton，1998，pp. 197 - 239.

[27] Skurat V. E. Evaluation of reactions efficiencies of polymeric materials in their interaction with fast（5ev）atomic oxygen. In: Proc. 7th Int. Symp. On Materials in Space Environment，SP - 399，1997. pp. 231 - 235

[28] Tazawa M.，Yokota K.，Kinoshita H.，Ohmae N. Use of quartz crystal microbalance on the polymer degradation studies regarding atomic oxygen activities in low earth orbit. In: Proc. 9th Symp. On Materials in Space Environment，ESTEC，2003，sp - 540，pp. 242 - 247.

[29] Allegri G.，Corradi S.，Marchetti M.，Milinchuk V. K. On the degradation of polymeric thin films in LEO space environment. In: Proc. 9th Int. Symp. On Materials in Space Environment. ESTEC，2003，sp - 540，pp. 255 - 260.

[30]　Babel H. W. , Jones C. Materials and process technology developed for the international space station. In: Proc. 7th Int. Symp. On Materials in Space Environment, ESA, sp – 399, pp. 31 – 47.

[31]　Ohmae N. , Kinochita Y. , Ikeda J. , Tagava M. space tribology activities in Japan laboratory data and flight experiment abroad SFU/EFFU. In: Proc. 7th Intern. Symp. On Materials in Space Environment, ESA, 1997, SP – 399, pp. 387 – 391.

[32]　Study of effects of the space environment on infrared filters and materials flown on the NASA LDEF mission. GR/F 67900, 1991.

[33]　Chalykh A. E. , Matveev V. V. , Nikiforov A. P. , Skutat V. E. , Babmevsky P. C. Markovav A. V. About mechanism of surface roughness development on polyimide films during anisotropic etching by fast atomic oxygen. In: Proc. 7th Intern. Symp. On Materials in Space Environment, ESA, 1997, SP – 399, pp. 243 – 246.

[34]　Minton T. K. , Garton D. J. Dinamics of atomic oxygen induced polymer degradation in LEO. Chemical dynamics in extreme environments. In: Advanced series in physical chemistry. Ed. Dressler R. A. Woeld scientific, Singapore, 2000, pp. 420 – 463.

[35]　Garton D. J. , Zhang J. , Minton T. K. Atomic oxygen interaction with saturated hydrocarbon surfaces: probing polymer degradation mechanisms. In: Proc. 8th Intern. Symp. On Materials in Space Environ, ISMSE – 8, 2000.

[36]　Medvedeva M. , Garrison B. J. , Comparative study of low energy C and O atoms impact in a hydrocarbon surface. In: Proc. 8th Intern. Symp. On Materials in Space Environ, ISMSE – 8, 2000.

[37]　Minton T. , Garton D. , Troya D. , Maiti B. , Pascual R. , Schatz G. Model atomic oxygen reactions: detailed experimental and theoretical studies of the reactions of ground – state O (^{3}P) with H_2, CH_4, CH_3CH_3, and $CH_3CH_2CH_3$ at hyperthermal collision energies. In: Proc. 9th Symn. On Materials in Space Environement, ESTEC, 2003, SP – 540, pp. 129 – 136.

[38]　Troya D. , Schatz G. Hyperthermal chemistry in the gas phase and on surfaces: theoretical studies. int. Reviews in Physical Chemistry, 2004, v. 23, No 3, pp. 341 – 373.

[39]　Nikiforov A . P. , Skurat V. E. Kinetics of polyimide etching by supersonic beams consisting of atomic and molecular oxygen mixtures. Chemical Physics Letters, 1993, v. 212, pp. 43 – 49.

[40]　Colb M. A. , Wyderen T. Reaction of atomic oxygen with various polymer films. Polymer Degradation and Stability, 1988, v. 22, pp. 325 – 338.

[41]　Banks B. A. , Rutledge S. K. , Paulsen P. E. Simulation of the low earth orbital atomic oxygen interaction with materials by means of an oxygen ion beam. NASA, 1989, TM – 101971.

[42]　Tagawa M. , Matsushita M. , Umeno M. , Ohmae N. Laboratory studies of atomic oxygen reactions on spincoated polyimide films, In: Proc. 6th Symp. On Materials in Space Environment, ESTEC, 1994, pp. 189 – 193.

[43]　Krech R. H. , Caledonia G. , Oakes D. ct al. AO experiments at PSI. Rep. PS1, 1996

[44]　Kootz. S. , Leger L. , Albyn K. , Cross J. Vacuum ultraviolet/ atomic oxygen synergism in material reactivity J. Spacecraft and rockets, 1990, V. 27, No 3, pp. 346 – 348.

[45]　Iskanderova Z. , Kleiman J. , Gudimenko Yu. , Tennison R. C. Influence of content and structure of hydrocarbon polymers on erosion by atomic oxygen. J. Spacecrafts and rockets, 1995, V. 32, pp. 878 – 884.

[46] Kleiman J., Iskanderova Z., Banks B. A., de Groh K. K., Sechkar E. A. Prediction and measurement of the atomic oxygen erosion yield of polymers in low Earth orbital flight. In: Proc. 8th Int. Symp. on Matrials in Space Environment. ONERA, 2000.

[47] Скурат В. Е., Оценки вероятности химической реакции при столкновениях атомов кислорода с энергией э В споверхностями различных органических полимерв. Докл. РАН, 1989, т. No 4, с. 119 – 260.

[48] Скурат В. Е., Уточнение вероятности реакций быстрых атомов кислорода (5Эв) при столкновениях споверностями органических полимеров и углерода. В кн.: Тез. Докл. 9 конф. Деструкция и стабилизация полимеров. М., РАН, 200, с. 182 – 183.

[49] Iskanderova Z. Kleiman J. Gudimenko Yu. Morison D. W., Tennison R. C. Surface modification of polymeric materials by ion implantation for protection in LEO, In: Proc. 8th Int. Symp on Materimals in Space Environment, ONERA, 2000

[50] Gudimenko Yu., Kleiman J., Iskanderova Z., Tennyson R. C., Hughes P. C., Milligan D., Grigerevskiy A., Shuiskiy M., Kiseleva L., Edwards D., Finckenor M. Enhancement of surface durability of space Materimals and structures in LEO environment. In: Proc. 9th Symp. On Materials in Space Environment, ESTEC, 2003, SP – 540, pp. 341 – 346.

[51] Brunsvold A., Minton T. K., Gouzman I., Grossman E., Gonzalez R. I., An investigation of the resistance of POSS polyimide to atomic oxygen attack. In: Proc. 9th Symp. On Materials in Space Environment, ESTEC. 2003, SP. – 540, pp. 153 – 167.

[52] Mojazza H., Sculer P., Space durable polymeric materials for mlis, inflatable films, and space tethers. In: Proc 8th Int. Symp. on Matcrials in Space Environment, ONERA, 2000.

[53] ASTM. Standard practices for ground laboratory atomic oxygen interaction evaluation of material for space applications. Designation E 2089 – 00, June 2000.

[54] Матвеев В. В., Никифоров А. П., Скурат В. Е., Чалых А. Е. О механизме возникновения шероховатости поверхности полимерных материалов при лнизотропном травлении пучком быстрого атомарного кислода Химическая физика, 1998, т. 17, No, с. 120 – 128.

[55] Bandeen W R, Manger W P. Angular Motion of the Spin Axis of the Tiros I Meteorological Satellite Due to Magneitic and Gravitational Torques. Geophys. Referevce, Sept. 1960, 65 (9).

[56] Wilson R H Jr. Magnetic Damping of Roation of the Vanguard I Satelite Sciene, Feb. 1960, 131.

[57] Fischell R E. Magnetic Damping of the Angular Motions of Earth Satellites. ARS J. Sept 1965, 32.

[58] Mobley F F. Gravity – gadient Stabilization Results from the Dodge Satelite in 1967. Tech. Memo., TG – 993, Appl. Phys. Lab.

[59] Fischell R E. Passive Magnetic Stabilization of Earth Satellites. Advances in Astronautical Sciences, Westm Periodicals, 1963. 2.

[60] Lindorfer W, Muhfelder L. Attitude and Spin Control for Tiros Wheel. Proc. AIAA Guidance and Control Conference on Joint Automatic Control. Aug. 1966.

[61] 《人造地球卫星环境手册》编写组. 人造地球卫星环境手册 [M]. 北京：国防工业出版社，1971.

[62] 赵凯华，陈熙谋. 电磁学 [M]. 北京：人民教育出版社，1978.

[63] W E Pruett. UK – 4 Prorotype Spacecraft Magnetic Tests. X 325 – 72 – 128.

[64] Goddard Space Flight Center. Spacecraft Magnetic Test Facility (Attitude Control Test Facility)

SMTF（ACTF）. Goddard Space Flight Center，X‐754‐83‐9.

[65] Milton H Lackey. Computer Programs for the Analysis of Spacecraft Magnetism. NOLTR 73‐191.

[66] W L Eichhom. Magnetic Dipole Moment Determination by Near‐Field Analysis. NASA IND‐6685.

[67] C L Parsons，C A Harris. IMP‐I Spacecraft Magnetic Test Program. N66‐21703.

[68] T Inouye. Magnetic Tests of the OGO and ERS Satellite. N69‐3397.

[69] Barry E Tossman. Application of Resonance Technique for Measuring Satllite Magnetic Dipole Moment. N69‐33978.

[70] Boyle J C. The Mark VI Torquemeter，an Instrument for Measuring Magnetic Torques on Spacecraft. N71‐32476.

[71] W E Pruett. UK‐4 Flight Spacecraft Magnetic Test. X‐325‐72‐376.

[72] J C Boyle. ISIS‐B Spacecraft Magnetic Tests. X‐325‐72‐81.

[73] John D Watson. AC Demagnetization of Satelite Components. N64‐28201.

[74] Charles A Harris. Demagnerizarion Methods for Spacecraft System and Components. N69‐33965.

[75] Whipple E. C. Potentials of surface in space. Rep. Prog. Phys.，1981. v. 44，pp. 1197‐1250.

[76] Garret H. B.，Schwank D. C.，De Forest S. E.，A statistical analysis of the low‐energy geosynchronous plasma environment. 2. Ions. Ibid.，pp. 1045‐1060.

[77] Крупников К. К.，Лазарев В. П.，Марьин Б. В.，Милеев В. Н.，Новиков Л. С.，Исследования энергетических спекров электронов на геостационарной орбите. В кн.：Исследования по геомгнетизму，аэрономии и физике Солнца，1986，вып. 75，с. 78‐86

[78] Stannard P. R. et al. Analysis of the charging of the SCATHA（P78‐20）satellite. NASA CR‐165348，1981.

[79] Guessenhoven M. S.，Mullen E. G. SCATHA retrospective：Satellite frame charging and discharging in the near geosynchronous environment. In Proc. 6th Spacecraft Changing Conference，1998，Air Force Research Laboratory，Hanscom AFB，MA，USA，pp. 237‐242.

[80] Kruneikov K. K.，Mileev V. N.，Novikov L. S.，Pavlov N. N.，Sonovets E. N.，Tcltsov，M. V.，Tveskoy B. A.，Vlasova N. A. Measurement of hot magnetospheric plasma at geosynchronous orbit and charging effects. ESA Symp. In Proc. on Environment Modelling for space‐basd Application，ESTEC. Nocrdwrik，NL，19e.

[81] Knpniikow. K.，Mileev V. N.，Nowikey L. S.，Pavlov N. N.，Sosnovets E. N.，Teltsor M. V.，Charging of Geostationary Satellite as is from the Date of Hot Plasma Spectrometers. In Pro. 6th Spacecraft Charging Technology Conference，Air Force Research Laboratory，Hanscom AFB，MA，USA，1998，pp. 37‐38.

[82] Крупников К. К.，Марьнин Б. В.，Милеев В. Н.，Новиков Л. С.，Тельцов Фейгин В. М.，Ходненко В. П.，Анализ эффектов электризации геостационарных ИСЗ ＜Горизонт＞ и ＜Электро＞ по данным бортовых спектрометров горячей магнитосферной плазмы Космонавтика и ракетостроение，2003，т. 1（30），с. 156‐161.

[83] Lai S. T. Spacecraft charging at geosynchronous altitudes：New evidence of existence of critical temperature. Journ. Spacecraft and Rockets，2001，v. 8，pp. 922‐928.

[84] Davis V. A.，Mandell M. J.，Thomsen M. F. Representation of the geosynchronous plasma environment for spacecraft charging calculation. In：Proc. 8th Spacecraft Charging Technology Conference，

2003，Huntsville，USA，NASA/CP‐2004‐213091.

[85] Olsen R. C. A threshold for spacecraft charging. Journ. Geuphys. Res. , 1983，v. 88，No Al，pp. 439‐499.

[86] Rubin A, Garrett H. B. , Wendel A. H. Spacecraft charging on ATS‐5. AFGL‐TR‐80‐0168 ADA‐090‐508, 1980.

[87] Mullen E. G. Gussenhoven S. SCATHA environmental atlas. AFRL‐TR‐83‐0002，AD‐A131456，1983.

[88] Панасюк М. И. , Сосновец Э. Н. , Тельцов М. В. , Исследование радиации в космическом просранстве В кн Новые наукоемкие технологии в технике Энциклопеддия т Воздействие космической среды на материалы и оборудование космических аппаратов. Под ред . Новикова Л. С. , Панасюка М. И. М. : ЭНЦИТЕХ, 2000, с. 42‐97.

[89] Вакулин Ю. И. , Графодатский О. С. , Гусельников В. И. , Дегтярев В. И. , Жерецов Г. А. , Исляев Ш. Н. , Кочиев А. А. , Платонов О. И. , Попов Г. В. , Фрумин Л. Л. , Основные геофизические закономерности электризации геостационарных спутников связи ＜ Горизонт ＞. Космические исследования, 1989, т. 27, No 1, с. 102‐112.

[90] Guseinikov V. I. , Kochcev A. A. , Prokopicv U. M. , Grsfodatsky O. S. Islyaev Sh. N. General effects of charging of geostationary spacecraft. Turkish Joumal of Physics, 1996，V. 20. No 8，pp. 929‐935.

[91] Guseinikov V. I. , Kocheev A. A. , Prokopicy Yu. M. , Gnafodatsky O. S. In flight results of space‐craft charging investigation for Russian high altitude satellites. In: Proc. 6th Spacecraft Charging Technology Conference，AERL‐VS‐TR‐2001578，2000，pp. 21‐26.

[92] Mccomas D. J. , Bame S. J. , Barraclough B. L. , Dorart J. R. , Elphic R. C. , Gosling J. T. , Mold‐win M. B. , Moore K. R. , Thomsen M. F. Magnetospheric Plasma Analyzer (MPA): Initial three‐spacecraft observations from geosynchronous orbit. Journ. Geophys. Res. , 1993，v. 98，pp. 13453.

[93] Lais S. T. , Tautz M. , Quigley S. Operational tool for spacecraft charging assessments and real‐time wamings (project AHX) . Johns Hopkins University, 2003.

[94] Jurra, A. S. , ed. Handbook of Geophysics and the Space Environment. Air Force Geophysies labora‐tory, Air Force Systems Conmmand, United States Air Force, 1985.

[95] Space Station Program Natural Environment Definiton for Design, NASA Document SSP 30425, Rev. B. Spare Station Program Office, 1994.

[96] Haffner, J. W. Radiation and shieling in Space. San Francisco: Academic Press, 1967.

[97] Gussnhoven, M. S. , Brautigam, D. H. , Mullen, E. G. Characterizing Solar Flare Particles in Near‐Earth Orbits. IEEE Tns. Nuc. Sci. , 35, no. 6, pp. 1412‐1419 (1988)

[98] Rudie, N. J. , Principles and Theniques of Radiation Hardening, vol. , 's 1‐12, 3d ed. Holly wood, CA, Western Periodicals, 1986.

[99] Langley, T. M. , Cassini Radiation Control Plan, NASA JPLD‐8813 (February 1993).

[100] Tada, H. Y. , Carter. J. R. , Jr, Anspaugh, B. E. , Downing, R. G. Solar Cell Radiation Hand‐book, 3d ed. NASA JPL, Publication 82‐69 (1982) .

[101] Anon. Solar Cell Array Deign Handbook. NASA JPL Publication SP 43‐38 (1976) .

[102] Messenger, G. C. , Ash, M. S. The effects of Radiation on Electronic Systems, 2d ed. New York:

Van Nostrand Reinhold，1992.

［103］　Ashcroft，N. W.，Mermin，N. D. Solid State Physics. Philadelphia：Holt，Rinehart and Winston，1976.

［104］Maurer，R. H.，Herbert，G. A.，Kinnison. J. D. Gallium Arsenide Solar Cell Radiation Damage Study. IEEE Tns. Nuc. Sci.，36. no. 6，pp. 2083 - 2091（1989）.

［105］Moreno，E. G.，Alcubilia，R.，Prat，L.，Castaner，L. Radiation Damage Evaluation on AlGaAs/GaAs Solar Cells. IEEE Tns. Nuc. Sci.，35，no. 4，pp. 1067 - 1071（1988）.

［106］Laghari，J. R.，Hammoud，A. N. A Brief Survey of Radiation Effects on Polymer Dielectrics. IEEE Tns. Nuc. Sci. 37，no. 2，pp. 1076 - 1083（1990）.

［107］Hammoud，A. N.，Laghari，J. R.，Krishnakumar，B. Electron Radiaton Effects on the Electrical and Mechanical Properties of Polypropylene. IEEE Tns. Nuc. Sci.，34，no. 6，pp. 1822 - 1826（1987）.

［108］Long，S. A. T.，Long，E. R.，Jr.，Ries，H，R.，Harries，W. L. Electron - Radiation Effects on the AC and DC Electrical Properties and Unpaired Electron Densities of Three Aerospace Polymers. IEEE Tns. Nuc. Sci，33，no，6，pp. 1390 - 1395（1986）.

［109］Suthar，J. L.，Laghari，J. R.，Effect of Ionizing Radiation on the Electrical Characteristics of Polyvinylidene Fluoride（PVF_2），" IEEE Tns. Nuc. Sci，38，no，1，pp. 16 - 19（1991）.

［110］Glasstone，S.，ED.，The Effects of Nuclear Weapons（Washington DC：United States Atomic Energy Commission，1962）.

［111］Nehru，J，ed.，Nuclear Explosions and Their Effects Publications Division，Ministry of Information & Broadcasting，Government of dis，1958）.

［112］Casarett，A P. Radiation Biology（Englewood Cliffs，N Prentice Hall. 1968）.

［113］Atwell，W.，Astronaut Exposure to Space Radiation，SAE paper 901342，Intersociety Conference on Environmental Systems，Williamsburg. VA，9 - 12 July 1990.

［114］Atwell，W.，Hanly，A. C.，Cash，B. L.，Space Shuttle Astronaut Exposures to the Space Radiation Environment：An Update，NASA Technical Memorandum（in press）.

［115］Donnelly，R. F.，ed.，Solar - Terrestrial Predictions Proceedings，vol 2，Working Group Reports and Reviews（Boulder CO：National Oceanic and Atmospheric Administration，1979）.

［116］King，S. E.，et al. Radiation Survey of the IDEF Spacecraft. IEEE Tns. Nuc. Sci.，38，no. 2，pp. 525 - 530（1991）

［117］Beever，E. R.，and Rusling，D. H. The Importance of pace Radiation Shielding Weight. Second Symposium on Protection against Radiations in Space，NASA SP - 71（1964）.

［118］Azarewicz，J. L. Dose Rate Effects on Total Dose Damsage. IEEE Tns Nuc. Sci.，33，no 6，pp 1420 - 1424.

［119］Axmess，C. L.，Weaver，H. T.，Fu，J. S.，Koga，R，Korlesinski. WA，"Mechanisms Leading to Single Event Upset."IEEE Tns Nuc. Sci，33，no 6，p 1577（1986）.

［120］Srour，J. R.，Hartmann，R. A.，Kitazaki，K. S. Permanent Damage Produced by Single Proton Interactions in Silicon Devices. IEEE Tns Nuc. Sci，33，no 6，p 1577（1986）.

［121］Katayma M.，Takeba A.，Toda S，Kibe S. Numerical simulation of jet formation by shaped charge and its penetration into bumped target. In：Proc. of the 2nd Europ. Conf. on Space Debris，ESOC，

Darmstadt，Germany，17 – 19 March 1997（ESA SP – 393），pp. 411 – 416.

[122] Анисимов С. И.　Ковтуненко В. М. Кремнев Р. С. Осипъян Ю. А.　，Сагдеев Р. З.　，Фортов В. Е.　，Шейидлин А. Е. Сверхскоростной удар и противометеорная защита в проекте Вега. Успехи мек.　，1986，т. 9，No 3，с. 3 – 50.

[123] Никитушкина О. Н.　，Иванов Л. И.　，Петров А. Н.　，Новиков Л. С.　，Коношенко В. П.　，Соколов В. Г. Структура микрократеров на поверхности металлических образцов，экспоиировавшихся в открытом космосе. ФХОМ，2002，No 2，с. 21 – 25.

[124] Никитушкина О. Н.　，Иванов Л. И.　，Бедняков Л. С.　，Новиков Л. С. Изменение морфологии поверхности металлов при сверхэвуковых соударениях. ФХОМ，2001，No 1，с. 48 – 51.

[125] Титов В. М.　，Фадеенко Ю. И. Сквозное пробивание при метеоритном ударе Космические исследования，1972，т. Х，вып. 4，с. 589 – 595.

[126] Berthoud L.　，Mandeville J. C. Empirical impact equations and marginal perforation. In：Proc. of the 1st Europ. Conf. on Space Debris，Darmstadt，Germany，5 – 7 April 1993（ESA SD – 01），pp. 459 – 464.

[127] Berthoud L. Micro – impacts on EUERCA solar panels. In：Proc. of the 6th ESA Symp. Proc. on Materials in a Space Environment，ESTEC，Noordwijk，NL，19 – 23 September 1994（ESA SP – 368），pp. 239 – 248.

[128] Семкин Н. Д.　，Воронов К. Е.　，Новиков Л. С.　，Богоявленский Н. Л. Ударносжатые пленочные структуры металлдиэлектрикметалл при высокоскоростном соударении микрометеороидных и техногенныхчастиц. ПТЭ，2005，No 2，с. 123 – 129.

[129] Gardner D. J.　，Mcdonnell J. A. M. Meteoroid and debris properties from thin and thick targets. In：Proc. of the 2nd Europ. Conf. on Space Debris，Darmstadt，Germany，17 – 19 March 1997（ESA SP – 393），pp. 159 – 200.

[130] Neish M. J.　，Kibe S. Hypervelocity impact damage equations for Kapton multi – layered insulation and Teflon second – surface mirrors. In：Proc. of the 3rd Europ. Conf. on Space Debris，ESOC，Darmstadt，Germany，19 – 21 March 2001（ESA SP – 473），V，2，pp. 577 – 582.

[131] Burgasov M. P.　，Nadiradze A. B. Assesment of the solar cell degradation caused by the space debris impact. In：Proc. of ESPC – 93，Austria，23 – 27 August 1993，pp. 767.

[132] Летин В. А.　，Надирадзе А. Б.　，Новиков Л. С. Эффект шунтирования элементов солнечных батарей привысокоскоростном ударе твердых частиц. Гелиотехника，2005，No 3，с. 3 – 12.

[133] Smith D.　，Adams N. G. Studies of plasma production at hypervelocity microparticle impact. Journ. Phys. D：Appl. Phys.　，1973，v. 6，No 4，pp. 700 – 719.

[134] Акишин А. И.　，Кирюхин В. П.　，Марьин Б. В.　，Новиков Л. С.　，Электронная и ионная эмиссия при соударении микронных металлических частиц со скоростями 1 – 5 км/с с поверхностью твердого тела. ЖТФ，1981，т. 51，No 4，с. 823 – 827.

[135] Акишин А. И.　，Кирюхин В. П.　，Марьин Б. В.　，Новиков Л. С. Регистрация канальным умножителем ускоренных металлических частиц. ПТЭ，1980，No 6，с. 129 – 130.

[136] Акишин А. И.　，Кирюхин В. П.　，Новиков Л. С.　，Сливков И. Н.　，Квопросу об инициировании пробоя в вакууме ударами Быстролетящих микрочастиц. ЖТФ，1984，т. 54. No 1，с. 179 – 181.

[137] Novikov L. S.　，Bednyakov S. A.　，Soloviev G. G，Ermolaev I. K.　，Pilyugin N. N. Laboratory model-

ing of space particles impact on materials and structures. In: Proc. of 4th Europ. Conf. on Space Debris, Darmstadt, Germany, 18 - 20 April 2005 (ESA SP - 587), pp. 697 - 700.

[138] Schall W. O. Active shielding and reduction of the number of small debris with high - power lasers. In: Proc. of the 1st Europ. Conf. on Space Debris, Darmstadt, Germany, 5 - 7 April 1993 (ESA SD - 01), pp. 465 - 470.

第 7 章　空间环境效应在轨飞行试验方法

7.1　概述

空间环境与航天器在太空发生相互作用，直接在轨进行空间环境效应研究难度大、成本高。开展空间环境效应研究的主要途径是进行地面模拟，发展地面模拟试验与计算机仿真技术。但地面模拟研究的结果是否正确，能否真实反映空间实际情况，还必须通过航天器在轨飞行试验进行验证。空间环境效应研究的目的是为航天器在轨服役寿命和可靠性评价与预测提供基本依据，具有重要的工程应用背景和意义。空间环境效应评价与预测只有通过将地面模拟与在轨飞行试验相结合，才能有效地加以解决。一方面，地面模拟试验与计算机仿真简便易行，便于开展系统研究；另一方面，空间环境条件十分复杂并具有协合效应，难以完全通过地面模拟试验进行再现。空间飞行试验能够有效地克服地面模拟试验的不足，却又会受到试验成本高和试验难度大等多方面条件的限制，难以大量进行。地面模拟试验、计算机仿真与在轨飞行试验各有所长，缺一不可。通过地面试验模拟、空间飞行试验与计算机仿真三者的结合，有利于达到空间环境效应研究的最佳效果。

空间飞行试验的目的涉及：1) 直接真实地揭示复杂的空间环境效应；2) 验证空间环境效应地面模拟试验结果。空间飞行试验可采取不同方式进行：一是直接发射飞行试验装置［如长期暴露装置（Long Duration Exposure Facility，LDEF）］，进行在轨飞行试验；二是利用在轨航天器进行搭载试验（如空间站、卫星及航天飞机等）。前一种方式可选择不同的轨道环境进行试验，研究范围较广；而后者只能针对已确定的轨道环境进行试验，所涉及的空间环境效应有一定限制。相比之下，前者花费较大，而后者比较经济易行。

随着空间环境效应研究的不断深入，对空间飞行试验的要求日益严格。空间飞行试验需要精心筹划与设计，以求达到目标明确、方案合理及经济合理的效果。空间飞行试验涉及轨道选择、搭载试验装置设计、样件放置与回收、材料性能与效应测试、数据传输以及试验过程控制等诸多问题。搭载试验装置必须十分精巧，试验过程需要进行在轨实时监控，试验数据要能够自动传输；也可以在完成在轨飞行试验后，将样品回收，在地面进行分析。考虑到地面分析手段较多，空间飞行试验多采用在轨暴露与地面分析相结合方式进行。这种研究方法较易进行低轨道环境效应的研究，而高轨道条件下因样品回收比较困难，宜采取在轨实时测试与数据传输方式进行研究。

本章主要结合已在 LDEF、和平号空间站、国际空间站及应用卫星上完成的试验情况，分析空间飞行试验方法的特点；并以热控涂层为例，说明空间材料在轨性能退化搭载试验方法的特点。

7.2 长期暴露装置飞行试验

7.2.1 LDEF 的在轨环境条件

LDEF 是美国国家航空航天局于 1984 年 4 月专门发射并于 1990 年 1 月回收的空间长期暴露装置，在轨时间长达 69 个月。轨道为倾角 28.5° 的圆轨道，高度在 324~479 km 范围内。LDEF 是具有 12 个侧面的圆柱体（直径 4.3 m，长 9.1 m），采用 Al 合金框架结构，顶面朝向太空，底面朝向地球，如图 7-1 所示。由于采用重力梯度稳定方式，LDEF 可使一个侧面的法线始终沿着速度矢量的方向。LDEF 每个侧面分成 6 个等尺寸的长方形开槽区域，端面分成 14 个等尺寸长方形开槽区域（顶端面 8 个，底端面 6 个），每个开槽区域放置试样托架。LDEF 装置的总质量约为 9 720 kg，总暴露面积 130 m²。试样所在位置按图 7-1 所示的竖列（1~12）和横列（A~F）给出。LDEF 在轨暴露 69 个月所遭遇的主要空间环境条件如表 7-1 所示。LDEF 在轨飞行姿态稳定（俯仰角、偏航角及滚动角的偏差均小于 1°），能够使同一试样长时间经历相同的空间环境条件。试验采取被动方式进行，经空间暴露后进行地面分析。有关试验结果详见参考文献 [1-4]。

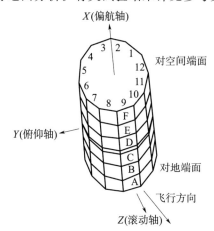

图 7-1 LDEF 结构与在轨取向示意图

表 7-1 LDEF 空间暴露环境条件

环 境	条 件
高真空	$10^{-6} \sim 10^{-7}$ torr
紫外辐射	100~400 nm（4 500~14 500 esh）
电子与质子辐射	约 2.5×10^5 rad（表面剂量）
原子氧	$10^3 \sim 9.02 \times 10^{21}$ cm^{-2}（从背风面到迎风面）
微流星体与碎片撞击	>36 000 个粒子（尺寸为 0.1~2.5 mm）
银河宇宙线	约 6 rad
热循环周期数	约 34 000 次（−29~71 ℃，±11 ℃）

注：esh 为等效太阳小时。

图 7-2 给出 LDEF 暴露结束时，各表面所遭受的原子氧注量分布。在前进方向侧面（Row9 至 Row10），原子氧注量最高达到 9.02×10^{21} cm^{-2}。在背向前进方向的侧面（Row3 和 Row4 之间），原子氧注量最低（约 10^3 cm^{-2} 量级）。在 LDEF 飞行过程中，Row2 至 Row4 的原子氧注量本应均为最低（10^3 cm^{-2} 量级）。然而，在从空间取回过程中，LDEF 被固定在航天飞机的有效载荷舱上，Row1 至 Row3 的表面朝外，经受了约 15 min 的额外暴露，致使实际受到的原子氧注量从 10^3 cm^{-2} 量级增加至约 10^{17} cm^{-2} 量级。在平行于前进方向的表面及入射角稍大于 90° 的平面上，原子氧的注量达到 $10^{17} \sim 10^{19}$ cm^{-2} 量级，这是由于受到了原子氧热运动的影响。图 7-3 所示为太阳紫外辐照剂量在 LDEF 各表面的分布。在面向空间的端面上，太阳紫外辐照剂量最高，达到 14 500 esh；面向地球的端面上，太阳紫外辐照剂量最低，约为 4 500 esh。侧面上太阳紫外辐照剂量在 6 400～11 200 esh 之间。

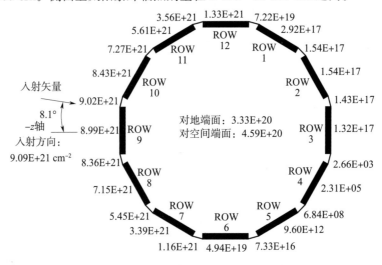

图 7-2 LDEF 各表面上任务末期的原子氧注量

单位为 cm^{-2}，包括回收期间暴露的注量

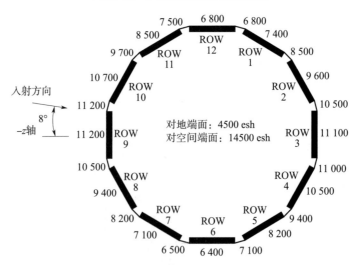

图 7-3 LDEF 各表面上太阳紫外辐照剂量

任务末期累计暴露等效太阳小时

　　LDEF 所在轨道的高度绝大部分低于地球辐射带，只有很小一段穿越南大西洋异常区，所受到的电离辐照注量有限。LDEF 经受的电离辐射源于南大西洋异常区的辐射带质子，以及少量的银河宇宙线质子及其与地球大气作用产生的反照质子和中子，如表 7 - 2 所示。在 LDEF 的轨道上，地磁场还可俘获能量较低的辐射带电子。图 7 - 4 和图 7 - 5 分别给出作用于 LDEF 表面的辐射带质子和电子的积分注量能谱。

表 7 - 2　　LDEF 的电离辐射源

辐射源	最小入射能量/MeV	最大入射能量/MeV	注量/cm^{-2}	角度分布范围
俘获质子	15	600	4.3×10^9	4π
银河质子	3.2×10^3	1×10^5	2.8×10^7	2π
反照质子	15	3.5×10^3	2.3×10^7	4π
反照中子	1×10^{-3}	3.0×10^3	7.4×10^7	1.3π

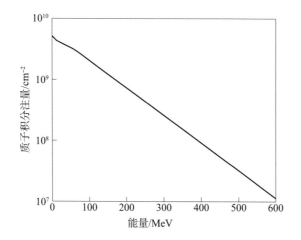

图 7 - 4　作用于 LDEF 表面的辐射带质子积分注量能谱

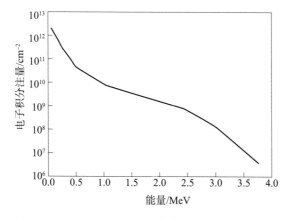

图 7 - 5　作用于 LDEF 表面的辐射带电子积分注量能谱

在 LDEF 表面上观察到大量由微流星体和空间碎片撞击形成的陷坑，总数达到 34 336 个，尺度在 0.01～5.25 mm 之间。撞击坑的直径与数量的关系见图 7-6。尺寸大于 0.1 mm 的撞击坑在 LDEF 的各侧表面和端面上的分布列于表6-3。从表 7-3 可见，朝向运动方向的表面（Row9）上撞击坑的数量约比背向表面（Row3）大 10 倍。LDEF 大约每年每平方米面积上经受 140 次可观察到陷坑的撞击。通过撞击坑中残留物质成分分析，可区分微流星体与空间碎片撞击。大多数空间碎片涉及 Al、Al_2O_3 及各种漆料中的氧化物。在朝向前进方向的表面上，直径约 50 μm 以下的撞击坑主要由空间碎片撞击产生。

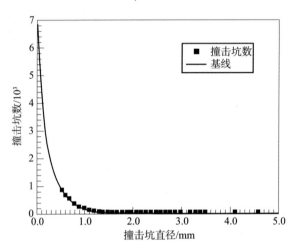

图 7-6　LDEF 表面撞击坑数量与尺寸的关系

表 7-3　LDEF 各表面直径≥0.1 mm 撞击坑数量分布

侧面编号	试验基板			LDEF 结构			热板			β 角/ (°)
	计数	面积/m^2	通量	计数	面积/m^2	通量	计数	面积/m^2	通量	
1	622	6.58	16.43	112	1.22	15.95	46	0.316	25.33	+122
2	126	6.58	3.33	68	1.22	9.68	36	0.316	19.83	+142
3	399	6.58	10.54	74	1.22	10.54	10	0.316	5.49	+172
4	311	6.58	8.22	96	1.22	13.67	15	0.316	8.26	+158
5	846	6.58	22.36	184	1.22	26.20	29	0.316	15.97	+128
6	915	6.58	24.15	442	1.22	62.94	12	0.316	6.60	−98
7	2 108	6.58	55.71	572	1.22	81.46	170	0.316	93.62	−68
8	3 289	6.58	86.92	939	1.22	133.72	175	0.316	96.37	−38
9	3 077	6.58	81.40	924	1.22	131.59	246	0.316	117.53	−8
10	3 118	6.58	82.40	652	1.22	92.85	204	0.316	112.34	+22
11	2 435	6.58	64.35	493	1.22	70.21	168	0.316	92.52	+52
12	1 620	6.58	42.81	321	1.22	45.71	132	0.316	72.56	+82
对太空端面	112	5.966	3.26	79	—	—	165	4.65	6.16	−90
对地端面	1 095	5.966	31.92	649	—	—	1 200	4.65	44.82	−90

注：1. β 角为速度矢量与各表面法线夹角；

2. 通量单位为每年、每平方米的撞击坑数。

7.2.2　LDEF 飞行试验结果

LDEF 的外表面上安排了 57 种涉及不同材料的暴露试验，试样总数超过 25 000 个。试验材料种类包括：热控涂层、聚合物和薄膜、聚合物基复合材料、金属、陶瓷及光学材料等。LDEF 经回收后，通过大量分析与地面模拟试验得到了十分丰富的试验结果，为评价低地球轨道条件下材料的长期空间环境效应提供了可靠的依据。

LDEF 飞行试验表明，原子氧剥蚀是低地球轨道条件下重要的环境效应。原子氧对聚合物材料产生明显的剥蚀效应，如用于隔热和电绝缘的聚合物材料、漆类材料及复合材料等。不同材料的剥蚀速率不同，并随暴露时间增长可能发生变化，难以通过短时间飞行试验预测长期剥蚀速率。原子氧对聚合物材料的剥蚀效应能够通过很薄的金属及氧化物（如 SiO_2）涂层加以有效防护。尽管在轨期间航天器要经受热循环作用，但金属或氧化物涂层与聚合物或复合材料基体试样的结合良好。图 7-7 为 LDEF 的 D9 试样托架上 A276 白漆（聚氨脂基热控涂层）表面的激光轮廓仪扫描图。从图 7-7 可见，经 Al 片防护的表面未受原子氧剥蚀，而暴露表面的剥蚀深度达到 10 μm（0.4 mil）。图 7-8 表明 LDEF 表面不同位置处 A276 白漆的太阳吸收比随紫外辐照剂量的变化。紫外辐照剂量的单位为等效太阳小时。随着太阳紫外辐照剂量增加，A276 白漆的太阳吸收比增高，如图 7-8 中地面模拟曲线所示。但位于不同位置的 A276 白漆试样的表现不同。在 LDEF 的前进侧表面上，A276 白漆试样的太阳吸收比无明显变化；在尾随侧表面上，A276 白漆的太阳吸收比明显增加。这是由于在 LDEF 的前进侧表面上原子氧注量高，能够使太阳紫外辐射产生的着色层发生剥离所致。在尾随侧表面上，原子氧注量低，A276 白漆的太阳吸收比主要受太阳紫外辐照剂量控制。

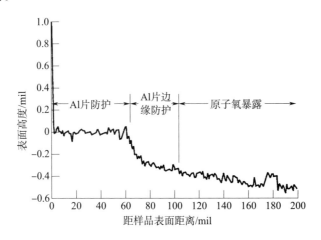

图 7-7　LDEF 的 D9 试样托架上 A276 白漆试样表面的激光轮廓仪扫描图

LDEF 在轨飞行过程中，将发生分子污染效应。在 LDEF 的两个端面及背向运动方向的侧面上，观察到有褐色分子污染膜形成。污染膜的厚度为 0.1～100 μm，平均厚度约 3 μm。经分析表明，污染膜由硅氧化合物和碳氢化合物组成。在朝向前进方向的侧表面

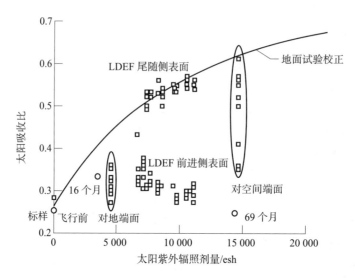

图 7 - 8　LDEF 不同表面上 A276 白漆试样的太阳吸收比随太阳紫外辐照剂量变化

上，未见完整的褐色污染膜，却发现存在原子氧与褐色污染膜作用产生的硅石残留物斑痕。这说明原子氧剥蚀可对污染表面产生一定的清理作用。LDEF 飞行试验提供了航天器产生分子污染的有效证据。污染膜的形成是材料出气的结果，涉及复杂的过程。LDEF 在轨期间，材料出气所释放的碳氢化合物与硅氧化合物沉积在表面上。在太阳紫外辐射作用下，沉积膜发生聚合交联并在表面上固着。沉积膜呈褐色是受太阳紫外辐射作用出现着色的结果。碳基污染膜源于漆的溶剂、聚合物薄膜及复合材料；硅氧化合物基污染膜源于粘合剂、试样的涂层、漆类材料及太阳电池等。分子污染使铬酸阳极化铝的太阳吸收比的变化在 0~8% 范围内。

　　LDEF 飞行试验表明，尺寸在 1 mm 以下的空间碎片与微流星体撞击损伤是应充分关注的空间环境效应。在长达 69 个月的在轨飞行期间，LDEF 的前进面每 7 m² 面积上发生 1 次尺寸约 0.7 mm 的 Al 碎片撞击，相对速度达到 10 km/s。这种微粒子的超高速撞击能够穿透 2.5 mm 厚的 Al 合金板。LDEF 在前进面上还经历过约 1 次/m² 的撞击，能够穿透 1.5 mm 厚 Al 的电子器件壳体壁。这种尺寸在 1 mm 左右或以上的粒子虽然会造成严重危害，但数量较少。数量较多且尺寸较小粒子（如尺寸为 1~100 μm）的经常性撞击，能够造成热控漆、隔热层、防原子氧或紫外辐射涂层、太阳电池及光学器件等表面性能逐渐退化。微小粒子在撞击速度为 5~20 km/s 时，可造成材料局部穿孔、脆性材料出现放射状裂纹或显著大于入射粒子尺寸的陷坑。LDEF 飞行试验提供了空间微粒子撞击各种材料表面时形成陷坑及穿孔等损伤的典型实例。虽然对于多数航天器表面而言，微粒子撞击总的平均损伤效应尚不很大，但撞击次数达到约 140 次/（m²·a）的程度会成为长寿命航天器设计时不得不加以考虑的影响因素。LDEF 飞行试验观察到微流星体或空间碎片对太阳电池玻璃盖片产生的破坏性损伤。LDEF 上 A08 区域的 A0171 号试验的太阳电池银互联片发生了破坏，很可能是由微粒子撞击或静电放电效应所造成的。微流星体或轨道碎片撞击坑对光学器件产生的主要效应是引起散射，而对反射系数与透过系数影响不大。随着撞击坑尺寸和撞击粒子数量的面密度增加，撞击坑的散射效应增强。多层光学器件在撞击坑周围产生分层效应，会引起反射系数或透过系数及散射效应产生很大的局域变化。

LDEF 飞行试验表明，在低地球轨道条件下会发生原子氧、太阳紫外辐射及微流星体或空间碎片撞击等环境因素的协合效应。例如，LDEF 的 A0178 热控毯由下表面涂层为 Z306 黑漆的 Teflon/Ag 毯构成，总厚度约 200 μm。微流量体或碎片撞击 Teflon/Ag 热控毯时，形成多个穿过 Teflon 层的穿孔，使得原子氧易于进入并到达 Ag 层。这会在穿孔周围形成 Ag 氧化物环形区域，并使之与下面的 Z306 黑漆涂层表面之间形成分层。在 LDEF 的前进面上，Al 金属化 Mylar 多层隔热毯表面受原子氧剥蚀后，将会使内表面暴露于太阳紫外辐射、原子氧及热循环等环境因素作用下。这会导致 Al 层破碎成许多小碎片，形成进入 LDEF 轨道的碎片云，成为造成 LDEF 受到微粒子污染的污染源。在 LDEF 上发现，一些聚合物材料的原子氧剥蚀率明显高于以往短期在轨飞行试验所得结果，可作为原子氧与紫外辐射具有协合效应的例证。经过在轨较长时间暴露达到太阳紫外辐照剂量阈值后，易使材料表层损伤剥落，加速原子氧剥蚀。

7.3　和平号空间站搭载试验

和平号空间站是苏联发射的大型空间站，共由 7 个舱组成，如图 7 - 9 所示。基础舱名为 Base Block，于 1986 年 2 月 20 日发射。后来，又陆续发射了 6 个舱，至 1996 年 4 月和平号空间站组建全部完成，如表 7 - 4 所示。和平号空间站长 87 m，总质量约为 135 000 kg，容积达 470 m^3，由 11 个太阳电池阵提供电能（总面积达 425 m^2）。和平号空间站的轨道高度为 330～350 km，倾角为 51.6°。和平号空间站在圆满地完成了历史使命后，于 2001 年 3 月 23 日坠毁于南太平洋。

图 7 - 9　和平号空间站

表 7 - 4　和平号空间站的组成舱

舱名	功能	发射时间	交会对接时间
Base Block	居住/控制	1986 年 2 月 20 日	
Kvant	天体物理研究	1987 年 3 月 31 日	1987 年 4 月 12 日
Kvant - 2	扩充/气闸	1989 年 11 月 26 日	1989 年 12 月 6 日
Kristall	微重力/遥感	1990 年 5 月 31 日	1990 年 6 月 10 日
Spektr	生命科学研究	1995 年 5 月 20 日	1995 年 6 月 1 日
Docking	轨道对接	1995 年 11 月 12 日	1995 年 11 月 15 日
Priroda	微重力研究	1996 年 4 月 23 日	1996 年 4 月 26 日

和平号空间站在轨服役 15 年过程中，绕地球运行 8 万多圈，完成了 24 项国际合作研究计划，进行了 1 700 余项、16 500 个科学试验，取得了十分丰富的研究成果。在空间材料领域所进行的典型搭载试验包括：

（1）COMES 试验[1]

该试验装置安放在和平号空间站外，于 1990 年 2 月 19 日经过空间暴露 392 天后取回地面。它是由四块面板组成的展开式平板结构，板的两面均暴露在空间并放置了试样，分别标识为 V -面和 R -面；所经受的主要空间环境因素涉及真空、原子氧及太阳紫外辐射，如表 7 - 5 所示。太阳紫外辐照剂量通过装在试验面板上的微量热计仪测试。原子氧注量分别依据 Kapton 样品（V -面）和 PET 样品（R -面）的剥蚀率估算。两种样品的原子氧剥蚀率均取为 3.0×10^{-24} cm³·原子⁻¹。由于样品表面上发现有硅氧化合物污染膜，在一定程度上阻碍了原子氧剥蚀，说明所估算的原子氧注量可能偏低。试验面板的温度通过热分析软件计算。在 V -面上有 113 个试样（尺寸分别为 20 mm×20 mm 或直径 25 mm），试样中心区域面向空间。其中有 8 组试样（每组 4 个相同材料试样），用于经受不同的空间暴露条件，包括：样品完全暴露（经受太阳紫外辐射、原子氧、真空及热循环），样品表面有 1 mm 厚石英玻璃（屏蔽 $\lambda <$ 190 nm 太阳远紫外辐射），样品表面有 1 mm 厚滤光片（屏蔽 $\lambda <$ 360 nm 太阳近紫外辐射），以及样品表面有金属片和白漆（屏蔽原子氧和太阳紫外辐射）。另外，在经受空间暴露的同时，有 6 个聚合物薄膜样品受到弹簧牵引作用以及 6 个树脂基复合材料试样受到弯曲应力作用。R -面上有 32 个未受应力作用的试样进行了空间飞行试验。

表 7 - 5　COMES 搭载试验所经受的空间环境条件

空间环境参数	COMES - MIR	
	V -面	R -面
原子氧注量/cm⁻²	$1.2 \times 10^{18} \sim 7.5 \times 10^{19}$	$3.5 \times 10^{20} \sim 5.8 \times 10^{20}$
太阳紫外辐照剂量/esh	2 850	1 900
低温 /℃	-60 ~ -70	-60 ~ -70
高温 /℃	+10 ~ +30	+50 ~ +60

（2）RCC - 1 试验[1]

在和平号空间站上采用可移动箱式容器进行热控涂层材料的飞行试验，称为 Removable Cassette Container Experiment（RCC - 1）。试验的空间暴露时间从 1990 年 1 月 11 日—1991 年 4 月 26 日。空间站所在轨道倾角为 51.6°，远地点为 380～430 km，近地点为 360～390 km。试验结果表明，ZnO/硅酸盐无机白漆在低地球轨道环境下十分稳定。飞行试验是在太阳高年进行的。这一点与 LDEF 试验不同，LDEF 试验是在太阳低年条件下进行的。RCC - 1 试样承受的太阳紫外辐照剂量小于 600 esh，至少比 LDEF 试样低约 1 个数量级。通过耐受的太阳紫外辐照剂量，能够有效地度量材料的稳定性。太阳紫外光子（能量为 5～10 eV）能够破坏分子的键合并引起材料性能退化。按照总暴露时间为 188 天、平均 $\cos \alpha$ 为 0.051 及 $F_{10.7}$ 为 267.5 等条件计算，原子氧对 RCC - 1 试样的注量约为 5.36×10^{22} cm^{-2}。同 LDEF 的所有表面相比，RCC - 1 试验的原子氧注量为 LDEF 试验的 5 倍以上。按照美国 MSIS 大气模型与 $F_{10.7}$ 约为 200 计算，RCC - 1 试验的原子氧注量大体上与 LDEF 的 Row9 和 Row10 侧面的注量相当。RCC - 1 试样所受到的辐射带质子和电子注量-能量谱如图 7 - 10 所示。尽管 RCC - 1 试验的在轨时间较 LDEF 短，因其所在轨道的倾角较高而使辐射带质子和电子的注量较大。经计算，LDEF 试样的电离辐射吸收剂量在 3×10^4 rad 量级，而 RCC - 1 试样的辐射吸收剂量为 8×10^5 rad，包括辐射带质子辐射吸收剂量 2.7×10^5 rad 与电子辐射吸收剂量 5.3×10^5 rad。因此，RCC - 1 试验材料的辐射损伤程度要较 LDEF 试样大。RCC - 1 与 LDEF 试验的空间暴露条件比较如表 7 - 6 所示。

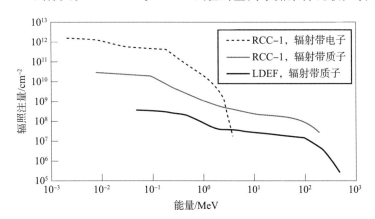

图 7 - 10　RCC - 1 与 LDEF 试验时经受的辐射带质子及电子能谱比较

表 7 - 6　RCC - 1 与 LDEF 试验空间暴露条件比较

空间环境参数	LDEF		RCC - 1	
	Row9	Row10	俄罗斯模型	美国模型
紫外辐照剂量/esh	11 200	10 700	约 600	
原子氧注量/（10²¹ 原子/cm²）	8.99	8.43	53.6	约 10
电离辐射吸收剂量/krad	30	30	800	

（3）太阳电池阵搭载飞行试验[5]

在和平号空间站上，先后进行过两次涉及 Si 太阳电池材料和组件的搭载飞行试验。一次是在 1989—1993 年，分三组对 100 个试样进行搭载试验。试验后将样品取回地面进行分析。第 1 组试样是用铜线纤焊连接的串联和并联的电池组合单元；第 2 组试样为具有不同种类防护层的单个太阳电池；第 3 组试样是用不同硅橡胶粘合剂连接的两块玻璃盖片板。另一次搭载试验是由美国与俄罗斯在 1987—1998 年进行的，由 8 块太阳电池板组成一个单独的太阳翼（MSA1），安装在和平号空间站上。完成飞行试验后由美国航天飞机取回地面。在轨暴露期间和平号空间站的轨道高度为 370～410 km，倾角约 56°。飞行试验时间为 125 个月（或 3 793 天），轨道环境条件为真空 $10^{-3} \sim 10^{-5}$ Pa，电子和质子的能量范围为 $0.01 \sim 1$ MeV（年剂量 8.5×10^{4} rad），太阳紫外辐照度为 0.14 kW/m²，原子氧注量为（2～15）$\times 10^{24}$ cm⁻²，热循环温度范围为 -73 ℃～56 ℃。将取回到地面的 8 块太阳电池板中的一块（#8）送到美国分析，其余 7 块太阳电池板留在俄罗斯分析，并与原来留在地面上 15 年的 #0 太阳电池板进行对比。各太阳电池板经 10 年空间飞行试验后电性能的变化如表 7-7 所示。太阳电池板可分解成若干个按串联电路组成的太阳电池串。针对各太阳电池板及其电池串的相对功率损失进行测试的结果示于图 7-11。可见，经空间飞行试验后，各太阳电池板及其电池串的短路电流衰降和功率损失幅度均明显不同。为了说明产生这种不均匀性效应的原因，对各电池板及其电池串进行了解剖分析。所得结果表明，太阳电池或电池串所经历的热状态起着重要的影响。由于受到和平号空间站三维结构的影响，可能使有的太阳电池板的某些电池串受到一定的遮挡，如图 7-12 所示。图 7-12 中缩比结构所产生的条状阴影可使附近的电池串受到局部遮挡，影响电池片的光照条件。受遮挡的太阳电池片可能成为电路的负载，形成局部"热点"，从而导致太阳电池板的电性能衰降。所以，经空间飞行试验的 MSA1 太阳翼的功率和电流衰降呈现高度不均匀性特征。大多数太阳电池片经受住了 10 年以上的低地球轨道空间环境暴露考验，电性能损失主要由热循环与光学退化效应引起。约有 30% 的太阳电池片由于"热点"效应导致微观结构遭到严重破坏，使太阳电池板的功率和电性能明显下降。

表 7-7　经 10 年空间暴露后 MSA1 太阳翼各电池板电性能的变化

电学性能	太阳电池板编号								
	#0	#1	#2	#3	#4	#5	#6	#7	#8
飞行前短路电流/A	2.72	2.34	2.64	2.66	2.71	2.71	2.68	2.66	2.65
飞行后短路电流/A	2.65	1.42	2.04	0.68	1.24	0.79	0.78	2.01	1.59
电压 32 V 时电流损失/（%）	5.8	39.3	22.7	74.4 (86.5)	54.2	70.5 (75.7)	70.5 (73.7)	24.7	60.0
飞行后开路电压/V	60.1	49.2	45.1	43.7	44.3	43.0	43.9	43.2	59.2

（4）材料表面污染效应搭载试验[6]

通过约 60 个样品在和平号空间站进行搭载试验，揭示低地球轨道长期暴露过程中材料表面污染效应特征。飞行试验时间为 1993 年 12 月 21 日—1996 年 1 月 13 日。轨道为近

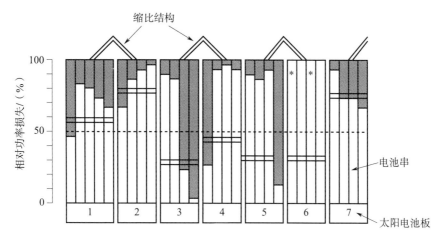

图 7-11　MSA 1 太阳翼各电池板的相对功率损失比较

----：MSA1 太阳翼的平均功率水平；═══：太阳电池板的平均功率水平；

──：各电池串的平均功率水平；＊：无数据

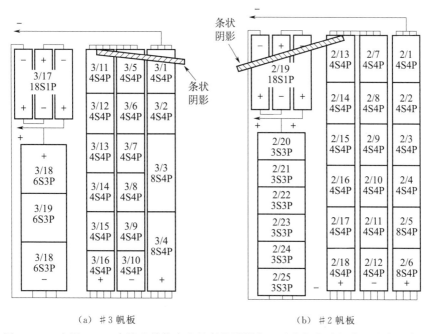

（a）＃3 帆板　　　　　　　　　　　（b）＃2 帆板

图 7-12　由图 7-11 中缩比结构产生的条状阴影位置及太阳电池板中电池串示意图

圆形，高度在 385~415 km 范围内。在此期间，经石英微天平测量得到的污染物平均沉积速率如下：

1）1995 年 8 月 31 日—1995 年 9 月 8 日，0.5×10^{-10} g/（cm^2 · s）；

2）1995 年 9 月 8 日—1995 年 12 月 26 日，1×10^{-12} g/（cm^2 · s）；

3）1995 年 12 月 26 日—1996 年 12 月 26 日，0.1×10^{-12} g/（cm^2 · s）。

大多数试样是从 1 号科学仪器面板（Panel for Scientific Instruments，PSI-1）上切取

的。PSI - 1 面板在和平号空间站上的搭载位置如图 7 - 13 所示，该面板是有搪瓷涂层（EP140 白漆）的 Al 合金板。搪瓷涂层的颜色体为 TiO_2，ZnO 及 $3MgO \cdot 4SiO_2 \cdot nH_2O$，粘结剂为环氧树脂。污染层很不规整，由黄色或褐色的条纹与斑点组成。条纹与斑点的尺寸变化很大，可从几厘米达到几十厘米。参考试样为 Al 面板背面的搪瓷涂层。它们与试验样品经受相同的真空和热循环暴露条件，但未直接经受太阳辐照、原子氧暴露及污染物挥发的作用。飞行试验材料有 PM 薄膜（相当于 Kapton，厚度 100 μm）、F - 4MBA 薄膜（相当于 Teflon FEP，一侧镀 Al）、玻璃布（由 SiO_2，Al_2O_3，B_2O_3 及其他氧化物组成，注入石蜡），以及美国的 Beta 玻璃布（注入 Teflon）。试样置于 PSI 面板上不同的可移动箱式容器内。试验时容器盖打开，进行空间环境暴露试验。试验后，将装载暴露试样的容器取回地面，进行各种试验分析。在所有的样品上均观察到污染沉积与表面剥蚀两种效应。这两种效应对样品损伤的相对贡献随试验材料和空间暴露条件而不同。污染沉积层的厚度在很宽的范围内变化，可大于 100 μm 至 2 nm 以下，难以将沉积层厚度作为污染表面的特征参数。PSI - 1 面板上有白漆涂层，经低地球轨道空间暴露后出现分布不均匀的黄色或褐色斑痕。所有试样表面污染层的主要元素均为 Si。经空间暴露后，聚合物薄膜中氧的含量增加。污染沉积层中无 N 元素存在。在 Teflon 基体与污染层之间存在交互作用，形成了碳的氟化物。

图 7 - 13　和平号空间站上搭载的科学仪器面板照片

1—PSI - 1 面板（背面）；2—RCC - 9 容器（背面）；3—RCC - 10 容器（前面）；4—PSI - 2 面板（前面）

（5）ESEF 搭载试验[7]

欧洲空间局于 1995 年在和平号空间站上进行了搭载试验。所用的搭载试验装置称为 European Science Exposure Facility（ESEF），安装在和平号空间站的 Spektr 舱外。ESEF 装置由巴黎大学空间物理研究所设计，有 6 个位置可安放装置试样的容器。飞行试验开始前，容器处于真空密封状态。试验时，通过控制机构将容器盖打开。暴露试验开始于 1995

年 10 月 20 日, 于 1996 年 3 月结束。QCM 用于测试分子污染速率及原子氧通量, 并通过量热计在轨测试入射热流通量及空间环境对热控涂层的影响。表 7 - 8 为 QCM 在轨测得的不同方向上污染物沉积速率。QCM1 和 QCM2 对准和平号空间站的前进方向, QCM3 朝向最下点方向。测试结果表明, 在轨航天器表面存在明显的分子污染环境。经过对取回的试样进行二次离子质谱分析发现, Al 试样及 A - 276 热控涂层表面上均出现明显的聚二甲基硅氧烷 (PDMS) 谱峰, 并且 C - H 谱峰也有较高的强度。这表明空间分子污染效应主要是由航天器表面材料出气所致。

表 7 - 8 安装在和平号空间站 Spektr 舱外的 QCM 测得的污染沉积速率

时间段	1995 年 11 月 07 日—16 日	1996 年 1 月 07 日—11 日
QCM1 沉积速率/ ([g/ (cm^2 · s)])	1.0E - 09	6.5E - 10
QCM2 沉积速率/ ([g/ (cm^2 · s)])	1.1E - 09	8.0E - 10
QCM3 沉积速率/ ([g/ (cm^2 · s)])	8.9E - 10	1.5E - 09

(6) CKK 搭载飞行试验[8]

俄罗斯利用 CKK 型可移动式回收样品盒, 在和平号空间站上对航天器外表材料进行了大量的搭载飞行试验。CKK 型回收样品盒采用 "烟盒" 式双舱门结构, 由外壳、盖及材料样品基板组成, 如图 7 - 14 所示。飞行试验时, 回收样品盒的舱门打开并可在 90°~180°间进行定位。CKK 型样品盒暴露面的定位通过铰接式结构实现。安装在 CKK 型样品盒正面的样品尺寸为 30 mm × 30 mm; 背面样品可通过舷窗进行暴露, 暴露直径为45 mm。每个 CKK 型样品盒的质量约为 2 kg。CKK 型样品盒通过进步号宇宙飞船送往和平号空间站, 由航天员在空间站外进行安装。经过给定时间暴露后, 取回地面进行分析。在运往空间站和返回地面期间, CKK 型样品盒处于关闭状态, 并置于专门的包装容器内以避免样品损坏。在和平号空间站上, CKK 型样品盒安放在基础舱、量子-1 舱及量子-2舱的外部, 如图 7 - 15 所示。1990—2000 年间, 前后有 10 个 CKK 型样品盒经 309 天到1638 天在轨暴露后返回地面, 约有 600 种不同表面材料和涂层样品进行了试验。

搭载试验样品返回地面后, 进行了如下测试分析: 肉眼检查与评价暴露前后样品外观变化; 测试暴露前后样品性能变化, 如光谱反射系数 ρ_λ, 谱透过系数 T_λ、太阳吸收比 α_s、半球发射率 ε 等; 测试暴露前后样品质量变化; 测试暴露前后样品的物理/化学性能; 分析暴露前后样品的微观结构变化。

经搭载飞行试验前后的分析测试, 得到了如下代表性结果: 1) 以 ZnO 为颜料的硅酸盐白色涂层, 如 TP - CO - 2 和 TP - CO - 12 等, 具有良好的承受低地球轨道环境作用的能力, 热学/光学性能 (α_s 与 ε) 及质量未发生明显变化, 太阳紫外辐射与原子氧的影响能够对涂层 α_s 退化产生一定的正补偿效应; 2) 有机白漆涂层如 KO - 5191 和 KO - 5258 等, 暴露后太阳吸收比增加而质量变化不大, 说明易受太阳紫外辐射损伤而较耐原子氧作用; 3) 太阳吸收型黑色涂层中含有碳, 易与原子氧发生活性的相互作用, 导致暴露试验时涂层急剧褪色; 4) 铝合金阳极化涂层样品具有耐空间环境作用的高稳定性, 但在污染源附

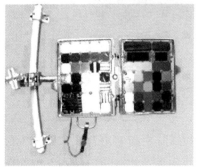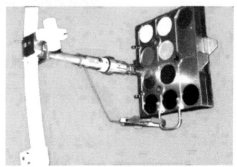

图 7 - 14　CKK 型样品盒外观

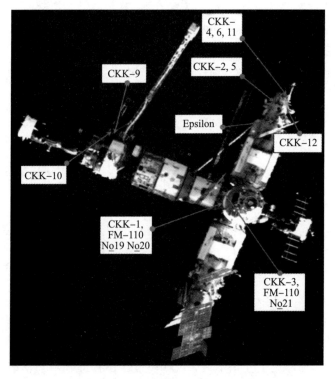

图 7 - 15　安装在和平号空间站舱外的 CKK 型样品盒部位

近易受到污染而呈现黄色，导致太阳吸收比增加；5）聚合物薄膜易在原子氧作用下发生剥蚀，导致质量和厚度减小，如厚度为 $12~\mu m$ 的聚酰亚胺薄膜在飞行试验过程中完全消失，氟塑料薄膜也出现明显剥蚀，说明原子氧是低地球轨道条件下导致聚合物薄膜破坏的最主要因素；6）聚合物薄膜中，氟塑料 $\Phi-4M6$ 薄膜对原子氧的作用最稳定，而聚脂合成纤维薄膜性能退化剧烈，不建议在没有防护涂层的条件下应用；7）外表面金属化及采用保护涂层（如 SiO_2 等），能够有效地保护聚合物薄膜不受原子氧剥蚀，防止薄膜的热学/光学性能及质量发生明显变化；8）在暴露样品表面观察到不规则的污染膜或色调分布不均匀的斑点，样品表面的碳和硅含量增高，说明污染源主要与材料出气及发动机羽流有关；9）碳纤维或玻璃纤维增强环氧树脂基复合材料在长期暴露过程中，环氧树脂表层易受到腐蚀剥落，导致增强纤维暴露，有时还可在纤维与环氧树脂界面出现微裂纹，但这些变化仅发生在很薄的表层内（$<100~\mu m$），不会显著影响样品的强度。上述试验结果对于航天器合理选材及新材料研究具有重要的指导意义。不同材料样品经暴露试验前后的性能数据如表 7-9 所示。

表 7-9　CKK 飞行试验典型结果

涂层名称	样品盒	暴露时间/天	α_s		ε		$\Delta m/g$
			试验前	试验后	试验前	试验后	
白色硅酸盐涂层							
TP-CO-2	CKK-1	470	0.180	0.180	0.97	0.94	-0.000 3
	CKK-4	1 038	0.185	0.190	0.95	0.92	+0.006 5
	CKK-6	374	0.170	0.180	0.94	0.95	+0.000 8
	CKK-11	516	0.180	0.185	0.96	0.95	+0.001 9
TP-CO-11	CKK-1	470	0.140	0.140	0.94	0.93	+0.001 7
	CKK-2	756	0.140	0.140	0.94	0.93	+0.002 8
	CKK-4	1 038	0.150	0.140	0.935	0.885	-0.001 5
TP-CO-12	CKK-1	470	0.190	0.190	0.96	0.94	+0.001 1
	CKK-2	756	0.185	0.190	0.96	0.945	+0.005 7
	CKK-4	1 038	0.185	0.190	0.91	0.91	+0.004 0
	CKK-5	1 245	0.190	0.180	0.95	0.94	+0.001 1
	CKK-12	309	0.200	0.240	0.925	0.94	+0.000 5
白色硅树脂涂层							
ЭП-1406	CKK-2	756	0.350	0.370	0.90	0.90	-0.005 1
	CKK-6	374	0.290	0.290	0.88	0.915	-0.004 6
	CKK-11	516	0.370	0.405	0.92	0.90	-0.001 9
KO-5191	CKK-1	470	0.180	0.200	0.89	0.89	0.000 0
	CKK-12	309	0.185	0.300	0.89	0.86	-0.001 8
AK-5126	CKK-1	470	0.270	0.300	0.86	0.87	-0.002 8
	CKK-6	374	0.250	0.250	0.86	0.89	-0.001 7

续表

涂层名称	样品盒	暴露时间/天	α_s		ε		$\Delta m/g$
			试验前	试验后	试验前	试验后	
黑色硅树脂涂层							
ФП – 5246	CKK – 1	470	0.98	0.96	0.92	0.91	−0.006 6
	CKK – 1	470	0.98	0.98	0.92	0.91	−0.000 3
	CKK – 2	756	0.98	0.91	0.94	0.85	−0.013 7
	CKK – 4	1 038	0.98	0.725	0.86	0.655	−0.017 4
AK – 243Ч	CKK – 1	470	0.98	0.92	0.95	0.94	−0.005 5
	CKK – 2	756	0.975	0.815	0.95	0.95	−0.009 6
	CKK – 1	470	0.98	0.97	0.95	0.95	−0.005 5
	CKK – 4	1 038	0.98	0.885	0.935	0.86	−0.016 2
阳极化涂层							
白色阳极化涂层	CKK – 1	470	0.19	0.22	0.78	0.78	+0.000 1
	CKK – 2	756	0.20	0.20	0.77	0.78	−0.000 7
	CKK – 12	309	0.27	0.30	0.835	0.845	+0.036 3
黑色阳极化涂层	CKK – 1	470	0.94	0.94	0.92	0.91	−0.000 4
	CKK – 2	756	0.94	0.94	0.92	0.90	−0.000 7
	CKK – 5	1245	0.975	0.97	0.915	0.925	+0.000 5
	CKK – 6	374	0.93	0.915	0.92	0.94	−0.001 8
薄膜涂层							
ОСО – Ф4МЬА	CKK – 4	1 038	0.16	0.18	0.75	0.73	−0.019 9
ОСО – Ф4МБС	CKK – 2	756	0.11	0.15	0.775	0.74	−0.014 6
薄膜							
Ф – 4МБ, 100 μm	CKK – 5	1 245	0.01	0.02	0.79	0.81	−0.029 3
	CKK – 6	374	0.01	0.015	0.78	0.81	−0.005 1
	CKK – 12	309	0.01	0.05	0.83	0.836	−0.000 8
FEP – 20, 100 μm	CKK – 12	309	0.01	0.06	0.84	0.82	−0.000 8
ПМ, 100 μm	CKK – 4	1 038	0.38	0.56	0.87	0.85	−0.028 6
	CKK – 5	1 245	0.36	0.33	0.86	0.875	−0.024 5
	CKK – 6	374	0.365	0.32	0.845	0.87	−0.031 2
ПМ, 80 μm	CKK – 12	309	0.25	0.33	0.88	0.89	−0.002 4
Kapton, 25 μm	CKK – 12	309	0.18	0.285	0.74	0.77	−0.004 7

7.4　航天飞机在轨飞行搭载试验

20 世纪 80 年代至 90 年代，美国国家航空航天局在航天飞机上进行了多次空间材料在轨飞行搭载试验[1]。其目的，一是研究空间原子氧与材料的交互作用，所进行的试验称为 Effects of Oxygen Interactions with Materials Experiments（EOIM）；二是研究材料在低地球轨道环境下的行为，所进行的试验称为 Limited Duration Candidate Exposure Experiments（LDCE），主要包括：

(1) STS-5 EOIM 试验

该试验所搭载的航天飞机于 1982 年 11 月发射。试验暴露时间为 44 h，原子氧注量达到约 10^{20} cm^{-2}。轨道高度为 222 km，倾角为 28.5°。试验材料涉及 Teflon FEP，Kapton H，Mylar，Epoxy，Carbon 及 T300 Carbon/5208 Epoxy 等。飞行试验完成后，将样品取回地面，测试样品质量的变化，并计算原子氧对材料的剥蚀率［或称有效反应系数（reaction efficiency）］。有关试验结果详见参考文献［9］。

(2) STS-8 EOIM 试验

该试验所搭载的航天飞机于 1983 年 8 月发射，飞行试验时间为 41.75 h，原子氧注量达到 3.5×10^{20} cm^{-2}（迎风面）。轨道高度为 222 km，倾角为 28.5°。试验目的包括：获得原子氧与材料反应速率数据、反应速率与温度的关系，以及评价太阳电磁辐射对反应速率的影响等。采用的基本试验方法是试样经空间暴露后，取回到地面进行分析。试样数量超过 360 个，主要为直径 25.4 mm 的圆片，并有薄膜条带、编织的电缆及纤维织品。暴露试验时航天飞机头部朝向地球，使原子氧束流垂直入射试样表面。原子氧的注量依据 MSIS 大气模型，按照轨道高度与暴露试验时间加以确定。STS-8 EOIM 试验首次实现几乎所有的原子氧垂直入射试样表面。有关详细试验结果见参考文献［10］。

(3) STS-41G EOIM 试验

本次飞行试验的目的是研究原子氧对金属喷涂硅树脂涂层、FEP Teflon 及聚合物基材料的影响。试样为直径 25.4 mm 圆片或薄膜。将试样直接放置在航天飞机远程操纵装置的下悬臂上，面向飞行方向。轨道高度为 225 km，倾角为 57°。暴露试验时间约为 38 h，垂直入射的原子氧注量达到 2.45×10^{20} cm^{-2}（按 MSIS 大气模型计算）。有关详细试验结果见参考文献［10］。

(4) STS-46 EOIM 试验

该试验所搭载的航天飞机于 1992 年 6 月 31 日发射，飞行试验时间为 42.25 h，原子氧注量达到 $(2.0 \sim 2.5) \times 10^{20}$ cm^{-2}（迎风面）。轨道高度为 230 km，倾角为 28.5°。美国国家航空航天局进行 EOIM 试验的目的是利用航天飞机在较低高度轨道进行飞行试验，能够在较短的时间得到较高的原子氧注量，以便与较高轨道条件下较长时间的原子氧注量等效。STS-46 EOIM 试验时，约 42 h 得到的原子氧注量相当于 LDEF 在轨第 1 年的注量。

(5) STS-46 LDCE 试验

在飞行任务代号为 STS-46 的航天飞机上，与 EOIM 试验同时进行的还有 LDCE（Limited Duration Candidate Experiments）试验。LDCE 试验分三组进行，分别为 LDCE-1，LDCE-2 及 LDCE-3。LDCE-1 和 LDCE-2 的样品台置于金属容器内。该

容器的盖可在试样表面朝向飞行方向时自动打开，使原子氧垂直入射试样表面。航天飞机在执行 STS-46 飞行任务时，兼有在轨发射 EURECA 卫星的任务。EURECA 卫星是由欧洲空间局设计的可回收式卫星，从航天飞机发射后可通过自身的推力系统进入 515 km 轨道。经 9 个月在轨飞行后，下降至较低轨道，并由另一架航天飞机回收。EURECA 卫星的任务是在微重力条件下进行材料科学、生命科学及辐射生物学试验。为了发射 EU-RECA 卫星，航天飞机需从 230 km 轨道上升至 425 km 轨道。当航天飞机的推力器开始点火升轨时，装有 LDCE-1 和 LDCE-2 样品的容器关闭。LDCE-3 样品台安放在有效载荷容器的顶部，能够在 STS-46 飞行任务期间全程暴露在原子氧环境中。LDCE-1 和 LDCE-2 样品在 230 km 轨道暴露 41 h，原子氧注量为 2×10^{20} cm^{-2}；而 LDCE-3 试样分别在 230 km 和 425 km 轨道经受 42 h 与 16.55 h 暴露，原子氧注量总计达到 2.7×10^{20} cm^{-2}。全部试验采取被动方式进行，将试样取回到地面进行分析。

通过上述各次 EOIM 试验，得到的主要结果是材料的质量损失与原子氧注量成正比，并可求得原子氧与材料反应的有效系数。表 7-10 给出了对几种典型材料进行 EOIM 试验所得到的原子氧反应有效系数。为了比较，表中还列出了对 FEP Teflon 进行 LDEF 试验所得出的结果。可见，EOIM 试验时，FEP Teflon 的原子氧反应有效系数明显低于 LDEF 试验结果。这种差别可归结为太阳紫外辐射与原子氧作用协合效应的影响。硅树脂在原子氧作用下能够形成具有防护效果的 SiO$_x$ 层，使 FEP Teflon 在进行 EOIM 试验时表现出较低的反应有效系数。在 LDEF 试验条件下，太阳紫外辐射与原子氧的协合效应可显著增加碳氟化合物对原子氧剥蚀的敏感性。相比之下，EOIM 试验对分子污染效应敏感，尤其来自硅树脂或氟油、润滑脂等的污染，应注意加以防范。

表 7-10　几种典型材料的原子氧反应有效系数（EOIM）

材料	有效反应系数/（10^{-24} cm³/原子）
Kapton	3.0
Tedlar	3.2
Mylar	3.4
Polyethylene	3.7
Carbon/Epoxies 　T300/5208 　1034C	 2.6 2.1
Carbon	0.5～1.3
FEP Teflon（EOIM）	＜0.05
FEP Teflon（LDEF）	0.25

7.5　国际空间站搭载试验

7.5.1　国际空间站简况

1993 年 11 月，美国与俄罗斯签署协议，决定建造国际空间站。1998 年 1 月，16 个国家签署了有关协定备忘录，国际空间站计划正式启动。1998 年 11 月 20 日，俄罗斯发射了国际空间站的曙光号功能货舱；12 月 4 日，美国将团结号节点舱送入轨道，并与曙光号功能货舱对接。2000 年 7 月 12 日，俄罗斯建造的星辰号服务舱发射入轨；11 月 2 日，首批 3 名航天员进驻空间站；11 月 30 日，美国为国际空间站送去两块翼展为 72 m 的太阳电池帆板。2001 年 2 月 7 日，美国命运号实验舱入轨；4 月 23 日，加拿大的遥控机械臂与国际空间站对接；7 月 12 日，美国把供航天员出舱的气闸舱送入轨道；至此，完成了国际空间站的装配。2008 年 5 月美国发现号航天飞机执行 STS-124 飞行任务时，将日本建造的希望号（KIBO）实验舱主体部分送至国际空间站，最后一批希望号实验舱组件于 2009 年 3 月运至国际空间站组装。完成装配的国际空间站总长 110 m，宽 88 m，质量 400 余吨，成为能够长期在低地球轨道进行空间环境效应试验研究的技术平台。国际空间站的轨道高度为 400 km，倾角为 51.6°。国际空间站的外观如图 7-16 所示。

图 7-16　国际空间站

国际空间站的建造成功，为空间材料在轨搭载试验提供了良好的机遇。参与国际空间站计划的各国相继制定了研究计划，并进行空间材料搭载试验研究，如美国的 MISSE 试验计划、日本的 SM/MAPC & SEED 试验计划及俄罗斯的 SKK 计划等。

7.5.2　MISSE 试验计划

MISSE 计划（Materials on International Space Station Experiment）由美国空军、美国国家航空航天局及波音公司联合制定与实施，目的是在国际空间站上进行材料搭载暴露试验[11]。试样放置在扁平状被动式试验容器（Passive Experiment Carrier，PEC）内的基板上，打开容器盖能够直接暴露试样，如图 7-17 所示。试验容器安装在空间站舱体外，MISSE-1～MISSE-4 容器中，两个容器面向飞行方向，能够接受尽可能高的原子氧注量；其他两个容器平行于飞行方向放置，以便尽量降低原子氧注量。四个容器均能直接受到太阳电磁辐射。两种取向容器各有 1 个在轨飞行暴露 1 年，其余在轨飞行暴露 3 年。在每个 PEC 内可放置 360~490 个试样。试验材料涉及结构材料（承载结构与薄膜结构）、太阳电池材料（玻璃盖片与先进太阳电池材料）、热控涂层（低 α_s 涂层与导电涂层）、光学材料与涂层（减反射镀膜与镜面）、聚合物薄膜及块体材料（添加 Ag 的 PBO 膜与 PETI-5）、复合材料（电子束固化环氧树脂、Kevlar 及 Nomex）、特殊材料（形状记忆薄膜、系绳材料、彩色标识涂层），以及有关新的试验材料等。试样由美国各有关研究所及公司提供。有些试样在进行在轨飞行试验时施加载荷，用于研究材料在长期在轨服役过程中应力对性能退化速率的影响。在每个 PEC 容器内有环境监测器（能源由电池供给），如太阳紫外探测器、带电粒子辐射探测器，以及用于计算原子氧注量的 Kapton 和镀 Ag 的 Teflon 薄膜。完成空间暴露试验后，将放置样品的 PEC 容器取回地面进行分析。

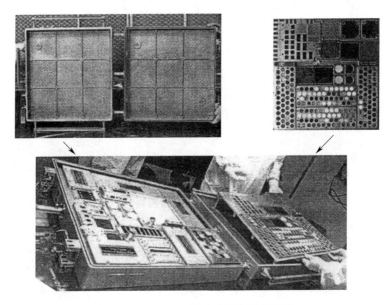

图 7-17 MISSE 被动式试验装置照片

MISSE-5 试验容器的基本结构与 MISSE-1~MISSE-4 类似，但环境监测器的能源改为由单独的太阳电池供给，并装有双向数据遥测装置。MISSE-6 试验容器包含两个被动式容器（MISSE-6A 和 MISSE-6B），通过轻便的板状连接装置一起安装在空间站舱外，并直接利用空间站的 120 V 电源提供动力。MISSE-7 试验装置也有两个容器（MISSE-7A 和 MISSE-7B），直接安装在空间站的数据传输平台上，如图 7-18 所示[12]。MISSE-7A 容器在天顶方向上有开阔视野，而在面对地球的方向上有部分遮挡；MISSE-7B 容器在前进方向上充分暴露，而在尾随方向上局部受到遮挡。MISSE-7 试验装置是一种具有科学意义的试验有效载荷，试验数据能够进行原位分析并下传至地面，为实现在轨遥测搭载试验提供了便利。两个 MISSE-7 试验容器可以取回地面，也可以脱轨抛弃。通过更换试验容器，能够继续利用空间站上 MISSE-7 装置的试验平台与数据传输能力进行搭载试验。

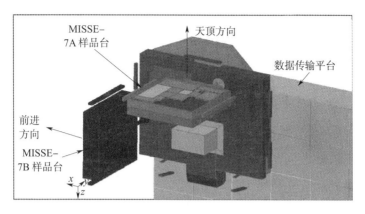

图 7-18　MISSE-7 搭载试验装置示意图

MISSE-7A 和 MISSE-7B 容器内除被动试验样品（取回地面分析）外，还有主动试验样品（用于在轨测试分析）。利用 MISSE-7 装置的主动试验功能，针对 FPGA 等微电子器件进行在轨抗辐射加固软件技术研究，探讨通过软件发现微电子器件在轨期间出现的错误，并研究加以改正的方法。该项研究有助于普通商用器件在空间的应用。

MISSE-1～MISSE-7 试验容器内的样品已经过在轨暴露并取回地面进行分析。据报道，已进行的试验取得了如下结果。

（1）PEACE Polymers 试验

作为 MISSE 试验计划的一部分，将 41 种不同聚合物试样在国际空间站上进行的近 4 年的飞行试验，称为 PEACE Polymers 试验（Polymer Erosion and Contamination Experiment Polymers）[13]。试验目的在于准确地确定各种聚合物材料在低地球轨道长期暴露条件下的剥蚀率。试验所选用的聚合物包括航天器上广泛应用的材料（如 Teflon FEP）及新近发展的材料（如高温聚酰亚胺 PMR 等）。采用两个 Kapton H 样品作为原子氧注量计算标样。所有试样均放在 MISSE-2 容器基板上 E5 区域（MISSE PEC E5），如图 7-19 所示。MISSE PEACE Polymers 试样所在的 PEC2 基板由航天员安装在国际空间站气闸舱外，如图 7-20 和图 7-21 所示。所经受的主要环境因素为原子氧、太阳电磁辐射及带电粒子辐射。原定暴露时间为 1 年，实际上延长为近 4 年。国际空间站在 400 km，51.6°轨道的速

图 7-19　MISSE PEACE Polymers 试样在 PEC2 基板 E5 区安放位置[13]

图中字符表示材料代号；实线区域为聚酰亚胺类试样；虚线区域为氟塑料类试样

度约为 7.7 km/s。迎风面的原子氧通量近似为 1.0×10^{14} cm$^{-2} \cdot$ s^{-1}，原子氧撞击迎风表面的平均能量约为 4.5 eV。依据两个 Kapton H 标样的测试结果，确定 PEACE Polymers 试验时平均原子氧注量为 8.43×10^{21} cm^{-2}。据估算，PEACE Polymers 试样所经受的太阳紫外辐照剂量约为 6 300 esh；电离辐射吸收剂量约为 16 krad（Si）。基板的热循环温度范围在 $-30 \sim +40$ ℃ 之间，近 4 年的热循环次数约为 22 800 次。

图 7 - 20　2001 年 8 月 16 日航天员在国际空间站气闸舱外
安装 MISSE PEC 2 号试样基板

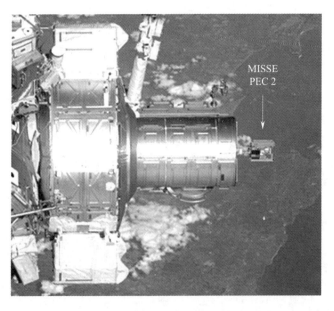

图 7 - 21　在 STS - 105 航天飞机飞行任务期间拍摄的国际空间站气闸舱
与 MISSE PEC 2 号试样基板照片

由图 7 - 22 可见，经 4 年飞行试验后，一些聚合物样品遭到了严重破坏，如 PE，ADC，PMMA，PEI，PMR 及 PBI 等[14]。各聚合物材料的原子氧剥蚀率列于表 7 - 11。在相同的低地球轨道条件下，针对多种聚合物材料得到的原子氧剥蚀率，对于航天器设计与合理选材具有重要的实际意义。

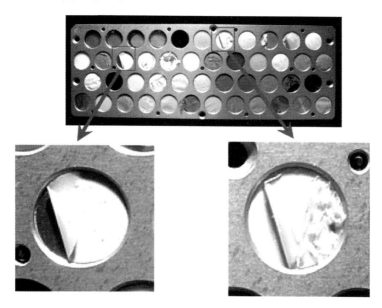

图 7 - 22　MISSE PEACE Polymers 试样经国际空间站在轨暴露 4 年后形貌

图中各试样位置和代号与图 7 - 19 相同

表 7 - 11　MISSE - 2 PEACE 聚合物原子氧剥蚀率在轨飞行试验结果

安放位置编号	材料	聚合物缩写	质量损失/g	密度/(g/cm³)	面积/cm²	剥蚀率/(cm³/原子)
2 - E5 - 6	丙烯腈－丁二烯－苯乙烯树脂	ABS	0.033 861	1.050 0	3.494 4	1.09E - 24
2 - E5 - 7	醋酸纤维素	CA	0.191 482	1.291 1	3.483 1	5.05E - 24
2 - E5 - 8	聚对亚苯二甲酸对苯二酯	PPD - T（Kevlar）	0.026 790	1.442 2	3.509 9	6.28E - 25
2 - E5 - 9	聚乙烯	PE	0.102 760	0.918 0	3.548 9	>3.74E - 24
2 - E5 - 10	聚氟乙烯	PVF（Tedlar）	0.132 537	1.379 2	3.573 7	3.19E - 24
2 - E5 - 11	聚氟乙烯晶体状聚合物白颜料	PVF（White Tedlar）	0.004 714	1.624 1	3.417 6	1.01E - 25
2 - E5 - 12	聚甲醛；醛缩醇	POM（Delrin）	0.378 378	1.398 4	3.511 9	9.14E - 24
2 - E5 - 13	聚丙烯腈	PAN	0.047 281	1.143 5	3.476 8	1.41E - 24
2 - E5 - 14	二烯丙基二甘醇氰和尿酸酯	ADC（CR - 39）	0.267 295	1.317 3	3.539 2	>6.80E - 24
2 - E5 - 15	聚苯乙烯	PS	0.115 947	1.050 3	3.504 3	3.74E - 24
2 - E5 - 16	聚甲基丙烯酸甲酯	PMMA	0.194 588	1.162 8	3.545 6	>5.60E - 24
2 - E5 - 17	聚环氧乙烷	PEO	0.066 395	1.147 0	3.559 1	1.93E - 24
2 - E5 - 18	聚对亚苯二甲酸-26-苯佐卡因	PBO（Zylon）	0.056 778	1.397 6	3.552 6	1.36E - 24
2 - E5 - 19	环氧树脂	EP	0.140 720	1.115 0	3.557 6	4.21E - 24

续表

安放位置编号	材料	聚合物缩写	质量损失/g	密度/(g/cm³)	面积/cm²	剥蚀率/(cm³/原子)
2 - E5 - 20	聚丙烯	PP	0.072 357	0.906 5	3.533 6	2.68E - 24
2 - E5 - 21	聚对苯二甲酸丁二酯	PBT	0.036 429	1.331 8	3.561 9	9.11E - 25
2 - E5 - 22	聚砜	PSU	0.105 948	1.219 9	3.501 0	2.94E - 24
2 - E5 - 23	聚氨基甲酸酯	PU	0.057 227	1.234 5	3.518 2	1.56E - 24
2 - E5 - 24	聚对苯二甲酸异酞酯	PPPA（Nomex）	0.030 549	0.720 0	3.562 6	1.41E - 24
2 - E5 - 25	石墨	PG	0.027 73	2.220 0	3.570 3	4.15E - 25
2 - E5 - 26	聚醚酰亚胺	PEI	0.126 853	1.287 3	3.535 2	＞3.31E - 24
2 - E5 - 27	聚酰亚胺 6/尼龙 6	PA6	0.118 376	1.123 3	3.564 6	3.51E - 24
2 - E5 - 28	聚酰亚胺 66/尼龙 66	PA66	0.065 562	1.225 2	3.524 9	1.80E - 24
2 - E5 - 29	聚酰亚胺	PI（CP1）	0.080 648	1.419 3	3.531 6	1.91E - 24
2 - E5 - 30	聚酰亚胺（PMDA）	PI（Kapton H）	0.124 780	1.427 3	3.459 0	3.00E - 24
2 - E5 - 31	聚酰亚胺（PMDA）	PI（Kapton HN）	0.121 315	1.434 5	3.567 6	2.81E - 24
2 - E5 - 32	聚酰亚胺（BPDA）	PI（Upilex - S）	0.038 127	1.386 6	3.538 2	9.22E - 25
2 - E5 - 33	聚酰亚胺（PMDA）	PI（Kapton H）	0.129 250	1.427 3	3.577 3	3.00E - 24
2 - E5 - 34	高温聚酰亚胺	PI（PMR - 15）	0.118 887	1.323 2	3.525 6	＞3.02E - 24
2 - E5 - 35	聚苯并咪唑	PBI	0.082 708	1.275 8	3.476 2	＞2.21E - 24
2 - E5 - 36	聚碳酸酯	PC	0.142 287	1.123 1	3.501 0	4.29E - 24
2 - E5 - 37	聚醚乙醚颜料	PEEK	0.107 764	1.225 9	3.482 1	2.99E - 24
2 - E5 - 38	聚对苯二甲酸丁二酯	PET（Mylar）	0.125 187	1.392 5	3.543 2	3.01E - 24
2 - E5 - 39	三氟氯乙烯	CTFE（Kel - f）	0.052 949	2.132 7	3.5452	8.31E - 25
2 - E5 - 40	Halar 乙烯-氯三氟乙烯	ECTFE（Halar）	0.088 869	1.676 1	3.510 3	1.79E - 24
2 - E5 - 41	四氟乙烯-乙烯共聚物	ETFE（Tefzel）	0.049 108	1.739 7	3.485 4	9.61E - 25
2 - E5 - 42	氟化乙烯丙烯树脂	FEP	0.012 479	2.144 3	3.446 8	2.00E - 25
2 - E5 - 43	聚四氟乙烯	PTFE	0.008 938	2.150 3	3.484 1	1.42E - 25
2 - E5 - 44	全氟烷氧基共聚物树脂	PFA	0.010 785	2.138 3	3.457 0	1.73E - 25
2 - E5 - 45	无定形含氟聚合物	AF	0.012 352	2.146 3	3.454 4	1.98E - 25
2 - E5 - 46	聚偏二氟乙烯	PVDF（Kynar）	0.066 860	1.762 3	3.499 3	1.29E - 24

（2）PFTC/Gossamer 材料试验

PFTC/Gossamer 材料试验是美国国家航空航天局的格伦研究中心（Glenn Research Center）在国际空间站上所进行的聚合物薄膜热控涂层及薄膜结构材料飞行试验，英文全称是 Polymer Film Thermal Control Experiment and Gossamer Materials Experiment[15]。试验材料涉及聚合物薄膜、氟化聚酰亚胺薄膜、Teflon FEP 及其二次表面镜、PBO 薄膜（polyphenylene benzobisoxazole），以及 TOR - LM™ 薄膜（polyarylene ether benzimidazole）等。试样分别放置在 MISSE - 1 和 MISSE - 2 被动式试验容器（PEC）的基板上，

在轨暴露时间近 4 年（2001 年 8 月 16 日—2005 年 7 月 30 日）。MISSE－1 和 MISSE－2 的试验基板取向均有面向和平行飞行方向两种取向，原子氧的注量分别约为 8×10^{21} cm^{-2} 和 1.99×10^{20} cm^{-2}。其他暴露环境条件包括：太阳紫外辐照剂量为 4 500～6 700 esh（视基板取向不同）；带电粒子辐射吸收剂量为 11 krad（MISSE－1）与 16 krad（MISSE－2）；热循环温度范围为－30～＋40 ℃，总循环次数约为 22 000 次。

　　图 7-23 和图 7-24 分别为飞行试验前后拉伸试验装置照片。拉伸试验按 ASTM D－638 标准进行，能够给出载荷-位移曲线、抗拉强度及断裂延伸率。MISSE－1 基板上试样的拉伸试验结果如表 7-12 所示。在迎风面上，几种薄膜的拉伸强度下降达 30％～36％，延伸率下降 68％～78％。非迎风面上，FEP/VDA 薄膜的拉伸强度下降约 23％，延伸率下降 85％；而 CPI/VDA 薄膜的拉伸性能变化较小。

（a）1－Q1 型（5 个试样）　　　　　（b）2－Q2 型（5 个试样）

图 7-23　飞行前拉伸试验装置照片

（a）1－Q1 型　　　　　　　（b）2－Q2 型

图 7-24　飞行试验后拉伸试验装置照片

表 7-12　MISSE－1 基板上几种薄膜飞行试验前后拉伸性能变化

试验样品	拉伸强度/MPa			延伸率/（％）		
	飞行后	原始数据	损失率/（％）	飞行后	原始数据	损失率/（％）
MISSE－1，1－Q1 型装置（迎风面）：						
SiOx－8％ PTFE/1 mil Upilex S/VDA	210.5	330.2	36.2	4.1	12.6	67.5
SiOx－8％ PTFE/5 mil FEP/VDA	13.6	19.4	29.7	62.2	234.2	73.4
银复合物/1 mil Kapton HN/VDA	133.8	203.7	34.3	7.9	36.2	78.2
MISSE1，2－Q2 型装置（非迎风面）：						
2 mil FEP/VDA	13.9	18.2	23.4	26.7	181.1	85.3
1 mil CP1/VDA	88.9	87.4	－1.8	6.7	7.9	14.6

　　表7-13为MISSE-2基板迎风面上热控涂层经暴露前后的太阳吸收比α_s和热发射率ε的变化。可见，FEP/VDA试样及表面有SiO_x-8%PTEE防护膜的FEP和Kapton HN试样的太阳吸收比变化很小。未经涂层防护的FEP/VDA试样的热发射率ε降低较明显，可能是原子氧剥蚀导致FEP薄膜厚度有所减小所致。TOR LM试样的太阳吸收比增加明显（$\Delta\alpha_s\approx0.15$），表面明显变黑。其他几种薄膜的太阳吸收比变化比较适中，$\Delta\alpha_s$为0.04～0.05，如SiO_x-PTFE/Upilex，Upilex S/VDA，SiO_x-PTFE/CPI/VDA及Ge/Black Kapton/Nomex scrim等。

　　表7-14所示为几种未经表面涂层防护的薄膜结构材料暴露试验前后太阳吸收比α_s和热发射率ε的变化（MISSE-2，基板1-E10，非迎风面）。可见，FEP/VDA试样的太阳吸收比变化较小；其他几种聚合物薄膜（如CPI，Upilex S及Kapton HN）的太阳吸收比增值为0.03～0.05。几种聚合物薄膜的热发射率ε均有所下降，可能是受到原子氧剥蚀的结果。在表7-14中未给出PBO薄膜的光学性能数据，原因是飞行试验后试样已被完全剥蚀。试验设计时本来未打算让非迎风面试样经受原子氧暴露，所发生的变化是在航天飞机机动飞行过程中使试样受到了原子氧作用所致。

表7-13　飞行试验前后几种热控涂层的太阳吸收比α_s和热发射率ε的变化

（MISSE-2，基板2-E6，迎风面）

试验样品	太阳吸收比			热发射率		
	飞行后	原始数据	$\Delta\alpha_s$	飞行后	原始数据	$\Delta\varepsilon$
SiO_x-8%PTFE/5 mil FEP/VDA	0.139	0.149	−0.010	0.858	0.862	−0.004
5 mil FEP/VDA	0.133	0.126	0.007	0.833	0.857	−0.024
ATO/5 mil FEP/Ag/Niobium	0.083	0.087	−0.004	0.868	0.872	−0.004
SiO_x-8%PTFE/1 mil Kapton HN/VDA	0.368	0.361	0.007	0.699	0.698	0.001
银复合物/1 mil Kapton HN/VDA	0.105	0.088	0.017	0.578	0.615	−0.037
Ge/1 mil Black Kapton/Nomex scrim	0.539	0.502	0.037	0.877	0.874	0.003
SiO_x-8%PTFE/1 mil Upilex S/VDA	0.509	0.464	0.045	0.751	0.690	0.061
SiO_x-8%PTFE/1 mil CP1/VDA	0.283	0.233	0.050	0.660	0.661	−0.001
1.5 mil TOR LM*	0.287	0.136	0.151	未测量		

注：TOR LM不透明，太阳吸收比基于反射系数与透射系数计算；热发射率通过红外反射仪进行测量。

表7-14　飞行试验前后几种薄膜的太阳吸收比α_s和热发射率ε的变化

（MISSE-2，基板1-E10，非迎风面）

试验样品	太阳吸收比			热发射系数		
	飞行后	原始数据	$\Delta\alpha_s$	飞行后	原始数据	$\Delta\varepsilon$
2 mil FEP/VDA	0.128	0.120	0.008	0.706	0.741	−0.035
1 mil Kapton HN/VDA	0.400	0.346	0.054	0.648	0.677	−0.029
1 mil Upilex S/VDA	0.487	0.437	0.050	0.649	0.675	−0.026
1 mil CP1/VDA	0.255	0.223	0.032	0.544	0.637	−0.093

7.5.3　SM/MPAC & SEED 试验

在国际空间站上，日本宇宙航空研究开发机构（JAXA）利用微粒子俘获器与空间环境暴露装置进行材料在轨暴露试验。该项研究计划[16-18]的全称为 Microparticles Capturer and Space Environment Exposure Device（MPAC & SEED）。由于飞行试验是在国际空间站的俄罗斯服务舱（service module）外进行，又称 SM/MPAC&SEED 试验计划。该计划分两部分：一是俘获空间碎片与微流星体（MPAC），研究其来源、成分、速度及数量；二是针对聚合物材料、漆类材料、粘结剂、润滑材料及复合材料，进行空间飞行试验（SEED）。所用的试验装置为被动式，需要在飞行试验后回收到地面进行分析。在国际空间站轨道条件下，材料所经受的主要环境因素涉及原子氧暴露、太阳紫外辐射、带电粒子辐射、微粒子撞击以及来源于材料出气和发动机羽流的污染。俄罗斯的服务舱位于国际空间站的后部，较易于受到材料出气和发动机羽流所产生的污染效应的影响。

SM/MPAC&SEED 试验装置由三块相同的单元装置组成。每块单元装置的尺寸为长 875 mm，宽 570 mm 及厚 158 mm，正面为迎风面，如图 7 - 25 所示[17]。各单元装置在国际空间站上的安装位置如图 7 - 26 和图 7 - 27 所示[18]。三块试验单元装置于 2001 年 10 月 15 日安装在国际空间站上。第 1 块试验单元装置于 2002 年 8 月 26 日回收，在轨暴露时间 315 天；第 2 块装置于 2004 年 2 月 26 日取回，暴露时间 865 天；第 3 块试验单元装置于 2005 年 8 月 18 日取回，暴露时间 1 403 天。各试验单元装置所经历的空间环境条件，经有关空间环境模式计算如表 7 - 15 所示。表 7 - 16 为第 2 块试验单元装置通过监测样品测试得到的环境参数值。SM/MPAC&SEED 试验取得了如下多项试验结果。

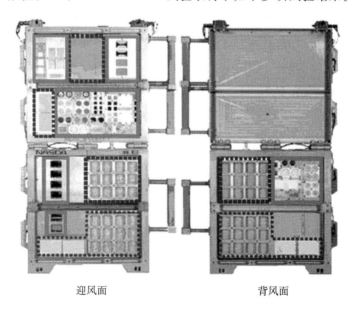

迎风面　　　　　　　　　　背风面

图 7 - 25　SM/MPAC&SEED 试验单元装置照片

实线区域—SM/SEED 和实时监测样品；虚线区域—SM/MPAC 样品

图 7 - 26　SM/MPAC&SEED 试验单元装置在轨背风面照片

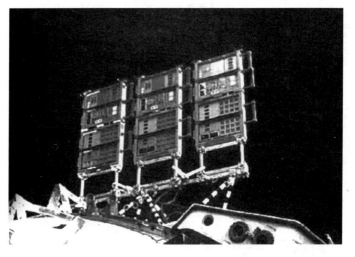

图 7 - 27　SM/MPAC&SEED 试验单元装置在轨迎风面照片

表 7 - 15　SM/MPAC&SEED 试验的空间环境条件（按环境模式计算）

试验单元序号	暴露时间/天	环境条件		
		原子氧注量/m⁻²	紫外辐照剂量/esd[①]	电离辐射剂量/Gy[②]
试验单元 I	315	2.85×10^{25}	73.8	3.69×10^2
试验单元 II	865	5.70×10^{25}	167	9.86×10^2
试验单元 III	1403	8.41×10^{25}	271	12.8×10^2

①1 esd（等效太阳日）$= 9.2 \times 10^6$ J/ m²；②按质量厚度 0.01 g/cm² 计算。

表 7 - 16　SM/MPAC&SEED 试验单元 2 通过在轨监测样品得到的环境参数值

环境参数	样品	迎风面		背风面	
最高温度/℃	Thermo - label	♯1	50～60	♯1	—
		♯2	50～90	♯2	—
原子氧注量/（原子/m²）	Vespel	♯1	1.70×10^{24}	♯1	1.34×10^{24}
		♯2	2.14×10^{24}	♯2	1.70×10^{24}
	PAMDEC	♯1	2.41×10^{25}	♯1	1.37×10^{25}
		♯2	1.93×10^{25}	♯2	1.22×10^{25}
紫外辐照剂量/esd	Polyurethane	♯1	18.1	♯1	122.2
		♯2	15.8	♯2	201.0
总电离辐射剂量/Gy	Alanine Dosimeter	♯1	1.95	♯1	3.5
		♯2	15.30	♯2	21.90
	RADFET	♯1	0.44	♯1	0.27
		♯2	5.99	♯2	4.92
	TLD	♯1	1.46×10^{-3}	♯1	3.41×10^{-3}
		♯2	0.12	♯2	0.09

（1）微粒子俘获试验（MPAC）

采用三种样品俘获空间微粒子。一是用透明多孔的硅胶俘获微小粒子，能够留下入射粒子的路径；二是用镀 Al 的聚酰亚胺泡沫塑料俘获较大的碎片，通过镀 Al 防止原子氧剥蚀；三是用 Al 板测试空间碎片或微流星体撞击的次数，试验结果如图 7 - 28 所示[17]。第 2 块试验单元装置上所观察到的微粒子数量多于第 1 块试验单元的结果。试验前后硅胶样品表面形貌的变化如图 7 - 29 所示。硅胶样品的后表面呈淡黄色，并有微裂纹出现。第 2 块试验单元装置的硅胶样品后表面上微裂纹数量较多。硅胶样品前表面的颜色有些发白，并且裂纹细小得多（直径小于 20 μm）。

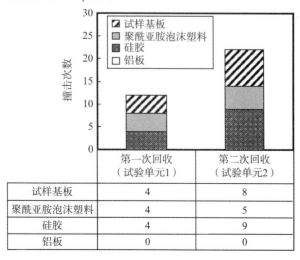

	第一次回收（试验单元1）	第二次回收（试验单元2）
试样基板	4	8
聚酰亚胺泡沫塑料	4	5
硅胶	4	9
铝板	0	0

图 7 - 28　第 1、2 块试验单元装置上硅胶样品记录的微粒子撞击次数对比

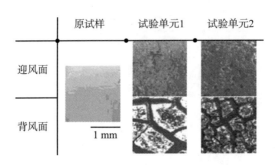

图 7-29　第 1、2 块试验单元装置上硅胶暴露样品表面形貌

（2）空间环境效应试验（SEED）

SEED 试验所涉及的材料如表 7-17 所示。试样由 JAXA、有关大学及公司提供，并由 JAXA 按应用急需程度加以选择。主要结果包括：

1）加载的聚酰亚胺薄膜（UPILEX-S^R）：拉伸试样为 4 层薄膜，每层薄膜厚度 125 μm。通过专门制造的搭载拉伸试验装置，在试样上分别施加 0 MPa（未加载）、1.4 MPa（低载荷）及 7.0 MPa（高载荷）的应力。第 1、2 块试验单元装置的拉伸试验结果如图 7-30 所示[17]。可见在轨飞行试验后，UPILEX-S^R 薄膜的拉伸强度降低，而受应力水平的影响不大。地面模拟试验表明，UPILEX-S^R 薄膜的拉伸强度主要随原子氧注量增加而明显下降（如图 7-31 所示），而近紫外与电子辐照的影响较小。这说明原子氧剥蚀是使 UPILEX-S^R 薄膜在轨暴露时拉伸性能下降的主要因素。

表 7-17　SM/SEED 试验样品

有机材料	聚酰亚胺，聚醚醚酮，离子注入聚酰亚胺，碳纤维增强塑料
无机材料	AIN，SiC，TiN 镀层，Al$_2$O$_3$，TiN 镀层（Al 基体）
固体润滑剂	Cu-，Cu/BN-，TiN-或 MoS$_2$镀层（不锈钢）；MoS$_2$镀层（钛合金）；带润滑涂层的轴承
涂料	热控白漆
粘合剂	硅树脂粘合剂，硅树脂封装混合剂

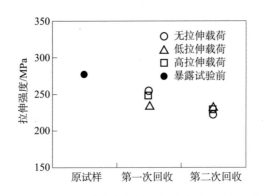

图 7-30　UPILEX-S^{R}薄膜在轨飞行试验前后拉伸性能变化

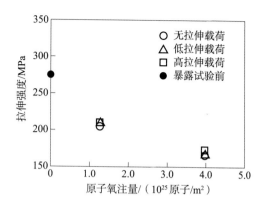

图 7-31　地面模拟试验时原子氧注量对 UPILEX-S^R 薄膜拉伸性能的影响

2）改性的聚酰亚胺薄膜：通过硅氧烷涂层改性，能够有效地提高 UPILEX-S^R 薄膜抗原子氧剥蚀的能力[17]。图 7-32 为经表面改性的 UPILEX-S^R 薄膜在轨飞行暴露试验后质量及热/光学性能的变化。试样 A 表面有硅氧烷涂层，试样 B 未经表面改性。可见，经在轨飞行试验后，试样 B 呈现较高的太阳吸收比 α_s 与高得多的质量损失 Δm。试样 A 呈现出良好的抗原子氧剥蚀能力，但太阳吸收比从 0.220 增加至 0.272。经飞行暴露试验后，试样表面的硅氧烷涂层呈青铜色，经地面模拟试验证明，此乃系太阳近紫外辐射所致。图 7-33 表明试样 A 几乎没有受到剥蚀，而试样 B 剥蚀严重。X 射线能谱分析（EDX）与傅里叶透过红外光谱（FTIR）分析证明，两种试样表面上均出现了由污染产生的无机 SiO_2 层。试验 B 表面上的 SiO_2 层厚而不均匀，并且在 SiO_2 层下存在剥蚀区域。试样 B 的表面呈现多孔状及原子氧剥蚀时典型的类地毯状形貌，如图 7-34 所示。这说明源于污染的 SiO_2 层不足以防护原子氧剥蚀。

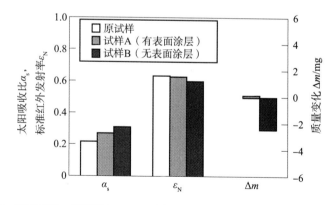

图 7-32　UPILEX-S^R 薄膜经 865 天在轨暴露试验后质量与热学/光学性能的变化

3）柔性 OSR：英文全称为 Flexible Optical Solar Reflector（F-OSR）。F-OSR 是一种多层薄膜（InSnO/CeO$_2$/Polyether-imide/Ag/Ni alloy），总厚度为 75 μm，具有低的 α_s/ε 值，适用于卫星辐射器表面。图 7-35 表明经在轨暴露试验后，F-OSR 薄膜的太阳吸收比 α_s 几乎不变，质量稍许增加。图 7-36 为经空间暴露试验后 F-OSR 薄膜表层结构

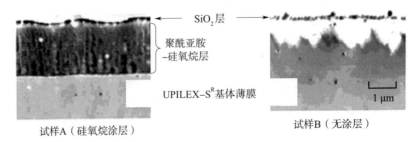

图 7-33 经 865 天在轨暴露试验后改性与未改性的聚酰亚胺薄膜表层结构变化（TEM 照片）

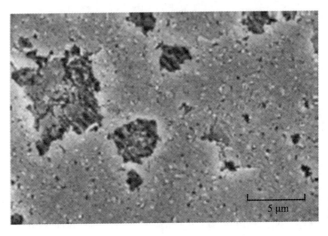

图 7-34 未改性聚酰亚胺薄膜经 865 天在轨飞行暴露试验后的表面形貌（SEM 照片）

的变化（TEM 照片）。可见，在轨暴露 315 天后，试样表层逐渐出现较厚的凝结层。FT-IR 分析证实，这种凝结层为 SiO_2 层。F-OSR 薄膜不含 Si，说明 SiO_2 层的形成与污染沉积有关。表 7-18 给出了暴露试验后 F-OSR 薄膜的质量与凝结层厚度的测试结果[17]，还给出了按照 SiO_2 的密度估算的凝结层的质量。

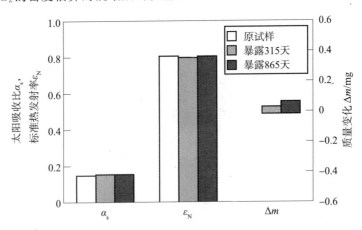

图 7-35 在轨暴露试验后 F-OSR 薄膜质量与热学/光学性能的变化

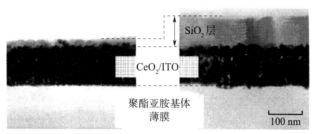

第一次回收（暴露315天）　　　　　第二次回收（暴露865天）

图 7-36　在轨暴露 315 天后 F-OSR 薄膜表层结构的变化

表 7-18　经在轨暴露试验后 F-OSR 薄膜的质量和凝结层厚度测量结果

暴露时间	质量增加量/mg	凝结层厚度/nm	凝结层质量/mg
315 天（第一次回收）	0.042	20	0.016
865 天（第二次回收）	0.071	80	0.065

　　4）白漆：JAXA 认证的白漆（NASDA-1049/101-S）以硅树脂为基体，颜料为 TiO_2 和 ZnO，已广泛应用于日本航天器的外表面。经在轨飞行暴露试验后，NASDA-1049/101-S 白漆的质量和热学/光学性能变化如图 7-37 所示[17]，热发射率 ε 基本不变，太阳吸收比 $α_s$ 有所增加，尤其在第 1 次回收（暴露 315 天）和第 2 次回收（暴露 865 天）之间增加明显。相应地，样品的质量减小。

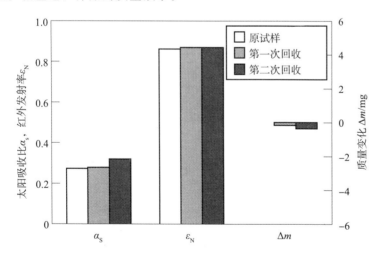

图 7-37　在轨暴露试验对 NASDA-1049/101-S 白漆质量和热学/光学性能的影响

　　5）粘结剂与封装混合剂：JAXA 开发的低出气率的粘结剂及电子器件封装混合剂主要由聚二甲基硅氧烷组成，均可在 Al 板上应用。粘结剂试样的剪切强度随在轨暴露时间增加稍有下降，如图 7-38 所示[17]。地面模拟分析表明，这主要与热循环次数有关。经在轨暴露后，封装剂试样的质量变化很小，如表 7-19 所示。封装混合剂试样的暴露面积为 255 mm²，密度为 1.02 g/cm³，则可将表 7-19 中各试样的质量下降转化为厚度减小，如

图 7-39 所示。试验结果表明，硅树脂基粘结材料及封装材料对国际空间站轨道环境具有较好的耐受性。

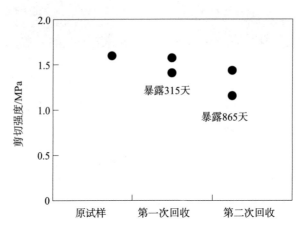

图 7-38　在轨暴露后回收的硅树脂基粘结剂试样的剪切强度

表 7-19　暴露试验前后硅树脂基封装混合剂试样的质量变化　　　　　　　　　　　mg

暴露时间	飞行试验前	飞行试验后	质量变化
315 天	787.8	787.7	−0.1
	835.9	835.7	−0.2
865 天	792.3	790.9	−1.4
	852.3	851.9	−0.4

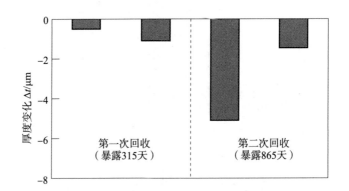

图 7-39　在轨暴露回收后的硅树脂基封装混合剂试样厚度变化
图中试样的厚度变化与表 7-19 各试样的质量减小相对应

6）MoS₂固体润滑膜：在图 7-27 所示的 3 块 SEED 试验单元装置上，分别对 MoS₂固体润滑膜进行了在轨 1 年、2 年及 3 年搭载试验[19]。经回收后，通过往返滑动销-板式摩擦磨损试验机对搭载暴露前后的 MoS₂膜样品进行了对比试验。对磨销为直径 7.94 mm 的 440C 不锈钢球，滑动速度为 10 mm/s，载荷为 2 N；每个试样的总滑动次数均为

20 000 次，每次滑动距离为 10 mm，所得结果如图 7 - 40 所示[20]。可见，在开始几次的
滑动过程中，在轨暴露试样的摩擦系数与未暴露试样相同或略高些。然而，在后来直至
5 000 次滑动过程中，在轨暴露试样的摩擦系数低于未暴露试样。随着在轨暴露时间增加，
摩擦系数降低。在轨暴露试样的摩擦系数在试验开始时大约为 0.02，滑动次数达到 20 000
次时增至 0.03～0.04。未暴露试样的摩擦系数开始约为 0.1，然后降低并逐渐稳定在 0.03
左右。上述情况表明，同未暴露试样相比，在轨暴露使 MoS_2 膜的摩擦系数有所降低。这
在滑动摩擦的初期表现尤为明显。通过 XPS 分析发现，在经搭载暴露试验的 MoS_2 膜表面
Si 含量明显增高，这说明在轨暴露期间发生 Si 污染可能是引起 MoS_2 膜摩擦系数降低的
原因。

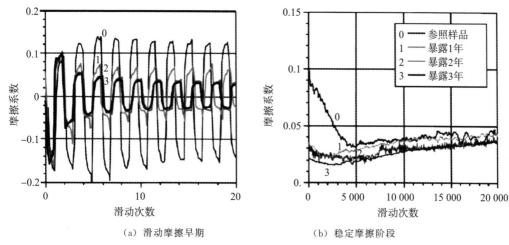

（a）滑动摩擦早期　　　　　　　　（b）稳定摩擦阶段

图 7 - 40　在轨暴露前后 MoS_2 膜在滑动摩擦早期及稳定摩擦阶段的摩擦系数变化对比

（3）污染效应分析

　　除了上述微粒子俘获试验与材料效应试验外，JAXA 还对 MPAC & SEED 试验单元
装置的基板与样品的污染效应进行了分析。图 7 - 41 为第 1 次回收（暴露 315 天）的试验
单元装置迎风面和背风面的基板和试样颜色变化的观察结果[18]。肉眼可见，迎风面和背
风面的基板颜色均发生变化。背风面上基板表面有棕色污染层，硅胶试样表面呈现粗糙的
脆性网状裂纹外貌（见图 7 - 42），并有许多由低速液滴撞击产生的彩色斑点。这种斑点的
数量在背风面上比迎风面多。类似的现象在第二次取回（暴露 865 天）的试验单元装置上
也能观察到。XPS 分析表明，Si 是迎风面污染层的主要成分。在背风面上也观察到有 Si
存在，但数量相对较少。在污染表面上 Si 的存在成为出气污染的重要证据。另外，也发
现有氧、氮、碳、钠、铁及镍等存在。通过分析 MPAC & SEED 试验单元装置在国际空
间站上所处位置及其与发动机羽流污染效应的关系，认为试验单元装置的迎风面受羽流污
染机会较少，而背风面却会直接受到羽流污染。MPAC & SEED 试验单元装置的背风面
受到的污染是出气污染与羽流污染的综合结果。

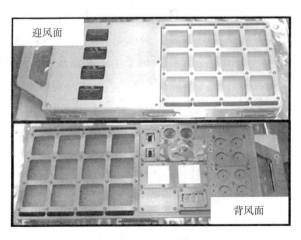

图 7-41　第一次回收（暴露 315 天）的飞行试验单元装置迎风面和背风面的基板和试样的颜色比较

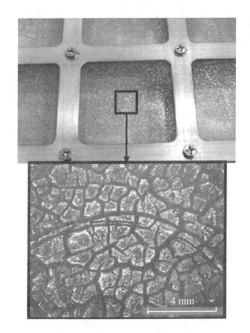

图 7-42　第一次回收（暴露 315 天）的飞行试验单元装置背风面上硅胶试样表面形貌

7.5.4　JEM/MPAC & SEED 试验

　　该研究计划是 JAXA 在国际空间站上进行的另一项材料在轨暴露试验，研究内容同上述 SM/MPAC & SEED 试验类似，包含俘获空间碎片和微流星体粒子（MPAC）与材料空间环境效应试验（SEED）两部分。暴露试验是在日本实验舱（JEM，KIBO）的暴露装置上进行的，称为 JEM/MPAC & SEED 试验。KIBO 号实验舱的暴露装置上安装有空间环境数据采集设备，其下部悬挂 MPAC & SEED 试验样品托架。试验样品于 2009 年 7 月 15 日由航天飞机在第 127 次执行飞行任务 2J/A 时送达国际空间站。暴露试验于 2009 年 7 月 23 日开始，至 2010 年 4 月 9 日由航天员将试验样品取回舱内而结束，历时 259 天。

KIBO 号实验舱的暴露装置、空间环境数据采集设备及试验样品托架的相对位置如图 7 - 43 所示。试验样品托架分三个区域放置（见图 7 - 44）。在区域 1 放置硅胶样品，用于俘获直径 0.001～0.1 mm 的空间碎片和微流星体粒子（MPAC），并检测粒子的在轨通量；区域 2 放置 Au 薄板，作为检测空间碎片和微流星体粒子通量的样品；区域 3 放有 8 个试验材料样品（直径分别为 25.4 mm 和 32.3 mm），所涉及的具体材料列于表 7 - 20 左侧。

图 7 - 43　KIBO 号实验舱的暴露装置、空间环境数据采集设备及 JEM/MPAC &
SEED 试样托架在轨期间的相对位置照片

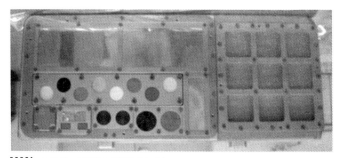

▢ 区域1—硅胶（用于MPAC）；
▢ 区域2—金薄板（用于MPAC与SEED）；
▢ 区域3—SEED 试验材料

图 7 - 44　JEM/MPAC & SEED 试验样品托架分区及样品位置照片

表 7 - 20　JEM/ SEED 试验样品

试验材料样品	空间环境检测样品
MoS_2/Ti - 6Al - 4V	ITO 镀膜的 DUS601（紫外辐射检测）
白漆（NOVA 500 ASTRO WHITE）	RADFET（电离辐射剂量检测）
黑漆（NOVA 500 ASTRO BLACK）	TLD（电离辐射剂量检测）
镀 Ge 膜的 Kapton	丙氨酸型剂量计（电离辐射剂量检测）
Kapton	Vespel（原子氧注量检测）
聚酰亚胺薄膜（BSF - 30）	热敏试片（温度检测）
改性的聚酰亚胺薄膜（表面涂层为硅氧烷）	
镀 ITO 膜的 UPILEX - 25S	
UPILES - 125S	

JEM/SEED 试验所涉及的空间环境因素主要包括：紫外辐射、带电粒子电离辐射（总剂量效应）及原子氧暴露。试验时采用被动式的检测方法，需要将空间环境检测样品放置在试验材料样品附近。所用的环境检测样品列于表 7 - 20 右侧，包括：

1）紫外辐照剂量检测：采用 DUS601（聚氨基甲酸乙酯）薄片，作为在轨测试紫外辐照剂量的样品。为了屏蔽原子氧剥蚀，在样品表面镀 ITO 膜。在地面上通过 Xe 灯辐照试验，建立太阳吸收比 α_s 与紫外辐照剂量的关系。考虑到 Xe 灯光谱有红外波段，需将 DUS601 样品置于凝胶板上，防止在真空室内 Xe 灯光谱辐照时样品温度升高。

2）电离辐射总剂量检测：采用三种辐射剂量计检测空间带电粒子产生的电离辐射总剂量，包括热致发光型辐射剂量计（TLD）、丙氨酸型辐射剂量计及辐射敏感的场效应晶体管（RADFET）。这三种辐射剂量计用于测试不同厚度 Al 屏蔽条件下的电离辐射吸收剂量。TLD 是一种小型器件，通过探测器晶体在受到电离辐射加热时所发射的可见光照度检测电离辐射吸收剂量。在样品托架的前面和后面有 4.5 mm 厚 Al 屏蔽板的部位，分别在两侧屏蔽板的后面各放置 6 个 TLD。丙氨酸型辐射剂量计是由丙氨酸和聚苯乙烯制成的固体器件，所产生的自由基数量与受到的电离辐射吸收剂量成正比，可通过电子自旋共振谱仪（ESR）测试辐照前后自由基数量的相对变化。在样品托架有 0.15 mm 厚 Al 屏蔽层（表面有镀 Ag 的 FEP 膜）的部位放置两个丙氨酸型辐射剂量计。RADFET 是一种特殊设计的 P -沟道金属氧化物半导体晶体管（具有较厚的栅氧层），具有很高的辐射敏感性，适用于适时测试空间电离辐射剂量。在样品托架上放置两个盖帽厚度为 0.8 mmAl 的 RADFET。

3）原子氧注量检测：采用 Vespel 材料（由芳香族聚酰亚胺粉末制成，密度为 1.43 g/cm³）作为检测样品，能够保证足够长的在轨暴露试验时间的需要。若选用厚度约为 25 μm 的 Kapton H 薄膜，可能被完全剥蚀。在地面进行的快原子氧（能量约为 5 eV）暴露试验表明，Vespel 样品的单位面积质量损失与原子氧注量呈线性关系，如图 7 - 45 所示。经计算得出，Vespel 材料的原子氧剥蚀产率为 $R_e = 2.92 \times 10^{-24}$ cm³/原子。

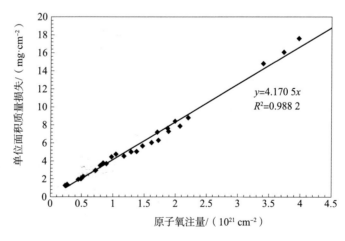

图 7 - 45　Vespel 材料进行快原子氧暴露试验时每单位面积质量损失与原子氧注量的关系

通过上述检测样品测得 JEM/SEED 试验的空间环境条件列于表 7-21，表中还给出了通过有关的空间环境和效应模式计算的结果（网址为 http：//sees. tksc. jaxa. jp）。国际空间站的平均轨道高度为 343 km，倾角为 51.6°；在轨暴露试验时间从 2009 年 7 月 23 日至 2010 年 4 月 9 日。由表 7-21 可见，除防护层厚度为 4.5 mm 条件下测得的辐射吸收剂量外，其他样品的实测结果均低于模式的预测值，说明模式的计算结果较为保守。此外，还采用热敏试片测试了 SEED 试验样品托架不同区域的最高温度，在区域 2 和区域 3 的约 5 mm 深度处最高温度均＜50 ℃。

表 7-21　JEM/SEED 试验的空间环境条件检测结果与模式计算结果比较

空间环境条件	样品检测	模式计算
紫外辐照能量注量/esd	＜30	56.85
原子氧注量/cm^{-2}	5.91×10^{20}	1.40×10^{21}
电离辐射总剂量/Gy		
· Al 防护层厚度 0.15 mm	5	5.27×10^{1}
· Al 防护层厚度 0.8 mm	0.16	3.29
· Al 防护层厚度 4.5 mm	0.10	4.25×10^{-2}

JEM/SEED 试验样品经在轨暴露后，由航天飞机在第 131 次飞行执行 19A 任务时取回到地面。图 7-46 是针对固体润滑涂层（MoS_2）样品经在轨暴露后进行地面摩擦磨损试验分析的结果。试验采用往返滑动销-板式摩擦磨损试验机，对磨试样是直径为 7.94 mm 的 440c 不锈钢球，滑动速度为 10 mm/s，正向载荷为 2 N，往返滑动周期为 10 mm。为了便于分析，在相同条件下对未经在轨暴露的参考样品及地面原子氧和紫外辐照的样品进行了对比试验。同参考样品相比，MoS_2 涂层在轨暴露样品的摩擦系数在试验开始阶段便急剧下降，并很快达到稳态。这种摩擦学行为与地面原子氧暴露试验样品相类似。经 XPS 分析发现，JEM/SEED 暴露样品表面有 Si 和 F 出现，说明受到了一定程度的污染。图 7-47 表明，JEM/SEED 试验的 MoS_2 涂层摩擦系数变化特点与 SM/SEED 暴露试验样品相类似。

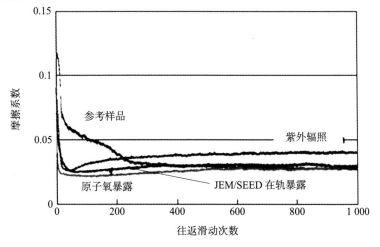

图 7-46　JEM/SEED 试验 MoS_2 涂层摩擦系数变化及其与参考样品、地面原子氧暴露和紫外辐照样品的比较

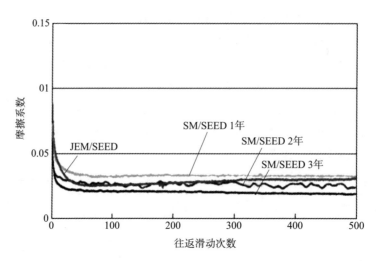

图 7 - 47　JEM/SEED 试验 MoS₂ 涂层摩擦系数变化与 SM/SEED 试验样品的比较

7.6　卫星搭载飞行试验

在卫星上进行搭载飞行试验，能够有效地研究空间材料在轨性能的退化过程。通过回收式卫星进行搭载试验，可将试验样品回收到地面，充分利用地面实验室条件加以分析，得到尽可能多的信息。当卫星不能回收时，需要通过遥测系统将试验样品在轨性能变化信息传回地面。卫星结构及空间环境效应具有复杂性，使试验样品在轨性能变化受多种因素影响。设计在轨搭载试验方案时，应视研究目的的不同，精心考虑试验样品安放部位、性能测试及数据传输等问题。搭载卫星可以是专门的试验卫星，也可以是实际的应用卫星。几十年来，国内外已经有效地进行了许多次卫星在轨搭载试验，取得了丰富的研究成果。下面介绍几种卫星搭载试验。

（1）SPOT 卫星系列搭载试验

SPOT 卫星系列是法国航天局（CNES）用于观测地球及其环境所发射的太阳同步卫星。轨道高度为 820 km，倾角为 98°。第一颗卫星（SPOT - 1）于 1986 年 2 月发射，第二颗卫星（SPOT - 2）于 1990 年 1 月发射，最后的 SPOT - 5 卫星于 2002 年发射。ESA 也利用 SPOT 卫星平台，发射了几颗太阳同步卫星，如 ERS - 1 卫星（1991 年 7 月 17 日发射）及 ERS - 2 卫星（1995 年 3 月发射）。

SPOT 卫星平台的辐射器及有效载荷采用 FEP Teflon/Al 或 FEP Teflon/Ag 二次表面镜为热控涂层，FEP Teflon 薄膜厚度为 25 μm。卫星的其他表面用 MLI（Multiple Layer Insulation）毯覆盖，其外层为 25 μm 厚的 Kapton 薄膜。

为了在 SPOT 卫星上进行热控涂层搭载试验，采用了图 7 - 48 所示的放置试样的方法，称为 THERME 试验方式[20-21]。试样放在 100 mm×100 mm 的 MLI 隔热毯上，其上表面朝向空间。在试样与 MLI 隔热毯之间放置热敏电阻，测量试样温度。在轨搭载试验时，视需要将 THERME 试验单元放置在卫星的不同表面上，如放置于卫星前表面（经受

原子氧暴露）与后表面（避免原子氧暴露）。试样为 FEP Teflon/Al 二次表面镜及 25 μm
厚 Kapton 薄膜。在 SPOT - 1 和 SPOT - 2 卫星上进行的搭载飞行试验取得了有意义的
结果。

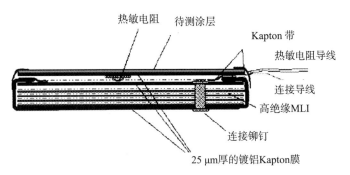

图 7 - 48　THERME 试验单元的结构

图 7 - 49 表明，SPOT - 1 卫星前表面和后表面上 FEP Teflon/Al 涂层的温度变化与太
阳活动周期密切相关[20]。后表面温度在前 2～3 年迅速上升，并逐渐趋于稳定（至 1995
年）；前表面温度在太阳低年期间上升，而在太阳高年期间下降并基本保持稳定。这种变
化说明前表面的温度变化与太阳活动密切相关，而后表面温度基本上不受太阳活动的影
响。前表面和后表面的主要差别在于受原子氧影响的程度不同。太阳活动高年时，原子氧
密度增加，易于使热控涂层受到太阳紫外辐射的作用而出现变脆和表层剥蚀，这有利于在
太阳活动高年期间保持最外层为未发生退化的材料，能够使热控涂层性能得到回复并保持
稳定。

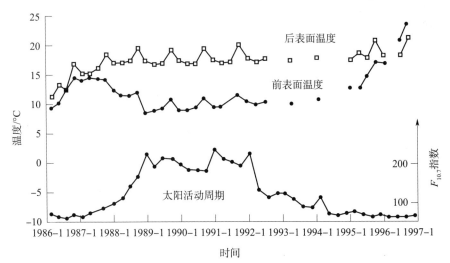

图 7 - 49　SPOT - 1 卫星前表面与后表面上 FEP Teflon/Al 二次表面
镜的温度逐年变化与太阳活动周期的关系

图 7 - 50 为 SPOT - 2 卫星前表面和后表面上 FEP Teflon/Al 二次表面镜（SSM）温
度逐年变化的在轨测试结果[20]。这种由 THERME 单元测试的温度变化可转化为太阳吸

收比的改变，如图 7 - 51 所示[20]。SPOT - 2 卫星所得到的太阳吸收比变化规律与 SPOT - 1 卫星得到的结果相同。航天飞机及 LDEF 等在轨飞行试验（300～476 km 高度）曾揭示了原子氧对材料的影响，而在约 800 km 高度轨道的 SPOT 卫星上仍发现如此明显的影响，尚属首次。

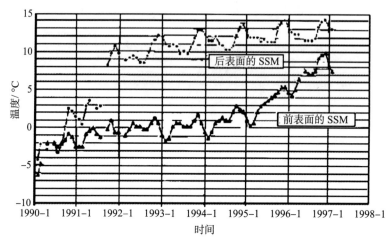

图 7 - 50　SPOT - 2 卫星前表面与后表面上 FEP Teflon/Al 二次表面镜
（SSM）的温度逐年变化（THERME 测试）

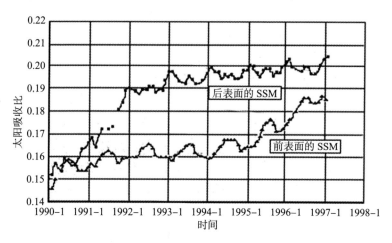

图 7 - 51　SPOT - 2 卫星前表面与后表面上 FEP Teflon/Al 二次表面镜（SSM）
太阳吸收比的逐年变化（THERME 测试）

（2）APEX 卫星搭载试验

APEX 卫星[22] 全称为 Advanced Photovoltaic and Electronics Experiments Satellite，于 1994 年 8 月发射，在轨工作至 1996 年 6 月。APEX 卫星轨道为椭圆轨道，近地点为 362 km，远地点为 2 544 km，倾角为 70°。APEX 卫星是一颗试验卫星，用于探测低高度地球轨道带电粒子辐射环境并搭载太阳电池进行飞行试验，能够直接测试太阳电池的电性能参数变化。星上装有太阳电池飞行试验装置（Photovoltaic Array Space Power Plus

Diagnotics）。试验的太阳电池包括 Si 电池、GaAs 电池及 AlGaAs 电池，如表 7 - 22 所示。图 7 - 52 和图 7 - 53 分别是表 7 - 22 中♯0 和♯3 号硅电池的最大输出功率 P_{max} 的退化曲线。图 7 - 54 是 GaAs 电池的最大输出功率 P_{max} 的退化曲线。从图 7 - 52～图 7 - 54 可见，在 1 年左右的飞行时间内，几种电池的最大输出功率大体上呈线性下降的趋势。

表 7 - 22　APEX 卫星搭载的太阳电池种类[22]

电池编号	电池类型	偏压电池	电池数	盖片厚度/mil
♯0	Si 电池，2 cm×4 cm	否	20	6
♯1	Si 电池，2 cm×4 cm	是	20	6
♯2	Si 电池，2 cm×4 cm	是	60	6
♯3	Si 电池，8 cm×8 cm	是	4	5
♯5	Si 电池，2.6 cm×5 cm	是	12	2.5
♯4	GaAs 电池，4 cm×4 cm	是	20	6
♯6	GaAs 电池，4 cm×4 cm	是	12	6
♯8	GaAs 电池，4 cm×4 cmWT	是	4	6
♯11	GaAs 电池，4 cm×4 cm	是	8	6
♯9	非晶态 Si 电池，4 cm×4 cm	否	1	20
♯10	InP 电池，2 cm×2 cm	否	10	6
♯7	AlGaAs，电池	否	20	24
♯12	GaAs/ClS 电池，2 cm×2 cm	否	9	2
♯13	GaAs/ClS 电池，2 cm×4 cm	否	3	2
♯14	GaAs	是	8	
♯15	GaAs/GaSb 电池，2 cm×2 cm	是	12	

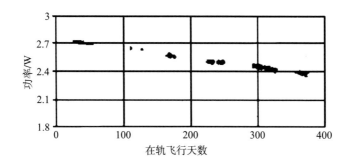

图 7 - 52　♯0 号硅电池最大输出功率退化曲线（APEX 卫星搭载）

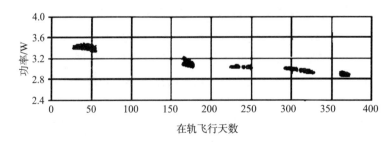

图 7 - 53　#3 号硅电池最大输出功率退化曲线（APEX 卫星搭载）

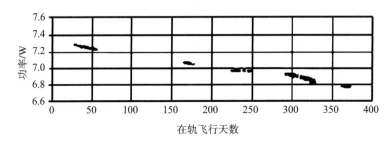

图 7 - 54　GaAs 电池最大输出功率退化曲线（APEX 卫星搭载）

（3）LIPS - 3 试验卫星搭载试验

LIPS - 3 试验卫星（Third Living Plume Shield Satellite）搭载了多种太阳电池进行飞行试验，如表 7 - 23 所示。LIPS - 3 试验卫星轨道高度为 1 100 km，倾角为 60°，每天绕地球飞行 13.4 圈。图 7 - 55～图 7 - 57 给出了 MOCVD 和 LEP 两种工艺制备的 GaAs 太阳电池的电性能退化数据及其拟合曲线，可以看出，GaAs 电池的开路电压 V_{oc}、短路电流 I_{sc} 及最大输出功率 P_{max} 均在开始飞行的 30 天内下降较快，然后下降趋势逐渐减缓。三种电性能的退化趋势均可用对数函数拟合。如果不考虑开始在轨飞行时电性能快速下降的数据，则退化趋势可近似用直线拟合。

表 7 - 23　LIPS - 3 试验卫星太阳电池 1 MeV 电子辐照等效注量

电池编号	电池材料	电池片厚度/μm	盖片厚度/μm
#1	Si	200	500
#2	Si	100	100
#3	Si	200	100
#4	Si	50	25
#5	Si	50	100
#6	GaAs（MOCVD）	280	150
#7	GaAs（LEP）	280	150

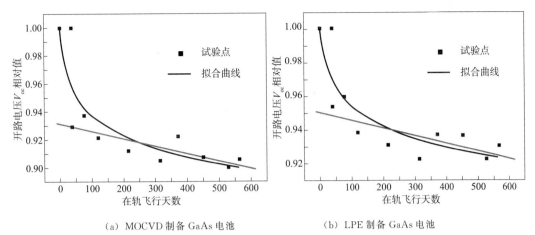

（a）MOCVD 制备 GaAs 电池 　　　　（b）LPE 制备 GaAs 电池

图 7 - 55　GaAs 太阳电池的开路电压随飞行时间的变化（LIPS - 3 试验卫星搭载）

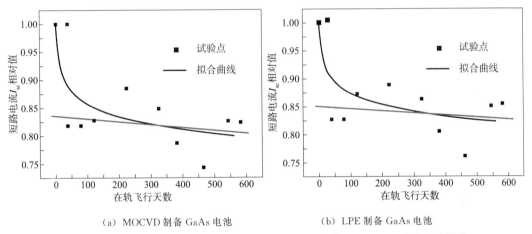

（a）MOCVD 制备 GaAs 电池 　　　　（b）LPE 制备 GaAs 电池

图 7 - 56　GaAs 太阳电池的短路电流随飞行时间的变化（LIPS - 3 试验卫星搭载）

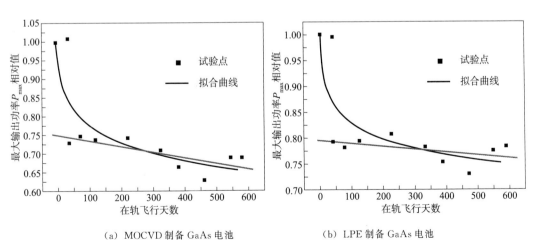

（a）MOCVD 制备 GaAs 电池 　　　　（b）LPE 制备 GaAs 电池

图 7 - 57　GaAs 太阳电池的最大输出功率随飞行时间的变化（LIPS - 3 试验卫星搭载）

（4）地球同步卫星搭载飞行试验

在地球同步卫星上进行搭载飞行试验时，所涉及的试验数据传输技术要求较高。由于试样通常难以取回到地面，需要将试验数据转换成电信号，并通过遥测通道传回到地面。俄罗斯在闪电、屏、虹及地平线等型号卫星上进行过热控涂层在轨暴露飞行试验[23]，通过量热法间接测试热控涂层的太阳吸收比 α_s 和半球发射率 ε。所采用的测温传感装置如图7-58所示，安装在卫星的侧壁上。扁平状的电阻温度计置于带热控涂层的圆盘下表面。为了获得热控涂层在轨暴露飞行过程中温度变化的准确信息，必须杜绝热控涂层试样与卫星本体结构之间发生热交换。飞行试验前应对热控涂层样品及测温传感装置进行试验标定，测试涂层样品的 α_s 和 ε，带热控涂层圆盘的质量 m，比热容 C_p 及其漏热传导系数 σ。在太阳电磁辐射作用下，热控涂层的温度与其热学/光学性能有关，可依据热平衡方程求解。地球同步轨道卫星飞行过程中进出地球阴影，会使带有热控涂层的圆盘经历冷却、加热及热平衡三种状态，阴影周期为60 min，如图7-59所示。在这三种状态下，热平衡方程具有如下形式：

冷却阶段

$$-mC_p\ (\mathrm{d}T/\mathrm{d}t)\ =\varepsilon\sigma F_c T_s^4 \tag{7-1}$$

加热阶段

$$\alpha_s SF_c\cos\ \alpha=\varepsilon\sigma T_s^4 F_c+mC_p\ (\mathrm{d}T/\mathrm{d}t) \tag{7-2}$$

热平衡阶段

$$\alpha_s SF_c\cos\ \alpha=\varepsilon\sigma T_s^4 F_c \tag{7-3}$$

式中　F_c——带有热控涂层圆盘的表面积；

　　　S——太阳常数；

　　　α——太阳照射角度；

　　　T，t——温度和时间。

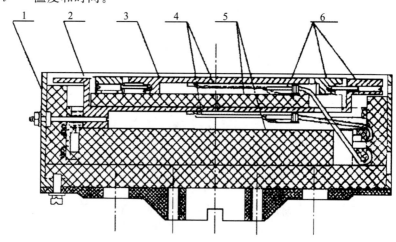

图7-58　地球同步轨道卫星上热控涂层样品的测温传感装置结构简图

1—外壳；2—内壳；3—带有热控涂层的圆盘；4—电阻温度计；5—热绝缘；6—热控涂层

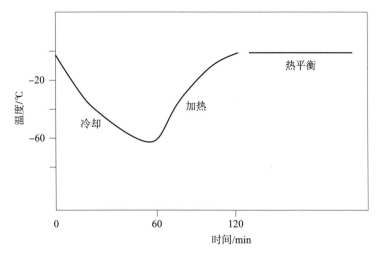

图 7-59 地球同步卫星上热控涂层样品进出地球阴影所引起的温度变化

根据在地球阴影内测试冷却速度所得结果,可由式(7-1)计算热控涂层样品的半球发射率 ε。经过几年的测试,其结果表明半球发射率 ε 基本上不变。当航天器走出地球阴影后,测温传感器在太阳照射下加热。根据所测试的温度,可由式(7-2)计算热控涂层样品在加热阶段太阳吸收比 α_s 的变化。通过式(7-3)可计算热控涂层样品在热平衡阶段的 α_s。

7.7 SFU 在轨飞行试验

SFU 是日本于 1995 年 3 月 18 日用 H-2 火箭发射的无人自由飞行空间平台,全称为 Space Flyer Unit,其轨道高度为 500 km,倾角为 28.5°。1996 年 1 月 13 日,SFU 由美国国家航空航天局的航天飞机在 STS-72 飞行任务中回收。在 SFU 平台上成功进行了以下不同材料的暴露试验[24-26]。

(1) EFFU 试验

EFFU 是在 SFU 平台上搭载的暴露试验装置,全称为 Exposed Facility Flyer Unit,用于评价日本制造的国际空间站试验舱及未来卫星所用材料的在轨行为[24]。SFU 平台的总质量为 3.85 t,呈八面体形(直径 4.46 m,高 3.0 m),由八个可拆卸的单元装置组成,并有两个柔性的太阳帆板。EFFU 装置安放在 SFU 的顶部,如图 7-60 所示[24]。EFFU 的试验材料包括:固体润滑材料、碳纤维增强塑料(CFRP)、相机玻璃、阳极化铝、具有 ITO 或 SiO_2 涂层的 Kapton 薄膜、具有 Teflon 涂层的玻璃纤维布(β-cloth)、硅树脂白漆、导线蒙皮的 Teflon(PFA)材料,以及太阳电池玻璃盖片。部分试样置于 EFFU 的上表面,经受太阳紫外辐射;其余试样置于侧面,基本上不受太阳紫外辐射。暴露时间约 10 个月。EFFU 装置带有测试原子氧注量、太阳紫外辐照剂量及银河宇宙线辐射吸收剂量的传感器,分别为 Kapton 薄膜、氨基甲酸乙酯基薄膜及热致发光辐射剂量计。飞行暴露试验前及试验后,分别对试验样品的外观、质量、微观结构及性能进行分析测试,得到如下典型结果:

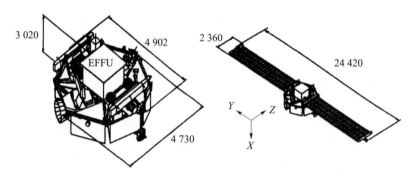

图7-60　SFU平台的形貌与EFFU装置的安放位置（尺度单位为mm）

1）固体润滑材料：针对三种MoS_2润滑膜进行了试验，包括溅射膜、有机黏结膜及无机黏结膜。飞行暴露试验结果表明，以无机黏结的MoS_2膜最稳定。有机黏结的MoS_2膜具有良好的摩擦学性能与磨损寿命，但暴露时间较长时其摩擦学性能下降，原因是空间原子氧会破坏有机膜的原子键合。

2）碳纤维增强塑料：在轨暴露试验前后，其弯曲强度与层间剪切强度变化不明显，如表7-24所示[25]。样品表面上的Al膜能够防止原子氧造成的损伤。

表7-24　在轨暴露试验前后碳纤维增强塑料的力学性能变化[25]

力学性能		暴露试验前	暴露试验后
层间剪切强度		53.3 MPa	56.4 MPa
0°取向	弯曲强度	680.9 MPa	617.4 MPa
	弯曲弹性模量	397.9 GPa	392.0 GPa
90°取向	弯曲强度	33.5 MPa	35.3 MPa
	弯曲弹性模量	5.3 GPa	5.5 GPa

3）相机玻璃：经在轨暴露试验后，抗辐射玻璃与合成晶体玻璃的光谱透过率在波长250～800 nm范围内稍有降低，如图7-61所示[25]。这种变化不会影响相机成像质量。

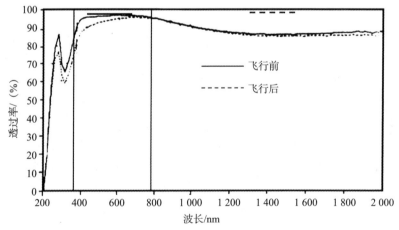

图7-61　在轨飞行暴露试验前后相机玻璃的光谱透过率变化[25]

4）阳极化铝：经在轨暴露试验后，三种阳极化铝的太阳吸收比和发射率均变化不大，尤以铬酸阳极化铝变化较小。

5）带有 SiO_2 或 ITO 镀层的聚酰亚胺薄膜：在镀层表面缺陷处，易产生原子氧剥蚀，如图 7 - 62 所示[25]。在进行样品制备和地面模拟试验时，应注意避免出现表面微裂纹。

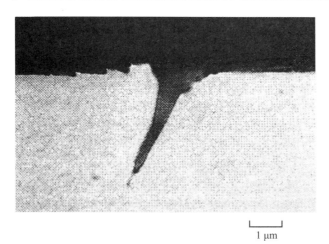

图 7 - 62　暴露试验后带有 ITO 镀层的聚酰亚胺薄膜表面缺陷处形成微裂纹

6）带有 Teflon 涂层的玻璃纤维布（β - cloth）：经在轨暴露试验后，位于光照面样品的太阳吸收比增加。由于 Teflon 涂层受到原子氧剥蚀，玻璃纤维暴露并褪色。图 7 - 63（a）和（b）分别为飞行试验前后样品的横截面形貌[25]。

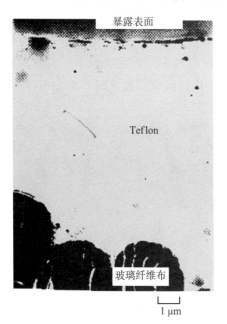 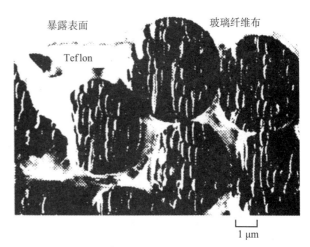

（a）暴露试验前　　　　　　　　　　　　　　（b）暴露试验后

图 7 - 63　在轨暴露试验前后 β - cloth 试样横截面形貌

7）太阳电池玻璃盖片：经在轨暴露试验后，玻璃盖片表面状态与太阳吸收比均未发生变化，但透过率在370～830 nm波段内大幅度下降。这可能是SiO_2污染沉积所致。

8）有机硅树脂白漆：经在轨暴露试验后，样品的颜色改变，太阳吸收比增加。地面模拟试验表明，这种变化主要与太阳紫外辐射有关。

（2）Kapton MLI隔热毯飞行试验

图7-64为经在轨飞行试验后，包裹SFU平台上一个称为EPEX装置的Kapton MLI隔热毯的外貌照片[24]。EPEX为Electric Propulsion Experiment的缩写，即电子推进试验。几乎所有的MLI隔热毯外表面都失去了金色，呈现无光泽的粗糙外貌。

图7-64　经在轨暴露试验后包裹SFU平台上EPEX装置的Kapton MLI隔热毯的外貌照片

图7-65（a）和（b）分别为聚酰亚胺薄膜暴露表面的二维与三维SEM照片，能够看到原子氧剥蚀产生的“地毯”状表面形貌特征[24]，并有片状的污染物。经分析表明，片状的污染物为Si的衍生物。在聚酰亚胺多层隔热毯的暴露表面与内层表面上，均发现有Si的污染物存在，如图7-66所示，这说明污染源来自SFU自身。由于Si污染物的存在，对原子氧的剥蚀效应可能有部分抑制作用。

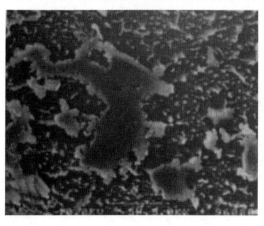

（a）二维　　　　　　　　　　　　　　（b）三维

图7-65　Kapton MLI隔热毯暴露表面的SEM照片

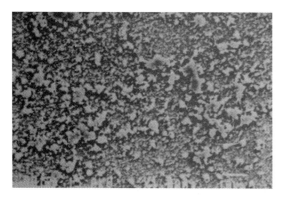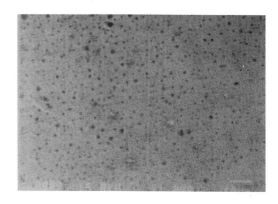

（a）暴露表面　　　　　　　　　　　　　　　　（b）内层表面

图 7 - 66　Kapton MLI 隔热毯暴露表面与内层表面的 SEM 照片

（3）SSM 和 MLI 表面撞击坑形貌分析

SSM（Second Surface Mirror）和 MLI（Multi - Layer Insulation Blanket）分别为二次表面镜与多层隔热毯。SFU 平台共有外表面积 150 m²，2/3 的面积是太阳电池阵，其余主要是热控表面（包括 SSM 与 MLI）。通过肉眼与 25～175 倍放大镜对约 3 m² 的热控表面进行仔细检查，发现共有 160 个空间微粒子撞击坑[26]。在 SSM（约 1.88 m²）上，撞击坑有 114 个，尺寸为 44～1 641 μm；MLI 上撞击坑有 46 个，尺寸为 59～520 μm。

二次表面镜（SSM）的结构如图 7 - 67 所示。典型的撞击坑形貌特征是坑附近的 FEP Teflon 薄膜与下面的 Ag 层剥离，产生圆形的分层环，如图 7 - 68 所示。撞击坑周围的 Teflon 薄膜内表面形成较粗糙的唇边。在撞击坑底部可观察到有小的中心凹坑。这种底部中心凹坑可能出现在 Ag 层或 Al 板上，取决于微粒子撞击的程度。一般可用 4 个参数表征撞击坑的特征，包括：分层环直径 D_m，表面环直径 D_r，Teflon 内唇边直径 D_c 及坑底凹坑

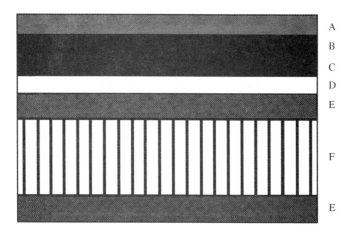

图 7 - 67　二次表面镜（SSM）的结构

A—FEP Teflon 薄膜，厚度 127 μm；B—Ag 层，厚度 150 nm；C—因康镍合金层，厚度 27.5 nm；
D—3M 966 聚丙烯压力敏感胶，厚度 51 μm；E—2024 - T81 铝合金，厚度 381 μm；F—5056 铝蜂窝结构，厚度 20 mm

直径 D_p。例如，图 7 - 69 为具有分层环、Teflon 上部与下部内唇边，以及坑底凹坑的撞击坑形貌照片。有些尺寸较小的撞击坑可能不出现明显的分层环。尺寸较大的撞击坑没有 Teflon 内表面唇边，而在坑口形成突缘。

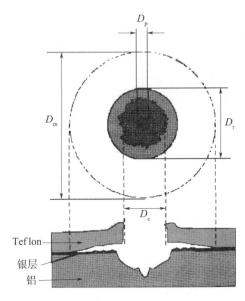

图 7 - 68　SSM 上撞击坑的典型形貌示意图

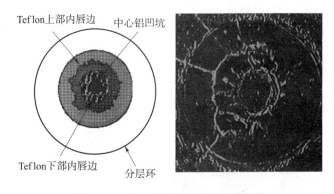

图 7 - 69　SSM 上撞击坑典型形貌照片

多层隔热毯（MLI）的结构如图 7 - 70 所示。MLI 上撞击坑的形状比较简单，入射的空间微粒子能够穿透顶层（镀 Al 的 Kapton 膜）。视入射微粒子的能量不同，微粒子可能穿过下面的一层或几层材料。在 MLI 顶部，Kapton 薄膜形成的典型穿孔形貌可由图 7 - 71 所示的三个参数加以表征，包括：孔的最小直径 D_h，表面外突缘直径 D_L 及散裂区的直径 D_s。其中，D_L 较易于发生变化，原因是表面外突缘的位置容易改变。图 7 - 72 为典型的穿孔照片，略呈椭圆状（尺寸为 346 $\mu m \times$ 263 μm）。

在长期在轨飞行试验装置表面上形成的撞击坑是空间微粒子撞击的直接证据，观测撞击坑的数量与形貌特征，可获取空间微粒子的尺寸、密度、速度及通量等信息。通过将空间微粒子信息与地面超高速撞击模拟试验的分析结果相结合，能够进一步评价空间微粒子撞击造成的损伤效应，并建立空间微粒子环境工程模式。因此，获取空间微粒子撞击坑的有关信息非常必要，应做进一步的深入研究。

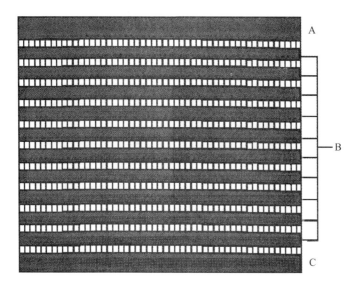

图 7-70　多层隔热毯（MLI）的结构

A—下表面镀 Al 的 Kapton 薄膜（1 层），50.8 μm 厚；B—Kapton 薄膜（10 层），每层 7.62 μm 厚；

C—Kapton 薄膜（1 层），25.4 μm 厚；⊞⊞⊞⊞⊞：聚酯纤维编织网（11 层）

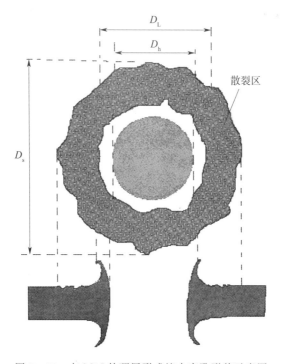

图 7-71　在 MLI 的顶层形成撞击穿孔形貌示意图

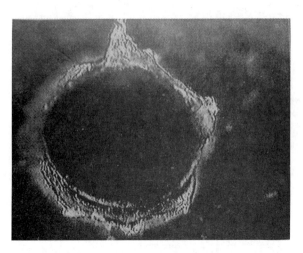

图 7 - 72　Kapton MLI 上形成的典型撞击穿孔照片

7.8　哈勃太空望远镜在轨飞行试验

哈勃太空望远镜（Habble Space Telescope，HST）于 1990 年 4 月发射，如图 7 - 73 所示，轨道高度约 600 km，倾角 28.5°。1993 年 12 月进行了第一次维修，将更换的一块太阳电池板取回地面。2002 年 3 月进行了第二次维修，将两块更换的太阳电池板取回地面。这两次取回的太阳电池板为研究空间碎片与微流星体环境及所产生的超高速撞击造成的损伤效应提供了难得的证据[27]。

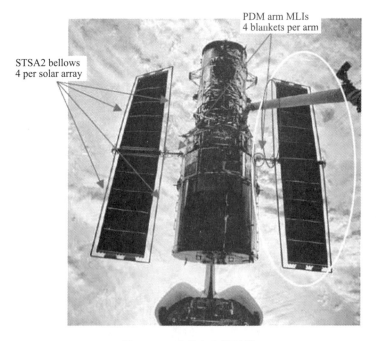

图 7 - 73　哈勃太空望远镜

　　哈勃太空望远镜采用柔性的多层结构太阳电池板，总厚度约 700 μm，如图 7-74 所示。太阳电池放在玻璃纤维编织网上，表面有防护玻璃盖片。太阳电池片与玻璃盖片及玻璃纤维编织网之间采用胶层连接。Si 太阳电池片与玻璃盖片均为脆性材料，会对撞击损伤行为产生很大的影响。经观察发现，第一次回收的 HST 太阳电池板上（在轨飞行 3.5 年），多处形成了超高速撞击坑或穿孔。在太阳电池板的前后表面，即玻璃盖片面（前面）与玻璃纤维面（后面），都有撞击发生。超高速撞击造成的损伤程度随空间粒子尺寸和速度的增加而加剧。小的入射粒子（＜20 μm）仅在玻璃盖片上产生撞击坑，如图 7-75 所示。撞击坑的中心为材料熔化产生的凹坑，周围有小碎块粉碎区与部分较大碎片剥落区。较大尺寸的粒子撞击能够影响到玻璃盖片下面的各层。图 7-76 示出一个 1.5 mm 直径的斜撞击坑表面和横截面形貌。可见，中心凹坑仍位于玻璃盖片，而下面的 Si 层产生范围较大的破碎，这是由冲击波在界面上反射产生的拉应力所造成的。图 7-77 表明，较大的粒子撞击能够使玻璃盖片产生较大的剥落与喷射区域，撞击坑尺寸达到 1.8 mm，中心凹坑位于 Si 层并为隆起的 DC93500 胶所环绕。图 7-78 所示撞击坑的特点是玻璃盖片与 Si 层发生崩裂与喷射，胶层与玻璃纤维层受到压缩并几乎形成穿孔，撞击坑尺寸约为 2.0 mm。图 7-79 所示的撞击坑已经完全贯穿，孔的尺寸达到 4.0 mm。据估计，撞击孔的尺寸通常是入射粒子直径的几倍，并与撞击速度有关。空间微粒子从太阳电池板背面撞击时，沿厚度方向传播的冲击波能够在玻璃盖片、Si 层及玻璃纤维层产生拉应力破坏，损伤的程度可以从破坏玻璃纤维层直到使撞击坑前面的硅层或玻璃盖片发生破碎，如图 7-80 所示。玻璃盖片与硅层属脆性材料，易发生剥落，会使玻璃纤维层上较大尺寸的撞击坑扩展到硅层或玻璃盖片层时形成尺寸大得多的损伤区域。

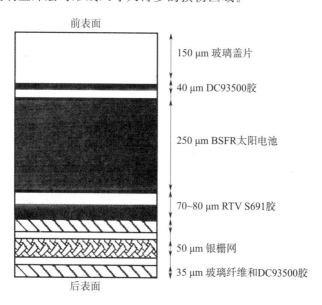

图 7-74　HST 的太阳电池板结构（横截面）

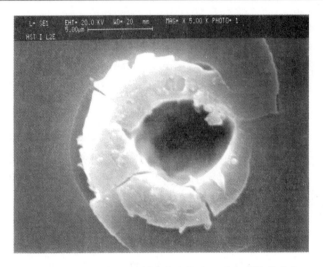

图 7 - 75　HST 太阳电池板玻璃盖片上观察到的撞击坑

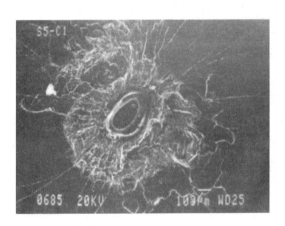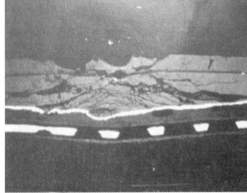

（a）形貌　　　　　　　　　　　　　　（b）横截面

图 7 - 76　HST 太阳电池板上观察到的直径为 1.5 mm 的撞击坑

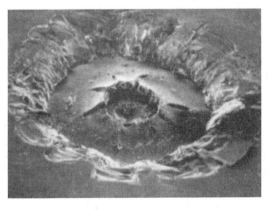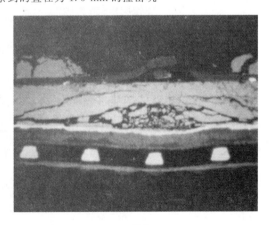

（a）形貌　　　　　　　　　　　　　　（b）横截面

图 7 - 77　HST 太阳电池板上观察到的直径为 1.8 mm 的撞击坑

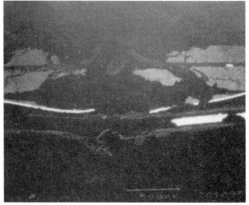

（a）形貌　　　　　　　　　　　　（b）横截面

图 7-78　HST 太阳电池板上观察到的直径为 2.0 mm 的撞击坑

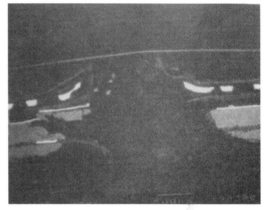

（a）形貌　　　　　　　　　　　　（b）横截面

图 7-79　HST 太阳电池板上观察到的直径为 4 mm 的撞击坑

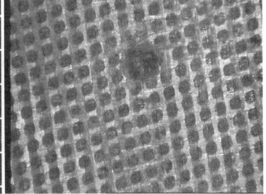

（a）太阳电池前表面　　　　　　　　（b）玻璃纤维层表面

图 7-80　HST 太阳电池板背面撞击坑形貌

　　上述观察结果表明，在超高速撞击过程中，会发生来自碰撞粒子与太阳电池板材料的向外喷射，这种现象对于脆性的玻璃盖片与 Si 层更加突出，原因是冲击波在近自由表面产生的拉应力破坏能够导致崩裂。总的喷射质量大体上与撞击能量成正比。如对于脆性靶材，约 10 km/s 的撞击速度能够使喷射质量达到入射微粒子质量的 4 000 倍。对于较厚的脆性靶材，呈现两种喷射过程，如图 7 - 81 所示。一是大量微米级的小碎片从围绕中心凹坑的碎裂区域向外以接近撞击粒子的速度喷射，喷射角度约与靶材表面呈60°，形成碎片锥（debris cone）；二是剥落形成的较大碎片垂直于表面向外喷射，尺寸接近撞击粒子直径，数量在 10 个以内，速度达到 10～100 km/s。通过剥落向外喷射的质量分数随着撞击粒子尺寸的增大而增加，如对于毫米级尺寸的撞击坑可达到 60%。对于多层结构的 HST 太阳电池板，界面剥离易使剥落过程加剧，如图 7 - 82 所示。界面剥离是入射冲击波在界面上形成拉应力所造成的。通过界面剥离，能够形成尺寸较大的碎片并向外喷射。在 HST 太阳电池板背面撞击所产生的现象有所不同，如图 7 - 83所示。玻璃纤维具有很高的弹性模量与拉伸强度，不利于形成剥落过程，喷射物较少。冲击波在 Si 层和玻璃盖片中传播易于诱发较大剥落碎片的形成，可随撞击粒子能量增加而导致玻璃盖片及硅层出现较大的损伤区域。在这种情况下，将发生剥落碎片垂直于表面的向外剥落或喷射。剥落的碎片能够在空间轨道上停留很长时间，成为导致 1 μm～1 cm 的轨道碎片逐渐增多的一种来源。

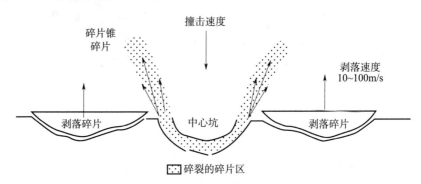

图 7 - 81　厚的脆性靶材受超高速撞击产生的喷射过程示意图

　　在 2002 年 3 月第二次回收的 HST 太阳电池板上，观察到 330 个撞击坑或穿孔，约每平方米面积上有 4 个。最大的撞击坑直径接近 6 mm，最小的直径约为 0.1 mm。通过扫描电镜能谱分析撞击坑内残存的微量物质组分，可以确定撞击微粒子的来源（微流星体或空间碎片）。在分析的 156 个撞击坑中，有 69 个属于空间碎片撞击，50 个属于微流星体撞击，其余 37 个撞击坑中未留下可明确辨认的残留物。空间碎片残留物的组分为：铝碎片（45%），铝的氧化物（45%），其余为富硅的粒子。铝的氧化物来源于轨控发动机推进剂。大多数微流星体残留物的组分主要为硅酸盐（60%）与硫化物（30%）。小尺寸撞击坑 [30～50 μm，甚至小于 30 μm] 通常由空间碎片撞击产生，而较大的撞击坑多由微流星体撞击形成。

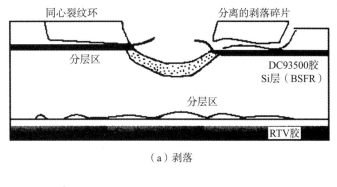

（a）剥落

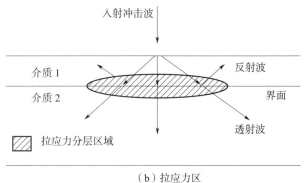

（b）拉应力区

图 7 - 82　HST 太阳电池板受超高速撞击产生剥落及冲击波在界面产生拉应力区的示意图

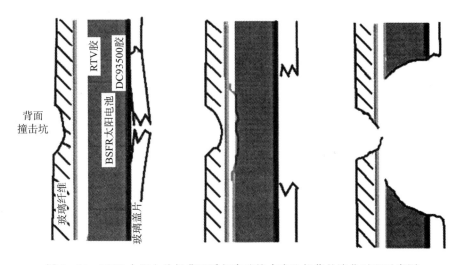

图 7 - 83　HST 太阳电池板背面受超高速撞击产生损伤的演化过程示意图

7.9　热控涂层在轨性能退化的温度推算方法

热控涂层是航天器的重要外表面材料，具有被动式的热控功效。在空间环境作用下，热控涂层性能退化是影响航天器在轨服役可靠性与寿命的重要因素之一。通过搭载试验直接获取热控涂层在轨性能退化信息，对于合理选材、新型涂层研制及在轨寿命预测均具有重要意义。

热控涂层的性能主要指太阳吸收比 α_s 和热发射率 ε。大量的试验结果表明，在空间环境因素作用下，热控涂层的热发射率 ε 基本上不变，主要应研究太阳吸收比 α_s 的退化规律。热控涂层在轨搭载试验可以有多种方式：一是利用可回收式样品盒，装载热控涂层样品进行在轨暴露飞行试验，回收后进行性能测试；二是通过搭载 α_s 和 ε 的测试仪器，直接利用仪器在轨测试热控涂层样品的性能，并将结果下传至地面；三是通过量热法在轨测量热控涂层样品温度，利用温度推算太阳吸收比 α_s 的变化。前两种方法对试验装置及测量仪器要求较高，而后一种方法比较简单易行。虽然利用温度推算法计算太阳吸收比的误差相对较大，但应用却较多。

利用温度推算法的基础是建立热平衡方程。假设热控涂层样品表面为平面，并与航天器本体结构之间热绝缘。热控涂层样品的温度仅与太阳电磁辐射、地球红外辐射及涂层本身的性能（α_s 和 ε）有关。热平衡方程可以简写为

$$\left(\alpha_s \cdot S \cdot \mu_1 + \alpha_s \cdot E_{er} \cdot \mu_2 + \varepsilon \cdot S \cdot \frac{1-\rho}{4} \cdot \mu_3\right) \cdot F - Q_T - mC_p\left(\frac{dT}{dt}\right) = \varepsilon \cdot \sigma \cdot T^4 \cdot F$$

$$(7-4)$$

式中，左边括号内的第一项为吸收的太阳辐射能量；括号内的第二项为吸收的地球反射的太阳辐射能量；括号内的第三项为吸收的地球红外辐射能量。右边为热控涂层红外辐射的能量。式（7-4）中：α_s 为样品的太阳吸收比；ε 为样品的热发射率；ρ 为地球平均反照率；S 为太阳常数，取 1 353 W/m^2；E_{er} 为地球反射的太阳辐照度，即 $E_{er} = \rho \cdot S$；F 为样品表面积；T 为样品温度；dT/dt 为样品温度随时间变化率；Q_T 为总漏热量，可写为 $Q_T = H(T^4 - T_b^4)$，H 为漏热系数，T_b 是试验装置外壳温度；m 为涂层样品质量；C_p 为涂层样品的比热；σ 为斯芯藩-玻耳兹曼常数，$\sigma = 5.57 \times 10^{-8}$ $W/(m^2 \cdot K^4)$；μ_1 为涂层样品接收太阳直接辐射角度系数；μ_2 为涂层样品接收地球反照辐射角度系数；μ_3 为涂层样品接收地球红外辐射角度系数。

如果将热控涂层样品温度测试装置与太阳定向，则可由式（7-4）求得

$$\alpha_s = \frac{\varepsilon}{S\mu_1 + \rho S\mu_2}\left[\sigma T^4 - \frac{1-\rho}{4}S\mu_3 + \frac{Q_T}{\varepsilon F} + \frac{mC_p}{\varepsilon F}\left(\frac{dT}{dt}\right)\right]$$

$$(7-5)$$

当航天器进入地球阴影时，则有

$$\varepsilon = \frac{1}{\left(\frac{1-\rho}{4}S\mu_3 F - \sigma F T^4\right)}\left[Q_T + mC_p\left(\frac{dT}{dt}\right)\right]$$

$$(7-6)$$

通过式（7-5）与式（7-6）计算时，需要首先确定辐照热源的强度。太阳常数通常取 $S = 1\ 353$ W/m^2。在地球表面，地球反射太阳光的能量密度取 $E_{er} = 473$ W/m^2；地球红外辐射的能量密度为 $\left(\frac{1-\rho}{4}\right)S = 220$ W/m^2，取 $\rho = 0.35$。在远离地球表面处，地球反照及地球红外辐射的能量密度会有所降低。在地球同步轨道条件下，这两项能量密度只有每平方米十几瓦，可以忽略，则式（7-4）简化为

$$\alpha_s \cdot S \cdot \mu_1 \cdot F - Q_T - mC_p\left(\frac{dT}{dt}\right) = \varepsilon \cdot \sigma \cdot T^4 \cdot F \tag{7-7}$$

利用上述温度推算法求得热控涂层样品的 α_s 和 ε 时，还需要确定公式中所涉及的各种参数，包括：μ_1，μ_2，μ_3，T_b，H，m，F 及 C_p。其中系数 μ_1，μ_2 和 μ_3 涉及航天器和涂层样品与太阳及地球的取向关系，可通过计算求得。漏热系数 H 及热控涂层样品的质量 m，表面积 F 和比热 C_p 可预先在地面测试。涂层样品测试装置的外壳温度 T_b 可在轨测试。当达到热平衡时，$dT/dt = 0$，并已知 ε 在空间环境条件下变化很小，则可以通过航天器在同一轨道位置测得的涂层样品温度数据推算 α_s，即

$$\alpha_s = K\varepsilon T^4 \tag{7-8}$$

式中　K——常数，可利用标准热控涂层试样标定；

　　　T——航天器在轨道相同位置测得的涂层样品温度。

在这种条件下，可以保证每次温度测量时具有相同的 μ_1，μ_2 和 μ_3 系数。

应该指出，采用上述在轨量热法推算热控涂层的 α_s 与 ε 时，应尽可能使涂层样品与航天器之间不发生热交换，即式（7-5）与式（7-6）中的 Q_T 值降到最低。这样有利于热控涂层样品的温度在空间外热源一定的条件下，仅与自身的热-光学性能（α_s 与 ε）有关。因此，应在热控涂层样品与航天器壳体之间进行充分热绝缘。在地面上，还需要预先精确测定所用测试装置的漏热系数，以便尽可能修正漏热的影响。

参 考 文 献

[1] SLIVERMAN E M. Space environmental effects on spacecraft: LEO materials selection guide [R]. NASA Contractor Report 4661, 1995.

[2] LEVINE A S. Proc. of LDEF Post - Retreval Symposium. NASA CP - 3134, 1991.

[3] LEVINE A S. Proc. of LDEF Post - Retreval Symposium. NASA CP - 3194, 1993.

[4] LEVINE A S. Proc. of LDEF Post - Retreval Symposium. NASA CP - 3275, 1993.

[5] LETIN V A, TESLENKO V V, TCHURILO I V, et al. Comparative analysis of solar array fragments degradation at different structure scales during and after long term exposure overboard the MIR space station [C]. Proc. of 8th International Symposium on Materials in Space Environment and 5th International Conference on Protection of Materials and Structure from the LEO Space Environment, Arcachon, France, June5 - 9, 2000.

[6] SKURAT V E, BERIOZKINA N G, et al. Study of surface contamination of the space station MIR [C]. Proc. of 8th International Symposium on Materials in Space Environment and 5th International Conference on Protection of Materials and Structure from the LEO Space Environment, Arcachon, France, June 5 - 9, 2000.

[7] MAAG C R, EESBEEK M V, DESHPANDE S P, STEVENSON T J. The contamination environment at the MIR space station as measured during the EUROMIR' 95 mission: Proc. 7th International Symposium on Materials in a Space Environment, Toulous, France, June 16 - 20, 1997: 301 - 308.

[8] NAUMOV S F, GORODETSKY A A, SOKOLOVA S P, et al. Study on materials and outer surface coatings aboard space station MIR [C]. Proc. of 8th International Symposium on Materials in Space Environment and 5th International Conference on Protection of Materials and Structure from the LEO Space Environment, Arcachon, France, June 5 - 9, 2000.

[9] LEGER L J, SPIKER I K, KUMINECZ J F, et al. STS - 5 LEO effects experiment - background description and thin film results [R]. AIAA Paper 83 - 2631 - CP, 1983.

[10] VISENTINE J, et al. Atomic oxygen effects measurements for shuttle missions STS - 8 and 41 - G, Vol. I - III [R]. NASA Technical Memorandum 100459, September, 1998.

[11] WOLL S L B, PIPPIN H G, STROPKI M A, CLIFTON S. Materials on international space station experiment (MISSE) [C]. Proc. of 8th International Symposium on Materials in Space Environment and 5th International Conference on Protection of Materials and Structure from the LEO Space Environment, Arcachon, France, June 5 - 9, 2000.

[12] JENKINS P P, WALTER R J, KRASOWSKI M J, et al. MISSE - 7: buliding a permanent environmental testbed for the international space station [C]. Proc. of ICPMSE - 9, Toronto, Canada, May 20 - 33, 2008: 273 - 276.

[13] De GROH K K, BANKS B A, McCARTHY C E, et al. Analyses of the MISSE PEACE polymers international space station environment exposure experiment [C]. Proc. of 10th ISMSE & 8th ICPMSE, Collioure, France, June 19 - 23, 2006 (ESA SP - 616, September 2006).

[14] BANKS B, de GROH K K, MILLER S K, WATERS D L. Lessons learned from atomic oxygen interaction with spacecraft materials in low earth orbit [C]. Proc. of ICPMSE - 9, Toronto, Canada, May 20 - 23, 2008: 312 - 325.

[15] DEVER J A, MILLER S K, SECHKAR E A. Effect of the space environment on polymer film materials exposed on the materials international space station experiment (MISSE1 and MISSE2) [C]. Proc. of 10th ISMSE & 8th ICPMSE, Collioure, France, June 19 - 23, 2006 (SP - 616, September, 2006).

[16] IMAI F, IMAGAWA K. NASDA's space environment exposure experiment on ISS - first retreval of SM/MPAC&SEED [C]. Proc. of 9th International Symposium on Materials in a Space Environment, Noordwijk, Netherlands, June 16 - 20, 2003: 589 - 594.

[17] YAMAGATA I, KIMOTO Y, MIYAXAKI E, et al. Overview of the micro - particles capture and space environment exposure device (MPAC&SEED) experiment [C]. Proc. of 10th ISMSE & 8th ICPMSE, Collioure, France, June 19 - 23, 2006 (ESA SP - 616, September, 2006).

[18] PANKOP C, SMITH K, SOARES C, et al. Induced contamination onto JAXA's micro - particles capture and space environment exposure device - comparison of predictions and measurements [C]. Proc. of 10th ISMSE & 8th ICPMSE, Collioure, France, June19 - 23, 2006 (ESA SP - 616, September, 2006).

[19] MATSUMOTO K, TAGAWA M, AKIYAMA M. Tribological characteristics of bonded MoS_2 film exposed to AO, UV and real LEO environment in SM/SEED experiment [C]. Proc. of ICPMSE - 9, Toronto, Canda, May 20 - 23, 2008: 148 - 153.

[20] ALET I. Eleven years of aging of SMM Teflon on the sun synchronous orbit - SPOT [C]. Proc. of 7th International Symposium on Materials in a Space Environment, Toulous, France, June 16 - 20, 1997: 283 - 286.

[21] REMAURY S, SERENE F, NABARRA P. The THERME experiment: in - flight measurement of the aging of thermal control coatings [C]. Proc. of 9th International Symposium on Materials in a Space Environment, Noordwijk, The Netherlands, June 16 - 20, 2003: 585 - 587.

[22] GUSSENHOVEN M S, MULLEN E G, BELL J T, et al. APEXRAD: low altitude orbit dose as a function of inclination, magnetic activity and solar cycle [J]. IEEE Trans. Nucl. Sci., 1997, 44 (6): 2161.

[23] 俄罗斯中央机械设计院技术报告 (哈工大对俄技术引进项目合同号: 2003HM405 - HGD - 1) [R], 2003.

[24] YOKOTA B, OHNISHI A, HASIMOTO Y, Toki K. A study on polyimide MLI of the ten months flown space flyer unit [C]. Proc. of 7th International Symposium on Materials in a Space Environment, Toulous, France, June 16 - 20, 1997: 293 - 299.

[25] FUKATSU T, TORII Y, KOYARI Y, et al. Post - flight analysis of the exposed materials on EF-FU [C]. Proc. of 7th International Symposium on Materials in a Space Environment, Toulous, France, June 16 - 20, 1997: 287 - 292.

[26]　NEISH M J，YANO H，KIBE S，et al. Hypervelocity impact damage to space flyer unit thermal control surface [C]. Proc. of 7th International Symposium on Materials in a Space Environment，Toulous，France，June 16 - 20，1997：477 - 484.

[27]　RIVAL M，MANDEVILLE J C. Hypervelocity impact on solar arrays：analysis of secondary particles ejection and implications for environment [C]. Proc. of 7th International Symposium on Materials in a Space Environment，Toulous，France，June 16 - 20，1997：469 - 475.

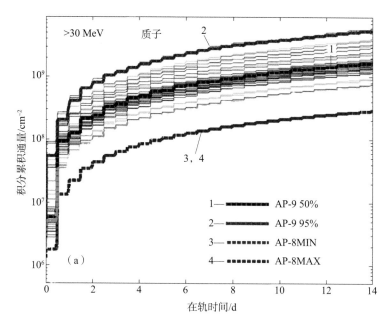

(a) HEO (1 475×38 900 km，63°)

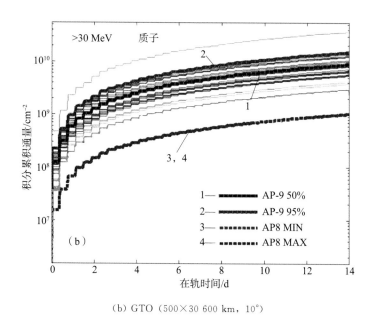

(b) GTO (500×30 600 km，10°)

图 2-39　AP-8 模式和 AP-9 模式（Vβ.2 版本，蒙特卡罗算法）针对 HEO 和 GEO
　　　　轨道计算的＞30 MeV 质子积分通量演化曲线的比较（P133）

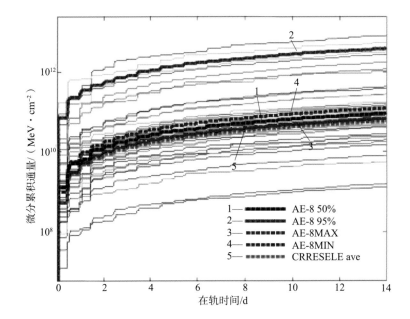

（a）大椭圆轨道（1 475 km×38 900 km，63°）

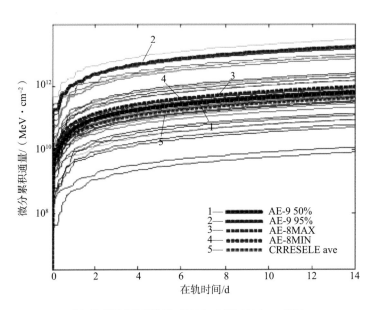

（b）地球同步转移轨道（500 km×30 600 km，10°）

图 2-52　AE-8（NASA）和 AE-9 模式（V1.0 版本，蒙特卡罗算法）针对两种轨道
计算的 1.5 MeV 电子微分累积通量演化曲线对比（P151）

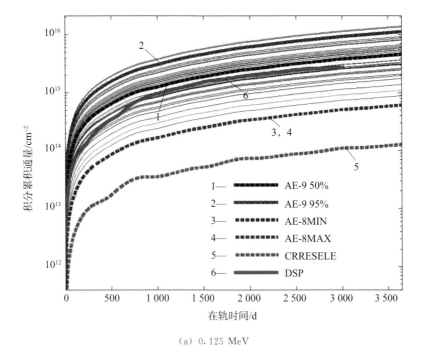

（a）0.125 MeV

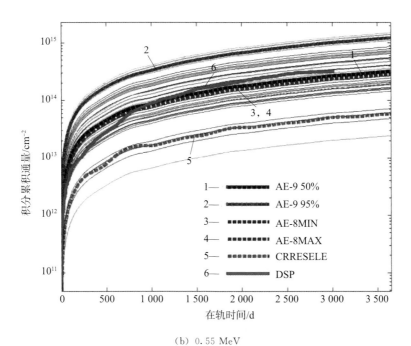

（b）0.55 MeV

图 2-53　AE-8（NASA）和 AE-9 模式（Vβ.2 版本，蒙特卡罗算法）针对地球同步
轨道计算的两种能量电子积分累积通量演化曲线对比（P152）

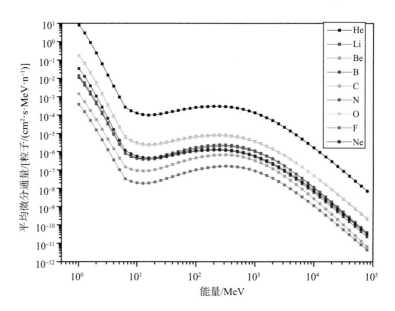

图 3 - 21　36 000 km，0°轨道银河宇宙线 He，Li，Be，B，C，N，O，F

及 Ne 离子平均通量微分能谱（P293）

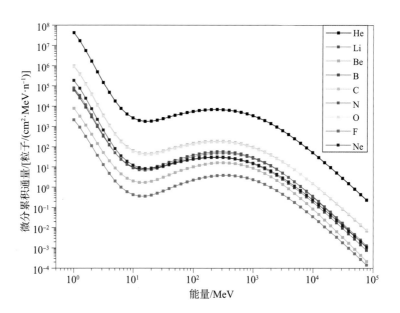

图 3 - 23　36 000 km，0°轨道银河宇宙线 He，Li，Be，B，C，N，O，F

及 Ne 离子 1 年累积通量微分能谱（P294）

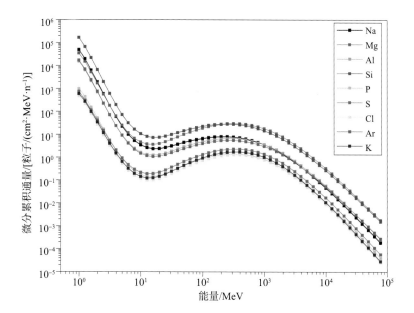

图 3 - 26　36 000 km，0°轨道银河宇宙线 Na，Mg，Al，Si，P，S，Cl，Ar
及 K 离子 1 年累积通量微分能谱（P295）

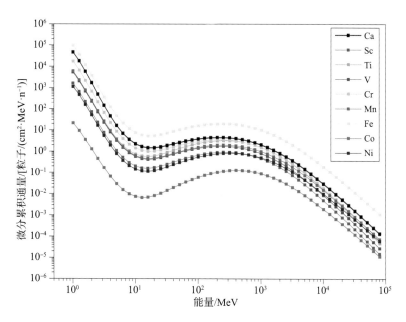

图 3 - 29　36 000 km，0°轨道银河宇宙线 Ca，Sc，Ti，V，Cr，Mn，Fe，Co
及 Ni 离子 1 年累积通量微分能谱（P296）

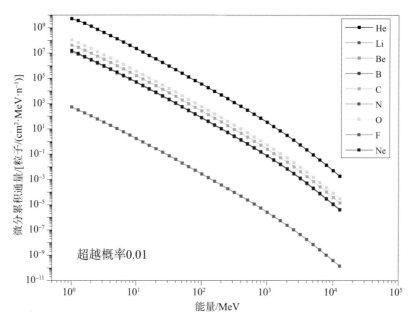

图 3-36　36 000 km，0°轨道太阳宇宙线 He，Li，Be，B，C，N，O，F
及 Ne 离子 1 年累积通量微分能谱（P298）

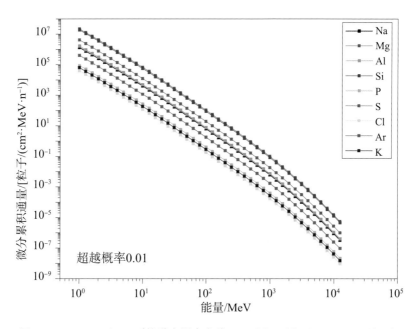

图 3-39　36 000 km，0°轨道太阳宇宙线 Na，Mg，Al，Si，P，S，Cl，Ar
及 K 离子 1 年累积通量微分能谱（P299）

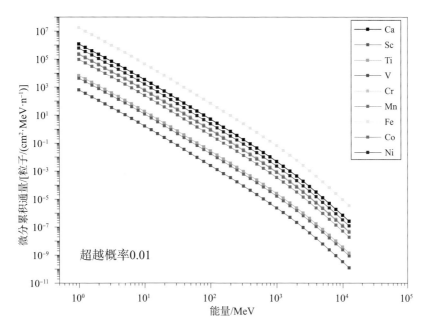

图 3-42　36 000 km，0°轨道太阳宇宙线 Ca，Sc，Ti，V，Cr，Mn，Fe，Co
及 Ni 离子 1 年累积通量微分能谱（P300）

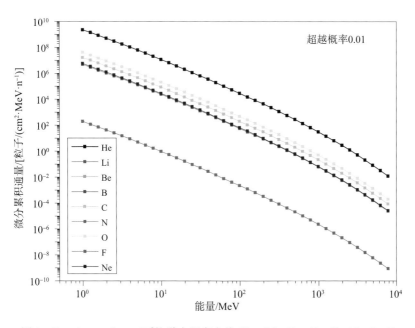

图 3-70　20 000 km，55°轨道太阳宇宙线 He，Li，Be，B，C，N，O，F
及 Ne 离子 1 年累积通量微分能谱（P311）

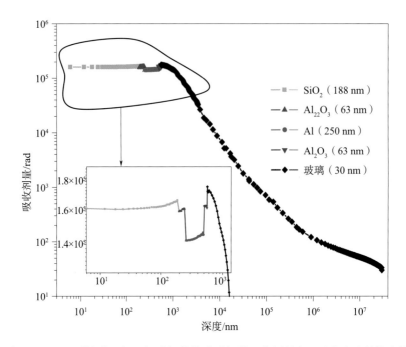

图 4-20　在 500 km，98°轨道飞行 1 年时辐射带质子辐射吸收剂量在 Al/玻璃反射镜内的深度分布
（AP-8 MAX）（P365）